山东科技年鉴 2021

SHANDONG SCIENCE & TECHNOLOGY YEARBOOK

山东省科学技术厅 编

科学技术文献出版社
·北京·

图书在版编目(CIP)数据

山东科技年鉴.2021/山东省科学技术厅编.-- 北京:科学技术文献出版社,2022.1
ISBN 978-7-5189-8937-9

Ⅰ.①山… Ⅱ.①山… Ⅲ.①科学研究事业—山东—2021—年鉴 Ⅳ.① G322.752-54

中国版本图书馆 CIP 数据核字(2022)第 022590 号

山东科技年鉴2021

| 策划编辑:周国臻 | 责任编辑:周国臻 | 责任校对:王瑞瑞 | 责任出版:张志平 |

出 版 者　科学技术文献出版社
地　　址　北京市复兴路 15 号　邮编 100038
编 务 部　(010)58882938,58882087(传真)
发 行 部　(010)58882868,58882870(传真)
邮 购 部　(010)58882873
官方网址　www.stdp.com.cn
发 行 者　科学技术文献出版社发行　全国各地新华书店经销
印 刷 者　山东黄氏印务有限公司
版　　次　2022 年 1 月第 1 版　2022 年 1 月第 1 次印刷
开　　本　889×1194　1/16
字　　数　1019 千
印　　张　29.75　彩插 12 面
书　　号　ISBN 978-7-5189-8937-9
定　　价　300.00 元

版权所有　违法必究

购买本社图书,凡字迹不清、缺页、倒页、脱页者,本社发行部负责调换

《山东科技年鉴》编纂委员会

主　　任　唐　波

副 主 任　于书良　王红梅　于洪文　李储林　潘　军　孙丕恕　许　勃
　　　　　王春秋　张晓海　张立祥　葛为砚　王保国　王　文　党安涛
　　　　　易　凡　吴立新　姚　军　张福仁　张立明　鲁　杰　蒋景春

委　　员　（以姓氏笔画为序）
　　　　　于　浩　王广部　王宝立　王相东　王厚全　王钟伟　王洪国
　　　　　王晓东　王家兴　王喜东　井为民　冯媛媛　吕　鹏　刘　伟
　　　　　刘　森　刘　斌　刘学俭　刘章箭　孙运国　孙学森　孙高祚
　　　　　纪　芳　苏学峰　杜　岩　杜广选　李　涛　李　斌　李百东
　　　　　李连文　李建波　李勇军　杨洪福　何　伟　宋赤锋　张延诚
　　　　　张庆云　张兴旺　张建军　陈西武　陈成刚　陈安彪　邵　磊
　　　　　邵红双　赵　勇　祝恩元　袁清昌　徐仲圣　高玉国　高光雨
　　　　　郭怀芳　郭保存　崔宪奎　梁恺龙　董守义　韩绍华　程　冰
　　　　　廉　荣　熊　欣　魏玉蛟

主　　编　唐　波
副 主 编　许　勃
编　　审　何　伟　马文哲　杨书平　白雪峰　兰　庚　徐文东　李伟鹏
　　　　　刘晓杰　梁大勇
编　　辑　田小元　杨　斌　姜常梅　李绮斌　张玉华　董芙蓉　杜启明
　　　　　李瑞兰　许　青

编辑说明

一、《山东科技年鉴》是山东省科学技术厅主办、山东省科学技术情报研究院承办的地方专业年鉴，是一本逐年编纂、连续出版、公开发行的资料工具书。

二、《山东科技年鉴（2021）》是自2004年创刊以来的第18卷年鉴，主要记录了2020年山东科技的新进展，起止时间为2020年1月1日—2020年12月31日。为保证内容的完整性，记录时间适当上溯或下延。

三、本卷年鉴内容分为栏目、分目、条目3个层次。栏目设11个，分别是特载、科技管理、行业科技进步、高新技术产业开发区科技发展、高校科技发展、科研院所科技发展、区域科技发展、科技成果和奖励、科技统计、科技大事记、附录。

四、按照文责自负的原则，条目后均署名供稿单位和供稿人。

五、本卷年鉴用记叙文体和说明文体，以第三人称书写。标点符号、数字用法、计量单位和各种专业术语等均执行国家相关规定。

六、本卷年鉴的统计资料由山东省科学技术厅提供，正文中的数据由各供稿单位提供，主要数据以统计部门公布的为准。

七、本卷年鉴配备双重检索系统，在卷首提供详细目录，卷尾设有索引和英文目录。

八、《山东科技年鉴》编辑部向多年来一直支持年鉴编纂工作的供稿单位和撰稿人员表示诚挚感谢。同时恳请广大读者一如既往地支持年鉴工作，并对本卷年鉴的不足之处给予批评指正。

《山东科技年鉴》编辑部
2021年12月

重要事件和活动
ZHONGYAO SHIJIAN HE HUODONG

2020年7月2日,山东省科技创新大会在济南举行。省委书记、省人大常委会主任刘家义出席会议并讲话,省委副书记、代省长李干杰主持,省政协主席付志方出席。

省委书记、省人大常委会主任刘家义讲话。

省委副书记、代省长李干杰主持会议。

2020年2月7日,省科技厅研究部署新冠肺炎疫情应急重大科技创新工程工作。

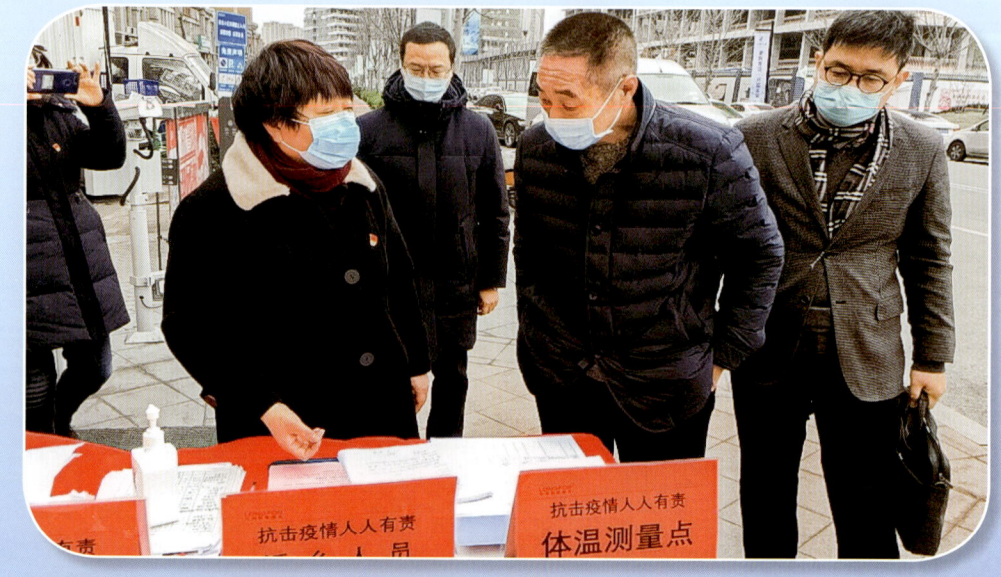

2020年3月6日,省派青岛省科技厅工作组组长、省科技厅二级巡视员许勃带队在青岛市李沧区浮山路街道旭东社区参与疫情防控工作。

2020年3月21日,省科技厅党组书记、厅长唐波到青岛市李沧区上流佳苑社区调研疫情防控工作并开展"科技文化进社区"活动。

重要事件和活动

2020年4月10日,山东省重特大科技攻关项目征集工作座谈会在济宁召开。

2020年5月28日,山东省2020年全国科技工作者日座谈会在济南召开,省委副书记杨东奇出席会议并讲话。

2020年7月7—8日，山东省"政产学研金服用"创新创业共同体建设交流会在枣庄召开。

2020年8月13日，高端智库服务山东重大需求项目（集中）签约仪式暨山东院士专家联合会2020年会在青岛举行。

重要事件和活动

2020年9月8日,科技部、山东省人民政府2020年部省工作会商会议暨新一轮会商合作议定书签字仪式在北京举行。

2020年9月16日,潍柴全球首款突破50%热效率柴油机正式发布。

2020年10月29日，中国科学院、山东省人民政府、济南市人民政府共建中科院济南科创城合作协议签约仪式在北京举行。省委书记刘家义、中国科学院院长白春礼出席活动并讲话，省委副书记、省长李干杰出席。

2020年11月2日，首届烟台国际技术交易大会举行。

2020年11月11日，山东能源研究院开工奠基仪式在青岛举行。

目 录

特 载

重要讲话
省委书记、省人大常委会主任刘家义在 2020 年度山东省科技创新大会上的讲话 …………… 3
省科技厅厅长、党组书记唐波在 2020 年全省科技工作会上的报告 …………………………… 6

2020 年全省科技工作综述
全省科技工作概述 …………………	12	科技创新能力 …………………	13
基础研究 ……………………………	12	创新创业环境 …………………	13
关键核心技术突破 …………………	12	科技体制改革 …………………	13
科技助力疫情防控 …………………	12	科技合作与人才队伍建设 ……	14
创新型省份建设 ……………………	12	农业科技创新 …………………	14
创新平台建设 ………………………	12	科技成果与奖励 ………………	14

科技管理

高新技术及其产业
概述 ………………………………………… 17
高新领域研发部署 ………………………… 17
高新领域科技创新平台建设 ……………… 17
科技型企业培育 …………………………… 17
高新技术产业发展 ………………………… 18

农村科技工作
概述 ………………………………………… 18
农业科学技术 ……………………………… 18
农业领域技术创新平台建设 ……………… 18
农业领域省级科技计划 …………………… 19
农业科技园区体系建设 …………………… 19
科技特派员工作 …………………………… 21
科技扶贫 …………………………………… 21
科技对口支援 ……………………………… 22
实施农村领域国家科技计划项目情况 …… 22
与中科院共同实施 STS 计划项目情况 …… 22

社会发展科技工作
概述 ………………………………………… 22
社会发展科学技术 ………………………… 22
社发领域科技创新平台建设 ……………… 23
人口与健康工作 …………………………… 23

环境保护科技工作……………………… 24	知识产权创造……………………………… 43
文化和科技融合………………………… 24	知识产权运用……………………………… 43
公共安全科技工作……………………… 24	知识产权保护……………………………… 44
可持续发展实验区和可持续发展议程创新示范区	知识产权管理服务………………………… 44
建设…………………………………… 24	
实施社发领域国家科技计划项目情况…… 24	

海洋科技工作

科技人才工作

概述………………………………………… 25	科技人才队伍建设………………………… 45
海洋科学技术……………………………… 25	科技人才激励政策………………………… 45
海洋领域科技创新平台建设……………… 27	科技副职选派……………………………… 45
海洋科技成果和知识产权管理…………… 28	科技人才平台建设………………………… 46
实施海洋领域国家科技计划项目情况…… 28	人才管理服务工作………………………… 46
	专业技术人才队伍建设…………………… 46
	技能人才队伍建设………………………… 46
	人才智力引进……………………………… 46
	职称制度改革……………………………… 47

科技创新资源与能力

概述………………………………………… 29
科技计划及投入…………………………… 29
软科学研究计划…………………………… 29

外国专家工作

科技规划…………………………………… 30	概述………………………………………… 47
基础科学研究……………………………… 30	外国专家政策创新………………………… 48
省重大科技创新工程项目………………… 30	外国专家管理服务………………………… 48
科技创新平台基地建设…………………… 32	引进外国专家平台建设…………………… 48
科技创新服务平台建设…………………… 34	外国专家活动……………………………… 48
科技金融…………………………………… 41	

科技合作与交流

政策法规与环境建设

国际科技合作与交流……………………… 41	概述………………………………………… 48
国内科技合作与交流……………………… 42	科技政策和法规…………………………… 48
国内科技合作平台………………………… 43	科技体制改革……………………………… 48
	创新体系建设……………………………… 49
	科技成果转移转化………………………… 49
	科技系统党的建设和党风廉政建设工作…… 50

知识产权工作

科学技术及普及

概述………………………………………… 43	山东省科协工作…………………………… 53
知识产权顶层设计………………………… 43	

行业科技进步

农业科技

概述	57
发展现代农业	57
农业科技支撑	57
农业绿色发展及资源保护	57
农业产业化及社会化服务	57
休闲农业与乡村旅游	57
农产品品牌建设	57
农业信息化建设	58
粮食生产	58
油料生产	58
蔬菜生产	58
种业能力提升	58
植保系统	58
棉花生产	58
农机系统	59

畜牧科技

概述	59
成果与奖励	59
科技项目支持	59
科技创新与进步	59
体系与平台建设	59
技术推广应用	59

水利科技

科技项目	60
科技推广	60
创新服务	60
科技奖励	60
国际合作交流	60
省农业农村专家顾问团水利分团	60

黄河科技

概述	61
科技创新项目	61
科技成果与奖励	61
科技体制改革与创新	61
科技成果推广活动	61
编制规划	61
信息化建设	61
学术交流与科技合作	61

工业科技

概述	62
制造业创新中心建设	62
泰山产业领军人才工程实施	62
"一企一技术"研发中心建设	62
实施百年品牌培育工程	62
推动人工智能产业发展	62
培育技术创新示范企业	63
推动产学研融合创新	63

电力科技

机制创新	63
创新能力建设	63
创新成果	63
成果转化推广	64
技术标准建设	64

冶金科技

概述	64
经营情况	64
能源消耗	64
环境保护	64

科技成果与奖励……………………… 65
成果选介……………………………… 65

卫生健康科技
概述…………………………………… 66
疫情期间应急技术攻关……………… 66
科技创新平台建设…………………… 66
健康医疗大数据科技创新联盟建设…… 66
科研成果……………………………… 67

中医药科技
概述…………………………………… 67
科技平台建设………………………… 67
科技立项及科技成果………………… 67
中医药科技项目和学科管理………… 67
中医药传承创新发展………………… 67
中医药人才培养……………………… 67

医药科技
概述…………………………………… 68
生产经营状况………………………… 68
科技创新……………………………… 68

油田科技
概述…………………………………… 68
科技成果与奖励……………………… 68
国家科技重大专项…………………… 69
中国石化"十条龙"科技攻关项目…… 69
中国石化及油田重点项目…………… 70
新能源技术…………………………… 71
油田智能化升级……………………… 71
成果转化与专利实施………………… 72
重点实验室建设……………………… 72
科技体制改革与创新………………… 72

汽车工业科技
概述…………………………………… 73
整体生产经营状况…………………… 73
主要企业生产经营状况……………… 73

研发与创新…………………………… 73
重点项目……………………………… 74

电子信息科技
概述…………………………………… 74
产业主要运行特点…………………… 74
科技创新典型案例…………………… 75

交通科技
概述…………………………………… 75
智慧交通重点实验室创建…………… 75
完善行业科研平台体系……………… 75
发挥科研对交通强国试点支撑作用…… 76
科技顶层规划与成果总结提升……… 76

广播电视科技
新技术应用…………………………… 76
5G 建设 ……………………………… 76
高新视频内容供给…………………… 76
智慧广电发展………………………… 76
超高清转播车应用…………………… 77

市场监管科技
概述…………………………………… 77
标准化工作…………………………… 77
计量工作……………………………… 77
检验检测与认证认可工作…………… 78
质量发展工作………………………… 78
科技抗疫……………………………… 78
科技计划项目………………………… 78
科技创新平台………………………… 78
科技成果与奖励……………………… 79
科技人才队伍建设…………………… 79
科学普及……………………………… 79

药品监督科技
概述…………………………………… 79
重要科技成果………………………… 79
科研平台建设………………………… 80

科研成果转化及产业化……………………… 80	应急管理科技
技术标准研究………………………………… 80	概述……………………………………………… 85
科技人才培养与队伍建设…………………… 80	强化顶层规划………………………………… 85
技术支撑和培训……………………………… 80	加强基础研究………………………………… 85
药品医疗器械创新和监管服务大平台建设…… 80	科研项目……………………………………… 85
	科普实践……………………………………… 85
粮食科技	应急指挥中心信息化工程…………………… 85
概述…………………………………………… 81	"智慧应急"试点建设………………………… 86
突出政策引领………………………………… 81	专家管理……………………………………… 86
创新平台建设………………………………… 81	安全技术服务机构管理……………………… 86
强化项目支撑………………………………… 81	
创新发展模式………………………………… 81	气象科技
	增强科技支撑气象业务综合实力…………… 86
邮政科技	加强科技支撑气象观测预报业务能力……… 86
概述…………………………………………… 82	提升科技支撑气象服务水平………………… 87
"绿盾"工程…………………………………… 82	科技计划……………………………………… 87
顺丰速运"慧眼神瞳"建设…………………… 82	知识产权……………………………………… 87
	学术论文发表情况…………………………… 87
建设科技	科技交流……………………………………… 87
概述…………………………………………… 83	科技成果与选介……………………………… 87
绿色建筑……………………………………… 83	科技人才队伍建设…………………………… 88
建造方式革新………………………………… 83	气象服务……………………………………… 88
建筑节能……………………………………… 83	科学普及……………………………………… 89
住建信息化…………………………………… 83	
科技计划与成果……………………………… 83	防震减灾科技
宣传与推广…………………………………… 84	概述…………………………………………… 89
	科研项目及管理……………………………… 89
环保科技	科技交流与人才队伍建设…………………… 89
生态环保科研………………………………… 84	科技成果及奖励……………………………… 89
生态环保科普………………………………… 84	拓展监测预测预警社会服务………………… 89
生态环保标准建设…………………………… 84	提高地震灾害防治能力……………………… 90
发展生态环保产业…………………………… 84	提升应急响应服务能力……………………… 90

高新技术产业开发区科技发展

济南高新技术产业开发区

概述…………………………………………… 93

科技计划项目与经费………………………… 93

科技成果与奖励……………………………… 93

知识产权服务 93	科技人才管理 102
科技合作与交流 94	
科技改革与服务 94	## 枣庄高新技术产业开发区
战略性高新技术产业发展 94	概述 102
园区体制机制改革 94	科技计划项目与经费 102
创新创业共同体建设 95	科技成果与奖励 103
创新型企业培育 95	知识产权管理 103
重大项目进展选介 95	科技合作与交流 103
科技人才服务 96	科技改革与管理 103
	战略性高新技术产业发展 104
## 青岛高新技术产业开发区	创新型科技园区建设 104
概述 96	产业技术创新战略联盟构建 105
科技计划项目与经费 97	创新型（试点）企业培育 105
科技成果与奖励 97	技术创新服务平台建设 105
知识产权管理 97	重大项目进展选介 105
科技合作与交流 97	科技人才管理 106
科技改革与管理 98	
战略性高新技术产业发展 98	## 黄河三角洲农业高新技术产业示范区
创新型科技园区建设 99	概述 106
产业技术创新战略联盟构建 99	科技合作与交流 106
创新型企业培育 99	科技改革与管理 107
技术创新服务平台建设 99	战略性高新技术产业发展 107
重大项目进展选介 99	创新型（试点）企业培育 107
科技人才管理 100	技术创新服务平台建设 108
	重大项目进展选介 108
## 淄博高新技术产业开发区	科技人才管理 109
概述 100	
科技计划项目与经费 100	## 烟台高新技术产业开发区
科技成果与奖励 100	概述 109
知识产权管理 100	科技计划项目与经费 109
科技合作与交流 101	科技成果与奖励 109
科技改革与管理 101	知识产权管理 109
高新技术及其产业 101	科技合作与交流 109
创新型科技园区建设 101	科技改革与管理 109
产业技术创新战略联盟构建（创新创业共同体） 101	战略性高新技术产业 110
创新型企业培育 101	创新型科技园区建设 110
技术创新服务平台建设 101	创新型（试点）企业培育 110
重大项目进展选介 102	技术创新服务平台建设 110
	科技人才管理 111

潍坊高新技术产业开发区

概述……111
科技计划项目与经费……111
知识产权管理……111
科技奖励与成果转化……111
高新技术产业发展……111
瞪羚企业培育……111
创新创业平台建设……111
科技合作与交流……112
科技人才服务……112
重点项目选介……112

济宁高新技术产业开发区

概述……112
科技计划项目与经费……112
科技成果与奖励……112
知识产权管理……112
科技合作与交流……112
战略性高新技术产业发展……113
创新型（试点）企业培育……113
技术创新服务平台建设……113
重大项目进展选介……113
科技人才管理……113

泰安高新技术产业开发区

概述……114
科技项目与奖项……114
科研经费……114
创新型（试点）企业培育……114
科技创新平台……114
科技合作与交流……114
科技奖励……114
战略性高新技术产业发展……114

威海火炬高技术产业开发区

概述……115
科技计划项目与经费……115
科技成果与奖励……115
知识产权管理……115

科技合作与交流……115
科技改革与管理……116
战略性高新技术产业发展……116
创新型科技园区建设……116
产业技术创新战略联盟构建……117
创新型（试点）企业培育……117
技术创新平台建设……117
重大项目进展选介……117
科技人才管理（含创新人才和创新团队的
　培育和引进）……118

莱芜高新技术产业开发区

概述……118
科技计划项目与经费……118
科技成果与奖励……118
科技合作与交流……118
人才引进……119
高新技术产业孵化园建设……119
重大项目进展选介……119

临沂高新技术产业开发区

概述……120
科技计划项目与经费……120
科技成果与奖励……120
知识产权管理……120
科技合作与交流……120
体制机制改革……121
战略性高新技术产业发展……121
技术创新服务平台建设……121
重大项目进展选介……121
科技人才管理……121

德州高新技术产业开发区

概述……122
科研计划项目与经费……122
科技成果与奖励……122
知识产权管理……122
科技合作与交流……122
创新型（试点）企业培育……122

技术创新服务平台建设……………………122	科技人才管理……………………………127
高端人才引进……………………………122	
科技人才管理……………………………122	**滨州高新技术产业开发区**
	概述………………………………………128
东营高新技术产业开发区	高新技术企业培育与申报………………128
概述………………………………………123	科技成果与奖励…………………………128
科技计划项目与经费……………………123	知识产权管理……………………………128
科技成果与奖励…………………………123	科技合作与交流…………………………128
知识产权管理与服务……………………123	科技金融…………………………………128
科技改革与管理…………………………123	技术创新服务平台建设…………………128
探索油地校协同高效一体化发展模式…123	科技人才管理……………………………129
创新型科技园区建设……………………124	科技项目选介……………………………129
创新型（试点）企业培育………………124	
技术创新服务平台建设…………………124	**菏泽高新技术产业开发区**
重大项目进展选介………………………124	概述………………………………………129
科技人才管理（含创新人才和创新团队的	科技计划项目与经费……………………129
培育和引进）…………………………124	科技成果与奖励…………………………129
	知识产权管理……………………………129
日照高新技术产业开发区	科技合作与交流…………………………130
概述………………………………………125	科技改革与管理…………………………130
科技计划项目与经费……………………125	主导产业发展……………………………130
知识产权管理……………………………125	新型科技园区建设………………………130
科技合作与交流…………………………125	产业技术创新战略联盟构建……………130
科技改革与管理…………………………125	高新技术企业发展及科技型中小企业培育…130
战略性高新技术…………………………125	技术创新服务平台建设…………………130
高端智能装备制造………………………125	重大项目进展……………………………131
新一代信息技术…………………………126	科技人才管理……………………………131
生命大健康………………………………126	
技术创新服务平台建设…………………126	**青岛蓝谷高新技术产业开发区**
重大项目进展选介………………………126	概述………………………………………131
科技人才管理……………………………126	体制机制…………………………………131
	产业发展…………………………………131
聊城高新技术产业开发区	科技创新…………………………………132
概述………………………………………127	人才集聚…………………………………132
高新技术企业培育………………………127	科技成果转化……………………………132
战略性高新技术产业发展………………127	
科技改革与管理…………………………127	**潍坊（寿光）高新技术产业开发区**
技术创新服务平台建设…………………127	概述………………………………………132
产业技术创新战略联盟构建……………127	科技合作与交流…………………………132

科技成果与奖励……………………………132
　　创新性科技园区建设………………………133
　　高新技术企业培育…………………………133
　　技术创新服务平台建设……………………133
　　重大项目进展选介…………………………133
　　科技人才管理………………………………133

高校科技发展

山东高校科技综述
　　概述……………………………………………137
　　科技人员………………………………………137
　　科研项目与经费………………………………137
　　科技成果………………………………………137
　　高水平大学和高等学校高水平学科建设……137
　　科研创新平台建设……………………………137

山东大学
　　概述……………………………………………138
　　科研项目与经费………………………………138
　　科技成果………………………………………138
　　基础研究………………………………………138
　　应用研究与高技术研究………………………138
　　科技成果转化…………………………………139
　　科技创新平台建设……………………………139
　　学科建设………………………………………139
　　工业技术研究院建设…………………………139
　　国家大学科技园建设…………………………140
　　科技人才队伍建设……………………………140
　　科技合作与交流………………………………142

中国海洋大学
　　概述……………………………………………142
　　科研项目与经费………………………………143
　　科技成果………………………………………143
　　一流学科建设…………………………………143
　　科研成果转化…………………………………143
　　科技创新平台建设……………………………144
　　科技人才培养与队伍建设……………………144
　　国际科技合作与交流…………………………144
　　重点成果选介…………………………………144

中国石油大学（华东）
　　概述……………………………………………145
　　科研项目与经费………………………………145
　　科技成果………………………………………145
　　一流学科建设…………………………………145
　　科技成果转化…………………………………146
　　科技创新平台建设……………………………146
　　学科建设………………………………………146
　　大学科技园建设………………………………146
　　科技人才培养与队伍建设……………………146
　　科技合作与交流………………………………146
　　科技活动………………………………………146

山东师范大学
　　概述……………………………………………147
　　科研项目与经费………………………………147
　　科技成果………………………………………147
　　科技成果转化…………………………………147
　　科研创新平台建设……………………………148
　　科技人才培养与队伍建设……………………148

山东农业大学
　　概述……………………………………………148
　　科研项目与经费………………………………149
　　科技成果（含重点成果选介）………………149
　　重点成果选介…………………………………149
　　基础研究………………………………………150
　　应用研究与高技术研究………………………150
　　一流学科建设…………………………………150

科技成果转化 …………………………………… 150
科技创新平台建设 ……………………………… 150
学科建设 ………………………………………… 150
科技人才培养与队伍建设 ……………………… 150
科技合作与交流 ………………………………… 151

曲阜师范大学
概述 ……………………………………………… 151
科研项目与经费 ………………………………… 152
科技成果 ………………………………………… 152
重点学科与科技创新平台建设 ………………… 152
科技人才队伍建设 ……………………………… 152
科技合作 ………………………………………… 152

山东中医药大学
概述 ……………………………………………… 152
科研项目与经费 ………………………………… 153
科研成果及选介 ………………………………… 153
科研管理 ………………………………………… 153
重点学科与科研创新平台建设 ………………… 153
科研队伍建设 …………………………………… 154

山东理工大学
概述 ……………………………………………… 154
科研项目与经费 ………………………………… 154
科研成果与奖励 ………………………………… 155
科研条件和科研基地建设 ……………………… 155
科技人才培养与队伍建设 ……………………… 155
科研成果转化与推广 …………………………… 155
重点学科建设 …………………………………… 155
学术（科技）交流与合作活动 ………………… 155

山东建筑大学
概述 ……………………………………………… 155
科研项目与经费 ………………………………… 156
科技成果 ………………………………………… 156
基础研究 ………………………………………… 156
应用研究与高技术研究 ………………………… 157
科技成果转化 …………………………………… 157

科技创新平台 …………………………………… 157
学科建设 ………………………………………… 157
科技人才培养与队伍建设 ……………………… 157
科技交流与合作 ………………………………… 157

山东科技大学
概述 ……………………………………………… 158
科研项目与经费 ………………………………… 158
科技成果 ………………………………………… 158
基础研究 ………………………………………… 158
平台建设 ………………………………………… 159
科技成果转化 …………………………………… 159
学科管理工作 …………………………………… 159
高水平学科建设 ………………………………… 159
一流（重点）学科 ……………………………… 159
国家大学科技园建设 …………………………… 160

山东交通学院
概述 ……………………………………………… 160
科技项目与经费 ………………………………… 160
科研成果 ………………………………………… 160
应用研究特色与科技成果转化 ………………… 160
学科建设 ………………………………………… 160
科研平台建设 …………………………………… 160
科技人才队伍建设 ……………………………… 161
科技与学术交流活动 …………………………… 161

济南大学
概述 ……………………………………………… 161
科研项目与经费 ………………………………… 162
科技成果（含重点成果选介） ………………… 162
基础研究 ………………………………………… 162
应用研究与高技术研究 ………………………… 163
一流学科建设 …………………………………… 163
科技成果转化 …………………………………… 163
科技创新平台建设 ……………………………… 163
大学科技园建设 ………………………………… 163
科技人才培养与队伍建设 ……………………… 164
科技合作与交流 ………………………………… 164

青岛大学
概述……164
科技项目与经费……165
科技成果及选介……165
基础研究……165
应用研究与高技术研究……166
科技成果转化……166
科技创新平台建设……166
学科建设……166
大学科技园建设……167
科技人才培养与队伍建设……167
科技合作与交流……167

烟台大学
概述……168
科研项目与经费……168
科研成果……168
一流学科建设……169
科技成果转化……169
科技创新平台建设……169
学科建设……169
大学科技园建设……169
科研人才培养与队伍建设……169
科技合作与交流……169

潍坊学院
概述……170
科技项目与科技成果……170
基础研究……170
应用研究与高技术研究……171
科技成果转化……171
学科建设……171
科技创新平台建设……171
科技合作与交流……172

聊城大学
概述……173
科研项目与经费……173
科技成果及选介……173
重点学科建设……174
科技创新平台建设……174
科技人才培养与队伍建设……174
学术交流……174

临沂大学
概述……175
科研项目与经费……175
科技成果……175
科技成果转化……175
一流学科建设……175
科技创新平台建设……175
学科建设……175
大学科技园建设……175
科技人才培养及队伍建设……175
科技合作与交流……176

滨州学院
概述……176
科研项目与经费……176
科技成果……176
学术交流……176
学科建设……176
科技创新平台……176

济宁学院
概述……177
科研项目与经费……177
学科平台建设……177
科技成果……177
人才培养与队伍建设……177
服务地方……177

泰山学院
概述……178
学科与平台建设……178
科研项目与成果……178
科技合作与服务……178
学术交流……179

青岛农业大学

概述	179
科研项目与经费	179
科研成果及选介	180
科技成果转化和社会服务	180
科技创新平台建设	180
学科建设	181
科技人才培养与队伍建设	181
科技交流合作与社会服务	182

青岛理工大学

概述	183
科研项目与经费	183
科研成果	183
应用研究与高技术研究	183
一流学科建设	184
科技成果转化	184
科技创新平台建设	184
学科建设	185
大学科技园建设	185
科技人才培养与队伍建设	185
科技合作与交流	185

鲁东大学

概述	185
科研项目与经费	186
科技成果及选介	186
科技创新平台及团队建设	186
科技管理	187
学术交流工作	187
服务地方工作	187

齐鲁工业大学（山东省科学院）

概述	187
科研重点与计划	187
科研成果	187
基础研究	187
应用研究与高技术研究	188
学科建设	188
科研成果转化及产业化	188
科研平台建设	188
科技人才培养与队伍建设	188
科技咨询与服务	188
科技合作与交流	189
科研成果选介	189

哈尔滨工业大学（威海）

概述	191
科技项目与经费	191
科技成果	191
基础研究	191
应用研究与技术研究	192
科技创新平台建设	192
科技成果转化	192
科技人才队伍建设	192
科技合作与交流	192

德州学院

概述	193
科研项目与经费	193
科技成果及选介	193
科研成果选介	193
科技创新平台建设	194
学科建设	194
科技人才培养与队伍建设	194
科技合作与交流	194

菏泽学院

概述	194
科研项目与经费	195
科技成果	195
应用研究与高技术研究	195
科技创新平台建设	195
科技人才培养与队伍建设	195
学术交流	195

科研院所科技发展

中国科学院海洋研究所
概述……199
科研重点与计划……199
基础研究……199
应用与高技术研究……199
科研成果及转化……200
科研平台建设……201
科技人才培养……202
国际合作与交流……202

中国科学院青岛生物能源与过程研究所
概述……203
科研创新平台……203
科技人才培养……203
科研项目……203
科研成果……203

中国科学院烟台海岸带研究所
概述……204
科研重点与成果……204
科研平台建设……205
科技人才培养……205
科技合作与交流……205

中国农业科学院烟草研究所
概述……205
科研重点与计划……205
科研成果……206
基础研究……206
应用研究与高技术研究……206
科研成果转化及产业化……206
科研管理与体制改革……206
科研平台建设……207
科技人才培养与队伍建设……207
科技咨询与服务……207
科技合作与交流……207

中国水产科学研究院黄海水产研究所
概述……207
科研项目……208
国际合作与交流……208
科技成果转化……208
资产与基建、船舶管理……208
队伍建设与人才培养……209

山东省农业科学院
概述……209
科研项目与经费……209
科研成果……209
重点成果选介……210
科研平台建设……210
科技推广服务与成果转化……210
科技人才引进与队伍建设……210
国际合作与交流……210

山东省医学科学院
概述……211
科研计划……211
科技成果……211
科研立项……211
科研成果转化及产业化……212
科技人才队伍……212
科技咨询与服务……212

山东省科学技术情报研究院
概述……213
科研重点与计划……213
科研成果……213

科研改革与体制管理……………………213
科技情报服务……………………………213
科技文献服务……………………………214
科技档案管理……………………………214
科技报告工作……………………………214
科技鉴志编纂……………………………214
科技宣传服务……………………………214
人才支撑服务……………………………214
科技项目验收及绩效评价………………214

山东省国土测绘院
概述………………………………………214
重大科技进展……………………………214
重要科技成果与奖励……………………215

山东省林业科学研究院
概述………………………………………215
重大科技进展……………………………215
科技成果与奖励…………………………215
科技体制改革与创新……………………216

山东省海洋资源与环境研究院
概述………………………………………216
科研重点…………………………………216
科研计划…………………………………217
基础研究…………………………………217
应用研究与高技术研究…………………217
科研成果转化及产业化…………………218
科研管理与体制改革……………………218
科研平台建设……………………………218
科技人才培养与队伍建设………………219
科技咨询与服务…………………………219
科技合作与交流…………………………219

山东省水利科学研究院
概述………………………………………220
科技项目…………………………………220
科技成果…………………………………220
技术服务…………………………………220

技术推广…………………………………220
学会和协会………………………………220
科技人才培养……………………………221

山东省海洋生物研究院
科研计划与成果…………………………221
重点成果选介……………………………221
基础研究…………………………………221
应用研究与高技术研究…………………221
科研成果转化及产业化…………………222
科研平台建设……………………………222
科技人才培养……………………………222
科技咨询与服务…………………………222
科技合作与交流…………………………222

山东省淡水渔业研究院
科技项目…………………………………223
科技成果及选介…………………………223
科技支撑与平台建设……………………223
科技咨询与服务…………………………223
科技合作与交流…………………………224
科技人才培养与队伍建设………………224

山东省中医药研究院
概述………………………………………224
科研重点与计划…………………………224
科研成果及选介…………………………224
省级中医药继续教育……………………225
研究生教育………………………………225
科研人才队伍建设………………………225
科技咨询与服务…………………………225
重点平台建设……………………………225

山东省计量科学研究院
概述………………………………………225
计量业务…………………………………226
科研项目…………………………………226
科研成果…………………………………226
科技平台建设……………………………226

学术交流……227	科研成果及选介……231
计量科普……227	科研平台建设……231
	科技成果转化与推广……231
山东省科学院生物研究所	科技人才队伍建设……232
概述……228	国际科技合作与交流……232
科教融合……228	
科研成果……229	**山东省海洋化工科学研究院**
科研人才……229	科技项目……232
科技成果转化……229	科技成果及选介……232
对外合作……229	科技成果转化及产业化……232
	科技创新平台建设……233
山东省食品发酵工业研究设计院	科技人才培养与队伍建设……233
概述……229	技术咨询与服务……233
科研重点与计划……229	科技合作与交流……233
科研成果与奖励……230	
科研成果产业化……230	**山东省红十字会备灾救护中心**
科研管理与体制改革……230	概述……234
科研平台建设……230	备灾仓库管理……234
科技人才培养与队伍建设……230	捐赠物资管理与海外捐赠……234
科技咨询与工程设计……230	应急救护培训……234
科技合作与交流……230	救护培训标准化建设……234
	生命健康安全教育……235
山东省农业科学院作物研究所	红十字应急救护培训基地……235
科研项目经费……231	

区域科技发展

济南市	科技合作与交流……241
概述……239	科普工作……241
科技济南建设……239	
高新技术及其产业……239	**青岛市**
科技计划……239	概述……242
科技创新资源与能力建设……239	高新技术及其产业……242
农业与社会发展……240	科技型企业培育……242
科技成果与奖励……240	科技创新平台建设……242
政策法规与环境建设……240	海洋科技攻关……243
民营科技企业发展……241	科技成果转化……243

科技人才支撑 …… 243
创业孵化服务 …… 243
技术转移服务 …… 243
科技金融服务 …… 243
大型科学仪器共享 …… 244
青岛高新区与自创区建设 …… 244
科技项目招引 …… 244
大科学装置建设 …… 244
科技计划 …… 245
科技成果与奖励 …… 245
科技惠民 …… 245
国际科技合作与交流 …… 246

淄博市
概述 …… 246
政策保障 …… 246
研发投入 …… 246
高新技术企业发展 …… 246
创新平台建设 …… 246
科技成果 …… 246
科技活动 …… 246
科技人才队伍建设 …… 246
校城融合 …… 247
科技扶贫 …… 247

枣庄市
概述 …… 247
示范区创建工作取得进展 …… 247
科技创新平台建设成效显著 …… 247
科技成果转移转化进程加速 …… 247
科技育企强企方阵初具规模 …… 247
科技创新人才高地加快隆起 …… 248
科技创新助推脱贫攻坚能力明显提升 …… 248
全面完成全市科技体制改革任务 …… 248
全力为疫情防控工作贡献科技力量 …… 248

东营市
实施创新型城市建设三年行动计划 …… 249
推进科教改革攻坚工作 …… 249
推进国家高新区创建 …… 249
强化双招双引工作 …… 249
深化科技与金融融合 …… 249
降低企业研发成本 …… 249
加强科技型企业培育 …… 250
完善创新平台体系 …… 250
区域创新中心初具雏形 …… 250
发挥高能级研发机构引领作用 …… 250
高新技术与产业 …… 250
农业科技 …… 250
加强区域性科技协作发展 …… 250
科技成果转移转化 …… 251
举办三大赛事 …… 251

烟台市
概述 …… 251
科技计划 …… 251
高新技术及其产业 …… 251
科技成果与奖励 …… 251
科技交流与合作 …… 252
科技成果转化 …… 252
农业科技创新 …… 253
生物医药健康 …… 253
科技金融结合 …… 253
创新平台建设 …… 253
科技创新服务 …… 253
科技人才 …… 253
科技体制改革 …… 253

潍坊市
概述 …… 254
高新技术及其产业 …… 254
科技计划 …… 254
创新平台建设 …… 254
潍坊市产业技术研究院建设 …… 254
打造区域创新高地 …… 255
农业科技 …… 255
科技成果与奖励 …… 255
知识产权 …… 255

政策法规与环境建设……255
民营科技企业发展……256
科技合作与交流……256
科普工作……256
海洋科技……256

济宁市
概述……257
高新技术及其产业……257
农村与社会发展科技工作……257
成果转化与区域创新……257
科技规划与资源配置……257
科技合作与交流……258
科技人才工作……258
政策法规与环境建设……258

泰安市
概述……258
高新技术及其产业……258
科技计划……258
科技创新资源与能力建设……259
农业与社会发展……259
科技成果与奖励……259
知识产权……259
政策法规与环境建设……259
民营科技企业发展……259
科技合作与交流……259
科普工作……259

威海市
概述……259
高新技术及其产业……260
科技计划……260
"1+4+N"创新体系建设……260
企业研发平台发展……260
创新服务体系建设……260
科技服务……261
技术交易……261
科技成果与奖励……261

国内科技合作与交流……261
国际科技合作与交流……261
外国专家助力威海科技发展……262

日照市
概述……262
创新型城市创建……262
科技改革……262
资源配置……263
高新技术及其产业……263
农业科技创新……263
海洋生物医药科技创新……263
创新平台建设……263
科技合作……264
科技人才……264
科技奖励……264
科技服务……264
山东黄海科技创新研究院……264

临沂市
概述……265
高新技术及其产业……265
科技计划……265
科技创新资源与能力建设……265
农业与社会发展……266
科技成果与奖励……266
政策法规与环境建设……267
产学研合作……267
科普工作……267

德州市
概述……268
高新技术及其产业……268
实施国家创新型城市建设突破提升行动……268
实施区域创新能力突破提升行动……268
实施创新创业共同体建设突破提升行动……268
实施企业科技创新能力突破提升行动……268
实施科技型企业培育突破提升行动……268
实施科技金融产业融合创新突破提升行动……268

实施科技成果转移转化突破提升行动……268
实施科技人才队伍建设突破提升行动……269
实施农业科技创新能力突破提升行动……269
科技创新资源与能力建设……269
农业与社会发展……269
科技成果与奖励……269
科技融资……269
集聚优质创新资源……269
科技金融助力科技型中小企业……269
提升企业科技创新实力……269
完善科技创新政策体系……270
科技合作与交流……270

聊城市
概述……270
高新技术产业发展……270
科技计划……270
科技创新资源与能力建设……270
创新平台体系建设……270
农业与社会发展……270
科技成果与奖励……271
政策法规与环境建设……271
科技合作与交流……271
科技人才队伍建设……271
科普工作……271

滨州市
概述……272

高新技术产业……272
科技人才……272
国家高新区创建……272
科技成果……272
科技扶贫……272
农业科技……272
社会科技……272
区域协同创新……272
创新平台建设……273
魏桥国科（滨州）研究院……273
科技合作交流……273
技术转移转化……273
科技服务……273

菏泽市
概述……273
创新创业共同体建设……273
中原技术市场建设……274
凯维思轻量化智能制造研究院（菏泽）建设……274
高新技术产业发展……274
科技创新平台建设……274
推进科技创新项目发展……274
科技创新合作……274
科技服务乡村振兴……274
科技支撑社会发展……275
强化全市科技创新保障能力……275

科技成果和奖励

山东省获得2020年度国家科学技术奖情况
概述……279
国家自然科学奖……279
国家技术发明奖……279
国家科学技术进步奖……280

2020年度山东省科学技术奖励情况
概述……281
授奖项目特点……281
山东省科学技术最高奖……282
山东省自然科学奖……282
山东省技术发明奖……285

山东省科学技术进步奖……………………………288

科技统计

2020 年山东省科学研究和技术服务业事业单位
　机构、人员和经费概况……………………313
2020 年山东省科学研究和技术服务业事业单位
　人员概况……………………………………320
2020 年山东省科学研究和技术服务业事业单位
　从业人员按工作性质分……………………326
2020 年山东省科学研究和技术服务业事业单位
　科技活动人员按学历和职称分……………332
2020 年山东省科学研究和技术服务业事业单位
　经费收入……………………………………338
2020 年山东省科学研究和技术服务业事业单位
　经费支出……………………………………345
2020 年山东省科学研究和技术服务业事业单位
　科研基建与固定资产………………………355
2020 年山东省科学研究和技术服务业事业单位
　科学仪器设备………………………………361
2020 年山东省科学研究和技术服务业事业单位
　课题概况……………………………………367
2020 年山东省科学研究和技术服务业事业单位
　R&D 人员……………………………………377
2020 年山东省科学研究和技术服务业事业单位
　R&D 人员折合全时工作量 ………………382
2020 年山东省科学研究和技术服务业事业单位
　R&D 经费内部支出按活动类型和经费来源分
　………………………………………………387
2020 年山东省科学研究和技术服务业事业单位
　R&D 经费内部支出按经费类别分 ………392
2020 年山东省科学研究和技术服务业事业单位
　专利…………………………………………398
2020 年山东省科学研究和技术服务业事业单位
　论文、著作及其他科技产出………………403

科技大事记

2020 年山东省科技大事记……………………………411

附　录

山东省科学技术厅　山东省外国专家局
　内设机构及主要领导名单………………… 417
山东省市、县科技局领导名单………………… 418
2020 年山东省获得国家杰出青年科学基金
　资助人员名单……………………………… 422
山东省科技管理系统先进集体和先进个人
　山东省科技管理系统先进集体……………423
　山东省科技管理系统先进个人……………424

2020年山东省出台的重要科技政策和法规

山东省人民政府办公厅关于推进省级财政科技
　　创新资金整合的实施意见……………………426
山东省人民政府办公厅印发关于加快优质专用
　　小麦产业创新发展若干措施的通知……………427
山东省人民政府办公厅关于强化科技创新支撑
　　乡村振兴的意见…………………………………429
山东省人民政府办公厅关于加快推进现代种业
　　创新发展的实施意见……………………………431
山东省人民政府办公厅印发关于深化科技改革
　　攻坚的若干措施的通知…………………………433

索　引

关键词索引……………………………………………………………………………………………437

特載
TEZAI

重 要 讲 话

省委书记、省人大常委会主任刘家义在2020年度山东省科技创新大会上的讲话

（2020年7月2日）

这次会议的主要任务是，深入学习贯彻习近平总书记关于科技创新的重要论述，总结工作，表彰先进，吹响加快建设科技强省的冲锋号。刚才，我们隆重表彰了为全省科技事业发展和现代化建设作出突出贡献的科技工作者。在此，我代表省委、省政府，向获奖人员表示热烈的祝贺，向全省广大科技工作者致以崇高的敬意和诚挚的问候！

习近平总书记深刻指出，创新始终是一个国家、一个民族发展的重要力量，也始终是推动人类社会进步的重要力量。科技引领未来，创新决定发展。有没有未来，能不能高质量发展，关键看科技创新怎么样。总书记要求我们"走在前列、全面开创"，在高质量发展上奋力蹚出一条路子来。近年来，我们牢记总书记嘱托，以建设创新型省份为统领，着力完善创新政策体系，出台深化创新型省份建设方案及系列配套政策措施，整合设立120亿元省级科技创新发展资金，科技创新制度体系不断优化；着力提升创新能力，实施省级大科学计划、大科学平台、大科学中心、大科学装置规划，组建山东产业技术研究院、山东高等技术研究院、山东能源研究院、中科院海洋大科学研究中心等创新平台落地山东；着力加速聚集创新人才，实施"人才兴鲁"战略，出台"人才支撑新旧动能转换20条""人才兴鲁32条"，住鲁院士数量达到86人，人才流入态势持续巩固；着力培育壮大创新产业，实施"现代优势产业集群＋人工智能"，做大做强新一代信息技术、高端装备、新能源新材料、现代海洋、医养健康等新兴产业，高新技术产业产值占比达到40%，"四新"经济占比达到28%；着力优化创新生态，深入推进科教改革攻坚，深化"一次办好"、开发区体制机制等改革，高新技术企业连续两年新增2500家以上，涌现出"蓝鲸2号"半潜式钻井平台、重型商用车动力总成等重大科技成果。这些成绩来之不易，促进了由科技大省向科技强省的转变。

当前，山东正处在由转型发展向创新发展加速迈进的关键时期。以更大力度推动科技创新，加快建设科技强省，是加快新旧动能转换、实现高质量发展的必由之路，也是落实"六稳""六保"任务、促进经济社会持续健康发展的重要途径。我们要以习近平新时代中国特色社会主义思想为指导，深入贯彻落实习近平总书记关于科技创新的重要论述和对山东工作的重要指示要求，深入实施创新驱动发展战略，加快科技强省建设，力争到2025年，建成10个以上具有国际影响力的高能级创新平台，取得100项以上具有国际先进水平的标志性科技成果，培育100家以上具有核心竞争力的创新型领军企业，科技创新人才数量和质量进入全国前列，高新技术产业产值占比达到50%左右，"四新"经济增加值占比超过40%，打造高效、顺畅、协同的优良创新生态，基本形成创新驱动高质量发展新格局，科技强省建设走在全国前列，成为黄河流域生态保护和高质量发展的创新发展示范区。

第一，聚焦产业发展抓科技创新。 总书记强调，要围绕产业链部署创新链、围绕创新链布局产业链。我们讲，产学研一体化，产业是中心，应用是核心。只有创新链和产业链精准对接、高度融合，才能实现创新驱动发展。要聚焦"十强"现代优势产业集群，搭建科研平台、实施科研项目、集聚创新人才，促进创新链、产业链、人才链、政策链、资金链深度融合，提升产业发展水平。

"一业一策"提升产业创新能力。围绕"十强"现代优势产业集群各个细分领域，逐一研究分析"卡脖子"的技术环节是什么，重大前沿技术突破口在哪里，每个产业科技项目怎么布局。结合优势产业培育，由创新型龙头企业牵头，每年实施一批重特大科技创新项目，力争达到国际先进水平。比如新一代信息技术产业，着力推进芯片制造、区块链、大型数据库软件等核心技术攻关，对攻克核心技术的企业给予必要的研发补助。比如生物制药产业，重点加大生物疫苗、中药方剂和创新药物等研发和转化力度，对完成Ⅲ期临床试验取得新药证书并在我

省产业化的项目，给予足够的研发支持。比如氢能源产业，设立氢能源发展专项基金，重点突破氢燃料电池及关键零部件、核心原材料等技术难题。今年，发改、科技、工信、财政等部门先选择5～10个产业，制定具体意见和办法。

支持优势产业建设行业技术创新中心。依托产业联盟、行业协会，在每个产业领域布局1～2个行业公共技术创新中心，采取"政府支持+联盟（协会）领办""龙头企业牵头+行业企业参股"等方式，推动创新平台共建、创新资源共享、创新成果共用。比如医疗器械领域，可以以龙头企业为主体，整合全省医疗器械创新资源，搭建涵盖医学影像、体外诊断、先进治疗、健康器械、智慧医疗等全产业链技术创新平台。行业技术创新中心要以法人实体形式运行，每年凝练重大创新需求，采取"揭榜制"方式进行发布，为行业发展提供服务。

加快工业互联网为产业发展赋能。工业互联网发展是一场深刻变革，各类企业汇集到一个生态上，实现一二三次产业、供需两端、生产流通消费等相互融合，将从根本上改变产业组织方式和产业形态，这是我省面临的一次历史性机遇。要推动海尔、浪潮等平台差异化发展，带动更多企业上云，加快建设国家级工业互联网示范区，支持青岛打造世界工业互联网之都，抢占未来发展"风口"。设立工业互联网产业基金，加快组建山东未来网络研究院、工业互联网发展研究中心等平台，支持场景应用示范、核心技术产品创新。

第二，充分激发企业技术创新主体活力。总书记指出，企业是创新的主体，是推动创新创造的生力军。要更大力度推动创新资源向企业集聚，把山东企业蕴含的创新创造活力充分激发出来，靠一个个市场主体汇聚起科技强省建设的强大力量。

实施科技型企业梯次培育行动。以"四梁八柱"支柱型引领型龙头企业培育为契机，把产业发展与科技创新一体谋划，在"十强"产业各领域分别确定若干家科技创新领军企业，牵头实施重大科技项目，组建创新联盟。支持一批优势企业搭建创新平台，加快技术研发，成长为创新型领军企业。每年对高新技术企业发展情况进行评估，重点看研发投入占比、新产品研发、亩产税收、能耗排放、安全事故等情况，对授予"山东省优秀创新型企业"称号的，在项目申报、贷款、用地等方面予以倾斜支持。建立高新技术企业培育库，力争用3～5年时间培育一大批科技型中小企业，培育一批独角兽企业、瞪羚企业。

为企业创新注入更多金融活水。资金缺乏是制约企业特别是中小企业创新的重要因素。要创新政银企联动机制，不能让企业因为缺钱扼杀了创新的梦想。这方面，尤其要做好几件事。一是建立"科技银行"，专门为高科技企业提供投融资服务，适当提高对风险的容忍度。二是针对科技型中小企业轻资产、重智力的情况，鼓励金融机构把知识产权、人力资本作为融资授信依据，对新增授信额度给予贴息补助。三是推动济南创建国家科创金融试验区，支持青岛更好地建设财富管理中心、创投风投中心。四是建立科创企业上市种子库，力争进入上市程序的企业数量每年增长20%。

补齐企业创新服务"短板"。由省科技厅牵头，组建省级科技创新公共服务平台，把全省高校院所、实验室等创新资源全部纳入平台，为企业提供菜单式服务。在全省通过新建、改建，确定一批高能级创新创业孵化器，带动全省打造一批专业化科技企业孵化器。大力发展投资型科技企业孵化器，采取"孵化+投资"的模式，对直接投资被孵化企业、孵化高新技术企业等绩效显著的，省财政给予重奖。

第三，面向市场提升创新平台发展水平。总书记明确提出，要发挥国内市场优势，强化规划引领，形成更有针对性科技创新的系统布局和科技创新平台的系统安排。要加快科研资源整合重塑，优化重大平台建设布局，为创新发展提供强力支撑。

推动实验室体系重塑。抓住国家重组国家实验室体系的机遇，加快全省基础类创新平台建设，整体构建包括国家实验室、国家重点实验室、山东省实验室、山东省重点实验室在内的实验室体系。今年要建设首批山东省实验室，赋予其人财物自主权，可自主开展职称评聘，自主决策孵化企业投资，自主设立的科技项目视同省科技计划项目。协同推进各类实验室与山东高等技术研究院、山东能源研究院等重大基础研究平台建设，力争基础研究取得重大突破。

推动创新平台整合重组。着力解决创新平台全而散、多而乱的问题，加快形成对产业的链条式支撑，争创一批国家技术创新中心等重大科技创新平台。部门间平台要重组，将发改、科技、工信等部门的创新平台，按照基础研究、技术开发与成果转化、基础支撑与条件保障三类进行布局，避免重复建设。行业内平台要整合，对行业内创新平台资源，用市场化手段进行整合重组，推动科教融合、产教融合，打造综合性创新平台。区域间平台要优化，结合省会、胶东、鲁南三大经济圈发展，对区域内的创新平台进行优化布局。对重大科技设施省里要加强统筹，防止重复建设。

推动科研院所去行政化。科研院所不同于一般事业单位，不能照搬照抄行政管理那套方式。要推行党委领导的理事会、董事会等管理机制，支持科研院所全面实行章程管理，加快建立现代院所制度，推动符合条件的科研院所向新型研发机构转型。建立灵活的激励分配机制，允许突破单位绩效工资总量，谁干得多干得好，谁就拿得多。今年，在省级层面选择部分科研机构开展改革试点，扫除科研机构面向市场的障碍，让科研人员真正放开手脚，心无旁骛搞创新。

第四，建设顺畅的科技成果转化机制。总书记指出，科技成果只有同国家需要、人民要求、市场需求相结合，完成从科学研究、实验开发、推广应用的三级跳，才能真正实现创新价值。这些年来我们的科研成果不少，但一直存在转化不力、不顺、不畅的问题。必须打通科技成果转化的堵点，让更多科研成果转化为现实生产力。

深化科技成果使用权处置权收益权改革。科研成果能否顺利转化，权益确定是前提，有效激励是保障。今年开展两个方面试点，一是职务科技成果所有权或长期使用权试点。在省级层面选择一批高校院所，允许单位和科研人员共有成果所有权，科研人员可独占转让成果许可权，真正让科研人员以"主角"身份转化成果、享有权益。二是科研院所正职领导持股综合改革试点。从科研院所选择部分具有独立法人资格的所属事业单位，对作为科技成果主要完成人或对科技成果转化作出重要贡献的事业单位法人代表，允许其持有股权。

健全成果转化"全链条"服务体系。通过专业化、市场化服务，畅通科技成果转化渠道。一是强化山东产业技术研究院带动作用，建立"十强"产业公共服务平台，增强成果转化、企业孵化、投融资服务等功能，推动高水平技术成果加快产业化。二是大力发展市场化的科技成果评价机构，支持高校院所建立概念验证中心，尽早识别具有商业化和社会化前景的项目，让更多优秀科研成果从实验室走出来。三是支持高校院所建立技术转移机构，从转让净收入中拿出专项资金，用于高校院所技术转移服务机构能力建设和人员奖励。四是依托新型研发机构、高校院所、龙头企业等建设一批共享中试基地，提供技术检测、成果孵化等服务。

实施重大创新产品示范应用工程。技术转化了，产品生产了，如果大家不敢用、不愿用，成果转化就不可持续。针对新一代信息技术、人工智能、区块链、医养健康、高端装备等领域新技术新产品，定期发布应用场景清单，支持扩大重大创新产品应用。对我省首台（套）产品实行政府采购首购制度，将科技型中小企业自主研发的创新产品纳入政府采购目录。建立"首购首用"风险补偿机制，对企业投保首台（套）技术装备及关键核心零部件等，给予保费补贴。

第五，营造尊重知识尊重人才的优良生态。总书记强调，各级党委和政府要从心底里尊重知识、尊重人才，为人才发挥聪明才智创造良好条件，营造宽松环境，提供广阔平台。我们要真正拿出识人的慧眼、爱才的诚意、用才的胆识、容才的雅量，聚天下英才而用之，让更多千里马在科技强省建设的赛道上竞相奔腾。

为人才提供更暖心服务。尊重人才，要从每一个细节入手，让人才时时处处感受到尊崇感。省委决定，一是凡获得国家科技进步一等奖、国家技术发明一等奖、国家自然科学二等奖以上的第一完成人，省科技最高奖获得者，享受院士医疗待遇。二是住鲁两院院士因公到北京、上海、广州等地出差，省驻外办事处全程安排服务保障；我省在其他城市设有引才工作站的，对因公出差的住鲁两院院士提供全程服务。三是定期开展高层次人才休假活动，办好高层次专家齐鲁行等活动。

加大创新型人才团队扶持力度。要为人才创新创造提供良好环境，让人才在山东干事有平台、创业有舞台，价值能够充分实现。省里建立创新型团队培育库，对入库团队可采取股权或债券投资等方式给予支持，并根据科技团队创设公司缴纳税收和上市情况给予奖励。对我省引进的世界顶尖名校、科研机构博士，直接给予省自然科学基金青年基金等项目支持，提高在站博士后研究人员的生活补贴。

吸引更多人才来鲁创业。对知名科学家、高层次人才团队、国际著名科研机构或项目带头人来鲁创新创业的，采取"一人一策"的办法给予经费支持。外籍人才持外国人永久居留身份证在中国（山东）自由贸易试验区、省级以上高新区创办科技型企业，与中国公民享受同等待遇。

第六，构建更加灵活高效的科技管理体制。总书记讲，科技创新、制度创新要协同发挥作用，两个轮子一起转。要坚决破除一切制约创新发展的条条框框，形成充满活力的科技管理和运行机制。

加快科技管理职能转变。科技创新是创新的事业，必须用创新的思维来推进。科技行政管理部门要坚决从分钱、分项目、管人的传统管理方式中跳出来，向定规划、定政策、定标准和组织实施重大科技攻关项目转变。资金使用要放宽放活，突出成果导向，只要有利于促进创新，有利于创造有价值的创新成果，资金怎么用，完全由科研团队自己说了算。科技、财政、审计、纪检监察等部门要建立沟通对接机制，科研机构和科研人员只要不违纪违法，不是为了私利，就要对他们宽容一点，保护好他们的积极性和创造性。

完善以质量、贡献、绩效为导向的评价机制。健全创新活动分类评价体系，对基础研究和社科研究，突出中长期目标导向，重点看同行学术评价；对应用研究和成果转化，突出市场和用户评价，重点看对产业发展的实际贡献。对效益显著、市场份额高、引领行业发展的标志性科技成果，直接授予全省科技进步一等奖。改进人才评价制度，推行代表作评价，重点看实际能力、看贡献，对作出突出贡献的高层次人才，可按照"直通车"政策一步到位申报正高级、副高级职称。

改进科技创新考核体系。充分发挥各市经济社会发展综合考核作用，强化对科技创新的考核，重点看引进了多少人才团队，引进后孵化了多少企业、带来了多少项目、实现了多少成果转化，孵化企业项目创造了多少效益、产生了多少税收。对科研院所的考核，要把去行政化改革、人才队伍建设、成果转化和创办企业等情况作为主要内容，按其对经济社会发展、产业转型升级的贡献程度实行绩效拨款。要通过考核这个指挥棒，把各方面的活力充分激发出来。

同志们，实施创新驱动发展战略、建设科技强省，责任重大、使命光荣。让我们更加紧密地团结在以习近平同志为核心的党中央周围，在习近平新时代中国特色社会主义思想指导下，进一步增强"四个意识"、坚定"四个自信"、坚决做到"两个维护"，砥砺奋进，勇攀高峰，不断提升科技强省建设水平，为实现"走在前列、全面开创"作出新的更大贡献！

省科技厅厅长、党组书记唐波在2020年全省科技工作会上的报告

（2020年1月16日）

同志们：

这次会议的主要任务是，以习近平新时代中国特色社会主义思想为指引，全面贯彻党的十九大和十九届二中、三中、四中全会精神，学习贯彻省委经济工作会议和全国科技工作会议精神，深入落实"重点工作攻坚年"部署，紧扣跻身全国创新型省份建设前列目标任务，分析当前形势，总结交流经验，部署安排2020年全省科技工作。

这次会议是经省政府领导同意召开的。省委、省政府高度重视科技创新工作，确立了2020年跻身全国创新型省份建设前列的目标，省委十一届十次全会对"完善加快创新型省份建设体制机制"作出战略部署。省委经济工作会议强调，"坚定不移推动科技创新引领"。刘家义书记、龚正省长和于杰副省长等省领导，多次主持召开专题会议，研究推进创新型省份建设，提出明确要求。刚才，书良同志传达了全国科技工作会议精神。对省委、省政府和科技部决策部署，我们一定要认真学习领会，结合实际抓好贯彻落实。青岛市科技局、济南高新区、新泰市科技局、山东产业技术研究院、鲁泰纺织有限公司等5个单位作了典型发言，具有很好的启发性示范性，大家要相互借鉴、共同提高。

2019年是山东科技发展历史上极不平凡的一年。全省科技系统紧密围绕省委、省政府决策部署，认真贯彻全面从严治党要求，深入落实大科学计划、大科学平台、大科学中心、大科学装置规划，积极开展"进位赶超"创新行动计划，精心实施"四三二一"工程，全社会创新、创新全社会局面加快形成，科技创新质量和效益明显提升，创新型省份建设全面起势。一是党对科技工作的领导全面强化。各级党组织把全面从严治党主体责任牢牢扛在肩上，推动全面从严治党与业务工作同谋划、同部署、同考核，管党治党责任链条逐渐压实。高质量开展"不忘初心、牢记使命"主题教育，引导党员干部牢固树立"四个意识"，增强"四个自信"，做到"两个维护"，推动乡村振兴、脱贫攻坚、生态环保等决策部署在科技系统落实落地。积极开展"工作落实年"活动，持续整治形式主义、官僚主义，建立内部巡察制度，加快健全内部管理制度，推动全面从严治党不断向基层延伸。二是创新型省份建设共建格局基本形成。省政府成立以龚正省长为组长的山东省科技领导小组，出台《关于深化创新型省份建设若干措施的通知》，全面加强对全省科技工作的指导和协调。在经济下行压力加大的形势下，省财政设立100亿元省级财政专项资金，同比增长470%，创造了省级财政投入新纪录。组建山东省第一届科技创新战略咨询专家委员会和13个领域咨询专家委员会，打造创新型省份建设的"思想库""智囊团"。三是高能级创新平台建设实现重大突破。立足打造引领全省创新驱动发展核心引擎的山东产业技术研究院，立足打造国际一流的学术机构山东高等技术研究院，立足打造能源领域国际水平新型研发机构的山东能源研究院相继揭牌成立，树立了我省重大科技创新平台建设的新标杆，将为全省高质量发展提供雄厚的新动能，在全国产生了积极影响。以中科院海洋大科学研究中心、中国工程科技发展战略山东研究院等为代表的国家战略创新力量在山东稳步发展，有力推动创新资源向山东汇聚。四是重点领域制度创新迈出坚实步伐。在创新创业共同体、健全科技创新市场导向、科研诚信建设和项目评审、人才评价、机构评估改革等方面推出了一批制度创新成果，22家省级创新创业共同体启动建设，市级产业技术研究院基本实现16市全覆盖，山东新松工业软件研究院等一大批"四不像"新型研发机构竞相涌现，在加快"政产学研金服用"各类创新要素融合发展方面形成有力探索。6家高新区开展体制机制改革试

点，高新区产业发展生态持续向好，"名片产业"和创新型产业集群加快培育。五是科技创新赋能产业发展取得明显成效。全面实施山东省大科学计划和大科学工程，超级计算机升级项目、国际首个超算科技园等重大装备落地，建成拥有27艘科考船的深远海科考共享平台，时速600公里高速磁浮试验样车等一批关键核心技术装备实现突破，为"十强"产业发展注入新动力，支撑规模以上高新技术产业产值占规模以上工业产值比重提升到40%左右。获得32项国家科技奖励，再创历史新高，数量居全国第4位。构建起科技型中小企业、高新技术企业、科技领军企业全生命周期梯次培育体系，高新技术企业增长态势强劲，2019年新增2500余家，总数突破1.1万家。六是人才创新创业生态持续优化提升。牢固确立人才引领发展的战略地位，先后出台科技干部人才队伍建设若干措施、集聚院士智力资源10条措施、外国人工作便利化服务10条措施等政策，举办2019山东省创新驱动发展院士恳谈会，设立山东院士专家联合会，启动离岸创新创业基地、海外引才工作站建设，高层次人才聚集态势开始显现，吸引433名院士和1860名团队成员来我省开展联合研发和成果转化，发放外国人工作许可15433件，4万余名外籍专家常年活跃在我省创新一线。

这些成绩的取得，是习近平新时代中国特色社会主义思想科学指导的结果，是省委省政府统揽全局、正确领导、科学决策的结果，是各级各有关部门关心厚爱、大力支持、团结协作的结果，全省广大科技工作者和科技系统干部职工担当作为、奋勇争先，付出了艰辛努力。在此，我代表省科技厅党组，向大家表示崇高的敬意和衷心的感谢！

一、深入学习贯彻党的十九届四中全会精神，进一步增强建设创新型省份的思想自觉和行动自觉

十九届四中全会将完善科技创新体制机制作为推进国家治理体系和治理能力现代化的重要内容，强调要加快建设创新型国家，对健全国家实验室体系、构建关键核心技术攻关新型举国体制、建立技术创新体系、完善科技人才发现、培养、激励机制等作出重大部署，为新时代的科技改革发展指明了前进方向，提供了根本遵循。全省科技系统要以习近平新时代中国特色社会主义思想为指导，认真学习领会十九届四中全会精神，把坚持和完善社会主义制度、推进国家治理体系和治理能力现代化作为当前和今后一个时期科技工作的重大政治任务，以昂扬奋进、锐意进取的精神状态，全力落实好十九届四中全会部署的各项任务，把十九届四中全会精神落实到创新型省份建设的全过程各方面。

要深刻认识到，加快创新型省份建设，是抢抓新一轮世界科技革命和产业变革重大机遇的必然要求。当前，新一轮科技革命和产业变革加速演进，基础前沿领域孕育重大突破，交叉融合态势更加明显，新一轮科技革命正在重塑全球经济结构和政治格局。人工智能、量子计算、脑科学、基因编辑等新技术加速突破，颠覆性创新持续涌现，并通过科技成果的产业化、市场化，催生出新的行业、改造传统的产业、塑造产业格局。科技创新已经成为应对当今世界百年未有之大变局的关键变量，成为推动区域发展的重要动力。近年来，发达国家纷纷加快制定创新战略，抢占发展制高点，引领本国的科技创新始终处于全球领先水平。国内发达省市，围绕国家战略，结合十四五科技创新规划和中长期发展规划，陆续启动新一轮创新战略部署。北京发布"科创30条"，加快推进全国科技创新中心建设。实践证明，谁抢占了科技高地，谁就能在激烈竞争中脱颖而出。可以说，新一轮科技革命和产业变革为地区发展提供了"直道超车"机会。只有牢牢把握住科技革命和产业变革的机会窗口，紧跟科技发展的趋势，研判科技发展的动向，加强前瞻部署，加快战略布局，山东才能在未来发展中后来居上。

要深刻认识到，加快创新型省份建设，是助推2020年进入创新型国家行列的重要支撑。创新型省份是创新型国家建设的基础支撑。按照党中央提出的科技创新"三步走"战略目标，2020年我国将进入创新型国家行列。从我省创新型省份建设来看，在国家创新体系中的地位和对创新型国家建设的贡献度需要进一步提升。我省综合科技创新水平指数在全国排名第10位，创新型省份建设25个定量指标中，多项指标排在全国7位之后（万人大专以上学历人数的比例、每万人就业人员中研发人员数、万人发明专利拥有量、高新技术企业数等10个指标）。全社会研发投入形势不容乐观，2018年我省研发经费支出和占GDP比重均出现下降（2018年支出1643.3亿元，比上年减少109.7亿元，居全国第4位，比上年回落一个位次；研发经费支出占GDP比重为2.15%，比上年回落0.26个百分点，居全国第9位，比上年回落两个位次），其中8市研发经费支出占GDP比重出现下降。刚刚公布的《国家创新型城市创新能力评价报告2019》显示，我省6个创新型城市跻身全国78个创新型城市行列，但没有城市进入前10位（青岛第12位，济南第17位，烟台第20位，潍坊第43位，东营第52位，济宁第55位）。山东作为经济大省、科技大省，理应在创新型国家建设中贡献更多力量。

要深刻认识到，加快创新型省份建设，是支撑引领高质量发展的核心动力。当前，我省经济发展仍处在深度调整期、瓶颈突破期、动能转换胶着期，传统产业"量大势弱"与新兴产业"势强力弱"并存，经济下行压力加大，亟须依靠科技创新壮大新动能。据了解，省委"重点工作攻坚年"将创新型省份建设作为重要攻坚任务，彰显了省委省政府把科技创新摆在核心位置，作为中心工作来抓的决心，凸显了省委省政府把科技创新作为新旧动能转换和高质量发展的重要支撑和引领力量的新发展理念。面对高质量发展的强烈需求，科技创新支撑引领能力还不容乐观。从源头技术供给看，我省基础研究力量大多集中在生物、农业、制造等传统优势领域，在新一代信息技术、新材料、先进制造、人工智能、大数据等与战略新兴产业密切相关的领域分布较少。从企业技术创新看，科技企业数量不足且创新能力不够强，高新技术企业数量只占广东的1/4，江苏的1/2。规模以上工业企业设立研发机构的仅占7.53%，相当于全国平均水平的一半；规上工业企业中有研发活动的企业占比为23.4%，低于27.4%的全国平均水平（比广东、江苏、浙江分别低12、19、15个百分点左右）。

同志们，山东作为我国由南向北扩大开放、由东向西梯度发展的战略节点，位于南北两大经济版图的交汇地带，加快建设创新型省份建设，做好依靠科技创新支撑引领高质量发展这篇文章，意义重大，既可以赢得自身发展主动，又能为科技支撑我国南北经济格局优化提供经验借鉴。全省科技系统要进一步增强使命担当，进一步增强紧迫感，坚定不移贯彻新发展理念，奋力赶超，努力推动创新型省份建设阔步前行、迈上新台阶。

做好今年科技工作，总体思路是，坚持以习近平新时代中国特色社会主义思想为指引，全面贯彻党的十九大和十九届二中、三中、四中全会精神，认真落实习近平总书记对山东工作的重要指示要求，全力落实"重点工作攻坚年"部署，按照"走在前列、全面开创"目标定位，紧扣跻身全国创新型省份前列目标，坚持新发展理念，加快实施创新驱动发展战略，持续落实"进位赶超"创新行动计划，着力健全科技创新体制机制，着力完善区域科技创新体系，着力推进科技创新治理现代化，全面提升科技创新引领支撑作用，努力为实施"八大发展战略"、加快高质量发展全面精准赋能。

主要目标是，跻身全国创新型省份前列。战略科技创新力量建设取得突破性进展，力争在国家实验室布局中占有一席之地，大科学装置集群初见成效，重大科技创新平台体系基本形成，新型研发机构蓬勃发展。科技创新质量效益显著提升，取得一批标志性关键核心技术成果，高新技术企业突破13000家，高新技术产业产值占规模以上工业产值比重提高一个百分点以上，年登记技术合同成交额超过1200亿元，国家高新区基本实现16市全覆盖。科技创新治理现代化取得明显成效，科技管理体制和政策体系更加健全，创新政策和科技成果落地更加畅通，具有山东特色的创新体系更加协同高效，全社会创新创业生态更加优化。

实现上述目标要求，必须以新发展理念为引领，明确做好工作的基本思路。要坚持平台布局战略化，突出高质量发展战略需求，优化重大创新资源布局，重点建设国际一流水平的高能级重大科技创新平台，夯实科技创新供给基础。要坚持技术突破集群化，深化科技供给侧结构性改革，促进各类创新要素更充分涌流、更高效配置，集中力量攻克技术创新"卡脖子"问题，带动高新技术集群式突破，培育壮大战略性新兴产业。要坚持区域发展特色化，发挥济南、青岛、烟台核心作用，统筹东中西部布局，因地制宜探索科技创新支撑引领高质量发展路径和模式。要坚持科技创新国际化，以全球视野谋划科技创新，积极融入全球创新网络，在更高起点、更高层次开展国际科技合作，构建更加开放的创新格局。要坚持创新生态融合化，加速产业链、资金链、人才链、技术链深度融合，带动"政产学研金服用"各要素加速流动、融合发展，构建新型创新创业生态。要坚持科技治理现代化，贯彻新发展理念，更大力度推进制度创新和流程再造，健全符合科研规律的科技管理体制和政策体系，建立完善现代化的科技治理体系。

二、牢牢把握2020年跻身全国前列目标任务，冲刺进入全国创新型省份行列

2019年，围绕加快创新型省份建设，启动了"进位赶超"创新行动计划，重点实施"四三二一"工程。2020年，围绕跻身全国创新型省份前列的目标任务，持续开展"进位赶超"创新行动计划，重点实施好"十大攻坚行动"。

（一）**实施山东实验室体系重塑攻坚行动，努力在强化基础研究源头支撑上实现新突破。**按照中央决策部署，科技部将挂牌组建国家实验室。科技部正在研究制定《国家重点实验室整合重组工作方案》，重组国家重点实验室体系。北京、上海、广东、安徽等省市都在抢抓机遇，积极组建省（市）实验室（广东省已批复建设10家省实验室，鹏城实验室预计总投资为135亿元）。要以此为契机和动力，重组山东省实验室体系，加快打造具有山东特色的"1133"金字塔形山东实验室体系，力争到2022年，建设国家实验室1个以上、省实验室10个左右、国家重点实验室30个左右、省重点实验室300个左右，全面提升对接国家战略的能力。一是全力创建国家实验室。这是事关山东高质量发展、海洋强省建设的长远和根本问题，也是构建山东实验室体系的"牛鼻子"问题。要以破釜沉舟、壮士断腕的决心，坚决攻下国家实验室这个"山头"。二是全面布局山东省实验室。尽快出台《山东省实验室建设方案》，按照"需要什么、建设什么，成熟一个、启动一个"原则，稳步推进山东省实验室建设。目前，我们在人工智能、医养健康、新能源、先进材料与绿色制造等领域部署了首批4家山东省实验室，今年要根据地方主动性和自身产业优势、创新基础，再布局部分山东省实验室，建成国家实验室和国家重点实验室的"预备队"。三是重组山东省重点实验室体系。尽快出台《山东省重点实验室建设实施方案》，按照新建一批、重组一批、撤销一批的思路，优化重组山东省重点实验室，加大省重点实验室在新兴学科、新兴领域的布局。同时，推进经费管理改革，建立稳定支持机制，给任务、给机制、给条件、给支持，推动科学研究、平台建设、人

才培养全面发展。

（二）**实施产业关键核心技术突破攻坚行动，努力在建立现代产业技术体系上实现新突破。** 重点是落实好省级大科学计划和大科学工程发展规划，组织实施好重大科技创新工程和重大基础研究项目，一体推进基础研究、技术创新和成果转化，推动产业链、资金链、人才链、技术链四链融合，突破一批"卡脖子"技术。一是赋能产业创新发展。实施好新一代信息技术创新行动计划，发挥应用场景优势，加速5G、区块链、人工智能、大数据等变革性技术布局、研发和应用，推动与我省重点产业交叉融合发展。在制造领域，实施制造业根基技术工程。在消费领域，加强智能穿戴、虚拟现实、智慧家居、医疗康复等高端消费产品的研发部署和应用。在医药领域，实施创新药物与高端医疗器械创新引领行动计划。在文化领域，出台加快推动文化和科技深度融合意见。在现代农业领域，深入实施农业良种工程，加大精准农业、智慧农机、盐碱地绿色开发等技术开发，从产业源头支撑现代高效农业发展。二是强化技术创新平台支撑。在人工智能、高端装备、现代海洋等领域，布局一批省级技术创新中心，全力争取在现代农业、医疗器械、高端装备等领域创建若干国家技术创新中心。抢抓新一代人工智能产业发展机遇，积极创建国家新一代人工智能创新发展试验区、国家新一代人工智能开放创新平台，促进人工智能与经济社会发展深度融合。布局建设3～5家省级临床医学研究中心，力争实现国家临床医学研究中心"零突破"。三是健全鼓励基础研究机制。优化新时代省自然科学基金资助体系，按照自由探索类、融合创新类、人才培养类推进省自然科学基金管理改革。完善对高校、科研院所和科学家的长期稳定支持机制，激励地方、企业和社会力量加大基础研究投入，加强"从0到1"的基础研究，壮大源头创新的科研力量。

（三）**实施各类主体融通创新攻坚行动，努力在融合创新生态营造上实现新突破。** 一是加快创新创业共同体建设。深入实施创新创业共同体5年培育计划，在科技特派员、国际科技合作、盐碱地种业和大健康农业等领域，再建设一批省级创新创业共同体，基本形成"1+30+N"创新创业共同体体系。加强对市级产业技术研究院建设的指导和支持，支撑地方创新创业共同体发展。支持创新创业共同体探索事业单位+公司制、理事会制、会员制等多种新型运行机制，推动创新创业共同体与特色科技园区融合共生，推动产业集群化发展。二是统筹推进新型研发机构建设。新型研发机构的核心特征是集成科研、孵化、资本等功能的微创新生态模式，构建了政府、母体高校科研院所、企业之间的制度性通道。尽快出台支持新型研发机构建设的措施，重点在网络安全、大数据、芯片与精密制造等领域布局建设一批新型研发机构，提升面向产业的研发能力和孵化能力。对各地建设的新型研发机构，符合条件的纳入全省布局给予支持。三是探索建设融通创新基地。在高新区布局建设大学科技园和各类专业化科技园区，推动创新创业共同体与专业园区融合发展。支持各类新型研发机构和高校院所，按照产业领域建设产业化中试基地，为行业发展提供技术检测、成果孵化等服务，形成"创新研发+创业孵化+产业集聚"联动机制（韩国生产技术研究院在韩国各地设立了4个分所、7个专业研究院，支持当地特色产业发展，实现了科研机构与产业发展的有机衔接）。

（四）**实施高新区体制机制改革攻坚行动，努力在高新区高质量发展上实现新突破。** 一是突出全面改革，积极推动全省高新区体制机制创新。在管理体制、审批制度、人才激励等方面加快探索适应创新发展的新机制。组织开展政策解读和宣传培训活动，及时总结典型性、可复制推广的经验做法，加快在全省高新区复制推广。发挥绩效考核评价的导向作用，引导高新区聚焦主责主业，实现经济高质量发展。二是突出示范带动，强化自创区引领示范作用。集中力量支持自创区建设一批机制创新、特色鲜明的专业化园区、重大创新平台和技术转移中心，打造具有区域影响力产业名片。完善支持企业创新的激励机制、科技成果转化补偿机制，建立"人才特区"政策机制，不断提升自主创新能力，打造引领经济转型升级的示范样板。三是突出重点突破，坚持推动高新区以升促建。认真做好寿光、滨州两家高新区相关规划的修改完善和汇报工作，促进科技部尽快组织专家现场考察，加快我省16地市国家高新区全覆盖进程。提请省政府推荐东营高新区创建国家高新区。四是突出专项推进，加快推动四级农业园区体系建设。深化国家级盐碱地综合利用技术创新中心共建，建设以盐碱地综合利用为特色的农业科学研究中心，将黄三角农高区打造成为黄河流域生态保护和高质量发展示范区。进一步将"互联网+"手段引入农业科技园区建设，力争实现国家农业科技园区16市全覆盖，完善四级联动、梯次发展的农业科技创新平台体系，推动全省特色农业创新发展。

（五）**实施科技企业体系培育攻坚行动，努力在企业技术创新主体地位上实现新突破。** 总体要求是，深入实施科技型企业梯次培育三年行动计划，遵循科技型企业成长规律，构建科技型企业孵化培育、成长扶持、推动壮大的全生命周期梯次培育体系，推动科技企业数量和质量双提升。一是在后备力量储备上下功夫。提升科技企业孵化器和众创空间专业化水平，建设一批加速器，构建全链条创新创业孵化体系，打造集科技创新、成果转化、产业孵化和产业运营等于一体的创新创业基地，形成"创新研发+创业孵化+产业集聚"联动机制。二是在科技企业上市上下功夫。加快建立科技型企业科创板上市培育库，细化完善入库标准和培育指标体系，科学准确的筛选优质企业入库，加强与上交所、知名券商、投资机构、中介机构等合作，尽快开展培育库企业的辅导培育工作。三是在提高技术创新水平下功夫。支持创新型领军企业与高校院所共建新型研发机构、技术创新中心、开放式实验室等创新平台，探索产学研协同的项目组织、成果转化、利益分配的机制与模式，探索大中小企业融通创新模式，加快建立以企业为主体、市场为导向、产学研深度融合的技术创新体系。四是在政策落实下功夫。着力将普惠性政策落实到各类科技企业，加快财政支持由后补助转向前端引导，引导全社会增加研发投入。加快科技云平台建设，充分运用大数据、人工智能、5G 等现代信息技术手段，强化政策措施情况跟踪监测，为各类科技企业提供精准政策支持。

（六）**实施区域科技创新高地打造攻坚行动，努力在区域创新协调发展上实现新突破。**当今世界，创新资源显示出越来越集聚到少数地区和城市的趋势。目前国家层面布局了北京、上海、粤港澳大湾区三个科技创新中心和上海张江、合肥、北京怀柔三个综合性国家科学中心，我省还没有城市入围。群山无峰将会导致科技资源无法聚集，国家重大创新战略部署也将擦肩而过。要重点做好三方面工作。一是加快创建综合性国家科学中心。支持济南加快落地电磁驱动、真空深冷、载人航天、微重力实验等大学装置，建设中科院济南科创城。支持青岛加快落地海洋系统模拟设施、海上综合试验场等大科学装置，形成海洋大科学装置集群，打造长江以北地区国家科技创新基地。在此带动下，深耕大科学计划和大科学装置，汇聚培育顶尖科研机构和研究团队，开展多学科交叉前沿研究，加快创建综合性国家科学中心。二是加快打造海洋科创中心。在创建国家实验室的基础上，制定打造海洋科技创新中心指导意见。推动中科院海洋大科学研究中心正式启用，发挥好其创新平台和集聚效应，服务高质量发展。三是打造创新型城市群。全力支持淄博、威海、日照、临沂、泰安、滨州、德州等市建设创新型城市，推动 50% 以上的设区市建成创新型城市。在此基础上，落实省会、胶东、鲁南三大经济圈一体化发展要求，布局建设胶东创新型城市群、省会创新型城市群、鲁南创新型城市群，促进创新资源优化配置。

（七）**实施激发人才创新创业活力攻坚行动，努力在人才队伍建设上实现新突破。**一是健全科技人才发现培养激励机制。完善平台＋项目＋人才一体化机制，建立对科技人才的叠加支持。加大青年科技人才培育，遴选支持一批有潜质的优秀青年人才，加大省自然科学基金、省重点研发计划等支持力度，探索在重大科技项目中设立青年专项，支持青年成为科技创新的主力军。实施科技人才出国培训专项，创新出国培训方式。依托院士工作站等，加大创新团队建设力度，鼓励形成优势互补、融合创新的团队。改进人才评价、市场激励、成果转化、利益分配机制，完善以知识价值为导向的收益分配和期权激励机制，赋予创新领军人才更大的人财物支配权。二是更多力度精准引进顶尖人才。突出"高精尖缺"导向，加大顶尖人才柔性引进力度。探索建设国际顶尖科学家实验室，优化提升"外专双百计划"重大引才工程，面向全球引进国际知名外国专家和团队。适时出台《山东省外国专家管理服务办法》，探索实施外国专家工作室制度。建立常态化的外国专家对接交流机制，打造高层次外国专家齐鲁行活动品牌。三是优化人才发展环境。加强国外、国外科技人才政策的统筹协调，推动政策一体设计、资源一体配置。加强国际人才交流服务体系建设，发挥好新获批组建的山东省国际人才交流服务中心和各类专业化机构作用，为外国专家来鲁创新创业提供最优政策、最优环境、最优服务。

（八）**实施科技创新国际化战略攻坚行动，努力在对外开放创新高地建设上实现新突破。**当前，国内科技合作竞争日加激烈，但科技资源毕竟是有限的（2017 年全球最具创新力政府研究机构 25 强中，美国和德国分别有 5 所机构上榜，法国和日本分别有 4 所，中科院是国内唯一一家，位列第 11 位）。无论是抢抓世界科技革命战略机遇，还是在创新型省份建设上实现弯道超车，都必须更加坚决、更加主动融入全球创新网络，在更高水平上开展国际合作，最大限度地利用国际科技资源。坚持重点突破，借助中国—上海合作组织地方经贸合作示范区、中国（山东）自由贸易试验区建设的重大机遇，积极推进多主体、多层次对外科技创新合作，强化与北美、欧洲、日韩和"一带一路"沿线国家的合作，参与实施"一带一路"科技创新行动计划。坚持精准对接，认真分析世界著名科研机构、高等院校和科技企业的技术优势领域，充分发挥协会等第三方机构和专业机构作用，推动与省内企业需求实现无缝衔接。坚持方式创新，面向北美、欧洲和日韩等地区，打造国际化区域创新创业共同体。在面向日韩国际合作共同体中，重点建设好济南中日高科技产业园、青岛日本科学城、烟台中日产业技术研究院等。坚持企业主体，支持企业布局设立一批离岸人才创新创业基地、国际化科技成果转移转化平台，精准实施国际科技合作计划，深度挖掘国际科技资源。坚持一体推进，一体化推进国际先进技术引进和高层次人才引进，加大"高精尖缺"人才柔性引进力度，突出"一人一策"，力争每年通过人才引进，突破 3～5 个重大关键技术。

（九）**实施健全科技管理体制和政策体系攻坚行动，努力在加快科技治理现代化上实现新突破。**按照国家治理体系和质量能力现代化总要求，深入推进重点领域科技体制改革，持续转变政府部门职能，加快营造良好的创新创业生态。一是强化科技工作顶层设计。发挥专家智库作用，科学编制山东省"十四五"科技创新规划和中长期发展规划。积极开展部省工作会商，争取将重点技术领域纳入国家中长期科技发展重点领域，积极争取国家可持续发展议程创新示范区。二是深化科技计划管理改革。持续优化科技计划类别设置，推进科技计划流程再造。高质量开展厅市会商，强化部门协作，共同实施好大科学计划和大科学工程。探索企业出题，高校、科研院所等揭榜的市场化技术攻关机制。探索建立军民科技协同创新的新机制新模式。开展科研经费"包干制"试点，建立完善以信任为前提的科研管理机制。三是完善科技成果转化机制。加快修订《山东省技术市场条例》《山东省高新技术发展条例》。布局建设一批综合性、区域性、专业化技术转移中心，构建以山东省科技成果转化服务平台（山东省技术成果交易中心）为引领的"1+4+N"技术市场体系。四是培育良好科研生态。会同省直有关部门，开展省属高校、科研院所改革试点，扩大科研自主权，强化高校院所主体责任和科研人员主体地位，进一步加大高校、科研院所科技成果转化有关国有资产管理授权力度，开展赋予科研人员职务科技成果所有权或长期使用权试点，激发高校院所创新活力。弘扬科学家精神和工匠精神，加强科研诚信建设。

（十）实施科技精准扶贫攻坚行动，努力在打造乡村振兴、脱贫攻坚科技方案上实现新突破。2020年是全面建成小康社会的收官之年，是脱贫攻坚全面验收交账之年。全省科技系统要从政治和全局的高度，坚持不懈抓好科技精准扶贫各项工作落实，确保6月底前全面完成三年行动工作方案确定的各项科技扶贫目标任务。重点落实好以下任务。一是加强科技特派员队伍建设。坚持政府引导和市场机制良性互动，研究制定新时代推进科技特派员工作的具体举措，全面实现全省8654个扶贫工作重点村科技特派员全覆盖，力争到2022年全省科技特派员达到1万名以上。二是创新科技特派员推进机制。建立科技特派员"创新创业共同体"，鼓励高校、科研院所科技特派员与服务对象结成"风险共担、利益共享"共同体，通过许可、转让、技术入股、领办创办企业等方式，加快科技成果转化应用，推动形成科技特派员服务基层的新模式和长效机制。三是加强科技扶贫平台载体建设，打造30个以上带动作用强、产业特色鲜明、扶贫成效突出、示范模式可复制可推广的科技扶贫示范基地，加强农科驿站、星创天地等农业科技创新平台建设。四是加速农业科技成果落地转化。每年征集遴选100项以上先进成熟适用的新技术、新产品、新品种、新模式等农业科技成果，通过农业科技综合服务平台发布推介。五是加强科技致富带头人培养和农民科技培训，广泛开展实用技术、创业就业培训为主体的精准培训，每年培养科技致富带头人1000名以上，培训农民达到1万人次以上。

三、坚定落实全面从严治党要求，为创新型省份建设提供坚强政治和组织保证

加强党对科技创新工作的领导，以党的政治建设为统领，以创建模范机关和全国文明单位为抓手，全面提高机关党的建设质量，推进全面从严治党向纵深发展。

（一）旗帜鲜明讲政治。坚持把党的政治建设摆在首位，不断增强"四个意识"，坚定"四个自信"，做到"两个维护"，在思想上政治上行动上同以习近平同志为核心的党中央保持高度一致，推动各项决策部署在全省科技系统落地落实。把"不忘初心、牢记使命"作为党的建设的永恒课题和全体党员干部的终身课题，认真开展党的十九届四中全会精神学习宣传贯彻活动，深入学习贯彻习近平新时代中国特色社会主义思想，切实用以武装头脑、指导实践、推动工作。切实提升基层党组织规范化、制度化，深入实施支部建设示范工程，充分发挥党的组织力，把党员干部的精力凝聚到推动创新型省份建设上来。坚决守好意识形态主阵地，强化科技安全和保密意识。树立全省"一盘棋"思想，将各级落实省厅关于科技精准扶贫、科技惠民以及重大任务、重要政策等情况，作为资源配置、平台布局、试点示范等的重要依据。

（二）狠抓干部队伍建设。坚持新时代好干部标准，严格执行新修订的《党政领导干部选拔任用条例》，把政治标准放在首位，以工作论英雄、凭实绩选干部、以公平作保障，建立健全容错纠错机制，旗帜鲜明地选拔忠诚干净担当的干部，大胆使用"李云龙式"的干部，做到为担当者担当、为负责者负责、为干事者撑腰。把培养选拔年轻干部作为"一把手"工程，把年轻干部放在艰苦岗位上锻炼，注重选拔使用经过实践考验的优秀年轻干部，让年轻干部脱颖而出。全面加强各级科技管理干部精准化专业化培训力度，强化战略思维，拓展国际视野，练就能干事、会干事、干成事的真本领，增强适应科技创新治理要求的能力。筹备召开全省科技干部人才队伍建设工作会议，加强科技管理队伍和人才队伍体系建设。

（三）营造风清气正政治生态。健全落实中央八项规定精神和省委常委会实施办法的具体措施，巩固并深化形式主义、官僚主义整治成果，持续开展作风专项整治行动，坚决防止"四风"反弹回潮。全面排查科技管理方面的难点堵点痛点，围绕科技资源配置、科研项目立项、科技奖励评审等重点领域，加快推进流程再造，完善内控机制，形成较为有效的制度约束规范，建立健全改进作风建设的长效机制。全面配合巡视工作，自觉接受监督，做好巡视整改"后半篇文章"。落实党风廉政建设主体责任清单，持之以恒正风肃纪反腐，一体推进不敢腐、不能腐、不想腐。精准运用监督执纪"四种形态"，严肃执纪问责，始终保持惩治腐败高压态势。自觉接受派驻纪检监察机构的监督，全力支持开展监督执纪问责工作。

同志们，跻身全国创新型省份建设前列，任务艰巨、使命光荣、意义重大。我们要更加紧密地团结在以习近平同志为核心的党中央周围，不忘初心、牢记使命，只争朝夕、攻坚克难，为全面建成小康社会、建成创新型国家、实现"走在前列、全面开创"目标定位作出新的更大贡献！

2020年全省科技工作综述

【全省科技工作概述】 2020年,全省科技系统以习近平新时代中国特色社会主义思想为指导,深入贯彻落实党的十九大和十九届二中、三中、四中、五中全会精神,聚焦聚力全省八大发展战略,加快实施创新驱动发展战略,科技创新质量和效益进一步提升。全省新增高新技术企业数量首次突破3千家;全省规上高新技术产业产值同比增长7.91%,占规上工业产值比重达到45.11%,比2019年提高4.97个百分点。13个国家高新区新注册企业24.5万家,同比增长25%。35项成果获国家科学技术奖,创历史最好成绩,其中全省单位或个人牵头获奖项目11项,数量居全国第4位。新获批国家专业化众创空间2家、新备案国家众创空间50家。截至2020年底,山东拥有省级以上科技企业孵化器225家,省级以上众创空间419家,其中,国家级科技企业孵化器98家,国家级众创空间242家,分别居全国第3位、第2位,全省科技企业孵化器、众创空间在孵企业超过2.5万家。2020年5月,山东省被国务院办公厅表彰为"实施创新驱动发展战略、推进自主创新和发展高新技术产业成效明显的地方"。

【基础研究】 围绕"鼓励探索、突出原创,聚焦前沿、独辟蹊径",以培养"从0到1"的成果、团队和领军人才为目标,深入开展颠覆性技术和"卡脖子"技术攻关,设立原创探索、技术支撑和战略跟踪三类项目,围绕重点领域将20个方向列入指南,共资助重大基础研究项目44项,资助经费10680万元,对行业、产业的源头创新发挥了积极作用。2020年,省自然基金项目共立项3447项,资助经费合计65466亿元。强化对青年科技人员支持,青年基金项目资助比例达35%。

【关键核心技术突破】 以推动创新链和产业链深度融合为核心,协同推进大科学计划和大科学工程与重大项目,围绕新动能培育、传统产业提升、推动社会发展系统布局40个项目、102个方向,实施100项重大科技创新工程项目,一批关键核心技术实现重大突破。全球首款突破50%热效率的商业化柴油机正式发布,热效率达到50.26%,世界内燃机发展迎来了历史性新突破。最高运行时速达100公里、具有完全自主知识产权的新一代跨座式单轨列车下线,标志着我国在跨座式单轨车辆技术领域取得重大突破。山东农业大学抗小麦赤霉病成果入选2020年中国十大科技进展。山东华翼微电子技术股份有限公司开发的专用安全芯片,达到国家密码管理局安全芯片三级要求,填补国内空白。山东国瓷功能材料突破了内燃机后处理蜂窝陶瓷关键技术,填补了国内直接用生料制作机动车尾气排放控制用高性能蜂窝陶瓷载体的空白。万华化学集团股份有限公司填补国内尼龙12生产技术和产品空白,建成国内首条、全球第2条尼龙12全产业链万吨级工业化生产线。烟台杰瑞石油装备技术有限公司突破全电驱页岩气增产装备柱塞泵和智能输砂系统等关键技术,解决超大功率增产电驱增产装备中的"卡脖子"问题。

【科技助力疫情防控】 启动实施8个"新冠肺炎疫情应急技术攻关及集成应用"重大科技创新工程项目,研发课题12个,在传染病防控领域启动建设省级重大科技创新平台5个,支撑科研团队持续深入研究,为应对各类传染性疾病提供解决方案。为586家中小微企业和创业(创客)团队兑现创新券资金,全省363家科技企业孵化载体为11541家在孵企业累计减免各项费用1.96亿元,助力全省科技企业在短期内全部实现复工复产。

【创新型省份建设】 综合科技创新能力稳步提升。7月2日,省委省政府召开近年来首次全省科技创新大会,省委书记刘家义同志出席并讲话。科技创新发展资金预算达到120亿元,较2019年增幅超20%,为历史新高。集中财力支持重大关键技术攻关项目、重大原始创新项目、重大技术创新引导及产业化项目和重大创新平台项目。出台《关于深化科技改革攻坚的若干措施》,围绕强化战略科技力量、提升企业技术创新能力、激发人才创新活力、完善科技创新体制机制制定创新政策25条,全面塑造发展新优势。中科院大学发布,全省区域创新能力居全国第6位。

【创新平台建设】 国家级重大创新平台多点突破。青岛海洋科学与技术试点国家实验室已汇聚包括31名院士、共2200余人的科研队伍，取得了一批重要成果，其中具有自主知识产权的治疗阿尔茨海默症新药GV-971获批上市。浪潮集团基础计算架构国家新一代人工智能开放创新平台获科技部批准，助力人工智能产业成为经济发展新引擎。山东大学牵头建设的山东应用数学中心获批，成为首批公布建设的13个国家应用数学中心之一。枣庄市国家可持续发展议程创新示范区、潍柴集团国家燃料电池技术创新中心即将获得批复。济南获批建设国家新一代人工智能创新发展试验区。省政府、青岛与中科院共建中科院海洋大科学研究中心通过验收。邹平高端铝材产业基地被认定为国家高新技术产业化基地。

省级重大创新平台体系加速重构。编制省实验室体系建设规划和省重点实验室建设实施方案，出台省技术创新中心建设规划和平台项目指南，制定建设标准和绩效评价办法，以项目竞争方式推动各类科技创新平台重组优化和加快发展。首批5家省实验室完成挂牌筹建，新建55家省技术创新中心。

新型研发机构蓬勃发展。出台关于支持新型研发机构建设发展的若干措施，大力推进山东产业技术研究院、高等技术研究院、能源研究院等新型研发机构建设，启动建设省级创新创业共同体25家，引导各市建设市级共同体102家，新备案新型研发机构300家，已形成"1+30+N"的创新创业共同体体系。各类新型研发机构已建成高水平研究平台52个，中试或孵化基地载体面积31.76万平方米，孵化科技型企业146家，新引进高层次人才422人，攻克技术难题266项，转化科技成果270项。

【科技创新能力】 科技型企业实现量质齐增。2020年科技型中小企业入库数量达到18203家，居全国第3位。高新技术企业突破1.46万家，同比增长27.5%。遴选50家科技型企业作为首批科创板上市培育库入库企业，5家科技型企业在科创板上市。科技型中小企业、高新技术企业、创新型领军企业全生命周期梯次培育体系初步形成。承接科技部"氢进万家""北斗应用"国家科技示范工程，培育新模式新业态，带动产业多元化发展。

区域发展创新高地加快隆起。青岛、济南跻身全国创新型城市第10位和第14位。省政府、济南与中科院共建中科院济南科创城，14个中科系项目落地济南。在济南、青岛、枣庄设立省会、半岛、鲁南3个科创联盟，聚集各类创新要素，首期成员单位达到853家，辐射带动周边区域联动发展。省级以上高新区达20家，国家级高新区13家，高新区以占全省不到2%的土地面积，创造全省近12%的规模以上工业总产值、13%的公共财政预算收入和12.5%的进出口总额。

海洋科技创新能力不断提升。获得科技部立项支持"蓝色粮仓"重点专项10项，总经费2.73亿元，数量居全国第一。组织实施"透明海洋""蓝色药库""深远海渔业"等一批重大科技创新工程，为海洋新兴产业和涉海优势产业精准赋能，支撑山东海洋生物医药和现代海洋渔业产业增加值连续3年排名全国第一。

【创新创业环境】 强化普惠性政策落实。全年全省享受企业研发投入补助政策企业共10952家，省级补助资金14亿元。支持675家企业使用创新券3029张，兑付金额1255.11万元。筛选1195家科技型企业，建立千家企业服务机制并开展企业科技特派员派驻工作，首批对135家科技型企业推荐的202名企业科技特派员予以备案。鼓励引导社会资本参与科技创新，70余家合作银行为1700余家企业提供了约96亿元的科技成果转化贷款，是2019年的2.7倍。截至2020年底，加入全省仪器设备网的科研仪器达17614台（套），入网数量居于全国前列，设备原值249.11亿元；入网会员单位达到12410家，其中中小微企业10201家。

科技成果转化服务体系日益完善。建成"省级技术转移机构信息管理系统"，实现技术转移机构省级备案和补助申报"一网通办"。备案省级技术转移机构17家，对15家符合条件的省级机构给予466万元资金奖补。开展全省技术转移先进县创建活动，评选出24个"技术转移先进县"。面向县域布局建设一批区域性、专业化技术转移中心，积极构建以山东省科技成果转化服务平台为引领的"1+4+N"技术市场体系。印发《山东省技术转移人才培养基地认定管理办法（试行）》，加快构建"基地、大纲、教材、师资"四位一体的省级技术转移人才培养体系。

【科技体制改革】 科技项目组织模式全面创新。制定省级重大科技创新项目组织实施方案和项目管理暂行办法，加快推行科技攻关"揭榜制"、首席专家"组阁制"。2020年省重大科技创新工程项目全部采用揭榜制方式组织，通过市场机制，自主遴选项目实施主体。"车路协同关键技术研究与应用"等4个课题试点首席专家"组阁制"，首席专家自主选聘项目组成员、自主决定项目技术路线。将省自然基金青年、优青、杰青项目基金纳入经费"包干制"试点，赋予科研人员财务支配权。

科技体制改革精准发力。出台《关于深化省属科研院所体制机制改革的若干措施》，加快下放研发机构设置权、人才招聘权、职称评审权、内部薪酬分配权、科技成果转化收益处置权，赋予科研院所更大自主权。印发《深化科技领域"放管服"改革优化营商环境工作方案》，委托市级科技管理部门实施行政权力1项，向自贸区、上合示范区下放科技成果登记等行政权力3项。制定科技计划科研诚信管理办法，加强科技计划全过程科研诚信管理。持续攻坚科技评价制度改革，把破除"四唯"融入项目评审、人才评价、机构评估全过程，三评改革的经验做法在全国科技工作会议作典型发言。

科技创新活力强力迸发。开展省属高校院所促进科技成果转化综合试点。遴选8家省属高校院所作为试点单位，探索建立赋予科研人员职务科技成果所有权或长期使用权的运行机制。在全国率先建立以实际贡献和创新质量为导向的科技奖励评价体系。启动首批科技进步奖产业突出贡献类项目评审，评选出3项创新成果直接授予省科技进步奖一等奖。增设技术经纪人专业职称，新培育省级技术转移服务机构17家，山东省技术市场协会获批国家技术转移人才培养基地。

【科技合作与人才队伍建设】 科技人才政策体系不断完善。提升青年基金项目支持比例，每年安排省自然科学基金不低于40%的资金用于支持40周岁以下青年科研人员。出台《山东省高层次人才评价标准指引（试行）》《关于促进山东自贸试验区海外人才流动便利化的措施（试行）》《山东省院士工作站管理服务办法》等政策，推动人才创新创业生态持续优化提升。

招才引智力度不断加大。举办"创业齐鲁·共赢未来"高层次人才创业大赛，评选出100名创业企业类人才、40名创业项目类人才。加大国家级领军人才推荐申报力度，新入选65人，其中外国专家项目10人，居全国第3位。遴选科研领域泰山学者青年专家44人，数量比2019年翻倍，泰山产业领军人才（创新类）59人，评选出"外专双百计划"项目70个，其中院士33人。

国际国内合作不断深化。召开2020年山东省创新驱动发展院士恳谈会，举行重大需求项目集中签约仪式和山东院士专家联合会2020年会。成立联合会专业委员会10个，签约院士专家项目40个。与清华大学、中科院共建区块链研究院、齐鲁现代微生物技术研究院相继落地。与乌克兰、日本共建山东—乌克兰国家科学院技术创新研究院、青岛中日科学城、中日（烟台）国际科创城加快推进。共备案院士工作站399家，引进院士353人，吸引院士团队成员1530余人，开展合作项目470项。

【农业科技创新】 农业科技创新高质量推进。制定《关于强化科技创新支撑乡村振兴的意见》，深入实施农业良种工程，引进收集重要种质资源2000余份，选育小麦新品系16个，玉米新品种28个。其中，"济麦22"品种种植面积连续九年蝉联全国第一，累计达2.7亿亩；"济麦44"亩产766.62公斤，创全国超强筋小麦单产纪录。全省主要农作物良种覆盖率达到98%，良种对粮食增产的贡献率达到47%。黄三角农高区实现规上工业总产值234.3亿元，同比增长5%。新获批建设国家农业科技园区2家，总量达21家，居全国第一。新批复设立省级农高区3家，数量达18家。选派科技特派员7835名，建设科技扶贫示范基地30余个，在省扶贫工作重点村建设农科驿站216家，高标准完成科技扶贫各项目标任务。

【科技成果与奖励】 2020年度山东省人民政府共授予273个项目（人选）省科学技术奖励，其中省科学技术最高奖2人，为中国海洋大学李华军、山东重工集团谭旭光；省自然科学奖、省技术发明奖、省科学技术进步奖一、二、三等奖分别为31项、117项、121项。授奖的成果，既有打破了国外技术垄断封锁，形成了具有完全自主知识产权的特色产业集群，也有面向山东省产业转型升级，突破一系列关键核心技术，多项成果达到国内外领先水平，彰显山东科技创新硬实力。超七成项目与"十强"产业密切相关，新能源、新材料、高端装备、现代高效农业、高端化工、生物医药六大领域表现出较强的创新实力，获奖成果持续保持领先，总占比达到61%，为山东省产业升级和高技术产业发展提供了技术支撑。

（山东省科学技术厅办公室　徐文东）

责任编校：李绮斌

科技管理
KEJI GUANLI

高新技术及其产业

【概述】 2020年，全省规模以上高新技术产业产值同比增长7.91%，占规模以上工业产值比重为45.11%；全省高新技术产业固定资产投资占工业固定资产投资比重为46.5%。从各市情况来看，滨州、济南、潍坊、烟台等4市规模以上高新技术产业产值同比增长9%以上，分别达到24.39%、23.22%、12.27%、9.9%；淄博、威海、菏泽、济南、烟台、德州、滨州等7市高新技术产业固定资产投资占工业固定投资比重超过50%，分别达到60.6%、59.7%、55.4%、54.0%、53.7%、52.9%、52.9%；潍坊、枣庄、青岛、聊城等4市高新技术产业固定资产投资占工业固定资产投资的比重超过40%，分别达到48.1%、47.1%、46.7%、45.2%。2020年全省及各市高新技术产业主要指标详见下表。

2020年全省及各市高新技术产业主要指标

地区	高新技术产业产值同比增长（%）	累计占规模以上工业比重（%）	高新技术产业固定资产投资占工业固定资产投资的比重（%）
全省	7.91	45.11	46.5
济南	23.22	55.29	54.0
青岛	6.15	61.77	46.7
淄博	7.09	42.53	60.6
枣庄	-3.26	39.14	47.1
东营	-1.87	34.21	35.7
烟台	9.90	54.77	53.7
潍坊	12.27	52.26	48.1
济宁	4.08	39.78	36.5
泰安	1.59	51.12	25.5
威海	1.51	60.13	59.7
日照	5.75	17.83	30.9
临沂	1.41	40.02	32.7
德州	1.25	43.44	52.9
聊城	-5.11	42.03	45.2
滨州	24.39	40.58	52.9
菏泽	3.85	37.74	55.4

【高新领域研发部署】 一是推动新一代信息技术创新。推动《山东省新一代信息技术创新能力提升计划》各项工作落实。省重大科技创新工程项目以创新产品研发和应用为主线，突出新一代信息技术和产业的深度融合发展，在量子技术、人工智能、区块链、工业互联网、信息安全芯片研发应用等领域进行重点布局。二是积极争取"氢进万家"科技示范工程。梳理各地氢能利用需求，在深入调研基础上，编制"氢进万家"科技示范工程方案，围绕氢气制备与纯化、纯氢管网建设、热电联供系统及燃料电池电堆等开展应用示范，相关方案通过科技部组织的论证。三是积极争取"北斗星动能"科技示范工程。积极争取科技部现代服务业领域以及空天信息领域北斗重点专项的实施工作，围绕物流、文旅、救援等领域开展北斗系统应用的调研论证，提出工程方案与组织实施模式。

【高新领域科技创新平台建设】 一是积极推动山东能源研究院建设。发挥山东能源研究院筹建领导小组秘书处的作用，积极协调省直有关部门协助解决山东能源研究院建设项目审批、人员编制、人员社保、经费拨付等事宜，指导山东能源研究院编制年度工作实施方案、明确研发攻关重点方向，为山东能源研究快速发展奠定基础。二是积极推动潍柴动力创建国家燃料电池技术创新中心。潍柴联合共建单位于2020年4月成立法人实体"山东国创燃料电池技术创新中心有限公司"，为激发"政产学研用"各方创新活力、制定目标导向的创新评价激励体系、搭建市场化成果转移转化平台、打造技术创新与体制创新相结合的发展模式提供了更加灵活、高效的运营主体。国家燃料电池技术创新中心建设方案于2020年6月5日通过科技部组织的专家论证。

【科技型企业培育】 扎实推进科技型企业梯次培育工作，打造推动经济高质量发展主力军。一是做好国家科技型中小企业评价工作。实行评价工作全流程网上办理，通过引导孵化载体培育科技型中小企业、依托科技型中小企业建设高企培育库、支持科技型中小企业参加中小微企业创新竞技行动和享受科技成果转化贷款风险补偿政策等举措，壮大科技型中小企业队伍，为高新技术企业培育奠定基础。2020年，全省入库科技型中小企业总数达到18203家，较2019年增长8685家，居全国第3位。二是组织实施山东省中小微企业创新竞技行动。2020年共吸引2240家中小微企业报名，报名数量比2019年增长30%，经审核符合报名条件的1433家企业，其中初创企业229家、成长型企业1204家。从中择优推荐参加国赛的63家企业中33家获全国赛优秀企业，其中中建材光芯科技有限公司晋级成长组全国总决赛（全国共22家）。三是精准服务企业。按照省委省政府关于"六保三促"相关工作部署，遴选1195家科技型企业，建立千家企业服务机制并开展企业科技特派员派驻工作。针对千家科技型企业有关融资需求，积极与省地方金融监管局对接，为788家企业匹配了金融辅导队。粗略统计，2020年金融辅导队帮助337家企业融资177亿元。四是加强高新技术企业培育工作。围绕强化高新技术企业源头培育，激发企业创新内生动力，构建了包括税收优惠、财政扶持、科技金融在内的普惠性企业创新扶持政策体系。2020年，会同财税部门落实2019年度研发费用税前加计扣除政策加计额达900亿元，高新技术企业所得税减免132亿元，涉及企业2.4万家次；为1.1万家企业落实省级企业研发投入补助资金14亿元。这些政策的实施有效降低了企业创新成本，使企业成长为高企的主动性变强，2020年山东省新增高新技术企业3157家，总数达到14629家，同比增长27.5%。

【**高新技术产业发展**】 一是加强高新技术产业发展基地建设。2020年，全省建有国家火炬特色产业基地69家，国家高新技术产业化基地达到11家，其中，68家国家火炬特色产业基地参加火炬统计。统计数据显示，国家火炬特色产业基地2020年实现工业总产值13814亿元；基地内企业数达到19883家，其中高新技术企业1877家，经认定的骨干企业1055家；基地企业从业人员达到156万人，其中研发人员21万人；基地专利授权25177件，其中发明专利授权5906件。二是加大创新型产业集群培育建设。目前，全省经科技部认定的创新型产业集群（培育）试点达到11个，集群2020年实现工业总产值3940亿元；集群内企业数达到1720家，其中高新技术企业489家；集群从业人员达到31万人，其中科技活动人员10万人；集群当年发明专利授权1405件。

（山东省科学技术厅高新技术发展及产业化处）

农村科技工作

【**概述**】 2020年，全省农村科技工作紧紧围绕习近平总书记"要给农业插上科技的翅膀"和"打造乡村振兴齐鲁样板"重要指示精神和省委、省政府"重点工作攻坚年"部署要求，围绕中央一号文件、省委一号文件和《山东省乡村振兴战略规划（2018—2022年）》中有关农业科技创新工作部署安排，积极作为，取得显著成效。省政府办公厅印发《关于加快优质专用小麦产业创新发展若干措施》（鲁政办字〔2020〕110号）、《关于强化科技创新支撑乡村振兴的意见》（鲁政办字〔2020〕141号）、《关于加快推进现代种业创新发展的实施意见》（鲁政办字〔2020〕172号）等若干文件，有力促进了乡村振兴战略高质量实施。2020年，全省农业总产值首次超过1万亿元，农业科技进步贡献率超过65.18%。主要农作物良种覆盖率达到98%。

【**农业科学技术**】 2020年，全省在重大育种基础研究以及新品种培育方面取得了显著成效。首次从小麦近缘植物长穗偃麦草中克隆出抗赤霉病主效基因Fhb7，并转移至小麦，为解决小麦赤霉病世界性难题找到了"金钥匙"；研发了小麦特异的高效编辑载体，建立了无基因型限制的农杆菌介导的编辑载体递送系统；选育了4个适于轻简化栽培、在5‰盐度下亩产达450多公斤的新耐盐水稻新品系；小麦"山农28"实打单产达856.9公斤／亩，创全国新高。

【**农业领域技术创新平台建设**】 2020年，根据《山东省技术创新中心管理办法》和《山东省技术创新中心建设方案》，新建"马铃薯""苹果""玉米""花生""小麦""设施蔬菜""现代设施果树""农产品现代物流"等8个省技术创新中心，农业领域省技术创新中心总数达到9个，为促进产业向高端迈进、实现高质量发展提供了有力支撑。

积极创建国家盐碱地综合利用技术创新中心，围绕"国家盐碱地综合利用技术创新中心"创建，与中科院、中国农大、中国农科院等28家高校院所合作，签订协议19项，搭建起了新一代智能农机装备中试研发、盐地藜麦种质创新与产业化开发、益虫资源综合利用中试研发、盐碱地多尺度农田生态系统定位观测试验场、黄河三角洲盐碱地生态高效农业产业技术研究院等5个重大科研平台和农湾孵化器双创服务平台，为国家盐碱地综合利用技术创新中心创建打下坚实基础。

【农业领域省级科技计划】

农业良种工程 对2019年度省农业良种工程在研项目进行跟踪服务，根据初步统计，2019年度省农业良种工程实施以来已引进与收集保存珍稀濒危、特色、优质、抗病抗逆等农作物重要种质资源2000余份，选育"济麦44"等优质强筋小麦新品系16个，筛选"鲁单505"等粮饲兼用玉米、适宜机收玉米新品种28个。2020年度省农业良种工程重点围绕优质高效特色作物、高档名优蔬菜、优质高档特色果品、优质高效林茶花卉、优质高效畜禽、高质高抗水产等六大领域，布局16个重点项目，安排省财政支持经费9100万元，通过项目实施可有效推进种业全链条创新，培育一批优质特色、绿色高效、高附加值和适宜机械化、轻简化作业的突破性新品种，培植形成国内一流的种业创新团队、创新平台和现代育种技术体系，有力提升山东省种业自主创新能力和国际竞争力。

现代高效农业领域重大科技创新工程 2020年，省重大科技创新工程在现代高效农业领域围绕"优质小麦品种选育与提质增效""动植物病害防治""智慧农机""绿色生态农业"4个项目布局实施8个课题，安排省财政补助经费13659万元。通过项目实施可创制品质突出、农艺性状优良的小麦新种质5～10份，建立小麦基因型和表型鉴定平台及网络化的分子育种信息云平台，开发优质强筋小麦绿色高效生产关键技术2～3套，并推广示范100万亩；建立解毒酶在小麦深加工过程中脱毒的工艺流程；研发害虫空中迁飞参数精准测定技术1套、重大迁飞性害虫雷达自动识别技术1套；鉴定非洲猪瘟病毒功能蛋白3～5种，获得新兽药证书2～3项，开发猪场生物安全防控体系3套，建立示范猪场2～3个；研制改善土壤质量的土壤改良剂和微生物菌剂产品2个，研发土壤质量综合提升技术3套，研发微生物源杀虫、杀菌及除草功能相关产品1～2种；建成覆盖黄河三角洲盐碱地农业环境科研全过程的监测网络系统1套，建立全程智能的无人化作业技术体系，形成耕种管收储运等盐碱地农业综合系统解决方案。

【农业科技园区体系建设】 2020年，全省新获批建设日照、淄博国家农业科技园区，国家农业科技园区达到21家，数量位居全国第一，实现全省设区市全覆盖；新批复设立岚山、兰陵、肥城3家省级农高区，数量达18个。临沂、德州2家国家科技园区顺利通过科技部评估。淄博国家农业科技园区依托淄博市淄川区设立，总面积960平方公里。园区形成了以粮油、果蔬为主导产业，标准化种植、农产品加工、休闲农业与乡村旅游融合发展的农业"新六产"框架布局。日照国家农业科技园区依托日照市东港区设立，园区地处环黄渤海经济圈与山东半岛蓝色经济区的叠加区，总面积492.2平方公里，现已初步形成了以特色林果业、海洋渔业、休闲农业为主的特色产业。

（山东省科学技术厅农村科技处）

黄河三角洲农业高新技术产业示范区（简称黄三角农高区） 2020年，全区实现规模以上工业总产值234.3亿元，完成固定资产投资11.5亿元；区级财政收入完成4.74亿元，同比增长50.22%；其中，一般公共预算收入完成3.63亿元，同比增长19.05%。

坚持人民至上生命至上，众志成城抗击疫情。坚持抓早抓严抓细抓实，全力以赴做好疫情防控，第一时间启动战时工作机制，取消春节假期，成立领导小组，设立防控机构，配齐配强人员，实行最严的责任指挥体系，最严的值班值守，最严的联防联控，最严的督办问责追责，做到全覆盖深排彻查，全覆盖严格管控，全覆盖宣传发动，形成了横向到边、纵向到底的"疫情防控网"。持之以恒抓好常态化疫情防控，根据疫情发展变化及时调整防控策略，针对不同情况，分行业制定防控措施，加强重点场所督导检查，压紧压实防控工作责任，确保各项防控措施落实到位。在全力抓好疫情防控的同时，统筹推进经济社会发展，成立企业复工复产领导小组，制定出台企业复工服务7条措施、规范企业复工指导意见，成立上门对接服务队，"一企一策"协调解决问题，有序推进经济建设，保证了园区工作平稳健康运行。

建设高能级创新平台，激发科技创新活力。紧扣国家战略使命，坚持科技创新驱动，全力推动"一中心、六基地"建设。①集全区之力创建国家盐碱地综合利用技术创新中心。紧抓省院共建机遇，集中攻坚技术创新中心建设。编制了总体规划，布局了4个功能板块，投资5.45亿元，实施了科研设施、基础设施配套提升工程，建成投用4.5万平方米的总部基地、5700亩的试验示范基地。与中科院、中国农大、中国农科院等28家高校院所合作，签订协议19项，搭建起了新一代智能农机装备中试研发、盐地藜麦种质创新与产业化开发、益虫资源综合利用中试研发、盐碱地多尺度农田生态系统定位观测试验场、黄河三角洲盐碱地生态高效农业产业技术研究院5个重大科研平台和农湾孵化器1个双创服务平台。成功创制装配12台第三代中马力清洁能源智能网联农机—鸿鹄T30，筛选了40余份拥有独立知识产权的藜麦高代品系，商品熊蜂年生产能力达到12000箱，布局建设了滨海地区第一个盐碱地生态系统观测网，开展了盐碱地牧草、耐盐碱野生花卉、耐盐碱果树等19类100多个品种的田间试验。黄河三角洲主要经济作物提质增效技术集成研究与示范、苜蓿分子选育与生态友好栽培关键共性技术研发、生物可降解地膜制备产品研发与示范应用、食品风险因子防控及安全保障体系建立等6个中科院STS项目和中科院"生态草牧业"战略先导专项、科技部"一区一项目"落地实施。成功争取科技部支持打造特色载体推动中小企业创新创业升级项目，智能农机制造、生物技术与制造产业获批科技部"百城百园"行动立项。成功举办了山东省农业科技园区创新发展峰会、中国科学院服务"乡村振兴"战略工程实验室研讨会等一系列高规格会议。创新中心聚集创新资源的功能正在凸显，科研成果转化、技术集成示范、规模经济效应正在释放，具备了向国家级技术创新中心发展迈进的先决条件，正在积极申报国家盐碱地综合利用技术创新中心。②统筹推进"六基地"建设。山东省农科院试验示范基地，作物表型组学研究平台成功列入省推动黄河流域生态保护与高质量发展项目库和省"十四五"发展规划；建设国内首个农业迁飞害虫高空雷达预警和精准防控平台，与64个科研团队326名科研人员开展72项科研试验活动。农业生物技术中试研发基地，建立微生物菌剂、乳免疫蛋白、有机无机杂化膜3个中试孵化平台，重点实施了抗病毒、抗菌乳铁蛋白创新药研发和食药同源产品研发等产业化项目。耐盐林木种苗产业孵化基地，开展温室樱桃限根密植栽培、超能楸树组培生产。国际盐碱地农业科技合作示范基地，围绕全球盐碱地农业发展共性关键问题，探索了与以色列、荷兰、捷克、加拿大等农业科技先进国家开展科研和产业合作，提升了农业科技创新水平。

培植特色主导产业，增强园区发展动力。坚持因地制宜、适地而用，立足盐碱地资源禀赋，重点发展4大产业。①特色种业。规划了种业产业园，引进了希森马铃薯集团、东营盐地藜麦种业科技公司、山东胜伟集团等多家企业，重点开展耐盐藜麦、耐盐马铃薯、耐盐苜蓿、碱地黑牛肉牛等新品种筛选繁育和配套栽培技术研究。耐盐碱马铃薯轻度盐碱地亩产达到4627.3公斤，盐地藜麦2个示范品种亩产分别达到386斤和340斤，布局了酸枣、艾草、蒲公英等15种中药材的种质资源圃，在高产优质、广适多抗和适应机械化作业品种选育方面取得突破。积极对接国内种业龙头企业，招引国家级"育繁推一体化"种子企业入驻园区，进一步厚植特色种业发展基础。②大健康及功能性食品产业。规划了3平方公里的大健康及功能性食品产业园，山东捷益年产2000吨北虫草种植及深加工、广东恒兴水产年产20万吨高档水产饲料、东营优合生物年产1500吨甜菜果胶等一批产业化项目落地建设。规划盐碱地食药同源植物综合开发利用产业园，建设中医药加工物流园、分析检测认证中心、中试加工平台、数字化交易平台和酸枣、航天丹参、金银花产业化繁育基地等"1园1中心2平台6基地"，实施了山东亚特中药材产业示范园、东营中天航天育种基地、黄三角盐碱地酸枣道地食药产业化基地等一批药食同源产业化项目。③农业智能装备制造产业。依托中科院计算所第三代智能农机研发团队技术支撑，培育集系统开发、零部件创制、整机制造、大数据服务等于一体的农业智能装备制造产业，打造农业智能装备制造基地。总投资5亿元、占地158亩的新一代智能农机装备产业孵化园开工建设；总投资3.27亿元、占地85亩的高端有机无机杂化分离膜及一体化环保设备制造项目正在办理开工手续。规划了12万平方米农业智能装备制造产业科技创新港项目，计划2021年启动实施。由中国一汽、赛轮集团共同出资建设的全国首个智能网联研发功能性汽车试验场落地开工。④生物技术与制造未来产业。联合中科院青岛生物能源与过程研究所、山东大学、山东省药学科学院等单位创建"山东省生物技术与制造创新创业共同体"，组成了高端创新团队，汇聚"政产学研金服用"成员单位79家，搭建山东黄三角生物产业技术研究院，注册成立公司，围绕生物化工、生物能源、生物农业、生物健康、生物制造等领域，培植壮大生物技术与制造未来产业，打造国家级生物技术与制造战略创新高地。创新创业共同体已经省政府批复。

营造优质发展环境，提升园区吸引力。①动能转换稳步进行。积极探索"管委会+公司""平台+公司"运营管理模式，组建山东现代农业科技创业投资集团公司作为黄三角农高区建设发展的市场主体，组建山东黄河三角洲建设发展有限公司、山东滨海创智产业发展有限公司，分别作为技术创新中心和滨海新动能产业园的管理投资运营主体。稳步推进盐化集团体制改革，促进中芳特纤、鼎盛精工、鼎创科技、美奥生物、广元生物、瑞达生物、净泽膜等高新技术企业跨越发展，推动齐润化工、俊源石油、华邦化学、华泰清河等传统工业企业转型升级、绿色发展。②发展承载能力不断提升。深入实施安全生产专项整治三年行动，持续开展"打非治违"，保持常态化严管高压态势，全区安全生产形势持续稳定。狠抓生态环境治理，抓好"水气土废"污染防治，开展环保突出问题整治，园区生态环境质量不断提升。扎实推进农村人居环境整治三年行动，稳步推进小清河防洪综合治理、支脉河综合治理、东二路防洪排涝、小清河复航、庐山路南延等工程，园区发展承载能力不断增强。③营商环境不断优化。认真落实"放管服"改革要求，全面提升政务服务工作水平。制定出台《关于弘扬企业家精神支持企业家干事创业的若干措施》，帮助企业纾难解困、提质增效。强化金融服务，"破圈解链"化解资金风险，有效控制了区域性金融风险。抓好政府采购和招投标管理，健全工作机制，细化工作流程，常态化开展监督检查，公共资源交易运转更加高效规范。④"双招双引"成效明显。成立"双招双引"工作办公室，制定项目联审办法、项目管理办法、工作考核办法，聚焦主导产业，制定招商项目库，谋划了总投资556亿元的117个"四个一批"项目。绘制招商图谱，开展产业链招商，华东智能网联汽车试验场、新一代智能农机装备产业孵化园等41个科技含量高、带动能力强、发展前景广的大项目、好项目落地开工建设。与中国科学院、中国农科院、省农科院、山东农大等28家高校院所建立了战略合作关系，引进科研团队42个，引培专家与本地化科研人员266名。

坚持绿色生态高效循环发展，打造科技振兴乡村示范样板。秉持"绿水青山就是金山银山"理念，大力发展生态绿色高效循环农业。布局建设了盐地（藜麦）节水旱作高效生态农业、盐碱地生态草牧业、耐盐经济作物提质增效等5个技术集成示范基地，实行"技术创新中心＋示范基地＋科技示范户"的科技推广模式，培养了大批农业技术人才。实施了东营延旭环保60万吨／年畜禽养殖粪污处理及秸秆综合利用项目，对黄三角农高区、广饶县全域104832处农村旱厕和区内规模养殖场产生的人畜粪污、厨余垃圾和农田作物秸秆等有机废弃物全覆盖收集处理，彻底解决了农村面源污染和秸秆焚烧安全隐患，探索出了一条种养加紧密结合，农村垃圾变废为宝，生态效益、经济效益、社会效益有机统一，企业自身良性循环发展的先进模式。扎实推进农村"七改"，深入实施惠民工程，深入开展脱贫攻坚"清零达标"专项行动和政策落实"回头看"，所有建档立卡贫困户稳定脱贫。持续推进教育医疗卫生事业发展，全面做好城乡居民养老保险、基本医疗保险、大病保险各项社会保障。强化社会治理体系建设，深入开展"扫黑除恶"专项斗争，严厉打击涉黑涉恶团伙，人民群众的获得感、幸福感、安全感不断提升。

纵深推进全面从严治党，凝聚园区发展合力。积极融入黄河流域生态保护和高质量发展国家战略，认真落实国家使命任务，以坚定的思想自觉和实际行动，确保党中央决策部署落地生根。一是抓实党工委理论学习常态化，强化思想理论武装。制定出台了党工委理论学习中心组学习制度、学习规则、集体学习组织实施规程等规章制度，抓实抓好各级党工委理论学习，树牢"四个意识"，坚定"四个自信"，做到"两个维护"，为园区高质量发展提供坚强的理论基础和政治保障。二是健全完善党建工作机制，推动基层党组织规范提升。选举产生了第一届机关党委、机关纪委、综合党委、国有企业党委，进一步理顺基层党组织隶属关系，健全完善党组织体系。严格党内政治生活，规范"三会一课"制度，常态化开展"主题党日"、重温入党誓词、党员过"政治生日"活动。三是持续改进工作作风，凝聚干事创业强大合力。以"重点工作攻坚年"为总抓手，深入开展"担当作为、狠抓落实"大竞赛、大比武，在部门中赛比、在专班中赛比、在关键时刻赛比，以比促学、以赛促干，锻造过硬本领，锤炼务实作风，打造忠诚干净担当的新时代干部队伍。四是坚持全面从严治党，抓实抓牢党风廉政建设。坚持零容忍、无禁区、全覆盖，健全党风廉政建设内控机制，全面消除滋生腐败土壤；坚持重遏制、强高压、长震慑，始终保持惩治腐败高压态势，累计谈话询问210余人次，诫勉2人，立案8起，给予党内警告3人，党内严重警告1人，开除党籍6人，营造了风清气正的良好环境。

（黄河三角洲农业高新技术产业示范区　齐星元）

【科技特派员工作】 2020年，全省注册备案的科技特派员达到7835人。疫情期间，有关部门先后印发《关于新冠肺炎疫情防控期间创新性开展科技支农的若干措施的通知》和《关于发挥科技特派员作用助力春季农业生产和脱贫攻坚的紧急通知》，组织广大科技特派员充分利用科技手段，创新性开展包括线上培训指导、无人机喷洒消毒、农科专家在线答疑等科技服务，获得了省领导的批示表扬。组织616名科技特派员实施科技特派员行动计划，预计可示范新品种272个，落地转化农业成果134项，带动1.9万名农民就业，培训1.6万人次；按照省委组织部关于引导人才向基层流动的工作部署，选派400名科技人员到85个重点扶持区域县（市、区）和部分扶贫工作重点村开展科技服务。批复建设由山东省农业科学院为建设主体的"山东省科技特派员（农业产业技术成果转化）创新创业共同体"，鼓励科技特派员通过创新创业共同体开展农业科技服务。

【科技扶贫】 2020年认真落实《省科技厅打赢脱贫攻坚战三年行动工作方案》，研究印发《科技助力决战决胜脱贫攻坚2020年工作方案》，统筹全省科技资源，层层落实责任，圆满完成科技指导人员8654个扶贫重点村全覆盖等科技扶贫工作任务。2020年，组织山东农业大学、青岛农业大学和山东省农业科学院专家，组团分赴菏泽、临沂、聊城、泰安等4市20个脱贫任务较重县（区）开展科技帮扶工作，依托农科驿站、科技扶贫示范基地，重点对葡萄、苹果、桃子等农作物的田间管理及病虫害防治问题开展现场指导、成果推介、技术示范等工作，培训科技致富带头人及种植大户1200余人次，帮助解决科技致富带头人在生产中遇到的技术难题，为当地特色产业发展提供科技解决方案。

严格落实《山东省黄河滩区居民迁建科技工作专项方案》，精心组织实施科技帮扶示范工程，克服疫情影响，在基本完成帮扶示范布局的基础上，不断加强示范项目管理，确保示范效果。累计投入省级科技经费5600余万元，支持11家省级以上农业科技园区、11家科技型农业企业开展帮扶示范；备案建设农科驿站57家，打造科技扶贫示范基地12家，组建科技扶贫服务队69支，选派513名科技特派员到滩区迁建县（区）开展农业科技综合服务，推介成熟科技成果216项、转化科技成果115项，有力促进了滩区生产发展、产业升级。组织科技扶贫服务队深入黄河滩区开展专题培训服务活动，开展农业生产技术培训。

【科技对口支援】　　东西部科技扶贫协作　积极响应科技部开展东西部科技扶贫协作行动号召，支持指导寿光市与井冈山市扶贫帮扶结对，推动建设井冈山高科技农业博览园，带动当地农业转型农民增收，科技部王志刚部长专门给省委省政府主要领导发来感谢信，称为"政府引导、市场主导、企业盈利、群众致富"的东西部科技扶贫协作典范。

【实施农村领域国家科技计划项目情况】　2020年，积极组织省内相关科研机构和企业单位向科技部申报国家重点研发计划"主要经济作物优质高产与产业提质增效科技创新"和"蓝色粮仓科技创新"专项。其中、省农科院牵头的"杂粮优质高效轻简栽培技术集成与示范"项目获得立项，争取国拨经费2836万元。"蓝色粮仓科技创新"专项"十三五"期间共发布项目49个，总经费15.5亿元，其中由山东省相关科研机构牵头组织实施的项目为20个，经费6.04亿元，分别占全国的40.8%和39.0%，为山东省海洋强省建设提供有力支撑。

【与中科院共同实施STS计划项目情况】　2020年，按照与中科院科发局签署的《STS计划农业科技领域山东试点二期工程合作备忘录》有关要求，在前期调研和征求意见的基础上，聚焦黄三角农高区建设和智慧农业发展，围绕"现代化海洋牧场智能装备与精准调控技术""黄河三角洲主要经济作物提质增效技术集成研究与示范""苜蓿分子选育与生态友好栽培关键共性技术研发""智能设施农业装备技术攻关与系统示范""授粉熊蜂规模化繁育技术的研发和示范""生物可降解地膜制备产品研发与示范应用""食品危害因子快速检测与溯源云平台建设"等方向开展科研攻关，支持经费5400万元。项目集成了中科院7个研究所和140多名研究人员参与，联合山东省7家企业、院所配合共同实施。通过项目实施，预计可转化应用新技术、新产品、新品种100多个，制定配套生产关键技术程序20余套，建立新型技术和新产品示范基地20多个，综合经济收益提高10%以上。

（山东省科学技术厅农村科技处）

社会发展科技工作

【概述】　2020年，山东社会发展科技工作紧紧围绕科技创新"四个面向"重要指示和山东"八大发展战略"实施，以"四抓"为核心，全力落实"重点工作攻关年"任务部署，围绕人口健康、环境保护、文化科技融合、公共安全、可持续发展等社会发展重点领域，完善优化创新创业环境，支持共性关键技术研究和转化应用，强力推动人才、项目、平台一体化发展。制定实施了《山东省创新药物与高端医疗器械引领行动计划（2020—2022年）》《山东省临床医学研究中心发展规划（2020—2025年）》《山东省临床医学研究中心绩效评价办法》《山东省临床医学研究中心分中心建设指导意见》《山东省创建国家临床医学研究中心工作指引》，研究起草了《关于加快推动山东省文化和科技深度融合的实施意见》等一系列政策文件，全面加强民生领域科技支撑，扎实推进全省医养健康、文化科技融合、生态环保以及其他社会事业领域创新发展。应对新冠肺炎疫情严峻形势，及时组织联合攻关，创新组织方式和立项程序，启动了"新型冠状病毒感染的肺炎疫情应急技术攻关及集成应用"重大科技创新工程，先后组织实施了8个重大项目、12个研发课题，投入财政科技经费1750万元，为新冠疫情防控提供科技支撑。以省重大科技创新工程为抓手，组织实施了"医养健康""生物技术与生物制造""医疗卫生""环境保护与治理""公共安全"等省重大科技创新项目，强化成果转化和产业化引领，持续推进民生领域重大科技攻关。面向全省组织编发了《山东省水污染防治技术指导目录（第四期）》。支持枣庄创建国家可持续发展议程创新示范区，科技部部务会、部际联席会议已经审议通过，并按程序提报国务院常务会议审议。

【社会发展科学技术】　2020年，前瞻研究制定全省社会发展领域科技创新规划和政策，高质量研究提出了一批重大科技创新任务。①组织实施社会发展领域重大科技创新项目27项，占全省实施总量的27%，旨在聚力突破一批重大关键技术；②高标准规划建设了一批医养健康、生态环保、公共安全等领域创新载体，高水平备案建设了10个国家临床中心分中心，在骨科与运动康复、耳鼻喉疾病领域布局新建了2个省级临床医学研究中心，为全省社会发展提出了有效科技支撑；③持续推动国家可持续发展议程创新示范区创建工作，取得重大突破，以全票通过、第一名的成绩，通过国家部际联席会议组织的专家答辩；④人类遗传资源管理工作走在全国前列，在全国率先制定实施了《山东省人类遗传资源管理暂行办法》，建立了专家咨询委员会，人遗全省普查工作开展顺利，对全省法人单位人类遗传资源基本情况进行了摸底调查，形成了《山东省人类遗传资源调查工作总结报告》，得到国家人遗办的高度肯定；⑤组织开展了医养健康、医疗卫生、生物技术与生物制造、数字新经济、环境保护与治疗、公共安全等社发相关领域关键技术研发工作，示范应用一批先进技术和适用成果，为全省智慧社会建设提供了有效助力，全省社会发展科技工作能力和水平不断提高。

（山东省科学技术厅社会发展科技处　李连文）

【社发领域科技创新平台建设】 2020年，积极适应新冠疫情需求，紧急布局建设了山东省中医药治疗呼吸系统疾病技术创新中心（筹）、山东省抗病毒药物技术创新中心（筹）、山东省传染性呼吸疾病重点实验室等创新平台，有效助推了疫情防控科研攻关水平。布局新建和国家工程技术研究中心转建了山东省肿瘤大数据与精准医疗技术创新中心（筹）、山东省节能环保锅炉装备技术创新中心（筹）、山东省无水染色技术及装备技术创新中心（筹）、山东省体育用品技术创新中心等技术创新中心。批准建设了山东省生物诊断分析产业创新创业共同体、山东省抗体药物创新创业共同体、山东省文化创意产业和智能制造创新创业共同体、山东省生态环境产业创新创业共同体、绿色产业与环境安全创新创业共同体等创新创业共同体，为社会发展科技创新工作提供了有效载体。

【人口与健康工作】 2020年，临床医学研究中心建设成效显著，中心体系不断完善，制度进一步健全。国家临床医学研究中心创建工作稳步推进，参照已批复的国家临床医学研究中心建设做法，研究制定《山东省创建国家临床医学研究中心工作指引》，指导山东大学齐鲁医院、山东省肿瘤医院、山东省立医院，围绕急危重症（急诊）、放射治疗、糖尿病与代谢疾病，做好第五批临床中心申报工作。布局建设国家临床中心山东分中心，已在感染性疾病、血液系统疾病等领域备案建设10个国家临床中心分中心。强化省级临床医学研究中心规划和管理，印发实施《山东省临床医学研究中心发展规划（2020—2025年）》《山东省临床医学研究中心绩效评价办法》，对省级临床医学研究中心建设的功能定位、规划布局、重点任务和绩效评价等方面的内容进行规划布局，为省级临床中心高质量建设奠定了良好基础。

2020年，在耳鼻喉疾病、骨科与运动康复领域新建2个省级临床医学研究中心，截至目前，已累计批复建设13个省级临床医学研究中心，初步构建了上接国家临床中心、下联基层医疗机构的协同创新和临床医学科研体系，形成了覆盖省内外862家医疗机构的协同创新网络。开发了基于乙醛脱氢酶2（ALDH2）的急性心血管疾病精准诊疗技术、胚胎冻融辅助生殖技术、早期非小细胞肺癌立体定向放射治疗术等新型诊疗技术34项，牵头和参与制定行业指南、专家共识21项；推广体外膜肺氧合（ECMO）技术、脑卒中高危人群干预、2型糖尿病多种危险因素综合管理等适宜技术53项，培训基层医疗人员2.5万余人次；授权发明专利105项，出版专著20部；获国家科学技术进步奖二等奖2项，省科学技术进步奖一等奖5项、二等奖11项；在急危重症、肿瘤放疗、生殖医学、代谢疾病防治研究等领域积累了丰富的诊治经验和技术储备，部分临床专科排名跃居全国前列。临床中心建设为疫情防控提供了有力支持，有效提升了基层医疗卫生机构的服务水平，为全省医养健康产业创新发展和"健康山东"战略实施提供了有效助力。

组织实施医养健康产业领域重大科技创新工程。在充分调研座谈的基础上，组织有关专家编制了"重大新药创制""高端医疗器械""精准医疗""新冠肺炎疫情应急技术攻关及集成应用"等领域重大科技创新工程申报指南，明确了重点领域的主要关键技术方向，共立项实施重大科技创新工程项目23项，投入省财政经费1.93亿元，组织开展"新作用机制1类化药LY03005的关键技术与临床研究""治疗呼吸道病毒性疾病的中药新药研发及其共性关键技术研究""基于抗肿瘤／心血管药物结晶与晶型控制的共性关键技术创新与产业化""彩色超声医疗设备及其人工智能医学影像平台关键技术研究与产业群创新""基于多组学和大数据分析的哮喘精准诊疗与预后监测技术研究及应用""基于多重微流控芯片的新型冠状病毒核酸及抗体一体化快速检测装备及产业化""新型冠状病毒现场快速联合检测技术及装备开发"等重大关键技术研发与应用，有效助力新冠疫情防控和医养健康产业高质量发展。

强化生物医药产业规划引领，制定实施了《山东省创新药物与高端医疗器械引领行动计划（2020—2022年）》。针对山东省在高质量、高水平、低成本创新药物与高端器械方面供给还不充裕的短板问题，省科技厅整合省直相关部门优势，会同省发改、工信、财政、卫健、医保、药监共7个部门和单位，组成工作专班，邀请70余位大学、院所和企业专家，在深入调研分析基础上，于2020年5月制定实施了《山东省创新药物与高端医疗器械创新引领行动计划（2020—

2022年）》，绘制了未来三年山东省创新药物与高端医疗器械技术创新线路图，明确了目标任务，指出了路径对策，并对重点发展的主要领域、重点方向、主导产品进行导引，在对全省医养健康产业"把脉问诊"的同时，也为骨干企业开出了科学而有针对性地"药剂良方"。

【环境保护科技工作】 2020年，省科技厅持续加大环境保护领域关键共性技术攻关和成果转化，为全力打好碧水、蓝天、净土保卫战提供强力科技支撑。

强化环保产业产学研协同攻关，2020年，在省重大科技创新工程中设置"环境保护与治理"领域，重点支持水、大气、固体废弃物、土壤生态修复等方向6个项目，省拨经费12175万元。

加大科技创新平台建设。鼓励环保产业领域骨干龙头企业牵头建设技术创新中心、重点实验室等各类创新平台。注重科技成果转化服务平台建设，2020年，发布环保领域科技成果370项，强化成果对接，促进成果转化。2020年12月，省科技厅依托青岛达能环保设备股份有限公司和青岛即发集团股份有限公司批准筹建山东省节能环保锅炉装备技术创新中心（筹）和山东省无水染色技术及装备技术创新中心（筹），为环保领域科研院所、高校、企业协作联动科技创新提供了有效载体平台。

积极探索建设山东绿色技术银行。为深入贯彻落实省委省政府部署要求，省科技厅多次与科技部就创建绿色技术银行事宜进行汇报沟通，多次赴上海市科委、上海绿色技术银行调研，调整完善山东绿色技术银行的建设模式和发展路径，在枣庄国家可持续发展议程创新示范区（创新驱动乡村可持续方向）、济南市历城区（科技服务业方向）、滨州邹平市（铝产业方向）、东营市（绿色化工方向）、日照市（高端钢铁方向）、威海荣成市（现代海洋产业方向）等地域开展了绿色技术试点示范，研究形成《山东省绿色技术银行实施方案》，在新年度持续加快推动落实。

征集发布技术成果，加快环保科技成果转移转化。①为打好全省饮用水水源水质保护攻坚战、黑臭水体治理攻坚战，加快推动节水用水、治污排污、水生态修复、河湖湾泊污染防治等领域先进适用技术推广应用，面向全省公开征集了水污染防治相关技术成果，通过组织行业专家评估论证，从优筛选了"基于鞘藻的水生态修复与资源化利用技术""垃圾渗滤液浓缩液电絮凝水处理技术"等水污染防治先进适用技术成果20项，编制形成了《山东省水污染防治技术指导目录（第四期）》面向社会公开发布。②根据科技部办公厅《关于征集生态环境保护先进技术成果的通知》（国科办函社〔2021〕167号）要求，组织领域内相关专家对省内高等院校、科研院所和企业提报的技术成果进行评审论证，推荐上报"固体废物处理处置与资源化"等14项技术成果。

【文化和科技融合】 2020年，省科技厅大力支持文化和科技融合工作，积极构建文化和科技深度融合的创新体系。① 2020年4月，贯彻落实科技部六部委《科技与文化融合》政策措施工作。按照《关于促进文化和科技深度融合的指导意见》（国科发高〔2019〕280号）通知要求，会同省委宣传部、网信办、财政厅、文化和旅游厅、广播和电视局等五部门，印发实施《关于加快推动山东省文化和科技深度融合的实施意见》；② 2020年11月，会同省委宣传部印发实施《山东省文化和科技融合示范基地认定管理办法》，为引导和推动山东省文化和科技融合示范基地建设提供政策依据。③扎实落实省委省政府关于举办首届中国国际文化旅游博览会的要求，圆满完成文博会科技创新馆九大展区的展览工作，被中国国际文化旅游博览会执行专班评为首届中国国际文化旅游博览会优秀组织奖和优秀展示奖。

【公共安全科技工作】 2020年，围绕矿山安全、智能开采等重点方向，发布公共安全领域重大科技创新项目指南，立项实施"复杂地质条件的工作面智能开采关键技术研究与应用""面向复杂地质条件的工作面智能开采技术与装备"重大科技创新项目2项，省级财政投入资金4882万元，持续推动公共安全领域的先进技术研发、成果转化及示范应用，为公共安全领域提供科技创新支撑。

【可持续发展实验区和可持续发展议程创新示范区建设】 截至2020年底，山东省国家级可持续发展先进示范区3个，国家级可持续发展实验区11个，省级可持续发展实验区14个。

科学安排部署，国家可持续发展议程创新示范区创建工作取得重大突破。在深入调研基础上，省科技厅会同枣庄市编制完成了《山东省枣庄市可持续发展规划》《山东省枣庄市国家可持续发展议程创新示范区建设方案》，凝练提出了"创新引领乡村可持续发展"的创建主题，并于2020年4月以全票通过、第一名的成绩，通过国家部际联席会议组织的专家答辩。推动省政府召开领导小组会议，研究起草《关于支持枣庄市建设国家可持续发展议程创新示范区政策措施》。目前已完成省部会签，国务院正在履行批复程序。

【实施社发领域国家科技计划项目情况】 2020年，全省社会发展领域9个项目获得国家重点研发计划立项支持，国拨经费1.0367亿元。9个项目分属"公共安全风险防控与应急技术装备"等9个重点专项。其中，"公共安全风险防控与应急技术装备"3项，分别为"新型冠状病毒中和抗体LY-CovMab的临床前研究""服刑人员综合智能评估与预警干预的关键装备研究和应用示范"及"贝伐单抗治疗重型及危重型新型冠状病毒肺炎联合科研攻关";"重大自然灾害监测预警与防范"1项,为"重大自然灾害狭小空间伤员救治便携式关键急救设备研发及示范应用";"生物医用材料研发与组织器官修复替代"1项,为"医用级聚氨酯热塑性弹性体和超高分子量聚乙烯树脂研发、器械制造及产业化";"发育编程与代谢调节(青年项目)"1项,为"胆汁酸肝肠循环对肠道组织损伤修复的调控机制";"变革性技术关键科学问题"1项,为"乳腺癌精准医学中的数学模型与算法研究";"固废资源化"1项,为"工业窑炉协同处置城市固废全过程污染控制关键技术";"全球变化及应对"1项,为"中国典型海区碳指纹与碳足迹标识体系理论和应用研究"。

(山东省科学技术厅社会发展科技处　尹晓东)

海洋科技工作

【概述】 2020年,山东省坚持平台、人才和项目一体化,加快构建开放、协同、高效的海洋科技创新体系,为海洋强省建设提供强力科技支撑。一是海洋战略科技力量加快建设。成立省委、省政府主要领导为组长的山东省创建国家实验室领导小组,多次召开领导小组会议和专题会议,研究部署重点工作,推动国家实验室创建工作高效有序进行。青岛海洋科学与技术试点国家实验室新引进院士、卓越科学家、青年科研骨干50余人,新增科研项目360多项、合同经费逾7亿元,获国家发明专利授权223件、国际专利30件。中科院海洋大科学研究中心加快启用,与青岛科教园加快融合,中科院大学海洋学院建设基本完成。中国海洋大学获科技部、国家自然基金委批准,建设全国唯一一个海工装备基础科学中心。二是海洋重大科技创新项目优势明显。全省在国家"蓝色粮仓"重点专项获批10项(总立项数19项),总经费2.73亿元,全国排名第一;"海洋环境安全保障"重点专项,获批2项,总经费3443万元,全国排名第一。在现代海洋领域,省重大科技创新工程立项8项,总经费1.59亿元。三是海洋重大科技创新成果涌现。通过持续实施"透明海洋""蓝色药库"等大科学计划,建成了全球最大规模"两洋一海"(西太平洋－南海－印度洋)潜标观测网。第二代"海燕-X"万米水下滑翔机在马里亚纳海沟附近海域下潜到10619米深度,刷新下潜深度的世界纪录。具有自主知识产权的治疗阿尔茨海默症新药GV-971获批上市。四是海洋科技创新支撑力量逐步加强。超级计算机升级项目研究建设进展顺利。深远海科学考察船共享平台新增五艘科考船,科考船数量增至32艘,总吨位近10万吨。海洋生态系统智能模拟研究设施、超高速高压水动力平台、国家浅海综合试验场等建设顺利,加快打造海洋领域大科学装置集群。五是海洋科技赋能产业发展成效显著。新建海洋药物、海洋腐蚀防护等6家省级技术创新中心,力争突破一批产业共性关键技术,为海洋产业高质量发展提供源头技术供给。精准赋能战略新兴产业和传统优势产业,支撑山东省海洋生物医药和现代海洋渔业产业增加值连续3年排名全国第一。

(山东省科学技术厅海洋科技处)

【海洋科学技术】

国际首个软体动物综合基因组数据库发布 软体动物现存种类高达10万种以上,是动物界中仅次于节肢动物的第二大门类,许多软体动物也是重要水产经济物种。中国海洋大学科研团队广泛收集软体动物基因组学资源,系统梳理整合多组学数据及开发丰富的分析工具,构建了迄今为止物种覆盖度最广、组学资源最丰富、功能最全面的软体动物基因组学分析平台MolluscDB。数据库收集并整合了近1000份组学数据资源,来自123个物种,涵盖了软体动物门全部7个纲和53个目中87%的物种,囊括了已公开的绝大部分软体动物组学资源。数据库提供多种基础性组学分析,包括基因组组装信息、系统演化关系、古老化石记录、基因序列及结构、基因功能注释、发育时期/成体组织表达谱、基因家族、转录因子和转座子等。MolluscDB使软体动物研究领域能够应对并充分利用日益增长的海量组学资源,从而加快重要基因资源发掘,推动认知海洋生物独特生命过程的遗传演化规律,也为贝类遗传育种工作提供了有力的支持。相关成果在 *Nucleic Acids Research*(《核酸研究》)发表。

深渊微生物DMSP研究取得新进展 DMSP(二甲基巯基丙酸内盐)是地球上最丰富的有机硫分子之一,也是"冷室气体"二甲基硫的最主要前体物质,在气候变化和全球硫循环中均扮演着重要角色。中国海洋大学研究团队首次发现并证实DMSP在压力保护方面的新功能,指出异养细菌是深海海水和沉积物中DMSP的重要生产者,揭示了细菌参与深海硫循环的新过程机制，研究结果为重新估算全球DMSP的产量、通量及其气候效应等提供了依据，对深入理解深海细菌在硫循环中的作用有重要科学意义。相关成果在 Nature Communications（《自然－通讯》）发表。

经济红藻基因组特性及环境适应机制研究方面取得重要进展 紫菜是重要的经济海藻，也是研究环境胁迫耐受机制的模式物种。山东省科研团队采用新一代高通量测序技术构建了高质量的染色体级条斑紫菜基因组，系统解读了红藻红毛菜目代表性物种条斑紫菜的基因组特性，揭示了驱动紫菜异形世代适应生境的进化力量。研究发现，条斑紫菜基因组可组装成三条染色体，基因组大小为108Mb，其中重复序列占比48%，蛋白质编码基因共12855个。通过比较基因组学分析鉴定出条斑紫菜基因组中"基因拷贝数显著增多"的基因家族。其中与抗氧化有关的基因家族，如SOD、LOX、TRX、TYR等，均呈现叶状体世代特异性的表达活性，且在失水逆境下这些叶状体特异基因具有显著上调的转录特征，表明抗氧化基因家族的扩张及共表达特征是叶状体世代适应极端环境的重要遗传基础。本研究对深入了解红藻重要经济性状的遗传基础，指导紫菜优良品种选育具有重要意义。相关成果在 Nature Communications（《自然－通讯》）发表。

海洋幼虫起源进化研究取得重要进展 海洋幼虫的进化起源方式是动物宏观进化领域的主要谜题之一。中国海洋大学研究团队通过创新应用转录组年龄指数分析法，发现幼虫阶段（相比成体）在整个生活史中呈现更为"年轻"的表达谱特征，并证实在后生动物类群中普遍存在，提出了海洋幼虫为单次插入起源的新学说，否定了目前国际上主流假说模型。该成果为理解后生动物生活史进化提供了崭新的研究视角，对海洋动物的发育进化、多样性产生和环境适应等研究具有重要启示意义，引起国际学界的广泛关注。相关成果在 Nature Ecology & Evolution（《自然－生态学与进化》）发表。

海洋细菌相互作用机制研究取得新进展 细菌的死亡是细菌种群控制和生态系统营养物质再循环的重要过程。除了病毒和原生生物导致的细菌死亡外，掠食性细菌对其他细菌的捕食也是导致细菌死亡的重要因素。目前，蛭弧菌和类蛭弧菌对革兰氏阴性菌的捕食已见报道，尚不清楚分别占海水和沉积物细菌总数14%左右和25%左右的革兰氏阳性菌是否也存在着被细菌捕食的过程。山东大学、中国海洋大学、青岛海洋科学与技术试点国家实验室等单位科研人员合作，从海洋沉积物中分离到一株革兰氏阴性菌 Pseudoalteromonas sp.strain CF6-2。该菌株通过II型分泌系统分泌金属蛋白酶 Pseudoalterin，能与革兰氏阳性细菌细胞壁肽聚糖的糖链结合，并降解肽聚糖的肽链，裂解细胞壁，导致细胞死亡。进一步的生物信息学分析表明，革兰氏阴性和革兰氏阳性海洋细菌之间的这种新型捕食－被捕食相互作用可能在海洋中广泛存在，并可能代表革兰氏阳性细菌死亡及海洋微生物食物环中营养物再循环利用的一种新机制。相关成果在 Nature Communications（《自然－通讯》）发表。

多尺度海洋动力过程及海气相互作用研究取得新进展 提出了中尺度涡垂向热输送与多尺度海气热交换间的耦合动力机制，揭示了该机制引起的涡旋垂向热输送对西边界流海洋锋面的重要维持作用，丰富了海洋环流理论；发现了全球平均海洋环流存在显著的加速趋势，揭示出除全球变暖效应外，太平洋年代际震荡（PDO）和北大西洋多年代际变化（AMV）等气候模态变化引起的风场改变，大西洋的AMV和来自中高纬度陆地的冷大陆暖海盆模态（COWL）是造成加速趋势的主要因素；发现了通过气候系统微小扰动和厄尔尼诺与南方涛动（ENSO）非线性作用，能调节海气热量分配、层结变化及耦合效率，记忆过去ENSO特征并调整其对全球变暖的响应，为ENSO的长期演化提供了全新视角和解释。上述科研成果发表在 Science、Science Advances、Nature Climate Change 等国际权威期刊，得到了国内外学者的广泛关注。

海洋环流与气候变化研究取得新成果 大尺度海洋环流是地球物质和能量再分配的主要动力过程，对海洋环境和气候系统具有非常重要的作用。中科院海洋所团队研究揭示了全球平均海洋环流在过去20多年以来的加速现象，阐明了海洋环流加速的能量来源、物理机制以及人类温室气体排放在其中的重要作用。数据显示，这种大尺度海洋动能的增加主要集中在全球热带海域，并且延伸至数千米的深海。全球平均海洋环流加速主要是由行星尺度的海表面风加速引起的。该研究从全球尺度揭示了海洋环流的变化趋势，延及深海的海洋环流加速势必对全球气候系统产生非常重要的影响，这对理解过去和预测未来海洋和地球气候系统的长期变化具有重要意义。相关研究成果在 Science Advances（《科学进展》）发表。

海洋天然气水合物开采基础研究取得重大突破 海洋天然气水合物是一种资源量丰富的潜在替代能源。青岛海洋地质研究所、中国地质大学（武汉）、中国科学院广州能源研究所等研究团队合作，历经十余年持续攻关，自主研发了天然气水合物开采模拟装备体系，突破了天然气水合物细粒储层模拟水平低、结构表征差、物性预测不准等难题，揭示了制约海洋天然气水合物中长期开采的储层流固产出机制，建立了天然气水合物储层渗流特性分形理论与出砂管控理论体系，实现了海洋天然气水合物开采基础理论的重大突破。基础理论突破有效引导了我国南海北部天然气水合物开采技术创新，构建了集开采效率、环境效应、工程地质风险"三位一体"的天然气水合物绿色开采方法体系，有效支撑南海北部天然气水合物试采取得成功，奠定了我国在天然气水合物开采基础研究领域的国际领先地位。

（青岛国家海洋科学研究中心 代仁海）

【海洋领域科技创新平台建设】**青岛海洋科学与技术试点国家实验室加快创建步伐** 2020年，实验室牢记习近平总书记嘱托，面向世界科技前沿、面向经济主战场、面向国家重大需求、面向人民生命健康，坚持疫情防控和科研攻关两手都要抓、两手都要硬，聚焦重大项目牵引、重大平台支撑、重大团队协作、重大成果产出等攻坚任务，建设跨学科、大协作、高强度的国家海洋领域协同创新平台，全力创建海洋领域国家实验室。

成立省委、省政府主要领导任组长的山东省创建国家实验室领导小组，刘家义书记主持召开两次领导小组会议和一次专题会议，研究创建中的主要问题，部署重点工作。印发领导小组工作规则、办公室工作细则和创建国家实验室工作方案，推动创建工作有序高效、科学规范进行。编制完成《青岛海洋科学与技术试点国家实验室发展规划（2020—2035）》，加强规划引领，凝练战略方向。印发实施《青岛海洋科学与技术试点国家实验室人才团队建设资金管理办法》，加强实验室核心人才团队建设。启动海洋领域战略研究，并组织编制实验室组建方案。推动争创国家实验室纳入2020年科技部—山东省工作会商，并积极争取国家有关部委、单位支持。实验室围绕"透明海洋""海底发现""蓝色生命""健康海洋"等重大战略任务，积极开展协同攻关，取得重要进展。围绕"蓝色生命"等计划实施，快速筛选确立7个抗新冠肺炎病毒药物靶点并全球共享，推荐并证明4种已上市药物抗新冠肺炎有效、2种对抗新冠肺炎有潜在的治疗作用。牵头编制《海洋科学"十四五"发展规划战略研究报告》《深海发展战略研究报告》《国家重点实验室规划》《"十四五"海洋领域科技创新专项建议》等"十四五"和中长期国家海洋领域科技规划战略研究报告近10项，充分发挥战略智库效能。新增科研项目360余项、合同经费逾7亿元，承担国家重大战略任务的能力持续加强。基础研究能力与国际顶尖海洋科研机构基本实现并跑，在Nature、Science及其子刊以及PNAS杂志发表的论文同比增长38%，达到40篇。以"海燕-X"水下滑翔机为代表的一批自主研发装备取得突破，有效弥补海洋高端装备技术短板。高性能科学计算与系统仿真平台建成CPU、GPU等各类异构集群11种，联合国家超算济南中心、国家超算无锡中心形成总计算能力达到133.2P的跨地域超算系统。超高速高压水动力平台、国家浅海综合试验场纳入海洋试点国家实验室一体规划布局、整体推进，优势科技资源整合力度进一步加大。深远海科学考察船队规模进一步壮大，新增"海洋地质二号"、"实验1"号、"实验2"号、"实验3"号、"实验6"号五艘科考船，科考船数量增至32艘，总吨位近10万吨。

中科院海洋大科学研究中心建设取得阶段性进展 2020年，中国科学院海洋大科学研究中心在山东省、青岛市和中科院的支持下，进一步整合凝聚中科院海洋领域相关优势研究力量，加快实现中科院海洋创新平台、创新团队、创新成果的"三个集聚"，打造支撑山东新旧动能转换的重要基地。先进平台建设成效显著。自主研制的国内首台高分辨率大型二次离子质谱仪已进入组装阶段。海洋生态系统智能模拟研究设施预研进展顺利。中科院青岛科教园科研核心区、中科院大学海洋学院一期建筑主体施工全部完成。开工新建水下探测设备研发、深海资源保藏与开发、海洋新能源新材料和海洋人工智能与大数据等先进科研平台。重大任务实施成果丰硕。12项重大原创成果在Science、Nature、Cell等期刊的子刊、PNAS、National Science Review等期刊发表。联合院内外17家单位170多名优秀科学家，立项启动B类先导专项"印太交汇区物质能量中心形成演化过程与机制"。构建的现代海洋生态牧场在冀鲁辽示范超46万亩，近三年新增产值超220亿元，新增利润46亿元。开展互花米草入侵机制与治理技术科研攻关及工程示范，在黄河三角洲滨海湿地建立100亩示范区，治理成效显著，成果被评估为"达到国际领先水平"。国际协同创新深入实施。开展"一带一路"海洋科技合作行动，积极发起海洋领域大科学计划，建设中国—印尼海洋生态与环境科学研究中心，与澳门大学和香港大学签署合作协议，组织召开国际"健康海洋"高端论坛，共商国际海洋健康发展大计。科技成果转化链条畅通。高标准建设海洋科技成果转移转化中心，建设乳山牡蛎研究院，做强做大乳山牡蛎产业。与海尔集团（青岛）金融控股有限公司、挪威企业协会等签订战略合作协议，聚焦科技金融服务。

中国工程科技发展战略山东研究院（以下简称"山东研究院"）建设进入快车道 山东研究院在创新体制机制、启动咨询研究项目、组织院士建言献策等方面取得积极进展。针对新型冠状病毒肺炎疫情，山东研究院积极响应山东省、工程院号召，组织院士专家围绕世界疫病、医药研发、产业发展等最新动态和进展，为山东防控新冠肺炎疫情和医药新兴产业发展建言献策。于金明、管华诗、黄锷、乔方利4位院士专家围绕疫情溯源与预测模拟、药物开发与疫苗研发、疾病预防与应急防控体系建设等方面提出了3份针对性的建议，为科学防控疫情提供了智力支持。

11月，中国工程院山东省人民政府合作委员会成立暨第一次会议在济南召开，会议通过了山东研究院章程、专项经费管理办法，成立了领导班子和学术委员会，共有27位工程院院士加入学术委员会，充分夯实了山东省战略科技力量。

11月,在青岛成功举办"海洋工程装备创新发展院士恳谈会",国内外知名院士,国内海洋工程领域科技界、企业界、金融界知名专家,山东省省直部门以及沿海市科技局代表等110余人参加会议,为实现海洋工程装备领域"政产学研金服用"七大要素互联互通搭建了平台。

山东研究院聚焦省委省政府重大战略部署、区域发展重大需求以及科技创新事业发展需要,2020年以来,围绕能源资源、生态保护、医养健康、对外合作、智慧交通、现代海洋等领域先后启动了12项咨询研究项目,共有13位工程院院士牵头或参与项目。"山东省能源高质量发展战略研究"和"黄河流域(山东)生态保护和高质量发展战略研究"两个项目列入院地合作重大项目。

首家省级海洋创新创业共同体建设稳步推进 由中国科学院海洋研究所和青岛国家海洋科学研究中心共同牵头建设的海洋领域省级创新创业共同体——山东省海洋科技成果转移转化中心,凝聚全省海洋科研力量,围绕产业链布局创新链,建设面向产业的技术研发体系,强化源头技术创新,加速海洋科技成果转化。加强地市联动,在沿海7市海洋局、科技局建立协作机制,打造辐射全省的海洋科技成果转移转化体系。2020年,建立海洋科技成果库,梳理项目3000余项,精选可转化海洋成果进行深度推广。已争取国家等科技项目超过200项,引进和培养海洋高层次人166人,已培育国科(青岛)自然资源研究院有限公司等5家企业,服务青岛前沿海洋种业有限公司等10余家企业,直接孵化收益近亿元,辐射带动产值近百亿元。

我国首个海工装备基础科学中心落户山东 由中国海洋大学李华军院士牵头负责,联合上海交通大学、哈尔滨工程大学共同申报的海工装备基础科学中心正式被国家自然科学基金批复实施,成为我国海洋工程领域首个、山东省唯一一个基础科学中心,为山东海工装备的源头创新奠定了坚实的基础。

海工装备基础科学中心以海洋资源开发与权益维护为目标,以高端海工装备安全设计及施工运维中的关键科学问题和核心技术为研究对象,重点开展多场多体耦合与运动/振动控制、非均匀海洋环境下跨尺度结构耦合问题、海工结构瞬态冲击载荷与失效模式、海工结构设计理论、施工安装与运维控制技术等方面的研究,集中攻克技术难关,突破产业瓶颈。

海工装备基础科学中心将通过项目实施,进一步推动海洋工程学科发展,加速海工装备关键科学技术创新,促进高端海工装备技术转化应用,服务海洋强国建设和"一带一路"倡议。

首个国家级5G海洋牧场平台正式启用 由烟台中集来福士设计建造的首个国家级5G海洋牧场示范区"长渔一号"海洋牧场平台在烟台长岛北部的南隍城岛周边海域安装完毕,正式启用。

"长渔一号"平台主甲板长25米、宽25米、型深2.5米,平台搭载了海洋牧场大数据监测系统,可实现气象、水温水质、流速流向等海洋数据的实时监测。采用"平台+网箱"的灵活养殖模式,与平台相连的钢制浮式养殖网箱长28米、宽28米、养殖体积5000立方米,可分别进行不同鱼类的养殖实验,为后期规模化养殖提供依据。

利用5G技术,使投饵系统与计算机远程联网,实现远程人性化操作和系统自动启动,自动对多个养殖网箱定时、定量精确投喂饲料。

"长渔一号"海洋牧场平台的建立,是5G技术与传统产业技术创新的深度融合,集海域看护、海水养殖、休闲渔业为一身,是现代渔业科学化管理的有益探索,对推动海洋牧场示范区建设向环保化、智能化、集约化发展具有重要意义。

(青岛国家海洋科学研究中心 孙晓春)

【海洋科技成果和知识产权管理】 据不完全统计,2020年,山东海洋领域共有56项成果(个人)获得省部级及以上科技奖励;全省海洋界申请专利1877件,获得授权专利1556件。

省部级奖励 共56项,其中17项海洋科技成果(个人)获2020年度山东省科学技术奖励,包括科学技术最高奖1项,自然科学奖二等奖5项,技术发明奖三等奖2项,科技进步奖二等奖3项、三等奖6项。

专利申请和授权 2020年,全省海洋界申请专利1877件,其中发明专利1027件,实用新型专利664件,国际专利4件,软件著作权3件,外观设计专利179件;获得授权专利1556件,其中发明专利617件,实用新型专利803件,国际专利24件,软件著作权9件,外观设计专利104件。

(备注:专利数据由14家涉海高校和科研机构及威海、潍坊、日照科技局报送数据统计得出。)

(青岛国家海洋科学研究中心 赵喜喜)

【实施海洋领域国家科技计划项目情况】 据不完全统计,2020年山东承担市级以上海洋领域新上科技项目(课题)838项,合同国拨经费总额9.26亿元。其中国家项目(课题)580项,合同国拨经费6.56亿元;省、市级项目258项,合同国拨经费2.67亿元。2020年山东在研海洋领域科技项目(课题)共计5184项,年度国拨到位经费23.34亿元。

国家科技计划项目国家重点研发计划 山东在海洋领域共牵头承担了3项国家重点研发计划项目及20项子课题,总经费7163万元。其中,牵头承担"蓝色粮仓科技创新"重点专项1项、"全球变化及应对"重点专项2项。

国家自然科学基金 山东承担国家自然科学基金海洋领域项目382项，经费3.15亿元。

省级科技计划项目 山东实施的省级科技计划项目中，海洋项目有205项，经费2.42亿元。其中省重大科技创新工程项目8项，总经费1.59亿元。其中，布局在"现代海洋"领域6项、"重大新药创制"领域1项、"先进特钢材料"领域1项。市级科技计划在海洋领域布局项目53项，经费2494万元。

（说明：数据来自涉海高校、科研院所等15个单位及6个沿海市科技局，基本覆盖了主要承担单位和地区，能够反映海洋科技项目的基本情况。限于统计范围，难免有些单位承担的海洋科技项目未能统计。）

（青岛国家海洋科学研究中心 黄 博）

科技创新资源与能力

【概述】"十三五"期间，山东省深入实施创新驱动发展战略，强力推进科技改革攻坚，全省科技创新能力稳步提升。截至2020年底，全省区域创新能力继续保持全国第6位，青岛、济南跻身全国创新型城市第10位和第14位。"十三五"期间全省基础研究经费增长了近1倍，基础研究经费全社会研发投入的比重从2.08%提高到3.84%；全省单位或个人牵头获国家科技奖51项，其中国家自然科学奖二等奖4项、国家科技进步奖一等奖2项；高新技术产业产值占工业总产值比重达到44.4%，较2015年提升11.9个百分点；年技术市场合同成交额达到1152.2亿元，年均长35.71%；万人发明专利拥有量达到10.08件，是2015年2.06倍；年PCT国际专利申请量达到2329件，是2015年的2.8倍。2020年5月，山东省作为"实施创新驱动发展战略、推进自主创新和发展高新技术产业成效明显的地方"，被国务院办公厅予以督查激励。

【科技计划及投入】 2020年，按照省委省政府科技改革攻坚的工作部署，省政府办公厅出台了《关于推进省级财政科技创新资金整合的实施意见》（鲁政办字〔2020〕64号），整合省科技厅等部门管理的科技类资金及中央科技补助资金，建立了"五统一"的资金管理新模式，每年设立规模不低于120亿元的"省级科技创新发展资金"，突出支持重大科技创新项目，为全省高质量发展提供了强大科技支撑。通过资金整合，实现了政策集成，有效推动了科技计划管理改革，构建了"领导小组把方向、职能部门报项目、专家评审提建议、领导小组定项目、财政部门下资金、分工联动抓绩效"的管理流程，实现了多部门协调联动、齐抓科技创新的局面。

修订了《山东省重点研发计划管理办法》，将实行首席专家负责制、揭榜制、定向委托、经费包干制等项目组织和管理新模式制度化；完善项目绩效评价导向，将成果是否符合一线需求、能否直接应用转化作为评价的重要标准，减少对论文、专利等成果的要求。出台了《山东省重点研发计划应急项目暂行管理规定》，建立完善重大突发事件应急科技计划管理制度，以项目为核心，逐步建立完善山东省进入各类紧急状态后的科研攻关指挥、行动、保障体系和技术、平台人才储备体系。

按照项目、平台、人才各类科技计划全流程网上管理的要求，全面启动了科技云平台建设。对2018年以来各类科技计划相关数据进行梳理，整合录入数据资源20余万条，建设了科技项目库、科技机构库、科技成果库、科技企业库、科技专家库、仪器设备库等多类数据主题库，初步实现全厅内部数据资源的统一管理，协同共享。

（山东省科学技术厅战略规划处 王兴卓）

【软科学研究计划】 ①解放思想创新举措，优化软科学项目管理服务。一是配合法规处起草出台《山东省重点研发计划（软科学项目）实施细则》，重点对项目的功能定位、组织管理、类别设置、立项方式、经费来源、指南发布、申报、评审、立项、项目实施、结题和成果应用奖惩等相关事项进行规定。二是认真开展软科学项目申报受理、形式审查、评审、立项、过程管理、结题验收等工作。2020年省重点研发计划（软科学项目）实施，坚持科技创新"四个面向"战略导向，在科技支撑新旧动能转换、创新型省份建设、科技体制机制改革等方面组织研究。通过专家评审，共立项271项，其中重大项目17项、重点项目31项、网信技术联合研究项目10项、科技金融联合研究项目10项、省科协联合研究项目8项、一般项目195项。共安排补助经费539万元。三是进一步提升项目管理服务水平。采取定向委托、公开竞争等遴选方式，创新了项目遴选方式；建立软科学绩效评价奖惩机制，对未按规定结题的项目负责人及项目立项率低、结题率低的单位进行督促限期整改。②强化成果转化运用，助力服务科学决策。一是软科学项目结题成效明显。2020年共完成结题327项，结题率为93.97%；在省级及以上刊物发表文章381篇，在人民网、《大众日报》等发表文章3篇，出版著作13部，出版教材、论文集等3部。成果产生应用128项，获省级领导批示呈阅件13份，取得专利及软件著作证书24项，以调研报告、文件、议案等形式的成果8份，取得获奖证书21份，成果被采纳和发表数量较往年有大幅度提高。二是组织开展了33个重大战略和关键技术领域预测软科学研究，有力支撑了"十四五"及全省中长期科学技术发展规划纲要编制工作。三是深度挖掘软科学优秀成果，编印《软科学研究》50期，其中10期得到厅主要领导批示，起到了建言献策作用。《调查显示我省"互联网+"现代农业发展面临三方面问题》在《今日信息》刊发，并获得省领导批示。《关于大力支持磁悬浮技术研发打造千亿级磁悬浮新兴产业的建议》获得主要省领导批示。

（山东省科技战略与政策研究所 廉 荣）

【科技规划】 组织第三方专家对《山东省"十三五"科技创新规划》实施以来全省科技创新工作进行了全面梳理和科学评估。同时，启动了《山东省"十四五"科技创新规划》和《山东省中长期科学和技术发展规划纲要（2021—2035年）》编制工作，历经总结评估、前期研究、实地调研、专家咨询起草文稿、征求意见等阶段，开展了"十四五"重大课题"聚焦关键核心技术攻关，构建山东科技创新体系"专题研究，组织了20次省内外调研，多次征求中国科学技术发展战略研究院等国家智库专家、全省住鲁院士和高水平专家的意见建议，提出到2025年基本建成高水平创新型省份，形成具有全国影响力的科技创新中心；2030年科技创新成为引领经济高质量发展、民生改善的核心动力，整体创新实力达到中等发达国家和地区水平，部分优势领域跑全国；2035年建成高水平创新型省份和科教强省，成为具有全球影响力的科技创新中心和高端人才聚集地。

（山东省科学技术厅战略规划处 王兴卓）

【基础科学研究】

国家自然科学基金 2020年，全省共获国家自然科学基金资助立项2067项，直接经费10.62亿元，获得的资助项目、资金数量较2019年均有所增加，其中获得国家自然科学基金杰出青年基金资助项目共计7项，数量较2019年增加75%。

国家自然科学基金委—山东联合基金项目 2020年度国家自然科学基金委—山东联合基金项目，最终确定立项项目30项，直接经费总额为8400万元，省内单位牵头承担15项，其中地球科学领域12项，工程与材料领域4项，共获得直接经费为4204万元。

山东省自然科学基金 2020年，山东省自然科学基金（以下简称省基金）以青年基金、省属优青、省杰青、面上项目、重点项目、重大基础、联合基金的形式对省内的优秀科研人员进行资助。共资助各类项目3447项，省财政安排总经费60699万元。

通过青年基金、省优青、省杰青等层次分明的资助项目类别，保持对青年科研人员的稳定支持的同时，适度提升各类项目的资助率。①青年基金。共资助项目1522项，经费21967万元。②省优青。共资助项目63项，经费2520万元。③省杰青。共资助项目32项，经费3189万元。

突出服务支撑作用，组织实施应用基础研究。支持科研人员及团队围绕山东省新旧动能转换、新兴产业培育以及民生问题解决等事关经济社会发展的重大需求提炼科学问题，组织开展应用基础研究。①面上项目。共资助项目1519项，经费15190万元。②重点项目。共资助项目206项，经费6153万元。③重大基础研究项目。共资助项目44项，经费10680万元。

发挥引导作用，拓宽基础研究社会投入渠道。推进实施省自然科学基金联合基金，与联合资助方共同出资支持应用基础研究课题，拓宽了基础研究的投入渠道，加强应用导向的基础研究。省自然科学联合基金，共资助项目61项，经费2890万元。

实验动物 2020年，按照国家实验动物的法律、法规和标准，实行实验动物许可证管理办法，不断提高实验动物等级质量和应用水平，提高从业人员素质，全年共受理行政许可申请和换证34项（全程网办），通过网上材料审核，进入专家（质量监督员）现场验收环节34项；新发放34份实验动物生产、使用许可证，办理许可证信息变更22家，且均在"双公示"法定时限内予以公示。年度内，先后组织专家对全省50家单位开展实验动物行政许可监督检查，排查隐患，推进问题整改。2020年，指导山东省实验动物中心对全省75个批次的实验动物质量进行检测，以确保实验动物质量；对全省实验动物环境设施进行检测，共132家次，其中，监督检测34家次，以确保实验动物环境设施质量。省实验动物中心参加全国实验动物检测能力验证，检测结果为满意，表明山东省实验动物中心具有良好的实验动物检测能力和水平。为提高全省实验动物从业人员的专业技术水平，保障实验动物从业人员素质，省实验动物学会组织举办了7期实验动物从业人员培训班，共有916人次参加培训并取得合格证。全年未发生实验动物传染病和公共卫生事件；实验动物环境设施规模逐年扩大，2020年有半数左右被许可单位从业人员持证上岗率达到100%。

（山东省科学技术厅基础研究处）

【省重大科技创新工程项目】 2020年，重大科技创新工程坚持以"十强"产业为中心,以推动创新链和产业链深度融合为核心,以关键技术突破、重大产品培育、产业链条提升为抓手,按照新动能培育、传统产业提升、推动社会发展三大板块进行系统布局,共安排项目100项,支持财政科技资金172209万元,其中2020年拨付120515万元。力争以最快的速度在重点产业、优势领域取得一批重大创新成果和集群性技术突破,推动产业链、价值链向中高端迈进,提升产业发展质量效益,塑造全省高质量发展新优势。

采取的改革措施 ①强化了部门协同配合。在指南编制、项目申报和初评过程中充分征求了相关职能部门的意见。一是在指南编制过程中,加强了与省工业和信息化厅产业供应链和产业生态的对接,促进了科技创新和产业发展的深度融合。二是在指南发布前,征求了省科协、省发展改革委等13家省科技领导小组组成部门、单位意见。三是在项目申报中,相关省直部门、单位可直接在科技云平台上推荐申报项目。四是在项目初评阶段,按照产业分工,将项目按分别送省工业和信息化厅、省发改委、省海洋局、省化转办、省农业农村厅、省卫健委、省生态环境厅、省应急厅等8个职能部门,由职能部门按照课题方向对项目进行排序推荐。②全方位对接国家专业机构。为保证评审工作的科学性和公平性,委托国家级项目管理专业机构开展项目综合评审工作。一是参照国家项目评审程序和标准,制定了技术和预算评审手册,明确了工作程序和工作纪律,细化了评审流程和指标体系,对质量控制提出了明确要求。二是评审专家全部在国家科技项目评审专家库中抽取,充分利用国家专家资源。三是专家抽取实行专人负责制,互相监督,责任到人,并邀请专业机构廉洁监督部对专家抽取过程进行了监督。四是依托国家报告库、成果库、项目库等资源,将参与评审的项目名称、主要研究内容、项目指标等在库中进行检索,对于内容相似或指标明显低于库中项目的,作为线索提供给评审专家,由专家进行评判并予以回应,确保项目立项质量。③凝聚了各方面专家的智慧。注重发挥专家的专业知识和智慧,提升重大科技创新工程服务中心工作、推动经济社会高质量发展的作用和能力。一是指南编制前广泛征求意见,鼓励来自高校、院所、企业的专家凝练提出技术需求。二是在指南编制过程中,组织33名省科技创新战略咨询专家委员会专家对项目指南进行了论证,根据专家意见对指南进行了修改。三是按照小同行、大同行逐次推进的方式进行评审,提高项目评审的精准性,参与评审的专家达到470人次,原则上每个课题方向不少于两名同行专家,每个项目的评审平均时间不少于1个小时,保证评审质量。④优化调整了组织管理程序。依托科技云平台系统,不断提高重大科技创新工程管理的信息化水平,不断优化操作程序,实现了项目申报、评审的全过程无纸化操作,使整个过程更加科学、公平、公正。一是优化了项目申报材料盖章页上传、线上审核等功能,实现了全部申报材料的线上处理,无须提交任何纸质材料,减轻了申报单位负担。二是实现了网评专家的系统"盲选",系统自动屏蔽专家姓名、工作单位、联系方式等内容,最大程度减少人为因素对专家评审的干扰。三是实现了专家评审意见的系统反馈,通过科技云平台将专家评审分数和评审建议反馈项目申报单位和主管部门,确保评审结果公开公正。四是实现了项目评审与咨询论证相结合,要求申报单位对专家提出的问题进行回应和解释。

项目成效 ①聚焦重大决策部署,实施一批具有影响力的重大科技项目。聚焦省委省政府重大战略部署中需要科技解决的重大技术难题,组织实施了一批重特大科技项目,打好关键核心技术攻坚战,在全省重点工程和重点项目的推进中贡献了科技力量、展现了科技风采。如,以高附加值炼化产品研发和应用为重点,支持了裕龙岛炼化项目;以高品质海洋钢、超厚板材绿色化生产为重点,支持了日照精品钢项目;以优质强筋小麦绿色高效生产加工为重点,促进山东省优质小麦品种推广应用;以海上卫星发射及回收、海上综合体研发建设为重点,支持高端海工装备研发应用;以工业互联网关键技术应用为重点,加快促进了工业互联网和山东省优势工业产业融合发展。②围绕产业链部署创新链,促进产业结构优化和产业素质提升。以重大战略产品创新为抓手,由企业牵头研发具有牵引性、支柱性的重大产品,实现产业链"扩链、补链、强链"。如,围绕燃料电池动力系统及整车,支持了中国重型汽车集团有限公司"燃料电池商用车集成技术研究及应用"、潍柴新能源科技有限公司"燃料电池发动机系统集成研发及应用"、潍柴动力股份有限公司"模块化大功率电堆制造关键技术及应用"等项目,预计通过项目实施,建成年产超过2万台(套)的燃料电池动力系统生产能力,在城市公交、物流、客运和重型载货等领域进行批量应用推广,打造千亿级氢能产业链。为进一步拉长产业链条,支持了工业副产氢能利用与纯化技术、氢燃料电池质子交换膜、加氢核心设备等方向项目,推动全省氢能源由技术优势向产品优势转变,抢先抢占氢能源市场,打造具有山东特色的氢能源发展生态。③实行"揭榜挂帅"制度,集聚一批优秀人才团队服务山东。改进科技项目组织管理方式,这批项目全部实现揭榜制,选择5个项目探索试行首席专家组阁制,面向省内外公开张榜,引导优秀人才和团队与省内企业合作揭榜,通过项目实施吸引了省内外人才特别是海外专家的参与,借用外智促进山东自主创新能力的提升。这批项目中,项目负责人为省外专家的40人,占比40%;项目主要成员中具有高级职称1179人,其中两院院士26名、外籍专家20名,省外专家724人,引进和培养各级各类人才超10116人。④强化企业主体地位,营造以企业为核心的产学研深度融合生态。这批项目全部由企业牵头申报，支持企业牵头组建创新联合体，承担重大科技项目，有效解决了产学研结合不紧密、成果转化不顺畅的难题，推动形成面向企业需求，院长、所长、董事长共同协商的创新生态。申报要求财政资金与自筹资金的比例不低于1∶4，引导企业加大研发投入，发挥了财政资金"四两拨千斤"的作用。这批项目共吸引社会投入资金约84.98亿元，财政资金放大效应超过1∶4.2。预计可实现新增产值1872.69亿元，新增利润214.87亿元，新增税收195.74亿元，出口创汇8.12亿元；预期申请专利3851项，其中发明专利3262项；新增各类技术标准114项、软件著作权1334余项，新品种或各类批件142项；带动就业39866人以上。

绩效评价情况 2020年7—10月，针对截至2020年6月底在研的省重大科技创新工程项目，重点从项目实施情况、资金投入及使用情况和取得的效果等方面，组织开展了2020年度省重大科技创新工程项目年度绩效评价工作，推动项目按期完成任务目标。

从评价结果上看，基本按原计划进行，项目的实施提升了山东省科技创新能力和核心竞争力，推动了山东省新旧动能转换和结构优化升级。

一是取得了一批重大科技成果。通过重大工程项目的实施，时速600公里高速磁浮试验样车在青岛下线，标志着我国在高速磁浮技术领域实现重大突破；山东华翼微电子技术股份有限公司开发的专用安全芯片，达到国家密码管理局安全芯片三级要求，填补国内空白；原创新药"泰它西普"系统性红斑狼疮关键临床试验基本完成；成功绘制了世界上第一个甜瓜全基因组变异图谱；山东国瓷功能材料突破了内燃机后处理蜂窝陶瓷关键技术，填补国内直接用生料制作机动车尾气排放控制用高性能蜂窝陶瓷载体的空白。

二是实现了制约行业发展关键技术的新突破。在重大工程的支持下，山东能源新矿集团新巨龙公司研发的具有完全自主知识产权的国内首台煤矿大直径大埋深全断面盾构机"新矿1号"正式投入运行，推动了矿井安全高效掘进方式发生重大变革；青岛森麒麟轮胎股份有限公司打破了民用航空轮胎长期被国外品牌垄断的局面，实现了我国民用航空轮胎制造领域"零"的突破；万华化学集团股份有限公司填补国内尼龙12生产技术和产品空白，建成国内首条、全球第2条尼龙12全产业链万吨级工业化生产线。

三是带动了新兴产业发展壮大。在重大工程支持下，全部采用自主芯片研制的新一代神威E级原型机系统在国家超级计算济南中心完成部署并正式落成启用，计算性能位列国内超算Top 100第4位，全球超算Top 500第75位；浪潮集团研发出全球计算性能和密度最高的人工智能服务器，全国人工智能服务器市场占有率超过50%；烟台九目实施稳定OLED发光材料与器件的关键技术，有利于推进我国OLED材料产业的结构调整和产业升级，使我国OLED显示技术达到国际先进水平，改变高端OLED材料长期以来进口的局面。

四是促进了科技更好的惠及民生。支撑粮食安全、人民生命安全，包振民院士团队创建了国际上首个基于最佳线性无偏预测的贝类遗传评估系统，成为支撑我国水产种业发展的核心技术之一；省农科院赵振东院士团队自主培育出超强筋小麦新品种"济麦44"，指标达到国外同类产品水平，被国家评为超强筋小麦品种，初步解决了优质高产小麦新品种缺乏的"卡脖子"难题；治疗慢性乙型肝炎的1.1类新药"乐复能"获国家药监局注册批准；齐鲁制药治疗非小细胞肺癌的吉非替尼成功打破了国外医药巨头在中国市场独家垄断。

五是支撑了装备制造业实现"山东创造"。技术的突破引领全省装备制造业转型升级，潍柴集团率先突破了120kW大功率燃料电池发动机的设计开发和验证技术，重型商用车动力总成关键技术与应用获得国家科技进步一等奖；烟台杰瑞石油装备技术有限公司突破全电驱页岩气增产装备柱塞泵和智能输砂系统等关键技术，解决超大功率增产电驱增产装备中的"卡脖子"问题；天润曲轴股份有限公司已开展了12种装备中的8种装备设计研究，其中7中已进入装配和试验阶段。

六是促进了科技资源的有效聚集。重大工程的持续实施，使得一批重点项目和单位成功跻身于"国家队"行列，青岛海洋科学与技术试点国家实验室入列工作有序推进，超算升级项目落户实验室，国内首个以海洋为特色的冷冻电镜中心在青岛启动运行；吸气式发动机热物理试验装置已列入中国科学院报国家发改委的"十四五"推荐立项名单；电磁驱动地面超高速科学研究与测试装置、载人地外科学基地综合实验设施已列入中国科学院报国家发改委的"十四五"推荐备选立项名单。

（山东省科学技术厅重大专项办公室）

【科技创新平台基地建设】

创新创业共同体 3月，成立了省级创新创业共同体建设工作专班；8月，印发了《山东省"政产学研金服用"创新创业共同体绩效评价办法》《山东省"政产学研金服用"创新创业共同体补助资金管理办法》两个文件，加强对共同体建设的管理和指导；1月和12月，分两批次高水平建设了25家创新创业共同体，提前三年完成30家省级共同体布局任务；7月初召开了全省共同体建设工作推进交流会，聘请专家对共同体进行专题指导；两次向省领导汇报共同体建设进展情况，省领导做出重要批示；与各市密切沟通交流，指导建设市级共同体，济南、威海等十几个市建设市级共同体103家。组织省级共同体与600多家高新技术企业进行结对帮扶。新华社对山东的创新创业共同体建设进行了专题采访，同时，也向科技部提供了山东经验做法。

技术创新中心 3月，采取定性评价与定量评价相结合的方式，通过专家函评、现场考核，对2017年、2018年建设的10家省技术创新中心开展了绩效评价工作。为应对新冠肺炎疫情，3月应急启动建设了中医药治疗呼吸系统疾病等2个技术创新中心。4月，启动建设了马铃薯等3个技术创新中心。5月，开展了国家工程技术研究中心转建省技术创新中心工作，36个国家工程技术研究中心分三批转建32个。11月，围绕新一代信息技术、智能制造等领域新建21个省技术创新中心，山东省技术创新中心数量达到了65家。12月印发了《山东省技术创新中心建设标准》等4个指导文件，进一步加强和规范山东省技术创新中心建设，提高建设水平和能力。

新型研发机构 5月，首次启动了全省的新型研发机构备案工作，依托科技云平台，分两批完成备案省级新型研发机构300家，其中第1批134家，第2批166家，形成了"1+30+N"的创新创业体系，为山东省创新驱动发展提供了有力支撑。12月，联合省委组织部等十部门印发了《关于支持新型研发机构建设发展的若干措施》，激发创新活力，提高创新链整体效能。

（山东省科学技术厅资源配置与管理处　尹成山
山东省科技服务发展推进中心　张国良）

省重点实验室 山东省重点实验室是依托驻鲁高校、科研院所和企业建设的源头科技创新基地，是全省科技创新体系的重要组成部分，是聚集和培养优秀学术带头人、创新团队，开展基础研究和应用基础研究的重要平台。为培育国家重点实验室储备力量，山东省布局建设省重点实验室247个，其中学科省重点实验室144个，企业省重点实验室103个。重点实验室在推动源头创新，加快创新型省份建设中发挥了重要作用。

截至2020年底，全省建有青岛海洋科学与技术试点国家实验室1个，国家重点实验室21个，其中，学科国家重点实验室4个、企业国家重点实验室15个、省部共建国家重点实验室2个。

大型科学仪器开放共享暨创新券 山东省仪器设备网是集聚大型科研仪器资源、服务科技创新的重要载体。截至2020年底，加入山东省仪器设备网的科研仪器原值10万元以上仪器14606台（套），设备原值219.89亿元；50万元以上科研仪器6156台（套），设备原值197.10亿元；入网会员单位达到12311家，其中中小微企业10113家。2020年仪器设施供给单位对外服务次数4877次，全省共有675家中小微企业预约共享科学仪器设备，预约金额3851.59万元，获得审核通过创新券补贴共计907.75万元，对服务量大、服务效果好、用户评价高的供给方单位发放后补助金额347.36万元。科研仪器开放共享工作尤其是创新券工作，极大调动了高校、科研院所等仪器拥有单位开放服务的积极性，有力支撑了全省特别是中小微企业的科技创新。

与2019年比较，2020年全省创新券使用取得新进展，实现企业数量、使用张数、补助金额"三增长"，即：全省15个市（不含青岛）使用创新券的中小微企业数量为675家，比2019年度增加134家，增长24.77%；使用创新券的张数为3029张，比2019年度增加326张，增长12.06%；获补助金额为907.75万元，比2019年度增加132.79万元，增长17.14%。

（山东省科学技术厅基础研究处）

图书情报服务 2020年，省情报院积极发挥省科技文献信息资源共享平台核心作用，协调NSTL开通"新型肺炎应急文献专栏"，为省内科技型中小微企业提供免费文献检索及传递服务；面向平台工作人员举办内部培训会4场；面向10家文献服务站后台管理员举办培训会1场；平台用户注册量达2.54万个，文献使用量22万余篇，较2019年增加5372个注册用户和12.6万篇文献使用量，分别增长27%和134%。

2020年，省情报院继续做好省科技厅各处室业务档案的接收、整理、加工和存储工作。完成5942项纸质科技档案电子化工作；完成2016—2019年760盒重大专项、36盒（约13000件）科技成果奖励纸质科技档案收集、整理和上架工作。

2020年，省情报院继续做好科技情报战略决策、支撑服务，《我省创新型产业集群发展现状、存在问题和对策建议》被省委办公厅《专报》采纳，并获省委主要领导批示；《碳纳米管研发重点领域和方向》等8期《技术创新跟踪专报》获省科技厅主要领导肯定批示；全年编辑推送《今日科技快讯》共54期，获省科技厅主要领导批示36期；编制《规划编制简讯》6期；编制《山东省重大科技创新工程简报》10期；调研撰写《科技金融工作建议》《山东省人才队伍、科技干部建设特色做法》《北京市科技创新合作和人才引进经验做法》《上海市科技创新合作和人才引进经验做法》《江苏省科技创新合作和人才引进经验做法》《浙江省科技创新合作和人才引进经验做法》《广东省科技创新合作和人才引进经验做法》《山东省科研诚信建设方案》《聊城市优势产业介绍》《聊城市新能源汽车产业情况概述》《山东省制造业发展概况》《菏泽市科技扶贫工作成效调研督导情况》等多项报告，为省科技厅及7个业务处室提供科技情报服务。

科技报告 2020年，省情报院进一步优化科技报告采集加工管理系统，制定《科技报告采集加工系统新增模块及功能优化升级需求》；通过在临沂举办山东省科技报告（鲁南经济圈）培训会、线上举办山东科技云讲堂等形式,全年共计培训11000余人次;全年审核注册用户480余人,共享科技报告1400余篇,文摘浏览量14500人次,受理科技报告2911篇,通过终审2810篇,发放证书2158篇,科技报告完成数量较2019年增加31%,全国科技报告服务系统中,注册人数位居全国第一,报告数量位居全国第四。

(山东省科学技术情报研究院 董振宇)

【科技创新服务平台建设】

科技企业孵化载体建设 一是实施科技企业孵化器(众创空间)提质增效行动。开展省级科技孵化载体绩效评价工作,对2018年以前认定备案的66家科技企业孵化器与116家众创空间进行绩效评价。2020年,全省新获批医疗器械国家专业化众创空间(依托威高集团建设)和医学检验国家专业化众创空间(依托山东博科生物产业公司建设)2家、新备案国家众创空间50家。国家级科技企业孵化器和众创空间共340家。二是全力助力孵化载体科技型中小企业抗疫恢复生产。积极引导科技企业孵化器、众创空间和大学科技园等载体为在孵企业减免租金。全省共有363家科技企业孵化载体为11541家在孵企业累计减免各项费用达到1.96亿元,为支持在孵企业复工复产做出了重要贡献。

(山东省科学技术厅高新技术发展及产业化处)

山东信息通信技术研究院公共研发服务平台 2020年,山东信息通信技术研究院公共研发服务平台共为全省信息通信领域华芯、华翼、概伦、盛品、神思、中孚等173家企业的582种产品,提供技术研发及测试服务时长74.3万余小时;全年组织技术专题培训19次,为305家次企业培训1634人次。

其中,集成电路设计平台为18家企业的71个产品,提供技术研发及测试服务时长73.6万余小时,提供技术培训6次,为98家次企业培训490人次;通信测试平台为93家企业的420种产品,提供技术研发及测试服务2538次共5125小时,组织技术培训7次,为105家次企业培训642人次;物联网与嵌入式系统研发平台为35家企业的91种产品,提供技术研发及测试服务时长1661小时,组织技术培训6次,为102家次企业培训502人次。

(山东信息通信技术研究院管理中心)

技术市场

①总体情况 2020年,全省技术市场认真贯彻落实《国家技术转移体系建设方案》《关于构建更加完善的要素市场化配置体制机制的意见》《山东省人民政府关于加快全省技术转移体系建设的意见》(鲁政发〔2018〕13号)等文件精神,全力落实"重点工作攻坚年"部署,开拓创新,不断完善技术市场政策环境,健全技术市场创新机制,统筹推进疫情防控和全省技术市场发展,加快全省科技成果转化。根据科技部火炬中心《2020年度全国技术合同交易数据》统计,全年登记技术合同73947项,技术合同成交额1953.92亿元,居全国第4位。

一是技术交易规模快速增长。2020年全省共登记技术合同73947项,较2019年增长108.27%,成交额1953.92亿元,较2019年增长69.58%,技术交易规模实现快速增长。技术合同成交额占全省GDP比重达2.67%,所占比重为2019年的1.65倍,为全省新旧动能转换提供了强有力的科技支撑。

二是科技创新和科技服务能力显著提升。2020年共登记技术开发合同21695项,成交额828.75亿元,较2019年增长72.25%,占全省技术合同成交总额的42.41%,成交额居四类技术合同的首位,新技术、新产品的研发能力增强,科技创新能力显著提升;全省科技服务能力快速提升,登记技术服务合同43335项,成交额749.24亿元,较2019年增长51.16%,占全省技术合同成交总额的38.35%,促进了科技服务业的快速发展。

三是"十强"产业重点领域加速发展。在输出技术领域方面,技术合同成交额居前5位的依次为先进制造、新能源与高效节能、城市建设与社会发展、新材料及其应用、电子信息,成交额分别达到560.87亿元、283.98亿元、215.26亿元、195.38亿元、159.73亿元,共计1415.22亿元,占全省输出技术合同成交额的74.33%;在吸纳技术领域方面,先进制造、城市建设与社会发展、新能源与高效节能、现代交通、新材料及其应用依次居前5位,技术合同成交额分别达到432.15亿元、367.55亿元、285.28亿元、194.22亿元、180.90亿元,共计1460.10亿元,占全省吸纳技术合同成交额的71.28%。技术市场的发展壮大,为培育新的经济增长点、壮大"十强"产业提供了不竭动力。

四是企业技术创新主导地位强化。企业技术交易双向主体地位牢固,共输出技术合同63985项,成交额1810.11亿元,较2019年增长80.09%;共吸纳技术合同56824项,成交额1610.22亿元,较2019年增长79.23%。企业创新投入增加,技术创新和科技成果转化能力提升,增强了企业活力和竞争力,呈现出技术市场供需两旺的势头,促进了全省技术市场的繁荣与发展。

五是高校科研机构技术输出能力稳步上升。高校不断提升技术输出能力,共输出技术合同4323项,成交额23.38亿元,较2019年增长1.04%;科研机构输出技术合同3410项,成交额25.93亿元,较2019年增长16.75%;高校科研机构持续发挥源头创新作用,为全省技术市场提供高质量科技成果,为全省科技创新水平提升提供了有力支撑。

六是区域联动发展为技术交易注入活力。2020年,山东三大经济圈加快推进科技创新融合发展,积极推动形成高质量发展的区域科技创新布局。省会经济圈输出技术合同和吸纳技术合同成交额分别为852.03亿元和947.39亿元，较2019年分别增长51.10%和71.53%，分别占全省输出、吸纳技术合同成交总额的44.75%、46.25%；胶东经济圈技术交易持续活跃，输出技术合同成交额741.66亿元，吸纳技术合同成交额727.44亿元，较2019年分别增长74.39%和73.97%；鲁南经济圈技术需求旺盛，共输出技术合同成交额310.20亿元，吸纳技术合同成交额373.67亿元，较2019年分别增长156.70%和165.98%。济青烟引领作用显著，三地共输出技术合同19803项，成交额762.89亿元，较2019年增长40.23%；共吸纳技术合同19058项，成交额995.63亿元，较2019年增长68.37%，分别占全省输出、吸纳技术合同成交总额的40.07%、48.60%。

七是技术输出力和承接能力显著增强。2020年输出技术合同73639项，成交额1903.89亿元，较2019年增长71.52%；吸纳技术合同67270项，成交额2048.50亿元，较2019年增长84.39%。输出省外技术合同17225项，较2019年增长44.64%，成交额578.75亿元，较2019年增长34.09%。吸纳省外技术合同10856项，较2019年增长12.36%，成交额723.36亿元，较2019年增长67.24%。

八是技术进出口合同质量与规模增加。2020年，输出到国外的技术合同560项，成交额86.55亿元，较2019年增长20.99%。技术输出排名前三的领域为先进制造、生物、医药和医疗器械、电子信息领域，技术合同成交额分别为58.69亿元、6.28亿元、5.89亿元，三个领域技术合同成交额之和占输出国外技术合同成交额的81.87%。其中技术出口合同主要集中在韩国、美国、挪威，成交额分别为45.68亿元、14.34亿元、4.50亿元。

引进国外技术合同302项，成交额49.77亿元，较2019年增长16.92%。技术吸纳排名前三的技术领域为新材料及其应用、生物、医药和医疗器械、先进制造，技术合同成交额分别为20.46亿元、13.43亿元、9.81亿元，三个领域技术合同成交额之和占吸纳国外技术合同成交额的87.80%。其中技术进口合同来源国前三位为美国、德国、日本，成交额分别为24.91亿元、4.80亿元、3.47亿元。

2020年山东省各市技术合同登记情况表

单位：项、亿元

城市	合同项数	成交额	技术交易额	排名
济南市	10169	337.75	251.10	1
青岛市	7654	286.64	184.50	2
烟台市	2156	173.09	151.37	3
淄博市	2167	160.65	117.85	4
潍坊市	6186	135.78	119.25	5
威海市	1676	109.61	106.20	6
济宁市	1998	108.48	98.04	7
聊城市	1761	87.23	23.41	8
枣庄市	2910	83.91	79.95	9
东营市	26764	83.51	82.15	10
滨州市	883	78.56	36.28	11
日照市	2145	77.25	68.58	12
菏泽市	1335	68.38	61.61	13
德州市	2618	57.16	56.27	14
泰安市	2788	53.17	40.75	15
临沂市	737	52.73	39.15	16
合计	73947	1953.92	1516.46	

2020年山东省各经济区域技术交易情况

单位:项、亿元、%

经济区域	输出技术			吸纳技术		
	合同数	成交额	增长率	合同数	成交额	增长率
山东半岛蓝色经济区	46487	854.18	77.01	38901	828.48	74.57
黄河三角洲高效生态经济区	30057	220.64	109.71	27111	196.35	69.53
西部经济隆起带	11557	460.62	141.24	11270	493.97	163.83
济青烟国家科技成果转移转化示范区	19803	762.89	40.23	19058	995.63	68.37
省会经济圈	47113	852.03	51.10	42599	947.39	71.53
胶东经济圈	19557	741.66	74.39	17227	727.44	73.97
鲁南经济圈	6969	310.20	156.70	7444	373.67	165.98

2020年山东省各类技术合同统计表

单位:项、万元、%

合同类别		合同项数	成交额	占比	其中:技术交易额
合计		73947	19539209.18	100	15164598.05
技术开发	合计	21695	8287521.72	42.41	6110216.66
	委托开发	17945	6863959.66	35.13	4979082.50
	合作开发	3750	1423562.05	7.29	1131134.16
技术转让	合计	3820	2173583.74	11.12	2108912.24
	技术秘密转让	1950	1425445.21	7.30	1375618.16
	专利实施许可转让	594	233015.78	1.19	230823.91
	专利权转让	841	313205.38	1.60	303378.71
	计算机软件著作权转让	141	43462.57	0.22	43044.07
	生物、医药新品种权转让	60	113245.80	0.58	111724.88
	植物新品种权转让	78	15398.90	0.08	15295.90
	专利申请权转让	76	9568.35	0.05	8953.85
	集成电路布图设计专有权转让	52	14999.91	0.08	14833.91
	设计著作权转让	28	5241.85	0.03	5238.85
技术咨询		5097	1585657.75	8.12	1269572.64
技术服务	合计	43335	7492445.97	38.35	5675896.51
	一般性技术服务	42330	7249080.79	37.10	5470951.00
	技术培训	805	215535.88	1.10	181346.67
	技术中介	200	27829.31	0.14	23598.84

2019—2020年山东省各类技术合同对照表

单位：项、亿元、%

合同类型	合同项数			成交额		
	2019年	2020年	增长率	2019年	2020年	增长率
合计	35505	73947	108.27	1152.21	1953.92	69.58
技术开发	14216	21695	52.61	481.12	828.75	72.25
技术转让	1707	3820	123.78	111.19	217.36	95.49
技术咨询	3919	5097	30.06	64.24	158.57	146.84
技术服务	15663	43335	176.67	495.67	749.24	51.16

2019—2020年山东省输出技术合同技术领域构成对照表

单位：项、亿元、%

技术领域	合同项数			成交额		
	2019年	2020年	增长率	2019年	2020年	增长率
城市建设与社会发展	3285	4556	38.69	141.95	215.26	51.64
电子信息	7369	8627	17.07	121.48	159.73	31.49
航空航天	111	173	55.86	3.06	2.89	-5.56
核应用	13	12	-7.69	5.37	1.02	-81.01
环境保护与资源综合利用	2276	3521	54.70	68.97	150.91	118.81
农业	2740	5285	92.88	64.82	137.17	111.62
生物、医药和医疗器械	3564	4212	18.18	76.44	113.81	48.89
先进制造	7830	11946	52.57	270.77	560.87	107.14
现代交通	829	1112	34.14	28.97	82.86	186.02
新材料及其应用	2475	4875	96.97	121.13	195.38	61.30
新能源与高效节能	4675	29320	527.17	207.07	283.98	37.14
合计	35167	73639	109.40	1,110.02	1,903.89	71.52

2019—2020年山东省吸纳技术合同技术领域构成对照表

单位：项、亿元、%

技术领域	合同项数			成交额		
	2019年	2020年	增长率	2019年	2020年	增长率
城市建设与社会发展	3753	4873	29.84	203.63	367.55	80.50
电子信息	8146	9398	15.37	123.14	164.07	33.24
航空航天	239	499	108.79	4.39	7.55	71.98
核应用	14	15	7.14	5.43	1.45	-73.30
环境保护与资源综合利用	2095	3104	48.16	107.59	173.05	60.84

续表

技术领域	合同项数			成交额		
	2019年	2020年	增长率	2019年	2020年	增长率
农业	2367	4507	90.41	53.37	118.52	122.07
生物、医药和医疗器械	3467	3823	10.27	71.67	123.75	72.67
先进制造	5915	9140	54.52	201.35	432.15	114.63
现代交通	977	1131	15.76	88.44	194.22	119.61
新材料及其应用	2145	3807	77.48	102.50	180.90	76.49
新能源与高效节能	3802	26973	609.44	149.43	285.28	90.91
合计	32920	67270	104.34	1,110.94	2,048.50	84.39

②技术转移服务机构和人才培养基地 技术转移服务机构 截至2020年12月底，全省建设了27家国家技术转移机构，共拥有从业人员3260人，其中硕士以上人员1380人，技术经纪人232名；共组织技术交易活动1151次，组织技术转移培训76215次，服务企业18457家；促进技术转移项目5478项，成交额达85.99亿元，利税总额1.25亿元。积极推动科技成果加速转化，创新成果转化模式，不断提升自身服务能力，进一步发挥在促进技术转移和引领科技服务业发展中的示范带动作用，为加快技术要素市场发展和全省经济社会高质量发展提供有效支撑。

2020年，根据《山东省支持培育技术转移服务机构补助资金管理办法》（鲁科字〔2019〕54号），全省备案省级技术转移服务机构17家，加上2019年备案的14家机构，截至2020年12月底，共备案31家省级技术转移服务机构，其中独立法人机构13家，高校科研院所内设机构18家。2019—2020年对省级服务机构补助资金合计727万元，有效推动了全省科技成果加速转化。2020年度，31家省级服务机构共组织技术交易活动833次，技术转移培训426次，服务企业3973家；促成技术交易成交额27.78亿元，其中促成战略性新兴产业技术交易成交额9.25亿元，占技术交易成交总额的33.30%；共有人员784人，其中技术经纪人167人，具有硕士以上学历人员319人，占总人数的40.69%。

山东省国家技术转移机构名单（27家）

水煤浆气化及煤化工国家工程研究中心
山东百诺医药股份有限公司
山东省建筑科学研究院科技开发中心
济宁市技术市场
鲁南技术产权交易中心
山东大学技术转移中心
齐鲁工业大学技术转移中心
山东省科学院生产力促进中心（白俄罗斯国家科学院济南技术转移中心）
济南市产学研协作管理服务中心
中国科学院山东综合技术转化中心
山东省医学科学院药物研究所
山东省药学科学院
山东力创科技有限公司
光阳工程技术有限公司
潍坊高新技术产业开发区技术交易服务中心
青岛科大都市科技园集团有限公司
青岛中石大科技创业有限公司
青岛华慧泽知识产权代理有限公司
中国海洋大学科学技术处
青岛市科技创业服务中心（青岛技术交易市场）
青岛连城创新技术开发服务有限责任公司
青岛胶科邦信技术服务有限公司
中国科学院青岛产业技术创新与育成中心
青岛中天智诚科技服务平台有限公司
山东科技大学科技园管理有限公司
青岛技术产权交易所有限责任公司
青岛海大新星计算机工程中心

技术转移人才培养基地 2020年7月，山东省技术市场协会入选国家技术转移人才培养基地，加上2015年12月入选的青岛市科技创业服务中心，目前全省共有2家国家技术转移人才培养基地（全国共36家，山东省与江苏、浙江、广东等五省均为2家）。2020年11月，根据新出台的《山东省技术转移人才培养基地管理办法（试行）》（鲁科字〔2020〕67号），按省会经济圈、胶东经济圈、鲁南经济圈等三大经济圈分区域布局认定了5家省级技术转移人才培养基地。目前省级以上技术转移人才培养基地共7家，初步构建起全省技术转移人才培养体系，基本满足当前科技成果转移转化人才培训需求。

各基地在师资队伍、教材建设、培训模式和场地安排进行了较为完善的探索和实践,取得了一定的培训成效。2020年,7家人才培养基地共组织线下培训18场、培训1300余人次。青岛国家技术转移人才培养基地自2015年首批认定以来,已组织完成技术经纪人(技术经理人)培训班30期、科技评估师培训6期,在册技术经纪人919人、科技评估师294人、高级技术经理人10人。山东省技术市场协会自2020年7月通过国家第2批认定以来,已完成5批次592名技术经纪人的培训,毕业人员履职上岗后已实现技术合同登记100余项,成交额1.7亿余元。中科(潍坊)创新园有限公司在师资配备上集聚中科院12家分院人才资源,搭建了完善的课程体系。青岛大学、山东理工职业学院发挥高校优势,在课程设计和教学手段上进行了探索实践。山东职业经理人协会、淄博市技术经理人协会依据本地的产业基础、人才储备和行业资源进行了特色化培训实践,以服务于省会经济圈科技创新及成果转移转化。

国家和省技术转移人才培养基地名单

级别	序号	名称
国家	1	青岛市科技创业服务中心
	2	山东省技术市场协会
省	3	山东省职业经理人协会
	4	淄博市技术经理人协会
	5	青岛大学
	6	中科(潍坊)创新园有限公司
	7	山东理工职业学院

技术交易机构

技术卖方机构 技术卖方机构数量逐年增加,2020年,在全省技术市场管理部门认定登记的技术合同中共有卖方机构8179家,比2019年增加3452家。其中企业法人性质卖方机构7674家,占比为93.83%。

2020年技术输出中技术交易机构构成及交易情况

单位:个、项、亿元

卖方类别		机构个数	合同项数	成交额
机关法人		77	500	7.48
事业法人	高等院校	49	4323	23.38
	科研机构	108	3410	25.93
	其他	35	379	8.63
	医疗、卫生	9	42	0.21
	合计	201	8154	58.16
社团法人		49	203	4.18
企业法人	港澳台商投资企业	40	237	17.99
	内资企业	7246	62313	1,713.32
	外商投资企业	111	714	47.35
	个体经营	265	692	21.44
	境外企业	12	29	10.01
	合计	7674	63985	1,810.11
自然人		84	355	8.43
其他组织		94	442	15.53
总计		8,179	73,639	1,903.89

内资企业技术交易规模居全省前列,在各类企业性质卖方机构中,内资企业7246家,占企业法人机构总数的94.42%;个体经营和外商投资企业376家,占企业法人机构总数的4.90%;港澳台商投资企业和境外企业52家,占企业法人机构总数的0.68%。中铁十局集团第一工程有限公司、中铁十局集团建筑工程有限公司、中石化胜利石油工程有限公司等企业输出技术合同成交额居企业法人机构前列。

2020年企业输出技术合同成交额前10名

单位:项、亿元

排名	卖方名称	合同项数	成交额
1	中铁十局集团第一工程有限公司	30	97.27
2	中铁十局集团建筑工程有限公司	31	53.59
3	中石化胜利石油工程有限公司	6010	47.00
4	威海市科技情报所	104	31.59
5	中化学交通建设集团有限公司	5	31.57
6	山东现代威亚汽车发动机有限公司	26	24.84
7	山东国瑞新能源有限公司	5	24.53
8	山东省沽水建设工程有限公司	3	15.22
9	毅康科技有限公司	36	15.14
10	济南银河路桥试验检测有限公司	45	12.15

技术买方机构 技术买方机构数量增加。2020年,在全省技术市场管理部门认定登记的技术合同中共有买方机构21581家,比2019年增加5245家。其中企业法人性质买方机构17392家,占比为80.59%。

2020年技术吸纳中技术交易机构构成及交易情况

单位:个、项、亿元

买方类别		机构个数	合同数	成交额
机关法人		1658	5539	321.02
事业法人	高等院校	305	1045	9.50
	科研机构	263	1080	13.29
	其他	784	1175	49.28
	医疗、卫生	373	503	21.82
	合计	1725	3803	93.89
社团法人		121	202	2.93
企业法人	港澳台商投资企业	132	277	27.12
	内资企业	15888	54304	1,496.74
	外商投资企业	241	603	33.16
	个体经营	950	1311	43.26
	境外企业	181	329	9.94
	合计	17392	56824	1,610.22
自然人		373	442	8.84
其他组织		312	460	11.61
总计		21,581	67,270	2,048.50

内资企业技术交易规模居全省第一，在各类企业性质买方机构中，内资企业15888家，占企业法人机构总数的91.35%；个体经营和外商投资企业1191家，占企业法人机构总数的6.85%；港澳台商投资企业和境外企业313家，占企业法人机构总数的1.80%。中铁十局集团有限公司、齐鲁交通发展集团有限公司、山东高速股份有限公司等企业吸纳技术合同成交额居企业法人机构前列。

2020年企业吸纳技术合同成交额前10名

单位：项、亿元

排名	买方名称	合同项数	成交额
1	中铁十局集团有限公司	60	121.51
2	齐鲁交通发展集团有限公司	14	28.36
3	山东高速股份有限公司	15	28.23
4	国网山东省电力公司菏泽供电公司	527	27.82
5	中国铁路济南局集团有限公司鲁南高铁工程建设指挥部	2	26.87
6	山东裕龙石化有限公司	44	26.34
7	莒南县城市国有资产司经营有限公司	1	26.00
8	济南城鲁建设工程有限公司	2	19.30
9	济宁蓼河东方生态建设开发有限公司	1	17.04
10	淄博齐翔腾达化工股份有限公司	17	16.85

（山东省技术市场管理服务中心　王　剑）

【科技金融】　一是持续完善科技成果转化贷款风险补偿机制。发挥省级科技成果转化贷款风险补偿资金引导作用，2020年推动72家合作银行在全省发放科技成果转化贷款100.1亿元，同比增长186%，平均贷款利率4.72%，较2019年下降0.68个百分点；下达2020年第1批科技成果转化贷款省级风险补偿资金计划，省级与淄博市两级风险补偿资金共同为建设银行山东省分行承担70%的不良贷款本金损失，共计103.77万元；推动菏泽出台市级风险补偿资金管理办法并设立市级风险补偿资金，实现科技成果转化贷款风险补偿机制全省覆盖。

二是不断拓宽科技型企业融资渠道。积极开展科创板上市培育工作。联合有关部门制定出台《关于推进科技型企业科创板上市的若干措施》，开展2020年第1批科技型企业科创板上市培育库申报工作，会同相关部门公布首批50家入库企业名单，分别在济南、青岛和烟台开展四期入库企业上市辅导培训班；开展2020年科技股权投资项目申报工作，投资新一代信息技术、高端装备等领域成果转化项目20项共计4亿元，不断拓宽企业融资渠道，支持科技型企业开展重大科技成果转化和产业化。

三是继续实施中小微企业创新竞技行动计划。"以赛代评"遴选优胜企业，推动金融机构与参赛企业现场对接交流。2020年，参赛企业与投资机构达成1.8亿元投资意向，获得银行3亿元授信支持。通过投资补贴和贷款贴息为优胜企业和创业团队提供科技金融补助1721.11万元，带动创业投资1.36亿元、信贷支持3亿元，大力营造良好的创新创业氛围。

（山东省科学技术厅资源配置与管理处　尹成山
山东省科技服务发展推进中心　张国良）

科技合作与交流

【国际科技合作与交流】　2020年，为促进国内国外两个循环，扩大科技领域开放合作，主动融入全球科技创新网络，开展了一系列科技合作与交流活动，拓宽新的合作领域，开辟新的渠道。①3月，为进一步规范科技合作与交流活动的管理，制定并印发了《山东省科学技术厅科技合作与交流活动管理办法》（鲁科办发〔2020〕8号），为科技合作与交流活动资金后补助规范了程序。②10月，第二届中日新能源车用动力电池研讨会在线举办。研讨会由省科技厅、日本科学技术振兴机构（JST）中国研究·樱花科技中心（CRSC）、中国科学院国际合作局联合支持，青岛能源所与山东能源研究院联合主办。研讨会是落实2019年12月山东省政府与日本科学技术振兴机构（JST）签署的《科技合作备忘录》，推进关键核心技术定期交流合作机制的重要举措，本次研讨会围绕车用锂离子电池和燃料电池两大领域，推动双边科技合作项目的执行，旨在进一步深化中日科学家之间的学术交流和友好感情，进一步推动双方更加可持续的高质量合作研发。③10月，第十七届中欧膜产业技术创新合作大会由省科技厅、威海市政府、中国膜工业协会、欧洲膜学会联合主办，通过"线上直播＋线下会场"的方式在威海召开，近百位中欧专家、企业代表共同聚焦膜产业发展。④10月，第十九届中国（淄博）新材料技术论坛与第一届中国（淄博）新材料产业国际博览会在淄博举办，此次大会统筹整合了高校院所、企业、资本、智库资源，构建与全省新材料产业交流合作、创新发展的新平台，现场签约20个科技合作项目。⑤实施科技合作与交流活动备案及后补助资金支持。在疫情对活动举办造成较大影响的背景下，受理109项活动申请备案，其中，已举办并提交活动经费补助申请的58项。活动类型涵盖学术研讨、人才技术对接、成果转移转化、创新创业大赛、国际展会、行业论坛等。经过组织推荐、形式审查、专家评议等程序，共有28项活动获得经费后补助支持，共计654万元。据统计，通过举办各类科技合作与交流活动，共有72名院士、230余名高层次专家出席，为全省产业发展献计献策；省内企业、高校科研院所和科研单位等单位与北京大学、南开大学、天津大学、中国科学技术大学、中科院化学研究所、中科院工程热物理研究所等192所高校和91所科研机构通过活动加深了沟通和联系，搭建了鲁南科创联盟等一批高层次合作平台；共签署项目合作协议和合作意向超过300项，项目总投资约132.8亿元，预计实现年产值75亿元，带动就业近万人，对解决关键技术、引进和培养高层次人才和团队、助力脱贫攻坚、带动产业发展发挥了积极作用。

【国内科技合作与交流】 2020年，全省大力加强与中国科学院的科技合作，新引进落地了一批合作共建项目。截至2020年底，中科院济南科创城已落地项目14个，其中，2020年新签约落地中国科学院理化技术研究所先进激光研究院、中国科学院生态环境中心、齐鲁现代微生物技术研究院等3个项目。1月17日，济南市人民政府与中国科学院理化技术研究所签约共建中国科学院理化技术研究所先进激光研究院并正式揭牌，围绕"一个基地、一个中心"，在激光、低温及氢能源、新材料、生物医药等重点领域部署若干创新平台和基地。3月11日，济南市人民政府、山东省科学技术厅、中国科学院微生物研究所签署《关于共建中国科学院微生物研究所齐鲁现代微生物技术研究院战略合作的框架协议》，成立齐鲁现代微生物技术研究院。该研究院以现代微生物产业技术为依托，下设国家微生物资源中心（山东分中心）、国家微生物科学数据中心（山东分中心）、临床转化医学中心、基因组编辑中心、现代微生物农业研发与示范山东基地等5个研究中心和1个技术孵化运营平台公司。该研究院包括济南国际医学科学中心和商河县等2个园区，科研建设用地近200亩，另有1700亩农业流转用地用于示范基地建设。一期计划投资15亿元，预计2021年内建成并投入全面运行。10月29日，《中国科学院山东省人民政府济南市人民政府共建中科院济南科创城合作协议》《济南市人民政府中国科学院生态环境研究中心框架合作协议》在北京签署，山东省委书记刘家义、山东省省长李干杰、中国科学院院长白春礼出席见证，中科院济南科创城建设迈入快速发展阶段。济南市人民政府将与中国科学院生态环境研究中心在济南合作共建1个"大气环境模拟系统"科技基础设施、4个研究平台和1个科创基地。11月26日，济南市成立济南市与中科院合作项目建设推进领导小组，作为推进济南市与中科院合作项目的实施主体，在中科院济南科创城建设领导小组（注：即中科院、山东省、济南市三方共建领导小组，2020年尚未成立）领导下，统筹协调、规划实施济南科创城及中科院落地济南项目建设。5月28日，齐鲁工业大学（山东省科学院）与中国科学院海洋大科学研究中心在济南签署战略合作协议，在"智慧海洋"工程建设、海洋人工智能与大数据、共建重大科技基础设施、人才培养和本科教育等方面加强深度合作。7月18日，中国科学院大学与山东省教育厅在北京签署《山东省教育厅中国科学院大学科教融合协同育人战略合作协议》《中国科学院海洋大科学研究中心与山东省教育厅战略合作协议》，深化教育部与中国科学院联合发起的"科教结合协同育人行动计划"，开展人才联合培养、重大科技项目协作攻关、重点实施重大科研项目合作、科研平台开放共享等"六大计划"。此次签约是落实《中国科学院山东省人民政府推进山东新旧动能转换重大工程合作协议》《中国科学院山东省人民政府青岛市人民政府共建中国科学院海洋大科学研究中心协议》的重要举措。7月21日，济南市人民政府、清华大学在济南签署《济南市人民政府清华大学全面合作协议》《清华大学支持济南市人民政府建设山东区块链研究院合作协议》，成立山东区块链研究院和济南密码应用与创新示范基地。7月23日，烟台大学与中国科学院兰州化学物理研究所签署全面战略合作协议，在科学研究、学科建设、人才培养、平台建设、资源共享等方面开展全方位深度融合的实质性合作。7月28日，南山控股有限公司与中国科学院沈阳分院签署全面科技合作框架协议，山东南山科学技术研究院分别与中国科学院大连化学物理研究所、金属研究所、青岛生物能源与过程研究所（山东能源研究院）签署战略合作协议，共建山东能源研究院创新平台和成果转化基地合作协议，合作共建山东南山科学技术研究院、山东能源研究院，共同设立"南山计划专项引导资金"，围绕高端化工、金属材料、新能源等重点发展领域的平台建设、技术合作、人才交流与培养开展协同创新。8月8日，潍坊化工新材料产业技术研究院在潍坊滨海经济技术开发区揭牌，该研究院是2019年签署的《潍坊市人民政府中国科学院化学研究所潍坊滨海经济技术开发区管委会共建潍坊化工新材料产业技术研究院协议》的主要成果之一，旨在依托中国科学院化学研究所技术、人才等科研资源优势，打造符合潍坊市相关产业需求的高水平新型研发机构。

【**国内科技合作平台**】 2020年，山东省科学技术厅联合山东省人力资源和社会保障厅、山东省科学技术协会印发《山东省院士工作站管理服务办法》，进一步完善工作站管理体制和运行机制，建立管理服务联席会议制度，统筹整合目前已建设的山东省院士工作站和山东省院士专家工作站。截至2020年底累计备案院士工作站达478家，引进院士409人，吸引院士团队1780余人，围绕新一代信息技术、新能源新材料、高端装备、医养健康、现代高效农业等领域开展合作项目550余项。2020年新备案院士工作站220家。

（*山东省科学技术厅科技合作处*）

知识产权工作

【**概述**】 2020年，全省知识产权运用促进工作以习近平新时代中国特色社会主义思想为指导，学习贯彻党的十九大、十九届二中、三中、四中、五中全会精神，深入落实省委"重点工作攻坚年"工作部署及省局党组工作要求，坚持改革创新、奋力攻坚克难，各项重点工作及"十三五"规划实施圆满完成，为全面建成小康社会作出积极贡献。省局先后在全国知识产权局长会议、全国知识产权公共服务交流研讨现场会上作典型发言，省局荣获国家知识产权局2019年度企业知识产权工作先进集体。

【**知识产权顶层设计**】
一是完善顶层设计。省委、省政府出台《关于强化知识产权保护的若干措施》。2月16日，省政府办公厅调整知识产权战略实施工作领导小组组成人员名单；5月26日，省政府知识产权战略实施工作领导小组印发工作规则，领导小组办公室印发工作细则。

二是建立健全知识产权工作评价体系。"专利质量"首次纳入省对各市经济社会发展综合考核，知识产权指标纳入国家、省营商环境评价等。

三是优化调整财政支持政策。省政府统筹整合中小微企业贷款增信分险专项资金，省市场监管局联合相关部门印发《省级中小微企业贷款增信分险专项资金（财政贴息类）操作指引》《省级中小微企业贷款增信分险专项资金（风险补偿类）操作指引》《省级中小微企业贷款增信分险专项资金（保费补贴类）操作指引》，知识产权质押保险、贴息、风险补偿机制逐渐完善。12月30日，省市场监管局修订印发的《山东省市场监督管理局知识产权（专利）资金使用管理实施细则》（鲁市监发〔2020〕11号），明确了资金使用范围、资助与奖励标准，加强财政资金管理。

【**知识产权创造**】 2020年全省新增商标注册申请56.5万件，同比增长21.5%，核准注册35.0万件，马德里国际注册商标申请870件，地理标志商标注册90件，地理标志保护产品1件；发明专利申请87330件、同比增长25.6%，授权26745件、同比增长29.5%，PCT国际专利申请3013件。截至2020年底，全省有效注册商标161万件，地理标志商标792件，马德里国际注册商标9118件，地理标志保护产品80件，17个地理标志产品纳入首批中欧地理标志互认互保清单；有效发明专利124512件，万人有效发明专利量12.4件，比2019年增长2.3件，完成了知识产权"十三五"规划"12件"的目标。

【**知识产权运用**】
一是推动知识产权运营。6月10日，国家知识产权局办公室下达《关于2020年重点城市知识产权运营服务体系建设工作的通知》，烟台市被确定为国家知识产权运营服务体系建设重点城市，获得中央财政资金

1.5亿元支持。12月23日，山东知识产权运营中心正式获国家局批准建设，这是国内首个以新旧动能转换为主题的知识产权运营中心。截至2020年底，全省已有国家知识产权运营重点城市3家，数量均居全国前列；累计促成大专院校、科研院所的56项专利成果在省内转化实施，线上线下完成156项专利运营。

二是开展国防知识产权管理政策试点。联合省委军民融合办、省工信厅等6部门印发、实施国防知识产权管理政策试点工作实施方案，15人经培训获得国防知识产权局国防专利代理人资格。建设完成国防专利济南受理窗口涉密场所信息化建设项目。

三是推行知识产权质押登记电子化。7月6日，制定发布了《山东省市场监督管理局知识产权（专利、注册商标专用权）质押登记电子化办理工作指引（试行）》，在全省商标、专利质押登记窗口推行知识产权质押登记电子化办理，审核时限缩至2个工作日，实现递交材料和领取通知书一次提交、一次办好。全省商标、专利质押融资227.0亿元，同比增长41.3%，居全国第3位。加快拨付企业知识产权质押融资项目贴息补助资金2419万元，缓解企业疫情期间资金困难。知识产权证券化工作实现零的突破。12月底，烟台市发行全省首单知识产权证券化产品，实现中长期融资3亿元。

四是深入实施知识产权"春笋行动"。建设了知识产权人才专家库和优势企业培育库。加快新旧动能转换重点产业专利库建设，入库专利达到3.6万件。组织开展首届新旧动能转换高价值专利培育大赛（新高赛），报名项目341个，24项进入决赛，决出一等奖2项。梳理、建立国家知识产权试点示范单位管理台账，组织评估试点示范单位522家，考核国家知识产权优势示范企业442家。7月10日，省政府印发《关于第三届山东省专利奖励的通报》，授予各类专利奖励项目95项。推荐申报中国专利奖项目97项。

五是实施地理标志富民兴农工程助力乡村振兴。组织"博山山楂"及寿光蔬菜系列地理标志产品参加第二十七届杨凌农高会、中国国际商标品牌节会展活动，在枣庄召开地理标志助力脱贫攻坚工作现场会，4家地理标志被国家知识产权局遴选为助力精准扶贫典型案例。编制发布全省首部《地理标志专用标志使用管理规范》山东省地方标准，组织开展全省新版地理标志专用标志换标工作，截至2020年底，经国家知识产权局核准使用地理标志专用标志企业256家。

【知识产权保护】

一是加强知识产权保护行政执法。围绕地理标志、展会、电子商务领域、民营企业、涉外知识产权保护五个工作重点，组织开展"铁拳""蓝天"等专项执法行动，加大"双随机、一公开"监管力度，针对回收旧啤酒瓶侵犯商标专用权违法行为开展专项整治，依法规制商标恶意注册及非正常专利申请等措施，严厉打击知识产权侵权假冒行为。2020年办理专利纠纷案件1024件。查处商标违法案件1558件。积极支持各类市场主体加强驰名商标认定保护，共有行政认定驰名商标796件，居全国第1位。

二是建立知识产权保护重点联系机制。建成省、市知识产权保护重点企业库，入库企业900余家。出台支持重点企业、行业协会、电商平台开展知识产权保护的20项具体配套措施。

三是推进知识产权快速协同保护。积极推进山东国家知识产权保护中心建设，完成保护中心软硬件建设，招考首批18名专利预审员，首批审核备案427家企事业单位。联合相关部门出台《关于加强知识产权人民调解工作的意见》。截至2020年底，全省共有国家级知识产权保护中心5家，知识产权快速维权中心1家，国家级知识产权保护规范化市场13家，国家知识产权侵权纠纷检验鉴定技术支撑体系建设试点单位3家，国家级知识产权维权援助中心10家，省级维权援助中心4家，建立仲裁、调解组织达130余家，调解组织在全省各市实现全覆盖，仲裁组织覆盖率达90%。

【知识产权管理服务】

一是联合省委党校举办高水平、高层次知识产权专题研讨班。12月21日至23日，在省委党校举办了学习贯彻习近平总书记知识产权重要讲话精神专题研讨班。省政府副省长汲斌昌同志作开班动员讲话，国家知识产权局、中国科学院大学相关专家进行专题讲座。各市政府分管副市长，各市、部分县（市、区）市场监管局，省政府知识产权战略实施工作领导小组成员单位、相关省直部门，相关高校、科研院所、重点企业负责人共计130余人参加了专题研讨班。

二是立足职责服务疫情防控、复工复产大局。开发了疫情防治专利专题数据库，发布新冠肺炎防治专利导航报告，为疫情防治提供专利大数据支撑。开展专利导航项目，扶持济南圣泉集团"高端电子化学品用高性能酚醛树脂制备关键技术专利导航"等46个专利导航项目。支持涉及新冠肺炎防治的专利、商标申请优先审查，办理商标优先审查19件、专利优先审查82件。自7月24日起，组织开展全省马德里商标国际注册巡回宣讲活动22场，培训人员3500多人，精准帮扶重点企业80余家，支持企业复工复产及品牌高端化、国际化发展。

三是深化知识产权领域"放管服"改革。下放专利代理监管、质押融资项目审核相关权限，开展代理机构"双随机、一公开"检查，组织核查涉嫌无资质专利代理线索58项。推进知识产权综合业务"一窗受理"，规范建设国家知识产权局业务受理窗口9个。支持济宁、泰安商标窗口试点开展知识产权信息公共服务。完善省知识产权主题库建设，归集数据149项、382.6万条。指导"五市一区"开展国家营商环境评价，指导西海岸新区建设商标业务窗口。完成省营商环境评价及企业样本库提供工作。

四是加强知识产权宣传培训。组织开展知识产权服务万里行、4.26世界知识产权日宣传周等活动，4月26日，省政府新闻办举办世界知识产权日新闻发布会，发布2019年全知识产权发展与保护状况白皮书。建设、开放山东省知识产权课题体系，联合省广播电视电台连续3年举办"品牌山东之声"栏目150多期，举办全省知识产权系统业务培训班、培训150余人。建设、开放山东省知识产权课程体系总计200多节，满足各行各业、不同层次学习需求。制订了全国首个省级知识产权人才培训地方标准，知识产权远程教育考核列全国第1位，获得中国知识产权报社先进通联站。

五是完善知识产权信息公共服务体系。6月16日，全省新增国家知识产权局、教育部确定的高校国家知识产权信息服务中心4家。8月28日，确定新增"东营市知识产权保护中心"等世界知识产权组织技术与创新支持中心（TISC）筹建机构3家；10月16日，新增国家知识产权局、教育部确定的首批国家知识产权示范、试点高校10所。截至2020年底，全省已有高校信息服务中心5家、TISC6家，数量均居全国前列。

（山东省市场监督管理局　知识产权局）

科技人才工作

【科技人才队伍建设】

科技部创新人才推进计划推荐工作　积极推荐优秀人才申报国家重点人才工程，组织创新人才推进计划等拔尖人才遴选推荐，邀请10位专家开展初评，共推荐中青年科技创新领军人才21名、科技创新创业人才30名、重点领域创新团队3个、创新人才培养示范基地3家，指导各市开展答辩辅导，精准服务科技人才，提高申报入选率。

科研院所领域泰山学者遴选工作　会同省委组织部等部门做好2020年科研院所领域泰山学者青年专家计划申报工作，经推荐申报、资格审核、答辩评审、综合论证、现场考察等，44人入选泰山学者青年专家，比2019年翻倍，其中21人为新型研发机构的人才。

泰山产业领军人才战略性新兴产业创新类遴选工作　按照省委人才工作领导小组办公室要求，会同省委组织部做好泰山产业领军人才战略性新兴产业创新类人选的申报、审查、会评答辩、综合论证、实地考察等工作，最终确定战略性新兴产业创新类人选34人。

"创业齐鲁·共赢未来"高层次人才创业大赛　按照省委人才工作领导小组办公室部署，会同省委组织部等部门举办了第三届"创业齐鲁·共赢未来"高层次人才创业大赛，"以赛代评"遴选科技创业类人才，受到了海内外高层次人才广泛关注，共有1577人报名参赛。其中，创业企业类255人，创业项目类1322人（海外项目716人），报名人数比上届增长21.78%。参赛选手通过申报、形式审查、项目遴选、专家初评及决赛路演等流程，最终产生创业企业类人选60人、创业项目类人选40人，新增设创业企业类培育人选40人，创业项目类培育人选80人。大赛取得明显成效，一是社会资本踊跃参与，来自全国投资机构的50余位投资人现场全程观摩，普遍表示选手质量、企业经营水平总体较高。最终，达成初步投资意向100余项；二是人才口碑效应凸显，大赛在人才圈子已经形成口碑效应，给山东"以才引才"开辟了新通道；三是形成梯次培育模式。本届大赛选手质量、企业经营水平总体较高，新增设培育类人选120人，鼓励各市做好持续跟踪培育。

【科技人才激励政策】　认真落实《关于深化人才发展体制机制改革的实施意见》《关于做好人才支撑新旧动能转换工作的意见》等文件要求，参与起草《关于实施"人才兴鲁"行动打造新时代人才聚集高地的若干措施》，牵头制定《山东省高层次人才评价标准指引（试行）》，以省委人才工作领导小组办公室文件形式印发（鲁委人组办发〔2020〕6号），出台《关于促进山东自贸试验区海外人才流动便利化的措施（试行）》等政策措施，研究制定山东省青年科技人才培养规划（2021—2025年），紧扣青年科技人才发展需求，探索实施四大专项行动，吸引青年人才来山东创新创业，努力将山东打造成为青年科技人才成长的沃土。

【科技副职选派】　2020年，会同省委组织部印发《中共山东省委组织部　山东省科技厅关于开展第六批科技副职选派工作的通知》,面向省内外高等院校、科研院所、国有重要骨干企业、科技型企业等单位,选派高层次人才担任科技副职,开展科技人才服务。科技副职选派5年来,推动地方政府与高校、科研院所建立合作关系851个,推动地方企业与海内外高校、科研院所等建立合作关系2867个;搭建双创服务平台889个,为挂职地引进领军人才1000多人,优秀青年人才超过1万人,促成产学研合作项目转化落地2000多个;引进金融中介组织、投资机构和专业协会469个。

【科技人才平台建设】 组织完成2019年度国家高层次专家工作站评审工作,共评审出10家专家工作站,其中企业类5家、科研院所高校类5家。协调省财政厅拨付2018年度专家工作站资助资金,涉及单位10家,资金2000万元,召开了工作站建设单位负责人座谈会,签订了建设合同书。

【人才管理服务工作】 2021年3月18日联合印发了《国际人才社区建设工作指引(试行)》,计划到2025年以济青烟为重点打造5个左右国际人才社区,吸引集聚国际创新创业人才。

(山东省科学技术厅引进智力与出国培训管理处)

【专业技术人才队伍建设】

开展各类高层次人才选拔工作 2020年,遴选泰山学者攀登计划人选26人。截至2020年底,全省住鲁院士达98人,国家级、省级人才工程人选4100多人。新增享受政府特殊津贴人员125人,总数达3510人。新增百千万人才工程国家级人选14人,入选数量居全国各省第2位,创历史最好水平,总数达到203人。表彰2019年度山东省有突出贡献中青年专家120人,总人数达到1536人。

组织实施国家级、省级高级研修项目 围绕新旧动能转换、乡村振兴、海洋强省等重大战略和疫情防控需求,组织实施国家级、省级高级研修项目140项。其中,国家级项目4项,省级项目136项,共培训各类专业技术人才、管理人才8508人。其中,新旧动能转换领域人才2489人,乡村振兴领域人才2708人,海洋强省领域人才647人,疫情防控领域人才663人,进一步促进重点战略相关领域人才能力提升。

组织开展国家级继续教育基地申报 推荐鲁东大学成为第10批国家级专业技术人员继续教育基地,山东省国家级基地数量达到5家。

【技能人才队伍建设】

开展技能领军人才选拔 2020年共选拔齐鲁首席技师149名,遴选泰山产业领军人才产业技能人选12人。

建设高质量的技能人才培养载体 2020年认定济宁市技师学院等10个单位为国家级高技能人才培训基地项目建设单位,认定山东华源莱动内燃机有限公司等9个单位为国家级技能大师工作室项目建设单位,认定东营市技师学院等5个院校为山东省技工教育特色名校项目建设单位。同时拨付省级建设补助资金6648万元,用于项目高标准建设,提高技能人才培养质量。

组织实施"技能兴鲁"职业技能竞赛活动 2020年组织开展山东省"技能兴鲁"职业技能大赛系列活动66项,其中省级一类技能大赛10项,省级二类技能竞赛56项,涉及200多个分赛项。广大企业职工、学生和从业人员踊跃报名参赛,大批优秀技能人才脱颖而出,"技能兴鲁"职业技能大赛活动受到了社会各界的广泛关注和认可。

积极备战世界技能大赛、全国技能大赛 经过第46届世界技能大赛山东省选拔赛,从全省选拔312名选手组建了56个项目省集训队,克服疫情影响,采取线上线下结合等多种方式进行强化集训备战,注重训练效果。山东省代表团在第1届全国技能大赛上,众志成城、奋勇拼搏,获得3枚金牌、5枚银牌、11枚铜牌和55个优胜奖。53名选手入围第46届世界技能大赛中国集训队。

打造"金蓝领"高端培训项目 将金蓝领培训项目作为落实职业技能提升行动的重要内容,按照"应培就培、愿培则培、需培就培"的原则,积极开展"金蓝领"培训,2020年培训1.4万人。

【人才智力引进】

人才发展体制机制改革和政策创新 立法机关出台《山东省人才发展促进条例》,从培养开发、引进流动、评价激励、服务保障等方面,推动人才制度创新、流程再造,以立法推进人才发展体制机制改革,全面构建法治化的人才发展治理体系新格局。《条例》已于6月1日起施行,这是全国省级层面第二部人才地方立法,为全省塑建更加高质高效的生"才"之道提供了重要法制保障。出台《关于吸引集聚知名高校毕业生创新创业的若干措施》,摸排全省岗位需求,提升青年人才引进全链条服务平台,加强与"双一流"高校对接,加大"山东—名校人才直通车"活动覆盖范围,扩大高校毕业生来鲁见习规模,足额保障引才用编,降低高校毕业生在鲁生活成本,2020年共引进"双一流"高校毕业生23081人,是2019年的2.1倍。

推动乡村人才振兴 与省委组织部、省农业农村厅共同扛牢乡村人才振兴牵头责任明确42项年度重点工作任务,建立工作台账,加强政策资源统筹,形成专班各成员单位工作合力。支持各地探索因地制宜、唯才所宜的乡村人才振兴运作新模式,涌现出济宁"乡村振兴合伙人",威海"首席专家制度"一批典型经验。在济宁召开乡村人才振兴工作推进现场会，推广"乡村振兴合伙人"试点做法。

引进海内外高端人才 聚焦山东省新旧动能转换"十强"产业、重大项目、重点平台，征集全省高层次人才岗位需求，共征集全省1055家单位的3334条岗位信息，人才需求1.3万名，通过"选择山东"云平台、人才山东网等媒体公开发布，引导人力资源机构积极对接，帮助用人单位精准引进高层次人才。提升"海洽会"引才品牌，将第十一届"海洽会"与首届山东人才发展大会融合举办，构建常态化引才机制，持续推介"人才山东"品牌。全省累计发布人才岗位需求5万余个，通过线上、线下来鲁洽谈合作海内外高层次人才达到5876人，达成合作项目3101项，重点项目现场签约245个。

持续提升博士后工作水平 7月，修订出台《山东省博士后创新实践基地管理办法》（鲁人社字〔2020〕91号），改革基地设立方式，将设立程序由两年一次的"统一申报、集中评审"调整为随时受理的"备案、招收、认定"。9月，印发《山东省推动建立博士后科研流动站和科研工作站（创新实践基地）稳定合作机制的若干措施》（鲁人社字〔2020〕102号），从推动建立博士后招引联动合作机制、优化博士后联合培养使用机制和完善博士后跟踪服务协调机制等3个方面推出10条政策举措，推动博士后科研流动站和科研工作站（创新实践基地）建立稳定合作机制，提高博士后科研工作站（创新实践基地）的博士后招收能力和培养质量。

2020年新增45家国家博士后科研工作站，行业领域主要涉及金融、新材料、生物医药等战略新兴产业；新认定省博士后创新实践基地13家。截至2020年底，全省共设立博士后站504个，其中，博士后科研流动站153个，博士后科研工作站351个，具备独立招收资格的科研工作站12个；累计设立省博士后创新实践基地279个，其中，36个基地已成为博士后科研工作站。

2020年，山东省新招收博士后研究人员1308人，完成科研任务出站711人。其中，招收42所"双一流"高校博士毕业生673人，约占51.5%，创历史新高。截至2020年底，全省在站博士后数量达到5111人，累积招收博士后数量12040人。

做好人才服务保障 为43位省外山东籍院士、847名高层次人才发放"山东惠才卡"，提供交通出行、住房保障、配偶就业等43项服务，全省累计颁发"山东惠才卡"5951张，"电子惠才卡"普及率超过90%。首次为两院院士等高层次专家配备"一对一"健康、法律顾问357人，在法律援助、职业风险化解、健康咨询、预约诊疗等方面提供精细化、个性化服务。

【职称制度改革】

推进开发区特色职称评审试点 先后批复同意青岛、东营、烟台、威海、临沂5市开发区（高新区）开展工业互联网、新一代移动通信功能材料工程、船舶与海洋工程装备技术、碳纤维复合材料、物联网、智能制造特色专业职称试点，促进人才向开发区战略性新兴产业集聚。

推进科研机构自主评价试点 11月5日，印发《关于同意聊城市在农业科学研究院开展职称"双自主"改革试点工作的批复》（鲁人社函〔2020〕81号），同意聊城市在农业科学研究院开展职称"双自主"改革试点，促进科研机构快速发展。

创新基层人才评价制度 分系列修订基层农业技术、基层工程等24个专业技术职称评审标准条件，突出品德、能力、业绩评价导向，努力破除人才评价"五唯"倾向。探索建立基层职称、新型职业农民职称、直评直聘等三项制度，1.8万人获得基层高级职称，2万名乡镇专业技术人员通过"直评"获得中高级职称，2020名"田秀才""土专家"获得专业技术职称。

（山东省人力资源和社会保障厅）

外国专家工作

【概述】 2020年，省科技厅深入贯彻落实习近平总书记"聚天下英才而用之"的战略思想，根据省委"人才兴鲁"行动、"重点工作攻坚年"、打造对外开放新高地等部署要求，以服务全省重大科技创新需求为目标，以引进"高精尖缺"外国人才为导向，不断完善政策体系，优化项目管理机制，提升人才服务水平，统筹推进外国专家疫情防控和引进服务各项工作，全力改革创新、担当作为、狠抓落实，全省外国人才引进规模不断扩大，结构不断优化，质量不断提高，为推动山东省新旧动能转化和创新性省份建设提供了有力人才支撑。

【外国专家政策创新】 2020年，省科技厅会同省委组织部、省财政厅、省人力资源社会保障厅印发《"外专双百计划"实施细则》，在全国率先提出将正在实施的外国专家项目中的"来鲁工作时间"调整为"为鲁工作时间"，允许外国专家通过视频会议、电子邮件等方式指导用人单位执行省级人才项目。

【外国专家管理服务】 2020年，会同省委组织部、省人力资源社会保障厅等部门印发《关于积极应对新冠肺炎疫情 进一步做好外国专家工作的若干措施》，从做好疫情防控宣传引导、支持用人单位在海外就地使用人才等方面提出7条具体措施，为疫情期间全省开展外国专家工作提供了政策遵循。进一步优化外国人来华工作许可审批流程，针对新冠疫情影响，及时调整和优化外国人来华工作许可办理程序，采取全程"网办"和"不见面审批"模式；将外国高端人才确认函审批权限下放给济南、青岛；将外国人来华工作许可权限下放给自贸区，进一步放宽自贸区外国人创新创业条件和来华工作许可办理流程；对于急需紧缺，以及来华开展疫情防控国际合作的高端专家和特殊人才，符合条件的发放外国高端人才确认函，建立来鲁工作绿色通道。2020年全省共签发《外国高端人才确认函》72件，办理外国人来华工作许可10257件，位居全国前列。

【引进外国专家平台建设】 2020年，2个基地入选国家"高等学校学科创新引智计划"（简称"111计划"），2个基地入选国家引才引智示范基地。

【外国专家活动】 2020年12月，举办外国专家建言会，来自俄罗斯、德国、英国、日本等国家的9名外国专家，围绕"十四五"时期全省科技创新工作发展目标、思路、重点方向建言献策，为全省科技创新工作提出宝贵意见建议。

（山东省科学技术厅外国专家服务处　王炳姝）

政策法规与环境建设

【概述】 2020年，始终坚持科技创新和制度创新双轮驱动，紧扣跻身全国创新型省份前列目标，加快实施创新驱动发展战略，不断完善科技创新政策体系，深化科技创新重点任务改革攻坚，科技创新生态环境稳步改善，人才创新创业活力持续释放，科技创新质量效益显著提升，有力推动创新型省份建设向更高水平迈进，为山东经济高质量发展提供有力支撑。

【科技政策和法规】 持续深化科技创新治理，以健全制度体系助力科技创新高质量发展。一是不断健全依法行政制度体系。加强科技创新立法，切实发挥好科技创新政策法规的引领保障作用。积极开展地方立法计划推进工作，系统梳理存在的制度性问题，推动《山东省技术市场条例》《山东省高新技术发展条例》等修订工作。深入落实《国家科学技术奖励条例》最新规定，修订《山东省科学技术奖励办法》，顺应国家科技奖励改革方向，落实科技奖励制度改革的相关部署。二是加强规范性文件审查。严格执行规范性文件审查程序和要求，健全公平竞争审查机制，出台《山东省院士工作站管理服务办法》《山东省重大科技创新工程项目管理办法》等12件规范性文件，开展规范性文件清理工作，提出规范性文件修订意见，把健全制度贯穿科技创新改革发展全过程，落实到科技规划编制、政策出台、项目管理中。三是完善依法决策体制机制。按照重大行政决策程序规则要求，严格执行《山东省行政程序规定》，进一步明确重大行政决策范围，健全决策机制。建立健全重大行政决策听取意见、实施后评价制度。制定并落实省科技厅行政执法"三项制度"，规范行政执法工作。在科技计划指南制定、项目评审、计划立项、项目验收评估过程中，把公众参与、专家论证、风险评估、合法性审查、集体讨论、公众参与，作为重大行政决策执行的必经程序，充分发挥科技创新战略咨询专家委员会和13个领域咨询专家委员会决策咨询作用，提高重大事项决策的科学化、民主化。

【科技体制改革】 持续深化科技体制改革，坚持创新驱动发展战略，全面实施省级大科学计划和大科学工程，加快构建项目计划、创新平台、科技人才、创新型企业、科技园区、科技金融、技术要素市场化、科技合作与创新国际化、绩效标准化、干部队伍建设"科技创新十大体系"，科技创新生态环境稳步改善，人才创新创业活力持续释放，科技创新质量效益显著提升，区域创新能力居全国第6位，创新型省份建设走在全国前列，为全省经济高质量发展提供坚实支撑。

一是系统谋划科技创新发展。召开全省科技创新大会，坚持把科技创新摆在经济社会发展的核心位置，把创新型省份作为新时代现代化强省建设的核心支撑。整合省级财政科技创新资金，出台《关于推进省级财政科技创新资金整合的实施意见》（鲁政办字〔2020〕64号），每年设立不少于120亿元的省级科技创新发展资金，集中财力支持重大关键技术攻关项目、重大原始创新项目、重大技术创新引导及产业化项目和重大创新平台项目，强化科技创新扶持。创新省级重大科技创新工程组织实施方式，制定省级重大科技创新项目组织实施方案和项目管理暂行办法，加快推行科技攻关"揭榜制"、首席专家"组阁制"。2020年省重大科技创新工程项目全部采用揭榜制方式组织，通过市场机制，自主遴选项目实施主体。"车路协同关键技术研究与应用"等4个课题试点首席专家"组阁制"，首席专家自主选聘项目组成员、自主决定项目技术路线。将省自然基金青年、优青、杰青项目基金纳入经费"包干制"试点，赋予科研人员财务支配权。出台《关于深化科技改革攻坚的若干措施的通知》，切实激发科技创新活力。

二是深化重点领域改革。出台《关于深化省属科研院所体制机制改革的若干措施》，加快下放研发机构设置权、人才招聘权、职称评审权、内部薪酬分配权、科技成果转化收益处置权，赋予科研院所更大自主权。开展省属高校院所促进科技成果转化综合试点。遴选8家省属高校院所作为试点单位，探索建立赋予科研人员职务科技成果所有权或长期使用权的运行机制，激发科研人员创新活力。开展科技奖励改革，顺应国家科技奖励改革方向，在全国率先建立以实际贡献和创新质量为导向的科技奖励评价体系。启动首批科技进步奖产业突出贡献类项目评审，评选出3项创新成果直接授予省科技进步一等奖。

三是深化"放管服"改革。印发《深化科技领域"放管服"改革优化营商环境工作方案》，营造良好的科技创新营商环境。深入推进简政放权，委托由市级科技管理部门实施技术合同认定登记，向自贸区、上合示范区下放科技成果登记等3项行政权力。制定科技计划科研诚信管理办法，加强科技计划全过程科研诚信管理。持续攻坚科技评价制度改革，把破除"四唯"融入项目评审、人才评价、机构评估全过程，三评改革的经验做法在全国科技工作会议作典型发言。

（山东省科学技术厅政策法规与创新体系建设处）

【创新体系建设】 2020年，省科技厅印发《山东省创新型省份建设监测统计报表制度》（鲁科字〔2020〕24号），在全国率先建立并实施创新型省份建设统计监测制度；截至2020年末，全省共有济南、青岛、烟台、潍坊、东营、济宁6个"国家创新型城市"，数量居全国第2位；荣成、龙口、邹城3个"国家创新型县（市）"，数量居全国第3位；2020年5月山东省被国务院列为全国实施创新驱动发展战略、推进自主创新和发展高新技术产业真抓实干成效明显激励对象。

（山东省科技厅战略规划处　王兴卓）

【科技成果转移转化】

强化区域创新战略布局　落实省委关于"三大经济圈"战略部署，布局建立"省会经济圈科创联盟""半岛科创联盟""鲁南科创联盟"，与青岛市共同组织举办"青岛创新节"，与菏泽市共同组织举办中原技术市场大会暨中原技术转移高峰论坛，与枣庄市共同组织举办鲁南科创联盟成立暨院士恳谈会，发挥北接京津冀、东向东北亚、南迎长三角的区位优势，集聚京津冀、日韩东北亚、长三角等地区科技资源，在战略层面打造三大经济圈区域创新增长极，助力全省经济高质量发展。

组织开展成果转化综合试点工作　省科技厅会同省委组织部、教育厅等7部门联合下发了《关于印发省属高校、科研院所促进科技成果转化综合试点实施方案的通知》，遴选青岛大学、山东省农业科学院等8家单位作为试点，探索建立赋予科研人员职务科技成果所有权或长期使用权的运行机制和制度体系。

完善科技成果转化服务体系　开发完成了"省级技术转移机构信息管理系统"，备案省级技术转移机构17家，对15家省级机构给予466万元资金奖补。开展了全省技术转移先进县创建活动，评选出24个"技术转移先进县"，面向县域布局建设了一批区域性、专业化技术转移中心，积极构建以山东省科技成果转化服务平台为引领的"1+4+N"技术市场体系。

加强技术转移人才队伍建设　山东省技术市场协会获批国家技术转移人才培养基地。印发《山东省技术转移人才培养基地认定管理办法（试行）》，确定山东省职业经理人协会等5家单位为首批省级技术转移人才培养基地，加快构建"基地、大纲、教材、师资"四位一体的技术转移人才培养体系。

实施科技抗疫—先进技术推广应用"百城百园"行动　根据科技部的部署安排，组织济南、烟台等五个市以及济南高新区、黄河三角洲农高区等六个国家级园区实施"百城百园"行动，按照"一城一主题"和"一园一产业"原则，推广了121项先进技术成果落地应用，扶持了49家技术转移服务机构，培育科技型中小企业4494家，支撑地方打好疫情防控阻击战和经济社会发展工作。

（山东省科学技术厅成果转化与区域创新处　张惠莉）

促进科技成果转移转化活动　2020年，2020（第九届）中国化工产学研高峰论坛在潍坊隆重召开；省会经济圈科创联盟成立大会暨科技成果项目路演在济南成功举办；第十届中国技术市场协会金桥奖表彰奖励大会暨第八届中国科技服务业论坛在淄博召开，省技术市场管理服务中心获得集体奖二等奖；2020青岛创新节在青岛国际会议中心开幕；中原技术市场大会暨中原技术转移高峰论坛在菏泽举行；鲁南科创联盟成立暨院士恳谈大会在枣庄举行；2020首届烟台国际技术交易大会在烟台举行；2020中国山东（德州）纺织服装科技创新大会暨山东省纺织服装行业科技创新成果发布会在德州隆重举行；省科技厅印发《省属高等学校、科研院所科技成果转化综合试点实施方案》；省科技厅印发《山东省技术转移人才培养基地管理办法（试行）》；由省技术市场管理服务中心组织的山东省科技创新服务标准化技术委员会成立大会在济南召开，会议审议通过了《山东省科技创新服务标准化技术委员会章程》《山东省科技创新服务标准化技术委员会秘书处工作细则》，并颁发了委员聘书。

（山东省技术市场管理服务中心　王　剑）

【科技系统党的建设和党风廉政建设工作】

机关党的建设　①加强政治建设，筑牢全面从严治党思想根基。一是强化党建政治引领作用。坚持把党的政治建设作为党的根本性建设，自觉用习近平新时代中国特色社会主义思想武装头脑、指导实践、推动工作，切实做到"三个第一"，将学习贯彻习近平总书记系列重要讲话和重要指示批示精神作为厅党组会议第一议题，作为检视工作第一标准，第一时间传达学习。先后通过14次厅党组会、3次党建领导小组会、4次机关党委会报告机关党建工作，把党建工作与业务工作同谋划、同部署、同推进、同考核，推动党建与业务深度融合，大力实施"学先进担当作为抓落实、模范机关建设、全国精神文明单位创建、党支部标准化建设、科技大讲堂教育培训"五大工程，全厅党的建设取得显著成效，进一步激发了广大党员干部干事创业的工作激情，创新型省份建设走在全国前列，2020年5月，山东作为"实施创新驱动发展战略、推进自主创新和发展高新技术产业成效明显的地方"，受到国务院办公厅督查激励。二是充分发挥厅党组理论学习中心组示范作用。牢牢抓住思想理论武装这个根本，守好阵地、科学计划、严密组织，制定《党组理论学习中心组2020年理论学习计划》，高质量组织开展12次学习研讨，学前认真制定会议方案，学中有记录、有研讨，学后有总结、有宣传，形成厅党组理论中心组示范引领学，各基层党组织及时跟进学，青年理论学习小组主动深入学，一级带一级、层层抓学习贯彻落实的良好氛围。三是全面落实党管意识形态，着力抓好主体责任落实。将意识形态工作纳入机关党的工作要点、党建工作责任制、领导班子民主生活会、述职述廉报告、绩效考核指标体系和基层党建督导制度。坚持厅党组书记亲自靠上抓，对意识形态工作负总责，各处室、单位主要负责同志履职尽责，推动意识形态工作落地落细落实。加强预警监测，为打赢疫情防控阻击战提供坚强思想舆论支撑。坚持马克思主义在意识形态领域的指导地位，将宗教内容和保密教育纳入党组理论中心组学习，组织干部群众观看反邪教微电影《一念正邪》，强化保密意识和保密纪律观念。四是加大对党员干部的教育管理。扎实开展"三述"活动，制定《"述理论、述政策、述典型"活动实施方案》，举办专题报告会、科技青年座谈会、百姓宣讲报告会等。加大对支部书记和党务干部培训力度，举办党的十九届四中全会精神专题培训，"不忘初心、牢记使命"党性教育培训，赴济南章丘三涧溪村开展现场教学，支部书记、党务工作者110多名干部参加学习。举办"不忘初心、牢记使命"主题党日活动，厅党组书记、厅长唐波同志带头讲党课，全厅共开展"我来上党课"活动68次，组织覆盖全厅干部职工的"谈心谈话"活动。充分利用学习强国、灯塔—党建在线、厅网党建活动栏、微信党课、基层党建工作简报等载体，及时组织党员干部在线学习、竞赛答题，以赛促学、以学促做。五是打造各具特色的学习品牌。举办16期"科技大讲堂"和4期"道德讲堂"活动，培训2000余人次，筑牢"两个维护"思想根基。组织中国梦·新时代·话小康百姓宣讲报告会、"牢记使命勇担当　我和祖国共成长"外语演讲比赛等，形成"科技大讲堂""道德讲堂""业务大讲堂"等省科技厅政治文化品牌。2020年已印发《基层党建工作简报》34期，向山东省党建研究会和省委省直机关工委研究室报送20篇调研课题，在"山东机关建设"网站刊发信息48篇。

②加强制度建设，健全完善党建工作体系。一是按照厅党组部署，认真履行机关党建主体责任。制定了《党组履行机关党建主体责任分工方案》《2020年省科技厅党组落实全面从严治党主体责任工作计划》，印发《2020年省科技厅机关党的工作要点》，明确党建工作目标任务和措施，夯实工作责任，形成上下联动、合力共建的工作格局和各级重视党建、人人参与党建的良好氛围。二是严格落实党风廉政建设责任制，年初制定出台了《2020年党风廉政建设和反腐败工作要点》，组织召开两次党风廉政建设工作会议，形成厅党组书记负总责、分管领导具体抓、部门负责同志"一岗双责"、广大党员干部积极参与的党风廉政建设工作格局。制定《关于深化作风建设提升干部执行力的实施方案》，努力实现作风建设的制度化、规范化、常态化。三是切实加强意识形态工作管理和引导。制定《2020年意识形态工作要点》，将意识形态工作纳入党建工作责任制，同部署、同落实、同考核。各级党组织严格落实"一岗双责"，将意识形态工作纳入支部党建计划和学习计划，及时学习贯彻落实。两次向省委省直机关工委报送了省科技厅半年和全年意识形态工作总结。四是加强直属机关党委自身制度建设，制定了《中共山东省科技厅直属机关委员会工作规则》，明确议事、决策、执行制度，为全厅机关和事业单位印

发了《党支部工作手册》和《党费收缴台账》，在《党支部工作手册》中，规范和督促各基层党组织认真落实"三会一课"、组织生活会、民主评议党员、党员领导干部参加双重组织生活等党内政治生活制度。建立和完善党员管理台账，完善了厅内各支部党员组织关系网上转接制度，对发展党员档案材料不规范不齐全的党员，按照程序组织补充有关材料。

③加强基层党组织建设，打造坚强的战斗堡垒。一是规范基层党建工作。按时完成7个支部换届，全厅39个党支部全部做到科学规范设置，支部书记由处室单位主要负责同志担任，抓实党建+志愿服务、党建+文明创建、党建+模范机关等特色工程，充分发挥攻坚克难的战斗堡垒作用。下发《党支部工作手册》，督促各基层党组织认真落实"三会一课"、组织生活会、民主评议党员等党内政治生活制度。按期完成2名党员发展计划，及时完成灯塔—党建在线党员组织关系转接等工作。二是认真抓好党支部标准化梯级提升工程。结合模范机关创建和支部品牌创建工作，把基层党支部标准化建设梯级提升工程作为厅党组书记抓基层党建突破项目，对所有党支部进行了考核评定，积极开展特色品牌创建工作，完成第二轮党支部标准化评定工作，推动党支部梯级提升。三是加强机关党建工作督导检查。印发《党建工作督导制度》，定期对党建开展督促检查、跟踪问效。成立了三个机关党建督导小组进行了实地督导，肯定亮点，指出不足，限期整改，责任落细落实。四是在疫情防控中彰显科技责任担当。向厅基层党组织和广大党员发出"防控疫情 从我做起"倡议，下发《关于在疫情防控工作中充分发挥基层党组织战斗堡垒和党员先锋模范作用的通知》，组织全厅436名党员干部捐款，累计金额225300元。组织开展"党员先锋献热血，众志成城战疫情"无偿献血活动，省血液中心为省科技厅颁发了"感谢状"。发放宣传肺炎知识手册300余册，编印20余期工作简报。第一时间组织超过200位科学家、临床医生及一线护理人员参与疫情科研攻关，党员干部踊跃捐款。深入一线强服务，组建5支科技志愿服务队、448支科技扶贫服务队，累计选派2万多名科技特派员，实现科技特派员8654个扶贫工作重点村科技服务全覆盖，得到科技部充分肯定。五是积极创先争优倡树典型。开展党建工作先进集体和先进个人评选表彰工作，经过层层筛选和严格把关，推选出4个先进基层党组织，4名优秀党务工作者，10名优秀党员，在模范机关建设推进大会上进行了表彰，党员"双报到"工作得到群众高度评价，环保科技园社区向省科技厅送来锦旗。"双联共建"工作得到省直机关工委的充分肯定，确立为省直机关典型案例，并被媒体广泛报道。全厅涌现出一批全国科普先进工作者、山东省抗击新冠肺炎疫情先进个人、第三届省直机关业奉献道德模范、省直机关妇女先进个人、疫情防控先进个人等优秀典型事迹，弘扬了共产党员无私奉献精神，凸显了先锋模范作用。

④强化党建引领，积极推动模范机关创建工作。一是精心部署。省委省直机关工委下发通知后，厅党组高度重视，把模范机关建设纳入全厅六大重点任务之一，围绕做好"七个模范"，积极谋划推进，研究制定了《省科技厅关于开展省直模范机关创建工作的实施方案》，5月7日，召开全厅创建攻坚大会，8月10日，召开全厅半年工作总结暨模范机关建设推进大会，对创建工作进行再动员、再部署，以模范机关建设为着力点助推科技工作高质量发展。二是加强组织领导。建立厅党组全面领导、机关党委统筹协调、基层党组织积极参与的创建工作机制，细化创建任务清单、责任清单和完成时限，层层压实创建责任，细化《创建模范机关工作推进表》，围绕创建目标任务，详细制定了68项具体举措。三是强化创建措施。将创建工作列为党建工作重点任务，与重点工作攻坚等五项工作结合起来，以创建任务完成情况检验纪律作风建设成效，真正把创建模范机关有机融合到全厅业务和队伍建设中。加强对模范机关建设的指导督导、跟踪问效，促进各项创建工作任务有效落实。将创建工作纳入重点工作督查、绩效考核范围，作为评先选优的重要依据。推荐1个单位、两个集体参加省直机关工委模范机关建设表现突出单位和集体的评定工作，激发广大党员干部参与创建的激情。12月10日，省委省直机关工委对省科技厅模范机关创建工作给予了高度肯定。

⑤攻坚克难，文明创建工作取得丰硕成果。一是形成创建合力。厅党组出台《关于印发"决战决胜一百天 全厅全员争创建"攻坚行动实施方案的通知》，召开"决战决胜一百天 全厅全员争创建"攻坚行动推进大会，多次组织召开创建全国文明单位领导小组办公室工作调度会，全厅各处室、单位37名文明专干和联络员认真做好文明创建工作。二是扎实推动创建各项工作。大力推进科技文明建设，策划设计文化长廊《山东科技发展简史》《科技文明的昨天、今天和明天》，进一步营造一楼大厅和庭院浓厚宣传氛围，厅党组书记、厅长唐波同志积极带头开展"科技文化进社区"系列活动，形成重视科技文明、宣传科技文明的良好氛围。三是整理编撰创建资料和宣传材料。印发《省科技厅文明单位创建应知应会知识点汇编》《基层党建工作简报》《省派第四轮省科技厅第一书记工作动态汇编》等。策划制作创建全国文明单位纪实宣传画册，高质量完成"创新催开文明花 科技铸就辉煌路"创建宣传片制作。设计科技大厦庭院道德守礼指示牌和机关楼层文化长廊，牢固树立"人人都是创建主体、人人代表科技形象"的理念，营造良好创建氛围。四是积极开展系列特色活动。开展诗文咏诵会、"道德讲堂"宣讲、先进典型选树、向"时代楷模"学习，参观爱国主义教育基地等特色活动。举办

"弘扬社会主义核心价值观　自觉践行文明礼仪"培训班,组织参加了第八届"中国梦"系列百姓宣讲活动,选送的节目《双联共建话小康》在山东省"中国梦·新时代·话小康"百姓宣讲比赛中荣获佳绩。五是扎实做好省级文明单位第三协作区秘书长单位工作。充分发挥协作区秘书长单位重要职能,组织召开协作区会议,邀请协作区14个单位参加了"科技大讲堂"专题讲座和工作交流。2020年,在全省40多家争创全国文明单位的省直单位中,有18家入围候选名单,省科技厅位列其中,为下一届文明单位成功创建奠定了良好基础。

⑥以党建为引领,扎实做好群团工作。一是以党建促群建,把群团工作纳入党建工作总体布局。制定《2020年省科技厅直属机关群团工作要点》,厅党组、机关党委及时研究群团工作,积极发挥党组织联系职工、青年、妇女的桥梁和纽带作用,投资近60万元高标准建设职工之家。二是认真做好群团组织换届工作。7月8日,厅机关党委第10次会议听取《山东省科技厅直属机关群团换届工作筹备情况汇报》,9月10日,组织召开厅直属机关工会、妇委会、共青团第一届代表大会,认真做好组织换届,确保各项工作扎实推进。三是积极开展丰富多彩的文体活动,营造良好文化氛围。成立科技厅系统乒乓球、书画等10个文体协会,积极组织了植树节志愿服务活动、"我和我的祖国"书画摄影展览、诗文咏诵会、演讲比赛、经典诵读等特色活动。选送优秀作品积极参加了省文明办主办的"大家创·艺术普及进机关'脱贫攻坚　美丽乡村'书画作品展",获优秀奖三项,佳作奖九项。积极组织参加了省直机关低碳环保健步走、乒乓球比赛等系列特色活动,荣获"省直机关第六届健步走活动优秀组织奖""山东省省直机关第三届乒乓球比赛优秀组织奖"。积极开展"发现榜样"活动,开展"最美职工""书香三八""文明餐桌"等行动。四是弘扬奉献精神,打造了富有专业特色的"科技志愿服务"品牌。建立乡村振兴科技扶贫、企业科技、科技成果转化、科技人才、科技平台等5个由40余名党员组成的科技志愿服务队,深入企业、高校、科研院所,送政策、送技术、送服务,把"山东科技志愿服务队"打造成了特色鲜明、群众受益、广泛认可、在全省有一定影响力的文明实践志愿服务品牌。

党风廉政建设　①加强廉政建设,强化政治纪律和政治规矩。一是夯实责任。召开全厅党风廉政建设会议,组织各处室、单位签订《党风廉政建设责任书》,明确各级领导责任,形成厅党组书记负总责、分管领导"一岗双责"、部门负责同志具体抓、广大党员干部积极参与的党风廉政建设工作格局。二是加强廉政风险防控动态管理。组织开展廉政风险点排查,27个处室、单位共查找廉政风险点类别94类,廉政风险点171条,制定防控措施241条,建立《日常工作廉政风险点管理台账》。印发《运用监督执纪"第一种形态"实施办法》,进一步压实了各基层党组织管党治党政治责任。三是注重抓早抓小。印发《运用监督执纪"第一种形态"实施办法》,进一步压实了各基层党组织管党治党政治责任。实施办法中明确处置方式,规范审批程序,细化实施流程,要求各基层党组织强化党内监督,畅通问题发现渠道,及时处置党员干部在思想、工作、作风、纪律等方面存在的苗头性、倾向性问题,让"红红脸、出出汗"成为常态的要求落到实处。四是加强日常监督执纪和警示教育。围绕厅重点工作,开展了对出清企业处置工作和厅直属事业单位工作人员招聘重点环节的监督,对8个科技项目会议评审进行监督,进一步做细做实日常监督。针对2020年巡察发现的共性问题,下发了《关于做好巡察发现问题整改工作的通知》,要求举一反三,确实做好巡察"后半篇"文章。积极配合巡视工作,对巡视组提出的进一步加强党务干部培训等问题即知即改。组织收看《国家监察》专题片、《叩问初心》《反腐枪声》等警示教育片。在春节、中秋、十一等重要时间节点,发布廉政提醒,严要求、强监督,纠治节日期间不正之风。

②狠抓作风建设,凝聚提质增效力量。一是推进干部作风建设常态化、制度化。出台《关于深化作风建设提升干部执行力的实施方案》,着力构建教育、制度、监督、问责四位一体的长效机制。成立厅纪律作风建设领导小组,建立纪律作风建设例会制度,规范议事程序,组织召开4次作风建设例会,及时研究作风建设中存在的突出问题。二是开展专项整治。实施深化作风建设提升干部执行力专项行动,坚决整治干部执行力不强、内部沟通协调不畅等形式主义、官僚主义突出问题,制定《科技厅关于开展形式主义官僚主义突出问题专项整治工作的方案》《省科技厅形式主义官僚主义突出问题专项整治问题清单及措施清单》,紧紧围绕8个方面、33项整治重点,明确牵头责任处室,在加强工作统筹中压实责任,确保整治工作有序开展,取得实实在在成效。三是开展提升执行力大讨论活动。组织各处室、单位围绕政治站位不高、思想观念僵化等7个方面,认真查摆存在的问题,深刻分析产生问题的原因,制定整改工作台账,助推执行落实高效化。四是促进重点工作落实。把纪律作风建设与推进"重点工作攻坚年"等六进项任务落实结合起来,明确责任,严格抓督查、抓落实、抓考核、抓问责,实现重点工作与纪律作风建设"两不误、两促进"。

(山东省科学技术厅机关党委　林慧芳)

科学技术及普及

【山东省科协工作】

概述 2020年，全省共有省辖市科协16个，县级科协136个，91.49%的乡镇、街道办事处建有科协组织。共有省级学会156个，会员40多万人。企业科协1205个。高校科协130个，覆盖率达95%。16个市和70%的县（市、区）建有农技协联合会。

科普工作 牵头调整省全民科学素质工作领导小组成员，修订领导小组工作规则。组织开展科学素质挑战大赛、全民科学素质工作能力提升活动、2020年中国公民科学素质调查工作。开展领导干部讲科普活动，省科协班子成员分别到中小学作科普报告。

建立科协系统应急科普工作机制，联合海看健康、微医互联网医院总院开展24小时免费在线问诊服务，5.5万多名医生志愿加入，问诊量177万人次。组织院士专家建言献策，3期防疫类建议获得省领导批示。

省科技馆新馆主体工程顺利竣工，新增3家科技馆列入免费开放补助范围，全省获得补助科技馆达到22家，补助资金5350万元。

实施山东省科普示范工程，争取省财政1170万元专项资金，培育、打造130个先进典型。实施基层科普行动计划，支持建设科普社区110家、农技协69家、科普教育基地46家。争取中国科协基层科普行动经费2775万元。做好2019年度科普教育基地复验和2020年度认定工作，共命名179个新申报单位，264个单位复验合格。

组织开展全国科普日系列活动，通过全国科普日活动平台发布活动3638项，数量是2020年的2.6倍，获评全国科普日活动优秀组织单位和优秀活动总数居全国第2位。举办山东科学大讲堂，确定100个A类项目、49个B类项目。联合省教育厅、省科技厅举办第三届山东省科普创作大赛，评选优秀作品1200多件。

深化科技助力精准扶贫行动，开展农业技术培训、产业转型升级、科普资源优化、科普志愿服务等攻坚行动。组织各类技术培训110余场，培训贫困人数线下1.2万人、线上70万人。组织农业科普专家及相关学会开展技术对接帮扶活动80余次。

科技服务 举办第二十二届中国科协年会，万钢、怀进鹏、刘家义、李干杰等领导出席，55位院士，4200多位国内外科学家、企业家等参会。89项重大科技需求项目确定合作院士专家，40个院士项目签约落户，与全国学会签订46项合作协议，世界海洋科技论坛永久落户山东。

推荐青岛市、泰安市入选"科创中国"建设试点城市，入选数量居全国首位。全省企业科协、园区科协注册"科创中国"平台数1202个。举办中国科协服务山东省创新发展现场交流会，组织全国学会、院士专家开展"科技服务团入鲁行动"，打造"科创中国@山东"服务品牌。

举办中日韩工程技术大会，推出高层次报告70余个。实施学会创新发展工程，评选20家创新争先学会，开展20项助力创新驱动发展行动，服务25个协同创新基地发展。举办海外人才创新创业生态系统建设调研座谈会。推动泰安市高新区获批中国科协海智计划工作基地，设立山东罗欣药业、日照市侨心智能制造产业园2个省级海智基地。

加强科技创新智库建设，发布30项重大研究课题，8个优秀项目纳入省软科学计划。组织智库专家开展前瞻性、针对性、储备性政策研究，呈报建议22期，主要省领导批示17期。完善"智库@产业"模式，打造"新旧动能转换国家战略创新峰会"智库品牌，举办现代物流与智能技术、智慧交通等专题论坛，助力山东新旧动能转换和高质量发展。

联合山东大学、中国区域经济50人论坛举办首届黄河发展论坛，刘家义、李干杰、凌文参加有关活动。举办黄河流域生态保护和高质量发展协同智库座谈会。发起并推动由中国科协、山东省政府和山东大学共建黄河国家战略研究院。

学术交流 第二十二届中国科协年会期间，共举办"世界海洋科技论坛""中德科技合作论坛"等50余场高端学术活动。

联合滨州市政府举办2020年山东省科协年会，策划高峰论坛、院士专家见面会、"科创中国@山东"建设专题推进会等13项活动，集中发布可供转化的323项技术成果，7家省级学会及"十强"产业学会集群与滨州市有关部门、企业签署9项合作协议。

举办2020年泰山科技论坛，15位国内外院士、294名专家学者作学术报告，9680名科技工作者参加论坛活动。举办山东省创客嘉年华活动，开展第四届山东省科技工作者创新大赛评选、"山东省创客之家"评选、第十二届大学生科技节活动。

人才与建家 举办全省科技界学习贯彻党的十九

届五中全会精神座谈会、全省科协系统学习宣传贯彻党的十九届五中全会精神部署会暨基层科协组织建设现场推进会。举办青年科技领军人才国情研修班，被评为"北京大学继续教育精品项目"。举办全国科技工作者日座谈会，发布致全省科技工作者倡议书，杨东奇出席座谈会并讲话。

举办全国科技工作者日系列活动，省科协被中国科协评为"2020年全国科技工作者日省级科协十佳优秀组织单位"。开展第十届山东省优秀科技工作者评选表彰活动，100人获评。开展齐鲁最美科技工作者学习宣传活动，10人获评，联合山东广播电视台举办发布仪式。全省科协系统累计宣传科技工作者典型800余人次。

完善院士专家联系服务机制，组织26位院士专家开展考察疗养活动，实施青年科技人才托举工程，举办1期青年科学家论坛、8期青年科学家学术沙龙。举荐7人入选中国科协优秀中外青年交流计划，数量居全国第4位。推荐4人获全国创新争先奖，1人获中国科协优秀基层"三长"，数量居全国省级科协推荐获奖前列。

大力弘扬科学家精神，联合省教育厅开展"2020年科学道德和学风建设宣传月"活动。联合省直机关工委举办"我和我的祖国——中国科学家精神主题展"，270多个单位集体参观，参观总人数超过2万人。成立山东省科学家精神报告团，开展科学家精神系列宣讲活动。

开展山东人才政策体系和重点人才政策评估，入选山东人才发展专项课题。承接全省"筑峰计划"顶尖人才摸底工作，与省科技厅、省教育厅联合开展需求调研。

丰富科技工作者政治引领载体，通过学习强国等媒体平台，累计发布宣传科技工作者稿件7500多篇。加强智慧科协推广应用，1500个机构、3.6万余名人员入驻，入库数据资源2.58T。开展选树典型人物和典型案例的"10·10"系列主题宣传活动。走访慰问抗疫一线医务人员等科技工作者代表，传递党和政府的关心关爱。

自身建设 举办学习宣传贯彻党的十九届五中全会精神专题培训会，党组书记带头讲党课2次。加强干部教育培训，成立省科协机关青年理论学习小组，开展读书交流、选树标兵等活动。举办10期科学讲座，赴井冈山、原山林场开展党性教育。优化干部队伍年龄结构，选拔任用40岁左右正处级领导干部2名。深入推进"第一书记"工作，到帮包村开展活动7次，提供乡村振兴科普活动资金7.2万元。累计选派26名干部参加"四进"攻坚工作。选派2名干部参加农村基层党组织建设工作队。

做实党建带群建工作，开展党支部梯级提升工程，打造过硬党支部5个、样板党支部2个。机关及直属单位15个党支部与11个省级学会集群党组织结对共建。出台加强学会党建意见，调整理顺学会党建职责分工。推动学会党建与业务工作结合，将党建工作作为学会创新发展工程项目申报一票否决项。

推进学会"两化"建设，所属学会秘书长专职化39家，占25.1%，秘书处实体化65家，占41.9%。推进学会动态调整，按程序取消山东省数量经济与技术经济学会等4家学会团体会员资格。对山东科技咨询协会等3家协会脱钩。

全面开展"3+1"工作，推动"三长"关键人物在疫情防控、乡村振兴、城乡居民科学素质提升等工作中发挥作用。推荐的9个案例入选中国科协案例选编，《科技界情况》专期刊载山东基层科协"三长"防疫经验做法。全省市、县、乡镇（街道）各级科协领导机构中，兼挂职总人数3070人，其中"三长"1957人，占比63.8%，较2019年增长40%。

推进科协系统改革走深走实，开展全省科协系统深化改革试点工作，39个单位入选首批试点单位。深化改革品牌培育工程，遴选改革品牌30个。滨州、聊城、青岛、潍坊、泰安、日照入选中国科协第二批地方科协深化改革试点有关项目，入选总数居省级科协首位。在中国科协发布的地方科协改革活跃指数榜单中，山东居全国第4位。

（山东省科学技术协会　郝美想）
责任编辑　李绮斌

行业科技进步

HANGYE KEJI JINBU

农业科技

【概述】 2020年，山东省农林牧渔业总产值10190.6亿元，粮食总产量544.7亿千克，连续7年过500亿千克，猪牛羊禽肉产量721.8万吨，禽蛋产量（不含小品种）480.9万吨，牛奶产量241.4万吨，水产品总产量（不含远洋渔业产量）790.2万吨，农机总动力10964.664万千瓦，农作物耕种收综合机械化率达到88.95%，农业科技进步贡献率达到65.18%。

【发展现代农业】 2020年，现代高效农业增加值达到859.6亿元，较2019年增长17.5%。全省家庭农场、农民合作社、农业企业、社会化服务组织和农业产业化联合体等各类经营主体发展到近50万家，销售额500万元以上农业龙头企业达到1万家。主要农作物良种覆盖率超过98%，畜禽粪污综合利用率达到90%以上，农作物秸秆综合利用率达到95%以上，农产品出口额达到1257.4亿元，农村居民人均可支配收入达到18753元。

【农业科技支撑】 2020年，省现代农业产业技术体系创新团队签署年度建设任务，及时调整5名岗位专家。开展创新团队"十三五"建设绩效评估，累计建成27个团队，聚集专家415名，涉及110余家农业科研、教学、推广单位及企业。编发省农业农村专家顾问团简报26期。强化农业转基因生物安全监管，全年为245家企业完成办证、换证服务。组织开展科技下乡活动。省农业农村厅联合省科技厅推介发布2020年度农业主推技术69项。完成656名公费农科生的招生、签约、入学等工作任务。在111个县实施农技推广补助项目，建设农业科技示范展示基地679个（其中国家农业科技示范展示基地5个），培育科技示范主体3.47万个，分层分类脱产培训基层农技人员8636人。5名基层农技人员被农业农村部评为"全国第二届最美农技员"。全年培育各类高素质农民4.2万人。在潍坊国家农业开放发展综合试验区开展"技能兴鲁"职业技能大赛农业行业职业技能大赛，承办第三届全国农业行业职业技能大赛。贯彻落实中央关于高职院校扩招工作部署，2020年共录取农民5800名。省农业农村厅联合省教育厅向农业农村部、教育部推荐乡村振兴人才培养优质校50个。2位农民被农业农村部评为全国农民教育培训"百名优秀学员"扶贫先锋。

【农业绿色发展及资源保护】 2020年，因地制宜地建设高标准旱作农业示范县30个，示范推广和辐射带动旱作节水技术应用面积60万亩。支持5个续建县和4个新建县开展果菜有机肥替代化肥示范县创建，建设17个化肥减量增效试点县（其中6个县开展肥料包装废弃物回收利用试点），在11个县实施退化耕地治理面积25万亩，推行耕地轮作制度试点，实施耕地轮作试点65万亩，在重点水域渔业增殖放流78800万单位，建设秸秆综合利用重点县27个，其中全量利用县2个。

【农业产业化及社会化服务】 全省营业收入超过500万元的农业产业化龙头企业达到1万余家，其中国家级龙头企业107家、省级龙头企业1026家。省级以上重点龙头企业中，全年销售收入（市场交易额）超过10亿元的共180家，其中10亿～50亿元150家、50亿～100亿元16家、超过100亿元的达到14家。全省参与产业化经营的农户超过1800万户，龙头企业带动农户超过1600万户。全省创建农业"新六产"示范县13个、示范主体189家，2018—2020年，3年累计创建农业"新六产"示范县53个、示范主体607家。威海市文登区张家产镇等16个乡镇开展国家农业产业强镇建设，已累计建设农业产业强镇59个。启动省级农业产业强镇示范创建活动，围绕粮食、果蔬、畜禽、水产、中药材、茶叶等区域特色种养业、特色加工业、特色文旅业，认定省级农业产业强镇158个。全年全省农业生产托管服务面积达到1.51亿亩次，在64个县（市）区开展农业生产托管服务项目试点。

【休闲农业与乡村旅游】 2020年，山东省共有省级休闲农业和乡村旅游示范县44个、省级休闲农业和乡村旅游示范点44个、山东最美休闲乡村95个、齐鲁最美田园102个、省级休闲农业示范园区101个，国家级休闲农业和乡村旅游示范县20个、示范点30个、中国美丽休闲乡村38个。截至2020年底，全省休闲农业经营主体1.6万家，年营业收入405.67亿元，接待游客1.9亿人次，带动农民就业人数达95万人。

【农产品品牌建设】 2020年，遴选出13个省知名农产品区域公用品牌和100个企业产品品牌。在央视13套开展了山东农产品整体品牌形象宣传，累计达2.49

亿人次。制定了农产品品牌示范基地地方标准。制作了《山东农产品品牌名录》，总结和收录了山东省农业品牌建设历程、成果和典型经验。认定省级特色农产品优势区10个，入选国家特色农产品优势区4个。

【农业信息化建设】 全省建成7万多家益农信息社，基本实现行政村全覆盖。打造了农业农村主题信息资源库，汇聚数据信息1.3亿条，实现涉农信息资源跨部门、跨层级、跨地区共享交换。制定了《山东省智慧农业应用基地创建认证标准》，已创建230多个智慧农业应用基地。推动农产品质量安全数字化追溯体系建设，已有85个市、县平台和省级、国家级平台实现互联互通，数字化追溯体系初步成型。完成了50个应用系统的数据资源汇聚，27类存量证照全部归集，并统一纳入省一体化大数据平台统筹管理，完成2020年度数字政府建设任务。省农业农村厅联合省委网信办等6部门印发了《山东省数字乡村发展战略纲要实施意见》，高青、海阳、肥城、惠民4县（市）获批首批国家级数字乡村试点地区，淄博市获批全国首个数字农业农村改革试验区。

【粮食生产】 2020年，全省粮食播种面积12423万亩，比2019年减少46.2万亩；总产544.7亿千克，比2019年增加9亿千克；平均亩产438.5千克，比2019年增加8.9千克。2020年创造了"四个全国纪录"，"山农糯麦1号"在泰安肥城市实打亩产694.96千克，创全国特色营养小麦单产最高纪录；"济麦44"在潍坊寿光市实打亩产766.62千克，创全国强筋小麦单产纪录；"山农28"在淄博市临淄区实打亩产856.9千克，刷新全国冬小麦单产纪录；"齐黄34"在菏泽市东明县实打亩产353.45千克，创我国夏大豆高产纪录。普及推广深耕深松、配方施肥、小麦宽幅精播、"一喷三防"、玉米"一增四改""一防双减"等关键增产技术，全省粮食生产水平明显提升。发展全程、全面、高质、高效"两全两高"农机化，全省农作物耕种收综合机械化率达到89%以上，粮食生产基本实现全程机械化。优化作物种植结构和产品结构，依托粮食加工企业，发展订单农业，重点发展效益比较高的高蛋白大豆、优质强筋小麦、鲜食玉米、特色杂粮杂豆等，以优质优价促进粮食种植效益提升。结合耕地轮作休耕试点项目，推行玉米与大豆等粮豆轮作，扩大优质大豆种植面积。深入推进以攻关区、示范区、辐射区"三区"建设为主要内容的粮食绿色高质高效创建，围绕小麦、玉米、大豆三大作物，重点实施优良品种示范推广、绿色高质高效标准化技术模式集成、节水节肥节药新设备新技术推广，取得了良好成效。

【油料生产】 2020年，山东省油料作物总产290.9万吨，比2019年增加0.7%，占全国总产量的8.1%。山东省的油料作物主要是花生，播种面积占油料作物总面积的98%左右，产量占99%左右。推广深耕深松、地膜覆盖、配方施肥、合理密植、灵活化控、单粒精播、机械化生产等花生高产稳产综合配套技术，促进全省花生高质量发展。

【蔬菜生产】 2020年，蔬菜播种面积2231.0万亩，较2019年增加35.0万亩，增长1.6%；平均亩产3780.7千克，增加55.7千克，增长1.5%；总产量8434.7万吨，增加253.6万吨，增长3.1%。蔬菜产量连续6年超过8000万吨，稳居全国第一。蔬菜出口额297.8亿元，同比增长5%。其中，大蒜及其制品116.9亿元，同比增长12.6%；生姜39.1亿元，同比增长28.8%；食用菌类及其制品3.1亿元，同比减少30.2%；菠菜52.1万元，同比增长4945.9%。

【种业能力提升】 召开了省农作物品审会常委会议，审定小麦、玉米、水稻、大豆、棉花等5种主要农作物新品种124个。做好引种备案和非主要农作物品种登记工作，完成3批112个品种引种备案，审核上报非主要农作物品种303个，公告品种558个，申报和公告登记品种数量均居全国第一。举办"全国蔬菜登记品种现场观摩会暨中国·山东国际蔬菜种业博览会地展开放周"活动，展示国内外番茄、黄瓜、西甜瓜等20余种蔬菜作物品种2346个，其中登记蔬菜品种872个，公开推介辣椒、番茄、黄瓜、白菜、西甜瓜等作物优良品种92个，为蔬菜种业界搭建了技术交流、成果展示、信息对接的综合性服务平台。

【植保系统】 2020年，全省病虫草鼠等有害生物发生程度为中等，发生面积5.71亿亩次，防治6.24亿亩次，挽回产量损失2600万吨。全年监测病虫118种，发布病虫预报2500多期，中长期预报准确率达90%，短期预报准确率达95%。截至2020年底，全省建立各种形式专业防治队伍3600多个，其中注册或备案的1832个，全省拥有高效植保机械8.5万台（套），其中大中型植保机械约2.4万台（套），植保无人机7430架，日作业能力642万亩，全年三大粮食作物统防统治面积1.3亿亩次。全省绿色防控覆盖面积超过2亿亩次，全省农作物绿色防控覆盖率由2019年的37.6%上升到42.6%。

【棉花生产】 全省棉花种植面积14.29万公顷，平均单产皮棉85.37千克/亩，总产18.3万吨。新审定棉花品种11个，其中，春棉9个品种，短季棉2个品种。全年制定发布棉花生产技术意见4套，制定（修订）山东地方标准8项，促进了棉花轻简化、标准化、机械化生产技术进一步发展。通过棉花绿色高质高效创建项目实施，结合不同棉区特点，推进传统棉作制度调整优化，深耕棉蒜（麦）直播轮作、棉饲两熟轮作、棉花花生间作等新型绿色高效棉作模式；着力推广一熟棉区棉秆还田耕地质量提升工程，开展棉秆粉碎还田肥料化利用及棉饲轮作，实现用地养地结合、土壤肥力平衡，提升植棉经济生态效益。以高质高效、资源节约、生态环保为目标，集成绿色轻简高质高效技术体系，引领全省棉花生产绿色可持续发展。

【农机系统】 2020年，山东省农业机械总动力达到1.09亿千瓦，大中型拖拉机（22.1千瓦及以上）50.4万台，谷物联合收割机33万台。农作物耕种收综合机械化率达到88.95%，比2019年提高1.1个百分点。全省农机服务组织2.26万个，乡村农机从业人员471万人。全省完成农机深松整地作业面积1066万亩。创建全国主要农作物生产全程机械化示范县19个，济宁、菏泽、滨州、威海创建为全国示范市；实施"两全两高"（全程全面、高质高效）农机化示范县推荐申报和审核工作，评价认定25个"两全两高"农机化示范县。创建国家级"平安农机"示范市1个、示范县5个；省级"平安农机"示范市2个、示范县6个、示范乡（镇、街道）66个、示范农业经营服务组织82个。集中开展变型拖拉机清理整治，清理整治率达100%。明确农机驾驶员培训收费标准和依据，颁发拖拉机驾驶培训机构准教证280件。截至2020年底，全省拖拉机驾驶培训机构85所，培训新购机农民15300多名。制定11个专项鉴定大纲，发布鉴定产品种类指南，受理鉴定范围增加到98个。起草畜禽运输货厢和有机废弃物干式厌氧发酵装置等7项推广鉴定大纲。畜禽养殖机械、特色经济作物播种收获机械等26项推广鉴定大纲获得资质认定扩项准予许可。完成国家支持的推广鉴定任务218项（含终止20项），省级鉴定任务496项。

（山东省农业农村厅 李月圆 王东旭）

畜牧科技

【概述】 2020年，全省畜牧业科技工作围绕乡村振兴、聚焦全省畜牧业高质量发展，推进产学研深度融合，加强技术推广应用，对畜牧业发展提供强有力的科技支撑。

【成果与奖励】 2020年，全省畜牧兽医行业取得一批重要畜牧兽医科技成果。"鸭坦布苏病毒致病机制研究与疫苗研制"项目获省科学技术进步奖一等奖，"肉兔产业链关键技术研究与示范推广""牧草持续丰产与提质增效关键技术创新与应用"项目获省科学技术进步奖二等奖，"肉鸭健康、高效、环保养殖关键技术创新与产业化推广""枣庄黑盖猪资源挖掘、种质特性评价及开发利用"等项目获省科学技术进步奖三等奖。"一种利用复合微生物巢处理粪水的方法"获山东省专利一等奖，"一种驴特征性多肽及其在检测驴皮源性成分中的应用"获山东省专利二等奖，"一种禽脑脊髓炎和鸡痘二联活疫苗"获山东省专利三等奖。

【科技项目支持】 2020年，"非洲猪瘟防控关键技术研究与应用"项目获省重点研发计划（重大科技创新工程）项目支持。"优质高效生猪突破性新品种选育""优质高效抗逆鸡突破性新品种选育""优质高效肉牛突破性新品种（系）选育"等省农业良种工程项目启动实施。

【科技创新与进步】 2020年，"畜禽种质资源收集保护与精准鉴定"项目实施以来初步建立起了全省畜禽遗传资源保护与评价两大体系，取得了阶段性成果。"莱芜黑兔"成功被列入国家畜禽遗传资源目录。"鲁中肉羊"历经15年培育，通过了国家畜禽遗传资源委员会的审定并获国家畜禽新品种证书。省内家驴驯化及毛色选择研究取得新突破，研究论文"Donkey genomes provide new insights into domestication and selection for coat color"在 Nature Communications 杂志上发表。该论文是国内学者在马属动物研究方面发表的最高水平论文。

【体系与平台建设】 2020年，山东省现代农业产业技术体系畜牧创新团队（生猪、牛、羊、家禽、特种经济动物、牧草、蜂业、驴）完成综合绩效评估（2016—2020年）。山东奶牛种业（产业）创新研究院组建筹备工作启动。

【技术推广应用】 2020年，通过开展科技创新、技术集成、示范培训、推广应用和科企合作，推动产业转型升级，提高质量效益和竞争力。共发布27项畜牧业主推技术，进一步加快畜牧业先进适用技术推广应用。

依托基层农技推广体系改革与建设任务实施，组织举办基层畜牧（畜牧兽医）站技术骨干能力提升培训班和动物疫病防控技术培训班，共培训近200名畜牧兽医技术人员。

（山东省畜牧兽医局　刘　婕）

水利科技

【科技项目】　2020年，由山东省水利科学研究院牵头承担的国家重点研发计划"滨海城市海水淡化综合利用技术研究及应用"完成了中期检查。省自然科学基金项目"山东省跨流域调水工程冰期安全输水问题研究"获批立项。申报省级以上科技项目及建议15项，其中，国家自然科学基金项目4项、省重特大科技攻关项目3项、水利部黄河水科学研究联合基金指南建议6项、省自然科学基金项目1项、中国科学院重点实验室研究项目1项。围绕实施小清河防洪综合治理等重点工程，针对工程实施中急需解决的重大科技问题，山东省海河淮河小清河流域水利管理服务中心推进实施"小清河流域洪水仿真模拟机防洪调度体系研究"等科研项目15项，总投资1360余万元；山东省调水工程运行维护中心组织开展"胶东调水工程管道瞬变流模拟及调控关键技术"等科研项目5项，总投入约500万元。水利部技术示范项目"新型导杆式开槽机构筑地下连续墙技术示范"及省重点研发计划项目"山东省多水源调蓄水库水质风险控制技术研究""流域水土流失阻控及面源污染防治关键技术研究"完成结题验收。全年组织验收省级水利科研与技术推广项目13项。

【科技推广】　2020年，组织参加了第17届国际水利先进技术（产品）线上推介会。"新型输水涂塑复合钢管及接口技术"被列入水利部2020年度成熟适用水利科技成果推广清单。"土石坝测压管激光跟踪水位监测技术""土石坝激光静力水准垂直变位监测技术""智能装配式井筒泵站"项目入选水利部2020年度水利先进实用技术重点推广指导目录。征集并发布了《山东省水利先进实用技术（产品）推广目录》，包括水利工程智能建造、河湖治理、工程运行管理等领域相关技术（产品）95项。加大量测水、农村饮用水微生物检测技术在全省引黄灌区水量计量、农村饮水安全工程中得到推广应用。水库安全监测技术在垛庄水库、黑虎山水库等水利工程中得到推广应用，并在新疆进行了应用示范。

【创新服务】　2020年11月9—13日，在淄博市举办了全省水利高层次专业技术人才研讨班。组织开展了水利科技专项综合调研、水利科技创新座谈会、水利科技沙龙等活动，推进产学研协同创新。

【科技奖励】　2020年，"胶东半岛水安全保障关键技术与应用"项目获2020年度大禹水利科学技术奖三等奖，"防洪预警标识牌"申报第22届中国专利奖。

【国际合作交流】　2020年12月16日，山东省水利厅相关领导会见荷兰驻华使馆基础设施、水管理与环境参赞，双方就加强水利领域合作进行座谈交流并深入交换意见。根据疫情防控实际，开展线上国际技术交流合作，参加水利部组织的中欧水资源交流平台第12次联合指导委员会视频会议。协调推进省级引智成果示范推广项目"流域水资源规划和管理决策支持系统Riverware"实施。

【省农业农村专家顾问团水利分团】　2020年，组织省农业农村专家顾问团水利分团专家开展调研，形成并向总团提报了"山东省农业适水发展对策研究""农村饮水安全工程长效管护机制调研"等调研报告8篇。

（山东省水利厅　朱玉芬）

黄河科技

【概述】 2020年，黄河水利委员会山东黄河河务局协作完成了国家"十三五"重点研发计划课题2项。10项科技项目纳入山东黄河河务局科技项目储备库实行滚动管理，批复1项科技项目开展研究。8项科技成果通过黄河水利委员会年度集中评审。171项科技创新成果获得奖励。山东黄河在推进信息化规范管理、网络安全、成果应用方面取得新进展。借助"齐鲁黄河讲堂"等学术平台广泛开展学术交流活动。

【科技创新项目】 2020年，山东黄河河务局所属单位协作完成2项国家"十三五"重点研发计划课题。山东菏泽黄河工程有限公司与清华大学协作承担的国家重点研发计划项目"黄河下游河道与滩区治理研究"子课题"黄河下游河势控制与滩区治理示范研究"、黄河河口管理局与黄河水利科学研究院协作承担的国家重点研发计划项目"黄河口演变与流路稳定综合治理研究"子课题"清水沟流路水沙通量调配技术与示范"通过验收。"山东黄河工程建设项目智慧整合平台"获批立项，项目经费50万元。确定"引黄闸扬压力在线实时自动监测系统"等10项科研课题纳入山东黄河河务局科技项目储备库实行滚动管理。9月，公布2020年山东黄河科技储备项目共计46项。

【科技成果与奖励】 2020年，山东黄河河务局组织评审验收科技成果71项，8项通过黄河水利委员会年度科技成果集中评审（评价）。其中，"山东黄河引黄水闸渠首智能流量测验系统研发与应用"等4项成果达到国内领先水平，"基于动态差分定位技术的高精度三维测绘系统在黄河防汛中的应用"等4项成果达到国内先进水平。组织完成"新型造孔灌注一体化插筋混凝土灌注桩施工工法"评审，项目研究水平达国内领先。315项成果参加黄河水利委员会"新技术、新方法、新材料及其推广应用成果认定"，132项通过认定，通过率占42%。获各类奖励科技创新成果171项，9项获黄河水利委员会科技进步奖。"多元复合型混凝土防冻剂研制与应用""水利工程智能基坑降水管控系统""山东黄河引黄水闸渠首智能流量测验系统研发与应用""黄河下游（山东段）防汛全信息智能支持平台研究与开发"4项成果获黄河水利委员会科技进步奖二等奖，"济南黄河河务局企业财务监管信息平台""倾斜摄影技术在测绘工程中的应用""基于动态差分定位技术的高精度三维测绘系统在黄河防汛中的应用""在建项目建设标准化财务管控""档案图书管理系统"5项成果获黄河水利委员会科技进步奖三等奖。39项科技成果获山东黄河河务局科技进步奖，其中，一等奖7项，二等奖16项，三等奖16项；123项成果获得山东黄河河务局科技火花奖，其中，一等奖52项，二等奖71项。2019年度山东黄河河务局科技进步奖奖金达31万元。

【科技体制改革与创新】 2020年，为进一步深化科技管理体制改革，推动治黄科技发展，修订印发了《山东黄河河务局科技项目管理办法》。建立科技项目立项备案验收制度，对项目监管、验收等环节进行修改完善，进一步推动科技工作规范化管理。

【科技成果推广活动】 2020年，"一种新型水利工程施工用清淤装置""黄河下游放淤固堤工程加快淤背体排水速率技术""水利工程施工营地移动式一体化污水处理设备"3项科技创新成果入选《2020年度水利先进实用技术重点推广指导目录》。

【编制规划】 2020年，编制《山东黄河信息化"十四五"建设规划》，规划了主要任务，确定了重点工程。

【信息化建设】 2020年，山东黄河河务局转发《黄委网信办关于开展2020年软件正版化工作检查的通知》，并对全局系统操作系统、办公和杀毒三类软件正版化开展全面检查。编制完成《山东黄河网络安全防护能力提升可行性研究报告》，提升网络安全防护能力。联合有关网络安全公司，对山东黄河河务局机关和8个市级黄河河务（管理）局进行了网络安全攻防演练，检验和提升网络安全防护和应急处置能力。

【学术交流与科技合作】 2020年，山东黄河河务局利用"齐鲁黄河讲堂"学术平台，组织开展6期讲座。11月，组织2020年度山东黄河治理优秀论文评选活动，征集论文498篇，评审出60篇获奖论文。编辑印发《山东黄河》4期。2020年11月，山东黄河河务局与华北水利水电大学签订《华北水利水电大学与山东黄河河务局战略合作框架协议》。12月，举行"华北究、东平湖水沙资源监管大数据平台建设。

（山东黄河河务局　李长海）

工业科技

【概述】 2020年，山东省坚决落实创新驱动发展战略，紧扣提升企业自主创新能力这一工作核心，在"平台、人才、项目、品牌、产学研"五大板块集中发力。

【制造业创新中心建设】 2020年，着眼打通创新链前端、中端和后端的学术界、科研界、产业界，实现科学家、工程师和企业家的精诚合作，按照"公司+联盟"模式，强力推动制造业创新中心建设。国家中心层面，按照"省内择优推荐，省外比较优势"思路推进创新中心建设。6月，山东省首家国家制造业创新中心——国家先进印染技术创新中心，经工业和信息化部批复组建，实现山东省零的突破。组织开展2020年制造业高质量发展专项申报工作，推荐先进印染技术创新中心申报工业和信息化部制造业创新中心支持专项并成功中标，预计获得工业和信息化部高质量发展专项建设支持经费2亿元。省级中心层面，按照"制度先行+区域布局+优势领域"总体思路，6月出台了《山东省制造业创新中心建设工作指南》，为创新中心建设运行打好制度基础。对资源循环利用、碳纤维及复合材料、高性能复合土工材料3家省级中心组织了验收。新培育了微纳传感器、高性能发动机等6家省级中心。9家中心在山东省东、中、西部均有分布。已批复的15家省级创新中心承担的研发项目累计230余项，完成科技成果转化70余项，累计突破关键共性技术110余项。

【泰山产业领军人才工程实施】 2020年，着眼破解引才用才难题，持续发力泰山产业领军人才工程实施。统筹"省外引才+省内育才"两个方面，坚持"不为所有，但求所用"理念，紧扣"人才+项目"模式，力求实现引进一名人才，实施一个项目，突破一批关键技术目标。将"十强"产业作为重点领域，遴选传统产业创新类泰山产业领军人才38名，总数达到210名。组织开展了2015年以来历年泰山产业领军人才年度评估、中期评估和期满评估工作。

【"一企一技术"研发中心建设】 2020年，着眼破解中小企业研发载体少问题，推动"一企一技术"研发中心建设。以2018年底数据为基准的山东省694家大型工业企业中，已建设研发机构企业631家。剩余63家企业分为三种情况，①不需建设研发机构企业38家，集中于供电、供水、代工类企业；②驻鲁央企和外资企业23家，研发机构设在央企总部或海外；③已破产企业2家。山东省大型工业企业研发机构已实现全覆盖，研发机构建设的重点将实现从大型企业到中小微企业的转变。3月，山东省制定发布了《山东省工业企业"一企一技术"研发中心培育认定工作指南》，重点在山东省中小微企业建设研发机构，实现一家企业掌握一批"人无我有"的关键核心技术，依靠"独门绝活"形成的新产品抢占市场。7月，组织开展了2020年"一企一技术"研发中心认定工作，89家企业认定为"一企一技术"研发中心。

【实施百年品牌培育工程】 2020年，实施百年品牌培育工程，推进质量品牌高端化。山东省工业和信息化厅联合山东广播电视台开展了"好品山东　制造强省"——百年品牌企业培育工程宣传活动。在省电视台"闪电新闻"客户端首页、山东新闻联播播放页面开展宣传推介"好品山东·制造强省"活动。面向全省征集宣传山东百年品牌企业培育工程企业、《2020年山东创新工业产品目录》产品等，共征集各类宣传素材180余项。山东省成山集团有限公司、歌尔股份有限公司等8家企业的典型质量管理经验被树立为全国质量标杆，入选数量位列全国第一。山东省共有29家企业的35个典型质量管理经验成为全国质量标杆。山东省工业和信息化厅联合山东广播电视台开展了"好品山东·乡村名品"赋能全省区域品牌建设活动，助力乡村振兴。共举办品牌宣传推介活动50多场次，签订帮扶协议上百项，发布扶贫产业项目需求和计划300多项，涉及直接间接的帮扶金额达数千万元。建设了潍坊云仓、临沂云仓、烟台云仓3个云仓，遴选了22个"好品山东·乡村名品"产品和22个特色基地。

【推动人工智能产业发展】 2020年，加速推动人工智能产业发展，培育新动能。积极建设先导区，主动承接工业和信息化部人工智能揭榜项目。工业和信息化部支持山东省创建济南—青岛人工智能创新应用先导区。组织全省人工智能企业承接工业和信息化部新一代人工智能产业创新重点任务，山东省入围14家单位，包含9个"揭榜单位"和5个"潜力单位"。申报工业和信息化部"2020年产业技术基础公共服务平台——面向人工智能创新应用先导区的应用场景公共服务平台建设项目"，海尔智家牵头中标，预计获得工业和信息化部高质量发展专项建设支持经费800万元。加强顶层设计，出台先导区实施方案。研究制定《济南—青岛人工智能创新应用先导区融合发展实施方案》，明确先导区发展的指导思想、基本原则和主要目标，组建以省政府分管领导为组长的济南—青岛人工智能创新应用先导区推进工作专班。充分发挥人工智能产品和解决方案在抗击疫情中的作用。面向全省征集、遴选已成功实践应对疫情防控的人工智能产品和解决方案148项，通过线上线下等多种手段向媒体和省内外需求单位推介宣传，充分发挥全省人工智能企业在抗击疫情中的作用。推动成立山东省人工智能协会，山东省人工智能标准化技术委员会，指导协会汇聚人工智能行业资源，建立活动交流、信息共享与数据资源合作的服务机制，搭建起企业和政府交流的桥梁，共同推动全省人工智能产业高质量发展。推动人工智能赋能中小企业。2020年12月，举办了工业和信息化部AI精准赋能中小企业对接活动暨2020山东（青岛）人工智能"百企百景"发布会，推动人工智能赋能中小企业。发布了《山东（青岛）100项人工智能创新应用场景需求目录》和《山东（青岛）100项人工智能创新应用服务商目录》。

【培育技术创新示范企业】 2020年，培育国家和省级技术创新示范企业，推进技术创新体系建设。加强省级技术创新示范企业培育，为国家技术创新示范企业创建奠定基础。组织开展2020年省级技术创新示范企业培育认定工作，发挥优秀企业示范引领带动作用，促进和完善以企业为主体、市场为导向、产学研相结合的技术创新体系建设。山东省新增省级技术创新示范企业93家，累计达到196家。组织开展国家技术创新示范企业申报推荐工作。以省级技术创新示范企业为基础，按照工业和信息化部要求，择优推荐申报国家技术创新示范企业，指导企业完善技术创新体系，主动开展技术创新，加快转变发展方式。山东省4家企业认定为国家技术创新示范企业，数量居全国首位。截至2020年底，山东省国家技术创新示范企业总数达57家。通过组织现场会、媒体宣传等形式，推广技术创新先进经验和模式，为山东省各产业、企业技术创新提供标杆示范。

【推动产学研融合创新】 2020年，编制发布山东省工业企业产学研需求表，精准对接山东大学、齐鲁工业大学、西安交通大学等国内高等院校、科研院所，吸引全国优势创新资源向山东省集聚。2020年9月，组织企业赴西安交通大学进行了专场对接，12家企业分别与行业内专家教授进行了深入交流，全部达成合作意向。11月，组织企业赴齐鲁工业大学（山东省科学院）开展产学研精准对接活动，共组织30余家企业，现场完成签约4项。

（山东省工业和信息化厅　吴相鲁）

电力科技

【机制创新】 2020年，山东电力发布实施科技兴企五大举措，以自主创新能力建设为中心，推进人才链、创新链、技术链、价值链、资金链"五链"融合发展。发布能源互联网技术研究框架，构建"3418"技术攻关体系。创新科技立项模式，"揭榜挂帅"11项重点研发项目。深化科技创新"放管服"，实行项目差异化管控，推动重点攻关课题高质量研发。

【创新能力建设】 2020年，加强大电网安全控制、输变电智能运检等优势领域攻关力度，拓展高比例新能源电力系统、智慧配电网与储能、能源转型与碳中和等领域技术研究，推动"大云物移智链"技术与电网业务深度融合。组建电力机器人技术联合实验室。获批山东省能源大数据经济技术工程研究中心。

【创新成果】 2020年，山东电力获省部级科技奖励45项，其中作为牵头单位完成的项目获得奖励20项。"变电站设备带电水冲洗机器人关键技术及应用"项目获得省技术发明奖二等奖；"应对大功率缺额风险的受端电网控制决策技术"和"交直流混合微电网协同优化运行控制技术研究及工程示范"获省科学技术进步奖二等奖，"适应大规模风光接入的省域交直流受端电网网架构建关键技术及应用""电力电缆多参量一体化综合预警技术及应用"两个项目获得省科学技术进步奖三等奖。"气体绝缘组合电器设备漏气带电带压封堵方法"项目获得第三届山东省专利奖二等奖,"一种变电站一体化电源监控系统及方法"项目获得第三届山东省专利奖三等奖。"输变电设备状态智能监测和大数据评估系统及大规模应用"项目获得中国电力科学技术奖二等奖。"提高重污秽区直流设备外绝缘性能关键技术及应用"项目获得中国能源研究会能源创新奖二等奖。"输变电设备状态大数据评估系统及大规模应用"获国家电网公司科技进步奖一等奖,"多微网协同运行调控技术及工程应用""数据驱动的配电网精准规划关键技术及应用""风光储接入配电网的装置控制关键技术及应用"三个项目获国家电网公司科技进步奖二等奖,"智能配电网分布式快速故障自愈技术及应用"项目获国家电网公司科技进步奖三等奖;"巡检机器人激光构图与导航关键技术及应用"项目获国家电网公司技术发明奖三等奖;"手车式高压断路器综合状态智能诊断分析技术及装置"项目获国家电网公司科技进步奖工人技术创新项目三等奖;"DL/T 1610—2016 变电站机器人巡检系统通用技术条件"等 8 项标准获得国家电网公司标准创新贡献奖二等奖;"输变电工程环保监测与敏感区域预测技术与方法"项目获得国家电网公司专利奖一等奖,"一种电动汽车分体式直流充电桩、系统及方法"项目获得国家电网公司专利奖二等奖,"气体绝缘组合电器设备漏气带电带压封堵方法"项目获得国家电网公司专利奖三等奖。全年取得发明专利授权 959 件,申请 1461 件,发明专利拥有增量、总量持续保持国家电网公司首位。

【成果转化推广】 2020 年,实体化运营双创中心成立知识产权运营中心。聚焦能源互联网核心技术,加速推动科技成果向现实生产力转化。参与组建国网科技成果转化基金,4 项成果获国网科技成果孵化基金支持。完善创新成果推广生态体系,推动 10 项成果产品实现规模化推广,72 件专利进入运营池,实施专利许可 11 件。科技创新成果推广应用收益实现新突破。

【技术标准建设】 2020 年,推动成立 IEC 电力机器人技术委员会,首次发布国际标准,获批立项两项 ISO 标准、一项 IEEE 标准,技术标准国际化取得历史性突破。

(国网山东省电力公司 李笋)

冶金科技

【概述】 2020 年,全省和山钢集团累计完成工业总产值(现价)5657.83 亿元和 1359.38 亿元,与 2019 年同期比分别增长 15.06% 和 12.33%。全省 14 种冶金产品中,9 种产品产量比 2019 年同期有所增长。全省和山钢集团累计生产生铁分别为 7523.20 万吨和 2904.99 万吨,与 2019 年同期比分别增长 30.38% 和 10.99%;累计生产粗钢分别为 7993.50 万吨和 3111.42 万吨,与 2019 年同期比分别增长 25.74% 和 12.83%;累计生产铁矿石分别为 3147.60 万吨和 613.84 万吨,与 2019 年同期比分别增长 28.02% 和 -3.99%。全省冶金行业 20 项主要技术经济指标当中,有 12 项好于或持平 2019 年同期水平,占 60%。

【经营情况】 2020 年,全省和山东钢铁集团累计工业销售产值分别为 5526 亿元和 1369 亿元,与 2019 年同期比分别增长 12.74% 和 12.53%;累计实现销售收入分别为 8475.99 亿元和 2192.82 亿元,与 2019 年同期比分别增长 14.19% 和 15.91%;累计实现利税分别为 562.14 亿元和 136.64 亿元,与 2019 年同期比分别下降 9.24% 和增长 25.82%。

【能源消耗】 2020 年,全省和山钢集团累计实现万元产值能耗分别为 1.08 吨标煤/万元和 1.13 吨标煤/万元,与 2019 年同期相比分别下降了 1.81% 和增长 4.20%;全省和山钢集团累计实现万元工业增加值能耗分别为 6.09 吨标煤/万元和 7.99 吨标煤/万元,与 2019 年同期相比分别增长 7.10% 和 24.38%;吨钢综合能耗分别为 572.80 千克标煤/吨和 574.98 千克标煤/吨,与 2019 年同期相比分别增长 0.35% 和 2.75%。

【环境保护】 2020 年,山东钢铁股份有限公司、山钢集团永锋淄博有限公司、山东耐火材料集团有限公司、山东金岭铁矿、青岛特殊钢铁有限公司、山东泰山钢铁集团有限公司累计工业废水排放量为 297.13 万吨,其中达标排放量为 297.13 万吨,占排放量的 100%;烟尘排放量为 3346308.40 千克,其中达标排放量为 3252187 千克,占排放量的 97.19%;工业粉尘排放量为3246695千克，其中达标排放量为3246695千克，占排放量的100%。

【科技成果与奖励】 2019—2020年度，评价科技成果138项，其中，技术评价116项、产品评价22项；国际先进水平以上40项，占评价总数的29%；国内领先水平70项，占评价总数的50.7%；国内先进水平28项，占评价总数的20.3%。年创经济效益约31亿元。136项成果申报2019—2020年度省冶金科技进步奖，123项获奖，其中，一等奖29项、二等奖42项、三等奖52项。

【成果选介】

新型绿色高效大容积焦炉装备及技术集成与开发 该项目以山东省冶金设计院股份有限公司和保尔沃特意大利公司（Paul Wurth Italia S.p.A）为主完成。项目以焦炉加热系能源流耗散转化过程状态的洁净高效化为目标，集成、创新、开发了以7.3米大容积焦炉为特色的系列技术和装备，实现了焦炉工序的超低排放、节能低耗、清洁高效、炉体长寿。主要创新点有：①开发采用两段空气供入＋废气大循环燃烧技术、高效传热的薄炉墙技术，实现了降低燃烧强度、低热力型NOx产生，使得焦炉烟气NOx含量≤100毫克／立方米、炼焦耗热量减少3%～5%。②开发采用非对称式烟道结构，便于长炭化室废气流的排出、改善长向加热均匀性和操作环境。③开发采用双石英红外传导光纤测温元件、焦炉火道温度／火焰温度非接触式在线测量装置，实现了准确、实时自动调温；通过集成二级自动化系统，实现了焦炉火道温度、火落温度、焦饼温度、煤气流量吸力的自动调节与智能控制。④首次采用7.3米大容积焦炉上升管换热器显热利用回收工艺和装置，实现了大型焦炉荒煤气的显热回收。⑤开发采用了适用7.3米大容积焦炉的砖体结构及四段式保护板，使得焦炉钢柱曲度≤10毫米、焦炉砖缝比现有大型焦炉减少15%，提高了焦炉结构的严密性。⑥集成采用了SOPRECO炭化室压力调节系统，保证了特长型炭化室（19.846米）的压力稳定、实现了无烟装煤，降低了焦炉环境治理成本，提高了能源转换效率，促进了钢铁及炼焦工业的技术进步、绿色发展，经济、社会和环境效益显著，经行业专家鉴定，达到国际先进水平。该项目已成功应用于山钢集团日照钢铁精品基地焦化项目及湖南华菱集团湘潭钢铁有限公司焦化项目。

基于非平衡补偿理论的高端装备用型钢关键技术集成与创新 山东钢铁股份有限公司实施的《基于非平衡补偿理论的高端装备用型钢关键技术集成与创新》项目首创了非平衡补偿轧制理论，突破了复杂组合截面型钢孔型、导卫和润滑的非平衡补偿关键控制技术，开发周期大幅缩短，工艺稳定性与质量可控性显著提升。发明了复杂组合截面型钢高精度控制技术，通过对轧制区金属变形规律的研究，开发了高精度在线自适应控制成套装备，产品尺寸精度显著提高。提出了自然冷却状态下高强韧复杂组合截面型钢V-N-Nb-Cr复合多元微合金化成分体系及其轧制变形与轧后冷却转变产物的精细化控制工艺，突破了高强韧型钢材料设计与控制关键技术。创新了微合金化高性能洁净钢生产技术，开发了大规格矩形坯低裂纹敏感性结晶器先进技术及工艺装备，解决了铸坯在包晶、亚包晶区裂纹高发的行业难题。项目中的关键技术已获授权发明专利16件。经山东省冶金工业总公司组织技术评价，该项目技术达到国际先进水平。该项目的实施，解决了高端型钢在高性能、高精度热轧批量化开发生产上存在的技术难题，为磁浮交通、物流装备、工程机械等高端装备领域成功开发出了满足需要的关键材料，产品质量实现了从追赶到超越的嬗变。项目技术的应用，不仅实现了高端材料的自主化，为国产装备制造提供了材料保障，也推动了国内高端装备企业的技术升级，支撑了国产高端装备出口到世界各地尤其是"一带一路"沿线国家，提升了国家的核心竞争力。

高表面耐指纹镀锌板生产技术研究与应用 山钢集团日照有限公司通过对高等级表面质量镀锌板生产控制技术进行攻关，研究了高效清洗技术、退火炉张力控制、镀层质量及形貌稳定控制技术，创新性建立清洗段碱液参数—清洗效果模型、锌液铝含量—锌渣含量控制模型及钝化辊涂参数数据控制模型，突破了锌渣、锌粒缺陷、耐指纹膜盐雾试验、耐指纹性提升等一系列难点，建立高等级表面生产技术控制体系，成功稳定生产2000表面级别以上产品。通过对钝化生产控制工艺研究，攻克了不同工况条件下辊涂辊间压力、咬合量、速比等参数稳定控制难题，批量生产耐指纹性、耐腐蚀性及耐黄变性能优于行业标准，72小时盐雾试验合格率＞99.9%的无铬耐指纹钝化产品，能完全满足高端家电板的使用要求。项目中的关键技术已获授权发明专利2件。经山东省冶金工业总公司组织技术评价，认为项目技术达到国内领先水平。该项目通过对高表面无铬耐指纹钝化生产技术的研究与应用，总结出无铬耐指纹钝化工艺控制规范，稳定生产2000表面级别的无铬耐指纹产品，成功出口欧洲客户，提升了公司生产高端高效产品的能力，开拓国内外高端家电板市场。项目掌握的钝化工艺技术，能稳定生产无铬钝化、三价铬钝化产品，批量供货国内知名家电企业，创造了良好的经济效益和社会效益。同时，项目生产技术经验可直接应用于类似产线，缩短调试周期，实现快速达产达效。

热轧带肋钢筋合金减量化技术研究与应用 该项目由石横特钢集团有限公司完成。项目根据2018版新国标附录B中的有关要求，针对3条产线的不同装备条件和季节变化，优化了铌、钒合金体系和控轧控冷工艺参数，开发出了有针对性的合金成分体系和工艺技术，实现了新国标螺纹钢的低成本制造，技术形成了多项自主知识产权，经鉴定整体技术达到国际先进水平。其中，一棒采用"40ppm～100ppm的痕量铌碳素钢化学成分体系＋轧后奥氏体区超快速冷却"组合技术、二棒采用"不含任何微合金元素的碳素钢化学成分体系＋全线奥氏体未再结晶区控制轧制＋轧后奥氏体区超快速冷却"组合技术。高线采用"Si≤0.40%、Mn≤0.90%的碳素钢化学成分体系＋奥氏体未再结晶区开轧＋临界奥氏体区控制轧制＋轧后铁素体相变前超快速冷却＋铁素体相变强制风冷技术"组合技术，合金的减量化技术创造年经济效益8590.25万元。该项目的成功研发，给国内棒线材生产线提供了一条技术可靠的低成本生产工艺路线。

小规格螺纹钢集约化生产模式的研究与应用　山东莱钢永锋钢铁有限公司自主研发了冶炼终点控制技术，建立了一套指导生产的物料加入模型，实现了铁水温度、成分、废钢自动计量等数据驱动，结合转炉音频检测化渣技术，实现了转炉冶炼终点的精准控制。发明设计双挡渣工艺、脱氧合金化工艺、在线吹氩工艺，实现了窄成分控制技术，明显降低生产成本，摸索出微合金元素强化机理、生产工艺参数的设计和微合金元素最佳配比，总结出一套稳定和提高氮吸收率的生产工艺，实现了氮含量的精准控制。同时开发出轧钢加热炉钢坯智能仓储系统、加热炉黑体技术，实现吨钢煤气消耗降低33.6立方米，小时加热能力提高20吨；开发出矩形轧件控轧＋多切分分段控冷工艺，有效冷却矩形轧件，避免了扁平轧件边缘的过度冷却，实现冷却分段的精细化控制，保证了轧件的均匀冷却；设计出四/五切分孔型，提高了孔型控制精确度，优化了预切分孔与切分孔补偿面积，解决了连续轧制时间短、切分带崩槽技术难题；开发1652和1502方坯断面切换生产技术，实现微调1#～3#轧机延伸率即可完成一键切换，降低了剪切头尾比例，大幅减少轧机咬入次数、轧制间隙时间和轧线事故，并且开发出负差预警系统，实现了钢材负差的智能预警，提高了钢材负差稳定率和成材率。该项目被山东省工业和信息化厅列入2020年山东省第一批技术创新项目计划。经技术评价，该项目达到国际先进水平。项目中的关键技术已获专利29件，其中发明专利1件。依托该项目发表相关论文8篇。项目创造经济效益4.02亿元，且社会效益显著，具有良好的推广价值和前景。

（山东省冶金工业总公司　王铁毅　满强　王洪利）

卫生健康科技

【**概述**】　2020年，全省卫生健康科技创新工作围绕全省疫情防控重点工作和卫生健康事业改革发展中心任务，以提高支撑保障能力为目标，坚持需求导向，突出重点、协同推进，不断加强卫生健康科技创新、实验室生物安全管理，卫生健康科技创新工作取得了新进展。

【**疫情期间应急技术攻关**】　2020年，启动实施了"新型冠状病毒感染的肺炎疫情应急技术攻关及集成应用"重大科技创新工程，组织实施8个疫情防控重大项目，研发课题12个，投入财政科技经费1750万元。该工程充分调动了全省高校、科研院所、企业等各方面的积极性，设立了首席科学家，10个单位牵头实施，60多个单位参与实施，200多位科学家、研究员、企业家、临床医生及一线护理人员参与研发，为疫情防控提供了有效科技支撑。建立定期调度机制，督促各课题组加快研究进度，同时协调企业搞好对接，为成果产出奠定坚实基础。

【**科技创新平台建设**】　2020年，加大对新冠肺炎防治研究的科研攻关支持力度，协调省立医院、齐鲁医院、省胸科医院筹建了山东省传染性呼吸疾病重点实验室。4月17日，该重点实验室获省科技厅批准建设，由省立医院、齐鲁医院、省胸科医院3个单位共建，集合了全省传染性呼吸疾病最强团队。山东省耳鼻喉医院和烟台毓璜顶医院获批山东省耳鼻喉疾病临床医学研究中心。青岛大学附属医院、山东省文登整骨医院和康复大学（筹）获批山东省骨科与运动康复临床医学研究中心。

【**健康医疗大数据科技创新联盟建设**】　2020年，以发病率高、病死率高、致残率高、医疗费用高、科技支撑作用高"五高"重点疾病为切入点，建设健康医疗大数据科技创新联盟，确定在90个疾病（领域）培育山东省健康医疗大数据单病种队列研究联盟，通过规范临床诊疗，统一数据质量标准，开放共享研究资源，为重大疾病防治研究提供依据。培育建立了结直肠癌、阿尔茨海默病、脑胶质瘤等重点疾病45个健康医疗大数据专项队列。推动了区域性、行业性科技协同创新，形成了统筹优势资源，搭建共享平台解决"五高"、十项重大疾病的工作方案，形成专病科研数据标准25项，成功申报国家重大专项3项，省重大专项12项。

【科研成果】 2020年，全省卫生健康领域获省科学技术奖43项，其中一等奖5项，二等奖28项，三等奖10项。

（山东省卫生健康委员会　申　慧）

中医药科技

【概述】 2020年，全省中医药科技工作以中医药传承创新发展为工作目标，突出重点、协同推进，全省中医药科技工作取得新的进展。

【科技平台建设】 2020年，山东省临床医学研究中心（中医心脑血管疾病）持续建设。山东中医药大学附属医院获批中医心血管疾病国家临床医学研究中心山东分中心。以山东中医药大学附属医院、山东中医药大学第二附属医院、济南市中医医院和潍坊市中医医院为支撑的国家中医药传承创新工程持续建设。山东省中医药研究院获批山东省工程实验室（研究中心）重点科研平台（山东省经典名方开发工程研究中心）。由济南市政府、澳门科技大学、南粤（集团）有限公司和山东中医药大学共建的鲁澳中医药产业研究院落户山东中医药大学。

【科技立项及科技成果】 2020年，立项国家自然科学基金35项，国家社科基金1项，省自然科学基金66项，省重大科技创新工程1项，省重点研发计划（软科学类）7项，省重点研发计划"新型冠状病毒感染的肺炎疫情应急技术攻关及集成应用"重大科技创新工程1项。获得山东省科学技术进步奖二等奖、三等奖各1项，中国中西医结合学会科学技术奖一等奖、三等奖各1项，"第一届医学科技创新大赛"抗击新冠肺炎疫情组铜奖1项，世中联中医药国际贡献奖科技进步奖二等奖1项。

【中医药科技项目和学科管理】 2020年，省卫生健康委重新组织修订了《山东省中医药科技项目管理办法》，申报项目由两年申报一次改为每年申报，首次将项目分为青年项目、面上项目、重点项目分类申报。采取限项申报的方式，全省共立项中医药科技项目409项。对全省50个首批中医药重点学科建设项目进行了考核验收，经考核，通过验收40个，限期整改5个，取消建设资格5个。

【中医药传承创新发展】 2020年，为更好地传承推广名老中医药专家的学术经验、特色技术，培养中医药特色人才，全省完成7个全国名老中医药专家传承工作室、12个全国基层名老中医药专家传承工作室、21个省级名老中医药专家传承工作室的项目验收工作，促进了全省中医药学术经验、特色技术的传承与推广。为更好地推进齐鲁医派传承创新发展，省卫生健康委面向全省组织开展了齐鲁医派中医学术流派遴选工作，共遴选中医学术流派传承工作室建设项目14项和中医药特色技术29项。

【中医药人才培养】 2020年，全省各级中医院引进博士以上学历及副高级以上人才122人，比2019年增长48.8%；中医药领域7人获泰山学者、泰山产业领军人才工程支持，1人入选青年岐黄学者，24人获评齐鲁卫生与健康领军人才，75人获评杰出青年人才。组织评选"山东省中医药杰出贡献奖"30名，并在全省中医药大会上对获奖者进行了表彰。全省持续组织开展五级中医药师承教育项目，完成了省市级师承人员考核工作。

（山东省卫生健康委员会　张乐林）

医药科技

【概述】 2020年，我国医药制造业因新冠疫情的爆发，医药企业不同程度延迟开工、停工停产，运输受阻、物流管制与人员交通限制等情况也对药企的经营带来了明显影响。第二季度医药产业开始复苏，子行业中卫生材料、医疗器械涨幅突出，拉动了整个行业实现正增长，但原料药价格连续上扬，药品政策性持续降价及招标导致的价格竞争等情况，导致医药行业总体的宏观环境仍然不容乐观。

【生产经营状况】 2020年，全省医药工业规模以上企业667家，累计实现营业收入2825.4亿元，同比增长10%；累计实现利润总额471.5亿元，同比增长33.9%。山东省医药工业完成出口交货值268.5亿元，同比增长36.29%，在全国医药工业出口交货值比重为8.95%，居于全国第4位。中药子行业企业数量变化最明显，共减少43家，生物药品制品制造企业减少14家。全省医药各子行业主营收入增幅表现差别较大，医疗器械营业收入同比增长45.7%，是本年度增幅最高的子行业；化药工业营业收入同比增长3.7%；中药加工业同比增长16%；生物制品同比增长-0.4%；卫生材料及医药用品同比增长12.7%；印刷、制药、日化及日用品生产专用设备制造同比增长-3.0%；药用辅料及包装材料同比增长16.3%。

【科技创新】 截至2020年底，全省拥有国家级医药创新公共服务平台21个、药物安全评价研究中心5家、药物临床试验机构61家、首批国家药监局重点实验室等高层次研发平台4个，多个企业在欧美发达国家和国内中心城市创立了研发中心。全省医药工业规模以上企业研发投入平均强度达到3%，部分骨干企业研发投入强度达到5%以上。齐鲁制药、步长制药、鲁南制药、瑞阳制药、绿叶制药、罗欣药业、新华制药、辰欣科技、睿鹰制药、鲁抗医药和齐都药业等一批企业研发投入强度达到7%以上。

（山东省医药行业协会 曹萌萌）

油田科技

【概述】 2020年，油田科技工作聚焦价值引领、创新驱动，坚持问题、效益导向，强化顶层设计，加大科研投入，做好基础研究和技术攻关，加大成果转化、协同创新，引领行业发展，不断完善科技创新管理体系，有力支撑了油田勘探开发、生产经营、安全绿色发展。截至2020年底，胜利油田有勘探开发研究院、石油工程技术研究院、物探研究院、技术检测中心4个重点科研单位，油田从事科技活动人员有5000余人，油田拥有1个国家级研发中心、11个省部级重点实验室、16个油田级重点实验室。全年油田共组织实施各类项目489项，其中国家项目（课题）14项、中石化项目109项、油田项目366项。重大项目有国家重大科技专项12项、国家重点研发计划2项、中石化"十条龙"项目3项。

【科技成果与奖励】 2020年，油田获国家科学技术进步奖二等奖2项、省部级奖18项。省部级奖励中，中国石化集团公司奖励17项（科技进步特等奖1项、二等奖9项、三等奖7项），山东省科学技术进步奖一等奖1项。"断陷盆地油气精细勘探理论技术及示范应用——以济阳坳陷为例"和"高含水油田提高采收率关键工程技术与工业化应用"获得国家科学技术进步奖二等奖；"特高含水油田水驱提高采收率技术"获得集团公司科技进步特等奖；"水驱油藏闭环智能生产优化与调控技术及工业化应用"获得山东省科学技术进步奖一等奖。完成专利申请量650件（其中发明专利448件），发明专利申请率为68.9%，专利授权数量433件（其中发明专利授权150件），专利质量得到提升，获得中石化知识产权先进单位称号。

【国家科技重大专项】 经过"十三五"国家科技重大专项攻关，勘探开发理论技术取得新进展，油田牵头承担的12项国家科技重大专项项目（课题）通过油田综合绩效评价验收，为项目（课题）下一步通过集团公司、国家验收奠定了基础。

渤海湾盆地精细勘探关键技术（三期） 该项目开发了全二维色谱分析技术及自动快速油源对比系统，实现了油气源快速判识和对比；基于多类地质要素提出斜坡高、中、低的分带性，建立斜坡油气差异富集模式，揭示了"地层压力—流体—储集性"协同控藏机理，创新形成了断陷盆地油气"酸碱控储""有序成藏"理论。研发了陆用压电检波器，打破了国外单点数字检波器技术垄断，实现了单点高密度地震采集规模化、工业化应用。研发了声波远探测技术，由"一孔之见"实现"一孔远见"，为渤海湾盆地新增地质储量2.5亿吨（油气当量）提供了理论和技术支撑。

胜利油田特高含水期提高采收率技术（二期） 该项目形成特高含水期水驱和驱油剂加合增效等两项理论认识；完善流场调整方法，形成特高含水后期流场调整技术；发展分区调控、注采耦合等技术，形成复杂断块油藏提高采收率技术；深化研究聚驱后油藏非均相复合驱、高温高盐油藏聚合物驱等技术，形成高温高盐油藏化学驱技术；建立快速低成本修井、长效高导低阻防砂等技术，形成特高含水期高效采油工艺技术。技术推广覆盖储量17.8亿吨，增加可采储量3516万吨。2020年增加原油产量313万吨，综合含水率稳定在92.3%，稀油自然递减率减缓至8.3%，支撑了油田稳产2340万吨，为可持续高质量发展奠定了基础。

渤海湾盆地济阳坳陷致密油开发示范工程 该项目形成了地震精细处理及储层预测、非线性渗流机理描述、不同类型致密油藏优化设计、钻井提速提效、立体组合缝网压裂改造等关键技术。形成了完善的致密油开发地质、油藏、工艺技术体系，建成了砂砾岩、滩坝砂、浊积岩三类示范区。累计动用地质储量4500万吨，建成产能46万吨。有力地支撑了济阳坳陷致密油的规模化、效益化开发，也为国内同类油田提供了很好的示范引领作用。

准噶尔盆地碎屑岩层系油气富集规律与勘探评价 该课题揭示了石炭系成烃成储机制，明确了石炭系差异富集规律，形成石炭系裂缝储层综合预测技术系列。揭示了深拗区断—压—相联合控藏机制，明确了不同勘探组合油气差异富集规律，形成致密油气藏储层有利"甜点"预测描述技术。建立了山前带构造沉积差异演化控制下的油气成藏模式，形成山前带复杂构造重磁电震联合成像与解析技术系列。配套了致密储层"甜点"预测、优快钻井、致密储层改造技术系列，实现了提液提产，推动勘探进程。明确了探区增储潜力与目标区，落实5个规模储量区，4个区带取得突破。

济阳坳陷页岩油勘探开发目标评价 该课题完成孔隙类型定量分析、有机质充填类型定量分析等150余块次；绘制储集相带分布预测图，以及渤南洼陷和东营凹陷古近系页岩矿物组分含量、孔隙度等值线图等储层评价综合图等30余幅；完成了沉积基础分析图件64幅；完成砂组级别关键参数平面分布图及页岩油资源量分布图40余幅。建立了配套的陆相页岩的高效钻井和增产工艺技术。建立了陆相页岩可压性评价方法。研究了复杂裂缝控制因素和扩展规律。建立压裂工艺选择模板。自主研发了高效防膨、助排等7种页岩压裂关键材料。

临海油气管道检测监控技术研究与仪器装备研制 该课题主要完成了管道本体缺陷瞬变电磁及金属磁记忆、超声内检测装备及检测数据评价技术研究；临海管道外检测技术主要完成了基于金属磁记忆、瞬变电磁技术的管道本体检测数据缺陷识别与评价技术研究，完成全部装置样机的加工与测试，并进行了临海油气管道现场测试应用；完成基于超声、光纤及电场指纹技术的在线监测装置研发及数据分析研究工作。

【中国石化"十条龙"科技攻关项目】 2020年，以集团公司"十条龙"和重大项目群为依托，加快核心技术攻关，油田牵头承担的3个"十条龙"项目进展顺利，其中"胜利油田特高含水期提高采收率技术""单点高密度地震技术研究与应用"2个项目"出龙"，"胜利整装油田特高含水期深度堵调技术"1个项目在研。在单点高密度地震、特高含水期提高采收率等方面取得了重大技术成果，有力支撑油田高效勘探和效益开发。油田新牵头承担的"准噶尔盆地勘探开发工程一体化技术研究与应用""胜利油田高温高盐油藏化学驱大幅度提高采收率技术""全节点高密度地震技术研究及应用"3个项目"入龙"。

单点高密度地震技术研究与应用 该研究由油田率先提出并付诸实践，以"单点接收，单点激发，小面元，高覆盖，宽频全方位处理，五维解释"为特征，满足了"薄、小、碎、深、散、隐"地质新目标的精细描述需求。自2015年以来，在中石化大规模推广应用，完成单点高密度地震16块，累计上报三级储量1.75亿吨。该技术已经成为复杂隐蔽油气藏勘探开发的核心技术，成为中石化物探技术品牌。研究团队评为2020年度中国石化优秀创新团队。

胜利油田特高含水期提高采收率技术 该技术丰富发展了特高含水期剩余油分布认识，完善了特高含水期水驱理论，深化了非均相复合驱油机理认识；形成了特高含水后期流场调整、复杂断块油藏分区调控、聚驱后油藏非均相复合驱、高温高盐高钙镁油藏超高分多元共聚物驱、高盐高钙镁油藏二元复合驱、普通稠油油藏降黏复合驱等提高采收率技术系列；配套了低成本修井、长效高导低阻防砂、智能分层注采等高效采油工程技术。成果应用覆盖地质储量13.7亿吨，增加可采储量3041万吨。

胜利整装油田特高含水期深度堵调技术 该项目完善了不同级次水驱带分级堵调体系，研制优化了改性聚氨酯封堵体系等5种分级调控体系，开展了活性功能聚合物等2种新研发体系现场试验，揭示了主导堵调体系的运移堵调规律，建立了深度堵调效果技术经济评价方法。技术成果指导实施了527井次堵调试验，覆盖地质储量7905万吨，累计增油23.2万吨。开展了4个不同类型区块深度堵调先导试验，以孤东七区西Ng63+4单元为例，应用的4井组对应12口油井见效，含水下降0.7%，累增油1.2万吨，提高采收率1.3%，50美元/桶条件下投入产出比达到1∶1.6，有效支撑了老油田的效益开发。

【中国石化及油田重点项目】 2020年，油田聚焦制约高效勘探、效益开发等领域的瓶颈难题，以集团公司和油田重点项目等为依托，加快"卡脖子"技术攻关，加快成熟技术的规模化应用，加强新技术的集成配套及工业化推广，加快产学研成果转化，打造科技创新强大动能。

济阳坳陷中—古生界潜山油气富集规律与目标评价 该项目深化了中—生界成山、成储、成藏理论研究，细化了"挤—拉—滑"断裂体系，建立了以"挤—拉—滑—剥"为主导的控山、控储、控藏新模式，形成了潜山有效信号增强技术和宽方位速度建模与高斯束方位角度域成像技术，为潜山勘探取得新发现提供理论技术支撑。新增探明储量746万吨，控制储量378万吨，预测储量2279万吨。

东部断陷盆地页岩油目标评价与先导试验 该项目多学科一体化攻关形成含油性、储集性、可动性、可压性等"四性"为核心的页岩油勘探地质理论和甜点评价技术，探索建立了地质工程一体化工作方法。该技术应用于樊页平1等6口井勘探实践，义页平1、樊页平1井相继获得高产工业油流，其中樊页平1井峰值日油200.89立方米，日气14491立方米，为国内陆相湖盆页岩油勘探最高日产量。

准噶尔探区T-P油气成藏条件及目标评价 该项目建立了"盐控"有效优质源岩发育模式，明确了层序演化对规模储集体发育的控制作用，明确了深层T-P基本成藏特征及成藏过程，指出了准中源上扇体群与准北、准东南源内页岩油、源上砂砾岩为重要勘探方向。该技术指导部署三维2块，风险井1口，预探井5口，其中成6、征10、哈山11井取得较好效果，为西部准噶尔"十四五"发展奠定基础。

低渗致密油藏地质工程一体化关键技术研究 该研究形成了低渗致密油藏高精度地震甜点预测、力学参数预测技术，完善了不同类型低渗致密油藏储层地质甜点和工程甜点评价方法。研发了地质工程一体化基于油藏甜点的井眼轨道优化及轨迹控制技术，配套一体化压裂完井技术体系，压裂综合成本降低20%以上。搭建地质工程一体化实时决策支持系统。在示范区开展多专业协同研究，编制永进油田、渤深4及永935—936等3个示范区开发概念方案和樊1示范区先导试验井组方案，覆盖储量1178万吨。

非均相复合驱提高采收率示范工程 该项目明晰了黏弹性颗粒驱油剂在多孔介质中暂堵变形运移的运移特征；建立了黏弹性颗粒力学模拟方法，形成了非均相复合增阻提压扩波驱油机理认识；深化研究非均相复合驱剩余油动用规律，形成了宏观和微观层面剩余油描述技术；针对油藏温度、矿化度等条件差异，实现不同类型油藏非均相复合驱油体系个性化设计；围绕示范区油藏不同开发方式，结合油藏特点和井网，建立了井网加密调整、层系井网互换、层系细分、不规则井网重构等七种非均相复合驱模式；应用覆盖储量1408万吨。

海上油田三次采油提高采收率技术 该项目形成了大井距条件下砂体连通性精细刻画技术；开展数模控制参数优化，建立了数值模拟并行效率优化方法；研发适合海上油田速溶型聚合物，制定海上驱油用聚合物技术标准，设计了适合大井距条件下高效驱油体系；形成低剪切分层防砂分层注聚和长效采油技术；研发了油水综合处理剂，开展密闭拆袋投料和密闭分散溶解熟化技术试验，形成海上三采高效配注及采出液处理技术；完成海洋平台结构强度冲击试验、结构裂纹的评估与测试实验。该技术应用覆盖储量1204万吨。

胜利油田低渗透油藏CO_2驱开发技术研究及示范应用 该项目针对滩坝砂、砂砾岩、浊积岩三类低渗透油藏实施CO_2驱，形成了三类油藏地质建模技术；研制了CO_2驱数值模拟软件，运算精度和效率与商业化软件相当；建立了纵向层段细分技术和注采耦合开发技术，实现了多薄层油藏均衡驱替；建立了层内注采适配技术和抑超覆注采优化技术，实现了厚层油藏均衡动用；建立了快速注水提压混相技术和差异化气水交替优化技术，实现了浊积岩老区有效提高采收率；形成高压长效注气、高气油比举升、高含水井腐蚀防护、气窜调堵、近井体积缝网压裂、撬装式气液分离纯化技术等工艺地面配套技术；形成CO_2驱气窜预警和综合调控技术；建立CO_2驱效果评价指标体系，确定了三类油藏新老区经济界限。利用该技术开展了滩坝砂高899块、砂砾岩盐229块、浊积岩商853块CO_2试注，动用地质储量650万吨。已投注注入井8口，累计注入CO_2 4.7万吨，累计注水3万立方米，油井已经初步见效。

开展水驱稠油微生物驱技术研究及示范应用 该项目针对水驱稠油油藏非均质性严重、储量动用程度不均衡的问题，强化油藏工艺一体化思维，由"单一技术"向"技术集成"转变。中二区馆1+2和营8沙二108区块两个示范区完成地面流程改造及油井归位工作，全面进入现场正式注入阶段。中二区Ng1+2水驱薄层稠油油藏内源微生物驱油试验区块5注10采井网于2019年12月试注微生物，该区块日液273吨，日油33吨，含水88.0%，项目产量最高35吨，对应含水86.0%，和投产初期对比，下降5.2%，日增油13吨，累增油2690吨。东辛油田营8沙二108区块属于高温高盐深层稠油油藏，示范区井网11注19采于2020年8月试注微生物，日产液547.8吨，日产油29吨，含水94.7%，项目运行平稳，激活剂注入质量稳定。在示范区建设基础上在尚一区、单14等其他13个区块开展微生物驱油技术推广，2020年累计增油5.5万吨，平均提高采油速度0.51%，为低效水驱稠油油藏微生物驱油技术的成熟推广奠定基础。

水平井改善开发效果关键工艺技术研究与示范应用　该项目形成了水平井连续油管井筒检测、液压快速修井、低液水平井高效解堵及筛管破损检测治理技术、水驱油藏快速找堵水以及热采水平井调整配气效果优化等技术，优选了稠油、水驱两类油藏4个示范区，开展水平井综合治理现场应用。2020年1—11月治理低效水平井287口，累计增油9.15万吨，初步形成高含水、防砂、套损、热采低效等四类水平井治理模式。全年预计完成低效水平井治理320口，恢复产能18万吨，实现盘活资产、挖潜增效、提高采收率和开发效益。

【新能源技术】　2020年，围绕油田安全生产和绿色企业创建的总体目标，以新工艺、新产品、新材料、新能源开发应用及质量标准提升为突破口，加快安全环保、绿色低碳关键技术攻关，实现提质提效，节能降耗，全力支撑油田安全绿色发展。

油田地面集输系统硫化氢高效处理技术研究　该项目针对油田含硫化氢油井安全开发的需要，研究了适用于不同硫化氢浓度的两种源头治理技术。研发了新型耐温、高硫容高效脱硫剂，比现有三嗪脱硫剂费用节约30%以上，适于硫化氢含量<1000毫克／立方米的油井，现场应用360井次。研制了多相体系高效脱硫装置，脱硫率达99%以上，适于硫化氢含量>1000毫克／立方米的油井，现场应用15井次。

碳纤维连续杆抽油系统关键技术及应用研究　该项目针对碳纤维连续抽油杆在现场应用中暴露出的杆体、接头质量不稳定、作业、设计、检测技术不完善等主要问题开展了深化研究，改进了碳杆制造工艺，研发了碳－钢连接、碳／钢杆起下一体化作业装备、碳－钢混合杆柱优化设计、碳杆质量检测评价等配套应用技术，优化形成三种应用模式。截至2020年底，现场应用740井次，使用碳杆11万米，增油13.3万吨，节电2200万千瓦时。

稠油热采新型高效制输汽节能装备及技术　该项目针对稠油热采开发中的制输汽系统存在的制汽干度低、热效率低、输汽热损失大等问题，研究形成安全提干、高效提干、低损耗保干输送三项关键技术，制汽干度由73%提高至90%，换热效率由88%提升至98%。采用该技术已完成16台输汽装备的改造，蒸汽千米输送热损失由6.8%降至4.8%。

油田作业设备电储能技术研究　该项目针对燃油驱动修井设备油耗高、噪音大、尾气排放不达标等缺点，攻关形成了基于网电优先控制策略的油田作业设备电控技术、储能装置电池管理系统、现场在线检测及评价体系，最终形成纯电池驱动的40吨电储能修井机。该技术现场推广14台，共完成461井次作业，比同规格网电作业设备节能38%。

【油田智能化升级】　2020年，油田推进大数据、人工智能、区块链等创新技术与油田业务的两化融合，以信息化、自动化支撑生产组织、运行方式变革，放大两化融合的叠加效应，推进两化融合技术走在前，加快油田智能化升级。

勘探信息智能化服务与应用技术研究　该项目基于钻井液密度、地层压力、钻头数据等钻井工程参数及岩性、孔渗饱等地质参数，通过数据清洗、转换、关联和整合，形成了跨业务数据融合、机器学习算法优化的钻井工程参数推荐和试油方案智能推荐技术，能够辅助钻井工程设计、探井试油决策。

基于AI地震资料自动化处理技术研究　该项目面向海量的单点高密度采集数据，分析了地震资料处理流程中具备实现智能化的技术，建立样本库；开展了卷积自编码器、CNN、DNN在资料处理中的适应性研究，构建了适合于叠前数据插值、多次波压制和速度分析技术的深度学习网络和损失函数，研发了自动、高效、高精度地震处理技术系列，提高了处理精度，节约了人工成本，缩短了地震资料处理周期。

人工智能技术在井位部署中应用探索研究　该项目应用大数据分析方法，利用测井、录井等资料，建立区域岩相模型、储层分布模型、烃源岩分布模型及盖层模型；依据油气成藏机理，以已钻井解释结果作为标签数据，基于多特征融合的集成学习机制，建立了深度学习网络模型和区域含油气分布预测模型，探索形成了半监督图设计井位优选策略。

大数据技术在油田开发中的应用研究　该项目依托胜二区、埕岛、辛50等示范区建立了以井为中心的项目库，研发了专业软件成果解析、结构化与非结构化样本采集等工具，搭建了大数据算法平台，实现了拖拉拽式算法快速搭建。项目已在相渗曲线预测等场景研发中得到初步应用，开展胜二区、埕岛示范区的地层智能对比、注采调控优化测试应用。

【成果转化与专利实施】 2020年,开展专利实施项目13项,创意创新项目18项,新领域培育项目取得新进展,油井硫化氢的消除抑制、水平井冲防一体化等技术推广应用取得良好效果。

抽油机井分级助抽技术 该技术利用泵上助抽装置与油管形成密封副,实现液柱载荷分段承载,形成泵上分级承载助抽技术,完成适配19～22抽油杆、73～89普通及内衬管的助抽装置系列化;利用泵上滑阀实现下行程隔离管柱内液柱压力来降低游动阀开启压力,减少气体对泵效影响,形成滑阀式气液混抽技术,实现日液<30立方米、气液比<300立方米／立方米油井气液混抽举升;构建了分级助抽举升工艺的泵效提升数学模型,开发形成分级助抽技术综合优化设计软件,适用于泵深<3000米油井的优化设计。现场推广应用158井次,平均单井增加产液52.6%,取得了良好效果。

油井硫化氢的消除抑制技术 该技术依据不同油藏条件研发了系列硫化氢消除抑制剂,兼具吸收硫化氢和杀菌抑菌的功能,简化了治理流程,依据现场情况使用周期加药、连续加药、自循环洗井和洗井加药四种治理方式。该技术已在东胜公司和纯梁采油厂现场推广应用320井次,施工成功率100%。治理后,油井硫化氢浓度均控制在20ppm以下,油井最高有效期已达3年,保障了油井的安全生产,节约了硫化氢的治理成本。

疏松砂岩油藏水平井冲防一体化技术 该技术设计研发一趟管柱冲防砂一体化工艺管柱,对顶部封隔器结构进行改进,工具内通径由90毫米增大至102毫米;增加防中途座封装置,设计座封压力15兆～18兆帕,密封压力35兆帕以上,满足冲防砂过程中工艺管柱反复起下的需要。对底部冲砂及充填一体化工具进行改进,内充填工具最小内通径60毫米,外充填工具采用两级复合密封结构,并采用双层关闭机构,提高工具可靠性。完成高强度双精度复合筛管研制,其有效机械挡砂层刺穿时间为同尺寸筛网式滤砂管的2.5倍,为绕丝筛管的3.8倍,表现出了较好的抗冲蚀能力。该技术已应用26井次,施工成功率100%。

【重点实验室建设】 2020年,"油气智能物联网工程研究中心"被认定为山东省工程研究中心。"胜利油田检测评价研究有限公司"获批山东省首批"省级新型研发机构"。山东省科技厅批准筹建"山东省非常规油气勘探开发重点实验室"。"东营市石油石化企业职业危害评价与防控重点实验室"和"东营市油气大数据分析重点实验室"被认定为2020年东营市重点实验室。油田形成了以12个国家和省部级科学研究创新平台为引领,16个油田重点实验室和12个东营市重点实验室为支撑的油田科学研究创新平台体系。

【科技体制改革与创新】

强化顶层设计,发挥统筹引领作用 2020年,创新构建"基层—专班—专家"与科技管理部"三位一体"管理模式,科技管理部充分发挥"一体"的桥梁纽带作用,统筹协调、一体衔接,做实项目调研分析,注重"自上而下",统筹科研资源,加强立项顶层设计的系统性、完整性和前瞻性,提升立项效率和质量,引领技术不断迭代深化。围绕11个专业领域征集二级单位和部门科技需求378项,剖析瓶颈问题、研判发展方向,论证形成科技立项指南,指导科技项目立项工作。按照集团公司"一基两翼三新"战略格局和油田"十四五"规划,编制"十四五"和"百年胜利"科技发展规划,明确中长期科技创新的方向和目标,切实发挥科技管理部门的引领统筹作用。

完善科技管理体系,支撑创新驱动新发展 2020年,坚持效益导向,提高授奖质量,注重成果效益和生产一线应用,按照贡献大小精准激励,加大向基层、青年及技能人才倾斜力度。修订科技奖励、英才等管理办法,加大科技奖励激励力度,设立科技进步奖特等奖。奖励向基层一线科研人员倾斜,直接贡献人员的奖金比例不低于奖励总额的70%,充分激发研究人员的创新活力,打造更加高效、更有活力的创新生态系统。建立"项目+人才"培养模式,以科研项目为平台,依托重大项目培养领军人物,依托重点项目培养青年科技人才,加大青年科技人才项目负责人和技术首席的占比,新立项目向40岁以下青年科技人员倾斜,实现项目、人才双向促进,加大对科技系统队伍建设和人才培养的统筹力度,产学研一体化培养更多科技领军人才和创新团队。完善业务流程与制度,落实油田职能优化调整相关要求,结合部门实际,开展岗位职责梳理,建立11项内部业务流程,畅通内部沟通渠道,打造一体化运行模式;修订完善10项科技管理制度,适应油田新发展需要,使各项工作更加执行有力、规范到位,更好地发挥指导服务、监督监控作用。

加快科技成果转化,增强创新创业动力 2020年,聚焦价值引领,突出效益导向,开展科技成果推广转化指导服务工作。分专业、分板块深入研究单位和基层开展解剖式调研,分析制约推广力度、应用范围、规模效应等方面存在的问题。建立新技术、新材料、新装备等方面更加高效的推广转化应用管理体系、转化与成果分享激励机制。以油田科技孵化器中心为主体,探索建立跨部门、跨领域的创新政策协调机制,胜利创新孵化器成立两年间已培育1家创业公司,16个创意创新团队,孵化22项知识产权,吸纳高级以上职称8人,油田创新人员60余人。

加强交流与合作,共建共享技术成果 2020年,发挥石油学会和SPE交流平台的桥梁纽带作用,加强与国内外企业、院校交流合作,实现了资源共享和优

汽车工业科技

【概述】 截至2020年末，山东省共有汽车及零部件企业1300余家，其中整车27家，专用车284家，零部件企业1000余家。

【整体生产经营状况】 2020年，全省汽车产销分别为233.49万辆和230.90万辆，同比分别增长18.29%和16.87%，占全国总产销量的9.26%和9.12%，与2019年同比增长1.43和1.32个百分点。其中，乘用车产销分别完成89.94万辆和89.93万辆，同比分别下降5.93%和6.08%，占全国总产销量的4.50%和4.46%，与2019年同比增长1.35和1.51个百分点；商用车产销143.55万辆和140.98万辆，同比分别增长41.04%和38.44%，占全国总产销量的27.44%和27.47%，与2019年同比增长5.03和4.84个百分点。新能源汽车产销分别完成3.06万辆和3.05万辆，同比分别下降60.21%和62.27%，占全国总产销量的2.24%和2.23%，与2019年同比减少2.47和2.94个百分点。

【主要企业生产经营状况】
中国重汽集团 2020年，生产整车48.22万辆，实现营业收入1743亿元，利税177.81亿元，工业增加值215.14亿元；累计出口超3万辆，实现销售收入超80亿元。

上汽通用东岳 2020年，生产整车25万辆，发动机35万台，变速箱69万台，实现产值410.9亿元，利税25.07亿元；出口整车3.8万辆，出口额33亿元。主要产品为别克品牌系列的昂科威、昂科威S、昂科威S艾维亚、昂科拉GX、凯越，以及雪佛兰品牌系列的沃兰多、创界、科沃兹、赛欧。

北汽福田诸城汽车厂 2020年生产整车47.9万辆，实现产值325.1亿元，主营收入376.4亿元，利税25.2亿元，各项经营数据均实现大幅增长并实现历史突破。

一汽解放青岛汽车有限公司 2020年，生产整车28.28万辆，主营业务收入549亿元，纳税额9.5亿元；出口中重轻型商用车4671台，出口额约9.0亿元。

山东凯马汽车制造有限公司 2020年，生产整车6.44万辆，实现主营业务收入32.39亿元，产值33.59亿元，利税4061万元；出口汽车1622辆，出口交货值1247万美元。

潍柴集团 2020年，实现营业收入3047.2亿元，利税162.4亿元，发动机产销突破100万台；陕汽重卡销售18.1万辆，同比增长16%；法士特变速器销售118.6万台，同比增长18%；火花塞销售1.69亿只，同比增长11.5%。

【研发与创新】
中国重汽集团 2020年，中国重汽集团实际研发支出27.55亿元，同比增长45.25%。参与发布了国家标准5项、行业标准1项。完成专利申请487件，其中发明专利136件。新一代"黄河"重型汽车9月面世，主打高端干线物流牵引车市场，是中国重汽集成最先进科技的结晶。推出了国六燃气机，扭矩平台宽泛、动力性强劲、适配性高；开发了HW系列9～16挡直齿变速器、AMT变速器、12～16挡斜齿大扭矩变速器及全铝合金壳体变速器等产品，填补了国内重型汽车AMT产品空白，打破了国际垄断。

上汽通用东岳 2020年，上汽通用东岳全新推出别克昂科威S和昂科威S艾维亚以及雪佛兰沃兰多48伏混动车型，并实现GF9变速箱批量投产，推进E2YB新车型项目，为2021年新车投产上市打下基础。

一汽解放青岛汽车有限公司 2020年，一汽解放青岛汽车有限公司完成了国六全系列平台、JH6系列、JH6+生活舱、悍V、龙V2.0、悍V产品开发及切换。全新开发了"领途"高端轻卡，整车性能达到国内领先。申报专利70余件（其中发明专利27件），授权专利24件（其中发明专利2件）。"重型商用车液压轮毂混合动力系统关键技术开发"项目获得一汽集团科技创新二等奖；"商用车涂装环保减排核心技术的开发应用"项目获得一汽解放科技创新一等奖，"重卡家居化技术研究与应用"等3个项目获得一汽解放科技创新二等奖；"青汽研发领航团"获得山东省工程师协会第八届优秀工程师团队奖。

北汽福田诸城汽车厂 2020年4月，北汽福田诸城汽车厂祥菱V2新品上市。6月，时代领航"绿通先锋"上市。8月,"中国卡车绿色领航计划启动仪式暨12万台国六产品交付仪式"在潍坊成功举办。同月,奥铃工厂总装一部S1工艺技术升级改造项目试运行生产,首车顺利下线,此次工艺技术升级及设备应用,生产效率提升5%。12月,时代S1项目首台车身下线,时代品牌高质量发展进入新阶段。

凯马汽车 2020年11月,首批由凯马汽车与东风汽车合作研发生产的"东风御风EM26纯电动物流车"在凯马汽车赣州分公司成功下线。该车型厢体内部空间达5.6平方米,续航里程达260千米,可广泛应用于城市快运和配送。组建中卡专项研发团队,开发14吨、18吨中卡之星三轴车。针对年轻客户群体及经济车型需求,推出了潍柴WP2.3与云内490两款创业版车型;针对绿通、物流市场需求,推出了云内D25、D30、潍柴2.3N、P3N四款车型。

潍柴集团 2020年9月,潍柴集团在济南召开新产品发布会,发布了全球首款突破50%热效率的商业化柴油机,这是世界内燃机发展的历史性新突破,标志着中国重型柴油机技术迈向了世界一流。

【**重点项目**】 2020年,山东重工集团战略重组威海黑豹汽车签约仪式在济南举行。山东重工集团、中国重汽集团与威海市政府、文登区政府签署四方协议。中国重汽集团作为山东重工集团旗下的汽车整车核心业务单元,将承载本次战略重组的主体任务。中国重汽智能网联(新能源)重卡项目,一期项目总装车间已完成厂房建设和工艺设备安装调试,首批智能网联重卡于11月19日正式下线。项目全部建成达产后,预计年产燃油卡车12万辆、新能源卡车4万辆。项目总占地面积3106亩,是近年来山东省在工业领域、制造业领域投资最大的项目之一,也是全省新旧动能转换的重大项目之一。一汽解放青岛汽车有限公司启动了新能源轻卡基地建设项目,规划产能10万辆/年,总投资9.98亿元。将新建总装车间、驾驶室涂装车间及其附属公用动力设施,总建筑面积约11万平方米,道路、广场等地面硬化面积约12万平方米,满足驾驶室涂装以及装配产能需求。项目计划2021年底建成投产。潍柴20000台氢燃料电池发动机工厂正式投产,这是国家燃料电池重大专项阶段性成果,也是山东省新旧动能转换的重大成果,标志着潍柴氢燃料电池业务迈向全球一流商业化的关键一步。

(山东省汽车行业协会 王 哲)

电子信息科技

【**概述**】 2020年,山东省信息技术制造业实现主营业务收入3676.3亿元,同比增长14.1%,比全国增速高出5.2个百分点,收入规模占全国总量的2.55%,排名全国第12位。实现利润168.1亿元,同比增长47.7%,高出全国增速27.9个百分点。1—2月出现负增长,3—12月增速均为正,整体上顶住了疫情和贸易摩擦双重压力,呈现出加速增长的态势。全省电子信息制造规模以上企业816家,占全国总数的3%。入选全国电子百强企业4家,其中海尔集团、海信集团和浪潮集团规模过千亿元,分列第3、第8和第12位,歌尔股份规模超过300亿元,列第30位。其他收入过百亿元的企业3家,分别为鸿富锦精密电子(台资)、乐金显示(韩资)和澳柯玛集团;另有收入过十亿元的企业约36家,其中三资企业占比约1/3。统计局重点调度统计的产品中,打印机产量776.2万台,同比增长69%;电子计算机整机生产146.1万台,同比增长35.78%;半导体分类期间生产469.9亿元,同比增长15.45%;彩色电视机生产1774.9万台,同比增长15.31%;集成电路生产22.2亿块,同比增长4.23%;手机产量606.5万台,同比下降23.86%。

【**产业主要运行特点**】

疫情刺激电子信息行业快速反弹 2020年前2个月,山东省电子信息制造业收入下滑16.3%,一季度末逐步实现产业链全面协同复工。二季度,国内市场逐渐恢复,基于互联网应用的电子信息配套产品增长不断提速。三季度,消费需求进一步释放,各行业对智能设备、智能模块、智能芯片等的需求进一步加大,产业增速再上一个台阶。下半年,产业主要产品产量、经济效益指标增长速度在不断提升。受疫情影响,各行业普遍接受无人化、少人化的工作模式,线上办公、在线教育、网络游戏、互联网医疗、短视频宣传、智能制造等相关产业呈集中爆发增长态势,互联网基础设施、物联网、疫情防控等领域的市场较为活跃。

海外市场成为影响行业波动的主因 2020年,自疫情在全球扩散以来,海外线下市场推介、展会招商等活动取消,海外生产局部停滞或推迟,山东省电子企业普遍反映其海外市场存在较大不确定风险,尤其是前三季度,海外订单取消或延迟、海外订单量减少成为出口业务增长的主要制约因素,威海宏安集团国际新订单同比减少约50%,济宁晶导微电子出口业务下降了30%。消费电子领域，电视机、游戏机、手机等出口均出现不同程度的萎缩。海信集团海外业务增速三季度才逐步转正。以出口为主的外资加工企业，如乐金显示、鸿富泰精密电子等企业，前三季度业务收入普遍下降7%～9%。贸易战以来，美国对我国高科技行业打压不断，"实体清单"持续扩容，华为、中兴等国内电子信息头部企业直接受到制裁，相关企业受到排查，个别企业在美国的业务大幅下降或停滞。在美国制裁下，企业为规避风险，与伊朗等被美国制裁国家的业务被削弱，贸易回款难度加大。前三季度，海外业务的风险不断显现并加重，外部贸易环境愈发复杂，成为制约山东省电子信息海外业务发展的不确定因素。

国内市场成为产业增长主力支撑 2020年，随着我国快速有效地控制住疫情，在全球树立了疫情防控和复工复产的标杆。自二季度开始，国内电子信息市场增长明显。海尔、海信等大型消费电子企业普遍反映国内市场发展优于海外市场，且后续具备持续增长空间。中小企业领域，具备创新性、成长性且深耕国内市场的企业，以及布局非接触式经济配套产品、在线业务及新基建相关领域的企业，更能抵御疫情风险，快速恢复正常发展节奏。作为全球第2家可实现高纯半绝缘碳化硅衬底产品批量稳定供货的企业，在美国对我国严格禁运碳化硅半导体材料后，山东天岳成功替代美国产品，实现了战略材料自主可控，解决了"卡脖子"问题，其碳化硅半导体材料的生产一直处于饱和状态。

【科技创新典型案例】
有研半导体IGBT用8英寸硅衬底抛光片项目 山东有研半导体的IGBT用8英寸硅衬底抛光片项目获得2020年度中国有色金属工业科学技术奖二等奖。IGBT用8英寸硅衬底抛光片项目的实施，突破了完整8英寸硅单晶生长、8英寸硅片精密加工等关键技术，解决了晶体微缺陷控制、硅片几何参数精密控制的技术难题，研制出晶体微缺陷极少、几何参数高度精密的高品质8英寸轻掺硅片，打破了国外技术壁垒，完全实现进口替代，形成了具有自主知识产权的一系列核心技术。该项目整体技术达到国际先进水平，其中部分指标达到国际领先水平。山东有研半导体材料有限公司"满足14纳米集成电路装备用的18英寸硅单晶及部件全国首次成功投产"上榜2020年度山东"十大科技成果"。

共达电声类钻碳（DLC）扬声器振膜研究 共达电声克服传统电浆辅助化学气相沉积需在高温、真空条件下进行，传统物理气相沉积需在真空条件下进行，存在制程步骤和装置复杂、类钻碳膜附着力差等技术难题。该研究首创了将大气低温电浆（Atmosphere Pressure Plasma，APP）制程用于扬声器（喇叭）（Loudspeaker）振膜，研发出类钻碳软性膜（Soft DLC）。该振膜具有音频带宽高、音质优美、成本低、制造过程绿色环保、无污染、良率高等优势，可完美替代当前价格昂贵的镀钛、金属、纤维等中高端振膜。

（山东省工业和信息化厅　吴相鲁）

交通科技

【概述】 2020年，全省交通科技工作着力培育行业科技资源，增加科技创新有效供给。适应山东综合交通运输发展需要，立足大交通，以完善行业科研平台体系为主线，培育行业科技资源，促进各类科研要素有效聚集，全省交通运输行业科技创新更富有活力，供给能力不断提升，科技创新对现代综合交通运输体系和交通强省建设的支撑更加有力。

【智慧交通重点实验室创建】 2020年，制定了《智慧交通重点实验室创建推进工作方案》，确定了创建工作组织领导体系、推进步骤、保障措施和实验室内部组织架构，进一步明确了创建目标、方向、路径。智能网联高速公路测试基地数字化、网络化、智能化改造和部分模拟城市场景建设完成。年底，智慧交通重点实验室被纳入省重点实验室筹建名单。

【完善行业科研平台体系】 2020年，山东港口集团"交通运输行业自动化码头技术研发中心"被交通运输部认定为交通运输行业研发中心。山东交通运输行业7家单位入选省发展改革委组织的2020年山东省工程实验室。参照交通运输部和省科研平台建设有关规定，继续组织开展了省级交通运输行业科研平台认定工作。认定了"智慧交通重点实验室"等7家省级交通运输行业重点实验室和"交通运输行业自动化码头技术研发中心"等8家省级交通运输行业研发中心。累计认定了20家省级行业实验室和20家省级行业研发中心。科研平台已成为全省交通运输行业科技人、财、物的聚集中心，技术的研发中心，成果的孵化中心，有效

【发挥科研对交通强国试点支撑作用】 2020年，省交通运输厅立足大交通，面向全行业，开展了高水平科研项目征集工作，建立了交通强省重点科技创新项目库，入库项目共439项，涵盖道路桥隧工程、智慧交通、新能源新材料应用、轨道交通、先进制造等综合交通运输领域，成为山东交通强省建设方案的重要组成部分和科技研发支撑力量。组织2020年科技项目立项工作，下达了2020年度全省交通运输科技计划101项，涵盖综合交通运输各领域。其中，包括7项"交通强省——智慧高速专项"科研项目，开展智慧高速系列技术研究和工程验证。发挥科技创新对交通运输发展的引领作用，支撑交通强国试点和交通强省建设工作。

【科技顶层规划与成果总结提升】 2020年，启动了《山东省交通运输科技"十四五"发展规划》编制工作，研究"十四五"时期发展目标、重点研发方向、体系建设和保障措施等。引导有关单位加强科技成果总结提升工作。获2020年度省技术发明奖一等奖1项，省科学技术进步奖一等奖1项、二等奖1项、三等奖2项。32项成果入选交通运输部重点科技项目清单。2项山东省重点研发计划获得立项。

（山东省交通运输厅　杜洪涛）

广播电视科技

【新技术应用】 2020年，依托人工智能、大数据、语音识别、人脸识别、智能算法、云计算、超高清等技术，山东广播电视台建成了山东省县级融媒体中心省级技术平台——闪电云平台，海看公司自主研发了"章鱼智慧运维系统"、海看私有云平台，山东广电网络有限公司自主研发了享TV综合业务IP化平台，济南市广播电视台打造了济南智慧全媒体中心（鹊华云），初步形成4K超高清电视频道技术框架，青岛市广播电视台完成开播4K频道的绩效分析报告编制工作。形成了在内容制作、分发传输、用户服务、技术支撑、生态建设及运行管理等方面协同推进的局面。

【5G建设】 2020年，山东广播电视台"5G+VR"联合实验室开展5G赋能超高清视频、5G赋能VR+AR、5G赋能AI、5G赋能深度融合等方面研究，在"5G在县级融媒体中心建设中的应用"项目中取得一定突破，形成相关报告、原型系统、论文、软件著作权。"用户端流媒体5G多屏分现系统"被评为山东省5G试点示范项目。完成了全台主要制作中心移动5G布网工作，在主要业务及演播室等区域安装了能够传输4K视频的5G设备，为发展5G+4K业务打好基础。山东广电网络有限公司依托"5G联合创新应用实验室"，推进5G+超高清视频试验，完成了山东省网核心网用户面（UPF）建设，在广电行业第1个开通5G SA核心网，第1个完成5G+4K+8K超高清视频测试。开展192号段语音电话和数据传输测试，9月打通跨省广电音视频电话。注重新技术对基础业务的提升带动能力，发挥700M 5G极强的绕射能力、广覆盖等特点，在省内拓展5G 2B试商用业务，多项业务成果实现全国同行业领先。在中国·青岛高新视频产业园5G应用、全省化工园区5G建设、青岛港前湾集装箱码头5G覆盖、东营河口刺槐林场5G应用、青岛董家口海事局5G近海覆盖、山东气象5G物联网实验、东营利津滩羊5G大数据中心、山东工业职业学院5G实景教学等试点项目上取得重要突破，在全球通信行业第1次实现海上超远距离38千米5G覆盖。

【高新视频内容供给】 2020年，有线网络4K臻享馆、IPTV 4K分别存有6100小时、2000小时的优质内容。央视4K超高清频道、欢笑剧场4K超高清频道已在有线网络落地。山东广播电视台联手华为、联通，以VR+5G的创新形式报道两会。

【智慧广电发展】 2020年，山东省县级融媒体中心省级技术平台在媒体融合智能化上实现了部分智慧广电的建设要求，实现了覆盖全端的新型媒体智能化运营管理平台，将围绕"智慧广电＋政务＋服务"的目标，从智慧广电内容生产管理平台、智慧媒资系统平台、多媒体多终端的融合传播、智慧运维、云智慧学院5个方面，继续推进智慧广电落地部署。海看公司自主研发的"章鱼智慧运维系统"，采用大数据和人工智能分析技术，将各业务平台所有软硬件的海量报警信息进行智能汇总和分析，不仅能实现对播出环节的全流程自动化监控，还可以实现"精准监控""智能运维""规范流程""辅助决策"四大功能，在重要保障期和日常安保中发挥了重要作用。海看公司联合中国电信推出的智慧广电应用产品——"智慧翼屏",在全国首创"千居千面""千乡千面"试点工程,打造立体化、全方位、广覆盖的智慧广电生态服务体系。推动市县基层广播电视机构由"内容服务"向"社会服务"转变,成为参与社会综合治理、服务公众智慧生活的有力抓手。

【超高清转播车应用】 2020年,山东广播电视台启用26讯道4K超高清IP转播旗舰车。该车是山东省第1辆5G+4K全IP超高清转播车,也是全球最大的4K IP转播车之一。该车具备4K/HD/融媒体多种制作能力、5G+4K+融媒制作平台、全IP架构,具备VSM全局核心控制系统。9月16日,4K超高清IP转播车完成大型交响音乐会《黄河入海》的直播工作,实现了36M 5G+4K超清高质量全域直播(IPTV、有线、闪电、咪咕等各平台)。全国首家网络直播实现5G+4K+5.1杜比环绕声(闪电新闻客户端)通过4K投屏实现超高清+环绕声效果。打通了4K制作、播出、分发、用户端全流程。第1次在国际上实现4K超高清直播线长时间可剪辑延时。第1次在4K转播车实现5G+融媒制作,通过5G实现了台融媒系统的平移使用,可通过5G与台内融媒体指挥调度平台互联互通,展示融媒体中心在新闻选题、记者定位、内容生产分发的全流程,实现信息共享,随时调度并监测现场报道。自主研发的4K HDR/HD同播视觉精细化控制核心技术应用到大型4K/HD同播中。现场8K大型现场录制的同时利用3台4K摄像机拍摄画面,后期缝合拼接,生成了音乐会的8K视频,通过文博会21米巨幕呈现。基于5G的融媒应用技术平台,采用5G+4K/8K超高清视频制作分发+VR虚拟影像制作分发等技术,构建完整的5G+媒体技术体系。对《黄河入海》进行了11K VR的录制,在虚拟眼镜当中提供8K的视频播放,现场感比4K虚拟体验效果得到了很大提升。

(山东省广播电视局 马德安 金 红)

市场监管科技

【概述】 2020年,全省市场监管系统坚持科技引领,强化需求导向,聚焦聚力高质量发展,围绕市场监管中心任务,坚决打赢新冠肺炎疫情防控阻击战,发挥市场监管系统在计量、标准、检验检测、认证认可等领域的技术资源优势,加强科技计划项目管理,推进科技创新平台建设,组建科技专家队伍,开展科普宣传活动,监管科技工作取得新的进展。

【标准化工作】 2020年,全省共主导和参与制定国际标准137项、国家标准7357项、行业标准10866项,发布实施地方标准3602项,承担国际、国家专业标准化技术组织61个,建立省级标准化技术组织85个,建设国家级标准化试点示范项目563个,开展省级标准化试点项目1338个。加强标准创新平台建设,争取国家技术标准创新基地(化工新材料)、国家技术标准创新基地(蔬菜)、国家农业标准化区域服务与推广平台(农产品安全)、国家农业标准化区域服务与推广平台(蔬菜)、国家农业标准化区域服务与推广平台(大蒜)、国家农业标准化区域服务与推广平台(食用菌)等重大标准化项目。依托国家技术标准创新基地(蔬菜),实施蔬菜等重点国家标准攻坚行动,提出国家标准制定项目53项。争取日照东港区、青岛城阳区、烟台长岛和滨州博兴4地承担国家基本公共服务标准化试点。落实山东省氢能产业中长期发展规划(2020—2030年),推动建立健全涵盖氢气制取、储运、加氢基础设施、燃料电池及其应用全产业链的安全标准和规范体系。2020年6月12日,《山东省标准化条例》通过省十三届人大常委会第二十次会议审议并正式发布,将全省国家标准化综合改革成效进行固化,为山东省标准化工作提供了法治保障。

【计量工作】 2020年,全省市场监管系统有法定计量技术机构共132家,建设国家计量器具型式评价实验室20个,筹建国家产业计量测试中心5家,建立社会公用计量标准4994项,计量服务能力位于全国前列。济南、山东省计量科学研究院和山东钢铁集团分别筹建山东省汽车零部件精密加工、轨道交通和冶金产业计量测试中心。开展能源资源计量服务示范活动,泰安康平纳机械有限公司的"基于筒子纱智能染色精准计量工业示范项目"、山东泰山钢铁集团有限公司的"基于物联网及大数据分析的绿色能源管理平台示范项目",分别入选和入围2020年"全国能源资源计量服务示范项目"。依托山东省计量科学研究院、济南市计量科学研究院和青岛市计量科学研究院成立了11个专业计量技术委员会,组建了238人的计量专家人才库。修订《山东省计量条例》,为全省计量法制建设奠定基础。制定了《山东省地方计量技术规范管理办法》《山东省专业计量技术委员会管理办法》，建立完善地方计量技术规范管理机制。

【检验检测与认证认可工作】 2020年，全省共获得各类认证证书213062张，获证企业59829家。证书数量占全国比重7.54%，居第4位。其中，管理体系认证证书108573张，居第4位；强制性产品认证证书（含第三方认证与企业自我声明）37701张，居第4位；食品农产品认证证书8467张，居第1位；自愿性工业产品认证证书58225张，居第4位。全省通过资质认定的检验检测机构有3777家，数量居全国第2位。检验检测服务业人员10.45万人。共拥有各类仪器设备61.2万台（套），全部仪器设备资产原值261.4亿元。向社会出具各类检验检测报告3990.5万份，营业收入合计189.9亿元。共有20家企业的20个产品获得"泰山品质"认证，涉及18个国民经济行业分类，并首次在服务业领域开展了"泰山品质"认证。

【质量发展工作】 2020年，修订印发《山东省省长质量奖管理办法》，启动第八届省长质量奖评选。选取34个重点行业、17个园区、159家企业，开展质量提升成效比对活动，总结典型案例并推广。"品牌日""质量月"启动仪式分别在烟台、青岛举办。开展质量合格率调查，对27个制造行业质量情况进行测算，形成《2019年制造业产品质量合格率调查报告》。开展标杆企业观摩、优秀企业家经验交流会、质量专题培训等活动，组织3期首席质量官培训，400余人参训，312人获首席质量官任职培训证。加强高端品牌企业培育，推出年度省高端品牌培育企业制造业288家、服务业67家。对51个园区的品牌价值进行测算，发布年度"十强榜单"。全省44家企业上榜"2020年中国500最具价值品牌"，居全国第3位，品牌总价值增长17.8%。创建年度省优质产品基地和龙头骨干企业16个，认定年度省优质产品基地和龙头骨干企业4个。加快质量基础设施（NQI）"一站式"服务布局。创建山东省NQI能力指数测算模型，对全省NQI建设情况进行调查统计，发布《2019年山东省质量技术基础（NQI）能力指数分析报告》。编制《山东省质量基础设施协同服务及应用对标调研分析报告》《山东省质量基础设施协同服务工作指导手册》。选定青岛、烟台、聊城作为首批省级试点地区，探索形成市场主导化、政府引导化、区域集约化"NQI"一站式服务新模式。青岛利用海尔工业互联网平台资源，多维度贯通构建NQI全流程服务产业链，初步形成了为企业、政府、顾客等NQI相关三方提供第四方服务平台的试点经验。烟台"NQI+服务"云平台正式运营，重点打造网上办、尖端检、援助站、协同帮、百事通5个主要功能模块，实现基础业务网上办理、质量要素匹配共享、机构能力互补整合、企业需求多方协同的NQI信息化服务新模式。聊城打造冀鲁豫三省交界地区NQI服务高地，建设NQI全链条"一站式"服务中心和聊城标准信息网络平台。

【科技抗疫】 2020年，全省市场监管系统坚决贯彻新冠肺炎疫情防控和经济社会发展工作重要部署，充分发挥市场监管技术机构在计量、标准、检验检测、认证认可等方面的技术优势。省市场监管局广泛征集市场监管科技抗疫先进成果，向国家市场监督管理总局推荐"瑞德西韦母核工艺""紧急切断阀自动校验装置"2项成果。加强市场监管技术机构和公共技术服务平台建设，切实帮扶中小微企业发展，助力复工复产。疫情发生后，全省市场监管系统技术机构共计服务企业12.4万家，服务企业近55万次，组建专家团队308个，解决技术问题98599个，减免检测费用1.89亿元，公开服务项目17272项，建立企业服务档案31733个，开放共享仪器设备3102台（套）。

【科技计划项目】 2020年，全省市场监管系统积极开展前瞻性研究、基础性研究、应用性研究、重大关键技术攻关。省市场监管局征集各类科技计划项目51项、国家重点研发计划需求4项、省重特大科技攻关项目需求12项，向国家市场监督管理总局推荐科技计划项目15项，向省科技厅推荐科技计划项目13项、国家重点研发计划需求4项、省重特大科技攻关项目需求7项。经国家市场监督管理总局批复，"成品油质量快速筛查技术开发及示范应用""家用及类似用途饮用水净化产品的病毒净化性能评价关键技术研究""葡萄酒多酚物质UPLC-MS/MS高通量检测技术研究及其在葡萄酒鉴别中的应用"3个项目在"2020年度国家市场监管科技计划项目"中立项。"知识产权和标准互动支撑体系在中小企业技术创新中的机制研究"项目在"2020年度省重点研发计划项目（软科学重点项目）"中立项。"基于PPLN晶体倍频光纤耦合光电导开关原理的太赫兹成像系统发射源的研究""山东地区农村冬季清洁取暖方式选择及适宜性评价关键技术研究"2个项目在"2020年度省自然科学基金项目"中立项。

【科技创新平台】 2020年，全省市场监管系统积极争取建设各类科技创新平台。省市场监管局组织开展2020年度国家市场监管重点实验室、技术创新中心申报工作，征集建设意向37项，推荐建设意向8项，分别在肉与肉制品监管、焊接与无损检测、材料安全检测、称重计量等4个领域申请建设国家市场监管重点实验室，在环境监测溯源技术及装备、特殊医学用途配方食品监管、绿色包装、新型功能材料等4个领域申请建设国家市场监管技术创新中心。向省科技厅申请建设"山东省绿色化工材料检验检测技术创新中心""山东省'太阳能+'智慧综合能源清洁供热技术创新中心"。向省发展改革委申请认定"山东省绿色包装评价与应用工程实验室""山东省成品油快速分析技术工程实验室""山东省建筑防火与阻燃材料产品检测工程实验室""山东省热工仪表检测工程实验室""山东省称重技术工程实验室""山东省电测仪表可靠性评价工程实验室""山东省医药产业共性关键技术工程实验室"。

【科技成果与奖励】 2020年,"黄金饰品精加工、检测关键技术及产业开发""输注器具质量标准评价体系的建立及其应用""试验机量传体系技术研究及关键设备的研制""食品药品中非法添加与快速检测技术研究与应用""金银花药材及其制剂质量控制技术体系的构建及应用""基于高效筛查技术的消费品化学安全评价研究""医用卫生敷料手术用品质量评价关键技术的应用""动物源性医疗器械免疫原检测关键技术创新及推广应用""基于内源性成分的蜂蜜品质综合评价体系""胶原蛋白中金属元素安全性评价和标准化的研究及其推广应用""小家电产品安全质量提升及应用研究"11项科技成果参加国家市场监督管理总局开展的2020年市场监管科研成果奖评选。组织开展2020年度山东省科技奖励提名工作,提名11项科技成果参加省科技奖励评选活动,其中山东省计量科学研究研究"泄漏电流测量关键技术研发及产业化"项目入围答辩环节。省重点研发计划项目"科技成果评价关键技术、标准及公共服务能力建设""新旧动能转换形势下电能计量监管新模式的探讨"2个项目通过验收。山东省标准化研究院承担的国家重点科研项目"智慧城市重要国际标准研制"获得省级财政补助和奖励。

【科技人才队伍建设】 2020年,面向社会公开征集专家,建立了省级市场监管科技专家库,入库专家共616名,覆盖32个学科领域。按市场监管业务领域分为12个专家组,其中工业产品安全组98人、特种设备安全组91人、食品安全组91人、药品安全组90人、计量组82人、纤维检验组30人、标准组25人、医疗器械组25人、消费品安全组25人、信息化组19人、认证认可组11人、市场监管基础学科组29人。

【科学普及】 2020年,围绕"科技战疫创新强国"主题,全省市场监管系统开展2020年全国科技周活动,深入群众、深入基层,走进街道、社区、校园、企事业单位,通过开放实验室、开放展馆、免费提供检验检测服务、举办科技成果展、举办专题讲座、组织知识竞赛、发放宣传资料、制作展板条幅等方式,开展丰富多样的活动。科技活动周期间,全省市场监管系统累计开放实验室119个,开放展馆27个,举办科技成果展22个,举办专题讲座95场,组织知识竞赛13场,免费提供检验检测服务近1.2万人次,发放宣传资料13.3万余份,制作展板条幅2200余幅,电视、报刊等各类媒体累计报道330余次,网络平台点击量20.7万余人次,累计服务群众12.8万余人次。

(山东省市场监督管理局 姜志勇 马晓鸥 于晓燕 张艳峰 张 建)

药品监督科技

【概述】 2020年,山东省以创新引领监管水平提升,助力打赢疫情防控阻击战,助推医药产业高质量发展。审批通过医用口罩等560个产品上市,是疫情前审批通过量的13倍。深入推进药品医疗器械审评审批制度改革,168个仿制药通过一致性评价,居全国第3位。3个实验室被国家药监局评为第二批重点实验室,数量居全国第2位。医疗器械生物学评价实验室成为全国首家通过规范认证的医疗器械实验室。

【重要科技成果】 2020年,承担了国家自然科学基金委员会、国家药典委、国家药监局、国家卫生健康委等科研课题。全年发表科技论文169篇(被SCI收录20篇,被EI收录2篇)。获得发明专利授权16件,实用新型和软件著作权授权104件。获国家科学技术进步奖二等奖1项、山东省科学技术进步奖二等奖1项、山东省药学会科学技术奖7项、中国商业联合会科技进步一等奖1项、中国轻工业联合会科学技术三等奖1项。"血管通路数字诊疗关键技术体系建立及其临床应用"获2020年度国家科学技术进步奖二等奖。"药品快检关键技术建立、仪器研发及体系建设"获山东省科学技术进步奖二等奖。"乙肝解毒胶囊质量体系构建及应用"获山东省药学会科学技术一等奖。"抗逆微生物对中成药及口服饮片的污染分析及污染风险控制技术研究""3D打印(激光熔融)定制式义齿注册审查指导原则研究"获山东省药学会科学技术二等奖。"化妆品注册／备案检验平台的建立与数据研究""医用防护用品阻隔能力评价体系的建立及推广应用""药物性肝损伤监测方法的研究""运动康复医疗器械审查评价体系的研究及应用"获山东省药学会科学技术三等奖。"食药安全、溯源检测评价关键技术及应用"获2020年度中国商业联合会科技进步一等奖。"美白祛斑类化妆品质量控制关键技术体系的构建与应用研究"获中国轻工业联合会科学技术三等奖。

【科研平台建设】 2020年4月，国家药监局下发《关于授权山东省食品药品检验研究院承担血液制品国家批签发的通知》，省食品药品检验研究院成为全国第8家授权的血液制品批签发单位。省食品药品检验研究院"糖药物质量研究与评价""药物制剂技术研究与评价""药械组合产品安全与性能评价"等获批成为国家药监局第二批重点实验室。"山东省中药标准创新与质量评价"工程实验室获省发展改革委批准建设。"绿色制药技术协同创新中心"获省教育厅批复立项。省食品药品检验研究院和省医疗器械产品质量检验中心所属的"仿制药一致性评价关键技术""胶类产品质量评价""生物材料器械安全性评价""药品包装材料质量控制"4个国家药监局第一批重点实验室运行良好。

【科研成果转化及产业化】 2020年，将检验、审评、监测等领域技术发明专利应用到药品监管工作和技术服务企业中。全年新签订技术咨询、技术服务合同额485.97万元。定制开发"仿制药质量拉曼快速评价系统""药品制剂企业物料识别系统及其专用手持式拉曼光谱仪"，应用于2020年省药品风险监测计划和企业物料监管，为药品科学监管提供新技术、新方法。省食品药品审评查验中心筛选14项科技成果，报送国家药监局科技成果登记平台，促进科技成果转化。省药品不良反应监测中心依托医疗机构的医疗设备信息化管理软件、高值耗材使用追踪系统、医用耗材SPD智能物流系统等信息化系统，探索建立故障类医疗器械和高值医用耗材不良事件自动报告模式。在省内信息化程度高的滨州医学院附属医院、烟台毓璜顶医院等10家医疗机构，实现不良事件自动报告，其中6家医疗机构实现与国家医疗器械不良事件监测信息系统接口对接。

【技术标准研究】 2020年，省食品药品检验研究院完成国家药品抽检、化妆品抽检、省药品风险监测、仿制药质量和疗效一致性评价、方法学开发和验证等300余个品种的质量检验和标准研究工作。完成28个品种标准起草，49个品种标准复核，4个品种补充检验方法起草。组织撰写并完成《2020年度山东省药品抽检质量分析报告》和《化妆品监督抽检质量分析报告》。主持和参与4项《化妆品安全技术规范》方法起草工作。省医疗器械产品质量检验中心作为第一起草单位，完成推荐性行业标准YY/T 1799—2020《可重复使用医用防护服技术要求》起草工作。完成手术衣、气管插管、气管切开插管等7类产品国内外标准的比对工作，为我国进出口相关产品提供参考。受国家药监局医疗器械技术审评中心委托，完成《医用二氧化碳培养箱注册技术审查指导原则》《类风湿因子检测试剂注册技术审查指导原则》等指导原则编制。承担并完成国家药监局国家标准和行业标准制修订工作18项。全年完成制修订标准306项，发布268项。向国际标准化组织ISO/TC76提出3项国际标准提案，其中1项国际标准进入DIS阶段。

【科技人才培养与队伍建设】 2020年11月20日，省政府办公厅印发《关于建立省级职业化专业化药品检查员队伍的实施意见》，加快推动省级职业化专业化药品检查员队伍建设。在全国率先招录127名职业化专业化药品检查员，并加强常态化制度化培训，举办3期新入职人员培训班，组织参加技术会议211人次，参加线上培训680人次。搭建人才队伍成长梯队，接续选派8名骨干到国家级检验、审评机构挂职锻炼，以干代训。省食品药品检验研究院签约中国工程院丁健、沈建忠两位院士。1人获"山东省有突出贡献的中青年专家"称号。

【技术支撑和培训】 2020年，省药监局举办省级及以上学术交流活动3次。9月6日，由中国药学会和省政府主办，省市场监管局、济南市政府和省药监局承办的2020年中国药学大会在济南召开，展示山东良好营商环境、吸引全国医药优质资源，推动医药产业高质量发展。举办"品质鲁药"建设品牌发布会，遴选出36个品牌建设示范企业和106个优秀产品，擦亮"品质鲁药"金字招牌。组织召开首个贯彻全省中医药大会精神的中药创新发展大会，推动中药传承创新。联合省石油化学工会委员会制定《第七届山东省药品检验检测技能竞赛活动实施方案》。举办了第七届山东省药品检验检测技能竞赛决赛。

【药品医疗器械创新和监管服务大平台建设】 2020年10月24日，由济南市政府、省市场监管局和省药监局共建的"国家（山东）食品药品医疗器械创新和监管服务大平台"项目正式启动建设。该项目总部设在山东大生命科学园片区，占地240亩，建筑面积23万平方米，总投资32亿元，建设生物制品（疫苗）和药物安全性评价等15个中心、52个实验室。项目建成后，将充分发挥检验检测、标准研究、质量评价等综合功能，打造支撑监管、服务产业、立足山东、

粮食科技

【概述】 2020年，山东粮食行业高度重视科技创新工作，聚焦行业需求，加快技术研发，赋能产业发展，激发行业活力，有力助推了全省粮食和物资储备行业高质量发展。

【突出政策引领】 2020年，全省各地根据省粮食和储备局联合省发展改革委等4部门出台《关于大力推进科技兴粮和人才兴粮的实施意见》，结合当地实际，争取优惠政策，营造发展环境。全省粮食行业列入国家财政科技项目投资总预算2818万元，同比增长100.1%，其中列入科技部预算1157万元，占预算总数的41%，其他部门1661万元；当年国家财政拨款1425万元，其中，科技部下拨586万元，其他部门下拨839万元。滨州十里香芝麻公司入选全国"科技助力经济2020"项目。

【创新平台建设】 2020年，小麦、玉米、大豆、高油酸花生油四大国家级技术创新中心作用突显，中裕小麦研发项目"堪称典范"，大豆分离蛋白和大豆油研发两个项目收益8660万元，初榨花生油研发项目收益1491万元。省粮油检测中心入选国家粮食和储备局科学研究院《粮食品质营养数据库》核心实验室，发布《山东小磨香油》《山东浓香花生油》《山东高油酸花生油》3项团体标准。"花生饼中黄曲霉毒素B1降解工艺及成套示范装备的研究"通过中国粮油学会技术评价。粮食食品产业高质量发展论坛暨国家粮食产业科技创新（滨州）联盟年会在滨州召开，为产业发展增添新动能。全省粮食行业获评国家级、省级科技创新平台各1个。

【强化项目支撑】 2020年，强化项目支撑，赋能产研融合。山东商务职业学院深化产教融合，科研支持中储粮、中粮、鲁花等200多家企业，以创新链提升粮油加工价值链、丰富供应链。全省行业基础类成果显著增多，全年共获得专利91件，比2019年增加36件，其中，发明专利13件，实用新型专利44件。滨州市西王集团"一种脱除植物油脂中霉菌毒素的方法及应用装置"、中裕集团"用于提取谷朊粉的小麦制粉方法"获滨州市专利奖一等奖。全年发表论文17篇，制定标准7项，获得省级科研成果3项。应用类成果突出，共获得新产品成果25个，新技术成果17个，新工艺成果31个。推广应用科学储粮新技术，建成菱镁板58.8万平方米，低温准低温仓容708万吨，内环流应用仓容351.6万吨，多参数粮情测控应用仓容324.8万吨。

【创新发展模式】 2020年，创新发展模式，提升企业效益，支持企业创新，启动科技特派员入企服务工作，进一步发挥全省粮食行业科技人才优势，提升科技服务水平。加强产购储加销体系建设，全国和省际交易会成果丰硕。以"新时代、大战略、强载体、促发展"主题，举办第三届山东粮油产业博览会，超300家企业参展，展会签约近220亿元。展会同期举办粮油产业高质量发展高峰论坛、粮食产业互联网创新展等，聚焦科技研发，统筹协同推进。组织行业龙头企业参加全国粮食和物资储备科技活动周"三对接"及人才供需活动，上报技术难题和技术需求。参加2020年全国科技和人才兴粮兴储工作经验交流会，山东作了典型发言。全省各市同步开展粮食和物资储备科技周活动，围绕落实科技人才兴粮兴储的重点任务，聚焦人才与科技创新，宣传粮油科技成果、优质粮油营养、粮食储备等知识，不断满足人民日益增长的绿色优质粮油产品需要。

（山东省粮食和物资储备局　吴高峻　张宗慧）

邮政科技

【概述】 2020年，山东省邮政快递行业通过加大高科技引入和投入力度，研发和引进具有高科技含量的信息技术与设备，不断提升作业自动化水平，推进信息化建设，行业自动化、信息化、智能化水平实现新的提升。

【"绿盾"工程】 "绿盾"工程是国家邮政局树立安全发展理念，维护政治安全、国家安全和生产安全决策部署的具体体现，对提升行业安全监管水平、促进行业科学发展、增强行业监管能力具有十分重要的意义。主要建设内容包括应用系统、应用支撑、系统集成等内容。其中应用系统主要包括运行监测、安全预警、行政执法、应急指挥、决策支持和公共服务六大类应用系统。省市项目包括省市级安全监控中心、视频联网项目、安检机联网（试点）项目、便携执法设备项目、应急指挥和融合通信项目、省市网络安全设备项目。截至2020年底，山东省已完成"绿盾"工程视频联网项目各主要快递品牌（邮政公司EMS除外）659个转运中心和重要网点位的接入，省市邮政管理部门可通过使用视频巡查监管系统实现对接入网点暴力分拣、安检机未运行等违规作业场景的记录和监测。"绿盾"工程安检机联网（试点）项目共接入青岛、潍坊、德州三地31个主要快递品牌的转运中心和重要网点，接入安检机数量共计68台，其中潍坊30台，青岛29台，德州9台。安检机联网系统显示历史累计过包总数已超680万件，安检员注册人数109人。

【顺丰速运"慧眼神瞳"建设】 "慧眼神瞳"（AI Argus）视频结构化分析平台是顺丰科技自主研发并大规模落地推广的第一个人工智能视觉产品，也是中国第一款面向物流行业的智能视频分析（IVA）产品，可为广泛物流行业客户及合作伙伴提供先进可靠的一站式解决方案。"慧眼神瞳"结合物流行业丰富的作业场景，综合运用计算机视觉与边缘计算技术，构建覆盖全网的AIoT感知平台，以数十万感知触点实时解析各场景下的"人、车、物、场"等关键生产要素，形成覆盖全网的实时业务动态数据，为行业客户提供数智化管理与精细运营方案，实现数字化转型升级。"慧眼神瞳"秉承"实时监控、提升人效、优化运力、持续改进"的核心价值，主要有VAPD（Violated Action Pattern Detection）违规动作检测系统、BAPT（Barcode-Scanner Assistant Package Tracing）巴枪辅助快件视频追溯、DWSR（DWS Review）外包装破损检测DWS重量稽核、BKPD（Broken Package Detection）外包装破损检测、BCLD（Belt Conveyor Locked-rotor Detection）皮带机堵转检测、VPSD（Violate Packages' Stack Detection）暴力分拣检测、BRFD（Barcode Rescanner and Failure Diagnosis）面单解码补偿与异常诊断系统、XRCD（X Ray Contraband Detection）X光违禁品检测、6SPD（6S Pattern Detection）6S管理等作业场景产品线。"慧眼神瞳"系统实现了多业务系统的入口统一化管理，针对科技内部、O线、M线不同客户群体及功能角色，提升了整体的业务系统使用体验。实现对一票快件的全生命周期监控，大大降低了因物流运输中信息滞后造成的人力、物力资源浪费，促进降本增效。通过实时二次解码提高分拣成功率降低回流，提升了智能化管理效能。将面单异常问题进行归类，辅助进行事后追溯和整改，达到运单标准化和中转自动化识别率提升的效果，已实现条码不清晰、粘贴不规范、一维码异常、二维码异常、路由标签异常、收件信息异常等多种异常类型诊断。安检环节实现X光图像AI智能判图，解决人工识别违禁品速度慢、漏检、误检多等问题，准确率高达97%，实现智能判图1.25秒／张，支持20余种违禁品种类识别，并实时联网监控，集中化、数据化运营管控。实现全网主要中转场与重点网点全覆盖，有效提升锁定率、管控偷重漏重行为，少计违规率下降明显，进而降低了理赔成本。

（山东省邮政管理局　孙志义）

建设科技

【概述】 2020年，全省建成节能建筑1.49亿平方米、绿色建筑1.38亿平方米，新开工装配式建筑4080.8万平方米，完成既有居住建筑节能改造2704.3万平方米、公共建筑节能改造239.6万平方米，推广可再生能源建筑应用1.07亿平方米，为推进住房城乡建设事业绿色高质量发展做出了积极贡献。

【绿色建筑】 2020年，印发《关于加强绿色建筑发展专项规划编制实施工作的通知》，组织各市县全面编制绿色建筑发展专项规划。印发《山东省绿色建筑创建行动实施方案》，明确2020—2022年全省工作目标，明确推动绿色建筑高质量发展、提升建筑能效水平、推动建造方式革新等5个方面18项重点任务。修订《山东省绿色建筑设计标准》《山东省绿色建筑评价标准》和《山东省绿色建筑施工图设计审查技术要点》，以标准提高推动绿色建筑品质提升。编制发布《建筑与市政工程绿色施工技术标准》，立项省级绿色施工科技示范工程155个。印发《关于推进实施全省绿色建材产品认证工作的意见》，成立联合工作组，统筹协调推进绿色建材产品认证推广工作。

【建造方式革新】 2020年，印发《关于推动钢结构装配式住宅发展的实施意见》，并召开新闻发布会进行宣传解读。落实实施意见，制定型钢结构部件标准化、围护结构部品标准化技术要求及质量管控、品质提升、人才建设等7个配套文件，构建形成"1+N"政策体系，创新推动钢结构装配式住宅发展。推进钢结构装配式住宅建设试点，落实试点项目214万平方米，推动济南新旧动能转换先行区打造钢结构装配式住宅集中示范区，住建部工作简报宣传推广山东省经验做法。组建以多位院士、勘察设计大师为成员的钢结构装配式住宅建设专家委员会为行业发展提供技术指导。申报国家第二批装配式建筑示范，日照、聊城获批装配式建筑范例城市，嘉祥高铁产业园获批园区类产业基地示范，山东德建集团等6家公司获批企业类产业基地示范。发布实施《装配式混凝土结构钢筋套筒灌浆连接应用技术规程》《水泥聚苯模壳装配式建筑技术规程》《钢结构装配式住宅设计与施工技术导则》，完成修订《装配式混凝土结构工程施工与质量验收标准》等3项地方标准。

【建筑节能】 2020年，修订《山东省民用建筑节能条例》，依法取消建筑节能认可文件，进一步简化建筑工程节能竣工验收管理流程。印发《关于加强民用建筑节能管理工作的意见》，在各省区率先发布建筑节能设计专篇示范文本，从建筑节能设计管理、施工过程控制、节能运行管理和事中事后监管等方面，进一步规范明确民用建筑节能管理要求。济南、淄博、济宁、德州、泰安、滨州、菏泽7个国家清洁取暖试点城市和济南、青岛、济宁、聊城4个国家公共建筑能效提升重点城市，全面完成年度建筑节能改造任务。发布实施新版《公共建筑节能设计标准》，在全国率先将公共建筑节能率提升至72.5%。编制印发《近零能耗公共建筑技术导则》，引导发展超低能耗、近零能耗建筑。印发《山东省建筑节能技术产品认定技术要求（第一批）》，明确57项建筑节能技术产品认定执行标准和性能指标要求。

【住建信息化】 2020年，开展全省绿色智慧住区发展情况调研，形成《关于推进山东省绿色智慧住区建设高质量发展的建议》，《中国建设报》两会特刊对山东省打造智慧住区经验做法进行宣传推广。升级改造省建筑市场监管与诚信一体化平台，为许可下放"放得下、接得住、管得好"提供技术支撑。组织完善优化省市两级工程建设项目审批管理系统，推进网上审批，提高审批系统使用率和覆盖面，确保了疫情防控期间工程建设项目审批正常运行。制定实施《山东省工程建设项目审批管理系统建设运行管理暂行办法》，在省政务服务网开设"工程建设项目审批"专栏，推动审批系统与投资项目在线审批监管平台、国家电网电力营销系统等相关系统互联互通，提高数据质量和实时共享水平。

【科技计划与成果】 2020年，组织2020年度住房城乡建设科技计划项目评审，确定省住房城乡建设科技计划项目119个，其中10项列入住房城乡建设部科技计划；组织2021年度住房城乡建设科技计划项目评审，确定省住房城乡建设科技计划项目108个。组织申报2020年度全国绿色建筑创新奖，中德生态园技术展示中心、中国红岛国际会议展览中心项目分获一等奖、三等奖。山东省建筑科学研究院有限公司《桩网复合地基加固机理关键技术及工程应用》课题获2020

年度省科学技术进步奖三等奖，山东建筑大学与山东联兴绿厦公司合作开展的《承重围护保温一体化钢结构装配式住宅技术体系研究》，获批国家"科技助力经济 2020 重点专项"，并获中央财政 150 万元资金支持。省建筑科学研究院有限公司等单位完成的《房屋建设装配式混凝土结构体系研究》《寒冷地区近零能耗建筑关键技术研究与应用》项目分获 2020 年度华夏建设科学技术奖二等奖、三等奖，中建八局第一建设有限公司完成的《机电安装工程智慧建造关键技术研究与应用》项目获得 2020 年度华夏建设科学技术奖三等奖。青建集团组织开展模块化装配式建筑技术体系专家论证，推动新型结构技术体系在山东省工程中率先应用。

【宣传与推广】 2020 年，举办第五届山东省绿色建筑与建筑节能新技术产品博览会，展览面积 4.6 万平方米，展会吸引了山东大学、中建科技、海尔、三一重工、广联达等 287 家高校、科研机构及企业参展。会展分为发展成就、智慧生活、健康宜居、美丽村居、绿色建造、绿色建材、科技创新、未来城市等 8 大主题展区，展示方式注重场景化应用、浸入式体验，现场搭建实体建筑 10 余栋，既让专业人士能认同，也让普通观众看得懂。展会同步举办绿色城市发展高峰论坛、绿色建筑高质量发展技术论坛等 13 场技术交流活动，邀请王建国、肖绪文、岳清瑞、高伟俊 4 位院士及 40 余位国内外知名专家作报告，分享城乡建设绿色发展最新研究成果、发展趋势、成功案例、交流相关政策措施、管理经验、技术标准和工作动态。适应新冠疫情防控常态化新形势，创新采取线上线下相结合的办展方式，对论坛、展会实行网上直播，形成了有交流、有碰撞、有讨论、有借鉴的学术研讨氛围。人民网、大众日报、齐鲁晚报等 30 余家媒体利用报纸、网站、自媒体等多种渠道，对大会进行集中广泛宣传，网络新闻点击量过百万，展会参观人数达到 12 万人次。展会期间参展商达成技术产品买卖意向 1341 笔，实际签订合同 2.1 亿元，真正实现了"宣传绿色发展理念、搭建交流合作平台"的办展目标，取得了良好的社会效益。

（山东省住房和城乡建设厅　王　磊　李鑫祥）

环保科技

【生态环保科研】 2020 年，推进生态环境领域省级重大科技创新。参与制定《2020 年省重大科技创新工程项目指南》。"固体废弃物与污染底泥治理技术工程示范及装备研发"等项目获 2020 年度省重大科技创新工程项目立项。青岛佳明测控科技股份有限公司、山东师范大学等单位完成的《典型工业园区环境风险应急管控关键技术创新与应用》项目获山东省科学技术进步奖一等奖。促进生态环保科技成果转化推广。向生态环境部推荐上报"铁尾矿土壤化利用技术"等 3 项先进固体废物和土壤污染防治技术。向省发展改革委、省科技厅报送了"大气污染防治关键技术与空间管控平台研究"等大科学计划、大科学工程重点项目并组织推进落实。召开 2 场挥发性有机物污染治理（减排）及监测技术供需对接会。举办 2 场与美国伊利诺伊州线上生态环保产业技术交流活动。

【生态环保科普】 2020 年，参与生态环境部 2020 年度生态环境"云科普"系列活动。在"我是生态环保讲解员"全国竞赛中，山东省参赛的 2 人分别获三等奖和优秀讲解员称号，省生态环境厅获得优秀组织单位奖。开展第二批省级环保科普基地创建工作，申报创建国家级生态环境科普基地。光大水务（济南）有限公司、济南市环境保护网格化监管中心两家单位成功获批国家级生态环境科普基地。

【生态环保标准建设】 2020 年，山东省在全国率先制定发布《固定污染源废气　总烃、甲烷和非甲烷总烃的测定　便携式催化氧化—氢火焰离子化检测器》标准。组织制定发布了《固定污染源烟气在线监测系统运行维护技术规范》和《水污染源在线监测系统运行维护技术规范》2 项标准。为污染物检测和治理提供及时有效技术支撑。发布实施《山东省医疗机构污染物排放控制标准》。标准根据山东省应对新冠肺炎疫情的成功做法和主要经验，在国内首次将重大疫情应对的环境技术要求写入标准，同时明确规定医疗机构污染物处理控制要求、排放限值、监测点位、监测频次、监测分析方法等，为加强医疗机构污染物排放控制，提高重大传染病疫情应对水平，保障人民健康和生态环境安全提供有力支撑。

【发展生态环保产业】 2020 年，印发《山东省生态环保产业统计调查报表制度》，为依法开展环保产业统计调查提供依据。省生态环境厅等 9 部门联合印发了《支持发展环保产业的若干措施》，从健全推进机制、优化产业布局、扩大产业市场、壮大环保制造业、发展环境服务业、提升资源综合利用业、强化产业科技创新、加强人才队伍建设、拓宽投融资渠道、强化产业支撑等10个方面提出了27条具体措施。3家园区被命名为国家生态工业示范园区、2家园区被命名为省级生态工业园区，1家园区通过了国家生态工业示范园区复查评估。

（山东省生态环境厅　王　伟　吴　渊　霍庆龙）

应急管理科技

【概述】 2020年，山东省应急管理厅全力抓好各项应急管理工作和安全生产工作，坚持"科技强安"战略，深入开展"机械化换人、自动化减人"科技行动、信息化建设等工作，应急管理行业的各项研究成果不断涌现，科技创新体系不断完善，科技强安能力得到进一步增强，科技创新水平不断提高。

【强化顶层规划】 2020年，山东省组织编制国内首个省级应急保障体系十年规划《省重大突发事件应急保障体系建设规划（2020—2030年）》，并同步制定了三年行动计划和消防救援保障体系、应急救援航空体系、应急物资保障体系三个专项规划。组织"十四五"专项规划编制。对济南、青岛等7个地市开展专项调研，邀请50余所高校、科研院所、相关企业进行座谈，向16地市、相关部门、科研单位等发放150余份规划编制调研问卷，并在门户网站公开征集规划建议，编制完成了应急管理科技创新、信息化、装备发展等3个"十四五"专项规划初稿。

【加强基础研究】 2020年，开展省重大公共安全信息系统调研设计。省应急厅成立省重大公共安全信息系统建设工作专班，邀请清华大学、华为、浪潮、阿里等高校和企业45名技术专家参与，完成89个部门和16市的需求调研，形成61个部门调研报告和1个总体调研报告。在广泛征求各方面意见和组织专家论证基础上，编制28个专项分析报告、1个总体可行性分析报告、1个工作推动方案和项目初设方案。总结撰写《重大公共安全信息化建设的山东实践》一文，并在《中国应急管理》杂志发表。开展全省应急产业调查研究。通过调查问卷、座谈交流、实地查看等方式，对20个省直部门、8个地市、5个科研院所、18家重点企业、2个国家级应急（安全）产业示范基地开展调查研究。根据调研情况，围绕构建应急产业体系、发展产业基地、调动市场主体活力、促进应急产业发展等方面，形成《山东省应急产业发展现状调查报告》，并发表在《中国应急管理》期刊上。

【科研项目】 2020年，强化应急科学技术现代化课题研究。全年申请专项资金188万元，围绕安全生产、应急管理和防灾减灾救灾领域工作中存在的难点、痛点，经处室推荐、专家评审、公开招标等程序，确定在安全生产监测预警、灾害救援辅助决策、城市安全综合评估、标准化研究等8个方面开展研究并给予资金支持。开展应急管理部重点实验室申报工作。全省从18个方向征集了44个实验室申报单位，经过专家评审、集中研究，遴选推荐了23个重点实验室申报单位。承接应急部《应急管理工作标准化研究》课题，完成省"十四五"重点研究课题《省"十四五"应急管理体系优化创新》。建立省级应急保障体系建设重大项目库，先后组织申报了应急部、省发展改革委重点项目十余项，获得了大量项目资金支持。与河海大学联合申报了国家减灾中心——中国人民财险公司联合实验室的开放基金，研究探索建立星机地一体化的台风—洪涝灾害链损失快速评估方法。

【科普实践】 2020年，省应急厅与省科协、省委宣传部等部门联系对接，联合组织"决胜全面小康，践行科技为民——2020年全国科普日山东省主场活动"。该项活动被中国科协评为2020年全国科普日优秀活动。组织有关专家，针对企业、农村、社区、学校、家庭等不同特点，精心编写《山东省应急安全知识手册》，获第三届山东省科普创作大赛一等奖。该书发放到全省各地，受到人民群众的普遍赞扬，并多次被各地政府翻印。省应急厅会同省人力资源社会保障厅印发《关于落实高危行业领域安全技能提升行动计划有关问题的通知》，打通从业人员参加安全技能提升、领取培训补贴的"最后一公里"，并在威海组织开展了全省特种作业人员安全技术大比武活动。制作了60个非煤矿山和工贸行业高危环节应知应会的安全教育视频。

【应急指挥中心信息化工程】 2020年，山东省应急指挥系统纵向连接应急部、水利部和16个市及全部县（市、区）应急局指挥中心、25个经济开发区等功能区，横向连接水利、气象、消防等16个主要涉灾涉险部门，16 市、109 个县（市、区）实现前端依托无人机、单兵等装备，可将灾害事故现场音视频传送到省应急指挥中心。接入应急气象服务系统、雨水情信息系统、智慧天眼系统等 30 个成熟信息系统，与交通、海事、森林景区等部门对接，完成机场、港口、渔船、森林防火等 11 个应用系统和视频监控系统接入，初步实现全省一体化指挥调度。推动市县指挥中心信息化建设。印发《市级应急指挥中心建设指南》，规范建设标准，明确建设内容。2020 年，全省新建完成市级指挥中心 8 个（淄博市、东营市、烟台市、泰安市、日照市、滨州市、德州市、菏泽市），在建 3 个（青岛市、潍坊市、聊城市）；新建完成县级指挥中心 44 个，在建 34 个。完成应急指挥网全省 16 个市、180 个县（市、区，含经济开发区、功能区）全覆盖，为视频会商和指挥调度提供专用信道保障。制定《现场音视频传输基本配备标准》，指导市、县采购配备事故现场便携式音视频采集传输设备 1586 部，为决策指挥提供快速高效的现场通信保障。提升事故现场信息获取能力。充分发挥省应急厅移动指挥平台多种通信手段的技术优势，保障事故现场与各级固定指挥场所的互联互通。

【"智慧应急"试点建设】 2020 年，创新性提出开展"智慧应急"建设，邀请华为、浪潮、海信、铁塔、百度和清华大学等企业、高校组建联合专班，共同开展规划编制，并到华为、清华大学、百度总部、航天科工等现场交流吸收先进理念，形成全省"智慧应急"试点建设方案。应急部确定在全国开展"智慧应急"试点建设，并确定山东省为全国"智慧应急"试点建设省份。全省确定了"两中心、五体系、一基地"的"智慧应急"体系架构。"两中心"即监测预警中心、指挥调度中心；"五体系"即决策指挥体系、风险防范体系、监管执法体系、资源保障体系、社会动员体系；"一基地"即科技创新和装备发展实验基地。2020 年 11 月 7 日，山东省在全国"智慧应急"建设现场推进会作了典型发言。在"智慧应急"建设整体框架下，按照急用先行、分步实施的原则，优先推动危险化学品风险监测预警系统、非煤矿山安全风险监测预警综合管理系统、自然灾害综合监测预警系统、救灾和物资保障管理系统、决策指挥系统、安全生产风险综合监管系统、应急管理专题库和应用支撑、应急通信网络等 8 个系统建设，编制了信息化建设方案，并获得 7400 万元资金支持。2020 年已实现全省 1329 家一、二、三、四级重大危险源危化品企业监测预警全覆盖。

【专家管理】 2020 年，建设重大公共安全应急处置专家库。以全省重大突发事件 20 种典型情景为重要参考，全面研究全省重大公共安全专家库建设的层级划分、行业分类、专业设置、人员条件等内容，建成了由 79 名专家组成的咨询委员会及 384 名专家委员会专家组成的涵盖 19 种重大公共安全事件的省重大公共安全应急处置专家库。强化省应急管理专家考核管理。制定并发布《山东省应急管理专家评价考核管理办法（试行）》等规范性文件。开发完善了应急专家管理信息系统。面向全国组建了山东省第一届应急管理专家队伍。起草《省应急管理专家工作手册（行政许可类）》。规范行政许可类应急管理专家的评审工作，以及日常专家和委派任务的管理等工作，实现省应急管理专家库的动态化管理。

【安全技术服务机构管理】 2020 年，实施省内外中介机构从业网上告知管理，开展涉企服务机构评议工作，共评议机构 110 余家。组织开展专项执法检查，共检查机构 154 家，发现问题 604 个，立案处罚机构 10 家。

（山东省应急管理厅　刘桂发　纪兆云　崔为玉）

气象科技

【增强科技支撑气象业务综合实力】 2020 年，三大特色领域服务能力显著增强，三项核心技术业务支撑作用逐步显现，三个基础业务不断夯实。24 小时城镇晴雨预报、气温预报、暴雨预警准确率分别达到 90%、85%、75%，比"十二五"末分别提高 2 个百分点、5 个百分点、5 个百分点。全省新一代天气雷达探测覆盖范围达到 90% 以上，最新云图接收频次达 5 分钟 / 次，气象观测领域不断完善，观测能力明显提升。气象信息业务基本实现集约化、数字化，气象服务业务基本实现一体化、专业化。

【加强科技支撑气象观测预报业务能力】 2020 年，对标监测精密，夯实基础业务，成立了长岛国家气候观象台学术委员会，编制了建设发展方案。济宁雷达投入业务试运行。聊城雷达建设顺利推进。在泰山等 3 个台站长期保留人工观测任务，保持台站人工应急观测能力。完善了综合气象观测业务质量管理体系，在全国率先开展了市级计量检定业务。建成全国首座珍贵气象资料档案馆。完成省—市气象宽带网提速，健全了网络安全保障体系。对标预报精准，发展核心技术，完善了陆地、海洋集约化智能网格预报业务系统，研发以检验评估为导向的网格预报质量检验平台，发展了降水、温度、强对流客观预报关键技术方法。优化了"逐半小时快速循环同化预报系统"，使其稳定性、准确率大幅提高。加强了卫星雷达等多源资料的融合分析应用，发展了基于新型观测资料的灾害性天气监测技术。

【提升科技支撑气象服务水平】 2020年，对标服务精细，优化服务供给。省气象局与省广播电视台建立新型战略合作关系，在资源共享、信息发布、科普宣传合作等方面取得重大进展，联合打造全国电视天气节目的"山东品牌"。为农业、消防等部门安装了服务平台，扩大了精细服务范围。出台专业气象服务发展举措，为电力、交通等行业开通智慧服务平台。进一步发挥新媒体服务优势，浏览量比2019年增长5.5倍。坚持服务国家、服务人民的根本方向，主动融入党和国家发展大局来谋划推进气象事业，聚焦乡村振兴、海洋强国、生态文明建设等国家战略，打造现代农业、海洋、生态环境三大特色服务品牌，引领全省气象事业按照新时代中国特色社会主义的战略安排与时俱进、科学发展。建立了覆盖面广、集约化强、服务内容丰富的现代农业气象业务。完善了"一基地、两中心、一电台"海洋气象发展格局，构建起"1+7"海洋气象业务服务体系，气象在海上生产安全和海洋经济发展中的服务能力有效增强。建立了全省"一级制作、三级应用"的生态环境服务布局，建立了减排效果评估业务，为生态环境保护与修复、生态山东美丽山东建设提供了有力的气象支撑。坚持"有方案、有平台、有机制、有效果"的工作思路，打造"前店后厂"的发展模式，专项工作成为全国气象领域的示范，走在全省部门行业的前列。改版了《海洋气象学报》，并向核心期刊目标迈进。推进气象业务技术体制改革，完成了省级气象大数据云平台建设，建成省市县三级高效协同的气象预报业务一体化平台。

【科技计划】 2020年，"S波段双偏振天气雷达冰雹预警技术研究""双偏振雷达在强对流天气预警中的应用研究""山东省人工增雨作业云系飞机观测技术研究""影响山东的台风暴雨短临预报关键技术研究""基于知识融合的遥感影像分割方法研究"5个项目获省自然科学基金资助。"基于地面观测和静止卫星反演的积雪资料同化技术研究""基于风廓线雷达资料的海陆风三维风场结构研究"2个项目获环渤海区域基金项目立项支持。山东省气象局2020年立项科研课题61项（其中重点课题9项，面上课题21项，预报员专项11项，青年科研基金项目20项），项目总经费123万元。

【知识产权】 2020年，山东省气象局（统计年度数据）共发布标准14项，其中国家标准1项，行业标准2项，地方标准11项；共获得专利8件，其中发明专利1件，实用新型专利6件，外观专利1件；登记软件著作权37件。

【学术论文发表情况】 2020年，全省气象部门发表论文312篇，在核心期刊发表论文68篇，SCI（E）收录3篇。

【科技交流】 2020年，加强科技交流，注重协同创新，搭建科技交流平台。积极参与华东区域、环渤海区域、长江经济带数字预报联盟、大北方联盟的协同创新科技攻关任务，开展华东区域数值模式预报（SMS—WARMS2）产品、睿图–ST区域模式产品在山东省的模式预报性能检验评估。推进与南京信息工程大学、中国海洋大学、浙江大学、中科院大气所等科研合作。

【科技成果与选介】 2020年，山东省形成了一批气象科研成果。完成1项省自然科学基金项目、9项中国气象局关键技术集成与应用项目、3项环渤海区域基金项目及76项省气象局科研课题研究任务，多项成果实现业务化应用。组织科技成果业务准入，8项科技成果进入业务试运行，其中5项成果试运行期满通过省气象局准入评审。组织科技成果转化应用，4项科技成果通过审批，3项科技成果完成成果转化。对"山东省气象GIS数据集"等5项成果进行了科技成果登记。山东省气象局科学技术委员会组织年度省气象局奖励评审，评选出科技贡献奖1名，青年科技奖2名，研究开发与应用奖10项（一等奖2项，二等奖2项，三等奖6项）；评选出青年科研基金优秀项目6项（一等奖1项，二等奖2项，三等奖3项）；对1项省部级科研项目的主持人进行奖励。

近海船舶交通气象服务保障技术研究 该项目为中国气象局预报预测核心业务发展专项。项目基于青岛高分辨率WRF中尺度模式系统，实现了近海功能海区的精细化海洋气象预报。利用中国气象局业务化模式产品和雷达定量降水预报（QPF）产品，采用数值模式与雷达数据融合技术，研发了0～6小时的青岛沿海地区降水预报产品。通过分析青岛近海气象观测和港口通航数据，结合海事部门管理规范，形成了青岛近海船舶引航气象风险等级标准，为船舶交通指挥提供了决策依据。基于青岛海洋气象服务综合业务平台完成了"青岛近海船舶交通气象服务系统"开发，系统具有良好的人机交互界面，业务运行稳定，业务化应用效果良好。

移入型与本地发展型雷暴的环境场条件分析 该项目为中国气象局预报预测核心业务发展专项。项目对比分析了2016年6月13—14日、9月11日两次移入型与本地发展型雷暴过程的天气尺度和中小尺度天气系统，研究了天气系统配置和引导气流与飑线的形态、移动方向和速度的关系。分析了当地发展型初始雷暴的多种抬升触发机制，剖析了雷暴发展成为飑线的机理，分析了影响雷暴快速传播的多种因素。分析了下游飑线引起的局地环境条件变化对移入型雷暴发展演变的影响，探讨了暖湿空气输送在不稳定大气层结重建中的重要作用。提炼了移入型和本地发展型雷暴的预报着眼点。依托该研究发表论文4篇。项目研究成果已投入业务应用，对省内预报员进行培训推广。

山东省极端降雪天气事件基本观测特征与预报技术研究 该项目为中国气象局预报员专项。项目对1999—2016年的山东极端降雪事件开展了统计分析，提出了极端降雪事件的两种类别，总结了积雪、降水量、降雪强度、发生频次、降温、相态等变化特征，分析了强降雪的卫星云图和雷达回波特征。针对典型个例，应用GNSS/PWV和风廓线资料分析了雨转雪过程和强降雪发生时的水汽场和风场特征，应用物理量诊断方法，总结了江淮气旋和回流天气形势下极端降雪成因，强降雪落区与多尺度系统空间配置关系，归纳了预报着眼点，凝练了预报指标。

"摩羯"和"温比亚"造成山东暴雨的对比分析 该项目为中国气象局预报员专项。项目对比分析了摩羯（1814）和温比亚（1818）两个台风过程的暴雨时空分布特征，包括暴雨持续时间、最大雨量、小时最大雨量、暴雨强度变化、落区分布等。利用观测资料和再分析资料对比分析了两次台风暴雨的环流特征、天气尺度系统、物理量场、水汽条件、动力和热力条件，研究了两次台风暴雨发生发展机制。利用卫星云图、多普勒雷达和再分析资料等，对比分析了两个台风的结构及演变，重点分析了冷空气侵入和台风变性前后结构变化特征。

山东省台风监测分析预警系统 该项目为山东省气象局重点科研课题。该课题收集整理了新中国成立以来影响山东台风的综合资料，补充了最新台风信息，增加了新中国成立以来影响西北太平洋的台风路径资料，完成了台风综合资料库的升级。实现了文件数据格式到数据库格式的转化，改进了台风调阅检索功能。研究给出了影响山东的台风气候特征及风雨影响综合指数特征，为台风预报提供参考。基于大数据云平台，采用GIS技术，研发了台风路径和风雨影响的实时查询、综合资料查询和极值统计等功能，建立了山东台风预报业务平台。研发了台风决策服务材料模板定制和服务材料自动分发系统，在"山东气象业务一体化平台"中集成应用。

基于大数据分析的精准靶向农业气象服务APP"锄禾问天"研发 该项目为山东省气象局重点科研课题。该课题依托移动互联网、物联网和大数据云平台研发了农业气象服务APP"锄禾问天"系统，包含农业气象大数据API子系统、APP前端应用子系统和"山东省精准农业气象服务平台"后端支撑子系统。建立了大田、设施、果品和特色4大类30种农作物气象服务指标数据库，利用APP定位和交互功能建立了用户地理位置、作物种类以及农事活动等社会化信息库。开发建立了农业气象大数据API接口。前端应用子系统实现了用户信息智能感知、个性化指标订正、社会化信息关联展示、服务产品靶向推送、物联网远程管控等功能，同时提供了作物生长适宜度分析、气象证明在线申请、农户在线交流等特色服务。后端支撑子系统提供了省、市、县三级农业气象服务指标和农业服务产品APP发布的属地化管理，实现了农业气象服务信息与用户位置、需求等精准关联的大数据分析与应用反馈，提供了用户访问、应用评估等APP管理功能。该系统已在全省推广应用，用户量近1.1万个，包括气象部门、新型农业经营主体、农户等。

【**科技人才队伍建设**】 2020年，全省持续推进气象科技创新顶层设计。坚持把科技创新作为根本动力，强化开放协同的气象科技人才体系建设。开展"人才科技年"活动，对标科技前沿，聚焦监测精密、预报精准、服务精细，加强新理论、新资料、新技术应用，实施《新时代山东气象高层次科技创新人才计划实施办法》，加强高层次科技人才队伍建设，健全科技人才评价激励机制和服务保障体系，完善以业绩和贡献为导向的科技人才评价标准，不断营造"尊重人才、崇尚科学"的氛围。在科技人才建设上优结构、提层次。修订了气象职称评审管理办法和评审条件，出台了新时代高层次人才计划实施办法。开展了市气象局骨干科研业务人员到省气象台交流工作。启动了劳模和首席正研工作室建设。举办了第11届全省业务竞赛。参加第15届全国竞赛，获得团体第1名，包揽个人全能前三名和2个专项前三名的好成绩。新晋升研究员5人、高级工程师20人，1人取得专业技术二级岗位任职资格，4人入选了中国气象局高层次科技创新人才队伍。

【**气象服务**】 2020年，全省气象部门全年启动应急响应701次，发送决策预警短信1225万条。围绕疫情防控、复工复产，向防控办、卫健委和交通、电力等行业开展专题气象保障。全省组织飞机增雨作业30架次、地面增雨防雹作业2292轮次。完成青岛小珠山等12起突发森林火灾灭火保障任务。完成岚山"大会战"先行试点任务。启动全省全面普查工作，为全国普查工作提供了经验借鉴。全面完成139个县基层防灾减灾"六个一"标准化建设，基层气象灾害预警服务科学化、标准化、规范化建设实现全覆盖。全面建成"三中心、两基地、两平台、三试点"，全省气象在为农服务中作用不断显现。打造为农服务县域特色品牌，评选第2批11个示范点。围绕保障疫情期间粮食安全、蔬菜供应，开展了精细化的专项服务。提升海洋气象服务水平，保障海洋强国、专项战略实施，推进"1+7"海洋气象业务服务体系建设，省气象台和沿海气象部门联合开展海洋气象专业服务，联合打造专业服务平台，共同做好航线、港口、海洋牧场、海上安全等气象服务保障。提升环境气象服务水平，保障生态文明建设战略实施。建设了植被生态质量气象监测评估系统、遥感业务综合应用平台，提升生态文明建设气象保障能力，研发了"齐鲁火情天眼监测系统"，实现林区10分钟高频次火点监测，引进了环境评估系统，开展大气污染气象条件年度和季月评估。

【科学普及】 2020年，围绕"'3.23'世界气象日""防灾减灾日""科技活动周"等主题，开展"世界气象日暨《中国气象法》施行二十周年"线上有奖答题活动、360度全景山东济南气象科普馆线上参观、"气象小画家"绘画大赛、气象科普进校园、云科普进课堂活动等各类线上线下科普活动，受众超过6万人。通过云科普传播方式和拓宽科普传播渠道，在新媒体与网站发布天气现象、防灾减灾、疫情防控等方面气象科普相关信息287条，浏览量约1600万次。开展气象科普创作和科普基地建设。济南气象科普馆成功入选首批国家气象科普基地。济南象山综合观测基地等10家单位申报第七批全国气象科普教育基地。制作科普产品参加科普大赛。5件作品参加山东省科普宣讲大赛，2件获得一等奖，3件获得三等奖；3位选手参加全国气象科普讲解大赛，2人获得优秀奖。科普视频《如此预报可休矣》《宪法就在我身边》在第17届全国法治动漫微视频征集展示活动中分别获一等奖和二等奖。

（山东省气象局　杨璐瑛）

防震减灾科技

【概述】 2020年，山东省编制印发了《山东省防震减灾科学和技术发展规划（2021—2035）》。推进重点实验室建设，编制了《山东省地震灾害风险防治工程实验室建设方案》。加强非天然地震监测与信息服务，完成山东省地方标准《煤矿地震监测台网技术要求》编制，推进煤矿专用地震监测台网建设。地震烈度速报与预警工程、"一带一路"地震监测台网建设等国家重点项目稳步推进。地震科技支撑防震减灾、服务经济社会安全发展能力不断提升。

【科研项目及管理】 2020年，"山东省防震减灾公共服务信息系统试点建设"项目获中国地震局批复立项，经费总额727万元。"台站形变观测中抽水影响机制数值模拟及应用研究"和"安丘—莒县断裂最新形变特征及地震危险性分析"获得地震科技星火计划立项，经费总额共14.16万元。在研省部级以上项目20项，经费总额268万元。组织完成"山东地区地壳上地幔速度结构与各向异性研究"等9项省部级项目验收，其中，省自然科学基金项目4项、省重点研发计划项目2项、中国地震局地震科技星火计划项目3项。

【科技交流与人才队伍建设】 2020年，参与国家"一带一路"建设，派出2人赴老挝实施地震监测台网援建项目。通过举办学术交流会、学术走基层、视频报告会等形式组织开展学习和交流，邀请专家举办学术报告会7场。注重高层次人才的引进和培养，截至2020年底，山东省有突出贡献的中青年专家6人，中国地震局新世纪百人计划人选3人，8人入选山东省高级人才专家库，5人入选地震科技青年骨干人才培养出国深造项目，13人获准享受国务院特殊津贴，在职研究员10人，博士17人（35岁以下博士3人、在读博士5人）。

【科技成果及奖励】 2020年，省地震局规范科技成果登记范围，对项目产出、论文、论著、标准、专利、软件著作权、有转化需求的成果等进行全面登记。共登记成果48项，新增标准2项、专利4件、软件著作权19件。在核心期刊以上杂志上发表论文23篇，其中，SCI收录4篇、EI收录3篇。评选出山东省地震局防震减灾优秀成果10项，其中二等奖3项，三等奖7项。加强已有科技成果的推广转化，下达"基于人工智能深度学习的天然与非天然地震事件识别参考系统"等科技成果推广转化项目3项。

【拓展监测预测预警社会服务】 2020年，有序开展全省年度震情监视跟踪工作。编制实施年度震情跟踪工作方案，全年共监测山东内陆及近海地震839次，其中非天然地震事件544次。妥善处置长清4.1级地震等显著有感地震事件18次。组织开展各类会商157次。每月定时向省委、省政府报送震情简报。完成了全国"两会"、全省"两会"、十九届五中全会以及春节、高考、国庆等重大活动和特殊时段的地震安保任务。研发震后趋势自动判定系统，实现震后2分钟自动产出初步判定意见。拓展服务范围，完成山东省地方标准《煤矿地震监测台网技术要求》编制工作，推进煤矿专用地震监测台网建设。加强对塌陷、爆炸等地面强震动事件的监测和信息报送工作，不断健全矿震信息共享机制。快速有效处理了兰陵石膏矿、东滩煤矿、古城煤矿等多起塌陷事件。山东省地震局与山东煤监局联合印发了《山东省冲击地压矿井地震信息共享实施办法》，同山东能源集团等单位实现了矿震监测信息共享。推进地震烈度速报与预警工程项目实施，完成全部5个新建基准站、74个新建基本站和85个改造基准站的土建、供电、避雷、通信建设，完成全省302个地震预警终端和1230个一般站设备安装，完成省级预警中心建设。山东省地震局与济南市轨道交通集团签订战略合作协议，拓展地震预警信息服务。

【提高地震灾害防治能力】 2020年，做好抗震设防事中事后监管，在全省部署开展建设工程地震安全大检查。印发《关于推进区域性地震安全性评价的意见》。修订部门规范性文件《山东省区域性地震安全性评价工作管理办法》。完成全国自然灾害风险普查"大会战"岚山试点地震灾害风险普查工作。山东省地震局协调省发展改革委等15个部门联合印发《山东省地震易发区房屋设施加固工程工作方案》，推进房屋设施加固工程实施。以日照市岚山区为试点，开展遥感影像房屋抗震能力初判，为易发区房屋加固工程提供技术支撑。推进安丘活动断层（潍坊段）、滨州市城市活动断层探测等活动断层探测工作，取得阶段性成果。做好"十三五"规划重点项目结尾工作，省地震局会同省住房城乡建设厅完成8个农居地震安全示范工程验收，完成了53户农村民居地震安全示范户验收工作。全省各市开展"5·12""7·28"重点时段防震减灾科普宣传活动。加强防震减灾科普队伍建设，组建完成山东省防震减灾科学传播师队伍，制定了《山东省防震减灾科学传播师管理办法（暂行）》。加强法治建设，《山东省地震预警管理办法》列入省政府2020年二类地方立法计划。制定发布了《山东省地震局公共服务事项清单》。颁布实施地方标准《防震减灾（地震）科普场馆展品（展项）及布展指南》。

【提升应急响应服务能力】 2020年，推进地震应急预案建设，省地震局会同省应急厅修订了《山东省地震应急预案（送审稿）》，对《山东省突发地质灾害应急预案》等17个省级专项预案及操作手册进行审核修改，指导济南、青岛、烟台、济宁、泰安、菏泽等市地震应急预案修订和演练，督导落实省内各地震应急协作联动区召开联席会议并开展片区综合演练。在全省组织开展地震应急避难场所运行管理排查整改，建立应急避难场所名录库，指导济南、青岛、烟台、潍坊、聊城等市地震应急避难场所规范提升。加强地震应急技术系统的运维管理，定期开展系统联调测试和现场应急工作队的拉动演练。更新地震应急基础数据库，收集了市县综合社情数据、地质灾害风险点、救援队伍、救灾物资等应急救援数据。发挥省地震应急救援训练基地作用，全年共完成各类培训任务600余人次，为省市县三级锻造了专业的应急力量。

（山东省地震局　赵　冰）

高新技术产业开发区科技发展

GAOXINJISHU CHANYE KAIFAQU KEJI FAZHAN

济南高新技术产业开发区

【概述】 济南高新技术产业开发区（以下简称济南高新区）是1991年3月经国务院批准设立的首批国家级高新区，总面积318平方公里，辖5个街道办事处，常住人口超过47万人，市场主体突破10万户。济南高新区是山东自贸试验区济南片区的核心区，18.04平方公里的自贸面积约占济南片区（37.99平方公里）的一半。2020年，济南高新区位列全国169个国家高新区中第13位，在全省160个开发区考核排名第2位。2020年，高新技术企业总数突破1200家，省级及以上研发机构突破250家，山东工业技术研究院、济南量子技术研究院等共计27家单位获批省级新型研发机构，R&D占GDP比重达5.62%，高新技术产业产值占规上工业总产值比重达83.18%，技术合同交易额突破80亿元，2020年，全区生产总值实现1291.5亿元，增长6.5%；规模以上工业增加值实现306.9亿元，同比增长22.4%，是济南市平均增速的1.84倍；限额以上批零住餐业销售额实现1346.9亿元，同比增长11.4%；实际使用外资完成8.6亿美元，较2019年全年增长41.5%；一般公共预算收入130.2亿元，同比增长4.1%。

【科技计划项目与经费】 2020年，帮扶高新区各企业、科研机构获批各级科技类财政资金逾10亿元。其中，15项研发及产业化项目获批省重大创新工程，占全省比重近1/6，获批省级财政资金支持逾2亿元，引导企业实施项目总体资金投入预算逾13亿元。疫情期间筹集区财政资金逾1.6亿元，向超过1000家科技型企业兑付创新创业和研发财政补助奖励，帮扶企业渡过难关。2020年列入省级科技计划项目80项，获批资金达到22890万元。其中，"科技助力经济2020"重点专项由山东华翼微电子技术股份有限公司和山东麦港数据系统有限公司共获批资金150万元；2020年中央引导地方科技发展资金项目由济南迪亚实业有限责任公司等6家单位共获批资金775万元；2020年山东省重点研发计划（重大科技创新工程）项目由中国重型汽车集团有限公司等15家单位共获批资金21115万元；山东省各类自然科学基金项目由山东云海国创云计算装备产业创新中心有限公司等29家单位共获批资金850万元。2020年，列入市级科技计划项目13项，获批资金达到7451.79万元。其中，2021年济南市科技创新发展资金（2020年新冠肺炎防控应急专项后补助资金）项目由中科光达（山东）健康科技有限公司等11家单位共获批资金550万元；2020年市、区两级共建重大专项平台扶持资金项目由北京理工大学前沿技术研究院等3家单位共获批资金6901.79万元。

【科技成果与奖励】 2020年，济南高新区各单位、个人共获山东省科学技术奖12项，其中，谭旭光获山东省科学技术最高奖；山东众阳健康科技集团有限公司承担的"脑胶质瘤恶性进展机制及靶向诊疗新策略研发和推广应用"项目、山东睿益环境技术有限公司承担的"典型工业园区环境风险应急管控关键技术创新与应用"项目，获山东省科学技术进步奖一等奖；山东鲁能软件技术有限公司承担的"自适应联邦智能关键技术及产业化"项目、山东中实易通集团有限公司与山东鲁能软件技术有限公司共同承担的"面向大电网运行的火电机组性能评价与控制优化关键技术及应用"项目，获山东省科学技术进步奖二等奖；国网智能科技股份有限公司承担的"变电站设备带电水冲洗机器人关键技术及应用"项目获山东省技术发明奖二等奖；山东康威通信技术股份有限公司等6家单位所承担项目，获山东省科学技术进步奖三等奖。

【知识产权服务】 2020年，推进"山东省知识产权公共服务平台"运营，平台已入驻了国家知识产权局济南专利代办处、省专利信息服务中心、省知识产权远程教育平台、省专利工程总公司、中知认证、合享智慧等30余家机构，并且与省公共资源交易中心合作加挂公共资源交易中心知识产权分中心牌子，争取中国（山东）知识产权保护中心落地公共服务平台。获得市级以上知识产权专项资助奖励资金3918.89万元，专利质押融资金额近3亿元。神思电子专利导航项目获得省级立项，济南高新区47个专利导航项目获得市级立项，占济南市约40%，12家企业的区域导航项目获得市级立项，占济南市约40%，10个项目被确定为市级高价值专利培育项目，占济南市30%。2020年3月，公布的山东省专利创新百强企业中高新区企业13家，占济南市50%。华熙生物科技股份有限公司的"酶切法制各寡聚质酸盐的方法及所得寡聚质酸和其应用"和国网智能科技股份有限公司的"变电站带电水冲洗机器人系统及方法"获中国专利金奖。

【科技合作与交流】

尖端技术 量子技术研究院研制出国际首个集成化多通道量子频率转换芯片,制定了量子计算领域首个国家标准,量子通信实现509公里的量子密钥分发,创造了世界纪录;山东舜丰生物科技有限公司成功跻身国内独家、全球仅三家拥有基因编辑核心技术底层专利的企业;国科中心研制的"济南国科中心号"物联网卫星成功发射,是山东省首个以科研机构命名的卫星。

创新平台 高标准建设中科院济南科创城,济南15个"中科系"项目10个落户济南高新区,其中,中科院大气物理研究所碳中和北方中心落户高新区,"中科系"科研载体加速崛起,落地4个大科学装置项目,并加快建设"中国算谷",为济南市发展科创产业提供持久的超级算力支撑。

国际合作交流 2020年10月24日,第二届世界中医药互联网产业大会(WCIICM2020)在济南高新区盛大开幕,全球300余位中医药行业领导、医疗卫生领域专家,以及200余位产业界代表线上、线下同步参会,世界中药(材)互联网交易中心、世界中药(材)质量检定中心、世界数字化中医药(扁鹊)研究院揭牌成立,世界中医药互联网产业大会永久会址落户济南;2020年11月19日至20日,中国中小企业国际合作交流大会暨2020中德(欧)中小企业合作交流大会成功举行,"济南国际招商产业园智能制造集聚区"启动建设,现场签署了11个中外合作项目,协议投资总额101.3亿元;依托"一物一码",济南高新区在全国首创"链上自贸"保税展示展销,建设了汉峪金谷、绿地全球贸易港等展示中心,为畅通国内国际双循环奠定了坚实基础。

【科技改革与服务】 济南高新区出台《高新区聚人才稳增长20条政策措施》,"十三五"期间共拨付扶持资金1.8175亿元,有机衔接上级人才政策,完善相关配套措施,形成国家、省、市、区四位一体的政策支撑体系。组织兑现济南高新区出台《济南高新区加快创新创业发展助力新旧动能转换的若干政策(试行)》,分别从鼓励企业做大做强、加快创新创业主体培育、鼓励企业创新发展、鼓励企业信息化建设、加强创新创业载体建设、推进创新成果转化、支持重大推介交流共7个方面支持引导企业实现高质量发展。2020年疫情期间筹集区财政资金逾1.6亿元,向1000余家科技型企业兑付创新创业和研发财政补助奖励,帮扶企业渡过难关。

【战略性高新技术产业发展】 优化提升产业能级,提高产业核心竞争力。新一代信息技术和装备制造产业营收均超过2000亿元,生物医药产业营收达到1300亿元。

大数据与新一代信息技术 电子信息领域的产业载体超过300万平方米,发挥国家新一代人工智能创新发展试验区核心园区作用,初步构建了"算力支撑强劲、算法优势突出、智能应用先进"人工智能发展格局,形成了智能企业"百花齐放"、产业孵化"双轮驱动"生态。依托浪潮集团,整合超算中心和山东大学科研资源,在算力领域打造核心竞争力,以服务器为核心,以塑造产业链生态体系为目标,建设中国算谷,在中心区打造科技园、在东区打造产业园。

生物医药产业 济南高新区聚集生物医药企业超过3000家,在国家高新区和经开区综合竞争力排名中,连续三年位列全国前五强。从龙头企业看,齐鲁制药、华熙生物、恒瑞医药OTC药物研发生产中心、植物基因编辑研究院等世界一流项目带动作用明显,形成了细胞与基因集群、抗衰医美集群、抗肿瘤集群等8大产业集群,建有国家级平台实验室14个,国家重大新药创制平台、国家级创新药物孵化基地两个国字号创新创业平台,建成美国、德国等11个海外基地。

智能制造产业 作为济南高新区的重要支柱产业,交通装备、激光装备、电子装备、机器人与智能制造、信息通信装备、核电装备等领域优势突出。有科学技术部评定的智能输配电创新型产业集群试点,搭建了山东省机器人与智能装备公共技术服务平台,成立了全国首个智能机器人创新联盟,建立了山东省激光装备创新创业共同体,全力打造"山东光谷"。围绕核电产业园、传感器产业园规划建设,推进美核电气、华科高性能传感器产业化基地项目,打造千亿级核电高端装备产业集群。

新型产业培育 在量子技术产业发展上,济南量子技术研究院承担建设的小型化可移动量子卫星地面站在济南与"墨子号"量子科学实验卫星成功完成星地对接,实现全球首个小型化可移动量子卫星地面站。加快量子信息科学国家实验室济南基地建设,加快推进量子保密"齐鲁干线"建设,全面建成全省量子通信骨干网及地市城域网。全国量子计算与测量标准化委员会正式成立,成为国际电信联盟(ITU)量子信息技术焦点工作组牵头单位;在人力资本产业发展上,济南高新区实现多项"全国首创",建成全国首家人力资本产业园,成立人力资本产业研究院。发布全国首个"人才有价"评估平台,建立了千亿级规模的人力资本产业链条。推动人力资本服务业首次写入国家发改委产业结构调整目录。在全国首创人力资本价值出资方式,出资额最高可占公司注册资本总额的70%。

【园区体制机制改革】 推动管委会"瘦身强体",通过优化精简机构设置,内设机构由19个归并整合为9个,撤销26个事业单位,同时,坚持人员"在精不在多",实行人员规模总量控制,人员总数减至901名,部门和人员结构更加优化。选优配强领导班子作为改革"先手棋",在扎实开展内部岗位竞聘的同时,面向社会招贤纳士,干部队伍干事创业热情和发展后劲充分释放,改革后,班子成员平均年龄51岁,并基本形成了老中青干部梯次搭配、科学合理、充满活力的干部队伍。围绕"推行全员聘任制""健全薪酬制度",按照"全体起立、重新上岗、择优选配、统筹安排"原则,打破行政事业、编制内外身份、论资排辈界限,对高新区现有人员全部实行竞争上岗,建立岗位能上能下的竞争性选人用人机制。建立企业化岗位考核机制,通过全员KPI考核的方式,层层分解管委会关键指标,构建管委会、部门、个人三级KPI指标考核体系。按照"全员聘用、竞争上岗、以岗定薪"和"稳住基本、加大激励、分步实施"的原则,建立包括管委会领导班子在内的全员绩效薪酬管理体系,实行绩效薪酬总额管理,原则上增人不增额、减人不减额,每年核定薪酬总额,进行浮动管理。

【创新创业共同体建设】 "山东省激光装备创新创业共同体"正式获批以来,实施超快激光关键技术研究及应用等重大研发项目15项;攻克混合体系半导体激光外延材料生长等技术难题26项;形成高功率半导体激光芯片巴条真空解理及钝化等关键共性技术25项;引进、转化窄线宽光纤激光器等重大成果17项;新建山东省光纤传感器及安全物联网引智成果示范基地等高水平创新平台10个;引进杰哈莫罗院士等高层次人才团队10个。带动产业增加值25亿元,新增利税3亿元。山东省生物诊断分析产业创新创业共同体于2020年1月正式获批,3月注册成立山东省高精生物诊断分析产业技术研究院有限公司作为运营主体。共同体目前已开展技术攻关项目22项;引进培养高层次人才9位;已建成生物传感技术协同创新中心、肿瘤新型生物标志物研发与转化协同创新中心、山东产研院博科生物联合创新中心、化学成像功能探针协同创新中心等7个公共创新平台和山东省药物研究院—山东中安检测联合实验室、博科集团—山东省工业技术研究院2个科技服务平台;已开展2020年山东省生物诊断分析产业创新创业论坛、呼吸病防控技术专题讲座暨成果推介会、山东省分析测试中心科技成果推介会等多场成果推介会;博科集团积极牵头投资打造产业化平台和创新创业孵化基地,为共同体成员单位创新创业企业多地域发展提供便利资源,共同体目前新增孵化30家在孵企业,培育高新技术企业6家,对接帮扶高企32家,达成合作8家,科技部备案科技型中小企业31家,带动就业6100人。

【创新型企业培育】 2020年,济南高新区在全省率先建成高新技术企业培育库网络平台,首批入库培育企业达430家,高新技术企业总数达到1214家,占全市比重超过40%;继续完善科技型中小企业创新服务链条,积极调动社会各方面力量,全面打造双创孵化载体,加快打造"双创"孵化载体,中关村领创·济南、智汇蓝海互联网品牌众创空间、山东英才学院"创客+"众创空间获批国家级众创空间,目前拥有国家级孵化器、众创空间达到25家,全区在孵企业近2000家;全力扶持科技型企业发展,推进科创优惠政策落实,近年来,仅研发财政补助单项资金平均年拨付额就达到2亿元,惠及1000余家企业,享受政策的企业数量平均年增长率超过120%。

【重大项目进展选介】
中科院苏州生物医学工程技术研究所山东医疗器械创新研究院 (简称山东创新院)成立于2018年5月,现有研发人员56人,泉城特聘专家3人,泉城学者1人,累计承担国家、省、市级项目16项,其中,国家重点研发计划项目1项,山东省重大创新工程项目2项,其他省级项目6项,科研合同额2800余万元。申报专利36件,已授权专利4件,发表SCI期刊论文18篇。两年来,创新院重点突破了包括:医疗装备领域激光整形、高速信号采集、百万量级的数据压缩和处理、荧光延时整合、恒定正压鞘液驱动、多通道荧光探测技术、微弱荧光信号探测技术等多项"卡脖子"技术;开发了14通道40MSPS高速数据采集卡、自动上样系统、高速振镜扫描系统等核心部件;自主研发的三激光流式细胞仪、激光共聚焦显微镜、胚胎时差监测培养系统各项指标均达到国际先进水平,开展了高端电子扫描显微镜的研发。自主研发的国内第一台胚胎时差监测培养系统实现成果转化1000万元;自主研发的高端流式细胞仪已进入山东省二类医疗器械优先审批;激光共聚焦显微镜已开展对外服务,带动经济效益1亿元;累计对外服务超5000余次,服务企业200余家,极大提高了大平台的运转效率和服务质量。

山东中科院产业技术协同创新中心 成立于2019年4月,通过"基业、基地、基金"+"创新体系、培训体系"聚合发展模式,初步打造区域性、开放型的技术创新和科技产业育成公共平台。①"基业+基金+基地"联动发展。签约先进技术成果转移转化项目50余个,落地企业的光敏抗菌系列产品、低空卫星物联网、光电编码器、3D结构光相机、医用高功率激光器、乳腺癌检测设备等科技成果产品顺利投放市场。入驻企业2020年产值预计超2亿元。按照2020年山东省财政厅"拨改投"的发展理念,利用科技合作引导资金作为基石投资,参与设立科技部科技成果转化基金;联合省内国企、民企以及社会资本联合发起科创投资基金及项目基金;两支基金已落实出资总规模超7亿元;拟募资20亿元,参股中科院联动创新母基金。协助入驻企业中科爱锐、确信信息、中科金勃信等公司融资过亿元。依托未来创业广场4号楼,建设国科控股济南科创中心，挂牌"国科中心"。发挥国科控股在成果转化和科技服务金融方面的优势，全面服务中科院济南科创城建设。②构建优质高效的科技创新体系。设立济南中科院新动能创新研究院，建设科技创新体系。已引进国科系创新创业团队10余个，建成光敏抗菌材料、高功率激光器、第三代半导体、新一代人工智能、航空新材料5大创新平台，柔性引进院士、杰青以及行业领军人才50余人，聚集各类专业技术人才100余人。引进医学影像、编码器、智能控制等专用芯片，以及工业视觉技术等多项"卡脖子"技术，累计专利技术200余项，推进其产业化。③搭建全方位、有特色、重实效的培训体系。依托中国科学院联想学院，向各级政府科技金融主管、科技型企业高管以及投资机构，开展科技成果转化、股权融资和企业上市培育等系列培训活动，已累计1000余人次参加培训，在全省产生显著影响。

山东中科先进技术研究院 成立于2019年6月，该院启动"E-T-S"战略，建设工程中心、技术中心、前瞻中心等10个研究中心，累计申请各类科研项目20余项，已经承担国家、省、市各类纵向科研项目7项，获得支持资金近500万元。申请专利69件，其中，发明专利30件，外观专利2件，实用新型专利35件，PCT国际专利2件。授权专利10件，其中，实用新型8件，外观2件。被SCI/EI收录论文4篇；实施"人才森林"计划，组建以高端人才为核心的人才梯次团队共120余人，其中，院士2人、国家级人才计划专家5人、泰山产业领军人才3人。与山东大学、济南大学、山东科技大学、齐鲁工业大学、山东交通学院等省内驻济高校达成双导师联合培养研究生意向。加快"产业造血"步伐，精准聚焦优势产业，洽谈了40余个项目，孵化注册了山东中科卫泰智能科技有限公司、山东中科创智能源科技有限公司、中科伞亮（济南）智能科技有限公司、山东中科派蒙智能科技有限公司、中科宝特（山东）智能机器人有限公司、山东睿弗激光科技有限公司、中科中控智能科技（山东）有限公司7家高科技公司，其中，2个引进项目荣获第三届济南市新动能创新创业大赛三等奖。对接山钢、浪潮、神思、重汽、齐鲁制药等60余家省市内大型骨干企业技术需求，与中建八局等成立联合（工程）实验室。先后中标中联重科、吉利控股、北方重汽、常德中车等重点技术项目，实现技术服务或技术委托合同额5000万元。另外，该院还通过了ISO9001、ISO14001、OHSAS18001国际三位一体体系认证和AAA级企业信用等级认证。

【**科技人才服务**】 推出综窗受理、不见面审批等一批政务服务新举措，率先推出夜间延时服务和周末预约服务。在全国率先实施档案管理、职称评审数字化建设。印发《人才支持政策指引》《人才服务热点100问》，充分释放政策红利。建成全市首个拎包入住的人才公寓，全市首个国际学校托马斯实验学校正式启用，国际医院加快建设。为高层次人才发放省"惠才卡""泉城人才服务金卡"，办理安家落户、子女入学等服务事项。落实党委联系专家制度，切实做好日常服务工作。疫情期间落地全省首个"人才贷"服务窗口，"人才贷"及人才企业延伸贷批复总额度超过2亿元，有力"贷"动企业创新创业。截至"十三五"末，高新区拥有各类人才21.9万余人，集聚院士等国家级人才185人，泰山产业领军人才等省部级人才274人。其中，省部级人才工程较"十二五"末增长297%，高层次人才队伍实现翻倍式增长，人才数量和质量位列山东省前列。

（济南高新技术产业开发区 刘瑞彬）

青岛高新技术产业开发区

【**概述**】 青岛高新技术产业开发区（以下简称青岛高新区）始建于1992年11月，是国务院首批成立的国家级高新技术产业开发区。2020年12月，青岛市科创委下发《关于调整青岛高新区范围的通知》（青科创委字〔2020〕2号），优化调整青岛高新区范围，形成"一区多园"发展格局，包括北部主园区、青岛高科技工业园（扩展至中韩街道、金家岭街道）、青岛新技术产业开发试验区、青岛科技街、市南软件园、蓝色硅谷核心区、青岛（胶南）新技术产业开发试验区、海洋科技创新及成果孵化带、青岛轨道交通示范区、青岛未来科技产业园，总面积467平方公里。青岛高新区认真贯彻落实党的十九大和十九届二中、三中、四中、五中全会精神和《国务院关于促进国家高新技术产业开发区高质量发展的若干意见》，坚持"发展高科技、实现产业化"方向，加快实施创新驱动发展战略，克服疫情冲击和经济下行的双重压力，高质量发展能力持续增强。2020年，青岛高新区"一区多园"生产总值达到1021.18亿元，同比增长12.1%；营业收入

4253.67亿元,同比增长18.2%;工业总产值2980.27亿元,增长10.43%;拥有有效专利40926件,同比增长39.7%;拥有高新技术企业949家、科技型中小企业917家。青岛高新区北部主园区,2020年全区国内生产总值增长7.1%,增速青岛市第一;规上工业增加值增长13.5%,增速青岛市第二;固定资产投资增长17.8%,增速青岛市第四,其中,工业投资22亿元,增长9.9%,增速全市第三。入库国家科技型中小企业451家,增长86%;高企总数达到326家,增长17%,高企数占比全市第一;全区研发投入增长63.2%。青岛高新区入选全国首批、全省唯一企业创新积分制试点园区,作为全省唯一开发区获国务院"真抓实干、成效明显的双创示范基地"督查激励。科技创新工作获学习强国、国家发改委官方公众号等重点推介,山东省科学技术厅全省高新区工作简报首期专刊发布青岛高新区工作经验并在全省推广。

【科技计划项目与经费】 2020年,青岛高新区胶州湾北部主园区深化科技"放管服"改革,推进科技项目管理科学化、公开化和透明化,涉及科技项目450余个。聚焦高新技术企业培育及科技型企业创新发展,全年累计拨付区级高企奖励、专利资助等超1亿元,为悟牛智能等10家科技型企业颁发"防疫抗疫突出科技贡献奖",合计582万元。争取中央引导地方资金、高企研发补贴等上级资金1.26亿元,支持青岛海特生物医疗有限公司—医用生物物质高速离心分离设备关键技术开发与产业化、青岛汉唐生物科技有限公司—化学发光免疫分析仪及配套试剂的研发及产业化、软控股份有限公司—混合制造模式下产线的智能管控系统研究及应用示范、青岛海大生物集团有限公司—绿藻低聚糖生物杀菌剂的创制及产业化等多个项目。

【科技成果与奖励】 2020年,青岛高新区北部主园区获市级以上科学技术奖14项,其中,一等奖4项。光电院太阳帆板监视器等10余套自主研发组件为北斗三号系统组网提供支持。智腾微电子传感技术用于长征系列运载火箭配套动力系统及遥测系统。智能院平行应急管理系统应用于大亚湾核电站、矿用卡车无人驾驶技术在神华准能集团多个煤矿实施应用,累计创造产值6亿元。长光禹辰填补国内行业级多光谱相机产品空白,实现与国外主流产品技术"并跑"。疫情期间,企业完成防疫抗疫新产品、新技术开发20余项,顺利获批科技部科技抗疫"百园"建设。悟牛智能研发30台无人驾驶机器,投入医院开展防疫消杀工作,获国家工信部"科技支撑抗击新冠肺炎疫情中表现突出的人工智能企业"表扬。简码基因是国内第一批研发完成核酸快检试剂盒的企业,也是国内第一批获得CE认证的同类企业。汉唐生物新型冠状病毒快速检测试剂出口全球46个国家和地区。瑞思德承接青岛市大部分区市核酸采样样本检测工作,同时在机场和火车站设立采样点守护青岛市"南北大门"。

【知识产权管理】 青岛高新区以打造知识产权服务新高地为目标,优化知识产权环境,依托区域内人才、资源和区位优势,大力引进知识产权服务机构,联合青岛市中级人民法院、青岛仲裁委员会、省律协、市律协、山东清泰律师事务所等单位,共同搭建青岛高新区知识产权综合服务平台,为企业提供全方位知识产权服务支撑。研究探索知识产权证券化。为促进先进技术在高新区产业化、提高市场主体活力,吸引更多科技企业在高新区投资,探索采用专利使用权作为股东出资方式进行市场主体注册。2020年,新增专利申请19053件,增长32.58%,其中,发明专利11397件,增长29.49%;新增专利授权9071件,增长50.83%,其中,发明专利2480件,增长17.20%;科技活动经费总支出1904753.9万元,其中,R&D经费支出693651.3万元,增长38.15%。

【科技合作与交流】 青岛高新区以建设"世界一流高科技园区"为目标,融入"国内国际双循环格局"战略目标,新获批中国—上海合作组织技术转移中心,打造国内首个市场化运营国家级多边国际技术转移平台。青岛以色列"国际客厅"正式开厅,着力打造集展示、推介、路演、接洽、交易于一体的"超级市场",接待访客1.6万人次,引进优质项目24个,储备项目30余个,获批"2020青岛市海外人才离岸创新创业工作站"。欧盟项目创新中心与法国索菲亚科技园签订备忘录,举办2020年欧洲一流科技园区峰会暨项目路演大会,欧洲一流科技园区(青岛中心)正式揭牌。中车四方获批科技部中泰轨道交通"一带一路"联合实验室,中国高铁技术和标准"走出去"加速推进。蔚蓝生物集团"生物催化技术国际联合研究中心"与美国、法国、德国、西班牙、印尼等6个国家签署10项国际科技合作协议,与美国ADM(阿彻丹尼尔斯米德兰公司)牵头成立酶制剂联合研究中心,在生物工程领域攻破工业生物酶核心技术,已在上交所主板成功上市。海尔集团技术研发中心在全球布局"10+N"研发体系,其中,位于日本的海尔亚洲研究中心建有全球最先进的保鲜、制冷实验室等,入选首批省离岸创新创业基地;旗下海创汇是唯一一个经以色列认证的海外孵化器,是全球首个也是唯一一个登上Brand Z发布的"全球最具价值品牌物种"榜单的物联网生态品牌。青岛高新区北部主园区强化与市技术市场服务中心工作对接并签订战略合作协议。联合36氪开展高新区新技术、新产品宣传推介,累计推送量超过200万次,实现企业和投资机构对接率近40%。完成科技服务信息化平台建设,充分运用信息技术与大数据手段,搭建集企业成长、监测、分析、服务等功能于一体的信息化服务平台。

【**科技改革与管理**】 青岛高新区范围调整为北部主园区、青岛高科技工业园、青岛新技术产业开发试验区、青岛科技街、市南软件园、蓝色硅谷核心区、青岛（胶南）新技术产业开发试验区、海洋科技创新及成果孵化带、青岛轨道交通示范区、青岛未来科技产业园10个片区，总开发面积467平方公里。理顺"一区多园"管理体制，建立高新区火炬统计工作制度，组建高新技术产业发展运行监测及评估中心，健全"一区多园"联动协调和考核机制。围绕"放管服"改革及全面流程再造，出台《青岛高新区占地类产业项目服务流程再造暂行办法》，对原有流程裁弯取直，建立从项目落地、建设竣工到培育壮大全生命周期"服务闭环"，推动园区新开工项目增长218%，新竣工项目增长61%。推行容缺预审、并联审批，设立"重点项目绿色通道"，通过"一口受理"、免费快递、帮办代办等方式，平均审批时间减少30个工作日以上，截至2020年底，有17个项目申请"拿地即开工"审批服务模式，其中，已开工项目7个，相关经验做法获《人民日报》点赞。建立企业网格化服务体系，将园区重点企业和载体全部纳入网格，选派专职网格员开展专业服务，建立"1510"问题解决机制（对企业反映的问题1个工作日回应、一般问题5个工作日办结、特殊问题10个工作日完成），打通服务企业"最后一厘米"。坚持"瘦身、强体、放权、搞活"，推进社会事务管理职能和开发运营职能"两剥离"，社会事务管理职能交由所属行政区，新组建青岛高新招商集团有限公司、中以（青岛）国际客厅发展有限公司2个专业公司，与原区属国有直属企业共同承担园区开发建设、投资发展、资本运营、招商引资等职能；管委机构由22个精简为8个，人员由341人精简为156人，平均年龄由41.7岁下降为35岁，硕士以上学历由37%提高到52%；创造性建立点数、系数、加权数、指标数"四个维度"考核办法，将考核结果与个人薪酬收入、评优评先等挂钩。

【**战略性高新技术产业发展**】 青岛高新区北部主园区聚力发展新一代信息技术、医药及医疗器械制造、高端装备制造等主导产业集群，构建产业链、资金链、技术链、人才链"四链合一"生态，落实市政府有关工作部署，重点依托中科院所、康复大学等科教载体，着力打造新一代信息技术、康养医疗产业集群。2020年，新引进了中关村信息谷、火石创造等专业招商公司，举办上海招商推介、深圳招商推介、中国机器人产业发展大会等活动10余场次，全年新引进优质产业项目257个，总投资491亿元，高端创新项目加速流入态势明显，产业集聚基础持续夯实。

新一代信息技术产业 青岛高新区作为青岛市软件信息产业发展核心区，目前，已经获批国家软件和信息服务业示范基地，连续两年荣膺"中国最具活力软件园"及山东省省级软件产业专业园区等荣誉称号。结合国内一线城市产业政策及高新区自身产业整体布局，将新一代信息技术产业细分领域细分为信息安全、半导体、大数据、5G四个发展领域。引进建设MAX产业园、计世高科园、科创慧谷、招商局青岛网谷、蓝湾智谷、保密产业园等35个专业园区，集聚相关企业1100余家，既吸引了腾讯、华为、百度、中关村信息谷、人民视频、每日一淘等行业龙头项目，又引进培育了软控总部、中译语通、青软实训、嘉星晶电、中科英泰等一批行业领军企业，产业集群效应初步显现。2020年，企业实现营业收入34.6亿元。

医疗医药产业 青岛高新区获批国家火炬青岛海洋生物医药特色产业基地，位列"中国生物医药产业园区环境竞争力排行榜"前十。医疗医药产业目前聚焦创新药物、高端医疗器械和康复医疗领域。累计引进中国首家康复大学、山东中医药大学青岛科学院、山东大学国际产业园、海尔生物医疗，以及世界500强企业利洁时、国药集团等项目150余个。由有关国家级人才赵毅博士创立的康立泰药业有限公司，自主研发的国家一类抗癌新药荣获"创客中国"创新创业大赛全国总决赛一等奖，并获批进入临床研究；奥克生物干细胞新药"人脐带间充质干细胞注射液"通过国家食品药品监督管理总局评审，填补了山东省行业空白。

人工智能+高端装备制造产业 青岛高新区围绕推动新一代人工智能技术与制造技术深度融合，实现人工智能赋能高端装备制造的目标，青岛高新区重点发展智能制造装备、轨道交通装备2个细分领域，卫星应用领域作为未来产业探索发展。形成从核心零部件制造、本体制造、系统集成到配套服务的机器人全产业链条，涵盖工业机器人、服务机器人、特种机器人等多个应用领域。国际排名前十的机器人厂商已落户6家，拥有ABB、KUKA、安川、发那科四大家族，以及软控、科捷机器人、宝佳自动化、科捷智能、海德马克等一批本土企业茁壮成长。青岛高新区是中车四方股份、中车四方有限、四方庞巴迪等整车制造业务的重要配套服务供应地。拥有思锐科技、鸿普电气、亚通达、博锐智远、中车电气、宏达赛耐尔、青岛阿尔斯通、博宁福田、新诚志卓、今创交通、铁辉工贸、四机设备、富川机械、卡玛克斯、四方法维莱15家规上企业。

现代服务业 培育发展了以斯坦德、科创质量为代表的一批本土优质企业，引进了华测检测、谱尼测试、欧陆检测、广电计量等多家国内外知名检验检测机构，打造了山东出入境检验检疫技术中心高科技综合检测服务基地暨青岛市公共检测平台等检测实验基地。在全国普遍以小规模检验检测机构为主的背景下，集聚的大中型企业组合形成了大规模检验检测能力，且具有较高的品牌知名度和社会公信力，有能力承接大批量、跨地域的检验检测任务，企业规模发展优势明显。

【创新型科技园区建设】 青岛高新区围绕主导产业布局及高新技术产业培育，在集聚青岛市80%以上机器人企业，加快建设机器人等创新型产业集群的基础上，加快创新链与产业链深度融合，促进创新型产业集群高质量发展。制定出台《科教产融合园区建设方案（2021—2023）》，依托高新区主园区、蓝色硅谷、崂山国际创新园等片区创新资源集聚地优势，加快打造一流科教产融合园区，其中，主园区依托康复大学，规划建设占地2000亩的康复产业园，打造中国康复"教、研、医、产、城"集聚融合高地。青岛高新区胶州湾北部主园区共有覆盖三个主导产业方向的33个产业园。在新一代信息技术产业领域，建有MAX产业园、计世高科园、科创慧谷、招商局青岛网谷、蓝湾智谷等专业园区，与中国保密协会合作，依托远创国际蓝湾创意园，共建全国首个以保密信息技术为主的保密技术产业园。在医疗医药产业领域，规划有总面积3700亩的生物医药专业园区，建成青岛蓝色生物医药产业园、山东大学国际产业园、立菲医疗器械创新园、蓝贝创新创业园等专业载体，形成了完善的医疗医药产业集群。在AI+高端装备制造产业领域，拥有联东U谷青岛国际企业港、中欧科创园、蓝湾创业园、青岛国际机器人中心等专业的园区，集聚了青岛市以机器人为代表的高端装备制造产业发展。

【产业技术创新战略联盟构建】 青岛高新区获批国家火炬青岛海洋生物医药特色产业基地、国家机器人高新技术产业化基地、国家海洋装备高新技术产业化基地、国家动漫创意产业基地、国家海洋新材料高新技术产业化基地、科技兴海产业示范基地、国家火炬黄岛船舶与海工装备特色产业基地等12个国家火炬特色产业基地，国家高速列车产业技术创新战略联盟、智能数字家电产业技术创新战略联盟、国家新媒体产业技术创新战略联盟、国家军民融合产业技术创新战略联盟、国家海洋监测设备产业技术创新战略联盟5家国家产业技术创新战略联盟，在青岛高新区胶州湾北部主园区的中、西片区规划建设科教产融合园区，重点依托中科系院所、康复大学等科教载体，着力打造新一代信息技术、康养医疗产业集群。探索成立蓝贝·科技创新服务联盟，完成《青岛高新区科技服务体系建设规划（2020—2022年）》编制，推动科技服务全要素资源在高新区集成。推进孵化企业资源、平台共享，提升企业协同创新能力。

【创新型企业培育】 青岛高新区胶州湾北部主园区制定高企培育推进工作月台账，完成2630家企业筛查，筛选高企储备种子企业458家，重点实地进行了走访调研，组织开展区里高企资格预审，推荐140家企业申报2020年高企，105家通过高企认定，高企总量达到326家，增长15%。新入库国家科技型中小企业451家，同比增长86%。8家企业入选青岛市"双高"（高科技高成长企业）50强，12家企业入选市高企上市培育库，占全市1/5。2家企业入选全省首批50家科创板上市培育库，高测股份顺利在科创板上市，中科英泰科创板上市申请获受理，瑞思德生物启动上市辅导，预计2021年实现上市。市创新节期间，3家企业入选2020青岛高企上市潜力10强榜单、3人获评2020青岛十佳科技创业新锐人物。2家企业获中国技术创业协会"科技创新贡献奖"，占青岛市1/4。

【技术创新服务平台建设】 青岛高新区国家双创示范基地建设获国务院督查激励，是全省唯一获评开发区，也是青岛市唯一获评单位。新获国家"双创"支撑平台建设项目支持并获2500万元专项资金支持。获批工信部"大中小融通型"中小企业创新创业升级特色载体，获国家财政奖补5000万元。在中、西片区规划建设科教产融合园区，重点依托中科系院所、康复大学等科教载体，着力打造新一代信息技术、康养医疗产业集群。7家单位入选2020省级新型研发机构备案名单，新认定新建类市级技术创新中心29家，占全青岛市超1/5，总数达到41家。工研院等3家载体获评全国产业园区"金梧桐"奖、占青岛市3/4。

【重大项目进展选介】

康复大学 位于青岛高新区经二路以北、安和路以西，项目用地面积90.56公顷，总建筑面积534510平方米。作为我国乃至世界第一所以"康复"命名的大学，园区建设将重点布局教育教学、科研创新、技术培训、产业孵化等功能，设置基础医学、临床医学、运动康复、听力与言语康复、康复治疗、护理、心理等多个康复类专业。新校区容纳在校生总体规模1万人，其中，本科生5000人（含留学生1100人），研究生5000人，其中，硕士研究生2500人（含留学生180人）、博士研究生2500人（含留学生180人）。自开工以来，康复大学就以冲刺"鲁班奖"的高标准建设施工。校园主要由创新核、学部组团、行政组团、后勤保障组团、体育馆等部分组成。其中，地标性建筑创新核部分由三栋主体建筑和两条"飘带"状廊架桥组成，总建筑面积为18.78万平方米。2021年底所有校园建筑将全面竣工并交付使用。

青岛市民健康中心 坐落于青岛高新区双高路以南、经二路以北、青威延长线以西，项目规划面积约600亩，整合了多个医疗机构，以综合医院为中心，兼顾发展多个专科医院。包括一家三级甲等综合性医院、眼科医院、胸科医院等专科医院，设置床位2000张，是集"医、教、研、产"为一体的医疗中心和医疗产业园。截至2020年底，市民健康中心建设工程一期也完成招标工作及桩基础施工许可，市民健康中心项目二期公共卫生临床中心进入桩基及基坑边坡施工阶段。

【科技人才管理】 青岛高新区胶州湾北部主园区坚持人才优先发展战略，加快锻造人才"引聚用留"黄金链条，深化"人才特区"建设，在高层次人才服务窗口设立海外人才服务专窗，为海外来华人才提供优质便捷服务，推动全市第9次入选"外籍人才眼中最具吸引力的中国城市"。各主要媒体纷纷报道高新区人才工作经验做法，10月14日，《大众日报》专题刊发"青岛高新区建立'无事不扰、有事立办'人才服务新模式"，点赞高新区人才发展环境。发布《青岛高新区人才发展白皮书》，创新性打造青岛高新区"青有独钟·赢在高新"人才招聘品牌，筹建青岛市机器人产业人才联盟，加快创新型人才引进培育。坚持"线上＋线下"两种渠道，聚焦高层次人才与专业型人才两类资源，多向发力。在抗击疫情背景下，通过举办"高校联盟""空中招聘""高校招聘专场"等大型招聘活动，为350余家企事业单位新引进本科以上及技能人才6900人，其中，硕博1200人。累计引进院士达33名、海内外高层次专家达150余名，专家引进数居青岛市前列，高层次人才总量近5000人。"一站式"服务向线上服务不断升级。升级人才综合服务大厅功能，建立人才综合服务、人才住房、毕业生补贴、企业创业补贴、社保、职称、档案、党团服务、海外人才服务等于一体的综合式平台，相关业务可在大厅"一站式"办理，95%以上的业务同时开通了线上服务功能。2020年，累计完成各类人才服务事项3000余项，均实现了线上"零跑腿"服务或线下"一次办好"。结合企业需求，制作10个大项、20余小项组成的企业人才服务培训清单，并在工业院、科创慧谷、蓝色生物医药产业园、招商网谷举办10余场专项培训，吸引1000余人参加。开通人才服务"绿色通道"，解决高层次人才后顾之忧。

（青岛高新技术产业开发区 孙冠妮 张 静 黄 瑜）

淄博高新技术产业开发区

【概述】 淄博高新技术产业开发区（以下简称淄博高新区），2020年，以"发展高科技、培育新产业"为方向，打造淄博市"三区一窗口"的使命担当，全年实现工业总产值2270.9亿元，研发经费占GDP比重超过9%，财政科技支出占比达到11%，科技创新能力不断增强。

【科技计划项目与经费】 2020年，获批各级科技计划项目立项24项，共获得支持资金1300.5万元。其中，国家级1项，共获得140.5万元无偿补助；省级14项，共获得820万元无偿补助；市级9项，共获得340万元。

【科技成果与奖励】 2020年，山东能特异能源科技有限公司的低钾型3A沸石分子筛及其制备方法、山东新华安得医疗用品有限公司的肿瘤治疗安全输液系统关键技术开发及应用、山东新华制药股份有限公司的阿司匹林原料药工艺改进及产业化应用、智洋创新科技股份有限公司的基于人工智能的直流电源监控管理系统产业化应用，获得山东省科学技术进步奖三等奖。2020年，淄博高新区共登记科技成果41项，位居淄博市各区县之首。

【知识产权管理】 推进知识产权战略实施，全力推进国家知识产权示范园区建设，2020年，专利申请共计4336件，同比增长25.60%，其中，发明专利申请1407件，同比增长16.95%，发明专利授权388件，同比增长7.08%，着力开展贯彻知识产权管理规范标准的推广，贯标企业达到28家，其中，国家知识产权示范企业3家，国家知识产权优势企业6家。荣昌制药（淄博）有限公司等单位的8个专利项目，确定为2020年度淄博市高价值专利项目。通过知识产权质押融资缓解企业融资难题，全年共计有28家企业办理了专利质押贷款2.13亿元，比2019年增长46%，占淄博市贷款额的19%。利用专利信息提升自主创新能力，山东新华安得医疗用品有限公司被确定为省级专利导航项目，淄博鑫旭电源科技有限公司等4家企业被确定为市级专利布局类导航项目，为企业的创新发展提供了引导。构建知识产权保护体系，强化行业自律、信息沟通机制建立，形成知识产权保护工作网，2020年8月，挂牌成立淄博高新区重点产业知识产权保护工作站、淄博高新区知识产权纠纷人民调解委员会。

【科技合作与交流】 2020年，淄博高新区创新对接方式，与武汉理工大学、华中科技大学等高校通过视频对接活动5次，接待中科院计算所、中科院半导体所等专家30余人次。洽谈合作项目20余项，达成合作协议、意向项目11项。受理20个企业的30个产学研合作项目，对10个工程转化项目给予扶持。推动中科院兰州化学物理研究所淄博高端合成润滑材料创新中心、山东大学淄博先进制造与人工智能研究院等产学研合作平台建设。做好市外校城融合项目的申报，淄博高新区21个项目入选，获得支持资金1210万元，入选项目数和获支持资金数分别占淄博市总数的28.8%、40.3%。

【科技改革与管理】 2020年，出台《关于进一步加快山东半岛国家自主创新示范区（淄博）建设发展的若干政策》和《淄博高新区加快高新技术企业培育工作实施方案（2020—2022）》。2020年9月20日，召开体制机制改革动员大会，启动改革工作，要求聚焦主责主业，构建科学管理运行机制。改革后建立了科技工业和信息化局、创新创业服务中心、科技服务公司"三位一体"的科技创新管理体制，形成了集中管理、运转灵活、服务高效的新型科技创新管理模式。

【高新技术及其产业】 按照"紧盯前沿、打造生态、沿链聚合、集群发展"的产业组织理念，全力推动新材料、生物医药、人工智能以及金融科技、高端物流"3+2"主导产业集群发展。围绕主导产业，从创新链和产业链出发，谋划建设了生物医药、先进陶瓷、功能玻璃和聚氨酯四个国家火炬特色产业基地。截至2020年底，四个基地聚集企业260家，其中，高新技术企业90家、上市挂牌企业16家、收入超10亿元企业19家，基地从业人员7.9万人，实现工业总产值673亿元，净利润49.6亿元，上缴税费38.6亿元，基地企业研发投入24亿元，授权专利913件，其中，发明专利142件，拥有省级以上研发平台62家。2020年，淄博高新区高新技术企业总数达249家，较2019年增幅35.3%；高新技术产业产值占规模以上工业总产值比重为达68.4%，比2019年提高7.4个百分点。高新技术产业蓬勃发展，山东工业陶瓷研究设计院有限公司研制的氮化硼纤维性能达到国际同等水平，能够解决新一代高超声速导弹用耐超高温透波增强材料的"卡脖子"难题；山东新华医疗器械股份有限公司研制的大孔径螺旋CT填补国内尚无放疗专用大孔径CT的空白，打破大孔径螺旋CT产品被国外GPS三家公司垄断的长期局面；山东鹏程陶瓷新材料科技有限公司研制的新一代氮化硼导电陶瓷蒸发舟，现已占领国内市场70%的份额，同时还出口日本、韩国、东南亚等国家，国内多家企业已使用该公司生产的新一代薄带连铸侧封板替代进口产品。

【创新型科技园区建设】 2020年，北航天汇、航远医疗两家社会力量兴办的孵化载体步入运营阶段。政府兴办的5家国家科技企业孵化器在火炬中心组织的年度考核评价中获得优异成绩，创业中心荣膺2020年度中国技术创业协会科技孵化贡献奖。创业中心孵化毕业企业智洋创新科技股份有限公司通过科创板上市过会，孵化企业山东莱茵科斯特智能科技有限公司被认定为省级瞪羚企业和国家级机械工业中小企业公共服务示范平台，山东卫康医学检验有限公司等5家孵化企业被认定为省级专精特新企业，山东天利和软件股份有限公司等3家孵化企业荣膺2020年度中国技术创业协会科技创新贡献奖。医药创新园二期用于研发孵化的31700平方米场地投入使用。3个国家级、5个省级共18家众创空间的"众创空间集群"整体质量不断提升。生物医药、先进陶瓷、精细化工和高分子材料、MEMS研究院获批省首批新型研发机构，研究院转化项目13项。生物医药、无机非金属、高分子与精细化工三大公共技术服务平台累积为1343家企业提供11740次检测服务。

【产业技术创新战略联盟构建（创新创业共同体）】 2020年，牵头申报的山东省先进陶瓷创新创业共同体获省政府批准，成为淄博市第1家省级创新创业共同体。省级共同体批复后，制定了《山东省先进陶瓷产业创新发展的战略发展规划（3～5年）》，为共同体的发展指明方向。制定了《山东省先进陶瓷创新创业共同体章程》《会费标准及管理办法》和《选举办法》等制度，5月召开了共同体理事会成立大会，签订了《山东省先进陶瓷创新创业共同体合作协议》。9月完成省科技厅现场考核。共同体成立以来规划了"三平台一中心"的组织架构，成立技术专班，吸引高端、优质创新要素汇入，确定了合作意向，建立中试线，取得了较为显著的成效。

【创新型企业培育】 构建科技型企业梯度培育体系，制定了《淄博高新区高新技术企业培育工作方案》，2020年，淄博高新区认定科技型中小企业359家，推荐申报高新技术企业125家，112家申报高新技术企业的单位列入公示名单，通过率达90%，年度新增高新技术企业数量59家，创历年新高。截至2020年底，淄博高新区高新技术企业总数达249家，较2019年增幅32.1%。

【技术创新服务平台建设】 根据《山东省技术创新中心管理办法》和《山东省技术创新中心建设方案》等规定，省科技厅组织专家对山东大学"辅助生殖与优生"等8个国家工程技术研究中心进行了现场考察论证。根据专家论证意见和相关规定，批准淄博高新区山东工业陶瓷研究设计院有限公司的"山东省先进陶瓷技术创新中心"国家工程技术研究中心转建省技术创新中心。2020年，引导企业与高层次人才团队开展柔性合作，做好人才平台载体的建设工作，备案省级院士工作站2家，与国内外高校院所共建研究院6家、技术转移中心5家。

【重大项目进展选介】 山东大学淄博生物医药研究院（以下简称研究院）由淄博高新区管委会联合山东大学、制药企业共同建设的政产学研用一体化的药物与健康产品研发和技术服务机构。2020年，研究院推动转化和产学研合作项目1项，合作开发新产品3项，举办大国医道中医药发展战略（山东淄博）研讨会，来自国家省市医药协会等近200人就传统中医药在新冠肺炎防治中的独特优势，达成各类合作协议10项，推动中医药在"健康中国"发展战略中的有效实施。2020年，研究院六大技术服务板块对外技术服务客户200余家，实现自2017年以来年度增长率连续四年超过100%，其"中药质量标准研究中心"启动运行并先后为青岛市药品监督管理局、宏济堂药业等提供技术服务。研究院以"技术服务、团队培育、企业孵化"三线并进、协同发展的模式建立管理运营体系，通过几年的服务和培育，孵化出10余家以山东则正医药技术有限公司为代表的医药CRO企业，实现了该地区CRO服务"0"的突破，成为淄博医药创新研发人才汇聚和医药科技服务首选地。

【科技人才管理】 2020年，淄博高新区新引进闽江学者一人，泰山系列人才三人，12人入选"淄博英才"计划，截至2020年底，累计拥有海内外院士32人、"国家重点人才工程计划""泰山系列人才"53人，自创区"蓝色汇智双百人才"18人。

（淄博高新技术产业开发区　任晶晶）

枣庄高新技术产业开发区

【概述】 枣庄高新技术产业开发区（以下简称枣庄高新区）实施创新驱动发展战略，积极深化科技体制改革，大力培育科技创新主体，不断加强科技创新平台建设，着力强化科技人才培养，加大重大科技项目攻关，加快科技成果转化运用，推动创新链、人才链、产业链、价值链融合发展，走出了一条以科技创新引领全面创新的高质量发展之路，初步形成了"以锂电为龙头，光电、医药健康、智能制造、大数据为重点"的"锂光医智大"优势产业集群，已成为鲁南高新技术产业发展的聚集地、山东省新旧动能转换综合试验区，相继被评为国家新型工业化产业示范基地、国家高新技术产业标准化示范区、国家知识产权试点园区、中国产学研合作示范基地、山东省大数据产业集聚区，2020年，山东省160家开发区中综合发展水平评价位列第14位，高新技术产业产值占规模以上工业总产值比重达60.27%，高于枣庄市21.13个百分点。

【科技计划项目与经费】

科技计划立项　2020年，组织申报各级科技计划、创新平台193项。其中，组织申报高新技术企业、省重大创新工程、省中央引导地方发展资金项目、省科技股权投资项目、省企业研究开发财政补助、省新型研发机构、省高新技术企业培育入库、国家科技型中小企业入库等143项，市级新型研发机构、市创新创业共同体、市级技术创新中心、市级协同创新中心、市级重点实验室等创新平台30项，申报市级科技发展计划、自主创新及成果转化专项（重大科技创新工程）、市自主创新及成果转化项目10项，市级科技小巨人7家、市产学研联合基金3家等；入库山东省高新技术企业培育库2家，枣庄亿源电子科技有限公司、山东能源重装集团金源机械有限公司；获批省企业研究开发财政补助企业36家，获补助资金428.22万元；获批2020年度枣庄市自主创新及成果转化计划（重大科技创新工程项目）立项2项，枣庄市自主创新及成果转化项目3项，获市级资金补助企业5家，科技补助资金共计290万元，分别是交大智邦（枣庄）数字科技有限公司的"柔性制造装备与数字化工厂关键技术开发及应用示范"重大科技创新工程项目，获市级补助60万元、山东天瀚新能源科技有限公司的"高比能、高安全无钴锂电池成果转化项目"重大科技创新工程项目，获市级补助60万元、枣庄睿诺电子科技有限公司的"新型OLED高透高平导电基板"自主创新及成果转化项目，获市级补助70万元、山东金普分析仪器有限公司的"人体呼出气检测仪"自主创新及成果转化项目，获市级补助50万元、山东益源环保科技有限公司的"污泥深度处理技术及药剂的开发应用"自主创新及成果转化项目，获市级补助50万元；新通过认定国家级高新技术企业15家，重新认定1家，获批枣庄市产学研联合基金项目2项，新增4家枣庄市科技小巨人企业，2家小巨人培育企业。29家科技企业被认定为枣庄市科技型中小企业。入库国家级科技型中小企业63家企业，其中，新增30家。

创新平台建设 2020年，新增省级新型研发1家，市级科技创新平台26家：5家枣庄市技术创新中心、7家枣庄市协同创新中心、8家重点实验室、4家枣庄市新型研发机构、2家枣庄市创新创业共同体。

【科技成果与奖励】

科技创新奖励 2020年，获得省级补助资金1222.78万元，分别是山东智光通信科技有限公司承担的省厅市联合"年产2400万芯公里光纤拉丝"项目，获省级批次补助200万元；浙江大学山东工业技术研究院承担的省重点研发计划重大科技创新工程"慢病生化指标现场快速检测技术和设备研发"项目，获省级批次补助100万元；库仑核孔膜科技（枣庄）有限公司承担的省重点研发计划重大科技创新工程"重离子微孔膜精密过滤技术研究与产业化"项目，获省级批次补助348万元；山东威智百科药业有限公司等17家企业，获批山东省企业研究开发财政补助资金共计116.56万元；枣庄同惠信息技术有限公司等36家企业，获批山东省企业研究开发财政补助资金共计428.22万元；山东威智百科药业有限公司、枣庄凯尔实业有限公司、库仑核孔膜科技（枣庄）有限公司3家企业获省级小微企业升高企补助30万元；枣庄高新区对2020年度获批认定的16家国家级高新技术企业奖励累计376.845万元（其中，高企中介服务费76.85万元）；山东能源重装集团鲁南装备制造有限公司、山东天衢铝业有限公司、八亿橡胶有限责任公司、华润三九（枣庄）药业有限公司4家企业获批的"枣庄市科技小巨人"项目，给予一次性奖励共计20万元；获批枣庄市重点实验室的8家企业，补助资金80万元；获批枣庄市技术创新中心的5家企业，补助资金50万元；新获批市级新型研发机构的4家企业，补助资金40万元；新获批的7家枣庄市科技协同创新中心分别给予奖励，共计70万元；给予首次入库的30科技型中小企业进行奖励，共计60万元。

项目绩效评价 省重大专项项目，通过枣庄市科技局组织的专家组专家中期绩效评价山东智光通信科技有限公司承担的省厅市联合"年产2400万芯公里光纤拉丝"项目，获省级批次补助200万元；浙江大学山东工业技术研究院承担的省重点研发计划重大科技创新工程"慢病生化指标现场快速检测技术和设备研发"项目，获省级批次补助100万元；库仑核孔膜科技（枣庄）有限公司承担的省重点研发计划重大科技创新工程"重离子微孔膜精密过滤技术研究与产业化"项目，获省级批次补助348万元；市级科技计划项目，通过枣庄市科技局组织的专家组绩效评价：山东金普分析仪器有限公司承担的"移动式TVOC检测仪的研制"项目、山东益源环保科技有限公司承担的"高浓度有机磷废水处理技术转化"项目、枣庄惠风能源科技有限公司承担的"中空纤维超滤膜技术成果转化专项"项目、枣庄维信诺电子科技有限公司承担的"高迁移率铝掺杂氧化锌（AZO）导电基板的研发及产业化"项目、山东阳光博士太阳能工程有限公司承担的"太阳能新风供暖系统"项目、山东精工电子科技有限公司承担的"新一代高比能量圆柱形磷酸铁锂电池技术开发"项目、山东云尚信息科技有限公司承担的"基于云计算的大数据共享服务系统"项目、山东源丰印染机械有限公司承担的"新型高效节能节水型地毯水洗机"项目。枣庄高新区对符合有关政策条件、在规定时间内结题验收的各级科技计划项目，严格按政策兑现配套奖励资金，共计370万元。

【知识产权管理】 2020年，枣庄高新区全年专利申请总量658件，其中，发明专利申请228件，专利授权总量418件，其中发明专利授权35件。截至2020年底，全区有效发明专利343件，比2019年底增加141件，同比增长69.8%；每万人口发明专利拥有量达到41.4件，较2019年底提高17.5件。马德里商标申请3件，PCT申请7件；3家企业通过《企业知识产权管理工作规范》认证。与工行、农行、建行和枣庄银行、日照银行和农商行对接，以专利权质押，协助鸿卓新能源科技有限公司、山东阳光博士太阳能工程有限公司、山东益源环保科技有限公司、枣庄瑞兴机械股份有限公司和威智百科药业有限公司贷款3700余万元。

【科技合作与交流】 2020年，与上海交通大学、中科院、浙江大学、中国海洋大学等大学院所建立产学研合作关系。上海交通大学及上海交大智邦拟在枣庄成立上海交通大学智能制造研究院，交大智邦（枣庄）数字科技有限公司作为上海交大智邦的研发及生产基地，承担上海交大及交大智邦的科技成果转化，交大智邦（枣庄）数字科技有限公司与上海交大智邦科技有限公司合作研发的"柔性制造装备与数字化工厂关键技术开发及应用示范"项目，获市重大创新工程立项，获批科技资金60万元；山东天瀚新能源科技有限公司与中国海洋大学材料科学与工程学院合作研发的"高比能、高安全无钴锂电池成果转化项目"项目，获市重大创新工程立项，获批科技资金60万元。山东金普分析仪器有限公司与中国科学院广州地球研究所合作研发的"人体呼出气检测仪"项目，获市自主创新及成果转化项目立项，获批科技资金50万元。

【科技改革与管理】 实行"管委会＋公司"运行机制，推动"1+2+4"国有公司市场化发展，有序开展雇员职员制、绩效工资制、节点考核制，以岗定薪、优绩优酬、差绩低酬，实现了瘦身强体、回归本位；推动"9+2"改革攻坚，实施一门集权、一窗办理、一网通办、一次办好"四个一"审批服务新模式，推进容缺办理，营商环境持续优化，不动产登记一日办结，新登记各类市场主体3137家，其中，新设企业1364家、全流程登记企业2147家；获批各类创新平台27家、科研项目53项，新增国家级众创空间1家、省级研发机构1家，新入库国家级科技型中小企业63家，建成英国枣庄科技孵化器，高新区杭州创新中心、长三角国家科创中心入驻企业14家、落地项目9个，新增高新技术企业16家（含1家重新认定），高新技术产业产值占规模以上工业总产值比重达60.27%；新引进基金30支，基金总规模超160亿元，普惠金融服务企业发展放贷9.57亿元，发行地方政府专项债7.27亿元，开展知识产权质押、动产抵押融资7.85亿元，金融赋能企业格局初步形成；建立"要素跟着项目走"机制，开展"腾笼换凤"，加快推进闲置资产盘活、土地出让收储，累计清理闲置企业35家，盘活低效土地3800余亩。

【战略性高新技术产业发展】 以"四新一大"产业为方向，编制产业发展规划，精准定位产业发展，构建具有高新区特色的"锂光医智大"现代产业体系，力争到2025年主营业务收入突破500亿元。

锂电产业 坚持育龙头、强骨干，以锂电产业园为载体，以固态锂电池研发为方向，以航天新能源、天瀚新能源为龙头，精准布局锂电配套和锂电池终端应用产业，全力对接比亚迪、汤浅等电池企业，加快推进威固锂电、国晟电池、张飞出行、矿用锂电池等项目建设，启动实施金光高科异地搬迁，形成龙头带动到成链引进、集群发展的新态势，以新技术新产品抢占锂电发展制高点。

光电产业 瞄准光通信、光显示、光存储等关键领域，优选整合服务资源，重点发展智光通信、睿诺光电两大骨干企业，着力培植赛富乐斯、易道芯片、科锐思等一批高成长性种子企业，进一步延伸光电元器件、激光、半导体芯片、光电周边产品，做大做强光纤光缆产业链，做精做优光电显示产业链，全力打造"纤芯网屏端"全光电网完整产业链。

医药健康产业 以新医药产业园等为载体，以三九药业、海王医药、威智百科为依托，建设集研发、检测、孵化、展示、交易等功能为一体的公共服务平台，吸引一批国内外医药研发、检验、检测等机构进驻，积极对接华大基因，扶持勃森干细胞、澳德普济、鑫桥联康、心镜云影、柯润玺等项目茁壮成长，推进大参林生产制造基地尽快落地，引导和鼓励医药企业向园区集聚，形成以中医药为基础，以生物制药、创新药、创新医疗器械等为突破口，以大健康产业为附加值的医养健康产业发展格局。

智能制造产业 开展智能化技改三年攻坚行动，紧扣关键工序智能化、关键岗位机器人替代、生产过程智能优化控制、供应链优化，将人工智能融入智能制造，建设黑灯工厂、智能车间，重点抓好交大智邦（枣庄）数字科技、人民控股（山东）智能电气产业园、智能制造产业园、易教数字教育高端装备等项目建设，推动装备制造向智能化、信息化、数字化迈进。

大数据产业 发挥好鲁南大数据中心、互联网小镇等园区载体作用，立足打造大数据清洗加工基地和云存储灾备基地，抓住平台建设和场景应用两个关键环节，大力引进数据预处理、互联网数据中心、互联网信息安全等业态，延伸发展物联网、云计算、区块链、5G通信等新兴智慧产业，推进泰盈科技、审核通、万声等项目做大做强，加快建设数据中心二期、云溪科创、数字产业园，全面推进数字产业化和产业数字化，大力发展数字经济，培育经济发展新动能。

【创新型科技园区建设】 2020年，枣庄高新区新签约、落地亿元以上项目77个，总投资664亿元，其中，10亿元以上项目14个，新开工项目到位资金42.3亿元，同比增长113%。

主导产业集聚发展 科学编制产业发展规划，出台深化产业培育实现高质量发展政策18条，实施总投资710亿元的区级重点项目70个，其中，4个项目纳入省重大项目库、2个项目入选省优选项目库、19个项目纳入市级重点项目，"锂光医智大"主导产业聚链成群。

双招双引接续突破 坚持精准招商，瞄准大央企、大民企、500强企业，盯紧中铁工、分享通信、金彭集团等产业链头部企业，签约亿元以上项目77个，开工亿元以上项目47个，新注册外资企业18家、进出口资质备案企业86家，到位外资7500多万美元，完成进出口总额35亿元；坚持靶向引才，出台人才新政"黄金六条"，建设人才公寓200套，柔性引进高层次人才25人、外国专家6人，全职引进留学人员3人，新增省市重点人才工程11个，优选青年人才46名，新增高端人才95人、本硕博224人，人才链与产业链有机衔接。

项目建设高速高效 开展重点项目建设百日会战、集中攻坚行动，实行周督导、月调度制度，交大智邦、上海君屹、智光通信、九洲双创等新经济项目快速推进，飞秒激光、科锐思芯片、易生和干细胞等一批项目"当年落地、当年建设、当年投产"，在枣庄市率先全覆盖建设5G网络通信基站96个，持续刷新项目建设的"高新速度"。

企业发展梯次壮大 实施"双千"工程，投资25.7亿元开展技改项目41个，重点培育飞秒激光、威固锂电等一批前沿科技中小微企业，新增"四上"企业76家，完成"个转企"59家、"小升规"8家、知识产权贯标企业15家，4家股改企业在齐鲁股权交易中心挂牌，大数据科技公司成功登陆"新三板"，益源环保成为山东省瞪羚企业，深兰科技人工智能催生新动能，交大智邦黑灯工厂再现新亮点。

【产业技术创新战略联盟构建】 2020年，鲁南科创联盟在枣庄成立，鲁南科创联盟（以下简称"联盟"）是在山东省科技厅的支持与指导下，由鲁南四市科技局联合各市高校院所、新型研发机构、技术转移、创投等服务机构、行业骨干企业等组成的创新创业共同体。致力于助推鲁南经济圈一体化发展，更好地发挥高校、科研院所、企业等科技成果转化链条上每个节点的主体作用和协同效应，推动"鲁南"科技成果转移转化工作迈上新台阶。作为浙大工研院联盟秘书长单位，专职负责联盟建设与运营并设立联盟秘书处，通过"平台资源整合＋一体化服务平台＋特色化企业活动"，构建全新的产学研三位一体的科技成果转移转化新基建平台，为片区创新发展提供资源共享平台。自2020年10月成立以来，发展会员205家，会员单位涵盖鲁南四市高校、科研院所、新型研发机构、科技服务机构、金融服务机构、行业代表企业、高新技术企业等多方面、多层次、多类型单位。有效利用学校资源，走访长三角地区上海交大、南京大学、浙江工大、常州大学等36家高校院所的成果转化、产学研管理部门，收集1100余项科研成果，与400余名专家达成入库专家意向；组织策划专项产学研对接活动，为成果转化落地提供良好环境。联盟成立后，走访鲁南四市170余家企业，共梳理260项创新需求，召开60场对接会（线上和线下），深入对接50个项目。结合鲁南四市产业特点，就高端装备、新材料、生物医药、现代农业领域组织策划专项产学研对接活动，首届鲁南大健康产业高质量发展峰会6月5日将在枣庄召开；紧密联系鲁南四市，与四市科技部门及重点科研院所对接座谈20余次，梳理四市现有科技创新资源，为打造四市科技创新信息互流互通平台打下坚实基础。联合枣庄浙商成立一支规模1亿元的天使基金（枣庄市第一支天使基金）和一支规模10亿元的创投（产业）基金（枣庄市第一支创投产业基金），为成果转化产业化提供资金支持；建设联盟信息平台，有效实现四市科技信息互联互通。开发制作了鲁南科创联盟APP、小程序、PC端官网、微信公众号等线上平台，现均已开启运行。

【创新型（试点）企业培育】 实施高新技术企业和科技型中小企业双倍增计划，打造完善"科技型小微企业—科技型中小企业—高新技术企业"的发展全链条，依托科技型中小企业库建立高企培育库，实施高企培育计划，深入企业摸底调研，梳理区内企业，整理三年培育名单，锁定培育对象，一对一服务等措施，研究提出了实施"小升高"培育行动、加大宣讲培训力度、明确任务分工和培育指标，编制培训教材汇编，组织"专题培训"活动，使企业进一步对惠企政策、高企申报、科技型中小企业入库等有全面了解用好用足政策，印发了《枣庄高新区高新技术企业倍增计划实施方案》，提高了奖励扶持额度，对人才引进培养、创新平台建设，科技型企业的引进和高新技术企业培育等工作给予大力扶持，新政策充分结合枣庄高新区目前的科技经济发展实际，有效调动了区内企业开展科技创新的积极性。2020年，高新技术企业实现量质齐升，16家企业认定为高新技术企业（含1家重新认定）。入库备案全国科技型中小企业63家。新获批枣庄市科技小巨人企业4家，市小巨人培育企业2家。贯彻落实全市"工业强市、产业兴市"三年攻坚突破行动，举办了第一届科技创新产业化项目大赛，旨在汇聚更多科技资源和创新力量，孵化一批技术领先、特色鲜明的优质企业和高新项目，助推高新区高质量跨越式发展。

【技术创新服务平台建设】 浙江大学工研院成功备案山东省新型研发机构、省级技术转移服务机构。培育常州大学国家级技术转移中心（枣庄分中心）、深兰自动驾驶研究院（山东）有限公司、枣庄飞秒根技术研究院有限公司、山东中衡光电科技有限公司备案省（市）新型研发机构。培育山东精工电子科技有限公司申报省技术创新中心。枣庄高新区管委会牵头，联合浙江大学山东工业技术研究院、枣庄职业技术学院联合建设枣庄高新省级大学科技园；培育枣庄智汇互联网小镇管理有限公司建设国家级孵化器，培育山东诚正电子商务有限公司、山东科盛科技企业众创孵化园等建设省级众创空间；由枣庄高新区管委会与、山东财金新业国际信息服务有限公司和Grit Incubator LTD.（格瑞特孵化器有限公司）（英）共建"英国枣庄科技孵化器"并运营。现有国家级科技企业孵化器1家；省级科技企业孵化器2家；市级科技企业孵化器6家，国家级众创空间1家，省级众创空间2家，在孵企业近500家，年度新增在孵企业近100家。

【重大项目进展选介】

奚东智慧出行新能源项目　该项目由上海星驾科技有限公司投资建设，总投资106亿元，计划建设包含整车、配件、设计、研发、新能源、仓储物流、数据等元素的智慧出行终端的全产业链为一体的创新型智能产业综合体，项目达产后可实现年复合产值超100亿元，年利税超8亿元。

人民控股集团（山东）智能制造产业园项目　由人民控股集团山东有限公司投资30亿元建设，规划占地约1000亩，建筑面积约80万平方米，是集实体经济先进制造业、2025工业智造、科技研发、网络经济、电商、物联网及现代物流等于一体的综合园区，涵盖智能电器生产、智能电网设备及各种智能产品的生产与研发等。

智光通信产业园项目 由东方光源集团投资20亿元建设，总占地386亩，建筑面积50万平方米，打造国内最大的全光网产业链通信基地。主要生产低损耗光纤预制棒及高铁贯通地线产品。公司采用自主知识产权石英砂光纤制棒工艺，具有绿色环保、节能减排、超低成本、超高效率的特点，沉积速度是普通制棒工艺技术的5倍，生产成本降低30%左右，打破光纤预制棒制造技术瓶颈，有效地降低生产成本，填补了国内外空白，技术水平达到全球领先。同步新上国际先进的悬链生产线，推进新型轨道交通贯通地线和舰艇、石油钻探等特种光缆、电缆产品建设，公司成为中铁、中铁建长期合作供应商，将为川藏线建设提供优质光电缆，全力服务国家重大工程。一期建成后可实现产值30亿元，利税3亿元，解决就业300人。智光通信产业园二期总投资5亿元，建设智能光网络用特种光缆产业化项目，占地面积122亩，为中国光通信发展提供优质的光纤光缆产品及技术服务。项目将规划系列特种光纤光缆及光器件相关产品，实现年产1000万芯公里特种光纤光缆的生产能力以及年产200万套光器件生产能力。该项目具有自主知识产权，在特种光缆及高端光器件产品研发方面具有较为明显的技术优势，项目技术合作方自主研发了特殊用途的特种光缆及高端光器件系列产品，部分已获得国家专利，通过权威机构检测。项目相关产品在技术水平上达到了国内一流的水平，达产后年产值可达15亿元，利税2亿元，解决就业200人。已经建成投产。

睿诺光电项目 项目计划总投资142465.7万元，项目秉持创新、环保、节能减排、快速支付、成本管控、可持续发展的理念建立，从技术革新、设备创新、引入先进的节能减排装置、优化工艺步径和厂房设计布局等入手。

交大智邦（枣庄）数字科技项目 该项目（威能精密数控机床功能部件产业化项目）由山东威能数字机器有限公司负责实施，总投资15亿元，主要建设汽车动力总成高端装备国产化与智能制造系统研发生产基地。项目制造智能化汽车动力总成生产线、高精高速数控机床单机、高精度数控回转台等，打造智慧工厂（黑灯工厂），可为汽车、船舶等诸多行业提供智能制造替代进口设备，成为全省高端装备产业升级的示范样本。项目依托上海交大研发实力以及上海交大智邦科技多条汽车动力总成关键零部件智能制造验证线生产经验，聚集海内外优势资源，成功研发出包含大数据、人工智能、5G通信、新能源等前沿关键技术，具有国际水平的高端加工装备和智能制造生产线，成为我国汽车和航空航天智能制造技术产业化应用的示范标杆，已于2020年中旬建成投产。

【科技人才管理】

人才引进 引进高层次人才25人，柔性引进加拿大皇家科学院院士、加拿大皇家工程院院士、波兰科学院外籍院士维图尔德（Witold Pedrycz），并建立鲁南大数据院士工作站；引进6位外国高端人才和专业人才；全职引进留学人员3人，优选青年人才46名，新增高端人才95人、本硕博224人。

人才服务 2020年，新增省、市重点人才工程11个，其中，科技部创新人才推进计划2人，省、市创业大赛落地人才项目4人，泰山产业领军人才1人，"外专双百"计划1人，齐鲁金融之星1人；2人入选"枣庄英才"。

书记人才项目 坚持人才与产业两手抓、两促进，推动人才链与产业链有机衔接，与科研院所、人才机构建立引才联络机制，举办锂光医智大产业论坛5次、开展上海飞地人才项目路演等活动3场次，对接人才项目43个。

（枣庄高新技术产业开发区　陈　君　蒋莉娜　张宗林　赵明静）

黄河三角洲农业高新技术产业示范区

【概述】 黄河三角洲农业高新技术产业示范区（以下简称黄三角农高区），2015年10月由国务院批复成立，2016年11月挂牌运行，是继杨凌农高区之后的第2个国家级农高区。前身为山东省国营广北农场，始建于1950年，是华东地区第1个、也是规模最大的机械化国有农场，被誉为"华东地区农垦事业的先河"。黄三角农高区规划面积350平方公里，辖原东营农高区、广饶县丁庄街道、滨海新区、盐业公司4个板块和49个行政村，常住人口5.4万人。园区规划设计、基础配套、科技平台建设等工作正在加快推进，初步拉开了发展框架。2020年，全区实现生产总值58亿元，同比增长5%；一般公共预算收入3.63亿元。

【科技合作与交流】 2020年，黄三角农高区与中科院计算所、动物所、植物所、海岸带所等15家院属科研机构，中国农业大学、中国农科院、青岛农业大学、山东理工大学等13家大院大所合作顺利推进，与大院大所、企业签订合作协议19项，引进科研团队42个、组建专家与本地化科研人员266名。2020年9月27—29日，山东省农业科技园区创新发展峰会在东营市召开。大会由山东省科学技术厅和黄三角农高区管委会共同主办，山东省科学技术厅农村处、东营市科学技术局、黄三角农高区科学技术创新局承办。峰会期间共有深圳汇融智能产业控股有限公司、新西兰博亚传媒集团有限公司等9个项目与农高区签署合作协议，合作领域涵盖功能食品开发、中药产业化开发、智慧农业、人才引陪等领域，为全区下一步发展注入了新的活力。

【科技改革与管理】 探索"管委会＋公司""平台＋公司"运营管理模式，组建山东现代农业科技创业投资集团公司作为黄三角农高区建设发展的市场主体，组建山东黄河三角洲建设发展有限公司、山东滨海创智产业发展有限公司，分别作为技术创新中心和滨海新动能产业园的管理投资运营主体；认真落实"放管服"改革要求，全面提升政务服务工作水平，制定《关于弘扬企业家精神支持企业家干事创业的若干措施》，帮助企业纾难解困、提质增效，强化金融服务，"破圈解链"化解资金风险，有效控制了区域性金融风险，抓好政府采购和招投标管理，健全工作机制，细化工作流程，常态化开展监督检查，公共资源交易运转更加高效规范；成立"双招双引"工作办公室，制定项目联审办法、项目管理办法、工作考核办法，聚焦主导产业，制定招商项目库，谋划了总投资556亿元的117个"四个一批"项目，绘制招商图谱，开展产业链招商，华东智能网联汽车试验场、新一代智能农机装备产业孵化园等41个项目落地开工建设。

【战略性高新技术产业发展】 立足盐碱地资源禀赋，重点发展4大战略性高新技术产业。

特色种业 建设了12000亩的种业产业园，引进了希森马铃薯集团、东营盐地藜麦种业科技有限公司、山东胜伟集团等多家企业，重点开展耐盐藜麦、耐盐马铃薯、耐盐苜蓿、碱地黑牛肉牛等新品种筛选繁育和配套栽培技术研究。耐盐碱马铃薯轻度盐碱地亩产达到4627.3公斤；盐地藜麦2个示范品种亩产分别达到386斤和340斤；建设了酸枣、艾草、蒲公英等15种中药材的种质资源圃，在高产优质、广适多抗和适应机械化作业品种选育方面取得突破。积极对接国投生物、冠灵医药、安徽荃银高科种业等国内种业龙头企业，招引一批国家级"育繁推一体化"种子企业入驻园区，进一步厚植特色种业发展基础。

大健康及功能性食品产业 建设了3平方公里的大健康及功能性食品产业园，山东捷益年产2000吨北虫草种植及深加工、中孚泰年产500吨生物发酵法生产聚谷氨酸及其衍生物、广东恒兴水产年产20万吨高档水产饲料、东营优合生物年产1500吨甜菜果胶等一批产业化项目落地建设。与中国农科院农产品加工所合作共建功能性食品产业研究院，探索市场化开发模式，与山东高速齐鲁建设集团、通汇富尊基金管理有限公司等开展战略合作，开发建设功能性食品产业研究院。规划盐碱地食药同源植物综合开发利用产业园，建设中医药加工物流园、分析检测认证中心、中试加工平台、数字化交易平台和酸枣、航天丹参、金银花产业化繁育基地等"1园1中心2平台6基地"，实施了山东亚特中药材产业示范园、东营中天航天育种基地、黄三角盐碱地酸枣道地食药产业化基地等一批药食同源产业化项目。

农业智能装备制造产业 依托中科院计算所第三代智能农机研发团队技术支撑，培育集系统开发、零部件创制、整机制造、大数据服务等于一体的农业智能装备制造产业，打造农业智能装备制造基地。总投资5亿元、占地158亩的新一代智能农机装备产业孵化园开工建设，预计2021年5月底首台智能农机总装下线。总投资3.27亿元、占地85亩的高端有机无机杂化（HOI）分离膜及一体化环保设备制造项目，正在办理不动产登记和工程规划许可，预计2021年可达到初步投产条件。规划了12万平方米农业智能装备制造产业科技创新港项目，计划2021年启动实施。由中国一汽、赛轮集团共同出资建设的全国首个智能网联研发功能性汽车试验场落地开工，着力打造国内领先、世界一流智能网联汽车检测、认证、研发综合平台。

生物技术与制造未来产业 2020年3月，省科学技术厅厅长唐波考察黄三角农高区时，提出支持农高区建设山东省生物技术与制造创新创业共同体，由省黄三角农高区联合中科院青岛生物能源与过程研究所、山东大学、山东省药学科学院等单位牵头组建"山东省生物技术与制造创新创业共同体"（以下简称共同体）。2020年12月，共同体经省政府同意，由省科学技术厅公布。共汇聚成员单位79家，其中，政府单位3家、产业单位28家、高校9家、科研单位10家、金融单位7家、服务单位13家和应用主体单位9家。成员单位拥有一批生物科技领域的创新平台，其中，微生物技术国家重点实验室、国家合成生物技术创新中心等国家级创新平台10个，山东省能源生物遗传资源重点实验室、中国科学院生物基材料重点实验室等省部级创新平台20余个。平台汇聚了以谭天伟、欧阳平凯、张友明等院士为代表的高端科技创新人才团队。

【创新型（试点）企业培育】 截至2020年底，园区共有高新技术企业10家：东营市俊源石油技术开发有限公司、山东鼎盛精工股份有限公司、山东净泽膜科技有限公司、东营华泰清河实业有限公司、亿利洁能科技(广饶)有限公司、山东元正检测技术有限公司、东营百胜客农业科技开发有限公司、中芳特纤股份有限公司、东营华德利新材料有限公司、东营瑞达生物科技有限公司。

【技术创新服务平台建设】

创建国家盐碱地综合利用技术创新中心 紧抓省院共建机遇,集中攻坚技术创新中心建设。编制了总体规划,布局了综合服务、科教孵化、集成示范、产城融合4个功能板块,投资5.45亿元,实施了科研设施、基础设施配套提升工程,建成投用4.5万平方米的总部基地、5700亩的试验示范基地。与中科院、中国农业大学、中国农科院等高校院所合作,搭建起了新一代智能农机装备中试研发、盐地藜麦种质创新与产业化开发、益虫资源综合利用中试研发、盐碱地多尺度农田生态系统定位观测试验场、黄河三角洲盐碱地生态高效农业产业技术研究院5个重大科研平台和农湾孵化器1个双创服务平台。成功创制装配12台第三代中马力清洁能源智能网联农机——鸿鹄T30和巡检、植保、旋耕、采摘4款25台设施农业机器人;春播种植1140份藜麦资源,温室扩繁500份种质资源,筛选了40余份拥有独立知识产权的藜麦高代品系,初步建立起盐地藜麦咸水浇灌栽培技术规程;繁育授粉熊蜂蜂群2000箱、蜂王1万头、捕食螨500万头,商品熊蜂年生产能力达到12000箱,在西红柿、草莓、西瓜、甜瓜4个品种设施种植中开展应用示范;布局建设了滨海地区第1个盐碱地生态系统观测网,实现了25个土壤及气象参数的定位观测和数据采集整理,利用观测数据建立智慧农业数据库和智能管理模型,为"空天地"一体化未来智慧农业提供大数据支撑;开展了盐碱地牧草、耐盐碱野生花卉、耐盐碱果树等19类100多个品种的田间试验,组织蔬菜种质资源与遗传育种学、麦类作物遗传育种学等盐碱地高效农业科研建议8项。产业孵化培育平台、智慧农业数字平台、农创云赋能服务平台建设实现突破,已有23家企业、1家研究院入驻。黄河三角洲主要经济作物提质增效技术集成研究与示范、苜蓿分子选育与生态友好栽培关键共性技术研发、生物可降解地膜制备产品研发与示范应用、食品风险因子防控及安全保障体系建立等6个中科院STS项目和中科院"生态草牧业"战略先导专项、科技部"一区一项目"落地实施。智能农机制造、生物技术与制造产业获批科技部"百城百园"行动立项。成功举办了山东省农业科技园区创新发展峰会、中国科学院服务"乡村振兴"战略工程实验室研讨会、中国科学院黄河三角洲现代农业工程实验室第一届理事会第二次会议、第二届国家食药同源产业科技创新联盟高峰论坛等一系列高规格会议。创新中心聚集人才、技术、资金、项目的功能正在凸显,科研成果转化、技术集成示范、规模经济效应正在释放,具备了向国家级技术创新中心发展迈进的先决条件。

科研基地建设 山东省农科院试验示范基地,作物表型组学研究平台成功列入省推动黄河流域生态保护与高质量发展项目库和省"十四五"发展规划;国内首个农业迁飞害虫高空雷达预警和精准防控平台,与64个科研团队326名科研人员开展72项科研试验活动;农业生物技术中试研发基地,建立微生物菌剂、乳免疫蛋白、有机无机杂化膜3个中试孵化平台,重点实施了抗病毒、抗菌乳铁蛋白创新药研发和食药同源产品研发等产业化项目;耐盐林木种苗产业孵化基地,开展温室樱桃限根密植栽培、超能楸树组培生产,实现了国有资产的效益增值;国际盐碱地农业科技合作示范基地,围绕全球盐碱地农业发展共性关键问题,通过与以色列在盐碱地现代节水农业方面、与荷兰在高效能设施农业方面、与捷克在盐碱地微生物利用和土壤修复方面、与加拿大在陆基循环水养殖方面开展科研和产业合作。

农湾孵化平台 农湾农业科技发展(山东)有限公司农湾中心(简称农湾),成立于2019年3月。该中心开展项目资源引进,搭建平台,针对企业需求开展培训辅导,整合优质企业、园区及高校院所资源,策划及承办论坛与赛事等活动。2020年,农湾中心依托黄三角农高区主导产业,开展企业孵化和培育工作,全年有24家企业、1家研究院签订入驻协议并开展工作。聚焦产业导入,整合资源对接,通过咨询服务、资源嫁接、市场渠道对接等方式丰富产业引进和落地模式,先后引进爱树科技、科隆生物、城元农业等科技型创业企业;搭建赋能平台,提升服务质量,建设完成"农创云知识产权交易平台"(www.nongchuangyun.com),具备知识产权新闻及信息发布、农业知识产权数据库、年费监控、知识产权交易等功能板块,于2020年9月正式上线运营,旨在有效集聚农高区及山东省的农业技术信息,搭建农业高新技术与企业的桥梁,促进科技成果的推广应用。

【重大项目进展选介】 承担国家级科技资源支撑型特色载体项目。项目主要是鼓励园区发展以高校、科研院所主导的特色载体,支持引导载体发挥高校、科研院所的科技创新资源优势,利用财税激励政策,吸引更多科技人才创办企业,引导更多科技成果实现产业化、资本化,转化为现实生产力;对接更多的专业实验室、技术研发中心等开放共享科技资源,加快形成"科技+孵化"的产学研用协同发展机制,提升科技资源支撑创新创业的质量与效率。2020年度2500万元特色载体专项资金支持了3家载体和7家科技型中小企业,在创新创业、载体建设、科技资源、人才聚集方面达到了总体预期目标。1创新创业:新增华德利新材料、瑞达生物、百胜客农业等3家高新技术企业,新增净泽膜、中芳特纤等2家省级专精特新企业,全区国家、省级专精特新企业达到3家。1家企业在沪深主板上市,1家企业在新三板上市。载体内中小企业突破88家,提供就业岗位3726个。2载体建设:新增孵化展示区、滨海新动能产业园两处孵化载体,载体内各类创业创新基地、孵化器、众创空间累计孵化面积达到15.2万平方米。3科技资源、人才聚集:以创建黄河三角洲国家级盐碱地综合利用技术创新中心、省级生物技术与制造创新创业共同体为契机,引进中科院20余家涉农研究所、中国农业科学院、中国农业大学、山东农业大学、青岛农业大学等战略科技资源,共同组建中科智能农机、益虫资源利用、藜麦种质创新、盐碱地生态观测站、青农大耐盐饲草种质创新等科研团队68个,双创人才达到415人。

【科技人才管理】 筑巢引凤,创新人才政策,完善配套服务,吸引了一批科研人才。2020年,有常驻硕士研究生以上高层次人才47人。组织1人参加省"创业齐鲁·共赢未来"高层次人才创业大赛,1人参加市"创业东营·共赢未来"高层次人才创业大赛,1人申报"科技部创新人才推进计划",1人申报"省外专双百计划",2人申报黄河三角洲学者,3人申报黄河三角洲产业领军人才。

（黄河三角洲农业高新技术产业示范区　齐星元）

烟台高新技术产业开发区

【概述】 2020年,烟台高新技术产业开发区(以下简称烟台高新区)全年实现生产总值67.3亿元、增长4.2%;完成一般公共预算收入12.7亿元,增长14.8%;研发经费内部支出占比达到4.69%;战略性新兴产业产值增长10%;新增国家备案科技型中小企业209家,超过建区以来备案数的总和(200家),高企数量达到130家,净增高企36家;新增8家省级新型研发机构,实现零突破;科技金融累计放贷4.4亿元,为30余家科技型中小企业解决融资难的问题;在国家高新区评价2020年度综合排名中前进了10个位次,实现了历史性突破。

【科技计划项目与经费】 2020年,烟台高新区以建设创新驱动发展示范区和高质量发展先行区为目标,深入实施创新驱动发展战略,持续强化科技政策激励引导,一次性为400多家企业发放科技政策扶持资金3800多万元。

【科技成果与奖励】 2020年,山东航天电子技术研究所获得省科学技术进步奖二等奖,中集海洋工程研究院有限公司的运载火箭首次海上发射项目获评2020年度山东十大科技成果。烟台高新区充分发挥烟台市(国际)技术市场作用,举办了国际技术交易大会,引聚和培育优质技术转移、知识产权运维、专利代理、法律咨询、财务顾问、投资银行和信息情报等服务组织,打造出高层级知识服务业态。完善科技成果转移转化制度和激励政策,引导高校、新型研发机构、企业、孵化器、众创空间、双创基地等各类主体开展技术转移工作。烟台高新区年度技术合同成交额突破11亿元,同比增长65%。

【知识产权管理】 2020年,新增授权发明专利186件,帮助企业获得知识产权质押融资6000万元,科技信贷1.2亿元。5家企业顺利通过知识产权贯标认证,8家企业持续开展专利导航。受理专利资助申请315件,发放各类资助资金280.25万元,促进企业专利数量、质量"双提升"。依托区知识产权巡回法庭、区检察院知识产权维权中心,完善知识产权保护网络体系,加强市场监管、公安、检察院、法院等职能部门联动协作,建立打击侵犯知识产权长效机制。

【科技合作与交流】 依托烟台市(国际)技术市场,打造一站式科技综合服务平台。走访联络企业350家,收集企业技术需求、金融需求128项,解决实际需求40余项,通过技术市场线上平台建成科技成果库、专家库,汇总科技成果2000余项,专家人才6000余人,合作服务机构60余家,可提供技术成果对接、联合攻关、专利拍卖、科技中介咨询、产品展示等"一站式"科技综合服务。

【科技改革与管理】 突出企业技术创新主体地位,实施"三大计划",搭建创新创业平台和产学研合作载体,集成各类创新资源,形成产学研结合、上中下游衔接的科技创新格局。①聚焦"产",实施"科技型企业培育"计划,坚持"政府主导、企业化运营",创新"孵化器+高成长性企业+加速器"模式,针对商业模式、资本运作、人力资源、技术合作等高成长科技企业发展需求提供个性化服务,助推科技企业加速发展，形成创新型产业集群。其中，国际生物科技园、大学生创业园等一批特色产业园区被评为国家级产业发展基地，中俄科技创新园成为全省唯一入选亚洲企业孵化器协会成员单位。②聚焦"学"，实施"高校科研院所集聚"计划，持续深化校地合作机制，启动烟台校地合作示范基地，建成"双一流"高校烟台联络站，强化与国内外高校院所合作，着力集聚创新资源、密集智力要素。引进中科院计算所烟台分所、国家轻量化材料成形技术及装备创新中心汽车轻量化中心等近60个省级以上创新平台。③聚焦"研"，实施"产业技术创新攻关"计划，探索"揭榜制"科研项目立项机制，鼓励企事业单位揭榜协同攻关，对签订合作协议、经技术合同登记项目，按实际交易额给予补助。支持科技企业以合作研发、技术转让、专利许可等形式与大院大所、知名高校合作，加快关键技术创新，全区90%以上科技型企业与高校院所建立了合作关系，其中，中集海洋工程研究院与中国海洋大学、哈尔滨工程大学等组建"深海工程与舰船技术协同创新中心"，被国家工信部认定为首批行业产业类协同创新中心。

【战略性高新技术产业】 坚持把培育和发展战略性新兴产业作为主攻方向，医药健康产业集聚绿叶制药、赛春医药、博安生物、偌帝生物、艾胚康科技等企业230余家，顺利通过国家海洋生物与医药知识产权集群试点验收，获批中国生物医药园区创新药物潜力指数十强园区；航空航天及电子信息产业形成了以航天513所、中国长城（山东）自主创新基地为龙头，以中科院计算所、上海交大信息技术研究院、北斗空间信息产业园、北航科技园为依托，东方蓝天钛金、正元数字、北方星空、华东电子、大有数据等产业链上下游企业加速发展的产业格局；智能制造及海洋产业集聚泰利模具、博源科技、中集海洋工程研究院、烟台海洋产权交易中心等一批龙头企业、创新平台，产业集聚发展效应凸显。

【创新型科技园区建设】 培育发展战略性新兴产业作为主攻方向，坚持抓招引、上项目、促投资，生物医药、电子信息、航空航天、海洋经济等产业加快壮大、初具规模，获批中国生物医药园区创新药物潜力指数十强园区。2020年生产总值比2015年翻一番，年均增速超过10%。"十三五"期间，完成固定资产投资总额达到265.6亿元，年均增速10.4%；累计实际利用外资3.5亿美元，是"十二五"时期的2倍多。市场主体由3600户增加至1.39万户。乘总理视察东风，叫响"蓝色智谷，创造高地"品牌。以总理视察为契机，逐个对接重点企业，一企一策加大培育力度，自2020年6月以来，累计组织举办金融对接、创业辅导等40余场，全力破解企业发展难点痛点。中关村·烟台协同创新中心正式运营，采取"全球招引+北京加速+烟台产业化"的运营模式，打造跨区域资源共享的产业转型升级策源地。依托高层次活动，集聚创新资源。通过世界工业设计大会、国际健康产业大会、烟台高新区海智基地企业创新赋能计划启动仪式等系列活动，促进海内外优势智力资源与企业技术需求有效衔接，获评省人才工作先进单位，入选省级专家服务基地，烟台首个国家级"海智计划"工作基地落地揭牌。

【创新型（试点）企业培育】 推进协同创新体系建设，集聚创新资源，全区省级以上创新平台达到60余个，高企总数达到130家，国家备案科技型中小企业突破400家；国家级科技企业孵化器4家，全区各类孵化载体面积突破100万平方米，累计孵化企业1850余家，毕业企业近300家。累计引进培养市级以上人才194人，居烟台市前列，万人发明专利拥有量连续4年名列烟台市前茅，成功跻身国家自主创新示范区建设行列，获批国家知识产权质押融资试点园区、国家知识产权示范园区、山东省创新创业区域试点。

【技术创新服务平台建设】
科技企业孵化育成体系提质增效 拥有国家级科技企业孵化器4家，省级科技企业孵化器3家，国家级众创空间1家，省级备案众创空间3家，数量居烟台市首位，孵化面积突破100万平方米，中关村（烟台）创新协同中心、北斗空间信息产业园、烟台国科装备科技园等一批载体平台建成运营，山东国际生物科技园被认定为国家小型微型企业创业创新示范基地，科创中心、大学生创业园被认定为省级小型微型企业创业创新示范基地，中俄科技创新园为全省唯一入选亚洲企业孵化器协会的成员单位。烟台高新区获批全省首家省级创新创业区域试点。

公共服务平台体系持续提升 打造烟台医药与健康公共技术服务平台，被工信部认定为国家中小企业公共服务示范平台。搭建小微企业综合服务中心、知识产权法庭和知识产权（检察）法律保护中心、国家知识产权局专利检索咨询中心中俄基地代办处等专业化科技服务平台，航空航天专利技术转移转化产业园获批烟台市首家专利技术转移转化试点产业园。烟台高新区获批国家知识产权示范园区。

融资服务体系持续优化 深化国家专利质押融资试点园区建设，联合恒丰银行、烟台银行设立科技银行，开展知识产权质押贷，打造金融生态圈，集聚银行、保险、证券等各类金融及中介机构130余家，形成50亿元规模融资服务能力，集聚各类基金管理机构近百家，基金总规模超过185亿元，帮助各类企业融资76亿元。

【科技人才管理】 围绕海智基地建设，举办烟台高新区企业创新赋能启动仪式和科技成果转化系列活动，推广中国科协网络平台，促进了企业服务、成果转化、人才培育的工作提质增效。2020年，推荐4人入选国家层面人才，3人进入泰山系列人才工程实地考察，3个人才项目通过省市创业大赛答辩，6人进入市"双百计划"人才实地考察，4人进入市产业领军人才实地考察。

（烟台高新技术产业开发区　张　康）

潍坊高新技术产业开发区

【概述】 2020年，潍坊高新技术产业开发区（以下简称潍坊高新区）完成地区生产总值（GDP）543.62亿元；规模以上工业企业实现工业总产值1370.96亿元，实现高新技术产业产值1159.91亿元，高新技术产业产值占规模以上工业总产值比重达到84.6%；进出口总额367.2亿元；财政总收入112.87亿元，一般公共预算收入60.39亿元。在山东省159个开发区考核中排名第4位、山东省高新区排名第2位。

【科技计划项目与经费】 2020年，争取市级以上科技计划项目274项，获批资金2.53亿元，居潍坊市首位。其中，争取国家重点研发计划9043万元、中央引导地方专项资金750万元、省重点研发计划10000万元、省技术创新引导计划资金728.87万元、企业研究开发市级财政补助资金503.88万元、科技部"科技助力经济2020"重点专项50万元；潍坊市疫情防控科技40万元、市科技发展计划项目506万元等均居全市首位。

【知识产权管理】 2020年，潍坊高新区专利申请量、授权量为7400件、5246件，同比增长35.85%、85.83%，其中，发明专利申请2531件、授权1298件，同比增长18.05%、65.35%。专利申请量、授权量、PCT国际专利申请量、专利密度均居全市首位。专利运用效果显著。2020年，办理专利质押融资34笔，融资金额2.04亿元，居潍坊市第2位。2件专利预获第二十二届中国专利奖银奖，2件预获优秀奖。2件专利获得2020中国·山东新旧动能转换高价值专利培育大赛一等奖，1件专利获二等奖。8件专利获潍坊市专利奖，专利创造实现量质双提升。知识产权保护力度不断加大。处理知识产权类投诉45起，查办侵犯知识产权和制售假冒伪劣商品违法案件39起，维护了权利人和消费者的合法权益。

【科技奖励与成果转化】 举办山东大学成果直通车活动，促进企业与科研院所间的沟通对接，促进科技成果的转化落地。2020年，获山东省科学技术奖3项，其中，谭旭光获2020年度山东省科学技术最高奖，实现潍坊市零的突破。2020年度潍坊市科学技术奖获奖10项，工业类项目授奖数量居全市第一。潍柴发布全球首款突破50%热效率的商业化柴油机、山东省磁悬浮产业技术创新取得重大突破入围2020年度山东"十大科技成果"。从提升技术交易服务水平入手，健全技术转移中介服务体系，中科（潍坊）创新园获批全省首批、潍坊市首家省级技术转移人才培养基地。组织企业申报第十届中国技术市场协会金桥奖，潍坊市六家获批单位中，潍坊高新区占四席，其中，盛瑞传动"高效节能8挡自动变速器研发及产业化"获评项目一等奖。完成技术合同认定登记金额20.05亿元，同比增长149%。

【高新技术产业发展】 启动实施高新技术企业倍增计划，注重平台化思维，实施"小升高""规上高企化""高企规模化"三大工程，形成"发现一批、服务一批、申报一批、认定一批"全面推进的梯队培育体系，推动完善高新技术企业引育奖励政策，为加快壮大高新技术企业集群打造良好政策环境。2020年，认定高新技术企业数量突破100家，居潍坊市首位。

【瞪羚企业培育】 潍坊高新区从资金奖励、项目支持、资源争取、空间载体、基金投入、人才引育、银行贷款等7个方面对瞪羚企业进行倾斜扶持，2020年认定瞪羚企业27家，三年平均营收复合增长率达到40%，四年平均研发投入强度达到7.2%，成为全区企业高质量发展的典型代表。

【创新创业平台建设】 潍坊市产业技术研究院入驻潍坊高新区，正在推进建设潍坊市产业科技发现与科创服务平台。燃料电池国家技术创新中心通过科学技术部专家论证，有望实现全市国家技术创新中心零突破。备案省级新型研发机构6家，市级重点实验室11个。目前已有43个省级以上高能级企业研发平台。建成省级以上孵化器 8 个（国家级 6 个、省级 2 个），省级以上众创空间 8 个（国家级 5 个、省级 3 个）。

【科技合作与交流】 攻坚"双招双引"，潍柴新百万台数字化动力产业基地、华丰高端装备智能制造基地、联东 U 谷·潍坊科技创新谷等总投资 350 亿元的 34 个重点项目相继开工开业，为高质量发展不断积蓄新动能。强化高能平台支撑，北航歌尔机器人与智能制造研究院、清华大学人工智能研究院、山东省测绘产业计量测试中心、山东省能源效能计量评估中心等重大合作平台加快建设。发挥企业创新合作主体地位，"以我为主"引进山东大学、东华大学、中国农业大学、四川大学青岛研究院、青岛大学等 12 个高校院所共建校企院企合作平台 14 个，总投资超过 2 亿元。

【科技人才服务】 2020 年，新增省级以上重点人才工程人选 6 人，鸢都产业领军人才 10 人，天瑞重工李永胜入选俄罗斯工程院外籍院士，实现本地培养院士"零"突破。引进产业领军人才（团队）5 个、高端技术人才（团队）105 个、全职硕士以上人才 1309 人、青年人才 7140 人。举办机器人与智能制造人才峰会、院士潍坊行等人才对接活动 8 场，100 余家校企参与，签约人才项目 21 个。潍柴集团获批全市唯一国家引才引智示范基地。

【重点项目选介】

潍坊半导体产业园 园区占地 123 亩，总投资 19 亿元，重点引进半导体产业链上下游优质高成长性企业入驻发展。突出集成电路半导体产业特色优势，重点布局 LED 外延芯片、半导体光电材料、微机电（MEMS）传感器芯片设计、集成电路研发封装测试编带、精密电声器件等高端业态，吸引聚集产业链上下游优质企业落户。

联东 U 谷·潍坊科技创新谷 由工业地产全国第一的联东集团与潍坊高新区合作共建，定位为蓝色智谷配套加速区，是潍坊高新区着力打造的先进制造专业园区和科研成果转化示范基地。园区总占地 234 亩，总投资 15 亿元，其中，一期占地 117 亩，建设 600～2000 平方米 2～5 层标准厂房 32 栋。

新型轻量化发动机核心零部件智能制造 项目总投资 7.5 亿元，占地 190 亩，总建筑面积 89000 平方米，主要建设综合车间、能源中心及相关配套设施等，新购机加工等设备，形成年产 20 万台（套）的 WP13H 系列柴油发动机的缸体和缸盖加工能力。其工艺设备符合国际先进水平，生产产品品质在国内处于领先。

（潍坊高新技术产业开发区　闫　晨）

济宁高新技术产业开发区

【概述】 2020 年，济宁高新技术产业开发区（以下简称济宁高新区）生产总值达到 455 亿元，同比增长 2.7%，一般公共预算收入达到 40.2 亿元，稳居济宁市前列。固定资产投资同比增长 4.3%，实际利用外资 3.28 亿美元，同比增长 120%，进出口总额 124 亿元，同比增长 6.8%，城乡居民人均可支配收入较济宁市平均水平分别高出 13.6%、12.5%。连续两年获得国家新型工业化产业五星级示范基地（全国 13 家、山东省 2 家），获批全国第 5 家、全省唯一一家国家级版权示范园区，成为全国第 21 家、山东省第 4 家高新技术产业标准化示范区。

【科技计划项目与经费】 2020 年，3 家企业获批"科技助力经济 2020"国家重点研发计划，1 家企业获中央引导地方科技发展资金，1 家企业获省重大专项支持，133 家企业获批省研发资金财政补助共计 4100 余万元，13 个项目获批市重点研发计划。

【科技成果与奖励】 2020 年，济宁市海关服务中心通过高新区推荐申报的成果项目，获得第十届"中国技术市场协会金桥奖"优秀奖。山东省科学院激光研究所"复杂地质油气井增强型光纤分布式地震波检测关键技术、装备及应用"获山东省科学技术发明奖一等奖。

【知识产权管理】 2020 年，三类专利申请量增长 41.23%，授权量增长 26.11%，其中，发明专利申请量增长 8.81%，企业专利申请量和授权量占比达到 90% 以上。山推工程机械股份有限公司荣获山东省专利奖三等奖，推荐山东铭德机械有限公司申报第二十二届中国专利奖。国家知识产权优势、示范企业达到 12 家。

【科技合作与交流】 围绕四大主导产业，先后与国内外 120 余家院校紧密合作，90% 以上中大型企业与高校院所建立合作关系，累计实施项目 500 余项，建成产学研合作机构160余家。2020年，引进姚穆院士工作站、深部岩土力学与地下工程国家重点实验室济宁能源研究中心等创新平台12个，开展产学研合作项目30余个。

【战略性高新技术产业发展】 1.2万亩四大产业（高端装备、医养健康、新一代信息技术、新材料新能源）营业收入占济宁市比重分别达到58%、79%、17.5%和57.9%。2020年，研发投入强度达到2.33%，比全济宁市高1.13个百分点，高新技术产业产值占比超过62%，占比及增幅均居济宁市第1位。高端装备产业入选省战略新兴产业集群，山推工程机械获批济宁市首个山东省产业创新中心，培育制造业单项冠军5个，瞪羚企业8家，专精特新企业67家，打造智能工厂示范点5个、智能制造标杆48个，推动企业上云300家，数字经济占GDP比重达30%以上。

【创新型（试点）企业培育】 实施科技企业包保责任制，构建畅通高效的政企对接渠道。2020年，获批国家高新技术企业65家，较2019年度净增26家，总量达到140家，净增量连续3年居济宁市第1位，科技型中小企业发展到234家，主要科技创新指标持续保持济宁市领先。

【技术创新服务平台建设】 聚焦济宁市"231"产业集群发展方向，科学布局高端创新平台，各级各类创新平台发展到260余家，成立了国家检验检测认证公共服务平台示范区联盟，山东产业研究院济宁分院、山东省激光研究所、山东增材制造与设计验证中心建成运营，山推协同研究院、国家半导体新材料产业研究院等一批新型研发机构正加快建设。2020年，获批省新型研发机构3家、省技术创新中心1家，山东省工程机械智能装备创新创业共同体成为济宁市唯一一家省级创新创业共同体。孵化平台推进"创业济宁"高新区引领行动，形成了完善的"众创空间（创业苗圃）—孵化器—加速器—产业园"孵化链条，建成省级以上科技企业孵化器8家、省级以上众创空间16家，创业服务中心、英特力科技企业孵化器在国家级、省级科技企业孵化器年度评价中被评为优秀等次。

【重大项目进展选介】
济宁创新谷 济宁市委、市政府重点打造的创新要素集聚区和人才创新高地，聚力打造"1+N"空间发展格局。"1"即创新谷核心区，重点围绕"231"产业发展，构建"一中心、三片区"的起步发展格局，通过布局高质量创新平台、招引高水平产业化项目、聚集高层次领军人才，形成技术创新能力强、孵化育成体系完善、科技成果转化顺畅、人才吸附功能强的创新创业综合体。"N"即创新谷协作区，包括济宁市范围内各园区和相关企业，通过开展"大合作""大创新"，联合县市区建立创新发展联动机制，共同提升创新能力，初步形成以高新区为核心，以多个县市区为支撑的协同创新共同体，实现创新谷核心区与各园区、龙头企业之间创新链、项目链、数字链、人才链、资本链、服务链、产业链"七链"全面融合。

山东新材料产业化基地 项目总投资30亿元，占地530亩，建筑面积约30万平方米，围绕第三代半导体新材料、高分子新材料、先进碳材料、应急消防材料等产业链条，规划建设以半导体新材料产业为主的标准化及定制化多层生产厂房、研发办公及生活配套设施，全面提升高新区新材料产业竞争力。

济宁金科生命健康科技城 项目总投资5.6亿元，占地面积447亩，建筑面积约27万平方米，主要建设生产中试区、生物科技转换平台区、企业全生命周期孵化区、产业创新服务区、生命科技制造区、生物医药生产区、健康保健品产业区7个板块，将建成集生产、研发、展示、办公于一体的智慧生态产业综合体。

济宁市智能终端产业园 项目总投资18亿元，总规划面积100万平方米，已投入使用20万平方米，正在建设20万平方米。项目作为济宁市承载山东省信息技术产业基地、山东省大数据产业集聚区的重点支撑，围绕智能手机产业链、智能家居产业链、汽车电子产业链、消费电子产业链引进智能终端类企业。

辰欣高端医药研发生产项目 项目由山东辰欣集团投资，是集研发、生产、服务和总部经济于一体的高新技术产业项目。项目总投资13亿元，规划总用地面积296亩，总建筑面积13万平方米，主要包括3.2万平方米的研发大楼和7万平方米药品生产车间、3万平方米智能物流仓库。

【科技人才管理】 打造"蓼河国际英才港"，在全市率先成立人才发展集团，为创新发展提供智力支撑。2020年，新增省级以上人才平台6个，包括山东省院士工作站1家、山东省新型研发机构3家、省级技术创新中心1家及省级创新创业共同体1家。80余名科技人才获批人才项目通过认定，其中，1人获评泰山产业领军人才（战略性新兴产业创新类）；5人获评济宁市创新创业领军人才；6人在"2020赢在济宁高层次人才赛创汇"大赛中获奖；新增外国高端人才和专业人才61人，其中，R字签证1人；2名外籍人才入选中国高端外国专家引进计划；5名全职引进的海外人才通过首批山东省海外科技人才快速认定。组建济宁市引进国外智力联盟，承办济宁市引进国外智力联盟成立大会暨海外人才机构对接座谈会，济宁高新区科创局当选第一届副秘书长单位。

（济宁高新技术产业开发区　王　振）

泰安高新技术产业开发区

【概述】 2020年,泰安高新技术产业开发区(以下简称泰安高新区)全区实现地区生产总值(GDP)同比增长5.54%;利润同比增长32.76%;净利润同比增长104.60%;累计注册企业同比增长12.53%。

【科技项目与奖项】 泰安高新区获批省级以上项目7项,其中,国家级"科技助力经济2020"重点专项1项;2020年,高端外国专家引进计划新冠肺炎防控专项计划1项;省中央引导地方项目1项;2020年度省重大科技创新工程项目2项;省自然科学基金重点项目2项。获批泰安市2020年度泰安市科技创新发展项目(政策引导类)9项。

【科研经费】 2020年,审核落实2020年度科技创新活动支持资金6483.02万元,其中,科技创新发展资金1879.14万元;孵化器专项资金171.71万元;高新区重点企业技术创新扶持资金717.91万元;高新区加快科技成果转化促进新动能培育计划2260万元;科技创新型企业50强租赁补贴195.3万元;第二届大学生创新创业大赛支持资金39.5万元;山东省企业研究开发财政补助资金133家企业,区级补助1219.46万元。

【创新型(试点)企业培育】 2020年,泰安高新区高新技术企业净增幅为24.14%,再创历史新高。113家企业通过国家级科技型中小企业认定。在泰安市科技创新型50强企业动态调整中,13家企业位列其中,总量居全市首位。其中,6家企业的营业收入增幅在60%以上,12家通过高新技术企业认定,7家企业建有省级研发平台,7人入选省级以上人才,3人入选市级人才,成为推动高新区科技创新发展的排头兵。高新技术产业产值占规模以上工业的比重达到76.12%,比全省高出30多个百分点,超过泰安市25个百分点,位列泰安市第一。

【科技创新平台】 2020年,泰安高新区成功备案1家院士工作站、6家省级新型研发机构、5家市重点实验室、2家市级引资国外智力成果示范推广基地;12家市级产业技术研究院通过验收。

【科技合作与交流】 举办"力博杯"第二届大学生创新创业大赛,吸引了14家院校158个团队参与,产生一等奖6个,二等奖15个,三等奖25个,优秀奖21个,奖励资金39.5万元。泰安高新区—省科院产学研协同创新基金立项3项,支持55万元资金。齐鲁工业大学泰安成果转化中心成功落地,2020年11月6日,泰安高新区管委会与齐鲁工业大学(山东省科学院)签订合作协议,"齐鲁工业大学(山东省科学院)泰安成果转化中心"成功落地泰安高新区。双方将围绕输变电、生物医药、新材料、智能制造、工业互联网与大数据、节能环保、医养健康等重点领域,在转移转化科技成果、培育科技项目、共建研发平台、培养高端人才、科技合作、搭建科技金融服务平台等方面深入开展校地合作,为泰安高新区提供智库支持、成果导入、项目对接和新技术孵化。

【科技奖励】 2020年,科技创新部被省人力资源和社会保障厅、省科学技术厅授予"山东省科技管理系统先进集体"荣誉称号。2020年山东省获此殊荣的科技管理部门仅有40家,泰安市仅有3家,泰安高新区科技创新部是泰安市唯一获此殊荣的功能区科技管理部门。泰安高新区成功摘获泰安市科技奖6项,其中,山东能源重装集团获得了泰安市青年科技创新奖,泰安轻松表计有限公司申报的"网超声波智能水表关键技术研究与应用"等2个项目获得了泰安市科学技术进步奖二等奖,泰安市秀特力博岩土工程科技有限公司申报的"基于钾盐液体高效速凝剂技术的产业化应用"等3个项目获得了泰安市科学进步奖三等奖。

【战略性高新技术产业发展】 坚持传统产业改造升级、新兴产业培育壮大两手齐抓,着力调优产业结构,提高产业档次,培育经济发展新动能。以泰开集团为龙头的输变电设备、以山能重装集团为龙头的矿山装备、以航天特车为代表的汽车及零部件等三个优势产业产值同比增长4.2%,占全部规模工业的50.8%。以山东路德为代表的新材料、以众志电子为代表的新一代信息技术、以泰邦生物为代表生物医药等三个战略性新兴产业实现产值同比增长4.4%,占全部规模工业的23.9%,新兴产业拉动力逐步增强。

(泰安高新技术产业开发区 晁 赢)

威海火炬高技术产业开发区

【概述】 2020年,威海火炬高技术产业开发区(以下简称威海高新区)实现地区生产总值435.3亿元,增长5.2%;固定资产投资增长15.3%,增幅位居全市第一;规模以上工业增加值347.3亿元,增长6.4%,高于威海市1.8个百分点,总量位居威海市第一,占威海市46%;工业营业收入1105.4亿元,总量位居威海市第一,占威海市41%;工业利润143.7亿元,总量位居威海市第一,占威海市54%;一般公共预算收入29亿元,其中,税收收入占一般公共预算收入比重达到91.8%;主体税种占一般公共预算收入比重达到66%,位居威海市第一;工业实交"两税"23.6亿元,总量位居威海市第一;实际到账外资2.48亿美元,增长22.6%。在威海市连续5年蝉联"双招双引"和项目建设督导考核第1名;连续5年荣获威海市工作优秀单位;在山东省159家开发区综合评价和全国169家国家级高新区评价排名中位居第一方阵。

【科技计划项目与经费】 2020年,组织符合山东省企业研究开发财政补助资金申报条件的277家企业,申报资金5797.97万元。对2019年度符合补助要求的155家企业发放市、区两级研究开发财政补助资金2333.58万元。2020年度中央引导地方科技发展专项资金项目威海高新区有1个项目(赛宝)获立项资金125万元。"科技助力经济2020"重点专项我区有1个项目(东兴电子)获立项支持50万元。北洋集团、海富光子承担的两个项目,通过山东省重点研发计划(重大科技创新工程)项目综合评审,并获2020年度山东省重点研发计划(重大科技创新工程)1452万元立项资金支持。2019年立项的9项重大工程项目,获山东省科学技术厅拨付结转经费1021万元。开展2020年度重点科技创新项目分季度调度工作,组织哈工大(威海)创新创业园有限责任公司、工信部威海电子信息技术综合研究中心等18个单位填报项目进展情况表和项目进展手册。组织100余家企业和单位填写绩效表,汇总起草绩效报告。组织10家单位开展山东省重大科技创新工程项目年度绩效评价工作,审核绩效评价材料包括自评报告、项目任务书及相关证明附件。专项资金绩效评价。根据省厅《关于配合做好企业研究开发财政补助政策绩效评价工作的通知》要求,组织92家抽查企业准备材料现场察看。协助会计师事务所对享受第二批研发后补助政策的80家企业进行绩效评价。

【科技成果与奖励】 2020年,推动企业与高校院所等签订产学研合作协议31项,完成登记技术合同286项,累计技术合同成交额17.22亿元。威海光威复合材料股份有限公司的"国产碳纤维复合拉挤集成技术开发及能源领域工程应用"项目获得山东省科学技术进步奖一等奖,是2020年威海市唯一获此殊荣的项目;威海克莱特菲尔风机股份有限公司的"高效、低噪、高可靠性大型轴流风机叶轮关键技术研发及产业化"项目、威海威高血液净化制品有限公司的"纳米可控高通量血液透析膜制备及其滤器产业化"项目分别获得山东省科学技术进步奖三等奖。

【知识产权管理】 2020年,威海高新区专利申请量、授权量大幅度提升,专利申请量达3065件,其中,发明专利申请932件,专利授权量达2204件,其中,发明授权351件,专利申请量、授权量均位居全市第一;累计有效发明专利1649件,位列威海市第一,万人拥有量高达57件,是威海市平均的4倍。新北洋信息技术申报的发明专利"数字图像数据的获取方法及装置"省专利奖一等奖,是威海市首个获得省专利奖一等奖的项目。区内企业威高集团、北洋电气集团、一诺仪器(中国)入选山东专利创新企业百强榜。商标申请338件、注册216件,现有有效注册3080件;软件著作登记102件。获批国家知识产权示范企业3家、优势企业16家,省级知识产权示范企业18家,通过知识产权贯标企业26家。

【科技合作与交流】 2020年,"中国科学院—威高研究发展计划"框架协议按期执行,并积极推动三期协议续签。中科院威高计划按照"两头放开"的政策,面向中科院、高校、医院发布申报指南,确定"脊柱内固定TC4合金侧弯连杆性能提升及产业化"等5个项目获得立项资助。累计投入3.5亿元,资助项目52个,建立了5个高水平研发平台,培育了3个创新团队,12个项目实现成果转化及产业化,累计创造经济效益100多亿元,利税20多亿元。华菱光电在日本设立的海外研发中心于2020年获批威海市离岸人才创新创业基地,旗下的12名资深专家被认定为山东省离岸创新人才。举办"威高杯""北洋杯""光威杯"等专业竞赛。"北洋之星"电子信息及智能制造创新创业大赛累计落地项目26个，其中，泰山产业领军人才工程项目2个，主营业务收入超过2000万元的项目1个。"威高杯"依托全球合作伙伴平台举行了2次网络路演，对接了8个海外项目。"光威杯"发展成为行业内的知名赛事，吸引了全国七大赛区的77所高校、205支团队参赛，评选出31个优质获奖项目。

【科技改革与管理】 2020年，威海高新区承担的科技资源支撑型"国家双创特色载体"项目，通过了财政部、科技部的终期绩效评价，获1000万元最高资金奖励，成为全省唯一一家获得最高资金奖励、足额获得资金总额5000万元的科技资源支撑型双创特色载体，为国家打造"双创"升级版探索出"威海模式"，贡献出"高新区经验"，相关经验做法被省委办公厅《今日信息》刊发。申报的生物医学工程主题行动方案（2020—2021年）获批立项，成功跻身国家"科技抗疫—先进技术推广应用'百城百园'行动"高新区行列。

【战略性高新技术产业发展】 威海高新区坚持以"发展高科技、培育新产业"为中心，强化科技引领，形成了医疗器械及生物医药、电子信息、时尚设计制造、新材料及制品、智能装备制造五大产业集群，为推动经济高质量发展提供了强力支撑。

医疗器械及生物医药产业 以威高集团有限公司、山东吉威医疗制品有限公司、山东大正医疗器械股份有限公司等为龙头，重点打造医疗装备、血液净化、骨科材料、生物疫苗、心内耗材等产品，汇聚了高性能医疗器械创新中心、山东省医疗器械产品质量检验中心等创新平台，血站用品、预充注射器、骨科植入物、药物涂层支架系统等实现国内同类产品市场占有率第一。其中，威高集团有限公司是目前全球品种最齐全、中国最大的医疗系统解决方案制造商，是全国医疗器械行业唯一入选中国企业500强企业，荣获国家工业领域最高奖"中国工业大奖"。

电子信息产业 重点依托美国惠普公司、威海北洋电气集团股份有限公司、威海新北洋信息技术股份有限公司、一诺仪器（中国）有限公司等企业，重点发展新一代信息技术。山东华菱电子股份有限公司是全球第三大热打印头（TPH）研发生产厂商，新北洋是国内最大并掌握核心技术的专用打印机生产企业，产品主要应用于智慧金融、智能物流、智能零售等领域，建有国内最大的智能设备/装备生产基地，可年产热打印头（TPH）2000万支、接触式图像传感器（CIS）500万支、智能设备/装备（整机）120万台、智能自助设备/装备25万台。惠普产业链新引进实施项目4个，总投资3.85亿美元，捷普二期、香港亿和、韩国帝吉可、韩国奎科等实现投产，加速整合东南亚、美洲、广州等国际国内产能，A4打印机出货量增长20%以上，A3智能复合机订单排到2021年底，激光打印机整机产能突破1000万台。产业配套最全、技术水平最高、营商成本最低、具有世界影响力的千亿级激光打印机产业集群正在加速形成。

时尚设计制造产业 以迪尚集团有限公司、威海市金猴集团有限责任公司、威海联桥国际合作集团有限公司等为主体，拥有生产及配套企业50多家，通过实施品牌战略，大力优化产品和产业结构，实现传统产业转型升级。其中，威海市金猴集团有限责任公司是中国轻工业百强企业和皮革行业十强企业第1名；迪尚集团有限公司通过"互联网+"培育发展新动能，运用大数据平台创造出集产品市场反馈、设计、生产和销售为一体的新型产业链，出口产品95%以上属于自主品牌，已在40多个国家注册商标，营销网络遍布欧亚美等地。

新材料及制品产业 拥有威海光威集团有限责任公司、威海中复西港船艇有限公司、威海万丰镁业科技发展有限公司、威海云山科技有限公司等规模以上企业。重点推进高性能碳纤维复合材料、医用高分子材料等领域技术和产品开发。其中，光威集团研发的碳纤维系列渔具及其他制品在国产碳纤维织物、风机叶片用碳纤维预浸料、碳纤维汽车零部件等的产业化进程中有较大突破；万丰镁业拥有国家车轮检测中心，推动镁合金零部件及镁合金材料在航空航天、兵工、军工通信等领域的深加工及产业化。

智能装备产业 以山东海富光子科技股份有限公司、山东未来机器人有限公司、威海华美航空科技有限公司、威海信诺威电子设备有限公司、威海远航科技发展股份有限公司等企业为依托，不断提升工业机器人及系统、潜水机器人、飞行器、智能仪表控制系统、食品原料前处理设备、光纤激光器、3D打印机等领域的研发能力和制造水平。

【创新型科技园区建设】 威海高新区推进"一城三园"建设，促进高新技术产业蓬勃发展。"一城"，即统筹双岛湾科技城和初村科技新城，打造总面积63平方公里的科技创新城，作为威海市"西展"新核心；"三园"，即科技创新城内医疗器械与生物医药产业园、电子信息与智能制造产业园、科技创新园，是全区创新驱动的新高地、集群发展的增长极、产城互动的示范区、三生共融的样板区。医疗器械与生物医药产业园总面积18平方公里，按照"园区共建、平台共享、设施共用"的模式打造，被认定为国家新型工业化产业示范基地、全省优质产品生产基地品牌价值十强第2名。引进和实施项目40多个，总投资200多亿元。汇聚了高性能医疗器械创新中心、山东省医疗器械产品质量检验中心等创新平台。园区建成后各类建筑面积将达到500万平方米，产业规模达到1500亿元以上。

电子信息与智能制造产业园总面积 10 平方公里，获批国家新型工业化产业示范基地、山东省示范数字经济园区、山东省海洋信息技术及智能装备特色产业园。重点打造占地 6000 亩的惠普全球激光打印机基地。引进和实施项目 20 多个，总投资 100 多亿元。建成产业双创示范基地 23 万平方米。园区建成后各类建筑面积将达到 400 万平方米，产业规模达到 1000 亿元以上。科技创新园总面积 10 平方公里，汇聚威海职业学院、山东交通学院、山东药品食品职业学院等高校。建设 36 万平方米的国家（威海）创新中心、24 万平方米的工信部电子信息技术综合研究中心。

【产业技术创新战略联盟构建】 威海高新区围绕产业链部署创新链，通过市场机制有效整合人才、平台、技术、资金等创新要素，加强企业与科研院所及各企业间在技术创新、行业交流、市场推广等方面的合作交流，促进产业关键技术、共性技术的协同创新。截至 2020 年底，全区建有碳纤维及复合材料、医疗器械、纺织服装新材料 3 个产业技术创新战略联盟。威海市产业技术研究院（郭永怀高等技术研究院），建立市场化运营的实体公司，设立 10 亿元专项基金，成立 2 支子基金，推动区域创新体系建设。

【创新型（试点）企业培育】 2020 年，威海高新区入库国家科技型中小企业 260 家，入选威海市"千帆计划"企业 185 家，新增高新技术企业 60 家，总数达到 182 家。威高集团实现营业收入 498 亿元，利润 43 亿元，位列中国企业 500 强第 375 位，获批"医疗器械国家专业化众创空间"，生物疫苗项目成为威海市唯一增补的省重大项目，医用高分子获批国家级单项冠军产品。迪尚集团在疫情中化危为机，累计出口 10 亿支口罩、600 万套防护服，获批省级技术示范企业、入围国家制造业与互联网融合发展试点示范名单。金猴集团获批国家级绿色工厂企业。威硬工具通过了国家两化融合管理体系贯标，联桥新材料、万丰镁业入选国家专精特新"小巨人"企业，天罡仪表等 9 家企业入选省级"专精特新"企业，恒科精工、未来机器人获评省瞪羚企业，金猴等 2 家企业成为省级制造业单项冠军企业，卡尔电气等 2 家企业获批省级技术示范企业。

【技术创新平台建设】 2020 年，引进和创建了威海产业技术研究院、工信部威海电子信息技术综合研究中心、哈工大威海创新创业园、山东大学威海工业技术研究院等重大平台，构建了"1+4+N"的主框架。建有院士工作站 4 家，拥有工程实验室、企业技术中心、工业设计中心、工程技术研究中心等国家级研发平台 10 家、省级 76 家、市级 125 家，其中，国家级平台占全市超过 40%。建成国家级孵化载体 8 家，省级孵化载体 7 家，总孵化面积突破 100 万平方米，在孵企业超过 1000 家。年内威高集团获批全省首家"医疗器械国家专业化众创空间"，药品食品学院"智·健康"众创空间获批国家级众创空间。2020 年，万丰镁业获批本年度威海市唯一一家"山东省镁铝合金材料及应用技术创新中心"。华菱光电、迪尚集团被认定为威海市仅有的 2 家离岸人才创新创业基地。工信部威海电子信息技术综合研究中心、哈工大创新创业园等 6 家单位通过山东省新型研发机构备案。

【重大项目进展选介】

哈工大（威海）创新创业园 由威海市政府、威海高新区管委、哈工大（威海）三方按 4∶3∶3 比例出资建设，市区两级各投入 5000 万元，哈工大（威海）以土地、知识产权等作价入股。创新创业园规划由 12 个专业技术研究院、创新创业基地、创新创业基金、创新创业服务中心组成，总建筑面积 11 万平方米，其中，一期建筑面积 5 万平方米。创业园依托产业优势，吸引院士、首席科学家等国家级科研团队入驻。成立了以院士团队领衔的 10 个产业技术研究院。截至 2020 年底，创业园已孵化 24 家科技型企业，80 多个产品投入市场，2020 年，在孵企业合同额达 4 亿元，其中，由马军院士团队组建的天润生态环境科技有限公司，已签订合同额 1.6 亿元，有望在三年内上市；与威海天力电源科技有限公司合作成立的威海天凡电源科技有限公司，达产后可实现年产值 12 亿元。创新创业园先后获批山东省科技企业孵化器、山东省大学科技园、山东省科普教育基地、山东省新型研发机构、山东省创客之家等。培育高新技术企业 2 家、入选泰山产业领军人才 6 名，50 多项成果实现产业化，集聚各类人才 433 人。

山东省高端医疗器械技术创新中心 2018 年 7 月，由省科学技术厅批复筹建。由龙头企业威高集团牵头，联合八家行业骨干企业，以注册资本 2 亿元共同投资建设山东高创医疗器械国家研究院有限公司作为平台型公司，组建了中国高性能医疗器械产学研创新联盟作为产业技术创新战略联盟。创新中心计划总投资 5600 万元，规划建设周期为 2018 年 7 月到 2021 年 12 月。已购置设备 81 台（套），在研项目 11 个按计划正常推进，完成成果转化 4 项（医用化工原料 1 项，新产品 2 项，产品重大改进 1 项）。创新中心先后引进、培养中高级科研人员 50 余人，提高了团队产品研发和技术转化能力。现有科研人员总数 206 人，其中，高级职称 93 人，博士 25 人，硕士 53 人。

规划建设五大研发平台 植介入医疗器械研发平台、生物医用材料和高值医用耗材医用材料研发平台、生命科技和智慧诊断研发平台、智能医疗装备研发平台、智慧医疗研发平台。

【科技人才管理（含创新人才和创新团队的培育和引进）】 2020年，威海高新区集聚各类人才9万余人，其中，市级以上重点人才工程专家225人，包括全职国家级特聘专家3人、齐鲁杰出人才提名奖获得者1人、泰山系列人才43人、国家省市级有突出贡献中青年专家29人、省级以上留学人员创业启动支持计划11人、国家自主创新示范区"蓝色汇智双百人才"17人、省蓝色产业领军人才团队4个、市人才项目产业工程特聘专家36人，高层次人才数量位居威海市前列。年内荣获山东省人才工作先进单位称号。

（威海火炬高技术产业开发区　闵庆波）

莱芜高新技术产业开发区

【概述】 2020年，莱芜高新技术产业开发区（以下简称莱芜高新区），根据山东省开发区改革方案进行重组整合，由原来的108平方公里整合扩大为116平方公里。全区初步形成了"1+3"的主导产业，即坚持科技引领，重点发展以山东重工为龙头的智能制造与高端装备产业，以莱芜医药产业园和口镇化工助剂产业园为载体的医药化工产业和以山东泰山钢铁集团为龙头的先进材料等三大产业。截至2020年底，莱芜高新区拥有高新技术企业100家，院士工作站11个，省级工程技术研究中心14家，省级企业技术中心31家。全区全年实现工业总产值420亿元，增长4.5%；实现固定资产投资增长10%；完成进出口总额62亿元，增长15%；实现公共财政预算收入增长4%，主要经济指标实现了企稳向好。

【科技计划项目与经费】 2020年初，建立了有70余家企业、150项科技项目的科技发展计划项目储备库，作为全年的重点发展和申报对象。为提升企业自主创新水平，经专家评审，全区27个科技含量高、带动能力强的项目获得区科技创新与发展专项资金项目，共获扶持资金2180万元。为帮助企业进一步提升创新能力，增强创新平台对我区的支撑作用，保证资金的规范有限使用，专门出台了《莱芜高新区加快创新创业助力新旧动能转换若干政策》《促进现代金融产业发展若干财政扶持政策》等政策，对高企、科技创新平台进行支持和保障，奖励了27家高新技术企业，2家省级研发平台企业，奖励资金共计550万元。疫情期间，为了保障企业稳定，减轻企业研发投入压力，根据莱芜高新区实际，专门出台了《关于帮扶区内企业应对疫情共渡难关的十条政策措施》，为195家企业兑现扶持资金4267万元。

落实上级补助资金，组织泰禾、润达、力创、鲁能开源等64家单位申报省级研发补助，享受补助资金共928.67万元。组织金智瑞、春雨节水灌溉、金晟光伏等10家企业报名参加国家创新创业大赛山东赛区个人项目。

【科技成果与奖励】

莱芜高新区综合发展取得新作为　在科技部火炬中心公布的2019年国家高新区总体排名和四个一级指标排名中，莱芜高新区排名第161名，较往年提升了7个位次；在全省开发区综合发展水平排名中，莱芜高新区较往年提升了37个位次，摆脱了全省排名后20%的局面。体制机制改革初见成效，实现了"争先进位"的目标任务，综合发展能力取得新进展。

高企等创新平台建设取得新突破　2020年，莱芜高新区新增高新技术企业34家，历年来增量最多。全年新增各类创新平台和项目19个，中国科协"山东省医疗器械协同创新中心"落户莱芜医药产业园，山歌食及金铸基公司2个实验室被认定为市级工程实验室，黑旋风锯业被认定为市级"一企一技术"研发中心。

企业品牌建设取得新进展　山歌食品、自然旋律入选济南云展览展示交易会"十大品牌"；润达和家企业被认定为省瞪羚企业，1家企业被认定为市瞪羚企业，3家企业被认定为省级"专精特新"中小企业；泰钢集团位列中国民营企业500强第193位、中国制造业企业500强第111位，分别比2019年上升21位和17位。

项目实施取得新成绩　力创公司的智慧水利云平台入选工信部平台创新类示范项目，力创和仕达思公司申报的研发计划项目入选省重点研发计划项目，奔速电梯等企业的3个项目入选济南市企业专利导航项目。泰钢集团的11项技术成果通过评审验收，其中，4项成果达到国际先进水平，5项成果达到国内领先水平，该公司的"推焦车智能化管理"项目被认定为济南市5G产业试点示范项目。

【科技合作与交流】 2020年，制定下发《全区企业科技人才、院校合作情况统计表》和《企业技术难题、技术需求登记表》，通过对区内科技企业进行调研，逐步建立完善科技企业档案，征集企业技术难题60个并编印成册向各大院校推介。

【人才引进】 2020年，莱芜高新区共柔性引进各类高层次人才110多名，其中，"泰山学者"等拔尖人才10名。有1个团队、2人入选泉城产业领军人才支持计划。国家技术发明奖一等奖得主王志强博士领创的"大电量磁悬浮储能飞轮技术"，获得第三届济南新动能国际高层次人才创新创业大赛决赛三等奖。

【高新技术产业孵化园建设】

莱芜高新技术产业开发区高新技术创业服务中心（简称"高创中心"） 2020年，被济南市科技局认定为市级科技企业孵化器，是莱芜高新区坚持创新驱动发展理念规划建设的公共创新平台。高创中心重点引进智能制造、新材料、互联网＋等新兴产业的高层次创新创业型人才、高科技企业和研发机构。目前，高创中心建设了中关村山东区域中心、众创空间、山东省金属新材料协同创新研发中心、中关村Makebator智能制造创新中心等多家科研机构。其中，众创空间经过近几年的发展，在软件、硬件、管理、服务等方面日趋完善，目前已入驻项目21家，累计入驻80余家，众创空间对入驻项目进行3—6个月的苗圃孵化，开展创业培训、高层次的IT培训、政策咨询、创业项目的引进等工作，积极推动创业项目落户高创中心，加快项目聚集促进项目产出，为创业青年提供了完善的创新创业平台。

山东重工绿色智造产业城 该项目是全省新旧动能转换重大项目，规划总占地面积30.52平方公里，计划总投资1535亿元，建设周期5—8年，规划布局智能网联重卡、智能叉车、挖掘机、特种车、乘用车等整车整机项目，并招引上下游高端配套企业入驻，构建"汽车零部件＋整车＋物流"全产业链条。按照产城融合发展理念，着力构建现代化综合交通、能源供给、智慧城市等配套体系，并逐步健全完善商务、文化、休闲等服务功能，打造"产业、科技、城市、生态、人文"和谐共生的现代化新城，为济南市乃至全省加快新旧动能转换、实现高质量发展提供强劲动力。项目全部达产后，预计年可实现产值3000亿元，缴纳税金200亿元。

莱芜医药产业园 是济南市十大千亿级产业集群的重要组成部分，与济南药谷优势互补，协同发展，成为"康养济南"的重要产业支撑，是区委区政府围绕"生态立区、实业强区"，建设省会副中心，打造南翼增长极，优化产业升级，加快培育发展新动能，重点打造的战略性新兴产业。2016年度启动建设医药产业园孵化园区，整个项目占地462亩，总投资15亿元，建筑面积50万平方米。目前孵化园一期16万平方米厂房已基本满格入驻，二期8万平方米厂房、质检楼，入驻率已达75%；10万平方米的医药研发大厦、综合服务大厦正在进行装修施工，即将投入使用。园区现已入驻企业34家。其中，2020年，入驻企业4家：分别是博科科技、博科机器人、半亩花田、瑞迈特，已正式投产的企业22家，2020年实现产值8亿元，纳税1300万元。园区产业特色鲜明，目前已形成生物医药、医疗器械、现代中药、保健品化妆品、防疫防护五大产业板块。

口镇化工助剂产业园 2019年6月26日，经省政府批准设立，是以减水剂为主导产业的专业化工园区。规划范围为：东至莱明路、西至珠海路、北至济青高速、南至汇金路，面积2平方公里，现有空地969亩。园区内现有化工企业6家，2020年实现主营业务收入6.95亿元、利税9952万元。

【重大项目进展选介】

智能网联（新能源）重卡 由中国重汽集团卡车股份有限公司投资建设，占地3106亩，总投资150亿元，其中，一期投资86.976亿元，年计划投资19亿元。主要建设总装车间、焊装车间、底盘联合车间、纵梁加工车间等现代化标准车间及配套设施，购置生产、研发、检测等设备608台（套），总建筑面积约100万平方米，全力打造年产16万辆智能网联（新能源）重卡生产基地。该项目是济南市打造黄河流域先进制造业中心的重要支撑，项目涵盖车架生产、车身冲压、焊装、涂装、整车装配等，产品在制造水平上与国际先进水平同步。一期项目于2020年2月12日正式开工建设，抢进度、保工期、抓质量，高水平建设完成38万平方米车间，11月19日第1辆新能源重卡正式下线，创造了"当年开工、当年建设、当年投产"的"重汽速度"。二期项目于8月17日正式开工建设，目前正在全速推进。项目全部建设后，年可实现销售收入577亿元，利润22.4亿元，安置就业1.5万人。

普兴耐火材料生产基地 位于泰山路以东，维达纸业以南，总占地208亩，计划总投资8亿元。项目由济南峨嵋冶金材料有限公司投资建设，规划建设生产车间、研发中心、办公楼等设施15万平方米，主要研发生产冶金行业炼钢用高性能滑动水口及不定型耐火材料。公司拥有专利30余项，其中，发明专利4项、实用新型专利18项。项目与国内东北大学、武汉科技大学、西安建筑科技大学等各大院校联合开展产学研合作。项目采用先进的生产设备，采用成熟的生产工艺方案，购置先进的冷加工设备（车床、磨床、铣床）等设备，取消了传统的原材料，比同行产品节能10%～15%，年节约能源1400吨。项目安全系数高、使用寿命长，产品除供应莱钢、日钢、沙钢等国内40余家大中型钢铁企业外，还出口意大利、俄罗斯、印度、哈萨克斯坦、土耳其等其他国家和地区。

登胜药业 山东登胜药业有限公司成立于2018年2月1日，位于山东省济南市莱芜区莱芜医药产业园内，是一家主要从事医疗器械和耗材的集研发、生产、销售为一体的多元化、高科技国际型集团企业，拥有国家专利局登记注册的四十多项实用新型专利及发明专利，年销售收入1.2亿元，现有职工300余人。目前公司的主要产品有登胜牌活性炭创可贴、医用退热贴型、旋启式酒精消毒棉棒、医用棉球碘伏棉、棉签、一次性医用口罩、甲壳素湿巾、银离子卫生巾、远红外理疗贴、冷敷凝胶等，获得多个独家专利证书。

泰嘉新材料科技（简称"泰嘉科技"）是由山东泰山钢铁集团有限公司、齐鲁财金投资集团有限公司、广东宝嘉科技有限公司共同打造的国内一流的现代化不锈钢冷轧企业，是泰山钢铁集团延伸不锈钢产业链条，打造高端不锈钢精品基地的重点项目，是2020年山东省新旧动能转换重大项目库首批优选项目。项目投资30亿元，主要设备有推拉式热酸洗机组、连续退火酸洗机组、准备机组、18辊冷连轧机组、退火光亮机组、平整机组、一条修磨抛光机组、三条重卷机组及其配套的公辅配套设施，年产不锈钢冷轧板80万吨。项目由中冶南方技术总承，引进比利时DREVER退火炉和德国UVK酸洗工艺，配备了武汉乾冶森吉米尔轧机、美国IMS测厚仪、德国安德里茨板形仪和西门子控制硬件等先进设备，主要生产400系和300系、宽度规格为850～1350mm，厚度规格为0.25～2.5mm的高端不锈钢冷轧产品，产品表面等级可达到2B板、HL板以及光亮镜面板标准，广泛应用于汽车制造、家用电器、食品医疗、化工环保、轻工机械、建筑装潢、厨房用具等领域。

（莱芜高新技术产业开发区 张伟杰）

临沂高新技术产业开发区

【**概述**】 临沂高新技术产业开发区（以下简称临沂高新区）位于市城区西南部，始建于1992年10月，2011年6月升级为国家级高新区，是全国革命老区中第1家国家高新区。2020年，实现地区生产总值95.4亿元，同比增长4.1%；实现工业总产值146.93亿元，同比增长15.5%；实际利用外资7212万美元，同比增长102.4%；全社会研发经费占比4.4%；净增高企42家，总量达到105家；科技创新助推经济社会高质量发展的战略支撑能力显著提升。

【**科技计划项目与经费**】 2020年，临沂高新区出台了《关于打造创新创业和对外开放高地促进高质量发展的十条措施（试行）》政策文件，在高企认定、专利奖励、创新平台、科创板上市等方面给予企业全方位支持，为企业创新发展提供完整"政策链"。2020年，集中兑现区级政策奖励1.22亿元，惠及企业700余家（次），打造了政策供给的洼地、营商环境的高地，形成了集聚创新资源的"强磁场"。2020年，组织申报市级以上科技项目60项，获得立项11项，其中，国家级1项、省级3项、市级7项，共获得资金扶持525万元。通过国家级电子元器件火炬特色产业基地复审，获批2020年海智计划助力活动扶持资金25万元，1家企业入选"科技助力经济2020"重点专项。

【**科技成果与奖励**】 2020年，临沂高新区有30家企业46项目科技成果通过市级科技成果评价。其中，20项成果达到国内先进水平，16项达到省内领先水平，10项达到省内先进水平。山东精创磁电产业技术研究院有限公司研发的"基于SMC材料的新型轴向磁场永磁无刷电机"项目，通过了中国电工技术学会科技成果鉴定，填补了国内空白，整体技术达到国际先进水平。山东春光磁业有限公司"无线快充用高Bs、宽温、超低功耗铁氧体隔磁片材料"项目，获山东省科学技术进步奖三等奖。此外，18项科技成果荣获市科学技术进步奖。

【**知识产权管理**】 截至2020年底，临沂高新区累计有效发明专利633件。知识产权保护意识不断增强，成立临沂高新区知识产权调解委员会，累计处理知识产权投诉3起。山东龙立电子有限公司"可在水下带电插拔的充油插孔"、中拓生物有限公司"一种谷胱甘肽还原酶测定试剂盒及其制备方法和应用"两项专利分别获临沂市专利奖二等奖、三等奖。山东亚泰新材料科技有限公司"一种快速家装高强度铝合金幕墙装饰板"项目、临沂高新区鸿图电子有限公司"制动磨损报警传感器系统的产业化应用"项目，获评2020年临沂市专利实施计划项目。

【**科技合作与交流**】 临沂高新区坚持科技创新的核心地位，不断创新科技合作方式、深化合作内容，开展国际国内技术对接、举办交流活动，推动产学研合作纵深发展。

国内产学研合作　以企业技术需求和人才需求为导向，积极与国内高校、科研院所进行对接交流，开展产学研深度合作。截至2020年底，共有400余家企业开展了多种形式的产学研合作，山东博胜动力科技股份有限公司与山东大学、齐鲁工业大学联合开展的"智能新能源园林机械"项目，针对智能新能源园林机械的锂电池及其管理系统进行关键共性技术攻关，开发出多品种智能新能源园林机械，引领和推动我国园林机械行业的发展。

国际科技合作　临沂高新区积极融入"一带一路"建设，推动区内企业引进国际先进技术，提升产品核心竞争力。目前，与德国SISY技术解决方案有限公司、日本室兰工业大学、白俄罗斯国家科学院材料科学与应用研究中心、印度安娜大学等国外高校、科研院所建立了良好的国际科技合作关系，开展国际合作项目10余项。其中，临沂高新区鸿图电子有限公司与德国SISY技术解决方案有限公司联合开发的"汽车传感器新一代控制单元""高温报警系统"，获得两项发明专利，技术水平国内领先。

科技交流活动　2020年10月29日，临沂高新区承办山东省第十一届海洽会"留学英才沂蒙行，助力高新科技城"人才对接活动，有4名高层次人才同区内企业签约，7名高层次专家进行项目路演；11月26—28日，临沂高新区采用"线上＋线下"的方式承办第二届磁电产业国际峰会、数字临沂创新发展大会活动，邀请美国工程院院士、全球超级计算机专家陈世卿，工业和信息化部电子科学技术委员会副主任兼秘书长莫玮等国内外专家学者参会并发表演讲，9家企业现场签订战略合作协议。

【体制机制改革】　2020年，临沂高新区抢抓开发区体制机制改革机遇，按照市场化改革取向和去行政化改革方向，最大限度激发行政效能和市场活力。区直部门实行"9+1"，创新实现了扁平化管理。单独设立科技管理部门，配齐配强科技创新工作力量。新组建了3个产业服务中心，承担镇街范围内经济发展职能。成立了未来科技城等4个集团和科创服务、龙软信息2个转制公司，"管委会＋公司"的构想走向了实体。打破身份界限，选人用人由"伯乐相马"向"赛场选马"转变，先后开展4轮公开竞聘、2轮双向选择、2轮公开选聘，激发干部队伍活力，让能者上、平者让、庸者下成为常态，充分调动了各级干部的积极性，发展活力得到充分释放。人民日报、科技日报等媒体就我区机制改革典型经验进行深入宣传报道，改革成果得到各界充分认可。

【战略性高新技术产业发展】　截至2020年底，临沂高新区净增高新42家，总量达105家，同比增长66.67%，数量位居临沂全市开发区第一。高新技术企业中，新三板及地方四板挂牌企业7家，规模以上企业36家，高新技术企业营业收入达149.34亿元，同比增长66.67%，其中，营业收入2亿元以上的企业12家。磁电、数字经济两大产业的集群规模和发展质量提升，先后引进汉光电缆、金霖电子、丑牛网络等科技项目50余个。中瑞电子建成省内首个5G智能制造工厂，阿帕数字"物流大数据分析与应用平台"成功获批国家级大数据产业发展试点示范项目，润通科技搭建的"生态文明建设智慧大脑云平台"为临沂市环保在线监测提供技术支撑并在全国10多个省市推广应用，创新型产业集群辐射带动能力持续提升。

【技术创新服务平台建设】　临沂高新区聚焦企业创新平台建设，2020年，新获批省级新型研发机构2家，省"一企一技术"研发中心2家，省工程研究中心和省企业技术中心各1家，获批市级重点实验室等市级创新平台32家。聚焦公共服务平台建设，在大力建设科技企业孵化器、加速器基础上，联合临沂大学规划建设临沂大学科技园。组织编制临沂高新技术产业研究院发展规划，开展筹建工作，着力打造产业技术研发和科技成果转化的公共服务平台。

【重大项目进展选介】
基于人工智能的电子元器件智慧工厂关键技术研发及产业化　该项目由山东中瑞电子股份有限公司牵头、与同济大学等单位共同承担，被列入山东省重点研发计划重大科技创新工程项目，该项目主要围绕电子元器件智能制造生产线与大规模个性化定制工业互联网平台建设，开启电子元器件柔性自动化生产新模式。目前，已完成33条智能制造生产线建设，完成4种核心工业软件开发，申请专利16件。项目实施后，整条电感产线产出速率达到720件／小时，生产效率提升50%，每条生产线平均节省人工50人左右，产品不良率由80ppm降至20ppm，新产品研制周期缩短5天，交货周期缩短46天。

智能新能源园林机械的研发及产业化　该项目由山东博胜动力科技股份有限公司牵头，与山东大学、齐鲁工业大学、临沂创冠金属制品有限公司等单位共同承担，被列入山东省重大科技创新工程项目，该项目主要围绕智能新能源园林机械的锂电池及其管理系统、智能感知与控制系统等关键共性技术进行攻关，引领和推动我国园林机械行业发展。采用物理气相沉积技术，开发专用涂层刀具，涂层厚度、硬度、寿命等指标达到国际先进水平。项目现已申请发明专利5件，授权实用新型专利3件。

【科技人才管理】　临沂高新区结合山东省开发区体制机制改革，抢抓机遇，主动作为，首创人才工作办公室、人力资源社会保障服务中心合署办公方式，在山东省首创国有资本控股、优势民营资本参与组建临沂高新人才发展集团方式,推进全区人才工作以高层次人才为主,转向"初、中、高"并重、"引、育、留"协同,人才工作市场化迈出坚实步伐。与临沂大学建立全面战略合作,共建临沂大学科技园,挂职科技副职、科技副总、创业博士10多人。入选区级人才26名,市级以上人才11名,其中,泰山产业领军人才蓝色专项连续两年全市唯一,获批省第三届高层次人才创业大赛优胜奖、培育人选共3人,入围留学人员来鲁创业启动支持计划2人、包揽临沂市名额。高标准规划打造科技人才港片区,科学布局生产、生活、生态三大空间,建设科技大厦、精品人才公寓、院士楼,打造科技人才高地和创新创业生态廊道。

(临沂高新技术产业开发区　唐信胜)

德州高新技术产业开发区

【概述】 2020年,德州高新技术产业开发区(以下简称德州高新区)实现地区生产总值64.96亿元,同比增长9.62%,工业总产值246.53亿元,同比增长26.00%,营业收入248.54亿元,同比增长23.46%,高新技术产业产值占工业总产值的比重为51.3%。

【科研计划项目与经费】 承担省级以上重大科技项目7项,其中,国家十四五重点研发计划项目子课题1项;省重大科技创新工程1项;保龄宝森茂治、法博士生物法月萍均获泰山产业领军人才工程项目。已帮助晨旭、广博、浩阳、汇嘉等企业申请科技成果转化贷款4000万元。

【科技成果与奖励】 获批市级以上科学技术奖12项。其中,国家科学技术进步奖一等奖1项(通裕重工高品质特殊钢电渣重熔项目)、国家科学技术进步奖二等奖1项(保龄宝玉米精深加工关键技术创新与应用项目),德州市科学技术奖10项,并已推荐松果新能源申龙福申报齐鲁友谊奖。

【知识产权管理】 成立知识产权非诉机构3家;8家企业获批10笔质押贷款9500万元;获省市奖补资金243.4万元,德州第一;成功申请地理标志2件,马德里商标国际注册1件(百龙创园),通过知识产权"贯标"认证3家。2020年,企业共申请发明专利123件,授权发明专利60件,拥有发明专利总量达到356件。

【科技合作与交流】 举办首届泰山人工智能产业大会、功能糖产业发展论坛,邀请郑裕国院士等10余名专家作学术报告。举办首届高层次人才创新创业大赛,遴选支持16个优质项目,共给予项目补助、厂房补贴330万元。建成大院大所分支机构40余家,多家企业与高校院所建立合作,2020年,一系列重大创新成果转化实施,国晶新材料与国防科技大学合作的柔性屏(OLED)蒸镀器项目,已应用于京东方柔性屏生产,整体技术国际领先;保龄宝和中国食品发酵工业研究院共同实施的赤藓糖醇项目,提升了企业核心竞争力。

【创新型(试点)企业培育】 落实《山东省科技型企业梯次培育三年行动计划(2019—2021年)》,加强科技型企业培育,出台《关于加强高新技术企业梯次培育的实施意见》,2020年,高新技术企业达到30家,新增9家,特别是禹泽药康、东瑞生物2家企业通过高企认定,实现了理想空间孵化器内高企零的突破;国家科技型中小企业达到37家,同比增长61%。

【技术创新服务平台建设】 实施一企一平台计划,提高规模以上企业研发平台数量,切实夯实企业研发基础。2020年,德州高新区新获批市级以上创新平台16家,其中,省级4家,分别是省级高层次人才工作站1家,省级新型研发机构3家;市级12家,分别是市级工程技术研究中心5家、市级重点实验室1家、市级企业研究生工作站6家。

【高端人才引进】 召开人才考核推进会议3次,对接高层次人才65名,申报泰山产业领军人才2名、省聘任院士2名、留学人员回国创业奖和来鲁创业支持计划各1名、齐鲁首席技师1名、德州市"假日专家"15名。截至2020年底,区内共引进培养高层次人才172人,其中,泰山产业领军人才14人、享受政府特殊津贴专家9人、省聘任院士3人、齐鲁系列人才22人。

【科技人才管理】 提升现有人才公寓管理水平,入住120多名专家人才。总投资15.7亿元建设35.7万平方米"四海汇"才智社区,顶尖人才"一事一议",其他人才最高给予50万元购房补贴。对创业项目给予优先保障，连续第 6 年召开科技人才大会，发放奖补资金 2200 万元；设立"人才贷"风险补偿金，向 3 名高层次人才发放 1050 万元信用贷款。安排 53 名人才"服务专员"，项目初期做保姆、创业之中做助理，为人才提供"一对一"服务，协调解决人才安家落户、子女入学等问题 20 余项。

（德州高新技术产业开发区　高　鹤）

东营高新技术产业开发区

【概述】 2020 年，东营高新技术产业开发区（以下简称东营高新区）实现地区生产总值 84.91 亿元，同比增长 9%，"四上"企业实现营业收入 89.94 亿元，规模以上工业总产值 147.51 亿元，同比增长 8.94%，完成固定资产投资 25.09 亿元，完成一般公共预算收入 5.37 亿元，同比增长 10.86%。高新技术产业产值占规上工业总产值的比重在 90% 以上。

【科技计划项目与经费】 2020 年，承担省级以上科技项目 1 项，海科新源"高选择性合成一缩二丙二醇产品的研发及产业化"获 2020 年度中央引导地方科技发展资金项目立项，获资金支持 200 万元；科瑞"一体化智能石油钻井装备技术研究及产业化"、德仕"海上油田提高采收率用表面活性剂体系研究与应用"、恒鑫"重型燃气轮机单晶空心涡轮工作叶片控形关键技术研究"三个省重大创新工程项目顺利通过年度绩效评价；胜机石油装备、双益电气等 4 家企业获 2020 年东营市应用基础研究项目立项；德仕、广域、海森等 31 家企业获山东省企业研究开发财政补助资金共计 1094.98 万元。

【科技成果与奖励】 2020 年，东营市福利德石油科技开发有限责任公司完成的水驱油藏闭环智能生产优化与调控技术及工业化应用项目获山东省科学技术进步奖一等奖。推荐 9 家科技型企业申请了科技成果转移转化贷款补偿资金，帮助企业落实贷款 9450 万元。评价科技成果 10 项，6 项达到国际先进水平，4 项达到国内领先水平。实施科技创新券制度，创新政策扶持方式，实现由"事后奖励创新变为事前引导创新"，兑现首期科技创新券资金 177 万元。

【知识产权管理与服务】 2020 年，东营高新区授权发明专利 69 件、同比增长 86.49%，实用新型 567 件、同比增长 86.51%。积极引导有融资需求企业开展专利质押融资工作，解决企业融资困难，10 家企业通过专利权质押获得融资共计 8726 万元。做好企业知识产权管理规范认证工作，胜机、广域 2 家企业通过知识产权管理体系认证。协助 19 件发明专利和 1 件 PCT 专利办理省级专利创造资助资金，获得资金 4.8 万元。开展高价值专利培育，永利精工公司获得山东省专利二等奖 1 项，海科新源入选第二十二届中国专利奖山东拟推荐项目 1 项。

【科技改革与管理】 实施科技创新券制度，创新政策扶持方式，引入 32 家科技中介机构到东营高新区备案服务，为企业开展创新活动植入了"外脑"。兑现首批科技创新券资金 177 万元。探索"从单纯支持企业发展向支持创新全要素发展"转变，梳理分解省、市现有科技、人才政策盲点，按照"创建引领、注重平台、差异激励"的原则，出台了《东营高新区支持企业创新发展的实施意见》，涵盖完善科技企业服务体系、加强创新平台建设、促进企业知识产权认证、支持企业提高研发能力等方面，以前所未有的优惠政策对企业科技创新给予全方位支持，实现了园区"产学研金服用"创新要素全覆盖、全支持。政策实施以来，新增高新技术企业 20 家、院士工作站 4 家、省工程实验室 2 家。

【探索油地校协同高效一体化发展模式】 联合胜利油田、中国石油大学胜利学院、行业龙头企业围绕石油技术与装备产业，联合打造集"政产学研金服用"一体的创新创业共同体单位——东营石油技术与装备产业研究院，依托东营高新区石油技术与装备产业资源，以产业发展需求为导向，以石油工程科技进步为牵引，以开拓市场、突破技术、培养人才为突着力点，整合石油技术与装备全产业链条，为企业搭建平台、提供服务，推动产业转型升级和高质量发展。组织开展技术交流、人才培训、政策宣讲等活动 10 余场次，并与胜利采油厂正式签订战略合作协议，在区块开发、专家合作、项目申报等领域达成战略联盟，携手打造"1+1+N"创新合作新模式，赋能油田开发和高新区企业高质量发展。联合中石化胜利石油工程公司共同打造胜利工程高端装备产业基地，依托本地企业利丰石油装备公司，整建制引进油田二级科研单位——测控技术研究院,并针对性引进钻井工艺研究院部分科研单位和全部中试产业项目。项目占地64亩,总建筑面积2.6万平方米,引进科研人员270余人,其中,副教授级以上高工50余人,引进省级以上研发平台3家,各类实验、检测仪器设备220余台。项目创新了地方企业出资搭建平台、油田科研机构拎包入驻的新模式,畅通了油地人才科技合作的新路径,解决了油田进人难、企业创新难问题,实现油地深度融合、研发产业贯通,推动创新链、产业链、价值链"三链融合"。

【创新型科技园区建设】

开发区体制机制改革 完成了"管委会+"体制的构建、机构设置、领导班子配备、全体人员选聘等各项重点任务,制定出台《东营高新区机关工作制度汇编》《东营高新区绩效考核办法(试行)》《东营高新区薪酬管理办法(试行)》等一系列制度办法,健全完善了胜园街道权责清单、国有企业运行规则、重点项目评审及推进等各项制度,重塑内部管理机制,完善外部协同机制。高新区党工委、管委会列为东营市委市政府派出机构事宜得到省委编办批复,东营市、区分别出台《关于支持东营高新技术产业开发区高质量发展的意见》,在深化体制机制改革创新方面赋予了东营高新区更多的权限、更大的空间、更优的政策,为下步实施更大力度的改革全面赋能。

国家高新区创建工作 山东省政府、科学技术部已将东营高新区创建列入"省部会商"重要内容予以支持。2020年,东营高新区在市、区领导带领下先后15次赴科技部、省科技厅专题汇报创建工作。现场迎检稳步推进。邀请北京长城战略研究所专家来高新区就国家高新区创建进行专题辅导。东营高新区迎检展厅及沿线氛围打造,胜利大学生创业园等国家级孵化平台,科瑞、德仕等龙头企业考察准备工作有序推进。

【创新型(试点)企业培育】 2020年,首次申报高企17家,到期复审高企11家,全年新增高企数量20家,高企总数达57家。新入库国家科技型中小企业62家,新备案东营市科技型企业46家,成功申报省级"专精特新"企业6家、省级高端装备制造业领军(培育)企业1家、瞪羚企业1家、市级专精特新企业4家、市级高成长型中小企业重点培育企业9家。

【技术创新服务平台建设】 新增德仕、万邦、金亿来、三和院士工作站4家,实现东营高新区院士工作站"零"的突破。深化与西安管研院合作,签订《共建管研院东营分院合作框架协议》。新增省工程实验室2家、省企业技术中心1家、市创业创新共同体1家、市重点实验室7家、企业技术中心1家、工程实验室5家、专家服务基地2家,引进院士工作站1家、省工程技术研究中心1家、省工程实验室1家,建设石油大学(华东)研究生实践基地1个。海科新源进入省技术创新中心实地考察,广域、德仕进入东营市第一批省级博士后创新实践基地备案单位名单。东营高新区省级专家服务基地2020年度考核进入优秀等次。

【重大项目进展选介】

山东科瑞机械制造有限公司一体化智能石油钻井装备技术研究及产业化 项目总投资1亿元,主要进行智能石油钻井装备总体方案设计、智能钻井工艺技术研究、钻机智能化和自动化关键装备研发、一体化实时智能钻井技术研究等方面科研攻关。2020年,已完成井筒随钻信息平台、井筒实时优化控制工艺技术、动力猫道、智能软泵控制系统等研发工作;完成井筒工况随钻识别系统方案设计、产品试制、改进升级。

德仕能源科技集团股份有限公司海上油田提高采收率用表面活性剂体系研究与应用 项目总预算1500万元,该项目围绕海上油田提高采收率的重大需求,以形成驱油用抗盐表面活性剂的结构设计、合成、复配及产业化综合配套技术为总体目标,开展耐盐表面活性剂分子设计与合成、复配体系的建立、产品性能评价、中试及产业化等方面的研究工作。2020年,已完成表面活性剂结构与性能的关系表面活性剂抗盐机制、新型表面活性剂合成路线的优化等研究,形成抗盐系列的阴—非离子表面活性剂强化体系,项目进入中试阶段。

【科技人才管理(含创新人才和创新团队的培育和引进)】 组织39人申报市级以上人才工程。其中,泰山产业领军人才成功入选战略性新兴产业类1人,省"外专双百计划"入选团队1个,黄河三角洲产业领军人才入选3人,市有突出贡献的中青年专家入选1人。推荐1人申报国家级技能大师。推荐5家企业申报省"千名博士进企业"行动岗位。举办东营市首届油地校创新创业大赛、东营市"十校(所)百企"科技成果直通车、东营区第九届石油装备职业技能竞赛、西安电子科技大学产学研合作校企对接会等招才引智活动20余场次,邀请南京工业大学校长乔旭、国家重点人才工程人选肖加奇等20余名高精尖缺人才到高新区对接交流,引进副教授及以上高层次人才22人。筹建东营高新区人才公寓80套,配套出台《东营高新技术产业开发区人才公寓租赁管理办法》,为大专以上人才提供住房保障,相关信息被《大众日报》《东营日报》等媒体报道。

(东营高新技术产业开发区 刘燕红)

日照高新技术产业开发区

【概述】 2020年，日照高新区紧紧围绕新旧动能转换、创新型城市创建、科教改革攻坚等省、市重大发展战略，坚持以习近平新时代中国特色社会主义思想为指导，将重点在优化科技创新环境、推动科技经济紧密融合、促进产业创新转型升级等方面加大工作力度，全区科技创新工作呈现稳步快进的良好局面。截至2020年底，全区在册市场主体总量达到9238家，现有高新技术企业96家，规模以上工业企业153家，上市挂牌企业73家，收入超亿元企业57家，实现规模以上工业总产值1148.70亿元。

【科技计划项目与经费】 科技项目申报方面，注重引导企业开展研究开发工作。深入企业宣传研发经费加计扣除、市科技大平台研发投入提报录入等工作，鼓励和引导企业不断加大研发投入，支持企业建设研发机构，加大新产品、新技术、新工艺研发力度。2020年，日照心脏病医院获山东省自然科学基金扶持；科技经费扶持方面，贯彻落实《山东省企业研究开发财政补助资金管理暂行办法》《日照市科技创新扶持政策》等相关政策文件，对企业研究开发、先进技术引进、成果转化、创业补贴等给予资金扶持。2020年获省级企业研究开发财政补助资金1302.8万元，规模以上企业提报研发经费4.66亿元，同比增长27%。

【知识产权管理】 开展"春笋行动""专利清零行动"，增强知识产权创新水平，对11家具有创新潜力的企业制定培育计划，进行精准帮扶，建立工作台账，分块进行，逐户实施，山东奥莱电子科技有限公司等5家企业已实现零突破；深入辖区50多家企业开展知识产权助企大走访，推荐山东迈尔医疗科技有限公司申报的"3D打印义齿专利导航"项目入围2020年山东省专利导航暨专利信息利用项目（第一批）名单；贯彻落实新修订的《日照市市级品牌建设资金管理办法》，发放专利资金奖励23.2万元；加大知识产权质押融资，掌握10家具有融资需求企业的基本情况，山东领信信息科技股份有限公司已完成专利质押，获得1000万元的贷款支持。

【科技合作与交流】 与山东大学、武汉大学、哈工大等8家国内外高校院所建立密切科技合作关系，合作共建山大日照职能制造研究院、武汉大学日照信息技术研究院等6个公共服务平台，"立足高新、服务全市"的产业技术创新中心、科技创新中心、新一代信息技术产业园、高新智慧谷等13个自建创新创业载体拔地而起。其中，在高新智慧谷先后投入1.8亿元，建设面积8200平方米的研发中心，集中入驻了6所一流高校院所，汇聚66名院士、长江学者等顶尖人才，旨在面向全市企业需求，搭建综合性产业技术研发公共服务平台，促进院校专业智力资源与全市产业发展紧密结合，目前已与80余家企业建立了科技合作关系，协同申报各类科技、人才项目50余项。高新区规上工业企业和高新技术企业与国内外70余家院校、人才团队开展合作，规上工业企业合作率达到了33%，高新技术企业合作率达79%。

【科技改革与管理】 成立全区经济运行重点领域包保工作小组，配备驻厂联络员，分类指导、靠上服务，严格落实各项减税降费、利率优惠等政策，梳理编印《应对疫情中央及地方支持性政策汇编》，争取上级专项资金2234万元。研究制定"小微保""三农保"等9大担保产品，组织3次银企座谈会，协调解决科创中心、中兴汽车等企业急需资金1.2亿元；设立纾困基金1500万元，为防疫物资生产企业全额贴息；协调日照银行、建设银行等金融机构，帮助20余家企业协调银行贷款1.24余亿元，为企业贷款争取中央财政贴息91万元。组织申报、争取地方政府专项债券项目5个，到位资金10.7亿元。

【战略性高新技术】 突出"高新"特色，创新招引体制，围绕"3+1"发展产业，设立高端装备制造、新一代信息技术、生命大健康和现代服务业4个招引专班，构建"1+4+N"招引工作体系。疫情期间，探索创新"线上+线下""屏对屏+面对面"工作方法，组织参加7次网络集中签约仪式。2020年，日照高新区共有新洽谈项目194个，计划总投资550.75亿元；拟在建重点招商引资项目34个，计划总投资237.45亿元，已到位内资21.12亿元，实际利用外资1.47亿美元。

【高端智能装备制造】 普拉沃夫传统机械零部件类研发制造项目新上各类生产和检测设备70台，采用国内同类产品先进的制造技术工艺，建成后年产各类传动机械零部件 15 万件；欧仁环保装备制造项目购置生产设备数控机床、CNC 加工中心等，可加工生产生物转盘污水处理设备等环保设备；高新科技装备产业园项目在植入新产业的同时，配套相应商业、教育等设施，实现集生产、文体、运动、休闲、广场活动、商业流通为一体的商贸、文体运动城市，打造集"新生态、新生活、新产业"于一体的产城融合示范区。

【新一代信息技术】 日照数字创意产业园项目，整合中国传媒大学的行业优势和"天河"超级计算机的资源优势，建设"互联网＋文化创意＋金融"的新型文创服务平台，建设一个国内规模最大、产业链最完整的视频制作生产基地；卓晶微半导体测试及半导体装备研发制造项目购置生产 CNC、精雕机、测试设备等，建成后年可加工生产自动化机器人 1500 台、焊接机器人 50 台。

【生命大健康】 山东智品产业发展有限公司生物技术推广服务项目购置相关设备研发设备、实验设备 100 台（套），主要用于生物技术推广服务；华魁复合人工骨及高值医疗器械研发生产项目主要建设核心原料生物活性玻璃生产和终端高值医疗器械产品生产基地，拟投资 3.6 亿元建设生物活性玻璃和生物活性有机－无机复合人工骨生产基地、研发中心并扩大生物活性玻璃和生物活性有机—无机复合人工骨产能及产品种类。

【技术创新服务平台建设】 2020 年，新认定省级新型研发机构 3 家、省级工程实验室 3 家、院士工作站 1 家、省级企业技术中心 1 家、省级企业技术中心 1 家，省以上平台总数达到 47 个；积极探索"企业出题、院校出智、政府出资"的产学研合作机制，中科院化学所成果转化基地、武汉大学日照信息技术研究院、北京工商大学日照研究院确定落地；推动"城市＋大学"融合发展，与日照职业技术学院合作落地了数字影视创意产教园；电子信息产业园获批"省级示范数字经济园区（试点）"，"国家火炬日照高新区智能农机装备特色产业基地"正式获批国家火炬特色产业基地，为山东省唯一。

【重大项目进展选介】

飞奥航空小型航空发动机项目 项目计划总用地 55 亩，计划投资 2 亿元，将建成年产大于 12000 台小型航空发动机先进生产线以及独立专业车间、高空模拟实验室、航空文化展厅、研发试验中心、试飞场、机库、专家楼等。项目建成后将打破欧美国家技术和贸易壁垒，取代同级别的进口发动机，填补专业小型航空发动机空白。预计项目全部达产后，将实现年产值 3 亿元，税收 1500 万元，新增就业 200 余人。

国家级医疗器械（防护用品）应急产业园 项目以日照三奇医疗卫生用品有限公司为龙头，建立国家医疗器械质量监督检验中心；国家医用防护用品公共技术研发中心。建设新型医用材料产业区、疫苗制剂产业区、高端医疗器械产业区、生命健康产业区、应急医疗器械储备区、装配式模块化应急发热门诊新材料研发、GMP 车间等标准化厂房和生产配套设施；建设园区道路及水电气、污水处理站等基础设施。立足打造国家处置突发事件综合平台，构筑集防护、诊断、疫苗等为一体的国际特色医疗产业体系，打造国家应急产业示范基地和国家应急物资储备基地。

民用航空飞行模拟机研发生产及培训基地项目 项目总投资 5 亿元，总建设用地面积 50 亩，拟建设飞行模拟机研发生产及培训基地，研制具有完全自主知识产权的空客、波音、C919 系列飞机 D 级飞行模拟机，实现模拟机设备产业化和国产化，作为"硬科技"突破国外垄断实现进口替代，为提升我国民航培训能力，增强民航竞争力，提升民航运行安全等打下技术基础。该模型机可覆盖 90% 以上的飞行训练科目，是目前最先进、完整的飞行员训练设备。

日照数字创意云计算基地项目 项目总投资 5 亿元，总建设用地面积约 50 亩。依托中国传媒大学的行业优势，以及"天河"超级计算机、中国移动、中国电信等合作伙伴的计算资源优势，结合云技术将产能、技术、人才整合到数字创意产业园区的生产和管理中，构建"互联网＋文化创意＋金融"的日照大数据产业基地平台，是文创项目的生产性服务平台，也是文创项目和团队的孵化平台。

【科技人才管理】 以"高端人才"招引为核心，积蓄高质量发展动力。采用"人才＋项目"的方式，全年共引进高层次创业创新团队 25 个、创新人才 206 名；自主培育"泰山产业领军人才"1 名，总数达 3 名；组织多家企业参加中小微企业创新竞技行动并获优胜企业，其中，山东飞奥航空发动机有限公司为高端装备制造组第 2 名。

（日照高新技术产业开发区 周存兰 庞 晓）

聊城高新技术产业开发区

【概述】 聊城高新技术产业开发区（以下简称聊城高新区）位于城区东部，聊城高新区位于城区东部，辖150平方公里，高新技术企业数量、国家级研发平台、高层次人才数量均名列全市第一。2020年，实现地区生产总值112亿元，同比增长3.6%；实现规模以上工业增加值63.7亿元，同比增长3.6%；完成固定资产投资66.1亿元，同比增长10.7%；公共预算收入累计完成12.77亿元，同比增长12.5%；税收收入累计完成10.58亿元，同比增长5.8%，税收占比达82.9%。

【高新技术企业培育】 2020年，高新技术企业总数达到46家；科技型中小企业入库49家；高新技术产业产值占规模以上工业总产值的比重达到91.5%；研发投入占比达5.51%；全区有效发明专利为521件，占聊城市总量22%，有效发明专利总数位居聊城市第一；万人拥有有效发明专利37.68件，是聊城市的9倍多，科技创新的指标居聊城市第1位。拥有省级以上研发平台29家，其中，国家级孵化器1家，国家级众创空间3家，省级孵化器2家，新增省级企业技术中心1家，工程实验室1家，新型研发机构2家。山东聊城阿华制药股份有限公司、山东博奥克生物科技有限公司申报的"科技助力经济2020"重点专项项目，通过科技部批准实施。聊城高新生物有限公司承担的项目，获批2020年度中央引导地方科技发展资金。晋升国家级高新区已通过科技部组织的专家评审，等待国务院批复。

【战略性高新技术产业发展】 围绕创新链布局产业链，重点围绕新能源新材料、高端装备、医养健康、信息技术四大主导产业链，通过吸纳优质资源，统筹、配置产业发展十个"1"要素，即一个产业、一个产业发展专班、一名县级领导领衔、一个研究机构、一个产业园区、一家运营公司、一支发展基金、一家产业联盟、一套支持政策和一抓到底机制，不断壮大以聊城化工产业园为主导的新能源新材料产业集群，以诺伯特智能装备、博源节能等为主导的高端装备制造业集群，以博奥克生物、九州康城等为主导的医养健康产业集群，以聊城新能源体验中心、阿里云创新中心等为主导的信息技术产业集群。目前，建立5支发展基金，35家研发机构，5家运营公司，优化20多项支持政策，梳理关联性较强的产业链5条。

【科技改革与管理】 推行"党工委（管委会）+产业专班+公司"模式，组建高新投控集团，成立新材料新能源、高端装备、生物医药、信息技术4个产业专班和财金、国泰等4个园区运营公司，突出"经济发展、双招双引、科技创新"等主责主业，全面推行现代企业管理，让园区发展功能充分聚集、发展活力充分释放、发展效果充分彰显，打造助推高新区经济发展的"主引擎"。

【技术创新服务平台建设】 2020年，新增省级企业技术中心1家，工程实验室1家，新型研发机构2家，全区拥有省级以上研发平台达29家；支持和鼓励企业加大研发投入，实现规模以上工业企业研发机构覆盖率达83%。2020年6月20日，聊城产业技术研究院落户该区，成为推进聊城市科技成果应用转化和落地，改善经济结构的助推器。招引了山东省科技金融中心聊城中心，高速、有效地推动高新区科技金融融合发展；通过与中科院、天津中科达成合作，成立山东中科智慧应急关键技术研究院，与恒裕凯科技达成合作，成立第三代半导体技术研究院；与北京中关村创业大街、北京翼安咨询、创业黑马、北京八月瓜、启迪孵化器、58科创等达成协议，将一线城市的研发科技成果导入该区。围绕鲁化聚碳酸酯上下游企业，推进新能源新材料应用产业园建设，打造培训、研发、质检、物流、销售等配套齐全的全产业链综合性园区。

【产业技术创新战略联盟构建】 聊城高新区着力打造创新载体上下功夫，加强"创业苗圃—孵化器—加速器—产业园"全产业链孵化载体建设，建设以企业为主体的技术创新联盟，培育重大自主创新战略产品，引导企业实施关键核心技术研发项目，推进校企、研企交流合作，突破制约产业发展的技术和人才瓶颈，着力提高科技成果转化率。与电子科技大学、中科天津、北京航创新材料等研发机构合作，建立孵化—加速—试验—量产项目服务全链条，建成集约共享的中试基地，共享试验室、设备和数据，为项目发展壮大保驾护航。该区引进启迪之星在聊城建设孵化基地，拥有7000多平方米孵化面积，打造满足企业不同场地使用需求，环境舒适、配套齐全的企业孵化基地。

【科技人才管理】 拓宽招才引智渠道，出台"金月季"

人才政策和引人才促发展八项举措，成立全省首家省级以上高新区人才发展公司，推出283套人才公寓，公寓数量聊城市第一；2020年，新增自主培养省级以上高层次人才4名，柔性引进省以上人才11名，硕士研究生及以上人才226名，新增"双一流"高校毕业生40名，青年人才786人。硕士研究生及以上人才数量，居聊城市开发区第一，"云招聘"人才模式获山东省委书记刘家义肯定批示。

（聊城高新技术产业开发区　邵雪红）

滨州高新技术产业开发区

【概述】 2020年，滨州高新技术产业开发区（以下简称滨州高新区），实现地区生产总值40.52亿元，比2019年增长3.9%，实现进出口总额27.65亿元，上升20.08%，其中，进口总额8.67亿元，增长302.85%。高新技术产业产值占规模以上工业总产值的比重为58.17%。地方财政收入6.14亿元，增长3.91%。

【高新技术企业培育与申报】 2020年，累计走访企业46家，开展"一对一"对接活动，对高企申报奖补、税收优惠、研发费用加计扣除和研发财政补助等政策进行宣解。疫情期间，组织企业141家次、人员456人次参加省、市线上高企政策培训。建立"科技型中小企业评价——高新技术企业培育库备案——高新技术企业申报"链条式梯次培育模式，广泛挖掘科技企业资源，18家企业进入科技型中小企业库，30家企业进入高企培育库，黄河三角洲纺织科技研究院有限公司、山东瑞光生物科技有限公司进入滨州市高企培育库，山东格瑞沃特环保科技有限公司进入山东省高企培育库。2020年共组织8家企业申报高企，全部通过认定，通过率为100%。12家企业享受研发财政补助政策，山东赛恩吉新材料有限公司获得"小升高"、高企出库等财政补助30万元。

【科技成果与奖励】 愉悦家纺有限公司"高品质棉型纺织品清洁染色关键技术及产业化应用"项目，获得2020年度山东省科学技术进步奖一等奖，"数字化彩色纺纱关键技术"项目，获得中国十大纺织科学技术奖，"高品质喷墨印花面料关键技术及产业化"项目，获得中国纺织工业联合会科学技术进步奖一等奖，"一种织物的染色方法"项目，获得中国纺织工业联合会优秀奖，"一键舒眠水暖垫"项目，获得中国纺织工业联合会2020年十大类纺织创新产品奖。获得2019年度滨州市科学技术进步奖2项。

【知识产权管理】 2020年，专利申请285件，其中，发明专利申请41件；获得专利授权205件，其中，发明专利授权11件、实用新型专利授权176件；累计专利授权903件，其中，发明专利授权累计154件，每万人累计发明专利拥有量为20.75件；7项授权发明专利申请省级专利资金，获得共计13.6万元；104项专利申请市级专利资助资金，获得市级专利资金18.9万元。愉悦家纺有限公司"织物的仿真蜡印花方法"项目获得山东省专利奖一等奖。获得2019年度滨州市专利奖4项，其中，愉悦家纺有限公司"一种浆纱方法"项目，获得滨州市重大专利奖，山东科伦药业有限公司"聚丙烯输液袋"项目、滨州市金毅设备有限公司"一种水陆两用挖掘机"项目和愉悦家纺有限公司"一种织物的染色方法"项目等获得三等奖。

【科技合作与交流】 2020年，企业签订产学研合作协议22项；赴长春对接中科院长春应用化学研究所陈学思院士，协助滨州市华康梦之缘生物科技有限公司开展产学研合作；管委会与滨州市技师学院举行产学研对接活动，组织滨州市金毅设备有限公司等7家企业与滨州市技师学院进行洽谈交流；组织山东欣悦健康科技有限公司等多家企业参加"滨州市人才节"高校技术成果对接会，组织滨州市华滨聚成环保科技有限责任公司与中国环境科学研究院进行线上对接，解决企业技术难题。

【科技金融】 引进银行6家，基金管理公司7家，各类基金17支，总规模247亿元。设立了由省、市、区三级引导基金加愉悦家纺有限公司出资构成的专项，用于山东欣悦健康科技有限公司医养联合体项目建设的10亿元滨州市愉悦新旧动能转换股权投资基金。落实科技成果转化贷款风险补偿政策，与多家银行签订科技成果转化贷款风险补偿协议，推荐山东奥纳尔制冷科技有限公司等5家企业备案科技成果转化贷款1800万元。

【技术创新服务平台建设】 愉悦家纺有限公司山东省生态纺织技术创新中心、山东滨州华创金属有限公司等13家省市级工程技术研究中心和愉悦家纺张义河院士工作站完成绩效评价。愉悦家纺有限公司申报健康纺织国家专业化众创空间。新增滨州市金毅设备有限公司、滨州市华滨聚成环保科技有限公司2家市级工程技术研究中心。黄河三角洲纺织科技研究院有限公司获批省、市两级新型研发机构备案。

【科技人才管理】 愉悦家纺有限公司张国清入选国家百千万人才工程，被授予"有突出贡献中青年专家"荣誉称号，苏风驰入选泰山产业领军人才，荣获滨州市第1个"齐鲁大工匠"荣誉称号。自主培养省级以上高层人才2名，柔性引进高端专家4名，引进大学生321名，其中，硕博士24名，本科生297名。

【科技项目选介】

病毒阻隔功能新型材料研发项目 由山东欣悦健康科技有限公司承建，公司注册资本7251.66万元，由自然人联合省、市财金集团股权基金出资设立。纳米纤维膜材料是公司联合青岛大学、澳大利亚国家先进材料研究中心从事静电纺丝技术研究团队共同研发而成，产品的成功研发和应用，对当前医用和产业用防护材料的升华和颠覆。该项目研发设计了国内首条水溶性聚合物静电纺连续制备纳米纤维复合材料的生产试验线，不使用有机溶剂，安全环保；通过固化交联技术解决了纳米纤维膜的水溶性问题。项目建设符合国家、省市产业结构调整政策，整体技术处于国内领先水平。

医用一次性手套生产项目 由山东如悦医疗科技有限公司投资建设，该项目总投资1.6亿元，总建筑面积5109，主要建设生产车间1座，医用一次性手套生产线4条。项目建成后，年产医用一次性手套4亿只，产品丁腈手套采用国内先进、成熟的生产技术，具有强度高、抗静电、耐酸碱、耐油性、无过敏、舒适性好等特性。同类产品相比，该项目产品质量稳定，杂质含量低，使用过程中对环境影响较小。该项目填补了滨州市医疗防护手套的空白，为滨州市应急物资战略储备提供保障。

（滨州高新技术产业开发区 焦立立）

菏泽高新技术产业开发区

【概述】 2020年，菏泽高新技术产业开发区（以下简称菏泽高新区）实现生产总值106亿元，同比增长4.6%；规模以上工业企业实现产值289.16亿元，增长5.76%，实现工业增加值68.95亿元，增长9.8%。实现进出口10亿元，增长287%，实际利用外资766万美元、增长132.83%，到位外资4400万美元，增长1237.39%，增幅均居全市第1位。完成固定资产投资57亿元，同比增长8.2%；地方一般公共预算收入完成12亿元，同比增长7.4%。新增市场主体1173户，认定山东省瞪羚企业2家，认定山东省专精特新中小企业4家。高新技术企业新增7家，总数达到28家，居菏泽市第2位。

【科技计划项目与经费】 2020年，菏泽高新区获批科技项目9个，其中，伏羲智库获中央资金引导项目立项，获资助资金125万元。德通新材料中国标准地铁列车合成闸片研究与开发获市科技突破计划专项资助资金60万元。"特医特膳食品产业共同体"和"软磁及相关材料产业共同体"获批市级共同体，获批资金40万元。科技特派员项目获市科技突破计划专项资金15万元。

【科技成果与奖励】 2020年，菏泽高新区共获5个奖项。其中，山东大树达孚特膳食品有限公司的"糊精关键技术研究及其在食品药品中的应用"项目、中原技术市场有限公司的"中原技术市场平台开发与运营"项目获2020年菏泽市科学技术奖二等奖，山东博济医药科技有限公司的"一款中药抑菌喷剂的研发"项目、山东健民药业有限公司的"固定化酶催化生产槲皮素技术"项目、华润菏泽医药有限公司的"基于移动定位的药品物流配送系统研究"项目，获2020年菏泽市科学技术奖三等奖。

【知识产权管理】 2020年，菏泽高新区发明专利拥有量304件，每万人有效发明专利拥有量达到12.16件。在专利导航项目方面，做好山东金博利达精密有限公司"智能柔性组合装备制造项目专利导航"项目的开展和结题，山东丹红制药有限公司"儿童用1类新药呼吸道合胞病毒融合蛋白抑制剂专利导航"项目的申报和落地。菏泽高新区科技局（知识产权局）、菏泽高新区市场监督管理局、菏泽高新区社会管理综合治理办公室共同建设成立了知识产权调解中心，受理、处理知识产权纠纷案件，在菏泽高新区电子商务聚集区、工业园区、产业园等知识产权纠纷易发场所设立了流动工作站。依托菏泽市仲裁委联合成立的中小企业仲裁庭（菏泽高新区知识产权仲裁庭），创建了"互联网＋仲裁"的"不见面仲裁服务"新模式，推出电话咨询、网上立案、互联网开庭等系列服务，充分保障当事人合法权益。在菏泽市专利奖评审中，专利技术奖一等奖共5项，菏泽高新区占1项；二等奖共10项，菏泽高新区占3项。一、二等奖获奖总量占全市近1/3。

【科技合作与交流】 2020年，菏泽高新区管委会与青岛大学签约共建青岛大学菏泽创新研究院，架起了青岛大学与菏泽高新区携手合作、共谋发展的新桥梁；举办第四届星菏汇科技创新与产业发展论坛，围绕高新区生物医药及新材料等产业高质量发展，聚集国内龙头企业、领域专家等资源，为高新区的创新发展献计献策。

【科技改革与管理】 革故鼎新，全面推行"党工委（管委会）＋公司"体制，建立起"8个工作机构＋4个服务中心＋4个专业园区＋3个平台公司"的运行模式，实行"大部门扁平化"管理。打破身份界限，实行全员聘任，将内部选聘与社会化招贤互为补充、互相促进，做到了人适其岗、人尽其才。实施以关键绩效指标为主的精准内部考核，全面激发干事创业的活力和高质量发展的动力。重点布局了生物医药、新材料新装备、医养健康食品、新信息、智慧物流港等5个专业园区，组建了7个招商专班。健全完善领导包保、专班服务、一线推进、每周调度、双周评比等工作机制，推动重点项目加快建设，4个项目入选2020年山东省新旧动能转换优选项。

【主导产业发展】 2020年，菏泽高新区实现高新技术产业产值占高新区规模以上工业总产值的69.9%。围绕菏泽市"231"特色产业体系和全区重点布局的生物医药、新材料新装备等高新技术产业，规划了4个高新技术专业园区。签约智佳智能产业园、鲁南烯谷等过亿元项目45个，总投资256亿元，高新技术产业项目占到85%以上。

生物医药产业 拥有医药生产及关联企业50余家，涉及现代中药、化学药、保健品、医疗器械、制药设备、药用包装材料、医药物流等10大门类，千余品种，形成了以步长制药、华信制药等企业为龙头的中药材加工、制剂生产到流通的现代中药生产基地，以润泽制药、方明制药、国药菏泽等为中心的头孢类、大环内酯类医药中间体、原料药生产基地，以普恩、海王、华润医药物流和步长医药销售等企业为龙头的医药销售物流基地，初步建成了集研发、生产、销售、物流等为一体的医药产业聚集区。步长制药连续五年入围全省纳税企业百强，稳居全国制药工业百强排名第6位、中医药企业第1位，成为全市纳税企业第一大户。医养健康产业加快转型升级，形成了以大树生物、国九堂、葆年堂等企业为主的特医特膳食品、健康保健食品生产研发基地。

新材料产业 机电新材料产业形成了以纳米晶、航空高铁装备制造、镁合金轻质材料、精密铜箔、高速列车刹车片、半导体材料芯片、敏感元件、传感器、高温耐火材料等为主的产业特色，打造了镁合金、医疗器械机电等专业园区，形成了纳米晶、镁合金轻质材料、轨道交通装备、通用航空、功能电子材料、高端基础材料等产业基地。

【新型科技园区建设】 菏泽高新区医疗器械机电产业园，是由菏泽高新区管委会规划开发的以医疗器械机电为主导产业的高新技术产业园区。项目占地600亩，建有标准化生产车间、科技孵化器、展览中心、研发中心及相关配套设施，总建筑面积70万平方米。具备生产、研发、贸易、物流、会议、展销等多种功能。目前，园区已入驻康莱米电子、辉耀智佳科技等企业20余家。清华启迪国家级孵化器同时入驻园区为产业园提供科技支撑，导入资源。

【产业技术创新战略联盟构建】 依托国家中原城市群综合科技服务平台，聚焦中原五省重点产业领域，推动技术交流与技术资源集聚、高效对接。运用创新机制推动中原城市群优质技术成果转化落地菏泽。依托中原技术市场联盟，整合联盟中从事科技成果转化的企事业单位、组织机构的技术交易资源，并集中展示优质科技成果，打通科技成果转化最后一公里。

【高新技术企业发展及科技型中小企业培育】 2020年，培育了北京葆年堂（菏泽）药业有限公司、山东立海润生物技术有限公司、山东宏瑞耐火材料科技有限公司等13家企业提交的高企认定材料，全区资格有效期内高新技术企业总数达到28家。培育了菏泽市天艺农业机械制造有限公司、山东金博利达精密机械有限公司、山东网云信息技术股份有限公司、菏泽高新区德源医药科技有限公司、菏泽力芯电子科技有限公司等28家企业加入科技型中小企业信息库。按照科技企业梯次培育计划，构建了"调研培育库—备选储备库—申报优选库"三库培育体系，把高新技术企业的发展从当年培育申报，拉长到企业入驻高新区就进行培育指导，提高了企业积极性和成功率，为高新技术领域的企业提供了创新发展的环境和氛围。

【技术创新服务平台建设】 2020年，启迪之星（菏泽）孵化基地主导的"特医特膳食品产业共同体"、朗峰新材料（菏泽）有限公司主导的"软磁及相关材料产业共同体"两市级共同体已获批通过；筹备了山东大树达孚特膳食品有限公司"未来食品孵化器"、山东宇生文化股份有限公司"文化与科技融合孵化器"。

【重大项目进展】 山东伏羲智库互联网研究院的"智能城市数字标识公共服务平台"获得中央引导地方科技发展资金项目支持125万元，伏羲智库（菏泽市数字化转型技术工程实验室）与阿里云等国内云服务商建立了合作关系，研发和运行环境整体上云，同中科睿芯、阿里、启明星辰、中国信息通信研究院建立合作关系。

【科技人才管理】 2020年，菏泽高新区设立了1000万元的科技创新发展资金，实施了人才多层次奖励政策，进一步引导企业加大研发投入，提升人才吸引能力。制定具有特色的《高新区人才新政12条》，充分运用"互联网+"思维，开展"屏对屏""云招聘"等系列线上引才活动，组织企业参加"山东—名校人才直通车"，新增人才创新载体7个，促进发展活力动力加快释放，引进高层次人才43人，组织企业引进硕士以上学历人才78名。

（菏泽高新技术产业开发区　刘国丽）

青岛蓝谷高新技术产业开发区

【概述】 青岛蓝谷高新技术产业开发区（以下简称青岛蓝谷高新区）2020年11月完成功能区改革，在青岛蓝谷高新区管委加挂青岛即墨综合保税区管委牌子，实现社会事务和开发运营职能"双剥离"，改革创新发展进入新阶段。2020年，完成规模上工业总产值584.55亿元，"四上"企业达到34家，高新技术企业25家，青岛市级企业技术中心1个，院士工作站1个，经青岛市工信局认定的智能化工厂2个、自动化生产线（数字化车间）企业2个，获批国家双创示范基地、国家级孵化器，实现零突破。2020年，在全省省级以上开发区综合考核排名比2019年提升近20个位次，位居全省第40名，实现大幅提升。2020年12月，国家级综合保税区顺利通过联合预验收组的预验收，标志着青岛即墨综合保税区开关运营脚步进一步加快，开创"区场一体、双核驱动、互联互通、互促共用"这一全国独有的通航产业发展新模式。

【体制机制】 激发经济活力和发展动力，聚焦机构瘦身强体，激发改革内生动力。①加快推动瘦身强体。按照"一加强、两剥离、两整合"的要求，迅速整合资源、优化配置，组建了职责明确、精简高效的青岛蓝谷高新区党工委和管委会，行使对园区的党建和经济发展等相关管理权，将原先承担的社会管理职能剥离给灵山街道，将开发运营职能剥离给青岛华航通达等国有平台公司。科学设置6个内设机构，撤销原高新区管委所属7个事业单位；②选优配强干事创业团队。按照"全体起立、重新上岗、择优选配、统筹安排"原则，面向社会公开选聘优秀干部，选优配强工作团队。目前管委共有工作人员30名，平均年龄37岁，89%的工作人员具有大学学历，28%的工作人员具有研究生学历，干部队伍年龄结构、学历层次不断优化；③深化人事和薪酬制度改革。创新差异化绩效考核评价办法，设置差异化考核指标并赋予不同价值系数，按照"突出绩效、重视实绩、鼓励创新、兼顾公平"的总体要求，研究制定《青岛蓝谷高新区薪酬管理办法》《青岛蓝谷高新区绩效考核办法（试行）》等文件，建立正向激励和奖优罚劣机制，对年初确定的73项重点工作实施动态管理、挂图作战、亮牌督查、奖优罚劣，建立攻坚突破、争先创优、刚性约束、一票否决"四维一体"的KPI绩效考核激励机制，按照市场化薪酬办法兑现员工待遇，激励员工攻坚突破、改革创新，形成干事创业良好氛围。

【产业发展】 ①通用航空产业，打造集研发设计、总装交付、配件制造、维修运营、通航培训于一体的通用航空产业基地。②综合保税产业，打造集跨境贸易、保税维修、融资租赁、保税物流、保税加工、电子商务于一体的综合保税产业基地。③高端制造业，打造集汽车制造、电子信息、精密器械、新型材料、安全产业于一体的高端制造产业基地。通用航空产业园区龙头企业空客直升机项目投产运营，开启空客直升机"中国·青岛造"，截至2020年底，已交付直升机16架，产值逾8亿元。即墨通用机场和国家级综合保税区获批后，平台效应凸显，成功签约设备维修、发动机、无人机等配套项目，涵盖直升机、无人机等航空器总装、部件制造、维修改装、通航运营、飞行员培训、融资租赁等多方面领域。汽车产业龙头企业一汽解放青岛汽车有限公司2020年产值超500亿元，吸引汽车类项目百余个，配套项目本地配套率达30%。由国家发改委立项、应急管理部投资的危险化学品重大事故防控技术支撑中心项目，正在主体建设，总投资30亿元。

【科技创新】 坚持把科技创新作为区域高质量发展的重中之重。①区域内协同。充分挖掘产业需求，实现信息互通、资源共享，四川大学青岛研究院与青岛雪达集团合作，推进医用及阻燃功能纺织品开发及应用；与青岛浩恩医药耗材有限公司共建医用塑料开发应用工程中心，开展高分子医用塑料研发及应用。②平台间互联。发起成立青岛海洋科技创新创业联盟，联动半岛科创联盟等平台，搭建合作平台。2020年，完成技术合同交易4.98亿元，天大青岛研究院一家与14家企业共建了联合研究中心，与海信集团共建了物联网与人工智能联合研究中心，达成20余项合作意向。③精准化对接。依托万链•青科信指数联合实验室，为武汉理工大学青岛研究院匹配了多家高新技术企业。推进与九合重工建立联合实验室，与青岛鳌福机械有限公司合作解决液压举升机技术升级瓶颈问题；推动中科院上海技术物理研究所青岛研究院与青岛科源海洋生物有限公司等进行对接，就小球藻蛋白肽开发等海洋生物健康领域技术开展后续合作。

【人才集聚】 围绕创新政策聚人才、拓宽渠道聚人才、优化生态聚人才等工作，打好招才引智'组合拳'，实现政策"引才"、平台"聚才"、产业"兴才"、环境"留才"，凝心聚力加大人才引进力度和做好人才引进服务。夯实企业的创新主体地位，新入库科技型中小企业61家，是2019年的2.7倍，已认定高新技术企业25家，已将7家重点培育对象列入高新技术企业培育库。新引进各类人才百余人，新增市级及以上平台10个，新获市级以上科学技术奖8项，达到历年最高水平。获国务院批复成为国家双创示范基地，蓝谷创业中心获科技部批复成为国家级孵化器，实现"零突破"。

【科技成果转化】 围绕"有技术"和"要技术"两个群体完善服务体系，多管齐下推动科技成果转化，不断提升科技成果本地转化效率，累计实现成果交易额20亿元。其中，2020年，技术合同交易额9.5亿元，增长542%；本地转化能力持续增强，在青岛市范围内完成的技术合同交易金额约4.98亿元、占52.4%，成几何倍数增长。新增专利申请量300余件，其中发明专利申请量100余件；院所产业化能力逐步提升，通过"研究院＋产业平台公司＋成果转化公司"模式，各研究院孵化公司累计超过60家，开展成果孵化收效明显。成果转化平台服务能力凸显，发挥多平台互联优势，依托青岛海洋科技创新创业联盟和国家海洋技术转移中心，联动半岛科创联盟、柠檬豆、卡奥斯等平台，借力"万链•青科信指数联合实验室"大数据处理能力，充分挖掘本地产业需求，精准匹配资源，搭建全链条生态。强化创新企业在成果转化中的主体地位，推动园区重点企业与园区重点院所产学研深度融合发展。

(青岛蓝谷高新技术产业开发区 刘 佳)

潍坊（寿光）高新技术产业开发区

【概述】 潍坊（寿光）高新技术产业开发区（以下简称寿光高新区），是1992年山东省人民政府批准设立的寿光外向型工业加工区，2002年，更名为寿光经济开发区，2006年，经国家发展改革委核准列入《中国开发区审核公告目录》，2017年，经山东省人民政府批准纳入省级高新技术产业开发区管理序列，更名为潍坊（寿光）高新技术产业开发区。寿光高新区围绕"以蔬菜育种产业为核心，生物基新材料产业和动力装备产业协同发展"的"1+2"核心产业，以全力打造"国际蔬菜种业硅谷""中国生物基新材料创新发展引领区""环渤海区域动力装备协同创新发展高地"为目标，现有规上企业318家，高新技术企业74家，引进"泰山学者"、泰山产业领军人才51人，院士29人，博士后科研工作站6个，院士工作站6个，国家级重点实验室8个。2020年规模以上企业实现工业总产值598.2亿元，完成固定资产投资61亿元，实现进出口总额90.4亿元，高新技术产业实现产值274亿元，占规模以上工业总产值比重为47.7%。

【科技合作与交流】 寿光高新区推动21家企业与中科院、山东科学院、济南大学等高校院所共建研发机构，开展关键技术研发、人才引进及平台建设，合作数量为历年之最，2020年，通过潍坊认定科研院所合作项目13个。

【科技成果与奖励】 围绕新材料、新能源、装备制造、现代农业等国家重点扶持产业领域，狠抓科技项目申报实施。永盛农业、蔬菜集团获批科学技术部"科技助力经济2020"重点专项项目，康跃科技获批中央引导地方科技发展资金项目，旭锐新材、圣大节水、兄弟科技等3个项目通过省重大科技创新工程现场考察，获批潍坊市科技发展计划项目19项。宏源防水、鲁寿种业、三木种苗荣获山东省科技进步奖三等奖，42项成果获得潍坊市科技进步奖。

【创新性科技园区建设】 寿光高新区创建"生物基新材料产业"和"北航新材料产业园"2个特色园区，重点发展生物技术引领的生物基新材料产业集群和北航新材料研究基地。

生物基新材料产业园 占地5300亩，其中，工业用地4500亩，是全国三大生物基新材料产业集群之一，园区聚焦生物基新材料产业创新发展，配套生物技术领军人才产业基地，主要用于生物技术研究院的安置以及生物基新材料产业项目的建设、生产。现已拥有巨能金玉米、天力药业等生物技术核心企业，产业年产值达到100亿元，形成了乳酸、聚乳酸、生物尼龙5X，生物基热塑复合材料三条特色产业链，园区紧紧围绕"技术带动发展，人才带动产业"的发展方向，聚力建设"绿色、生态、可持续"的特色产业聚集区。

北航新材料产业园 项目规划占地400亩，建筑面积30万平方米，主要生产泡沫铝、LED系列产品、钐钴永磁材料、刹车制动闸片（金属陶瓷、碳碳、碳陶）、人脸识别系统、智能眼镜、广告灯箱、自助验证闸机、标识系统、客服设备等产品，园区建成后将重点引进高性能北航新材料领域专业培训与实训基地、高纤维产品质量监督检验中心、国家级新材料公共实验室、博士后工作站等。

【高新技术企业培育】 寿光高新区把培育高新技术企业作为科技创新的重要抓手，实施高企培育工程，通过构建"科技型中小企业—高新技术入库培育企业—高新技术企业"的梯次培育机制，分层次精准培育，建立了科技型中小企业后备库、高新技术企业后备库；组织近百家企业进行了"科技赋能创新发展—山东科技政策云讲堂"科技政策培训，举办了科创园、软件园内企业高企申报培训班；2020年，新增高新技术企业16家，入库科技型中小企业126家。

【技术创新服务平台建设】 2020年，寿光高新区获批省级工程实验室3家、企业技术中心3家、省级"一企一技术"研发中心3家；备案院士工作站2家、新型研发机构1家、省级技术转移服务机构1个；康跃科技申报的省国际科技合作平台完成现场考察。

【重大项目进展选介】
金玉米生物科技产业园 项目是"国家级生物基材料产业化集群"重点建设项目，总投资25.2亿元，占地面积470亩，与中科院天津生物所、解放军军事科学院等科研院所合作，进行高光纯D-乳酸产品、淀粉基可降解塑料、生物基尼龙56等生物基新材料的研发与生产，达产后，年可实现营业收入66.4亿元、利税17亿元。

巨能高品质特钢精整生产线 项目总投资37亿元，占地300亩，主要建设小棒材精整生产线以及配套技术研发中心等辅助设施，引进意大利先进的四辊减定径机组，采用德国和加拿大联合探伤技术，产品可满足高铁、核电、船舶、精密机械加工制造等行业对高标准产品的要求，项目达产后可实现年加工特种钢材60万吨，销售收入25亿元、利税2.3亿元。

【科技人才管理】 2020年，蔬菜集团理查德获省政府齐鲁友谊奖；三木种苗引进的东北农业大学生命科学院院长栾非时进入泰山产业领军人才高效生态农业拟支持名单；2名鸢都产业领军人才通过现场考察；1项2020年度创新人才推进计划完成了网上视频答辩。

[潍坊（寿光）高新技术产业开发区 牟忠玉]

高校科技发展
GAOXIAO KEJI FAZHAN

山东高校科技综述

【概述】 截至2020年底,山东省共有高等学校163所,比2019年增加6所。其中,普通高等学校152所(含独立学院10所),比2019年增加6所;成人高等学校11所,与2019年持平。普通高等学校中本科院校70所,与2019年持平;高职(专科)院校82所,比2019年增加6所;全省共有研究生培养机构34个,其中,高等学校31个,科研机构3个。国家"双一流"重点建设高校3所。国家重点实验室4个,省部共建国家重点实验室培育基地4个,教育部重点实验室(含省部共建)28个。国家工程技术研究中心5个,教育部工程研究中心17个。

国家"双一流"重点建设高校(3所)

山东大学
中国海洋大学
中国石油大学(华东)

国家重点实验室(4个)

晶体材料国家重点实验室(山东大学)
微生物技术国家重点实验室(山东大学)
重质油国家重点实验室(中国石油大学)
作物生物学国家重点实验室(山东农业大学)

国家工程技术研究中心(5个)

国家糖工程技术研究中心(山东大学)
国家胶体材料工程技术研究中心(山东大学)
国家辅助生殖与优生工程技术研究中心(山东大学)
国家海洋药物工程技术研究中心(中国海洋大学)
国家苹果工程技术研究中心(山东农业大学)

【科技人员】 2020年,山东省高校有科技人员83699人,其中,教授7688人,副教授16889人,其他技术职务系列高级人员7272人。

【科研项目与经费】 2020年,山东省高校拨入科技经费1284083.7万元,承担科技课题40429项,其中,国家"973"计划项目6项,国家科技支撑计划项目3项,国家"863"计划项目4项,科技部重大专项145项,国家重点研发计划项目1216项,国家自然科学基金项目7585项,企事业单位委托科技项目15565项。

【科技成果】 2020年,山东省高校出版科技著作309部,发表科技学术论文63051篇,被SCI、EI、ISTP三大检索系统收录论文43321篇;获省部级科技奖励272项。高校签订技术转让合同976项,合同金额47076.2万元,当年实际收入34279.9万元。申请专利17027件,其中,发明专利10085件,实用新型6357件;授权专利15360件,其中,发明专利7032件,实用新型7683件。

【高水平大学和高等学校高水平学科建设】 根据《山东省人民政府办公厅关于印发〈山东省高水平大学建设实施方案〉的通知》《山东省教育厅 山东省财政厅关于印发山东省高等学校高水平学科建设实施方案的通知》精神,结合山东省产业发展需求,2020年12月4日印发了《山东省教育厅关于公布山东省高水平大学和高等学校高水平学科建设名单的通知》,确定省属高校"高水平大学"建设单位15个、"高水平学科"建设项目51个;参照省属高校学科建设标准,从驻鲁部属高校和省委党校中,确定"高水平学科"建设项目51个。

【科研创新平台建设】 为推进高等学校协同创新发展,加强科技成果转移转化,2020年12月5日印发了《山东省教育厅关于公布山东省高等学校示范协同创新中心、山东省高等学校应用技术优质协同创新中心、山东省高等学校科技成果转化和技术转移基地等3类科研创新平台认定名单的通知》,认定山东大学"地下基础设施工程灾害预报预警与控制协同创新中心"等37个平台为山东省高等学校示范协同创新中心,日照职业技术学院"山东省海洋食品资源应用技术协同创新中心"等35个平台为山东省高等学校应用技术优质协同创新中心,中国海洋大学等13个平台为山东省高等学校科技成果转化和技术转移基地。

(山东省教育厅 王 勇)

山东大学

【概述】 山东大学现拥有博士学位授权一级学科44个，博士学位授权二级学科1个，硕士学位授权一级学科51个，本科招生专业93个，博士后科研流动站42个，涵盖除军事学以外的所有学科门类。与30多个国家和地区的200余所学校签署了校际合作协议。现有4所直属附属医院，15所非隶属附属医院。各类全日制学生达7万人，其中，全日制本科生42268人，研究生26818人，学历留学生1560人。学校汇聚了一批杰出人才，专任教师4530人，中国科学院和工程院院士（含双聘）19人，"长江学者奖励计划"特聘教授40人、青年项目入选者12人；国家杰出青年科学基金获得者53人、优秀青年科学基金获得者37人；青年拔尖人才12人；国家百千万人才工程入选者36人。现有国家级科研平台12个，国家"111创新引智计划项目"6项，国家级人才培养基地6个，教育部人文社会科学重点研究基地4个，部委级平台64个，另有大批省级重点实验室和工程技术研究中心。

【科研项目与经费】 2020年，山东大学自然科学实到竞争性科研经费15.75亿元，成果转化实到经费0.62亿元。其中，各类科学基金实到经费43683.88万元，国家各级政府高新技术实到经费64460.27万元，科技开发实到经费42073.10万元，其他实到经费7311.76万元。

【科技成果】 2020年，山东大学获得省部级科技奖励38项。其中，教育部高等学校科学研究优秀成果奖二等奖2项；山东省科学技术奖32项（含合作12项），其中，以第一完成单位获一等奖5项、二等奖15项，作为参与单位获一等奖4项、二等奖7项、三等奖1项；作为参与单位获外省科技奖励4项。据中国科学技术信息研究所发布的统计数据，山东大学科学引文索引扩展版（SCIE）收录（2019年发表）论文5066篇。在SCIE收录论文中，其中中国卓越科技论文3336篇，在全国高等院校排名中列第16位。学科影响因子前1/10的期刊收录论文621篇，在全国高等院校排名中列第17位；作为第一作者国际合著论文收录890篇，在全国高校排名列第21位。工程索引核心部分（EI）收录期刊论文2444篇。科技会议录引文索引（CPCI-S）收录论文385篇。2020年，山东大学专利申请2050件，其中，PCT申请102件，国内发明专利申请1854件，实用新型专利申请94件；山东大学专利授权1739件，其中，国际发明专利授权36件，比2019年增长89%，发明专利1520件，实用新型183件。发明专利授权数量同比增长23%。获得1项山东省专利导航项目资助，2项济南市专利导航项目资助，4项济南市高价值专利培育项目资助。2020年10月，山东大学作为全国首批建设国家知识产权示范高校获教育部、国家知识产权局批准建设。

【基础研究】
自然科学基金 2020年，山东大学自然科学领域各类基金项目实到经费43683.88万元，新上项目1034项，立项经费43958.36万元。

国家自然科学基金 2020年，山东大学国家自然科学基金项目实到经费33613.34万元。2020年山东大学共申报国家自然科学基金项目876项，新获批立项项目520项，立项经费31155.36万元（另有间接经费约4818.886万元）。获批国家自然科学基金创新群体1项，国家杰出青年科学基金项目4项，优秀青年科学基金项目6项，重点类项目24项，立项经费数再创历年新高。

山东省自然基金 2020年，山东大学组织申报山东省自然科学基金1542项，获批立项514项，立项经费12803万元，实到经费10070.53万元。其中，山东省自然科学一般项目获得立项436项，获资助经费5466万元；优秀青年基金项目获得立项26项，获资助资费1040万元；杰出青年基金项目获得立项14项，获资助经费1400万元；重大基础研究项目获得立项16项，获资助经费3750万元；联合基金项目获得立项18项，获资助经费1027万元；重点基金项目获得立项4项，获资助经费120万元。

【应用研究与高技术研究】
高新技术 2020年，国家各级政府高新技术项目新立项624项，立项经费84837.78万元；高新技术类项目实到经费66532.13万元，其中，国家及部委级项目实到经费36855.48万元[包括国家重点实验室国拨及开放课题1252.09万元，国际合作（境外）项目科研经费131.46万元]，省级各类科技计划项目实到经费14125.60万元。

山东大学2020年度省部级以上项目实到经费及项目立项一览表

项目类别	实到经费（万元）	主持及参与立项项目数
国家重点研发计划	30090.64	195
国家重大科技专项	564.31	3
其他国家科技计划	291.03	4
国家部委科技项目	1653.02	19
省级项目	12634.20	213
合计	45233.2	434

国家科技计划 2020年，山东大学获批国家科技计划项目及课题221项，实到经费32599万元。国家重点研发计划由山东大学牵头获批立项国家重点研发计划项目9项，获批国拨经费11129万元，公示立项数位列全国高校并列第四；主持承担国家重点研发计划课题（山东大学科研人员参加外单位牵头的项目）23项，获批国拨经费5687万元。国际科技创新合作项目由山东大学获批政府间国际科技合作专项项目2项，获批国拨经费465万元。其他国家级重点项目由山东大学获批国家转基因科技重大专项课题1项，科技创新2030重大项目课题1项，牵头获批创新方法工作专项项目1项，国拨经费共计799万元。地方政府科技计划项目，山东大学获省级各类科技计划项目实到经费14125.60万元。学校参与立项山东省重大科技创新工程项目44项，获批立项经费共11632万元。学校充分发挥两院院士的战略引领作用，聚焦需求主动谋划，省重大科研项目组织实现新突破，李术才院士和陈子江院士团队分别获批2300万元和2000万元，千万级省科技项目实现新突破。

【**科技成果转化**】 2020年，山东大学组织修订《山东大学科技成果转移转化工作管理办法》，科技成果转化合同签订40项，合同金额12283.15万元，年度实际到账经费6162.5万元（含团队股权），实施转让与许可的专利数达91件。

油品相关专利技术 该成果系由施来顺、杨延钊教授团队研发，转化合同额2400万元，首次实现科技成果以作价入股的方式转化，为学校重大科技成果转化开辟新路径。该成果具体涉及新型沥青乳化剂制备与油品添加剂两个方面的专利技术。其中，沥青乳化剂主要用于黏层油和碎石封层的施工，油品添加剂具有无毒、耐高温、耐老化、高强度等优点，属国际技术领先地位。

【**科技创新平台建设**】 2020年，学校正式获批立项建设国家级科研平台3个（山东国家应用数学中心、非线性期望前沿科学中心、国家健康医疗大数据研究院），新增省级政府主导类科研平台17个。各类平台获得竞争性资助运行经费共计600万元，6个科研平台入选济南市省级创新基地资助、支持序列。截至2020年底，山东大学主要政府主导类科研平台（自然科学类）共计175个，其中，国家级科研平台12个，部委级科研平台34个，省级科研平台129个。

新增国家级科研平台 山东国家应用数学中心作为科技部首批立项建设的13家国家应用数学中心之一，该中心自2018年初开始筹建，至2020年12月通过教育部组织专家论证，历时三年。作为全国唯一的数学领域前沿科学中心，标志着山东大学非线性期望前沿科学研究奠定了国内的领先地位；国家健康医疗大数据研究院于2020年1月获国家卫健委正式批复建设，这是国家卫健委在全国批复建设的首个国家健康医疗大数据研究院。研究院面向健康中国战略需求，服务山东省新旧动能转换工作大局，围绕健康医疗大数据相关领域，创建"数据驱动假设"的医学研究新范式，融"云计算、超算、边缘计算、多方计算和区块链"为一体，构建"去中心化"与传统"中心化"模式有机结合的健康医疗大数据共享平台。

新增省部级科研平台 2020年，新增省级科研平台17个，科研平台建设体系不断拓展。

【**学科建设**】 实施学科现代化工程和学科高峰计划，强化以五大一流学科领域为核心的"优特新"重点学科建设，推动学科"瘦身、长高、变强"，整合撤并一批老化弱化学位点和本科专业，本科专业优化到92个；创立"非线性期望"中国学派，儒学研究"山大学派"初见端倪，金融数学、密码学、生殖医学、地下工程等一批方向进入世界一流行列；科技考古、数据科学、人工智能、脑科学等一批新兴交叉学科逐步形成新优势。5个学科进入ESI全球排名前1‰，18个学科进入ESI全球排名前1%，13个学科进入国际主流学科排名前100名。

【**工业技术研究院建设**】 落实学校服务山东战略，推进山东工研院建设迈向快速高质量发展轨道。2020年，山东工研院在济南市新型研发机构绩效评价中成绩名列第一，被山东省科学技术厅认定为首批"省级新型研发机构"。截至2020年底,山东工研院已经与国内外近百所高校院所、金融机构、科技服务机构建立了产学研合作关系,组建了32个协同创新与转化应用平台;柔性引进两院院士、海外院士、诺奖获得者32位,长江学者、"泰山学者"等高层次专家120余位,博士、硕士等科研人员600多人;建设研发创新基地、育成孵化基地和产业化基地7个;储备科技成果260多项,转化科技成果140项;孵化企业60余家,其中,培育高新技术企业6家、科技型中小企业11家;工研院基金已完成投资项目7个,累计投资金额9150余万元。山东工研院建设育成孵化基地1.1万平方米,截至2020年底,基地入驻项目21家,入驻率90%以上。

【国家大学科技园建设】 山东大学国家大学科技园立足自身功能定位,做好基础建设,中心园区建设取得实质性进展。充分吸纳校企、校地创新资源,强化与地方政府互动协作,探索多元化合作模式,推动科技成果转化,服务区域经济转型升级。通过与市中区政府组成专项工作小组,每周例行会面召开项目推进会等形式,克服种种困难促成山东大学与市中区政府签署《山东大学国家大学科技园深化合作协议》。落实2.76万平方米房屋免费使用权,谋划10万平方米科技产业发展空间。积极协调市中区政府争取资金支持药物创新中心装修和科技园展厅建设。2020年,山东大学国家大学科技园申请并获批国家技术转移人才培养基地,启动技术经纪人培训工作,逐步构建围绕山大系的市场化技术转移工作体系。在克服疫情不利影响下,分别在济南、德州两地开办3期培训班,培训人数近500人,进一步推动了山东省国家转移人才培养体系的构建与完善。2020年,大学科技园还完成了科技部和教育部组织的"国家大学科技园绩效评价"工作。

【科技人才队伍建设】

2020年度国家自然科学基金杰出青年基金一览表

单位:万元

序号	基金项目名称	类别	姓名	学院	批准金额
1	微生物生物化学	国家自然科学基金杰出青年基金	李盛英	微生物技术研究院	400
2	粒子物理实验		黄性涛	前沿交叉科学青岛研究院	400
3	光电功能晶体		于浩海	晶体所	400
4	岩体渗流与灾害控制		李利平	岩土工程中心	400

2020年度国家自然科学基金优秀青年基金一览表

单位:万元

序号	基金项目名称	类别	姓名	学院	批准金额
1	天然产物生物合成	国家自然科学基金优秀青年基金	张伟	微生物技术研究院	120
2	正倒向随机系统控制与金融数学		聂天洋	数学学院	120
3	可持续发展评估与管理		于艳妮	威海前沿交叉科学研究院	120
4	半导体功能晶体材料		陈秀芳	晶体所	120
5	岩溶隧道不良地质智能识别与突水突泥灾变防控		许振浩	岩土工程中心	120
6	基于弱相互作用的有机合成化学		王瑶	化学院	120

2020年科技部创新人才推进计划入选者一览表

年度	类别	姓名	学院(所、中心)
2019	中青年科技创新领军人才	黄性涛	前沿交叉科学青岛研究院
2019		闫鹏	机械工程学院

备注:2019年度科技创新领军人才于2020年4月公布。

2020年度全球高被引学者一览表

序号	姓名	学院（所、中心）	学科领域
1	黄柏标	晶体材料研究所	跨学科领域
2	戴瑛	物理学院	跨学科领域
3	刘宏	晶体材料研究所	材料领域
4	熊胜林	化学与化工学院	跨学科领域
5	冯奎双	前沿交叉科学研究院（威海）	跨学科领域
6	冯强	口腔医学院	跨学科领域
7	张进涛	化学与化工学院	跨学科领域
8	张宁	威海校区前沿交叉科学研究院	跨学科领域

2019年度中国高被引学者一览表（2020年公示）

序号	姓名	学院（所、中心）	学科领域
1	李术才	土建学院	土木和结构工程
2	黄柏标	晶体材料研究所	材料科学
3	陈代荣	化学与化工学院	材料科学
4	吕孟凯	晶体材料研究所	材料科学
5	熊胜林	化学与化工学院	材料科学
6	高宝玉	环境科学与工程学院	环境科学
7	周慎杰	机械工程学院	计算力学
8	张友明	微生物技术研究院	免疫和微生物学
9	艾德铭	微生物技术研究院	免疫和微生物学
10	张举仁	生命科学学院	农业和生物科学
11	邓建新	机械工程学院	机械工程
12	龚瑶琴	基础医学院	生化、遗传和分子生物学
13	陈宗刚	国家糖工程技术研究中心	生物医学工程
14	赵明文	物理学院	物理学和天文学
15	陶绪堂	晶体材料研究所	物理学和天文学
16	张怀金	晶体材料研究所	物理学和天文学
17	陈峰	物理学院	物理学和天文学
18	曹枫林	齐鲁医学院	心理学
19	翟光喜	药学院	药理学、毒理学和药剂学
20	张娜	药学院	药理学、毒理学和药剂学
21	刘新泳	药学院	药理学、毒理学和药剂学
22	张典瑞	药学院	药理学、毒理学和药剂学
23	娄红祥	药学院	药理学、毒理学和药剂学
24	彭实戈	数学学院	数学
25	洪静兰	环境科学与工程学院	工业和制造工程
26	刘战强	机械工程学院	工业和制造工程

续表

序号	姓 名	学院（所、中心）	学科领域
27	武传松	材料科学与工程学院	机械工程
28	赵国群	材料科学与工程学院	机械工程

2020年，山东大学积极组织、推荐学校优势研究力量申报山东省高等学校优秀青年创新团队，自然科学领域成功获批立项5项。

2020年山东大学获批立项山东省高等学校优秀青年创新团队一览表

序号	团队名称	负责人	学院（所、中心）
1	光电集成芯片技术研究创新团队	赵 佳	信息科学与工程学院
2	纳米疫苗创新团队	崔基炜	化学与化工学院
3	口腔微生态创新团队	冯 强	口腔医学院
4	极端服役智能装备设计与制造创新团队	宋清华	机械工程学院
5	重要农作物耐逆机制研究创新团队	刘树伟	生命科学学院

【科技合作与交流】

科技开发与技术咨询 2020年，山东大学科技开发实到经费42073.10万元，横向科研项目新立项1019项，合同额73277万元。百万元以上项目167项（其中，立项金额3000万元以上2项，1000万元以上11项，500万元以上22项）。

校地 校企合作情况 2020年，推动"山东大学－青岛西海岸新区国家胶体材料工程技术研究中心（青岛中心）""华为—山东大学密码学及硬件可信联合创新中心""山东大学—领信人工智能研究院""山东产业技术研究院—山东大学工程智能勘探装备产业联合创新实验室"等50个校地、校企共建平台签约，其中，合同额达到千万元以上的合作协议16个。学校继续优化"山东大学科技成果直通车行动"方案，深化贯彻落实学校"服务山东"战略，主动到区县、工业园区推介学校科技成果，服务经济高质量发展，初步形成了山大科技服务山东的"品牌效应"。面对疫情影响，举办了人工智能、新材料等多场线上成果发布专场，首次举行线上成果直通车行动，在各大媒体（中国科技网、光明日报等）引起较大反响。组织了系列线上科技合作经验交流活动，发挥山东省新材料产业协会、山东省医养健康协会等的行业服务作用，拓展与企业、政府的合作渠道，举办了"山东省新材料产业化成果对接会"等活动；与济南历城区、青岛西海岸、招远市、山东高速、华为等几十家大型企事业单位多次进行交流，推进项目落地运行。参加深圳高交会、上海工博会、山东绿博会等十余次重大展示活动。将学校成果向更广泛的范围推广，为校企校地开展科技合作打下良好基础。学校开展科技挂职与企业兼职工作，累计派出挂职及兼职人员90余人，搭建学校与地方沟通合作的桥梁。

（山东大学 任敏利）

中国海洋大学

【概述】 中国海洋大学现有全日制在校生27000余人，其中，本科生15000余人、硕士研究生9000余人、博士研究生2000余人。教职工3698人，其中，专任教师1884人，博士生导师505人，正高级专业技术人员693人，副高级专业技术人员892人，中国科学院院士7人，中国工程院院士9人。学校拥有教学和科学考察船舶3艘，包括5000吨级新型深远海综合科考实习船"东方红3"号、3500吨级海洋综合科学考察实习船"东方红2"号、300吨级的"天使1"号科考交通补给船，形成了自近岸、近海至深远海并辐射到极地的海上综合流动实验室系统，具备了一流的海上现场观测能力。学校是青岛海洋科学与技术试点国家实验室的主要依托单位，主持"海洋动力过程与气候""海洋药物与生物制品"2个功能实验室的工作，作为骨干力量参与其他6个功能实验室的建设。学校地球科学、植物学与动物学、工程技术、化学、材料科学、农学、生物学与生物化学、环境学与生态学、药理学与毒理学9个学科（领域）名列美国ESI全球科研机构排名前1%。获国家技术发明奖一等奖1项、二等奖3项，自然科学奖二等奖2项，科技进步奖二等奖9项；"十二五"以来，主持国家级各类项目1800余项，获省部级科技奖励74项、人文社科奖励77项，被SCI、EI、ISTP等三大收录系统收录论文26000余篇，申请发明专利3211件，授权发明专利1649件，其中，国际发明专利42件。

【科研项目与经费】 2020年，学校科技经费7.84亿元，新获批国家重点研发计划项目2项，累计立项27项、总经费逾5.4亿元；组织申报国家重点研发计划国际科技创新合作重点专项3批次共15项；155项国家自然科学基金项目获得资助，总经费约2.04亿元，列全国高校第28位，项目平均资助率25.6%，居一流大学高校前10位；全年获批单项经费200万元以上的重点类型项目17项。

【科技成果】 2020年，学校获国家奖1项；李华军院士获2020年度山东省科学技术最高奖，是学校继管华诗院士（2004年）、吴立新院士（2018年）之后第3位获此殊荣的科学家，实现了连续3年两获全省最高科技奖项；主持获得山东省自然科学奖二等奖3项，分别是由信息科学与工程学院董军宇教授主持完成的成果"多源复杂图像特征分析与表示机制研究"、由化学化工学院杨桂朋教授主持完成的成果"海洋活性气体和有机物的界面化学研究"和由海洋生命学院池振明教授主持完成的成果"酵母菌可再生生物燃料合成和代谢调控的研究"；作为主持单位获得本年度教育部奖2项，其中，自然科学奖一等奖1项、技术发明奖二等奖1项。学校连续三年在Nature、Science国际顶级期刊上发表文章，学校教师作为第一作者、通讯／共同通讯作者在Nature、Science主刊、子刊（不含Scientific Reports）和PNAS上发表高水平文章21篇，是2019年的2.3倍。2020年5月，物理海洋教育部重点实验室张钰教授作为第一作者兼通讯作者在国际顶级学术期刊Science（《科学》）以研究长文（Research Article）的形式发表了题为"Strengthening of the Kuroshio current by intensifying tropical cyclones"（《热带气旋的增强使黑潮加速》）的文章。9月，吴立新院士为共同通讯作者在国际顶级学术期刊Nature（《自然》）以长文（Article）形式在线发表题为"Butterfly effect and a self-modulating El Niño response to global warming"（《蝴蝶效应与厄尔尼诺在全球变暖下的自我调节机制》）的文章。林霄沛、杨俊超、茅云翔、王旭晨、王师、张玉忠、蔡文炬、荆钊、张晓华、朱晨玉、施威扬、高阳、刘鲁宁、王鑫、杨金波作为第一作者、通讯／共同通讯作者分别在Nature Climate Change、Nature Communications、Nature Ecology & Evolution、Nature Plants、Nature Reviews Earth & Environment、Science Advances等Nature、Science子刊和PNAS上发表高水平文章9篇，是2019年的2.7倍，高水平基础研究成果产出呈现井喷之势。海洋生命学院张玉忠教授主持完成的成果"海洋微生物独特生命特征、极端环境适应与生态效应获重要进展"和王师教授主持完成的成果"海洋幼虫起源进化研究取得重要突破"入选2020年度中国海洋与湖沼十大科技进展，这是学校连续7年有研究成果入选中国海洋与湖沼十大科技进展，充分彰显了学校在中国海洋与湖沼相关研究领域重要的学术地位和影响力。成功入选首批国家知识产权试点高校。第一时间修订发布《中国海洋大学知识产权管理办法》，从三个国家重点研发计划项目入手，在国内高校中率先开始探索建立知识产权全过程管理和专利申请前评估机制，进一步提升知识产权管理能力和规范化水平。

【一流学科建设】 经专家组评估，中国海洋大学高质量完成本周期一流大学建设任务，部分任务和指标超预期完成，对照学校一流大学建设方案，总体符合度好、目标达成度高，学校世界一流大学建设活力强。建立了全球变暖背景下热带多尺度跨海盆海—气相互作用理论、边缘海生源活性气体源—汇新机制、微板块构造理论；海洋科学核心学科——物理海洋近五年以第一或通讯作者在Science、Nature上发表的研究论文，超过Woods Hole和Scripps海洋研究所，全球第一。面向"21世纪海洋蛋白质计划"，在水产动植物遗传育种、发育生物学、进化生物学、免疫学、纤毛虫学等基础生物学研究取得系列具有国际影响力的原创性成果，近五年发文量全球高校第一；倡导发起深远海绿色养殖，产生重大经济社会效益。海洋药物与食品更多方向进入世界一流，成为国际海洋糖类创新药物研发领域领跑者；海洋开发工程与环境保护技术若干方向达到国际先进，船舶与海洋工程名列全球高校16位；海洋发展若干方向国内领先，初步构建了海洋经济、海洋文化理论体系。特色鲜明、优势凸起、文理交叉、融合互动的学科发展格局基本形成。与学科群共同谋划推进建设具有各自特色的、公用共享的、提升学科基础能力和发展水平的学科平台。

【科研成果转化】 在新冠疫情和社会经济发展下行压力下，学校保持与"三桶油"、中船重工、中国电建、中国电子、海尔、波音公司、华为等世界500强企业紧密合作，对接中小企业技术需求。2020年，审核签订横向项目合同336项，合同经费1.4亿元，服务企业250余家，其中，最高单项技术服务经费1600余万元、最高单项技术转让经费 300 万元各 1 项，为五年来之最，承担重大服务社会项目的能力显著增强。与广东佰斯特生物科技有限公司联合组建"湛江华南贝类研究中心"，与山东天瀚新能源科技有限公司成立储能材料与技术联合实验室，签订合同经费 1200 万元，开启了与企业联合成立研发机构、共同促进产业发展新局面。荣获第十届中国技术市场协会金桥奖集体一等奖。

【科技创新平台建设】 科研平台建设全面完善，教育部深海圈层与地球系统前沿科学中心全面正式运行，作为我国地球科学领域首个前沿科学中心，大项目、大平台双引擎强力驱动海洋科学发展。海洋多尺度动力过程与气候、海水养殖国家重点实验室筹建工作全面启动。海水养殖教育部重点实验室启动实施机制创新探索。学校获批多个山东省重点实验室、山东省技术创新中心、省市级工程研究中心，科研基地学科布局日臻完善。物理海洋教育部重点实验室评估获评优秀，海洋油气开发与安全保障教育部工程研究中心评估获得优秀。深海多圈层洋底动力学学科创新引智基地获批立项，水产健康养殖理论与技术学科创新引智基地得到"111 计划 2.0"支持。中国海洋大学方宗熙—萨斯海洋分子生物学中心正式运行。

【科技人才培养与队伍建设】 高层次团队项目实现重大突破，学校首获基础科学中心项目资助，由工程学院李华军院士牵头申报的基础科学中心项目"多场多体多尺度耦合及其对海工装备性能与安全的影响机制"获批实施，是我国海洋工程领域首个、山东省唯一一个基础科学中心项目。高层次科技人才项目持续涌现，水产学院董云伟教授、环境科学与工程学院王栋教授获得国家杰出青年科学基金资助，学校连续 6 年 8 人获资助，在校国家杰青达 21 人，3 人获优秀青年基金资助，在校国家优青达 23 人。获批山东省优青资助 2 人（刘晓磊、马玉彬），山东省泰山产业领军人才 1 人（张兰威）；"中国海洋大学创新交叉团队培育计划"首批立项实施，共资助 4 项，以推动学科汇聚和交叉融合、培养领军人才和创新团队为根本，强化超前部署。

【国际科技合作与交流】 组织申报国家重点研发计划"战略性"和"政府间"国际科技创新合作重点专项 3 批次共 15 项，已有 5 项进入正式评审环节，其中，包括一项金砖国家应对新冠肺炎疫情联合研究项目；组织申报"2021 年度亚洲合作资金"项目 1 项（包振民，3500 万元）。国际科技合作项目的不断拓展充分体现了学校立足自身特色优势在服务国家"一带一路"战略中的积极作为，对扩大学校的国际影响力，落实国际化战略和"双一流"建设的国际合作目标具有重要的推动作用。中国海洋大学方宗熙—萨斯海洋分子生物学中心正式运行，通过引进挪威、法国、澳大利亚等多个国家的优秀科学家，组成优势力量联合开展海洋生物基因组及遗传发育生物学方向的合作研究。稳步推进中国海洋大学—伍兹霍尔海洋研究所国际联合实验室、中国海洋大学—美国奥本大学水产养殖与环境科学联合研究中心科研合作，通过多年培育，已并逐步取得重要进展，陆续在 Nature 系列等期刊发表合作文章。

【重点成果选介】
拖曳式光学、温度、盐度、压力传感器阵列研制与应用规范 学校获批国家重点研发计划"拖曳式光学、温度、盐度、压力传感器阵列研制与应用规范"（项目负责人薛庆生教授）。该项目围绕提升我国海洋环境安全保障能力的需求，通过研制高精度、稳定、可靠的光学、温度、盐度及压力传感器，并通过技术集成形成拖曳观测阵列，经过海上试验与应用示范，实现拖曳观测阵列仪器装备自给能力。推进我国海洋环境立体观测/监测新技术体系建设，提高军民融合技术水平，提升我国海洋环境安全保障能力，有力支持我国海洋经济发展和国防建设。

海水池塘生态养殖与精深加工模式示范 学校获批国家重点研发计划"海水池塘生态养殖与精深加工模式示范"（项目负责人田相利教授）。针对我国不同沿海区域海水池塘养殖种类和模式差异，以"生态、高效、智能、高值"为指导思想，集成环境调控、病害防控、智能化管控、水产品精深加工等关键技术，分类构建黄渤海区海珍品、东海区蟹类、南海区虾类以及海水和半咸水鱼类池塘绿色养殖差异化技术体系，并通过主导水产品高值化加工延展养殖产业链，实现绿色生态养殖模式与精深加工技术一体化生产示范，从而促进海水池塘养殖业转型升级。

海洋微生物独特生命特征、极端环境适应与生态效应获重要进展（入选 2020 年度中国海洋与湖沼十大科技进展） 研究团队首次基于大数据分析，发现极地海域蕴藏着大量独有的物种资源、基因资源和代谢途径，是一个未被开发的物种与基因银行，为国家极地战略提供重要依据。利用纳米高分辨率成像技术，从纳米尺度系统揭示了蓝藻光合作用类囊体膜超分子结构及其对高光强、缺铁等极端环境的适应机制，为人工模拟光合作用提供了理论基础。发现海洋微生物食物环中细菌与细菌之间新型捕食—被捕食相互作用、富营养菌与寡营养菌互作共存及其驱动有机质循环的过程与机制。发现和鉴定了系列新型海洋微生物酶，揭示了动高分子量有机碳、甲基氮降解与循环的新机制。研究成果于 2020 年发表在 Nature Plants、Nature Communications、Microbiome、J Biol Chem.、J Mol Biol.、Environ Microbiol.。

海洋幼虫起源进化研究取得重要突破（入选 2020

年度中国海洋与湖沼十大科技进展）通过创新应用转录组年龄指数分析法，发现幼虫阶段（相比成体）在整个生活史中呈现更为"年轻"的表达谱特征，并证实在后生动物类群中普遍存在，提出了海洋幼虫为单次插入起源的新学说，否定了目前国际上主流假说模型。该成果发表后，杂志网站以 Hero Image 形式予以重点推荐，并刊发专题评述"The Origin of Metazoan Larvae"，高度评价该成果，认为所采用的创新性方法对解决进化发育生物学问题的重要价值。该成果为理解后生动物生活史进化提供了崭新的研究视角，对海洋动物的发育进化、多样性产生和环境适应等研究领域具有重要启示意义，已引起国际学界的广泛关注。研究成果于 2020 年发表在 Nature Ecology & Evolution。

（中国海洋大学　尹文月）

中国石油大学（华东）

【概述】 中国石油大学现有青岛、东营两个校区，校园总面积 5024 亩，建筑面积 140 万平方米，图书馆藏书 315 万册。学校建有研究生院，有地球科学与技术学院、石油工程学院、化学工程学院、机电工程学院、储运与建筑工程学院、材料科学与工程学院、新能源学院、海洋与空间信息学院、控制科学与工程学院、计算机科学与技术学院、经济管理学院、理学院、外国语学院、文法学院、马克思主义学院、体育教学部等 16 个教学学院（部），以及荟萃学院、国际教育学院、远程教育学院和继续教育学院。学校现有矿产普查与勘探、油气井工程、油气田开发工程、化学工艺、油气储运工程 5 个国家重点学科，有地球探测与信息技术、工业催化 2 个国家重点（培育）学科。工程学、化学、材料科学、地球科学、计算机科学、环境与生态学 6 个学科进入 ESI 全球学科排名前 1%，其中，工程学学科进入 ESI 全球学科排名前 1‰，石油与天然气工程、地质资源与地质工程 2 个一级学科入选国家"双一流"建设计划，石油与天然气工程、地质资源与地质工程、安全科学与工程、地质学、化学工程与技术、地球物理学 6 个一级学科进入教育部第四轮学科评估全国前 10 名。有 11 个博士后流动站，14 个博士学位授权一级学科，3 个博士学位授权自主设置二级学科，9 个博士授权自主设置交叉学科，2 种博士专业学位授权类别，32 个硕士学位授权一级学科，1 个硕士学位授权二级学科，15 种硕士专业学位授权类别，70 个本科专业。学校是石油石化行业科学研究的重要基地，在基础理论研究、应用研究等方面具有较强实力，10 多个研究领域居国内领先水平和国际先进水平。现有重质油国家重点实验室、海洋物探及勘探设备国家工程实验室、非常规油气开发教育部重点实验室、油气加工新技术教育部工程研究中心、石油石化新型装备与技术教育部工程研究中心等众多国家及省部重点实验室和研究机构。学校重视科技成果的产业化，建有国家大学科技园，学校企业山东石大科技集团有限公司、山东石大胜华化工股份有限公司既是国家级高新技术企业，也是石油石化行业重要的科研中试及工业试验基地。

【科研项目与经费】 2020 年，学校纵向科研项目立项 506 项，包括国家重点研发计划项目 2 项、课题 4 项；获批国家自然科学基金项目 114 项，资助直接经费 6518 万元，立项数连续四年超百项，稳居石油高校首位。其中，获批重点类项目 5 项，首获重大研究计划重点支持项目，首获组织间国际（地区）合作研究项目，实现零的突破。学校全年签订横向科研合同 1169 项，其中，500 万元以上项目 4 项，1000 万元以上项目 1 项。科研经费全年到位 7.1 亿元。

【科技成果】 2020 年，学校获得省部级以上科技成果奖励 63 项；授权专利 939 件，其中，国外专利 32 件，国内发明专利 581 件。1 项专利获得第三届山东省专利奖一等奖，2 项专利分获山东省专利奖二等奖和三等奖。学校作为第一署名单位发表三大检索论文 3338 篇，其中，被 SCI 收录 1568 篇、被 EI 收录 1653 篇、被 CPCI-S 收录 117 篇。

【一流学科建设】 组织完成 2021 年"双一流"引导专项 5 类项目申报工作，一次性全额通过教育部专家组、第三方评审机构的评审。按照"领军人才＋团队＋平台"模式，落实一流学科平台建设规划，加快推进深层油气重点实验室、深层油气探测技术与装备教育部工程研究中心（培育）、非常规油气开发教育部重点实验室建设，提前半年完成"双一流"引导专项国拨经费设备采购任务，为一流学科高标准筹建国家重点实验室提供了重要支撑，完成"双一流"建设方案预定的各项目标任务，在若干关键指标上实现了重大突破，综合实力显著提升，实现了跨越式发展。

【科技成果转化】 2020年，学校共转化科技成果33项，转化额1082.98万元，其中，专利权转让8件，转化额205万元；专利实施许可24件，转化额727.3万元；专利投资作价入股1项，转化额150.68万元。成果转化全年到位723.1万元。

【科技创新平台建设】 加快一流学科国家级科研平台筹建。深入调研国家重大战略需求，跟踪国家级科研平台规划与布局，借鉴高水平大学经验，推动资源整合，优化架构与功能设置，顺利通过科技部专家组现场考察调研。整合学校优势资源，与中石油大庆油田分公司联合筹建国家重点实验室。山东省深层油气重点实验室获批建设，为一流学科国家级科研平台筹建奠定更加坚实的基础。学校单独牵头建设的国家级科研平台"海洋物探及勘探设备"国家工程实验室顺利通过验收。依托通用基础学科在新兴领域布局省市级科研平台建设。2个山东省大数据创新平台（创新实验室、创新人才实训基地各1个）、1个青岛市工程研究中心等省市级科研平台获批。截至2020年底，学校在建国家及上级部门重点科研机构已达100个。

【学科建设】 优化调整人文社科学科和机构，成立外国语学院、文法学院，"强化、拓展、提升"的学科布局初步完成。"双一流"周期建设目标任务完成，2个一流建设学科在若干关键指标上实现重大突破，入选"2020软科中国最好学科排名"顶尖学科。"通用基础学科提升计划"深入推进，新能源、新材料、海洋信息等拓展学科呈现良好发展态势，8个学科入选山东省高水平学科建设名单。工程学跻身全球百强，计算机科学、环境与生态学进入ESI全球前1%，初步构建起符合学校特色优势、适应科技发展趋势、满足经济社会发展需求的学科体系。

【大学科技园建设】 集聚学校创新资源，圆满完成国家大学科技园绩效考核评价工作。寻求科技园增量资源，启动青岛园区建设，目前与古镇口管委商谈建设学校科技园古镇口园区的相关事宜，学校拟将科技园古镇口园区打造成助推学校科技成果转化、服务地方区域发展重要阵地。推动校地协同发展，实施服务山东行动计划。依托大学科技园东营园区，立足东营市重点产业，加强资源整合，为东营市骨干企业技术研发提供智力支持；与青岛市相关单位合作推进创新平台载体建设，服务青岛地方经济发展；学校与日照市政府签署战略合作协议，与日照市开展全方位合作。开展学校科技成果转移转化，做好科技服务工作。开展大学生创新创业工作，服务大学生就业创业。

【科技人才培养与队伍建设】 引进国家杰出青年基金获得者1人，国家百千万人才工程入选者1人，聘请知名学者担任控制科学与工程学院、外国语学院院长，4人入选全球高被引科学家名单，1人荣获国际石油工程师协会最高荣誉，1人获评全国科普工作先进工作者，国家"四青"人才10人及省部级人才14人。

【科技合作与交流】

国内科技合作与交流 与山东省、青岛市、东营市等校地合作深化，20余家企事业单位签署合作协议。石大兖矿新能源学院与东软集团、青岛市等共建青岛软件学院，与自然资源部第一海洋研究所等共建海洋资源与信息工程高等研究院。基金会募集资金2453.6万元，连续四年"中基透明指数"评为满分，居全国首位。成立山东省中国石油大学校友会，上线"校友服务大厅"，校友工作不断加强。

国际科技合作与交流 探索疫情防控新形势下的国际化办学工作，与俄罗斯喀山联邦大学等21所国（境）外高校签署协议31份。能源化工与材料国际化示范学院筹建及"一带一路"国际联合实验室申报等工作稳步推进。获批科技部高端外国专家引进计划11项，新获批及滚动升级学科创新引智基地3项，获批CSC创新型人才及俄乌白国际合作培养项目5项，俄乌白项目获批人数位列全国前5。获批2个山东省特定国家或区域交流合作研究中心。

【科技活动】 打造"黄岛讲坛"品牌，利用信息化平台开办"云端黄岛讲坛"。开办线上线下各类学术报告、交流等活动200多场，主办高水平学术会议10多场。有效提升校园学术氛围，支撑"崇尚学术，追求卓越"的石大文化建设。

[中国石油大学（华东） 单宝来]

山东师范大学

【概述】 山东师范大学在历下区和长清区两地办学，总占地面积近4000亩（约258.78万平方米），建筑面积141.05万平方米。设有1个省部共建高等学校协同创新中心、1个教育部重点实验室、1个教育部人文社科重点研究基地、1个教育部工程技术研究中心、6个山东省重点实验室、2个山东省理论建设重点研究基地、1个山东省工程实验室、6个山东省社会科学规划重点研究基地、6个山东省工程技术研究中心、2个山东省理论建设重点研究基地、1个山东省重点新型智库、7个山东省高等学校协同创新中心、7个省高等学校实验教学示范中心、12个山东省"十三五"高等学校科研创新平台、2个山东省中华优秀传统文化传承基地、2个山东省国际合作基金等58个国家级省部级以上研究培训机构。图书馆建筑面积64334平方米，馆藏纸质书刊449.72万册、电子图书912.94万册、数据库198个。学校学科门类齐全，现有21个学院（部），88个本科专业，13个博士后科研流动站，14个博士学位授权一级学科、33个硕士学位授权一级学科、17个专业学位授权类别，覆盖十大学科门类，学科、专业学位数量居省属高校前列。有1个国家重点学科、1个国家重点（培育）学科。4个学科进入基本科学指标数据库（ESI）学科排名前1%。6个学科进入山东省一流学科建设行列，其中，2个学科入选"高峰计划"建设项目。13个学科在全国第四轮学科评估中进入B类等次，为山东省属高校最好成绩。24个学科上榜2019软科中国最好学科排名，其中，6个学科居省内第一，8个学科列省属高校第一。在全球自然指数排行榜中，连续5年名列山东省属高校第一，2019年列中国内地高校第30位。学校有9个国家级特色专业建设点、16个国家级一流本科专业建设点、4个山东省一流本科专业建设点、6个专业（群）获批山东省高水平应用型立项建设重点专业（群）、2个专业（群）获批山东省教育服务新旧动能转换专业对接产业项目。学校成立基础教育集团，附属中学、第二附属中学、附属小学是省级规范化学校、省级文明校园，先后分别被授予中国百强中学、中国百强小学、全国青少年校园足（篮）球特色学校、全国十佳科技教育创新学校、全国心理健康教育特色学校等称号。学校科研实力雄厚，"十二五"以来，主持承担国家"863""973"、国家重点研发计划、国家自然科学基金、国家社会科学基金等项目等项目859项。2012年，成为"973"项目首席科学家单位；2019年，成为首个以第一单位获得国家自然科学奖的山东省省属高校。先后获国家自然科学奖二等奖2项、国家科技进步奖二等奖3项，国家社科基金重大项目6项，教育部哲学社会科学重大项目3项，国家杰出青年科学基金项目2项、国家自然科学基金优秀青年科学基金项目2项，教育部高等学校科学研究优秀成果奖（人文社科类）11项，山东省社科重大成果奖4项、全国教育科学优秀成果奖一等奖2项、鲁迅文学奖1项。1个团队入选科技部创新人才推进计划重点领域创新团队，1个团队入选教育部创新团队并获滚动支持。学校获全国高校科研管理工作先进单位、山东省富民兴鲁劳动奖状、山东省产学研合作创新突出贡献奖等荣誉。

【科研项目与经费】 2020年，学校共承担各级各类纵向项目210项，落实经费5665.5万元。获得国家级项目90项，其中，国家自然科学基金青年科学基金项目53项、面上项目32项、专项项目1项，国家优秀青年科学基金1项。另获国家重点研发计划子课题3项；获省部级项目110项，其中，省自然科学基金项目103项（包括省杰青1项、省优青4项、省重大基础研究项目1项），省软科学研究项目6项，中央支持地方专项1项；厅局级及其他项目10项。

【科技成果】 2020年，学校作为第一完成单位共获各级科技奖励19项。其中，获教育部霍英东教育基金会高等院校青年教师奖三等奖1项，山东省自然科学奖二等奖2项，第十届吴文俊人工智能自然科学奖三等奖1项；获山东省高等学校优秀科研成果奖15项，其中，一等奖5项、二等奖8项、三等奖2项；作为合作单位获山东省科技进步奖一等奖1项，山东省自然科学奖二等奖1项，山东省科技进步奖二等奖1项。学校发表科技论文3832篇，其中，被SCI收录论文1526篇，被EI收录期刊论文2170篇，被EI收录会议论文136篇。作为第一单位发表SCI论文831篇，其中，一区及以上论文153篇。2020年，学校申请国家专利315件，其中，发明专利285件，授权国家发明专利246件。授权软件著作权34件、国际专利7件。

【科技成果转化】 2020年，学校主动向产业单位推送科技成果和专利技术、发布产业需求,进一步加大科技成果宣传推广力度,实现科研人员与产业单位的需求对接,全年有24件专利实现转化,成果转移转化取得初步成效。2020年,全年签订横向科研项目合同57项,横向课题经费843.79万元。

【科研创新平台建设】 2020年,依托学校建设的省部共建化学成像材料与技术国家重点实验室正式进入部省会商程序,写入科学技术部、山东省人民政府2020年部省工作会商工作纪要,是山东省2个进入部省会商国家重点实验室之一。

学校化学成像功能探针省部共建协同创新中心获150万元经费支持。多效智能分子与纳米诊疗药物协同创新中心(产业对接类)获批经费100万元。2个科技创新基地获中央引导地方科技发展专项资金,项目到账经费175万元。2个省重点实验室完成年度绩效评估,评估成绩分别为优和良。1个协同创新中心获批山东省高等学校示范协同创新中心。1个实验室获批2020年度山东省大数据发展创新实验室。1个实验室被山东省应急管理厅推荐申报应急管理部重点实验室。

【科技人才培养与队伍建设】 现有14名双聘院士。49人次入选长江学者、国家杰青、全国"四个一批"人才、国家百千万人才工程等人才项目(工程);22人获全国优秀教师等国家级荣誉称号,92人享受国务院政府特殊津贴,5人入选教育部"新世纪优秀人才支持计划";1个教师团队获评"全国高校黄大年式教师团队"。42人次入选山东省泰山系列人才工程,其中,4人次入选山东省"泰山学者"攀登计划,2人入选山东省"泰山学者"优势学科领军人才支持计划,1人入选山东省泰山产业领军人才,19人入选山东省"泰山学者"特聘教授,16人入选山东省"泰山学者"青年专家。21人次入选齐鲁文化名家、齐鲁文化英才、省杰青等人才项目。49人次获山东省有突出贡献的中青年专家、山东省社会科学突出贡献奖、山东省社会科学学科新秀奖称号。

(山东师范大学 张怀远)

山东农业大学

【概述】 山东农业大学校园占地面积5145亩,建筑面积114万平方米,教学科研仪器设备总值9.36亿元,图书馆藏书282万册,电子图书178万册。学校现有在校生34529人,其中,本科生29936人,博士、硕士研究生4593人。另有在职攻读硕士学位80人,继续教育类学生18592人。现有教职工2483人,教师中有教授、副教授1122人,中国科学院院士1人,中国工程院院士3人,入选国家百千万人才工程专家12人,国家有突出贡献的中青年专家7人,"长江学者奖励计划"特聘教授1人,长江学者青年专家2人,国家万人计划4人,国家杰出青年科学基金获得者7人,国家优青2人,国家级教学名师4人,"长江学者和创新团队发展计划"创新团队2个,国家级教学团队3个;泰山系列工程专家60人,其中,"泰山学者"优势特色学科人才团队领军人才1人,"泰山学者"攀登计划专家5人,"泰山学者"特聘专家22人,"泰山学者"青年专家14人,泰山产业领军人才工程专家18人。学校拥有12个博士后科研流动站,12个一级学科博士点,24个一级学科硕士点,12个专业学位授权类别;2个国家重点学科,2个农业农村部重点学科,21个省级重点学科;1个省"高峰学科",4个省"优势特色学科",1个省培育学科;1个省一流学科"高峰计划"建设学科,4个省一流及培育学科,农林学科连续5年入选QS世界大学学科排行榜400强,4个学科进入ESI全球排名前1%。有1个国家重点实验室,2个国家工程实验室,2个国家工程技术研究中心;1个农业农村部综合性重点实验室,2个农业农村部专业性(区域性)重点实验室,2个农业农村部农业科学观测实验站,1个国家农产品加工技术研发专业中心,1个国家小麦改良分中心,1个农业农村部农产品质量安全监督检验测试中心,1个全国农业农村信息化示范基地,1个科技部、教育部新农村发展研究院,1个国家小麦育种栽培技术创新基地,1个黄淮海区域玉米技术创新中心,1个国家林业和草原局定位观测研究站,1个国家林业和草原局重点实验室;5个省级协同创新中心,11个省级重点实验室,15个省级工程技术研究中心,2个省技术创新中心,4个省级国际合作研究中心,2个省级工程实验室,1个省级人文社科研究基地,2个省级新型智库,1个省级科教基地。学校2个国家级人才培养模式创新实验区,3个国家级实验教学示范中心,1个国家级虚拟仿真实验教学示范中心,1个国家虚拟仿真实验教学项目,1个国家大学生校外实践教育基地,1个全国高校实践育人暨创新创业基地,1个省级大学生创业孵化示范基地。改革开放以来，学校获得包括国家技术发明奖一等奖在内的国家级科技成果奖31项，省部级以上科技成果奖400多项。获得国家级教学成果奖8项，其中，国家级教学成果特等奖1项、一等奖2项，省级以上教学成果奖85项。建校以来，培养了以中国科学院院士李振声、印象初、朱兆良，中国工程院院士束怀瑞、山仑、于振文、李玉、李培武，国际欧亚科学院院士唐克丽，欧洲科学院院士时玉舫，4位"长江学者"，12位国家杰青等为杰出代表的各类优秀人才26万余人。

【科研项目与经费】 2020年，新上各级各类项目736个，立项经费约2.27亿元，到位经费约2.86亿元。

自然科学类 新增国家重点研发计划项目—政府间国际科技创新合作重点专项2项，国家重点研发计划项目课题2项；国家自然科学基金项目68项，其中，重点项目2项、联合基金项目1项；山东省重大基础研究项目3项；山东省自然科学基金99项，其中，省杰青1项、省优青2项、重点项目5项；山东省农业良种工程项目3项；鲁渝科技合作项目5项；山东省高等学校优秀青年创新团队支持计划4项；泰山产业领军人才工程高效生态农业创新类4人。

社会科学类 立项经费131.40万元，到位经费221.40万元。新增国家社科基金项目3项，教育部人文社科基金项目2项；山东省社科规划项目13项，山东省高等学校优秀青年创新团队支持计划1项，山东省社科联项目3项，山东省文化厅艺术重点课题14项，泰安市市社科规划课题15项，泰安市社会科学项目24项。

横向科研经费 到位经费4317.27万元，其中，项目经费4317.23万元、成果转移转化经费387.30万元。

【科技成果（含重点成果选介）】 2020年，学校获各级各类研究成果奖励39项。其中，自然类科技奖励18项，国家科学技术进步奖二等奖1项（第2位），山东省自然科学奖一等奖1项、山东省自然科学奖二等奖1项、山东省科学技术进步奖一等奖3项、山东省科学技术进步奖二等奖1项、山东省高等学校科学技术奖11项。社科类成果奖21项：获山东省社科优秀成果奖三等奖1项，山东省高校人文社科优秀成果奖二等奖1项、三等奖2项，泰安市社科优秀成果奖一等奖6项。

【重点成果选介】

植物干细胞重塑和维持的调控机理 该项目团队，长期从事植物干细胞领域研究工作，研究成果阐明了细胞分裂素和生长素调控茎尖分生组织干细胞重塑与维持的分子机理；解析了生长素浓度梯度和活性氧浓度是维持根尖干细胞的必要条件；明确了体细胞胚胎发生过程中，生长素和细胞分裂素对胚胎茎尖和根尖干细胞起始的调控关系。研究成果在理解植物干细胞形成和维持的机理方面取得了重要突破，并为作物、林果和花卉等高效再生和遗传转化体系建立提供了重要的理论基础。研究成果在国内外产生了相当大的影响力，为提升我国在该领域的学术地位和对我国植物生物技术产业发展发挥了重要作用。

山花9号等抗旱高产花生新品种培育与推广应用 该项目历经20余年研究，育成山花9号等6个抗旱节水高产优质专用花生新品种，均通过省级审定和国家登记，被遴选为山东省主导品种和中央财政良种补贴品种进行大面积推广。该项目在育种理论、育种技术等方面具有重要创新，挖掘抗旱种质53份，创制新种质36份，开发抗旱相关分子标记49个，挖掘抗旱相关的转录因子等功能基因7个。新品种累计推广种植8978.4万亩，其中，近三年4007.0万亩。累计产生社会经济效益153.6亿元，其中，近三年68.9亿元。获植物新品种权3件，软件著作权3件，登记注册基因33个，农业农村部主推技术3项，山东省主推技术4项，发表论文136篇。

改性植物源材料包膜缓控释肥的创制与应用 该项目开展了植物源膜材的成膜机理、改性技术、工艺装备研发以及产品高效施用技术研究，三个方面取得创新成果：明确了植物源包膜材料的成膜机理，提出了3项改性技术并揭示了其机制；发明了肥料颗粒表面优化、植物源膜材的高效雾化包膜技术，研制了相应装备，创建了连续、自动、精准化生产线；创制了两类改性植物源材料包膜缓控释肥，研发了系列区域作物专用肥及其施用方法，推动了新产品的大面积应用。项目实施近10年，技术成果已在山东农大肥业科技有限公司、金正大生态工程集团股份有限公司转化，近三年，累计生产改性植物源材料包膜缓控释肥产品69万吨，配成作物专用缓释掺混肥286万吨，新增经济效益70.6亿元，在全国多种作物上累计推广7150万亩，节本增效85.8亿元；发表研究论文57篇，其中，被SCI收录论文29篇；授权发明专利15项，实用新型专利3项，产生了显著的经济、社会及生态效益。经山东农学会组织朱兆良、张福锁院士等专家评价认为，成果总体达到国际先进水平，在植物源膜材改性技术与利用方面处于国际领先水平。

鸭坦布苏病毒致病机制研究与疫苗研制 该项目主要聚焦于在我国广泛流行且危害严重的鸭坦布苏病毒防控技术与产品的攻关与创新。项目历时8年，系统的完成了坦布苏病毒病原的鉴定与生物学特性研究，解析坦布苏病毒致病及相关机制，研发了坦布苏病毒的弱毒活疫苗、灭活疫苗、DNA疫苗和基因缺失疫苗，建立坦布苏病毒系列核酸检测方法、现地检测方法及区分野毒／疫苗毒抗体的ELISA检测体系，并在上述研究成果的基础上形成了完善的坦布苏病毒病防控综合技术，极大减少了坦布苏病毒病对水禽养殖业的危害。该项目技术成果在我国10余省市的鸭养殖企业、农户广泛应用，其中，坦布苏病毒活疫苗市场占有率在90%以上，累计推广应用6亿羽份，对控制坦布苏病毒病的发生和流行起到了关键产品支撑作用。该项目获得国家一类新兽药证书1项，国家新兽药临床试验批件1项，获国家发明专利10项，发布地方标准4项，出版专著4部、发表中文核心期刊论文68篇、被SCI收录论文35篇，培养硕士、博士研究生40余人，培训养殖场技术人员36000余人次，累计减少养鸭业经济损失300余亿元，实现直接经济效益近6000万元，取得显著的经济、社会和生态效益。

【基础研究】 2020年，山东农业大学主持或参与基础研究类项目170余项，经费0.6亿元。其中，国家自然科学基金项目68项，经费4091万元。发表学术论文1814篇，其中，被SCI收录论文1150篇。SCI论文高于10的有11篇，1篇被 *Science* 收录，1篇被 *Nature* 收录，影响因子最高达43.07。

【应用研究与高技术研究】 2020年，主持或参与应用研究类项目736项，经费2.27亿元。其中，主持国家重点研发计划4项，经费2332.7万元。授权专利388件，其中，发明专利178件，国际专利7件，位列《中国高校专利奖排行榜》全国第34位、省属高校首位。获植物新品种权5个，审定新品种15个。"山农糯麦1号""山农28"分别创全国特殊用途小麦单产纪录和冬小麦单产纪录。

【一流学科建设】 2020年，学校被确定为"冲一流"型高水平大学建设高校，作物学被确定为"高峰学科"建设学科，园艺学、生物学、植物保护、农业资源与环境被确定为"优势特色学科"建设学科。学校圆满完成省一流学科（含培育）年度建设任务，完成省立项建设一流学科（含培育）的年度自评及年鉴编纂工作。

【科技成果转化】 2020年，学校编印并发放《成果汇编》万余份（套）；参与主办了青岛创富大会并设立专门展区展示推介学校科技成果；应邀参加山东省政府乡村振兴齐鲁样板高层论坛、"东西部科技合作之高校院所科技处长宁夏行活动""百名专家淄川行"、威海科技助力乡村振兴产学研合作大会、平原县农民丰收节、菏泽"环海经济区农业科技创新与转化联盟"2020年年会、泰安市社科普及周等活动并进行了成果推介。完成了专家库、成果库建设。转化科技成果24项，合同金额2213.5万元，首次突破2000万元，较2019年的1505万元增长47.34%。

【科技创新平台建设】 国家苹果工程技术研究中心成功转建山东省苹果技术创新中心，成为山东省首批获批转建的8个省技术创新中心之一。省级协同创新中心绩效评估，山东绿色低碳畜牧业技术协同创新中心、山东小麦玉米周年高产高效生产协同创新中心获优秀，大数据与农产品精致化市场服务协同创新中心和山东果蔬优质高效生产协同创新中心获良好。山东小麦玉米周年高产高效生产协同创新中心、山东果蔬优质高效生产协同创新中心获省示范创新中心认定。承担省委办公厅委派《关于加快构建政策体系培育新型农业经营主体的实施意见》政策效果评估任务，参与制定山东省小麦、苹果提质增效的意见已印发实施。新冠肺炎疫情防控期间，学校专家团队围绕春耕春管建言献策并被中央和省省政府广泛采纳，形成的《新冠肺炎疫情对山东农业的影响与应对建议》专项报告，成为山东省农业复工复产政策制定的重要参考。

【学科建设】 根据学位中心《第五轮学科评估邀请函》（学位中心〔2020〕44号）要求，学校农学门类的作物学、园艺学、农业资源与环境、植物保护、畜牧学、兽医学、林学7个学科，理学门类的化学、生物学、生态学3个学科，工学门类的机械工程、计算机科学与技术、土木工程、测绘科学与技术、农业工程、环境科学与工程、食品科学与工程、风景园林学8个学科参加评估。学校根据教育部填报省级高水平大学及优势特色学科监测系统的有关文件要求，挖掘数据资源，全面反映"十三五"期间学科建设成就，完成高水平大学和作物学、园艺学、畜牧学优势特色学科的监测系统数据上报。

【科技人才培养与队伍建设】 2020年，学校公开招聘150人，其中，博士77人，硕士73人。其中，专任教师92人，辅导员（含研究生辅导员）33人，管理岗13人，教辅岗12人。博士师资67人中四层次8人，五层次博士30人，五层次以上占比56.7%。高层次人才引进1名国家杰青、1名国家特聘专家、1名中科院百人计划入选者等15名高层次人才。组织人员参加全国农业高校高层次人才引进洽谈会等进行招聘宣传，成功举办2020青年学者泰山国际论坛，68名海内外优秀青年人才线上线下参会，与其中10名达成引进意向。1人入选国家百千万人才国家级人选，1人入选"泰山学者"攀登计划，2人入选"泰山学者"青年专家，4人入选泰山产业领军人才，1人当选2020年度齐鲁最美教师，4人入选泰安市专业技术拔尖人才。2人入选享受政府特殊津贴专家，2人申报长江学者。学校组织42名新进教师完成教师资格考试面试工作，为97名教师办理教师资格认定手续，组织119人参加2020年度高校教师岗前培训，110人参加岗前培训考试暨教师资格笔试考试。完成86人试用期满考核和岗位定级。选拔12名青年教师进博士科研流动站做博士后研究，批准31名教职工报考研究生计划。出台了《山东农业大学专职思想政治理论课教师校内选聘办法》，经个人申报、单位同意、资格审查、现场汇报评价、校学术委员会表决，公示无异议后，聘任教授6人、校聘教授4人、副教授20人、讲师11人。完成2020年度博士后科研流动站的综合评估工作。做好博士后日常管理和国家、省博士后科学基金的申报工作，初步修订了《山东农业大学博士后管理工作办法》（征求意见稿），全年招聘博士后32人，其中，在职进站11人，全职进站博士后15人，师资博士后6人，与4家单位联合培养博士后6人；办理博士后出站12人；博士后获得中国博士后科学基金特别资助2人，中国博士后科学基金面上项目二等资助9人；省博士后创新人才支持计划2人。顺利完成了中国博士后科学基金评审专家的增补和更新工作，配合山东省人社厅完成了山东省博士后工作年报的组稿工作。

【科技合作与交流】 学校推进校地、校企合作，完成了乡村振兴研究院冠县分院200万元科研项目落地，学校有5个项目获得立项，与冠县合作建设的"山东农业大学农业新品种、新技术示范基地""山东省现代农业产业园"顺利推进，6个项目20余项新品种、新技术成功落地实施；与莱州市签署全面战略合作协议，开展了"农大专家莱州行"活动，对接合作项目11项，人才项目10项；与淄川区续签全面战略合作协议，淄川拨付工作经费5万元；与济南市南部山区管委会、潍坊市、龙口市、利津县全面合作进行了对接。与山东水发集团、土发集团、鲁商集团签署全面合作协议；与华能运河电厂签署了《盐山农光互补高效农业综合示范项目技术服务协议》，电厂农业板块规划、技术服务项目等合作进入实际操作；与华能众泰电厂全面合作协议及5个合作项目协议即将签署。与聊城绿色发展研究院发展有限公司签署全面合作协议。全年签署技术合同246份，合同金额6706万元。面对突如其来的疫情，学校组织相关领域专家160余人次深入齐河、禹城、蒙阴、沂源、夏津生产一线提供技术服务和指导。专家教授提出的《加强我省小麦春季管理夺取夏粮丰收的报告》《小麦预防冬末低温冻害建议》《新型冠状病毒肺炎疫情防控期间设施瓜果蔬菜生产技术指导意见》《泰安市近期蔬菜生产和运销中存在的主要问题》等专题报告和47套技术成果，被省市有关部门采纳并迅速推广实施。学校组织26名专家深入20个省级贫困县开展科技带头人培训，分三组历时7天，现场指导和累计培训人员2000余人，发放山东省农业实用技术手册2000余本。组织科技扶贫专家服务团面向菏泽市、临沂市、泰安市、聊城市的贫困县乡开展扶贫活动20余场次。新选派科技特派员21名，深入企业创新创业。支持省派乡村振兴禹城、齐河、蒙阴、济阳等服务队工作，开展现场指导、技术培训10余场次。

（山东农业大学 李全权）

曲阜师范大学

【概述】 曲阜师范大学建校65年来，形成了"学而不厌、诲人不倦"的校训精神，已经发展成为一所拥有曲阜和日照两个校区、学科门类齐全、培养体系完善、办学条件优良、教学科研具有相当实力、师资力量比较雄厚的省属重点大学。17个学科入选软科2020"中国最好学科排名"，居全国第164位，其中，教育学学科位居全国前10%。设有博士一级学科11个，博士专业学位授权类别1个，硕士一级学科25个，硕士专业学位授权类别15个，博士后流动站11个，本科专业87个，形成了涵盖文、理、工、法等10大学科门类的综合性学科专业体系。建有国家虚拟仿真实验教学中心2个，国家级精品资源共享课程2门，国家级特色专业建设点6个，国家级综合改革试点专业1个，国家级大学生校外实践基地1个。建有山东省协同创新中心4个，山东省工程技术研究中心2个，山东省工程实验室1个，山东省重点实验室2个，山东省高校重点实验室6个，山东省"十三五"高校人文社科研究基地2个，山东省重点新型智库1个，教育部、国家体育总局、山东省政府在学校设有7个省部级研究基地，构筑了充满活力的学术创新平台。现有在校本科生33760人，全日制博士、硕士研究生5200人，成人教育在读生21926人，外国留学生52人，形成了学士、硕士、博士以及博士后贯通培养，远程教育、继续教育、职业教育、成人教育等相互衔接的层次完备的人才培养体系。学校聘请诺贝尔奖获得者丁肇中先生为名誉校长；现有教职工2523人，专任教师1616人，其中，教授301人，副教授649人；拥有双聘院士2人，国家哲学社会科学领军人才3人，全国文化名家暨"四个一批"人才3人，新世纪百千万人才工程国家级人选2人，国家级教学名师1人，国家督学1人，国家杰出青年科学基金获得者2人，国家"长江学者"特聘教授1人，国家长江学者青年专家2人，教育部"新世纪优秀人才支持计划"9人，国务院学位委员会专业学位教育指导委员会委员1人，教育部高校专业教学指导委员会副主任委员1人、委员1人，国家和山东省有突出贡献中青年专家24人，"泰山学者"特聘教授11人，泰山学者青年专家18人，省智库高端人才专家9人，享受国务院特殊津贴19人，全国模范教师5人，全国教育硕士优秀教师5人，凝聚了一支高层次的人才队伍。

【科研项目与经费】 2020年，学校获批立项各类纵向科技项目123项，总经费3258万元。获批国家自然科学基金项目41项，其中，面上项目立项率达到25%，远高于全国平均水平；省部级科技项目79项，其中，省自然科学基金项目72项，立项数量比上一年度增加41.2%，连续两年保持增幅超40%，面上及青年项目立项率达47.6%，远高于山东省平均立项率。

【科技成果】 2020年，学校获得省部级以上科技奖项16项，获山东省自然科学技术奖二等奖2项、三等奖2项，获得山东省科学技术进步奖三等奖1项，省自然科学奖立项数量继续名列省属高校首位；获山东高等学校优秀科研成果奖10项，其中，一等奖2项、二等奖2项、三等奖6项；获第七届淮海科学技术奖三等奖1项。署名发表SCI期刊论文达到1366篇，EI期刊论文953篇。其中，在PNAS、Nature子刊等顶级期刊发表高水平论文5篇。TOP期刊论文达到448篇，ESI高被引论文数达到227篇。自然指数综合排名居国内高校第83位。2020年，科睿唯安发布全球高被引科学家榜单，学校刘立山、宗广灯两位教授入选，上榜人数居山东省第3位、全国第56位。获专利授权125件，其中，发明专利86件。

【重点学科与科技创新平台建设】 2020年，学校ESI世界前1%学科达到3个（工程学、化学、数学），其中，数学学科百分位达到0.18，工程学学科百分位为0.39，化学学科百分位为0.53；山东省一流学科达到6个（工程学、数学、中国史、化学、中国语言文学、物理学），其中，数学学科成功入选山东省一流学科"高峰计划"培育A类学科。智能机器人、新材料、汽车零部件智能制造、农产品产业研发等领域广泛开展科研平台共建工作，省部级以上科研创新平台达到14个。

【科技人才队伍建设】 2020年，渠凤丽教授入选国家青年"长江学者"，曹莉荣获国家教学名师称号、国务院特殊津贴待遇，刘丽、孙宗耀、李刚、贺山峰、徐健腾、颜廷江入选"泰山学者"青年专家，柳士彬获山东省有突出贡献的中青年专家称号，孙海滨、刘晓兵获山东省优秀青年人才基金资助，胡凡刚、杨革、孔蕾、孙迪亮被评为山东省高等学校教学名师。

【科技合作】 2020年，学校转让发明专利2件，签订科技横向项目54项，合同金额1600余万元。与曲阜市人民政府签订了校地融合发展全面合作协议；与山东东宏管业有限公司、山东焦点生物科技股份有限公司等公司共建研发中心或技术转移中心；与曲阜市生产力促进中心、北京一格知识产权代理事务所等合作开展专利代理合作服务，为学校的知识产权保护和成果转化提供了有力保障；办理CA数字认证，中标潍坊《昌邑市公益性公墓建设规划编制》项目；研究成果"翻车机自动清车系统研发"，在日照港船机工业有限公司等企业推广应用，年增加经济效益超过2000万元；"沥青配料智能控制系统的研究和应用""有机硅流程过程控制优化及设备运行安全监测系统"等一系列智能控制研究成果，为项目委托单位节省了能耗，减少了事故处理时间；开发的羟丙基β-环糊精及衍生物的有效合成方法，大幅度提升了产品转化率，为企业构建了实际生产应用的具体可行性生产方案；舒凤月教授同山东葛洲坝枣菏高速公路有限公司签订科技合作项目"南四湖水生生物资源修复"，合同额310万元。

（曲阜师范大学　王　秀）

山东中医药大学

【概述】 学校现有中医学、中药学、中西医结合3个博士后科研流动站，有1个国家教育部重点实验室，1个国家中医心血管疾病临床医学研究分中心，3个国家级区域中医诊疗中心，6个国家中医药管理局三级重点实验室，2个国家中医药管理局重点研究室，2个全国学术流派传承工作室，33个全国名老中医药专家传承工作室，2个山东省重点实验室，6个山东省工程技术研究中心，1个山东省示范工程技术研究中心，2

个山东省工程实验室，3个山东省技术创新中心（培育），4个山东省高等学校协同创新中心，1个山东省高等学校示范协同创新中心，7个山东省高校科研创新平台。"十三五"以来，共承担厅局级以上科研课题3214项，其中国家级项目411项。建校以来，获国家级和省部级一等奖奖励的科研成果共计30项，拥有国家中医临床研究基地、国家重大新药创制平台（山东）中药单元平台。2020年，"中医药文化协同创新中心"申报省级示范协同创新中心项目并成功获批；"山东省心血管病中医精准诊疗工程实验室"和"山东省中医药抗病毒工程研究中心"2个项目获批立项。学校建设的省部级以上科研创新平台数量达28个。

【科研项目与经费】 2020年，山东中医药大学组织国家自然科学基金、国家社科基金、国家重点研发计划等22批次各级各类科研计划项目申报，获科研立项107项，总经费1207.65万元。其中，国家自然科学基金立项25项，资助金额936万元；立项2020年度山东省自然科学基金重大基础研究项目2项、省重大科技创新工程1项，省自然科学基金项目58项，省重点研发（公益类）项目5项；立项2020年度省社会科学规划研究项目11项。

【科研成果及选介】 2020年，组织国家科学技术奖励、山东省科学技术奖励、中国中西医结合学会科学技术奖等6个类别科研奖励申报工作，获各级科技奖励20项。2020年，获发明专利授权30件，PCT专利申请1件；共获软件著作权授权109件。参与组织山东省中药协会召开成立大会暨第一届会员大会；组织中华中医药学会7个分委员会、中华中医药信息学会、山东中西医结合学会的会员申请工作；协调2020年度山东省法学会中医药法研究会年会筹备工作、山东中西医结合学会健康服务与管理专业委员会成立事宜等。组建山东中医药大学青年科技工作者协会。宣传、组织参加国家卫健委、中宣部、科技部和中国科协联合举办的《2020年新时代健康科普作品征集大赛》，省科协、省教育厅、省科学技术厅、工信厅及文旅厅联合举办的第三届山东省科普创作组织参加第三届山东省科普创作大赛及首届药学科普大赛，获奖39项，其中，一等奖9项。

【科研管理】 2020年，修订《山东中医药大学科研经费管理办法》《山东中医药大学纵向科研经费管理实施细则》《山东中医药大学纵向科研项目间接经费管理实施细则》《山东中医药大学哲学社会科学类项目经费管理办法》，起草出台《山东中医药大学科研项目结余经费管理办法（试行）》，放宽科研经费审批权限，简化经费报销程序，给科研人员更大自主权。

2020年10月，学校与省药品监督管理局推动中医药传承创新合作协议；10月，济南市人民政府与学校签署战略合作协议；依托山东中医药大学青岛中医药科学院，高效开展科学研究与技术创新，成果初显，与美国LOGAN公司、世中联经皮给药专业委员会签订"合作共建中药经皮给药创新研究平台"的协议；10月，程肖蕊教授项目组与河南天泽集团签署中药创新药物技术开发合同，合同总金额500万元。2020年，学校共签署横向合作协议25项，到账金额403.7万元。

【重点学科与科研创新平台建设】 2020年上半年，组织完成首批科研创新团队中期考核工作。2020年，学校顶层规划实施青年科研创新团队建设工作，新出台《青年科研创新团队建设管理办法（试行）》文件，拟在"十四五"期间投入近2000万元专项支持项目实施。目前，43个青年科研创新团队已经立项。团队成员共333人，占学校相同年龄段总人数的57%。43个团队项目分布于中医学、中药学、中医基础理论、针灸推拿学等26个重点学科，占学校省部级以上重点学科数的60%。完成2020年度省发改委工程实验室申报工作，学校申报的"山东省心血管病中医精准诊疗工程实验室"和"山东省中医药抗病毒工程研究中心"2个项目获批立项。学校建设的省部级以上科研创新平台数量达28个。完成《山东中医药大学省科技创新平台财政支持政策全周期跟踪问效评估自评报告》。组织"中医药文化协同创新中心"申报省级示范协同创新中心项目并成功获批。组织完成山东省中医药基础研究重点实验室2019年度报告填报和2020年度绩效评估工作。

学校现有：

教育部重点实验室：中医药经典理论重点实验室。

国家中医药管理局三级科研实验室：中药质量分析实验室、微循环实验室、细胞生物学实验室、中药制剂实验室、视觉分析实验室、辅助生殖技术实验室。

国家中医药管理局重点研究室：中医学术流派重点研究室、高血压病血脉理论及应用研究室。

国家中医药管理局中医学术流派传承工作室：齐鲁内科时病学术流派传承工作室、齐鲁伤寒学术流派传承工作室。

国家中医药管理局名老中医药专家传承工作室：国医大师张灿玾传承工作室、张珍玉名老中医药专家传承工作室、张鸣鹤名老中医药专家传承工作室、尚德俊名老中医药专家传承工作室、郑惠芳名老中医药专家传承工作室、焦中华名老中医药专家传承工作室、丁书文名老中医药专家传承工作室、王国才名老中医药专家传承工作室、程益春名老中医药专家传承工作室、姜兆俊名老中医药专家传承工作室、林慧娟名老中医药专家传承工作室、周翠英名老中医药专家传承工作室、尹常健名老中医药专家传承工作室、单秋华名老中医药专家传承工作室、姜建国名老中医药专家传承工作室、侯玉芬名老中医药专家传承工作室、隗继武名老中医药专家传承工作室、邵念芳名老中医药专家传承工作室、冯建华名老中医药专家传承工作室、张志远名老中医药专家传承工作室、董建文名老中医药专家传承工作室、宋爱莉名老中医药专家传承工作室。

国家中医药管理局技术服务中心：中药原料质量检测技术服务中心。

山东省重点实验室：中医药基础研究重点实验室、中西医结合眼病防治重点实验室。

山东省高校重点实验室：中西医结合眼病防治技术重点实验室、中药资源学重点实验室、中西医结合肿瘤防治重点实验室、中医心血管病重点实验室、天然药物重点实验室、中药制剂重点实验室。

山东省工程实验室：山东省中药药效物质发现与纯化工程实验室。

山东省工程技术中心：山东省中医经方工程技术研究中心、山东省中药材良种选育工程技术研究中心、山东省中药炮制工程技术研究中心、山东省中医药组学工程技术研究中心、山东省视觉智能工程技术研究中心、山东省中医药转化医学工程技术研究中心。

山东省高校协同创新中心：中医药抗病毒协同创新中心、中医经典名方协同创新中心、中医药文化协同创新中心、中药质量控制与全产业链建设协同创新中心。

山东省技术创新中心（培育项目）：山东省视觉智能技术创新中心、山东省中医经典名方技术创新中心、山东省中医药抗病毒技术创新中心。

【科研队伍建设】 2020年，学校有教职医护员工3900余人，其中，博士生导师236人，硕士生导师1011人。荣获国家"国医大师"荣誉称号者3人，"全国名中医"3人，"岐黄学者"2人，全国中医药杰出贡献奖获得者2人，"973"项目首席科学家1人，全国优秀教师8人，全国中医药高等学校教学名师2人，山东省教学名师10人，山东省优秀教师8人，"泰山学者"特聘专家10人，"泰山学者"攀登计划专家2人，"泰山学者"青年专家6人，省部级有突出贡献的中青年专家28人，享受国务院特殊津贴专家53人，山东省中医药杰出贡献奖获得者9人，山东省名中医药专家112人，"山东名老中医"11人。有山东省优秀教学团队6个，山东省十大优秀创新团队1个，"全国高校黄大年式教师团队"1个。2020年，《山东中医杂志》继续开设"名家论坛"栏目，向知名专家约稿，开设了"卢尚岭学术经验专题"和"腧穴主治与配伍"专题栏目；开设"齐鲁丁氏脑科中风系列研究"专题栏目，重点介绍丁元庆教授团队对中风的最新研究。2020年，《山东中医药大学学报》《山东中医杂志》连续入围中国科技核心期刊；经申报、专家评审，《山东中医药大学学报》《山东中医杂志》荣获"2020年度中国高校优秀科技期刊"。《山东中医杂志》在中医类期刊中排名由Q3区进入Q2区。中文核心期刊数据结果显示，《山东中医药大学学报》在扩展区排名35位。

（山东中医药大学　王诗源　马　莉）

山东理工大学

【概述】 山东理工大学现有27个学院，22个校级研究院。拥有博士后科研流动站3个，博士学位授权一级学科4个，硕士学位授权一级学科23个，硕士专业学位授权类别14个，本科专业70个，拥有3个省一流学科，拥有农业工程、机械工程、电气工程（培育）等省高水平学科，化学、工程学等学科已进入全球ESI排名前1%，学科专业涵盖工学、理学、经济学、管理学等9个门类，已形成多学科协调发展的学科专业布局。全日制本科在校生34000余人，在学研究生4100余人。现有专任教师2271人，其中，教授292人，副教授720人，具有博士学位教师1164人。拥有双聘院士、海外院士、"长江学者"、国家重点人才工程专家、国家有突出贡献的中青年专家、国家百千万人才等国家级人才32人次；山东省"一事一议"引进顶尖人才、享受国务院特殊津贴人选、中科院"百人计划"、教育部新世纪优秀人才支持计划人选、泰山系列人才、山东省有突出贡献中青年专家、省级教学名师等省部级人才79人次；特聘教授65人。

【科研项目与经费】 2020年，学校获批国家级项目46项，其中，国家自然科学基金43项（面上项目15项，青年科学基金项目27项，合作与交流项目——中德合作项目1项），国家重点研发计划项目子课题1项，国家级军工项目2项。获批省部级项目（主持）129项，其中，省重点研发计划1项，省重点研发计划（中央引导地方科技发展资金项目）1项，山东省自然科学基金120项，省自然科学基金（重大基础研究）2项，省自然科学基金（重点项目）3项，江苏省产学研项目1项，教育部项目1项。全年到账经费2.45亿元，其中，纵向10221万元，横向14319万元。

【科研成果与奖励】 2020年，主持或参与省政府奖及国家级协会奖14项，被SCI收录论文581篇，被EI收录论文114篇，中文核心论文354篇，非检索外文期刊116篇，出版专著11部，获批国内授权发明专利235件，国外授权发明专利10件，PCT申请24件。

【科研条件和科研基地建设】 学校现设有1个国家重点实验室分实验室，3个国家工程技术研究中心（含分中心）、参与2个国家地方联合工程研究中心、1个教育部工程研究中心，山东工程技术研究院设在我校，有17个省级工程技术研究中心、1个省检测研发公共服务基地、3个省级协同创新中心、2个山东省重点实验室、5个山东省高校重点实验室、3个省工程实验室、7个山东省技术创新中心培育库入库、1个山东省发展创新实验室、4个淄博市重点实验室、3个淄博市工程实验室。其中，2020年新增1个国家重点实验室分实验室、1个省工程实验室、1个山东省发展创新实验室、2个淄博市工程实验室。

【科技人才培养与队伍建设】 引育国家级、省部级人才15人，超额完成50%；引进第四层次21人，超额完成110%；引进优秀青年博士126人，合计159人；预计全年引进博士以上人才160人左右。直聘教授、副教授17人。1人入选国家人才工程专家，取得零突破；2人当选俄罗斯自然科学院外籍院士；5人入选青年泰山，实现年度入选人数最多和社科青年泰山零突破。

【科研成果转化与推广】 学校现有技术经纪人50人。2020年与国内外政府签订科技合作协议，设立科技成果转移转化基地、专业化研究机构等，推动科研成果转化与推广。山东省科学技术厅、山东省委组织部等7部门发布《关于印发省属高等学校、科研院所科技成果转化综合试点实施方案的通知》，山东理工大学为科技成果转化综合试点单位。建立了科技推广体系，通过各地市科技主管部门、技术中介公司、网络推广平台等手段加大了科技成果推广力度；山东理工大学科技园入驻企业42家，研发投入4200万元。

【重点学科建设】 2020年，2个学科入选"山东省高水平学科"行列，将获得学科建设奖补资金2亿元，并入围山东省高水平大学建设行列；6个博士学位授权一级学科、1个博士专业学位授权类别、2个硕士学位授权一级学科、7个硕士专业授权类别共16个学位授权点获批推荐上报国务院学位委员会，获批推荐新增学位授权点数量位居全省第1名；完成了3个省一流学科的年度自评和年鉴编纂工作。

【学术（科技）交流与合作活动】 2020年5月，学校和淄博市知识产权事业发展中心主办"高价值专利运营赋能高校技术转移转化暨山东理工大学高价值专利项目路演"活动。6月，山东省农业农村厅组织对学校生态无人农场种植的"山农28号"小麦示范点进行实打测产。测产折合亩产856.9公斤，刷新全国冬小麦单产纪录。7月，山东省人民政府下发关于第三届山东省专利奖励的通报。学校教师毕戈华、毕玉遂的成果"具有作为CO_2给体的阴离子的有机胺盐类化合物及其作为发泡剂的用途"，荣获山东省专利特别奖，且位居榜首。10月，淄博荣耀广场建成启用，山东理工大学兰玉彬、王鸣、徐丙垠、温广武、张学义、时君友、熊立新、朱俊科8位教授荣登淄博荣耀广场光荣榜；国家知识产权局、教育部联合下发《关于确定2020年度国家知识产权试点示范高校的通知》，山东理工大学与中国人民大学等80所高校一起被遴选为2020年度国家知识产权试点高校。11月，在北京召开的全国商业科技质量大会上发布了2018年和2019年全国商业科技进步奖评奖结果并颁发证书。山东理工大学科技成果斩获特等奖2项、一等奖5项。12月，第七届全国储能科技大会暨淄博先进能源材料论坛在淄博齐盛国际宾馆召开。本届大会由淄博市人民政府、山东理工大学、中国化工学会储能工程专业委员会、化学工业出版社有限公司共同主办；山东理工学承办2020年度国家自然科学基金济南联络网管理工作会议暨济南、青岛联络网交流研讨会。

（山东理工大学　张传滨　石文峰）

山东建筑大学

【概述】 学校占地2400余亩，校舍面积70余万平方米。馆藏图书398万余册，其中，印本图书198万余册、电子图书200余万册。《山东建筑大学学报》为中国核心学术期刊（RCCSE）、华东地区优秀期刊和山东省优秀期刊，并被十大数据库收录。学校设有20个学院（部）和4个研究（设计）院，61个本科专业，1个博士后科研流动站，1个博士人才培养项目，17个一级学科硕士点，18个专业学位类别，64个二级学科培养方向，拥有硕士研究生推免资格。学校面向全国30个省（市、自治区）招生，全日制在校生2.7万余人。学校现有教职员工2209人，其中，专任教师1797人，高级岗位人员998人，博士生导师41人，硕士生导师876人。学校拥有日本工程院院士、俄罗斯自然科学院院士、双聘院士、长江学者、新世纪百千万人才工程国家级人选、山东省"一事一议"引进顶尖人才、"泰山学者"优势特色学科人才团队领军人才、"泰山学者"特聘专家、省外专双百计划专家、省有突出贡献的中青年专家等省级及以上高层次人才74人，国家教学名师、全国模范教师、全国优秀教师、省级教学名师、省优秀教师、省教书育人楷模、省高校师德标兵等52人，教育部创新团队等省部级教学科研团队28个。学校ESI工程学学科位列全球前1%，拥有建筑学和土木工程2个山东省一流学科，建筑学列入山东省高水平"优势特色学科"建设学科。拥有1个教育部重点实验室、1个木材工业国家工程技术研究中心、1个乡土文化遗产保护国家文物局重点科研基地、3个省协同创新中心、2个省重点实验室、8个省工程技术研究中心、3个省工程实验室（工程研究中心）、6个省高校重点实验室、2个省高校人文社科研究基地（新型智库）、1个省非物质文化遗产研究基地、1个国家文物学会研究基地、1个省政法委研究基地等重要科研创新平台30个。学校拥有国家级实验教学示范中心1个、国家级虚拟仿真实验教学中心2个、国家级工程实践教育中心2个、国家级大学生校外实践教育基地1个、国家级特色专业、教育部地方高校本科专业综合改革试点专业5个、国家级一流专业7个、省级一流专业11个、省高水平应用型重点专业（群）7个。6个土木建筑类专业通过国家专业认证（评估）。拥有国家级精品资源共享课程、双语示范课程、教育部马工程重点教材"精彩一课"5门，国家一流课程4门，新工科国家级教研项目2项。学校制定《山东建筑大学科技成果转化管理办法（试行）》《山东建筑大学"重大科研项目和标志性成果培育"补助管理细则（试行）》等管理文件，优化管理和服务流程。全校科技活动经费超过2.25亿元，其中，到校到账科研项目经费8437万元。发明专利授权数量创造学校新高，全年授权154件，申请PCT专利实现突破，获批"2020年度济南市高价值专利培育项目"3个。

【科研项目与经费】 2020年，学校新增科研立项项目307项，到账科研项目经费8437万元。国家科技计划（专项、基金）、国家社科基金、教育部人文社科研究项目37项，山东省科技计划（专项、基金）、社科规划项目84项，政府及企事业委托科技横向课题立项186项。其中，"既有结构性能评估与加固改造基础研究"（52038006）获批国家自然科学基金重点项目资助，资助经费300万元；获批国家科技重大专项课题1项；获批山东省自然科学基金重点项目3项；主持和参与山东省重点研发计划（科技JMRH、重大科技创新工程）项目9项。

【科技成果】 学校作为主要完成单位获得省部级政府科研奖励5项，其中，省科学技术奖2项（一等奖1项、二等奖1项）、山东省社会科学优秀成果奖1项（三等奖）、山东省专利奖2项（二等奖1项，三等奖1项）；获得国家奖励办备案社会力量设奖项目9项，其中，中国机械工业科学技术奖一等奖1项、工程建设科学技术奖一等奖1项。发明专利授权数量创造学校新高，全年授权158件，申请PCT专利实现突破，获批"2020年度济南市高价值专利培育项目"3个；出版专著（标准规范）52部。

机械装备控制系统实时通信关键技术标准及其测试装置 该成果由学校姬帅副教授作为第一完成人和山东大学、国家机床质量监督检验中心、中科院沈阳计算所等单位，历经11年攻关，发明了一种机械电气控制系统实时通信技术，解决了以太网数据实时高效传输、分布节点精确同步以及通信安全可靠等关键技术，开发了网络性能测试装置、网络化伺服和网络化运动控制系统，制定成为机械行业标准JB/T 13075—2017，在上海新时达、武汉迈信、山东易码等企业进行了应用推广，促进了工业机器人、纺织机械、数控机床等行业控制系统实时通信总线技术的进步。该成果于2020年度获中国机械工业科技进步奖一等奖。

深部矿山装配式组合拱架与智能化支护装备关键技术 该成果由学校王军副教授主持，与山东能源集团、中国矿业大学（北京）等单位合作，历经8年深入研究，揭示了深部矿山巷道采掘扰动破坏机理和深部岩石流变扰动效应机理，提出了针对动压巷道的破壁卸压支护技术和针对普通巷道的承压环强化支护技术，研制了基于钢管混凝土结构的装配式组合拱架和自移式支架安装机等配套装备，开发了深部矿山高强快速装配式支护装备系统，形成了深部矿山支护成套技术成果，在国家能源集团、山东能源集团、金川集团等企业进行了推广应用，在深部矿山高强快速支护方面促进了煤炭及有色行业发展。该成果于2020年度获工程建设行业科学技术奖一等奖。

【基础研究】 学校基础研究能力不断提升，被SCI、SSCI、CSSCI和EI收录论文904篇（其中，SCI论文

331篇、SSCI论文36篇、EI论文257篇、CSSCI源期刊论文25篇），比2019年增长42%；ESI高被引、热点论文存量分别为15篇、论文2篇，其中，2020年发表的分别为4篇、2篇。

【应用研究与高技术研究】 2020年，学校获批国家科技重大专项课题1项；国家自然基金项目35项，首次获批重点项目1项；省自然基金项目64项，省重点研发计划（军民融合项目）1项；首次获批国社科后期资助项目1项，获批教育部人文社科规划项目5项、省社科规划18项、省软科学项目8项。另外，还承担了中国博士后基金、青创科技计划、科研带头人工作室计划等项目。政府和企事业单位委托的应用研究186项，到账经费3342万元。

【科技成果转化】 2020年，成果转化制度体系和转化流程已经形成，激励政策成效显现，成果转化数量和质量大幅提高。制定并发布了《山东建筑大学科技成果转化管理办法（试行）》，与山东省技术成果交易中心签订了科技成果转化合作协议，与济南市市场监督管理局（济南市知识产权局）和历城区人民政府签订了知识产权战略合作协议；全年签订技术合同16个、转化专利20件，合同额224.9万元，当年实现收益124.9万元，其中，《加气混凝土复合保温墙板系统及其施工方法》发明专利，以150万元普通许可三年的方式，将陆续在省内外企业布局实施；组织参加了第十三届百名专家淄川行、组织了超低能耗绿色建筑节能宣传周、第五届山东省绿色建筑与建筑节能新技术产品博览会等科技成果宣传活动；获批省教育厅"山东省高等学校科技成果转化和技术转移基地"。土木工程学院张鑫教授、信息与电气工程学院鲁守银教授、张桂青教授分别主持的"既有建筑加固改造新技术""新型人机协作机器人多自由度机械臂及其应用""基于物联网的建筑智能化关键技术与应用"三个项目被确定为2020年济南市高价值专利培育项目，获批数量在驻济高校中位列第二，培育期满，已提报验收材料，验收合格后将获得资助150万元。

加气混凝土复合保温墙板系统及其施工方法 2020年10月该专利获得国家授权，12月以普通许可三年的方式转化给山东荣炜建达新材料科技有限公司在济南市范围内实施，转化总金额150万元。该成果在企业转化，可为企业在复合墙板生产制作与安装施工等方面提质升级，预计可为企业带来年800万元收益，可产生270万元社会效益。

【科技创新平台】 "道路工程绿色建造与性能提升工程实验室"获批山东省工程实验室（省发改委），与国家林业科学院木材所"木材工业国家工程研究中心"签订共建"木材工业国家工程研究中心山东基地"协议；申请"济南高校20条"科研创新平台资助100万元。

【学科建设】 2020年1月9日，学校工程学学科首次进入ESI全球排名前1%，全年全球排名逐步提升，标志着该学科进入国际高水平行列；建筑学获批山东省高水平学科"优势特色"学科建设立项，"十四五"期间将获得持续财政扶持，为学校建设国内知名、土木建筑学科特色鲜明的高水平教学研究型大学提供持续的推动力；组织协调编制填报建筑学、土木工程2020年度建设年鉴和中期（年度）绩效评价。

【科技人才培养与队伍建设】 2020年，学校柔性引进中国科学院院士周成虎、日本工程院外籍院士沈振江；获批山东省突贡1人、山东省高校优秀青年创新团队3个，签订"泰山学者"青年专家工作合同3人、获山东省推荐国务院特贴1人，通过济南"高校20条"科研带头人工作室项目现场考察1人；成功引进副教授职称以上教师、高水平博士113人；博士后流动站新入站7人，在站25人，2人获中国博士后科学基金面上资助，1人获中国博士后科学基金特别资助。学术队伍数量、结构进一步优化，整体基础应用研究能力得到进一步提升。组织完成了第二轮岗位聘用2000余人，全年招聘初中级岗位人员137人，确认195名教职工专业技术职务。

【科技交流与合作】 2020年，学校与阳谷县、莘县等政府签订了战略合作框架协议或全面合作协议；与济南城市投资集团有限公司签署了智慧城市合作框架协议；与山东大学、齐鲁工业大学（山东省科学院）、山东省农科院一起，与济南市市场监督管理局（济南市知识产权局）、历城区人民政府集体签订《知识产权战略合作协议》；与山东高速物流集团、大地国际集团、瑞森新建筑有限公司、山东瘦课网教育科技股份有限公司、山东省土地发展集团有限公司、济南融创置业有限公司等企业签订了战略合作协议或校企合作协议；与菏泽市中级人民法院、蓬莱嘉信染料化工股份有限公司等单位签订联合共建基地协议。学校在雄安新区建立教学实践基地，与山东省法学会工程法学研究会、济南市中级人民法院合作共建"建设工程纠纷诉调中心"。成功举办"中国计算机学会人工智能与模式识别专委会走进高校云论坛""中外合作办学30人谈"学术研讨会、第四届海右青年学者论坛、山东未来城市与智能规划研究中心成立一周年学术研讨会、"泰山科技论坛——人工智能教育及前沿技术专题论坛"、第二届山东省地下空间工程技术论坛、中英（山东）教育国际交流合作对话会暨处长论坛等学术交流活动。

（山东建筑大学　王乃焜）

山东科技大学

【概述】 学校在青岛、泰安、济南三地办学，总占地面积3800余亩，建筑面积146万平方米，固定资产总值30亿元，教学科研仪器设备总值8亿元。学校设有教学单位32个、科研单位5个。有博士后科研流动站9个，博士学位授权一级学科10个，硕士学位授权一级学科27个，硕士专业学位类别16个，本科专业93个。有国家重点（培育）学科1个，山东省一流学科5个，另有省市级重点学科19个，工程学、数学、化学、材料科学、地球科学、计算机科学6个学科进入ESI全球排名前1%。有省部共建国家重点实验室培育基地1个，国家地方联合工程研究中心2个，国家工程实验室1个，省部级及青岛市实验室（基地）和工程（技术）研究中心92个。现有全日制本科在校生34300余人，研究生8300余人。有教职工3260余人，其中，正高级职称人员350余人。有两院院士4人，双聘院士12人，日本工程院外籍院士1人，长江学者、国家杰青、百千万人才工程等国家级人才工程人选20人，享受国务院政府特殊津贴人员54人。有"泰山学者"优势特色学科人才团队领军人才2人，"泰山学者"攀登计划专家、特聘专家及青年专家23人，山东省有突出贡献的中青年专家19人。有全国模范教师4人，全国优秀教师7人，国家教学名师1人，山东省教学名师12人，青岛市教学名师13人。有国家级教学团队1个，省级教学团队8个。有教育部创新团队2个，山东省高校创新团队2个，山东省高等学校青创科技计划创新团队14个、人才引育计划创新团队11个。有国家级一流本科专业建设点8个，特色专业、综合改革试点专业8个，通过工程教育认证专业8个，一流本科课程10门，精品视频公开课、资源共享课、精品课程10门，教学成果奖5项，实验教学示范中心、虚拟仿真实验教学中心、工程实践教育中心5个，人才培养模式创新实验区1个，大学生校外实践教育基地1个。有省级一流本科专业建设点12个，品牌特色专业18个，高水平应用型立项建设专业群9个，教育服务新旧动能转换专业对接产业项目5个，一流本科课程32门，精品课程58门，教学成果奖95项，实验教学示范中心7个，人才培养模式创新实验区2个，新旧动能转换行业（专项）公共实训基地1个。"十三五"以来，学校承担国家级科研项目424项，省部级项目779项。获得省部级以上科研奖励233项，其中，获国家科学技术进步奖二等奖2项、国家技术发明奖二等奖2项。授权国家发明专利1800余件。《山东科技大学学报（自然科学版）》是全国中文核心期刊、中国科技核心期刊。学校科技园是科技部、教育部共同认定的"国家大学科技园"和"高校学生科技创业实习基地"，学校为教育部确定的首批高等学校科技成果转化和技术转移基地。学校与23个国家和地区的120多所高校和研究院所建立了交流与合作关系，入选国家"高等学校学科创新引智计划"，每年在校外籍专家教师近百人。有教育部批准的中外合作办学项目5个，在校生规模近2000人。有来自60个国家和地区的在校留学生500余人。

【科研项目与经费】 2020年，科研立项846项（纵向303项、横向543项）。计划与合同经费共计30039.02万元，其中，纵向项目10002.72万元、横向项目经费20036.3万元。实到经费16084.03万元，其中，纵向项目经费6395.17万元、横向项目经费9688.86万元。

【科技成果】 2020年，全年共申报各类科学技术奖励228项，其中，申报省部级以上奖励132项。截至2020年底，共获奖59项，国家级技术发明奖二等奖1项（合作单位），省部级以上奖励34项（山东省科学技术奖7项，其中，以第一完成单位获自然科学奖二等奖1项，科学技术进步奖二等奖3项、三等奖1项；合作完成单位获科学技术进步奖一等奖1项、三等奖1项；中国煤炭工业协会科技奖22项，其中，以第一完成单位获二等奖8项、三等2项；合作完成单位获一等奖2项、二等奖1项、三等奖9项），厅局级及其他奖励24项。被SCI收录论文2514篇，被EI收录论文2260篇，被ISTP收录论文35篇；ESI高被引和热点论文分别583篇和30篇。国内发明专利公开（公告）申请731件，PCT公开（公告）申请114件、发明授权专利347件，其中，国内328件、国际19件；实用新型及外观设计授权专利1197件、软件著作权申请122件。

【基础研究】 全年申报846项，立项303项，计划经费10002.72万元，实到经费6395.17万元。博士后基金144万元，科研平台建设经费190万元、合计纵向其他经费334万元。

【平台建设】 召开国家重点实验室申报讨论会，与山东能源集团、兖矿集团签订实验室战略合作协议；矿山灾害预防控制重点实验室省部会商工作持续进行；经科技部、山东省人民政府部省工作会商，支持依托山东科技大学建设省部共建矿山岩层智能控制与绿色开采国家重点实验室；组织完成重点实验室2019年度报告填报工作；组织完成中央引导地方科技发展专项结题验收工作。学校作为牵头单位申报各级各类科研平台16项，其中，申报山东省工程实验室1个，省部共建协同创新中心1个，青岛市工程研究中心2个，山东省高等学校示范型协同创新中心2个，2020年度应急管理部重点实验室6个，2020年山东省技术创新中心2个，山东省大数据发展创新平台2个；参与申报各级各类科研平台7项。获批山东省技术创新中心1个[山东省智能无人系统技术创新中心（筹）]，山东省工程实验室1个（山东省冲击地压防治智能化技术及装备工程实验室），山东省大数据发展创新实验室1个（智慧矿山大数据发展创新实验室），获批青岛市工程研究中心1个（青岛市复杂环境智能装备技术与制造工程研究中心），认定山东省高等学校示范型协同创新中心2个（机器人与智能技术协同创新中心，山东煤炭安全高效开采技术与装备协同创新中心）。

【科技成果转化】 开展政、产、学、研、用紧密合作与协同创新，服务煤炭行业和区域经济发展，以制度创新释放活力，以科技对接搭建平台，推动科研经费增长，创新产学研合作模式，促进学校技术转移和成果转化。获批省属高校科技成果转移转化工作综合改革试点，签署青岛市科技局局校会商协议，不断健全科技成果转化机制体制，完善工作流程；建设重大成果转移转化平台3个、技术转移分中心（平台）10个。①对于存量专利，通过签订成果转化实施许可合同，明确科技成果转化义务、转化的期限、年费支付方式及所获收益分配方法，赋予科研人员不低于10年的长期使用权。已在10项专利实施许可和技术秘密等转化合同签订中赋予科技成果10年以上长期使用权；②与专业机构合作，对学校1233项专利进行了星级评价，根据评价结果，其中，五星级209项，四星级274项，四星级以上占比40%左右，其余星级750项。按照星级进行了分类梳理，并在山东省技术成果交易中心、北京八月瓜科技有限公司挂牌推介，为后续有针对性的成果转化奠定坚实基础；③与地方政府、企事业单位合作，建设山东科技大学技术转移分中心（潍坊）、淄博研究院等多个转移机构，创新科教产融合新模式，推动科技成果推广与转化；技术经纪人队伍建设按照《山东省教育厅关于设立科技成果转移转化专员的通知》，在全校二级单位设立成果转移转化专员近40人，遴选学校理事单位43家，合作政府部门34个，通过挂职锻炼的方式，加强对接交流，促进科技成果转化；④与山东省技术成果交易中心签订合作协议，双方就科技成果推介、挂牌公告和共建"山东科技大学"成果转化平台等开展合作；与山东山科控股集团签订合作协议，进行重大成果的前期培育和成果孵化，逐步引入投资基金，推进科技成果产业化；与北京八月瓜科技有限公司签订合作协议，在科技成果培育、技术转移转化平台建设、成果推介、"互联网+大数据+科技服务"转化新模式、产业化投资孵化等方面进行合作；与山东省技术成果交易中心旗下千慧知识产权签订合作协议，推动建立山东科技大学成果转化平台；与莱州市人民政府合作，成立技术转移分中心，与滕州市人民政府签署合作协议，成立技术转移分中心；与莱州市、高密市、寿光市、肥城市、滕州市、淄川区、邹平市等多个县市区建立合作关系，建设成果转化平台。

【学科管理工作】 学校进入山东省"冲一流"高水平大学建设行列，控制科学与工程学科获批为山东省高峰学科，矿业工程、机械工程学科获批为山东省优势特色学科，计算机科学与技术学科获批为培育建设学科，学校综合实力位列省属高校第4名；组织机械工程、计算机科学与技术2个青岛市重点学科通过了市教育局开展的年度考评。计算机科学与技术、机械工程2个学科分别牵头成立了青岛市工业互联网产学研合作联盟和青岛市智能装备产学研合作联盟；推进学部制改革，组建能源学部、人工智能学部、先进制造学部等3个学部；学校成功获批船舶与海洋工程硕士一级学科，为更好地服务海洋强国、海洋强省战略和青岛市建设国际海洋名城行动计划，助力海洋人才培养；组织学校金融、翻译、工程管理三个专业学位做好全国专业学位水平评估工作；组织学校22个一级学科认真做好全国第五轮学科评估工作，力争取得A类学科突破；做好学校学位授权审核工作，申报13个学位授权点。43个学位授权点全部通过教育部合格评估；计算机科学与技术学科进入了ESI全球排名前1%；完成了2020年度全国研究生教育评估监测专家库更新与报送工作，更新了421位专家信息，另新增专家409人。截至2020年底，学校专家库共有专家830人，其中，博士生导师155人，硕士生导师662人，兼职博士生导师3人，兼职硕士生导师10人。

【高水平学科建设】 2020年12月，山东省教育厅公布了山东省高水平学科立项建设名单。控制科学与工程学科获批为山东省高峰学科，矿业工程、机械工程学科获批为山东省优势特色学科，计算机科学与技术获批为培育建设学科。学校综合实力位列省属高校第4名。

【一流（重点）学科】 学校现有国家重点（培育）学

科 1 个，矿业工程、控制科学与工程、机械工程、计算机科学与技术、工程学 5 个山东省一流学科，另有省市级重点学科 19 个。计算机科学与技术、机械工程 2 个"在青高校服务青岛产业发展重点学科"。

【国家大学科技园建设】 通过科技部和教育部联合组织的国家大学科技园绩效评价。2020 年 11 月，科技园区企业青岛秀山移动测量有限公司获批"山东省科学技术厅 2020 年度第一批省级新型研发机构"。新增入驻科技企业项目 28 家；新增高新技术业 3 家；培育、入驻学生创新创业团队项目 42 个；11 家初创企业获投融资 20 万元。科技园新建 2000 余平方米多功能孵化"U 创广场"启用。

（山东科技大学　秦希强）

山东交通学院

【概述】 山东交通学院占地面积 3200 余亩，在济南、威海两地设置长清校区、无影山校区、威海校区、东校区 4 个校区。现有全日制在校学生约 25000 人，在职教职员工约 1900 人。图书馆藏书约 211 万册，电子期刊 8.6 万余种，教学科研仪器设备总值约 3.5 亿元。学校是山东省高等教育应用型人才培养特色名校立项建设单位，山东省与交通运输部共建高校，近年来，发挥学校优势和特色，着力提升服务国家战略以及解决地方经济社会发展中重大问题的能力，为交通强国战略、海洋强国战略、乡村振兴战略、交通强省建设、新旧动能转换重大工程等贡献有力支撑。

【科技项目与经费】 2020 年，学校立项纵横向项目 908 项，科研经费到位总金额 13762 万元。获批市厅级及以上纵向科研项目 127 项，其中，省部级以上项目立项 44 项，纵向项目到账经费 700 万元。横向项目新立项 781 项，同比增长 2.4%，横向项目共计到账经费 13062 万元，较 2019 年度增长 18%。

【科研成果】 2020 年，学校获省部级科技奖励 2 项（山东省技术发明奖一等奖 1 项，山东省科学技术进步奖二等奖 1 项），首次获得山东省科学技术发明奖一等奖，获省高校优秀科研成果奖 13 项。发表核心期刊以上级别论文 202 篇，其中，被检索高水平论文 169 篇，出版学术专著 44 部。获批各类授权专利 293 件，其中，授权发明专利 119 件、实用新型、外观设计 174 件；另取得软件著作权 209 件，国外专利 3 件。学校教师论文发表在国际著名期刊《Nucleic Acids Research》（影响因子 11.50），首次进入 ESI 高被引论文，为 ESI 数据库综合类前 1% 序列；首次在国内顶级期刊《中国科学》发表论文；发明专利首次突破百项，学校获得"山东省企事业单位发明专利大户"表彰并获得专项奖励。

【应用研究特色与科技成果转化】 2020 年，学校与中国航发、中国建筑、中国科学院国家空间科学中心、山东高速轨道交通集团有限公司、山东港口集团有限公司、济南重工股份有限公司等企事业单位就技术联合攻关和科技成果转化开展合作；承担了"中国工程院—山东省人民政府"智慧交通重大战略咨询项目；签订经山东省科学技术厅认定"四技"合同 249 项，登记合同金额总计 10367 万元；"山东省公路网主动交通安全大数据分析与主动预防技术研究及应用"系统、无人驾驶特殊天气施工车辆、高速铁路轨道板生产流水线等一批成果与技术在交通运输领域得到广泛应用。

【学科建设】 学校设有 19 个学院（部），开设 60 个本科专业和 2 个工程硕士专业，涵盖工、管、理、经、文、艺、法 7 大学科门类。学校"交通运输工程学科"被评为山东省高水平学科（优势特色学科），建有 4 个省级重点学科；学校拥有 2 个国家级特色专业、2 个国家级一流本科专业建设点、7 个省级特色专业和 19 个省级一流本科专业建设点，1 个专业通过工程教育认证。

【科研平台建设】 2020 年，学校获批市厅级以上科研平台 9 个。与山东高速集团联合申报的"山东智慧交通省重点实验室"成功获批，学校首次作为依托单位获批省重点实验室，在山东省重点实验室建设工作上实现"零"的突破；还获批 2 个省工程实验室，3 个省交通运输行业重点实验室，2 个济南市工程实验室，1 个威海市重点实验室；威海海洋信息科学与技术研究院被评为山东省首批新型研发机构。截至 2020 年底，学校共建有全国交通运输行业重点实验室、山东省重点实验室等省部级科研平台 9 个，山东省高校协同创新中心、山东省交通运输行业重点实验室等市厅级平台 25 个，发挥学校交通特色优势，为"交通强国""交通强省"战略实施贡献力量。

【科技人才队伍建设】 学校现有教职工1894人，其中，专任教师1465人，取得博士学历教师448人，具有硕士学历教师866人，正高级专业技术职称120人，副高级专业技术职称497人，享受国务院政府特殊津贴者5人，省部级优秀教师18人，山东省有突出贡献的中青年专家5人。学校深入推进科研团队建设，构建"交通+"科研团队体系，跨学科、跨学院组建"攀登计划"科研创新团队14个，组织实施人才工程，截至2020年底，引育"1251"人才153名。

【科技与学术交流活动】 2020年，学校充分利用"线上+线下"的形式，主办和承办了"泰山科技论坛""2020平行智能大会""科研平台发展论坛"学术会议。建立和完善了高端论坛、学术会议、博士论坛、成长论坛四位一体互为补充的学术交流新格局。累计举办各类学术讲座、报告40余次，营造了良好的学术氛围。

(山东交通学院　许振峰　彭　欣)

济南大学

【概述】 济南大学是山东省人民政府和教育部共建的综合性大学、山东省重点建设大学，具有学士、硕士、博士学位授予权。学校校园占地243万平方米，校舍建筑面积104万余平方米，固定资产总值29.3亿元，教学科研仪器设备总值5.7亿元。图书馆建筑面积6.3万平方米，藏书及电子文献800余万册，中、外文现刊4200余种，电子期刊30000余种。学校现设23个学院，拥有3个博士后科研流动站、4个一级学科博士学位授权点、18个二级学科博士学位授权点、21个一级学科硕士学位授权点、125个二级学科硕士学位授权点、18个硕士专业学位培养类别、99个本科专业。学科专业涵盖经济学、法学、教育学、文学、历史学、理学、工学、医学、管理学和艺术学10个门类。全日制在校本科生、研究生、国际学生38000余人。现有专任教师2145人，其中，教授356人，副教授774人，具有博士学位的1196人，国家杰出青年科学基金获得者3人，国家万人计划2人，国家百千万人才工程1人，国务院学位委员会学科评议组成员1人，教育部教学指导委员会委员10人，国家优秀青年科学基金获得者2人，教育部新世纪优秀人才支持计划3人，"泰山学者"攀登计划人选1人，"泰山学者"特聘教授、海外特聘专家17人，"泰山学者"青年专家11人，国家和省部级有突出贡献专家23人，享受国务院政府特殊津贴专家24人，国家教学名师1人，国家级教学团队1个，省级教学名师12人，省级优秀教学团队6个。学校建有省部级以上重点学科及研究平台72个，其中，省部共建协同创新中心1个、教育部工程研究中心1个、国家"高等学校学科创新引智计划"（"111计划"）引智基地1个，教育部国别与区域研究基地2个，国家专利导航项目研究和推广中心1个，"山东省一流学科"立项建设学科4个、培育建设学科1个。省级协同创新中心6个、省级重点学科14个、"十三五"山东省文化艺术重点学科3个、省级重点实验室及省部级科研平台3个、"十三五"省高校重点实验室7个、省级人文社科研究基地11个、省级工程技术研究中心、工程实验室和工业设计中心17个。学校入选全国首批深化创新创业教育改革示范高校，建有国家级特色专业4个，国家卓越工程师教育培养计划依托专业6个，工程教育认证专业4个，山东省品牌特色专业16个，山东省高水平应用型专业（群）9个，山东省教育服务新旧动能转换专业对接产业项目立项专业（群）5个，山东省校企共建专业9个；国家级精品课程5门，国家级双语示范课2门，国家级精品视频公开课2门，国家级精品资源共享课立项5门，山东省一流课程27门，山东省精品课程53门；国家级实验教学示范中心1个，首批国家虚拟仿真实验教学项目1个，山东省实验教学示范中心5个。主持国家级教研教改课题22项，教育部首批"新工科"研究与实践项目1项，省部级课题240项，获国家教学成果二等奖3项，省部级教学研究成果奖75项，主编国家级规划教材9部；在"挑战杯"全国大学生课外学术科技作品竞赛、"创青春"全国大学生创业大赛、"互联网+"全国大学生创新创业竞赛、全国大学生数学建模竞赛等各项活动中，共获得省部级以上奖励6315项，其中，国家一等奖235项、二等奖480项。获得中国青少年科技创新奖2项，小平科技创新团队1个。学校承担国家科技支撑计划、国家"973计划""863计划"、国家重点研发计划、国家自然科学基金、国家社会科学基金等国家级科研课题547项，省部级项目1210项；获得省部级以上科研奖励249项，其中，获国家技术发明奖二等奖2项，国家科学技术进步奖二等奖2项；高等学校科学研究优秀成果奖（人文社科）三等奖5项；入选《国家哲学社会科学成果文库》1项；获得国家发明专利2357

项；被SCI、EI、SSCI、CSSCI收录论文8531篇，化学、材料科学、临床医学、工程学四个学科进入全球ESI前1%。出版专著、译著和教材260余部。主办《中国粉体技术》《济南大学学报》等2种学术期刊。学校坚持开放式办学理念，积极扩大与国（境）外教育机构的合作与交流，通过学者互访、学术交流、合作办学等多种方式与美、英、德、法、加、澳、俄、日、韩、新等国家的98所高校建立校际合作关系，与台港澳地区的20所高校建立友好学校关系，在刚果共和国首都布拉柴维尔、美国南达科他州阿伯丁和科罗拉多州首府丹佛市建有孔子学院3所。

【科研项目与经费】 2020年，科研项目总经费共计14070.48万元；横向项目到账经费7105.6万元；承担各类纵向科技项目245项（不含军工项目），纵向科技经费总计6145.1万元。其中，国家级科技项目立项53项（国家自然科学基金项目52项，立项直接经费2210万元；国家重点研发计划课题1项，立项经费100万元）；省部级科技项目127项（山东省自然科学基金97项，立项经费1603万元；山东省重大创新工程14项，立项经费1331.25万元；其他省部级项目16项，立项经费393.8万元）。平台经费200万元；国防科研经费519.78万元。

【科技成果（含重点成果选介）】 2020年，以第一完成人获山东省科学技术进步奖一等奖1项、山东省自然科学奖二等奖2项，参与获山东省科学技术进步奖一等奖1项、山东省科学技术进步奖三等奖1项；济南大学专利ZL201610730915.7减震球型支座，获得第三届山东省专利奖二等奖；获2020年度山东省高等学校优秀科研成果奖15项。被SCI、EI及CPCI-S收录论文1297篇，其中，SCI收录论文938篇，影响因子大于20的2篇、大于10的20篇、影响因子大于5的319篇；根据2020年度中国科学院文献情报中心期刊分区表，一区论文209篇、二区论文309篇；被EI收录的论文有795篇；被CPCI-S收录的论文有47篇。获得知识产权授权650件，其中，发明专利473件，实用新型专利171件，外观设计专利6件。

抗耐药性药物比阿培南新制备体系的关键技术开发与产业化 该成果在国家"重大新药创制"科技重大专项等科技计划支持下，开发了比阿培南原料药关键合成工艺技术，打破国外技术垄断，得到产品安全、生产高效、工艺环保的系统生产体系，完成产品关键技术开发及产业化，实现从仿制到自主研发的知识产权体系构建。

应用于极端环境的超高温陶瓷基复合材料关键理论研究 该成果应用于极端环境的超高温陶瓷基复合材料关键理论研究针对超高温陶瓷相含量低、分布不均匀的问题，采用液相前驱体转化法、原位反应法成功制备了含量高且分布均匀的超高温陶瓷基复合材料。该材料通过了氧乙炔、等离子风洞试验考核，能够在高温氧化环境下满足耐高温和耐久性、高温抗氧化性和复杂载荷条件下的轻质强韧化，而且能够长时间保持物理和化学稳定性，能够满足新一代飞行器热端部件的使用要求。

纳米多孔铂、钯电催化剂材料的结构调控与性能增强 该成果以纳米电极材料的结构调控及其电化学性能提高为主旨，改善纳米材料结构与电化学性能之间的构效关系，引领去合金化技术实现了多种高性能纳米电极材料的可控制备。为高效纳米电极材料的设计制备提供了新的认识和启发，拓展了去合金化方法在纳米材料制备领域的发展与应用，相关结果被一些著名期刊报道，获得了国际同行的广泛关注和引用。

减震球型支座ZL201610730915.7 该专利是在传统球型支座的基础上改进得来，属于改进型专利；创新引入上摩擦板和下摩擦板组成的减震耗能装置；通过对球冠衬板倒置实现支座在重载环境下利用滚珠的滚动实现支座滑移的功能和球冠衬板与球面聚四氟乙烯滑板发生滑动实现支座转动。

【基础研究】 2020年，完成4项山东省自然科学基金重大基础研究、1项山东省自然科学基金杰出青年基金研究项目。

光催化材料及造纸废水深度处理技术 以光催化为主要手段，在光催化降解污染物研究的基础上，对具有紫外—可见—近红外光吸收的光催化纳米材料进行了研发，实现了全光谱的光催化效果。对其增强的光催化机理、光催化过程中产生的自由基种类等进行了分析，并以此为依据进一步制备了具有增强自由基产生能力的光催化剂。

发泡陶瓷基节能保温材料的基础理论和关键技术研究 通过优化控制坯料复合体系的组成与烧结制度，形成了全固废发泡陶瓷基节能保温材料的原位成孔烧结制备方法；在实验室研究成果基础上，进行了中试，研究了机械化连续生产技术，为发泡陶瓷节能保温材料的规模化生产和应用提供了技术支撑。

全赝电容混合超级电容器设计、构建及储电性能研究 针对分布式光伏发电，尤其是离网型分布式光伏发电储电而发起。相关材料的电化学性能获得了天津捷威动力知名电池企业的认可，为高效实现光伏自用最大化提供了理论/技术支持及器件模型。

基于荧光成像分子探针和胃镜技术的胃癌辅助诊断 针对胃癌等消化道癌症复杂性，缺乏胃癌快速早期快速检测、定位普及化手段，围绕低成本、高可靠性的胃癌检测诊断的需求，构建针对胃癌等消化道癌症的近红外荧光检测探针，实现对胃癌组织的高灵敏检测与精准定位。探究胃癌等消化道癌症组织的代谢特点，筛选特异性标志物，针对特异性标志物构建高选择、高灵敏识别基团，实现了对胃癌等消化道癌症高灵敏检测与精准定位，提高了胃癌组织与正常组织的对比差异。

天然药物化学 聚焦"山东省昆嵛山地区药用植物资源成分研究薄弱、开发利用缺乏系统研究和技术支撑"等问题，对该地区 10 种药用植物的活性成分进行了系统研究，分离鉴定包括三萜、二萜、倍半萜、甾体等多种类型的化合物 520 余个，其中，新结构 150 余个；通过体外抗肿瘤、抗菌、抗炎、抗氧化、α-葡萄糖苷酶抑制等活性测试，发现了一系列具有各类生物活性的成分 70 余个，并对部分化合物进行了全合成、结构修饰和作用机制研究。

【应用研究与高技术研究】 2020 年，完成 1 项国家重点研发计划、2 项山东省自然科学基金重大基础研究项目。

循环肿瘤细胞检测工作站及相应配套设备的集成研发 基于深度学习技术，研究开发循环肿瘤细胞自动检测方法，实现了多种循环肿瘤细胞的自动检测、自主分类，检测结果以交互方式呈现给病理技术专家，辅助专家快速完成样本检测及诊断，为超大幅面医学影像处理工作提供了更加高效、智能的手段。

新型含氟单体合成及其与四氟乙烯共聚制备高性能多元氟树脂的研究 针对我国高端氟树脂依赖进口、氟化工行业产品低端等问题，开展了新型含氟单体、含氟助剂和含氟共聚物的研究，设计合成了 30 多种新型含氟功能单体及高附加值含氟化合物；发展了 2 种高效含氟表面活性剂；开发出百公斤级水性氟树脂和功能乳液可控制备关键技术及生产工艺，形成氟涂料稳定制备技术；开发了 10 种新型含氟功能树脂并实现初步应用，为万吨级含氟树脂产业化提供了理论依据和技术基础。

脱硫石膏基节能保温墙材的基础理论和关键技术研究 利用脱硫石膏、粉煤灰和钢渣等工业固废，开展了脱硫石膏基节能保温墙材的基础理论和关键技术研究，设计了多种固废复合凝胶材料体系，阐明了材料活性激发、纤维增强、防水等机理；研发出具有轻质、高强、隔热、耐水重视、A 级防火等优异性能的脱硫石膏基外墙外保温材料；中试产品的性能指标优于行业标准，实现成果转化。创新了脱硫石膏、粉煤灰和钢渣等低活性固废材料活性激发与体系调控基础理论，突破了工业化生产关键技术，实现了工业固废资源化利用和高附加值转化。研究成果达到国际先进水平。

【一流学科建设】 学校入选山东省高水平大学"冲一流"建设高校，首次进入山东省属高校第一建设方阵；材料科学与工程学科入选山东省"高峰学科"建设行列，化学工程与技术、计算机科学与技术、应用经济学 3 个学科入选山东省"优势特色学科"建设行列；应用经济学入选省高水平学科。学校抓住山东省高水平大学和高水平学科建设项目的契机，按照"整体规划、分层建设、重点突破、全面推进"的原则，将学科进行分层、分类建设，不断推进高水平学科建设。落实《济南大学学科振兴计划》，优势突出的材料科学与工程、化学工程与技术等学科，引领、带动应用经济学、计算机科学与技术、水利工程等学科的发展，形成"高峰辐射高原、高原支撑高峰"的学科生态。

【科技成果转化】 2020 年，出台了《济南大学自然科学标志性科研业绩奖励办法（试行）》《关于调整济南大学科技成果转化指导委员会人员组成的通知》《济南大学关于〈济南大学科技成果转化综合试点实施方案〉的报告》。年内签订科技合同 264 项，技术合同额 8958 万元，到账经费 7245 万元，比 2019 年度增长 43.4%，其中，登记认定技术开发及技术转让合同额 8109 万元。作为山东省技术合同登记机构，独立开展各项技术合同登记工作，年度登记技术合同 309 项（合同额 10574 万元）。以转让和许可的方式实现专利转化 42 项，到账经费 393 万元。申报并获批山东省属高等学校、科研院所科技成果转化综合试点单位；年内获批建设国家知识产权试点高校、山东省技术市场协会科技金桥奖先进集体荣誉称号、山东省省级技术转移服务机构、山东省高等学校科技成果转化和技术转移基地，着力提升学校知识产权高水平管理能力、高质量创造能力、高效益运用能力和高标准保护能力，打造体系健全、机制创新、转化工作特色鲜明、转化成效显著的成果转化示范性平台，推动科技成果加快向现实生产力转化。参与由省科技厅统一筹划，济南市牵头成立的"1+6"省会经济圈科技创新联盟建设，促进省会经济圈可持续发展，并被聘为副理事长单位；参与济南市 17 家济南市产业技术创新联盟建设、山东先进材料联合研究院建设，以此类平台促进成果转化工作。年内与企业共建产业技术研究院 23 个，实现校企人才共引共享共用，针对企业需求开展科学研究，有效解决企业生产一线的技术难题。

【科技创新平台建设】 省部级科技平台建设到账经费 200 万元。山东省能源转换与存储关键材料工程实验室和济南市韧性城市与智能防灾工程实验室获批立项建设。对校级科研机构（理工类）进行考核，其中，37 个科研机构考核结果为合格，16 个科研机构撤销。经山东省科学技术协会批复，同意设立济南大学科学技术协会。

【大学科技园建设】 截至 2020 年底，济南大学科技园共签约入驻企业 36 家，创客团队 7 个，4 家企业成功进入山东省"科技型中小企业信息库"；入驻企业新增授权发明专利9件，软件著作权6项；济南金昌树新材料科技有限公司自主研发的"PVC用高耐候JCS-815抗冲击改性剂"成功入选"山东省技术创新项目计划"。2020年，8人成功申请初级工程师职称；5月，山东东鼎电气有限公司创始人程新功教授、济南同誉新材料科技有限公司创始人杨成教授荣获"天桥区优秀科技工作者"荣誉称号；11月，科技园3人当选济南市天桥区"青年联合会"委员，其中，1人主席团成员。2020年科技园成立"济南济大科技园有限公司科学技术协会"。

【科技人才培养与队伍建设】 2020年，贯彻"人才强校"战略，发挥各级各类人才的作用，制订《济南大学科研人员创新创业管理办法（试行）》《关于印发〈济南大学引进人才科研启动费管理办法〉的通知》，制订《济南大学引育共享人才管理办法（试行）》。引进古巴科学院院士1人，国家杰青1人，3人获批"泰山学者青年专家"称号。

【科技合作与交流】 走访烟台市和江苏昆山市，商讨技术转移中心建设事宜；组织参加第一届中国（淄博）新材料产业国际博览会暨第十九届中国（淄博）新材料技术论坛、第五届"智汇德州"人才创新创业周、山东省新材料产业化成果对接会暨"十四五"新材料产业发展论坛会、第二届河北省产学研合作创新大会、昆山开发区大院大所推进会、济南科技成果转移转化平台暨服务驻济高校院所行动启动仪式等地方政府组织的产学研活动；走访山东省60多家企事业单位进行科技合作交流，和烟台、枣庄、菏泽、平度、德州等地100多家企业进行了技术需求对接；密切与济南市、淄博市、烟台市等地方科技管理部门关系，积极参与各类科技平台组建工作；通过加强与学院沟通交流，为学院培养技术经纪人，加大科技成果转化人才队伍建设。做好地缘服务，以济南市企业为服务重点，密切与济南市的合作关系，依托济南市科技局、济南科技创新促进中心联合开展济南科技成果转化平台服务驻济高校行动，开展科技成果校企对接交流直通车活动。与潍坊寿光市人民政府合作共建"济南大学寿光产业技术研究院"、与潍坊滨海开发区管委会合作共建"济南大学潍坊滨海产业技术研究院"。与聊城莘县人民政府签署共建"济南大学莘县产业技术研究院"。梁山产业技术研究院牵头吉林大学、燕山大学等5家高校共建"济南大学梁山产业技术研究院车辆与制造装备研究所"、寿光产业技术研究院促进化学化工学院与潍坊石花化工建材有限公司合作项目落地、潍坊滨海产业技术研究院组织自动化与电气工程学院与山东（潍坊）海洋科技大学园管理办公室机关党支部校地基层党建共建。

（济南大学　于政宇）

青岛大学

【概述】 青岛大学是山东省属重点综合大学，山东省与青岛市共建高校，山东省属高校高水平大学"冲一流"建设高校。学校现有浮山校区、金家岭校区、松山校区三个校区，占地2655亩，建筑面积114万平方米。固定资产30亿元，馆藏图书325万册，电子图书160万册。主办8种学术期刊。设有36个学院和医学部，102个本科专业，涵盖文学、历史学、哲学、理学、工学、医学、经济学、管理学、法学、教育学、艺术学等11个学科门类。现有10个博士后流动站，13个一级学科博士点，2种博士专业学位类型；38个一级学科硕士点，28种硕士专业学位类型。拥有国家重点学科2个，山东省重点学科20个，山东省一流学科8个、高峰学科1个、优势特色学科4个；8个学科入选2020软科世界一流学科；29个学科入选2020软科中国最好学科排行榜，其中，系统科学居全国第2位；7个学科进入USNews2021年世界大学学科排名榜。2019、2020年，学校连续两年进入软科世界大学学术排名500强。现有全日制在校生42645人，其中，研究生9502人、本科生32415人、留学生603人。教职工3899人，专任教师2661人，其中，海外全职院士、"长江学者"、国家杰青、国家优青等国家级高层次人才66人，省部级人才130人。专任教师中拥有博士学位比例62%。近5年博士后基金数量列全国21位。拥有全国高校黄大年式教师团队1个，教育部创新团队1个，山东省优秀创新团队2个。学校拥有省部共建国家重点实验室1个，省部共建协同创新中心1个，国家地方联合工程研究中心1个，国家示范性国际科技合作基地1个，高等学校学科创新引智基地1个，国家级国际联合研究中心1个，国家级实验教学示范中心4个、临床教学培训示范中心1个；国家级人才培养模式创新实验区3个；国家一流专业18个，国家级特色专业7个，教育部卓越计划试点专业7个；国家精品课程14门，国家一流课程4门；国家教学成果奖6项；省部级重点实验室、工程技术研究中心、协同创新中心、人文社科研究基地38个。建有国家大学生文化素质教育基地、华文教育基地、高校国家知识产权信息服务中心、国家工业互联网应用创新推广中心，是教育部创新创业教育改革示范高校、教育部高校教师考核评价改革示范性高校、教育部来华留学示范基地。"十三五"以来，学校共承担国家重点研发计划、国家自然科学基金、国家社科基金等国家级项目820项；被SCI收录论文12624篇，被SSCI收录论文759篇、被CSSCI收录论文973篇；获批国家科技进步二等奖1项、省部级奖励58项；获授权专利1300余项。在2019、2020软科世界大学学术排行榜中连续两年位列全球第401～500位。青岛大学附属医院连续六年位列中国最佳医院排行榜百强，在国家卫健委公布的全国三甲医院综合考评中位列第20位，其中，复杂手术量全国第3位，均居山东省第1位。学校坚持国际化办学战略，与近30个国家和地区的180余所院校建立友好交流合作关系，建立师生交流、联合培养、合作科研等项目200余个。在国外建立孔子学院2所。留学生生源国达到96个。

【**科技项目与经费**】 2020年，获批国家级项目156项，其中，国家自然科学基金143项，（重点项目1项、面上项目48项、青年科学基金项目93项、国际合作交流项目1项），资助经费5321万元，较2019年增加近800万元；国家重点研发计划重点专项1项、子课题6项，资助经费1168万元；中央军委科技委国家级重点项目1项，资助经费360万元。获批省部级项目211项，其中，山东省自然科学基金211项（青年基金项目102项、面上项目96项、杰出青年基金4项、优秀青年基金3项、重大基础研究2项、重点项目2项、联合基金2项），较2019年增加83项，获批数量创历史新高。获批市厅级项目6项，其中，山东省教育厅青创人才团队项目6项。

【**科技成果及选介**】 2020年，被SCI收录论文3979篇，列省属高校第1位，较2019年增长25%；被EI收录论文793篇，被CPCI-S收录论文113篇，ESI综合排名中列中国内地高校第73位，较2019年前进8位；国际排名1035位，较2019年前进204位；论文他引154277次，较2019年增加50566次；篇均引用10.26次，较2019年提高1.24次；ESI高被引论文总数达252篇，较2019年增加88篇。在世界顶级期刊发表多篇标志性论文，其中，《自然》主刊1篇、CNS子刊5篇、《美国化学会志》2篇。高水平论文数量、质量均有显著提升，有13名学者入选爱思唯尔（Elsevier）公布的2020年度中国高被引学者榜单，位列全国高校第66位，驻鲁高校第2位。获山东省科学技术奖10项，其中，一等奖2项（含第二完成单位、第一完成人1项）、二等奖7项、三等奖1项，二等奖以上9项，创近年来最好成绩；获中国纺织工业联合会科学技术进步奖一等奖1项、中国食品工业协会科技奖一等奖1项（合作）、中国抗癌协会科技奖二等奖2项（全国共10项）；获青岛市科技奖26项，其中，一等奖4项、二等奖14项、三等奖8项；获山东省高校科学技术奖20项，其中，一等奖6项、二等奖4项、三等奖10项。获授权专利875件，其中，发明专利545件、实用新型285件、外观设计34件，PCT专利授权11件。2020年9月，经山东省技术转移人才培养基地申报和评审，青岛大学获评山东省科学技术厅认定的首批技术转移人才培养基地；12月，获评山东省教育厅认定的山东省高等学校科技成果转化和技术转移基地。

基于大数据和人工智能的痛风病精准诊疗体系的创建及应用 该成果获得2020年度山东省科学技术进步奖一等奖。项目组创建了国际最大单中心痛风样本库和数据库，为研发痛风辅助诊疗系统奠定基础；成功构建基于大数据和人工智能的痛风辅助诊疗系统，实现痛风诊疗知识的自主学习和持续优化；基于痛风辅助诊疗系统，首创"分期、分级、联合、综合"痛风精准诊疗体系，不但为新药研发提供良好平台，还揭示了痛风相关动脉硬化及糖尿病发病机制，为痛风精准诊疗体系的持续优化提供支撑。

高品质棉型纺织品清洁染色关键技术及产业化应用 该成果获得2020年度山东省科学技术进步奖一等奖（第二完成单位、第一完成人）。针对棉型纺织品染色盐用量大，高盐有色废水难处理，生产过程能耗水耗高、质量和生产效率低等纺织行业重大共性技术问题，对纤维、纱线和织物无盐清洁染色工艺、装备、染料、助剂等进行了全面系统的研究，开发出纤维连续清洁染色技术与装备，效率提高1.5倍；从源头上减少了污染，实现了废水治理由"末端治理"向"过程管控"的转变，节能减排效果突出，对促进纺织行业绿色高质量发展具有重要推动和示范作用。

脑肠肽ghrelin与帕金森病发生发展的关系及在帕金森病早期诊断中的应用 该成果获得2020年度山东省科学技术进步奖二等奖。国际上首次报道帕金森病早期患者出现血浆ghrelin水平的变化，提出ghrelin可以作为帕金森病早期诊断的血浆生物标记物，为帕金森病的早期诊断提供新靶点，并在国内广泛推广应用。提出了ghrelin神经保护作用机制的新思路，将ghrelin和中脑神经干细胞联合移植治疗帕金森病模型动物的研究，为ghrelin联合细胞移植治疗帕金森病提供实验依据。

【**基础研究**】 2020年，学校获批的国家自然科学基金数量列山东省属高校第1位，资助经费5321万元，较

2019 年度增加近 800 万元，取得较好成绩。

谐波注入式多相永磁直驱电机系统的科学问题研究　该项目为国家自然科学基金资助的重点项目。项目组在前期研究多相感应直驱电机的基础上，针对谐波注入式多相永磁直驱电机结构特点，以多相磁势推导为前提，采用电磁场解析法、网络图论法等分析多相永磁电机，通过引入多坐标平面变换系统进行电机高效控制，以实现高转矩密度与高可靠性目标。研究内容包括谐波注入式多相永磁电机相数与极数配合规律、基波与谐波叠加的磁极切削技术、电机优化设计、电流谐波注入、高效驱动控制、故障定位诊断与容错控制运行等方面。谐波注入式多相永磁电机研究成果既可用于军用舰船与高技术民用船舶，也可推广至轨道交通、电动汽车等驱动系统，具有重大的理论意义和经济价值。

【应用研究与高技术研究】

机器人需求情感驱动的社会交互理论与方法　该项目为国家重点研发计划项目"智能机器人"专项项目，获批经费 501 万元。该项目旨在突破机器人工具化的思维，赋予机器人拟人化的情感与决策内核，建立以机器人为独立社交主体的社会交互理论框架与核心技术体系，实现多元社交背景下机器人的个性化知识构建、社交意图预测、动机生成和行为表达，创建国际领先的机器人社会交互理论和方法。

高效催化绿色制备纤维级再生聚酯关键技术与工程示范　该项目为国家重点研发计划课题，批准经费 362 万元。课题以高纯度解聚单体 DMT 为原料，设计与构筑再生 PET 用非重金属高效、高稳定催化剂，研究绿色催化剂的聚酯合成反应机理和反应动力学，建立催化活性、选择性、稳定性以及聚酯品质的调控机制，开发催化剂高效制备、高效催化副反应抑制 -PET 品质调控以及纤维级再生聚酯切片绿色合成技术，实现催化剂无重金属、超低催化活性金属含量、高品质纤维级再生聚酯的高效生产，建成万吨级再生 PET 切片示范工程。此外，课题还研究再生解聚单体品质对再生聚酯合成历程和产品品质的影响规律，完善再生解聚单体和再生聚酯品质的评价方法，并探索终端品牌社会责任驱动的商业化推广模式。该课题的实施将形成从基础研究到应用技术的系统研究体系，为高效催化绿色制备再生聚酯提供理论依据和技术支撑。

【科技成果转化】　申报促进产学研服用紧密结合的技术转移平台、技术转移人才培养平台和新型研发机构，现已拥有国家海洋技术转移中心专业领域分中心、山东省技术转移服务机构、山东省科技成果转化与技术转移基地；国家技术转移人才培养基地（青岛大学基地）、山东省技术转移人才培养基地；菏泽产业技术研究院等，着力打造技术转移"十"字走廊，打通科研成果转化通道。2020 年 8 月，山东省科学技术厅等 9 部门联合印发了《关于省属高等学校、科研院所科技成果转化综合试点实施方案的通知》（简称《通知》），在省属高校、科研院所遴选 8 家单位组织开展科技成果转化综合试点，学校被列为试点高校，根据《通知》要求，12 月出台了《青岛大学赋予科研人员职务科技成果所有权或长期使用权实施细则》。推动科技成果转化和产业化，促进校企合作和资源整合，签署协议并成立合作公司。组织调研、撰写《参股股权管理办法》《向参股企业委派董事和监事管理办法》，探索企业管理由管理资产向管理股权转变。学校共 39 项科技成果实现转化，技术合同交易额 841.93 万元。近 3 年来，学校专利转让数量 100 余件，技术合同交易额 8000 余万元。进入中国高校专利转让排行榜（TOP100），山东省排名第 4 位，转化率 6.5%。

【科技创新平台建设】　学校初步形成了政府批建研究平台、校直属研究机构、校地企共建研究机构及跨学科集群研究平台四类科创平台（研发机构）。2020 年，学校新增各级科技创新平台 8 个，其中，省部共建协同创新中心 1 个（生态纺织协同创新中心）、示范型山东省高校协同创新中心 2 个（山东省高校数字医学临床诊疗与营养健康协同创新中心、生态纺织协同创新中心）、省级工程实验室 1 个（山东省固态电池工程实验室）、青岛市工程研究中心 2 个、青岛市技术创新中心 4 个。发起并作为股东单位共建国家先进印染技术创新中心，与海信集团联合申请获批工业互联网推广应用示范中心，入选全国首批国家知识产权试点高校，协助图书馆、知识产权学院获批高校国家知识产权信息服务中心。先后共建了"青岛肿瘤研究院""青岛大学威海创新研究院""泰山纺织服装产业技术研究院""青岛大学华赛医学细胞和蛋白质药物研究院""青岛大学施耐德产业技术研究院""青岛大学海洋粮仓产业发展研究院"等一批新型研发机构。青岛大学威海创新研究院获省科技厅发文评定为山东省第一批新型研发机构，青岛大学华赛医学细胞和蛋白质药物研究院获青岛市工信局发文支持建设"青岛（华赛）区域细胞制备中心"。

【学科建设】　学校拥有 13 个一级学科博士学位授权点，78 个二级学科博士学位授权点，38 个一级学科硕士学位授权点，195 个二级学科硕士学位授权点；有专业学位类型 30 种，其中，博士专业学位类型 2 种，涵盖 28 个培养领域；硕士专业学位类型 28 种，涵盖 88 个培养领域，覆盖哲学、经济学、法学、教育学、文学、理学、工学、医学、管理学、艺术学 10 个学科门类。探索"大团队、大项目、大平台"建设机制，集中优质资源，打造新工科、新医科、新文科优势学科群。2020年，学校入选山东省"冲一流"建设高校，5个学科获批高水平学科。其中，纺织科学与工程学科获批"高峰学科"，材料科学与工程、基础医学、临床医学、系统科学4个学科获批"优势特色学科"，公共卫生与预防医学、软件工程两个学科获批高水平学科培育学科。实施学科影响力提升计划，加大ESI学科培育和建设力度，截至2020年11月，学校生物学与生物化学、计算机科学两个学科学术影响力进入全球排名前1%，临床医学进入全球排名前3‰，化学、材料学两个学科进入全球排名前5‰，其他学科潜力值均明显上升。有8个学科进入全球排名前1%，分别是临床医学、工程学、化学、材料科学、神经科学与行为学、药理学与毒理学、生物学与生物化学、计算机科学；有4个学科进入全球排名前5‰，分别是临床医学、工程学、化学、材料科学，其中，临床医学进入全球排名前3‰。

【大学科技园建设】 青岛大学科技园是经省科学技术厅、省教育厅批准的首批省级大学科技园，被认定为崂山区首批区级科技企业孵化器，青岛市级科技企业孵化器，并获"山东省双创示范基地"称号。科技园位于青岛大学校园内，分南、北两区，建筑面积24000平方米，其中，位于青岛大学正门北侧建筑面积14000平方米是科技创新创业基地；位于青岛大学南门东侧建筑面积10000平方米是文化产业基地。2020年，科技园内共有入驻企业77家。其中，大学生创业、项目合作、高校成果转化等占总企业数60%以上，与学校在技术、成果、人才方面有紧密合作的企业43家，校友企业10余家，学校与园区企业正在开展的合作项目约80个。园区为大学生就业、实习等提供了机会与平台；在园区工作的本校毕业生近60人。引入知识产权、财税、法务、人力资源、投融资、银行等10余家专业机构，服务园区、平台项目和企业。园区企业与学校在教学、科研、医疗、文化等方面紧密相连、互相促进。2020年度根据《科技部办公厅教育部办公厅关于开展第十一批国家大学科技园认定工作的通知》，参加了国家级大学科技园申报和答辩工作。

【科技人才培养与队伍建设】 2020年，学校引进人才197人，其中，具有一年以上海外工作研究经历人员占比超过47%；引进人员中达到特聘教授及青年卓越人才层次人员138人，占比达到70%。柔性引进工程院院士1人，引进海外院士3人，国家级人才6人，新增长江学者青年专家1人，青年拔尖人才1人；15名教师进入斯坦福大学公布的世界前2%顶尖科学家终身科学影响力排行榜；47名教师进入年度科学影响力排行榜；获批山东省外专双百专家1人。成功举办第三届山东省高校青年学者泰山国际论坛青岛大学分论坛、2020"智汇城阳"高层人才论坛暨第四届青岛大学国际青年学者崂山论坛等，扩大了学校招才引智的规模和影响力。获批"泰山学者"攀登计划1人，"泰山学者"青年专家7人，省杰青4人，省优青2人，国务院特殊津贴2人。获山东省青创人才引育计划立项建设团队12个。29人获国家、省市留学项目资助，获资助经费308万元，选派71名中青年教师到海外高校、科研院所进修访学。举办访学汇报会5场，教师思想政治教育活动5场。

【科技合作与交流】 形成了服务社会校地模式（威海创新研究院）、校企模式（与海信全面合作）、校地企模式（泰山纺织服装产业技术研究院）、学科型公司（源海新材料公司）四种合作模式。2020年，累计签订横向科技合作协议197项（与青岛市企事业单位签订66项），合同经费7144万元，到账经费2856万元。依托青岛肿瘤研究院，吕志民教授团队的前沿成果两度登上《自然》主刊，获国家、省市级项目14项。依托青岛大学威海创新研究院，获批运行经费4000万元，已立项10余个与威海市企业联合研发项目。依托青岛大学华赛医学细胞和蛋白质药物研究院，搭建了国内首个人源细胞重组蛋白生产平台，并成功引入青岛黄海制药有限责任公司作为合作方，成立一年来已获批国家重点研发计划、山东省重大科技创新工程等多个重大项目，累计获得纵、横向科研经费2000余万元。发挥互联网平台媒介作用，多渠道进行科技成果的项目路演与对接。学校与政府、社会机构共同举办高价值成果发布、项目路演等产学研对接活动40余场。2020年，完成学校产学研合作推介项目的征集并汇编成册，推动科技成果与产业、企业需求有效对接，为科研人员建立推介平台。根据各地市需求，组织科研人员与安丘市政府、连云港市科技局、胶州科工信局、日照市科技局、淄博市、淄川区及相关企业进行了多场对接洽谈，积极搭建科技成果推介平台。

（青岛大学 李荣贵 宋媛媛）

烟台大学

【概述】 学校1985年正式招生，1998年成为硕士学位授权单位。2001年3月，经山东省政府批准，原山东省建材工业学校、原山东省水产学校并入烟台大学。2012年获批山东省名校工程首批立项建设单位，同年获批服务国家特殊需求博士人才培养项目，2019年成为省市共建高校。"药学"和"材料科学与工程"学科分别于2018年、2019年入选山东省"一流学科"建设立项。在2018、2019、2020年全省事业单位省属高校绩效考核中连续荣获优秀等次。2020年，学校获批项目博士后招收资格和国家知识产权试点高校，入选山东省"强特色"高水平大学建设行列，法学、药学两个学科入选山东省"优势特色学科"建设行列。学校现设22个学院（部），65个研究院所，22个硕士学位授权一级学科，11个硕士专业学位授权类别，69个本科专业，涵盖文、理、工、法、农、医、经、管、教、艺10个学科门类。全日制在校本科生、研究生、留学生共3万余人，本科生源跨全国30个省（市、区）。另有成人高等教育学生26000余人。学校有国家技术转移中心2个，教育部重点实验室1个，国家民委民族理论政策研究基地1个，国家知识产权培训基地1个。入选国家知识产权试点高校，获批山东省高校科技成果转化和技术转移基地。省级重点学科7个，省高等学校协同创新中心4个，其中，山东省高校示范协同创新中心1个，省工程实验室2个，省级重点实验室7个，省人大常委会地方立法研究服务基地1个，省理论建设工程重点研究基地1个，省高校人文社科研究基地2个，省民族问题研究中心1个，省级工程技术研究中心8个，省泰山学者种业人才团队支撑计划1个，省高校优秀科研创新团队1个，省国际（港澳台）科技合作平台1个，省级研究院1个，省软科学研究基地1个，省级大学科技园和省级科技企业孵化器1个。法学进入教育部第四轮学科评估B类学科和中国最好学科排名前20%，数学进入世界一流学科排名前400。化学、药理学与毒理学、工程学先后进入ESI全球前1%。近年来，获国家科技进步奖二等奖1项，中国专利金奖1项，入选国家社科成果文库2部，获省部级以上奖励210余项。主持国家自然科学基金、国家社会科学基金、国家重点研发计划项目等国家级科研项目380余项。主持省部级科研项目近900项。主持横向科研项目1900余项。《烟台大学学报》（哲学社会科学版）为"全国中文核心期刊""中国人文社会科学核心期刊"。《烟台大学学报》（自然科学与工程版）入选《中国学术期刊文摘数据库》。全面深化产教科教融合，聚焦山东省八大发展战略、九大改革攻坚任务、"十强"优势产业布局，与烟台经济技术开发区共建烟台大学开发区科教园区，与知名企业共建药学院、核装备与核工程学院和数字创新学院，与知名企业共建专业24个。参与共建烟台先进材料与绿色制造山东省实验室、中国科学院药物创新研究院环渤海药物高等研究院、山东苹果·果业产业技术研究院。加快科技成果转移转化，《多措并举 大力推进科技成果转化 全面深化产教融合服务地方》案例荣获山东省"2020年度（高校）教育综合改革和制度创新十佳案例"。发起成立烟台数字经济产教联盟、烟台设计产业联盟、烟台市物联网行业协会等行业组织，主动对接烟台市八大战略新兴产业，构建"政产学研用"融合创新发展生态。现有26个校级文科科研机构为基础，整合建设山东省知识产权研究院、中韩（烟台）产业园发展研究中心等智库，发挥国家知识产权示范试点高校在知识产权运营服务体系建设重点城市（烟台）和山东自贸试验区烟台片区建设中的作用。

【科研项目与经费】 2020年，组织申报国家级科研项目323项，申报省部级科研项目近500项，申报各级各类新冠肺炎疫情相关课题42项。获批国家级科研项目51项，其中，国家自然科学基金项目44项（含新引进人员转入的国家基金），国家社科基金项目7项。获批教育部人文社科项目4项、省部级项目114多项。积极参与国家重大工程"汉籍合璧"，申请成果项目12项，经费约310万元。鼓励学校老师申报军工类科研项目，申报山东省军民融合企业重点项目3项；山东省军民融合办"军转民"项目16项；国防科工局"引导篇"技术产品项目4项。科研项目经费保持较好增长势头，纵向科研项目经费达到5031.366万元，横向类科研项目经费5405.1万元，人才类科研经费1510万元，科研创新平台经费100万元，全年科研总经费已经达到12046.76万元。

【科研成果】 组织申报省部级科研成果奖近40项。国家级科研奖励获得好成绩，获教育部第八届高等学校科学研究优秀成果奖（人文社会科学）二等奖2项。崔明德教授荣获第十四届山东省社会科学突出贡献奖。

获省部级以上科研奖励11项。全年被SCI、SSCI等收录高水平论文912篇、授权专利200余件（其中，发明专利64件），同比增长分别超过40%、70%。"阻燃、耐光和抗菌性聚氨酯涂料专利导航"获批2020年度第二批省专利导航暨专利信息利用项目，学校为4所获批该项目的高校之一。与知识产权研究院、法律服务中心、服务地方办等单位合作，成功入选国家知识产权试点高校，是烟威地区唯一入选的高校；出台《烟台大学"国家知识产权试点高校"工作方案》，进一步提高学校有关知识产权的教学、科研和管理服务工作水平。

【一流学科建设】 连续两年跟踪政策，确定方案，与十余个相关职能部门和学院协同申报；学校领导挂帅上阵，部门学院精诚合作，2个优势特色学科和高水平大学建设计划通过答辩获批立项，是烟台唯一高水平大学，完成了学校要求的核心指标任务；该项目每年约为学校直接引入7500万元省财政资金，一定程度缓解了学校的资金紧张，也让学校进入了十四五山东高校发展的主干路和快车道。组织2个省一流学科共计4350万元预算编制，完成年度考核。新增两个学科进入ESI前1%，增速全省并列第一。

【科技成果转化】 2020年，科技成果转移转化工作取得较好成绩，全年学校开展横向科研项目273项，实际到账经费总额5105.1万元，立项数目和到位经费数均创历史新高。完成"四技"合同认定登记231项，其中技术开发和技术转让合同147项。2020年，科技处成功备案为山东省省级技术转移服务机构。学校获批省属高等学校、科研院所科技成果转化综合试点单位，是7家省属普通高校之一；获批山东省高等学校科技成果转化和技术转移基地，是8家省属普通高校之一。

【科技创新平台建设】 结合学校优势学科和重点研究领域，开展省部共建协同创新中心和山东省高等学校示范协同创新中心的申报工作，"新型制剂与生物技术药物研究"协同创新中心认定为山东省高等学校示范协同创新中心，获批山东省高性能合金与核心部件制造工程实验室，目前正在积极申报省技术创新中心。

【学科建设】 制定《学科建设突破工程实施方案》《学科建设管理办法》和《哲学社会科学学科振兴计划》，为十四五学科建设搭好基础。落实博士授权单位培育建设资金500万元，三个学位点达到或超过教育部要求。落实1200万元预算，完成3类12个学科特区4年周期建设。探索跨学院的一级学科建设，投入140万元面向三个学院立项了2个团队、2个人才、6个科研活动项目。试行教学单位的学科建设年度考核，分层分类签订任务书，推进学科建设意识和组织。

【大学科技园建设】 2020年，园区新入驻企业10家，孵化出园企业6家，目前在园企业30家。组织开展后疫情下的企业辅导系列讲座，帮助园区企业塑造应对后疫情下的心态与策略；组织开展知识产权讲座，培育园区企业知识产权保护意识；做好政策宣讲、系统培训等，推动园区企业备案科技部中小企业；做好企业与政府的桥梁，协助企业申请科技创新成果奖励和高成长在孵企业。园区1家企业获得高成长性在孵企业，3家获得国家级高新技术企业称号，7家入库国家科技型中小企业评价系统，园区企业产值近7000万元，企业孵化能力得到质的提升，取得新的突破。

【科研人才培养与队伍建设】 2020年，新增省有突出贡献的中青年专家2人、齐鲁文化英才1人、烟台市有突出贡献的中青年专家1人。材料学科、化学学科高层次人才进一步集聚，新增国家高端外专项目1人、"泰山学者"青年专家3人、泰山产业领军人才1人、山东省外专双百计划团队1个、烟台市双百计划特聘专家1名均已通过实地考察和公示。柔性引进院士1人，柔性引进国家级人才4人。获批建设省级高层次人才工作站1个。全面落实用人单位用人自主权，启用烟台大学公开招聘网上报名系统，实现全方位无接触"云"招聘。2020年，正式入职195人，其中，博士130人、硕士63人和军转2人。强化思政队伍建设，2020年，公开招聘及校内选聘39名思政课专职教师，公开招聘32名专职辅导员，校内选聘28名青年博士担任专职辅导员。成立烟台大学青年创新人才协会，助力青年人才快速成长成才。召开青年博士教师座谈会和专题反馈会4次，聚焦25项突出问题抓落实，提升青年教师引进力度和培养水平。全方位保障人才的工资福利待遇政策兑现、工资核定和奖励绩效核定核拨工作。

【科技合作与交流】 服务地方办公室深入贯彻落实学校"一二三"发展战略，紧密结合山东省"八大战略"布局和烟台市"三区"叠加发展需求，推动出台《中共烟台大学委员会关于进一步加强服务地方工作的意见》，牵头起草《校地校企融合工程实施方案》《烟台大学"十四五"社会合作专项规划》，主动对接地方人才需求、瞄准产业科技需求，融入地方经济社会发展的主战场。全年协调对接中科院兰化所、海军航空大学、市住建局、南山集团、裕龙石化、龙大肉食等84家企业、高校、科研院所、政府部门，举办对接活动100余场次，推动签署校地、校企合作协议77份。协助相关学院积极与包括开发区52家规上企业在内的104家企业对接交流，推动各学院开展课题合作150项，关联课题经费3169万元，助力学校2020年度横向课题总经费实现了新的突破。结合"四进"攻坚工作任务要求与莱阳市举办校地对接推进会暨高层次人才梨乡行活动。争取开发区先期拨付专项资金300万元，联合开发区管委成功打造"产才融合"高端论坛这一品牌活动，首场报告邀请12位国家杰青、长江学者做主题报告，50余家生物医药企业代表150余人参会，得到一致好评。学校"山东省知识产权研究院"正式入驻自贸区知识产权保护中心，并联合举办"自贸区知识产权人才培训班"等活动，为全面服务开发区产业企业发展打下良好基础。推动"烟台大学新华三数字创新学院"按协议约定正式揭牌成立，办公及研发场地完成装修并投入使用，新华三集团1000余万元高性能服务器、每年100万元运营经费、烟台市校地融合资金300万元顺利落地。推动与中科院兰化所、烟台显华化工共建应用化学专业；与烟台市住建局共建建筑学专业；与正海生物共建生物工程专业等6个专业。推动与潍坊市寒亭区共建"中医药产业技术研究院"；与东莞世皓新材料生物科技公司共建"烟台大学多尺度功能材料工程技术中心"等9个科研合作平台，相关部门、企业为平台提供建设资金约1253万元。完成学校一项核心办学指标任务，并助力学校成功入选国家知识产权试点高校、山东省"科技成果转化综合试点单位"。推荐18个项目参评2020年度、2021年度烟台市校地融合发展资金项目，共获批优先支持8项、一般支持7项、培育2项。其中，2021年度9个项目全部获得资金支持，获优先支持6项、一般支持3项，获得校地融合发展资金优先支持项目数为驻烟高校最多。2020年已到账校地融合发展资金共1155万元，年度到账经费数为驻烟台高校最高。

（烟台大学　徐　扬）

潍坊学院

【概述】 潍坊学院现占地1543亩（103万平方米），校舍建筑面积84.3万平方米，馆藏图书304.6万册，数字资源40.9TB。学校建有高标准的大型体育运动场和4万平方米的现代化多功能体育馆，建有国内同类院校领先水平的校园网，是中国教育和科研计算机网（CERNET）潍坊地区城市节点单位、全国教育信息化理事会常务理事单位。学校现有教职工1930人，其中，高级职称人员696人，博士393人，博士生、硕士生导师126人。有俄罗斯工程院院士、国家高层次人才特殊支持计划入选人员、享受国务院政府特殊津贴专家、教育部教学指导委员会委员、全国优秀教师、泰山产业领军人才、省市有突出贡献的中青年专家39人次。聘任多位知名专家学者担任学校特聘（兼职）教授或专业委员会负责人。学校现设22个教学单位、71个本科专业，涉及理、工、文、经济、管理、农、法、历史、教育和艺术10大学科门类。有国家级特色专业和教育部综合改革试点专业3个，省级一流专业建设点11个，省级特色专业、高水平应用型立项建设专业、应用型人才培养发展支持计划专业、卓越工程师培养专业、成教品牌专业等30个；有国家级一流课程2门，省级一流课程、精品课程、双语教学示范课程、成教特色课程等82门，省级教学团队5个，国家级大学生校外实践教育基地、省级实验教学示范中心、省级人才培养模式创新实验区、省级大学生创业孵化示范基地4个，校外教学实践基地353个；开展教育部"国培计划"特殊教育骨干教师培训项目，承担国家教育体制改革试验区试点项目6项。学校现有省级重点学科2个、省文化艺术科学重点学科1个、省级科研创新平台13个、市级科研创新平台19个，建有量子信息技术研究院、新型电磁材料研究所等62个研究院所。公开出版学术期刊《潍坊学院学报》。近年来，承担国家级项目110余项、省部级项目1190余项。学校面向全国29个省（自治区、直辖市）招生，现有全日制在校生2.4万余人。广泛开展合作办学，与国内多所高校交流合作，同20多个国家和地区的80多所高校建立了友好交流与合作关系，接收30余个国家的留学生到校学习。

【科技项目与科技成果】 2020年，学校立项市级以上科技项目62项，其中，国家级项目4项，省部级项目17项；承担横向科研项目31项，获得横向项目经费1406万元，其中，合同金额40万元以上的项目达到15个，"哈尔滨工程大学废气再循环实验系统研制项目"经费达292万元。学校获得市级以上科技奖励13项；获得授权专利70项，其中，国内发明专利49件，国外发明专利1项，实用新型和外观设计专利20件；获得软件著作权30件；发表学术论文280篇，其中，被SCI、EI等收录141篇；出版学术著作6部。

【基础研究】

图的无圈和广义无圈染色　该项目利用概率方法和结构图论的方法就图的无圈和广义无圈染色进行了

深入的研究，获得了图的无圈和广义无圈染色问题的若干研究结果。用 Entropy compression method 将 Borodin 的关于平面图的退化染色的猜想放到一般图上来进行研究并改进了 Mohar 等人关于图的退化染色（广义无圈染色）的研究结果；应用 Lopsided General Local Lemma 研究了有围长限制条件下的 r- 无圈染色，将 Greenhill 等人的 r- 无圈染色的上界改到了关于最大度的线性函数；综合应用多种概率方法首次找到了星边列表染色一个上界；应用局部引理和改进的局部引理，两次改进了有围长限制图的无圈染色数上界。项目不仅促进了图的染色理论的发展，也为相关问题和猜想的解决或部分解决提供了较好的研究方法和思路。

水氮耦合对温室番茄耗水特性及产量品质的影响机理及模型模拟研究 项目在理论研究方面确定了番茄产量及其组成因素、各单项品质指标与番茄各生育阶段水分亏缺的线性相关关系，筛选出糖酸比、VC、有机酸、可溶性糖对水氮亏缺有较高的敏感性，提出综合品质评定方法，确定了基于水氮需求—产量—品质—效益的灌溉施肥制度，该理论可为番茄生产用户提供个性化灌溉施肥制度。基于大量田间试验数据，提出适合的水分—产量模型用于模拟番茄产量及各因素；考虑综合品质与水分亏缺之间量化关系建立了番茄水分—品质模型，丰富了非充分灌溉理论，为番茄非充分灌溉施肥软件研发提供核心算法。

基于非福斯特电路的低频电磁隐身表面 项目针对任意角度入射的不同极化的电磁波，在考虑介质损耗下，完成了人工电磁表面单元的等效电路模型解析。基于该解析电路模型，结合稳定性分析，提出了实现基于非福斯特电路的宽带宽角度电磁隐身表面的设计方法。其中，非福斯特电路通过基于谐振隧道二极管的负阻抗器来实现。该项目的研究成果具有重要的理论意义和实际意义，在雷达隐身、电磁防护以及民用通信等方面具有重要的潜在应用价值。

【应用研究与高技术研究】

金属有机骨架负载双金属纳米催化剂的制备及催化性能研究 项目选用金属有机骨架（ZIF-8 和 MIL-101）作为载体，采用沉积-重分散法、共浸渍还原法控制合成了不同载体性质、微观结构、粒径尺寸、金属组分比例的双金属 Au-Ag、Au-Ni、Au-Cu、Cu-Ni 和 Au-Pd 纳米催化剂。综合多种物理化学表征手段，研究了合成双金属纳米催化剂的尺寸、结构和组成调控规律。探索催化剂在苯甲醇选择性氧化反应和 1,3- 丁二烯选择性加氢反应中的催化性能（包括催化活性、选择性和循环使用性能），构建双金属催化剂的载体性质、微观结构、粒径尺寸和金属组分比例与催化性能之间的构效关系，揭示双金属 Au-Ag、Au-Ni、Au-Cu、Cu-Ni 和 Au-Pd 催化剂催化苯甲醇氧化和 1,3- 丁二烯加氢反应的机理。与单一金属纳米催化剂的比较，提供双金属纳米催化剂的特异性／优点，揭示双金属组分间的协同作用本质。建立高效、绿色催化苯甲醇氧化和 1,3- 丁二烯加氢反应体系。为制备新型高效的选择性氧化和选择性加氢的双金属纳米催化剂提供了启示和指导。

轮胎模具激光清洗机样机的研制 激光清洗具有节能环保、无接触、效率高等优势，在模具清洗、除漆、除锈、去污等领域均具有广泛应用前景。该项目在激光清洗关键技术方面开展了系统研究，并创新性地提出了基于电机单向旋转实现光束扫描的方法，按照产品要求，研制出了一款激光清洗机样机。在项目实施过程中取得的新方法与新技术已申请国家发明专利 5 件，实用新型专利 2 件。

【科技成果转化】 2020 年，获得授权专利 70 件，其中，国内发明专利 49 件，国外发明专利 1 件，实用新型和外观设计专利 20 件；获得软件著作权 30 件。授权专利和软件著作权数量稳步增长，其中，多件专利以技术转移形式实现应用，年度承担技术转移项目 11 项，技术转移经费 356 万元。登记认定技术合同 15 项，合同金额近 800 万元，获得潍坊高新区科技创新和成果转化奖补，并积极备案申报山东省省级技术转移服务机构。加强技术成果转化服务机构建设，提升管理人员职业素养和服务能力，1 人次参加国家技术转移人才培训并取得国家技术经纪人资格证书，与上海市科技交流中心、苏州市生产力促进中心等进行交流学习，进一步了解了先进地区科技成果转化专业化运作的实践经验。

【学科建设】 强化新一轮校级重点学科建设，2020 年重点学科建设经费较前年增加 15%。聚焦新旧动能转换，对接"十强"产业，2020 年，组织光学工程、农业工程、水产三个学科申报省教育厅优势特色学科。依托光学工程、农业工程、控制科学与工程、马克思主义理论等第一层次重点学科建设的硕士学位授权点，已全面达到国务院学位委员会申报审核条件要求。经过一年建设，学科建设重点更加突出，特色更加鲜明，布局更加合理，学科设置与专业设置的契合度明显提高。

【科技创新平台建设】 学校现有科学研究和技术开发机构 45 个，其中，省级工程技术研究中心 1 个，省级工业设计中心 1 个，省级中外合作研究中心 1 个，山东省高校重点实验室 2 个，山东省高校协同创新中心 1 个，省级工程实验室 2 个。潍坊市重点实验室及技术研究中心 16 个，校级科学研究和技术开发机构 21 个。新获批 1 个省级工程实验室和 3 个市级实验室，对学校深入实施创新驱动发展战略，对接战略性新兴产业及传统优势产业，服务新旧动能转换重大工程具有重要意义。

山东省智能物联与大数据工程实验室 2020年6月，省发改委下发《关于公布2020年认定山东省工程实验室（工程研究中心）名单的通知》，依托计算机工程学院建设的智能物联与大数据工程实验室获批山东省发展和改革委员会工程实验室。该实验室固定研究人员30人，其中，教授10人、副教授12人，"国务院政府特殊津贴"专家、山东省专业（学科）骨干带头人、山东省有突出贡献的中青年专家、中国火炬创业导师等高层次人才7人，博士学位20人，硕士生导师10人，16人曾就职于中兴通讯、华光电子、上海华腾、南京爱立信等大型信息企业，多人获得Hadoop开发高级工程师、大数据开发工程师资格证书，团队成员全部为从事计算机类专业人员，具备较强的理论分析和实践能力。实验室具有良好的实验条件和先进的科研装备，拥有高性能计算中心，数量居多的台式计算机、计算机网络服务器、交换机、路由器、图形工作站和矢量网络分析仪等先进科研用设备，主要科研仪器和设备总值达1800万元，科研用房1700余平方米，实验用房1000余平方米，为工程实验室开展项目开发与技术应用创造了良好的基础条件。

潍坊市新能源汽车动力系统工程实验室 2020年7月，依托机电与车辆工程学院建设的新能源汽车动力系统工程实验室获批潍坊市发展和改革委员会工程实验室。新能源汽车动力系统工程实验室以两个省级中心、2个市级实验室为依托，以"产学研用"协同创新为手段，聚焦新能源汽车关键技术研发，以动力电池材料及能量管理技术、动力总成系统的研发与应用、新能源汽车材料与智能制造技术为代表的3个特色方向。培养素质全面、基础扎实、工程实践能力强的综合性应用型人才，助力汽车产业绿色、智能化的可持续发展。目前拥有研发人员37人，其中，技术带头人3人，教授、研究员8人，副教授16人，具有博士学位17人，国家"万人计划"领军人才1人，享受国务院政府津贴1人，省突出贡献中青年专家1人，市突出贡献中青年专家1人，硕士生导师8人，近三年发表SCI、EI检索论文50篇，授权相关发明专利43项，山东省科技进步奖4项，市级以上科研奖励10余项。

潍坊市先进电能变换技术与电气装备工程实验室 2020年7月，依托信息与控制工程学院建设的先进电能变换技术与电气装备工程实验室获批潍坊市发展和改革委员会工程实验室。该实验室组建了一支省部级人才计划领衔的朝气蓬勃、勇于创新、以中青年为主体的学术队伍，并聘请海外学者担任兼职教授。研究人员长期从事电力电子技术、电机控制、PLC技术、智能传感器技术、机器人控制技术等方面的教学、研究和开发工作，具有较为深厚而扎实的科学研究和工作基础，积累了较丰富的理论研究与技术开发经验。实验室成员近年来主要研究了高速电机起动发电技术、开关电源技术、新型电机驱动技术、光伏发电技术、交通标志检测与识别、自适应控制方法、产品缺陷视觉检测、机器人运动控制方法及其应用，取得了一系列的理论与技术成果。实验室围绕高端装备、新一代信息技术、新能源、电动汽车等重点产业中的电能变换和电气装备开展技术攻关、成果转化等研发活动。实验室研究方向如下表所示。

潍坊市银鲑养殖设施工程重点实验室 2020年12月，依托生物与农业工程学院建设的潍坊市银鲑养殖设施工程重点实验室获批潍坊市科技局重点实验室。该重点实验室整合政府、高校、科研院所和龙头企业的创新资源，由政府主导、依托高校的科技和人才优势，瞄准优质三文鱼行业发展的重大科技需求，以重大科研项目为龙头、团队建设为抓手、平台建设为支撑、体制机制创新为保障和政产学研金服用结合为纽带等方面为着力点，打造创新型人才团队和成长型梯队，推动高水平科研创新团队的建设，着力构建集产学研于一体的国家级、省级教学科技创新平台和优势学科支撑体系，突出自主创新、协同创新，为三文鱼产业的可持续发展提供强有力支撑。

【**科技合作与交流**】 与潍坊市科技局、潍坊高新区科技局等主管部门加强联系，发挥主管部门校企合作的桥梁与纽带作用。与潍坊产业技术研究院、潍坊先进光电芯片研究院、山东省第四地质矿产勘查院、机械科学研究院潍坊平台、清华大学人工智能研究院等科研院所，潍坊市资本服务中心，以及第三方知识产权、技术中介等专业服务机构进行洽谈合作，与多方建立广泛的产学研合作关系。参与科技创新联盟，大力加强科技服务。参与创建"半岛科创联盟"，并当选为联盟副理事长单位；发起并联合潍柴动力股份有限公司、歌尔股份有限公司、雷沃重工股份有限公司、山东豪迈机械制造有限公司、山东工业技师学院等企业和高校共同成立"潍坊市工业设计产业创新联盟"，学校当选为潍坊市工业设计产业创新联盟理事长单位；联合10家企业共同申报的"果蔬生产智能装备创新创业共同体"获批潍坊市首批创新创业共同体。学校省级工业设计中心中标承办市政府"潍坊市第五届市长杯工业设计大赛"，得到社会各界良好赞誉。中标承接潍坊市商务局"潍坊市中心城区夜间经济发展规划项目"，为全市人民克服新冠疫情影响、复工复产、恢复经济出谋献策，得到了地方政府的高度赞扬。承担潍坊市"十四五"科技创新规划研究项目，为地方科技事业发展建言献策。

（潍坊学院 马俊玉）

聊城大学

【概述】 聊城大学是山东省属重点综合性大学。学校拥有硕士、学士学位授予权，具有硕士研究生推免资格，并与海内外诸多高校合作培养博士学位研究生。学校现设25个学院，9个研究院所，21个硕士学位授权一级学科，10个硕士专业学位类别，96个本科专业。学科专业涵盖哲学、经济学、法学、教育学、文学、历史学、理学、工学、农学、管理学、艺术学、医学12大学科门类。学校拥有教育部国别和区域研究机构、共建国家实验室、国家工程技术研究中心4个，山东省重点实验室、山东省工程技术研究中心、山东省工程实验室6个、山东省哲学社会科学规划研究基地、山东省理论工程重点研究基地、山东省软科学研究基地6个、山东省重点新型智库、山东省外事智库2个、山东省高校重点实验室3个、山东省重点人文社科研究基地2个、山东省高等学校协同创新中心4个。山东省一流学科立项建设学科、山东省文化艺术科学重点学科、山东省重点学科12个、山东省高校优势科研创新团队、山东省高校优势学科人才团队2个。

【科研项目与经费】 2020年，学校新上各级科研项目150余项，新增科研项目经费2150余万元。

靶向DNA纳米结构与化疗—光疗联合药物相互作用的微量热和谱学研究　项目属于国家自然科学基金面上项目，总经费63万元，执行期4年。项目拟构建并表征集靶向性和高载药量于一体的新型DNA纳米结构；利用微量热技术获取DNA纳米结构与CTPT联合药物各组分之间相互作用的量热图谱，解析得到结合位点数、结合常数、焓变等各种热力学参数；结合谱学等微观手段，关联微观结构—热力学参数，阐明相互作用的本质，寻求构筑最佳载药量纳米结构的规律；考察相互作用对药物释放和细胞毒性的影响，关联微观结构—热力学参数—抗耐药效果，建立筛选优秀载药体系的评价机制。

具有糖转运蛋白靶向及肿瘤炎症抑制作用的铂（IV）配合物的合成及抗肿瘤机制研究　项目属于山东省自然科学基金重点项目，总经费30万元，执行期3年。项目拟完成目标化合物的合成表征、体内外抗肿瘤活性和毒性测试、构效关系研究，以获得高效低毒、肿瘤靶向性强的铂（IV）先导化合物，并阐明糖转运蛋白靶向、炎症抑制及DNA损伤抗肿瘤机制，为新型铂类药物的研发提供借鉴与思路。

【科技成果及选介】 2020年，学校获得省级科技进步奖三等奖2项，山东高校优秀科研成果奖10项，授权发明专利51件，PCT专利申请4件。发表学术论文1800余篇，其中，被SCI、EI、ISTP收录论文1100余篇。参与和主持国家/地方标准5项。

家驴驯化及毛色选择研究　该研究获得国际上首个组装到染色体水平的家驴基因组参考图谱，是目前奇蹄目马属动物中连续性最优的参考基因组。研究通过群体基因组学比较分析，首次揭示四大洲地方驴品种间的特征性分子差异；明确驴特有基因序列，为真假驴皮及阿胶的鉴别诊断、驴肉品质、驴体长、体高等性状解析提供了分子依据。为培育皮厚肉多黑毛驴新品系奠定了理论基础。将为驴遗传资源保护和利用及基因组育种提供重要支撑。研究论文发表在世界著名杂志《Nature Communications》（自然—通讯）上。

模糊集在拓扑、粗糙近似算子及数据特征提取和分类中的应用研究　项目属于模糊数学领域的理论与应用研究。该研究主要涉及格值模糊拓扑的收敛理论，（格值模糊）粗糙近似算子的构造方法及公理体系，模糊集在数据特征提取和分类中的应用。2020年，该项目荣获山东省自然科学奖三等奖。

环境友好型压电陶瓷材料高性能化研究　该研究开发了多种高性能无铅压电陶瓷（BT，BNT，KNN基）的制备方法，获得了一系列高性能无铅压电材料体系。阐明了高压电活性产生的机理，提高了其温度稳定性，开发了基于压电特性了多功能材料集成与耦合，构建了耦合理论框架，为无铅压电材料广泛应用奠定了理论基础。2020年，该项目荣获山东省自然科学奖三等奖。

KD抗肿瘤疗效及其作用研究　该研究首次发现生酮饮食（ketogenic diet，KD）可通过促进肿瘤相关的巨噬细胞表型转化和抑制基质金属蛋白酶-9发挥抗肿瘤作用，为KD在临床上用于癌症的治疗提供了重要理论依据。该项研究成果进一步明确和完善了KD抗肿瘤的疗效和其作用机制，为KD在临床上用于癌症的治疗提供了重要的理论依据。该研究论文发表在期刊JOURNAL OF AGRICULTURAL AND FOOD CHEMISTRY上，并被选为当期（October 7, 2020）封面图片论文。

基于超分子金属大环的单线态氧可逆捕获与释放研究　该研究在国际上首次实现了在金属有机超分子体系

中单线态氧的可逆捕获与释放，该研究成果在肿瘤治疗的光动力诊疗等方面具有重要的应用价值。相关成果发表于 JACS《美国化学会志》（2020年第142期）。

分子筛催化剂研究 该研究开发了一种通过非经典晶化路径构筑具有多级孔结构的分子筛纳米单晶的通用策略，解决了分子筛的微孔扩散限制问题。该方法无需昂贵的介孔模板剂，原料廉价易得，产物催化性能优异。以所制备的SAPO-11为例，其在长链烷烃异构化反应中表现出比传统催化剂更高的选择性和异构体收率，在润滑油基础油生产中有潜在的应用价值。研究成果发表在化学领域顶级期刊 Angew. Chem. Int. Ed. 59 (2020) 上，并作为内封面文章。《研之成理》和X-Mol科研公众号进行了专题推送。

基于混合群智能优化算法的动态炼钢—连铸调度问题研究 该研究针对静态炼钢连铸调度问题进行研究，实现了静态生产环境下，炼钢-连铸调度问题的建模，结合多目标优化技术，研究炼钢—连铸多目标处理策略和规则，建立适合问题特性的邻域结构。该项目2020年经山东省教育厅组织鉴定为国际先进。

电动车辆智能传动系统研究 项目是国家新能源汽车产业技术创新工程项目"插电式混合动力与纯电动商用车技术开发"的子课题（K13LA01）。项目开发了4挡AMT换挡控制系统，实现了TCU的集成化一体式设计，提高了控制系统的计算能力；采用大传动比传动方案优化了AMT换挡执行机构，提高了选换挡操纵系统的选换挡精确性。该项目2020年经山东省教育厅组织鉴定为国际先进。

基于全碳材料的柔性光电探测器研究 通过在石墨烯上表面原位生长富勒烯，利用范德华力和π-π相互作用形成高效耦合的全碳异质结，为载流子的转移和传输提供"畅通无阻"的传输通道，将石墨烯探测器光响应度提高了100万倍，工作带宽可覆盖紫外—近红外区。利用机械剥离和贴金膜技术制备十分洁净的全碳异质界面，测试到器件的本征响应速度。利用空间光电流谱图技术，进一步证实了器件光电响应的物理起源—photogating效应。得益于全碳材料优异的机械柔韧性和环境稳定性，首次展示了石墨烯—富勒烯全碳器件在柔性光电子器件方面的潜在应用。该成果发表在碳材料领域权威期刊 Carbon 上。

金属—有机框架（MOFs）晶态材料研究 依托国家自然科学基金面上项目、山东省优秀青年基金项目和山东省高校优秀青年创新团队项目，聚焦新能源和环境领域等国际关注的焦点，开展了一系列基于MOFs晶态材料的构筑及性能研究。通过MOFs的设计调控，成功实现了材料在温室气体CO_2选择性吸附与分离方面的优异性能，同时制备得到了系列对重金属离子及有机小分子等具有荧光传感性能或电化学性能的MOFs新材料。在能源气体纯化分离、医药、食品及环境污染废液监测等方面具有潜在的应用价值。相关研究结果发表于 ACS Appl. Mater. Interfaces、Inorg. Chem. 等国际著名期刊。

【重点学科建设】 2020年，学校坚定不移实施学科筑峰计划，材料科学进入ESI全球排名前1%，学校共计3个ESI全球排名前1%学科。畜牧学获批山东省高校高水平学科培育学科。《运河学研究》与《太平洋岛国研究》入选"2020年度CNI名录集刊"，《中国大运河蓝皮书（2020）》正式出版。学报强化特色专栏建设，办刊质量不断提升，理科学报入选"RCCSE中国准核心学术期刊（B+）"。矩阵半张量积理论与应用研究在博弈论、多值逻辑、代数等领域取得较大进展，开拓了一些新的研究方向，在国内外同行中产生了重要影响。

【科技创新平台建设】 2020年，学校成立了黄河流域生态保护和高质量发展研究中心、高分辨率对地观测系统山东聊城数据与应用中心等20家科研机构。太平洋岛国研究中心教育部评估获评优秀、荣膺山东省"勇于创新奖"先进集体、"干事创业好团队"。山东省光通信科学与技术重点实验室建成特种光纤拉丝塔，成功实现了特种光纤及光纤传感器件的研发与应用。化学储能与新型电池技术协同创新中心等2个中心获批山东省高等学校示范协同创新中心。学校与聊城市人民政府签订"城校融合"发展协议，共同推动实施学科产业对接、高端人才汇聚、基础教育示范等"十大工程"。学校与聊城企事业单位签订了52项协议，共建了10个研发平台基地，共同开展科技研发项目67项，派驻科技挂职人员78人。6名教师联合企业申报泰山产业领军人才等重点人才工程项目。1名教师获评"2020水城最美科技工作者"荣誉称号。

【科技人才培养与队伍建设】 2020年，学校坚定不移打造人才高地，用足用好聊城市2000万元人才建设经费，推进校地高层次人才共引、共用、共享。引进各类高层次人才11人，引进博士94人。获批山东省有突出贡献的中青年专家、泰山学者特聘专家、泰山学者青年专家等5人。"光岳系列"入选总数达到280人。

【学术交流】 2020年，共邀请中科院院士、长江学者等19名专家学者做客聊大讲坛；举办了2020青年学者泰山国际论坛聊城大学分论坛暨青年博士光岳论坛、聊城大学矩阵半张量积理论与应用研究中心2020年暑期研修班、2020第八届TCCT随机系统与控制专题大会、医养健康产业发展（聊城）峰会暨山东省大数据研究会医学分会2020年学术年会；协办了第六届全国储能大会。

（聊城大学 罗青龙）

临沂大学

【概述】 临沂大学校舍面积108万平方米，固定资产总值25.97亿元，教学科研仪器设备总值5亿元，馆藏纸质图书474万余册，中外文期刊2000余种，电子图书和电子期刊158万册，为山东省首批教育信息化试点单位，荣获国家级"绿化示范单位"称号，被中国教育后勤协会授予"校园节水·安全供水·智慧管理"样板示范校。有27个学院和费县校区、沂水校区2个分校区，开设95个本科专业，涵盖11大学科门类，其中，国家级特色专业2个、国家级一流专业建设点3个、省级一流专业建设点13个、国家级实验教学示范中心1个、省级实验教学示范中心3个，教育部改革试点项目4个。现有国家级精品资源共享课2门，国家级精品在线开放课程1门，山东省一流课程24门；获批山东省创新创业典型经验高校、国家发改委"产教融合"项目重点建设高校、教育部卓越小学教师培养计划实施院校。设有1个硕士授权一级学科（化学）、2个硕士专业学位授权类别（教育、电子信息）。面向全国招生，全日制在校生（含本专科生和研究生）44000余人；教职工2700余人，其中，"国家百千万人才工程"人选、国家杰青、"泰山学者"等高层次人才28人，博士生导师19人，硕士生导师172人，国家优秀教师2人，山东省教学名师8人。

【科研项目与经费】 2020年，获批国家自然科学基金项目28项，项目总数位列省属高校第15名，获批经费1034万元。其中，面上项目11项，面上项目立项数量与往年相比大幅增加。获批省部级科研项目66项，总经费961万元，其中，山东省自然科学基金项目62项，立项数为学校历年新高，项目数较2019年度同期增加77%。市厅级项目9项，总经费118万元。委托类科研项目100项，到位经费1882万元。

【科技成果】 2020年，学校获山东省自然科学奖二等奖1项，科学技术进步奖二等奖1项、三等奖1项。这是学校首次以第一完成单位获得山东省自然科学奖和科学技术进步奖。获山东省高校科学技术奖6项，其中，二等奖2项、三等奖4项；临沂市科学技术进步奖5项；社会力量奖6项。被SCI、EI收录论文473篇，授权发明专利47件、实用新型专利263件、软件著作权68件、省级地方标准2项、植物品种权1项，出版专著15部。

【科技成果转化】 2020年，学校转化科技成果56项，合同经费90.05万元。其中，专利转让44件，教师创办学科性公司4家，进入政府决策的建议咨询服务项目8项。

【一流学科建设】 2020年，根据《临沂大学特色学科团队建设规划与实施方案》，强化沂蒙文化、肿瘤诊疗、智慧物流、教师教育、资源环境与现代农业、新能源新材料、古生物学共七大重点发展的学科领域的建设，推进一流学科建设。积极培育化学学科申报山东省高水平学科。

【科技创新平台建设】 2020年，学校获批山东省乡村生态规划与治理技术工程实验室，该实验室是学校获批的第2个省级工程实验室；获批6个临沂市工程实验室和2个临沂市重点实验室。

【学科建设】 2020年，以学科为引领，协助学院做好学科建设规划与优化，在"面"上形成"一学院一学科一专业"的学科专业一体化布局。启动新增博士硕士学位授权申报工作，通过几轮筛选申报，推荐上报省教育厅硕士学位授权点13个，通过省学位办审核12个（学硕3个，专硕9个），上报国家学位办，等待复核。12个学位点分别为：马克思主义理论、数学、控制科学与工程（学硕），应用统计、体育、汉语国际教育、应用心理、土木水利、生物与医药、农业、药学、旅游管理（专硕9个）。

【大学科技园建设】 2020年，学校作为牵头建设单位，联合临沂市高新区、临沂人才工作集团三方共建临沂大学科技园，在孵企业共计95家；其中，临沂大学教师创办学科性16家，学生和校友创办公司30家。完成了省级大学科技园的申报工作。

【科技人才培养及队伍建设】 2020年，引进人才109人，其中，教授2人，副教授3人，青年博士43人，初级岗位工作人员61人。2020年新增读博人员27人。组织申报"泰山学者"系列工程，1人获批"泰山学者"青年专家。

【科技合作与交流】 拓展与国（境）外高校的合作与交流，与古巴、马来西亚、西班牙等国家的4所高校签署合作协议，接待国内外友好学校4个到访团组。2020年，学校共聘请国外文教专家22人，港澳台教师1人，覆盖全校10个学院，提升了学校国际化办学水平。引进国外课程50余门；中外合作办学专业5个，其中，本科专业2个，专科专业3个，在校生718人。

（临沂大学　张鑫鑫）

滨州学院

【概述】 学校占地面积131.30万平方米，校舍建筑面积72.23万平方米，其中实验室面积9.57万平方米。设有21个实验教学中心，其中，2个为省级实验教学示范中心；教学科研仪器设备总值2.57亿元，图书馆纸质图书192万册，电子图书121万册。设有19个二级学院，61个本科专业、30个专科专业，面向全国30个省（市、自治区）招生，全日制本专科在校生18958人。学校实施"三百工程""1121人才工程""黄河英才工程""聚英计划"，大力加强人才队伍建设。现有专任教师1119人，拥有享受国务院政府特殊津贴专家、"泰山学者"、省突贡专家、省教学名师、省优秀教师、"黄河英才"特聘教授等高层次人才21人，山东省级教学、科研团队12个，博士生、硕士生导师83人。聘请7名院士担任学校名誉院长、顾问或客座教授。实施"一流学科建设计划""1355科技创新工程"，不断强化优势特色，提高科技创新能力。建有省级重点学科7个，山东省黄河三角洲生态环境重点实验室、山东省通用航空运行与制造工程实验室、山东省通用航空运行与制造协同创新中心、山东省海洋经济数据处理与应用工程技术协同创新中心等省部级创新平台13个，省高校创新平台5个。学校是山东省教育厅批准的研究生联合培养基地，与中国科学院、浙江大学、山东大学、南开大学等32家单位联合培养研究生，联合培养研究生138名。

【科研项目与经费】 2020年，立项高层次科研项目65项，其中，国家级项目13项，省部级科研项目52项。全年到账科研经费8138万元，其中，科研成果奖、科技成果转化、科研创新平台建设经费、纵向课题到账经费总数达1041.23万元。

【科技成果】 2020年，发表高质量论文115篇，出版学术著作53部，授权发明专利26件。完成科技成果转化29项，转化经费22.5万元，获省部级科研成果奖3项。

【学术交流】 2020年，下半年完成6场大型学术会议，其中，包括泰山科技论坛2场以及渤海科技论坛1场，争取会议经费6万元。完成"黄河三角洲大讲堂"和"航空大讲堂"72场。

【学科建设】 2020年，实施"一流学科建设行动计划"，突出专业学位点培育，持续调整优化学科结构，服务航空业和服务区域发展的应用型学科群不断壮大。生态学、资源与环境、交通运输（航空）3个专业学位超过硕士学位授权点申请基本条件的要求。依托一流学科建设学科创新团队32个，新建民用航空安全技术与管理等第四批校级创新团队9个，内燃机可靠性研究中心等新型智库4个。

【科技创新平台】 2020年，成功备案山东省技术成果转化服务平台。与渤海先进技术研究院签立战略服务协议，建设航空器件研发中心、化工技术研发中心、摩擦材料研发中心、生物技术研发中心等5家创新中心。

（滨州学院　卞　丽）

济宁学院

【概述】 济宁学院是一所山东省属全日制普通本科高等学校,坐落在世界历史文化名城、儒家文化发源地、孔子故里、东方圣城曲阜。学校占地1613亩,校舍建筑面积56.91万平方米。现有全日制普通本专科在校生21175人。设有50个本科专业、23个专科专业,涵盖经济学、法学、教育学、文学、历史学、理学、工学、管理学、艺术学等9大学科门类。图书馆纸质藏书187万册,中外文期刊1200余种,电子图书98万余册,电子期刊192万册,电子资源数据库46个。学校拥有完善的现代化教学设施和实验设备,教学科研仪器设备总值1.4亿元。

【科研项目与经费】 2020年,获批各级各类科研项目106项,其中,纵向项目92项,横向项目14项;合同经费781.96万元,其中,横向合同经费455.96万元,同比增长56.23%。

【学科平台建设】 学校重视学科平台建设,加强学科交叉与融合,组建优势团队和跨学科团队,以团队建设促进学校科研发展,集中力量,重点突破。根据《山东省教育厅关于申报2020年山东省高等学校青创科技计划创新团队的通知》(鲁教科函〔2020〕2号)要求,学校推荐的"理论与计算化学创新团队"获批2020年山东省高等学校青创科技计划创新团队。重点支持建设山东省高等学校优势学科人才团队、山东省高等学校重点实验室"理论物理计算实验室"和山东省高等学校人文社会科学研究平台"曲阜优秀传统文化传承发展研究中心"、济宁市重点实验室和工程技术研究中心建设。完成了对学科平台和科研团队的2019年度考核工作。组织申报2020年济宁市技术创新中心和济宁市重点实验室。

【科技成果】 发表论文200余篇,其中,核心期刊130余篇,被SCI、SSCI、EI收录期刊101篇,出版专著5部。雷晓武、岳呈阳教授研究团队在半导体发光材料研究领域取得重大突破,相关成果以"Three-Dimensional Cuprous Lead Bromide Framework with Highly Efficient and Stable Blue Photoluminescence Emission"为题发表在德国应用化学 Angewandte Chemie International Edition 杂志上,2019年影响因子为12.257。授权专利122件,其中,发明专利11件,实用新型专利110件,外观设计1件,软件著作权登记4件。

【人才培养与队伍建设】 学校实施"百名卓越人才"支持计划,坚持引育并举不断壮大高层次人才队伍。现有教职工1216人,其中,博士126人、硕士536人,正高级职称81人,副高级职称274人,兼职研究生导师58人,享受国务院特殊津贴5人,山东省教学名师5人,山东省有突出贡献的中青年专家3人,济宁市有突出贡献的中青年专家11人。现有省级教学团队3个,省高校黄大年式教师团队1个,省高校优势学科人才团队1个,省高校青年创新团队2个。发挥山东省研究生联合培养基地的作用,根据山东省教育厅《关于下达2020年"博士硕士立项(培育)建设单位帮扶专项"和"科教融合校所联培专项"研究生招生计划的通知》,学校获批硕士培育单位帮扶专项研究生招生计划3人,青岛科技大学、曲阜师范大学、山东体育学院各1人。

【服务地方】

科技副职助力区域经济发展 学校选派司崇殿博士挂职菏泽市巨野县科技副职,立足所学专业,推进校企校地合作,助力区域经济社会发展。充分利用学校技术、人才和先进仪器设备等优势,促成学校与山东萱源科学工程产业技术研究院有限公司、山东海林环保有限公司、山东华达新材料有限公司、山东鲁润阿胶药业有限公司、山东巨野万山伟业化工有限公司等企业签订产学研合作协议,学校与山东华达新材料有限公司和山东海林环保有限公司签订技术开发合同,横向课题经费70万元。响应山东省人社厅"千名博士挂职企业科技副总",学校选派张功国博士挂职山东巨野万山伟业化工有限公司科技副总,切实帮助企业解决实际困难,提高企业核心竞争力。组织专家、教授多次参加巨野县化工项目评审落地会,为园区引进高端化工项目把关。推进山东巨铭能源有限公司90万吨焦炭焦化产能退出验收工作,推进省儒商大会签约重点项目菏泽市巨丰新能源有限公司年产120万吨过氧化氢、30万吨环氧丙烷项目,为企业招聘大专以上人才20余人,2020年8月项目一期投产。多次组织美术系师生赴巨野县董官屯镇和太平镇,围绕坑塘文化和社区建设等,用艺术打造山水家园,助力巨野县美丽宜居乡村建设，2020年10月，被巨野县委、县人民政府记三等功。

服务乡村振兴　助力脱贫攻坚行动计划　推选"特色种养—优质梨和高油酸花生的引进和栽培"为山东省科教助农项目，按照时间节点每月上报任务进度。为落实山东省科技厅《关于发挥科技特派员作用助力春季农业生产和脱贫攻坚的紧急通知》精神，在疫情期间，利用线上和线下不同方式助力春季农业生产和脱贫攻坚。利用微信和网络平台为22个服务村科普27期。确定9个村作为高油酸花生种植的备选地，并积极联系鲁花集团做好种子购买和收购规划，解决农户的后顾之忧。泗水县星村镇沙岗村建立省级农科驿站，为当地乡村振兴、科技服务和致富带头人培训工作提供了良好的平台，向沙岗村和赵家岭村捐赠了种子、肥料等农资，为星村镇50余名扶贫重点村支部书记和致富带头人进行了作物种植技术集中培训。

科技工作者协助企业解决技术难题　助力复工复产　为贯彻习近平总书记重要讲话精神和全省统筹推进新冠肺炎疫情防控和经济社会发展工作部署会议要求，在济宁市科学技术协会的组织协调下，学校科协组织教授、博士赴泗水的山东九思新材料科技有限责任公司和山东银河生物科技有限公司进行考察调研，深入企业了解生产实际，协助解决技术难题，助力复工复产。

政产学研协同合作　助力区域产业发展　学校与微山县人民政府签署战略合作框架协议。2020年4月，学校党委书记一行到微山县慰问省派济宁学院工作组全体同志，调研指导工作组"四进"攻坚行动。学校与微山县签订战略合作框架协议，与微山县爱尚湖旅游发展有限公司签订产学研基地合作协议，建立产学研合作基地。学校与济宁高新公用事业发展股份有限公司、济宁康德瑞化工科技有限公司、济宁市圣奥精细化工有限公司、山东华达新材料有限公司、山东海林环保工程有限公司、山东鲁润阿胶药业有限公司、山东巨野万山伟业化工有限公司等企业签订产学研合作协议，实现优势互补，推动科研成果转化，助力区域产业经济发展。

（济宁学院　胡彦营）

泰山学院

【概述】　泰山学院现有南、北两个校区，占地面积1378亩，有15个二级学院，66个本科专业，涵盖文学、理学、工学、历史学、教育学、管理学等9大学科门类。全日制普通在校生近2万人。现有教职工1456人，其中，专任教师1003人，博士286人；拥有省级及以上各类专业技术拔尖人才33人，省级优秀教学团队5个，省青年创新团队6个，省高校黄大年式教师团队1个。先后建成省级重点学科、重点实验室等省级科研创新平台10个，建成院士工作站1个，校级重点学科12个，校级优势学科22个。"十三五"以来承担国家自然科学基金、国家社会科学基金等国家级科研项目27项。师生先后在"挑战杯"全国大学生科技创新竞赛等多项赛事中获国家级奖励253项、省级奖励823项。积极推进校企合作专业建设，合作专业（方向）14个。围绕区域产业需求，坚持"T"型产业学院建设理念，建设与龙头企业紧密融合，政府、行业和其他企业参与的产业学院4个。

【学科与平台建设】　2020年，对"硕士学位授予立项单位建设方案"进行优化完善，明确重点建设硕士学位授予点，新增2个硕建点，确定旅游管理、中国史、电子信息、教育、材料与化工5个硕士学位建设授权点。在稳步完成联合培养研究生日常管理工作的基础上，进一步拓宽联合培养研究生渠道，新增研究生导师10名。建设院士工作站1个；获批"山东省旅游大数据培训基地"1个；完成5个第四批校级优势学科培养对象的期满验收工作；完成9个校级优秀科研创新团队中期考核工作；遴选第三批重大科研项目及标志性成果培育对象20项。

【科研项目与成果】　2020年，学校科研经费投入9400余万元，创历史新高。纵向科研项目获批立项15类228项，其中，国家级项目7项、省部级项目37项、市厅项目184项。取得各类科研成果600余项，其中，著作、译著、教材62部，被SSCI、CSSCI、SCI、EI等收录论文150余篇。授权国内专利43件，比2019年增加34.4%，其中，授权国内发明专利11件；以第一单位通过PCT途径申请专利3件，取得历史性突破。有41项科研成果获上级奖励，其中，山东省社会科学优秀成果奖二、三等奖各1项，山东省高等学校优秀成果奖一、二、三等奖共9项，在同类院校中位居前列。

【科技合作与服务】　学校充分发挥专业教师技术优势，

深入开展科技服务，不断加大与地方产业结合力度，逐步实现了人才培养、区域经济社会的"服务·合作·互动·共赢"。学校以服务地方经济社会发展为使命，以培养高素质应用型人才为目标，主动对接区域经济社会发展需求。技术咨询、技术服务等横向项目320余项，到账经费5000余万元。学校以专利转让形式与企业签订成果转化合同2项，每项专利转让价格30万元，实现学校专利转让零的突破。学校积极打造校企合作新形式，考察并选派学校10支优秀团队入驻"泰山创新谷"综合创新体，其中，已注册公司4家，相关教师申请国内专利10件，以PCT途经申请国外专利2项。学校积极带领教职工走访企业，持续不断与相关政府部门、企业行业联系，为校企合作打下良好的基础。

【学术交流】 2020年，邀请专家线上线下举办学术讲座58场次。成功举办"泰山与中华传统文化传承'大家谈'学术沙龙""旅游发展历程回顾与展望研讨会暨《泰山旅游四十年口述史》"出版座谈会、第八届范蠡经济思想研究论坛暨第四届范蠡文化学术交流会、"纪念万里图书馆开馆暨中国改革发展史研究中心成立十周年"学术座谈会等精彩的学术活动；举办专利申请和成果转化培训班；组队参加"第六届世界名山学术研讨会暨区域经济发展论坛"等高水平学术论坛，为构建学校更高的学术交流平台奠定了基础。

（泰山学院　王绪东）

青岛农业大学

【概述】 2020年，青岛农业大学成功列入省属高校高水平大学和高水平学科建设高校，入选推荐新增博士学位授权单位，在高质量发展的征程上迈出了坚实的步伐。推进思政课程改革创新，《新时代高校意识形态工作体系构建实践》获得山东省高校党委书记抓基层党建突破项目优秀成果。学校获批教育部新农科研究与改革项目2项，4门课程被认定为首批国家级一流课程，20门课程被认定为省级一流课程。"挑战杯"大学生创业计划竞赛获三金六银优异成绩，毕业生考研率达26.43%，硕士研究生录取增幅达42.7%，毕业生就业率达93.18%，学校被评为"2020中国互联网教育'停课不停学'突出贡献院校"。举行了青年人才高峰论坛暨山东青年学者泰山国际论坛，引进各类人才110余人，其中，博士58人，具有高级职称11人，具有海外留学背景23人，博士后工作经历22人。全职引进小麦贮藏蛋白研究领域的世界领先科学家1人，柔性引进院士、长江学者、国家杰青等国家级人才10人。植物学与动物学、农业科学、化学3个学科排名持续保持在ESI全球前1%，兽医学、食品科学与工程、农学、生物工程4个学科上榜2020"软科世界一流学科排名"，农业工程、兽医学、园艺学、水产、食品科学与工程、植物保护、生物学、草学等8个学科入选2020"软科中国一流学科排名"。国家自然科学基金立项居于省属院校第6位、省自然科学面上和青年基金立项位列全省第7位，国家社科基金立项3项，实现了学校国家基金类重点项目的突破。组织16个服务团队，300余名师生持续推进东盐碱地高效农业技术产业研究院建设；推动日照茶叶研究院、西海岸现代农业研究院等区域联合创新机构建设；全面覆盖青岛市200个省定贫困村，创建"服务青岛模式"；坚持平台思维，全面推进与国家级大院大所合作共建，先后与中国农科院、中国农机院等15个"国字号"院所展开合作共建，在实验班招生、硕士生培养、联合创新攻关等领域取得了一系列实质性进展。统筹推进"四区一园"建设，平度校区即将投入使用，改善了办学条件，为学校全面落实强农兴农使命、培养知农爱农人才搭建了更为广阔的平台。与英国皇家农业大学联合举办的巴瑟斯未来农业科技学院正式招生；与韩国世宗大学动画专业开展本科中外合作办学；承办科技部"中俄科技创新年"重点科技活动，召开"中国—俄罗斯智能农机装备与先进技术研讨会"。成立中韩农业生物环境研究院、中俄智能农业装备创新中心，成功获批中俄（山东）教育国际合作联盟会员单位。外专引智工作稳步推进，作为山东省唯一入选高校，获批"国家引才引智示范基地"（战略科技发展类）。

【科研项目与经费】 2020年，青岛农业大学获批国家级科研项目83项，资助经费3254.84万元。国家自然科学基金获批立项54项。其中，联合基金1项、面上项目24项、青年科学基金项目29项，资助直接经费2159万元。立项数列省属院校第6位，直接经费列第5位。立项数比2019年增长45.95%，比往年最高值增长35%。国家社科基金获批后期资助重点项目1项，实现了社科类重点项目的突破。省部级科研项目163项，资助经费3658.77万元。省自然科学基金立项数大幅度提升，获批立项101项。其中，重大项目1项、重点项目4项、面上项目41项、青年科学基金项目55项，资助经费1540万元。立项数列省属院校第7位，比2019年增长304.00%（山东省立项增幅85.62%）。厅局级项目132项，经费1439.97万元。横向课题239项，经费5699.9万元；优秀技术成果转移转化8项，经费1367万元。

【科研成果及选介】 2020年，学校获得地厅级及以上科学技术奖52项，其中，国家科学技术进步奖二等奖2项、省科学技术进步奖一等奖1项、河北省科学技术进步奖一等奖1项、省自然科学奖二等奖1项、省科学技术进步奖二等奖1项、省技术发明奖二等奖1项、河南省科学技术进步奖二等奖1项、省科学技术进步奖三等奖4项、省第三十四届社会科学优秀成果奖二等奖1项、省高等学校科学研究优秀成果奖（科学技术）科学技术进步奖一等奖1项、省高等学校科学研究优秀成果奖（科学技术）科学技术进步奖二等奖8项、省高等学校科学研究优秀成果奖（科学技术）科学技术进步奖三等奖3项、省高等学校科学研究优秀成果奖（人文社科）一等奖3项、省高等学校科学研究优秀成果奖（人文社科）三等奖4项、青岛市自然科学奖二等奖1项、青岛市科学技术进步奖二等奖1项、青岛市第34次社会科学成果优秀奖一等奖3项、青岛市第34次社会科学优秀成果奖二等奖2项等。学校申请专利438件，其中，发明专利247件，实用新型专利189件。授权发明专利219件，获得实用新型专利145项，国家植物新品种权14个，获得国家或行业标准4项，获批国家二类新兽药2个。学校在国内外公开学术期刊发表学术论文2014篇，被SCI、EI和CPCI-S收录843篇，出版著作和教材35部。

'福九红'苹果（品种权号CNA 20184371.9）是青岛农业大学以'新世界'×'粉红女士'2010年杂交育成的免套袋栽培鲜食中熟苹果新品种。2020年获得国家非主要农作物品种登记证书[证书编号GPD（2020）370016]。

'福星'苹果（品种权号CNA20184367.5）是青岛农业大学以'新世界'×'粉红女士'2010年杂交育成的免套袋栽培鲜食晚熟苹果新品种。2020年获得国家非主要农作物品种登记证书[证书编号GPD（2020）370015]。

'福美'苹果（品种权号CNA20184366.6）是青岛农业大学以'新世界'×'粉红女士'2010年杂交育成的免套袋栽培鲜食晚熟苹果新品种。2020年获得国家非主要农作物品种登记证书[证书编号GPD（2020）370014]。

'黛红'红肉苹果（品种权号CNA20162427.9）是青岛农业大学以'贵妃'×'王林'为亲本2000年杂交育成的鲜食加工兼用型大果绿皮红肉苹果新品种。2020年获得国家非主要农作物品种登记证书[证书编号GPD（2020）370017]。

【科技成果转化和社会服务】 学校助力高水平大学和高水平学科建设，社会服务工作先后被《光明日报》《科技日报》等媒体报道。机电学院获得了山东省人力资源和社会保障厅、山东省农业农村厅、山东省科技厅联合组织的山东省科技兴农先进集体，王珏、韩仲志、刘更森等三名教师获得了"山东省科技兴农先进个人"称号。获得了山东省农业科技转化促进会首届全省科技兴农奖先进集体与先进个人，"优质抗病苹果新品种及砧木推广应用"获得了首届全省科技兴农奖优秀项目一等奖。学校获得了山东省企事业科协工作先进单位和优秀个人等多项荣誉称号，王东伟获得2020年山东省人力资源和社会保障厅、山东省科学技术协会第十届山东省优秀工作者，王宝维获得青岛市2020年科学技术协会"最美科技工作者"称号。推广农业高新技术、新措施452项，推广种植具有自主知识产权的作物新品种7个；旱地小麦抗逆高效简化栽培技术为2020年度山东省农业主推技术。在甘肃陇南、贵州安顺等地开展惠民专项（对口支援）6项，累计培训各类技术从业人员600余人次，辐射带动110个贫困村、650个建档立卡贫困户，重点带动了安顺紫云大棚香菇、陇南中草业种植等产业，帮助当地形成规模化、健康可持续发展的特色产业。组建11支科技服务团队，选派具有较高专业知识背景和丰富实践经验的专家教授和科技服务人员150名，覆盖青岛市200个省指定贫困村，深入扶贫一线开展各类培训活动，同时在校内组织开展新型职业农民、科技推广人员、科技干部培训等4000余次，培训致富带头人60人。推介和发布科技成果清单、宣传活动30次。全年转让新品种、专利等科技成果8项，共计金额1367万元。

【科技创新平台建设】 2020年，学校实施"123"科技创新平台建设计划，满足学科建设对科研平台条件的量化要求。学校获批省部级创新平台2个、市级创新平台6个，实现了自然科学学院地厅级以上科研平台全覆盖。由省发改委批建的山东省园艺作物基因改良工程实验室，是学校牵头获批建设的第5个省工程实验室（工程研究中心）；由农业农村部农产品质量安全中心批建的全国名特优新农产品（园艺产品）全程质量控制技术青岛中心，是学校首个农业农村部的质量控制中心；青岛市发展和改革委员会批建了青岛市建筑固废资源化利用工程研究中心、青岛市特种食品工程研究中心、青岛市农业大数据与智能工程研究中心；青岛市科技局批建了青岛市兽药诊断试剂技术创新中心、青岛市根茎类作物生产装备技术创新中心、青岛市盐碱地综合改良及种质创制与利用技术创新中心。山东省主要农作物机械化生产装备协同创新中心被认定为山东省高等学校示范协同创新中心。组织开展了23个科研平台的调督工作，其中，山东省国际科技合作基地、山东省重点实验室等5个科技创新平台参与了批建部门绩效考核，结果为2个优秀、1个良好、2个合格。截至2020年底，建有国家级科技创新平台（研发与培训基地）9个，省部级创新平台（重点实验室、协同创新中心、工程实验室等）29个，山东省人文社会科学研究基地3个，厅级创新平台[重点实验室、工程（技术）中心和科技合作基地等]35个。

【学科建设】 坚持高质量推进学科建设工作，在学校博士学位点申报、"双高"立项、与国家级大院大所合作共建以及一流学科建设等工作上取得重要进展。

做好一流学科建设工作，实现"双高"立项突破 根据国家和山东省"双一流"建设动态要求，切实做好水产、植物学与动物学（草学）学科建设，提高一流学科水平，完成了两个山东省一流学科建设可行性报告、建设成效报告和支出绩效自评。强化服务青岛产业发展重点学科（专业）建设，完成食品和兽医学科2019年自评，组建了青岛食品产业联盟。学校获评"强特色高水平大学"建设单位，水产学科获评"优势特色学科"建设项目。

加强科教融合、产教融合 坚持平台思维，对接重大战略，全面推进与国家级大院大所合作共建，助力学校高质量发展。2020年，先后与中国农科院、中国农机院等15个"国字号"院所展开全面合作共建，经过近一年的运行，已在实验班招生、硕士生培养、联合创新攻关等领域取得了一系列实质性进展；与内蒙古农业大学加强沟通交流，争取博导遴选和合作交流。与山东信得科技、惠发食品达成战略合作，建立动植物医药技术研究院、供应链食品研究院；通过校所、校企合作的一系列探索，为学校发展提速换挡、变道超车开辟新路径，互利共赢效益未来可期。

启动"十四五"学科建设规划制定 通过"自上而下、自下而上"两条路径组织学科建设规划，一方面，根据学校十四五整体规划情况，落实学科统领战略，充分调研各学院学科建设经验成效及下一步建设思路，自上而下组织规划编制工作。另一方面，对学院学科建设规划编制提出具体要求，组织各学院自下而上启动本学院学科建设规划编制工作，为学校学科建设规划提供坚实基础。

全面提高学科整体水平 多次组织学科建设交流讨论会，就学院一级学科整合、第五轮学科评估准备和十四五学科建设规划制定展开深入交流讨论，进一步统一思想，明确目标，推动学科建设工作落实落地；以学位点申报、学科建设规划编制为契机，深入调研学科建设情况，加强整合调整力度，提升学科竞争力，2020年，化学学科进入ESI排名全球前1%，学校在软科最新排名中居省内高校第12位，ESI排名列省内高校第11位，自然指数列全国农林高校第6位。

【科技人才培养与队伍建设】 青岛农业大学落实《学校领导联系高层次人才工作制度》，密切学校领导与高层次人才的联系和沟通。修订《青岛农业大学人才引进与管理工作暂行办法》《青岛农业大学"1361人才工程"管理办法》《高层次专家发放岗位津贴的暂行规定》等文件。更加重视领军人才的精准引进力度，主动服务山东省重点产业、重大战略、重大工程，进一步增强学校引才聚才的吸引力和竞争力。遴选学术潜力大的优秀人才，加大培养和支持力度，推动其快速成长，全力冲击国家、省部级高层次人才计划。鼓励教师线上线下各种形式参与国际合作交流，提升青年教师国际化水平和科技创新能力。截至2020年底，学校引进108人，柔性引进两院院士3人，1人入选"长江学者奖励计划"特聘教授、1人入选国家科技创业领军人才，3人入选"泰山学者"青年专家、1人入选第十届山东省优秀科技工作者、1人入选青岛市重大决策社会稳定风险评估专家。组织推荐1人申报百千万人才工程国家级人选、21人申报省级人事考试命题专家。组织推荐1人申报享受国务院政府特殊津贴人员，省级公示已完成。推荐5人申报青岛市经济运行分析联系点高等院校专家学者。组织推荐2人和2个团队申报2020年创新人才推进计划。完成了国家级重点人才工作站申报、引进顶尖人才"一事一议"项目中期评估、双高计划高层次人才数据填报和材料汇总、院士等人才信息摸排、山东省高等学校青创人才引育团队项目绩效考核、第十二届青岛市青年科技奖拟获奖人选委托考察和公示工作、2020年青岛市最美科技工作者政审等工作。

及时研判形势，抢抓疫情新形势下引才机遇，有机结合山东省2020青年学者泰山国际论坛、"第十一届中国·山东海内外高端人才交流会暨首届人才发展大会"，与青岛市城阳区人民政府密切合作举办"智汇城阳·才聚青农"青年人才高峰论坛暨山东省2020青年学者泰山国际论坛分论坛，创新"云端"人才招聘模式，实现人才工作"不掉线"、人才服务"不断档"。论坛通过爱城阳APP、青年学者泰山国际论坛专题网站、省人社厅"第十一届中国·山东海内外高端人才交流会暨首届人才发展大会"系列活动直播平台全程直播，在线观看直播人数近5000人，另有半岛都市报、大众网、爱城阳APP、青年学者泰山国际论坛专题网站、青岛农业大学官网等发布专题报道。海内外青年人才通过线上方式"云端"参会，全校18个学院邀约56名各界国际研究前沿专家进行线上报告，其中，院士、国家杰出青年基金获得者，国家优秀青年基金获得者,"长江学者"等国家级人才34人。各学院邀约优秀海内外人才近200名,为学院引才搭建沟通平台,确定拟引进意向50余人,学校引进高水平人才作用进一步凸显。参与"一带一路"倡议,与俄罗斯、泰国、巴基斯坦等沿线国家30所院校建立了合作关系;持续加强与国外高水平大学合作,2020年省内首个农业领域中外合作办学机构——巴瑟斯未来农业科技学院成功获批并顺利实现首批招生;依托国外友好院校作为海外人才工作站,依托澳大利亚默多克大学引进了小麦贮藏蛋白研究领域的世界领先科学家马武军教授;为突破学校无博士点的瓶颈,与澳大利亚莫道克大学合作联合培养博士生。学校响应省委深化科教融合要求,全面推进与中国农科院、中国科学院、国机集团中国农机院等12家"国字号"大院大所的合作共建,共建科技创新平台,已在实验班招生、硕士生培养、联合创新攻关等领域取得了一系列实质性进展,强化人才引育支撑,有效助力学校高质量发展。学校作为全省首家入选高校,列为"国家引才引智示范基地"(战略科技发展类)。学校充分利用好"国家引才引智示范基地",提前布局规划,抓住疫情期间国外人才回流的机遇,积极筹建澳洲、欧洲、亚洲、东南亚、北美洲等地海外引才基地,探索建立国际优质资源共享平台,架起海内外高层次人才交流的桥梁。截至目前,累计引进外国专家17人,获批"国家重点文教专家项目"等国家级项目6项,科技部国际杰青计划等省部级项目3项,连续三年成功入选山东省"外专双百计划"。

针对各类人才开展"管家式""保姆式""一站式"服务。学校为高层次人才办理山东惠才卡5张、青岛市"绿卡"3张,发放青岛市拔尖人才证书2份、城阳区拔尖人才证书3份、城阳区高层次人才中秋慰问品9份。做好2020年度聘任院士经费申报、青岛市高层次专家需求统计和休养活动和青岛拔尖人才、青岛资深专家等人才信息统计和健康查体工作的通知等工作。协助做好城阳区2020年度拔尖人才津贴信息统计和发放工作。耐心做好城阳区人才共有产权房解释和服务工作,为学校符合条件的人才购买共有产权房提供便利。协助解决高层次专家户口事宜。营造了开放包容的人才工作环境,切实解决人才后顾之忧,保障人才安心工作、舒心生活、潜心科研。

【科技交流合作与社会服务】 2020年1月14—16日,青岛农业大学科技处组织12位省科技特派员到济宁市泗水县圣水峪镇开展农技培训与现场指导,助力第一书记脱贫攻坚。3月,按照中央决战决胜脱贫攻坚座谈会精神,青岛农业大学发挥科技特派员队伍作用,在做好网络教学的同时,深入到春耕备耕一线指导农业生产,延伸服务复工复产的深度。在青岛当地,青岛农大科技特派员进田间地头送技术上门,受到农户朋友们的广泛欢迎。科技特派员们还活跃在"线上""网上",发挥专业优势开展"远程"对口科技扶贫。4月,青岛农业大学与栖霞市人民政府"三院一基地一中心"建设工作推进会在青岛农业大学学术会馆会议厅举行;青岛农业大学与山东信得科技股份有限公司全面合作框架协议签约仪式在校学术会馆举行。5月,青岛特种食品研究院与合作企业工作推进会议举行;潍坊市农业科学院到访,双方就开展产学研合作进行洽谈;青岛特种食品研究院与北大荒农垦集团工作推进会议在青岛农业大学学术会馆会议厅举行。6月,由日照市人民政府、青岛农业大学和中瑞集团共建的青岛农业大学日照茶叶研究院合作签约暨揭牌仪式在日照市举行;青岛农业大学与山东德信生物科技有限公司人才引进及技术转让(专利权)合同签约仪式在山东省滨州市惠民县举行。7月,山东畜牧兽医职业学院党委书记、院长一行到访青岛农业大学,交流商讨本科职业教育、科研推广合作等相关事宜;青岛农业大学前往内蒙古自治区赤峰市进行调研,实地考察学校近年来服务当地农林牧产业高质量发展情况,出席双方全面战略合作框架协议签约仪式;中国农业科学院北京畜牧兽医研究所有关领导到访青岛农业大学,双方在学术会馆召开座谈会,就共建动物科技学院进行座谈交流。8月,青岛农业大学苹果育种团队选育的'福九红'苹果以100万元转让给莱州大自然园艺科技有限公司,该公司系"农业农村部山东联建果树无病毒苗木繁育基地"、山东省苗木繁育龙头企业。9月,日日顺供应链科技股份有限公司、青岛市城阳区副区长一行到访青岛农业大学,双方在学术会馆会议厅举行校企合作座谈会;中国科协组织专家到山东开展黄河生态保护行调研活动。10月,青岛蔚蓝生物股份有限公司总裁一行到访青岛农业大学,双方在学术会馆会议厅召开学术交流会。12月,青岛农业大学与青岛市科技局举行"局校会商"会议并签署《青岛市科学技术局青岛农业大学"局校会商"合作事项备忘录》;山东博华高效生态农业科技有限公司董事、总经理一行到访青岛农业大学,双方举行产学研合作交流会。

(青岛农业大学 黄 毅)

青岛理工大学

【概述】 青岛理工大学现辖市北、黄岛、临沂三个校区，占地面积约216.55万平方米，校舍建筑面积约100.32万平方米。图书馆藏书约241.82万册。教学科研仪器设备总值约4.54亿元。学校秉承近一个世纪的办学历史和理念，青岛理工大学汇聚英才，逐渐形成土木建筑、环境市政、能源机械、汽车交通、管理经济等优势学科群，涵盖了城乡建设的各个领域。近年来，学校一批攻关研究成果在C919大飞机、太空运载器、三峡工程、青藏铁路、高铁列车、胶州湾跨海大桥、海底隧道、青岛地铁、供排水水质安全和废物资源化等重大工程项目建设中发挥了积极作用，学校在海洋环境混凝土材料、海洋防腐蚀聚脲材料、海水源热泵等方面进行了科技成果产业化。作为山东唯一的高校，获2019年中国产学研合作创新与促进奖。山东省教育厅官网通过"战线联播"版块对学校的科研创新、成果转化及产业化工作进行了报道，科技日报、光明网、央广网等知名媒体的广泛关注与报道，被誉为"政产学研用"协同创新技术孵化产业的"青岛理工"模式。从深化"放管服"、跑出"加速度"、走出"象牙塔"到生产一线创新创业两个模块加以说明，给予了充分赞扬。2020年，学校破除体制机制障碍，科学制定、科研经费、成果转化、新型研发机构管理和重大成果（项目）培育等系列科研制度，破解科研管理过程中的"卡脖子"问题，探索走出了一条具有青岛理工特色的科研发展新路径，学校科研典型做法被科技日报、省教育发布、省教育厅高质量发展典型案例及中国工业新闻网等知名社会媒体报道推广。

【科研项目与经费】 2020年，学校累计自然科学类科研立项605项，科研经费1.56亿元。其中，成果转化与社会服务项目立项387项，到账经费1.25亿元。

【科研成果】 2020年学校获得省部市级、行业科技奖励47项，其中，省部级以上科技奖励6项；青岛市科技奖12项，为历年数量最多，其中，一等奖3项（青岛市第一），首次获得青岛市创新团队奖；再获山东省专利一等奖；获得山东省高等学校科技奖12项，其中，一等奖5项，一等奖获奖数量位列省内高校第3名。2020年，被SCI、EI收录论文1236篇，较2019年增长53%。其中，被SCI收录论文603篇，折合SCI四区当量数量2537篇。申请各类专利609件，授权发明专利196件，其中，国外发明专利24件，较2019年4件增长20件，国内发明专利172件。PCT国际专利首次突破百件，达142件。获首批国家知识产权试点高校；获批山东省专利导航项目1项。

【应用研究与高技术研究】 学校紧跟国家发展形势，依托自身的学科优势，在海洋环境混凝土和防腐材料、高端装备与智能制造、水污染控制与废水资源化、大型钢结构建筑及抗震、大型地下工程与灾害防治、城市公共安全、城市规划与建筑设计等研究领域均已形成自己的特色和优势。

土木与建筑领域 该领域依托山东省混凝土重点强化建设实验室、山东省结构工程重点学科、山东省防灾减灾与防护工程重点学科、山东省混凝土结构耐久性工程技术研究中心、青岛理工大学BIM中心、青岛市建材行业中心，在新型建筑结构体系、沿海混凝土结构耐久性、建筑节能技术与设备、太阳能大型热泵集中供热供冷等可再生能源装置与建筑一体化应用等方面形成了自己的特色和优势，并在新型墙体材料、高强钢筋、高性能混凝土等新型节能、绿色建材等方面也形成了系列配套技术与产品。该领域研究成果在胶州湾海底隧道、胶州湾跨海大桥、青岛胶东国际机场、青岛地铁等国家重大基础设施建设中得到广泛应用。

机械设计与制造领域 该领域依托教育部工业流体节能与污染控制重点实验室、山东省余热利用与节能装备技术重点实验室、山东省高校机械设计与制造重点实验室、山东省高校摩擦学与先进表面工程重点实验室、冶金炉渣高效资源化利用国家地方联合工程研究中心、快速制造国家工程研究中心——青岛示范中心、青岛市3D打印工程研究中心，形成了摩擦学与表面工程、机械结构动态特性分析与测控、机械无损检测与故障诊断、大阻尼复合材料等多个研究方向。该领域已与中车集团四方车辆股份公司、中国工程物理研究院总体工程研究所、宝山钢铁集团有限公司、莱芜钢铁集团公司等大型企业建立了广泛的产学研合作关系。

能源与环境装备领域 该领域依托山东省能源与环境装备重点强化建设实验室、山东省冶金节能减排工程技术研究中心、青岛市新能源与节能技术重点实验室、青岛市能源与装备工程技术研究中心，针对

节能、环保设备及相关领域中的重大技术问题，进行基础理论和应用研究，形成了"流体控制与节能技术""装备结构动态特性分析与环境噪声控制""过程控制及信息管理系统"三大特色研究方向。在油田、冶金、民航等领域取得了系列成果。该领域研究成果在青岛钢铁集团、青岛奥帆中心、青特集团有限公司、莱芜钢铁集团有限公司等大型国有企业应用。

环境工程领域　环境工程学科是学校最早创建的学科之一，2017年获批国家发改委城镇污水处理与资源化国家地方联合工程研究中心，目前学校在水处理理论与新技术、水资源系统管理与污水资源化、固体垃圾处理等研究上形成了自己的优势，该领域依托的山东省暖通与热泵重点强化实验室、青岛市新型环保技术重点实验室、山东省市政工程重点学科，在给水排水系统分析及优化技术、水处理理论与新技术、水资源系统管理与污水资源化、海水源热泵研发等研究方向上具有明显优势，在省内、甚至国内都有一定影响。该领域研究成果应用于青岛市团岛污水处理厂、海泊河污水处理厂、李村河污水处理厂等城市民生工程。

地下空间开发与利用领域　该领域组建青岛市地下空间工程研究中心和青岛市地下空间产业技术创新战略联盟。根据产业需求、地下空间开发技术发展方向以及承担单位已有的工作基础和优势，在城市地下空间开发地质环境及资源禀赋研究、城市地下资源可持续发展规划理论与技术研究、城市地下空间关键建造技术研究、城市地下空间开发的社会与经济研究方面开展工作。

公共安全领域　该领域依托山东省城市灾变与预防控制工程技术研究中心，以国家"十五"科技攻关重点课题"城市公共安全综合试点（青岛）""青岛市公共安全应急指挥视频监控系统"和"崂山森林防火监控系统"等一批重大项目为切入点，初步建立起对城市（企业）危机与安全灾害进行预防监测、预报预警、应急反应和善后处理等一整套功能完备的管理、运行和保障体系。已经在森林防火、水利防汛、公共场所、边防、海港、道路交通、人防、危险源管理等领域中实施。学校自主研发的"崂山森林防火监控系统"，已在崂山森林防火中使用多年，在减少森林火灾中发挥了较大作用。

【一流学科建设】　学校实施一流学科重点建设和基础学科培育计划，拥有本科、硕士、博士完整的人才培养体系，3个学科入选省一流学科（含培育），土木工程获批省高峰学科、机械工程获批省优势特色学科。工程学ESI全球排名前1%；12个专业入选国家一流本科专业建设点，23个专业入选山东省一流专业建设点。截至2020年底，全球进入世界前1%的机构中，学校位列第4322位，较2019年末提高356位。ESI工程学科连续20个月进入全球1%。

【科技成果转化】　学校结合科研工作实际，科学制定《青岛理工大学科研经费管理办法》《青岛理工大学科技成果转化管理办法》《青岛理工大学新型研发机构管理办法》和《青岛理工大学重大成果（项目）培育办法》系列制度与办法。通过加强顶层设计，破解科研管理过程中的"卡脖子"问题，持续推进科技领域"放管服"改革，营造适合创新的制度环境，调动各学院与广大科研人员的积极性与主动性，多维赋能学校科研增长。

推进科技创新标杆工程，深化科技体制改革，精准研判学校科研事业发展"堵点"，瞄准科研管理工作"痛点"，破除体制机制障碍，持续推进科技领域"放管服"改革，赋能科研高质量发展，围绕国家、区域、行业需求，探索走出了一条具有青岛理工特色的发展新路径。2020年，嫦娥五号任务中，学校赵正旭教授团队研制的探月工程三期遥操作作业平台再次发挥关键性作用，经受了严格的实战任务考验。学校科研典型做法被科技日报、山东省教育厅及中国工业新闻网等知名社会媒体报道。

开展"百名博士进百企"活动，探索科技成果转化新机制，依托"学校＋学院＋团队"三位一体、"成果转化办＋科发集团"两翼驱动的科技成果转化工作体系，助力科技成果转化落地工作持续有序开展，在梯度维度和区域维度上均取得较好的实际效果。组织博士107人次，服务企业86家。马克思主义学院国企党建博士服务团服务青岛港集团等5家国有企业并签订合作协议，合同经费224万元。商学院博士服务团为红寨岭地瓜合作社量身定制特色发展路径，促进产品营销、为农户增收创收。组织博士服务团服务民营经济系列专题活动。2020年，实现社会服务项目经费1.25亿元。促成专利成果转化100项，学校修订《科技成果转化管理办法》，畅通科技成果转移转化和服务地方经济社会发展的体制机制。2020年，促成科技成果转化项目107项，其中，专利共有专利权49件，专利许可／转让专利57件，专利作价投资1项，转化数较2020年增长365%。3PCT申请突破100件，国外授权专利数大幅增长，获得授权国外发明专利24件，较2019年4件增长20件。PCT国际专利首次突破百件，达142件。

【科技创新平台建设】　学校拥有国家实验教学示范中心、国家地方联合工程中心等4个国家级教学科研平台，拥有教育部、山东省工程研究中心、重点实验室等26个省部级科研平台和4个协同创新中心；设有海洋环境混凝土技术创新引智基地（111计划）、山东省高校蓝色经济区工程建设与安全协同创新中心、山东省高校水污染控制与资源化协同创新中心、山东省高校激光绿色智能制造技术与装备协同创新中心、山东省高校滨海城乡建设工程材料性能提升与绿色建造技术协同创新中心、快速制造国家工程研究中心——青岛示范中心、海尔—理工博士后工作站研发基地、山东省高校大学生创业教育研究基地等。

【学科建设】 学校拥有本科、硕士、博士完整的人才培养体系，涵盖理工经管文法艺等7大学科门类，拥有2个一级学科博士后科研流动站、2个博士学位授权一级学科，21个硕士学位授权一级学科、11个硕士学位授权专业（类别），59个本科专业；全日制在校生34398人。3个学科入选省一流学科（含培育），土木工程获批省高峰学科、机械工程获批省优势特色学科。工程学ESI全球排名前1%；12个专业入选国家一流本科专业建设点，23个专业入选山东省一流专业建设点。

【大学科技园建设】 学校与市北区政府签署战略合作协议，打造"青岛理工大学建筑科技众创园"，突出学科、专业、人才和科研优势，主动对接地方经济建设发展，力争打造"可复制、可推广"的建筑科技产业园雏形，为承接"十四五"期间主校区转移和功能转换战略做准备。建筑科技众创园是学校科技成果转化的重要途径，以青岛理工大学优势学科和人才资源为核心基础，通过完善科技研发、成果转化、创业孵化、创业培训、科技服务、高端配套等六大功能，吸纳学校科技创新团队（企业）进驻，强化科技成果转化，培育孵化学校科技型企业。学校科技成果直接应用于园区企业，通过园区内的入驻团队转化科技成果，以学校科技成果为核心技术创建高新技术企业。

【科技人才培养与队伍建设】 学校现有教职工2469人，其中，专任教师1654人，具有博士学位的746人，高级专业技术人员825人。有全职日本工程院外籍院士1人，俄罗斯工程院和自然科学院外籍院士1人，英国皇家学会工艺院院士1人，双聘院士5人；国家级工程人才等7人，国家有突出贡献的中青年专家、国家优青等6人，其他国家级高层次人才33人，省级高层次人才61人，山东省"外专双百"团队1个，山东省高校黄大年式教学团队1个。学校推进科技创新团队建设，重点在产业推进、建筑规划设计、智慧城市工程建设、创意文化、环境能源五个板块领域，组织了26个高水平的科技成果转化团队。

【科技合作与交流】 2020年1月，国合基地平台现场考察组专家等到学校对国际科技合作平台——山东省中德沿海混凝土耐久性技术合作研究中心进行现场考察工作。3月，青岛市人民防空办公室青岛理工大学科技洽谈会举行。4月，青岛市市北中央商务区管委会来学校调研科技成果转化工作并洽谈校地合作有关事宜。6月，山东产业技术研究院副院长一行到校调研；土木工程学院与中建八局发展建设有限公司校企合作交流推进会举行；7月，学校与青岛市市北区召开校地合作对接座谈会，深化校政交流，凝聚广泛共识，探索校地高质量发展的有效路径。2020年8—9月暑假期间，学校科技处（成果转化办公室）与潍坊市坊子区统战部共同开展"百名博士进百企，服务民营经济"系列专题活动，共同搭建成果转化长效机制。9月，复杂网络与可视化研究所受潍坊市海洋发展与渔业局邀请，参加第二届潍坊国际海洋动力装备博览会；中石油华东设计院有限公司应邀赴青岛理工大学与"青岩"团队交流研讨。11月，学校与昌邑市校地合作洽谈会举行，双方围绕水质检测、固废利用、建筑节能、项目招商等方面的合作进行交流。12月，应主办方Asia Institute of Urban Environment（亚洲城市环境学会，简称AIUE）邀约，由学校与中国绿色建筑协会日本事务司、Asia Institute of Low Carbon Design（亚洲低碳设计学会，简称AILCD）共同协助承办了以"Urban Built Environment beyond the Global Pandemic（全球后疫情时代下的城市环境）"为主题的国际学术研讨会。

（青岛理工大学 路成刚 王梦珂）

鲁东大学

【概述】 鲁东大学是一所以文理工农为主体、多学科协调发展的省属综合性大学。学校坚持学科立校，学科实力不断增强，现设23个学院、74个研究院（所）、62个本科招生专业，有1个博士后科研流动站、1个服务国家特殊需求博士人才培养项目、21个一级学科硕士点、22个专业硕士学位类别。学校大力实施人才强校战略，师资队伍素质不断提升，拥有专任教师1657人，其中，正高级专业技术人员234人、副高级专业技术人员564人，具有博士学位的931人，具有国家级人才称号专家72人、省级84人，在校生

3万余人。

【科研项目与经费】 2020年，学校新上各级各类科技类纵向项目138项，立项经费总数达4180.1万元。其中，国家级项目39项，立项经费1635.6万元；省部级项目82项，立项经费2185.5万元；厅级项目15项，立项经费320万元。基金立项工作取得显著成绩，立项国家自然科学基金31项，其中，面上项目14项，直接经费共计1223万元，在省属高校中列第11位。立项省自然科学基金72项，立项经费1007万元。杨建敏教授主持申报的"速生抗逆贝类突破性新品种选育"获批山东省农业良种工程重大项目，立项经费500万元。

【科技成果及选介】 2020年，学校发表SCI、EI高水平论文338篇，其中，新增ESI高被引论文21篇，连续一年ESI高被引论文16篇；获得授权发明专利108件，比2019年同期增长48%。获批山东省自然科学奖二等奖2项，在全省省属高校中排名第三；12个项目获得山东省高等学校优秀科研成果奖（科学技术类）（限项12项），其中，一等奖2项，二等奖3项，三等奖7项。获得山东省光学工程学会青年科技奖1项、中国水土保持学会科学技术奖一等奖1项，累计获得其他各类学会协会奖20余项。学校作为独立单位申报国家级新品种1项，学校作为第一申请单位与山东省海洋资源与环境研究院等4家单位联合获得水产新品种审定1项。杨传路教授获批第十届"山东省优秀科技工作者"；张兴晓教授成功当选为烟台市"最美科技工作者"。

功能分离材料构筑新策略及在水/非水介质中与金属离子作用机制 针对金属离子污染物脱除这一重点应用领域，从分子水平审视了功能分离材料的设计、构建及其吸附分离应用，并结合理论模拟实现其结构和性能的预测，建立了构筑功能分离材料的新策略，为实现功能分离材料的精准、导向性设计提供了科学依据和技术支持。研究成果在 *Journal of Hazardous Materials*、*Chemical Engineering Journal*、*Fuel* 等本领域Top期刊上发表并被广泛引用，发表论文78篇，其中，8篇代表性论文已被 *Green Chemistry*、*Acs Applied Materials & Interfaces* 等权威期刊SCI他引343篇次，2篇入选全球ESI高被引论文前1%。授权中国发明专利10余件。

严格反馈随机系统的分析与控制 针对具有严格反馈结构的高阶随机非线性系统、随机非线性多自主体系统、具有马尔可夫切换的随机系统进行了系统性研究，提出了随机高增益齐次占优设计方法，解决了高阶随机非线性系统的状态反馈控制、输出反馈控制、自适应控制、分散控制及逆最优控制问题，建立了该类系统的理论框架；构建了随机分布式积分反推设计方法，解决了随机系统的分布式输出跟踪及包容控制问题，并将相关理论成果应用于解决欠驱动机械系统的控制问题。研究成果在 *IEEE Transactions on Automatic Control*、*Automatica* 和 *SIAM Journal on Control and Optimization* 等本领域Top期刊上发表并被广泛引用，共发表SCI收录论文35篇，被引用700次，受到国际同行的高度关注和认可。

【科技创新平台及团队建设】 2020年，学校获批各类科研平台10个。国家首批草品种区域试验站1个；省部级基础研究及应用与技术开发科研平台3个（山东省养殖环境控制工程实验室、山东省公共资源大数据发展创新实验室、山东省高等学校示范协同创新中心）；省部级基础支撑与条件保障类平台2个（滨海草省级林木种质资源库、山东省海洋牧场监测工作站）；烟台市工程实验室4个（下一代工业机器人与智能制造工程实验室、生物发酵与分离工程实验室、半导体微纳器件与特种芯片工程实验室、特色海洋生物开发利用工程实验室）。申报3个团队全部获批2020年度山东省高等学校"青创科技计划"立项支持，总经费75万元。

山东省养殖环境控制工程实验室 养殖环境控制工程实验室由鲁东大学牵头，联合山东省兽药质量检验所、山东省农业科学院家禽研究所、益生股份、民和股份、仙坛股份等共同建设。实验室围绕养殖设施设备参数控制技术、控制参数集成、舍内空气颗粒物检测与控制技术、环境微生物检测与控制技术、消毒剂遴选与消毒技术、环境内分泌干扰物检测技术等领域开展全方位科研工作，以山东益生种畜禽股份有限公司、青岛兴仪电子设备有限责任公司为主要技术集成与示范单位，形成企业技术标准、技术规程。对工程实验室成熟的技术标准、技术规程和新型养殖投入品进行产业化，制定行业或国家标准，以仙坛股份、民和股份等上市公司为具体成果推广单位，进行大面积示范推广，持续提升行业发展水平和核心竞争力。

公共资源大数据发展创新实验室 该实验室是鲁东大学获批建设的山东省大数据发展创新平台。实验室主要围绕胶东半岛区域经济社会发展需要和省"十四五"规划，设立民生大数据、旅游大数据、大数据挖掘与推理三个研究方向。实验室旨在搭建联合培养大数据人才平台，推动创新人才培养；与烟台市政府机构和烟台市数据分析机构相对接，依托学校专业优势，协助烟台市推进以大数据研究为主题的政府统计、民生发展决策、旅游数据分析等工作，服务地方经济发展。

山东省海洋牧场监测工作站 该工作站是农业农村部2020年8月批准设立的省级技术保障类平台，主要为山东省海洋牧场的建设与发展提供技术指导，并开展海洋牧场建设过程中的关键技术基础研究，包括

放流苗种繁育、海藻床和海草场建设、人工鱼礁设计与投放、增殖放流、贝类与海珍品底播等，以及开展海洋牧场年度监测与评价工作，为人工鱼礁的适宜性和海洋牧场的健康发展提供科学支撑。

烟台市特色海洋生物开发利用工程实验室　依托于鲁东大学海洋水产学科，实验室将紧紧围绕国家海洋强国、山东省海洋强省发展战略，着力对接服务烟台市海洋经济战略性新兴产业。以现代海洋牧场建设与高效绿色养殖为学科发展特色，在海洋牧场建设、高产抗逆新品种选育、水产病害防控、海洋生物资源开发利用等领域为山东半岛海洋经济新旧动能转换和蓝黄战略推进提供有力的科技支撑。

【科技管理】　2020年，学校研究制订《鲁东大学高水平科研创新团队（自然科学类）建设管理办法》《鲁东大学自然指数期刊论文管理暂行办法》，修订《鲁东大学科研平台（自然科学类）管理暂行办法（修订）》，推动科研平台与团队建设和科研工作的可持续发展。

【学术交流工作】　2020年，邀请了国家杰青吴德成研究员、韩国科学技术院院士权大甲教授、辽宁工业大学原校长佟绍成教授、中国工程院院士赵振东研究员、鲁东大学特聘教授、加拿大皇家科学院院士Jeffrey McDonnell教授、中科院林强研究员等123余名专家教授到校开展学术交流；举办了鲁东大学首届院士大讲堂、"海洋生物资源养护与生态环境修复技术研究"高级研修班、作物栽培与病害防控技术青年学术研讨会等多场学术研讨会。2020年，学校教师共参加学术会议做报告26次。

【服务地方工作】　与地方政府、企事业单位签署战略、共建协议23项，承担横向项目192项，到账经费5026万元，获批山东省高校科技成果转化与技术转移基地。贯彻教育部、工信部《现代产业学院建设指南（试行）》，校企共建公共卫生与健康研究院、绿叶生命与健康产业学院、拓伟智能制造产业学院、盈科法学院等多功能示范性人才培养实体。联合大院大所等牵头成立"海上航天技术创新中心"，获批烟台市、山东省技术创新中心，圆满完成我国首次火箭海上商业化应用发射相关任务。制定《服务乡村振兴助力脱贫攻坚行动计划实施方案》，设立鲁渝扶贫协作博士工作站，以"小蘑菇"撬动食用菌大产业，助力巫山县高质量整体脱贫"摘帽"。

（鲁东大学　王　琦）

齐鲁工业大学（山东省科学院）

【概述】　齐鲁工业大学（山东省科学院）[以下简称工大（科学院）]是山东省重点建设的应用研究型大学，山东省最大的综合性自然科学研究机构，山东省7所"冲一流"建设高校之一。现有国家工程技术研究中心、省部共建国家重点实验室、省部共建国家协同创新中心、省部共建国家地方联合工程实验室等国家级平台10个，省部级重点平台120余个；建有山东省科学院博士后科研工作站。建筑总面积142万平方米，拥有大型仪器设备千余台（套），图书馆藏书275万册，电子图书193万册。

【科研重点与计划】　2020年，工大（科学院）获得研发经费合同额10.28亿元，其中，纵向经费6亿元，横向经费4.28亿元。新列"废纸替代清洁生产工艺及固废源头减量集成技术""多系统要素协同的韧性城市自适应规划决策技术""油田开采区落地油防治技术与装备开发"等一批国家、省级重大项目。

【科研成果】　2020年，以第一完成单位获得国家科学技术进步奖二等奖1项，参与获得国家科学技术进步奖二等奖1项。获得省技术发明奖一等奖1项、二等奖1项，省自然科学奖二等奖2项（1项参与），省科学技术进步奖一等奖2项（参与）、二等奖6项（1项参与）、三等奖3项（3项参与），省国际合作奖1项，省专利奖三等奖1项。获得省高等学校科学技术奖一等奖8项、二等奖5项、三等奖6项。申请专利1082件，其中，发明专利927件，实用新型专利147件，外观设计专利8件。授权专利627件，其中，国际专利73件，发明专利418件，实用新型专利134件，外观设计专利2件。发表高水平论文1340篇，出版专著31部。

【基础研究】

国家自然科学基金　2020年，工大（科学院）有59项课题列入国家自然科学基金计划，其中，面上项目16项、青年科学基金项目40项、数学天元基金项目1项、重大研究计划1项、专项项目1项。

山东省自然科学基金　2020年，工大（科学院）

共有160项省自然科学基金项目获得资助，其中，联合基金项目1项、面上项目58项、青年基金90项、优秀青年基金2项、重大基础研究项目1项、重点项目8项。

内部基础研究项目　2020年，投入812.5万元，支持"基于多模式质谱成像技术的代谢组学分析新方法及其应用研究""基于六方氮化硼纳米片的食品样品前处理新方法研究""基于有限元方法和CT技术分析镁合金第二相在力学响应中的作用""面向3D打印钛合金跨尺度组织的多参数超声评价机理及方法""基于光纤传感多参数融合矿山井筒变形与危险判识研究""基于悬臂梁增强光声光谱的CO_2检测技术研究""多元异质结构对半导体热电效应的影响研究""流化床异质颗粒微观动态混合特性研究""基于碳基催化剂的NOx/SO_2协同吸附及解耦还原机制""山东省全面实施乡村振兴战略的若干重点问题研究"一批基础性研究和应用基础性研究项目。

【应用研究与高技术研究】　围绕国家及山东省经济社会需求，新列省级以上应用及高新技术计划项目120项，其中，在资源环境、信息技术、海洋技术、新能源新材料等高技术研究领域承担了"废纸替代清洁生产工艺及固废源头减量集成技术""黄河三角洲耐盐碱作物提质增效技术集成研究与示范""油田开采区落地油防治技术与装备开发""多系统要素协同的韧性城市自适应规划决策技术""海洋温盐深测量仪、生化要素、浮游生物传感器应用示范及产品化推广"国家重点研发计划等国家级计划项目35项；"大宗粮油精深加工关键技术""年产1500吨风力发电用关键纸基材料重大技术的研发及产业化""一级耐水性药用玻璃关键技术开发及产业化""基于大宗市场需求的玉米麸皮联产燃料乙醇关键技术研究及中试示范""'六高'废水高效脱色脱盐处理集成技术装备与示范应用""洗涤用酶制剂产品研制的关键技术""L-赖氨酸高效生产关键技术与产业化示范""生物发酵行业白酒智能酿造成套装备研发及产业化示范""木质素分离纯化及高值化利用关键技术研发和产业化示范""绿色生物基高性能纤维材料关键制备技术及产业化示范""基于水性PUD超微孔新型复合材料的开发及产业化""生物基包装新材料复合专用再生纤维素膜关键技术研究与产业化""学生安全风险智能感知与综合防控平台建设及示范应用""面向离散制造的工业互联网安全关键技术研究与产业化""金属增材制造的激光超声在线自动检测技术与装备"列入重大科技创新工程等山东省重大科技专项。

【学科建设】　出台《齐鲁工业大学（山东省科学院）一流学科建设行动计划推进实施方案》，成立21个学科建设分委员会，遴选2个筑峰学科，9个强化建设学科，20个骨干学科重点培育建设。计算机科学与技术进入山东省"高峰学科"建设行列，轻工技术与工程进入山东省"优势特色学科"建设行列。轻工技术与工程、化学、工程学等3个学科入选山东省一流学科。10个学科进入2020年度"软科"中国最好学科排行榜，其中，计算机科学与技术学科进入全国前16%，跃居山东省属高校首位。

【科研成果转化及产业化】　成立工大（科学院）科技成果转移转化工作领导小组，出台《科研人员创新创业管理办法》，加速推进科技成果转化。坚持产学研紧密结合，实施科教产融合创新试点工程，与济南、青岛、菏泽等地共建新型研发机构，获批建设国家技术与创新支持中心、首批国家知识产权试点示范高校、山东省科技成果转化综合试点单位；与济南市知识产权局等共建知识产权运营中心，提升服务发展能力。全年新增科技成果转化合同755项，合同额3.92亿元。

【科研平台建设】　依托省科学院、清华大学、山东大学、浪潮集团等单位联合组建"山东省泉城实验室"，并完成挂牌工作。获批山东省碳化硅材料重点实验室、山东省海洋监测设备技术创新中心、山东省新一代高档绿色智能机床工程实验室、海洋信息智能处理与应用示范协同创新中心、山东省大数据发展创新实验室和山东省大数据创新人才基地等一批省级科研创新平台。获批济南市多尺度功能材料工程实验室、济南市土壤污染控制与生态修复工程实验室、济南市云数据安全工程实验室、济南市气凝胶材料应用技术工程实验室等济南市工程实验室4个。与济南市政府、历城区政府联合共建"济南超级计算技术研究院"；与中国—上海合作组织地方经贸合作示范区管委会联合共建"中国—上海合作组织海洋科学与技术国际创新中心"。

【科技人才培养与队伍建设】　全方位改革职称评聘制度，破除"五唯"标准，实现岗位管理、专业技术岗位评聘一体化。持续推进实施"齐鲁科教英才工程"，细化人才引进工作流程，全年引进博士、博事后及副高级以上各类人才172人，引进培养省级以上高层次人才21人。新增百千万人才工程国家级人选1人，山东省有突出贡献的中青年专家4人，获评"山东省人才工作先进单位"荣誉称号。

【科技咨询与服务】　推进高端智库建设，山东省科技发展战略研究所等单位向政府有关部门提交多份意见建议，其中，《关于加快推进我省工业互联网创新发展的十条建议》《山东省高校、科研院所体制机制改革的实施意见》《关于加快我省5G发展的思考与建议》《山东省单位能耗产出效益综合试评价结果》等7份决策支持成果获省委、省政府领导肯定性批示；承担省级"十四五"专项规划项目4项，编写威海市等4个地级市的"十四五"科技创新规划，参与省新一代信息技术等战略规划编制。山东省科学院生态研究所成为山东省煤炭压减工作第三方支撑单位。山东省科学院情报研究所完成各类项目科技查新2620项，服务企业、科研单位、高校、医院等客户2030家；完成论文收录及引用检索930余人次。山东省分析测试中心在新技术、新方法、新标准的研发及高端检测等方面开展了社会公共服务，全年与644家单位与个人签订委托协议2656份，接收样品24458件，发放报告2663份。超算平台服务客户100余家，支撑科研项目50余个，重点在轨道交通、海洋数值模拟、软件实训、材料物理、流体仿真、高性能计算、电磁环境等领域提供技术服务。山东省计算中心在政务公开和信息化战略咨询、区块链及其应用技术咨询、标准化智库咨询等方面提供战略咨询服务，连续4年5次承担山东省政务公开第三方评估工作，为山东省及青岛、淄博、聊城、济宁等地方地府提供智慧城市标准化咨询服务。

【科技合作与交流】

国内合作与交流　搭建创新服务平台，与泰安高新区管委会共建"泰安成果转化中心"，与威海市环翠区政府共建"威海创新服务中心"，助力地方经济发展。发挥资源优势，深化工大（科学院）地产学研合作，签订校（院）地、校（院）企战略合作协议9份；签订校（院）地产学研合作协同创新基金协议2份，与22家市、县、区联合成立产学研协同创新基金，总基金规模超过了8000万元。2020年，学校（科学院）产学研合作协同创新基金共支持46个项目，项目研发投入总额9607.50万元，其中，撬动企业研发投入总额6384.50万元，地方政府研发投入总额1881.00万元。发挥山东省科学院与中科院沈阳分院领导联络会商机制作用，开展学术和技术交流20余次，推进中科院技术成果在山东转移转化以及科教融合与协同育人工作。

国际合作与交流　新建和发起9个国际合作平台，牵头建设"中乌技术创新研究院"，设立工大（科学院）驻大洋洲代表处，发起组建山东省国际科技合作创新创业共同体，获准山东省与大洋洲（澳大利亚、新西兰）交流合作研究中心、山东省与乌克兰交流合作研究中心候选单位。1名外国专家获"齐鲁友谊奖"，获山东省国际合作奖1项。获批国合类项目38项，国际合作经费7100余万元。开放办学进程加速推进，新增5所海外友好院校。获批与芬兰坦佩雷应用科技大学合作举办应用化学专业本科教育项目。成立了梅西大学海外学习中心（济南）。加入了中俄（山东）教育国际合作联盟、中日（山东）教育国际合作联盟。社会教育服务更加优化，获教育部批准省内唯一雅思机考考点。

【科研成果选介】

高性能木材化学浆绿色制备与高值利用关键技术及产业化　该项目自主研发了生物—化学协同漂白与纯化纤维的作用机制，提出了残余木素增效溶出理论，构建了针阔混合漂白新程序，实现了理论创新及应用；创新了低ClO_2/无元素氯漂白（ECF）技术，构建了含O_3漂白的100万吨/年超大规模短流程漂白技术体系，制备出高性能纸浆纤维，实现了节能减排；研发了高性能纸基材料制备技术，实现了纸浆纤维的高附加值利用，该技术用于制备无添加生活用纸、转移印花纸、食品级包装纸等新产品；创新了高纯度纤维素纯化精制技术，开发出系列纸基材料和纤维素材料制备技术，制备出绿色可降解纤维素膜材料。项目核心技术处于国际领先水平，已获授权国家发明专利31项，制定国家标准4项，发表论文50篇，获教育部科技进步奖一等奖1项，山东省专利奖一等奖2项，国家专利优秀奖2项。相关技术自2010年起先后在晨鸣集团等多家企业推广应用。2017—2019年，仅项目完成单位累计实现新增销售额251.71亿元，利润35.24亿元，产生了重大经济和社会效益。该项目获得2020年度国家科学技术进步奖二等奖。

海参功效成分解析与精深加工关键技术及应用　该项目发明了即食鲜海参产品，开发了即食海参产业化生产技术，并在国内进行了产业化示范，开发了养殖海参副产物高值化利用技术，研发了海参口服液的组方和生产工艺，指导建立了海参口服液、海参软胶囊、海参蛋白肽、海参多糖等产业化生产线。该项目获得2020年度国家科学技术进步奖二等奖。

复杂地质油气井增强型光纤分布式地震波检测关键技术装备及应用　针对井中地震波检测技术在复杂油气藏精细勘探中提出的高密度、宽频带、高灵敏度、低噪声等新要求，发明了复杂地质油气井增强型光纤分布式地震波检测关键技术。首创了基于高密度超低反射率光栅阵列的井中地震精细化检波技术，发明了高灵敏光纤地震波还原技术和超低噪声分布反馈光纤激光器光源技术，研制了具有自主知识产权的井中增强型光纤分布式地震精细化检测装备，并在油气井地震波检测领域得到了充分的应用与验证，实现了复杂地质井中地震精细化勘探，大幅提高了地震资料品质，打破了国际垄断，显著提升了我国油气勘探服务保障能力和国际竞争力。该项目获授权发明专利36件，其中，美国、法国、澳大利亚等国际专利4件；发表SCI、EI论文68篇。近三年专利成果转化收入1739万元，新增销售额2.46亿元，新增利润2114万元、新增税收1004万元。专家鉴定认为该项目整体技术达到国际先进水平。该项目获得2020年度山东省技术发明奖一等奖。

二元／多元组分协同构筑高性能碳基复合电极材料及构效关系 该项目围绕碳基复合电极材料，提出或发展了用以构筑碳基二元、三元和多元复合电极材料的多种方法，实现了对电极材料及储能器件的性能调控。该项目获得2020年度山东省技术发明奖一等奖。

基于纳米颗粒的造纸施胶剂乳化技术及应用 该项目发明了利用纳米颗粒稳定施胶剂乳液的技术，并开发出合适的有机和无机纳米颗粒稳定剂和利用各种机制促进纳米颗粒在施胶剂与水界面上吸附的技术，既促进了纳米颗粒稳定剂在施胶剂液滴周围的吸附，又不会引起纳米颗粒乳化剂的大规模絮聚，在没有表面活性剂存在的条件下，制备了稳定性好、有效浓度高的施胶剂乳液。授权发明专利13件，形成了覆盖造纸施胶关键纳米技术及应用的核心专利群。出版学术著作1部，发表学术论文56篇，其中，SCI论文25篇，CPCI 10篇。成果已在山东熙来淀粉有限公司、山东太阳纸业股份有限公司推广应用。该项目获得2020年度山东省技术发明奖二等奖。

几种典型辛辣蔬菜高值化加工关键技术创新与应用 该项目通过系统的理论和技术创新，攻克了高色价辣椒红素、高纯度辣椒碱加工核心技术，解决了辣椒产业初级加工的问题，阐明了大蒜素的合成机理，集成创新了大蒜综合、绿色加工技术，提升了大蒜产业的抗波动能力。建立了大葱高值成分连续提取技术，为大葱综合加工开辟了新方向。开发了富含功效成分的辛辣蔬菜系列食品，实现辛辣蔬菜的高值化开发。获授权发明专利8件，发表论文37篇，SCI文章5篇。项目在武城、金乡、章丘辛辣蔬菜主产区的龙头企业实现了产业化，近三年共实现新增产值6.0亿元，新增利润0.7亿元，为推动辛辣蔬菜产业的进步和农民增收起到了推动作用。该项目获得2020年度山东省科学技术进步奖二等奖。

基于酸性土壤改良的农林废弃物处理关键技术体系与应用 该项目在国家"863计划"、国家自然科学基金，以及企业委托项目等支持下，以开发可大规模"消化"农林废弃物的酸性土壤绿色改良剂为突破口，实现了微生物法秸秆就地降解造孔技术，外热一体式生物炭改性提质工艺和设备，绿色有机改良剂系列产品开发等方面的创新，构建了具有自主知识产权的基于酸性土壤治理的农林废弃物处理关键技术体系，并实现了工业产业化，为我国量大面广的农林废弃物资源化和酸化土壤改良提供了有效的技术途径，促进了我国有机固体废弃物综合利用和农田环保的科学技术进步，为保障国家粮食安全，发展循环农业和环保产业提供了有力支撑。获得授权发明专利8件、实用新型专利2件，发表学术论文60余篇。该项目获得2020年度山东省科学技术进步奖二等奖。

面向云中心的媒体数据安全关键技术及应用 该项目在面向云中心的媒体数据隐私保护与可信传输两个方面展开了科学研究与技术推广，项目共发表SCI/EI检索论文128篇，其中，包括ESI高被引论文4篇，JCR一区论文18篇，论文被SCI引用次数1000次以上。项目成果在国家超级计算长沙中心、新大陆科技集团有限公司等重要单位进行了公益性推广应用，取得了显著的社会和经济效益。该项目获得2020年度山东省科学技术进步奖二等奖。

农田土壤农药污染微生物防控技术体系及应用 该项目针对农田生态系统土壤农药污染这一制约我国高效绿色生态农业发展的重大问题，从以微生物生防菌剂替代化学农药减少源头农药使用量和利用微生物农药降解菌修复受污染土壤两个方面着手，在创新微生物资源挖掘手段、多功能微生物菌株作用机制解析、微生物菌株靶向改造以及高效菌剂的研发及应用等方面进行全链条系统性创新，形成农田土壤农药污染微生物防控技术体系，并将相关技术形成产品投放市场，近三年累计生产微生物菌剂产品3195吨，菌肥产品22500吨，累计销售额2.07亿元，新增利润2793.7万元，新增税收745.1万元。产品推广减少农药使用量20%，提高作物产量10%以上，通过节支增收产生经济效益51.20亿元。该项目申请专利24件，授权专利12件；国内外学术论文60篇，其中，高水平SCI论文14篇，研究成果总体达到国际先进水平，带动了农药污染土壤防治技术的进步。该项目获得2020年度山东省科学技术进步奖二等奖。

一株假单胞菌及其双功能酶制剂的制备方法与应用 该专利涉及一种关键微生物菌株假单胞菌和利用该菌株制备高效降解持久性有机污染物多氯联苯、有机氯农药阿特拉津的双功能酶制剂的方法和应用，项目验收专家组鉴定为国际领先水平。该专利权经北京东鹏资产评估事务所评估价值416万元，在污染农田和水环境、工业废水、建筑用地、搬迁场地等生态修复和改良方面具有应用潜力，对传统产业提质升级和推进农业绿色发展具有支撑作用。该项专利获得第三届山东省专利奖三等奖。

[齐鲁工业大学（山东省科学院） 尹 奥 隋震鸣]

哈尔滨工业大学（威海）

【概述】 哈尔滨工业大学（威海）[以下简称哈工大（威海）]现有全日制在校本科生、硕士和博士研究生11000多人。设有11学院和1个教学部，有42个本科专业，其中，9个新工科专业。与哈工大共享27个博士点和39个硕士点，单独设有船舶与海洋工程、海洋科学两个一级学科硕士点。拥有8个山东省重点学科，6个山东省特色专业，船舶与海洋工程和海洋科学是哈工大"985工程"重点建设学科，材料科学、工程学、数学、物理、化学、计算机科学、环境工程等学科为哈工大相应学科领域进入ESI全球前1%行列作出了重要贡献。拥有国家首个浅海海上综合试验场、先进焊接与连接国家重点实验室威海分室、对海监测与信息处理工信部重点实验室、新一代海空天对海观测技术综合试验平台（在建）、海洋工程材料及深加工技术国际联合研究中心等国家级、省部级和市级以上科研平台、重点实验室或研究中心30余个。

【科技项目与经费】 2020年，哈工大（威海）科研经费达2.28亿元，师均39.31万元，其中，民品1.761亿元，基础研究721万元。获批基金类资助项目62项，省级以上纵向计划类项目获批14项，横向立项项目226项，500万元以上重大项目4项。

【科技成果】 2020年，哈工大（威海）取得各类科研成果共计700余项。2020年，获吴文俊人工智能科学技术进步奖一等奖1项、中国机械工业协会科技进步特等奖和二等奖各1项、山东省金桥奖一等奖1项、国家金桥奖二等奖1项、山东省自然科学二等奖1项、山东省高校优秀成果奖4项、山东省装备制造业创新大赛二等奖1项。理学院魏俊杰教授团队完成的"时滞反应扩散扩散方程的分支理论及其应用"，获得2020年度高等学校科学研究优秀成果奖自然科学奖二等奖。理学院考永贵教授牵头完成的"随机切换系统的稳定性与滑模控制"，获得2020年度山东省自然科学奖二等奖，申报的"分数阶切换系统滑膜控制理论研究及其在飞行器姿态控制中应用"项目，获2020年山东省重大基础研究资助。2020年12月，中国机械工业联合会、中国机械工程学会联合下发了《关于表彰2020年度中国机械工业科学技术奖奖励项目的决定》，哈工大（威海）材料科学与工程学院宋晓国教授团队与郑州机械研究所等单位合作完成的"异质材料钎焊、扩散焊关键技术及应用"项目，获"2020年度中国机械工业科学技术奖（科学技术进步类）"特等奖。材料科学与工程学院张洪涛副教授团队近年来开展的船舶高效焊接技术成果转化项目，获得山东省技术市场协会科技金桥奖一等奖。该项目被推送至中国技术市场协会参加中国金桥奖项目评审，最终获得国家金桥奖优秀项目二等奖。其团队经过多年的积累，提出了改善等离子－MIG热源耦合过程的系列新途径，实现多热源、多电弧、多能量场在实时焊接过程中协同匹配效应进行复合焊接电弧特性和热源分布的优化调控，提升焊接效率和接头质量，实现了磁场调控等离子－MIG复合焊接装备与工艺的国产化工作。相关成果获得授权专利授权5项，形成的系列装备在中集来福士、山东核电，威海东海船舶修造有限公司等公司获得了应用，帮助企业取得了较明显的经济效益，有效助力了我国大型采油平台、核电站大型屏蔽墙等大国重器的焊接加工制造，填补了国内空白，打破了国外垄断，有力地推进了山东省相关产业新旧动能转换战略的实施。2020年，申请专利167件，其中，发明专利155件，PCT 1件，外观和实用新型11件。授权专利140件，其中，发明专利110件，外观和实用新型30件，建校来首次破百。2020年，发表SCI和SSCI检索论文共546篇，其中，SCI检索论文529篇、SSCI检索论文27篇。高被引论文52篇，其中，16篇为2020年发表，CPCI-S（会议论文）6篇，EI检索论文618篇。

【基础研究】 2020年，哈工大（威海）组织申报各级各类基础研究项目250项。其中，国家自然科学基金138项，山东省自然科学基金104项；山东省自然科学基金重大基础研究项目3项，山东省基金重点项目5项；向山东省基金委推荐NSFC-山东联合基金指南建议8项。获各类资助项目62项，其中，国家自然科学基金资助18项（重点项目1项），获资助直接经费1180万元；山东省自然科学基金资助47项（优青2项、重点2项、重大1项、面上项目31项、青年基金11项），较2019年提升63%；中央引导基金1项。信息科学与工程学院于长军教授"HFSWR海洋—电离层一体化探测与实验"项目获2020国家自然科学基金重点基金资助，资助金额306万元。该项目主要揭示海洋—电离层系统科学机理及海上目标—海洋—电离层一体化探测HFSWR工程研制奠定必要的理论基础，同时将对哈工大（威海）重点发展方向之一"海空天一体化对海观测"提供科技助力。

【应用研究与技术研究】 2020年，哈工大（威海）组织国家重点研发计划项目申报13项，获批项目1项，课题1项，参与4项；组织2020年度制造业高质量发展工作项目8项，获批4项；组织申报省级重大／重点项目12项，获批4项；获批山东省教育厅2020年度山东省高等学校"青创科技计划"2项；征集年山东省"十四五"重大创新项目24项；组织校区国家重点研究计划、重大专项项目／课题调整13项。计算机科学与技术学院季振洲教授担任项目负责人，由北京和利时系统工程有限公司牵头，联合哈尔滨工业大学、北京工业大学、国家工业信息安全发展研究中心、机械工业仪器仪表综合技术经济研究所、中国电子信息产业集团有限公司第六研究所、大连理工大学、广州大学、中国科学院沈阳自动化研究所、中国石油集团安全环保技术研究院有限公司10家国内工控安全领域的优势科研院所、大学、测评机构、产业公司、用户单位等共同承研的国家重点研发计划"制造基础技术与关键部件"重点专项"工控系统安全可信关键技术及应用"项目获批立项。项目结合现有防护手段和全生命周期安全管控理念，融合主动免疫技术、安全态势感知技术、协同防护技术、风险评估技术，构造云—工控边—工控端协同场景下态势感知系统与协同防护系统构建智能网联安全架构下的一体化工控安全风险评估体系，并在典型流程工业开展应用验证。项目的开展具有重大的理论意义和工控实用价值，有助于提升国家工业信息安全核心技术能力。

【科技创新平台建设】 哈工大（威海）现有科研平台126个，其中，国家级（含分支机构）6个、省部级33个、市级平台23个。2020年，推进和落实与中国航天科技集团共建"海洋无人装备与技术联合创新中心"，与奇虎360集团共建"大数据协同安全技术国家工程实验室（威海）"，新增威海市重点实验室3个；积极谋划"海洋智能无人系统与技术实验室"工信部重点实验室申报工作，"水资源与环境一带一路实验室"申报准备工作。

【科技成果转化】 2020年，哈工大（威海）校企合作项目197项，项目额9837万元。新能源学院孟凡刚教授团队与威海天力电源科技有限公司签署《商用车充逆一体机系列产品的研制及量产》，合同金额600万元。2020年8月，天力电源将企业研发中心入驻哈工大威海创新创业园有限公司，校企双方合作成立天凡科技有限公司，正式进军车载能量管理设备产业。

【科技人才队伍建设】 2020年，开展人才团队建设工作，推荐2020创新人才推进计划5人，1人推荐至国家科技部；推荐山东省理论人才"百人工程"入选人员1人；推荐省JMRH专家5人；推荐省融办专家智库7人；推荐山东省自然资源专家库专家3人。申报山东省泰山系列人才10人，获批泰山青年2人。

【科技合作与交流】 2020年接待全国各地到访50余场，接待到访代表近300人次。纪念哈尔滨工业大学建校100周年暨2020中国威海·国际创新创业大会上，哈工大（威海）邀请哈工大一批知名院士专家，以及哈工大（威海）校友会理事、各地哈工大校友会负责人等80多位嘉宾出席会议。威海市政府与哈尔滨工业大学签订《聚力精致城市与一流大学建设深化校地合作协议》，通过开展全方位、深层次、多领域的合作，构建新型"大学＋城市"协作机制和合作体系，打造面向未来可持续发展的校地联合协同发展共同体。威海市人才工作领导小组与哈工大（威海）、上海985高校校友会联盟三方签订"人才产业交流合作协议"；威海市人社局与哈工大（威海）签订卓越工程师（工程领军人才）培养合作协议；环翠区政府与哈工大（威海）签订校地校企战略合作协议；高区管委与哈工大（威海）签订医工结合领域产学研合作协议；经区管委与哈工大（威海）签订共建校友创业孵化基地协议。海空天立体观测技术实验大楼工程项目顺利通过竣工验收。项目将有效支撑我国海洋综合观测网络构建，助力学校"双一流"高校的发展目标。作为工信部首个"双一流"高校学科技术设施建设项目，"新一代海空天对海观测技术综合试验平台"的实施将为海空天对海观测技术相关学科提供基础设施和仪器设备条件，有效支撑我国海洋综合观测网络构建，助力学校"双一流"高校的发展目标。山东阳光矿业有限公司等企业领导到校区访问，学校负责同志就开展校企合作事宜与企业负责人座谈。第二十二届中国科协年会海洋智能装备及智慧海洋论坛在威海举行。浙江省经信委智慧城市规划研究院前来哈工大（威海）调研，围绕数字海洋经济开展广泛交流。2020年，世界工业互联网产业大会城阳论坛暨城阳区工业互联网产业生态阳光发布会在青岛举行，哈工大（威海）受邀出席大会并作了题为《谈网络化制造、智能化制造与服务型制造》的主旨报告。哈工大（威海）学校领导率团分别走进自然资源部第一海洋研究所、海尔集团、山东省科学院海洋仪器仪表所、中国海洋大学等海洋科研机构、院所及企业调研交流。由中国密码学会密码芯片专业委员会主办、哈工大（威海）及哈尔滨理工大学承办的"中国密码学会2020年密码芯片学术会议（Crypto IC 2020）"在线上举行。威海市高区管委党群工作部—哈工大（威海）人才项目发展专项基金合作协议签订仪式在校区主楼一号会议室举行，双方签署的《关于设立人才项目发展专项基金的合作协议》的要求，双方将在人才引进、平台开发和成果转化等方面建立全面合作关系，全力打造高区战略人才高地，为加快建设"精致城市·幸福威海"，提供强力的人才和智力支持。南京市江宁区九龙湖国际企业总部园到校区对接交流。山东高校首个未来技术学院——哈工大（威海）未来技术学院成立仪式，在校区大学生活动中心多功能厅举行。哈工大（威海）受邀在 International Conference on Service-Oriented Computing（ICSOC 2020）上做大会主题报告，题目为"Big Service as a New Form of Internet of Services"。以"共建网安智库，共筑丝绸之路"为主题的"数字丝绸之路的工业企业信息安全保障论坛"在哈工大（威海）大学生活动中心举办。来自中科院软件所、北京理工大学等科研院所、高校和企业的近百名专家现场参与论坛，东盟国家的专家学者和国内部分高校代表通过线上视频方式参会。

[哈尔滨工业大学（威海） 王亚琦]

德州学院

【概述】 德州学院是山东省政府直属全日制综合性普通本科院校，主管部门为山东省教育厅，学校占地2021亩，建筑面积68.9万平方米，科研教学设备总值2.36亿元，馆藏图书234万册，现有全日制本专科在校生24000余人，成人教育在校生15800余人，招收联合培养硕士研究生和学历留学生160余人。学校坚持以文理为基础，工科为重点，大力发展新兴和交叉学科，凝练形成特色鲜明、融合发展的学科专业结构。现设有22个学院，3个研究院；有山东省重点实验室、省工程实验室4个；省高校重点学科、重点实验室、人文社科研究基地7个；省外事研究与发展智库、省文化艺术科学重点学科3个；省大数据发展创新实验室1个、省大数据人才创新（实训）基地1个。

【科研项目与经费】 2020年，学校获批各级纵向课题88项，其中，国家自然科学基金7项，省部级项目33项，纵向科研经费到账544.32万元；与企事业单位签订横向课题合作协议87项，到账经费554.19万元，2020年，到账科研经费1098.51万元。

【科技成果及选介】 2020年，学校教师发表SCI、EI、CSSCI论文74篇，其中，SCI二区以上论文36篇，CSSCI论文8篇；出版学术专著13部，获得发明专利11件，PCT专利申请5件。荣获市厅级以上科研奖励117项，其中，山东省自然科学奖二等奖1项，山东省高校优秀科研成果奖一等奖1项、二等奖1项、三等奖4项。

【科研成果选介】
石墨烯场效应管及增强拉曼生物传感器研究 提出了多种制备优质纳米传感材料的方法，制备了厘米级石墨烯单晶及多种石墨烯/纳米金属复合材料；以石墨烯单晶为导电沟道研制了多通道高灵敏石墨烯场效应管（G-FET）生物传感器，提出高灵敏、高通量、低消耗检测生物分子相互作用的新方法，对生命科学基础研究，疾病筛查、药物研制等均具有十分重要的意义；采用石墨烯/纳米金属复合材料作为表面增强拉曼光谱（SERS）基底，显著提高了SERS灵敏度、稳定性及定量分析水平，为癌症等重大疾病早期精准诊断提供了一种潜在的重要分析方法。

一种智能自助充电桩 该发明公开了一种智能自助充电桩，涉及电动车设备领域。该发明的有益效果是：方案结构简单，方案结构可以适应性的改造在现有充电上。通过方案起到对充电枪的保护和智能脱出，一定程度避免了人为可能误操作导致电枪未拔出时开动车辆带来的设备损毁。

一种大数据一体机用定位装置 该发明公开了一种大数据一体机用定位装置，涉及定位装置技术领域。可以解决传统装置通过手动锁紧而操作繁琐的问题。该发明操作简单，方便实用，提高了工作效率。

一种二阶微分方程推导模型 该发明公开了一种二阶微分方程推导模型，优点从一个具体的物理力学模型，推导出二阶微分方程，进一步对微分方程求解，求解时由浅入深，即先将相关系数取定值，使微分方程化的比较简单，从而引导学生进行求解，最后再向学生展示未化简情况下公式的求解，这样，由简单到复杂的推导过程，使得大学生不仅掌握了微积分的计算方法，也知道其具体的求解环境，记忆深刻，并学以致用。

一株可防治梨树褐斑病的类芽孢杆菌Lzh-N1及其复合菌剂的应用 该发明涉及一株可防治梨树褐斑病的类芽孢杆菌Lzh-N1及其复合菌剂的应用，类芽孢杆菌Lzh-N1，以及类芽孢杆菌Lzh-N1和浑圆链霉菌Lzh-48复配两剂微生物肥料不仅可以效防治梨

树褐斑病的发生，提高梨的品质和产量，而且具有无毒、高效以及无环境污染的效果。

【科技创新平台建设】 搭建了以山东省生物物理重点实验室为核心的Bio-X多学科交叉科研育人平台，凝聚了一支包括2名国务院特殊津贴专家、3名"泰山学者"、2名省优青在内的多学科交叉团队，形成了纳米生物传感、生物医疗大数据、生物分子动力学模拟、生物物理技术等稳定研究方向，相继成立德州生物物理与生物制造协同创新中心、中国生物物理学会——德州生物产业基地协同创新中心、德州学院生物物理应用技术联合体、德州学院生物物理多学科交叉创新拔尖班等产教学研平台，有效支撑了学校学科专业一体化和校城融合建设。2020年，"山东省猪群健康大数据与智能监测工程实验室"获批山东省工程实验室，"山东省大数据发展创新实验室""山东省大数据创新人才基地"获批山东省大数据创新平台。学校出台《德州学院科研平台建设与管理办法》，遴选校级科研平台6个。

【学科建设】 2020年，出台《德州学院重点学科建设与管理办法》《德州学院一流学科"筑峰计划"实施方案》，突出优势、强化特色，形成"学科—平台—团队—硕士点"一体化建设、协同发展机制，遴选校级"筑峰计划"学科2个、重点学科10个。对标《学位授权审核申请基本条件》，编制完成《德州学院硕士学位授予单位立项建设规划（2020—2022）》，包括3个一级学科建设规划、7个专业学位学科建设规划。生物学、化学、中国语言文学3个一级学科超过硕士学位授权点申请基本条件，生物与医药、材料与化工2个工程硕士专业学位以及马克思主义理论一级学科基本达到硕士学位授权点申请基本条件。

【科技人才培养与队伍建设】 2020年，学校获"第十届山东省优秀科技工作者"称号1人，获"德州最美科技工作者"称号1人，兼职引进"天衢英才"特聘教授2人，引进高层次博士53人，在职教师攻读博士学位32人。学校"纳米生物膜交叉创新团队"获批2020年度山东省高等学校青创科技计划创新团队，成为学校第5个省级科研创新团队。

【科技合作与交流】 出台《德州学院学术交流活动管理办法》《"德院讲堂"管理办法》，提升学术报告和讲座质量。创新工作方式，克服疫情影响，采取线上线下相结合的形式，先后邀请中国科学院院士、泰山产业领军学者等30余位国内外知名专家学者为学校师生讲学、指导。承办第二十二届中国科协年会——公共卫生安全与生物技术论坛，"人学视野中的全面建成小康社会与美好生活需要"研讨会暨中国人学学会第二十二届年会、第四届山东省科技工作者创新大赛、第五届"智汇德州"人才创新创业周、德州—东盟教育科技人才项目合作论坛和泰山科技论坛等高层次学术会议。

（德州学院 王 磊）

菏泽学院

【概述】 菏泽学院是一所省市共建、以省管理为主的全日制普通本科高校。学校现有4个校区，占地面积1436亩，建筑面积57.31万平方米，教学科研仪器设备总值1.75亿元，馆藏纸质图书215.74万册、期刊800余种，拥有电子图书248万册，数据库34个。现有本科专业63个，涉及文学、历史学、经济学、法学、理学、工学、农学、教育学、管理学、艺术学十大学科门类。面向28个省、自治区招生，全日制本专科在校生22317人。获批国家级建设园区"山东菏泽国家农村产业融合发展示范园"（合作），拥有山东省重点学科1个、工程实验室3个、工程技术研究中心3个、非物质文化遗产研究基地1个、中华优秀传统文化传承基地2个、人才培养模式创新实验区1个、实验教学示范中心1个、山东省高等学校重点实验室1个、人文社科研究基地1个、对接产业类协同创新中心1个，菏泽市工程（重点）实验室9个，山东省高水平应用型专业群5个、一流专业7个、特色专业6个、卓工计划专业2个、专业综合改革试点项目1个，山东省一流本科课程10门、精品课程22门、双语教学示范课程1门。现有教职工1531人，专任教师1086人，具有硕士、博士学位的专任教师624人，具有高级职称的专任教师445人。教师中全国优秀科技工作者1人、享受国务院政府特殊津贴的专家1人、教育部大学生物学课程教学指导委员会委员1人，山东省有突出贡献的中青年专家3人、高等学校重点学科首席专家2人、本科教育教学指导委员会委员1人，山东省高校教学名师10人、优秀教学团队3个，"海智专家"37名。

【科研项目与经费】 2020年,学校获省级以上科研项目11项,其中,国家级项目1项,省部级项目10项;获得科研经费373万元。学校全年共投入科研项目经费846.5万元。

【科技成果】 2020年,获得市厅级以上科技成果奖励21项;发表论文119篇;获得国家授权专利186件,其中,发明专利19件。

【应用研究与高技术研究】 蒿柳—丛枝菌根修复多环芳烃污染土壤的协同强化机制研究,获批山东省自然科学基金重点项目,科研经费27万元。

【科技创新平台建设】 2020年,学校通过建设十大跨学科平台和十大专业群,对接地方行业产业经济,开展应用型研究。组建与地方经济相适应、与企业行业共建的研究机构牡丹研究院、药物研究院、先进动力技术研究院等,应用型科学研究得到了长足发展。全年学校平台建设经费350万元,划拨各平台财务账户。对接山东省新旧动能转换和菏泽7大主导产业,2020年,获批山东省工程实验室以1个(山东省智能制造与机电研发工程实验室)、山东省工程研究中心1个(山东省脑心精准医疗与应用技术工程研究中心)、山东省高等学校优秀青年创新团队发展计划1项,化学工程与工艺和生物工程两个专业入选山东省高水平应用型专业群建设。推进牡丹研究院、环境与新能源研究院、菏泽文化研究院冲击国家级、省部级平台;推进中国牡丹应用技术研究院、非物质文化遗产研究院、黄河研究院的建设。菏泽学院药物研究院成立,对研究院实验室、平台整合调研;调研对接尧舜牡丹、菏泽市中医医院、鲁南药物研究院,与菏泽市中医医院、鲁南药物研究院、尧舜牡丹公司签订合作协议。

【科技人才培养与队伍建设】 2020年,学校新增博士研究生导师6人,博士研究生导师共9人,新增硕士研究生导师3人,硕士生导师共有36人;新增在读联合培养硕士7人,共有在读硕士生15人。贯彻落实《山东省关于加强省内教育扶贫协作的指导意见》,主动开展做好协作对接工作。推进落实省教育厅和菏泽市共建菏泽学院协议,不断深化省内六所重点高校对口帮扶工作,主动对接,将帮扶工作项目化、具体化,推进学校内涵建设和高质量发展。与菏泽市委、市政府联合行文出台《关于菏泽学院与菏泽市校城融合的意见》;制定《菏泽学院深化产教融合服务新旧动能转换实施方案》;菏泽市与山东省教育厅签署《共建菏泽学院协议书》,促进菏泽学院走产教融合、校企合作办学之路。校地互动机制取得阶段性成果。对口帮扶乡镇的经济发展,大力推广农业新品种、新技术、新方法。有针对性地组织扶贫特派员队伍,服务群众的大田种植、设施大棚、特色养殖、葡萄栽培、农产品网络销售等需求。开展科技培训、教师培训,培训农业科技5000人次,培训菏泽市中小学校长、教师45万人次。

【学术交流】 2020年,邀请专家学者到校开展学术报告30余场次。受疫情影响,使用互联网直播的方式,举办了《文明交流、互鉴与全球化视域下的国别与区域史研究暨山东省世界史专业委员会第十一届年会会议(2020)》等在线学术会议。鼓励教师外出学习、进修、参加高水平学术会议,开拓思路、扩展视野,提高教师的业务素质及科研水平,学校教师参加各级各类学术会议100余人次。

(菏泽学院 刘 学)

科研院所科技发展

KEYAN YUANSUO KEJI FAZHAN

中国科学院海洋研究所

【概述】 中国科学院海洋研究所（以下简称海洋所）始建于1950年8月1日，是从事海洋科学基础研究与应用基础研究、高新技术研发的综合性海洋科研机构，是国际海洋科学领域具有重要影响的研究所。

【科研重点与计划】 2020年，海洋所紧密围绕习近平总书记"四个率先"要求，坚持面向海洋科技国际前沿、国家战略需求和国民经济主战场，按照"陆海统筹、近海大洋统筹、科学与技术统筹、科学与社会发展统筹"的发展思路，积极推进海洋大科学研究中心建设，深入实施"一四四"规划，克服新冠疫情影响，致力于综合性海洋科学基础研究和技术研发，立足近海环境演变与生物资源可持续利用的理论创新与关键技术的综合交叉与系统集成，拓展深海环境与战略性资源探索的先导性研究，重点在海洋生物资源认知创新、技术突破与绿色发展，中国近海生态系统演变机制与生态灾害防控，热带西太平洋环流变异及其对气候、环境的影响，深海极端环境探测和生命过程研究方面取得重大突破，同时重点培育西太平洋地质演化及其资源环境效应、海洋生物整合组学创新与应用、海洋生物多样性与系统进化、海洋环境腐蚀与生物污损控制技术等学科方向。

【基础研究】 2020年，海洋所首次定量化揭示热带大气季节内振荡（MJO）引起的海洋次表层环流变异规律和动力学机制；海洋所发布5个以"中科院海洋所"命名的深海新物种，分别为海洋所紫柳珊瑚（新种）、海洋所镖毛鳞虫（新种）、海洋所三歧海牛（新种）、海洋所异胸虾（新种）、海洋所长茎海绵（新种）；海洋所对南极磷虾大尺度时空变动提出新观点，南大洋食物网的关键物种——南极磷虾通过新的避难所对南大洋主要栖息地快速升温和海冰减少呈现一定的恢复力。

Science子刊Science Advances在线发表海洋所在全球海洋环流与气候变化方面的最新研究成果，该成果为海洋所与美国斯克利普斯海洋所、美国国家大气海洋管理局太平洋海洋环境实验室和澳大利亚联邦科学与工业研究组织共同研发完成，成果首次揭示了全球平均海洋环流在过去20多年以来的加速现象，阐明了海洋环流加速的能量来源、物理机制以及人类温室气体排放在其中的重要作用；美国气象学会《物理海洋学报》在线发表了海洋所与印尼科学院海洋研究中心在哈马黑拉海取得的最新研究成果，揭示了基于哈马黑拉海潜标观测时间序列的贾伊洛洛海峡全水深海流垂向结构与季节变率；国际地学刊物《第四纪科学评论》（Quaternary Science Reviews, Top 5%）在线发表了海洋所与法国巴黎南大学、美国路易斯安那州立大学、韩国海洋科学技术院、自然资源部第一海洋研究所、山东理工大学等单位合作，在西太平洋暖池的全球碳循环效应研究方面的最新研究成果，从地球系统多圈层相互作用角度全面有效地证实了第四纪冰期低海平面阶段研究区在全球碳循环中的重要"汇"作用；国际地学期刊Chemical Geology在线刊发了海洋所最新研究成果，首次揭示了西太平洋卡洛琳脊是一个火山活动形成的洋底高原，综合年代学和地球化学分析结果显示，卡洛琳洋底高原和东部海山链系统形成于同一个来自下地幔的地幔柱；《深海研究》在线发表了海洋所最新成果，发现深海软体动物马蹄螺科一新属两新种；国际生物学权威期刊ISME J刊发海洋所关于深海冷泉环境细菌氧化硫代硫酸钠形成单质硫新型途径的研究成果，为解释我国南海冷泉喷口广泛分布硫单质的成因提供了重要理论依据；美国《地球物理研究杂志：海洋》刊发海洋所与印尼科学院海洋研究中心合作完成的萨武海峡潜标观测最新进展，研究首次基于潜标观测的时间序列，刻画了萨武海峡海流的垂直结构，发现其为上、中、下三层不同方向的"三明治"结构；Science Bulletin（《科学通报》）刊发了海洋所研究新发现，约5300万年前，印度板块和澳大利亚板块几乎同时与欧亚板块发生硬碰撞，在形成青藏高原的同时，引发了太平洋板块向西北俯冲；Cell子刊刊发海洋大科学中心鱼类异型染色体融合起源研究新进展，在国际上率先完成了条石鲷雌、雄染色体水平基因组组装、注释、雌雄基因组比较工作，获得了条石鲷雌、雄个体染色体水平的高质量基因组；Cell子刊iScience在线发表了海洋所在深海无脊椎动物化能营养共生体的维持和互作机制研究方面的最新成果，与化能菌形成共生体是无脊椎动物适应深海热液／冷泉特殊生境的重要生态策略。

【应用与高技术研究】 2020年，海洋所首次发现近海环境中存在多种药物活性化合物，探明我国海洋环境中PhACs的赋存行为、来源、迁移、毒理及生态危害等对PhACs的使用、管理和污染防治十分重要；腐蚀领域Top期刊 Corrosion Science 和材料化学领域Top期刊 Journal of Materials Chemistry C 发表海洋所在光致阴极保护和光催化降解有机污染物方面的最新研究成果，该成果进一步丰富了表征光电极光致阴极保护性能的研究测试手段，并为深入理解光致阴极保护性能和稳定性提供了重要理论依据；海洋所科学家首次在深海热液区倒置湖中发现超高温气态水存在，RiP高温热液拉曼光谱探针成功突破了普通光学镜头不耐高温和防颗粒附着性能差等技术难题，为深海热液高温流体地球化学性质研究提供了首个多参数原位光学探测传感器，为研究热液流体对海洋环境和全球变化的影响提供了一种新方法；海洋所主持的鳌山科技创新计划项目"近海生态灾害发生机理与防控策略"在青岛完成结题验收，项目于2016年正式启动，由中国科学院海洋研究所、中国海洋大学、国家海洋局一所、中国科学院烟台海岸带研究所、青岛海大生物集团有限公司、黄海水产研究所、淮海工学院、江苏省海洋水产研究所、天津大学等九家单位共同承担项目研究任务；海洋所基于大数据的人工智能海洋学预报研究取得原创性成果，在国际上首次研发了以卫星遥感大数据驱动的针对海气系统中复杂海洋现象的人工智能预报模型，并在针对热带不稳定波相关的海表温度时空演变预报方面取得重要进展；黄、东海浮标观测站作为中国科学院近海海洋观测研究网络的核心观测体系，多年来积累了海量长序列定点观测数据，为中国近海生态系统演变机制与生态灾害防范、西太平洋环流变异及其对气候环境的影响等提供有效的数据支撑，在台风监测方面，黄、东海浮标观测站更是在不断地刷新台风定点实时观测的数据量，黄、东海浮标观测站完整记录台风"黑格比"实时观测数据，共计10套浮标观测系统和2套自动气象站完整地记录了全过程实时观测数据，黄、东海浮标观测站成功捕获台风"巴威"和"美莎克"实时观测数据，分别共计7套浮标观测系统和2套自动气象站先后获取到相关实时观测数据，这些浮标观测数据均实时与青岛市气象局、日照市气象局和合作共建等的养殖企业共享，为黄海沿岸地区气象预报和防台减灾预报等提供有力数据支撑；海洋所在鱼类复杂性状快速适应性进化遗传机制研究方面获新进展；国际学术期刊 Molecular Biology and Evolution（分子生物学与进化1区，5年 IF 13.401）在线发表了海洋所关于鱼类快速适应淡水生境的遗传学机制研究最新成果。

【科研成果及转化】 2020年，海洋所在严格做好疫情防控保障职工健康的同时，努力克服疫情影响，科研工作继续保持良好发展态势，承担重大科研任务取得新突破。中科院B类先导科技专项"印太交汇区海洋物质能量中心形成演化过程与机制"启动实施；获批国家自然科学基金项目75项（包括重大项目1项），总经费超过1亿元，创历史新高；获批国家重点研发计划项目1项，中科院STS项目1项，山东省自然科学基金33项；作为第一完成单位荣获各类科技奖项11项，新增申请专利200件，授权专利102件，发表高质量论文570篇；研发设备、新产品（制品）3个；修订国家标准1项，编制地方、企业标准2项。

聚焦区域重大产业需求，研发推广产业关键共性技术，围绕区域产业发展需求，"立足山东，两翼并举"，与辽宁、天津、山东、江苏、浙江、福建、广东等地企业开展项目合作，推动产业升级和经济、社会、可持续发展。与地方企业新签订产业类技术合作项目139项，合同额11054万元；集成并示范推广现代海洋农业技术5万余亩；直接在产业一线工作的高层次人才60余人，引进和培养硕士以上海洋高层次人才40余人，带动就业人数100余人；培育海洋科技型企业和创新机构3家；为120余家企业提供了技术服务，有效推动了产业提质增效和升级发展。

培育的凡纳滨对虾"科海1号""广泰1号"打破了我国凡纳滨对虾长期依赖进口苗种的局面，在环渤海地区开展了示范推广，凡纳滨对虾"科海1号"新品种成果以许可使用方式成功转化；成功选育培育水产新品种长牡蛎"海蛎1号"，是农业农村部公布的2020年审定通过的14个水产新品种之一，牡蛎海蛎1号新品种许可使用的转化已达成合作意向；构筑了具有优异腐蚀防护性能的超疏水／超双疏防腐涂层，推广了复层矿脂包覆防腐蚀技术、氧化聚合型包覆防腐蚀技术，在文昌发射场信号塔、上海洋山港深水码头、大连北良港等现场完成腐蚀防护技术的示范应用13000余平方米；一种小分子标记探针及其应用等专利成功实现转让；依托海洋所和烟台海岸带研究所开展互花米草治理业务，与青岛西海岸、东营、乳山等地进行初步洽谈，并达成合作治理意向；围绕科技成果转化、科技金融服务等，与海尔集团（青岛）金融控股有限公司、挪威企业协会等签订战略合作协议；围绕海水淡化相关技术，标准化建设等与青岛水务海水淡化科技公司洽达成合作意向；聚焦"海上粮仓"建设重大战略，结合地方区域优势特色资源，建设乳山牡蛎研究院，已完成研究院注册；基本完成威海海洋先进技术研究院选址，开展了前期预研工作；与烟台市发改委核电办共同建设中科海洋新兴产业研究院有限公司，在新能源特别是核电领域开展合作；积极打造全省海洋产业技术创新联盟，与好当家集团等100余家企业、中国海洋大学等高校、省海洋化工科学研究院等研究机构、青岛农商行等金融部门、烟台上禾等中介服务机构、蓝杉知本等知识产权运营机构达成共同打造联盟的意向；海洋所与唐山海洋牧场在唐山国际旅游岛海域开展大规模海草床修复工作，一次性播种海草种子100万粒，是国内目前最大规模海草种子种植工程。

【科研平台建设】 2020年，海洋所不断加强创新平台建设，提升创新平台领域布局，高质量完成中国科学院海洋大科学研究中心筹建任务，中国科学院海洋牧场工程实验室批复成立并揭牌，海洋大数据中心获批中国科学院海洋科学数据中心和山东省大数据发展创新实验室，山东省海洋腐蚀防护技术创新中心、2个青岛市工程研究中心、2个青岛市技术创新中心获批成立，山东省实验生物学重点实验室获批筹建。长江口生态站正式投入使用，黄、东海浮标观测站进一步拓展对水体和海底的观测能力，实现四站四网协同观测。

中国科学院海洋大科学研究中心 中心以新发展理念为指引，创新体制机制和组织模式，开展全链条大团队协同攻关。中心坚持平台思维，建立"四统一""三统筹""双闭环"机制，高效运行"四所十船三码头"科考船队；系统构建"四站四网"空天海地一体化观测网络；打造形成"南北双核、五地七所"的海洋大型仪器区域共享体系；谋划建设海洋生态系统模拟设施、海洋人工智能与大数据中心等先进平台。中心集聚优势团队，策划争取重大项目，自主部署攻关项目，聚焦近海环境、深海大洋和海洋生命，布局三个核心研究方向，产出一批标志性重大原创成果。中心扎实推进高水平海洋科技智库建设，深入开展海洋领域战略研究，编制中国科学院和海洋大科学研究中心面向2035年中长期发展规划战略研究报告，参与了科技部和基金委面向2035年的海洋领域科技发展战略研究报告，以及《山东海洋强省建设行动方案》《青岛市新旧动能转换"海洋攻势"作战方案（2019—2022年）》《青岛市科技引领城建设攻势作战方案（2019—2022年）》等区域规划编制工作。积极组织开展重大问题咨询研究，围绕海洋牧场发展、环境污染防控、海洋环境监测等重大问题，撰写6篇战略咨询报告并获党和国家领导人批示，近海健康评估案例入选第74、75届联合国大会可持续发展峰会《地球大数据支撑可持续发展目标报告》，为国家宏观决策提供了重要科学依据。

国家海洋腐蚀防护工程技术研究中心 中心针对海洋环境中的腐蚀与生物污损问题，开展了海洋污损生物腐蚀的关键过程、机理和防护技术研究，不同海洋环境因子对腐蚀作用的过程和机理研究，以及海洋腐蚀防护与监检测技术开发与应用研究，取得了一系列基础研究成果和关键防护技术突破，获授NACE国际评选出的杰出机构奖（Distinguished Organization Award）。2020年，中心共承担国家重点研发计划项目等各类科研项目98项，年度新增31项；在 Corrosion Science、Applied Catalysis B-Environmental 等期刊发表SCI研究论文60篇，其中1区论文占比53.3%，发表核心论文15篇，获授权专利18件，申请及公开专利30件；完成腐蚀防护技术的示范应用13000余平方米。此外，获两项山东省科学技术奖二等奖，山东省海洋科技创新奖、海洋科学技术奖二等奖及青岛市科学技术进步奖二等奖等科技奖励。

海洋生态养殖技术国家地方联合工程实验室 该实验室建立基因模块辅助选育技术，育成高糖原长牡蛎新品种"海蛎1号"，示范带动我国牡蛎产业整体从产量效益型向质量效益型转变；育成适合烫菜加工的高产、优质海带新品种"杂交海带E25"，提高了烫菜海带产量及出成率。在黄河三角洲建成智慧渔业示范园区，综合运用传感器、云视频、物联网、大数据、人工智能等前沿技术，对水产育苗、养殖、尾水处理等全过程进行实时、动态、全方位的信息采集、大数据处理、监控、评估、预警和智能化管理。在病害防控方面，在对虾中鉴定到一株携带priAB质粒的欧文氏弧菌，可引起对虾的急性肝胰腺坏死病症；基因组测序发现该质粒在转座酶Tn903作用下发生了重排，提出该致病因子编码质粒可在不同弧菌中发生转移。首次发现触角腺也是WSSV侵染宿主的重要途径。首次系统鉴定了对虾的30多个抗菌肽Crustin基因，发现了两种新的类型和两种新的亚型，具有分布模式和功能的多样性；发现Crustin不但具有直接杀灭病原的作用，也可以通过调控肠道、鳃等组织内的微生物平衡来抵御病原感染。在高值化加工利用方面，基于雨生红球藻植物工厂的虾青素生产技术方法取得新进展，发现除强光高温等胁迫条件外，弱光条件下外源甘油也可通过增加底物的形成直接促进虾青素的生成。

海洋生物制品开发技术国家地方联合工程研究中心 建立了海洋生物制品研发平台和绿色生产示范基地，为我国构建海洋生物资源为基础的海洋生物制品开发体系提供理论与技术支撑。2020年，制定《壳寡糖》轻工行业标准1项，《壳寡糖类混合型饲料添加剂》团体标准1项；开发新型海洋生物杀线剂、植物抗旱诱导剂、水母活性肽、海藻天然色素、贝壳环境修复材料、海藻功能饮料、新型壳聚糖酶等新型海洋生物制品十余个。研究成功虾蟹壳直接生物炼制法制备甲壳素技术，获得了高品质的甲壳素产品，该技术可替代现有污染严重的化学法生产，实现甲壳素绿色生产

中国科学院海洋牧场工程实验室 跟踪了文蛤养殖群体生长动态，开展了文蛤弧菌抗性选育；监测了刺参新品种"东科1号"的经济性状，开展了多刺刺参品系累代选育。调查了海洋牧场选址以及建设所需的设备需求；完善了自主研制系列海洋牧场生态监测传感装备，开展了海珍品捕捞机器人系统集成与实验。调查了海洋牧场环境监测系统需求，开展了海洋牧场捕捞机器人的设计论证；完成了海床基垂直剖面海洋要素监测系统的研制，实时监测水温、盐度、叶绿素

和溶解氧等定点垂直剖面海洋要素。开发了渤黄东海三维温、盐、流场四维变分同化业务化数值预报模式，研究了长江口邻近海域夏季河口及海洋营养盐输入对赤潮的不同作用以及赤潮主要藻种东海原甲藻营养细胞溯源；探究了微塑料、种内竞争、神经肽等内外影响因子对刺参运动、摄食行为的影响机制。开展了条斑紫菜的岸基养殖试验，选育了针对特异基因敲降的条斑紫菜藻株；调查了黄渤东海海草床分布现状及渔业资源特征，发现了鳗草叶鞘理化参数可作为指示海草床生态状况的新指标；优化提升了海草种子保存技术，首次进行了大规模海草种子种植工程。监测了长江口渔业资源及生态环境动态，开展了数据缺乏情况下中国近海渔业资源评估工作；优化了硬壳蛤、中国蛤蜊和脉红螺苗种繁育及增养殖技术，进行了产业化推广。调查了多种海参肠道微生物多样性，选育了功能性肠道微生物，调查了黄渤海滩涂生态农牧场生物资源，提出了大天鹅的遥感监测方法，确定了以海洋多糖为主、海洋功能蛋白为副的精深加工突破方向。

  海洋所海洋大数据中心 2020年，该中心获批中国科学院海洋科学数据中心和山东省大数据发展创新实验室。升级建设人工智能与大数据基础设施：开展硬件资源平台升级建设，云计算服务器新增16个云计算节点，1024个CPU核心；GPU计算服务器新增16个GPU卡，形成24个节点GPU池；分布式存储新增400TB存储能力，总容量达到2PB；安装部署分布式计算和支持人工智能训练和推理的开发环境，有效提升了数据与计算平台服务能力。持续进行海洋大数据资源池建设：建立常态化的数据汇聚、管理流程，新汇聚航次数据、近海观测网络黄东海站浮标观测数据2TB；海岸带野外台站、监测站点、遥感等数据10TB；国际共享数据3TB、重大科研项目数据等2TB；数据资源增量17TB。研制6套高水平海洋环境变化数据产品并开放共享。研制包括全球海洋温度、盐度、热含量、层结、海表二氧化碳分压数据产品和中国海海气通量数据产品，该数据产品已公开共享并得到了广泛应用，有效提升了数据中心数据服务能力。升级建设新一代数据服务门户平台（msdc.qdio.ac.cn），完善数据检索、数据共享、数据集发布、计算应用服务，新研发DOI/CSTR数据注册服务。年度数据库访问超过2万次，支撑科研项目20余个；年度共享数据量231.2GB，数据记录超过1000万条；注册数据集DOI、CSTR科学标识400余条。建设海洋领域云平台，集成数据和软件工具库，打通数据、计算、算法、应用全流程，提供一站式在线数据分析；面向科学研究、政府决策、企业需求，提供海洋人工智能与大数据应用开发等支撑服务。围绕数据管理、产品研发、可视化决策支持三方面，提供数据与计算相关的系统性解决方案。升级建设CASEarth-Ocean2.0可视化决策支持系统，打通数据平台、计算平台、可视化平台通路，完成全球海洋环境变化、ENSO预报、福建省沿海漫堤预警、海洋牧场监测预警等不同尺度、不同应用方向的平台系统研发。开展海洋大数据人工智能样本库建设、海洋大数据稀疏价值信息深度挖掘研究、水下目标智能识别技术研发。基于深度学习的海洋信息挖掘，特别是像素级图像分类与对象级目标检测进行深入剖析和阐述，提出适合于海洋遥感影像的深度学习模型，在内波提取、海岸带水淹区域制图、全球中尺度涡检测等八个典型应用上进行性能验证。

  【**科技人才培养**】 2020年，海洋所人才工作迈上新台阶，多人入选国家、中国科学院和山东省人才项目：获批青年人才计划1人，引进中国科学院人才计划B类4人；1人入选山东省泰山学者"攀登计划"，1人入选"泰山产业领军人才"，5人入选泰山学者"青年专家"，9人入选中国科学院人才项目。海洋所加大青年人才培养力度，继续实施"研究组副组长"和"汇泉青年学者"人才计划。截至2020年底，海洋所在职职工706人，其中专业技术人员644人。拥有中国科学院院士2人、中国工程院院士1人。国家杰出青年基金获得者7人，国家优秀青年基金获得者6人，中国科学院"百人计划"学者27人，山东省泰山学者"攀登计划"4人、"泰山产业领军人才"1人，泰山学者"特聘专家"14人、泰山学者"青年专家"11人。年内新进站博士后55人，出站35人。17人获中国博士后科学基金项目资助，4人获山东省博士后基金项目资助。

  海洋所是国务院学位委员会首批批准的博士、硕士学位授予单位和中国科学院博士研究生重点培养基地，具有博士研究生导师审定权。现有博士研究生导师89人，其中1人次获得中科院院长特别奖导师奖。2020年在读研究生597人，其中博士265人，硕士332人。有116人次分别获得中国科学院大学三好学生（92人次）、优秀学生干部（12人次）、三好学生标兵（6人次）以及优秀毕业生（6人次）；28人次分别获得国家奖学金（14人次）、中国科学院优秀博士学位论文奖（1人次）、中国科学院院长奖（3人次）、地奥奖学金（2人次）、刘瑞玉海洋科学奖（8人次）等奖励；研究生出国交流9人次（国家留学基金委公派联合培养研究生项目8人次、国科大公派联合培养研究生项目1人次）。2020年，毕业博士研究生94人，就业率95%，其中，读博后34人，派遣55人。毕业硕士研究生58人，就业率95%，其中升学15人，派遣16人，回生源地灵活就业20人，缓派4人。

  【**国际合作与交流**】 2020年，海洋所加强国际交流云端会晤，克服疫情影响，线上组织参加中葡、POGO等战略研讨会，WESTPAC区域对话，金砖国家会议等国际会议。与澳门大学签订共建海洋环境与工程联合实验室合作备忘录，与香港大学签订共建海洋生态与环境科学联合实验室合作备忘录。首次承担重要海洋国际组织－全球海洋观测伙伴关系（POGO）印太区域办公室工作，对接国际海委会（IOC）西太分会（WESTPAC），推进"印太交汇区多圈层相互作用"国际大科学计划的实施。承办2020东亚海洋合作平台青岛论坛——国际健康海洋高端论坛，《自然》杂志全球发行海洋所专刊5.5万册。获批各类国际合作项目及国际人才计划11项，总经费1100万元。

（中国科学院海洋研究所　付　佳）

中国科学院青岛生物能源与过程研究所

【概述】 中国科学院青岛生物能源与过程研究所（以下简称青岛能源所）是由中国科学院、山东省人民政府、青岛市人民政府三方共建并纳入中国科学院"知识创新工程"管理序列的国立科研机构。2006年7月开始筹备建设，2009年11月通过共建三方验收，2011年8月中国科学院与青岛市人民政府签署建设研究所"二期"协议。2017年3月青岛能源所与大连化物所融合发展全面启动，10月中国科学院批准依托大连化物所、青岛能源所等单位，筹建中国科学院洁净能源创新研究院。2019年6月中科院、山东省、青岛市签署共建协议，以青岛能源所为依托筹建山东能源研究院，2020年1月山东能源研究院正式成立，11月在青岛开工奠基，标志着研究院一期建设正式动工开建。青岛能源所坚持创新驱动与需求牵引相结合、原始创新与集成创新并重，聚焦新能源与先进储能，兼顾新生物和新材料领域，开展战略性、基础性、前瞻性和系统集成重大创新研究，突破领域前沿科学难题和核心关键技术，提供重大创新成果和系统解决方案，在满足国家和区域重大需求方面发挥不可替代作用，不断为国家和区域经济社会发展作出重大贡献。

【科研创新平台】 2020年，青岛能源所共建有中科院生物燃料重点实验室、中科院生物基材料重点实验室、山东省合成生物技术创新中心、山东省能源生物遗传资源重点实验室等18个省部级平台以及1个国家级技术转移示范机构。

【科技人才培养】 2020年，青岛能源所共有在职职工580人，其中科技人员490人，科技支撑人员46人，包括研究员及正高级工程技术人员56人，副研究员及高级工程技术人员179人；全所进入创新岗位297人。共有国家海外高层次人才引进计划入选者7人；国家杰出青年科学基金3人，国家优秀青年科学基金3人，国家级人才计划5人（新增1人）；中国科学院人才计划入选者46人；山东省人才计划入选者32人。青岛能源所现设有生物学、材料科学与工程、化学工程与技术、材料与化工工程等4个一级学科博士培养点，微生物学、生物化学与分子生物学、材料物理与化学、材料学、化学工程、生物化工、材料与化工、生物与医药等9个硕士研究生培养点，设有生物学、化学工程与技术两个专业一级学科博士后流动站，共有在学研究生206人（其中硕士生91人、博士生115人）、在站博士后89人，留学生19人。

【科研项目】 2020年，青岛能源所共有在研纵向项目593项（包括新增项目110项）。其中，主持国家重点研发计划项目3项，课题5项（新增1项）；承担国家自然科学基金重点项目1项（新增1项）、面上项目66项（新增10项）、国家杰出青年科学基金项目2项、国家优秀青年科学基金项目3项、国家自然科学基金联合基金项目3项（新增1项）、国家自然科学基金国际组织间合作研究项目3项；新增主持国家自然科学基金委重大科研仪器研制项目1项；主持中国科学院战略性先导科技专项课题1项，承担子课题8项（新增3项）；主持中国科学院战略性先导科技专项项目2项，含子课题9项（新增3项）；主持中国科学院STS项目5项、院前沿科学重点研究项目1项、院科研装备研究项目2项、院固定资产投资项目1项；承担山东省自然科学基金重大基础研究项目17项（新增2项）、山东省自然科学基金重点项目7项（新增6项）、山东省自然科学基金杰青项目6项（新增1项）；承担山东省重大科技创新工程8项（新增1项）。

【科研成果】 2020年，青岛能源所发表科研论文415篇，其中389篇（94%）发表在SCI期刊上，186篇（IF>5，44.8%）发表在 Nat. Commun、JACS、Angew. Chem. Int. Ed、Advanced Materials 等Top 10期刊上，自然指数全院排名29位。全年申请专利270件，专利授权108件（发明91件，实用新型16件，外观设计1件，国外专利1件），获青岛市科学技术进步奖二等奖1项，作为参与单位获山东省科学技术进步奖一等奖1项，申报2021年度国家科学技术奖1项。积极服务地方经济发展,二代生物柴油、微藻甘油葡糖苷、雨生红球藻产虾青素等项目完成产业化示范;10 余个项目完成中试放大验证。与浪潮集团、兖矿集团等一批龙头企业签署战略合作协议,建设产业技术创新中心。40 万吨/年煤制乙醇项目等 2 项重大项目落地山东。新增横向经费合同额 5139.5 万元,到位经费 3567 万元,比 2019 年增长 30%。与泰国科学技术研究所签署机构间合作协议、与西澳大利亚大学续签合作协议;组织"第二届中－日新能源车用动力电池论坛"、首届青岛能源所－泰国科学技术研究所"生物技术双边研讨会"等双边高端学术论坛;受邀出席并代表中方在中德科技合作论坛、全球生物经济峰会等高级别国际会议上作报告。

（中国科学院青岛生物能源与过程研究所　陈　震　阎星橙　李　兴　丁　娜）

中国科学院烟台海岸带研究所

【概述】 2020 年,中国科学院烟台海岸带研究所(以下简称烟台海岸带所)贯彻落实院党组重大决策部署,在中国科学院"创新 2020"收官之年,聚焦海岸带环境安全、生物资源保育与利用、可持续发展管理三大特色领域,顺利实现"一三五"规划目标,科研项目合同额继续破亿元;坚持完善人事人才制度、加强人才工作组织,人才发展环境得到持续优化,研究生培养继续保持优势发展;坚持加强平台建设,助力科研能力提升与重大成果产出。新获山东省专利大户荣誉,入选烟台市"十佳驻烟单位"。

【科研重点与成果】 2020 年,烟台海岸带所深入推进两所融合和海洋大科学中心建设。通过深化项目融合、人才融合、管理融合、平台融合,形成了与海洋所优势互补、协同发展的工作格局,科研创新能力、学术影响力得到进一步提升。聚焦核心能力、重大布局、重点任务、队伍建设,全面参与海洋大科学中心建设,确保海洋大科学中心以优异成绩通过筹建阶段验收。全年发表 SCI 论文 347 篇(其中 Nature Sustainability 2 篇),近十年 SCI 论文篇均被引频次达 20.93;继环境与生态、化学之后,动植物科学进入 ESI 前 1% 行列;申请专利 59 件,授权专利 78 件,软件登记 10 件,获山东省专利大户和省级技术转移服务机构;获省部级、国家学会级科技奖励 6 项;瞄准国家海洋强国战略和海岸带生态文明建设需求,争取国家重点研发计划、基础性工作专项、中科院先导专项、省市科技发展计划等科研任务,全年新增各类科研项目 171 项,合同金额 12748 万元,其中横向项目合同金额 2342.38 万元,创历史新高。

海岸带生态环境安全 烟台海岸带所在生态环境安全领域获环境技术进步奖二等奖 1 项、环境保护科学技术奖二等奖 1 项。参与渤海综合治理攻坚战,主持承担科技部、中科院重点支持项目"黄河三角洲主要经济作物提质增效技术集成研究与示范";围绕黄河三角洲生态保护,与地方联合承担的互花米草治理项目引起国家、中科院、山东省高度重视,开展健康滨海湿地构建关键技术示范,在黄河三角洲国家级自然保护区等修复退化湿地 1.5 万亩;在海岸带污染过程及机制研究领域取得重要进展,研究成果"人为因素对中国潮间带多环芳烃分布的影响"(Human impacts on polycyclic aromatic hydrocarbon distribution in Chinese intertidal zones)发表在《自然·可持续性》(Nature Sustainability)上。

生物资源保育与利用 烟台海岸带所探究生物起源、进化及演替特征,解析多重抗逆机制;突破生物资源绿色加工利用关键技术,瞄准海岸带生物产业绿色发展与转型升级需求,研发功能食品、医用材料、益生饲料、日化用品、高端海藻肥、多功能微生物菌剂等海岸带生物制品,稳步推动生物产业技术转化;全力推进"专利许可带动全面技术合作",年内专利实施许可 11 件,转让 2 件。项目"面向海岸带特色生物资源养护的海洋监测设备、数据系统及服务模式创新与示范"获海洋科学技术奖一等奖、"导电矿物对环渤海河流及湿地甲烷产生的影响及机制"获海洋工程科学技术奖一等奖、"海洋植物源内生真菌活性物质研究"获山东省自然科学奖二等奖、"黄河三角洲盐碱地菊芋生态高值产业链构建关键技术"获山东省技术发明奖三等奖。

可持续发展管理 烟台海岸带所发挥科技创新智库作用,积极建言献策,规划、咨询及民生建言方面形成特色。2020 年度 10 余项咨询建议被省部级及以上部门采纳。提出的《推进黄河三角洲湿地生态修复长效化开展》建议被九三学社中央采纳,报送全国政协和中央统战部,获得生态环境部主要领导批示;《打好"渤海综合治理攻坚战"中要严格控制船舶污染的建议》被全国政协采用,并转送中央和国家有关部门;《建议加强我国海洋安全生产监管与能力建设》被民进中央采用、报全国政协。

【科研平台建设】 2020年，烟台海岸带所推动平台建设和高效开放共享，科考船、滨海湿地生态站等野外观测网纳入海洋大科学中心统一开发共享；共建中科院烟台产业技术创新与育成中心，完成产业园区整体装修改造，积极组织科技对接交流，完善内部管理机制；完善台站科研基础设施，建成黄河口盐碱地及滩涂农业观测监测平台并开展数据采集，新增温度链、溶解氧链实时遥测系统，为近海季节性低氧灾害预警预报提供支撑；建设海岸带科研大数据综合支撑平台并加入共享网络；信息化工作保持全院A类，被评为中科院新一代ARP系统数据质量提升工作优秀单位；YIC-IR在2020年全球知识库排行榜中排名中国大陆第六；与海洋科技试点国家实验室、烟台市海洋发展与渔业局签订合作协议，形成区域数据共享与合作机制；积极推动仪器设备资源的共享共用，入选烟台市首批公共技术服务平台。

【科技人才培养】 2020年，烟台海岸带所推动绩效工资改革，实施全员岗位绩效工资制度，初步构建"全链条"人才发展支持体系。实施了岗位绩效工资，优化了绩效分配方式，完善了高层次人才协议薪酬管理办法，建立了较为系统的薪酬体系。完善岗位管理实施细则，优化了各等级岗位的条件设置，设立成果转移转化岗位，促进成果转移转化和重大成果产出。针对40周岁以下优秀青年人才，实施了研究组副组长制度，以加强青年人才培养，保障研究组稳定持续发展。通过地方科技部门拓展人才项目申报渠道，加强项目的申报和评审指导，提升项目申报的成功率。2020年，引进海内外优秀青年人才3人、外籍青年人才2人；1人入选国家级人才计划青年拔尖人才，2人入选院人才计划青年项目，2人加入院青年创新促进会，1人入选山东省泰山学者攀登计划，4人入选山东省泰山学者青年专家计划，2人入选烟台市双百计划。与山东省教育厅签订合作协议，获得单列硕士指标20名，联合培养博士生6名；设立专职辅导员，建立心理健康联络机制；全面推行学位论文全盲审制度；获中科院院长特别奖1人、优秀奖1人、院优博论文1人。

【科技合作与交流】 2020年，烟台海岸带所创新自主部署项目管理，引导社会资源加倍投入，促进成果转化。中科院烟台产业技术创新与育成中心已进驻3个项目，5种新产品成功发布上市，9个项目完成论证。发挥智库作用，主持和参与《山东省海岸带保护与利用规划》《山东省海岸线保护规划》等编制，承担中国工程科技发展战略山东研究院"长岛海洋生态文明综合试验区高质量发展战略与途径"咨询研究项目。在国际未来海岸（Future Earth Coast）框架下，与俄罗斯科学院应用物理研究所（RAS-IAP）、澳大利亚詹姆斯库克大学（JCU）、德国亥姆霍兹联合会海岸带研究所（HZG）、美国国家环保署（EPA）开展项目合作。

（中国科学院烟台海岸带研究所 杨少丽 王 德）

中国农业科学院烟草研究所

【概述】 中国农业科学院烟草研究所（以下简称烟草所）始建于1958年，1959年4月增名"山东省烟草研究所"，1987年经国家科委批准增挂"中国烟草总公司青州烟草研究所"牌子，受中国农业科学院、中国烟草总公司和山东省政府领导，主要开展烟草农业科学研究和成果转化工作。中国烟草遗传育种研究（北方）中心成立于1999年，为非独立法人科研事业机构，挂靠烟草所。烟草所下设4个职能部门、8个研究室（中心）、1个青州科技服务中心、1个《中国烟草科学》编辑部、1个实体公司（青岛农特生物科技有限责任公司）；建有19个国内创新平台和4个国际合作平台；青岛中烟种子有限责任公司、上海烟草集团有限责任公司原料研究一室等科技成果转化平台也设在烟草所。经过多年发展，烟草所已经成为学科齐全、专业人才集中、技术储备雄厚、优势突出、科技创新和成果转化水平较高的国家级烟草农业综合性研究机构。

【科研重点与计划】 2020年，烟草所以国家战略需求为导向，对标"四个面向"，加快重大理论创新和关键技术突破，聚焦"种子和耕地"两个要害，以实施国家重点研发计划和行业重大专项为重点，主要承担烟草遗传育种、栽培营养、植物保护、调制加工、生物技术、质量安全、植物功能成分、海洋农业等学科领域科研任务，在烟草功能基因组、病虫害绿色防控、低危害烟叶开发、"高香低害"品种选育、烟草功能成分综合利用等方面开展协同攻关。烟草所保存烟草种质资源6057份，居世界首位，参与构建了烟草全基因组图谱，建成了全球最大规模的烟草突变体材料库，构建了烟草全基因组模块化育种技术体系，初步建成烟草主要病虫害绿色防控模式并示范推广，基本实现烟草病虫害防治由化学防治为主向绿色防控为主的转变，建立了重金属消减技术体系、降焦关键技术体系和农药残留控制技术体系，开发了烟草主要功能成分提取及综合利用技术，提升了烟叶生产安全、烟叶质量安全及烟区生态安全，拓展了烟草的新功能、新用途和新产品。

【科研成果】 2020年，烟草所累计新增各类纵向项目45项，其中国家自然科学基金3项，中国烟草总公司重大专项项目11项，中国烟叶公司技改项目4项，山东省烟草专卖局项目7项，农业农村部部门预算项目4项。以第一单位发表学术论文140篇，其中发表SCI论文84篇，Top5 SCI论文9篇（影响因子>8或JCR排名第一3篇）；获得山东省科技进步奖三等奖1项、中国烟草总公司科技进步奖二等奖1项；通过审定烤烟新品种3个；获授权国家发明专利21件，实用新型专利15件，外观设计1件，软件著作权11件；出版著作3部；制定国家标准4项。

【基础研究】 2020年，烟草所的烟草及特种作物种质资源基础性工作稳步开展，新收集资源40份，新编目材料127份，繁种200份，构建了包含310份资源、首套基于基因组学的烟草核心种质库，建立了雪茄烟种质资源库，收集并种植野大豆、罗布麻等50余份滩涂耐盐植物种质资源。植物生长发育分子调控理论取得新进展，深入解析了植物多肽调控叶片衰老的分子机理，明确了植物有效调控细胞壁结构和性质的分子机制，开展了烟草腋芽、致香前体物质等重要功能基因调控解析。发现草地贪夜蛾防治新策略，Partitivirus病毒通过寄主转移可降低草地贪夜蛾生殖力。中国菰米酚类化合物及其生物活性研究取得新突破，明确了中国菰米总酚类化合物以及黄酮类、原花青素类的含量和抗氧化活性，为中国菰米在功能食品和保健品等领域的开发应用提供了研究基础。

【应用研究与高技术研究】

　　烟草全基因组分子模块育种技术 2020年，烟草所搭建烟草全基因组分子模块育种技术体系，推动烟草育种从"经验育种"向"精准育种"转变，实现烟草主栽品种从单一性状改良，到多性状聚合育种的飞跃，已培育多个优良性状聚合的新品系。烤烟新品种中烟207、中烟特香301和郁金香1号通过全国审定，获得中烟300、K326、云烟87抗赤星病定向改良稳定新品系，获得中烟100、云烟87兼抗TMV、PVY定向改良稳定新品系。育成了一系列雪茄烟新品系，经山东中烟雪茄制造中心评价，3个自育品系的质量指标接近或达到进口优质产区雪茄烟叶质量水平，为进一步培育中式雪茄产品奠定了基础。

　　烟草绿色防控技术 2020年，烟草所烟草绿色防控技术全面取得绿色防控理论层面、技术层面、应用层面和产业层面的突破。建立天敌昆虫立体防治烟草虫害、生防菌剂替代化学药剂防治烟草病害的技术体系，全国烟区亩均化学农药用量与2015年相比减少41.09%，基本实现了烟草病虫害防治由化学防治为主向绿色防控为主的转变。

　　黄淮烟区肥料减施增效技术 2020年，烟草所对黄淮烟区肥料减施增效技术模式进行持续优化，在山东诸城、临朐和沂水建立21个核心示范区，核心示范区较常规生产产量提高1.7%，氮磷钾肥表观利用率分别提高6.6、14.9和18.2个百分点，氮、磷、钾肥农学利用率分别提高36.4%、75.9%和78.2%。

　　农药污染物高效降解与转化利用技术 2020年，烟草所开发了新烟碱类杀虫剂高效光催化降解和选择性化学氧化技术，并解析了降解机理和毒性变化规律，相关技术可同步实现七种新烟碱类杀虫剂的可见光催化降解。

　　烟草功能成分综合利用技术 2020年，烟草所挖掘并创制了烟碱代谢关联分子标记挖掘及低烟碱材料，为烟草的多用途开发利用提供了关键材料基础。深入研究了烟草西柏三烯二醇对灰葡萄孢菌的抑制活性及其机制，挖掘了烟草内生真菌中医用、农用活性代谢产物，为生物农药、创新药物的研发提供了模板化合物。

【科研成果转化及产业化】 2020年，烟草所新增各类横向科研项目86项，烟草所自主研发的灵菌红素及其制备方法和用途专利成功转让；烟草所党政主要负责同志先后4次带领科技扶贫工作团队赴越西县开展科技扶贫工作，创新性开展了以党建引领科技扶贫持续推进的工作方式，《农民日报》先后两次系统宣传报道越西县脱贫攻坚成果和烟草所扎根大凉山助力脱贫攻坚的成效。2020年，烟草所被评为中国农业科学院脱贫攻坚与乡村振兴先进集体；烟草所所办公司以公司为第一单位申报专利1件，商标11个。公司作为烟草所科技成果转化平台，成功转化农田诱捕器、农药残留快速检测系统和病毒病快速检测试纸条共3项烟草所自有的科研成果。

【科研管理与体制改革】 2020年，烟草所认真落实体制机制改革工作部署，创新科研管理体制机制，强化产学研用一体化，推进"三创一体"团队建设，提高创新链整体效能；进一步推进绩效管理和薪酬分配改革，全面激发创新活力；深化内控机制建设和监督，推进全成本核算和科研经费管理改革；切实落实科研"放管服"政策，坚持问题导向，完善内部制度和现有信息化平台，优化工作流程，全面使用"数字农科院系统3.0"，构建网格化管理、精细化服务、信息化支撑、开放共享的现代院所管理服务平台。

【科研平台建设】 2020年，烟草所已建成22个不同领域、不同层次的创新平台，现有国家烟草改良中心、国家烟草中期库、国家农作物种质资源服务平台烟草种质资源子平台等3个国家级平台，农业农村部烟草生物学与加工重点实验室、农业农村部烟草产业产品质量监督检验测试中心、农业农村部烟草和香薰植物产品质量安全风险评估实验室（青岛）、烟草行业烟草基因资源利用重点实验室、烟草行业烟草病虫害监测与综合治理重点实验室、中国烟草遗传育种研究（北方）中心、中国烟草病虫害预测预报与综合防治中心、中国烟草原种繁殖基地、中国烟草种质资源平台、中国农业科学院烟草遗传改良与生物技术重点开放实验室、中国农业科学院烟草质量安全风险评估研究中心、中国农业科学院青岛烟草资源与环境野外科学观测试验站、中国农业科学院西昌烟草资源与环境野外科学观测试验站、中国农业科学院烟草工程技术研究中心、青岛市烟草减害工程技术研究中心15个省部级平台，中加烟草病虫害监测与综合治理联合实验室、中美植物衰老联合实验室、中英海洋生物资源高值化利用联合实验室及中美合成生物学联合实验室4个国际合作平台，为科技创新提供了学科齐全、覆盖领域广泛的平台支撑。

【科技人才培养与队伍建设】 2020年，烟草所先后组建成立了烟草遗传育种、烟草功能基因组、烟草栽培与调制、烟草质量安全风险评估、烟草功能成分与综合利用、烟草病虫害防控、滩涂生物资源保护与利用7支创新团队，截至2020年底，在职职工199人，其中专业技术人员183人。具有正高级职称专家32人、副高级职称专家70人，共占专技人员总数的56%；具有博士学位人员84人，硕士学位人员69人，共占专技人员总数的84%；45岁以下青年专家129人，占专技人员总数的70%。享受国务院政府特殊津贴专家12人，农业农村部突贡专家3人，烟草行业学科带头人2人，泰山学者青年专家1人，国家公益性行业专项首席科学家1人，中国农业科学院科技创新团队首席科学家7人，博士、硕士生导师72人，在站博士后14人，科研辅助人员66人，在读研究生139人。"青年英才计划"引进工程所级入选者1人，柔性引进高层次人才1人。新招聘职工14人，其中博士后出站人员3人，博士4人；新晋升正高2人，副高9人。进站9名博士后，出站5名博士后；新招收博硕研究生40人，培养出41人。2名研究生评获国家奖学金，1名研究生评获2020年"先正达"研究生奖学金。

【科技咨询与服务】 2020年，烟草所重点做好四川凉山州越西县科技帮扶工作。在新冠疫情突发的情况下，烟草所科技帮扶工作团队4次赴越西县开展科技扶贫工作。烟草栽培调制创新团队、科技管理处、成果转化处等部门通力配合，通过不同形式开展科技扶贫工作，主要包括专家团队驻点帮扶、现场指导、组织专家编制发放培训材料、开展远程技术培训等不同方式。烟草所科技扶贫工作得到了主管上级和地方政府的肯定和认可，获中国农业科学院2020年度脱贫攻坚与乡村振兴先进集体表彰，在中国农科院召开的全院脱贫攻坚调度会议上交流了工作经验，《农民日报》以"走进大凉山——农科院烟草所助力凉山州脱贫攻坚纪实"为题进行了专版报道。

【科技合作与交流】 2020年，烟草所参加2次国际线上会议；与英国约克大学、美国康奈尔大学、比利时列日大学等国际知名高校开展合作研究；派出专家分别赴美国马萨诸塞大学阿默斯特分校、荷兰瓦赫宁根大学、利时列日大学让布鲁农学院进行长期交流访学，与对方实验室建立了良好的合作关系。与烟草所有合作的工业企业和商业公司有46家，完成各省烟草公司（山东、上海、四川、重庆、贵州、浙江等）及地市级烟草公司科技计划、科技示范园区项目等20多类200余项。

（中国农业科学院烟草研究所 张 宇）

中国水产科学研究院黄海水产研究所

【概述】 2020年，中国水产科学研究院黄海水产研究院（以下简称黄海水产所）认真落实全国农业工作会议和全国渔业渔政工作会议精神，紧紧围绕"一流院所、三个基地"的总目标，按照院十三五"改革创新，顶天立地，人才优先，协同发展"的工作主线，以构建学科、项目、平台、团队、成果一体化发展的创新体系建设为抓手，主动适应新时代、新思想对科技体制改革的新要求，积极投身新时期渔业创新发展实践，全年各项工作顺利完成并取得显著成效。2020年度主要科研亮点工作包括主持国家重点研发计划项目11项；建立中国对虾eDNA生物量评估技术，渔业资源实用性管理技术取得突破性进展，牵头编制《中国近海渔业资源状况公报》；参与构建了CCAMLR基于渔船的南极磷虾声学评估技术体系；解析酸化条件下鞭毛微藻运动能力的演变趋势及机制，成果发表在气候变化领域国际顶级期刊Nature Climate Change；评估脂肪酸从饲料向鱼体的流转过程，构建养殖鱼类"饲料－鱼体"脂肪酸关系定量评估模型，成果发表在脂类研究领域国际顶级期刊Progress in Lipid Research；研发的大菱鲆鳗弧菌灭活疫苗获得农业农村部兽用生物制品临床试验批件；建立起贝类毒素全链条封闭式风险防控技术；破译中国真蛸、绿鳍马面鲀、大菱鲆和黄鲶鳒全基因组；"国家级海洋渔业生物种质资源库"建设项目建安工程通过竣工验收、"蓝海101"号调查船通过初步验收；"山东长岛海洋生态系统野外科学观测研究站"入选首批择优建设的国家野外科学观测研究站名单。

【科研项目】 2020年，黄海水产所共主持、承担各级各类科研课题476项，其中主持国家重点研发计划项目11项、国家重点研发计划课题13项。在研课题合同总经费6.57亿元，累计到位经费2.3亿元。全所共申报各类课题205项，新上各类科研项目（课题）168项，合同总经费8024万元。89个项目（课题）通过验收，15个项目获得阶段性现场验收。获国家授权专利66件。发表论文405篇，其中SCI或其他英文期刊收录230篇。中国对虾"黄海4号"新品种通过国家审定；"中国对虾'黄海5号'新品种选育及配套关键技术"获得青岛市科学技术进步奖二等奖，"凡纳滨对虾'育繁推'种业关键技术研发与示范"获得第五届中国水产学会范蠡科学技术奖一等奖，"海参功效成分解析与精深加工关键技术及应用"获得国家科学技术进步奖二等奖（第三完成单位）。在养殖鱼类脂肪酸营养品质评价领域，典型海洋藻类群体的演变历程、机制与生态效应研究等方面取得重要进展，研究成果在国际知名期刊发布。黄海水产所依托海洋试点国家实验室海洋渔业科学与食物产出过程功能实验室和深蓝渔业工程联合实验室等，推动了山东省重大科技创新工程、"问海计划"等重大项目的组织实施。

【国际合作与交流】 2020年，黄海水产所组织完成各类国合项目申报，新上国合项目7项，新上项目合同总经费469万元，在研国合项目累计合同经费3876万元。推动与俄罗斯科学院远东分院A.V.日尔蒙斯基国家海洋生物科学中心签署合作备忘录，牵头与亚太水产养殖中心网等单位正式成立国际水产养殖科技与产业发展联盟，组织申报的联合国粮食及农业组织（FAO）水产养殖生物安保与微生物耐药参考中心通过评审。2020年，黄海水产所积极推动国内外学术交流，举办第三届丝路国家水产养殖国际论坛、中国—挪威渔业科技合作40周年学术论坛、中国—挪威渔业科技国际合作工作研讨会、中国—墨西哥渔业科技国际合作工作推进会等多双边国际会议。推动2022年世界水产养殖大会筹备工作，获农业农村部批复。举办部2020年丝路国家海水养殖技术培训班、2020年渔业"走出去"国际合作能力建设培训班，推动涉渔国际人力资源能力建设。16人次专家在国际主要渔业科学组织履约履职。

【科技成果转化】 2020年，黄海水产所乡村振兴示范点——东营市现代渔业示范区荣获部"乡村振兴科技引领示范村（镇）十大样板"。派出三支专家组赴西藏亚东，协同攻关亚东鲑鱼健康养殖技术系统。积极开展云南哈尼梯田稻渔综合种养模式及养殖。在云南丽江程海湖协助当地企业突破红翅鱼人工繁育技术。推进河北沧州、山东东营脊尾白虾－鱼类盐碱地池塘生态混养模式建立及示范，提升了渔业科技入户帮扶效率。有效应对2020年央视3.15曝光"海参'水深'！养海参整箱放敌敌畏，南方海参冒充北方海参"、对虾暴发"玻化症"等突发情况，撰写完成《海参池塘养殖绿色生产管理指引》《青岛市汛期海水养殖防灾、减灾应急措施要点》及技术方案，对推动沿海乡村振兴具有重要现实意义。

2020年，黄海水产所与潍坊市人民政府共建潍坊渔业技术产业研究院，与黄海渔业科技创新研究院（威海市）及所属基地形成"两院三基地"雏形。撰写《威海市水产养殖绿色发展示范区建设实施方案》等多项指导性文件，支撑威海市获批首个国家水产养殖绿色发展示范区。"四技服务"登记数295项，创收收入2475.7万元，同比增长35%；签订合作协议164项，合同金额2956万元；办理认定技术合同61个，同比增长数倍。参建"半岛科创联盟""中国新农科水产联盟"，开展的线上线下技术培训、科普等活动累计培训人员数十万人次。

【资产与基建、船舶管理】 2020年，黄海水产所切实加快重大项目建设步伐，全面完成国家级海洋渔业生物种质资源库建设项目批复的建设内容，建安工程完成竣工验收，项目被评为"青岛市建筑施工现场标准化管理示范工地""山东省绿色施工科技示范工程"和"山东省建筑工程优质结构"工程，已具备投入使用条件，部分团队已入驻。不断推进基建项目与修购专项管理水平和建设进程，加大项目谋划申报力度。抓好大型科研仪器与基础设施开放共享，黄海水产所大型仪器共享绩效考评工作获评良好，受到科技部、财政部通报表彰并获经费奖励85万元。统筹新增资产管理,做好资产登记与入固,加快资产处置,推进线上采购工作,规范采购行为。

加强船舶运行安全管理责任制,完成船舶年审确保适航,定期维护船载仪器设备,及时开展出海备航工作,圆满完成各项出海调查任务,无安全责任事故发生。"北斗"号、"中渔科101"号、"中渔科102"号、"蓝海101"号调查船共计出海23个航次,累计海上作业228天、安全航行近3万海里,完成各种调查站位709个,其中,"蓝海101"号调查船执行"国家基金委渤黄海春季共享航次"受到央视宣传报道。

【队伍建设与人才培养】 2020年,黄海水产所加强高层次人才队伍建设,1人进入科技部创新领军人才答辩、1人进入泰山学者攀登计划人选考察、1人进入泰山产业领军人才人选考察、2人进入泰山学者青年专家人选考察,2人荣获青岛市青年科技奖,2人入选院中青年拔尖人才。完善科技人才培养激励机制,制修订《优秀青年科技人才奖评选办法》,4人获黄海水产所青年科技奖,2人获优秀博士后。拓宽研究生招生渠道,提高培养质量,1人获省博后创新人才支持计划、1人获省博后创新二等资助。

(中国水产科学研究院黄海水产研究所 冯晓霞)

山东省农业科学院

【概述】 山东省农业科学院(以下简称省农科院)是省政府直属的综合性、公益性省级农业科研单位,是国家农业科技黄淮海创新中心和山东省农业科技创新中心承建单位。拥有11个处室、24个研究试验单位和18处有业务关系的分院,设有1处博士后科研工作站。现有在职职工2000人,专业技术高级岗位766人,博士595人。拥有中国工程院院士1人,百千万人才工程国家级人选4人,农业科研杰出人才及其创新团队6个,泰山系列人才工程人选42人,省有突出贡献中青年专家33人,享受国务院颁发政府特殊津贴专家86人。全院国有资产总值24.7亿元,保存种质资源4万多份,图书资料50万册(卷),拥有7个中外文电子文献数据库,编辑发行《山东农业科学》等7种科技期刊。自1978年全国科学大会以来,省农科院共取得各级各类科技成果1824项,省部级以上奖励865项,其中国家技术发明奖一等奖1项、二等奖6项,国家科学技术进步奖特等奖1项、一等奖1项、二等奖32项。自1982年实行品种审(认)定以来,共有735个品种通过了国家或省审(认)定。在全省种植面积过千万亩的小麦、玉米、棉花、花生、果树五大类作物中,省农科院育成的品种均占主体地位。主要研究领域涵盖山东乃至黄淮海区域农业发展所需的粮经作物、果树、蔬菜、畜禽、蚕桑、资源环境、植物保护、农产品质量安全、农产品精深加工、农业微生物、农业生物技术、信息技术、农业机械等50多个学科。建有国家和省部级创新平台87个,其中国家及部级创新平台41个,省级创新平台46个,数量居全国省级农科院前列。与国际玉米小麦改良中心、国际半干旱热带作物研究所等10多个国际组织和60多个国家或地区的科研机构、高等院校建立了科技合作关系。与美国、澳大利亚、俄罗斯、乌克兰、印尼、英国、台湾地区以及国际半干旱热带作物研究所、欧盟药敏试验委员会、国际生物应用中心东亚中心建立19个联合实验室;与苏丹、埃及、俄罗斯科研机构成立3个联合研发中心。2008年省农科院成为科技部国际科技合作基地,建有11个山东省引智技术示范推广基地。

【科研项目与经费】 2020年,省农科院科研项目立项经费4.6亿元(含创新工程9000万元)。主持国家重点研发计划"主要经济作物优质高产与产业提质增效科技创新"重点专项项目1项、课题2项,总经费3700余万元;主持国家自然科学基金项目24项,总经费970余万元;省自然科学基金立项59项,立项经费770万元;主持省农业良种工程项目7项,总经费3900万元;主持省重大创新工程项目4项,总经费5500余万元;主持"山东省科技特派员创新创业共同体"项目,总经费5000万元。新增省现代农业产业技术体系生猪、果品2个创新团队首席专家,全院首席专家增至12位。

【科研成果】 2020年,省农科院共获得各级各类奖励55项,其中省部级以上奖励13项。主持获得山东省科学技术进步奖一等奖1项、二等奖6项;主持获得第三届山东省专利奖二等奖1项。获授权专利352件,其中发明专利166件;获得软件著作权211件;获植物新品种权36个,通过审(认)定品种23个,通过登记品种24个,通过认定行业、地方标准101项;入选2020年山东省农业(畜牧业)主推技术30项;发表论文945篇,其中SCI/EI收录207篇,8篇SCI论文影响因子超过8.0；出版论著27部；《山东农业科学》《花生学报》入选"中国农林核心期刊"A类。

【重点成果选介】

小麦玉米周年丰产肥水高效关键技术创新与应用 该项目聚集山东小麦玉米周年生产中存在肥水协同性与需求匹配度较差、长期单一旋耕导致耕层土壤厚度降低且质量下降以及小麦玉米周年生产抗逆稳产性较差等三大突出问题，自2011年起历时9年持续攻关，按照"理论研究、关键技术创新、技术模式创建、技术体系集成"的总体思路，在理论研究及关键技术创新方面取得重大突破，揭示了耕层土壤"扩蓄增效"和小麦玉米周年肥水协同的调控机理，创新了耕层土壤地力持续提升、小麦玉米周年肥水高效利用、小麦玉米壮株延衰增粒重3项共性关键技术，构建鲁东丘陵区、鲁中半干旱区、鲁西沿黄平原区3套区域性小麦玉米周年丰产高效技术模式和技术体系。建立了"三中心四协同"粮食丰产增效技术推广模式，累计示范推广18066.04万亩，小麦玉米周年平均亩增产32.41kg，实现提高水分利用效率16.30%、肥料利用效率10.80%，新增粮食585.52万吨，新增经济效益1541229.26万元。该成果共发表相关研究论文211篇（SCI论文50篇），出版著作6部，获得授权专利30件（国际发明专利1件、国家发明专利17件），肥料产品登记证6个，软件著作权9件，制定国家标准1项、地方标准15项，省农业主推技术4项，累计培养博士、硕士研究生95名，组织209位专家建立了11个科技特派员工作站，累计培训基层农技人员与农民60余万人次，取得了显著的社会经济和生态效益。该项目获2020年度山东省科学技术进步奖一等奖。

【科研平台建设】 2020年，省农科院获批国家草品种区域试验站，省动物生物安全三级实验室（P3实验室），省农业农村遥感应用中心，省小麦、花生、设施果树技术创新中心。新增省畜禽绿色保健品创制、省湿地生态农业、省农产品质量标准与检测技术3个工程实验室。

【科技推广服务与成果转化】 2020年，省农科院组织实施"三个突破"战略，遴选烟台招远、临沂费县、菏泽郓城3个示范县（市），向三个示范县（市）选派工作组和科研挂职人员共82名，抓好"乡村振兴科技支撑行动""三个优先""科教兴村""产业技术研究院""科特派共同体""专家工作室"六个落地工作。建成75处产研院，合同经费累计2.16亿元，实现对总书记关心的13个特色农产品的全覆盖；成立乡村人才学院，在三个示范县（市）建成3处分院。戮力服务疫情期间农业生产，发起"战疫情、战春耕—12396线上课堂"；组织400名科技人员开展"战疫情、保春耕"科技服务行动；编写上报的《应对新冠肺炎疫情影响咨询报告》《关于疫期疫后春季农业生产工作建议的报告》等得到刘家义、付志方、于国安等省领导肯定和4次批示。与菏泽、威海、聊城、烟台、潍坊、临沂签订战略合作协议及各类子协议40份。4月、9月举办"到生产主战场上去"科技服务月活动，举办现场观摩培训活动60余场次，推广"四新"科技成果近200项次。省农科院将成果转化明确为主责主业，建设"山东省农业科技成果转移转化中心"。举办省农科院首届科技成果拍卖会，24项成果拍卖价格达1.1045亿元。

【科技人才引进与队伍建设】 2020年，省农科院出台"1+9"人才改革制度，设立引才奖及1亿元人才发展专项基金。首创"第一所长""产业研究员"制度，聘任18名院士和21名专家担任"第一所长"，聘任50名知名企业家担任"产业研究员"。通过创设引才奖、设立引才月、主要负责同志蹲点引才等多种方式，引进高层次急需紧缺人才19名，青优计划、985、211、双一流高校博士96名，实现历史性突破。

【国际合作与交流】 2020年，省农科院全职引进包括3名院士在内的8名海外高层次人才来院工作，柔性引进6名外籍院士作为"第一所长"，集聚国外智力为院所用。全年新增国际引智项目9项，立项经费近2000万元，创历史新高。成功举办"中日韩精致农业学术交流研讨会"。中东欧果树科技合作创新中心建设进展顺利。与新西兰皇家农业研究院等共建7个国际联合实验室，完成中波、中罗展示园建设，在费县建立中荷有益昆虫（熊蜂）产业化示范基地。玉米所与印尼联合培育的4个玉米新品种通过印尼国家品种审定试验，实现省农科院继在苏丹审定棉花新品种后的又一重大突破。

（山东省农业科学院 隋 洁）

山东省医学科学院

【概述】 2020年，山东第一医科大学，同时保留山东省医学科学院牌子，以下简称校（院），认真贯彻落实全省"重点工作攻坚年"动员大会和高等学校高质量发展座谈会精神，坚持"在山东，为山东；名第一，做第一"，以建设应用研究型一流大学为目标，改革创新，克难攻坚，各项工作全面推进，发展态势良好，取得阶段性成果，为新旧动能转换和医养健康产业发展提供了重要支撑。校（院）紧紧围绕年度工作要点，积极应对新形势下国家全面深化科技体制改革的新局面，把握改革动向，圆满完成本年度工作任务。新上上级科技计划项目669项，其中国家级项目98项，省部级项目293项，厅局级项目232项。获上级科研经费10397.49万元，其中国家级项目3260万元，省部级项目6993.49万元，厅局级项目144万元。新获批山东省重点实验室1个，山东省技术创新中心2个，山东省工程实验室4个，中央引导地方科技发展项目2项，山东省国家临床医学山东省分中心6个。获科研平台资助经费共计1400万元，其中中央引导地方科技发展专项资金900万元，济南市配套省工程实验室400万元，山东省协同技术创新中心100万元。另外，完成P3实验室的论证与申报，组织提前布局山东省重点实验室10个，为下一步申请做好准备。

【科研计划】 2020年，校（院）共组织申报自然科学类上级项目3383项，其中国家重点研发计划5项，国家自然科学基金项目1470项，省政府重大项目10项，省鲁渝科技协作计划项目5项，中央引导地方科技发展计划4项，省自然科学基金1699项（含重点项目7项、重大基础研究项目4项），厅局级项目190项。申报社会科学类上级项目288项，其中国家社科基金项目6项，教育部人文社科研究项目15项，省重点研发计划（软科学项目）24项，省社科规划研究项目54项，厅局级项目189项。在项目结题验收方面，共完成自然科学类科研项目结题验收195项，其中国家重点研发计划2项，国家自然科学基金37项，省重大科技创新工程4项，省重点研发计划75项，省自然科学基金项目41项，省卫健委项目29项，济南市科技发展计划7项，山东省医学科学院科技发展计划项目结题13项。完成人文与社会科学类科研项目结题验收35项，其中教育部社科司项目1项，省教育厅人文社科研究计划项目1项，省社科规划项目3项，省软科学项目1项，厅局级项目29项（市社科规划项目20项，省艺术重点课题9项）。

【科技成果】 2020年，校（院）共获得各级科技奖励108项，其中国家自然科学奖二等奖1项，省自然科学奖二等奖1项，省科学技术进步奖一等奖1项、二等奖7项、三等奖2项，省科技创新成果奖二等奖3项、三等奖24项，省高等学校科学技术奖一等奖1项、二等奖4项、三等奖9项，中华医学科技奖二等奖1项、三等奖1项，山东医学科技奖三等奖13项，山东中医药科学技术奖二等奖1项，泰安市科学技术进步奖二等奖3项、三等奖2项，泰安市社会科学优秀成果奖一等奖6项、二等奖6项、三等奖12项。共发表SCI论文1053篇，总影响因子2505.04，其中影响因子3分以上417篇，10分以上13篇，5～10分92篇，3～5分304篇。强化知识产权的保护和管理，引导科研成果转化，共获得发明专利授权92件。张福仁团队"麻风危害发生的免疫遗传学机制"项目，荣获国家自然科学奖二等奖。杨明团队"肝癌发生和转移的多维遗传调控及治疗靶点研究"项目，荣获山东省自然科学奖二等奖。王欣团队"非霍奇金淋巴瘤关键诊疗技术的建立与临床应用"荣获山东省科学技术进步奖一等奖。孟雪团队"多组学指导恶性肿瘤精准治疗及预测的关键技术创新与转化推广"项目，朱慧团队"提高肺癌精准治疗疗效关键技术研创与应用"项目，高聆团队"脂毒性致甲状腺损伤的机制及干预"项目，李怀臣团队"肺结核病的流行特征及早期诊断"项目，侯旭团队"FAP及常见神经退行性病的致病机制及干预对策研究"项目，王谢桐团队"胎儿宫内诊疗新技术研发与应用"项目，辛涛团队"脑胶质瘤微环境调控网络和多元干预体系的构建及应用"项目分别荣获山东省科学技术进步奖二等奖。

【科研立项】 2020年，校（院）在基础研究领域有331个项目获得立项。在国家层面，"基于Twinkle介导的mtDNA复制探讨胆固醇超载负向调控甲状腺激素合成的作用及机制""G蛋白成员G15在TSH/TSHR信号调控巨噬细胞炎症的作用及其机制"及"骨骼肌源性miR-210调控线粒体应激在糖尿病足血管内皮增殖中的分子机制"等96个项目获得国家自然科学基金资助。其中，于金明院士"重塑肿瘤代谢微环境以克服放射免疫治疗抵抗的机制研究"获得国家自然科学基金重点项目资助，唐华教授"骨髓树突状细胞在骨髓纤维化发生发展中的作用和机制研究"获得国家自然科学基金重大研究计划集成项目资助。在省级层面，"柯萨奇病毒B3诱导转录因子EB作用机制及对自噬影响的研究""miR-34/449调控ORMDL3/IRE1/LC3通路影响哮喘气道重建的机制研究"及"YAP/FOXM1通路在急性呼吸道病毒感染诱发儿童哮喘发作中的作用机制研究"等235个项目获得山东省自然科学基金资助，其中"多组学研究肠道菌群调控'肠-肝'轴代谢稳态参与糖脂代谢紊乱发生发展的时空网络机制"和"肠道宏基因组及其介导的多系统调控体系在糖脂代谢中的作用和机制研究"获得山东省重大基础研究项目资助。在应用研究与高技术研究领域，共有56个项目获得立项，其中，"HCoV-19基因组变异规律和流行趋势预测研究"获得国家重点研发计划（抗疫专项）课题任务立项，"基于生物信息学的新型冠状病毒基因组变异和免疫组库研究"获得山东省"新型冠状病毒感染的肺炎疫情应急技术攻关及集成应用"重大科技创新工程立项。

【**科研成果转化及产业化**】 2020年，校（院）充分利用政府的促进成果转化激励与扶持政策，积极推进科技成果转化工作，努力提高科技成果的转化率。在研的化学四类仿制药有7项，分别是吉美嘧啶原料、氧嗪酸钾原料、替吉奥胶囊、西地那非片、利巴韦林原料、甲硝唑片和维格列汀片；完成3个产品的工艺交接和验证工作；完成西地那非片1临床研究及申报生产批件工作；替吉奥胶囊、维格列汀片正在进行临床研究。

【**科技人才队伍**】 2020年，校（院）实施人才引进提升计划。在疫情防控特殊时期，通过网络招聘、国际青年学者论坛等灵活形式，引进高层次人才158人。柔性引进高层次人才6人，其中双聘院士1人。全年吸纳优秀博士人才超过300人。新增"长江学者特设岗位教授"1人、国家百千万人才工程国家级人选1人、国家有突出贡献的中青年专家1人、享受政府特殊津贴人员3人、泰山学者攀登计划专家1人、泰山学者青年专家12人。18人获得2020年国家留学基金委出国留学项目资助，7人获得教育系统省公派出国留学资助。组织选派2020年度"中韩青年科学家交流计划"1人。科创中心正式启用，20余位PI团队已入驻，成为引人聚人的新高地。

【**科技咨询与服务**】 2020年，校（院）各单位按照相关法规的要求，加强平台建设，内部强化能力，外部拓宽市场，同时注重加强能力建设和规范运行机制，组织相关人员取得内审员资格证书，通过国家相关单位组织的年度能力验证。以市场为导向，充分发挥专业技术优势，积极开展科技开发及咨询服务工作，现有的职业卫生、放射卫生、新药药理、农药、食品、消毒剂、化妆品检验与临床评价、涉水产品、司法鉴定等项目，均较好地完成了检测与评价任务，2020年共完成技术总收入合计2521.61万元。

职业卫生技术服务 签订职业病危害检测与评价项目56项，其中职业病危害预评价13项，职业病危害控制效果评价6个，现状评价8项，职业病防护设施设计专篇2项。完成山东钢铁莱芜分公司、山东鲁抗医药等企业委托的定期检测共31项。全年共受理样品8744份，购买发放标准物质500多份，组织实验室间比对实验3次；检测职业卫生技术服务空气样品12000余份、查体及临床来源的生物样品1000余份；与省环保厅初步达成企业危废品毒性鉴定的定点检测意向，重新向省卫生健康委提交了消杀产品检测目录，开展3项对外实验动物代养和技术服务项目。顺利通过了国家卫生健康委组织的化学品毒性鉴定机构质量考核和山东省质监局组织的实验室飞行检查。职业健康检查人次83055人，受疫情影响同比下降4.7%。

医学检测与安全性评价中心 基础医学院（所）成立后，按照最新认证标准进行医学检测与安全性评价中心及山东医科院司法鉴定所平台及实验室新校区装修建设。依托科教融合契机，着重加强平台打造，强化转型提升。在受疫情影响及保健品市场整治、检测量下滑的不利影响下，积极拓宽市场，不断强化完善平台建设。

司法鉴定工作 先后召开了法医学专业及司法鉴定中心建设研讨会、医学实验技术学科及安全性评价中心建设专家研讨会，将平台建设与教学融合，在争取创收的同时，使资质服务平台成为学生教学实践基地，为法医学本科专业申请提供必需的平台支撑，更好地促进科教融合。积极与附属济南市中心医院、附属省立医院、北方医疗健康大数据等单位联合申报省心电信息技术创新中心。

辐射防护监测和辐射职业健康评价 对全省10余个地市的9000余名放射工作人员进行了职业健康检查。对全省16地市的10400余名放射工作人员进行了个人剂量监测；完成放射诊疗放射性职业病危害评价报告135份、工业核技术应用放射性职业病危害评价报告28份，对全省14个地市的1000余台放射诊疗设备及其工作场所进行了测量，同时对工业核技术应用项目进行了检测，出具检测报告70余份。分析煤矿氡样品、密封放射源泄漏检测样品、土壤和水样放射性检测共512个。职业健康检查和防护监测评价工作均得到了各地行政管理部门及放射工作人员的一致好评，取得了较好的社会经济效益。

实验动物管理及检验检测 开展全省实验动物管理的日常业务工作、监测实验动物及其相关产品质量是重要工作任务之一。为保障新冠肺炎疫情防控形势下全省实验动物业务管理工作有序进行,省实验动物中心多措并举,全力保障全省实验动物管理工作的正常运行,先后组织专家对全省50家单位开展实验动物行政许可监督检查,排查隐患,推进问题整改。开展了全省实验动物行政许可的评审验收及许可证年检工作,全年组织专家完成全省实验动物行政生产和使用许可单位现场评审验收34家。开展了提升全省实验动物从业人员专业技能水平的培训工作,省实验动物学会先后举办实验动物从业人员培训班7期,培训从业人员916人。全年完成132家单位的实验动物环境设施检测,其中屏障环境设施98家,普通环境设施95家;完成75个批次的实验动物等级质量检测;新受理消毒产品、一次性卫生用品样品82个,出具报告110份。

安评中心(GLP实验室) 全年新签技术服务合同61项,共完成包括7个急毒实验、10个长毒实验、2套安全药理、149个局部毒性、3个生殖毒性、3个遗传毒性、2个药代动力学、11个药效实验、8个大动物医疗器械评价、85个小动物医疗器械评价、3个干细胞实验等300余个专题的研究工作。到位经费1342.7万元,与上一年同期项目相比,合同额、到位经费及项目的水平均大幅提升。

（山东省医学科学院 刘 帅 王丹丹）

山东省科学技术情报研究院

【概述】 山东省科学技术情报研究院（以下简称省情报院）始建于1959年4月,系山东省科学技术厅直属的公益一类正处级事业单位,是山东省唯一的省级综合性科技情报研究机构,主要承担科技信息搜集、整理及研究工作,建设管理科技文献信息资源共享平台,面向社会提供科技信息服务,管理科技档案,编纂全省科技年鉴和科技史志。

【科研重点与计划】 2020年,省情报院完成"智库网络构建研究""山东省深化'项目评审、人才评价、机构评估'改革对策研究"2项省重点研发计划;完成"山东省氢燃料电池产业技术瓶颈与突破对策研究"1项自筹研发计划;承担并开展中央引导地方科技发展专项资金项目"山东省科学数据中心研究与建设",软课题"科学数据管理视角下的山东省科技计划管理与改革"。

【科研成果】 2020年,省情报院围绕国家科技创新和省委省政府"重点工作攻坚年"要求,在全国范围内率先起草完成省级科学数据中心建设方案;提报科研诚信系统建设方案,支撑"山东省科技计划项目科研诚信管理办法"印发;撰写"广东上海氢能及燃料电池产业发展"等调研报告,为省委省政府提供参考;与青岛市科技信息研究院联合发布"山东专利创新企业百强（2019）报告",获《大众日报》、"山东卫视"宣传报道;完成研究报告16项,其中"山东省化工行业宏观分析及'卡脖子'技术研究""科技创新推进山东省健康产业发展对策研究"获华东地区科技情报成果奖二等奖,"国内外大尺寸硅晶圆片现状分析及对我省发展的建议""山东省推行科研经费'包干制'试点的对策研究""山东省创新型产业集群发展对策研究"获华东地区科技情报成果奖三等奖。

【科研改革与体制管理】 2020年,省情报院积极响应山东省"流程再造攻坚行动",实施流程再造,提升工作效率。强化干部队伍建设,增选2名院党委委员,选拔20名中层干部;健全内部管理,修订制度38项;规范运行流程,明确54项工作流程;严格内控内审,完善财务制度;开展公开招聘、职称聘用等工作,2020年公开招聘4人,进一步优化科技情报人才队伍结构。

【科技情报服务】 2020年,省情报院继续做好科技情报战略决策和支撑服务,"我省创新型产业集群发展现状、存在问题和对策建议"被省委办公厅《专报》采纳,并获省委主要领导批示;"碳纳米管研发重点领域和方向"等8期《技术创新跟踪专报》获省科技厅主要领导肯定批示;全年编辑推送《今日科技快讯》54期,获省科技厅主要领导批示共36期;编写《规划编制简讯》6期;编制《山东省重大科技创新工程简报》10期;调研撰写"科技金融工作建议""山东省人才队伍、科技干部建设特色做法""北京市科技创新合作和人才引进经验做法""上海市科技创新合作和人才引进经验做法""江苏省科技创新合作和人才引进经验做法""浙江省科技创新合作和人才引进经验做法""广东省科技创新合作和人才引进经验做法""山东省科研诚信建设方案""聊城市优势产业介绍""聊城市新能源汽车产业情况概述""山东省制造业发展概况""菏泽市科技扶贫工作成效调研督导情况"等多项报告，为省科技厅提供科技情报服务。

【科技文献服务】 2020年，省情报院积极发挥省科技文献共享服务平台的核心作用，协调NSTL开通"新型肺炎应急文献专栏"，为省内科技型中小微企业提供免费文献检索及传递服务；面向平台工作人员举办内部培训会4场；面向10家文献服务站后台管理员举办培训会1场；平台用户注册量达2.54万，文献使用量22万余篇，同比增加5372个注册用户和12.6万篇文献使用量，分别增长27%和134%。

【科技档案管理】 2020年，省情报院继续做好省科技厅各处室业务档案的接收、整理、加工和存储工作。完成5942项纸质科技档案电子化工作；完成2016—2019年760盒重大专项、36盒（约13000件）科技成果奖励纸质科技档案收集、整理和上架工作。

【科技报告工作】 2020年，省情报院进一步优化科技报告采集加工管理系统，制定《科技报告采集加工系统新增模块及功能优化升级需求》；通过在临沂举办山东省科技报告（鲁南经济圈）培训会、线上举办山东科技云讲堂等形式，全年共计培训11000余人次；全年审核注册用户480余人，共享科技报告1400余篇，文摘浏览量14500人次，受理科技报告2911篇，通过终审2810篇，发放证书2158篇，科技报告完成数量较2019年全年增加31%，全国科技报告服务系统中，注册人数位居全国第一，报告数量位居全国第四。

【科技鉴志编纂】 2020年，省情报院编纂出版的《山东省志·科学技术志（1986—2005）》获评优秀省志分志；出版《山东科技年鉴2019》；完成《山东省科学技术情报研究院院志（2010—2019）》修订稿。

【科技宣传服务】 2020年，省情报院承担省科技厅视频拍摄、后期制作处理等工作，全年拍摄会议、活动视频50条，总计517分钟。制作、设计、刻录各类微视频、宣传展板、封面等近300份。

【人才支撑服务】 2020年，省情报院选派干部职工10人次参加省派"四进"攻坚行动，党委书记、院长带头，1名副院长被授予三等功荣誉，2名干部职工获地方政府感谢信；选派2名党员干部参加省派"加强农村基层党组织建设工作队"；选派1名青年干部参加省规划编制工作专班；选派3名干部职工参加省科技厅疫情防控工作专班。

【科技项目验收及绩效评价】 参与省科技厅2020年度省重大科技创新项目评审工作，进行申报项目形式审查、初评项目第二轮会议评审、现场考察及综合绩效评价等工作，负责青岛、日照、临沂、德州、滨州、东营、淄博、济南等地市主管项目，以及山东大学、青岛大学、山东理工大学等高校项目的现场综合绩效评价，共计32项。参与省科技厅省重大科技攻关项目立项综合评审、现场考察、绩效考核工作，赴青岛、日照等地，共完成44个项目。参与完成省泰山产业领军人才工程科技创业类初步人选、科技创业类项目落地情况实地考察工作，共考察22人次。

（山东省科学技术情报研究院　董振宇）

山东省国土测绘院

【概述】 2020年，山东省国土测绘院（以下简称省测绘院）积极推进省重点研发计划"省级自然监测监管大数据应用服务平台建设"的实施，实施方案顺利通过专家组论证，项目在省科技厅2020年度重点项目绩效评价中确定为优秀。省测绘院全年共申报软件著作权22件，申报发明专利12件，主持编制的各类行业和地方标准9项，参与行业标准制定1项。

【重大科技进展】

全省遥感影像统筹获取处理与管理服务　2020年，省测绘院影像获取频率不断提升，以航摄影像为主、卫星影像为补充，组织获取、处理全省陆域和33个近海主要岛屿优于0.5米分辨率遥感影像。实现优于0.5米分辨率遥感影像年度覆盖，建立2米卫星影像"实时获取、月度发布、季度覆盖"机制，在全国居领先水平。2米间隔激光点云数据首次实现全省域完整覆盖，基于SAR影像数据开展地表形变监测，摸清2015年7月—2019年7月间全省地表形变情况，丰富了影像资源种类，支撑了丰富数据应用。省市影像统筹获取不断深入，在满足省市各级政府部门遥感影像需求的同时，节约了财政资金。

省级新型基础地理信息资源建设　2020年，省测绘院完成了 6005 幅省级新型基础地理信息地形要素数据更新任务，进一步提高基础地理信息数据的现势性，加强地理信息资源共建共享，推动地理信息公共服务平台的广泛应用。在全国率先开展并完成省级地理信息时空大数据中心建设，实现全省地理信息时空大数据资源统筹管理。

服务经济社会发展 2020 年，省测绘院积极围绕全省"八大发展战略""九大改革攻坚行动"等重点发展战略提供服务保障。首创"山东省黄河流域国土空间地理信息一张图系统"，实现沿黄地区普查成果空间化、指标化和可视化。网页版、移动版、微信版天地图·山东平台软件全年更新 16 版，软件更新 20 余版，支撑省直 48 个部门 180 多个系统和市县 2000 多个系统。建立全省自然资源卫星数据快速分发共享机制，畅通省市两级卫星数据分发应用渠道，全年向社会各界提供成果近 9 万幅，数据量 16TB。山东北斗入选山东自然资源"十大新闻"。省地理信息公共服务平台和省北斗卫星导航定位基准站网被推荐为全省信息化优秀案例。启动《山东省"十四五"基础测绘规划》编制，开展专题研究。

保障生态文明建设 2020 年，省测绘院开展山东省审计地理信息"一张图"建设，支撑了 21 个省管党政主要领导干部自然资源资产审计项目，建立了涵盖 700 多类数据的自然资源资产审计数据中心，实现了省市县三级自然资源资产离任审计项目的统一授权和管理，构建了数据获取、上传、分析、发布、授权、取证的全流程辅助审计体系，极大提升了审计效率。开发设施农业用地监管系统和征地区片综合地价查询系统，其中全国首个建成的设施农用地备案系统，得到充分认可。建成了森林防火三维电子地图，准确掌握重点林区地形地貌、道路、水库、水源地、救援资源等分布情况，为全省森林火灾预防和火灾现场应急指挥提供多维立体灾害场景的技术支撑，提升了全省森林防灭火工作信息化水平。研发"省耕地保护动态监管工作平台""省测绘地理信息综合监管服务平台"，为全省自然资源督查、耕地保护、空间规划、数字海域、国土三调、松材线虫病监测等提供技术支撑。

【**重要科技成果与奖励**】 2020 年，省测绘院共获得各类省部级科技进步奖 11 项、工程奖 7 项。"数字山东时空数据云平台构建与工程应用""陆海过渡带三维信息一体化获取关键技术研究与应用示范"两个项目均获山东省科学技术进步奖二等奖，"面向精准化服务的乡村振兴'一张图'建设关键技术与应用"项目获地理信息科技进步奖二等奖，"云架构下地理国情常态化监测与分析关键技术研究与应用"项目获山东省自然资源科学技术奖一等奖。"山东省潮间带 1∶10000 地形测绘项目"获中国测绘学会优秀工程奖金奖，"山东省地理国情普查（监测）数据库管理系统"项目获中国地理信息产业优秀工程奖金奖等。"SDCORS 数据自动处理及分析系统"等 4 项技术产品被认定为测绘地理信息自主创新产品。

（山东省国土测绘院　孟　静）

山东省林业科学研究院

【**概述**】 2020 年，山东省林业科学研究院（以下简称省林科院）共立项科研项目 15 项，在研课题 47 项，其中国家"十三五"重点研发计划项目 4 项，国家林草局项目 3 项，省自然基金、省农业良种工程、省重点研发计划等项目 10 项，其他各类项目 30 项。柳树、海棠、国槐等 15 个新品种申请了国家植物新品种权，柳树、白蜡、海棠等 17 个品种通过省级林木良种审定，获国家发明专利 58 件，完成行业和地方标准 6 项，著作 5 部，发表论文 27 篇（SCI 收录 6 篇），科技创新能力大幅提升。省林科院贯彻落实全国林草科技大会精神，工作业绩被国家林草局科技司网站登载。

【**重大科技进展**】 2020 年，省林科院发挥科研团队优势，省农业良种工程"特色花卉与观赏树种突破性新品种选育"等 15 项课题获批立项。完成验收农业重大应用技术创新项目"新型木本饲料四倍体刺槐抗逆新品种关键栽培技术研究"、省农业良种工程项目"高抗逆药用接骨木新品种选育与示范"等 3 项和省重点研发计划项目"珍贵乡土用材树种麻栎规模化繁育关键技术研究"等 7 项。在山东省主栽树种良种选育和高效培育关键技术、黄河三角洲盐碱地防护林体系构建技术、山东主要森林害虫成灾规律和防治关键技术等方面取得突破进展。

【**科技成果与奖励**】 2020 年，省林科院取得的系列科研成果有力地推动了山东省林业发展和生态建设，"杨树高产栽培关键技术创新与应用"等 4 项成果获梁希林业科学技术奖二等奖，"山东省 3 个主栽树种良种选育和高效培育关键技术创新及应用"等 2 项成果获山东省科学技术进步奖二等奖,"山东主要森林害虫成灾规律和防治关键技术"获山东省科学技术进步奖三等奖。获国家林草局林业和草原科技创新领军人才 1 人、国家林草局林业和草原科技创新领军团队 1 个,获国家林草局最美林草科技推广员 1 人,获山东省有突出贡献中青年专家 1 人。

【**科技体制改革与创新**】 2020 年,省林科院作为山东省自然资源标准化技术委员会林业分技术委员会秘书处单位,积极开展全省林业标准化建设工作。《植物新品种特异性、一致性、稳定性测试指南柽柳属》等 2 项国家林草局林业行业标准获批立项,《旱柳栽培技术规程》等 6 项林业行业标准完成报批稿编写;组织完成审查《林木种质资源管理规范》等省级地方标准 48 项,复审《速生丰产用材林基地建设技术规程》等省级地方标准 53 项,完成《盐碱地造林技术规程》实施效果评估。《盐碱地退化防护林修复技术规程》获批立项省级地方标准,《刺槐用材林培育技术规程》等 6 项省级地方标准获省市场监管局颁布实施。这些标准的应用与推广,显著推动了省内标准化工作的进程,促进了林草科技工作的科学化与标准化,对促进全省林业工作高质量发展具有重要意义。

（山东省林业科学研究院　秦光华）

山东省海洋资源与环境研究院

【**概述**】 2020 年,山东省海洋资源与环境研究院(以下简称省海环院)新上科技计划项目 18 项,其中省自然基金重点项目 2 项,省自然科学基金 4 项,省重大科技创新工程项目 1 项;结题验收 13 项,成果评价 8 项;立项省地方标准 7 项,颁布国家标准 1 项、省地方标准 13 项,报批地方标准 4 项;发表文章 43 篇,其中 SCI 收录 8 篇,出版专著 5 部;授权专利 33 件,其中发明专利 5 件,登记软件著作权 18 件;获得海洋科学技术奖一等奖 1 项、二等奖 1 项,山东省自然资源科学技术奖一等奖 1 项、二等奖 2 项、三等奖 3 项,中国水产科学研究院科技进步奖二等奖 1 项,山东省自然资源系统优秀调研成果奖二等奖 1 项,山东省海洋科技创新奖一等奖 1 项、二等奖 3 项,山东海洋与渔业科学技术奖一等奖 1 项、二等奖 2 项、青年科技奖 1 项,山东省优秀测绘地理信息工程奖三等奖 1 项,烟台市科技创新成果奖 1 项,烟台市十大科技创新领军单位奖,2 人获烟台市创新驱动先进个人奖,1 人获山东水产学会最美水产科技工作者称号,3 名专家入选服务海洋经济高质量发展智库工作队。

【**科研重点**】

渤海入海污染物准实时连续监测与通量估算技术研究　该项目是国家重点研发计划重点专项子任务,以莱州湾为示范区,在已有环境监测设施基础上,集成入海河流、排污口、养殖区等污染源监测技术,优化陆源、海源和气源污染物入海通量估算方法,确定示范海域污染物入海通量;构建示范海域入海污染物来源与通量管理数据平台,实现多用户、网络化、智能化的入海污染物数据分析、统计、校准、展示等功能,确保污染物入海过程和通量数据的共用共享。

水产品中重金属蓄积特征和消减技术　该项目是国家重点研发计划重点专项子任务,主要开展四方面的研究:贝类、甲壳类中典型重金属赋存形态、蓄积特异性及其形成机制;贝类、甲壳类对重金属多层面响应机制研究;贝类、甲壳类中不同形态重金属的致毒机制及其联合效应;水产品中重金属消减技术的构建。通过上述研究,查明典型重金属残留的主要赋存形态及分布特征;探明贝类、甲壳类中重金属的特异性蓄积、转化规律与机制;揭示重金属体内调控机制,建立响应重金属胁迫的生物标志物技术;阐明关键重金属的毒性机理及其生物效应,解析重金属赋存形态与毒性特征的依赖关系及复合效应的机制;甄别全链条各因素的影响因子,识别全链条重金属危害防控的关键控制点,优化控制其危害的理化及生物学途径,构建贝类、甲壳类中重金属消减技术。

渤海近岸海域鳀关键产卵场生境适宜性评价技术与产卵场分布区预测研究　该项目是山东省自然科学基金重点项目,以渤海近海海域为研究对象,对鳀产卵繁殖、受精卵孵化发育的生活水域进行生态环境调查和监测,进行鳀产卵场适宜性评价的关键技术研究,依靠海洋遥感、渔业资源、地理信息系统和专家模型系统等技术,建立产卵场适宜性评价模型以及构建产卵场分布预测模型,为鳀产卵场时空变动提供参考依据。

基于高品质海参肽的特殊医学用途食品等功能制品研发及产业化示范　该项目是山东省自然科学基金重点项目,以海参体壁、海参内脏为原料,以微生物学实验为基础,进行海参活性肽制备降解工程菌的筛

业建设。针对山东省网箱适养品种构建"近海+深远海"接力养殖新模式，进行亲鱼生殖调控、苗种规模化繁育、深水网箱养殖及病害防控等关键技术研发和示范推广，与烟台经海合作"百箱计划"，充分发挥科技辐射和带动作用，促进养殖产业由数量效益型向质量效益型转变。

山东省海水渔用饲料工程技术研究中心　该中心完成鲆鲽鱼类肠道功能营养响应机制、基于氮排放的池塘养殖容量估算、养殖尾水净化技术集成与示范、新型蛋白原料开发等多项研究。针对山东省深远海养殖品种的营养需求，通过调整营养素微平衡、优选饲料原料和功能性添加剂等手段，开发完成系列专用配合饲料，构建了绿色低碳营养数据库和立体生态养殖新模式，实现营养素循环利用，减少氮磷元素排放。编制海水养殖污染防控团体标准《海水鱼类网箱养殖和贝类养殖容量评估技术规程》，建立科研中试基地2处，为烟台、莱州等地提供海水养殖污染控制方案，与山东科合海洋高技术有限公司等多家单位签订产学研合作协议，积极为产业需求服务。

【**科技人才培养与队伍建设**】 2020年，省海环院及时了解各领域前沿动态、更新知识结构，共组织科研人员600余人次参加了由自然资源部、农业农村部、国家海洋信息中心、海标委等机构举办的线上线下培训，邀请国家海洋计量中心等单位的专家开展网络授课，承办省科协泰山科技论坛等学术会议，组织参加2020年海洋生态经济国际论坛、滨州市人才节等交流活动，与国家海洋局南海规划与环境研究院、省煤田地质局等单位达成合作意向，促进了省海环院创新团队建设和相关学科发展。省海环院通过招聘引进人才40名，充实各学科技术力量和中青年科技梯队。省海环院继续加强专业人才的培养，组织申报博士后科研工作站以及各类专家库专家42人次，新增上海海洋大学兼职硕士生导师8名，新招联合培养硕士生15名，另有10人通过答辩毕业。

【**科技咨询与服务**】 2020年，省海环院牵头全省海洋生态预警和环境监测两大业务体系，编制年度两大体系相关工作方案、配套方案并组织实施，在全省累计布设各类站位1400余个，累计航程5000余海里，采样上万份，编制各类专报、简报40余期。切实加强监测质量控制工作，顺利通过2020年海洋国家级检测机构能力验证、典型生态系统监测国家专项检查、海洋生态环境监测质控抽查等上级部门组织的4次质控验证考核，对承担任务的监测机构开展现场监督检查和外控样考核，举办2次全省生态预警监测和生态灾害监测技术培训。完成"山东省海岸带危化品园区产业布局规划技术支持"等海洋环境类技术服务工作，编制起草山东省海洋生态环境监测十四五规划、《山东省海洋生态修复调查报告》、省政协涉海提案书面答复等多份支撑材料，推进渤海溢油监视监测能力建设，保障全省海水水质考核工作顺利进行，定期维护优化硬软件系统。赴长岛海洋生态文明试验区开展对接交流，根据当地实际情况提供专业指导，协助开展海洋牧场与海钓场申报工作，以鱼参贝藻多营养层次牧养技术为核心，在当地成功构建岛礁复合型生态牧场模式，建立50余亩示范区，全力支持长岛试验区现代海洋渔业发展。开展"烟台崆峒列岛省级海洋保护区养殖海域鉴定"等7项价值评估鉴定以及2项长岛民生基础设施的海域使用论证工作，为地方经济社会发展服务。

省海环院作为全省水产品质量安全监督抽检、风险监测及渔用投入品监测工作的技术牵头单位，起草全省监测工作方案，并根据疫情灵活调整监测方式，认真完成上级下达的农业农村部例行监测、国家产地水产品药残监控、省水产品质量安全风险监测、海参药残专项监测、贝类区域划型等5项检验监测任务，抽检各类样品3700余个，编制总结分析报告20余份。牵头开展威海市水产品质量安全追溯工作，承担山东省水产品质量安全承检机构飞行检查复检、情况汇总以及检测能力验证组织工作，完成资质认定扩项评审、机构考核扩项评审、质检机构数据复核现场检查等考核评审，连续17年一次性通过农业农村部办公厅组织的能力验证考核。

省海环院先后组织开展了世界地球日、爱鸟周、世界海洋日暨全国海洋宣传日、放鱼节、知识产权宣传周等多次主题宣传活动。为公众普及自然资源国策、国法和"绿水青山就是金山银山""珍爱地球，人与自然和谐共生"等生态文明理念，讲解海洋资源和生态保护知识，引导绿色低碳、文明健康的生活方式；传承自然资源环保理念，在校园播放海洋环保知识课件，为省内19所学校2万余名师生制作"世界地球日"网课视频，在驻地景区播放环保宣传语，引导市民游客保护海洋生物、减少一次性塑料废弃物使用、清洁沙滩，传播人人爱海、护海的社会正能量。

【**科技合作与交流**】 2020年，省海环院先后主办了"国家海洋卫星山东数据应用中心第一次交流会""互花米草治理技术专家咨询会"等4次大型学术交流活动，协办山东"第225期泰山科技论坛""山东省海洋局关于互花米草防范治理的技术研讨会"，邀请来自挪威南森中心、中科院海洋所的知名专家讲学授课，拓展双方在海洋基础研究、生态灾害精准预警预报等前沿学科的交流协作，加强对外科技合作与交流。同时，根据当地实际情况提供专业技术指导，与威海圣航等公司形成"专家与基地一对一"对接工作模式，在烟台龙跃水产有限公司开展了长期技术服务，为刺参养殖企业增产增收提供技术支持，在乳山市贝类养殖企业开展贝类环境和产品连续监测，为乳山牡蛎产业发

山东省水利科学研究院

【概述】 山东省水利科学研究院（以下简称省水科院）建于1957年10月，为山东省水利厅所属正处级公益二类事业单位，下设14个业务所室，业务范围以基础和应用研究为主。主要承担水利发展相关理论研究及应用研究工作；承担水资源、水土保持、农村水利、水利移民、节约用水、安全生产等相关技术支撑工作；承担水利科普、科技信息搜集整理与利用等公益工作；承担水利行业相关成果转化、科技推广、技术开发、咨询服务工作。2020年，省水科院顺利通过省文明委复查，继续保持"省级文明单位"称号。申报的"博士后科研工作站"获人社部、全国博士后管理委员会批准。

【科技项目】 2020年，省水科院在列省部级科研项目18项，其中，国家重点研发计划项目（课题）3项、省重点研发计划项目2项、省自然科学基金项目1项以及省级水利科研与技术推广项目12项。国家重点研发计划项目"滨海城市海水淡化综合利用技术研究及应用"于9月顺利通过了中国21世纪议程管理中心的中期检查。获准立项7个科研项目，其中，中科院重点实验室开放基金项目1项、省自然科学基金项目1项以及省流域中心工程带科研项目5项。国家自然基金项目"岩溶地下水支撑生态系统（KGDEs）的生态水文特征与形成"、水利部技术示范项目"新型导杆式开槽机构筑地下连续墙技术"以及"地下连续墙施工技术及装备研发"等10项省级水利科研与技术推广项目顺利通过了专家验收。

【科技成果】 2020年，省水科院有"胶东半岛水安全保障关键技术与应用""灌区节水调控关键技术研究及应用"2项成果获大禹水利科学技术奖三等奖。2019年度知识经济工作在济南市历下区获得表彰奖励。获准授权专利88件，其中发明专利5件、实用新型专利83件；登记软件著作权37件。发表学术论文27篇，其中SCI收录3篇。出版《建设项目与规划水资源论证典型案例汇编》《区域水资源评价与规划管理》《水利工程设计与建设》3部专著。参与编制了《水工建筑物水泥灌浆施工技术规范》（SL/T 62—2020）和《水电水利工程高压喷射灌浆技术规范》（DL-T 5200—2019）2部行业标准，主持编制了《山东省饮用水生产企业产水率标准》等20项水利地方标准，均已发布实施。

【技术服务】 2020年，省水科院充分利用技术、人才和资源优势，重点围绕节水评价、节水载体创建、水资源论证、水土保持、大中型灌区续建配套、农村饮水安全巩固提升、农业水价综合改革、水利脱贫、水利安全生产标准化等重点工作，克服新冠疫情的不利影响，积极为各级水行政主管部门提供技术咨询服务。依托设计、施工、监理、检测等方面资质，积极参与项目招投标，承揽技术开发任务，在有效弥补差额事业单位经费不足的同时，为全省重点水利工程建设提供了有力的科技支撑和优质的技术服务。

【技术推广】 2020年，省水科院承担完成的成果"新型输水涂塑复合钢管及接口技术"列入国家2020年度成熟适用水利科技成果推广清单，已在山东、安徽、山西、重庆等多项输水工程中得到了推广应用，累计应用管道长度500余千米。"土石坝激光静力水准垂直变位监测技术"等3项成果列入2020年度水利先进实用技术重点推广指导目录。"地下连续墙施工技术及装备"等12项技术成功入选山东省水利先进实用技术（产品）推广目录。自主研发的"水库安全监测技术"已在青岛、济南、枣庄等地防汛度汛水利工程中得到广泛应用。"水处理技术创新研究中心"针对城镇污水处理厂中水脱盐回用等问题开展研究，采用混合离子交换树脂技术，在荣成市建成了日处理水量5000m^3的污水深度处理设施，运行效果良好。

【学会和协会】 2020年，挂靠在省水科院的山东水利学会、山东省农业节水和农村供水技术协会、山东水土保持学会积极开展工作。水利学会举办了2020首届中国（山东）水利科技与生态建设博览会，组织完成了2020年度齐鲁水利科学技术奖的申报、初评以及水利部大禹科学技术奖的提名工作，获得"2020年度学会工作特色先进单位"荣誉称号；省农业节水和农村供水技术协会召开了第一届第二次会员大会，选举产生了协会新一届理事会和负责人，顺利完成了协会换届工作；水保学会与临沂大学联合以"水土流失过程与生态调控"为主题承办第236期泰山科技论坛，在全省首次开展水土保持技术服务信用等级评价，获得2020年度学会工作综合先进单位，并入选2020年度学会创新发展典型案例名单。

【科技人才培养】 2020年，省水科院在职职工206人，其中高级专业技术人员80人（含研究员26人）、中级专业技术人员81人，博士15人、硕士87人。1人荣获"省工程师协会优秀工程师"称号，1人荣获济南市"优秀科技工作者"称号，1人被评为"全省水利系统先进个人"，1人被评为"省直机关三八红旗手"，1人被评为"省直机关道德模范"。通过"青优计划"及自主招聘引进1名博士研究生、4名硕士研究生。

（山东省水利科学研究院 郭 磊）

山东省海洋生物研究院

【科研计划与成果】 2020年，山东省海洋生物研究院（以下简称省海生院）共承担各类科研项目66项，其中新上各类科研项目18项。获得各类科技奖励9项；获得国家发明专利授权17件、国家实用新型专利授权27件；出版著作1部，发表学术论文63篇，其中SCI收录17篇，发布山东省地方标准1项。

【重点成果选介】

大泷六线鱼全人工繁育技术研究与产业化应用 该项目在国际上首次攻克了大泷六线鱼人工繁育技术难关，建立了完善的全人工繁育体系，实现了大泷六线鱼增养殖零的突破。项目累计示范带动苗种生产4000余万尾，网箱养殖2000余万尾，推动全省设置大泷六线鱼增殖站10余处，实现产值20余亿元，带动了饲料、餐饮、旅游等相关产业发展。获2020年度青岛市科学技术进步奖二等奖。

褐藻资源功效成分工程化制备技术及应用 该项目构建了褐藻胶生物酶法规模化制备技术，较传统碱消化工艺节能20.9%，废水排放减少45.9%；建立了岩藻黄素高效提取及微胶囊包埋制备技术，显著提高了岩藻黄素微胶囊的稳定性；实现了褐藻多糖非均相降解，构建了褐藻多糖基口服递送体系；开发了海藻酸钠食品添加剂、高纯度岩藻黄素、岩藻黄素微胶囊、海藻口服液等10余种多元化产品。获2020年度山东省海洋与渔业科学技术奖一等奖。

黄海冷水团养殖鱼类免疫防病技术研究 该项目研制出针对杀鲑气单胞菌的2种灭活疫苗、3种亚单位疫苗以及1种传染性造血器官坏死病毒灭活疫苗，筛选出1种高效疫苗佐剂，并以中草药及益生菌为主要成分研制出1种安全、高效的免疫增强剂；同时基于黄海冷水团陆海接力养殖模式，建立了配套免疫防病策略，降低了鲑鳟鱼从苗种繁育到海上网箱养成过程中的病害发生率，填补了我国海水养殖鲑鳟鱼免疫防病技术空白。

刺参网箱生态育苗技术 该项目创新研发并推广了刺参网箱生态育苗、刺参网箱中间培育、内湾及池塘选择与优化、网箱育苗设施优化与设置工艺提升、网箱育苗环境生态调控等关键技术，创建了池塘网箱生态育苗、池塘开放式生态育苗以及池塘多阶段生态培育3种刺参生态绿色生产模式。自2011至2020年底，累计推广生产刺参生态苗种10829.4万公斤，产值209.04亿元，实现纯利润140.1亿元，育苗成本较工厂化育苗降低42.4%，池塘综合效益提高35%以上，为刺参产业绿色高效发展提供了有力支撑。

【基础研究】 2020年，省海生院开展了绿鳍马面鲀、黑鲷、许氏平鲉、长绵鳚、魁蚶的群体遗传学研究，橄榄蚶转录组文库构建以及大泷六线鱼基因组的测序研究，大泷六线鱼、中国明对虾、日本蟳等海洋经济动物精子低温保存及损伤机制研究，微生态制剂使用、PH胁迫、投喂模式、茶皂素、海洋功能蛋白等对刺参生长、消化和环境影响的研究，不同投喂策略下许氏平鲉幼鱼生长实验研究，不同环境因子对文蛤体内泥沙含量影响以及含沙量新检测方法的建立研究，基于转录组学技术的大泷六线鱼在感染哈维氏弧菌后的免疫应答特征研究，沙蚕抗氧化肽活性筛选、分离纯化、结构鉴定研究，抗氧化肽氨基酸序列组成与抗氧化活性的构效关系研究等基础性研究工作。

【应用研究与高技术研究】 2020年，省海生院围绕种质资源保存与利用，重要海洋经济生物的育种、增养殖、病害防控、食品加工、生态环境和海洋牧场建设等领域，相继开展了水产生物种质资源收集保护与精准鉴定，绿鳍马面鲀早繁技术研究，大泷六线鱼良种选育研究，功能性贝、藻类生物净化技术研究，生态工程化水产养殖尾水处理工艺构建研究，魁蚶高效增养殖技术的建立，单体三倍体牡蛎生态化养殖模式的构建，杀鲑气单胞菌重组亚单位疫苗的研制，高纯度岩藻黄素纯化及稳定性研究，干燥条件对沙蚕抗氧化肽活性和物性特征影响研究，筏式养殖新型桩橛、平养网笼、立体养殖等设施设备研发，智能化离岸网箱及大型养殖平台技术开发集成与示范研究等应用技术研究工作。

【科研成果转化及产业化】 2020年，省海生院围绕海洋经济生物苗种繁育、绿色增养殖、食品加工、新模式构建等技术领域，通过合作开发、技术示范推广等方式开展科技成果转化。其中，在东营开展魁蚶底播增殖和鲍工厂化养殖技术示范推广，共计引进各类苗种5200余万粒，成活率达80%以上；在乳山开展单体三倍体牡蛎生态化养殖模式示范推广，示范养殖面积超过6万亩，新增产值9亿元以上；在威海、青岛、大连等地开展大泷六线鱼人工繁育技术示范与推广，共计培育大泷六线鱼苗种480万尾；在长岛开展离岸网箱养殖与科学管理技术示范推广，共计培养鱼苗30万尾，成品鱼22万尾，市场估价1000万元；在日照开展绿鳍马面鲀池塘越冬标粗技术示范推广，共养殖马面鲀苗种30万尾，成活率达90%以上；在威海、烟台、东营、青岛等地开展刺参"鲁海1号"国审新品种及其养殖技术示范推广，共计推广良种稚参130.5亿头，培育大规格苗种131.3万公斤，推广养殖面积6万亩；在荣成和青岛分别开展了对虾和蟹类高效保鲜技术模式示范推广，建立年加工能力1500吨的示范生产线2条，平均延长对虾和蟹类保鲜期2—3天。

【科研平台建设】 2020年，省海生院拥有"山东省海水养殖病害防治重点实验室""青岛市浅海底栖渔业增殖重点实验室"等各类科研平台16个，新增青岛市工程研究中心"青岛市水产生物品质评价与利用工程研究中心"。

青岛市水产生物品质评价与利用工程研究中心 该中心于2020年7月通过青岛市发展和改革委员会认定，主要开展水产种苗及加工品的性状品质评价、水产生物的综合加工及其产业化示范与推广。中心在水产种苗选育、水产品品质保持、功效因子制备、加工副产物价值提升和综合利用等领域，通过自主创新、产学研合作等，突破规模化利用关键技术，逐步形成以营养需求为导向的现代海洋食品加工产业体系，构建集产业化示范推广、人才培养、技术交流和科技服务于一体的综合性科研平台。

【科技人才培养】 2020年，省海生院"海水健康增养殖科学传播专家团队"被遴选为新一批中国水产学会科学传播专家团队，获得山东省最美水产科技工作者1人，山东水产学会团体标准评审专家15人，省农业农村投资项目评审专家16人，青岛市女职工建功立业标兵1人，青岛市青年志愿服务先进个人1人。此外，省海生院与上海海洋大学签订了联合培养研究生协议，联合培养在读研究生2人、本科生1人。

【科技咨询与服务】 2020年，省海生院先后被山东省海洋局认定为"省级海洋意识教育示范基地"，被青岛市科学技术协会认定为"青岛市科普教育基地"。成功举办了第255期山东科学大讲堂活动，开展科普活动累计接待学生200余人，对传播海洋生物知识，提高公众保护海洋生态环境的意识产生了十分积极的作用。省海生院在全省15个地市开展了鲤春病毒血症（SVC）、锦鲤疱疹病毒病（KHVD）、对虾白斑综合征（WSD）和对虾传染性皮下和造血器官坏死病（IHHN）等12种水生动物疫病的公益性监测和服务工作，抽取检测鱼类样品123批次，对虾样品635批次，出具正式检测报告80余份。围绕"刺参健康养殖技术""滩涂贝类健康养殖技术""海水鱼类病害防治及健康养殖"和"参虾绿色高效养殖技术与模式探讨"等，在福建霞浦、青岛、威海、日照、潍坊、烟台等地，通过网上授课、现场指导、发放明白纸等形式，向养殖企业和养殖专业户传授养殖技术和养殖经验，解决生产中遇到的实际问题，共开展科技咨询与服务14次，服务基层技术人员2000余人，发放明白纸1500余份，科技咨询与服务遍布全省并精准实施。

【科技合作与交流】 2020年，省海生院持续深入推进"海生+"系列渔业科技精准对接，对接模式在支撑地方渔业绿色高质量发展方面取得新的进展。"海生·河口"合作三方在河口区新户镇建立科技精准对接试验基地200亩，落地科研项目10余项，培育养殖新品系6个，转化科技成果5项，开展技术培训600余人次，成为技术示范与推广的支撑点；"海生·滨州"深入建设"创新团队+企业"的科技服务新机制，引进优良品种（系）2个，繁育优质苗种66.2亿尾，示范推广健康养殖新模式2300亩，联合攻关取得成果20余项；"海生·长岛"双方将服务合作思想从"发现问题"转变为"寻找问题"，将服务合作方式从"提供答案"转变为"提供方法"，在区域发展规划、海洋牧场建设、资源本底调查等方面提高了合作的主动性和针对性，确保产业受益、社会受益和百姓受益。

（山东省海洋生物研究院　黄　旭）

山东省淡水渔业研究院

【科技项目】 2020年,山东省淡水渔业研究院(以下简称淡水院)共承担农业部、科技部、省自然科学基金委、省科技厅、省财政厅、省农业厅等各级科技项目31项,其中新上项目6项。

【科技成果及选介】 2020年,淡水院获得科技奖励3项,山东省科学技术进步奖1项、山东省海洋与渔业科学技术奖科技创新类1项、青年科技奖1名。发表学术论文24篇(SCI收录3篇),著作1部;授权专利8件(发明专利2件,实用新型专利6件),受理发明专利1件、实用新型专利3件。

翘嘴红鲌优异基因资源发掘与创新种质培育 该项目创新开展并突破了翘嘴红鲌的人工繁育、良种选育与健康养殖关键技术,建立了其种业技术体系和养殖技术体系,为山东省淡水养殖产业进一步发展提供了新的种质和技术支撑。在国内外核心刊物上公开发表研究论文8篇(SCI收录1篇),授权专利3件。项目开展三年中,在济宁、临沂、东平、高青、菏泽等5个市、县(区)进行翘嘴红鲌优良种质及养殖关键技术推广,累计推广面积4.81万亩,新增产值9303.22万元,新增利润3756.73万元。取得了良好的经济、社会和生态效益。该项目获2020年度山东省海洋与渔业科学技术奖科技创新奖三等奖。

淡水名优鱼类种质创新及养殖关键技术开发与示范 该项目针对山东省淡水水产养殖品种老化、产业效益低下的突出问题,围绕全省淡水渔业供给侧结构性调整和渔业新旧动能转换重大工程的需求,以推进省内淡水养殖业转型升级提质增效和服务渔区乡村振兴为目标,聚焦于高值名优特色养殖品种的培育和配套养殖技术研发,创新开展并突破了乌鳢(Channa argus)、翘嘴红鲌(Erythroculter ilishaeformis)、虫纹鳕鲈(Maccullochella peelii)等3种名优淡水鱼类的种质创新与健康养殖关键技术,建立了其种业技术体系和养殖技术体系,为山东省淡水养殖产业的进一步发展提供了新的种质和技术支撑。发表研究论文27篇(SCI收录2篇),授权专利8件,研究制定省地方标准2项,参编专著2部(英文专著1部)。该项目获2020年度山东省科学技术进步奖二等奖。

【科技支撑与平台建设】

国家大宗淡水鱼类济南综合试验站 该试验站指导相关示范县开展了淡水池塘生态高效养殖模式、池塘鱼菜共生养殖模式、池塘内循环流水养殖模式、采煤塌陷区水域养殖模式、低洼盐碱地池塘养殖模式、"渔光一体"养殖模式、稻田综合种养模式等绿色高效养殖模式构建;开展良种保育工作,累计保存黄河鲤亲本1200组、松浦镜鲤亲本1000组、福瑞鲤亲本1200组、东平湖鲤亲鱼900组、异育银鲫"中科3号"亲本3000尾。对黄河鲤、松浦镜鲤、福瑞鲤、东平湖鲤、"四大家鱼"等良种进行扩繁,累计繁育水花4.8亿尾,推广养殖面积10万亩。开展了草鱼出血病区域化生态防控技术研究和示范,重点推广了微生态制剂水质调控技术、草鱼出血病疫苗应用技术,推广面积3000余亩。

山东省现代农业产业技术体系鱼类创新团队 该团队育种岗位与济宁综合试验站、临沂综合试验站、泰安综合试验站联合在试验站所在地区设立苗种繁育基地,重点开展大口黑鲈、乌鳢和东平湖鲤等淡水名优品种规模化繁育;养殖岗位开展了加州鲈和鳜鱼不同养殖模式的试验示范工作。山东省现代农业产业技术体系虾蟹产业技术体系进行了"河蟹、青虾生态混养试验与示范"和"硝化细菌对池塘养殖水体净化效果的研究",开展了稻渔、藕渔综合种养技术示范与推广,完善了相关数据库结构并收集了各种基础数据,形成了《2020年山东省虾蟹类产业经济年报》。

山东省淡水渔业监测中心 该中心作为监测工作技术支撑单位,开展了山东省内陆重要渔业水域(包括南四湖、东平湖、黄河干流及沿黄养殖区养殖池塘)野外采样、实验室分析检测与数据统计分析总结工作。按农业农村部渔业水域环境监测中心要求,提交了监测技术报告和工作报告,完成了环境公报数据的系统上报工作。

加强水产品质量安全监测 完善质检中心管理体系建设,保障体系有效运行。按照体系文件规定实施了质量体系内部审核和管理评审,对各岗位人员的连续监督累计20余次,100多批次形式多样的质量控制确保了监测结果的有效性,组织30人次参加各类业务培训,提升团队的检测检验能力及效率。顺利通过飞行检查、检验检测机构监督检查。

【科技咨询与服务】 2020年,淡水院积极落实上级要求,开展了渔业企业"一对一"定点包保服务,结对帮扶泰安、菏泽、枣庄、济宁、临沂五地市的重点渔业企业，精准帮扶渔业企业复工复产。4月，淡水院3名同志参加了省农业农村厅巾帼专家志愿服务队在泰安开展的考察和技术指导活动，落实"六稳""六保"工作要求，为农业企业复工达产、转型升级献计献策。选派2名科技人员参加山东省"四进"攻坚行动。选派1名同志参加"加强农村基层党组织建设"工作队。2018年选派参加"千名干部下基层"省派乡村振兴栖霞亭口服务队的同志完成了各项任务，受到基层党组织和人民群众的好评，所在服务队和个人均被省委组织部考核为"优秀"等次。

开展了病害防治调研与技术服务，为临沂、济宁地区开展种苗产地检疫工作，提供小龙虾重点疫病检验检测技术支持。新冠疫情期间，为全省基层及养殖业户开展大宗淡水鱼类复工复产线上技术讲座。为全省多地开展水产动物药敏、重点疫病核酸检测等方面的健康养殖和疾病防控领域技术培训。参加山东省绿色食品中心无公害农产品认定的材料审核及专家评审工作，共审核渔业无公害认定材料近400份，参加了无公害农产品认证集中考核及业务交流培训活动，培训100余人次。受东平湖人民检察院、峡山水库管理局等有关单位的委托，对4起非法捕鱼案件进行了生态损失评估，编制了《峡山水库增殖放流及控制性型捕捞方案》。开展了青岛市莱西市养殖场死鱼事故评估和《潍坊市寒亭区养殖水域滩涂规划》编制等相关技术咨询工作。

【科技合作与交流】 2020年，由中国水产科学研究院发起组建的"黄河水生生物保护与生态修复科技创新联盟"在济南召开了成立大会，会议由中国水产科学研究院主办，山东省淡水渔业研究院和黄海水产研究所共同承办。派员参加了2020中国水产学会范蠡学术大会；科技人员到任城、嘉祥、鱼台、微山、滨州、河北等地进行了产业调研及工作对接。邀请中国水产科学研究院信息技术研究中心主任来淡水院进行"渔业专业知识服务系统"讲座。

【科技人才培养与队伍建设】 2020年，淡水院新招聘硕士4名，学士2名；招收联合培养在读研究生5名；先后承担了4名来自基层县区农业农村局2019年度和2020年度基层人才的挂职研修任务，帮助基层优秀人才成长进步。

（山东省淡水渔业研究院 董 俊）

山东省中医药研究院

【概述】 山东省中医药研究院（以下简称省中医药研究院）是由原山东省中医药研究所和山东省针灸科学研究所于2003年1月合并组建而成，隶属于山东省卫生健康委员会，是集中医药科研、临床、开发于一体的社会公益性全额事业单位。省中医药研究院作为国家重大新药创制平台共建单位和省级研究生联合培养基地，拥有1个泰山学者岗位，1个国家中医药管理局重点研究室，1个国家中医药管理局重点学科，2个国家中医药管理局三级实验室，3个国家中医药管理局传承工作室，1个山东省名老中医药专家工作室，1个省级中药炮制传承基地，1个省工程技术研究中心，1个省重点实验室，1个山东省经典名方开发工程研究中心，3个省医药卫生重点学科，3个省医药卫生重点实验室，2个省中医药重点学科，3个省中医药重点实验室及一个通过GPP认证的制剂中心，具备了较为完善的科研支撑体系。

【科研重点与计划】 2020年，省中医药研究院在中药质量综合评价技术、中药材规范化种植、中药药效及安全性评价技术、中药品种鉴别及炮制规范化研究、经典方剂物质基础研究、中药新型制剂、金氏脉学的传承推广、亚健康中医诊疗技术等方面进行系统研究。新上各级计划课题16项，其中国家自然基金青年基金项目1项、山东省自然基金重点项目2项、面上项目1项，中央引导地方资金纵向科研课题1项，山东省发展和改革委员会重大项目1项，山东省中医药管理局政策研究项目3项；国家科技部中美政府间合作项目1项；鲁渝科技合作科研项目1项；山东高校中药质量控制与全产业建设协同创新中心子课题2项；济南市新冠肺炎防控应急科技攻关计划项目1项；2020年度山东省医务职工科技创新计划项目2项。

【科研成果及选介】 2020年，省中医药研究院共验收和鉴定科研项目23项，获得各级科学技术奖励6项，其中，山东省科学技术进步奖2项，山东中医药科学技术奖4项。新申请国家发明专利9件，获国家发明专利授权5件；申请实用新型专利3件，获得实用新型专利授权1件；成功转让国家发明专利1件。

中药"效-毒整合"评价体系构建与应用 中药有效性、安全性和可控性是中医药现代化和国际化的重大科学问题,中药成分复杂、效/毒特征不明和机制不清是导致质控无法确保疗效和用药安全的关键因素之一,成为制约中药事业和产业高质量发展的瓶颈。该项目针对上述问题,以中医药理论为指导,临床疗效为背景,安全-有效-可控为目标,在973计划、重大新药创制专项等5项课题支持下,历经十余年联合攻关,构建了基于效-毒整合的作用网络预测、效毒作用特征、机制靶标验证、物质基础确认、质量标志物研究的中药评价技术体系,并用于临床合理用药、中药上市后再评价、创新药物发现,构建了基于整合数据链挖掘的多组学研究模式和病证背景下效-毒整合研究与关联评价关键技术;构建了基于分子对接与反向网络药理学技术和效毒循证与化学辨识的效-毒质量标志物发现与确认的关键技术;将评价体系用于中成药再评价和创新药物发现与评价中,有利于中药大品种培育,降低创新药物研发风险,提升中药安评和药效评价技术水平。该项目获2020年度山东省科学技术进步奖一等奖。

实用中药饮片快速鉴别及应用的系列图谱 该项目采用将中药饮片的炮制技术、鉴别要点、使用方法、治病验方、养生偏方等,经过图文并茂、要点标注、中医术语与现代疾病名称表述相结合的表现形式,将中医中药创作成通俗易懂、直观明了、易于为大众所理解和接受的科普知识,宣传介绍中医药常识和一些简单易行的防病治病方法,使广大群众更加热爱和了解中医药,提高国民传统医学文化素质,使中医药成为群众促进健康的文化自觉。该项目获2020年度山东省科学技术进步奖三等奖。

【省级中医药继续教育】 2020年12月,省中医药研究院中药炮制研究室牵头举办了山东省中医药继续教育项目"中药传统炮制、制药技术与饮片鉴别培训班",该培训班分别从中药饮片风险品种的鉴别、传统方剂的传承与创新、中药炮制传承发展、中医药传统制剂制作技艺等方面进行了授课,同时进行了中药传统炮制、制药技术演示与实践等,来自全省各级中医医疗机构、高校和企业等中医药从业人员57人参加了培训。

【研究生教育】 2020年,省中医药研究院作为山东省首批研究生联合培养基地,联合培养山东中医药大学硕士研究生4名,4名研究生已顺利通过学位论文答辩,取得硕士学位。

【科研人才队伍建设】 2020年,省中医药研究院具有享受国务院政府特殊津贴专家1人,山东省有突出贡献的中青年专家1人,国家科学技术奖励评审专家9人、国家新药评审委员2人,国家保健食品评审专家3人,国家"创新药物和中药现代化"评审专家1人,国家重点新产品评估专家1人,省新药评审委员1人,博士生导师1人,硕士生导师12人,齐鲁卫生与健康领军人才1人、齐鲁卫生与健康杰出青年人才6人,荣获山东省中医药杰出贡献奖2人。

【科技咨询与服务】 2020年,省中医药研究院充分发挥其在中医药科研领域的优势,为中医药产业机构提供科技技术服务。与济南明歧医药科技有限公司、烟台巨先药业有限公司、山东宏济堂制药集团股份有限公司、济南市中医医院签订技术服务合同,累计合同金额为367.75万元。

【重点平台建设】 2020年,省中医药研究院新增一个省级研究中心"山东省经典名方开发工程研究中心",该中心于2020年6月获山东省发展和改革委员会批准,中心坚持以临床为导向开展新制剂研发,以名医名方、经典名方或临床疗效确切的验方为基础,围绕危害人民健康的重大疾病及常见病、多发病进行新制剂的研发。剂型包括传统剂型和新剂型,如丸剂、散剂、合剂、颗粒剂、胶囊剂、软膏剂、黑膏药、贴剂、巴布膏等,应用的新技术包括固体分散、纳米乳、微丸、结肠靶向制剂等。按照国家药品监督管理局中药经典名方复方制剂及物质基准申报资料的要求,对经典名方进行开发研究。重点在中药新制剂及新剂型、中药质量综合评价、中药药效物质基础等方面开展研究,通过建立全面的质量控制方法,提高中药制剂质量控制水平,为创制现代新型中药,提高中药质控水平,奠定坚实基础。

(山东省中医药研究院　陆永辉)

山东省计量科学研究院

【概述】 2020年,山东省计量科学研究院(以下简称省计量院)坚持以习近平新时代中国特色社会主义思想和党的十九大精神为行动指南，积极应对新冠疫情带来的不利影响，助力企业复工复产，科研工作呈现出新局面新特点。基础研究项目立项取得突破，获批立项山东省自然科学基金重点项目1项，成为省计量院承担的首个自然科学基金类项目；科技奖励多元化发展，荣获山东省科学技术进步奖一等奖1项，首次荣获中国商业联合会科学技术奖、山东省分析测试协会科学技术奖和山东省环保产业环境技术进步奖等奖项，获奖渠道进一步拓展；创新平台再添新成员，山东省水表（热量表）及机动车检测2个计量产业联盟、山东省仪器仪表标准化专业委员会及9个专业计量技术委员会的成立，丰富了科技创新平台的种类和数量，使省计量院科研工作更加贴合产业发展需求。

【计量业务】 2020年，省计量院成立了疫情防控专班，开辟了"检定校准绿色通道"，增设了疫情期间接收企业仪器邮寄代办业务，全年累计完成3000余台件测温设备和500余台件诊疗设备的检测任务。为企业减免费用6588万元。截至2020年底，省计量院共有社会公用计量标准369项，在全国省级计量技术机构中位列第2位，继续保持全国前列。作为主导实验室组织完成国家总局和全省实验室比对15项。作为技术审查机构，完成技术审查任务1692项；承接监督抽查任务10项。完成23家重点用能单位的能源计量审查工作。完成了3个国家型式评价实验室的现场考核，"国家体温计型式评价实验室（山东）"获批筹建。全年完成常规检校业务27万台件，同比上涨7.2%；完成型式评价任务4300台件，同比上涨13%。

【科研项目】 2020年，省计量院申报的山东省自然科学基金重点项目"基于PPLN晶体倍频光纤耦合光电导开关原理的太赫兹成像系统发射源的研究"获批立项，是省计量院承担的首个自然科学基金项目；"(450～670)℃高精度恒温盐浴槽的研制"等27个山东计量测试学会科技计划项目获批立项。2020年，省计量院共承担"防雷元件测试仪校准规范"等国家计量技术规范制修订项目12项（其中第一起草单位2项）、"光纤位移传感器计量特性的试验方法"等山东省地方标准制修订项目14项、"冷滤点测定仪校准规范"等行业计量技术规范制修订项目8项、"在用安装式交流电能表检定周期调整的实施规范"等山东省地方计量技术规范制修订项目12项。

【科研成果】 2020年，省计量院承担的"便携式温湿度发生器的研制"等13个原山东省质监局科技项目和"电能表检定装置远程自动校准关键技术的研究"等19个山东计量测试学会科技计划项目通过验收。项目"离子化合物分析关键技术及仪器的开发与应用"获山东省科学技术进步奖一等奖（第3位）；项目"食品安全危害物质检测及量值溯源关键技术与应用"获中国计量测试学会科学技术奖二等奖；"新型高精度温度源装置研制及应用""人体血液循环系统关键计量参数溯源方法研究及应用"两个项目获中国计量测试学会科学技术奖三等奖；项目"颗粒物（PM10和PM2.5）监测仪量值溯源装置研制与应用"获中国商业联合会科学技术奖二等奖；项目"泰山玉产业的开发应用关键技术"获中国轻工业联合会科技进步奖二等奖；9个项目获山东计量测试学会科学技术奖，3个项目获山东省分析测试协会科学技术奖，1个项目获山东省环保产业环境技术进步奖。2020年，省计量院获授权专利21件，其中发明专利4件；软件著作权登记31件。研制标准物质30种，完成科技成果转化3项，合同金额11万元。24人入选山东省市场监督管理局科技专家库。1人获第八届杰出工程师荣誉称号、1人获第八届优秀工程师荣誉称号、1团队获第八届杰出工程师团队荣誉称号。1人获"第十届山东省优秀科技工作者"荣誉称号。

【科技平台建设】 2020年，省计量院成立了山东省水表（热量表）及机动车检测2个计量产业联盟；获批成立了山东省仪器仪表标准化专业委员会及9个专业计量技术委员会。参与了山东省海洋观测与宽带通信技术协同创新中心的建设工作。

山东省海洋观测与宽带通信技术协同创新中心 该中心由青岛大学牵头成立，参与单位包括山东大学、复旦大学、国家海洋局第一海洋研究所、山东省计量科学研究院、山东省科学院激光研究所等高校、科研院所，中心围绕海洋信息观测、数据传输、数据分析和数据应用等产业链条，开展海洋观测与通信应用基础研究、产业化实验及成果应用推广等工作。2020年5月，中心签约及揭牌仪式在青岛举行。

山东省仪器仪表标准化技术委员会 2020年11月，山东省仪器仪表标准化技术委员会成立大会在济南召开，与会人员审议通过了省仪器仪表标委会章程（草案）、秘书处工作细则（草案）以及近期工作计划，对省计量院承担的山东省地方标准《脉冲激光器测试方法》进行了审查，对标准化基础研究项目"脉冲激光器地方标准研究"进行了验收，针对标准化知识和GB/T 1.1—2020进行了专题培训。山东省仪器仪表标准化技术委员会由山东省市场监督管理局批准成立，主要负责山东省仪器仪表领域标准制修订等工作，秘书处设在省计量院，委员共47人，分别来自科研院所、高等院校、行业协会和仪器仪表生产企业等。通过建立标准化技术委员会、产业计量测试中心、成立产业联盟和专业计量技术委员会等形式，解决山东省仪器仪表产业发展共性问题，推动产业技术创新和高质量发展。

山东省水表（热量表）产业联盟 2020年6月，

山东省水表（热量表）产业联盟成立大会在临沂市召开，省计量院联合临沂市检验检测中心、山东省科学院自动化所、济南市水务集团有限公司、济南热力集团有限公司等机构作为发起单位，各地市计量技术机构以及全省有影响力的水表（热量表）制造企业和软件科技公司等90家成员单位参加了成立大会。山东省水表（热量表）产业联盟的成立，将促进行业针对水表（热量表）产业关键、共性及重大前沿技术的研发，加快成果转化，推广新技术，提高水表、热量表产业技术创新能力，延长壮大产业链，支撑和引领产业发展，做大做强山东省水表（热量表）产业。通过建立以检测机构为主体、以市场需求为导向、"产学研检用"相结合的技术创新体系，将大力提升山东省水表、热量表企业的市场竞争能力，逐步引导和支持创新要素向企业集聚，保障科研与生产紧密衔接，推动产业结构优化升级，提升产业核心竞争力，促进山东省水表（热量表）产业健康有序发展，推动产业由"山东制造"向"山东智造""山东标准"转变。

山东省机动车检测计量产业联盟 2020年6月，山东省机动车检测计量产业联盟在济南成立，山东省计量科学研究院、山东省交通科学研究院、山东省交通学院以及省内有影响力的机动车检测机构、机动车设备生产企业和科研机构等70余家单位参加。联盟的成立是机动车检测产业有序发展的需要，是计量技术服务中小企业的具体行动，是确保全省机动车检测量值准确可靠的重要举措，也是推动各检测机构健康发展的有效保障。联盟将加强行业自律，搭建以检测机构为主体的"产学研检"技术创新体系，提高全省机动车检测机构的管理和运行水平，提升山东省机动车检测装备制造企业的市场竞争力，更好地促进产业的健康发展。

【学术交流】 2020年，省计量院累计参加各类学术交流活动100余人次，先后主办了"泰山科技论坛——精准计量支撑高端装备制造""全国衡器计量技术委员会年会"和"互联网＋能源管理"高级研修班等学术交流会议。

泰山科技论坛——精准计量支撑高端装备制造 2020年8月，"泰山科技论坛——精准计量支撑高端装备制造"在济南召开，山东省是装备制造业大省，高端装备制造业是山东省新旧动能转换"十强"产业之一，该活动围绕精准计量支撑高端装备制造主题进行专场报告，报告内容涉及国际计量最新发展动向、计量工作面临的机遇和挑战、计量测试在新工业革命中的地位和作用、新形势下企业如何做好计量工作等多个方面。来自山东计量测试学会理事单位、全省各计量院所、相关企业计量专业技术人员共计100人参加了此次论坛。

"互联网＋能源管理"高级研修班 2020年10月，由山东省人力资源与社会保障厅主办、省计量院承办的山东省专业技术人才知识更新工程2020年高级研修项目计划——"互联网＋能源管理"高级研修班在莱芜成功举办。研修班邀请了国家应对气候变化战略研究和国际合作中心李俊峰研究员、山东大学能动学院博士生导师杜广生等10名国内知名专家授课，分别就"超声波流量计在低碳计量中的应用""工业互联网仪表平台支撑企业能效管理""发展转型与能源革命"等10项课题进行了讲解，在莱钢计控处和山东力创科技股份有限公司进行了现场教学，来自全省重点用能企业和仪器仪表制造企业共50名代表参加了培训。

联合企业举办技术交流会 2020年11月，省计量院热工计量研究所与北京康斯特仪表科技股份有限公司共同举办了技术交流会，会议研究了干体炉通过多段控温提高垂直温场均匀性的技术；比较了干体炉使用内外传感器控温的性能及对现场校准的影响；探讨了集长炉与短炉为一体的热电偶检定炉的实现方法及其校准方法；讨论了通过智能多通道超级测温仪、智能精密恒温槽等仪器的联网使用实现远程自动校准的可行性。此次会议增加了与企业间沟通，对新型产品进行了深层次的学习，共同助力于计量行业创新发展。

全国衡器计量技术委员会年会暨技术规范审定会 2020年度全国衡器计量技术委员会年会于11月在泰安召开，来自全国各个省市计量技术机构、生产企业及高校科研院所的委员代表共计90余人参加会议，山东省市场监管局、国家市场监管总局计量司及省计量院相关领导出席会议。此次会议完成了对《无线非自动秤校准规范》的审定，开展了24个衡器国家计量技术规范的复审评估，表决通过了复审建议，就如何服务好新修订的强制管理计量器具的目录进行了研讨，论证了2021年国家衡器计量技术规范制修订申报项目。

【计量科普】 2020年，省计量院顺利通过2020年山东省科普教育基地的复验。制作了科普视频《体温计，您会使用了吗?》，在"5·20世界计量日"、全省"检验检测机构开放日"等活动期间，围绕"计量精准战'疫'、助力复工复产"这一主题，精心组织开展免费检测、实验室开放、计量科普宣传等活动，取得了良好的效果。

精心制作科普宣传作品 省计量院充分发挥山东省"科普教育基地"作用，在山东计量公众号发布《体温计注意事项》文章，介绍常见的几种体温计的使用方法和注意事项；制作了《体温计您会使用了么》动漫科普，在新华社客户端、人民网客户端、中国质量新闻网等多家媒体播出，播放量至少达数百万次，其中仅新华社客户端就达93万次，视频内容被多家同行引用，为疫情防控提供强有力的计量技术支撑和保障作用，科普效果显著，制作的视频和海报分获"阻击疫情——战'疫'有我"山东省抗击新型冠状病毒肺炎疫情科学与艺术作品征集活动视频类一等奖和海报类三等奖、第三届山东省科普创作大赛科普视频类二等奖和平面设计类一等奖。

开展免费检测咨询活动 2020年5月，省计量院在千佛山园区开展了"5·20世界计量日"免费检测及咨询活动，免费检测、咨询240余次，发放计量科普材料1000余份，同时免费开放计量超市、度量衡展厅和重点实验室供市民参观，普及和宣传计量工作。在"5·20世界计量日"免费检测咨询活动和"九月质量月"全省"检验检测机构开放日"启动仪式等活动期间，配合山东人民广播电台拍摄了《山东用好精准计量标尺助力高质量发展》《老视镜 要选好 配镜买镜有妙招》《计量超市：计量检测免费 快来一验真假》《省计量院开展免费检测咨询活动》等新闻，全年多家媒体平台发布新闻报道140余篇，形成了强大的传播力和影响力。

全省"检验检测机构开放日"启动 2020年9月，由山东省市场监管局组织开展的全省"检验检测机构开放日"启动仪式在省计量院举行。山东省市场监管局、山东省消费者协会、山东省计量院、山东省医疗器械检验中心等6家省级检验检测机构相关负责人，以及部分媒体和消费者代表参加了活动。按照省市场监管局的统一安排，山东省计量院、山东省医疗器械检验中心等6家省级检验检测机构统一向社会开放实验室，开放实验室面积估计约13万平方米，各类检验检测仪器设备14000台（套）。

（山东省计量科学研究院 刘继义 张瑞锋 李凤霞 曹 丛）

山东省科学院生物研究所

【概述】 山东省科学院生物研究所（以下简称生物所）成立于1983年5月，省级公益二类事业单位，隶属山东省科学院。生物所设有生化分析、药物筛选、食品生物技术、工业微生物、微生物药物五个研究室和一个成果转化中心，主要从事传感器及智能控制、药物毒性及活性筛选与评价、食品加工技术、工业微生物发酵工艺、海洋微生物药物方面的基础、共性关键技术及应用示范研究。拥有山东省生物工程技术创新中心、山东省生物传感器重点实验室、山东省生物检测技术工程实验室、山东省人类疾病斑马鱼模型与药物筛选工程技术研究中心、山东省海洋工程技术协同创新中心、山东省海珍品精深加工工程技术协同创新中心、山东省海洋工程技术协同创新中心、山东省生物传感器技术研究推广中心、生物制造技术研发平台和中澳特色生物资源产业技术创新联合实验室10个省级实验室平台，科研仪器设备1730台（套）。在职职工80名，其中正高职称13人，副高职称25人，博士学位职工37人，硕士学位职工13人，享受政府特贴人员3人，省级有突出贡献的中青年专家2人，省科学院杰出青年3人，枣庄英才2人。生物所办公楼面积达7000多平方米，实验条件和仪器设备有较大改变，研发实力进一步增强。积极开展国际交流合作，与加拿大、美国、澳大利亚、法国、英国、德国、以色列、俄罗斯等国家和地区的学术机构建立了良好的合作关系。引进国家高端外国专家1人、山东省泰山学者海外特聘专家2人、省高端外国专家1人、省智惠山东专家1人、省高端一圈外国专家3人。多名外国专家分别荣获"国家友谊奖""齐鲁友谊奖"。截至2020年底，共取得科研成果200多项，获得专利148件（国家发明专利90余件），国家级新产品4项，国家新药证书2个，农业部登记新农药7项。获得国家发明奖2项，国家科技进步奖1项，省部级科技进步奖40余项，厅局级奖励60余项，发表论文938篇（SCI收录75篇）。先后被省委、省直机关工委和省总工会授予"省级文明单位""省直机关文明单位""青年文明号""模范职工之家""职业道德建设标兵集体"等荣誉称号。

【科教融合】 2020年，生物所制定了硕士研究生招生专业目录和招生简章；参与制定轻工技术与工程专业、生物学专业相关方向学术硕士研究生及生物与医药专业硕士研究生培养方案，招收硕士研究生24名。积极开展硕士研究生导师遴选及招生资格审核认定工作，新增硕士研究生导师15名，截至2020年底，生物所具备硕士研究生导师资格共计35人，招生资格审核认定的共计32人。在读研究生管理方面，制定了双选及培养方案，完成了开题报告、中期筛选、进展汇报。完成2019年科教融合固定资产录入。完成生物学与生物化学ESI开放课题征集、评审及立项。参与申报食品学博士点和轻工学博士点；参与生物学学科评估。

【科研成果】 2020年，生物所新增各类科研项目43项，其中国家级科研项目5项，省部级科研项目9项，其他项目6项，合同总额1964.3万元。已完成项目结题和验收20项。已签订79项技术合同，合同总额1395.7万元，RD经费3360万元。发表学术论文85篇，其中SCI收录64篇（一区7篇，二区14篇），EI收录3篇。新增授权专利22件，其中发明专利21件。申请PCT专利1件。获得国家级表彰1项，省级以上科研奖励3项。提供公益性社会服务项目多项。获批济南市院士专家工作站1项。

【科研人才】 2020年，生物所与比利时Piet Herdewijn院士签订全职引进协议，因疫情原因，暂时未到岗。引进新加坡南洋理工大学、比利时鲁汶大学等优秀博士生6人，在站博士后和研究生逐年递增。提高新入职博士待遇和完善的科研支撑条件，严格执行准聘期考核目标，为多出快出科研成果提供了充足的政策保障。新增泰山学者青年专家1人，山东省优秀青年基金获得者1人。新增省部级团队1个。英国伯明翰大学阿提拉教授及团队获批山东省外专双百－团队项目。获得济南市优秀科技工作者1人。

【科技成果转化】 2020年，生物所签订技术合同79项，合同总额1395.7万元，其中在技术市场认定管理局登记69项，金额1248万元；未登记合同10项，金额147.7万元；已到账597.49万元，其中科技成果转化合同到账469.75万元，其他收入到账127.74万元。参与组建山东创新创业共同体2个。已转让发明专利3件，转让金额358万元。

【对外合作】 2020年，生物所立项国合项目4项，包括山东省"外专双百计划"团队项目、济南市"泉城高端外专计划"团队项目、济南市"高校20条"引进高端人才落地项目、科教产融合创新试点工程项目（国际合作项目）。生物所建立中国－乌克兰生物医药联合实验室、中澳特色生物资源产业技术创新联合实验室、中国－格鲁吉亚特色生物资源开放利用联合实验室、中国－乌克兰气体传感器联合实验室、中国－韩国天然功能分子联合实验室和中国－比利时合成生物学创新研究中心6个科研平台。培养国际学生1人，生物所与澳大利亚弗林德斯大学开展国际博士生联合培养，1名所内职工获批攻读博士学位。已引进海外高层次专家14名，其中院士3人；拟引进海外专家2名。

（山东省科学院生物研究所　何秋霞　张显升）

山东省食品发酵工业研究设计院

【概述】 山东省食品发酵工业研究设计院（以下简称省食品发酵院）创建于1963年，是山东省唯一的集食品发酵工程技术研究、检测、设计为一体的综合性专业研究开发事业单位，上级主管部门是山东省轻工业协会，2015年12月山东省人民政府办公厅出台"鲁政办字〔2015〕248号"文件，撤销山东省轻工业协会等5个工业协会事业单位建制，相应调整所属企事业单位，省食品发酵院整建制移交省国资委管理。2018年6月山东省机构编制委员会出台"鲁编〔2018〕21号"文件，将省食品发酵院整建制移交齐鲁工业大学（省科学院）管理。2019年7月，省食品发酵院党委整建制由山东国投党委转移到齐鲁工业大学（山东省科学院）管理。该院配备3500m²的实验室及相关研发检测设备241余台（套），2020年筹集资金300余万元，招标采购高分辨液质、酶标仪等仪器设备50余台（套）。截至2020年底，省食品发酵院已先后获得国家和省部级科技进步奖73项，其中获国家科技进步奖二、三等奖4项，省部级科技进步奖二等奖以上30多项，拥有有效发明专利54件，制定国家标准、行业标准及企业标准几十项，在国内外核心期刊发表论文520余篇。另外，国家食品企业质量安全检测技术示范中心、山东省食品发酵工程重点实验室、山东省食品发酵行业技术中心、山东省饮料行业协会秘书处、山东省乳制品工业协会秘书处设在省食品发酵院。2020年，该院连续第18年获得省直机关精神文明建设委员会授予的"省直文明先进单位"称号。

【科研重点与计划】 2020年，省食品发酵院主要业务包括食品与生物科学研究、食品安全和质量控制以及科技合作交流、研究生培养、面向社会提供相关咨询服务，为食品行业发展提供技术支撑。重点研究领域涉及微生物新型发酵技术、天然新型食品添加剂及功能食品基料生产技术、农副产品精深加工及高值高效生物转化技术、特殊用途（医用食品）功能食品生产技术及香精香料生产技术等领域。在国内率先实现了赤藓糖醇、黄原胶、衣康酸、葡萄糖异构酶、人工培养冬虫夏草、D-核糖、可得然胶等生物聚合物、DHA（二十二碳六烯酸）、葡萄糖酸钠、果蔬深加工制品等技术的产业化。

【科研成果与奖励】 2020年，省食品发酵院先后承担完成了食品发酵工程科研、设计成果共计53余项。申报各级纵向项目16项：其中国家自然科学基金项目4项（青年基金3项、联合基金1项）、省重点研发计划（重大创新工程）项目2项、省自然科学基金重点项目2项、鲁渝科技协作计划1项、新旧动能转换重大工程重大课题攻关项目1项、科教产融合创新试点工程项目3项、山东省高等学校优秀青年创新团队1项、院地产学研协同创新基金1项、中央引导地方科技发展资金项目1项。立项项目5项：其中山东省重点研发计划项目1项、无棣县产学研协同创新基金项目1项、重大创新工程2项、人才项目1项。新上横向项目23项：其中技术转让8项、技术开发2项、技术服务12项、工程技术咨询1项。结转国家及山东省、济南市级计划项目12项：其中国家重点研发计划子课题1项、山东省重点研发计划（重大创新工程）2项、山东省重点研发项目6项、济南市科技发展计划项目1项等。开展探索研究课题20项。结题项目3项：其中国家自然科学基金面上项目1项、山东省重点研发计划项目2项。在香精香料研发方面，申请立项科教产融合创新试点工程项目子课题1项（玫瑰花高值综合利用关键技术及应用示范）。

2020年，省食品发酵院获中国轻工业联合会科学技术进步奖三等奖1项，省生物发酵产业协会科学技术进步奖二等奖1项。获授权发明专利6件、实用新型专利1件，申请发明专利20件（含PCT国际专利3件，其中1件已经进入具体国家阶段），起草制定山东省食品工业协会团体标准12项。发表科技论文15篇，其中SCI收录8篇（含1区论文3篇）。

【科研成果产业化】 2020年，省食品发酵院积极促进科技成果的转化，充分利用自身工程研究及设计方面的优势，完成的多数成果实现了工业化生产。与河北玉星生物工程股份有限公司、德州和洋生物科技有限公司、山东朱氏药业集团有限公司、滨州中谷麦业有限公司、天水供销构树生物投资集团、新疆沂利泓生物新材料科技有限公司、山东萃源亿康生物科技有限公司、山东绿霸生物科技有限公司、山东三井酒业有限公司等企业签订技术转让开发等合同23项，合同额达1249.66万元。

【科研管理与体制改革】 2020年，省食品发酵院为进一步强化内部管理，提高工作效率，使内部管理更加制度化、规范化，在管理措施运行中，提供必要的场地和科研仪器等基本硬件条件。对公用仪器设备的购置、使用管理、报废制度、仪器设备操作规程、实验室安全管理制度等都做了进一步详细的规定，对部分管理制度进行了修改和完善。在制定管理措施时，以技术创新为核心，以科技研发和技术转化为手段，创造良好的科研环境和实验条件，具有不断创新的可持续发展能力。

【科研平台建设】 2020年，省食品发酵院现有平台包括"国家食品企业质量安全检测技术示范中心""山东省食品发酵工程重点实验室""中国轻工业功能制品发酵技术重点实验室""山东省食品发酵工程行业技术中心"（与齐鲁工业大学共建）、"山东省特殊医学用途配方食品质量控制工程技术研究中心"（与食品药品研究院合作）。

【科技人才培养与队伍建设】 2020年，省食品发酵院入选泰山产业领军人才1名，入选淄博英才1名；引进海外优秀博士1名；组织申报了2020年度硕士研究生导师上岗招生，该院7名导师共招收硕士生13名。

【科技咨询与工程设计】 2020年，省食品发酵院主要职能部门之一山东省食品质量监督检验站签订委托检验合同24个，为110家企业提供了技术支持，完成20余家企业的化验员培训工作，共完成600余个食品样品委托检验，通过了山东省市场监督管理局组织的乳粉中蛋白质检验能力验证。省食品发酵院主要下属单位之一山东食品发酵工程设计所，接续施工图项目10项，签订技术咨询和技术服务合同3份，合同额16余万元。该院香精香料研究所申请并立项省技术创新项目"玫瑰花高值综合利用关键技术及应用示范"，获实用新型专利1件。

【科技合作与交流】 2020年，省食品发酵院与青岛科技大学、山东绿丰生态农业股份有限公司等联合申报2020年新旧动能转换重大工程重大课题攻关项目、与北京工商大学（承担单位）联合申报国家重点研发计划项目"传统酿造食品产酶菌种资源挖掘与功能性评价"；省食品发酵院（主持单位）与泗水利丰食品有限责任公司联合申报山东省重点研发计划项目（医用食品专项计划）"甘薯膳食纤维的研制及医用食品开发"；齐鲁工业大学（承担单位）与省食品发酵院、诸城兴贸玉米开发有限公司联合申报山东省重点研发计划项目（医用食品专项计划）"基于糖尿病人群的碳水化合物组件制备关键技术"；省食品发酵院（主持单位）与上海理工大学、山东康特尔食品有限公司联合申报山东省重点研发计划项目"基于进食受限人群的特殊食品开发与组成结构研究"以及与青岛琅琊台集团股份有限公司联合申报山东省重点研发计划项目"n-3脂肪酸生产关键技术及医用食品开发"；省食品发酵院与烟台恒源生物股份有限公司联合申报山东省重点研发计划项目（重大创新工程）"天冬氨酸基绿色助剂制备关键技术及产业化"、与鲁东大学、山东齐鲁浩华食品科技有限公司联合申报山东省重点研发计划项目（重大创新工程）"冬枣智能分选、精深加工、副产物高值化关键技术研究及产业化"、与山东建筑大学热能学院联合申报山东省重点研发计划（公益类）项目"基于能量梯级利用的燃气空气源热泵供热机组"，均在按计划进行中。

2020年，省食品发酵院参加山东省"四进"攻坚行动省派潍坊省农科院工作组与安丘市政府共同举办"战疫情、促振兴——科学家与企业家牵手行动"启动仪式；参加国内国际学术会议6次，分别为全国糖生物学会议、中国工程科技论坛—中国传统食品发展战略论、中国传统食品发展中国工程科技研究第三轮会议、中国食品科学技术年会第十七届年会、山东省食品科学技术学会第八届年会、传统酿造食品现代化生产技术创新论坛。

（山东省食品发酵工业研究设计院 黄 婧）

山东省农业科学院作物研究所

【科研项目经费】 2020年，山东省农业科学院作物研究所（以下简称作物所）新上科研项目46项，立项总经费6217.13万元，全年到位经费3975.43万元。其中，国家重点研发计划课题2项，立项总经费2936万元；国家自然科学基金项目5项，总经费184.8万元；国家产业技术体系岗位6个、试验站2个，总经费325万元；省良种工程项目1项，总经费600万元；省产业技术体系岗位5个，总经费125万元；省自然科学基金项目7项，总经费83万元。

【科研成果及选介】 2020年，作物所获得成果奖励5项，其中"高产优质广适大豆品种齐黄34的推广应用"获中国技术市场协会金桥奖一等奖，"小麦玉米肥水协同周年丰产关键技术创新与应用"获山东省科学技术进步奖一等奖（第二完成单位），"小麦壮根调冠抗逆高效技术"和"济薯25、济薯26甘薯新品种选育与应用"获山东省科学技术进步奖二等奖，"多元化粮油作物周年绿色高效种植模式集成与示范"获山东省农牧渔业丰收奖二等奖。获授权专利27件（国际发明专利4件，国家发明专利8件，实用新型专利15件）；审定作物品种4个（山东省审定小麦品种3个，贵州省审定大豆品种1个），1个谷子品种通过登记；授权软件著作权8件、植物新品种权6项；制定山东省地方标准4项；发表论文74篇（其中SCI/EI收录27篇），主编著作1部。

【科研平台建设】 2020年，山东省小麦技术创新中心获省科技厅批复立项。承建的农业农村部黄淮北部小麦生物学与遗传育种重点实验室通过农业厅组织的专家验收，在"十三五"农业农村部考核中获优秀等次；承建的农业农村部黄淮海薯类科学观测实验站42台（套）仪器设备已全部到位，种薯贮藏窖、智能温室、网室、塑料大棚、排水沟等田间工程完成批复建设内容。承建的山东省国家农作物品种测试站项目完成绝大部分建设内容的招标和建设工作，实验室仪器设备、绝大部分农机具已到位并使用。小麦分子育种平台项目完成任务目标，建立了小麦分子育种信息共享系统，改善了实验条件，实现了标记的高通量检测。建立了农杆菌介导的高效小麦基因编辑技术体系，在小麦多基因多靶点编辑技术方面取得重大进展。建立了小麦基因编辑的基础平台，为种质资源的创新和利用提供了有效途径，获得多个基因编辑体，并对后代的遗传群体进行遗传规律研究，取得了良好的进展。

【科技成果转化与推广】 2020年，作物所全年实现成果转化收入到账金额1146.65万元，其中济糯116转让拍卖成交金额1010万元。作物所扎实推进乡村振兴科技支撑九大行动，成立"三个突破"专班，选派5名骨干挂职第一镇长、科技副总，定点帮扶招远、费县、郓城等县市。在招远张星镇，2020秋播济麦23达到1万亩，占全镇小麦种植面积的四分之一。在费县，建成特色小麦新品种济糯116千亩订单示范田，推广济薯26、济薯21万余亩；薯类团队帮扶金满田甘薯种植专业合作社建成80亩脱毒种薯育苗基地，围绕水肥一体化标准栽培模式、鲜食地瓜分拣线、商品薯储藏窖建设以及销售网络等方面，以新庄镇为核心打造特色"地瓜小镇"。在郓城，开展小麦新品种高产创建，落地鲁研公司济麦22"千乡万村科技直通"良种直供项目；分别成立农科专家工作室3处；落地各类项目资金总额30万元。育成的中强筋小麦新品种济麦23在烟台龙口实打亩产831.64公斤，刷新了该品种2019年在烟台招远实打亩产821.49公斤的成绩。

超强筋小麦品种济麦44在潍坊寒亭创造亩产766.62公斤的全国超强筋小麦单产纪录,济麦44累计推广面积514.2万亩。齐黄34在菏泽东明实打亩产353.45公斤,创我国夏大豆高产纪录。济薯26在东营河口盐碱地实打平均亩产3528.6公斤,创盐碱地优质鲜食甘薯单产纪录。

【科技人才队伍建设】 2020年,作物所在职职工115人,其中,高级职称54人,博士65人。新引进博士5人,聘任第一所长2人,聘任院产业研究员2人。入选"泰山产业领军人才"1人,完成泰山学者产业领军人才届满考核1人。入选院优博人员5人。作物所与鲁东大学建立了"研究生教学实践基地",与烟台大学生命科学院签订合作框架协议,联合开展研究生培养工作。1人荣获2018年度"庄巧生小麦研究奖青年奖",1人被评为山东省省直机关最美职工,1人被评为"山东好人",2人被评为省农科院"十佳农科人"。

【国际科技合作与交流】 2020年,作物所继续支持中国援苏丹农业技术示范中心,加快小麦在苏丹的引种试验,有4~5个品种表现较好。与日本国立农业与食品研究组织开展抗小麦黄花叶病毒病基因的克隆与应用研究,全职引进日本小松田隆夫加入小麦遗传育种团队,申获科技厅"双百"计划项目1项。与澳大利亚默多克大学继续开展小麦品质相关基因克隆与功能验证等方面的研究。举办"双月论坛"学术报告会8期,邀请省内外24位专家学者进行了学术交流。成功组织召开了"泰山科技论坛——第二届全国小麦青年育种家研讨会"和2020年山东省作物学会学术年会。

(山东省农业科学院作物研究所 戴海英 王红日)

山东省海洋化工科学研究院

【科技项目】 2020年,山东省海洋化工科学研究院(以下简称海科院)共承担各级各类科技项目15项,其中省级重大科技创新工程项目4项,包括"环保水性功能单体材料的研究开发""基于工业级连续流反应技术的化工装备系统研究及产业化应用""面向绿色化工的均相离子交换膜技术"和"先端功能单体及材料研发与典型应用开发";市科技发展计划项目3项,包括"面向传统产业绿色化改造的电膜材料及其装置开发""四溴双酚A双(2,3-二溴-2-甲基丙基)醚制备关键技术及应用开发"和"应用于CPVC、CPE副产盐酸综合处理的均相膜电渗析技术开发";滨海区科技发展计划项目"吸甲醛树脂聚合物的合成开发"。在承担上级计划项目的同时开展自主研发项目6项,包括"高品质硝酸钾绿色合成工艺开发""高品质双丙酮醇的绿色合成工艺研究""具有特定结构的溴化SBS制造专用原料TSBS产业化技术开发(小试)""2-氨基-4-氟吡啶的合成""织物用环保水性阻燃涂层胶的配方设计与应用研究"和"两亲性丙烯酸氟硅锌防污涂料的设计制备及应用研究";此外还与日本东丽公司、印度RAJ ORGOCHEM PRIVATE LIMITED公司等开展合作项目2项,所有项目均按计划有序进行。

2020年,海科院共组织申报各级科研计划项目14项,包括国家重点研发计划项目1项、中央引导地方科技发展资金项目1项、山东省重点研发计划(重大科技创新工程)1项、山东省新旧动能转换重大工程重大课题攻关项目1项、山东省泰山产业领军人才项目1项、潍坊市科技计划项目5项、滨海区计划项目4项,获批2项,其中"碱性离子交换膜制备技术及应用"项目被列入2020年国家重点研发计划,"四溴双酚A双(2,3-二溴-2-甲基丙基)醚制备关键技术及应用开发"被列入潍坊市科技发展计划;内部新立项目6项。全年共获得上级经费补助260多万元,为各项实验研究顺利实施提供保障。

【科技成果及选介】 2020年,海科院共有4个科研项目通过验收,其中潍坊市科技发展计划2项,分别是"高交联扩散渗析阴膜制备关键技术研究开发"和"面向传统产业绿色化改造的电膜材料及其装置开发";自主研发课题2项,分别是"PU/PS用磷酸酯系阻燃剂的合成研究"和"有机光电材料中间体二溴螺二芴的合成工艺研究"。2020年度获奖成果1项,"环保水性功能单体DAAM规模化生产关键技术及装备开发"获得潍坊市科学技术进步奖二等奖。组织申报并被受理专利10件,其中发明专利9件,实用新型专利1件;获得授权专利6件,其中发明专利1件,实用新型专利5件;发表学术论文9篇,其中中文核心期刊2篇。

【科技成果转化及产业化】 2020年,海科院开发的3项技术成果分别在潍坊科麦化工有限公司、山东天维膜技术有限公司和山东天一化学股份有限公司等企业得到应用转化,其中,高品质双丙酮醇的绿色合成工艺研究项目在潍坊科麦化工有限公司实现产业化,2020年度该项目实现新增销售收入2350余万元,新增利税830多万元。高品质硝酸钾绿色合成工艺开发项目在山东天一化学股份有限公司实现产业化,2020年度该项目实现新增销售收入3560余万元,新增利税870余万元。面向传统产业绿色化改造的电膜材料及其装置开发项目在山东天维膜技术有限公司实现了产业化,全年新增2560余万元的销售收入,新增利税700余万元。上述项目的推广应用,对于该地区经济建设和推动行业科技发展等作出了积极贡献。

【科技创新平台建设】 2020年,海科院在科技创新平台建设方面,承担四个平台建设项目,分别是山东省年度中央引导地方科技发展资金平台建设项目"高性能膜材料及阻燃材料开发基础能力建设"、省经信委下达的园区循环化改造公共服务平台项目"海洋化工循环经济技术研发及孵化器"、自主建设项目"海洋化工高端技术研发及转化示范基地"以及2019潍坊市科技发展计划项目"海洋产业技术协同创新中心建设"。通过平台项目建设,提升了技术服务水平和能力,形成了专业团队和先进科研成果,同时为周边企业提供项目研发、技术培训、检测等各类技术服务。为满足未来发展需求,2020年,海科院投资近300万元完成研发实验室的建设,提升了实验室的检测和研发能力,在原有设备基础上,投资近200余万元,新增气相色谱仪、吹扫捕集装置、TOC测定仪等等科研检测分析仪器。

2020年,海科院结合本地区及自身发展需要,利用现有条件申报建设了"山东省海(卤)水利用技术创新中心"和"潍坊市海洋化工创新创业共同体",其中"山东省海(卤)水利用技术创新中心"以海洋精细化工技术集成创新为主攻方向,走海卤水开发利用、综合利用、深加工、循环利用一体化发展之路。积极与高等院校、科研院所和国内外企业开展合作,实现产品技术创新、产业转型升级,加大对海洋资源的开发利用,形成一套海洋资源深加工的生产模式,做到海洋资源的循环高效利用,引导海洋精细化工产业健康发展,将中心打造成在全国有较大影响力的海洋高端化工和新材料成果转化及创新平台。"潍坊市海洋化工创新创业共同体"于2020年12月获潍坊市科技局批准建设,依托海科院,联合中国海洋大学、青岛科技大学等科研院所以及部分潍坊市海洋化工产业代表企业进行建设,搭建海洋化工产业技术研发与转化孵化综合平台,打造成国内海洋化工特色鲜明的招才引智平台、成果转化平台、企业孵化平台和海洋化工产业发展智库,使其成为产学研合作和各级各类人才集聚的载体,进一步促进海洋化工科技成果转化和企业孵化,有效推动潍坊市、山东省海洋化工产业的高质量发展。

【科技人才培养与队伍建设】 2020年,海科院共引进博士1人、硕士3人。以团队建设为基础,引进高水平人才及学术带头人,加强产学研合作,有效提升实验室整体研究水平。通过组织各种形式的学术讲座、参加学术交流会议、开展多领域的产学研合作与交流等方式,不断提高研究人员的研究技能、解决复杂问题的能力、主观能动性和工作效率,促进了科研成果质量的明显提高。

在人才队伍建设方面,开创以海洋产业协同创新研究为导向,以研发团队为单元,以产学研合作企业和高校为平台,搭建立体交叉的人才培养模式,通过学科交叉与融合、产学研用紧密合作等途径,推动人才队伍建设。在建立形成阻燃材料及应用、功能单体及水性化材料,膜技术与工艺绿色化三个研发团队的基础上,引进高水平人才新组建海洋防污防腐新材料研究开发团队。通过"走出去、请进来"模式,扩大人才的有效流动和交流,积极从高校、社会引进专业对口、具有创新精神的各层次人才加入实验室研发团队,不断扩大和充实实验室研发力量。

【技术咨询与服务】 2020年,海科院共为50余家企业提供包括高企申报、知识产权服务、人员培训、仪器设备检测和技术咨询等服务活动,为10余家企业进行项目材料编制、验收策划、项目申报等咨询服务,取得了良好的效果,受到服务企业的一致好评。2020年,检测中心通过扩项提高了检测能力和服务范围,依托各类大型仪器和设备,为有关企业进行各类技术培训130余人次,为当地企业提供海洋精细化工产品的质量检测服务超过8000余项次,这一系列服务对相关行业及企业的技术进步和区域经济发展作出了积极贡献。

【科技合作与交流】 2020年,海科院积极与国内外知名大学、科研院所、重点企业等开展多种形式的科研合作,在产学研用结合方面取得了良好的交流、联合和促进效果。海科院致力打造"顶天立地、机制灵活""政产学研金服用"共同协作、以技术成果产业化为目的的新型研发机构,积极加强科技协作,对接高端技术,围绕潍坊新兴产业培育和传统产业转型升级,借助现有平台为潍坊市海洋化工重点企业提供各类技术服务,2020年与山东天一化学股份有限公司、潍坊中汇化工有限公司、山东化工职业学院分别成立了"海洋精细化学品联合研发中心""特种化学品联合研发中心"和"研教合作中心";聘请中国工程院院士等国内知名专家14人作为海科院智库专家,成立新一届专家咨询委员会;聘请国内知名专家到海科院进行学术讲座8人次,组织参加国内学术会议32人次,依托重点实验室的各类资源，进行项目合作研发及中试试验等技术服务20余次。与中科院化学所、中国科技大学、中国海洋大学、北京理工大学、北京工商大学以及中国阻燃协会等多所院校及行业协会进行了包括人才培养、科研项目等在内的广泛技术交流和科技合作。在加强产学研合作方面积极融入产学研协同创新体系，发挥自身优势，积极寻求建立与其他企业、高校以及科研机构的创新联盟，不断提高技术创新的能力。

（山东省海洋化工科学研究院 钟世强）

山东省红十字会备灾救护中心

【概述】 山东省红十字会备灾救护中心（以下简称备灾救护中心）是省红十字会直属公益一类事业单位，承担备灾救灾物资的储运分发，群众性应急救护知识培训，救护师资、救护员的培训与管理，救护培训基地建设与管理等。2020年，备灾救护中心被中国红十字会总会授予"新冠肺炎疫情防控工作先进集体"称号，成为全国首批"红十字救护员培训国际认证课程"试点单位。

【备灾仓库管理】 2020年，备灾救护中心稳步推进国家二级库创建，落实《红十字物资储备库等级评定标准及评分细则》9类30项指标，健全《物资储存管理制度》等9项制度；落实分级管理制度，科学制定出入库流程，做到前后衔接无缝隙，责任事故可追溯。发挥中心仓库作为全国区域性储备库作用，为中国红十字会、中国红十字基金会储备棉被、帐篷、家庭箱等救灾物资6大类、1.3万件，价值152万元；日照、临沂等地区遭受特大暴雨灾害后，向受灾地区发放家庭箱等救灾物资1142箱，价值36万元；向全省16个地市红十字会、应急救护培训基地发放培训器材717箱、7917件，价值87万多元。

【捐赠物资管理与海外捐赠】 2020年，备灾救护中心在新冠疫情发生后，迅速科学整理规划消杀、防疫、防护物资专区；成立工作专班，优化工作流程，严把入库、出库关；立足疫情防控物资数量大、种类多、周转快的特点，创设了"点、对、人、标"四字入库和"看、审、出、核"四字出库工作法，提高了工作效率。接收发放手套、口罩、防护服、酒精、消毒液等物资47万余件，总价值480多万元。接收来自韩国、日本等十余个国家的捐赠物资266万余件，价值人民币1230余万元，出具通关申报、减免税申请、物资进口证明等函件310余份，实现了物资出入库"零差错"。

【应急救护培训】 2020年，备灾救护中心面对疫情防控严峻形势，开启"线上＋线下＋基地"工作新模式，救护知识普及受益人数实现新突破。线上联合省教育电视台录制《新课堂·同心战"疫"》特别节目5期，专家走进直播室，讲授防控新冠肺炎、心肺复苏、AED使用、儿童防溺水及救生知识等，市民与直播积极互动，网络浏览量累计300多万人次，成为该频道受众最多的节目之一。线下探索应急救护进社区的新途径，联合山东众安安防有限公司启动应急救护知识进社区活动，在4个社区应急救援站建立了示范点，以公司工作网格为依托，稳妥向面上拓展，涵盖所在13个街道办的88个社区、96万名居民，改"进社区"为"驻社区"，实现了救护知识社区普及常态化。

【救护培训标准化建设】 2020年，备灾救护中心组织编写了《山东省红十字会应急救护培训标准化手册》，救护师资培训、救护员培训、心肺复苏＋AED培训、救护知识讲座等严把"四统一"要求。利用中国红十字会应急救护培训管理平台，开发了互联网小程序，将学员信息由培训后录入改为边培训边录入，提高了效率。救护员培训证书由本式纸质证书改为卡式证书，实现批量打印，标准化、规范化水平进一步提高。制定了《省级红十字应急救护培训基地建设标准》，指导全省首批援建的18个应急救护培训基地建设。2020年，备灾救护中心获批中国红十字会首批"救护员培训国际认证课程试点单位"，22名师资参加总会国际认证TOT师资培训。该课程遵照红十字会与红新月会国际联合会复苏与急救指南（2016）的教育部分，以学员为中心，改变传统讲授式授课方式，保障学员掌握救护知识与技能，提升学员现场科学施救的勇气与意愿。备灾救护中心根据救护培训实际需要，设计制作专用简易培训盒，内含三角巾、绷带、呼吸膜，外包装加印"红十字急救掌上学堂"二维码，简单实用、便于携带、适宜普及、节约成本。设计制作家庭用急救包（EVA型），内容物在常用的急救用品基础上，增加了急救毯、高频口哨、安全锤、多功能刀卡、压缩毛巾等户外求生用品，丰富了急救包的内容和意义。

【生命健康安全教育】 2020 年，备灾救护中心承担的"红十字生命健康安全教育"项目通过总会和省红十字会验收，完成结项。该项目通过与省国土测绘院、省粮食和物资储备局、济南市辅仁学校、东方双语学校、山东众安服务公司等机关、社区、学校、企业单位建立联系，向市民普及急救知识，不断提高全民急救意识和急救能力，旨在提高群众的应急自救互救能力，减少自然灾害、突发事件及紧急事故引起的人身伤害导致的死亡和伤残。项目共完成培训救护员 38 期 2061 人，亲子教育讲座 7 场 3060 人，应急演练 4 场 5324 人，主题宣传活动 7 场 8000 人，学校安全教育体验活动 6 场 4429 人，学校健康安全辅导员培训 30 人，举办公益讲座 2 期 150 人，超额完成项目任务。

【红十字应急救护培训基地】 2020 年，省红十字应急救护培训基地被评为"国家级红十字应急救护培训示范基地"，该基地是开展群众性救护知识培训与体验活动，普及自救互救知识、逃生避险技能的场所，是传播红十字精神的有效载体，是促进红十字事业发展的重要阵地。基地教室可容纳百余人同时进行理论知识培训与实操训练，体验教室建有红十字运动、消防安全、应急救护、地震逃生、交通安全、结绳训练等 11 个模块，利用实物、多媒体、AR 技术等，增强体验真实感。2020 年，基地共接受单位、团体以及个人参观体验 30 余场次，体验人数达 1300 余人次，对全省应急救护工作开展发挥了重要的示范带动作用。

（山东省红十字会备灾救护中心　吕　凌　邓　琳）

区域科技发展
QUYU KEJI FAZHAN

济 南 市

【概述】 2020年是"十三五"收官之年，面对严峻复杂的内外部形势、艰巨繁杂的改革发展任务、新冠疫情的严重冲击，全市上下认真贯彻习近平总书记关于科技创新的重要论述和对山东、对济南工作的重要指示批示精神，深入实施创新驱动发展战略，扎实推进"重点工作攻坚年"科技攻坚任务，加快打造"科创济南"，科技创新各项工作积极向好，成效明显。

【科技济南建设】 2020年，济南市科技创新标志性指标大幅提升。全市技术合同成交额337.75亿元，居全省第一。新备案省级院士工作站23家，总数达53家。新增省重点实验室9家，省级以上重点实验室总数达104家，居全省第一。吸引大院大所大企业在济南新建研发或成果转移转化机构68家，累计达245家。新建海外科技企业孵化器2家（总数6家）、海外科技企业研发机构10家（总数51家）。新增国家标准15项。新增有效商标注册5.94万件。济南市高新技术产业产值同比增长23.22%，高出全省15.31个百分点。高新技术产业产值占规模以上工业比重达55.29%，较2019年度增长4个百分点。全市万人有效发明专利拥有量达33.18件。2019年度全市R&D经费支出合计225.53亿元，R&D经费支出占GDP比重达2.39%。全年全部完成或超额完成省市考核指标年度目标任务。

【高新技术及其产业】 2020年，高端新兴产业培育成果突出。济南量子技术研究院研制出国际首个集成化的多通道量子频率转换芯片。中科院苏州医工所山东创新院主持的山东省重大科技创新工程项目"系列化高端流式细胞仪及其配套试剂产业化"完成了样机研制，打破国外在高端流式分析领域垄断的最后堡垒。自主研发的功能扩展型激光扫描共聚焦显微镜完成测试，打破了国外垄断。植物基因编辑产业平台成功开发核酸检测体系及"新冠病毒"核酸检测试剂盒。山东天岳先进材料科技有限公司"宽禁带碳化硅单晶智能化生长装备研发及产业化"项目突破核心关键技术，得到了大尺寸、高质量碳化硅晶体稳定生长的最佳工艺参数。浪潮电子研发的流媒体人工智能专用芯片关键核心技术取得突破。华熙生物开发的透明质酸创新型高端生物医用材料终端产品进入国内市场。山东新创生物科技有限公司的治疗鼻咽癌Ⅰ类新药"注射用戈氏梭菌芽孢冻干粉"获得国家药品监督管理局药物临床实验批准，该药为世界首个细菌溶瘤药物。齐鲁制药位居2020中国药品研发综合实力前四强。

【科技计划】 2020年，优化项目评价方式。在全国范围内率先实现地方科技计划管理系统与国家科技信息管理系统互联互通的基础上，对济南市科技项目全部采用异地专家网络盲评，最大限度规避项目评审中的利害关系，保证评审工作公平、公正进行。加强市级科技计划管理。全年共下达新冠肺炎防控应急专项、重大科创平台、国家重大科技专项配套、企业研发补助、创新券补助等各类市级计划22批，安排项目3720余项，安排资金19.33亿余元。年度财政预算资金全部按时执行完毕。争取中央引导地方科技发展专项资金项目15项、资金1500万元，省财政股权投资项目12项、资金2.68亿元。深化财政科技资金管理改革。实施重大技术攻关"揭榜制"，制定出台《济南市科技计划揭榜挂帅制项目实施方案》。建立健全市级财政科技专项资金预算绩效管理，建立科学、合理的项目支出绩效管理体系。结合科技计划改革，对济南市科技资金进行全面整合，统筹设立市级"科技发展资金池"，提高财政科技专项资金配置效率和使用效益。

【科技创新资源与能力建设】

高能级创新平台建设取得突出成效 推动中科院济南科创城建设。10月29日，山东省、中国科学院、济南市共建中科院济南科创城合作协议在北京签署，中科院济南科创城建设正式进入中科院战略。中科院确定要集中力量将济南科创城打造成为世界知名、国内一流的科技之城、创新之城。山东省、中科院与济南市联合成立了中科院济南科创城共建领导小组，市委市政府专门成立了工作机构，制定措施、挂图作战，加速推进济南科创城及14个"中科系"项目建设。获批建设国家新一代人工智能创新发展试验区，制定印发《济南市国家新一代人工智能创新发展试验区建设若干政策》和建设方案，海康威视、颐高、甲骨文、京东集团等一批"AI国家队"、人工智能独角兽企业、项目和园区先后落地。泉城实验室、微生态生物医学、粒子科学与应用技术三家省实验室建设方案均通过省科技厅组织的专家论证，获得省政府批准筹建。山东区块链研究院等一批新型研发机构注册成立，备案入库省级新型研发机构48家，居全省第一。新获批建设12家省级技术创新中心，省级以上研发平台达到985家。获批省级创新创业共同体8家，总数达9家，居全省第一。

科技服务能力实现大提升 推动省会经济圈一体化发展，牵头成立省会经济圈科技创新联盟。推动科技与金融融合，修订完善《济南市科技金融风险补偿金管理办法》，科技金融风险补偿金合作签约银行达26家，贷款金额、利率、年限等条件进一步放宽，单户企业纳入风险补偿余额进一步提高。全市科技型企业贷款风险补偿共计备案771笔，授信额度33.16亿元，贷款备案金额23.18亿元。科技成果转化贷款风险补偿备案金额16105万元。

科技成果转移转化平台建设成效显著 以省市共建的省技术成果交易中心（济南）平台为核心，以科技成果评估鉴定、挂牌交易、知识产权、科技金融、园区落地、技术经纪业态培育服务为支撑，集聚驻济高校科研院所优质资源，打造济南科技成果转移转化"1+6+N"平台，挂牌科技成果项目290宗，挂牌金额22.7亿元，成交95宗，成交金额6.82亿元。召开济南科技成果转化平台暨服务高校院所行动启动仪式，与山东大学、齐鲁工业大学（省科学院）、济南大学、山东师范大学、山东中医药大学、山东建筑大学、山东交通学院7家高校院所签署服务合作协议。

【农业与社会发展】

农村科技服务水平不断提升 强化科技创新支撑乡村振兴，加快新技术、新品种、新产品、新模式、新业态推广示范，组织企业申报省农业泰山产业领军人才工程高效生态农业创新类、重点研发计划（重大科技创新工程）等，争取5个项目，资金4958万元。依托朱健康院士团队、济南植物基因编辑公共技术平台和山东舜丰植物基因编辑研究院，打造植物基因编辑领域国际知名的科研与成果转化基地，先后引进科研及工作人员160余名。自主研发并申报46件国家发明专利、4件PCT国际专利。开展了3个高品质小麦品种的品种审定及新品种权保护工作，创制了多种高产、耐逆、高品质的作物新种质。引导科技特派员深入到农村基层，开展农业科技综合服务，通过新技术、新品种、新模式的推广，有效提升农村科学种养水平，提高农业产出效益，壮大了村集体经济，带动农民增收、致富。新冠肺炎疫情期间，济南市科技特派员创新服务方式，运用"学习强国"视频平台、手机客户端、网络直播等形式开展线上培训100余次，在线培训人数达4000余人次，主动联系服务镇街乡村和农场农户，为滞销农产品尽快畅通销路，解决了农户燃眉之急。配合省科技厅协调制作科技部党员干部现代远程教育科教片《振兴乡村的"新经济"》，选取济南市优秀科技特派员、科技扶贫、科技致富带头人等40个先进典型进行宣传报道。

社会民生科技创新成效显著 认定市级临床医学研究中心8家，全市市级以上临床医学研究中心总量达到31家。结合新冠肺炎防控一线的实际需要，设立济南市新型冠状病毒感染肺炎防控专项，扶持资金近千万元。204个医疗卫生科技创新计划项目获得科研立项支持。加快国家健康医疗大数据北方中心建设大数据中心、全民健康信息平台和国家人类遗传资源山东创新中心建设，向国家人类遗传资源共享服务平台汇总提交人类遗传资源信息8016677份。齐鲁制药、宏济堂等重点企业研发创新产品成效显著。社会发展领域4个省级技术创新中心、5个省级创新创业共同体获得批准建设。12个医养健康领域企业获得省级新型研发机构备案。制定《关于促进生物技术创新发展的指导意见》。落实中央环保督查整改和生态环保科技工作，编制形成了《济南市水污染防治技术指导目录》（第4期）。

【科技成果与奖励】 2020年度，济南市获国家、山东省科学技术奖84项，其中，国家自然科学奖二等奖1项，国家技术发明奖二等奖1项，国家科学技术进步奖二等奖2项；获山东省科学技术奖80项，其中，山东省自然科学奖一等奖1项、二等奖13项，山东省技术发明奖一等奖2项、二等奖3项，山东省科学技术进步奖一等奖6项、二等奖37项、三等奖18项。

【政策法规与环境建设】

推进创新平台载体建设 出台《济南市新型研发机构管理暂行办法》。该办法是济南市第一个专门针对新型研发机构的政策措施，聚焦济南市重点产业，鼓励支持新型研发机构建设。出台《济南市科学技术局关于加快科技企业孵化器和众创空间高质量发展的实施意见》《济南市科技企业孵化器和众创空间管理工作指引》，加强济南市科技企业孵化器和众创空间管理，构建良好的创新创业生态。出台《济南市支持海外科技企业孵化器建设管理暂行办法》《济南市支持海外科技企业研发机构建设管理暂行办法》，提升济南市科技对外开放程度，鼓励济南市企事业单位借助海外市场及资源开展国际合作。

促进企业创新发展 出台《济南市高新技术企业培育三年行动计划（2020—2022年）》，聚焦济南市新旧动能转换和十大千亿产业振兴计划，以分层分类、梯次培育为着力点，持续发力、精准服务，推进济南市高新技术企业高质量集聚发展。出台《济南市重大科技创新产品首购首用实施办法》，鼓励企业自主创新，加快重大科技创新产品推广应用。

促进重点领域产业发展 出台《济南国家新一代人工智能创新发展试验区建设方案》《济南国家新一代人工智能创新发展试验区建设若干政策》，推进新一代人工智能发展，培育省会经济发展新动能，打造国内一流的区域人工智能科创高地。出台《关于促进生物技术创新发展的指导意见》，充分发挥济南市生物技术产业基础雄厚和驻济高校院所科研优势，高起点组织开展前沿生物技术研究，推动生物技术创新发展。出台《济南市组建产业技术创新联盟实施方案》，以企业发展需求为导向，以提升企业自主创新能力为目标，组建产业技术创新联盟，建立务实合作、开放有序的联盟运行机制，推动高端科技创新要素加速集聚。

提升科技服务能力水平 出台《济南市促进科技服务业发展的实施意见》，推进科技服务业发展，发挥科技服务对科技创新和产业发展的支撑作用，构建服务机构健全、产业链条完整、组织形式新颖、投入渠道多元化、区域特色突出的科技服务体系，促进科技与经济深度融合。出台《济南科技成果转化平台服务驻济高校、科研院所行动实施方案》，构建以企业为主体、市场为导向的科技创新体系，加快科技创新成果转化，打造济南科技成果转化平台。围绕产业技术需求开展科技成果转化活动，推动高校、科研院所高端资源与济南市产业深度融合。

探索科研项目管理机制改革 出台《济南市科技计划项目揭榜挂帅实施方案（试行）》，充分调动全社会力量开展重大关键技术攻关，攻克济南市产业发展急需解决的技术难题，促进重点领域核心技术突破。出台《济南市科学技术发展计划后补助项目管理办法（试行）》等文件，通过制度规范完善了各类科技计划项目的立项与管理，形成长效机制。

推进科研诚信体系建设 出台《济南市科研诚信管理办法》，规范诚信管理，提高济南市科研管理责任主体的诚信意识，营造诚实守信的科研生态环境。

【**民营科技企业发展**】 2020年，全力促进企业科技创新和疫情防控能力提升，启动市级应急科技攻关29项，一批产品取得医疗器械证书或投入临床研究。开展高成长性科技企业梯次培育工作，出台《济南市高新技术企业培育三年行动计划（2020—2022）》，高新技术企业总数达3029家。完成国家科技型中小企业评价系统审核入库2600家。落实企业研发财政补助1456家、4.09亿元。507家高新技术企业享受了所得税优惠政策，减免税额19.01亿元。4401家企业享受了研发费用加计扣除政策，加计扣除额达到139.15亿元。81869家企业享受小微企业税收优惠政策，减免企业所得税21.24亿元。推动关键领域技术攻关，全市27项重大科技创新工程项目获得立项支持，争取省级财政资金3.75亿元，居全省第一。

【**科技合作与交流**】 2020年，济南市与清华大学签订全面合作协议。500强央企国药集团国药生命健康科技城等一批重大产业化项目相继签约落地。实施先进材料产业链"链长制"，围绕金属材料与非金属材料两大主攻方向加快构建完善济南市先进材料产业链。新建海外科技企业孵化器2家，海外科技企业研发机构10家。新备案省级院士工作站32家。引进中科院微生物所、北京科技大学、西安科技大学等国内外知名高校、大院大所在济建立研发和成果转移转化机构68家，总数达245家，其中引进中科院系院所总数达14家。组织开展第三届中国·济南新动能国际高层次人才创新创业大赛，48个项目获奖，注册落地24项。

【**科普工作**】

组织开展科技活动周 2020年8月23—29日，济南市举办了以"科技战疫 创新强市"为主题的科技活动周。科技活动周充分考虑新冠疫情防控特殊情况，首次采用"线上""线下"相结合的方式展示济南市在科技战疫、科创济南、科普工作等方面取得的重要成果、成效，互联网点击量超40万。组织开展了"小小科学家""关爱成长，筑梦希望""提升健康素养，乐享银龄生活"等各类科普活动400余场，发放2万册宣传资料，参与人数达3万以上。全市科技工作者服务企业活动1200多人次。

组织开展科普讲座 济南市以"放飞科技梦想 成就祖国未来"为主题，先后举办领导干部和科学家进课堂科普讲座5场，参与学生共计600多人，线上参与超10万人次，引领泉城少年儿童从小培养科学精神，养成爱科学、学科学、用科学的良好习惯，培养独立思考、自主探索的创新精神和创新意识。

强化科学防疫宣传 按照科技部和中国科学院《关于举办全国科学防疫科普微视频优秀作品征集的通知》要求，推荐济南市疾病预防控制中心制作的《新型冠状病毒肺炎防控措施（学生篇）》参与"科技战疫 创新强国"为主题的科学防疫科普微视频优秀作品征集活动，并获全国优秀奖。在科技活动周中，开辟"线上"科技抗疫专栏，以视频和图片相结合的方式广泛宣传防疫科普知识以及济南市的抗疫先进典型和科学手段。

获得多项全国科普荣誉 济南市选派两位选手参加2020年全国科普讲解大赛双双获得年全国科普讲解大赛优秀奖。济南市选送的科普微视频《探究气流的魔力》获全国科普微视频大赛三等奖。获批第七批国家生态环境科普基地2家。济南市气象科普馆入围由中国气象局、科技部联合认定的首批16个国家气象科普基地。

完成科普统计工作 根据科技部《关于开展2019年度全国科普统计调查工作的通知》和省科技厅有关要求，济南市制定了《2019年度济南市科普统计调查方案》，明确要求，统筹安排，认真组织落实，圆满完成济南市科普统计工作，统计调查的覆盖面和数据准确性进一步提升。

（济南市科技局 李明强 何庆春 刘全祥 刘倩 袁振锋）

青 岛 市

【概述】 2020年，青岛市抢抓新一轮科技革命和产业变革机遇，深入实施创新驱动发展战略，聚焦"提升科技创新能力、培育高新技术产业、营造良好创新创业生态"三大重点，加快建设国际化创新型城市，打造区域科技创新中心。科技部发布的2020国家创新型城市创新能力指数榜单中，青岛前进2名，升至第10位。国家发展改革委国家信息中心发布的《2020中国创新创业城市生态指数研究报告》中，青岛列"双创领跑型城市"第10位。

【高新技术及其产业】 2020年，青岛市高新技术企业达4396家，占全省总量的30%，保持全省第一。全市规模以上高新技术产业产值占规模以上工业产值比重达到61.77%，位列全省第一。实施高新技术企业上市培育行动，用时18个月推动14家高新技术企业上市或过会，总市值超800亿元。

【科技型企业培育】 2020年，青岛市加强科技企业梯次培育，国家备案科技型中小企业达5275家，较2019年度实现翻倍增长。首次试行无纸化高新技术企业申报评审。实施高新技术企业上市培育行动，2020年新增上市企业3家，总数达27家。科技政策向上市高新技术企业倾斜，推动企业做大做强。针对疫情建立科技资金审核绿色通道，青岛市科技局会同市财政局提前拨付高新技术企业认定奖励和研发投入奖励7.62亿元，为近3000家科技企业缓解燃眉之急。61家科技企业孵化器减免房租等费用4980万元，惠及企业2292家。

【科技创新平台建设】

青岛海洋科学与技术试点国家实验室 2020年，青岛公共科研平台支撑能力跨越式提升，基本覆盖海洋领域重点学科方向和事关海洋科技长远发展的关键领域，服务能力和运行效能达到国内先进水平。高性能科学计算与系统仿真平台建成汇聚7PB多学科数据的海洋大数据中心，133.2P协同计算能力居全国首位。深远海科学考察船共享平台从无到有不断壮大，32艘科考船，总排水量近10万吨，96个航次共享，促进学科交叉融合，实现船时共享资源利用最大化，探索多学科、全覆盖、协同作业机制。海洋创新药物发现技术体系逐步完善和优化，建立国际首个开放共享的海洋药物虚拟数据库。同位素与地质测年平台正式运行，测定能力跻身国际先进行列。海洋高端仪器设备研发平台已成为海洋技术创新的"梦工厂"。国内首个海洋领域的冷冻电镜中心投入使用。海洋能源综合测试场稳步建设。

中国科学院海洋大科学研究中心 2020年，以中科院科技优势为支撑，加快布局建设高水平海洋科技研发平台，实现先进基础条件平台的共建共享共用，培育海洋经济新旧动能转换新引擎。中科院海洋科考船队新入列"实验"6号新型地球物理科考船、"探索二号"万米载人潜器支撑母船，形成全海域可达、全海深探测、全要素获取、全链条保障的综合探测体系。攻克水下声通信和空海链路数据实时传输等多项关键核心技术，系统构建实时传输的空天海地一体化观测网络。新建水下探测设备研发平台、深海资源保藏与开发平台，新建海洋新能源新材料平台，新建海洋人工智能与大数据平台。

国家高速列车技术创新中心 2020年，中车集团与青岛市政府组成联合领导小组，先后召开8次协调会，推进国家高速列车技术创新中心建设。成立青岛市轨道交通示范区管委会，承担领导小组办公室职责，理顺国家高速列车技术创新中心管理机制。创新国家高速列车技术创新中心运营模式，明确了理事会领导下的"事业＋公司"双轨制运行、中心主任（公司总经理）负责的运营管理模式。推进国家高速列车技术创新中心平台等重点项目建设。新开工建设国家高速列车技术创新中心双创园（一期）、高铁名人苑（一期）、国创中心新材料技术研究院。轨道交通车辆系统（集成国家工程实验室、高速磁浮实验中心、高速磁浮试制中心）建成并投入使用。推动中车大数据中心加快建设。引进中车研究院（青岛）有限公司、航材国创（青岛）高铁材料研究院有限公司、哈焊国创（青岛）焊接工程创新中心有限公司、中钛国创（青岛）科技有限公司、增材制造国家研究院高速列车技术研究室、中车（青岛）科技创新创业股权投资合伙企业（有限合伙）、普鲁茨轨道交通技术研究室等优质创新资源。孵化了一批科技型企业。引进院士等高层次人才团队。时速600千米高速磁浮试验样车成功试跑。

山东能源研究院 2020年1月，山东能源研究院成立。8月6日，省委书记刘家义调研研究院，对研究院建设进展给予了肯定，要求山东省、青岛市等相关部门支持研究院统筹布局与规划基本建设。11月11日，一期建设正式动工开建。12月17日，研究院国际学术咨询委员会第一次会议在青岛召开，标志研究院国际学术咨询委员会正式成立。

【海洋科技攻关】 2020年，由青岛海洋科学与技术试点国家实验室海洋观测与探测联合实验室（天津大学部分）研发的"海燕-X"万米水下滑翔机下潜深度达到10619米，再创下潜深度世界纪录，引领全球万米水深剖面滑翔观测。自主研发的深海4000米级水下滑翔机，持续观测能力达到国际先进水平。成功研制4000米深海观测浮标（Argo），使我国在新一轮国际深海Argo计划中处于核心地位。"海瞳"全海深高清相机最大潜深达10909米，采集到大量宝贵深海视频数据，填补了多项海洋科研领域空白。

【科技成果转化】 2020年，青岛市科技工作坚持以促进科技成果转化为主线，通过强化成果转化源头供给、完善成果转化体系、壮大成果转化产业主体、创新成果转化体制机制，科技成果转化链条日益完善、转化渠道更加通畅，科技成果加速落地转化。全市全年共签订技术合同7654项，成交286.64亿元，同比增长68.04%；累计培养919名技术经纪人；3所省属高校获批省科技成果转化综合试点。通过建设重大创新平台、培育大科学装置群、布局产业创新平台等手段强化成果转化源头供给。通过建设国家海洋技术转移中心、发布国内首套技术转移国家标准、打造技术转移人才队伍完善成果转化体系。通过壮大科技型企业、推动新型研发机构发展、建设一流科技园区壮大成果转化产业主体。通过打造产学研合作联盟、建立"局校会商"机制创新成果转化体制机制。

【科技人才支撑】 截至2020年底，青岛市创业创新领军人才总数达256人，高层次人才团队总数达8个。全年共有79人入选泰山产业领军人才（高效生态农业创新类、战略性新兴产业创新类、科技创业类）。海尔集团、青岛农业大学入选科技部"国家引才引智示范基地"。海信日本东芝映像解决方案公司入选山东省海外人才离岸创新创业基地。出台《青岛市离岸创新创业基地管理办法（试行）》，鼓励青岛市企业在青岛市域外就地集聚海外高层次人才、促进科技创新和成果转化。离岸基地吸引、聘用的海外高层次人才，视同青岛市内人才，可申报青岛市各类人才工程。

【创业孵化服务】 2020年，青岛市已有认定孵化机构235家（孵化器121家、众创空间114家），国家级孵化器和国家备案众创空间90家。深化孵化器提质增效，以平台思维打造标杆孵化器，引进启迪控股、华夏基石、创业黑马、春光里、中国科技开发院5家国内知名服务机构。华夏基石落地市南区，建设"产业孵化／加速器"+"上市公司北方总部基地"，已导入7家上市公司或头部企业。春光里落地市北区，打造创投生态综合体。创业黑马落地崂山区，建设独角兽加速基地，争取5年内为青岛市引进培育科技型企业200家以上。中国科技开发院落地平度市，搭建创新创业服务和产业培育平台。按照"海外预孵化—本地加速孵化"的国际技术转移模式，支持全市孵化机构主动链接全球创新资源，融入国际创新网络，已在创新资源集聚的国家（地区）建设5家离岸孵化器和3家异地孵化器。海尔海创汇正式启动青岛——以色列离岸孵化器。华夏基石通过参股南欧的孵化机构，在意大利建设海外孵化器。建邦科技在日本建设海外孵化器。天安数码城在韩国建设海外孵化器。启迪控股在英国建设英国剑桥启迪科技园。天安数码城集团在深圳建设青岛天安（深圳）科技企业孵化器。莱西市在北京建设莱西——北京技术转移企业孵化器。胶州市在深圳建设胶州（深圳）科技创新中心。举办第九届中国创新创业大赛（青岛赛区）暨2020青岛全球创新创业大赛，首次采用"线上初审+线下评审""现场直播+网上公开路演"形式，大赛共有454个参赛项目，66家企业获奖，其中8家企业获得全国赛优秀奖。

【技术转移服务】 截至2020年底，青岛市共有12家国家技术转移示范机构、4家省级技术转移机构和127家市级技术转移机构。在2020年公布的关于2018年度国家技术转移机构考核评价结果中，全国共有45家A类机构最终考核结果优秀，其中青岛市有2家，是山东省内唯一的2家A类机构。首次在区市设立技术合同登记机构，分别由市南区科学技术局、西海岸新区工业和信息化局、蓝谷管理局承担开展技术合同认定登记工作。通过实现技术合同认定登记"下沉基层就近审"，与青岛市已经建成的以市场化机构为主体的技术合同服务体系紧密结合，"让服务多跑腿，让企业零跑腿"，为技术合同当事人、创新活动主体提供更加优质高效的服务。2020年青岛市技术市场服务中心作为起草单位，参与科技部评估中心团体标准《科技成果评估规范》（T/CASTEM 1003—2020）的起草和编写。该标准由中国科技评估与成果管理研究会发布。国家技术转移人才培养基地中国石油大学（华东）基地组织开展2期围绕产业领域的技术经纪人培训，共有116人取得技术经纪人资格。斯坦福青岛研究院基地组织开展第二批创新训练营，共有30人取得技术经纪人资格。据全国技术合同网上登记系统显示，2020年青岛市共签订技术合同7654项，成交286.64亿元，同比增长68.04%。

【科技金融服务】 2020年，青岛市科技局持续强化科技金融工作，多措并举推动科技与金融融合发展，科技金融服务能力持续提升，科技金融生态更加优化，科技金融助推经济社会发展的作用显著增强。发挥资本助力作用。科创母基金聚焦硬科技，专注投资种子期、初创期科技型企业，已立项40只子基金和2个直投项目，立项基金规模超过200亿元，过会合作基金规模超过50亿元，认缴资金13.7亿元。开展基金招商，参股中电信5G基金，引进前海母基金规模50亿元的北方基金落地西海岸新区。推进科技金融产品扩面增量。聚焦科技型企业，建立涵盖6300家企业的科技信贷"白名单"（涵盖高新技术企业4396家，科技型中小企业5275家），已累计助力白名单企业获得信贷658亿元。"投（保）贷"等各类科技金融产品已为1470家次科技型中小企业提供贷款50.29亿元，其中科技贷956家次，贷款32.71亿元；专利权质押保险贷款310家次，贷款10.69亿元；投保贷169家次，贷款6.76亿元；高企贷35家次，贷款0.13亿元。提升金企对接服务能力。建设青岛市科技金融服务中心，常态化组织开展"科技沙龙"和科技金融"四长"联席会活动，搭建各类金企对接平台。建设了一支200多人的专业化、体系化、网络化的科技金融特派员队伍，为企业发展资本赋能，2020年累计走进园区495家次，服务企业2680家次，辅导企业获得科技信贷60亿元。

【大型科学仪器共享】 2020年，青岛市大型科学仪器共享服务平台新增入网大型科学仪器487台（套），总数达4587余台（套），仪器原值38.23亿元；开展大型科学仪器共享服务，受理区市申报的仪器共享企业配套测试补贴54项，经专家抽查评审、公示后，共发放补贴27.68万元。

【青岛高新区与自创区建设】 2020年，青岛蓝谷高新技术产业开发区先后获批国家第三批双创示范基地、国家级科技企业孵化器，成为全市唯一"精益创业"类示范基地。围绕"3+3"产业布局，集聚高端创新项目，落地深远海200万千瓦海上风电融合示范风场等重大项目，签约海尔卡奥斯平台、网易联合创新中心等工业互联网项目，开工建造中国首艘自主航行300TEU集装箱商船"智飞"号。该船为全球吨位最大、智能航行功能最全的船舶。实现技术交易额9.5亿元，是2019年同期6倍，其中本地转移4.98亿元、占比52.4%；海洋技术交易额5.83亿元，占比61%，蓝谷区域累计技术交易额突破20亿元。一批代表国家海洋科技创新制高点的科技成果在本地转化落地，全球首艘10万吨级智慧渔业大型养殖工船正式建造，有望引领中国第六次海水养殖新浪潮。"海燕"万米级水下滑翔机下潜观测深度达到10619米，再破世界纪录，并实现批量生产。全省首个智能网联汽车产业示范项目试运营。新增10家科研创新平台，其中，省级3家、市级7家。截至2020年底，各类创新平台累计68个，其中，国家级10个、省部级33个、市级25个。青岛高新区聚焦"创新驱动发展示范区和高质量发展先行区"建设，统筹抓好经济发展、"双招双引"、科技创新、对外开放等主责主业，各项工作全面起势。2020年，全区GDP增长7.1%，增速位列全市第一；规模以上工业增加值增长13.5%，增速位列全市第二；固定资产投资增长17.8%，增速位列全市第四，其中，工业投资增长9.9%，增速位列全市第三。2020年入库国家科技型中小企业451家，增长86%；高新技术企业总数达到326家，增长15.6%，高新技术企业占企业总数比重全市第一；专利拥有量达到1522件，增长64.9%；全区研发投入增长63.2%。获批新建市级技术创新中心、省级新型研发机构数量占全市近1/5。高新区新入选全国首批、全省唯一企业创新积分制试点园区。作为全省唯一开发区获国务院"真抓实干、成效明显的双创示范基地"督查激励。科技创新工作获学习强国、科技日报、国家发展改革委官方公众号等重点推介。省科技厅全省高新区工作简报首期专刊发布青岛高新区工作经验并在全省推广。

【科技项目招引】 2020年，引进中科院"高端轴承"先导专项落地西海岸，建设高端轴承检测评价与产业化示范基地，破解关键"卡脖子"技术。引进柔性电子技术领军企业——柔宇科技北方总部落地青岛上合示范区，建设生产基地。17个国家"科技创新—2030重大项目"之一的"天地一体化信息网络"项目落户崂山区，打造空间信息产业园。全国唯一科学仪器细分领域特色产业园——青岛科学仪器产业园签约落户市南区，打造国内一流、国际先进的科学仪器科研、检测、产业和应用基地。

【大科学装置建设】 国家"十四五"期间计划布局20个左右的大科学装置。"吸气式发动机热物理试验装置"拟由青岛市与中科院工程热物理所在西海岸新区建设，总投资28亿元，为高性能航空发动机研制提供关键技术支撑。该项目已由中科院推荐到发展改革委组织评审，位次靠前。"微生物组探测装置"依托山东能源研究院和中国科学院青岛生物能源与过程研究所，在山东能源研究院园区建设，总投资预算5.4亿元，针对菌群中细胞的原位实时功能难以快速探测和利用这一共性瓶颈，建设国内外首个微生物组探测大科学装置。"山东能源大数据云平台"依托山东能源研究院和中国科学院青岛生物能源与过程研究所，总投资预算6亿元，旨在建成国家级的能源大数据平台（数据存储规模达到PB级），突破大数据前沿和应用核心关键技术，成为驱动山东省能源产业科技高质量发展的强大引擎。"智能航运科学实验设施"依托智慧航海（青岛）科技有限公司和交通运输部水运科学研究所，总投资预计8.79亿元，旨在解决智能航运技术安全性、可靠性和经济性问题。该项目已纳入交通运输部"十四五"规划。"海洋生态系统智能模拟研究设施"拟由青岛市与中国科学院海洋研究所在西海岸新区建设，总投资15亿元，为开展海洋生态系统关键过程和机理模拟实验研究提供重要技术支撑。该项目已由中科院推荐到发展改革委。

【科技计划】 2020年，青岛市获得中央引导地方科技发展专项资金2400万元，重点支持企业国家重点实验室以及专业性技术创新平台建设。组织申报国家、省科技项目，争取科技部资金8479万元。海尔智家股份有限公司申报的"支持业务流程融合和价值增值的服务型制造平台研发"获"网络协同制造和智能工厂"专项1372万元。14个项目入选山东省重点研发计划（重大科技创新工程），共获得省财政科技专项经费3600万元。青岛市科技计划通过财政科技专项资金支持市级科技项目4610余项，资金共计120553.2万元。支持"海洋立体观测装备关键技术研发与应用示范"等12个自主创新重点专项，安排资金3480万元。支持青岛航空技术产业创新基地建设三期等高端研发机构引进项目，安排资金12800万元。支持"高产优质长牡蛎新品种'海大2号'繁育及示范养殖"等科技惠民项目60个，安排资金3160.55万元。兑现科技企业研发投入奖励、高新技术企业认定奖励和高新技术企业上市培育库研发奖励项目3926余个，安排资金78603.5万元。

【科技成果与奖励】 2020年，青岛市92项成果获省科学技术奖，其中，科学技术最高奖1人，为中国工程院院士、中国海洋大学副校长李华军，自然科学奖11项，技术发明奖5项，科学技术进步奖74项；一等奖项目11项，二等奖项目42项，三等奖项目37项。92个获奖项目中，青岛市作为第一完成单位获奖的成果有74项。2020年度青岛市建议授予科学技术最高奖2项，市自然科学奖、市技术发明奖、市科技进步奖共150项。

【科技惠民】

科技支持乡村振兴 开展政策资金支持乡村振兴工作。2020年组织开展农业科技惠民项目19项，支持资金998万元。在2021—2022年科技惠民示范引导专项指南中，首次单列科技特派员计划。针对青岛市经济薄弱地区产业发展科技需求，重点支持科技特派员开展成果转化或技术服务，带动农民增收致富。拓展科技服务团队，全面推行科技特派员制度。截至2020年底，全市共有科技特派员953名。组建11支科技服务队伍覆盖青岛市200个省定贫困村。推进50项农业新技术、新成果、新品种、新模式在青岛落地。科技特派员工作先后被《光明日报》《科技日报》等多家媒体宣传报道。开展精准科技培训和服务。探索"一村对一校"帮扶模式，科技特派员开展农民培训等各类培训4000人次以上。应用农业科学技术，指导莱西市、平度市农民减少冰雹对农作物的损失，共为受灾村庄提供甘薯苗12万棵、草莓苗2.2万株、苹果树900棵、花生种子300千克等。

科技支援服务 2020年，选派科技人员开展对口支援。疫情防控期间，开展线上科技培训等方式，对龙头企业、农户及技术推广人员等开展技术咨询与指导。选派30名科技服务人员赴陇南、安顺开展科技指导服务，指导服务当地农民1000人以上。组织两批青岛甘肃双地特派员。推进安顺"林下栽培食用菌轻简化技术应用示范基地"项目。为安顺市紫云县建立食用菌简易生产棚50个，支持香菇菌棒50000个，支持50户贫困户增收致富。名贵野生食用菌品种"黑皮鸡枞"在紫云县试种获得成功。推进"陇南道地药材调优生产技术体系应用与示范基地建设"项目。实地对半夏、板蓝根、大黄等中药材进行技术指导。完成6万袋黑木耳地栽和吊袋栽培及大球盖菇播种，共计示范推广面积达95亩。推进菏泽"现代果树优质早果栽培技术研究"项目。在菏泽市牡丹区沙土镇新建现代果树生产示范基地1处，指导沙土镇蔡庄和穆庄新建果树生产园2处。在菏泽市牡丹区沙土镇新建现代果树示范园面积150亩。指导穆庄和蔡庄新建果树生产园2处，面积80亩。成立人才专家组，提供从示范园规划到栽后生产管理的全程技术指导和技术服务。

农业科技 针对动植物育种、畜禽健康养殖与疫病防控、农业资源利用与农业生态保护、农产品精深加工及储藏流通安全、植物病虫害防治与农业绿色生产、智慧农业与机械装备等方向开展科技创新，实施"高产优质长牡蛎新品种'海大2号'繁育及示范养殖""无抗包被单宁酸饲料关键技术研究与产品开发"等19项农业科技攻关项目，深化农业科技创新和应用示范。

医疗卫生科技 立项实施面向平度、莱西地区的新生儿遗传代谢病、听力和耳聋基因联合筛查科技惠民重大项目，已惠及超5000余个新生儿家庭。针对青岛地方多发病，在甲状腺结节、痛风等领域部署重大项目，解决重点疾病关键技术。推动医联体建设，支持市立医院与150余家基层医疗机构共建临床医学共享中心，提供诊疗服务9000人次，缓解百姓看病难。疫情期间，启动科技应急攻关专项，为疫情防控提供科技支撑，协调安排200万元专项资金，资助病毒核酸检测和非接触式检测技术等项目研发。核酸检测试剂、胶体金检测卡等产品获欧盟CE认证。支持科技产品投放抗疫一线，青岛悟牛智能科技有限公司紧急研发30台无人驾驶机器，投入医院开展防疫消杀工

作。支持清华大学团队研发高性能灭菌杀毒复合材料并落地产业化。该复合材料可广泛应用于口罩等医疗用品，病毒灭活率高达99.9%。在眼部疾病、老年疾病、骨科与运动康复、呼吸系统疾病、儿童疾病、免疫与痛风等领域重点布局培育青岛市级临床医学研究中心，相关支持政策已纳入青岛"科创16条"。全市市级临床医学研究中心培育库已入库12家。获批国家级临床医学研究中心山东分中心3家，省级临床医学研究中心1家。

社会发展　在环境保护和公共安全等领域，围绕大气污染防治、水污染防治、土壤污染防治、生态环境保护、低碳节能技术、食品安全、化工安全等方向，2020年立项支持新技术研发应用和示范工程建设项目15项，为环境保护、城市安全提供技术支撑。

【国际科技合作与交流】　2020年，强化与上合国家、"一带一路"沿线国家开展科技合作，推动中日科学城、中德青年科学院等项目建设。中国—上海合作组织技术转移中心、中国—泰国轨道交通"一带一路"联合实验室获科技部批准建设。2家机构入选2020年度发展中国家技术培训班项目，居计划单列市首位。举办中德科技合作论坛、2020青岛国际技术转移大会暨第二届上合组织成员国青年创新创业大赛等国际科技合作交流活动。

（青岛市科技局　付书强　青岛市科学技术信息研究院　王春玲）

淄　博　市

【概述】　2020年，全市净增高新技术企业195家，总量达到707家。全社会研发投入共105.94亿元，研发投入占GDP比重达到2.91%。全年完成科技成果登记112项，完成技术合同登记2167项，合同成交额达160.65亿元。新增国家农业科技园区1家、国家级众创空间3家、省级院士工作站7家、省级国家重点人才工程专家工作站1家、省级创新创业共同体1家、省级技术创新中心1家、省级新型研发机构14家、市级重点培育孵化器10家。

【政策保障】　2020年4月10日，淄博市制定出台《关于加强科技创新平台建设　加速新旧动能转换的意见》。4月21日，制定出台《关于进一步加强产业技术创新战略联盟建设　打造创新型产业集群的意见》。

【研发投入】　2020年，全市研发投入总量共105.94亿元，研发投入占GDP比重达到2.91%，比2019年提高0.28个百分点，占比居全省第1位。

【高新技术企业发展】　2020年，淄博市净增高新技术企业195家，总量达707家；科技型中小企业评价入库达900家；高新技术产业产值累计占规模以上工业比重达到42.5%，比2019年提高6.5个百分点。

【创新平台建设】　2020年，全市新增国家农业科技园区1家、国家级众创空间3家、省级院士工作站7家、省级国家重点人才工程专家工作站1家、省级创新创业共同体1家、省级技术创新中心1家、省级新型研发机构14家、市级重点培育孵化器10家。

【科技成果】　全市获得2020年度省科学技术奖21项，同比增长23.5%。淄博市作为牵头单位完成的成果获得的省科学技术奖的数量在全省排第三。全年登记科技成果97项，完成技术合同登记2167项，合同成交额达到160.65亿元，同比增长50.9%。

【科技活动】　2020年，举办第一届中国（淄博）新材料产业国际博览会暨第十九届中国（淄博）新材料技术论坛，217家企业、平台机构参展，展厅面积达到3万余平方米，参展观众6万余人次；34名院士，42名国家级高端人才及国内97所重点高校、科研院所的200余名专家学者来淄博开展产学研合作交流；淄博市1200余家企业、2100余人次参加洽谈，共达成合作项目281项。举办以"科技战疫　创新强国"为主题的2020年淄博市暨张店区科技活动周，累计向市民发放各类宣传册500余册。开展2020年"科技下乡"活动，现场发放宣传材料1000余册，开展政策咨询150余人次。举办了第一届"齐心共创·赢在鲁中"淄博市创业大赛决赛路演，10家创业企业和11个创业项目获优胜奖。举办了第三届"创业齐鲁·共赢未来"高层次人才创业大赛，4个创业类人选获得优秀奖。

【科技人才队伍建设】　2020年，全市新增国家外专重点人才工程专家1人，泰山产业领军人才8人，选树40名"树标对标夺标"科技领军人才代表，评选出22

名英才计划人选和21名创业类人选，市级高层次人才储备库达119人；全年引进外国专家330余人次，办理外国人来华工作许可252人次，建立海外引才工作站5家，入选国家级高端专家项目3项，省级"外专双百计划"7项，评选市级高端外国专家项目19项，建立市级引智成果示范推广基地6个。

【校城融合】 2020年，淄博市重点研发计划（市外校城融合）项目立项73项，安排市级财政支持资金3000万元；驻淄博高校校城融合发展计划项目（平台建设类）立项34项，安排市级财政支持资金2000万元。

【科技扶贫】 2020年，全市共注册科技特派员530余人，开展各类科技技术服务1400余次；获批省优秀科技特派员行动计划项目4项，22人入选省选派服务基层科技人员；2家星创天地、14家农科驿站绩效评估优秀，给予资金扶持180万元。

（淄博市科技局　王　刚）

枣 庄 市

【概述】 2020年，枣庄市科技工作贯彻新发展理念，落实高质量发展要求，持续深化科技体制改革，加快实施创新驱动发展战略，为推动全市创新转型发展提供了有力科技支撑，全市科技创新质量和效益进一步提升。枣庄市国家可持续发展议程创新示范区通过专家答辩并已报国务院审批。鲁南（经济圈）科创联盟挂牌运行。新增高新技术企业55家，新增数量再创历史新高，总数达到225家，同比增长71.9%。全市研发投入强度为1.81%，居全省第9位。全年高新技术产业产值占比达到39.14%，比年初增加1.46个百分点。完成技术合同成交金额83.91亿元，省内综合位次排名第4位。新增省级以上高层次人才9人，新增外国高端人才和专业人才132人，分别完成年度目标的225%和148%。

【示范区创建工作取得进展】 2020年4月26日，时任副省长于杰带队参加科技部国家可持续发展议程创新示范区专家咨询会，枣庄市通过专家答辩，在全国8个竞争城市中获得第1名。6月12日，科技部将枣庄市作为第3批示范区备选地区报国务院审批。11月26日，省政府与科技部联合向国务院报送了《关于枣庄市创建国家可持续发展议程创新示范区的请示》。

【科技创新平台建设成效显著】 2020年，高标准推进山东省无机功能材料与智能制造创新创业共同体建设，先后完成资金投入2亿元，建成2万平方米的集研发、孵化、检测等多功能于一体的综合性创新平台，其中投资5000余万元的"固态全无机电致变色智能玻璃"中试线已经投入使用。顾真安院士、包亦望博士等9个高端人才团队进驻共同体。共同体成员单位达到40余家。14个重大成果进入共同体进行孵化。共同体建设新型研发机构等省级以上重大平台9个。7月7日，全省省级创新创业共同体建设交流会在枣庄召开，省科技厅对枣庄的做法给予充分肯定。12月，新华社报道了枣庄市共同体建设发展情况。制定《枣庄市创新创业共同体建设工作指引》《枣庄市新型研发机构认定管理办法》。全市认定5个市级创新创业共同体并报省科技厅备案。9个新型研发机构获得省科技厅认定。新建市级新型研发机构18个、重点实验室43个、技术创新中心58个。全市"政产学研金服用"创新要素集聚协同攻关态势初步形成。

【科技成果转移转化进程加速】 2020年，深入开展"双百行动"工作，联合常州大学、山东省科学院和枣庄学院评选出48名优秀企业科技创新特派员。加强与中国科学院沈阳分院合作交流，成立"枣庄市科技成果转移转化中心"，搭建与中国科学院科技合作交流平台。举办山东省高档数控机床与智能制造峰会暨院士枣庄行活动，促进数控技术交流。围绕推进创新链、产业链、政策链、人才链深度融合，推动鲁南经济圈一体化发展，联合临沂、济宁、菏泽三市在枣庄成立鲁南科创联盟，征集高校、院所、企业及中介服务机构等会员单位205家。10月31日，省科技厅、枣庄市政府在枣庄召开鲁南科创联盟成立大会。

【科技育企强企方阵初具规模】 2020年，推进实施科技型企业培育行动计划，建立高新技术企业培育库，用好用足优惠政策，增强企业自主创新能力，激发创新创造活力。306家企业入库国家科技型中小企业库，167家企业入库高新技术企业培育库，新增高新技术企业55家，高新技术企业总数达到225家。全市认定市级科技型中小企业107家、科技小巨人企业24家、科技小巨人培育企业12家、科技企业孵化器13个。鼓励和引导社会资本参与科技创新，解决科技型中小企业融资难题，全市各合作银行为66家企业提供了2.57亿元的科技成果转化贷款。落实优惠政策，全市246家科技企业申请省级财政补助2855.27万元。对接省大型仪器协作平台。8家企业获得省科技创新券支持。

【科技创新人才高地加快隆起】 2020年，出台《关于加大对创业人才创办企业扶持力度的通知》。全年新增科技类泰山产业领军人才等省级以上人才工程9人，遴选高效生态农业创新类、战略性新兴产业创新类、科技创业类"枣庄英才"11人。全年办理外国人来华工作许可156件，新增外国高端人才和专业人才132人。用心打造"墨子创新奖"品牌，制定出台《墨子创新奖管理办法》。第二届"墨子创新奖"评选表彰组织机构和个人25个。纳入省考核监测企业利税率达到20%以上。墨子创新奖获奖者发表论文（论著）270余篇，授权专利424件，获批软件著作权49件，参与制定标准13项，承担市级及以上课题110项，创新技术成果60余项，培养创新型和高级技能人才超100人。

【科技创新助推脱贫攻坚能力明显提升】 2020年，初步建立市、区（市）联动的科技特派员服务体系，全市科技特派员队伍注册登记人数达到336名，214个省级扶贫工作重点村实现科技扶贫指导人员（科技特派员）全覆盖。加强农科驿站、星创天地等农业科技扶贫平台建设，优化提升平台功能，山亭区万恒土地流转专业合作社承建的城头镇时村农科驿站等9个农科驿站被省科技厅评为优秀等级，新备案省级农科驿站16家。推进威海—枣庄科技扶贫协作和枣庄—丰都东西扶贫协作，举办科技扶贫协作（农业产业）科技人才培训班，建设"枣—丰科技扶贫协作基地""枣庄果树科学丰都实验站"。完成省脱贫攻坚评估验收和2020年省扶贫开发工作成效考核任务。

【全面完成全市科技体制改革任务】 2020年，认真贯彻落实全市"聚力改革攻坚突破"工作会议精神，深化关键领域和重点环节科技体制改革。制定出台《关于深化项目评审、人才评价、机构评估改革的实施意见》《关于进一步加强财政科研项目资金管理的若干措施》《关于促进科技成果转移转化的实施意见》等相关改革文件，持续深化科技评价制度改革，把破除"四唯"融入项目评审、人才评价、机构评估全过程，推进落实市属科研院所在机构编制、人事管理、收入分配、科研经费管理、科技成果转化收益处置使用等方面的自主权，赋予科研机构更大自主权，全流程优化科技创新环境，激发科技人员和各类创新主体的积极性、创造性。制定《枣庄市重大科技创新工程项目管理暂行办法》，设立枣庄市重大科技创新工程项目，推进科技攻关"揭榜制"、首席专家"组阁制"、项目经费"包干制"。2020年10月，在高端化工、高端装备等领域，首次以揭榜制形式组织实施首批枣庄市重大科技创新工程项目7项。

【全力为疫情防控工作贡献科技力量】 2020年，坚持把做好新型冠状病毒肺炎疫情防控工作作为重大政治任务和头等大事，自觉遵守疫情防控工作要求，服从疫情防控工作安排，全力为疫情防控工作贡献科技力量，助力打赢疫情防控阻击战。成立疫情防控工作领导小组，统筹疫情防控等相关工作。组织举行"共抗疫情 与爱携手"捐款活动，共同汇聚出"疫情无情人有情、共克时艰抗疫情"的强大正能量。出台《关于支持新冠肺炎疫情防控有效服务全市科技创新的若干措施》，明确10条措施科学支持新冠肺炎疫情防控，助力科技型企业复工复产，有效服务科技创新。启动实施了"枣庄市新型冠状病毒感染肺炎疫情防控应急重大科技专项"，重点研发项目8个，安排补助经费210万元，协同推进新冠肺炎防控科研攻关和先进技术成果应用。全力做好外国专家疫情防控工作。对在枣工作的外国专家及时进行防控新型冠状病毒工作温馨提示，优化来枣工作流程，创新采用"告知＋承诺"方式，实行"不见面"审批外国人来枣工作许可。实施"互联网＋科技特派员"行动。组织全市科技特派员和科技扶贫服务队、星创天地和农科驿站等，通过农科微课堂、短视频APP等网络手段，开展春季农业技术指导服务595次，受益群众9161人次以上。浙江大学山东工研院、康力医疗、大明消毒科技、威智医药等科研单位和高新技术企业积极参与疫情防控，及时向武汉及其他疫情城市捐赠各类医用口罩、防护服、消毒剂、酒精等防疫防控物资，同时联合相关高校院所加快抗病毒药物的研发，全力支持疫情防控工作。

（枣庄市科技局　杜益宏）

东 营 市

【实施创新型城市建设三年行动计划】 2020年，东营市研究制定了《东营市创新型城市建设三年行动计划》和《2020年重点工作任务》，明确了3年工作思路、目标及2020年重点工作。成立了分管副市长任组长、相关部门单位为成员的工作专班，下设重点项目工作组和3年行动党支部，对市委确定的2020年47项重点工作和4项重点督查项目，实行挂图作战，定期督导，推进各项工作顺利开展。组织创城重点工作人员赴石油大学进行了创新型城市建设专题培训。建立了创新型城市建设考核体系。东营市委对创新型城市建设涌现出的4个先进集体和10个先进个人进行了表彰奖励。

【推进科教改革攻坚工作】 2020年，东营市科技局牵头编制了《东营市科教改革攻坚行动重点任务实施方案》，突出重点，凝练出7项重点工作任务，并提炼出5项重点任务纳入市重点工作指挥平台实行月调度。牵头抓总抓落实，落实好牵头单位责任，建立定期调度制度，与各重点任务牵头单位形成良好互动，强化工作的组织领导和协调推进，形成合力推进工作落实。

【推进国家高新区创建】 2020年，东营市委出台了《关于支持东营高新技术产业开发区高质量发展的意见》，将东营高新区党工委、管委会调整为市委、市政府派出机构，赋予市级经济管理权限，并配套26条政策措施。市政府成立主要领导挂帅的东营高新区高质量发展领导小组，建立国家高新区创建工作"绿色通道"，集全市资源推动东营高新区换挡升级。科技部已正式将东营高新区列入国家高新区培养名单，并将其纳入"省部会商"的重要议题。园区《战略发展规划》和《产业发展规划》完成修订。油地校融合示范产业园、东营石油技术与装备产业研究院、国家高新区规划多媒体展厅等项目实现快速启动。根据《国家高新区评价指标体系》，东营高新区16项低水平指标中已有5项回升到全国平均水平。

【强化双招双引工作】 2020年，成立了市科技局双招双引服务中心，与光谷未来城、高新区创业谷、东营港新材料产业园、浙江商会、湖北商会等建立联系，共同推进科技双招双引。推动迅雷区块链全球分布式存储大数据中心、42000吨/年氯甲苯系列衍生品、领越新型外墙材料等9个项目落户东营，其中年产200吨安全型食品添加剂纽甜、牧渔归陆上海洋牧场、化工精细控制系统研发调试、汇瑞文化传媒—网红直播基地4个项目年内完成到账投资1.586亿元。做好重点人才工程评估工作，先后对入选的13名泰山系列人才工程人选，进行年度评估、中期评估和绩效评价，1人在绩效评价中获得优秀等次，再次奖励100万元。做好重点人才工程申报争取工作，2人入选泰山产业领军人才工程，4个团队（个人）入选省"外专双百"计划。认证海外全职引进B类领军人才1名，获个人资助50万元。3个项目通过省级引智项目评审，预计获得扶持资金60万元。应对疫情对海外人才引进影响，优化服务流程，实施外国人工作许可"不见面审批"，办理外国人工作许可证115件。

【深化科技与金融融合】 2020年，新增东营银行、建设银行、东营莱商村镇银行、天津银行为省市科技金融合作银行，总数达18家。在2019年与金融机构合作推出的"科信贷"等4个金融产品基础上，2020年新增加4个金融新产品，总数达到8个。针对科技企业资金压力大、线下办理业务难问题，推进"不见面"便利化服务，为企业生产"靶向输血""撑腰"减负。经省科技厅备案，全年为55家科技型企业提供科技成果专项贷款授信3.243亿元，放款3.163亿元。垦利中关村黄河口创业学院设立2000万元的天使基金，实现了东营市天使投资零突破。东营区财金控股集团有限公司与中国科技开发院共同发起成立总规模1亿元的东营财金—中开科创孵化基金。与上海科技金融研究所初步建立合作关系，在科技金融政策制定、科创板企业培育等方面寻求合作。组织全市19家企业共计42人参加了全省首期企业科创板、创业板上市培训会。配合省"四进"攻坚工作举办了东营市首期科创基金工作座谈会。

【降低企业研发成本】 2020年，全市新增大型科学仪器共享会员单位23个，其中检测单位7个、中小企业16个。受理12家中小企业创新券107单，预约金额156.65万元，争取省级补助和奖金88.358万元，兑现市级补助和奖金19.84万元，发放市级创新券供给方奖金共计46.14万元。为130家企业配套下达市级企业研究开发财政补助资金475.1万元。242家企业成功申报 2020 年山东省企业研究开发财政补助资金，共申请研发补助资金 6896.85 万元，其中省级承担补助金额 3447.83 万元，降低了企业的研发成本，激发企业创新创业活力。

【加强科技型企业培育】 2020 年，大力培育科技型中小微企业，鼓励科技型中小微企业参与国家科技企业信息库备案，实现规范发展。组织开展山东省高新技术企业培育库申报工作，建立东营市高新技术企业培育库，及时掌握企业发展动态。东营市科技局到各县区、开发区专题调研高新技术企业申报情况，会同税务部门主动解决申报高新技术企业过程中存在的问题，做好申报辅导，提高认定成功率。2020 年，2 家众创空间通过科技部备案，4 家众创空间通过省科技厅备案，2 家科技企业孵化器、11 家众创空间通过市科技局备案。全市科技企业孵化器、众创空间分别达到 15 家、35 家。选择 2 家孵化器开展了"孵化器＋风险投资＋创业企业"新型运营模式试点。鼓励孵化平台疫情期间为入孵企业减免租金，全市 19 个孵化平台累计为 500 余家入孵企业减免费用 400 万元。全市国家科技型中小企业数量达到 627 家，是 2019 年的 2.6 倍。高新技术企业达到 332 家，较 2019 年增加 69 家，均为历年最高。8 家科技型企业入库山东省高新技术企业培育库。

【完善创新平台体系】 2020 年，编写了《东营市科技创新平台建设规划》，对全市科技创新平台发展进行了谋划。东营市科技局会同市发展改革、工业和信息化、人力资源与社会保障部门印发了《东营市规模以上工业企业研发机构全覆盖行动方案》，加快全市规模以上企业研发机构建设步伐。全年新增省级技术创新中心 2 家、重点实验室 1 家、省级新型研发机构 13 家；新增院士工作站 19 家，新认定市级重点实验室 68 家、市级技术创新中心 9 家，进一步完善研发平台建设体系。

【区域创新中心初具雏形】 2020 年，东营科教园区总规划和二期概念性规划方案完成。教育部审核同意胜利学院转设为山东石油化工学院，改变了东营市没有公办本科高校的局面。石油大学决定在东营设研究生院。注册成立东营产业技术研究院，5 家科研机构达成入驻意向。国家级应急救援培训基地已完成装置改造，具备了实训条件。中开院东营创新孵化基地装修完成，32 家企业签订入驻协议。悦来湖科技人才聚集区加快建设，聚集区已建成孵化场地达 60 万平方米，拥有国家火炬计划软件特色产业基地、国家级孵化器、国家大学科技园各 1 家，省级众创空间 5 家，聚集各类科技项目 369 个，各类高层次人才 200 余人。

【发挥高能级研发机构引领作用】 2020 年，围绕新材料产业建设国内唯一的国家级稀土催化研究院，配套建设研发、性能测试、中试 3 个专业化平台，创新"以院带园"发展模式，引进稀土功能材料、蜂窝载体、催化剂涂覆等项目，带动形成 500 亿元产业集群，打造具有国际竞争力的稀土催化材料产业园。围绕石化产业建设山东省高端石化产业技术研究院，成为全省高端石化领域唯一的省级创新创业共同体。该研究院引进了石油大学新材料研究院和重质油国家重点实验室，与胜利油田技术检测中心签署了合作协议，与美国霍尼韦尔 UOP 公司共建万达石化研究院并揭牌运行，成为鲁北高端石化产业基地的创新引擎。依托黄三角农高区建设国家盐碱地综合利用技术创新中心，引进了知名院所 42 个科研团队，建成 4 个研发平台，落地 8 个重大科研项目。山东省生物技术与制造创新创业共同体进入省级行列，成为东营市第二个省级创新创业共同体。东营市省级创新创业共同体数量居全省第 4 位。启动建设了 5 家市级创新创业共同体，基本实现重点产业领域全覆盖。

【高新技术与产业】 2020 年，把培育高新技术产业作为新旧动能转换的着力点，集中科技资源在新信息、新材料、新能源、新医药和海洋开发等新兴产业领域，争取实现率先突破。内燃机后处理蜂窝陶瓷、一体化智能钻井装备等一批核心关键技术装备实现突破，成为新兴产业重要的增长点。全市企业共获国家科学技术奖 7 项、省科学技术奖 8 项，再创历史新高。全市高新技术产业产值占规模以上工业总产值比重为 34.21%，比年初提高 2.09 个百分点。

【农业科技】 2020 年，依托市级农业科技园区实施了 6 项科技特派员项目。组织了第二批市级农业科技园区申报工作，批准组建 6 个各具特色的领域建设市级农业科技园区。协助推进黄三角农高区现代农业技术创新中心建设，实施了科研基础设施配套提升工程，配套建设新一代清洁能源智能农机装备等 5 个中试研发平台，落地实施科技部国家重点研发专项、中科院 STS 计划、战略先导专项等 8 个重大科研项目。中科院黄河三角洲现代农业工程实验室等快速推进，已在市现代农业示范区开展 5000 亩小麦、水稻等作物试验，建成水盐运移、数字中心等设施。中科院遗传发育所设立中科院种子创新研究院山东基地，成为在盐碱区域布局的唯一种子研究机构。推进科技扶贫工作，从园区、平台、人才等方面加强对扶贫工作的支撑。

【加强区域性科技协作发展】 2020 年，推进省会经济圈一体化建设，组织全市 5 个领域的 57 家单位参与了省会经济圈科技创新联盟成立大会，在技术、人才等方面开展深入合作交流。东营市科技局与胜利学院签署了《战略合作框架协议》。康宝生化公司与胜利学院化工学院达成合作协议。组织企业参加了高端智库服务山东重大需求项目签约仪式暨山东院士专家联合会2020年会，签约3个项目。与中国石油大学、浙江大学、山东大学、青岛科技大学等10家高校、院所开展对接。举办了东营市"十校百企"科技成果直通车活动启动仪式及石油技术与装备、新材料与新一代信息技术、石油化工与生物医药等3场推介活动，累计发布310项科技成果，现场推介57项，签约7项，达成合作意向26项。

【科技成果转移转化】 2020年，东营市技术转移转化中心加快建设。全年开展各类项目对接、政策培训等活动27次，签订企业服务协议41项，并完成技术转移转化额3300多万元。东营区获评山东省技术转移先进县区。全市科技成果评价机构达到14家，完成科技成果评价356项，连续4年实现增长。为了深化科技奖励改革，新设1项社会科技奖—"东营市科技创业奖"。东营市3个项目获得省科学技术奖。

【举办三大赛事】 2020年，举办第9届中国创新创业大赛（山东赛区）暨2020年山东省创新竞技行动计划，报名企业120家，25家进入现场晋级环节，其中，5家企业入围第9届中国创新创业大赛全国赛，2家企业获中国创新创业大赛优秀企业称号，11家参赛企业最终成为竞技行动优胜企业，并将获得省科技计划立项支持。东营市科技局与市委组织部联合组织开展了东营市首届高层次人才创业大赛，共设置北京、杭州、东营三个国内初赛区和德国、日本两个海外初赛区，共有14个国家和地区的132个项目报名参赛，10家创业企业和50个创业项目进入决赛，25个项目达成落地意向，8个优秀落地项目进行了现场签约。举办了首届油地校融合创新创业大赛，共收到108个报名项目，79个通过形式审查，42个闯入现场晋级环节，最终决出企业组一等奖2项、二等奖3项、三等奖5项、优秀奖5项，团队组一等奖2项、二等奖6项、优秀奖5项。

（东营市科技局　陈建林）

烟 台 市

【概述】 2020年，烟台市全社会R&D经费支出126.6亿元，占GDP比重为1.65%。地方财政科技支出占公共财政支出的比重为3.5%。实施市级重大创新工程，启动防控应急科技攻关专项，助力打赢防疫攻坚战。获得2020年度山东省科学技术奖30项，总数创"十三五"新高，5项成果获省科学技术进步奖一等奖，获奖主体均为企业。烟台市科技局被省人力资源和社会保障厅、省科技厅授予"山东省科技管理系统先进集体"。

【科技计划】 2020年，全市新上国家和省各类科技计划项目63项，获得支持资金2.9亿元。其中，山东省中央引导地方科技发展资金项目6项，资金575万元；科技部"科技助力经济2020"重点专项6项，资金300万元；省重点研发计划（重大科技创新工程项目）8项，资金21149万元；省重点科创平台（省级创新创业共同体）2项，资金3200万元；山东省技术创新引导计划（国家重点科研项目补助和奖励）32项，资金1681.75万元；省泰山产业领军人才工程计划9项，资金2100万元。安排烟台市科学技术发展计划153项，资金5070万元。其中，重大科技创新类项目22项，资金2700万元；科技创新促进乡村振兴类项目27项，资金710万元；社会民生公益类项目42项，资金720万元；科技领军人才创新类项目3项，资金170万元；科技型中小企业创新竞技项目59项，资金770万元。

【高新技术及其产业】 2020年，全市高新技术产业产值同比增长9.9%，超出全省平均1.99个百分点，累计占规模以上工业比重54.77%，居全省第4位。全市新增高新技术企业297家，总数达1120家。备案国家科技型中小企业2282家，居全省第3位。开启精准服务科技企业的新模式，共同引导企业享受创新政策红利，全市2184家企业享受研发费用加计扣除80.52亿元，企业数和资金数同比增长49%和23%。对国家科技型中小企业，因受疫情影响复工、经营困难造成"科信贷"贷款逾期的，给予信贷支持。对为承租的国家科技型中小企业减免租金的市级以上科技企业孵化器和大学科技园给予房租补贴。

【科技成果与奖励】 2020年，全市148项成果进行山东省科技成果登记。全市获得山东省科学技术奖30项。万华化学集团股份有限公司牵头完成的"脂肪族异氰酸酯全产业链制造技术"、冰轮环境技术股份有限公司牵头完成的"工业余热提质回热循环利用关键技术研究与应用"、山东核电设备制造有限公司牵头完成的"非能动压水堆核电站钢制安全壳制造技术"、山东黄金地质矿产勘查有限公司牵头完成的"胶西北超深部大规模金成矿理论与资源探查关键技术"、烟台杰瑞石油装备技术有限公司参与完成的"55千瓦～2000千瓦全系列变频调速一体机关键技术研发与应用"获省科学技术进步奖一等奖；山东航天电子技术研究所完成的"航天器能源管理关键技术及应用"、烟台毓璜顶医院完成的"尿路上皮癌复发转移的机制和防治的创新技术与应用"、鲁东大学参与完成的"乳腺癌高危人群社区筛选技术的验证与推广应用"获省科学技术进步奖二等奖；烟台东方威思顿电气有限公司牵头完成的"非线性工况电力监测与计量关键技术研发与应用"、龙口市蓝牙数控装备有限公司完成的"立式铣车复合机床"、烟台开发区博森科技发展有限公司完成的"切削油循环带式过滤成套装备关键技术"、烟台冰轮节能科技有限公司牵头完成的"基于过冷水亚稳态结构的动态冰浆技术的开发及应用"、烟台恒源生物股份有限公司完成的"富马酸生物制备L—天冬氨酸和L—丙氨酸高效清洁生产技术"、蓬莱中柏京鲁船业有限公司牵头完成的"新型远洋渔业船舶设计与建造技术"、龙口联合化学有限公司牵头完成的"聚氨酯油墨着色用联苯胺类偶氮颜料的研发与产业化"、山东东润仪表科技股份有限公司完成的"水污染应急监测装备与平台管理系统"、山东国大黄金股份有限公司完成的"焙烧酸浸萃取工艺产出萃铜余液综合回收与循环利用研究与应用"、烟台龙源电力技术股份有限公司完成的"'W'火焰锅炉低NOx煤粉燃烧技术"、山东华鹏精机股份有限公司完成的"大型高效节能型预热混捏冷却系统的综合开发研制及工业应用"、山东黄金金创集团有限公司牵头完成的"深井高温高湿采矿环境下热害预测与控制技术"、烟台市林业科学研究所牵头完成的"黑赤松良种选育及栽培关键技术创新与应用"、烟台毓璜顶医院完成的"3D重建及敏感分子标志在头颈肿瘤诊断及治疗的应用"、滨州医学院完成的"CT/MRI关键技术在中枢神经系统重大疾病的创新与应用"、烟台港集团有限公司牵头完成的"干散货专业化码头全自动控制技术开发与应用"、山东省第六地质矿产勘查院参与完成的"胶东地区白垩纪金—铜—铅锌—钼成矿系列及找矿实践"获省科学技术进步奖三等奖；鲁东大学完成的"严格反馈随机系统的分析与控制"和"功能分离材料构筑新策略及在水／非水介质中与金属离子作用机制"、烟台大学牵头完成的"非线性椭圆形微分方程奇异初值和边值问题解的定性理论和渐近行为"、中国科学院烟台海岸带研究所参与完成的"海洋植物源内生真菌活性物质研究"获省自然科学奖二等奖；中国科学院烟台海岸带研究所完成的"黄河三角洲盐碱地菊芋生态高值产业链构建关键技术"获省技术发明奖三等奖。

【科技交流与合作】 2020年，整合政策资金，联合中科院兰化所、中科院上海药物所、中国农科院等"国字号"科研院所，推动烟台先进材料与绿色制造山东省实验室落地建设，成为全省首批布局的4个省实验室之一。中科院药物创新研究院环渤海药物高等研究院启动建设。山东苹果·果业产业技术研究院挂牌运营。围绕创新体系建设、引进和培育产业、聚集创新资源、科技服务支持等内容，与深圳力合科创集团有限公司开展合作，在烟台开发区建设长江以北第一个"力合国际先进技术创新中心"。推动裕龙炼化一体化、南山科学院、海上航天发射技术创新平台等重大项目建设。推进烟台中科先进材料与绿色化工产业技术研究院等重大科研平台运行建设。围绕重大项目邀请院士刘维民、李华军等6人，100余名专家学者进行论证献技。组织中科院、山东大学等线上成果发布交流对接活动20余次。组织市政府与中科院沈阳分院、济南大学进行会商洽谈2次。邀请中国科学院、中国工程物理研究院、天津大学等专家进企交流对接10余次。开展创新助力调研活动，走访企业50多家，全年累计征集企业技术需求90多项，走访对接高校院所40余家，发布科技成果3000余项。组织企业参加"中国—芬兰高技术领域线上对接会"。组织企业参加高端智库服务山东重大需求项目集中签约活动暨山东院士专家联合会2020年会，烟台市推荐的4个项目在会上集中签约，签约项目数量位列全省第二。引进山东火炬生产力促进中心在烟台市建设"山东（烟台）中日产业技术研究院"，打造中日协同创新高地。烟台市火炬技术市场有限公司等4家单位获得山东省科技合作与交流活动后补助经费132万元，补助数量居全省第一。

【科技成果转化】 2020年，联合山东火炬生产力中心、烟台高新区，共建国际技术市场并投入运营。推动国家科技成果转移转化示范区发展，累计汇集科技成果3000余项、技术需求400余项、合作机构190余家，举办成果发布会43场。完善科技成果对接系统，征集发布高校院所技术成果2万余项，组织实施校地合作类项目30项。以"创新驱动、科技赋能、开放融合、共享共赢"为主题，举办首届烟台国际技术交易大会，征集发布科技成果2万余项，5个重大科创平台正式揭牌，签约成交项目31个，资金额超过10亿元。其中，"烟台·喀山"中俄科技创新对话专场，采取"线上＋线下"相结合的方式，邀请来自中俄两国的政府、高校科研机构、科技园区、产业联盟、创新型企业等30余家、100余位代表出席活动。会上，烟台高新区与俄罗斯科学院喀山科学中心等6家中外机构签订科技合作协议。

【农业科技创新】 2020年，烟台市获批农村领域省级以上项目7项，经费535万元。农业科技企业获得省级及以上科学技术奖励7项，其中安得利果胶等3家企业获2019年度国家奖。全市组织实施市级乡村振兴类项目27项，支持经费710万元。龙口省级农高区通过建设期验收，4个省级农业科技园区全部通过省科技厅评估验收，其中龙口、牟平园区获优秀等次。5家优秀农科驿站获经费奖励50万元。2人入选2020年泰山产业领军人才高效生态农业创新类。

【生物医药健康】 2020年1月24日，启动防控应急科技攻关专项，围绕公共卫生预防控制、临床诊断治疗技术研究、检测试剂及药物研发等领域，组织相关单位和科研人员开展技术攻关，并为专项审批开通绿色通道。宝源净化承担的"医用超低阻回风装置"、鲁东大学承担的"快速简便检测试剂盒"等首批10个项目取得阶段性成果。组织成立新型冠状病毒感染肺炎疫情防控科技支持专家组，科学指导全市疫情防控。组织开展药物和创新医疗器械研发及产业化奖励，共奖励新药和三类器械研发及产业化项目10项，资金970.05万元。荣昌生物自主研发的针对系统红斑狼疮原创新药"泰它西普"、绿叶制药研发的"利培酮注射微球"有望取得新药证书并上市销售。绿叶"新冠病毒中和抗体"研发列入国家科技部重点专项，给予450万元支持，10月完成临床前研究，并获得临床批件。

【科技金融结合】 2020年，开展科技信贷风险补偿工作，缓解科技型中小企业融资难、融资贵的问题。全年帮助282家企业获得银行贷款，放款金额约15.63亿元，其中"科信贷"53笔1.35亿元，"成果贷"312笔约14.28亿元。自2015年以来，累计帮助502家（次）企业获得银行贷款，放款额达26.5亿元。2020年为列入科技信贷补贴范围的65家企业发放了科技信贷补贴225.01万元，连续4年累计发放信贷补贴408.63万元。

【创新平台建设】 2020年，出台《支持科技创新基地建设若干政策》《烟台市科技企业孵化器和众创空间管理办法》，加快培育省市两级企业创新平台。全市有市级以上科技企业孵化器41家、众创空间21家、大学科技园3家，科技孵化载体面积达到106万平方米，在孵企业超过2400家。省级以上工程技术研究中心达94家、省级以上重点实验室19家、省院士工作站达27家。新增省级技术创新中心7家，总数达8家；新建市级技术创新中心9家。新增省级新型研发机构29家，市级评定新型研发机构10家。新增省级创新创业共同体2家，总数达3家；新增市级创新创业共同体6家。认定市级公共技术服务平台3家。

【科技创新服务】 2020年，收录共享国家、省级和市级科技报告462份。烟台市科技服务云平台二期建设完成。烟台市技术创新中心管理系统、新型研发机构备案管理系统、烟台市科技企业孵化器和众创空间管理系统、烟台市科技金融服务系统等7个系统上线运行，为技术创新中心、新型研发机构、孵化器和众创空间认定等科技管理工作提供了网络支持服务。平台用户总数3496个，累计推送各类科技资讯达31.2万条，为企业提供服务达2.1万项（次）。开展大型科学仪器设备和科技文献共享服务工作，截至2020年底全市入网大型科学仪器设备1470台（套），总价值约10.55亿元，拨付各类创新券补贴合计1705.9余万元；科技文献共享服务79万次，下载文献5万余篇。

【科技人才】 2020年，全市4人入选泰山领军人才工程战略性新兴产业类人选，居全省第1位；7人获省第二届"创业齐鲁·共赢未来"创新创业大赛优胜奖（5个创业企业，2个创业项目）。引进较高层次外国人才800人，办理51个国家和地区外国人才工作许可证1432份。获国家高端外国专家项目4项，省"外专双百计划"4项。

【科技体制改革】 2020年，出台《全市科技改革攻坚实施方案》，从加强科技管理、园区和创新平台、科技服务、培育新动能4个方面制定了10项具体举措。各项科技改革攻坚任务均有序推进。在全省率先制定重大科技创新项目"揭榜制""组阁制"实施方案，重点项目攻关"揭榜挂帅"，构建起"能者上、优者奖"的良好科研攻关生态。深化流程再造，整合科技管理25个信息系统，建设科技服务云平台，实现主要服务事项"一网通办"，办理时限压缩约30%，累计服务企业、科研院所等各类创新主体近4.7万余次。

（烟台市科技局　孙运智）

潍 坊 市

【概述】 2020年，全市深入实施创新驱动发展战略，认真开展以"强素质、转作风、提效能、促服务"为主题的"机关效能提升年"活动，以效能提升促改革攻坚，有效推动省市重点改革攻坚任务落地落实，科技创新对全市经济社会发展起到了重要支撑作用。潍柴"燃料电池国家技术创新中心"通过科技部批准设立，成为全国第4个国家级技术创新中心。潍坊市产业技术研究院建设取得显著成效，成功举办一周年成果汇报会。全市13项成果入围2020年省科技奖励项目，潍柴动力谭旭光获省科学技术最高奖。新增国家重点人才工程（QR）1人，创新人才推进计划1人，入选俄罗斯工程院院士1人，入选泰山产业领军人才6人。新增认定国家高新技术企业456家，总量达到1002家。全市高新技术产业产值占比达到52.26%，占比增幅较2019年增长2.52个百分点。科技创新助力脱贫攻坚成效显著，寿光市科技局获得"全国脱贫攻坚先进集体"称号。潍坊市科技局获2020年双招双引和打造对外开放新高地先进单位，为全市经济社会发展作出了突出贡献。

【高新技术及其产业】 2020年，潍坊把高新技术产业发展作为优化产业结构、促进转型升级和创新驱动发展的重要抓手，全面贯彻落实《高新技术企业科技保险补偿财政扶持办法》《高新技术企业认定管理办法》等政策文件，大力培育高新技术企业，通过线上、线下培训宣讲等形式，加大高新技术企业优惠政策宣传力度。全市组织视频培训、现场培训19场次，培训企业科研人员、财务人员1100人次。运用科技资源和手段，加大企业培育力度，提升企业创新和科技成果转化能力。落实高新技术企业税收优惠政策。定期组织高新技术企业财税及统计业务培训，集中进行科技创新企业所得税等优惠政策宣传、现场解答和跟踪服务。加大科技型中小企业培育力度，全市入库国家科技型中小企业评价系统的企业达1345家，居全省第3位。138家企业申请了山东省中小微企业升级高新技术企业财政补助，获得省级补助1380万元。587家企业申报高新技术企业，认定456家，通过率约为77.7%。截至2020年底，全市有效期内的高新技术企业达到1002家，比2019年增加了193家，总数位列全省第4位。潍坊市规模以上高新技术产业产值占规模以上工业总产值的比重达到52.26%，高于全省平均水平7.15个百分点，居全省第5位，比2019年提高2.52个百分点。高新技术企业主要分布在先进制造、电子信息、生物与新医药等领域，群体规模优势初步形成。

【科技计划】 2020年，全市6个项目获批科技部"科技助力2020"重点专项，资金450万元，占全省1/7。8家企业获省2020年度中央引导地方科技发展资金立项支持，占全省的1/10，获批资金1125万元，占全省1/8，项目、资金数均居全省第2位。获批省重大创新工程项目10个，资金1.67亿元，项目数、资金数均居全省第3位。潍柴承担国家重点研发计划"高一致性、长寿命商用车大功率燃料电池堆及批量工艺研发"项目获批中央资金9043万元。

【创新平台建设】 2020年，潍坊市着力推进科技创新平台建设，初步形成了国家、省、市三级有机衔接的科技平台技术创新体系。各类创新载体建设稳步推进。潍柴国家燃料电池技术创新中心通过了科技部专家论证，成为全国第4个国家技术创新中心。盛瑞传动、蔬菜集团成功创建成为山东省技术创新中心。潍柴燃料电池省重点实验室获批建设。结合全市创新驱动发展战略要求，实施市级科技创新平台培育提升计划，新建市级重点实验室103家。全市共建成国家级工程技术研究中心2家（潍柴动力、盛瑞传动）、省级工程技术研究中心116家、市级工程技术研究中心780家；国家级企业重点实验室1家（潍柴动力），省级重点实验室14家，市级重点实验室494家；省级技术创新中心4家（潍柴动力，雷沃重工、盛瑞传动、蔬菜集团）。

【潍坊市产业技术研究院建设】 2020年，潍坊市产业技术研究院探索创新，集聚各方资源，培育发展新动能，取得了明显成效。按照"突出市场导向、创新体制机制、引领产业升级、对标高端先进、促进成果转化"的建设原则，紧盯任务目标，从完善科技创新体制机制入手，组班子、招人才、建队伍、立规章，搭建起"产研院+公司+基金+各类创新主体+孵化园区"的整体框架结构。组建了综合管理部、产业发展部，注册成立了潍坊市产业技术研究院投资发展有限公司，制定了《潍坊市产业技术研究院专业研究机构管理办法》等规章制度，成立（引进）了10所直属院、8所加盟院、

12家合作单位，搭建了潍坊市产业科技发现与科创服务平台、潍坊工业互联网协同创新平台（卡奥斯潍坊）、"e融湾"智能投顾O2O平台，同时发挥知识产权保护中心的作用，为企业和院所提供全方位服务。潍坊先进光电芯片研究院、山东功能新动能科学研究院等30家新型研发机构上榜2020年度省级新型研发机构备案名单，数量居全省第3位。建设了第1批市级创新创业共同体23家，为全市科技创新发展提供了有力支撑。山东省成体细胞产业技术研究院的"移植型细胞—生物复合膜的研发及在治疗黄斑变性中的临床应用"和湾区智能科技（山东）有限公司的"山东半岛投融资智能服务平台及金融科技服务创新体系建设"项目列入2020年度山东省中央引导地方科技发展资金项目，分别获得扶持资金150万元。

【打造区域创新高地】 2020年，全面推动国家创新型城市建设，多次组织召开全市创新型城市建设调度会，进一步统一思想提高认识、查找问题、安排部署工作任务，确保完成创建工作，为建设创新型省份提供强力支撑。推动潍坊高新区、寿光高新区、凤凰山高新技术产业园区体制机制改革及考核评价工作。全力推动寿光争创国家级高新区，争创工作进展顺利。

【农业科技】 2020年，强化农村科技指导，开展现场督导活动8次，指导农业种植人员400余人。开展科技服务410次，培训农民5680人次。组织科技扶贫干部培训2次，培训扶贫干部、科技园区、农科驿站负责人80余人。推动潍坊聊城科技扶贫协作，推动鲁渝科技合作交流。寿光市科技局帮扶井冈山市做法得到科技部、省委省政府领导肯定。寿光市科技局被评为全国脱贫攻坚先进集体。实施村内"户户通"工程，硬化道路6条790米，全面助力打赢脱贫攻坚战。

【科技成果与奖励】 2020年，不断完善创新机制、优化创新政策，坚持不懈推进创新主体培育，提升企业科技成果培育和转化能力。开展科技合作对接活动，采取多种方式减小疫情对合作交流带来的影响，先后组织东方钢管、中裕机电等260余家相关领域企业参加17场科技成果云对接活动，重点围绕"特种金属材料加工制备与应用""氢能制取、提纯及储氢"等领域，与中科院金属所、中国石油大学、比利时法兰德斯等17家高校院所47名专家线上线下交流对接，精准对接"特殊钢及构件制备关键技术""燃料电池氢源技术""现代化海洋牧场"等最新科研成果100余项。织企业申报山东省科学技术奖，对"大马力高强化智控农用机械动力关键技术及产业化"等21个进入网络评选的优秀成果项目，邀请专家进行了培训，并对答辩PPT材料进行了一对一的辅导。全市13项成果（人选）获奖，数量居全省前列。潍柴动力董事长谭旭光获得2020年度山东省科学技术最高奖，实现了潍坊市省科学技术最高奖零的突破，并被评为2020"齐鲁最美科技工作者"，成为本年度十位山东科技最强"内核"之首。获得省科学技术进步奖二等奖3项、三等奖8项，省技术发明奖三等奖1项。150项科技成果获得2020年度市科技奖励。做好科技成果登记工作，严格落实科技成果登记制度，经过电子系统填写、整理审核、网上公示等程序，2020年共完成科技成果登记150项。累计完成登记技术合同6136余项，成交金额135.78亿元，其中完成1108份标的额1000万元以下技术合同认定登记，总金额达22.5亿元。

【知识产权】 2020年，全市知识产权工作全面贯彻新发展理念，以创建国家知识产权强市为抓手，持续加强知识产权创造、运用、保护和管理能力建设，充分发挥知识产权在保护创新发展、优化营商环境中的作用，为加快建设现代化高品质城市提供了重要支撑。坚持"抓大促小、提质增量"工作思路，提升知识产权创造能力，各项知识产权主要指标均居全省前列。全市2020年国内专利申请32570件、授权23290件，其中发明专利申请7288件、授权2650件，均居全省第3位；每万人有效发明专利拥有量达到10.42件；全市PCT国际专利申请298件。新增注册商标27246件，居全省第4位，总量达到133779件；拥有驰名商标101件、地理标志商标99件，均居全省第2位；拥有马德里国际注册商标252件，居全省第4位；寿光蔬菜注册成为全市首件地理标志集体商标。中国（潍坊）知识产权保护中心在国内唯一面向4个产业领域运行。发明专利授权周期由平均22个月缩短为3～6个月，实用新型授权周期由7～8个月缩短为1个月，外观专利授权周期缩短为5～7个工作日，较普通通道提速近10倍。2020年该中心受理专利3512件、预审合格2336件、授权2101件，各项指标均居全国前两位。全市12个项目入选省重点产业专利导航项目，4家企业关键核心技术专利群入选省关键核心技术知识产权项目，新增贯标企业140余家。歌尔股份、盛瑞传动专利项目包揽2020中国山东新旧动能转换高价值专利培育大赛一等奖。构建"强市、强县、强企"试点示范体系，国家知识产权强县示范试点县达到8家，国家知识产权示范园区1家，国家试点学校1家，高新区获批专利导航发展实验区和知识产权集群管理试点区，寿光市创建国家地理标志产品保护示范区。2020年新增国家知识产权示范企业4家、优势企业18家，累计分别达到10家、59家。

【政策法规与环境建设】 2020年，推进科技政策制定，抓好政策落实，优化科技营商环境，保障科技创新发展。健全创新政策体系。出台了《潍坊市科学技术奖励办法》《关于进一步促进科技成果转移转化的实施意见》《潍坊市科学技术奖励办法实施细则》《潍坊市创新创业共同体管理办法》等文件，形成了国家、省、市政策关联配套、内容相互衔接的科技创新政策体系。开展业务流程再造，以"一次办好"为抓手，在流程上做"减法"，在效能上做"加法"，完善事项要素，畅通运行渠道。外国人来华工作许可办理实行容缺受理和"不见面"审批，全程实现"不见面""零跑腿"，办理时限由10天压减为1天。依托山东省政务服务事项管理系统，梳理23条权责事项。申请政务服务事项可网办率达到100%，并全部入驻市政务服务中心。"互联网+监管"检查实施清单数据覆盖率达到100%。推进政务服务事项办件数据归集工作，提高公共数据开放力度。全面清理证明事项，为企业减轻负担。优化科技计划管理，聚焦全市科技创新，将全市科技计划专项调整为新旧动能转换计划、重点研发计划等5大类别。开发潍坊市科技计划项目管理系统，实现所有项目申报、初审、评审、实施、验收全流程网上监控。开展"拉网式"排查整治，全面清理行业协会和社会中介服务机构。加强信用建设，落实惩戒责任。

【民营科技企业发展】 2020年，围绕提高企业自主创新能力，培育发展新动能，强化民营科技企业培育，提升民营科技企业创新能力，为民营经济发展提供了强力的科技支撑。针对民营科技型企业初创、成长、发展等不同阶段，突出抓好掌握核心技术且发展潜力大的民营中小企业培育，组织民营企业参加国家科技型中小企业评价，2020年入库科技型中小企业1345家，其中民营企业超过1100家。实施高新技术企业"育苗造林"工程和"小升高"计划，构建覆盖不同发展阶段的企业创新扶持政策体系，建立"初创企业—科技型中小企业—高新技术企业"梯次培育机制，每年筛选一批成长性好的企业给予重点支持。近三年，高新技术企业认定数量每年稳定在260家左右，促进一批成长性好、带动能力强的新兴民营科技企业升级为高新技术企业。加大创新平台建设政策支持力度，落实有关优惠政策，营造民营企业良好发展环境。落实企业研究开发财政补助政策，近三年，争取上级财政补助9199.07万元，市级配套1769.41万元，惠及479家民营科技企业。

【科技合作与交流】 2020年，申报国家高端外专项目13个、出国（境）培训项目2个。获批省重点外国人才工程项目6个，省离岸创新创业基地3家，均居全省第一。潍柴获批全省唯一一家国家战略科技发展类引才引智示范基地。引进共建科研院所平台项目173个。新增院士工作站36家，全省第一，总数56家，全省第一。推动200余家企业对接50多所高校院所、科研单位的近2000项创新成果，促成合作300余项。举办"2020山东—以色列科技合作对接会""2020院士专家青州行"、高密科技创新与人才发展峰会和山东大学科技成果直通车等活动，激发人才创新活力。

【科普工作】 2020年，全市科学普及工作以推进实施全民科学素质纲要为主线，转变作风、真抓实干，组织动员和发挥社会各方力量，开展疫情防控应急科普宣传，组建科普宣传员队伍，利用新媒体持续向公众推送具有科学权威的新型冠状病毒防控科普知识35万余条。实施科技助力乡村振兴行动，制定印发《潍坊市科普专项资金管理办法》，20个优秀科普社区、农技协及科普教育基地获国家和省表彰奖补。创建山东省科普示范工程项目8个。为全市选调大学生（村干部）和部分帮扶村贫困户免费订阅科普杂志400份，向部分学校和贫困帮扶村发放科普图书。青州市科技馆建成开馆运行。安丘市、寿光市科技馆纳入规划筹建。在昌乐、诸城组织召开了全市纲要工作现场推进会。推进提升全民科学素质工作获评省B类改革品牌项目。承办山东科学大讲堂潍坊分场8场。新增省级科普教育基地18个。新建开放社区科普馆9个。创建认定市级科普教育基地31个。参加第三届山东省科普创作大赛，7家单位被授予优秀组织单位，221件作品获奖，其中一等奖47件。举办首届全市青少年创意编程与智能设计大赛，7所学校入选全国青少年人工智能活动特色学校。推进科技志愿服务，成立潍坊市新时代文明实践科技志愿服务队和科普志愿服务队。寿光市科协科普志愿者大队获全国优秀科技志愿服务队。全市在国家科技志愿服务信息平台实名注册科技志愿者、科普员达到50092人，科技志愿服务组织254个。创新科普模式动员社会各方力量，市县上下同步同频，联合推出一批适合公众需求的科普日精品系列活动338个，组织50000余名科普志愿者、科普员参与科普日活动。12个单位、28项活动获全国和全省科普日活动优秀组织单位、优秀活动。在全市分4个领域遴选85名专家组建潍坊市科技智库，聘请樊代明、于金明、单忠德、邓兴旺、陈劲5名院士专家担任特聘顾问，搭建起高层次人才服务创新创造的平台。

【海洋科技】 2020年，海洋领域列入市级以上科研项目共15项，其中山东润科化工股份有限公司的"六溴环十二烷替代品（溴化SBS）产业化开发"等获批国家级项目3项，获得支持资金2165万元。海洋领域新建市级以上创新平台20家，其中省级平台3家，市级平台17家。海洋领域获市级以上科技奖励共23项，其中国家级二等奖1项，三等奖6项，贡献奖2项；省级一等奖5项，二等奖2项；市级一等奖5项，三等奖2项。海洋领域申请专利156件，其中发明专利68件，实用新型88件。

（潍坊市科技局　崔玉尧）

济 宁 市

【概述】 2020年，济宁市被认定为支撑绿色发展国家创新型城市、国家重点研发计划科技示范城市，成功入围国家"百城百园"计划。济宁市科技局获全市"三争贡献奖"。全市获批国家、省级各类科技计划项目231项、扶持资金3.3亿元。全市新增高新技术企业111家，高新技术企业数量达到614家，高新技术产业产值占规模以上工业产值比重达到39.78%，较2019年提高9.08个百分点，占比增幅居全省第4位。全市4个项目进入国家"科技助力经济2020"专项，5个项目纳入省重大专项，数量均列全省第5位。新增国家级众创空间6家，省级众创空间8家，新建省院士工作站10家，省级新型研发机构15家。孵化器、众创空间在孵企业达到905家、毕业企业159家。济宁市产研院累计争取山东产研院资金支持1.51亿元，居山东省各地市首位。促成全市企业与高校院所签订产学研合作项目8个，签约金额2619万元。引进落地产业化项目12个，初步形成了新材料、精细化学、高端装备制造3个产业集群。面向全市产业园区主导产业共建产业研究所9个。

【高新技术及其产业】 2020年，济宁市成立高新技术企业发展工作专班，将培育壮大高新技术企业作为重点工作。对企业做好调查摸底和分类指导工作，储备企业300余家，作为申报高新技术企业的主要力量。加强辅导培训，联合县（市、区）对储备企业开展宣传培训活动20余次，累计培训1500余人。兑现奖补政策，为107家高新技术企业争取省小升高奖补资金1070万元，有效激励企业申报积极性。济宁华儒众创空间等6家众创空间备案为国家级众创空间，数量居全省第3位。组织企业参加科技型中小企业评价，全市入库科技型中小企业达613家。全市孵化器、众创空间累计减免房租1377.8万元，受益企业2729家。济宁高新区创建国家创新型特色园区，在2019年度全省开发区综合评价中，位列全省159个开发区第6名，高新区序列位列第3名。

【农村与社会发展科技工作】 2020年，全市5项科技特派员行动计划获省级立项，9家省级备案农科驿站入选后补助奖励名单，49名科技特派员入围基层服务科技人员经费拨款名单。发挥科技优势助力疫情防控，全市共受理申报"新型冠状病毒快速检测试剂卡的研制"等项目84项。及时解决济宁市传染病医院缺乏智能测温计、山东良福制药有限公司缺少熔喷布等需求。拓展线上科技服务新渠道，以远程诊断、网上听课等方式开展线上培训，并组织160余名科技特派员（农技人员）实地开展各类技术指导140次。扎实开展精准扶贫工作，农科驿站硬件建设扎实高效。25家扶贫村的农科驿站完成硬件设施的建设任务。农科驿站科技服务人才队伍专兼合理，860名科技特派员和52家农科驿站注册备案，累计推广新技术55项，推广新品种120个，开展集中培训35场次，培训人数400余人次，服务省扶贫工作重点村121个，服务群众3000余人。以基地和农科驿站为依托，采取"一村一品""一镇一品"的特色产业发展模式，共推广新技术20项，实用技术37项，引进新品种36项，其中20项被认定为省科技扶贫转化应用成果。开展鲁渝协作对接工作，赴重庆市万州区开展果树种植、电商扶贫业务培训，培训人数259人。

【成果转化与区域创新】 山东太阳纸业获国家科学技术进步奖一等奖。全市18项成果获2020年度山东省科学技术奖，9项成果获2020年度山东省技术市场金桥奖，济宁市科技局获2020年度山东省技术市场金桥奖先进集体奖。出台《济宁市加快技术转移转化若干措施》，营造科技成果转化政策环境。山东理工职业学院获批山东省技术转移人才培养基地，成为全省首批5家基地之一，是鲁南经济圈唯一的省级培训基地。科技部批复实施"百城百园"行动，全省共有5家获批。任城区、邹城市、金乡县获批山东省技术转移先进县（市、区），获批数量居全省第二。组织企业开展科技成果登记工作，共登记科技成果71项。全市完成技术合同成交额108.48亿元，同比增长107.37%。

【科技规划与资源配置】 2020年，出台《济宁市重点研发计划管理办法》，健全以市场为导向，"企业出题、专家论证、第三方监督"的科技计划管理系统。大型科学仪器设备共享入网仪器达到1648台（套），新增注册会员79家，达到1520家。生成"创新券"103单，18家科技型中小微企业享受到省市级"创新券"补贴共计83万元。落实国家、省对科技基地改革的系列措施，全市公共创新平台和企业创新平台提质增效。重点突破技术创新中心、创新创业共同体等平台的建设，山东省科技厅批准国家纺纱工程技术研究中心转建山东省纺纱技术创新中心，山东工程机械智能装备创新创业共同体被认定为省级创新创业共同体。研究出台市级创新创业共同体、技术创新中心和重点实验室建设管理办法，建设市级共同体19家，建设20家市级技术创新中心和9家重点实验室。全面完成了"园区改革攻坚"目标任务。通过平台建设，基本形成了全市产业公共创新平台和企业技术研究平台点面结合、相辅相成的局面。

【科技合作与交流】 2020年，组织开展产学研合作活动50余次。举办济宁市产学研合作暨院士专家恳谈会，会上共签约24个项目，总投资约32.8亿元。全市与100余所高校、60余个科研院所建立了合作关系。邹城荣信集团与中科院大连化物所共建新能源新材料研究院。微山霞光集团与中国林业科学研究院共建国家林业草原木塑复合材料工程技术研究中心。兖州经典集团与哈工大共建高效焊接联合技术中心及试验基地。鱼台星源集团与江苏大学共建亚洲最大的综合型水泵实验室。全市通过产教融合、校企共建模式，建设市级实验室30余家，建设市级创新创业共同体20家。金乡县组织开展"十四五"新发展理念研讨会暨高校济宁金乡行活动，43所国家级部属院校参加，搭建了科技创新高端合作交流平台。第16届中国（梁山）专用汽车展览会科技成果推介会在梁山国际会展中心成功举办。曲阜市出台《关于推动校地融合发展的意见》，打造与曲阜师范大学校地融合发展共同体。

【科技人才工作】 2020年，制定了《济宁市引才工作站管理办法》《关于携手国际高端人才共同抗击新型冠状病毒的工作方案》《济宁市引进国外智力联盟组建工作方案》等文件，推进国际人才交流与引进工作，与6家海外机构签订建立海外引才工作站合作意向书。全市4人入选科技部创新人才推进计划，7人入选泰山产业领军人才工程，1人入选国家重点人才工程，10人入选海外科技人才计划，1个省重点人才工程团队项目获得山东省政府批准，5人在山东省创业大赛中获优胜奖，18人被认定为第三批济宁市创新创业领军人才，33人在第二届"赢在济宁"创新创业大赛中获奖。新增省级以上人才平台61家。山推工程机械股份有限公司获批山东省工程装备领域唯一一家省级创新创业共同体。鲁南地质实验测试中心获批山东省规模最大地质实验室。如意集团获批济宁市首个省级技术创新中心。建立济宁市战略性新兴产业、高效生态农业、科技创业领域重点人才项目库。成立全国首个地市级引智联盟，吸纳首批集体会员107家，新建市级高层次专家工作站3家、人才飞地11家。

【政策法规与环境建设】 推进国家创新型城市建设，制定《关于深化创新型城市建设的实施意见》。开展法治政府建设，深入开展普法教育。执行规范性文件报备制度和"统一登记、统一编号、统一公布"制度，出台7项规范性文件并备案。济宁市科技局加强对干部职工的培训教育，组织市科技局干部职工参加执法证考试和普法考试，开展营商环境评估工作，对营商环境评估填报指引进行分析，对接19个市直部门58个业务科室，上报样本企业158家。

（济宁市科技局 楚 鹏 鲍 旭 李春菊）

泰 安 市

【概述】 2020年，全市R&D经费64.40亿元，研发投入强度为2.42%，高于全省平均水平0.32个百分点。全市高新技术产业产值占规模以上工业总产值的比重达到51.12%，超过全省平均水平6.01个百分点，居全省第6位。净增高新技术企业96家，总数达到368家。全市共办理省科技成果转化贷款143笔，同比增长57.14%；银行授信9.34亿元，同比增长72.96%；发放贷款6.90亿元，同比增长84.49%；备案金额6.50亿元，同比增长94.03%。泰安市科技局获全省科技管理系统先进集体，连续18年获省级文明单位称号。泰安市科技局党组被泰安市委授予"新时代泰山'挑山工'先进集体"。

【高新技术及其产业】 2020年，全市新认定高新技术企业156家，净增高新技术企业96家，总量达到368家。全市高新技术产业产值占规模以上工业总产值的比重达到51.12%，超过全省平均水平6.01个百分点，居全省第6位。

【科技计划】 2020年，全市承担省部级项目93项，获无偿科技资金2.66亿元。2个项目被科技部列入"科技助力经济2020"重点专项。2个项目获中央引导地方科技专项支持。5个项目列入山东省重大科技创新工程，获9481万元支持，其中"矿区土壤生态修复与大宗固废高值利用关键技术及工程示范"项目立项资金2777万元，为泰安市单个项目最高支持额度。

【科技创新资源与能力建设】 2020年，新增国家级众创空间2家，累计8家。新增省级院士工作站9家，累计20家。备案省级新型研发机构10家。省政府批准设立肥城省级农高区。11家省农科驿站绩效评价结果优秀。新建市级重点实验室18家。泰山创新谷服务功能日趋完善。科技金融服务中心正式启用。科技创投综合服务平台上线运行。引进高水平研发团队54个。建设产业技术创新研发机构19家。实现产业化项目21项。注册成立公司81家，实现产值1.2亿元。加快建设山东省智慧康养创新创业共同体，聚集首都医科大学、英特尔中国研究院等37家单位，加盟企业28家。开展产业"卡脖子"技术突破攻关项目6项。泰安市产业技术创新研究院（山东产业技术研究院泰安分院）成立并揭牌。

【农业与社会发展】 2020年，选派泰安市第14批农业科技特派员51人。通报表扬45名科技特派员、20家科技特派员组织实施单位典型案例。5个项目获省科技特派员行动计划项目支持。省科技人员服务基层人选入选41人。省科技特派员管理系统注册人数达到795人。

【科技成果与奖励】 2020年，全市企事业单位主持或参与完成的26项科研成果获省级以上科学技术奖励。其中，国家技术发明奖二等奖1项、国家科学技术进步奖二等奖1项；省自然科学奖4项（一等奖1项、二等奖2项、三等奖1项），省科学技术进步奖20项（一等奖5项、二等奖8项、三等奖7项）。全市完成技术合同登记2278项，成交金额53.17亿元。

【知识产权】 2020年，全市国内有效发明专利拥有量2482件，同比增长15.17%；每万人有效发明专利拥有量4.4件，比2019年末增加0.58件。全市PCT国际专利申请18件，比2019年末增加5件。专利权质押合同登记61项，专利权质押融资额7.615亿元。注册商标专用权质押登记7件，融资金额3.138亿元。商标质押登记申请受理点办理商标权质押融资34件，融资额74.43亿元，分别居全国第2位、第1位。

【政策法规与环境建设】 2020年，出台《泰安市科技创新发展项目管理办法》《关于支持泰安高新区建设国家创新型特色园区的实施意见》《泰安市创新创业共同体建设管理办法》等文件。全市R&D经费64.40亿元，研发投入强度为2.42%，比全省高0.32个百分点。429家企业获省级研究开发财政补助资金6386.85万元，带动企业研发投入24.74亿元。全市办理省科技成果转化贷款143笔，同比增长57.14%；银行授信9.34亿元，同比增长72.96%；发放贷款6.90亿元，同比增长84.49%；备案金额6.50亿元，同比增长94.03%。

【民营科技企业发展】 2020年，加大"创新50强"企业培育力度，13家营业收入增幅超过50%，其中6家超过100%。2家企业入选"科创板"培育库，9家企业成长为国家高新技术企业，10家企业获泰安市财源建设投资基金5.92亿元投资。16家企业获第9届中国创新创业大赛（山东赛区）暨2020年山东省中小微企业创新竞技行动计划优胜企业。426家企业入库国家科技型中小企业。429家企业获研究开发财政补助资金1.26亿元，其中省级补助6386.85万元，获补助企业数量和补助金额数分别比2019年提升72.98%、36.65%。

【科技合作与交流】 2020年，开展西安交通大学—泰安科技合作对接交流会，15家企业到西安交通大学对接20个优秀科研成果。举办"才入泰安·势如泰山"科技招才引智签约仪式，33个人才合作项目现场签约。泰安市科技局培育推荐的人才（团队）入选省级以上人才工程12人，占全市入选总量的75%。其中，国家级人才工程入选3人，列全省第3位；泰山产业领军人才入选6人，"外专双百计划"入选3个团队。

【科普工作】 2020年，以"科技战疫，创新强国"为主题，开展了"2020年科技活动周暨科普惠民科技政策宣传活动"。向企业、群众宣传各级科技创新相关财税金融政策、科技品牌政策、科技人才政策、科技计划政策、科技奖励政策等，以及相关的法律法规，引导企业和群众用活用好相关政策。

（泰安市科技局　李向福）

威 海 市

【概述】 2020年，全市深入实施创新驱动发展战略，加快建设创新型城市，以"重点工作攻坚突破年"为抓手，实施科技创新十大攻坚突破行动，积极应对新冠肺炎疫情影响，助力企业复工复产创新发展，不断强化高端创新载体建设，加速集聚国内外高端创新资源，大力培育创新型企业群体，推动高新技术产业加速发展，圆满完成"十三五"科技创新发展任务，为"十四五"全市科技创新工作开好局、起好步奠定了坚实基础，为"精致城市·幸福威海"建设提供了坚强有力科技支撑。"1+4+N"高端创新平台体系成型成势，引进落地北京大学威海海洋研究院、激光与光电子信息技术研究院，全市创新平台总数达到1013家，其中国家级平台26家、省级平台337家。国家科技型中小企业达到1136家，高新技术企业达到738家。全年高新技术产业产值占规模以上工业总产值比重达到60.13%，居全省第2位，高新技术产业投资占工业投资的比重为59.7%，居全省第2位。登记技术合同1676项，技术合同成交额109.61亿元，增长92.57%。4个县级行政区全部获批省级技术转移先进县。全市综合科技创新水平指数居全省第4位，创新环境指数居全省第2位，企业创新指数居全省第3位，创新绩效指数居全省第4位，创新产出指数居全省第4位，创新资源指数居全省第5位。

【**高新技术及其产业**】 2020年，威海市大力培育科技型企业，创新骨干力量迅速壮大，全市国家高新技术企业净增236家，达到738家，增长47%；国家科技型中小企业达1136家，是2019年度的1.8倍，超额完成全年任务目标的62.3%。国家高新技术企业、国家科技型中小企业拥有省部级以上研发平台300多个，形成国家或行业标准400多项，拥有知识产权超过2万件。围绕人工智能、区块链、云计算、5G等领域，挖掘布局高新技术产业"引爆点"，启动实施新兴产业"金种子"科技型企业繁育工程，发布新技术、新模式、新产品44项。引导全市孵化载体向专业化、市场化、高质化发展，新增3家国家级众创空间、1家国家专业化众创空间，国家级孵化机构达25家，省级26家。38家科技孵化机构为在孵企业和创业团队减免房租费用2315.85万元。13家企业入围中国创新创业大赛全国赛，同比增长30%。6家企业上榜全国赛优秀企业名单，居全省第3位。为158家高新技术企业减免所得税8.52亿元，兑现企业研发费用加计扣除优惠35.67亿元。科技成果转化贷款合作银行增至18家，为101家科技型中小企业发放科技成果转化贷款4.896亿元，同比增长38.5%。全市高新技术产业产值占规模以上工业总产值比重达60.13%，高于全省平均水平15.02个百分点，居全省第2位，比2019年度提高10.62个百分点，高新技术产业固定资产投资占工业固定资产投资比重达59.7%，高于全省平均水平13.2个百分点，居全省第2位，高新技术产业正在成为全市经济高质量发展的重要推动力量。

【**科技计划**】 2019年全社会研发投入66.94亿元，同比增长14%，占GDP比重2.26%，增长0.24个百分点。2020年市本级财政科技资金直接投入1.684亿元。全年对上争取科技创新项目300多个、2.5亿多元。1032家企业获研发后补助资金1.895亿元，其中省级补助资金9472.81万元，同比增长60%。33家企业在第九届中国创新创业大赛（山东赛区）暨2020年山东省中小微企业创新竞技行动计划中胜出，占全省14.7%。97家企业获2020年度山东省技术创新引导计划（中小微企业创新竞技行动）补助资金1836.34万元，占全省20.7%。市级重点科技创新项目建设成效显著，100个市级重点科技创新项目共完成投资18.9亿元，申请专利809件、授权专利281件，发表论文184篇，引进人才806人，开展研发项目478项，形成新产品418个，当年实现经济效益11.41亿元。

【**"1+4+N"创新体系建设**】 2020年，威海市区域高端创新平台体系成型成势。以威海市产业技术研究院为龙头的"1+4+N"高端创新平台体系发展迅速，"1"更加坚实，"4"更加强壮，"N"更加活跃，创新体系成员达到17家，实现区市和重要产业集群全覆盖，延伸成立创新机构49家，孵化企业136家，引进高端创新团队32个（其中院士团队14个），集聚高端人才500多名，服务重点领域企业241家。全年引导10亿元社会资本投资4个重大项目，设立2支子基金，20个产业化项目全部达产后预计可实现产值10亿元。威海市产业技术研究院牵头创建了山东省高端医疗器械创新创业共同体，集聚行业骨干企业70多家，新建高水平创新平台3个，突破关键核心技术5项，加快推动了高端医疗器械产业创新发展。制定《威海市"政产学研金服用"创新创业共同体建设工作指引》，启动培育碳纤维及复合材料、现代海洋产业、水处理及膜技术等3个市级创新创业共同体。

【**企业研发平台发展**】 2020年，威海市企业自建研发机构稳步发展，新获批建设3家省级技术创新中心，医疗器械、碳纤维2家省级技术创新中心通过绩效评价。新增省级创新平台45家、市级创新平台84家，全市创新平台总数达到1013家，其中国家级26家、省级337家。全市规模以上工业企业研发投入占全社会研发投入97.56%，研发机构建有率达22%，研发活动开展率达35%。

【**创新服务体系建设**】 2020年疫情初始，科技、财政部门快速拨付6840万元专项资金，出台20条专项政策支持企业复工复产，惠及科技型企业500多家。印发实施了《关于加快对日科技创新合作的若干措施（试行）》《威海市新型研发机构管理办法》《威海市科技专家库及专家评审管理办法》等5个政策文件。开展了以"送政策、送信息、送人才、送技术,听需求、听问题、听意见、听智慧"为主要内容的"四送四听"服务企业活动,精准解读246个政策问题并编印成《科技创新政策实务手册2020》,通过"云观摩""线上解读"等方式广泛开展送政策活动,共走访企业1000多家,为企业解决实际困难200多项。推进科技资源开放共享,科技云平台整合科技文献资料和知识产权数据超过3亿篇(项),全市用户下载使用累计超过3万篇(项)。大型科学仪器共建共享入网仪器总量1511台(套),原值10亿元,为企业提供网上预约服务290单,服务合同额409万元。

【科技服务】 2020年9月11日,举办了"中国生产力促进中心协会成立25周年暨威海科技服务业创新发展合作大会",首次专题围绕科技服务业创新发展搭建合作交流平台,邀请全国60多名科技界专家和高端科技服务机构交流合作,达成合作意向30多个,现场签约8项。成立生产力共想学院山东分院,进一步广聚高端服务资源。研究制定《威海市科技服务机构培育发展工作方案》,建立科技服务机构培育发展评价机制,重点围绕科技服务业八大领域分类建立评价体系,引导激励全市科技服务机构持续健康发展。全市科技服务机构达到328家,科技服务机构培育的国家高新技术企业达到268家,同比增长135%。

【技术交易】 2020年,推进技术合同认定登记"一网通办、一次办好",承接省级下放的标的额1000万元以下技术合同认定登记事项,并在全省率先完成。全年完成登记技术合同1676项,技术合同成交额109.61亿元。为40多家企业和科研院所认定免税技术合同43项,协助企业享受税收优惠9000多万元。环翠、文登、荣成、乳山4个区市获评首批省技术转移先进县(市、区),成为全省唯一实现"一片红"的市。获省金桥奖4项、国家金桥奖1项。山东国际海洋高新技术交易中心获批建设山东省国家技术转移人才培养基地(海洋特色培训基地),并纳入到省"1+4+N"技术市场体系。引进培育省级以上技术转移服务机构12家,备案市级技术转移服务机构80家,培养技术经纪人467人。

【科技成果与奖励】 2020年,全市获山东省科学技术奖励10项,同比增长43%,为"十三五"期间获奖数量最多的一年,其中省自然科学奖二等奖1项,省科学技术进步奖一等奖1项、二等奖2项、三等奖6项,均为第一完成人。"十三五"以来,通过协同创新、自主创新,获省级以上科技奖项44项,其中国家级6项。国家重大科技专项高温气冷堆核电、先进压水堆核电等技术成果在威海落地验证并产业化。高性能碳纤维、手术机器人、可降解心脏支架、航空轮胎、大功率激光器、汽车空气悬架系统、海洋药物、特种船舶、树枝状大分子、水下焊接、海空天立体观测等近百项成果从驻威高校院所和骨干企业手中诞生。

【国内科技合作与交流】 2020年,抓住疫情期间高校院所、专家学者的"空窗期",聚焦企业需求广泛对接创新资源,强化科技合作,开展"云上对接""威海企业创新需求对接会""2020威海科技创新暨成果转化合作大会"等系列对接活动20余场次,推送40多家高校院所的技术成果2000多项,促成合作100多项。发挥科技创新优势,全年开展"双招双引"活动40多次。威海市政府与中科院沈阳分院签署全面科技合作协议,与哈尔滨工业大学签署"十四五"期间深化校地合作协议。威海市政府与北京大学签订合作协议共建北京大学威海海洋研究院,打造海洋战略研究、海洋科研、产业推进及国内外合作交流的基地,以及科技、人才资源引进孵化的高端载体。威海市政府、环翠区政府与姚建铨院士团队签约共建激光与光电子信息技术研究院,聚焦激光与光电子、信息光学相关技术,在海洋、医疗、工业智能装备等领域开展技术研究和成果产业转化。该研究院已正式运营,并注册落地国珑智能科技等6个科技产业项目。积极融入胶东经济圈一体化发展,胶东五市科技局签署科技创新合作战略合作协议,确立科技创新合作框架,推动创新资源融通共享。深度参与半岛科创联盟建设,组织45家企业、科研机构加入半岛科创联盟,引进青岛檬豆网络科技公司在威设立分公司,开展创新链补强及供应链、创新链协同服务。围绕全市产业集群发展,精准引进、培育一批领军型人才(团队),获评科技部创新人才推进计划2人、省企业科技特派员8人,科技领域13个人才项目入选泰山产业领军人才工程,为产业创新发展提供了有效智力支撑。强化产学研项目转化,支持"中科院—威高计划""市政府—省科学院产学研协同创新基金"合作项目实施转化,新实施"市政府—省科学院产学研协同创新基金"项目12项,合同金额1762万元,带动企业投入研发费用近5000万元;"中科院—威高计划"新支持合作项目2项,"十三五"期间共支持25个项目,8个项目实现产业化,建设5个创新平台、3支创新团队,引进李兰娟、刘昌胜等4名院士,攻克"卡脖子"关键技术14项,申请发明专利33件,发表论文46篇,获得5件医疗器械产品注册证,制定5项产品企业标准,累计创造经济效益30多亿元。

【国际科技合作与交流】 2020年,疫情期间对日韩、欧洲等创新机构开展"雪中送炭"式关怀交流,深化国际友情,逆势加快对外合作步伐,征集俄罗斯、英国、芬兰、以色列等国家技术成果200多项向企业推介,组织企业线上参加"中国—芬兰高技术领域线上对接会"等系列对接活动，开展技术合作对接，吸引国际优质创新资源集聚转化。克服疫情影响，第三届中韩创新大赛暨第二届中韩工业设计大赛于3月在中韩两大赛区启动。大赛以"携手新合作、激发新动能、共创新未来"为主题，面向中韩两国电子信息、先进制造、海洋科技、生物医药、新材料等技术型企业，吸引362个国内项目、163个韩国项目报名参赛，经过遴选角逐，中韩两大赛区共评选出创新项目及工业设计获奖项目24个。11月20日，第三届中韩创新大赛暨第二届中韩工业设计大赛颁奖活动通过线上线下在中韩两地同步举行，现场签约37个项目，11所中韩高校成立中韩高校创新创业共同体。全年引进韩国创新型企业128家，注册资金8.95亿元。10月15日，第17届中欧膜产业技术创新合作大会在威海召开，大会由山东省科技厅、威海市政府、中国膜工业协会、欧洲膜学会联合主办，主题为"新格局、新膜法、新合作"。大会吸引5万余人次线上观看直播，近百位中欧专家、企业代表共同聚焦膜产业发展，开展技术合作交流，赋能威海膜产业升级发展，现场签署合作协议4项，达成合作意向7项。中欧水处理及膜技术创新产业园二期建筑面积2.8万平方米，园区引进入驻从事膜技术研发、膜材料生产、膜组件开发、膜工程承接等领域企业达到25家。为加快吸引集聚日本创新资源在威海落地转化，研究出台了《关于加快对日科技创新合作的若干措施（试行）》，对落地的日资科技型企业给予资金和孵化双重扶持，对来威海创新创业的日本高端人才给予经费资助、项目扶持、政策服务。首届中日创新大赛于10月在日本启动，吸引电子信息、智能制造、医疗器械、海洋科技、高端农业等领域52个重点项目参赛。11月29日，大赛决赛通过视频连线方式举办，8个项目获得优胜奖和7个项目获得入围奖，15个项目签署落地意向书，带资千万的"世界顶级功率密度的新一代交通牵引动力电机"项目即将落地产业化。

【外国专家助力威海科技发展】 2020年，试点打造全省首家外国专家驿站，出台《外国专家驿站管理办法》《外国专家驿站运营机构管理办法》，设计驿站运行的7大功能，提供24项全链条、专业化、打包式服务，采取"1+N"的建设模式，立足实际探索各具特色的服务模式，已受理外国专家进站申请225人。建立企业走访常态化机制，通过线上云会议等形式，常态化、精准性、小批量开展对接交流活动，为用人单位推介高层次外国专家113人，签订合作协议17人。组织"高层次外国专家走进产业技术研究院""外国专家中秋联谊会""韩国高层次人才高尔夫邀请赛"等系列活动，促进外国专家与产业发展的对接合作。加大高层次外国人才引进使用力度，入选省级以上外专项目7个，评选市级外专项目7个。做好外国专家管理服务工作，为各国优秀人才在威海施展才华创造良好条件，增强外国专家的融入感和归属感。建立外国专家绿色服务通道，为专家提供便利化优质服务，实行外国人来华工作许可"不见面"审批、全程网办，在威创新创业外国人才达到1554人，居全省第3位。

（威海市科技局　修鹏远）

日　照　市

【概述】 2020年，日照市科技工作，以创建国家创新型城市为抓手，推进科技改革攻坚各项工作，持续深化科技体制机制改革，全面提升科技创新能力，为经济社会高质量发展提供了有力的科技支撑。高新技术企业总数达到296家，同比增长35.16%，是"十二五"末的7.6倍。争取国家、省级科技项目14个，扶持资金6000多万元。岚山省级农业高新技术产业开发区、东港国家农业科技园区两个创新平台分别经省政府、科技部批准设立。

【创新型城市创建】 2020年，日照市委召开创建国家创新型城市工作领导小组会议，审议通过创建国家创新型城市工作推进计划、推进科技成果转化健全技术转移体系的意见等文件，压实年度工作任务。对首批37家创新试点建设单位进行验收，组织申报第二批创新试点建设单位，推动各行业、多层面创新。全社会R&D经费占GDP的比重、高新技术企业数量、国家科技型中小企业信息库入库企业数量等指标取得突破性进展，创建基础进一步夯实，创新能力进一步提升，日照市创新能力指数在全国排名提升至第98位。

【科技改革】 2020年，成立了日照市科技创新服务中心，统筹推进科技战略研究、科技资源优化和产学研合作。整合科技创新资金。日照市科技局会同市财政局提出市级财政科技创新资金整合实施方案，整合科技、工信、人社等部门的科技资金，每年设立规模不低于2亿元的市级科技创新发展资金，突出支持重大科技创新专项、重点研发专项、重要创新平台建设、重大科技成果转移转化、创新主体培育壮大等工作。

【资源配置】 2020年，强化科技统计调查监测，应用科技大数据平台，企业在线按季度填报研发投入情况，实现数据实时汇总，科技研发活动动态可掌控。日照市在全省科技统计工作会议上作典型发言。2020年全市研发投入62.01亿元，比2019年增加6.86亿元，同比增长12.44%，占GDP的比重达到3.09%，居全省第3位，2020年，通过专家评审、路演等形式共立项扶持36个项目，其中组阁制项目5项，揭榜制项目24项，经费包干制项目7项，扶持资金1100多万元。推进科技金融融合发展，为20家企业安排科技成果转化贷款7700万元，累计达到1.72亿元。万泽丰深远海绿色养殖技术创新中心获批建设省级技术创新中心，是全市首家省级技术创新中心。

【高新技术及其产业】 2020年，全市纳入高新产值统计企业183家，规模以上工业高新技术产业实现产值539.03亿元，同比增长5.75%，占规模以上工业总产值的比重为17.83%。238家企业共获企业研究开发财政补助省级资金2971.51万元，获得补助企业数较2019年增长78.95%。75家企业获"小升高"补助750万元。加强孵化器和众创空间建设。法桐小院、国科创星孵化器、黄海科创中心3家认定为市级科技企业孵化器。物联时空众创空间、岚海科创众创空间备案为国家级众创空间。备案日照KOL创意产业园、北茶小镇众创空间、睿智源众创空间等22家市级众创空间。实施创新型企业培育工程，加大对高新技术企业培育支持力度。通过调研督导以及建立高新技术企业认定情况通报制度等方式，加强指导并切实掌握拟申报情况，跟踪申报进度，及时指导企业做好补缺补差工作，做到应报尽报。分3批组织申报高新技术企业150家，新增77家，总数达到296家，同比增长35.16%，是"十二五"末的7.6倍。448家企业加入国家科技型中小企业信息库，同比增长33%。336家企业享受研发费用加计扣除政策，加计扣除额11.58亿元。创泽智能机器人集团股份有限公司入围全省首批科技型企业科创板上市培育库入库企业。6家企业在第九届创新创业大赛（山东赛区）暨2020年山东省中小微企业创新竞技行动计划中获优胜奖。

【农业科技创新】 2020年，在全省率先以"揭榜制"形式布局建设8家市级农业科技创新中心，安排200万元经费进行支持，每家中心集聚1个创新团队，带动提升周边3至6个农科驿站，建立科技扶贫基地3至5处。每处选派2名以上科技特派员，在贫困村示范推广新技术、新品种。8家中心集聚农业科技专家29名，科技特派员34名，引进培育茶叶、蓝莓等新品种27个，制定葡萄省团体标准2项，茶叶地方标准1项，建立扶贫基地2000余亩，开展集体培训活动48次，累计培训农民2000余人次。全年累计注册科技特派员304名。8支省级科技扶贫服务队深入基层开展技术服务100余次，集中举办培训活动35场次，培训人员3000人次，培育科技致富能手36名。市县两级科技部门根据农时季节和农民需求，组织开展培训活动20次以上，利用"科技扶贫云平台"、山东12396线上课堂等网络共享资源，传递林果、畜牧、蔬菜、水产等农业技术成果，累计开展线上宣传50次。与重庆黔江区科技局开展对口协作帮扶，组织2批8人次技术和管理人员到黔江区进行技术指导和交流，组织莒县桃树研究所无偿捐赠优质桃树苗1.2万株，培训桃、葡萄等栽培管理人员50余人次。

【海洋生物医药科技创新】 2020年，围绕海洋智能装备、海产品精深加工、海洋活性物质提取等领域，布局建设技术创新中心等研发平台，组建"市海洋智能装备与系统重点实验室"等5家重点实验室，开展关键技术研究。推进日照市海洋与渔业研究所等开展海水育苗、养殖技术研究开发。推进企业与高校院所开展合作，实施科技创新项目。美佳集团与中国海洋大学合作开展"海洋食品加工副产物智能化全利用生产免疫增强饲料蛋白的关键技术与示范"，已全面建成中试生产线。洁晶集团利用废渣开发了微生物固体菌肥、液体叶面肥等产品。万泽丰集团与中国海洋大学合作，承担的"黄海冷水团优质鱼类绿色养殖技术研究与示范"等4个省重点研发项目，已经省科技厅组织专家验收。组织开展生物医药产业招引工作，全年共招引项目7个，到位资金3.8亿元。对新型防护材料、新型消毒材料、病毒检测试剂盒等领域的14个新冠疫情防控科技项目立项支持。创泽智能机器人集团股份有限公司全自动智能灭菌消毒机器人项目列入省补短板强弱项培育新经济增长点重点项目。

【创新平台建设】 2020年，日照高新区争创国家级高新区进入部委会商阶段。高新技术产业项目招引成效显著。高端智能装备制造领域新引进普拉沃夫传统机械零部件类研发制造、民用航空飞行模拟机研发生产及培训基地、飞奥航空小型航空发动机等多个项目，打破欧美国家技术和贸易壁垒，填补多个国内空白。元盛光电大尺寸触控屏PI导电膜硬化膜项目所生产的元盛石墨烯纳米银聚酰亚胺膜为世界首创，解决了纳米银导电离子漂移微短路的世界难题，是世界上唯一可实现柔性导电技术小批量生产的企业。数字创意云计算基地项目依托中国传媒大学行业优势，构建"互联网＋文化创意＋金融"的日照大数据产业基地平台。新引进山东智品产业发展有限公司生物技术推广服务项目、华魁复合人工骨及高值医疗器械研发生产项目、国家级医疗器械（防护用品）应急产业园等项目。截至2020年底，共有国家级科技创新平台5个，省级科技创新平台43个，市级科技创新平台100个。"国家火炬日照高新区智能农机装备特色产业基地"获批，成为山东省唯一一家国家火炬特色产业基地。省政府批准设立岚山省级农业高新技术产业开发区，结束了日照市没有省级农高区的历史。园区柔性引进专家团队10余个、高层次人才30余人。与青岛农业大学签订共建日照茶业研究院协议，引进科技服务机构1家。实施"日照绿茶提质增效关键技术"等省重点研发计划，开发了茶叶复干机、康谷茶汤、北方黑茶等一批新产品，建立茶产业大数据平台，实现茶园管理、茶叶加工、线上销售全过程智能化管理。东港省级农业科技园创建国家农业科技园区已经科技部批准。山东日照国家农业科技园区获得科技部批准建设。园区与中国农业大学、北京林业大学、中国海洋大学等10多家高校院所建立紧密的合作关系，引进涉农高层次人才9名，建设各类涉农科技创新创业平台45个，承担市级以上涉农科研项目12项，选育动植物新品种6个，制订技术标准5项。

【科技合作】 2020年，日照市加强与中科院系统单位、杭州电子科技大学、东南大学等合作交流，推动市内企业与近60家高校院所、专家开展联合研发、成果转化和技术服务。探索科技服务"揭榜比拼"模式。承办第五届中国创新挑战赛，举办技术对接会20场次，需求对接310余条，征集34份技术解决方案，签署13个合作协议，企业意向出资额1090万元。全年共成交2145项合同，技术合同成交额77.25亿元。融入胶东经济圈一体化，推动成立胶东科创联盟，日照职业技术学院、山东黄海科技创新研究院等7家单位加入，促进胶东五市高校院所、企业等创新要素融合。创泽机器人等10余家企业开展国际科技合作。万通液压与以色列"舰船转叶舵机用复式液压摆动缸研制项目"实施。完成亚太森博与芬兰政府间国际科技合作项目验收。全年新建3家院士工作站。

【科技人才】 2020年，举办首届"筑梦日照·创赢未来"高层次人才创业大赛，22个创业企业和22个创业项目获奖，有5个市创业大赛获奖企业（项目）获得省高层次人才创业大赛优胜奖。举办泰山产业领军人才项目专题辅导，10个项目入选省级以上人才工程，同比增长66.7%，创历史最高水平。实施海外引智专项计划，42个项目通过评审，项目资助金额合计490.7万元。创新外国人才服务方式，实施"不见面"许可审批，发放A、B类外国人来华工作许可241个。新建高层次人才专家工作站1家，全省批复10家。日照市20人参加省科技厅开展的选派科技人员服务基层活动。3个项目获批省科技特派员行动计划立项，1名高校科研人员入选省企业特派员。

【科技奖励】 2020年，国网山东省电力公司日照供电公司完成的"交直流混合微电网协同优化运行控制技术及工程示范"项目获省科学技术进步奖二等奖，山东万通液压股份有限公司、日照海韵环保生物科技发展有限公司和山东旭日鑫医疗器械有限责任公司完成的3个项目获省科学技术进步奖三等奖。开展2020年市级科技进步奖评审工作，对进入形式审查的169项申报成果开展专家异地评审，拟对116项成果进行授奖，其中科学技术进步奖一等奖18项、二等奖39项、三等奖59项。

【科技服务】 2020年，出台推进科技成果转化健全技术转移体系的意见、建立山东黄海科技创新研究院推动创新发展的意见、离岸创新人才引进使用支持办法等文件，形成覆盖科技创新全过程的政策体系。编印《科技创新政策实务手册》，汇集了345个具体问题，并配以电子书稿，免费发放给区县科技管理部门及科技型企业，宣传最新的科技政策。完善创新包容和科研容错机制，研究制定科技创新免责项目清单，第1批印发4项清单，保护调动科研和科技管理人员工作积极性。科技文献服务平台全年累计访问量超过20万人次、注册用户3100余人，居全省第3位；文献下载量1.6万篇，居全省第5位。

【山东黄海科技创新研究院】 2020年，日照市政府办公室印发《关于建立山东黄海科技创新研究院推动创新发展的意见》。引进高层次人才团队18个，合作共建研究所12家，入驻高校服务机构7家。组织全市60余家科技服务机构发起成立了日照市创新创业服务联合会。培训技术经纪人200余人，促成6项专利技术转让和1项商标使用权转让。辅导完成2家高新技术企业认定申报。贯标认证辅导企业1家。获评山东省技术市场协会科技金桥奖先进集体称号。申报省自然科学基金项目（青年基金）1项。

（日照市科技局 张同对）

临 沂 市

【概述】 2020年,全市净增高新技术企业179家,总量达到718家,高新技术产业固定资产投资累计占工业固定资产投资的比重达到32.7%,高新技术产业产值同比增长1.41%,占规模以上工业总产值的比重达到40.02%。新增市级以上科技创新平台80个,其中新备案省级技术创新中心3个、省级新型研发机构9个、院士工作站8个。实施省级以上科技计划项目29项,获批科技扶持资金1.84亿元。登记技术合同737项,交易额达52.73亿元,同比增长166.99%。获省科技奖励20项,其中,省自然科学奖二等奖1项、省科学技术进步奖一等奖4项、二等奖7项、三等奖8项。

【高新技术及其产业】 2020年,高新技术企业培育实现新突破,656家企业成为国家科技型中小企业评价系统入库企业;387家企业申报高新技术企业,全年净增高新技术企业179家,总量达到718家,均创历史新高。落实高新技术企业相关政策,全市588家企业享受山东省企业研发财政补助资金10411.28万元,152家企业获得山东省中小微企业升级高新技术企业财政补助1520万元。创新型产业集群加快培育。"临沂电子元器件及其功能材料创新型产业集群"获批国家创新型产业集群试点。"临沂生物医药产业集群"获省500万元资金重点支持。全市高新技术产业产值同比增长1.41%,累计占规模以上工业总产值的比重达到40.02%,高新技术产业固定资产投资占工业固定资产投资的比重达到32.7%。

【科技计划】
加强科技项目库建设 围绕全市"十优"产业,以重大关键共性技术研发为中心,以重大科技创新工程及产业化项目、重大科技创新平台项目、重大科技合作项目为重点,确定67个科技项目纳入"2020年全市重点科技项目库"予以重点培育、重点攻克。

加强重大科技项目实施 实施省级以上科技计划项目29项,获批科技扶持资金8615万元。其中,山东阿帕网络技术有限公司承担的"基于供应链协同技术网络货运平台"获批科技部"科技助力经济2020"重点专项项目,扶持资金50万元;和信食品、祎禾科技2个项目获批山东省中央引导地方科技发展资金项目,扶持资金150万元;7个项目获批2020年度国家重点科研项目补助和奖励资金122.4万元;市人民医院、沂水中医院、金正大等获批省自然科学基金14项,扶持资金181万元;鲁南制药、山东临工、昌诺新材料等3个项目获批省重点研发计划(重大科技创新工程)项目,获批资金8072万元。山东昌诺新材料科技有限公司承担的"高端纺织—环保型高性能超细纤维复合新材料制备关键技术研究与应用",自主研发了基于湿法非织/机织物水刺复合技术的超细纤维复合材料产业化技术,其最终制品具有透水、透湿、透气等良好卫生性能,机械性能、舒适度、柔韧性和丰满度有效提升,打破了发达国家环保型高性能超细纤维复合材料关键技术壁垒。全年共实施市级重点研发计划有资项目28项,扶持资金1884万元,无资项目25项。

加强科技计划项目监管 各类项目经县区择优推荐,形式审查后,委托第三方机构异地组织专家进行评审,专家评审结果作为立项的依据。联合第三方机构,先后对2019年度27个省重点研发计划项目进展情况进行调度,对资金使用中存在的问题进行整改。对2018年、2019年立项的37个重大工程项目进行年度绩效评价,其中,7个项目优秀,26个项目良好,4个项目限期整改。委托第三方中介机构建设了临沂市科技局2020年整体预算支出绩效评价指标体系,为今后预算支出绩效评价打下坚实基础。作为首批试点的五个部门之一,临沂市科技局参加了2021年市级部门预算项目现场联审,采取预算部门现场陈述答辩、联审小组专家逐项审核项目支出、新闻媒体公开评审过程等方式,进一步提高部门项目支出预算编制水平,提升编审质量,增加预算透明度。

【科技创新资源与能力建设】
推进新型研发机构建设 绕全市重点产业领域,全面统筹,分类指导,扎实推进不同主体、不同模式、政产学研金服用融合发展的新型研发机构建设。山东省现代物流创新创业共同体入选省级创新创业共同体(第二批)。临沂市钢铁产业协同创新中心正式揭牌运营。临沂木业产业技术研究院和鲁南医养健康产业协同创新中心启动筹建。临沂智慧新能源研究院、山东精创磁电产业技术研究院有限公司、中国科学院计算技术研究所临沂分所(临沂中科人工智能创新研究院)等9家新型研发机构通过省级备案。

推进科技孵化平台建设 沂水县的"七彩云众创空间"和临沂商城的"E盟创客众创空间"升级为国家级众创空间。新认定"沂南双创科技园科技孵化器"等3家科技企业孵化器为市级科技企业孵化器,新备案"启迪之星(临沂)众创空间"等7家众创空间为市级众创空间。截至2020年底,全市已建成科技企业孵化器27家,其中国家级3家、省级13家、市级11家;已建成众创空间41家,其中国家级9家、省级10家、市级22家。

推进企业研发平台建设 按照全省"1313"基础研究平台建设思路,结合临沂市产业发展需求,在新材料、高端装备制造、现代农业等领域,启动平台梯队建设和培育工作,重点布局培育一批省重点实验室。推进技术创新中心建设,鲁南制药、罗欣药业、泓达生物在手性制药、结晶药物、非粮乙醇生物炼制等3个领域获批建设山东省技术创新中心。依托山东隆科特酶制剂、天元集团、省第七地质矿产勘查院、恒来源农业科技、临沂华庚新材料、山东宏福慧等企业单位建设的8家院士工作站完成省级备案,总量达到21家。注重加强市级科技创新平台建设,新认定市级重点实验室59家。加强科技创新平台监督和管理,对鲁南制药承建的"手性药物国家重点实验室"进行整改论证,对罗欣药业、隆科特和阜丰承建的3家省级重点实验室进行年度绩效评价,对303家市级重点实验室和市级工程技术研究中心进行绩效评估,其中限期整改29家,取消30家。

【**农业与社会发展**】

推进农业科技园区建设 兰陵省级农业科技园区升级为省级农业高新技术产业示范区,成为全市第二家省级农高区。立足设施蔬菜、林果、农业观光、循环养殖、农业良种等产业发展,新申报12家市级农业科技示范园。全市共建有国家农业科技园区2个、省级农高区2个、省级农业科技园11个、市级农业科技示范园区48个,在全省率先实现县区省级以上农业科技园区全覆盖。

壮大农业科技特派员队伍 组建科技扶贫服务队56个,累计选派科技特派员和基层服务科技人才2292名,注册科技特派员712名,全市1161个扶贫重点村实现科技指导人员全覆盖。加强科技扶贫基地建设,在费县、平邑、兰陵、莒南、蒙阴、河东6个扶贫重点县区建设了7家科技扶贫示范基地。坚持线上与线下服务相结合,培训职业农民6000余人次,培训科技致富带头人800余人次。采取发放明白纸、微信群发布信息、微课直播、智慧果业云平台等多种方式对农业生产进行指导、督促和培训,先后编写发放农业科技技术明白纸1万余份,发布技术信息800余条,制作了50余期微课和网络培训,实地指导培训100余次,及时解决了农业生产中遇到的难题。

推进科技精准扶贫工作 以农科驿站和农业科技园区为载体,上接科研院所和农科专家,下接种养大户和扶贫农民,通过线上多方位指导,线下"1对1"交流的方式,初步探索了可复制推广的科技精准扶贫"五新"模式,巩固了在全省科技扶贫领域的领先优势。截至2020年底,已在扶贫工作重点村备案"农科驿站"33家,建成产业特色鲜明、示范作用突出、带动农民致富显著的科技扶贫示范基地12个,累计转化应用农业科技成果18项。

深化鲁渝扶贫协作产业合作 共组织食用菌、畜牧养殖等乡村振兴专家服务团成员组成专家帮扶组,赴城口县开展2期农民实用技术培训和1期致富带头人专业培训,重点针对城口县食用菌、生猪及山地鸡养殖和科技研发及产业发展等方面进行培训,共培训农业科技人才100人,培训创业致富带头人55人。迦南菌业与城口县农业局签订了合作意向,新增实用技术援助1项。

科技助力新冠肺炎疫情防控 疫情期间,紧急征集了冠状病毒疫情的防控和治疗项目46项,立项14项,增强了全市新发突发传染病的科技防控能力。实施2020年度临沂市科技创新发展计划(医学类)109项。疫情防控一线人员主持参与的9个科技成果获市科学技术奖。协调27家科技企业孵化载体落实减免在孵企业费用1631.7万元。

【**科技成果与奖励**】 全年全市共获省自然科学奖二等奖1项,省科技进步奖一等奖4项、二等奖7项、三等奖8项。授予市级科技奖励110项。"肿瘤标志物检测技术、装备及诊疗一体化研究"(临沂大学牵头完成)获省自然科学奖二等奖获;"抗耐药性药物比阿培南新制备体系的关键技术开发与产业化"(山东罗欣药业集团股份有限公司牵头完成)等4项成果获省科技进步奖一等奖,"基于磷水共脱的磷石膏晶型重构及多元化加工关键技术产业化"(金正大生态工程集团股份有限公司牵头完成)等7项成果获省科技进步奖二等奖,"无线快充用高Bs、宽温、超低功耗铁氧体隔磁片材料"(临沂春光磁业有限公司牵头完成)等8项成果获省科技进步奖三等奖。高冠勇(金胜粮油集团有限公司总工程师)获得临沂市科学技术最高奖,109项优秀科技成果获得临沂市科学技术奖。"阿加曲班及制剂的研究与开发"获临沂市技术发明奖一等奖,"粉末冶金锻造工艺研究及高端应用""小儿消积止咳颗粒的研究与开发"2项成果获临沂市技术发明奖二等奖;"智慧电梯系统的研发与应用"等10项科技成果获临沂市科学技术进步奖一等奖,"复杂背景条件下基于SIFT特征的多目标跟踪研究"等46项科技成果获临沂市科学技术进步奖二等奖,"基于云平台的大气工况用电监控系统的研发"等50项科技成果获临沂市科学技术进步奖三等奖。

【政策法规与环境建设】 2020年，临沂市出台了《关于加强科技干部人才队伍建设的若干措施》，支持科研人员通过技术开发、技术转让、技术咨询、技术服务等活动获得合理报酬，实现收入增长；科技成果转移转化收入用于人员奖励的部分，计入单位当年工资总额，不受单位当年工资总额限制，不纳入单位工资总额基数。出台了《关于实施"才聚沂蒙"行动打造新时代区域人才高地的若干措施》，从集聚产业人才激发企业创新活力、集聚青年人才激发机关事业单位工作活力、集聚社会资源激发市场引才活力、集聚服务资源激发人才发展活力4个方面实施"才聚沂蒙"行动，打造新时代区域人才高地。出台了《农业科技"四位一体"创新体系助力脱贫攻坚和乡村振兴实施意见》，指导全市加强农业科技园区和农业科技特派员队伍建设，强化科技对脱贫攻坚和乡村振兴战略实施的支撑。制定了《市级财政科研项目经费"包干制"试点方案》《市级财政科技创新资金整合实施办法》《关于实施预算管理流程再造加快科技政策落地见效的通知》等文件，推行了科技攻关"揭榜制"、项目经费"包干制"和"大专项＋任务清单"机制。加快构建科技投融资体系，全年全市共争取国家和省级科技资金1.84亿元，全市实现科技支出8.55亿元，同比增长45.9%，占一般公共预算支出的比例为1.08%；兑现省、市两级创新券145.07万元，与6家银行合作发放科技成果转化贷款1600万元，全社会研发投入占比预计达到2.18%。推进政府性融资担保业务开展，市科技局与市融资担保集团签署战略合作协议，联合为科创企业提供担保增信、信用风险等支持，引导更多的金融资源向科技创新领域倾斜。

【产学研合作】
推进国内产学研合作 征集企业技术需求、难题134项，收集发布高校、院所和高端企业先进技术成果157项，组织企业与院校、院所等高层次专家人才通过线上、线下对接500余次，协调企业与院校、科研院所等达成合作协议220余项，对接解决技术难题127项。山东恒来源农业科技、临沂鹏科金属材料科技、山东百沃生物和山东新海表面技术科技有限公司4家企业参加2020山东省院士恳谈会并签约，围绕玫瑰的栽培繁殖技术及药用产品技术研发、催化剂回收提纯和新型催化剂产品研发及应用、高端人才创业平台建设、重金属废水处理及资源化纳米技术研发及规模化应用等领域开展广泛深入合作。

推进鲁南经济圈科技协同创新 枣庄、济宁、菏泽三市科技局共同筹划建设"鲁南经济圈科技协同创新中心"，联合共建鲁南科技成果转移转化服务平台、鲁南大型科学仪器共享平台、鲁南经济圈专家数据库和鲁南经济圈协同创新联席会议制度。入选鲁南科创联盟理事长单位1家，副理事长单位5家，联盟成员单位9家。其中，山东平邑经济开发区与上海理工大学合作的"共建技术转移工作站"项目、山东华星新材料科技有限公司与上海大学合作的"基于M3组织调控的钢板热处理工艺新技术"项目，在联盟成立大会上进行了现场签约，就共建政产学研创新载体和基础性公共服务平台、开发高强韧钢板热处理工艺新技术等领域开展广泛深入的合作。

强化国际科技合作 华力能源设备有限公司、临沂兴腾人造板机械有限公司、山东蓝舒环保科技有限公司3家单位参加"中国—芬兰"高技术领域线上对接会，围绕绿色与智能制造、能源、智慧出行、健康等领域以视频会形式进行线上广泛对接和深入交流并达成合作共识。企业与欧美日韩等国家和地区开展的科技合作项目，共梳理国际科技合作项目46项，实时推动合作项目深入开展。与俄罗斯国家科学院4位外籍院士进行网上对接，有针对性的联系发动企业与院士进行洽谈交流。深化中以水肥一体化、中印软件产业园、中巴新型建筑研究院、中白软磁材料联合研究中心等重点合作园区和平台建设，打造与"一带一路"国家科技合作的典范，发挥示范带动辐射作用。

强化高层次科技人才引进培养 2020年，全市共引进各类高层次科技创新人才130余人，新培育泰山产业领军人才18人，为2019年的3倍，其中，战略性新兴产业创新类4人、高效生态农业创新类3人、创业企业类11人，另有4人完成了国家重点人才计划答辩，7人在省第三届"创业齐鲁 共赢未来"高层次人才创业大赛中获优胜奖。参加了"第18届国际人才网上交流大会"等合作交流活动，累计引进外国专家151人次，其中，外籍院士团队5个18人。入选国家级高层次人才计划2个、省"外专双百"人才项目4个。

【科普工作】 全市科技馆建成启用，面积达到5.6万平方米，初步建成了具有临沂特色的科技场馆集群，2020年接待参观人员70余万人次，其中临沂市科技馆年接待参观人员近50万人次。中国科协2021年第2期《一周要情》、《全民科学素质工作动态》2021年第1期和《山东通讯》2021年第2期刊登了《菏泽、临沂市县科技馆建设创造后发领先的"山东现象"》，对全市科技场馆建设工作经验和成效给予肯定和推广。全市现已建有国家级科普教育基地6个，省级科普教育基地56个，省级科普示范社区43个，市级科普教育基地91个。科普传播渠道不断拓展，构建起广播、电视、网络、微信平台、移动客户端APP、科普e站"六位一体"的科普传播体系，安装数字科普终端设备1912台、建设科普e站301个，开设2个电视科普专栏，在临沂广电终端上线互动点播栏目。推动科普资源向乡村倾斜，科普大篷车到农村、学校巡展200多场次，惠及群众10万余人次。举办科技创新大赛、机器人大赛、"七巧科技"等系列竞赛，参加活动青少年达60余万人次。承办多期"泰山科技论坛""山东科学大讲堂"。举办"沂蒙科技论坛""市民大讲堂"20余期。

（临沂市科技局　李　振）

德 州 市

【概述】 2020年，德州市科技工作践行新发展理念，从企业技术需求出发，聚焦传统产业转型升级，集聚优质创新资源，以科技成果转移转化为主线，以科技金融产业融合创新为支撑，加快建设京津冀科技成果转化基地，充分发挥科技创新在全市经济社会转型发展中的支撑作用，科技创新质量和效益进一步提升。全市综合科技创新水平指数达到62.21%，居全省第8位，增长15.08个百分点，增幅居全省第3位；企业创新指数居全省第4位（较2019年上升6位），创新绩效指数居全省第9位（较2019年上升4位）。全市高新技术企业数量增加105家，较2019年增长42.8%，居全省第3位，高新技术企业总数达到350家。国家科技型中小企业达到476家，较2019年增长56%。高新技术产业产值占比达到43.44%，居全省第7位。高新技术产业固定资产投资占工业固定资产投资比重达到52.9%，居全省第5位。

【高新技术及其产业】 2020年，全市高新技术企业数量增加105家，较2019年增长42.8%，增幅居全省第3位，高新技术企业总数达到350家。国家科技型中小企业达到476家，较2019年增长56%。高新技术产业产值占比达到43.44%，居全省第7位。高新技术产业固定资产投资占工业固定资产投资比重达到52.9%，居全省第5位。德州高新区实现地区生产总值64.96亿元，同比增长9.62%，工业总产值246.53亿元，同比增长26.00%，营业收入248.54亿元，同比增长23.46%，高新技术产业产值占工业总产值的比重为51.3%。

【实施国家创新型城市建设突破提升行动】 2020年，根据总体建设任务进行逐项分解，制定具体实施方案和推进措施，涉及科技部门的10个可量化指标全部达到全省平均水平以上。

【实施区域创新能力突破提升行动】 2020年，编制市县两级"十四五"科技发展专项规划。推动德州高新区"一区多园"建设，加快德州高新区体制机制创新，不断提升德州高新区的承载力、辐射力。支持省级新型研发机构建设。推动公共研发、公共检验检测等公共科技服务平台建设。

【实施创新创业共同体建设突破提升行动】 2020年，加快山东省体育健康产业创新创业共同体建设，突破关键共性技术10项以上，转化重大科技成果10项以上，共同体内产业规模突破200亿元。推动市级创新创业共同体建设，力争全年挂牌5家以上。

【实施企业科技创新能力突破提升行动】 2020年，围绕541产业体系重大技术攻关，加快编制产业技术清单和所需专家清单，解决产业"卡脖子"技术源头的关键问题。实施重大科技创新项目联合攻关，筛选100个左右重大科技创新项目，纳入德州市重大科技创新工程项目库储备培育，组织企业、高校科研机构开展联合攻关。推动企业加大研发投入，落实研发费用加计扣除、研发投入后补助等相关政策，争取全市研发经费支出占GDP比重达到2.55%以上。开展市级科技创新平台培育工作，在规模以上工业企业建设企业技术创新中心50家左右，在科技型中小企业建设企业技术创新工作站50家左右。

【实施科技型企业培育突破提升行动】 2020年，实施高新技术企业培育三年行动计划，培育高新技术企业，德州市高新技术企业总数达350家。加大科技型中小企业培育力度，全市科技型中小企业入库数量已达349家。

【实施科技金融产业融合创新突破提升行动】 2020年，充分利用省、市科技风险补偿资金，深化与银行机构的合作力度，鼓励合作银行创新金融产品，支持科技型中小企业技术研发和科技成果转化。全年为科技型中小企业提供各类科技融资总量达到10亿元以上。

【实施科技成果转移转化突破提升行动】 对接京津冀鲁等地高校院所、科研机构的科技资源，全年转移转化科技成果200项以上。进一步完善科技成果转化项目补助政策。提升技术合同认定登记管理服务水平。

【实施科技人才队伍建设突破提升行动】 2020年，德州市认真落实《关于实施"人才兴德"行动建设新时代区域性人才聚集高地的若干措施》的相关政策，释放中国新能源和生物产业引智试验区这一国家级引智载体功能，细化对高精尖（急需紧缺）海外科技人才智力及团队在"引、用、育、留"各个环节的扶持配套，加大对科技人才平台建设的支持广度和力度，加强以人才为主体的国际科技合作力度，形成涵育培植、集聚吸引的良好建设生态。探索"不求所在，但求所用"的柔性引才机制，出台实施细则支持科技人才飞地建设。争取部级、省级科技人才政策和工程项目，为德州市产业腾飞和企业发展赋能科技人才红利。实施企业周末科技特派员引进季通报制度，并引导引智企业发挥好科技人才、团队自身优势以及在推动科技合作方面的叠加作用。通过顾问指导、技术合作、联合研发等柔性方式，选派116名科技人员到高新技术企业和科技型中小企业担任企业周末科技特派员。

【实施农业科技创新能力突破提升行动】 2020年，推进育种产业科技创新，充分发挥全市育种企业的技术优势，加强与高等院校科研院所的合作，联合开展种源"卡脖子"技术攻关。推进农业科技园区的提质升级，以智慧农业大棚为基础，争创省级农业高新技术产业示范区。

【科技创新资源与能力建设】 2020年，乐陵泰山集团牵头建设的山东省体育健康产业创新创业共同体获得省政府批准。山东省产业技术研究院德州分院、德州中关村智造大街创新中心、先进材料工业技术研究院等重大科技创新平台实现落地。希森马铃薯、泰山体育、皇明太阳能3家获批省级技术创新中心，总量居全省第6位。山东福洋生物制造工程研究院、山东省节能技术研究院、山东百枣枣产业技术研究院等13家机构获批省级新型研发机构，数量居全省第8位。

【农业与社会发展】 2020年，推动平台载体有效运营。依据《山东省农科驿站备案管理办法》，对全市的农科驿站进一步提质升级。正常运营的农科驿站39家。申请农科驿站后补助奖励100万元。搭建科技服务平台体系。全市涉农科技创新平台73家，涉农企业94家，涉农科技人才459人。组织科技特派员开展科研攻关，培育壮大特色产业，申报山东省科技特派员行动计划项目5项，申请经费75万元。开展社会发展领域技术创新调研。对涉及公共安全技术、现代生物技术、环境技术、资源技术4个领域的26家企业发放、回收调查问卷26份。为省科技厅前瞻做好"十四五"科技创新规划和中长期科技发展规划，为科学凝练社发领域重大关键共性技术提供了重要的数据支撑。

【科技成果与奖励】 2020年，德州市4个项目获得省科学技术奖。希森马铃薯集团"高产多用途希森系列马铃薯新品种选育与推广应用"项目获得2020年度省科学技术进步奖一等奖。山东禹王制药有限公司"海洋多不饱和脂肪酸脑营养产业化关键技术项目"获得省科学技术进步奖三等奖。中椒英潮辣业发展有限公司、德州春明农业机械有限公司参与完成的成果获省科学技术进步奖二等奖。2020年度共授予135个项目德州市科学技术奖，科技进步奖126项（一等奖28项、二等奖35项、三等奖63项）。

【科技融资】 全年实现科技融资7.89亿元。全市共15家银行为92家企业提供的146笔贷款列入省科技成果转化贷款，备案金额5.46亿元。德州市2020年共为科技型中小企业提供各类科技融资7.89亿元，其中科技成果转化贷款5.58亿元，科技担保6000万元，融资租赁7736万元，股权融资9400万元。

【集聚优质创新资源】 德州市连续4年成功举办"中国·德州京津冀鲁技术交易大会"。全市1678家企业与600余家大院大所建立合作关系，其中规模以上工业企业864家，占全市规模以上工业企业的62.1%。转移转化科技成果1324项。全市技术交易合同登记成交额57.16亿元，较2019年增长107.55%。"十三五"期间，全市柔性引进泰山学者、泰山产业领军人才等国内外高层次人才512人，企业周末科技特派员224名，建设研究生工作站109家。

【科技金融助力科技型中小企业】 2020年，推进科技金融产业深度融合，将科技型中小企业全部纳入科技金融支持范围，与中国银行、工商银行、邮政储蓄银行等22家银行签订科技成果转化贷款合作协议，对科技成果转化贷款发生的风险，按70%的比例给予补偿。累计为179家科技型中小企业提供科技成果转化贷款、科技担保、融资租赁、股权融资等科技融资260笔，共计13.6亿元。

【提升企业科技创新实力】 2020年，建立重大科技创新工程项目库，筛选80个项目入库培育。"十三五"以来，全市共申报省级以上科技项目257项，争取资金3.77亿元，其中保龄宝"合成生物学工程化关键技术研发与应用"、泰山体育"科学健身智能芯片和云服务平台的技术研究与集成应用"、朝阳轴承"高性能轴承组件可控性设计与制造"等重大科技创新项目获省级以上重大科技创新项目支持。全社会研发经费支出总量达到75.19亿元，居全省第7位；研发经费占

GDP 比重达到 2.49%，居全省第 5 位，占比较 2019 年提高 0.18 个百分点，增幅居全省第 3 位。

【完善科技创新政策体系】 2020 年，德州市出台《德州市创建国家创新型城市三年行动计划（2020—2022）》"1+4"配套文件，科技创新政策体系更加完善。546 家企业落实企业研发费用税前加计扣除政策，加计扣除额 22 亿元，同比分别增长 49.6% 和 82.1%；346 家企业落实企业研发费用财政补助政策，补助资金 9813.31 万元，同比分别增长 108% 和 95.7%；对 38 家企业的科技成果转化项目按实际交易额的 10% 给予资助；为 20 家企业兑付创新券 37.46 万元，同比增长 167.6%。山东省大型科学仪器设备协作共用网新入网设备 496 台（套），同比增长 34.4%。

【科技合作与交流】 2020 年，全市与大院大所建立合作关系的企业数量达到 1678 家，其中规模以上企业 864 家，占全市规上工业企业的 60% 以上。

（德州市科技局　赵　阳）

聊 城 市

【概述】 2020 年，聊城市科技局以全省"重点工作攻坚年"要求为指导，深入贯彻落实聊城市委、市政府决策部署，主动担当作为，高站位谋划推进，统筹推进疫情防护和"六稳"工作，大力开展"科技创新攻坚行动"，不断激发全社会创新创业活力，科技创新支撑引领作用进一步增强，各项工作取得扎实成效。

【高新技术产业发展】 2020 年，聊城市高新技术产业产值占规模以上工业总产值比重达到 42%，比年初提高 9.79 个百分点，增幅居全省第 3 位。出台了《聊城市高新技术企业培育三年行动计划》。对申报企业进行"一对一"辅导，全年申报认定高新技术企业 128 家，净增高新技术企业 65 家，有效期内高新技术企业达到了 268 家，同比增长 32%，高新技术企业数量和质量得到全面提升。建立健全政策协调联动机制，落实好"小升高"补助、高新技术企业认定奖补、高新技术企业所得税优惠、土地使用税优惠等政策。科技型中小企业根据疫情防控需要，实行"不见面"全流程网上办理，利用网络新媒体"手把手、面对面"指导企业评价入库，302 家企业加入全国科技型中小企业库。举办了第九届中国创新创业大赛（山东赛区）暨 2020 年山东省中小微企业创新竞技行动计划节能环保、新能源、新能源汽车三大领域现场晋级赛事。

【科技计划】 2020 年，积极协调，加大督导，实施和争取山东省重大科技创新工程项目，按照聊城市政府《关于支持实体经济高质量发展和进一步扩内需补短板的实施意见》，为企业争取重大专项计划项目市级配套奖励资金 879.6 万元。宇捷轴承制造有限公司承担的"安全可控调心滚子轴承智能制造关键技术研究及应用"项目和中通客车控股股份有限公司承担的"喷涂机器人系统关键技术研究与应用"项目列入 2020 年度省重点研发计划（重大科技创新工程）项目。从政策引导、宣传培训、部门联动三个方面开展企业研究开发财政补助工作，全市共有 174 家企业获得省级研究开发财政补助资金 2235.68 万元，362 家科技企业享受研发费用加计扣除额 17.53 亿元。

【科技创新资源与能力建设】 2020 年，聊城市政府出台《关于印发聊城市规模以上工业企业研发机构全覆盖行动方案的通知》，成立发改、工信、人社、科技、统计、财政部门组成的工作专班，委托第三方专业机构财务专家对研发机构投入账目设置进行培训。全年完成 454 家企业研发机构认定核查工作，截至 2020 年底全市共有 649 家规模以上工业企业建立研发机构，覆盖率达到 54.4%。

【创新平台体系建设】 2020 年，全市新增省级以上各类创新平台 19 家，国家众创空间 3 家、省技术创新中心 2 家、高层次专家工作站 1 家、省院士工作站 2 家、新型研发机构 10 家、省级创新创业共同体 1 家。开展市级创新平台提质升级工作，培育认定了 42 家市级重点实验室。成立山东产业技术研究院聊城分院，并正式挂牌运营。出台《聊城市创新创业共同体认定管理办法》，培育创新创业共同体。依托智创未来科技发展有限公司组建的轴承产业省级创新创业共同体获批筹建。筹建了聊城职业技术学院"科技特派员创新创业共同体"等 5 家市级创新创业共同体。出台《聊城市临床医学研究中心管理办法》。在脑血管、心脏病等疾病领域建设了 2 家市级临床医学研究中心。

【农业与社会发展】 2020 年，对聊城市省级以上农业科技园区进行综合评估，全面梳理总结园区建设以来的工作情况。2020年度聊城市省级农业科技园区营业总收入达到98.21亿元。推进莘县国家农业科技园区创建省级农业高新技术产业开发区。临清、冠县两个省级农业科技园区通过验收。召开"聊城市农业科技工作调度会暨项目管理培训班"。督导省级农业科技园区承担的科技计划项目提高管理能力、加快实施进度。推进园区在培植特色高效农业产业链、建设特色产业技术服务体系方面发挥引领作用，提升传统种养业效益，带动农民增收致富。制订了《聊城市科技局防控新型冠状病毒感染的肺炎疫情工作方案》《关于做好在聊工作外国专家防控新型冠状病毒疫情服务工作的通知》等疫情防控方案，有效精准施策，全力服务科技创新。发挥财政资金效益，帮助企业渡过难关。拨付支持企业4000多万元，引导降低中小企业房租，对入驻市高新技术企业创业服务中心的中小企业，减免疫情期间1～3个月的房租，并将进入孵化器企业房租费用延长至年底。加强疫情应急科研攻关，聊城高新生物技术有限公司与聊城大学合作开展了"疫情应急技术攻关及集成应用"研究，与聊城市人民医院合作开展了"I期临床基地用以配合新药及仿制药的临床研究及生物等效（BE）研究"。发挥科技特派员力量，组织35支科技特派员服务队投身疫情防控一线，创新性开展互联网+、微信+、微视频等科技服务，疫情期间开展线上培训指导服务3万余人次，无人机喷洒消毒覆盖40余村庄社区，"战疫菜篮子"供应160多个小区数万人受益。聊城科技"战疫菜篮子"模式被省科技厅重点推广，并被科技部重点报道。

【**科技成果与奖励**】 2020年，围绕服务科学技术创新和科技成果转化，提升服务质量。聊城大学"无模糊集在拓扑、粗糙近似算子及数据特征提取和分类中的应用研究"和"环境友好型压电陶瓷材料高性能化研究"项目、聊城市人民医院"实用中药饮片快速鉴别及应用的系列图谱"项目获得省自然科学奖三等奖，山东德海友利新能源股份有限公司"高性能节电龙带的研制与开发"项目获得省科学技术进步奖三等奖。推进科技成果转化贷款风险补偿工作，7家合作银行为全市科技型中小企业提供了33笔科技成果转化贷款，发放贷款14770万元。

【**政策法规与环境建设**】 2020年，出台《关于推进创新型城市建设若干措施的通知》《聊城市重点研发计划管理暂行办法》等一系列科技创新政策。举办各类科技政策线上线下宣传培训20余期，培训人次2000余人。全年共落实省、市财政补助资金6716万元和4898万元。为2019年认定的46家中小企业申请省"小升高"补助资金460万元，对2019年申请高新技术企业认定的115家企业补发奖金877万元。对61家高新技术企业减免税收21493.26万元，172家高新技术企业享受土地税优惠3411万元。创新券会员注册企业485家，申请省市兑付金额134.5万元。全年中小微企业开展科技创新活动发生费用达280万元。推进实施清单和办事指南标准化，不断拓展网上办事广度和深度。对23个政务服务事项开展了事项认领、要素梳理、流程部署等工作。完成技术合同事项下放承接工作。向社会免费提供科技查新和科技文献共享服务，全年完成科技查新报告339篇，举办科技文献培训班11期，文献共享平台注册用户1069个，文献下载量达10550篇，检索次数16261次，访问量83483次，为聊城市科研人员开展科技创新提供了文献资源支撑。

【**科技合作与交流**】 2020年，围绕全市新旧动能转换九大产业集群中11个领域向企业征集173项技术需求，整理10项重大需求推介给清华大学、浙江大学、中国科学院等国内外重点高校院所，帮助企业解决发展中遇到的技术、人才瓶颈，推动企业转型升级。聊城市科技局会同市政府政策研究室和聊城产业研究院到北京朝阳区中关村朝阳国际创投集聚区、北京工业大学、国家工业信息安全发展研究中心、创业黑马等单位考察学习。对接齐鲁工业大学、山东理工大学、成都电子科技大学、山东产业技术研究院等高校院所，开展产学研洽谈工作，与齐鲁工业大学签署全面战略合作协议。整理推介最新成果汇编268项，帮助企业精准对接。

【**科技人才队伍建设**】 2020年，高标准做好省级以上重点人才工程申报工作，新增省泰山产业领军人才工程6人、省外专双百计划2人。举办2020"江北水城科创论坛"暨黑马聊城产业科创峰会和"2020中国·聊城海外高层次人才交流会暨高层次外国专家齐鲁行"活动，达成初步合作意向13项。健全外国人才服务机制，做好全市外国人才服务保障，截至2020年底，共办理外国人来华工作许可证92个，R字签证1个。

【**科普工作**】 2020年8月25日，聊城市在高新技术产业开发区以"科技战疫、创新强国"为主题举办聊城市科技活动周启动仪式，重点围绕展示科技创新成就和科技战疫成效、展示科技创新成果、体验美好生活活动、科技助力脱贫攻坚等内容，开展科学知识宣传和科学普及活动，让公众了解科学知识、体验科学乐趣、感知科学精神、提高科学素质。11月30日，聊城市科技局邀请山东高等技术研究院专家，在聊城市第六中学、水城中学组织开展"放飞科技梦想、成就祖国未来"科普讲座活动，参与师生共计600多人，活动激发了广大学生学科学、爱科学的兴趣，在学生的心里撒下了科学的种子。

（聊城市科技局　常晓非）

滨 州 市

【概述】 2020年，滨州市以产教融合型、实业创新型"双型"城市建设为引领，深入实施创新驱动发展战略，加快构建"产学研金服用"一体化科创体系，全力推动科技创新引领，为新旧动能转换和高质量发展提供坚实支撑。成立科技领导小组，搭建"五院十校N基地"全域创新布局。2019年度全社会研究与试验发展经费占国内生产总值的比重达到2.59%，居全省第3位，较2018年提升6个位次。新认定高新技术企业118家，总量达到245家。评价入库国家科技型中小企业438家，增长142%。高新技术产业产值占规模以上工业产值的比重达到40.58%，较2019年提高9.58个百分点；高新技术产业产值同比增长24.39%，列全省第1位。获批国家备案众创空间1家。新建院士工作站5家，设立海外引才工作站3家。5项科技成果获山东省科学技术进步奖。全市登记技术合同共883项，成交金额78.56亿元，成交金额同比增长450.53%，增长率列全省第1位。

【高新技术产业】 2020年，印发《滨州市2020年高新技术企业培育工作方案》《滨州市科技型企业梯次培育三年行动计划（2021—2023年）》，建立科技型企业梯次培育体系。新认定高新技术企业118家，全市高新技术企业总量达到245家，比2019年增长46.7%，增幅列全省第2位。国家科技型中小企业评价入库438家，比2019年度增长142%。开展高新技术企业培育库入库备案工作，79家科技型中小企业备案入库市级高新技术企业培育库，备案入库企业总量达到138家，19家企业通过2020年省高新技术企业培育库备案入库。全市高新技术产业产值占规模以上工业产值比重达到40.58%，比2019年提高9.58个百分点，占比列全省第10位，比2019年提高4个位次；高新技术产业产值同比增长24.39%，增速列全省第1位。邹平市获批国家高端铝材高新技术产业化基地。该基地为2020年全省唯一一家获批的国家高新技术产业化基地。

【科技人才】 2020年，全市新建院士工作站5家，总数为12家。在加拿大、荷兰、德国设立了3家海外引才工作站。4人获山东省第三届"创业齐鲁·共赢未来"创业大赛奖。

【国家高新区创建】 2020年，滨州高新区完成《滨州高新区发展战略规划》《滨州高新区产业发展规划》编制工作。7月12日，省政府向科技部报送《关于优先支持滨州高新技术产业开发区升级为国家高新区的函》，高新区创建工作取得实质性进展。

【科技成果】 2020年，全市登记科技成果380项，5项科技成果获山东省科学技术进步奖，其中一等奖1项、二等奖3项、三等奖1项。组织开展全市科技成果转化贷款风险补偿工作，10个县市区（开发区）全部落实科技成果转化贷款风险补偿政策，新增合作银行4家，合作银行达14家，签署《滨州市科技成果转化贷款风险补偿业务合作协议》31份。全年共向合作银行推荐拟贷款企业89家，共发放科技成果转化贷款86笔，涉及63家科技型中小企业，金额3.5675亿元，平均贷款利率4.422%。

【科技扶贫】 2020年，发挥32支科技扶贫服务队科技指导作用，持续巩固全市562个省定扶贫工作重点村科技指导人员全覆盖成效。推进滨州奉节扶贫协作，助力奉节脱贫攻坚，培训科技致富带头人70人、专业技术人才180人，推送先进适用技术成果3项。

【农业科技】 2020年，在山东省科技特派员管理系统注册科技特派员436名，选派省基层科技服务人员17人。发布《致全市科技特派员倡议书》《关于发挥科技特派员作用助力春季农业生产和脱贫攻坚的紧急通知》，鼓励科技特派员积极参与疫情防控和复工复产。山东广播电视台《决胜全面小康 科技特派员在行动》融媒体栏目2次对滨州市科技特派员工作进行宣传推介。无棣县《协力抗疫情 科技特派员在行动》在学习强国进行报道。滨州市政府向省政府呈报《关于创建惠民省级农业高新技术产业开发区的请示》。

【社会科技】 2020年10月9日，滨州市科技局印发《关于加快推动滨州市文化和科技深度融合的实施方案》，发挥科技在创新驱动发展中的核心和引领作用，加快文化和科技深度融合，促进文化事业和文化产业高质量发展。

【区域协同创新】 2020年，全市46家高校、院所和企业加入省会经济圈科创联盟，引进北京、济南等地科技评价、技术转移机构4家，推动省会经济圈一体化。对接山东大学、中国石油大学、合肥工业大学等高校科技成果，整合滨州"线上线下"技术转移服务资源，为企业提供全链条、全要素科技成果转化服务，促进科技成果供给侧和产业技术需求侧精准对接。各县市区涌现了邹平山东铝谷产业技术研究院、博兴千乘产业技术研究院、滨城黄海科学技术研究院、无棣鲁东大学海洋研究院、惠民黄河产业技术研究院等一批县级研发或服务机构。

【创新平台建设】 2020年，全市共有省级重点实验室6家、省级创新创业共同体1家、省级技术创新中心2家、省级工程技术研究中心34家、备案省级新型研发机构12家、市级重点实验室49家、市级工程技术研究中心143家、市级新型研发机构14家，基本覆盖"十强"产业关键技术领域，对推动产业和行业创新发展起到了重要支撑引领作用。获批国家备案众创空间1家，新建市级备案众创空间1家。推荐高新区申报省级大学科技园。

【魏桥国科（滨州）研究院】 2020年，魏桥国科（滨州）研究院获批牵头建设山东省高端铝制造与应用创新创业共同体，获1600万元省级资金支持。2020年10月31日，在渤海科创发展大会上，5个研究中心、2个检测中心揭牌，7家科创公司正式落地，17个科创项目完成签约，极紫外光刻胶、激光选通成像等国家重大科技攻关成果产业化项目即将投产，央地联动的科创转化基地快速崛起。

【科技合作交流】 2020年，全市共组织开展各类线上线下科技交流活动30余次，落实产学研合作协议800余项，引进8家京津技术转移转化机构落户滨州。滨州市政府分别与山东产业技术研究院、中国有色金属学会、清华大学签署战略合作协议。2020年度中国科学院山东综合技术转化中心工作年会、中科院—山东省"十四五"科技合作促进区域创新发展规划工作研讨会等科技合作对接交流活动在滨州市召开。组织开展了2020年度清华大学博士生社会实践工作，提报项目申请52项、博士生91人。4家企业成功申报科技成果转化贷款贴息项目，资助金额278.31万元。京博化工研究院等企业申报省级科技合作交流活动补助资金50万元。

【技术转移转化】 2020年，全市技术合同共登记883项，成交金额78.56亿元，成交金额同比增长450.53%，增长率列全省第1位。滨州学院科研处成功备案省级技术转移转化服务机构，成为滨州市首家省级技术转移转化服务机构。组织开展全市首次技术经纪人专题培训班，235人参加培训并取得结业证书。获山东省技术市场协会科技金桥奖二等奖2个、先进个人奖1个、优秀组织奖1个。新增沾化区科学技术局1家技术合同登记机构。

【科技服务】 2020年，为积极应对新冠肺炎疫情对中小企业发展带来的不利影响，滨州市组织1039家企业参加"滨州市科技型企业创新需求"网上问卷调查。2月26日，出台《关于支持新冠肺炎疫情防控有效服务科技创新的若干措施》，针对企业发展现状精准施策、高效服务。围绕高新技术企业认定和国家科技型中小企业评价，开展网上直播培训6期，累计培训企业1297家，培训人员3750余人次。在第九届中国创新创业大赛（山东赛区）暨2020年山东省中小微企业创新竞技行动中，2家企业获得优胜企业。"滨州市科技文献服务云平台"注册用户1693个，累计下载文献24714篇。截至2020年12月31日，滨州市大型科学仪器设备协作共用网平台入网会员达到2136家，入网科学仪器设备973台（套）。

（滨州市科技局　杨雪瑞）

菏　泽　市

【概述】 2020年，是菏泽市落实"突破菏泽、鲁西崛起"战略的关键之年，科技工作牢牢把握这一战略定位，深入实施创新驱动发展战略，全面贯彻新发展理念，突出"三、六、五"工作重点，为加快菏泽创新型城市建设提供了有力的科技支撑。

【创新创业共同体建设】 2020年，菏泽市聚焦生物医药产业，以山东省鲁南药物研究院为主体打造山东省生物医药产业创新创业共同体，为经济高质量发展提供动力源泉。共同体联合山东大学创建山东大学卫生分析测试中心（保健食品共性关键技术研发）菏泽中心，联合浙江大学苏州工业研究院创建中药及天然产物创新共享服务平台（中药创新研究与智能制造关键技术研发平台），形成功能强大的技术支撑和服务平台体系。共同体聚集各类单位企业38家，其中生物医药企业32家，汇集了政府、高校、企业、科研、金融等各类创新资源。山东省鲁南药物研究院孵化企业道中道制药实现各类产品销售收入8000万元。聚焦菏泽市"231"特色产业体系，出台了《菏泽市创新创业共同体建设管理意见》。"菏泽市肝素类药物创新创业共同体"等8家第一批菏泽市创新创业共同体获批建设，为全市科学赶超、后来居上提供充足的创新创业能力支撑。

【中原技术市场建设】 2020年，中原技术市场平台在菏泽高新区正式上线运行，标志着菏泽市技术市场建设取得重大突破。该平台整合共享各类科技创新要素，涵盖技术交易、人才智库、科技服务、科技金融、设备共享、知识产权、科技孵化等八大服务板块，打造全方位科技创新服务平台，推动科技成果共享和转化。截至2020年底，中原技术市场平台累计发布技术成果12991项、技术需求2056项，入驻专家2090人，服务商户273家，提供服务产品397条，开展"科技成果评价"等6场线上专题培训，累计培训350多人，推动了企业复工复产，取得了明显的经济和社会效益。举办了中原技术市场大会暨中原技术转移高峰论坛，现场签约12项，达成成果交易意向5项。大会采用"云现场"同步直播，高峰期同时在线人数达3万余人，实现了技术对接"不见面"，科技服务"不断线"。

【凯维思轻量化智能制造研究院（菏泽）建设】 2020年，凯维思轻量化智能制造研究院（菏泽）在菏泽的制造基地完成了型材一车间的建设工作并投入使用，单体厂房建筑面积超18000平方米，完成模具碱洗制造车间（7600平方米）主体结构建设，挤压生产线及配套设备建设进展顺利。凯维思轻量化智能制造研究院（菏泽）有限公司通过山东省院士工作站备案。该研究院现有员工40余人，拥有博士学位的占21%。员工中一半以上为技术研发和生产人员。凯维思提交国家发明专利5件，2件已获得批准。

【高新技术产业发展】 2020年，菏泽市实施高新技术企业和科技型中小微企业"双倍增"行动，菏泽光大自动化机械设备有限公司、山东斯递尔化工科技有限公司等256家企业纳入国家科技型中小企业信息库，山东呈祥电气有限公司、山东天美生物技术有限公司等96家企业列入山东省2020年高新技术企业名单，高新技术企业总数突破200家，达到223家。全市高新技术产业产值占规模以上工业总产值的比重达到37.74%，比2019年增长0.51个百分点。山东省农业科学院玉米研究所刘铁山、齐鲁工业大学材料科学与工程学院朱超峰等12人获山东省企业科技特派员第一批备案。加快菏泽高新区实施高质量发展战略部署，出台《菏泽高新区科技创新发展资金管理办法》。联合启迪国家级孵化器举办了第四届"星菏汇"科技创新与产业发展论坛暨菏泽高新区双招双引对接会。签订《菏泽高新区飞地孵化平台协议》。

【科技创新平台建设】 2020年，全市新建20家省级以上科技创新平台，其中山东朱氏药业集团有限公司等5家院士工作站、山东省中源生态环境新能源科学研究院等4家新型研发机构、曹县韩集镇韩集村农科驿站等11家农科驿站通过省科技厅备案。山东省生物工程技术创新中心已建设4个高标准实验室。菏泽市产业技术研究院初步建立运营机制。菏泽学院、高新区管委会、菏泽宇生文化三方共建菏泽大学科技园加快推进。

【推进科技创新项目发展】 2020年，围绕全市"231"特色产业体系重点产业，瞄准突破制约产业发展的重大关键技术和卡脖子技术，建立了2020年度菏泽市重大项目储备库，入库科技项目120余个。全年争取省级以上科技项目409项，获得上级财政资金无偿资助9800余万元。其中，山东深水海纳水务环保有限公司承担的"面向高耗能、重污染行业的绿色高效清洁生产关键技术集成与应用"和山东尚舜化工有限公司承担的"高性能促进剂MBT连续化清洁生产关键技术研究与应用"两个项目被列入省重大科技创新工程项目，分别获得1833万元和2436万元省财政资金支持，同时打破菏泽市单个科技项目获得支持额度的纪录。山东伏羲智库互联网研究院承担的"智能城市数字标识公共服务平台"获得科技部中央引导地方科技发展资金项目支持，获得中央财政资金支持100万元。

【科技创新合作】 2020年，全年开展对接会、请进来、走访高校院所等科技合作活动115场，281名专家与147家企业对接洽谈，签订各类产学研合作项目134项。征集104项企事业单位人才、技术、项目需求。发布中科院沈阳分院36项新冠肺炎疫情防控相关技术成果。组织中科院山东综合技术转化中心、山东省科学院到鲁药制药、华峰新材料、赛托生物等企业考察调研。组织中科院沈阳自动化所专家就红酒包装盒生产机器人自动化生产线赴曹县开展专题调研。带领大树生物、道中道医药、赛托生物赴江南大学、中国药科大学开展产学研对接。组织企业参加了中国国际人才交流大会、中国科学院沈阳分院科技成果云讲堂、2020中国郑州绿色技术成果线上对接会等活动。

【科技服务乡村振兴】 2020年，全市已建成1家国家级农业科技园、12家省级农业科技园、50家农科驿站、15家科技扶贫示范基地，打造了3个可复制可推广的科技扶贫示范样板。注册市级科技特派员1100名，省级科技特派员达到829名，其中452名科技特派员组成的88个科技扶贫服务队已完成了占全省四分之一以上的2256个省扶贫工作重点村的全覆盖。市级成立了科技扶贫专家服务团，县级成立科技扶贫服务队，扶贫工作重点乡村有科技特派员，初步建成市县乡三级联动的科技特派员服务体系。截至2020年底，依托农业科技园、农科驿站、科技扶贫示范基地等平台示范农业科技成果超过100余项，开展各类培训超过300余场，服务群众超过40000人，带动特色产业效益增加值预计超过5000万元。

【科技支撑社会发展】 2020年，发挥菏泽市各级各类科技创新平台和科技创新项目在新冠肺炎疫情防控中的科技创新支撑作用，设立了"新冠肺炎防治专项计划"，安排60万元市级财政资金立项支持"抗病毒雾化制剂研发"等两个项目，并为睿鹰制药"抗新型冠状病毒药物活性筛选及开发研究"项目争取到山东省系列抗病毒药物重点研发计划80万元支持资金。组织科技特派员抗击疫情助力农业生产，加快科技惠企财政扶持政策落实助力企业复工复产，成立"四进"攻坚工作组全力服务基层防疫和经济发展，助力做好"六保六稳"工作。

【强化全市科技创新保障能力】
服务效能显著提升　2020年，稳步推进科技金融服务，探索实施科技成果转化贷款风险补偿制度。建立了菏泽市科技成果转化贷款风险补偿资金，印发《菏泽市科技成果转化贷款风险补偿资金管理办法》，并和建设、工商、民生、兴业等9家商业银行举办了现场签约，在全市开展科技成果转化贷款风险补偿业务。培育科创版上市企业，支持科创企业通过上市做大做强，绅联生物、大树生物两家企业纳入山东省科创板上市企业培育库，其中绅联生物条件较为成熟被列入优先培育上市的A库，有望加快实现科创板上市。

政策引导逐步强化　2020年，出台了《关于加强与院士合作服务菏泽创新驱动发展的意见》《菏泽市院士合作协同创新平台认定管理办法》，创新院士合作形式，共建新型院士合作平台。出台《菏泽市科技企业孵化器质量提升工作方案》，支持鼓励县区和龙头企业建设科技企业孵化器和众创空间。分县区组织开展高新技术企业认定工作及科技优惠政策宣读培训班、科技型中小微企业创新创业大赛培训会等活动。组织高新技术企业评审专家、注册会计师／税务师等相关专家到县区宣讲高新技术企业认定管理办法和相关优惠政策并发放科技财税政策汇编，现场实地举办12场次，网络专题培训1次，参会企业300余家，人数达800余人。

投入保障明显巩固　2020年，落实各项财税政策，81家高新技术企业申请落实2020年中小微企业升级高新技术企业财政补助资金619万元；1家科技企业孵化器申请落实高新技术企业培育奖励资金10万元；8家企业申请落实2020年度山东省中小微企业创新竞技行动计划补助资金165万元；242家企业申请山东省企业研究开发财政补助资金总额6424.31万元，其中省级补助额度3567.1万元；404家企业落实企业研究费用加计扣除资金12.5亿元。

人才支撑作用突出　2020年，菏泽金正大生态工程有限公司刘宏斌博士、山东绅联药业有限公司刘建洋等6人进入泰山产业领军人才拟入选名单，斯递尔化工李保山等20人进入菏泽市首批动能转换领军人才特殊支持计划拟入选名单。山东绅联生物科技有限公司的"低分子肝素钠的生产工艺研究"等317项科技成果通过评价鉴定。玉皇新能源的"石墨烯的宏量制备及其在锂离子电池中的应用"获得省科学技术进步奖。菏泽市农业科学院的"有机高效功能型水溶肥料创制与产业化应用"获得中国技术市场协会金桥奖二等奖。菏泽市畜牧工作站的"人工智能助力农牧循环生产技术研究"等3项成果获得省技术市场协会金桥奖二等奖。授予华立新材料陈新建、铁雄新沙逄奉建等2人"中国牡丹之都科技创新贡献奖"。友帮生化完成的"抗肺癌新药Crizotinib关键中间体工艺开发"等100项成果获得菏泽市科技进步奖。

（菏泽市科技局　杨　茜）

科技成果和奖励

KEJI CHENGGUO HE JIANGLI

山东省获得2020年度国家科学技术奖情况

【概述】 2020年国家科学技术奖共评选出275个项目（人选、组织），山东省共有31项牵头或合作完成的重大科技成果获奖，其中山东省牵头完成11项，位居全国前列。

获奖创新成果呈现以下主要特点：

一、"多点开花"，表现出较强的综合科技实力

山东省获奖成果覆盖了国家科技奖70%以上的技术和行业领域，在医学、电子信息、化工、机械、轻工、计算机与自动控制、工程建设、油气工程、交通运输、资源与环境、农业等领域"多点开花"，反映出山东省在众多技术领域的深厚研究积累和综合科技实力，对推动山东省经济社会高质量发展提供了全方位、多维度、系统性的战略支撑。

二、更多从"0到1"，具有重大影响力的科学发现和技术发明成果持续涌现

山东省牵头获自然科学奖、技术发明奖5项，占山东省牵头获奖总数比例达到45.5%，创历史新高，经过近几年来持续深化科技体制改革、营造良好创新创业环境、加大科技创新投入和人才团队培育力度，山东省科技原始创新能力不断提升，具有重大影响力的高质量成果正持续涌现。

三、企业"挑大梁"，产学研协同创新能力不断提高

29家山东企业牵头或合作获奖，占山东省获奖单位总数的57%。企业作为技术进步的主要推动者，开展高水平研发活动、更广泛配置创新资源的能力逐步提升，企业作为技术创新主体的地位日益凸显。

国家自然科学奖

山东省获2020年度国家自然科学奖二等奖项目（1项）

编号	项目名称	主要完成人
Z-106-2-02	麻风危害发生的免疫遗传学机制	张福仁（山东第一医科大学附属皮肤病医院）、张学军（安徽医科大学第一附属医院）、刘红（山东第一医科大学附属皮肤病医院）、王真真（山东第一医科大学附属皮肤病医院）、孙勇虎（山东第一医科大学附属皮肤病医院）

国家技术发明奖

山东省获2020年度国家技术发明奖二等奖项目（6项）

编号	项目名称	主要完成人
F-301-2-04	苹果优质高效育种技术创建及新品种培育与应用	陈学森（山东农业大学）、毛志泉（山东农业大学）、王楠（山东农业大学）、徐月华（蓬莱市果树工作总站）、王志刚（山东省果茶技术推广站）、张宗营（山东农业大学）
F-306-2-03	农林废弃物快速热解创制腐植酸环境材料及其应用	田原宇[中国石油大学（华东）]、乔英云[中国石油大学（华东）]、谢克昌（太原理工大学）、杨朝合[中国石油大学（华东）]、张华伟（山东科技大学）、黄占斌[中国矿业大学（北京）]
F-308-2-03	海洋深水钻探井控关键技术与装备	孙宝江[中国石油大学（华东）]、殷志明（中海油研究总院有限责任公司）、许亮斌（中海油研究总院有限责任公司）、韦红术[中海石油（中国）有限公司深圳分公司]、连吉弘[中海石油国际能源服务（北京）有限公司]、管申[中海石油（中国）有限公司湛江分公司]
F-310-2-01	复杂环境深部工程灾变模拟试验装备与关键技术及应用	李术才（山东大学）、王汉鹏（山东大学）、张强勇（山东大学）、李利平（山东大学）、王琦（山东大学）、林春金（山东大学）

续表

编号	项目名称	主要完成人
F-305-2-01	包装食品杀菌与灌装高性能装备关键技术及应用	刘东红（浙江大学）、史正（杭州中亚机械股份有限公司）、丁甜（浙江大学）、叶兴乾（浙江大学）、姜伟（山东鼎泰盛食品工业装备股份有限公司）、周建伟（浙江大学宁波理工学院）
F-307-2-03	浮法在线氧化物系列功能薄膜高效制备成套技术及应用	韩高荣（浙江大学）、刘起英（威海中玻新材料技术研发有限公司）、刘涌（浙江大学）、刘军波（威海中玻新材料技术研发有限公司）、孔繁华（威海中玻新材料技术研发有限公司）、汪建勋（浙江大学）

国家科学技术进步奖

山东省获 2020 年度国家科学技术进步奖一等奖项目（1 项）

编号	项目名称	主要完成单位
J-213-1-01	400 万吨／年煤间接液化成套技术创新开发及产业化	烟台金泰美林科技股份有限公司（第 16 位）

山东省获 2020 年度国家科学技术进步奖二等奖项目（23 项）

编号	项目名称	主要完成人	主要完成单位
J-203-2-02	海参功效成分解析与精深加工关键技术及应用	薛长湖、王静凤、王联珠、刘昌衡、沈建、孙永军、黄万成、薛勇、刘云涛、王玉明	中国海洋大学、山东省科学院生物研究所、中国水产科学研究院黄海水产研究所、好当家集团有限公司、山东东方海洋科技股份有限公司、中国水产科学研究院渔业机械仪器研究所、獐子岛集团股份有限公司
J-211-2-03	高性能木材化学浆绿色制备与高值利用关键技术及产业化	吉兴香、陈嘉川、田中建、陈洪国、刘泽华、魏文光、王强、张革仓、姚瑞先、陈洪雷	齐鲁工业大学、山东晨鸣纸业集团股份有限公司、山东太阳纸业股份有限公司、山东华泰纸业股份有限公司、山东恒联投资集团有限公司
J-220-2-01	高比例新能源电力系统电能净化关键控制技术及应用	张承慧、耿华、胡顺全、邢相洋、陈阿莲、冯丽、迟恩先、任其广、张长元、李晓艳	山东大学、新风光电子科技股份有限公司、清华大学、山东泰开电力电子有限公司、山东山大华天科技集团股份有限公司
J-255-2-05	高含水油田提高采收率关键工程技术与工业化应用	王增林、贾庆升、冯淑红、崔玉海、张峰、马珍福、高国强、钱钦、孙德旭、张福涛	中国石油化工股份有限公司胜利油田分公司、中国石油大学（华东）
J-256-2-05	断陷盆地油气精细勘探理论技术及示范应用—以济阳坳陷为例	宋明水、王永诗、王延光、刘惠民、王学军、操应长、曾溅辉、郝雪峰、马立驰、韩宏伟	中国石油化工股份有限公司胜利油田分公司、中国石油大学（华东）、中国石油大学（北京）
J-235-2-02	血管通路数字诊疗关键技术体系建立及其临床应用	张海军、冯圣玉、屠娟、王鲁宁、杨孝平、张洁、吴平、尹玉霞、丁波、张国峰（张海军为山东百多安医疗器械股份有限公司董事长兼总经理）	同济大学附属第十人民医院、山东大学、南京大学、北京科技大学、山东省医疗器械产品质量检验中心、山东百多安医疗器械股份有限公司、珠海医凯电子科技有限公司
J-203-2-05	奶牛高发病防治系列新兽药创制与应用		齐鲁动物保健品有限公司（第 5 位）
J-211-2-02	玉米淀粉及其深加工产品的高效生物制造关键技术与产业化		山东大学（第 2 位）、兆光生物工程（邹平）有限公司（第 4 位）
J-203-2-01	食品动物新型专用药物的创制与应用		青岛蔚蓝生物股份有限公司（第 2 位）、齐鲁动物保健品有限公司（第 3 位）、青岛农业大学（第 4 位）
J-203-2-04	奶及奶制品安全控制与质量提升关键技术		山东省农业科学院农业质量标准与检测技术研究所（第 4 位）
J-217-2-01	海岛／岸基高过载大功率电源系统关键技术与装备及应用		青岛创统科技发展有限公司（第 5 位）
J-217-2-05	有载调容配电变压器关键技术、系列装备及规模化应用		山东电工电气集团有限公司（第 4 位）
J-221-2-05	深部复合地层隧（巷）道 TBM 安全高效掘进控制关键技术		山东大学（第 4 位）
J-221-2-08	建筑热环境理论及其绿色营造关键技术		青岛海尔空调电子有限公司（第 5 位）

续表

编号	项目名称	主要完成人	主要完成单位
J-223-2-03	高速铁路用高强高导接触网导线关键技术及应用		烟台金晖铜业有限公司（第6位）
J-230-2-02	面向复杂数控装备的监测评估关键技术及标准体系		山东大学（第4位）
J-251-2-04	基于北斗的农业机械自动导航作业关键技术及应用		雷沃重工股份有限公司（第4位）
J-235-2-03	聚乙二醇定点修饰重组蛋白药物关键技术体系建立及产业化		石药集团百克（山东）生物制药股份有限公司（第2位）
J-251-2-01	营养健康导向的亚热带果蔬设计加工关键技术及产业化		威海百合生物技术股份有限公司（第6位）
J-251-2-02	粮食作物主要杂草抗药性治理关键技术与应用		青岛清原抗性杂草防治有限公司（第3位）、山东农业大学（第6位）
J-251-2-03	北方旱地农田抗旱适水种植技术及应用		青岛农业大学（第5位）
J-253-2-01	足踝外科精准微创治疗关键技术体系建立与推广应用		山东威高骨科材料股份有限公司（第4位）
J-219-2-04	多轴联动多传感器协同现场坐标测量技术及应用		海克斯康测量技术（青岛）有限公司（第2位）

（山东省科学技术厅政策法规与创新体系建设处　李继超）

2020年度山东省科学技术奖励情况

【概述】　2020年度山东省科学技术奖励共计授奖273项（人），具体授奖情况如下：授予中国海洋大学李华军、山东重工集团谭旭光省科学技术最高奖；授予"复杂三维形状的高效生成、分析与制造"等2项成果省自然科学奖一等奖，"严格反馈随机系统的分析与控制"等32项成果省自然科学奖二等奖，"模糊集在拓扑、粗糙近似算子及数据特征提取和分类中的应用研究"等5项成果省自然科学奖三等奖；授予"EtherMAC网络化运动控制关键技术及系列装备"等3项成果省技术发明奖一等奖，"大蒜全程机械化生产技术装备研发与应用"等6项成果省技术发明奖二等奖，"超级压光机的研发及应用"等6项成果省技术发明奖三等奖；授予"脂肪族异氰酸酯全产业链制造技术"等26项成果省科学技术进步奖一等奖，"高速动车组转向架数字化装配生产线"等79项成果省科学技术进步奖二等奖，"LCZ-ZD全钢一次法三鼓成型机的开发"等110项成果省科学技术进步奖三等奖。

【授奖项目特点】　一是具有重要影响力的创新成果"多点开花"。31项一等奖成果，既有打破了国外技术垄断封锁，形成具有完全自主知识产权的特色产业集群，也有面向产业转型升级，突破的一系列关键核心技术。多项成果达到国内外领先水平，彰显山东科技创新硬实力，为冲击国家科技奖做好了成果储备。如万华集团打破了国外对我国长达70年的技术封锁，建成了世界上品种最齐全、产业链最完整、具有完全自主知识产权的ADI特色产业集群，已实现销售收入125亿元、利税54亿元，产品市场份额居国内第1位、全球第2位。

二是产业技术创新不断突破，为经济高质量发展提供有力支撑。超七成项目与"十强"产业密切相关，新能源、新材料、新一代信息技术、高端化工、现代高效农业、生物医药等六大领域表现出较强的创新实力，获奖成果持续保持领先，总占比达到55%以上，为山东省产业升级和高技术产业发展提供了技术支撑。

三是企业与高校院所分工协作、优势互补，企业创新主体地位进一步凸显。高校、科研院所在新思想、新技术、新发明的孕育和涌现中发挥着主要策源角色，牵头获奖90项。企业在推动创新链、产业链和资金链精准对接等方面作用显著，创新能力明显提高，作为第一完成单位获奖98项，首次超过高校、科研院所，企业创新成果成为科技奖励舞台"主角"。

四是济青烟"三核"科技引领作用显著，与省外合作创新表现突出。60%以上获奖成果来自济南、青岛和烟台，"三核"创新引领作用显著。670家完成单位中，有202家省外单位参与，占比达到30%，其中山东省与北京、上海、江苏三地的成果转化、科技创新合作最多。

五是科研团队老中青结合，兼具经验传承和创新活力。获奖成果第一完成人平均年龄42岁，科研主力以40～45岁居多，占比全部获奖人的70%以上。2020年共有58个项目的第一完成人为"80后"，其中最年轻的一等奖第一完成人是山东天岳先进材料科技有限公司的高级工程师高超，年仅33岁，是历年所有第一完成人中最年轻的。

山东省科学技术最高奖
（2人）

李华军 男，教授，中国工程院院士，中国海洋大学副校长，山东省海洋工程重点实验室主任，国际涉海大学联盟秘书长，教育部海洋工程类专业教学指导委员会主任委员，海岸和近海工程国家重点实验室学术委员会主任委员，山东省人民政府决策咨询特聘专家。

长期从事海洋工程领域的科研与教学工作，解决了海洋工程设计理论、安全施工与运维中的系列技术难题，发展了海洋工程安全与防灾技术体系：突破了海洋平台安全运维的技术瓶颈，创新了海洋平台结构整体动力检测与振动控制技术，保障了海上工程设施的安全经济运行；建立了海洋工程防灾设防标准推算方法，发展了浮式平台防风系泊、大型平台整体安装的设计方法与关键技术，显著降低了海上工程的风险；研发了新型海岸结构物及分析、设计和防护技术，达到了兼顾安全、环保、经济的工程效果；开展了"海上丝绸之路"沿线交通设施建设战略咨询和技术攻关，创建了新型构筑物设计、施工与安全保障关键技术体系。

相关成果应用于100余项海上工程的安全建设与运行，产生了重大的社会经济效益。主持完成了国家自然科学基金委海洋工程领域的首个重大项目。获国家科技进步二等奖3项（均排名1）、省部级科技奖励一等奖6项（均排名1）、何梁何利科学与技术创新奖、光华工程科技奖青年奖。授权发明专利30余项，成果纳入5部国家行业规范标准。

谭旭光 山东重工集团董事长，潍柴动力科学技术研究总院院长，内燃机可靠性国家重点实验室主任，兼任中国内燃机学会副理事长等职务，十届、十一届、十二届、十三届全国人大代表。

长期从事重型高速柴油机及动力总成关键技术研究和产业化工作。创建了全球首个独立的重型商用车动力总成研发制造基地，攻克了重型商用车动力总成关键核心技术，形成了我国重型商用车在全球的竞争优势；主持开发出我国首款具有完全自主知识产权的重型高速柴油机，主持攻克了电控、可靠性等核心技术，引领我国柴油机行业自主创新迈向高端；突破全系列、全领域动力系统核心技术难题，补齐了高端液压、大型农业装备CVT、高端船舶舰艇等行业的关键技术短板。带领潍柴从濒临破产、年收入不足6亿元的地方国企，成长为全球9万人，年收入超过2600亿元，利润突破140亿元的跨国集团，为我国装备制造业高质量发展和国防建设作出了重要贡献。

荣获全国劳动模范、齐鲁杰出人才奖、齐鲁时代楷模、新中国成立70周年"最美奋斗者"、全国创新争先奖、光华工程科技奖等荣誉，享受国务院政府特殊津贴。获得省部级以上科技奖励10项，其中，国家科技进步一等奖1项，省部级特等奖1项、一等奖2项（均排名第一）。

山东省自然科学奖

2020年度山东省自然科学奖一等奖项目（2项）

编号	项目名称	完成人
ZR2020-1-1	复杂三维形状的高效生成、分析与制造	陈宝权（山东大学）、屠长河（山东大学）、吕琳（山东大学）、汪云海（中国科学院深圳先进技术研究院）、赵海森（山东大学）

编号	项目名称	完成人
ZR2020-1-2	植物干细胞重塑和维持的调控机理	张宪省（山东农业大学）、丁兆军（山东大学）、程志娟（山东农业大学）、苏英华（山东农业大学）、桑亚林（山东农业大学）

复杂三维形状的高效生成、分析与制造 该项目属于计算机科学与技术领域。本项目重点面向智能制造领域新型大规模个性化定制战略需求，围绕复杂三维形状的"几何、语义与物理仿真联合表达及计算"这一科学问题，攻克了结构多样、语义复杂的三维形状生成局限，解决了微几何结构设计分析与智能制造之间隔离难题，实现了三维复杂形状的快速生成、语义分析与高效制造算法。研究成果具有非常重要的理论和实际意义。相比传统的生成、分析和制造方法，项目提出的复杂形状的生成、分析和制造方法大大提高和扩展了处理具有高度细节和复杂拓扑（复杂）形状的能力，如可用蜂窝状多孔结构表达既轻且坚固的物体、用高度精密几何纹理表示三维人体皮肤等。项目的研究成果获得国际同行的高度关注，具有非常重要的理论和实际意义：①群体遗传进化理论驱动的三维模型生成。揭示了三维模型生成过程中群体遗传进化机制，凝练了演化过程中面向复杂形状的组合与重构策略，突破了交互式复杂形状渐进演化生成理论，实现了形状多样且功能合理的复杂形状高效生成方法。②基于几何嵌入的三维模型联合语义分析。揭示了用三维几何嵌入表达对复杂形状三维语义分析的作用规律，发现了通过优化低维几何嵌入空间优化实现了复杂三维模型语义分割的内在机制，提出了基于几何嵌入空间融入先验知识的三维模型联合语义分析，实现了结构差异大、质量参差不齐三维模型集的语义分割。③微结构几何与物理属性紧耦合的设计与制造。揭示了微结构几何与物理属性紧耦合的计算新机理，建立了三维随机几何结构与模型物理属性之间的关联，提出了微结构几何与物理属性紧耦合优化求解的计算框架，解决了微结构几何与物理属性协同可控求解与高效制造问题。上述工作得到了中国工程院院士赵沁平、美国工程院院士Leonidas Guibas、美国工程院院士Pat Hanrahan、欧洲科学院院士Leif Kobbelt等国内外知名同行高度评价，基于群体演化的复杂形状重建方法被广泛应用于变化多样且新颖的三维模型集生成；基于几何嵌入空间的三维模型语义分析方法被称为最为先进的用于三维分割的主动学习技术；主动式三维模型联合分割为所有现有方法中处理多部件模型最可行的方法；肯定了微几何结构分析及优化可以减少三维打印材料成本，同时保证打印物体的强度和重量。上述成果成功应用于智能制造领域。1篇代表性论文入选ESI高被引论文。8篇代表性论文SCIE他引次数227次，他引总次数342次，Google Scholar总引用808次。第一完成人入选IEEE Fellow、教育部长江学者特聘教授，受国家杰出青年基金资助。第二完成人曾于2002年获国家科技进步奖二等奖、2013年获山东省科技进步奖二等奖。

植物干细胞重塑和维持的调控机理 高等植物的干细胞形成于胚胎，分别位于茎尖和根尖分生组织内。种子萌发后，干细胞不断分裂分化产生子代细胞，组成整个植物体。在合适的离体条件下，植物体细胞表现出强大的可塑性，能够重编程并发生命运转变，形成全能和多能干细胞，进而再生出完整植株。干细胞的重塑是植物离体繁殖的先决条件，也是建立遗传转化体系，开展基因功能分析和生物技术应用的重要基础。该项目团队一直从事植物干细胞重塑和维持的分子机理研究，主要取得了以下研究成果：①揭示了激素和表观遗传修饰调控茎尖分生组织干细胞重塑与维持的分子机理，为建立作物、林果、花卉等高效再生和遗传转化体系提供了重要的理论基础。首次发现细胞分裂素和生长素通过合成和信号转导基因之间的精准时空调控，形成相互拮抗的响应信号特定分布模式，进而诱导茎尖干细胞特征决定基因WUS的表达，形成茎尖干细胞并维持干细胞的活动。明确了表观遗传修饰通过调节干细胞特征决定基因WUS和细胞周期相关基因KRP转录，参与茎端干细胞重塑的调控。②阐明了内源发育信号生长素浓度梯度和活性氧浓度是维持根尖干细胞活动的必要条件；揭示了外在的环境因子铝胁迫通过激素信号调节根发育的机理。发现根尖干细胞特征决定基因WOX5和生长素信号转到之间的负反馈调节机制，该机制维持生长素浓度梯度，进而保障根尖干细胞的活动；首次证明三磷酸水解酶介导的最适活性氧浓度是维持根尖干细胞正常功能的必要条件；揭示了铝胁迫通过生长素、乙烯、细胞分裂素和茉莉酸的共同作用，调节根尖干细胞子代细胞活动，进而调节根发育的机理。③解析了植物激素调控胚胎发生过程中茎尖和根尖干细胞形成的机理。解析了体细胞胚胎发生过程中，以生长素和细胞分裂素为主的植物激素对茎尖和根尖干细胞起始的调控关系；明确了ABA调控种子发育、保障干细胞形成的分子机理。项目研究期间，培养泰山学者攀登计划专家、泰山学者青年专家各1人，团队成员获批主持国家优秀青年科学基金、山东省自然科学杰出青年基金和优秀青年基金各1项，在植物干细胞领域形成了一支具有国际竞争力的研究团队。该成果发表SCI收录研究论文33篇，总影响因子238.941；其中JCR一区论文15篇，影响因子6以上论文22篇，单篇最高影响因子14.017。被包括 Cell、Nature Reviews Molecular

Cell Biology、Annual Review of Plant Biology 等国际著名学术刊物引用，他引总计 538 次。获得国家发明专利 3 项。研究成果在国内外产生了相当大的影响力，为提升我国在该领域的学术地位、推动我国植物生物技术产业发展发挥了重要作用。

2020 年度山东省自然科学奖二等奖项目（32 项）

编号	项目名称	完成人
ZR2020-2-1	严格反馈随机系统的分析与控制	李武全（鲁东大学）
ZR2020-2-2	虚拟 MIMO 系统中认知、中继与多载波技术研究	刘琚（山东大学）、翟超（山东大学）、郑丽娜（山东大学）、许宏吉（山东大学）、王灵垠（山东大学）
ZR2020-2-3	多源复杂图像特征分析与表示机制研究	董军宇（中国海洋大学）、蹇木伟（山东财经大学）、孙鑫（中国海洋大学）、高峰（中国海洋大学）
ZR2020-2-4	复杂环境下非线性脉冲系统的稳定性与控制	李晓迪（山东师范大学）、宋士吉（清华大学）、曹进德（东南大学）、丁艳辉（山东师范大学）
ZR2020-2-5	串联金属接力催化的发展与应用	徐政虎（山东大学）、王伟国（山东大学）、魏芳（山东大学）、李昊昱（山东大学）、王向华（山东大学）
ZR2020-2-6	高性能无机功能材料的结构调控及其在能源和催化等领域的应用	徐立强（山东大学）、钱逸泰（山东大学）、徐化云（山东大学）、郭春丽（太原理工大学）、李光达（齐鲁工业大学）
ZR2020-2-7	肿瘤相关多种活性分子的诊疗研究	李娜（山东师范大学）、潘伟（山东师范大学）、于正泽（山东师范大学）、杨立敏（山东师范大学）
ZR2020-2-8	肿瘤标志物检测技术、装备及诊疗一体化研究	张书圣（临沂大学）、毕赛（青岛大学）、周宏（临沂大学）、刘静（临沂大学）、张怀荣（临沂大学）
ZR2020-2-9	生物活性分子与疾病的生物传感与分析检测	渠凤丽（曲阜师范大学）、陈光（曲阜师范大学）、孔荣梅（曲阜师范大学）、尤进茂（曲阜师范大学）、李国梁（曲阜师范大学）
ZR2020-2-10	太阳能驱动的海洋腐蚀光电化学阴极保护新技术及性能提升机制研究	陈卓元（中国科学院海洋研究所）、补钰煜（中国科学院海洋研究所）、孙萌萌（中国科学院海洋研究所）
ZR2020-2-11	海洋活性气体和有机物的界面化学研究	杨桂朋（中国海洋大学）、张洪海（中国海洋大学）、张升辉（中国海洋大学）、张泽明（中国海洋大学）
ZR2020-2-12	强子物理中重夸克偶素和奇特态的关联研究	李刚（曲阜师范大学）
ZR2020-2-13	石墨烯场效应管及增强拉曼生物传感器研究	许士才（德州学院）、王吉华（德州学院）、姜守振（山东师范大学）
ZR2020-2-14	有机光电磁新现象及物理机理研究	郝晓涛（山东大学）、秦伟（山东大学）、解士杰（山东大学）、高琨（山东大学）、刘建强（山东大学）
ZR2020-2-15	纳米流体换热减摩微量润滑磨削的热力学作用新机制	张彦彬（青岛理工大学）、李长河（青岛理工大学）、王要刚（青岛理工大学）、王军（University of New South Wales）、吴启东（上海金兆节能科技有限公司）
ZR2020-2-16	随机切换系统的稳定性与滑模控制	考永贵［哈尔滨工业大学（威海）］、赵旭东［中国石油大学（华东）］、刘云龙（潍坊学院）、牛奔（东北大学）、韩月乔（中国海洋大学）
ZR2020-2-17	非线性椭圆型微分方程奇异初值和边值问题解的定性理论和渐近行为	张志军（烟台大学）、孙义静（中国科学院大学）、张淑琴［中国矿业大学（北京）］
ZR2020-2-18	分数阶方程与浅水波方程的若干研究	白占兵（山东科技大学）、杜增吉（江苏师范大学）、董焕河（山东科技大学）
ZR2020-2-19	纳米多孔铂、钯电催化剂材料的结构调控与性能增强	徐彩霞（济南大学）、郝芹（济南大学）、刘云青（济南大学）、侯家刚（济南大学）
ZR2020-2-20	应用于极端环境的超高温陶瓷基复合材料关键理论研究	李庆刚（济南大学）、史国普（济南大学）、李金凯（济南大学）、吴俊彦（济南大学）、王志（济南大学）
ZR2020-2-21	二元／多元组分协同构筑高性能碳基复合电极材料及构效关系	刘利彬（齐鲁工业大学）、盖利刚（齐鲁工业大学）、李文鹏（齐鲁工业大学）、姜海辉（齐鲁工业大学）
ZR2020-2-22	基于热－光－电－等离子体多效应耦合作用的微波诱导靶向用能机制	王文龙（山东大学）、宋占龙（山东大学）、赵希强（山东大学）、毛岩鹏（山东大学）、孙静（山东大学）
ZR2020-2-23	G 蛋白偶联受体二聚体分子作用机理的研究	陈京（济宁医学院）、白波（济宁医学院）、王春梅（济宁医学院）
ZR2020-2-24	肝癌发生和转移的多维遗传调控及治疗靶点研究	杨明（山东省肿瘤防治研究院）、徐福建（北京化工大学）、任艳利（北京化工大学）、刘文娟（山东省肿瘤防治研究院）、周长春（山东省肿瘤防治研究院）
ZR2020-2-25	Tim-3 在糖尿病肾病免疫损伤中的作用及机制研究	杨向东（山东大学齐鲁医院）、李登任（山东大学齐鲁医院）、郭玲（山东大学齐鲁医院）、杨惠敏（山东大学齐鲁医院）、彭涛（山东大学齐鲁医院）
ZR2020-2-26	海洋植物源内生真菌活性物质研究	王斌贵（中国科学院海洋研究所）、孟令红（中国科学院海洋研究所）、李乃云（中国科学院烟台海岸带研究所）、李晓明（中国科学院海洋研究所）、孙好芬（中国科学院海洋研究所）

编号	项目名称	完成人
ZR2020-2-27	海洋微生物电活性腐蚀机理及新型抗菌防污技术研究	段继周（中国科学院海洋研究所）、张杰（中国科学院海洋研究所）、翟晓凡（中国科学院海洋研究所）、管方（中国科学院海洋研究所）、侯保荣（中国科学院海洋研究所）
ZR2020-2-28	酵母菌可再生生物燃料合成和代谢调控的研究	池振明（中国海洋大学）、池哲（中国海洋大学）、刘光磊（中国海洋大学）
ZR2020-2-29	植物雌雄配子体发育的分子调控机制	张彦（山东农业大学）、李厦（山东农业大学）、王家刚（山东农业大学）、谢洪涛（山东农业大学）、冯强楠（山东农业大学）
ZR2020-2-30	动物配子发生及其质量控制的机制	沈伟（青岛农业大学）、孙青原（中国科学院动物研究所）、张滕（青岛农业大学）、魏延昌（中国科学院动物研究所）、程顺峰（青岛农业大学）
ZR2020-2-31	功能分离材料构筑新策略及在水/非水介质中与金属离子作用机制	曲荣君（鲁东大学）、牛余忠（鲁东大学）、孙昌梅（鲁东大学）、纪春暖（鲁东大学）、张盈（鲁东大学）
ZR2020-2-32	生物质基环保功能材料的制备及应用基础研究	高宝玉（山东大学）、岳钦艳（山东大学）、李倩（山东大学）、许醒（山东大学）、陈素红（山东大学）

2020年度山东省自然科学奖三等奖项目（5项）

编号	项目名称	完成人
ZR2020-3-1	模糊集在拓扑、粗糙近似算子及数据特征提取和分类中的应用研究	李令强（聊城大学）、姚炳学（聊城大学）、范丽亚（聊城大学）、金秋（聊城大学）、胡凯（聊城大学）
ZR2020-3-2	低维量子材料与器件	王海龙（曲阜师范大学）、龚谦（中国科学院上海微系统与信息技术研究所）、李世国（深圳信息职业技术学院）
ZR2020-3-3	复杂时滞神经网络的理论分析与控制	郭英新（曲阜师范大学）、许超（浙江大学）
ZR2020-3-4	环境友好型压电陶瓷材料高性能化研究	李伟（聊城大学）、郝继功（聊城大学）、付鹏（聊城大学）、杜鹃（聊城大学）
ZR2020-3-5	乙型肝炎病毒S基因突变对隐匿性乙肝病毒感染血清学检测的影响	黄象艳（中国人民解放军联勤保障部队第九六〇医院）、武文（中国人民解放军联勤保障部队第九六〇医院）、张强（中国人民解放军联勤保障部队第九六〇医院）、刘超（中国人民解放军联勤保障部队第九六〇医院）、冀春红（中国人民解放军联勤保障部队第九六〇医院）

山东省技术发明奖

2020年度山东省技术发明奖一等奖项目（3项）

编号	项目名称	完成人
FM2020-1-1	EtherMAC网络化运动控制关键技术及系列装备	张承瑞（山东大学）、胡天亮（山东大学）、姬帅（山东建筑大学）、李子军（山东日发纺织机械有限公司）、黄祖广（国家机床质量监督检验中心）、王金江[中国石油大学（北京）]
FM2020-1-2	复杂地层油气井增强型光纤分布式地震波检测关键技术、装备及应用	王昌（山东省科学院激光研究所）、倪家升（山东省科学院激光研究所）、尚盈（山东省科学院激光研究所）、王晨（山东省科学院激光研究所）、张发祥（山东省科学院激光研究所）、宋志强（山东省科学院激光研究所）
FM2020-1-3	高效智能全环境模拟道路加速加载实验系统研发	冯晋祥（山东交通学院）、国兴玉（山东交通学院）、张鹏（山东交通学院）、管志光（山东交通学院）、张吉卫（山东交通学院）、贾倩（山东交通学院）

EtherMAC网络化运动控制关键技术及系列装备 运动控制系统是制造装备的大脑，决定了装备的效率、精度、柔性和智能化水平，是实现智能制造的基础。高端制造装备具有高速高精、多轴联动、柔性适配等特点，要求突破运动控制分布式网络协同难、多任务实时控制难、跨行业工艺集成难等瓶颈问题，而现有运动控制核心技术长期依赖进口，国外断供现象时有发生。产品质量要提升，制造技术要升级，产业装备要安全，亟须突破自主可控、安全可靠的网络化运动控制关键技术，为国产装备提供"中国脑"。在国家科技重大专项、科技支撑计划、自然科学基金等项目支持下，项目组历经十余年联合攻关，创建了EtherMAC网络化运动控制关键技术体系，开发了系列化装备并实现了产业化规模应用，取得系列原创性发明，具体内容如下：①发明了一种工业实时以太网EtherMAC。针对制造装备运动控制多轴耦合、高速联动的要求，发明了指令/状态数据分发列车的硬件触发-双向对发实时传输机制，提出了网络传输延

时在线测量—分布时钟实时补偿的节点同步方法，发明了双环拓扑结构的以太网冗余通信机制，建立了 EtherMAC 运动控制网络系统及标准。网络诱导延时 1 个通信周期，最小通信周期可 <10μs，节点转发延时 <480ns，节点同步偏差 <100ns，实现了运动控制网络的强实时、高同步、高安全。②发明了软硬件协同的网络化运动控制平台。针对制造装备快响应、高精度、低冲击的要求，发明了基于时间戳的周期任务／随机事件软硬件协同实时调度机制，提出了基于动力学模型的变增益自抗扰轨迹跟踪算法，发明了加加速度（Jerk）连续的双向自适应速度平滑控制技术，建立了网络化运动控制平台和算法库。随机事件捕捉及时序控制精度达 10ns，突破了运动控制系统复杂任务实时调度，高精度运动轨迹跟踪，大惯量负载高速运动平滑柔顺的难题。③发明了跨行业应用的工艺智能集成方法，开发了系列装备。针对行业需求跨度大、装备构型种类多、工艺知识集成难的问题，建立了跨行业资源－任务－工艺约束模型与知识推理机制，发明了工艺解耦－功能重构的控制系统集成策略；提出了可视化工艺导航与运动规划方法，开发了系列装备，实现了在航空航天、纺织机械、数控机床及工业机器人等十余个行业的规模化应用。项目成果获授权发明专利 35 项，发表 SCI/EI 论文 63 篇，主导制定 IEC 国际标准 1 项、立项 ISO 国际标准 1 项，制定国家及行业标准 12 项，培养博士 17 名，硕士 85 名，建立了完备的网络化运动控制系统关键技术体系，实现了核心技术的自主可控，满足了国防军工、国计民生等重点行业对高端装备高速高精运动控制需求。产品出口至美国、欧盟、印度等国家和地区，近 3 年累计创造经济效益 10 亿余元。经中国机械工业联合会、中国纺织工业联合会专家鉴定，认为：项目成果创新性强，其中网络响应时间和同步精度国际领先，整体技术国际先进，研制的网络化喷气织机控制系统国际领先。

复杂地质油气井增强型光纤分布式地震波检测关键技术、装备及应用 随着常规和易采油气资源日渐减少，勘探开发复杂地质油气资源，对降低我国油气对外依存度、保障国家能源安全具有越来越重要的作用。《国家中长期科学和技术发展规划纲要（2006—2020 年）》将"复杂地质油气资源勘探开发利用"列为优先发展主题。复杂地质油气藏具有储层更薄、更深、非均质性更强等特性，现有地面地震波检测技术难以实现有效勘探。井中地震波检测技术将传感器置于井中，更接近目标储层，避开了强烈吸收地震能量的表层低速带，能够保真记录地震波的高频成分，实现储层精细刻画，相较地面地震波检测技术更具优势，是目前复杂地质油气勘探的主要技术手段。但是我国井中地震波检测装备完全依赖进口，且这些装备在复杂地质油气勘探应用中存在着级数有限、级间距大、频带窄、灵敏度低、本底噪声高等瓶颈技术问题。针对上述问题，在国家 863、山东省重大专项等项目支持下，发明了复杂地质油气井增强型光纤分布式地震波检测技术，研制出完全自主知识产权的高密度、宽频带、高灵敏度、低噪声的井中精细化检测装备，打破了国际垄断，在工程应用中大幅提高了地震资料品质和勘探作业效率。主要发明点如下：①针对现有井中检测装备级数有限、级间距大、频带窄导致复杂地质储层预测精度低的难题，首创了基于高密度超低反射率光栅阵列的井中地震精细化检波技术。发明了栅间盲区消除技术和低多径反射光栅阵列制作技术，在国际上首次提出了光时域反射正向脉冲扩频技术，研制出井中增强型光纤分布式地震精细化检测装备。实现了最高 0.1m 空间采样间隔、最长 53km 检测范围、0.1Hz～20kHz 频率范围的高密度、宽频带地震波检测。与国外装备相比，实现了一次激发全井段接收，工作效率提高了 25 倍以上，极大降低了勘探成本，建立了复杂地质油气井储层精细构造检测新技术途径。②针对现有井中检测装备灵敏度低导致复杂地质精细成像分辨率低的难题，发明了高灵敏光纤地震波还原技术。提出了空间差分干涉声波还原技术和闭环快速偏振控制抗衰落技术，实现了最高应变灵敏度为 $0.002n\varepsilon/\sqrt{Hz}$ 的高灵敏度地震波检测。与国外同类装备相比，灵敏度提高了 15 倍以上。③针对现有井中检测装备本底噪声高导致复杂地质资料信噪比低的难题，发明了超低噪声分布反馈光纤激光器光源技术。提出了有源相移光栅"弦"振消除技术和功率反馈温度自适应技术，自主研制了 -140dB 的超低噪声分布反馈光纤激光器光源，极大地降低了检测装备的本底噪声，有效提高了复杂地质资料信噪比，为低噪声井中地震精细化检测装备提供了光源支持。该项目获授权发明专利 36 项，其中美国、法国、澳大利亚等国际专利 4 项；发表 SCI、EI 论文 68 篇。项目成果已在东营盘河、河口孤岛、辽河、东海等油气田应用，得到了用户高度认可。近三年专利成果转化收入 1739 万元，累计新增销售额 2.38 亿元。姜德生院士等专家鉴定认为：整体技术达到国际先进水平。该技术与装备的应用开启了复杂地质精细地震勘探新途径，显著提升了我国油气勘探服务保障能力和国际竞争力。

高效智能全环境模拟道路加速加载实验系统研发 道路长期服役性能、道路设计评价和道路损坏机理等已成为制约交通基础设施建设的世界性难题，由此造成的经济损失和社会影响难以估量。加速加载实验是目前国际上道路长期服役性能评价与研究的最有效方法，该方法在设定环境下通过可控、重复轮荷对实际路面进行连续碾压，在短时间内实现路面的累积破坏，为道路结构和材料性能的理论研究、精准设计、施工工艺优化等提供依据，提高道路长期服役性能。美国、南非等国家生产的 ALF、MLS、HVS 等足尺路面加速加载实验系统，垄断了国际市场，价格昂贵，单价高达2400余万元；故障率高，噪声大，效率低，200万次典型碾压实验需300余天；无法实现碾压轮荷的精确加载，碾压轮荷精度低，偏差大于10%；无全环境模拟，无法获取道路环境参数－路面力学响应数据；设备体积庞大，转场困难。本项目在交通运输部重大科技专项和山东省重点研发计划（重大科技创新工程）等项目的支持下，开展了路面加速加载关键技术研究，攻克了加载模式与结构、道路全环境（温度、湿度、光照、淋雨、风）模拟、轮荷精确加载控制等难题，研发了高效智能全环境模拟道路加速加载实验系统。创新点如下：①发明了循环－反向加载模式，研发了高承载力、低噪声船底环形加载导轨－多轮组复合轮加载结构，降低噪声25dB，提高实验效率10倍。②研发了内嵌式环形风道全环境模拟舱，实现了环境舱与动力－控制系统的有效隔离，省除了舱外无效环境模拟空间，保证了舱内温度场、湿度场、光照场、风场等环境模拟的均匀性。该结构较外置式环境模拟空间容积缩小了96%，能耗降低85%。③发明了轮迹横移装置和轮迹精确检测仪，研发了轮荷加载智能控制系统，解决了模拟轮迹横向分布和轮荷加载精准控制难题。轮迹横向分布控制精度优于0.5mm，碾压轮荷精度优于2%，较国外同类产品精度提高了5倍。④发明了加速加载实验系统自移动、自装卸装置，实现了短距离自移动和长距离运输自装卸，解决了大型设备转场与装运的难题。应用上述技术发明，研发了具有完全自主产权的全球首台（套）高效智能全环境模拟道路加速加载实验系统，打破国际垄断。研究成果应用于青兰高速G22、省道S222新建和浙江建金高速新建等重大工程，为道路精准设计和施工工艺优化提供依据，累计新增利润50602.42万元；依托本项目获批"山东省路面加速加载装备工程技术研究中心"和"山东省高速公路全寿命周期大数据分析与安全保障工程技术研究中心"两个省级科研平台。该项目具有显著的经济效益和社会效益，有力地促进了交通行业进步。相关技术获PCT国际专利及美国、南非等国外发明专利11项，国内发明专利5项，实用新型专利25项，软件著作权4项，发表论文18篇。2015年6月12日，交通运输部组织"足尺路面加速加载试验设备与检测系统研发"成果技术鉴定："成果总体达到国际领先水平"；2018年11月27日，中国公路学会组织"全环境智能化路面加速加载系统"项目成果评价会，评价委员会认为："成果总体上达到国际领先水平"。

2020年度山东省技术发明奖二等奖项目（6项）

编号	项目名称	完成人
FM2020-2-1	大蒜全程机械化生产技术装备研发与应用	荐世春（山东省农业机械科学研究院）、崔荣江（山东省农业机械科学研究院）、王小瑜（山东省农业机械科学研究院）、孔凡祝（山东省农业机械科学研究院）、辛丽（山东省玛丽亚农业机械有限公司）、徐文艺（山东省农业机械科学研究院）
FM2020-2-2	基于纳米颗粒的造纸施胶剂乳化技术及应用	刘温霞（齐鲁工业大学）、王慧丽（齐鲁工业大学）、于得海（齐鲁工业大学）、吕志红（山东熙来淀粉有限公司）、李建（万国纸业太阳白卡纸有限公司）、李国栋（齐鲁工业大学）
FM2020-2-3	高稳定颜料微胶囊体系的开发及在生物多糖纺织材料着色中的应用	谭业强（青岛大学）、郝龙云（青岛大学）、陈室全（青岛雪达集团有限公司）、巨军平（青岛大学）、齐元章（鲁丰织染有限公司）
FM2020-2-4	花生高油品种精准高效培育技术	禹山林（青岛农业大学）、王晶珊（青岛农业大学）、隋炯明（青岛农业大学）、乔利仙（青岛农业大学）、姜德锋（青岛农业大学）、衣艳君（青岛农业大学）
FM2020-2-5	变电站设备带电水冲洗机器人关键技术及应用	李健（国网智能科技股份有限公司）、鲁守银（山东建筑大学）、王振利（国网智能科技股份有限公司）、李建祥（国网智能科技股份有限公司）、陈强（国网智能科技股份有限公司）、董旭（国网智能科技股份有限公司）
FM2020-2-6	基于ICG的荧光腹腔内窥镜系统的关键技术及产业化	辜长明（青岛海泰新光科技股份有限公司）、郑耀（青岛海泰新光科技股份有限公司）、毛荣壮（青岛奥美克医疗科技有限公司）、田宝龙（青岛奥美克医疗科技有限公司）

2020年度山东省技术发明奖三等奖项目（6项）

编号	项目名称	完成人
FM2020-3-1	超级压光机的研发及应用	诸葛宝钧（淄博泰鼎机械科技有限公司）、宋懿贞（淄博泰鼎机械科技有限公司）、王坤（淄博泰鼎机械科技有限公司）、任山（淄博泰鼎机械科技有限公司）、吴保海（淄博泰鼎机械科技有限公司）、马东浩（淄博泰鼎机械科技有限公司）
FM2020-3-2	预制高强混凝土实心方桩及其生产工艺	陈海阳（青岛昊河水泥制品有限责任公司）、王传波（青岛昊河水泥制品有限责任公司）、陈金平[中国石油大学（华东）]、刘洪华（青岛地质工程勘察院）、马莹莹[中国石油大学（华东）]、颜庆智[中国石油大学（华东）]

续表

编号	项目名称	完成人
FM2020-3-3	光伏电站双轴跟踪系统项目	刘建中（山东朝日新能源科技有限公司）、赵升（山东朝日新能源科技有限公司）、李玉海（山东朝日新能源科技有限公司）、王稳稳（山东朝日新能源科技有限公司）、庄金鑫（山东朝日新能源科技有限公司）
FM2020-3-4	油气钻井中钻井液在线实时监测技术与应用	刘保双（中石化胜利石油工程有限公司钻井工艺研究院）、李公让（中石化胜利石油工程有限公司钻井工艺研究院）、王忠杰（中石化胜利石油工程有限公司钻井工艺研究院）、练钦（中石化胜利石油工程有限公司钻井工艺研究院）、孙浩玉（中石化胜利石油工程有限公司钻井工艺研究院）、刘海东（中石化胜利石油工程有限公司钻井工艺研究院）
FM2020-3-5	海洋浮式钻井主动式升沉补偿系统关键技术及装备	张彦廷[中国石油大学（华东）]、黄鲁蒙[中国石油大学（华东）]、刘振东[中国石油大学（华东）]、姜浩[中国石油大学（华东）]、王定亚（宝鸡石油机械有限责任公司）、牟新明（宝鸡石油机械有限责任公司）
FM2020-3-6	黄河三角洲盐碱地菊芋生态高值产业链构建关键技术	衣悦涛（中国科学院烟台海岸带研究所）、李莉莉（中国科学院烟台海岸带研究所）、冯大伟（中国科学院烟台海岸带研究所）

山东省科学技术进步奖

2020年度山东省科学技术进步奖一等奖项目（26项）

编号	项目名称	完成单位	完成人
JB2020-1-1	脂肪族异氰酸酯全产业链制造技术	万华化学集团股份有限公司、万华化学（宁波）有限公司、烟台万华化工设计院有限公司	华卫琦、尚永华、黎源、马德强、于天勇、孙中平、乔小飞、陈长生、赵磊、崔娇英、何岩、李建峰
JB2020-1-2	高产多用途希森系列马铃薯新品种选育与推广应用	乐陵希森马铃薯产业集团有限公司	梁希森、胡柏耿、孔海明、屈海东、梁召坤、黄兆文、崔长磊、朱炎辉、孙莎莎、张志凯、陈晓辉、李化明
JB2020-1-3	国产碳纤维复合拉挤集成技术开发及能源领域工程应用	威海光威复合材料股份有限公司、山东大学、威海拓展纤维有限公司、中国石油天然气股份有限公司吉林石化分公司、国网山东省电力公司电力科学研究院、天津工业大学、山东山大天维新材料有限公司	朱波、蔡珣、王成国、乔琨、陈洞、张贵贤、刘洪正、曹伟伟、王永伟、王宝铭、赵新刚、张敏
JB2020-1-4	非能动压水堆核电站钢制安全壳制造技术	山东核电设备制造有限公司、中国核工业第五建设有限公司、国核电站运行服务技术有限公司、中国石油大学（华东）、中国核工业二三建设有限公司	王国彪、杨中伟、晏桂珍、高伟、马先宏、蒋文春、王刚、王厚高、尹付军、胡永清、石磊、于海涛
JB2020-1-5	55kW～2000kW全系列变频调速一体机关键技术研发与应用	青岛中加特电气股份有限公司、天地科技股份有限公司、山东科技大学、兖矿集团有限公司、上海理工大学、烟台杰瑞石油装备技术有限公司、淄博矿业集团有限责任公司	沈宜敏、马英、张强、蒋全、亓玉浩、张坤、宋承林、崔树桢、逄增林、朱光营、刘锡安、赵学宽
JB2020-1-6	胶西北超深部大规模金成矿理论与资源探查关键技术	山东黄金地质矿产勘查有限公司、中国科学院地质与地球物理研究所、山东黄金集团有限公司	陈玉民、范宏瑞、王昭坤、孙之夫、曾庆栋、马凤山、所建成、肖凤利、刘日富、王林钢、冯涛、杨奎锋
JB2020-1-7	单桶洗全自动洗衣机关键技术的研究及产业化	青岛海尔洗衣机有限公司	吕佩师、周云杰、刘尊安、许升、程宝珍、方大丰、王得军、朱国防、王玲臣、郝兴慧、孙广彬、吕艳芬
JB2020-1-8	4英寸高纯半绝缘4H-SiC单晶衬底制备关键技术及产业化	山东天岳先进材料科技有限公司	高超、梁庆瑞、宋建、张红岩、刘家朋、李加林、李长进、窦文涛、柏文文、宗艳民
JB2020-1-9	山花9号等抗旱高产花生新品种培育与推广应用	山东农业大学	万勇善、刘风珍、张昆、骆璐、张秀荣、厉广辉、邱俊兰、矫岩林、尹秀波、徐加利、史庆玲、丁凯
JB2020-1-10	工业余热提质回热循环利用关键技术研究与应用	冰轮环境技术股份有限公司、山东大学、西安交通大学	马春元、于志强、何志龙、李增群、张会明、邢子文、陈桂芳、赵宝国、吴华根、崔琳、张超、闫敏
JB2020-1-11	中药"效-毒整合"评价体系构建与应用	山东大学、山东省中医药研究院、鲁南制药集团股份有限公司、山东省分析测试中心、山东省药学科学院、山东第一医科大学第一附属医院	孙蓉、张贵民、王岱杰、刘闰平、李晓骄阳、王亮、刘炬、关永霞、李晓宇、齐晓甜、马玉奎、刘兆华

续表

编号	项目名称	完成单位	完成人
JB2020-1-12	非霍奇金淋巴瘤关键诊疗技术的建立与临床应用	山东省立医院	王欣、周香香、张娅、房孝生、陈娜、路康、李沛沛、姜玉杰、葛学玲、封丽丽、吕晓、丁梅
JB2020-1-13	基于大数据和人工智能的痛风病精准诊疗体系的创建及应用	青岛大学附属医院、青岛智能产业技术研究院、中山瑞福医疗器械科技有限公司、青岛中科慧康科技有限公司	李长贵、王飞跃、路杰、李鑫德、贺玉伟、施小博、苑敬阳、崔凌凌、刘振、王晓、韩琳、国元元
JB2020-1-14	基于醛代谢关键酶ALDH2的精准诊疗技术体系建立及推广应用	山东大学齐鲁医院	陈玉国、徐峰、王甲莉、庞佼佼、潘畅、薛丽、魏述建、李瑞建、袁秋环、刘文雯、崔素梅、郝盼盼
JB2020-1-15	抗耐药性药物比阿培南新制备体系的关键技术开发与产业化	山东罗欣药业集团股份有限公司、济南大学、山东罗欣药业集团恒欣药业有限公司、山东裕欣药业有限公司	颜梅、李明杰、李华、侯善波、范丽、张晶、朱全明、韩后良、高菲菲、李晓峰、刘新泉
JB2020-1-16	鸭坦布苏病毒致病机制研究与疫苗研制	山东农业大学、中国农业大学、齐鲁动物保健品有限公司、福建省农业科学院畜牧兽医研究所	刁有祥、张大丙、王蕾、傅光华、唐熠、张青婵、陈浩、徐龙涛、傅秋玲、魏联果、彭建云、提金凤
JB2020-1-17	高品质棉型纺织品清洁染色关键技术及产业化应用	愉悦家纺有限公司、青岛大学、孚日集团股份有限公司、鲁丰织染有限公司、上海安诺其集团股份有限公司、山东黄河三角洲纺织科技研究院有限公司、天津工业大学	房宽峻、刘曰兴、王玉平、蔡文言、纪立军、贺佩芝、刘秀明、伍丽丽、舒大武、王辉、高志超、林凯
JB2020-1-18	高性能橡胶制品的混炼胶制备技术装备及工业化应用	青岛科技大学、青岛双星轮胎工业有限公司	汪传生、张德伟、边慧光、黄义钢、李绍明、郭磊、郝国强、梁辉、曹梦龙、潘弋人、朱琳、田晓龙
JB2020-1-19	水驱油藏闭环智能生产优化与调控技术及工业化应用	中国石油大学（华东）、长江大学、东营市福利德石油科技开发有限责任公司、中海油研究总院有限责任公司、中国石油化工股份有限公司胜利油田分公司海洋采油厂、中海石油（中国）有限公司天津分公司渤海石油研究院、中国石油天然气股份有限公司勘探与生产分公司、中国石油大港油田第六采油厂	张凯、刘均荣、赵辉、王威、张黎明、周文胜、姚传进、苏彦春、樊灵、王连刚、王志伟、李国鹏
JB2020-1-20	脑胶质瘤恶性进展机制及靶向诊疗新策略研究和推广应用	山东大学齐鲁医院、山东大学、山东众阳健康科技集团有限公司	李新钢、王剑、王东海、吴强、吴军、黄斌、陈安静、王新宇、徐硕、韩明志、王济潍、李剑雄
JB2020-1-21	城区超大跨度小净距隧道群建设关键技术及工程应用	山东高速建设管理集团有限公司、山东大学、山东省交通规划设计院、西南交通大学、石家庄铁道大学、济南轨道交通集团有限公司、山东省路桥集团有限公司、中铁四局集团有限公司、中铁十二局集团有限公司	李利平、侯福金、万利、孙克国、李文江、刘洪亮、李虎、周宗青、宋曙光、李五红、蒋庆、王旌
JB2020-1-22	高速列车气动造型设计关键技术研究与应用	中车青岛四方机车车辆股份有限公司	丁叁叁、刘韶庆、陈大伟、林鹏、姚拴宝、杜健、付善强、尚克明、刘加利、韩运动、李桂波、刘雅萍
JB2020-1-23	典型工业园区环境风险应急管控关键技术创新与应用	青岛佳明测控科技股份有限公司、山东师范大学、山东睿益环境技术有限公司、中国环境科学研究院、中国环境监测总站、山东省分析测试中心、济南大学、山东省科学院情报研究所、山东省环科院环境工程有限公司	王炜亮、陈庆锋、杨凯、席北斗、徐文峰、高心岗、王帅、谢康、董文平、赵长盛、张明坤、樊玉琪
JB2020-1-24	小麦玉米周年丰产肥水高效关键技术创新与应用	山东省农业科学院玉米研究所、山东省农业科学院作物研究所、青岛农业大学、山东农业大学、中国农业大学、山东省农业技术推广总站、施可丰化工股份有限公司	刘开昌、刘树堂、李宗新、李全起、陈源泉、鞠正春、赵海军、解永军、宋希云、张慧、姜雯、薛艳芳
JB2020-1-25	改性植物源材料包膜缓控释肥的创制与应用	山东农业大学、山东农大肥业科技有限公司、金正大生态工程集团股份有限公司	杨越超、马学文、程冬冬、陈剑秋、马强、胡斌、张民、刘之广、徐洋、解加卓、申天琳、王淳
JB2020-1-26	离子化合物分析关键技术及仪器的开发与应用	青岛海关技术中心、青岛盛瀚色谱技术有限公司、华东理工大学、山东省计量科学研究院、苏州大学、中国科学院青岛生物能源与过程研究所、青岛市食品药品检验研究院	崔鹤、杨丙成、林振强、岳春雷、赵祖亮、张文皓、张晓文、刘靖靖、崔成来、张辉珍、李晓旭、法芸

脂肪族异氰酸酯全产业链制造技术 脂肪族异氰酸酯简称ADI，是生产高档聚氨酯的核心原料，代表性品种有异佛尔酮二异氰酸酯（IPDI）、1,6-六亚甲基二异氰酸酯（HDI）和二环己基甲烷二异氰酸酯（H12MDI）。以其制备的聚氨酯材料因具有极其优异的抗老化、耐暴晒、耐黄变性能，是支撑航天军工、

高端装备、汽车等产业发展的关键性基础材料。ADI制造技术十分复杂，工业化70多年以来，世界上可生产HDI的仅有科思创、巴斯夫、法国康睿、日本南阳化成4家公司，生产IPDI和H12MDI的仅有赢创和科思创2家公司。我国曾先后批准数套引进技术建设ADI装置，均因国外技术封锁搁浅。同时，IPDI被用作新型固体火箭推进剂的固化剂，长期被"巴黎统筹委员会"限制向中国出口，致使我国火箭推进剂体系被迫采用性能较差的TDI固化体系。鉴于ADI在航天军工和国民经济发展中的重要作用，万华自1999年开始组建团队实施技术攻关，经过17年锲而不舍的努力，开发成功了以下核心关键技术：①创新性建立了反应器结构设计及放大的研究方法，发明了具有快速微观混合效果的气相光气化反应器，开发了气相光气化制异氰酸酯共性技术。该技术比同行普遍采用的液相光气化制ADI工艺收率高3%～8%（绝对收率），溶剂用量少50%以上，更节能，在线光气存量减少30%，且反应在微负压下进行，能避免光气泄漏，实现了本质安全。②研制了高选择性、高转化率 Co/Al_2O_3 复合纳米催化剂，开发了多段固定床氨化-加氢共性技术及IPDA制造成套技术，催化剂运行寿命2年以上，IPDA收率99%，优于国际同类技术95%的收率。③开发了反应精馏耦合共性技术及丙酮液相法缩合制异佛尔酮（IP）成套技术，丙酮单程转化率10%～15%（国际同类技术8%～10%）。④研制了不对称结构配体复配型季铵盐催化剂及HDI三聚体制备关键工艺；开发了高效水蒸汽气溶胶分散的HDI缩二脲制备工艺及装备，生产出了低色号、低游离单体的HDI三聚体和缩二脲，质量国际一流，广泛应用于各种高端装备表面涂层。本项目累计申请国内外发明专利137件（PCT14件），已获授权99件（国内授权49件，国外50件），形成了完整的自主知识产权体系，并主持制定了国家和行业标准。成果转化建成了3万吨/年IP-1.5万吨/年IPN-2.5万吨/年IPDA-1.5万吨/年IPDI 5万吨/年HDI单体、4万吨/年HDI三聚体及8000吨/年HDI缩二脲、3.5万吨/年MDA-1万吨/年H12MDA-1万吨/年H12MDI工业化装置，自2012产业化以来，成果转化累计实现销售收入约114亿元，利税约49亿元。该项目的成功实施，打破了国外公司对ADI系列产品全产业链制造技术长达70年的垄断，使万华成为世界上唯一掌握MDA-H12MDA-H12MDI产业链、世界上第二家掌握IP-IPN-IPDA-IPDI产业链、全球第四家和国内唯一掌握HDI及衍生物等核心技术的企业，培育出了世界上品种最齐全、技术领先、产业链最完整的ADI特色产业集群，实现了航天军工（新型火箭推进剂固化剂、透明装甲等）、高端装备制造业（飞机、高速列车、高档汽车、海工装备等功能涂装材料）、新能源和节能环保产业的关键原材料国产化自主供应，为国之重器、大国强国之路提供了有力支持，为中国化工行业坚持自主创新走高质量发展之路树立了榜样。

高产多用途希森系列马铃薯新品种选育与推广应用 本项目针对我国马铃薯产业发展中存在的优质专用品种缺乏、栽培技术粗放、脱毒种薯普及率低等突出问题，以创制优异亲本材料为突破口，培育出高产多用途希森系列马铃薯新品种，并研究集成了相应的高效栽培技术和脱毒种薯繁育技术，创造了显著的经济和社会效益。①创新种质资源。采用离体培养诱导变异、复交、回交、轮回选择、新型栽培种改良、远缘杂交技术，辅以智能化人工气候室调控光周期手段先后创制出早熟、免疫PVA、耐旱、Vc含量30mg/100g鲜薯的F3，抗PVY、耐热、高产、蛋白质3.1%的K9304，中抗晚疫病、耐旱、淀粉23.1%、还原糖0.11%、块茎不空心、适合炸片的E003-3，抗PVX和PVY、耐旱、淀粉18.8%、类胡萝卜素265.2μg/100g鲜薯、还原糖0.15%、适合炸条的XS9304等46个亲本材料。②选育系列品种。利用创制的亲本材料，根据市场需求开展不同类型马铃薯品种的定向选育研究，育成高产多用途希森系列马铃薯新品种。③集成技术及建立推广体系。针对不同生态区、不同种植模式制定了以优质脱毒种薯、增穴减茎适度密植、重有机轻化肥配方平衡施肥、水肥一体化、病虫害预警防控、精细管理为主要内容的希森系列马铃薯新品种高产高效综合配套栽培技术规程；制定了马铃薯原原种、原种和大田用种繁育技术规程等企业标准，建立了脱毒种薯三级繁育体系。本项目获授权发明专利1项、实用新型专利5项，植物新品种权4项，发表相关学术论文15篇。近三年，项目完成单位累计生产销售希森系列马铃薯新品种71.4万吨，增加销售收入168900万元，增加经济效益33780万元。自2012年至2019年底，希森系列马铃薯新品种及配套技术在全国24个省市自治区及"一带一路"沿线国家建立了50余处科技示范点，已累计推广应用3150多万亩，实现社会效益190.2亿元。

国产碳纤维复合拉挤集成技术开发及能源领域工程应用 该项目属于新材料中国产碳纤维制品在能源工程领域的技术开发与推广应用。碳纤维是我国重点发展和推广的战略新兴材料，2011—2018年，我国碳纤维复合材料市场需求年均复合增长率为16.2%，高于全球市场的11.4%的平均增速，2018年国内碳纤维材料总量一半以上应用于工业领域，而国产碳纤维的自给率仅为40%。我国碳纤维产业中多个品级产品存在生产瓶颈，尚未完全涉足复合材料和终端产品的设计环节，下游市场认可度较低，在核心技术、应用等方面均与国际领先企业存在较大差距。打通产学研用配套关键环节，通过产业链的延伸开拓与产业集聚的双向驱动，将推动我国碳纤维及其复合材料产业的爆发式发展。自1999年以来，该成果创新团队通过对新技术和方法的研究以及应用探索，以能源开发工业用碳纤维复材制件成型共性关键技术为突破口，创造性提出复合拉挤工艺技术路线，解决了产业化生产过程质量稳定可控、制品标准化、智能化等关键技术问题。项目研究通过技术开拓带动产业发展的模式，深化产业上游原材料及下游制品应用技术的配套开发，成功开发了风力发电、电力传输、油气井勘探、石油开采等领域的 15 个系列的应用产品技术。形成了稳定可靠的技术体系，取得了重大原创性成果：①创造性开发了碳纤维复合材料复合拉挤集成技术，研制了集成智能化生产装备，搭建了自主知识产权的系统集成技术体系，实现了生产过程的全自动化绿色环保生产，攻克了本领域复合材料制备过程中质量不稳定、生产效率低的突出技术难题。②成功开发了高性能低成本碳纤维规模化制备技术，配套开发上浆剂，高性能热固性自修复树脂体系及专用热塑性树脂体系，有效保证了该项目系列产品的原材料供应自主、稳定、可控。③全面构建了碳纤维制备及其制品拉挤复合成型和工程应用理论体系，开发成功设计软件、施工作业装备、质量控制等配套技术，指导形成施工，建立安全运行保障体系，并进行了工程应用技术产业化示范。该项目开拓了我国碳纤维复合材料的应用范围，突破了国外对碳纤维导线技术封锁，为国家电网的新型导线推广提供技术支持；填补了碳纤维抽油杆应用技术的国内空白，列入中石油重大推广科技项目；项目成果碳梁产品的生产企业凭借其过硬的产品质量成为世界风电巨头维斯塔斯的该产品主要供应商，提升了国内碳纤维制品的活力。该项目已向 12 家产业化单位提供技术输出，协助产业化单位建立生产线 124 条，理论产能达到 27 万公里，已实现产值过 25 亿元。该项目登记软件著作权 3 项，取得授权专利 41 项，其中发明专利 21 项，另有实审中专利 9 项。出版专著 4 部，制定国标 1 项、行标 1 项，项目关键技术已获省部级奖励 9 项。

非能动压水堆核电站钢制安全壳制造技术 2006 年中国政府决定引进第三代核电技术 AP1000 非能动压水堆核电，在浙江三门和山东海阳建设世界首批 4 台机组。2018 年已投入商运。2007 年，山东核电设备制造有限公司承接了上述 AP1000 核电站非能动安全系统的重要设备—钢制安全壳容器制造任务，同时开展了相应的国家和省级课题研究。钢制安全壳是非能动压水堆核电站特有设备，是带上下椭圆封头的圆柱形钢制容器，既是防止放射性物质向外扩散的屏障，也是整个非能动安全壳冷却系统的重要组成部分。钢制安全壳直径 40～43m、高度 66～73m、壁厚 41～55mm，该超大型薄壁容器是目前世界上最大的压力容器，采用模块化施工，整体形状偏差要求向内向外不超过一个壁厚：±（41～55）mm（常规容器要求 0.625%×容器直径：250～270mm），当前已有制造、安装、试验技术难以满足该安全壳的建造。特别是安全壳材料为低合金高强度 SA 738 Gr.B 调质钢板，要求制造过程中加热温度不超过回火温度（620℃），封头瓣片的成形用常温点压、常温模压及高温模压存在效率低或影响材料机械性能的问题，大尺寸多曲率封头瓣片中温模压成形存在回弹难以控制问题；钢制安全壳制造阶段施工交叉接口复杂，只宜采用电加热进行局部热处理，存在保温精度要求高（温差小）、因加热变形易造成焊缝撕裂等难题。需要开展钢制安全壳制造技术研究。本技术的创新点：①首次建立了中温模压成形技术，确定了中温模压成形模具形面设计方法和模压成形反弹曲面定位方法。研究的中温模压成形工艺在国际上首次应用于超大型容器瓣片钢板的压制成形，特别是对于高强度调质钢板，该工艺解决了常温点压、常温模压或高温模压效率低或影响材料机械性能的问题；首次确定了 SA738 Gr.B 钢板中温模压成形工艺参数，并确定了模压成形回弹模拟及补偿的计算方法；研究的封头瓣片模具上镶嵌能够在工件上形成压痕的成形定位方法，保障了安全壳封头瓣片成形精度。②开发的安全壳封头及筒体等大型薄壁组件组焊、运输、吊装和安装工艺，保证了安全壳的组焊精度达到了设计要求。③首次研制了集压力、温湿度、应力、位移等自动采集和实时分析的试验测试系统，并应用于钢制安全壳的结构完整性和整体密封性试验。④自主开发了钢制安全壳局部焊后热处理技术。电加热局部焊后热处理温度调控技术，解决了温差大及温度分布不对称问题；垂直焊缝加肋的弯曲变形转移方法，解决了钢制安全壳焊缝局部热处理时过量变形而导致开裂和残余变形过大的问题。授权专利 47 项，其中发明专利 26 项，制定行业标准 3 项，软件著作权 1 项，技术秘密 3 项，施工工法 3 项。经中国核能行业协会鉴定，项目成果整体技术水平达到国际先进，部分达到国际领先，具有良好的经济、社会效益和推广应用前景。该成果相关技术已成功应用于三门和海阳一期钢制安全壳的制造、安装，并推广应用于三门和海阳二期、徐大堡、荣成示范等核电项目钢制安全壳的建造，为我国 AP1000 核电依托项目和后续 CAP 系列核电项目的建设提供了重要保障，成果可推广应用至其他行业大型钢制容器的制造、安装和试验。

55kW～2000kW 全系列变频调速一体机关键技术研发与应用 煤炭作为我国经济发展主体能源，2018 年全国原煤产量 36.8 亿吨，占一次能源消费量 60% 左右。智能化开采已成为煤炭工业发展的重要方向，传统软启动装置或电机-变频器分体驱动装置无法满足综采装备智能调控与电磁环境恶劣干扰控制的需求，为探究研发一种可实现综采工作面设备群组智能调控变频调速产品，青岛中加特电气股份有限公司联合天地科技股份有限公司、山东科技大学、上海理工大学等 6 家单位产学研用协同创新，通过对综采工作面设备群组变频驱动技术、负载调控技术、抗干扰等关键技术攻关,发明了55kW～2000kW变频调速一体机系列化产品,主要创新点如下:①创新提出了串并联式多路磁极绕组结构,攻克了高压变频器功率元件选型难题;创新研发了层叠母线功率模块与滤波电容直连技术,有效切断功率母线对控制电路干扰;创新研发了氧化铝陶瓷为隔离件的高绝缘等级功率组件;发明了高压大功率交流感应式电机和变频器功率单元、驱动单元与控制单元集成一体特种电机;形成了完整变频调速一体机生产和制造体系,实现了变频调速一体机与常规三相异步电机通用互换。②发明了高压变频调速一体机插接式模块化功率及储能结构布局;开发了直接矿井水冷双螺旋高效散热网络和组合式换热系统;开发了矿用变频一体机智能感知及综合保护系统,实现了温度、电压、堵转等故障早期预警及实时保护;自主建设了首个5MW变频一体机功率反馈型加载综合测试装置。形成了完整变频调速一体机保护和检测体系,保障了变频一体机稳定性、可靠性及高端产品产业化能力。③提出了变频调速一体机直接转矩控制自适应调控技术,实现了低速大转矩启动和快速响应;创新研发了基于转矩控制的多变频调速一体机动态同步拖动技术,满足多电机驱动的功率平衡需求;建立了不同负载适应性模型,开发了综采工作面重型装备变频调速一体机智能驱动软件和综合调控平台,实现了全工作面设备负荷自动匹配,保障了工作面设备群组高效、连续运行。项目共授权发明专利6项(国际专利3项)、实用新型专利10项、软件著作权7项,受理发明专利4项、实用新型专理1项,发表论文5篇。开发了55kW～2000kW系列化变频调速一体机产品,全面满足薄煤层至年产千万吨级综采工作面智能调控的产品需求,实现了煤矿重型装备传动技术升级换代。截至2019年底,项目发明的系列化变频一体机已在国家能源集团、中煤集团、兖矿集团、山东能源等矿井推广应用500余台,成功应用于100余个主力生产工作面,世界首个8.8米超大采高智能工作面即采用1600kW/3300V变频调速一体机作为主驱动。目前项目产品国内市场占有率90%以上,直接带动的高端主机装备60亿元以上,支撑煤炭产能约3亿吨,节能10%以上,近3年来累计创造直接效益40亿元以上,间接效益100亿元,形成行业间的辐射带动作用,有力支撑了制造强国战略。

胶西北超深部大规模金成矿理论与资源探查关键技术 黄金是国家重要战略资源。21世纪以来,我国金矿事业蓬勃发展,黄金年产量已连续12年位居世界第一,但浅部资源消耗殆尽,难以保证可持续稳定发展。为保障国家经济战略体系的安全,亟待加强金矿深部科研与勘查,探获新的黄金资源量。胶东是我国第一大金矿集区,资源禀赋好,以0.2%的国土面积占有了全国1/4的黄金资源量,但随着矿产勘查程度的逐年提高,地表露头矿和浅部矿越来越少,开展深部成矿规律研究与找矿勘查成为必然的战略选择。胶西北是我国黄金生产最重要基地,本项目在国家基金委、中国地调局、山东省经信委、山东黄金集团支持下,历经14年,系统开展了胶西北超深部大规模金成矿理论与资源探查关键技术研究,取得了以下主要创新成果。①揭示了胶西北成矿期构造应力场反转和流体演化的控矿机理,建立了巨量金瞬时成矿理论。通过构造解析,认为胶西北在早白垩世区域伸展背景下,短暂的构造应力场反转事件控制了蚀变岩型和石英脉型金矿的空间展布,揭示了构造应力场演化对成矿的控制作用。根据超深部岩相学、元素地球化学、流体包裹体、氢氧等同位素及成矿年代学综合研究,确认金矿床具有一致的成矿时代(120±2)Ma、流体性质和演化规律,发现成矿流体在垂深4000米内保持异常稳定,建立了水-岩反应和流体不混溶导致巨量金瞬时成矿理论,为深部勘查提供了有力依据。②建立了早白垩世克拉通破坏背景下巨量金成因模式,创建了胶西北金找矿预测实体模型。通过对胶西北构造-岩浆-成矿耦合过程的深入解析,认为在华北克拉通破坏峰期,富集岩石圈地幔部分熔融生成大量熔-流体,与地壳相互作用形成富金流体,聚集爆发成矿,建立了巨量金成因模式。通过大深度、多方法地球物理探测,首次发现三山岛断裂切割焦家-新城断裂,两大控矿断裂在约5500米深部呈倒"人"型交汇。基于胶西北金成矿规律和控矿断裂空间展布,创建了深部找矿预测实体模型,有力指导了超深部探矿部署。③研发了深部资源探查关键技术,实施系列深部钻探工程,获得了深部矿体展布和开采技术参数。针对深部地质环境复杂、钻探施工难度大等特点,首次开发应用了钻杆柱深度极限使用+抗盐抗高温海水冲洗液+套管偏心楔一体式纠斜"三合一"集成的关键技术,实施了17个2000米以深钻孔,完成了中国岩金勘查第一深钻4006.17米,刷新了我国小口径岩芯钻探最深纪录,并获得了深部岩石力学特性、温度场和地应力参数,为深部资源评价与矿体开采提供了重要依据,填补了我国深部黄金勘查的空白。项目提交了6个超大型和大型金矿床地质勘查成果报告,评审并备案累计探明新增金金属量873.619吨,应用效果显著,形成了以三山岛、焦家-新城、玲珑为代表的3个千吨级金矿区。按近3年黄金平均价格270元/克计算,潜在经济价值2359亿元,已在三山岛金矿、新城金矿和玲珑金矿得到成功应用,经济效益和社会效益巨大。项目获国家授权专利15项,出版专著1部,发表论文53篇,其中SCI收录45篇,EI收录17篇,发展了金矿成矿理论,促进了行业科技进步。

单桶洗全自动洗衣机关键技术的研究及产业化 本项目属于家用电器制造技术领域,用于洗护衣物,适用于全球家庭使用。现有洗衣机采用内外桶相套且桶间有水的套筒结构，内外桶间易污垢附着、细菌滋生，洗涤过程中造成二次污染，且费水 30%、费洗涤剂 30% 又占空间。随着生活水平提高及二胎政策实施，大容量洗衣机已成为一种趋势，消费者亟需完全隔离内外桶夹层脏污、省水、省洗涤剂、节能环保大容量洗衣机。针对以上问题，海尔首创了全球第一台取消外桶、内桶完全密封的单桶全自动洗衣机，并实现了产业化。主要创新点有：①首创了单桶洗（无外桶）技术：包括内桶全密封技术、V 型导水通道技术、低位螺旋导水技术三项关键技术，打破了现有洗衣机套筒结构，很好地解决了内外桶间藏污纳垢、费水、费洗涤剂、占空间等问题。针对取消外桶后内桶易密封不严的问题，通过分析水流运动轨迹，研发了多唇逆止密封、多层扣合密封、曲面环绕密封的内桶全密封技术，实现了静态、动态及高速脱水时全方位的密封，节水 30%，节洗涤剂 30%，洗涤容量增大 25%；针对排水收集及溅水问题，运用高速摄像技术及非稳态 VOF 两相流分析，发明了 V 型导水通道技术，达到了理想收集效果；运用流体原理分析研究飞溅原因，创新了低位螺旋导水技术，解决了导水不畅引起的溅水问题，实现了快速排水。②创新了多维立体减振降噪技术：包括悬挂支撑阻尼减振技术、翼型水道技术。取消外桶后，实现同等体积洗涤容量更大，但对减振系统提出更高的要求。针对取消外桶后洗涤桶易撞外壳的问题，运用多体动力学原理，提出了悬挂支撑阻尼减振新理论，研发了悬挂支撑阻尼减振技术，实现了各种负载下平稳运行。针对脱水过程中的风噪问题，运用仿生原理，创新了翼型水道技术，解决了洗衣机脱水时气流分离度高产生涡流的问题，实现了洗衣机从低速到高速脱水全过程的低噪运行。③发明了智能控制技术：包括水位双检测技术及偏心双检测技术。针对取消外桶后带来的水位检测不准问题，创新了水位双检测技术，实现了桶内外误差小于 0.5% 的实时准确检测。针对偏心检测不准的问题，运用 MEMS 传感技术，研发了加速度传感与机械联动偏心双检测技术，解决了由于洗衣机偏心撞外壳甚至移位的问题，实现了精准检测、平稳运行。该项目申请专利 132 件，其中已获发明专利 10 件，包含美国 1 件、韩国 1 件、中国 8 件；通过中国轻工业联合会组织的专家委员会鉴定，结论为全球首创、国际领先；获德国"红点奖" 1 项，IF 奖 1 项，获亚洲质量创新优秀项目一等奖。该项目产品出口日本、泰国等 100 多个国家和地区，实现了销售收入 9.1 亿元，利润 1.23 亿元。该项目助力新旧动能转换，全面提升山东省竞争力，推动全球洗衣机行业发展和技术进步，提升我国洗衣机行业在全球的地位。

4 英寸高纯半绝缘 4H-SiC 单晶衬底制备关键技术及产业化 碳化硅（SiC）半导体具有高频、高压、大功率、耐高温、大幅节能等显著特点和优势，是支撑 5G 通信、智能制造、电力电子等领域的战略性核心基础材料。通过本项目实施，突破高纯 SiC 粉料合成、高纯半绝缘 SiC 单晶生长、缺陷控制、电学性能控制、衬底加工等关键核心技术，一举将我国 SiC 半导体衬底材料产业化技术发展到国际先进水平，成为国内唯一、国际上极少数大批量供应高品质 4 英寸高纯半绝缘 SiC 单晶衬底的企业，实现了我国新一代半导体关键战略材料的高水平产业化，为我国 5G 通信等战略性新兴产业的自主持续发展奠定了关键基础。主要科技创新如下：①超高纯 SiC 粉料合成技术。发明了三步反应技术，形成外层为 SiC、内层为 Si 的 SiC 包覆 Si 的高纯粉料，实现了超高纯度 SiC 粉料的合成，奠定了高纯度 SiC 半导体晶体的技术基础。合成的 SiC 粉料中硼、铝浓度低于 0.1ppm，钒浓度低于 0.01ppm，纯度达到国际领先水平。② 4 英寸高纯半绝缘 SiC 单晶电学性能控制技术。实现了 SiC 单晶生长界面的可控控制，发明了晶体生长过程中本征缺陷的自由调控技术和电活性杂质的原位二次纯化技术，实现了 SiC 单晶的半绝缘特性，获得的高纯半绝缘 SiC 单晶电阻率 $\geq 1E12\Omega \cdot cm$，优于国际同类产品 7 个数量级。③高质量低缺陷密度 4 英寸高纯半绝缘 SiC 单晶生长技术。设计开发了多阶形核分层控制技术，突破了零微管 SiC 单晶和高结晶质量的 SiC 单晶制备技术；优化了 SiC 单晶生长制备技术，实现了单一 4H 晶型 SiC 单晶的规模化生产；批量生产的 4 英寸高纯半绝缘 SiC 衬底微管密度 $\leq 0.5/cm^2$，比国际同类产品低 1 个数量级。④高纯半绝缘 SiC 衬底超精密加工技术。发明了 SiC 超硬材料金刚石多线切割和机械抛光技术，研制出新型抛光液，突破了 SiC 衬底切割、机械抛光、表面损伤层去除、面型质量控制等加工技术瓶颈，获得一种高平整度、低损伤大直径 SiC 衬底，SiC 衬底表面粗糙度 $\leq 0.2nm$，翘曲度 $\leq 15\mu m$，且无亚表面损伤层，优于国际同类产品。本项目获得国家专利 132 项，其中发明专利 22 项，实用新型专利 110 项；在核心期刊发表论文 4 篇。该项目已完成成果转化并实现了产业化生产，近三年来取得直接经济效益 38162.47 万元。该项目产品已批量供应中国科学院半导体研究所、西安电子科技大学等单位使用，创造间接经济效益 5 亿元。通过用户使用表明该衬底产品的均匀性、一致性和重复性好，满足使用要求。SiC 衬底的半绝缘电阻率、微管及位错缺陷密度、表面粗糙度等重要技术指标均达到国际先进水平。

山花 9 号等抗旱高产花生新品种培育与推广应用 花生总产居我国油料作物首位，是丘陵旱薄地高效经济作物，但常因干旱减产 20% ~ 50%，生产上迫切需要抗旱节水、高产优质花生新品种。本项目针对花生品种抗旱的生理生化与分子机理复杂、准确快速规模化抗旱鉴定技术难度大、抗旱种质及关键基因缺乏等关键问题，历经20余年研究，创新了抗旱育种理论和技术，育成6个新品种，并实现了大面积推广应用。主要创新成果如下。①育成6个创新性突出的抗旱节水高产优质花生新品种。6个新品种均通过省级审定和国家登记。山花9号为抗旱性达到一级的油、食兼用型品种，节水率达13.4%～27.2%，区试增产13.0%，高产攻关田亩产751.6公斤，创抗旱节水品种高产纪录；山东省累计种植3295.5万亩，年面积406.7万亩，占全省花生面积的32.8%。连续多年居全国花生品种面积首位。山花11号、山花12号为抗旱性达到一级的油用型品种。山花11号节水率4.9%～19.7%，含油量55.46%，创亩产728.8公斤油用品种高产纪录。山花12号节水率21.4%～23.1%，创亩产651.2公斤小花生高产纪录。山花7号、山花8号、山花13号为抗旱性达到二级的高蛋白出口、食用型品种。山花7号节水率9.6%～15.8%，蛋白质含量29.31%。山花8号节水率6.0%～17.0%，蛋白质含量33.72%，居国内主栽品种首位。山花13号节水率4.2%～16.4%，蛋白质含量29.33%。6个品种均被遴选为中央财政良种补贴品种和主导品种，实现了北方产区抗旱品种的合理搭配和互补配套，满足了不同生产条件和市场需求。②创新了花生抗旱节水育种理论和技术。系统鉴定评价了花生种质资源的抗旱性及抗旱性状，挖掘出优异抗旱种质资源53份，创制新种质36份，开发出与抗旱性或抗旱性状相关的分子标记49个，挖掘鉴定抗旱相关的转录因子等功能基因7个，发现其33个等位变异基因。筛选出与抗旱性显著相关的性状指标32个，确定了10个关键抗旱育种性状，明确了选择标准。解析了品种间抗旱性差异的生理和分子机制，创新了花生抗旱育种理论。建立了准确快速规模化抗旱鉴定方法和技术，创建了高效抗旱育种技术体系。利用筛选和创制的种质组配杂交组合，实现了多个抗旱性状、基因的聚合，突破了抗旱育种的技术瓶颈。③研发集成新品种配套技术，实现大面积推广。建立了适应降水动态变化的播期和生育进程智能决策模型，研发集成了适期晚播、肥效后移等新品种高产高效配套栽培技术，创新了品种推广模式，实现了品种和配套技术的大面积推广应用，加速了品种更新换代。新品种在山东、河南、河北、江苏、安徽、辽宁、吉林等北方七省累计推广种植8978.4万亩，其中近三年4007.0万亩。年推广面积达1412.4万亩，占七省花生面积的32.1%，占全国花生面积的20.4%。在山东省年推广面积达670.9万亩，占全省花生面积的54.1%。七省累计增产304856.0万公斤，新增经济效益153.6亿元，其中近三年68.9亿元。获国家植物新品种权3件，省级审定并国家登记品种6个，国家软件著作权3件，国际登记注册基因33个，国家农业农村部主推技术3项，山东省主推技术4项，发表论文136篇。本成果抗旱性与丰产性协同改良达到国际领先水平，推动了花生产业高质量发展和科技进步。

工业余热提质回热循环利用关键技术研究与应用　本项目属国家重点发展领域能源及工程技术（蒸汽工程、流体机械及流体动力工程、热污染及其防治技术学科）领域。我国的工业耗能中至少50%以余热形式被直接废弃，同时，工业生产需要大量热，而燃煤锅炉使用受限，且电热及燃气锅炉成本高。本项目提出将工业余热提质回热于生产工艺本身，部分替代锅炉，不仅可产生良好的经济效益，在环境保护、资源节约等方面的社会效益更为突出。工业余热利用的核心技术是高效增压升温提质。本项目利用热泵、蒸发、蒸汽压缩等系统集成技术实现余热提质，回用于生产过程，实现了热的量、质有效统筹；工业余热利用的同时，协同蒸发过程，实现了水的回收利用和废水处理。本项目主要技术内容如下：①构建了工业余热提质循环利用的回热系统理论体系，建立了不同工况下的热力性能计算模型，对现有传统行业的热力系统进行了能、㶲及技术经济性分析，获得了不同余热利用方式对系统热力性能的定量影响，提出了不同品质余热回收的最优化方法。②基于转子型线优化、多场协同仿真与结构优化、"不等距间隙"等核心技术，自主研发了高温热泵、蒸汽热泵、水蒸气增压三种高性能核心动力装备，并实现了各核心动力装备在系统中的高效可靠运行。③开发了高温热泵系统，实现了余热的全热回收及多温区热水同供；开发了蒸汽热泵系统，实现了水到汽的增压升温提质；开发了水蒸气增压输送系统，实现了水蒸气远距离高效增压输送；创新了高效蓄热取热技术，实现了冷热负荷量、质及系统效率的高效匹配。④工业余热利用协同蒸发过程，实现废水处理。采用节能蒸发技术，循环利用水蒸气潜热；利用烟气余热蒸发废水技术，实现水热回收协同污染物脱除；将低品位工业余热用于驱动吸附式净水系统，实现净水制冷一体化。基于上述关键技术，研制开发了3个系列30个规格的产品，并实现了批量推广应用。项目共授权发明专利18项，实用新型专利9项，国际权威期刊发表论文8篇，国内学术期刊发表论文18篇。本项目基于不同的品质与梯级温度的各个工况余热回收COP为2～7。经检索国内外未见有与该项目研究内容相同的文献报道；相关论文他引次数近53次；相关产品鉴定结论为：整体技术达到了国际先进水平，并在系统集成、蒸汽发生、螺杆水蒸气压缩机研发等方面达到国际领先水平。项目所开发产品已成功推广应用30多家单位，近三年直接经济效益新增利润24501万元，新增税收13726万元，新增销售额202790万元。项目成果可在化工、印染、制革、食品、屠宰、烘干等高耗能领域广泛应用。项目创新性强，具备可实施性，推动了工业余热利用领域的新旧动能转换。

中药"效－毒整合"评价体系构建与应用 中药有效性、安全性和可控性是中医药现代化和国际化的重大科学问题，中药成分复杂、效／毒特征不明和机制不清是导致质控无法确保疗效和用药安全的关键因素之一，对于那些确有疗效又有ADR报道或毒性的中药，如何科学认知其效毒特征、效／毒网络，明晰其效毒作用机制、毒－效－证内在关联关系，合理辨识其效毒物质基础、效／毒质量标志物，既是中医药事业发展面临的关键问题，也是制约中药产业高质量发展的技术瓶颈。针对上述问题，项目以中医药理论为指导，临床疗效为背景，安全－有效－可控为目标，提出中药"毒性—功效"整合分析与关联评价的研究策略，在973计划、重大新药创制专项等5项课题支持下，历经十余年联合攻关，构建了"中药毒性－功效－证候系统分析与关联评价""基于临床生物学替代指标集的中药药效评价"和"基于效－毒相关的Q-marker合理辨识"技术体系，并用于临床合理用药、中药上市后再评价、创新药物发现，实现了如下技术创新：①针对国内外缺乏中药效－毒性整合分析与评价技术现状，运用文献挖掘、系统评价、网络药理学与计算数学、生物信息分析等技术手段，构建了基于整合数据链挖掘的多组学研究模式和病证背景下效－毒整合研究与关联评价关键技术，为后续效毒物质基础发现、作用特征与靶点网络构建起到引领和预测作用。②针对中药成分复杂，质量控制与功效和安全性关联度不强的问题，选择传统记载有毒和无毒的药味，利用传统用法和现代系统分离手段，构建了基于分子对接与反向网络药理学技术和效毒循证与化学辨识的效－毒质量标志物发现与确认的关键技术，为后续建立基于功效和安全的中药标准提供证据。③将中药"效－毒整合"评价体系用于疗效确切又有ADR报道的中成药再评价和创新药物发现与评价中，有利于中药大品种培育；降低创新药物研发风险，提升中药安全性研究和药效评价技术水平。项目授权发明专利19件、实用新型专利15件，发表论文215篇，其中SCI论文20篇，副主编专著4部，培养博士后6名，研究生81名；项目通过自身应用和技术转化到省内外7家GLP中心，近三年实现技术服务收入4552.90万元；核心技术推广应用到2家中药饮片企业、3家新药研发公司、11家中药企业，培育出中药大品种6个，获批中药临床批件2个，企业相关产品近3年新增销售收入24.82亿元，新增利税3.01亿元。项目实现了基于效－毒整合的作用网络预测、效毒作用特征、机制靶标验证、毒－效－证内在关联、毒副作用细分、物质基础确认、质量标志物研究的中药"效－毒整合"评价体系构建与应用，有力推动了中药药理学学科发展、安全性研究领域技术进步，为以有效性、安全性和可控性为核心的中医药"传承精华、守正创新"起到示范效应。

非霍奇金淋巴瘤关键诊疗技术的建立与临床应用 非霍奇金淋巴瘤（non-Hodgkin lymphoma, NHL）是目前发病率增长最迅速的恶性肿瘤之一，侵袭性和异质性极高，严重危害人类健康，临床亟须建立NHL精准个体化诊疗技术。本项目针对当前NHL诊治中未明和疑难问题展开深入探索攻关，历时15年。在国家自然基金等多项课题资助下，创新性确立致病关键基因及信号通路，创建靶向诊疗新策略；紧扣难治／复发NHL的生物学行为，提出化疗增效新方案；建立新型预后分子模型，补充完善NHL预后及疗效评价体系，系统构建NHL关键诊疗技术体系，取得如下创新：①通过建立1000余例淋巴瘤完整生物样本库，并运用患者组织标本从基因水平筛选确定NHL的多个关键致病基因和分子，推动NHL个体化优化诊断及精准靶向治疗。首次报道了Klotho, MELK和Cul4B等NHL致病关键分子靶点；揭示了IGF-1R, JAK/STAT和Hedgehog等重要信号异常参与NHL发病的分子机制，构建信号转导网络，推动NHL新型靶向治疗。研究成果连续4年于美国血液学年会（ASH）大会发言，14次荣获美国血液学会杰出研究奖。②探讨难治／复发NHL的生物学行为，展开NHL表观遗传学调控机制的系列研究，建立难治／复发NHL的新型诊疗策略，提高难治耐药患者的疗效及长期生存。首次揭示HDAC抑制剂伏立诺他对NHL化疗敏感性的调控作用；阐明去甲基化药物5-azaC在NHL中对KLF4及Wnt信号的调控作用；提出RNA m6A甲基化风险模型优化NHL病人预后分层评估；建立HDAC抑制剂联合免疫化疗的新策略。研究成果被 Nat Rev Immunol (IF 44.01) 等多个权威杂志引用并称赞。③省内首创淋巴瘤专病大数据库，通过运用已纳入4000余例NHL患者的完善数据资料进行分析汇总，筛选确立新型NHL的独立预后危险因素；首次建立免疫相关预后分子模型，完善传统NHL预后分层及疗效评价体系。首次揭示IL-9, IDO, CD39/CD73/ADO/A2AR参与NHL免疫调控的分子机制；发现了dNLR, ALC和HBV抗体作为NHL独立预后危险因素；建立基于免疫评分预测NHL预后的模型I-score，将免疫特性用于免疫治疗及预后评估。成果被 Nat Rev Drug Discov 引用。④创建山东省淋巴瘤大数据科技联盟及诊治工程技术中心，牵头开展转化医学研究和多中心临床试验，实现NHL整体诊疗策略优化。牵头开展R-CDOP对比R-CHOP方案用于初治NHL和R2+Chem治疗初治高危NHL等临床研究；确立PET/CT在T-NHL诊断及分期中的价值；创建山东省淋巴瘤诊治工程技术中心，通过中国慢淋工作组卓越诊疗中心认证，牵头全省25家单位创建淋巴瘤大数据科技创新联盟，带动山东省NHL整体诊疗水平提高，成果被《欧洲肿瘤内科学会（ESMO）临床实践指南》引用。项目发表相关论文 200 余篇，其中 SCI 论文 112 篇，累计影响因子 641 分，引用 1100 余次。连续 4 年受邀在 ASH 做大会发言，并被《ESMO 临床实践指南》引用；参与制定诊疗指南十余项；主编教材 2 部、专著十余部，上线教育部 MOOCs 课程 2 项；培养青年泰山学者 2 名，博士后、博士和硕士研究生 60 名，举办十余次国家及省级淋巴肿瘤研讨会及学习班，培训相关专业人员 3000 余名；项目成果在全国及省内 20 余家知名医院推广应用，取得显著社会效益，提升淋巴瘤研究和诊疗国际影响力，推动我国淋巴瘤精准转化医学发展。

基于大数据和人工智能的痛风病精准诊疗体系的创建及应用 痛风是慢性全身性疾病，不仅导致关节剧烈疼痛、畸形，还诱发和加重慢性肾衰、糖尿病、心脑血管疾病，已成为严重危害国民健康的新生常见病。项目组针对我国痛风患病率急剧攀升，危害巨大，防治薄弱，误诊、误治率高，治疗依从性差及致残、致死率高等现状，针对痛风大数据贫乏、智能诊疗缺乏、精准诊疗匮乏等亟待解决的痛风临床问题展开深入研究，实现了从大数据到人工智能，再到临床精准诊疗的转化，取得系列原创性成果：①创建国际最大单中心痛风样本库和数据库，为研发痛风辅助诊疗系统奠定基础。建立了包含 50 余万份样本的国际最大单中心痛风生物样本库和包含基因组学、代谢组学、蛋白组学及痛风患者详细动态临床诊疗信息的大数据库，为构建基于大数据和人工智能的痛风辅助诊疗系统奠定基础。获批科技部国家人类遗传资源特色生物样本库－中华痛风遗传资源库。应用该资源库，项目组国际首次发现 BCAS3、RFX3、KCNQ1 等新的痛风易感基因，相关研究成果发表于 Nat Commun 等国际著名杂志，并获批 NSFC 重点国际合作项目（81520108007）和面上项目（31471195）。②国际首创基于大数据和人工智能的痛风辅助诊疗系统，实现痛风诊疗知识的自主学习和诊疗系统的持续优化。应用项目组创建的深度模糊神经网络和平行智能理论体系，对来自全国各地 25000 余例痛风患者结构化电子病历数据及诊疗知识进行学习和分析，构建了痛风医疗大数据中心和痛风诊疗系统"数据模型"，最终创建虚实互动，平行执行的痛风智能辅助诊疗系统。该系统使痛风诊疗过程可推理、可解释、可自主学习，实现痛风诊疗知识的自主学习和诊疗系统的持续优化。该系统自主诊断准确率达 95%，与医生团队治疗方案符合率达 90%，为痛风精准诊疗方案的创建及快速推广奠定基础。相关研究获国家医疗器械注册证 4 项［粤食药监械（准）字 2014 第 2401345 号、2401346 号、2401347 号、2401348 号］，国家发明专利 1 项（ZL201510969657.3），实用新型专利 2 项（ZL201520466585.6、ZL201520551250.4），软件著作权 6 项。③国际首创痛风精准诊疗体系，显著提高我国痛风诊疗水平。通过痛风智能辅助诊疗系统，项目组实现了对痛风诊疗方案的持续优化，创建基于大数据和人工智能的"分期、分级、联合、综合"痛风病精准诊疗体系。该体系已在全国 138 家医院进行了推广，累计诊疗痛风患者 10 余万人次，诊断准确率达 95%，患者药物依从性从 24% 升至 66%，尿酸达标率从 20% 升至 45%，痛风发作频率从 2～3 次／年降至小于 1 次／年。相关成果写入中华医学会内分泌学分会《中国高尿酸血症与痛风诊疗指南（2019）》、痛风权威专著《实用痛风病学》等多部指南和专著。④建立理想自发高尿酸小鼠模型，为痛风精准诊疗体系的持续优化提供支撑。成功构建血尿酸水平介于 400～600μmol/L、符合人类高尿酸血症诊断标准的尿酸氧化酶基因敲除自发高尿酸小鼠模型，为高尿酸血症新药研发提供了良好平台，为痛风及其并发症发病机制研究提供了理想工具。项目组围绕该模型的相关研究，揭示了高尿酸血症促发肾病、糖尿病及动脉硬化的机制，为痛风精准诊疗体系的持续优化提供支撑。相关研究成果发表于 Kidney Int 和 Nat Rev Rheumatol 等国际著名杂志。

基于醛代谢关键酶 ALDH2 的精准诊疗技术体系建立及推广应用 随着现代生活节奏加快和老龄化进程，我国各种急危重症频发，如急性冠脉综合征、低氧性肺动脉高压、严重感染及脓毒症、药物性脏器损伤等，已成为"健康中国"建设征途中不可回避的重大问题。探讨急危重症病变过程中重要脏器损伤的机制并研发切实有效的诊疗技术是重大临床需求，然而，目前在脏器保护领域的研发进展较为缓慢。醛类物质（aldehydes）是机体遭受严重刺激时，由活性氧（reactive oxygen species, ROS）攻击脂质形成的一大类化学代谢产物，具有强烈而持久的致病性。醛毒性的理念为探讨脏器损伤机制、研发保护技术提供新思路。项目组立足于解决困扰国人健康的难题，10 余年前在国内率先开展并多年聚焦醛代谢关键酶乙醛脱氢酶 2（aldehyde dehydrogenase 2, ALDH2）—醛毒性控制—脏器保护的理论探究和技术研发，并进行适度外延，创立了以 ALDH2 为核心的急危重症重要脏器"机理精准""量度精准""基因精准""用药精准""表型精准"五大关键技术体系，取得系列重要科技成果，产生重大社会效益。①发现低 ALDH2 活性是缺血缺氧、药物等刺激因素作用下代谢性醛类物质在心、肺、肝等脏器内积聚，导致后续级联毒性反应的重要原因，创新急危重症重要脏器损伤的病理生理机制，为临床救治提供"机理精准"理论依据。②全面、系统地揭示了醛毒性介导的细胞损伤"脉络"通路，提出以醛代谢关键酶 ALDH2 为核心的脏器保护新理论，阐明 ALDH2 发挥保护效应的作用机理和路径，创立内外源性多维度、水平适度的脏器保护技术体系（维持"线粒体稳态"、严格"控制自噬"、适度"调控衰老"、运动、缺血后适应、中药等),推动急危重症临床救治向"量度精准"方向发展。③解析了ALDH2功能缺陷基因突变的人群流行病学特征及个体表型特征,创立了基因精准分型的急危重心血管疾病预后预测、临床用药选择技术体系,为疾病风险管理、健康促进行动提供适用于国人的"齐鲁方案";建立了"先天不足、后天修补"的研发平台,确立我国在该领域的先发优势。项目成果发表于 European Heart Journal、Arteriosclerosis, Thrombosis, and Vascular Biology、Journal of Molecular and Cellular Cardiology、Journal of the American Heart Association、中华心血管病杂志、中华急诊医学杂志等国内外知名期刊。该项目共发表论文37篇,其中SCI论文30篇;授权国家发明专利1项,牵头制定专家共识2部。项目完成人主编《心肌保护》(人民卫生出版社),参编 Aldehyde Dehydrogenases-From Alcohol Metabolism to Human Health and Precision Medicine(Springer出版社)。项目组通过举办或参加国内外学术会议,汇报交流研究成果,获得同行的高度认可,获国内外会议奖励3项。项目成果获中国医疗保健国际交流促进会华夏医学科技二等奖1项,并在多家医院和研究机构推广应用,反响良好。项目实施期间,1名完成人入选泰山学者攀登计划专家,2名完成人入选泰山学者青年专家,1名完成人入选山东大学齐鲁青年学者,1名完成人入选齐鲁卫生与健康杰出青年人才;培养硕博研究生80余名,其中国际学生2名。通过项目实施总体达到了提高急危重症防治效果、推动创新药物研发、促进医学科技进步、带动相关学科发展、惠及全国民众、彰显国际影响力的社会效益。

抗耐药性药物比阿培南新制备体系的关键技术开发与产业化　在过去10多年中,细菌对抗生素的耐药性发展很快,许多致病菌对多种抗菌药物呈现耐药性,即"多重耐药性",β-内酰胺抗生素-碳青霉烯抗生素成为人类对抗耐药菌的最后防线。国内上市的碳青霉烯类药物占抗细菌药物市场的13.96%,从2013年至2017年的平均增长率达到17%,其中比阿培南2017年在中国公立医疗机构终端的销售额接近17亿元(米内网数据)。但我国在该领域的开发研究起步较晚,受原料的关键核心技术制约,多为半合成药物,每年需消耗大量外汇购买原料,药品生产成本高、品控低,在国际市场上缺乏竞争力。本项目在国家"重大新药创制"科技重大专项等科技计划支持下,开发了比阿培南原料药关键合成工艺技术,打破国外技术垄断,得到产品安全、生产高效、工艺环保的系统生产体系,完成产品关键技术开发及产业化,实现从仿制到自主研发的知识产权体系构建,项目主要创新点如下:①开发了母核与含硫双五环侧链取代生产比阿培南的高效合成技术,简化了反应流程,提高了目标产物的产率。构建硫醇高效灵敏的检测技术,攻克多手性中心母核(H)的对映选择性合成难题,创新了绿色加氢分离装备技术和多手性中心位点加氢脱对硝基苄基技术,成功实现比阿培南规模化、产业化生产。②开发了新的协同结晶纯化工艺和培南类药物智能化结晶装备,实现了产品高质量的稳定化生产。提出了乙醇-丙酮-水溶液结晶溶媒体系新技术,结晶总收率提高到94.7%,显著降低杂质含量(纯度99.9%);提高了产品流动性和溶解性,解决了比阿培南粉针复溶性差、稳定性差等问题。③构建了光电传感器快速特异性高灵敏检测平台,全面系统研究了比阿培南杂质谱归属及产生机制。项目开发了基于光电传感检测技术的高通量即时快速检测平台,突破高灵敏分析关键难点,推动现场即时检测技术的发展。开发了比阿培南工艺杂质及降解杂质定向合成及定向水解制备技术,制备并确证了各降解杂质及工艺杂质,建立了详细的比阿培南杂质谱体系,支撑了比阿培南的质量保障体系。比阿培南的研究为临床提供了新的用药选择,解决临床耐药菌问题。同时,多手性中心的1β-甲基碳青霉烯双环体系母体结构合成技术突破,为我国β-内酰胺抗生素研究由传统的半合成转向全合成研究打下基础,克服我国药品受基本原料制约、成本高、在国际市场上缺乏竞争力的劣势,实现自主创新。项目产品获得新药证书1项,获得生产批件2项,发明专利8项,制定国家标准2项,整体技术达到国际先进水平,形成年产比阿培南原料药50吨、粉针剂2.5亿支的生产能力。项目近3年累计实现销售收入5.8亿元,利税总额1.5亿元。产品标准的制定对我国碳青霉烯类药物质量水平提高起到了引领作用,有力地推动了我国碳青霉烯类药物的技术进步。

鸭坦布苏病毒致病机制研究与疫苗研制　当前我国水禽疫病流行普遍,特别是坦布苏病毒病等新发疫病严重危害水禽养殖,制约该产业的绿色、健康发展。本项目历时8年,着力于坦布苏病毒病疫苗产品的研发和关键控制技术的集成和应用,充分将坦布苏病毒的病原生物学、分子流行病学、致病机制研究成果应用于系统疫病防控体系的建立,极大减少了坦布苏病毒病对水禽养殖业的危害,推进了水禽养殖无抗、减抗发展进程,取得以下技术创新:①研发了坦布苏病毒病疫苗2种,获得国家一类新兽药证书和临床批件。一是研发了鸭坦布苏病毒病活疫苗(WF100株),获得国家一类新兽药证书。二是研发了坦布苏病毒灭活疫苗(WR株),获得国家新兽药临床试验批件。三是构建了坦布苏病毒反向遗传平台及DNA疫苗平台,研制坦布苏病毒DNA疫苗、基因缺失疫苗等3种新型疫苗作为产品储备,建立了坦布苏病毒高效体外培养体系。其中鸭坦布苏病毒病活疫苗(WF100株)被广泛应用于种鸭、蛋鸭和肉鸭的坦布苏病毒病预防。②率先鉴定并报道了导致种鸭产蛋下降和雏鸭病毒性脑炎的病原为坦布苏病毒,全面解析了坦布苏病毒的病原生物学特征。一是系统性的确定了坦布苏病毒感染宿主包括鸡、鸭、鹅、麻雀、库蚊、人,建立并完善了坦布苏病毒自然循环模式和越冬机制,并以此为基础建立了坦布苏病毒流行控制体系。二是明确了坦布苏病毒的生物学特征和理化特征,首次解析了坦布苏病毒完整的基因组序列和基因组特征,确定了该病毒对酸、胰蛋白酶和有机溶剂的敏感特点。③创新性的建立坦布苏病毒检测技术8种,并以相关检测技术为基础建立起坦布苏病毒病系统的检测、预警及监控体系。一是创新了坦布苏病毒核酸检测技术4种,可适用于感染样品检测,病毒载量评估等不同需求。二是建立了坦布苏病毒抗体及病原检测ELISA方法2种,可用于病原感染的高通量分析及疫苗抗体及野毒抗体的准确区分。三是建立了坦布苏病毒现地检测方法2种,可用于坦布苏病毒临床快速诊断及筛查。④明确了坦布苏病毒的致病特性及天然免疫逃逸机制。一是确定了坦布苏病毒对雏鸭、产蛋鸭致病力高,对育成鸭致病力低的关键致病特点。二是明确了坦布苏病毒垂直传播的重要途径。三是确定了坦布苏病毒NS1蛋白和sfRNA介导的病毒逃逸宿主先天免疫的相关机制,为研发基因缺失疫苗提供理论支持。项目获一类新兽药证书1件,国家新兽药临床批件1件,获授权国家发明专利10项,制定山东省地方标准3项,福建省地方标准1项,出版专著4部、中文期刊论文68篇、SCI论文35篇。建立了完善的坦布苏病毒预防控制体系,累计培训养殖技术人员3.6万余人次,减少养鸭业经济损失300亿元以上,实现直接经济效益4000余万元,经济、社会、生态效益显著。2018年12月,经中国农学会组织科技成果评价,专家组鉴定结论为,该项目整体研究水平达到了国际先进水平,病原发现与疫苗创制居国际领先水平。

高品质棉型纺织品清洁染色关键技术及产业化应用 该项目属于纺织科学与工程领域,是纺织印染行业的重大科技创新。全球70%以上的纺织品是染色产品,其中95%的棉、麻、粘胶等棉型纺织品采用活性染料染色。根据不同产品要求,有纤维、纱线和织物等三种染色方式,纤维和纱线主要采用间歇式浸染工艺,织物主要采用轧烘轧蒸染色工艺。整个生产过程中都必须使用大量的盐以提高染料的利用率,盐用量占染色化学品总量的60%以上,不仅产生大量的高盐有色废水,而且能耗水耗高,质量和生产效率低。因此,开发无盐清洁染色技术,实现高品质棉型纺织品的绿色染色,减少资源消耗和废水排放,一直是纺织印染行业亟须攻克的重大技术难题。针对上述行业共性关键技术难题,该项目对纤维、纱线和织物的连续无盐清洁染色工艺、装备、染料、助剂等进行了全面系统的研究开发,突破了棉型纺织品绿色染色关键技术,自主创新研发出活性染料无盐清洁染色成套工艺技术和装备,实现了产业化应用,主要技术内容包括:①创新开发出纤维连续清洁染色技术与装备。研究染料电性演变与亲核反应催化机理,研制多点定量给液和多导辊同步牵引系统,解决了纤维松散、低浴比连续染色难的问题,实现了纤维无盐清洁染色,效率提高1.5倍。②研发出单纱连续清洁染色技术与装备。研究纱线体积密度和单纱动态吸液模型,设计开发隧道式浸液和连续微量给液装置,解决了单纱快速吸液不均匀的难题,实现了单纱柔性化连续无盐清洁染色,减少废水排放30%以上。③发明了织物连续清洁染色技术与装备。研究织物行进中染料吸附扩散机理,研制含湿率在线监控系统,研发可控湿固色和快速汽蒸固色技术,解决了无盐汽蒸不能染深色的问题,实现了织物连续无盐清洁染色,节约化学品60%以上。④发明了清洁染色专用活性染料和助剂合成制备技术。研究高纯度染料合成工艺,探究染液稳定性的多效应协同调控作用,开发纤维快速渗透技术,解决了染液不稳定、染色疵病多等难题,研发出纤维、纱线和织物无盐清洁染色专用全色谱染料和助剂,固色率增加了10个百分点。该项目具有自主知识产权,申请专利58件,其中授权发明专利25件、授权实用新型专利8件,制定企业标准1项,发表科技论文34篇。中国纺织工业联合会鉴定结论为:整体技术水平达到国际领先水平。该项目建成高品质棉型纺织品清洁染色生产线6条,其中纤维染色2条、纱线染色1条、织物染色3条。成果在愉悦家纺、孚日集团和鲁丰织染等多家企业得到推广应用,产品出口到欧盟、美国、日本等国家和地区,显著提升了企业的国际竞争力。近3年取得直接经济效益37.65亿元,利润4.28亿元,经济效益显著。棉型纺织品清洁染色技术的产业化应用,从源头上减少了污染,实现了废水治理由"末端治理"向"过程管控"的转变,节能减排效果突出,社会效益显著,对促进纺织印染行业的绿色高质量发展具有重要推动和示范作用。

高性能橡胶制品的混炼胶制备技术装备及工业化应用 橡胶工业是我国国民经济重要支撑产业,高性能橡胶制品在我国航空航天、军工、国民生活等特殊领域广泛应用,航天飞船的密封,潜艇、坦克等武器装备的隐身,阻燃轮胎,自修复轮胎,医用手套,轨道交通、汽车等运输机械的减震元件等都属于高性能橡胶制品的应用范畴。近年来,高性能橡胶制品需求日益增加,同时对混炼胶性能提出了更高要求。混炼胶制备,是橡胶制品加工的第一步工序,也是最关键工序之一。混炼胶品质直接影响橡胶制品综合性能和使用寿命,没有高品质混炼胶,高性能橡胶制品就无从谈起。为此,该技术成果以高品质混炼胶制备方法研究为核心,发明出了高性能橡胶制品混炼胶制备关键技术,并实现了产业化应用,突破了传统橡胶混炼方式的技术瓶颈,推动了高性能橡胶制品混炼胶制备工艺及装备技术革命,提升了我国橡胶工业国际竞争力和影响力,对实现"中国制造2025"具有重要意义。其创新点如下:①针对高性能橡胶制品的特殊性能要求,构建了混炼过程中温度控制的"热－力"耦合调控高份数填料和纳米填料微观分散机制,并揭示了混炼胶与金属摩擦磨损机理,建立了与之相应的物理及数学模型,丰富了橡胶加工过程的理论体系。②发明了以热力学为主的力学驱动调控多份数填料配方和纳米填料配方微观分散的湿法混炼技术,解决了多份数填料配方橡胶复合材料难以制备及纳米填料配方填料易团聚、难分散等技术难题。与乳液共混法相比,混炼胶的综合性能提高了20%以上。③发明了以剪切－拉伸变形为主的力学驱动调控多份数填料配方和纳米填料配方微观分散的动态变间隙等多种构型转子的混炼技术,解决了多份数填料配方橡胶复合材料难以制备及纳米填料配方填料易团聚、难分散等技术难题。与普通转子相比,提升了混炼胶品质和均一性,混炼胶综合性能提高15%~25%,分散度提高1~2级。④研发了高性能橡胶制品系列的混炼工艺技术、装备及混炼系统优化及智能化控制软件。提出了高性能橡胶制品混炼专用转子"参数化设计－动态模拟分析－3D打印－可视化验证"的设计方法,创制了拥有自主知识产权的大型工业化密炼机成套混炼工艺技术及装备,研发了高性能橡胶制品混炼过程中混炼胶功率曲线控制排胶智能控制技术及成套智能化系统,实现了对混炼胶质量的精准调控,并降低了混炼能耗10%~15%。该技术成果达到了国际领先水平,形成了自主创新的知识产权体系,授权发明专利22项,实用新型15项,处于实审阶段发明专利8项;发表论文80余篇,其中SCI、EI收录51篇;培养博士后1名、博士4名、硕士24名。已在青岛双星、益阳橡机械等多家橡胶企业进行了推广及应用,运行情况良好。目前累计实现销售收入5.5亿元,其中,近3年实现新增产值2.59余亿元,新增利税4300余万元。此外,该技术成果经过自主研发和创新,培养了一支专业的橡胶加工人才队伍,为我国橡胶加工领域提供了重要的人才储备体系,支撑了我国橡胶加工制造业的快速发展,产生了良好的经济及社会效益,具有广阔的市场推广应用前景。

水驱油藏闭环智能生产优化与调控技术及工业化应用 我国水驱油藏产油量超总量的80%,但普遍含水已超90%,迫切需要经济高效治理注采矛盾、稳油控水的有效技术。21世纪兴起的油藏智能生产优化与调控技术,是智能油田的核心技术,被国际能源署评为水驱油藏开发技术的重要发展方向,壳牌、雪弗龙等国际著名石油公司纷纷投入巨资、争相研究、抢占技术制高点。但是,此项技术仍存在诸多卡脖子难题:一是油藏规模大,地下情况复杂,监测资料少,准确构建油藏动态模型难;二是油藏非均质性严重,注采关系复杂,注采方案优化难;三是井下高温、高压、污染物多,电机极易损坏,长期、安全、精准调控流量难。依托国家863计划、油气重大专项和油田生产项目,经过15年攻关,系统解决了上述关键难题,形成水驱油藏智能闭环生产优化与调控技术,将实时优化的注采方案作为"大脑",井下流量智能调控装置作为手段,建立方案优化与注采调控的闭环系统,实现油藏和工程的一体化。应用效果表明,该技术能够极大减轻注采矛盾,达到增油控水的目标,大幅度提高油藏采收率,对我国油田的高效开发具有重要意义。主要创新点如下:①创建多源数据约束、数据压缩重构的油藏数值模拟辅助自动历史拟合技术,解决准确、快速构建油藏模型的难题。现有历史拟合技术采用梯度和集合求解的方法,收敛性差、不能满足大规模油藏快速历史拟合的需要。首创沉积微相、震源分布、流动电位以及井间连通性等多源数据约束的历史拟合方法,提高油藏模型的精度20%以上;提出数据压缩重构无梯度历史拟合方法,实现大规模油藏数百万参数的快速准确反演,远超国外同类技术(仅能反演数百参数),拟合效率提高1~2个数量级。②提出基于代理模型和人工蜂群协同智能算法的注采鲁棒优化新方法,解决注采方案高效优化的难题。以最大经济净现值或累油量为目标,提出转变油藏数模模型为数学代理模型、人工蜂群协同智能计算的新方法,瞄准剩余油分布,优化注采量,达到扩大波及、均衡驱替、提高采收率的效果。较之传统优化方法,大幅度降低计算量,提高速度2个数量级以上。创新仿真实验系统、迁移学习鲁棒优化理论,提升注采优化方案的可靠性。③发明井下液压多层多级流量智能调控装置,解决井下高温、高压、复杂环境下分层注水量精准安全调控的难题。首创分层注水闭环智能测调新技术,根据压力变化自动调节井下流量控制阀开启级位,实现精准注采。研发万向轮、液压解码器和卡瓦解封封隔器等构成的调控装置,实现4000米井深高温高压井下6层段、11级流量调控,故障率小于1.9%,远低于国外同类技术6%的故障率,而成本仅是其七分之一。授权发明专利25项、软件著作权4项,发表论文78篇,出版专著3部。成果在胜利油田规模化成功应用,并推广至国内渤海、大庆、长庆、大港及海外北特鲁瓦和Dorine-Fanny等油田,近三年增产原油60.96万吨,新增销售收入12.84亿元,经济效益显著。该成果实现了从人工测调向智能调控的跨越,提升了我国智能油田开发核心技术的国际竞争力,为水驱油藏增油控水提供了新的解决方案。

脑胶质瘤恶性进展机制及靶向诊疗新策略研发和推广应用 人脑胶质瘤是中枢神经系统最常见的恶性肿瘤,难治愈、易复发、致死率高,无限增殖且高度侵袭是其主要恶性生物学特征,也被认为是影响临床疗效的重要因素。目前,胶质瘤靶向诊疗及临床应用的瓶颈主要体现在：①如何鉴定和解析深刻影响胶质瘤恶性生物行为的分子机制；②如何开展胶质瘤靶向治疗的临床前研究；③如何研发先进的临床诊疗系统并实施推广应用。本团队自 2011 年始，针对上述关键问题，进行了为期 9 年的基础研究和技术研发，取得了以下 4 项主要创新成果：①阐明了胶质瘤的恶性行为的多个分子信号调控机制：a. 首次报道胶质瘤细胞中一种全新的 NF-κB 激活方式，LncRNA 锚定 RNA 结合蛋白后促进 p65 入核进而激活 NF-κB 通路；b. RNA 剪接因子 USP39 通过诱导 mRNA 成熟促进胶质瘤恶性进展过程；c. 免疫检查点分子 HVEM 调控胶质瘤自噬和侵袭，是良好的预后标志物；d. Th17 介导炎症反应通过调控巨噬细胞功能参与胶质瘤放疗抵抗行为。②验证了基于分子信号调控机制的胶质瘤新型靶向治疗方案：a. 针对自噬信号途径，首次报道卡瓦胡椒素诱导自噬最终抑制胶质瘤生长和进展；b. 针对巨噬细胞功能，提出 miR-142-3p 靶向 NF-κB 通路减少胶质瘤浸润的巨噬细胞，进而抑制胶质瘤生长；c. 针对放疗抵抗，证实柳磺胺和三氟拉嗪增强胶质瘤放疗敏感性，与放疗联用可显著延长生存期；d. 阐释抗 CD47 靶向免疫疗法促进吞噬细胞功能、抑制胶质瘤复发的机制及临床意义。③研发了基于胶质瘤异常信号通道及临床影像的智能分析诊断系统：a. 提供了一种基于最优评分的稀疏判别分类方法，极大地提高了小样本情况下脑部异常信号事件相关电位判断的正确率；b. 提出了一种医疗大数据仓库的创建方法，为胶质瘤智能诊断分析系统研发过程中的大数据清洗、转换、存储与计算提供了严谨高效的技术途径；c. 医工交叉团队研发了首个专门针对脑胶质瘤多模态影像的智能诊断分析系统，肿瘤分级鉴定准确率达到 88% 以上，远高于临床资深医师诊断水平。④推广应用了胶质瘤靶向治疗新方案和智能诊断分析系统：a. 建立了"山东省脑疾病人工智能辅助诊疗系统验证及推广联盟"，搭建了多中心临床推广转化平台；b. 胶质瘤新型靶向治疗新方案推广到全国多家大中型医院，提升了胶质瘤基础与临床研究水平；c. 智能诊断分析系统为各级医院提供了标准化的扫描规范和辅助分析工具，极大地提高了全省脑胶质瘤的诊疗水平。上述研究获得 5 项国家自然科学基金和 2 项重大创新工程的资助，发表 SCI 收录文章 66 篇，影响因子合计 240.2 分，其中申报本次奖项的 7 篇论文总影响因子达 55.8 分，10 分以上 2 篇，6 分以上 5 篇；获得发明专利 3 项；在重大学术会议上发表相关演讲 40 余次，并在省内 27 家三甲医院全面推广应用。该项目引进培养博士后 7 名、博士 35 名和硕士 26 名。该研究成果的推广应用取得了良好的经济效益和社会效益。

城区超大跨度小净距隧道群建设关键技术及工程应用 我国是世界上城市化速度最快的国家，50 万以上人口城市占据全球四分之一，山区面积占国土总面积 69.1%，山地城市占比高达 35%，交通桎梏长期制约城市纵深发展，隧道已成为山区城市互联互通的咽喉工程。然而，传统单洞两车道、三车道极易造成高峰期交通堵塞和生命线通道中断，四车道大跨隧道建设迫在眉睫，但目前无可用设计和施工标准。尤其城区环境复杂，局促空间迫使隧道群小净距型式展布，大跨开挖面临进洞坍塌、浅埋地表沉陷和中岩墙失稳等典型灾害，特别是穿越泉水涵养区等富水地层尚无成功建设经验。因此，城区超大跨度小净距隧道群安全建设面临巨大技术挑战。本项目以国家 973 计划、国家自然科学基金、交通部西部课题、原铁道部科技开发计划为牵引，依托世界最大规模的双洞八车道隧道群工程，历经近十年科研攻关与工程实践，解决了城区超大跨度小净距隧道群勘察、设计和施工难题，形成了成套关键技术。主要创新如下：①突破了城区超大跨度小净距隧道群富水泉域地层勘察与设计难题。首创了泉域地层面-线-点立体空间勘察体系，研发了灾害源精确定位与真实成像的探查装备。提出了泉域绕避-线位抬升-顺势展布-立体互通的隧道群展布型式，建立了城区局促空间下超大跨小净距隧道的设计方法，填补了双洞八车道隧道设计标准空白。②解决了超大跨度小净距隧道软弱围岩控制与中隔墙保护技术难题。创新了软弱地层隧道紧临建筑群大跨开挖进洞工法，发展了软弱围岩支护-防水一体化新型结构型式。系统揭示了隧道净距和矢跨比对中隔墙时空承载力变化的作用机制，建立了中隔墙爆破震动控制标准，形成了基于减震控爆与分区加固技术的中隔墙保护方法。③攻克了超大跨度隧道快速安全、绿色环保施工与隧道群风险控制技术难题。首创了超大跨隧道快速、安全施工工法体系（Ⅲ~Ⅴ级），研发了以拱架安装机器人和自感应除尘降温装置为核心的快速、绿色施工装备体系，开发了隧道群重大地质灾害和安全风险智能决策平台，实现了科学决策和有效主动防控。项目成果在我国公路、铁路、水电等领域成功应用，解决了京沪高速、贵广高铁、济青高铁等国家重难点工程的大跨隧道建设难题，产生经济效益 13.32 亿元。目前，还在滨莱高速、鲁南高铁等工程中推广应用。国家最高科技奖获得者钱七虎院士、全国勘察设计大师蒋树屏、DDA 创始人石根华、美国工程院院士 DEREK 等给予了高度评价。本项目形成行业标准 5 项、省级工法 7 项，授权美国专利 1 项、中国发明专利 17 项、实用新型及软著 20 项，出版专著 9 部（大跨隧道系列丛书）、发表 SCI/EI 等文章 131 篇。项目成果有力保障了世界最大规模双向八车道公路隧道群的安全建设，创造了同等跨度隧道建设长度的世界纪录，首次树立了富水泉域地层超大跨隧道建设的示范样板工程，获"中国公路勘察设计协会公路交通设计一等奖"。在全国召开学术和技术培训会百余场，推广和普及了超大跨隧道设计和施工核心技术，助力行业科技进步，引领了我国公路交通建设水平的发展。

高速列车气动造型设计关键技术研究与应用 我国高速列车运行速度达到350km/h，实车试验速度达到486.1km/h，高速列车气动造型设计、评估、制造面临新的巨大挑战。针对高速列车气动造型协同设计、全场景气动性能评估、大曲率－大断面－长车体复杂曲面结构精准制造难题，历时近10年，创新了高速列车气动造型多目标全要素一体化设计技术体系，创建了空气动力评估和验证技术体系，研发了复杂曲面结构精准制造系列技术，实现气动造型设计、评估、制造技术的重大突破，主要技术内容包括：①创建高速列车气动造型多目标全要素一体化设计技术体系，实现和谐号、复兴号等系列高速动车组谱系化外形设计。与日本、德国、法国等国外高速铁路发达国家相比，采用该项目研究成果研发制造的高速列车，交会速度高达420km/h，提升30%以上；350km/h速度等级下车外通过噪声降低2dB（A）。以气动减阻为设计指标，全新车型优化设计气动阻力降低10%以上。②搭建高速列车空气动力学仿真平台，研发整车气密性及气密疲劳试验台和实车线路试验技术，形成高速列车空气动力学评估和验证技术体系。建立高速列车全场景空气动力学仿真技术，研发世界上可模拟压力范围最高（±20000Pa）的整车多场景气密性及气动疲劳评估试验平台，提出高速列车空气动力实车试验技术，完成和谐号、复兴号等系列高速列车气动性能验证评估。③创新大曲率－大断面－长车体高速列车复杂外形结构精准制造技术，突破优良气动型面从形性优化设计到工程再现及产业化的系列瓶颈问题，形成高速列车复杂气动外形结构制造技术体系。提出了拉、压、辊等组合式大曲率大构件中空型材成型技术及规范，制造精度在1.5mm以内；开发了多点成型智能柔性模具，实现涨拉成型自动编程；研发了焊接结构尺寸精准控制及模块化组焊技术，12m长流线型头型上，600m长焊缝复杂焊接结构尺寸公差控制在4mm以内；开发复杂曲面三维检测技术，测量效率提升40%，测量精度提升1个量级。④研究成果具有完全自主知识产权，获得授权知识产权33项，其中发明专利18项，实用新型专利4项，外观设计专利4项，软件著作权7项；起草企业标准7项，铁路行业标准1项；发表学术论文68篇，其中SCI/EI检索28篇。以高速列车气动造型设计、评估、制造为突破点，通过技术方法开发、仿真及试验平台建设、制造技术升级，建立高速列车气动造型研发制造平台，实现技术理论体系的大规模工程应用，技术成果达到国际先进水平。研究成果全面应用于和谐号、复兴号、更高速度试验列车等高速列车产品，并推广应用于高速磁浮列车，及印尼雅万高铁、泰国高铁等海外高铁项目，近三年累计新增销售额278900万元，起到重要引领和示范作用。

典型工业园区环境风险应急管控关键技术创新与应用 近年来我国环境风险事件频发，对生态环境乃至社会稳定造成了严重危害。山东省产业结构偏重，工业园区数量位居全国前列，环境风险源量大面广，环境风险凸显，极易造成重大生态环境危害。如何有效预防预警环境风险和科学应对突发环境事件，是环境科学技术领域亟需破解的难题。在国家科技重大专项、国家重大科学仪器设备开发专项等项目支持下，项目组整合科研院校和相关企业优势力量，历时十余年产学研联合攻关，面向工业园区重大环境风险源，针对风险源精准辨识难、管控技术体系不健全、在线监测装备国产化率低、智慧化精细化水平低等难题，融合环保、安监、消防、卫生等多部门数据资源，研发多项应急管控关键技术及装备，建成环境风险综合防控一体化智慧平台，提高了应急管理的专业化、智能化、精细化水平，为山东省乃至全国环境风险防控能力提升做出了突出贡献，获得四位院士高度评价。项目主要创新成果如下：①设计开发了基于模糊运算策略优化的风险评估模型，实现了环境风险源风险分级和薄弱环节精准定位；突破了多部门数据调用壁垒，首次提出了6+X管控因子筛查方法，建立了工业园区环境风险多层次阈值预警模式；创建了"八道防线"防控体系，创新了环境风险管控方法，解决了工业园区环境风险辨识技术难题。②首创水质在线酶－底物光度/荧光法、DBD-UVFS发射光谱法、GPMAS气相分子吸收法、DBD原子化原子荧光法、膜萃取－微捕集－GC技术和突发环境风险事件应急处置和生态屏障阻控等关键技术，实现了主要指标在线实时监测，填补了国内空白，拓宽了在线监测范围，其中微生物在线监测技术（检测时间由48h缩至12h）国际领先。③基于自主创新的在线监测技术，研发了覆盖园区有毒有害气体、废水、地表/地下水等在线监测的系列化装备；突破了移动式设备的稳定性技术，高度集成采样与检测一体化移动式应急监测装备，同时可测30余种参数，入选工信部《国家鼓励发展的重大环保技术装备目录（2017版）》。④创新了工业园区安全与环保联防联控管理方法，突破了多类型数据交互调用的技术瓶颈，实现了大气和水环境风险防控数据融合，研发了三维GIS与虚拟现实交互印证的大气环境中小尺度仿真扩散模型和污染团过境溯源模型，建立了基于人工智能语音技术的命令自学习识别库，构建了环境风险综合防控一体化智慧平台，提高工业园区环境风险智能化精细化管控水平25%以上。项目成果在十余个国家级和省级典型工业园区开展工程示范和上千家企事业单位推广应用，产品基本覆盖全国并出口欧洲，近三年新增销售收入2.69亿元。鲁西化工项目作为国家首批预警试点第一个通过国家验收，京博化工项目作为典型成功案例在2018年全国环境应急管理工作推进会上向全国推广。同时为南水北调和冬奥会水质安全保障提供了科技支撑。项目组获批国家标准3项，地方标准1项；开发了软件产品58个，获授权发明专利11件、实用新型专利26件、软件著作权87个；发表SCI/EI论文102篇；培养泰山学者青年专家1名，博士/硕士研究生52名。

小麦玉米周年丰产肥水高效关键技术创新与应用 山东是我国粮食主产省，小麦、玉米常年播种面积分别为6100万亩、6000万亩，总产分别占全国的19.0%和10.1%，在我国粮食生产中占有重要地位。长期以来，山东小麦玉米周年生产中存在肥水协同性与小麦玉米周年需求匹配度较差、长期单一旋耕导致耕层土壤厚度降低且质量下降以及小麦玉米周年生产抗逆稳产性较差等三大突出问题，严重制约了小麦玉米可持续生产。针对上述问题，山东省农业科学院玉米研究所联合省内外产学研优势单位，历时9年持续攻关，在理论研究及关键技术创新方面取得重大突破，主要创新如下：①首次揭示了小麦玉米两熟种植制度下秸秆还田+深松对耕层土壤"扩蓄增效"和"强根促养"的调控机理，探明了小麦玉米周年肥水协同高效的生理基础，揭示了小麦玉米周年肥水耦合机理，为小麦玉米肥水高效利用和周年丰产提供了理论依据。②确立了双季秸秆还田条件下"以产定氮"优化调节C/N的计算方法和肥水周年分配比例，首次综合利用氮抑制与磷活化原理创制小麦玉米专用缓释长效肥料产品6个，创建耕层土壤地力持续提升、小麦玉米周年肥水高效利用、壮株延衰增粒重3项共性关键技术。③构建鲁东丘陵区、鲁中半干旱区、鲁西沿黄平原区3套区域性小麦玉米周年丰产高效技术模式，建立了山东省小麦玉米周年丰产高效技术体系和"三中心四协同"粮食丰产增效技术推广模式，累计示范推广18066.04万亩，实现小麦玉米周年平均亩增产32.41kg，水分利用效率、肥料利用效率分别提高16.30%和10.80%，新增粮食585.52万吨，新增经济效益1541229.26万元。④共发表相关研究论文211篇（SCI论文50篇），出版著作6部，获得授权专利30件（国际发明专利1件、国家发明专利17件）、肥料产品登记证6个、软件著作权9项，制定国家标准1项、地方标准15项、省农业主推技术4项，累计培养博士、硕士研究生95名，组织209位专家建立了11个科技特派员工作站，累计培训基层农技人员与农民60余万人次。该成果在两熟种植区小麦玉米周年丰产肥水协同高效机理、关键技术创新、技术集成与示范应用等方面均取得显著成效，在小麦玉米周年改土培肥、肥水协同技术方面的研究达国际领先水平。

改性植物源材料包膜缓控释肥的创制与应用 缓控释肥是国家鼓励发展的新型肥料，已成为化肥减施增效、减少面源污染的有效途径。植物源膜材代替石化类膜材是国内外缓控释肥发展的必然趋势，但植物源材料包膜缓控释肥的研发与应用存在以下问题：一是成分复杂的植物源膜材成膜机理不清、改性技术缺乏导致控释期短，二是传统滴流式包膜工艺装备落后，引起包膜不匀、膜材浪费严重、效率低，三是区域性作物专用产品及高效施用技术研究较少，制约了其大面积推广应用。针对上述问题，课题组在国家科技支撑计划等项目支持下，历经十余年攻关，创制了一系列改性植物源材料包膜缓控释肥产品，使我国跃居该研发领域的国际领先水平，取得以下创新：①揭示了基于植物源材料创制的生物基聚氨酯膜材成膜机理，并提出了3项膜材改性技术，为植物源膜材的高效利用奠定了基础。研究明确了秸秆（纤维素类材料）、回收植物油等通过液化或醇化制备出多羟基化合物，与异氰酸酯反应，生成生物基聚氨酯膜材的成膜机理，为生物基缓控释膜材的创制提供了理论依据；创新了在植物源膜材表面嫁接疏水有机硅化合物或纳米材料的技术，制得超疏水生物基膜材，延长了养分控释期，进一步揭示了超疏水及养分控释机理；研发了高分子"网络互穿"改性技术，制备了"高致密"生物基控释膜，提高了其控释质量；明确了膜材缺乏韧性是其易破裂的主要原因，研发了"膜材增韧"改性技术，制备了高弹性生物基控释膜，有效防止了膜壳破裂。上述研究为提高植物源膜材的养分控释效果提供了理论与技术支撑。②发明了肥料颗粒表面优化、植物源膜材的高效雾化包膜技术，研制了相应装备，创建了连续、自动、精准化生产线。发明了"以喷涂熔融尿素为底涂层的肥料表面处理技术"，节省膜材30%；创新了高粘膜材高效雾化的包膜技术，包膜均匀度提高2倍以上，颗粒粘连率由3%降低到0.2%；创建了连续、自动、精准化的生产线，生产效率提升20%以上，综合能耗降低20%。③创制了纤维素和回收植物油两类改性植物源材料包膜缓控释肥，研发了系列区域作物专用肥及其施用方法，推动了新产品的大面积应用。发明了以改性纤维素和回收植物油为主要膜材的两类包膜缓控释肥，实现了生物基膜材替代石化类膜材的技术飞跃；开发出与区域作物需肥规律相匹配的专用肥料产品并提出其高效施用技术；制定了区域作物专用缓控释肥料推荐施用方法及田间肥效评价技术规程，为科学合理施肥及其评价提供了科学依据。项目获授权发明专利15项，实用新型专利3项、中国专利优秀奖1项、软件著作权4项；发表论文57篇，SCI收录29篇（JCR一区18篇），单篇最高影响因子为15.149；制定行业标准3项、山东省农业技术规程3项，获农业部缓释肥登记证2个，山东省缓释掺混肥登记证39个。近三年累计生产改性植物源材料包膜缓控释肥产品69万吨，配成作物专用缓释掺混肥286万吨，新增经济效益70.6亿元，在全国多种作物上累计推广7150万亩，节本增效85.8亿元，有力推动了新型肥料的产业技术进步，经济、社会和生态效益显著。

离子化合物分析关键技术及仪器的开发与应用

离子色谱仪是离子化合物分析的主要设备,是重要的通用型科学仪器,为环境、食品、能源、化工和国防等领域提供基础数据。成果以国家重大科学仪器设备开发专项"多功能离子色谱仪的开发与产业化"等项目为支撑,针对制约我国离子色谱行业的难题攻关,在关键技术、核心部件、整机工艺、应用方法和标准制定等方面取得了系列重大突破:①攻克了国产离子色谱仪制造的"核心"技术难题。全面突破离子色谱固定相制备技术,自主开发33款离子色谱柱,可满足各离子色谱领域分析需求。其中亲水阴离子固定相和弱酸性阳离子固定相为国内首创,性能指标达到国际先进水平;自主研发了电致膜抑制器,电致淋洗液发生器;电荷检测器、双膜型电致淋洗液发生器具有原始创新性,显著提升仪器自动化水平、重现性和信噪比;采用全新模拟放大电路和数控系统,有效降低电极极化和双层电容影响,使量程范围扩大65倍。②实现了核心器部件和系列先进离子色谱仪的规模化生产。实现离子色谱柱、电致器件和检测器的规模化生产,推动国产离子色谱发展;利用自主研发的核心器部件进行整机集成,实现了系列先进离子色谱仪产业化,建立了规模化生产线,为离子色谱行业发展起到标杆示范作用;制定了我国首个《离子色谱仪》国家标准,规范了仪器性能参数测试要求和方法,为行业健康有序发展起到重要引领作用;打破垄断、替代进口,实现出口零突破。产品替代进口并首次应用于海关系统;出口到德、法、日、韩等30个国家和地区,扭转我国离子色谱依赖进口的局面;拉低进口核心部件、整机价格降低约30%。③突破了多项离子化合物分析关键技术难题。在世界上首次制定了离子色谱检测多聚磷酸盐的方法标准,解决了长期困扰我国出口水产品中多聚磷酸盐检测的技术难题,广泛应用于水产品加工质量控制和出口把关,仅山东口岸累计检测出口水产品货值约1100亿元。解决了弱保留氟离子色谱分析难题,灵敏度比传统方法提高约100倍;应用于"铜、铅、锌精矿中氟和氯的测定-离子色谱法""铁矿中氟和氯的测定-离子色谱法"ISO国际标准和《水溶性化工品中氟离子的测定-离子色谱法》国家标准的制定,体现了成果的技术国际先进性;开发了离子色谱与原子荧光、电感耦合等离子体质谱等四种仪器的联用技术,解决了化合物形态和价态分析难题;自主开发柱切换技术实现了复杂基质样品的在线前处理,达到国际领先水平。项目获得授权发明专利48项,其他知识产权61项,发表论文278篇,制定国家和行业标准41项、ISO国际标准2项,已颁布实施22项;有证国家标准物质24种;培养博士后3名、博士40名、硕士106名。项目产业化单位获工信部"全国制造业单项冠军培育企业",山东制造硬科技TOP50。项目产品广泛应用于国计民生各方面,特别是国家重大工程、国事活动和国防安全领域,累计销售约4亿元,取得了巨大的经济和社会效益。该项目创新性强,整体技术达到国际先进水平。

2020年度山东省科学技术进步奖二等奖项目(79项)

编号	项目名称	完成单位	完成人
JB2020-2-1	高速动车组转向架数字化装配生产线	中车青岛四方机车车辆股份有限公司	山荣成、邓学寿、邓鸿剑、张志毅、马永敬、贾广跃、徐锋、吕国艳、姚迪
JB2020-2-2	大马力高强化智控农用机械动力关键技术及产业化	潍柴动力股份有限公司、山东大学、山东五征集团有限公司	郭圣刚、王志坚、白书战、孙永亮、高常明、王金波、任宪刚、王欣伟、王晓艳
JB2020-2-3	大型复杂构件高性能加工关键技术与应用	山东大学、成都飞机工业(集团)有限责任公司、浙江大学	孙杰、国凯、董辉跃、隋少春、牟文平、孙超、姜振喜、李国超、路来骁
JB2020-2-4	鲁西矿床成矿系列勘查技术方法集成与深部找矿突破	山东省地质科学研究院、山东省鲁南地质工程勘察院(山东省地勘局第二地质大队)	于学峰、李大鹏、安茂国、祝德成、耿科、张岩、张英梅、唐璐璐、支成龙
JB2020-2-5	山东省地下水全指标调查评价与污染防治关键技术	山东省地质调查院、中国地质大学(武汉)	朱恒华、刘治政、刘春华、谢先军、卫政润、刘中业、徐华、张华平、李双
JB2020-2-6	数字山东时空数据云平台构建与工程应用	山东省国土测绘院、浙江大学、北京四维图新科技股份有限公司	相恒茂、张伟、杜震洪、孙久虎、李飞、高浠舰、毛继军、姚金明、刘忠志
JB2020-2-7	陆海过渡带三维信息一体化获取关键技术研究与应用示范	山东科技大学、山东省国土测绘院、青岛秀山移动测量有限公司	卢秀山、张立国、魏国忠、石波、钟全宝、丁仕军、祝明然、李国玉、刘强
JB2020-2-8	基于开放式平台的超高清电视研发及产业化	青岛海尔多媒体有限公司	黄俊杰、张晓娜、秦向明、徐冬、张蕊、张京方、张广峰、王召朋、李锦锋
JB2020-2-9	基于毫米波的高精度定位与高效可靠通信关键技术及应用	青岛科技大学、中国海洋大学、青岛蓝湾信息科技有限公司、江苏优埃唯智能科技有限公司	王景景、施威、徐凌伟、梁晓林、吕婷婷、张天遨、郑欣、李海涛
JB2020-2-10	面向云中心的媒体数据安全关键技术及应用	山东省计算中心(国家超级计算济南中心)、齐鲁工业大学(山东省科学院)、新大陆科技集团有限公司	马宾、杨美红、李健、王春鹏、张鹏、赵大伟、付勇、王春梅、陈继欣
JB2020-2-11	特种作业机器人技术及应用	山东大学	宋锐、姬冰、荣学文、李贻斌、柴汇、邓伟、裴文良、赵国强

续表

编号	项目名称	完成单位	完成人
JB2020-2-12	自适应联邦智能关键技术及产业化	中国石油大学（华东）、青岛文达通科技股份有限公司、山东鲁能软件技术有限公司、青岛海尔工业智能研究院有限公司、复旦大学	张卫山、张维杰、杨夙、王晓虎、刘昕、张俊岭、吴春雷、刘伦明、管洪清
JB2020-2-13	面向大电网运行的火电机组性能评价与控制优化关键技术及应用	山东科技大学、山东电力研究院、山东中实易通集团有限公司、山东鲁能软件技术有限公司	王建东、高嵩、周东华、庞向坤、游大宁、杨子江、赵岩、郎澄宇、李洪海
JB2020-2-14	集热储热一体技术在太阳能热水系统中的研发与应用	青岛经济技术开发区海尔热水器有限公司、山东师范大学	李天平、蒋建平、门广岳、庄宇、解居志、李伟、周茂霞、杨春涛、姜立军
JB2020-2-15	几种典型辛辣蔬菜高值化加工关键技术创新与应用	齐鲁工业大学、中椒英潮辣业发展有限公司、山东省农业科学院、济宁市东运食品科技股份有限公司、山东晶荣食品有限公司	崔波、于滨、卢艳敏、隋洁、檀琮萍、张洪霞、吴正宗、谭英潮、李静
JB2020-2-16	基于有机硅的高端电子化学基础材料关键技术的创新与制备体系构建	山东东岳有机硅材料股份有限公司、山东省科学院新材料研究所	伊港、牟秋红、彭丹、刘海龙、周磊、王安营、胡庆超
JB2020-2-17	中性硼硅玻璃制品关键制备技术及产业化	山东省药用玻璃股份有限公司	张军、扈永刚、苏玉才、陈刚、王国军、王玉伟、弋康锋
JB2020-2-18	山东省3个主栽树种良种选育和高效培育关键技术创新及应用	山东省林业科学研究院、山东农业大学、费县国有大青山林场、宁阳国有高桥林场、山东鳌龙农业科技有限公司	荀守华、董玉峰、姜岳忠、乔玉玲、毛秀红、王延平、王卫东、秦光华、张自和
JB2020-2-19	黄河三角洲盐碱地防护林体系构建技术	山东省林业科学研究院、滨州学院、山东农业大学	许景伟、夏江宝、胡丁猛、李传荣、囤兴建、王月海、王清华、刘京涛、韩友吉
JB2020-2-20	济薯25、济薯26甘薯新品种选育与应用	山东省农业科学院作物研究所、中国农业大学、济宁市农业科学研究院	王庆美、张立明、刘庆昌、侯夫云、张海燕、段文学、董顺旭、汪宝卿、黄成星
JB2020-2-21	圣稻系列优质高产抗病水稻新品种选育及应用	山东省水稻研究所、山东省农业科学院生物技术研究中心	杨连群、陈峰、朱文银、徐建第、姜明松、刘奇华、周学标、张士永、赵庆雷
JB2020-2-22	M26/33系列大功率高速柴油机关键技术创新及产业化	潍柴动力股份有限公司、山东大学、博杜安（潍坊）动力有限公司	黄国龙、李志勇、闫伟、贾德民、王春英、李国文、李卫、刘吉华、安然
JB2020-2-23	交直流混合微电网协同优化运行控制技术及工程示范	国网山东省电力公司电力科学研究院、山东大学、许继集团有限公司、上海交通大学、国网山东省电力公司济南供电公司、国网山东省电力公司青岛供电公司、国网山东省电力公司日照供电公司	王士柏、程艳、于芃、杨明、王楠、魏大钧、张用、苏欣、李广磊
JB2020-2-24	应对大功率缺额风险的受端电网控制决策技术	国网山东省电力公司、国网山东省电力公司电力科学研究院、山东大学	王亮、王勇、陈博、麻常辉、杨冬、马欢、张冰、李常刚、邢鲁华
JB2020-2-25	腰椎失稳性疾病中西医结合治疗体系的创建及应用推广	山东省文登整骨医院、上海中医药大学附属龙华医院、山东省文登市整骨科技开发有限公司	杨永军、周纪平、谭远超、姜传杰、姚树强、杨少辉、刘彬、王拥军、李世强
JB2020-2-26	金银花产业化开发关键技术创新及应用	临沂大学、平邑县金银花果茶管理办公室、山东惠普生物科技有限公司、临沂市农业科学院	郭绍芬、郑亚琴、冯尚彩、王慧、付晓、丁文静、史晓委、况鹏群、庞朝征
JB2020-2-27	基于多重组学的中医药在辅助生殖技术的关键机制及临床转化应用	山东中医药大学附属医院	连方、孙振高、相珊、吴海萃、张建伟、孙金龙、宋景艳、郭颖、韩乐天
JB2020-2-28	TREM2在阿尔茨海默病发生和防治中的作用	青岛市市立医院	谭兰、郁金泰、谭辰辰、谭梦姗、曹溪芃、谭琳、侯晓禾、万宁、王会福
JB2020-2-29	儿童危重心脏病诊治核心体系建立与临床应用	青岛市妇女儿童医院	泮思林、罗刚、吕海涛、吴蓉洲、刘芳、邢泉生
JB2020-2-30	脑肠肽ghrelin与帕金森病发生发展的关系及在帕金森病早期诊断中的应用	青岛大学	姜宏、焦倩、宋宁、王乃东、贾凤菊、沈晓丽、毕明霞
JB2020-2-31	多组学指导恶性肿瘤精准治疗及预测的关键技术创新与转化推广	山东省肿瘤防治研究院	孟雪、万香波、王琳琳、李因涛、徐清华、陈大卫、王璐、刘洁、蔡国新
JB2020-2-32	提高肺癌精准治疗疗效关键技术研创与应用	山东省肿瘤防治研究院	朱慧、张娜莎、郭洪波、刘超、井旺、郑燕、朱健、苑举鹏、李骥
JB2020-2-33	基于循证医学及基因大数据乳腺癌风险预测及综合诊治策略研究	山东中医药大学、潍坊市中医院	孙长岗、庄静、冯福彬、刘存、刘丽娟、高春迪、李华瑶、李佳、张婷婷
JB2020-2-34	脂毒性致甲状腺损伤的机制及干预	山东省立医院	高聆、邵珊珊、赵萌、薄涛、陈文斌、马世瞻、周小明、王丹、赵家军

编号	项目名称	完成单位	完成人
JB2020-2-35	肺结核病的流行特征及早期诊断	山东省立医院、山东省胸科医院、中国医学科学院 & 北京协和医学院病原生物学研究所	李怀臣、刘尧、于春宝、李一帆、高磊、邓云峰、陶宁宁、宋晚妹
JB2020-2-36	FAP及常见神经退行性病的致病机制及干预对策研究	山东省立医院、南京医科大学	侯旭、王永祥、张振、张志远、丛琳
JB2020-2-37	急性肾损伤及其慢性化转归的分子机制、靶向药物干预及临床研究	青岛大学附属医院	徐岩、赵龙、罗从娟、刘航、马瑞霞、刘雪梅、李春梅
JB2020-2-38	放射性粒子治疗颅内肿瘤技术体系建立及应用	青岛大学附属医院、安徽紫薇帝星数字科技有限公司	胡效坤、胡禾颖、刘士锋、王从晓、李伟、杨莉莉、张浩、彭丽静、陈高
JB2020-2-39	基于胰岛功能糖尿病精准防治的研究与应用	山东大学齐鲁医院、诺莱生物医学科技有限公司	陈丽、侯新国、刘福强、梁凯、李文娟、赵汝星、王川、孙正、杨继建
JB2020-2-40	先天性巨结肠症发病机制新理论与微创诊疗新技术的探索和创新	山东大学齐鲁医院、山东省立医院	李爱武、王健、张强业、牟亚汝、吕孝娜、张帆、王东明、高妮
JB2020-2-41	背根神经节慢性压迫后腰痛机制的研究及临床应用	山东大学齐鲁医院	岳寿伟、张杨、怀娟、魏慧、曲玉娟、贾磊
JB2020-2-42	特色儿童药关键技术体系构建及规模产业化	山东达因海洋生物制药股份有限公司、山东大学	何淑旺、翟光喜、杨杰、王龙江、刘长涛、解春文、李树英、陶元景、王文笙
JB2020-2-43	药品快检关键技术建立、仪器研发及体系建设	山东省食品药品检验研究院、济南盛泰电子科技有限公司	李军、张中湖、林永强、石峰、李启艳、王维剑、汪冰、谢强胜、巩丽萍
JB2020-2-44	抗前列腺癌天然活性小分子的化学制备及作用机制研究	山东大学	苑辉卿、娄红祥、孙斌、牛焕民、蒋汉明、郑泓波、牛蕾蕾
JB2020-2-45	肉兔产业链关键技术研究与示范推广	青岛康大食品有限公司、山东省农业科学院畜牧兽医研究所、江苏省农业科学院、青岛康大兔业发展有限公司	李明勇、刘永需、刘曼、赵红、孙海涛、刘洪成、王召朋、管相妹、魏后军
JB2020-2-46	牧草持续丰产与提质增效关键技术创新与应用	青岛农业大学	孙娟、杨国锋、苗福泓、刘洪庆、王增裕、李海梅、李长忠、赵怡然、宋辉
JB2020-2-47	经纬双弹无甲醛免烫衬衫面料关键技术研究及产业化	鲁丰织染有限公司、山东理工大学、青岛大学、武汉纺织大学	张战旗、王德振、姜兆辉、许秋生、王蕊、柯贵珍、仲伟浩、郭增革、宋琳
JB2020-2-48	茂金属耐热聚乙烯（PE-RT）管材料成套生产技术开发	中国石油化工股份有限公司齐鲁分公司	杨宝柱、李东华、王群涛、王常宝、唐岩、王涛、郭锐、卢玉坤、王日辉
JB2020-2-49	基于磷水共脱的磷石膏晶型重构及多元化加工关键技术产业化	金正大生态工程集团股份有限公司、金正大诺泰尔化学有限公司、菏泽金正大生态工程有限公司	胡兆平、于南树、王怀利、李新柱、郑磊、刘永秀、刘阳、齐英杰、相利学
JB2020-2-50	高挥发分煤热解油气提质净化技术开发与应用	山东科技大学、青岛华世洁环保科技有限公司、山东天安环境科技有限公司	梁鹏、张亚青、张华伟、刘振学、周仕学、焦甜甜、郅立鹏、张海洋、吴德财
JB2020-2-51	加油站全流程渗泄漏防控关键技术开发及应用	中国石油化工股份有限公司青岛安全工程研究院	张卫华、王振中、程庆利、修德欣、陶彬、张健中、丁莉丽、甄永乾、赵雯晴
JB2020-2-52	尿路上皮癌复发转移的机制和防治的创新技术与应用	烟台毓璜顶医院	吴吉涛、林春华、杨典东、高振利、袁贺佳、崔元善、于胜强、方峰春
JB2020-2-53	微创外科治疗在合并凝血功能障碍的血管病变中的应用	临沂市肿瘤医院、山东省立第三医院、上海交通大学医学院附属第九人民医院	秦中平、李恩山、刘学键、邰茂众、李克雷、张凌、葛春晓、陈涛、王庆东
JB2020-2-54	乳腺癌高危人群社区筛选技术的验证与推广应用	山东大学、北京科技大学、鲁东大学	余之刚、王斐、刘丽媛、宁焕生、王睿、李阿丽、郭明明、于理想、相玉娟
JB2020-2-55	胎儿宫内诊疗新技术研发与应用	山东省立医院、北京贝瑞和康生物技术有限公司	王谢桐、李红燕、王珊、李磊、王红梅、王燕芸、贾颐舫、张燕、张建光
JB2020-2-56	脑胶质瘤微环境调控网络和多元干预体系的构建及应用	山东省立医院	辛涛、张睿、庞琦、范海涛、郑志明、郑向荣、高泰弘、许尚臣
JB2020-2-57	关节软骨疾患的相关基础与临床转化研究	青岛大学附属医院	张海宁、冷萍、李涛、王英振、徐浩、张永涛、吕成昱
JB2020-2-58	肺部疾病微创外科关键诊疗技术的建立与应用	青岛大学附属医院	矫文捷、赵艳东、邱桐、任敦强、郝翠、金翔凤、王栋、孙晓、秦毅
JB2020-2-59	消化系肿瘤计算机辅助诊疗平台研发与临床应用	青岛大学附属医院、北京航空航天大学、青岛海信医疗设备股份有限公司	卢云、李帅、田广野、朱呈瞻、刘广伟、潘俊君、张宪祥、胡继霖、丁磊
JB2020-2-60	复杂高边坡岩体流变损伤理论方法与安全监测预报关键技术	山东大学、中国电建集团成都勘测设计研究院有限公司、国电大渡河大岗山水电开发有限公司、山东省地矿工程勘察院、中国石油大学（华东）	张强勇、杨文东、段抗、王建洪、吕鹏飞、杨颖、贺如平、张龙云
JB2020-2-61	海洋环境混凝土耐久性劣化机理及防护关键技术与应用	青岛理工大学、中国科学院海洋研究所、青岛市政集团砼业工程有限公司、青岛益群地下城开发有限公司、中交一航局第二工程有限公司	张鹏、孙丛涛、赵铁军、范宏、鲍玖文、郭福成、陈际洲、林旭梅、徐建光
JB2020-2-62	广深港动车组研制	中车青岛四方机车车辆股份有限公司	陶桂东、王浩、史小利、李莉、杨丽丽、崔玉龙、王宗昌、柴孝杰、李亮亮

续表

编号	项目名称	完成单位	完成人
JB2020-2-63	航天器能源管理关键技术及应用	山东航天电子技术研究所	张龙龙、宋鼎、刘鹏、王磊、崔战国、李雅琳、赵建伟、明旭东、张振宇
JB2020-2-64	高速铁路CRTSⅢ型轨道板流水机组法生产工艺与成套设备研发	山东交通学院、山东高速轨道交通集团有限公司、中铁二十三局集团轨道交通工程有限公司、山东高速铁建装备有限公司	王保群、李晓荣、张长春、李亚东、樊文波、张爱勤、黄兴启、刘文江、黄雪涛
JB2020-2-65	基于酸性土壤改良的农林废弃物处理关键技术体系与应用	山东省科学院能源研究所、山东大学、徐州市芭田生态有限公司、青岛冠宝林活性炭有限公司、山东省国有林场管理站	司洪宇、梁晓辉、华栋梁、崔兆杰、张晓东、倪寿清、汪晓红、廖威、杨黎军
JB2020-2-66	农田土壤农药污染微生物防控技术体系及应用	山东省科学院生态研究所、山东蔚蓝生物科技有限公司	张新建、苑伟伟、吴晓青、张广志、周英俊、周方园、赵晓燕、凌红丽、周红姿
JB2020-2-67	主栽食用菌菌种技术及标准化高效生产体系创建	山东省农业技术推广总站、山东省农业科学院农业资源与环境研究所、山东农业大学、山东福禾菌业科技股份有限公司、上海市农业科学院、山东七河生物科技股份有限公司、临沂瑞泽生物科技股份有限公司	高霞、韩建东、贾乐、高瑞杰、李晓博、于海龙、赵淑芳、张振宇、朱建平
JB2020-2-68	棉花集中成熟绿色高效栽培关键技术创建与应用	山东棉花研究中心、河北农业大学、石河子大学、新疆利华（集团）股份有限公司	董合忠、王桂峰、罗振、张冬梅、李存东、田景山、崔正鹏、迟宝杰、赵红军
JB2020-2-69	小麦壮根调冠抗逆高效技术	山东省农业科学院作物研究所、山东省农业技术推广总站、山东大华机械有限公司、潍坊悍马农业装备有限公司、山东郓城县工力有限公司	王法宏、孔令安、冯波、李华伟、李升东、张宾、王宗帅、司纪升、于安军
JB2020-2-70	花生连作障碍消减和高产增效关键技术创建及应用	山东省农业科学院农业资源与环境研究所、山东省农业科学院生物技术研究中心、史丹利农业集团股份有限公司、山东省花生研究所、山东省农业科学院原子能农业应用研究所、山东农业大学、山东省农业科学院作物研究所	刘苹、郭峰、万书波、孟维伟、孟静静、唐朝辉、杨东清、于天一、陈建爱
JB2020-2-71	大蒜机械化播种与收获关键技术及装备	山东农业大学、山东省农业机械技术推广站、济南华庆农业机械科技有限公司、临沂市建领模具机械有限公司、德州春明农业机械有限公司	侯加林、耿爱军、吴彦强、江平、崇峻、包建领、王玉亮、霍德义、牛子孺
JB2020-2-72	重型工程机械用高端球墨铸铁卷筒制造技术与应用	山东汇丰铸造科技股份有限公司	刘庆坤、刘宪民、周长猛、刘明亮、李烨飞、巩传海、张永
JB2020-2-73	淡水名优鱼类种质创新及养殖关键技术开发与示范	山东省淡水渔业研究院、济宁市水产技术推广站	朱永安、孟庆磊、朱树人、安丽、张龙岗、王兰明、王锡荣、赵丽娟、杨玲
JB2020-2-74	危险化工工艺异常预警与事故防控关键技术	中国石油化工股份有限公司青岛安全工程研究院、青岛科技大学、中国石化青岛炼油化工有限责任公司	王春利、李传坤、姜巍巍、李玉明、田文德、徐伟、曹德舜、陈鑫、李荣强
JB2020-2-75	4D特效科普影片《羽龙传奇》	山东省科学技术宣传馆	李伟、孔祥飞、夏妍、胥蔚蔚、王娜、杨媛媛、王申
JB2020-2-76	抛喷丸清理用金属磨料标准创新技术及应用	山东开泰集团有限公司、山东大学	刘如伟、翟永真、尹建国、王瑞国、李计良、王学亮、刘立艳
JB2020-2-77	不公开		
JB2020-2-78	不公开		
JB2020-2-79	不公开		

2020年度山东省科学技术进步奖三等奖项目（110项）

编号	项目名称	完成单位	完成人
JB2020-3-1	LCZ-ZD全钢一次法三鼓成型机的开发	青岛双星橡塑机械有限公司	刘培华、陆永高、刘丙亮、尹炳鹏、颜建龙、杨晓
JB2020-3-2	废轮胎常压连续再生环保生产配方工艺技术与成套装备	中胶橡胶资源再生（青岛）有限公司、青岛科技大学	沈军、郭素炎、辛振祥、纪奎江、谭钦艳、周睿
JB2020-3-3	高阻尼宽温域轨道交通车辆车内减振器制备技术及应用	青岛澳泰交通设备有限公司、青岛科技大学	姜晓妍、曾宪奎、王东、姚荣荣、苗清、鲍丽苹
JB2020-3-4	大排量汽车V型发动机用正时传动链条技术及其系列产品	青岛征和工业股份有限公司	付振明、金丽君、刘毅、王庆雷、李存志

续表

编号	项目名称	完成单位	完成人
JB2020-3-5	立式铣车复合机床	龙口市蓝牙数控装备有限公司	王建鹏、王建斌、王嘉轩
JB2020-3-6	切削油循环带式过滤成套装备关键技术	烟台开发区博森科技发展有限公司	周博、纪艳青、徐俊彦、张政华、张雪丹、王文彦
JB2020-3-7	不锈钢窄流道封闭式叶轮近净成型精密制造技术研究与应用	山东森宇精工科技有限公司	王树森、李大亮、胡春秀、孟静、李兆杰、杨文
JB2020-3-8	高效、低噪、高可靠性大型轴流风机叶轮关键技术研发及产业化	威海克莱特菲尔风机股份有限公司	王新、徐超、赵龙武、孔宪良、盛军岭
JB2020-3-9	铝门窗高效智能精密锯削加工装备	山东理工大学、山东乾正数控机械有限公司、胜利油田高原石油装备有限责任公司	贺磊、杨先海、程祥、王永、薛鹏、郑光明
JB2020-3-10	新型主动控制式油气弹簧研制	山东万通液压股份有限公司、青岛科技大学	王刚、常德功、李松梅、王灿才、于善利、袁茂军
JB2020-3-11	智能化急倾斜俯伪斜液压支架研制及应用	山东矿机集团股份有限公司	冯坤、杨广兵、秦香军、邵灵敏、王红青、戴立民
JB2020-3-12	叠层细筛精准分级回收选煤厂煤泥技术研发与应用	威海市海王旋流器有限公司	崔学奇、王书礼、孙吉鹏、张星、葛家君、张光伟
JB2020-3-13	胶东地区白垩纪金-铜-铅锌-钼成矿系列及找矿实践	山东省物化探勘查院、河北地质大学、山东省第六地质矿产勘查院、山东省第三地质矿产勘查院、山东省第四地质矿产勘查院	李世勇、李杰、宋英昕、林少一、魏绪峰、张海瑞
JB2020-3-14	深井高温高湿采矿环境下热害预测与控制技术	山东黄金金创集团有限公司、青岛理工大学、福州大学	汪仁健、张永亮、张西龙、黄萍、张传柱、穆锡川
JB2020-3-15	新型火灾气体检测预警技术及其应用	济南市长清计算机应用公司、山东省科学院自动化研究所、齐鲁工业大学	刘建翔、马凤英、秦旭昌、李绍鹏、孙凯、徐善文
JB2020-3-16	智能光电探测监视系统	济南和普威视光电技术有限公司	韩凛、张琪步、郭长林
JB2020-3-17	高速动车组数字化调试技术应用	中车青岛四方机车车辆股份有限公司	沈华波、邴晨阳、赵建博、孙晓东、常杰、郑启亮
JB2020-3-18	液晶电视Unibody技术和模型化精益设计技术研发及应用	海信视像科技股份有限公司	唐志强、胡小龙、马吉航、高上、陈宇、张登印
JB2020-3-19	具备指示功能的云端光模块	青岛海信宽带多媒体技术有限公司	杨思更、何鹏、郑龙、刘旭霞、邵乾、钟岩
JB2020-3-20	基于三维几何透视映射矫正技术的数字展示系统的应用	山东金东数字创意股份有限公司	周安斌、高甲财、耿庆春
JB2020-3-21	非线性工况电力监测与计量关键技术研发与应用	烟台东方威思顿电气有限公司、国网冀北电力有限公司计量中心、北京化工大学	吴章宪、袁瑞铭、谢建国、王学伟、姜振宇、刘笑菲
JB2020-3-22	高速在线啤酒成品检测设备	山东明佳科技有限公司	张树君、张淳、韩磊、施陈博、张宪栋、高晓宇
JB2020-3-23	康复与护理智能机器人	曲阜师范大学、山东旭日鑫医疗器械有限责任公司	武玉强、曹佃国、张中才、刘旭祥、刘志田、卢启平
JB2020-3-24	农产品冷链物流全程可视化管理系统研发与产业化示范	临沂大学、希杰荣庆物流供应链有限公司、济南大学	杨波、郑全军、张问银、王海峰、王九如、马坤
JB2020-3-25	城市地下安全云端测控分析系统	山东康威通信技术有限公司	杨震威、张明广、吴海滨、高波、马宝国、孔得朋
JB2020-3-26	四控合一除湿和翼型优化低噪音节能中央空调	青岛海信日立空调系统有限公司	张荣海、李丛来、孙鹏飞、张震、石靖峰、李亚军
JB2020-3-27	大火力、易清洁智能防干烧技术在灶具上的应用与推广	青岛海尔智慧厨房电器有限公司	陈雄、张蒙恩、杨成垒、马万银、刘衡、王明琴
JB2020-3-28	空调新型变频节能舒适技术的研究及应用	青岛海尔空调器有限总公司、青岛海尔空调电子有限公司	刘聚科、许国景、高保华、徐贝贝、宋世芳、邵海柱
JB2020-3-29	吸油烟机风幕技术及其产业化	青岛海尔智慧厨房电器有限公司、同济大学	孟永哲、盖其高、艾希顺
JB2020-3-30	多筒洗衣机分类健康洗护技术研发及应用	海信（山东）冰箱有限公司	薛威海、石伟泽、金民基、王增强、孔露露、邓开平
JB2020-3-31	酿造工程关键技术体系的构建及应用	山东扳倒井股份有限公司、山东国力生物科技有限公司	许玲、袁建国、张锋国、高艳华、信春晖、赵纪文
JB2020-3-32	ADO高渗透表层耐磨纸关键制备技术及应用	淄博欧木特种纸业有限公司、齐峰新材料股份有限公司、齐鲁工业大学	李安东、王强、李文海、刘姗姗、李洪利
JB2020-3-33	低钾型3A沸石分子筛的开发与产业化应用	山东能特异能源科技有限公司	刘昂峰
JB2020-3-34	具有优异抗冲性能的高透明无折白MBS树脂	山东瑞丰高分子材料股份有限公司	刘春信、张振国、张海瑜、焦淑元、张中超、王滨

续表

编号	项目名称	完成单位	完成人
JB2020-3-35	柴油车尾气治理用分子筛绿色合成工艺及产业化	山东齐鲁华信高科有限公司	刘环昌、彭立、王龙、明曰信、陈文勇
JB2020-3-36	建材用硬质聚氨酯功能材料的制备及产业化	山东一诺威新材料有限公司	李明友、李欣、宁晓龙、郝德开、殷晓峰、刘玄
JB2020-3-37	无溶剂聚氨酯防水涂料关键技术研究及产业化	宏源防水科技集团有限公司	李超、陈鸢飞、王威、刘晓东、马伟伟、刘新永
JB2020-3-38	钕铁硼废料资源高效环保循环综合利用	中稀天马新材料科技股份有限公司	林平、高习贵、商成朋、赵善奇、冯昌法、李军
JB2020-3-39	高性能节电龙带的研制与开发	山东德海友利新能源股份有限公司	张庆军、蒋德海、宋来坤、王华宝、张怀亭、张辉利
JB2020-3-40	无线快充用高Bs、宽温、超低功耗铁氧体隔磁片材料	临沂春光磁业有限公司	宋兴连、韩卫东、徐士亮、邵明明、徐士明、解丽丽
JB2020-3-41	石墨烯的宏量制备及其在锂离子电池中的应用	山东玉皇新能源科技有限公司	肖双、张晓玉、王超武、朱胜凯、邰鲁杰、窦燕蒙
JB2020-3-42	黑赤松良种选育及栽培关键技术创新与应用	烟台市林业科学研究所、山东省林业科学研究院	祁树安、李保进、王开芳、臧真荣、陈丽英、苗杰
JB2020-3-43	蔬菜集约化高效育苗技术研究与应用	山东省潍坊市农业科学院、青岛农业大学、山东省寿光市三木种苗有限公司	杨晓东、杨延杰、刘钊、徐立功、孙继峰、张元国
JB2020-3-44	紧凑型绿豆新品种选育与应用	山东省潍坊市农业科学院、山东棉花研究中心、中国农业科学院作物科学研究所、嘉祥腾飞种业有限公司	曹其聪、司玉君、陈雪、卢合全、程须珍、姜官恒
JB2020-3-45	健康无毒瓜类蔬菜种苗繁育技术研究与开发	山东鲁寿种业有限公司、北京市农林科学院蔬菜研究中心、潍坊科技学院	孙凤堂、徐秀兰、刘晓明、高珏晓、郝婷婷、程兆榜
JB2020-3-46	泰山赤灵芝新品种培育及产业化开发	泰安市农业科学研究院、山东芝人堂药业有限公司	王庆武、丛倩倩、崔晓、李秀梅、兰玉菲、田克赞
JB2020-3-47	优质高产广适水稻新品种选育及绿色标准化栽培技术集成与推广	临沂市农业技术推广服务中心、沂南县农业研究所、青岛农业大学、河东区宇胜水稻种植专业合作社	冯尚宗、丁效东、张民阁、王新娟、张荣亭、左振朋
JB2020-3-48	山东主要森林害虫成灾规律和防治关键技术	山东省林业科学研究院、山东省森林病虫害防治检疫站、商河县森林保护站、济南祥辰科技有限公司	武海卫、闫家河、李延平、姚文生、胡宪亮、康智
JB2020-3-49	山东优质红茶开发关键技术与产业化	青岛农业大学、山东省果茶技术推广站、青岛职业技术学院	张新富、胡建辉、李玉胜、王培强、张续周、赵磊
JB2020-3-50	SDL-7600输电线路分布式故障监测与智能诊断系统	山东山大电力技术股份有限公司	孟令军、杜涛、赵传刚、徐海峰、齐曙光、朱诚
JB2020-3-51	单柱大容量特高压并联电抗器振动及温升控制关键技术及应用	山东电力设备有限公司、山东电工电气集团有限公司、南瑞集团有限公司、西安交通大学	李学成、谈翀、韩克俊、王献、刘晔、闫兴中
JB2020-3-52	精准食材管理-40℃深冷速冻多阶静音智慧冰箱	澳柯玛股份有限公司	徐玉峰、刘雷训、隋红军、姬鹏举、黄玉杰、刘悦超
JB2020-3-53	基于联动环境调节系统的双循环多功能全热交换器	青岛海信日立空调系统有限公司	卢广宇、杜永、孙龙、张福显、苑志超、耿延凯
JB2020-3-54	苯胺黑循环生产关键技术	青岛海湾精细化工有限公司	王守满、陈安源、林凤章、罗芳、王蒙
JB2020-3-55	大负载极速启动与同步跟踪变频技术的研究及应用	海信（山东）空调有限公司	刘晓飞、张永良、尹磊、王乐三、张明磊、陈建兵
JB2020-3-56	基于人工智能的直流电源监控管理系统产业化应用	智洋创新科技股份有限公司	张万征、许克、刘国永、徐学来、徐传伦
JB2020-3-57	基于过冷水亚稳态结构的动态冰浆技术的开发及应用	烟台冰轮节能科技有限公司、西安交通大学	鲁威、肖睿、葛长伟、漆科亮、王得春、王闯
JB2020-3-58	无线充电器用电磁线的技术开发	山东赛特电工股份有限公司	薛宗刚、李希存、胡宗奎、和军、陈磊、卢玉新
JB2020-3-59	适应大规模风光接入的省域交直流受端电网网架构建关键技术及应用	国网山东省电力公司经济技术研究院、山东大学、中国电力科学研究院有限公司、山东智源电力设计咨询有限公司	李雪亮、刘玉田、赵龙、孙东磊、刘晓明、张立波
JB2020-3-60	电力电缆多参量一体化综合预警技术及应用	国网山东省电力公司青岛供电公司、国网智能科技股份有限公司、华北电力大学、上海交通大学、青岛华电高压电气有限公司	时翔、蒋克强、吕安强、蔡健、江秀臣、张松
JB2020-3-61	骨质疏松性colles骨折的三阶梯治疗关键技术及临床应用	山东省文登整骨医院、中国中医科学院望京医院	聂伟志、隋显玉、成永忠、张峻玮、孙磊、温建民
JB2020-3-62	PNPLA3与TM6SF2等基因多态性在非酒精性脂肪性肝病风险预测及诊断中的应用	青岛市市立医院	辛永宁、陈立震、刘守胜、耿宁、杜水仙、金文文

续表

编号	项目名称	完成单位	完成人
JB2020-3-63	遗传、环境和代谢因素在慢性气道炎症和重构形成中的作用	青岛市市立医院	韩伟、孙立新、张昱、郝万明、李庆海
JB2020-3-64	CT/MRI关键技术在中枢神经系统重大疾病的创新与应用	滨州医学院	姜兴岳、谢庆芝、卞佳、李军、狄宁宁、房俊芳
JB2020-3-65	丁二烯作业工人的早期遗传损伤易感性	山东省疾病预防控制中心、山东省职业卫生与职业病防治研究院	周景洋、程学美、张天亮、孔凡玲、赵敬、李仁波
JB2020-3-66	多源医学CT成像技术及在临床诊断中的应用	山东科技大学、青岛大学附属医院、青岛市黄岛区中医医院	陈明、于华龙、韩景奇、刘柱、史德功、张传玉
JB2020-3-67	肺癌特异性标志物的筛选及临床应用	青岛大学附属医院	李红梅、张海平、姚如永、姜国辉、贺曼、迟晓蕊
JB2020-3-68	高安全性高效价的成分血制备技术及应用	山东中保康医疗器具有限公司	路志浩、许俊峰、巩家富、李欣、董国明、李小滨
JB2020-3-69	肿瘤治疗安全输液系统关键技术开发及应用	山东新华安得医疗用品有限公司	田晓雷、李松华、赵继龙、陈建胜、王强
JB2020-3-70	富马酸生物制备L-天冬氨酸和L-丙氨酸高效清洁生产技术	烟台恒源生物股份有限公司	姜国政、马玉岳、姜增妍、柳彩凤、陈玲玲
JB2020-3-71	纳米可控高通量血液透析膜制备及其滤器产业化	威海威高血液净化制品有限公司	牟倡骏、于亚楠、代朋、曲佳伟、徐美瑜、张浩敏
JB2020-3-72	传染病微粒子化学发光检测体系研发及产业化	威海市立医院、威海威高生物科技有限公司	王明义、姚继承、耿建利、毕明君、乔文革、赵海英
JB2020-3-73	饲用酶制剂核心产品的创制、关键技术集成与应用	山东隆科特酶制剂有限公司、齐鲁工业大学、山东隆大生物工程有限公司	王兴吉、肖静、郭庆文、刘文龙、张杰、王克芬
JB2020-3-74	醛类产业链延伸关键技术开发与应用	临沂市金沂蒙生物科技有限公司、金沂蒙集团有限公司	张超、马晓丽、王学波、王广荣、卢晓峰、杜树旺
JB2020-3-75	肉鸭健康、高效、环保养殖关键技术创新与产业化推广	山东新希望六和集团有限公司、新希望六和股份有限公司	燕磊、许毅、黄河、张秀美、秦立廷、李鑫
JB2020-3-76	枣庄黑盖猪资源挖掘、种质特性评价及开发利用	山东省农业科学院畜牧兽医研究所、山东春藤食品有限公司	王继英、成建国、王彦平、蔺海朝、谢晋唐、林松
JB2020-3-77	功能性海藻纤维面料产业化	泰安市金飞虹织造有限公司	李俊刚、王亚文、宁方刚、刘照新
JB2020-3-78	新型高效阻燃剂苯基次膦酸盐的合成及在塑料、橡胶中的产业化应用	青岛富斯林化工科技有限公司、山东科技大学	侯计金、王忠卫、于青、武军、段好东
JB2020-3-79	阿司匹林原料药工艺改进及产业化应用	山东新华制药股份有限公司	吴孝好、李其奎、韩新利、何雪涛、陈洪全、任远峰
JB2020-3-80	基于绿色循环经济的氧氯化锆制备新技术的产业化应用	淄博广通化工有限责任公司	房永民、吴振宇、王德昌、李园园
JB2020-3-81	高硬度POP聚醚及其应用	淄博德信联邦化学工业有限公司	荆晓东、耿佃勇、王国强、孙言丛
JB2020-3-82	聚氨酯油墨着色用联苯胺类偶氮颜料的研发与产业化	龙口联合化学有限公司、华东理工大学	季维、李秀梅、王赫、沈永嘉、闫永海
JB2020-3-83	高性能二元醇HDO加氢工艺技术创新	山东元利科技股份有限公司	刘修华、秦国栋、张建梅、刘福合、高伟、李军刚
JB2020-3-84	基于双粗和双精塔的酒精制备装置的研发与推广应用	肥城金塔机械有限公司、肥城金塔酒精化工设备有限公司、肥城金塔机械科技有限公司	孟华、鹿伟、孟国栋、于长常、刘立明、王坤
JB2020-3-85	无磷多功能多元共聚物阻垢分散剂	威海翔宇环保科技股份有限公司	李洪社、唐永明、喻果、徐飞、孙晓丹、姜东明
JB2020-3-86	海洋多不饱和脂肪酸脑营养产业化关键技术项目	山东禹王制药有限公司	张建全、刘汝萃、范书琴
JB2020-3-87	环保型液态辛基化二苯胺抗氧剂的绿色清洁制备	山东省临沂市三丰化工有限公司	朱优江、付建英、赵振莹、郭德宝、李中映、张珍一
JB2020-3-88	3D重建及敏感分子标志在头颈肿瘤诊断及治疗的应用	烟台毓璜顶医院	孙岩、宋西成、牟亚魁、贾传亮、王艳、王丽
JB2020-3-89	儿童共同性斜视治疗术式及手术前后评估方法的研究	山东省立医院	王利华、任美玉、王琪、孔香云、李凤娇
JB2020-3-90	40万吨矿砂船设计与建造技术研发	青岛北海船舶重工有限责任公司	古华博、张达天、孙继林、陈鹤、陈辉、闫杰
JB2020-3-91	适应重载交通路面结构不同层位的环保型新材料的开发与应用	山东高速科技发展集团有限公司	张惠勤、白玉铎、高国华、汲平、王宗宝、李庆广
JB2020-3-92	干散货专业化码头全自动控制技术开发与应用	烟台港集团有限公司、中交第三航务工程勘察设计院有限公司	吴宇震、孙付春、孙家臣、刘峰、王细远、杨多兵

续表

编号	项目名称	完成单位	完成人
JB2020-3-93	桩网复合地基加固机理、关键技术及工程应用	山东省建筑科学研究院有限公司、济南城建集团有限公司	连峰、刘治、李乾龙、张广龙、赵延涛、孙泽寰
JB2020-3-94	撬装一体化物理法油田水处理工艺技术及装备	山东海吉雅环保设备有限公司	张瑾、李景全、张后继、魏丽萍、张建国、路浩
JB2020-3-95	水污染应急监测装备与平台管理系统	山东东润仪表科技股份有限公司	马正、夏军、于兆慧、姚素珍、周铭华、李金宝
JB2020-3-96	焙烧酸浸萃取工艺产出萃铜余液综合回收与循环利用研究与应用	山东国大黄金股份有限公司	王建政、徐永祥、孙浩飞、刘占林、王其亮、朱德兵
JB2020-3-97	"W"火焰锅炉低NOx煤粉燃烧技术	烟台龙源电力技术股份有限公司	张超群、刘鹏飞、李保亮、秦学堂、王西伦、张文振
JB2020-3-98	烟草主要真菌病害生防微生物制剂创制与产业化应用	中国农业科学院烟草研究所、青岛根源生物技术集团有限公司	张成省、王静、张鹏、赵栋霖、曹建敏、魏秉培
JB2020-3-99	防治作物病害的木霉生物制剂的研发及应用示范	山东泰诺药业有限公司、山东韦美生物科技有限公司、上海交通大学	卢德鹏、卢英进、戴宝、宫瑞杰、王培东、宋兆花
JB2020-3-100	大型动力换向拖拉机的研发	山东潍坊鲁中拖拉机有限公司	胥宏伟、王光明、李文华、刘风平、黄冬梅、张延功
JB2020-3-101	设施蔬菜全产业链提质增效关键技术集成应用	临沂市农业科学院、青岛农业大学、日照海韵环保生物科技发展有限公司	张永涛、冷鹏、杨绍兰、周绪元、王成荣、李作梅
JB2020-3-102	夏花生膜上打孔精量播种机与残膜回收关键技术及装备	山东源泉机械有限公司	王学文、刘伟、王强、王永禄、王永福、田征
JB2020-3-103	大型高效节能型预热混捏冷却系统的综合开发研制及工业应用	山东华鹏精机股份有限公司	王毅、王世乃、杨玉乾
JB2020-3-104	新型远洋渔业船舶设计与建造技术	蓬莱中柏京鲁船业有限公司、烟台大学	张志强、韩新华、刘杰、王轰、郭书远、宫振宇
JB2020-3-105	日用消费品功能纤维的鉴别及危害因子监控技术的研究应用	青岛海关技术中心（原山东出入境检验检疫局检验检疫技术中心）、南京海关工业产品检测中心（原江苏出入境检验检疫局工业产品检测中心）	李艳秋、毛成涛、封亚辉、吴丽娜、叶曦雯、徐小茗
JB2020-3-106	糖尿病自我管理大讲堂	济南医院	王建华
JB2020-3-107	实用中药饮片快速鉴别及应用的系列图谱	山东省中医药研究院、山东中医药大学、山东中医药大学附属医院、聊城市人民医院、山东省运动康复研究中心	闫雪生、张会敏、郭长强、宋健、陆永辉、李健、靳维荣、郭承军
JB2020-3-108	疼痛防治靠自己百问丛书－腰椎术后疼痛综合征	山东省立医院	傅志俭、王珺楠、李芸、林小雯、刘志华、杨聪娴、赵菲
JB2020-3-109	骨化三醇软胶囊标准创新及产业化	正大制药（青岛）有限公司	陈阳生、王明刚、刘晓霞、孙桂玉
JB2020-3-110	GB 5009.97—2016国家标准《食品中甜蜜素的测定》制修订与应用实施	山东省疾病预防控制中心、山东省食品安全风险评估中心、国家食品安全风险评估中心、山东省食品药品检验研究院、青岛市疾病预防控制中心	宋家玉、杨大进、王骏、焦燕妮、李凤华、于红卫

（山东省科学技术厅成果转化与区域创新处　张惠莉）

责任编校　李绮斌

科技统计
KEJI TONGJI

表1 2020年山东省科学研究和技术服务业事业单位机构、人员和经费概况

指标	机构数（个）	从业人员（人）	#科技活动人员（不含外聘的流动学者和在读研究生）（人）	#本科及以上学历（人）	经费收入总额（万元）	#科技活动收入（万元）	经费内部支出总额（万元）	#科技经费内部支出（万元）
总计	270	26846	20211	17820	1782778	1091986	1864918	1112353
1.按机构所属地域分布								
山东省	270	26846	20211	17820	1782778	1091986	1864918	1112353
济南市	98	13045	8897	7926	1086076	534174	1128504	503990
市辖区	1	261	30	30	10562	6567	10227	746
历下区	38	4278	3512	3061	338285	208214	367871	248539
市中区	12	1250	654	606	72368	36015	67302	32388
槐荫区	6	2546	988	964	355552	30936	360663	51745
天桥区	7	599	515	478	31150	28720	34228	28765
历城区	24	2950	2343	1950	151852	103613	162534	116269
长清区	1	13	3	3	161	161	162	51
章丘区	1	44	34	30	1773	850	2311	1153
平阴县	1	16	15	10	299	299	302	299
济南高新技术产业开发区	7	1088	803	794	124075	118800	122905	24036
青岛市	47	7216	6257	5718	469725	392048	507395	438820
市南区	13	2838	2199	2010	205016	162421	217155	180353
市北区	6	472	380	349	18798	10913	17290	10629
黄岛区	2	197	116	116	3934	3130	8916	5473
崂山区	9	2331	2283	2065	154779	140026	150174	137211
李沧区	4	331	313	272	15060	13458	14682	12717
城阳区	7	297	234	211	7121	2403	7611	4696
即墨区	5	728	725	688	64843	59526	90549	87198
青岛高新技术产业开发区	1	22	7	7	173	173	1017	543
淄博市	23	999	818	717	28506	20869	32685	25464
市辖区	7	302	219	191	8761	7306	12700	11869
张店区	15	677	585	513	18946	12764	19723	13353
周村区	1	20	14	13	800	800	263	242
枣庄市	3	65	61	51	1090	1090	1109	969
市中区	1	9	5	5	28	28	24	20
薛城区	1	24	24	21	412	412	412	389
峄城区	1	32	32	25	650	650	673	560
东营市	4	134	53	46	3134	2865	3545	2266

续表

指标	机构数（个）	从业人员（人）	#科技活动人员（不含外聘的流动学者和在读研究生）（人）	#本科及以上学历（人）	经费收入总额（万元）	#科技活动收入（万元）	经费内部支出总额（万元）	#科技经费内部支出（万元）
市辖区	3	95	19	17	2256	1987	2542	1264
东营区	1	39	34	29	878	878	1002	1002
烟台市	19	1450	1301	1138	60165	53833	60395	54177
市辖区	1	69	61	60	2826	2009	3262	2404
芝罘区	6	382	336	270	11616	9733	12183	10849
福山区	3	585	525	464	26387	23547	25057	22037
莱山区	4	347	315	303	16482	15849	17377	16514
长岛县	2	51	48	29	2642	2492	2301	2166
莱州市	1	8	8	8	98	90	101	93
栖霞市	2	8	8	4	114	114	114	114
潍坊市	10	570	401	285	21461	11006	21164	11080
潍城区	3	170	130	91	4074	3905	4141	3765
寒亭区	2	184	127	82	4792	4668	4599	4420
奎文区	2	36	36	33	829	816	853	840
寿光市	2	156	84	71	10752	602	10561	1045
昌邑市	1	24	24	8	1014	1014	1010	1010
济宁市	10	921	722	595	34122	22950	32003	22473
市辖区	2	136	116	102	3136	2768	3275	2915
任城区	7	778	599	487	30925	20121	28667	19498
汶上县	1	7	7	6	60	60	60	60
泰安市	5	437	327	288	15539	13641	15650	12669
泰山区	4	411	301	278	14824	12926	15004	12044
宁阳县	1	26	26	10	716	716	646	624
威海市	10	275	220	194	5021	4196	5193	4294
市辖区	4	160	154	144	2661	2661	2785	2685
环翠区	2	14	14	13	168	168	217	217
文登区	1	16	16	8	282	282	282	282
荣成市	2	68	32	25	1648	1047	1648	1047
乳山市	1	17	4	4	263	38	263	63
日照市	13	732	340	254	33417	13548	32710	14326
市辖区	6	255	153	133	6376	4744	5620	4286
东港区	6	453	163	106	26507	8326	26541	9555
莒县	1	24	24	15	534	478	549	486
临沂市	4	289	214	173	7696	5812	7301	5810

续表

指标	机构数（个）	从业人员（人）	# 科技活动人员（不含外聘的流动学者和在读研究生）（人）	# 本科及以上学历（人）	经费收入总额（万元）	# 科技活动收入（万元）	经费内部支出总额（万元）	# 科技经费内部支出（万元）
市辖区	1	141	98	81	3621	3145	3281	3131
兰山区	2	137	105	90	4049	2641	3990	2650
蒙阴县	1	11	11	2	26	26	30	30
德州市	5	157	143	87	4217	3939	3784	3568
市辖区	2	137	126	74	3961	3757	3500	3351
德城区	1	7	7	7	98	58	98	58
齐河县	1	7	4	0	58	25	83	56
禹城市	1	6	6	6	100	100	103	103
聊城市	3	172	128	106	4358	4121	5349	5096
市辖区	3	172	128	106	4358	4121	5349	5096
滨州市	11	187	143	123	4374	4080	4617	4303
市辖区	9	178	134	119	4296	4002	4540	4225
滨城区	1	7	7	2	59	59	59	59
阳信县	1	2	2	2	19	19	19	19
菏泽市	5	197	186	119	3878	3814	3515	3049
市辖区	3	137	126	79	3420	3357	3060	2594
牡丹区	2	60	60	40	457	457	455	455
2．按机构所属隶属关系分布								
中央部门属	21	5129	4380	3960	353258	322697	363236	325621
中国科学院	3	1854	1828	1679	101344	97282	114137	111081
地方部门属	249	21717	15831	13860	1429520	769288	1501681	786731
省级部门属	81	11138	7893	7050	968135	498258	1028285	478543
副省级城市属	37	3628	2645	2393	211540	90167	211966	123992
地市级部门属	84	4130	3370	2801	126491	100814	127355	102403
3．按机构从事的国民经济行业分布								
科学研究和技术服务业	270	26846	20211	17820	1782778	1091986	1864918	1112353
研究和试验发展	196	22332	17203	15219	1566746	946442	1635541	963911
专业技术服务业	34	3400	2127	1828	175690	113728	191108	115190
科技推广和应用服务业	40	1114	881	773	40342	31816	38269	33251
4．按机构服务的国民经济行业分布								
农、林、牧、渔业	63	4840	4102	3448	198989	177869	212519	189953
农业	25	2253	1979	1723	90263	81334	93184	83795
林业	7	278	274	228	8764	7422	10502	10020
畜牧业	3	242	212	156	9374	8243	12386	9316

续表

指标	机构数（个）	从业人员（人）	#科技活动人员（不含外聘的流动学者和在读研究生）（人）	#本科及以上学历（人）	经费收入总额（万元）	#科技活动收入（万元）	经费内部支出总额（万元）	#科技经费内部支出（万元）
渔业	8	1060	714	604	54829	49962	53385	49372
农、林、牧、渔专业及辅助性活动	20	1007	923	737	35759	30908	43062	37449
制造业	41	3067	2520	2049	180863	86804	177179	101064
农副食品加工业	1	102	56	54	5865	575	5503	658
食品制造业	3	287	257	229	19035	18527	24104	23569
纺织业	2	57	52	28	3211	2630	3836	2185
皮革、毛皮、羽毛及其制品和制鞋业	1	19	13	8	348	61	440	193
家具制造业	1	16	14	8	329	185	289	217
造纸和纸制品业	2	63	39	38	1098	635	1036	601
文教、工美、体育和娱乐用品制造业	1	15	15	12	537	281	540	307
化学原料和化学制品制造业	6	271	239	213	8682	7728	7293	6137
医药制造业	2	388	369	281	15493	12769	15893	12313
化学纤维制造业	2	35	29	12	730	730	751	629
非金属矿物制品业	1	89	8	8	2296	182	2302	198
通用设备制造业	3	55	33	10	886	710	880	674
专用设备制造业	7	480	359	266	13722	11305	14965	12271
汽车制造业	1	41	37	36	870	839	694	634
铁路、船舶、航空航天和其他运输设备制造业	1	98	98	98	721	721	845	845
计算机、通信和其他电子设备制造业	3	362	255	167	75217	3455	63840	10930
仪器仪表制造业	3	552	552	486	28412	22127	30552	25998
金属制品、机械和设备修理业	1	137	95	95	3412	3346	3418	2707
建筑业	2	89	75	57	4860	4076	4496	4304
房屋建筑业	2	89	75	57	4860	4076	4496	4304
交通运输、仓储和邮政业	1	211	184	184	15422	15167	15904	15684
道路运输业	1	211	184	184	15422	15167	15904	15684
信息传输、软件和信息技术服务业	6	348	307	295	82475	80572	128928	125355
互联网和相关服务	1	108	80	80	1820	1820	1680	1380
软件和信息技术服务业	5	240	227	215	80655	78752	127248	123975
租赁和商务服务业	1	80	34	26	1986	1978	1556	894
商务服务业	1	80	34	26	1986	1978	1556	894
科学研究和技术服务业	127	13389	10482	9419	826247	631184	854168	567798
研究和试验发展	61	6484	5868	5399	466798	429675	492357	363448
专业技术服务业	39	6382	4187	3646	340852	185006	342383	187815

续表

指标	机构数（个）	从业人员（人）	# 科技活动人员（不含外聘的流动学者和在读研究生）（人）	# 本科及以上学历（人）	经费收入总额（万元）	# 科技活动收入（万元）	经费内部支出总额（万元）	# 科技经费内部支出（万元）
科技推广和应用服务业	27	523	427	374	18598	16503	19429	16535
水利、环境和公共设施管理业	12	838	740	693	43304	35755	41361	31703
水利管理业	1	206	203	189	11519	10871	11956	11250
生态保护和环境治理业	10	570	489	466	29594	24256	27120	19876
公共设施管理业	1	62	48	38	2191	627	2285	576
教育	1	48	48	45	1811	1645	1852	1709
教育	1	48	48	45	1811	1645	1852	1709
卫生和社会工作	12	3801	1588	1481	414119	44383	417531	64742
卫生	12	3801	1588	1481	414119	44383	417531	64742
文化、体育和娱乐业	2	77	77	73	10709	10659	7470	7197
文化艺术业	1	67	67	65	10504	10454	7265	6991
体育	1	10	10	8	205	205	205	205
公共管理、社会保障和社会组织	2	58	54	50	1992	1896	1955	1951
国家机构	2	58	54	50	1992	1896	1955	1951
5. 按机构所属学科分布								
自然科学领域	25	4018	3510	3183	323060	294842	349264	315476
信息科学与系统科学	3	206	206	197	10643	4428	9756	9333
物理学	1	71	71	70	9600	9600	9404	8942
化学	4	287	255	213	9206	8653	9798	9202
地球科学	10	2990	2608	2357	272545	253360	295001	266754
生物学	7	464	370	346	21067	18802	25306	21247
农业科学领域	72	5535	4720	3856	227066	202344	237886	211796
农学	39	3343	2967	2413	129840	117220	136299	122798
林学	10	372	351	284	11583	8532	13378	11111
畜牧、兽医科学	6	451	415	340	19095	17395	22706	19302
水产学	17	1369	987	819	66549	59197	65503	58585
医学科学领域	23	4640	2299	2079	444112	68708	450414	90824
基础医学	4	336	226	194	12945	8102	12158	8574
临床医学	9	2966	1086	1068	388780	29496	391371	53319
预防医学与公共卫生学	3	468	242	177	14984	8286	16552	5184
药学	5	593	517	413	22152	18094	24907	18793
中医学与中药学	2	277	228	227	5250	4730	5426	4955
工程科学与技术领域	114	11362	8533	7655	737367	478383	777450	451033
工程与技术科学基础学科	10	752	524	459	38713	13811	30014	13279

续表

指标	机构数（个）	从业人员（人）	# 科技活动人员（不含外聘的流动学者和在读研究生）（人）	# 本科及以上学历（人）	经费收入总额（万元）	# 科技活动收入（万元）	经费内部支出总额（万元）	# 科技经费内部支出（万元）
信息与系统科学相关工程与技术	2	157	129	125	3784	3688	3611	3311
自然科学相关工程与技术	11	1574	1325	1215	149644	128118	153588	41637
测绘科学技术	3	767	489	421	53926	33542	53467	31311
材料科学	7	333	300	272	8874	8027	10782	9599
冶金工程技术	1	32	0	0	1409	0	1341	0
机械工程	11	483	351	264	11220	8708	12617	8501
能源科学技术	3	746	727	684	28389	28110	35793	34994
电子与通信技术	8	1004	901	731	105700	25707	97044	37438
计算机科学技术	6	342	306	293	87421	85402	129109	124758
化学工程	10	547	431	393	33290	21730	36689	25598
产品应用相关工程与技术	4	120	72	72	9889	9006	9775	9687
纺织科学技术	3	84	75	34	3554	2974	4179	2436
食品科学技术	4	256	180	165	14015	6979	18089	10338
土木建筑工程	7	1232	608	584	55568	18094	51780	16396
水利工程	1	206	203	189	11519	10871	11956	11250
交通运输工程	1	211	184	184	15422	15167	15904	15684
环境科学技术及资源科学技术	14	1223	845	803	59608	41991	54928	38360
安全科学技术	4	569	449	390	15134	11746	14593	11452
管理学	4	724	434	377	30288	4714	32193	5005
社会、人文科学领域	36	1291	1149	1047	51173	47708	49904	43223
艺术学	3	68	65	61	2259	1999	2266	1445
考古学	1	67	67	65	10504	10454	7265	6991
经济学	1	80	34	26	1986	1978	1556	894
法学	1	9	5	5	28	28	24	20
社会学	4	436	388	368	17768	15988	18625	16422
图书馆、情报与文献学	24	573	532	469	16612	15410	18112	15536
教育学	1	48	48	45	1811	1645	1852	1709
体育科学	1	10	10	8	205	205	205	205
6.按机构从业人员规模分								
≥1000人	1	2201	723	720	329464	20469	335395	35615
500～999人	6	4105	3544	3292	230511	193479	229873	197342
300～499人	9	3231	2563	2262	218986	171063	245407	187648
200～299人	15	3620	2004	1741	250591	91789	236975	101686
100～199人	52	6912	5834	5000	394102	297833	448494	362378

续表

指标	机构数（个）	从业人员（人）	#科技活动人员（不含外聘的流动学者和在读研究生）（人）	#本科及以上学历（人）	经费收入总额（万元）	#科技活动收入（万元）	经费内部支出总额（万元）	#科技经费内部支出（万元）
50～99人	53	3682	2973	2701	245046	220410	253744	130973
30～49人	44	1698	1386	1194	69041	58334	73049	61777
20～29人	29	718	583	444	28058	24645	26876	22100
10～19人	36	523	476	364	14429	11836	12309	10427
0～9人	25	156	125	102	2551	2126	2796	2407

表2　2020年山东省科学研究和技术服务业事业单位人员概况

计量单位：人

指标	从业人员	# 科技活动人员（不含外聘的流动学者和在读研究生）	# 女性	外聘的流动学者	非本单位在读研究生	离退休人员
总计	26846	20211	7640	2747	3124	13448
1.按机构所属地域分布						
山东省	26846	20211	7640	2747	3124	13448
济南市	13045	8897	3525	198	1012	6512
市辖区	261	30	5	0	0	10
历下区	4278	3512	1453	88	422	2759
市中区	1250	654	267	7	5	873
槐荫区	2546	988	493	10	440	602
天桥区	599	515	166	16	2	548
历城区	2950	2343	945	27	141	1652
长清区	13	3	2	0	0	1
章丘区	44	34	10	0	2	0
平阴县	16	15	4	1	0	4
济南高新技术产业开发区	1088	803	180	49	0	63
青岛市	7216	6257	2425	2172	1795	2900
市南区	2838	2199	848	24	1037	1145
市北区	472	380	176	11	125	256
黄岛区	197	116	58	5	4	0
崂山区	2331	2283	894	56	398	883
李沧区	331	313	144	6	8	289
城阳区	297	234	59	106	85	5
即墨区	728	725	244	1957	138	321
青岛高新技术产业开发区	22	7	2	7	0	1
淄博市	999	818	288	112	8	428
市辖区	302	219	102	76	8	41
张店区	677	585	185	33	0	387
周村区	20	14	1	3	0	0
枣庄市	65	61	20	0	0	32
市中区	9	5	1	0	0	0
薛城区	24	24	11	0	0	12
峄城区	32	32	8	0	0	20
东营市	134	53	20	7	0	8
市辖区	95	19	2	0	0	6

续表

指标	从业人员	# 科技活动人员（不含外聘的流动学者和在读研究生）	# 女性	外聘的流动学者	非本单位在读研究生	离退休人员
东营区	39	34	18	7	0	2
烟台市	1450	1301	483	89	211	897
市辖区	69	61	30	11	0	0
芝罘区	382	336	143	4	0	365
福山区	585	525	150	14	31	431
莱山区	347	315	144	60	180	48
长岛县	51	48	10	0	0	46
莱州市	8	8	4	0	0	1
栖霞市	8	8	2	0	0	6
潍坊市	570	401	80	3	0	201
潍城区	170	130	47	0	0	69
寒亭区	184	127	9	0	0	20
奎文区	36	36	12	0	0	23
寿光市	156	84	8	3	0	89
昌邑市	24	24	4	0	0	0
济宁市	921	722	229	11	33	381
市辖区	136	116	26	1	0	22
任城区	778	599	200	10	33	359
汶上县	7	7	3	0	0	0
泰安市	437	327	126	0	0	469
泰山区	411	301	125	0	0	446
宁阳县	26	26	1	0	0	23
威海市	275	220	76	81	13	80
市辖区	160	154	51	81	13	12
环翠区	14	14	10	0	0	0
文登区	16	16	2	0	0	20
荣成市	68	32	11	0	0	47
乳山市	17	4	2	0	0	1
日照市	732	340	118	58	40	541
市辖区	255	153	74	5	0	14
东港区	453	163	40	53	40	490
莒县	24	24	4	0	0	37
临沂市	289	214	69	0	0	509
市辖区	141	98	36	0	0	129
兰山区	137	105	33	0	0	380

续表

指标	从业人员	# 科技活动人员（不含外聘的流动学者和在读研究生）	# 女性	外聘的流动学者	非本单位在读研究生	离退休人员
蒙阴县	11	11	0	0	0	0
德州市	157	143	57	0	0	105
市辖区	137	126	49	0	0	99
德城区	7	7	4	0	0	6
齐河县	7	4	0	0	0	0
禹城市	6	6	4	0	0	0
聊城市	172	128	45	0	0	125
市辖区	172	128	45	0	0	125
滨州市	187	143	35	16	12	94
市辖区	178	134	35	16	12	87
滨城区	7	7	0	0	0	7
阳信县	2	2	0	0	0	0
菏泽市	197	186	44	0	0	166
市辖区	137	126	27	0	0	125
牡丹区	60	60	17	0	0	41
2.按机构所属隶属关系分布						
中央部门属	5129	4380	1663	137	1524	2180
中国科学院	1854	1828	729	133	990	671
地方部门属	21717	15831	5977	2610	1600	11268
省级部门属	11138	7893	3270	158	1154	5769
副省级城市属	3628	2645	876	1952	175	1798
地市级部门属	4130	3370	1164	250	44	2121
3.按机构从事的国民经济行业分布						
科学研究和技术服务业	26846	20211	7640	2747	3124	13448
研究和试验发展	22332	17203	6645	2463	3056	11318
专业技术服务业	3400	2127	683	160	24	1845
科技推广和应用服务业	1114	881	312	124	44	285
4.按机构服务的国民经济行业分布						
农、林、牧、渔业	4840	4102	1679	63	547	3378
农业	2253	1979	815	25	92	1723
林业	278	274	107	0	0	126
畜牧业	242	212	101	16	4	277
渔业	1060	714	264	5	398	624
农、林、牧、渔专业及辅助性活动	1007	923	392	17	53	628
制造业	3067	2520	772	147	218	2950

续表

指标	从业人员	# 科技活动人员（不含外聘的流动学者和在读研究生）	# 女性	外聘的流动学者	非本单位在读研究生	离退休人员
农副食品加工业	102	56	7	0	0	22
食品制造业	287	257	113	0	0	115
纺织业	57	52	18	0	0	199
皮革、毛皮、羽毛及其制品和制鞋业	19	13	6	0	0	34
家具制造业	16	14	3	0	0	30
造纸和纸制品业	63	39	10	0	0	81
文教、工美、体育和娱乐用品制造业	15	15	7	0	0	52
化学原料和化学制品制造业	271	239	79	0	50	233
医药制造业	388	369	202	10	24	214
化学纤维制造业	35	29	9	3	0	65
非金属矿物制品业	89	8	3	0	0	7
通用设备制造业	55	33	7	0	0	185
专用设备制造业	480	359	75	5	0	456
汽车制造业	41	37	12	6	8	0
铁路、船舶、航空航天和其他运输设备制造业	98	98	26	81	13	0
计算机、通信和其他电子设备制造业	362	255	36	30	0	751
仪器仪表制造业	552	552	146	12	123	462
金属制品、机械和设备修理业	137	95	13	0	0	44
建筑业	89	75	24	0	0	52
房屋建筑业	89	75	24	0	0	52
交通运输、仓储和邮政业	211	184	36	4	0	26
道路运输业	211	184	36	4	0	26
信息传输、软件和信息技术服务业	348	307	104	75	202	84
互联网和相关服务	108	80	29	10	0	0
软件和信息技术服务业	240	227	75	65	202	84
租赁和商务服务业	80	34	11	0	0	0
商务服务业	80	34	11	0	0	0
科学研究和技术服务业	13389	10482	3796	2432	1485	5868
研究和试验发展	6484	5868	2200	2218	697	2183
专业技术服务业	6382	4187	1437	146	744	3415
科技推广和应用服务业	523	427	159	68	44	270
水利、环境和公共设施管理业	838	740	333	5	5	318
水利管理业	206	203	73	0	0	143
生态保护和环境治理业	570	489	240	5	5	96

续表

指标	从业人员	# 科技活动人员（不含外聘的流动学者和在读研究生）	# 女性	外聘的流动学者	非本单位在读研究生	离退休人员
公共设施管理业	62	48	20	0	0	79
教育	48	48	24	0	0	27
教育	48	48	24	0	0	27
卫生和社会工作	3801	1588	807	21	667	686
卫生	3801	1588	807	21	667	686
文化、体育和娱乐业	77	77	29	0	0	28
文化艺术业	67	67	23	0	0	27
体育	10	10	6	0	0	1
公共管理、社会保障和社会组织	58	54	25	0	0	31
国家机构	58	54	25	0	0	31
5.按机构所属学科分布						
自然科学领域	4018	3510	1340	1964	859	1571
信息科学与系统科学	206	206	78	3	0	50
物理学	71	71	21	5	0	0
化学	287	255	137	8	59	110
地球科学	2990	2608	923	1939	723	1365
生物学	464	370	181	9	77	46
农业科学领域	5535	4720	1912	74	530	4069
农学	3343	2967	1234	32	86	2512
林学	372	351	134	1	0	239
畜牧、兽医科学	451	415	183	36	46	409
水产学	1369	987	361	5	398	909
医学科学领域	4640	2299	1170	105	705	1088
基础医学	336	226	105	11	13	157
临床医学	2966	1086	561	20	496	489
预防医学与公共卫生学	468	242	111	0	38	88
药学	593	517	268	73	33	253
中医学与中药学	277	228	125	1	125	101
工程科学与技术领域	11362	8533	2727	602	1028	5942
工程与技术科学基础学科	752	524	179	128	97	206
信息与系统科学相关工程与技术	157	129	53	10	0	31
自然科学相关工程与技术	1574	1325	337	26	0	849
测绘科学技术	767	489	163	0	0	681
材料科学	333	300	88	53	111	117
冶金工程技术	32	0	0	0	0	291

续表

指标	从业人员	# 科技活动人员（不含外聘的流动学者和在读研究生）	# 女性	外聘的流动学者	非本单位在读研究生	离退休人员
机械工程	483	351	85	56	50	516
能源科学技术	746	727	283	55	229	52
电子与通信技术	1004	901	207	22	125	1319
计算机科学技术	342	306	98	116	202	86
化学工程	547	431	147	12	0	399
产品应用相关工程与技术	120	72	12	54	0	3
纺织科学技术	84	75	25	0	0	264
食品科学技术	256	180	50	0	20	189
土木建筑工程	1232	608	243	0	0	254
水利工程	206	203	73	0	0	143
交通运输工程	211	184	36	4	0	26
环境科学技术及资源科学技术	1223	845	389	64	180	229
安全科学技术	569	449	62	2	0	171
管理学	724	434	197	0	14	116
社会、人文科学领域	1291	1149	491	2	2	778
艺术学	68	65	36	0	0	101
考古学	67	67	23	0	0	27
经济学	80	34	11	0	0	0
法学	9	5	1	0	0	0
社会学	436	388	173	0	0	246
图书馆、情报与文献学	573	532	217	2	2	376
教育学	48	48	24	0	0	27
体育科学	10	10	6	0	0	1
6.按机构从业人员规模分						
≥1000人	2201	723	372	6	395	371
500～999人	4105	3544	1293	74	1315	1477
300～499人	3231	2563	1105	1919	106	966
200～299人	3620	2004	546	77	239	2847
100～199人	6912	5834	2183	127	617	3747
50～99人	3682	2973	1213	231	198	1774
30～49人	1698	1386	564	211	206	1289
20～29人	718	583	182	93	46	403
10～19人	523	476	139	2	2	484
0～9人	156	125	43	7	0	90

表3　2020年山东省科学研究和技术服务业事业单位从业人员按工作性质分

计量单位：人

指标	从业人员	科技活动人员（不含外聘的流动学者和在读研究生）	科技管理人员	课题活动人员	科技服务人员	生产经营活动人员	其他人员
总计	26846	20211	2881	13247	4083	2281	4354
1.按机构所属地域分布							
山东省	26846	20211	2881	13247	4083	2281	4354
济南市	13045	8897	1205	6158	1534	1595	2553
市辖区	261	30	5	22	3	231	0
历下区	4278	3512	358	2446	708	250	516
市中区	1250	654	119	432	103	491	105
槐荫区	2546	988	53	870	65	0	1558
天桥区	599	515	71	365	79	15	69
历城区	2950	2343	292	1507	544	321	286
长清区	13	3	2	0	1	0	10
章丘区	44	34	2	30	2	3	7
平阴县	16	15	4	9	2	0	1
济南高新技术产业开发区	1088	803	299	477	27	284	1
青岛市	7216	6257	855	4232	1170	124	835
市南区	2838	2199	293	1389	517	23	616
市北区	472	380	48	266	66	0	92
黄岛区	197	116	7	27	82	33	48
崂山区	2331	2283	240	1838	205	5	43
李沧区	331	313	43	197	73	0	18
城阳区	297	234	49	155	30	55	8
即墨区	728	725	172	359	194	0	3
青岛高新技术产业开发区	22	7	3	1	3	8	7
淄博市	999	818	125	346	347	40	141
市辖区	302	219	40	121	58	9	74
张店区	677	585	84	213	288	31	61
周村区	20	14	1	12	1	0	6
枣庄市	65	61	10	0	51	0	4
市中区	9	5	1	0	4	0	4
薛城区	24	24	4	0	20	0	0
峄城区	32	32	5	0	27	0	0
东营市	134	53	15	32	6	31	50
市辖区	95	19	8	10	1	31	45

续表

指标	从业人员	科技活动人员（不含外聘的流动学者和在读研究生）	科技管理人员	课题活动人员	科技服务人员	生产经营活动人员	其他人员
东营区	39	34	7	22	5	0	5
烟台市	1450	1301	177	661	463	63	86
市辖区	69	61	8	53	0	8	0
芝罘区	382	336	44	155	137	23	23
福山区	585	525	64	223	238	0	60
莱山区	347	315	53	219	43	32	0
长岛县	51	48	8	11	29	0	3
莱州市	8	8	0	0	8	0	0
栖霞市	8	8	0	0	8	0	0
潍坊市	570	401	85	268	48	54	115
潍城区	170	130	36	90	4	8	32
寒亭区	184	127	15	108	4	0	57
奎文区	36	36	12	2	22	0	0
寿光市	156	84	14	58	12	46	26
昌邑市	24	24	8	10	6	0	0
济宁市	921	722	110	522	90	53	146
市辖区	136	116	11	89	16	0	20
任城区	778	599	98	430	71	53	126
汶上县	7	7	1	3	3	0	0
泰安市	437	327	53	229	45	0	110
泰山区	411	301	47	211	43	0	110
宁阳县	26	26	6	18	2	0	0
威海市	275	220	32	141	47	6	49
市辖区	160	154	21	121	12	6	0
环翠区	14	14	3	7	4	0	0
文登区	16	16	2	10	4	0	0
荣成市	68	32	5	0	27	0	36
乳山市	17	4	1	3	0	0	13
日照市	732	340	58	209	73	255	137
市辖区	255	153	20	109	24	41	61
东港区	453	163	37	91	35	214	76
莒县	24	24	1	9	14	0	0
临沂市	289	214	51	121	42	32	43
市辖区	141	98	15	58	25	0	43
兰山区	137	105	35	57	13	32	0

续表

续表

指标	从业人员	科技活动人员（不含外聘的流动学者和在读研究生）	科技管理人员	课题活动人员	科技服务人员	生产经营活动人员	其他人员
蒙阴县	11	11	1	6	4	0	0
德州市	157	143	15	67	61	0	14
市辖区	137	126	8	60	58	0	11
德城区	7	7	4	3	0	0	0
齐河县	7	4	1	0	3	0	3
禹城市	6	6	2	4	0	0	0
聊城市	172	128	19	104	5	0	44
市辖区	172	128	19	104	5	0	44
滨州市	187	143	42	73	28	28	16
市辖区	178	134	42	73	19	28	16
滨城区	7	7	0	0	7	0	0
阳信县	2	2	0	0	2	0	0
菏泽市	197	186	29	84	73	0	11
市辖区	137	126	24	84	18	0	11
牡丹区	60	60	5	0	55	0	0
2. 按机构所属隶属关系分布							
中央部门属	5129	4380	492	3130	758	319	430
中国科学院	1854	1828	149	1396	283	0	26
地方部门属	21717	15831	2389	10117	3325	1962	3924
省级部门属	11138	7893	807	5626	1460	333	2912
副省级城市属	3628	2645	646	1598	401	860	123
地市级部门属	4130	3370	575	1873	922	235	525
3. 按机构从事的国民经济行业分布							
科学研究和技术服务业	26846	20211	2881	13247	4083	2281	4354
研究和试验发展	22332	17203	2301	11658	3244	1377	3752
专业技术服务业	3400	2127	399	1137	591	770	503
科技推广和应用服务业	1114	881	181	452	248	134	99
4. 按机构服务的国民经济行业分布							
农、林、牧、渔业	4840	4102	515	2778	809	60	678
农业	2253	1979	265	1399	315	0	274
林业	278	274	20	174	80	0	4
畜牧业	242	212	28	126	58	14	16
渔业	1060	714	95	472	147	14	332
农、林、牧、渔专业及辅助性活动	1007	923	107	607	209	32	52

续表

指标	从业人员	科技活动人员（不含外聘的流动学者和在读研究生）	科技管理人员	课题活动人员	科技服务人员	生产经营活动人员	其他人员
制造业	3067	2520	286	1735	499	298	249
农副食品加工业	102	56	12	37	7	31	15
食品制造业	287	257	29	71	157	0	30
纺织业	57	52	25	15	12	0	5
皮革、毛皮、羽毛及其制品和制鞋业	19	13	3	9	1	0	6
家具制造业	16	14	3	7	4	0	2
造纸和纸制品业	63	39	3	22	14	4	20
文教、工美、体育和娱乐用品制造业	15	15	9	3	3	0	0
化学原料和化学制品制造业	271	239	32	177	30	8	24
医药制造业	388	369	47	305	17	0	19
化学纤维制造业	35	29	10	18	1	0	6
非金属矿物制品业	89	8	1	6	1	81	0
通用设备制造业	55	33	3	20	10	22	0
专用设备制造业	480	359	45	207	107	49	72
汽车制造业	41	37	12	25	0	0	4
铁路、船舶、航空航天和其他运输设备制造业	98	98	7	91	0	0	0
计算机、通信和其他电子设备制造业	362	255	13	240	2	103	4
仪器仪表制造业	552	552	30	482	40	0	0
金属制品、机械和设备修理业	137	95	2	0	93	0	42
建筑业	89	75	16	33	26	7	7
房屋建筑业	89	75	16	33	26	7	7
交通运输、仓储和邮政业	211	184	3	175	6	0	27
道路运输业	211	184	3	175	6	0	27
信息传输、软件和信息技术服务业	348	307	64	223	20	22	19
互联网和相关服务	108	80	21	49	10	22	6
软件和信息技术服务业	240	227	43	174	10	0	13
租赁和商务服务业	80	34	5	26	3	46	0
商务服务业	80	34	5	26	3	46	0
科学研究和技术服务业	13389	10482	1716	6386	2380	1831	1076
研究和试验发展	6484	5868	1005	3938	925	249	367
专业技术服务业	6382	4187	607	2233	1347	1544	651
科技推广和应用服务业	523	427	104	215	108	38	58
水利、环境和公共设施管理业	838	740	105	532	103	8	90
水利管理业	206	203	19	154	30	0	3

续表

指标	从业人员	科技活动人员（不含外聘的流动学者和在读研究生）	科技管理人员	课题活动人员	科技服务人员	生产经营活动人员	其他人员
生态保护和环境治理业	570	489	79	344	66	0	81
公共设施管理业	62	48	7	34	7	8	6
教育	48	48	16	24	8	0	0
教育	48	48	16	24	8	0	0
卫生和社会工作	3801	1588	100	1289	199	9	2204
卫生	3801	1588	100	1289	199	9	2204
文化、体育和娱乐业	77	77	11	40	26	0	0
文化艺术业	67	67	10	37	20	0	0
体育	10	10	1	3	6	0	0
公共管理、社会保障和社会组织	58	54	44	6	4	0	4
国家机构	58	54	44	6	4	0	4
5.按机构所属学科分布							
自然科学领域	4018	3510	486	2366	658	299	209
信息科学与系统科学	206	206	49	146	11	0	0
物理学	71	71	3	60	8	0	0
化学	287	255	17	201	37	2	30
地球科学	2990	2608	375	1738	495	271	111
生物学	464	370	42	221	107	26	68
农业科学领域	5535	4720	571	3152	997	68	747
农学	3343	2967	329	2033	605	9	367
林学	372	351	34	224	93	8	13
畜牧、兽医科学	451	415	54	273	88	14	22
水产学	1369	987	154	622	211	37	345
医学科学领域	4640	2299	184	1870	245	23	2318
基础医学	336	226	31	185	10	0	110
临床医学	2966	1086	55	951	80	9	1871
预防医学与公共卫生学	468	242	23	121	98	2	224
药学	593	517	66	410	41	12	64
中医学与中药学	277	228	9	203	16	0	49
工程科学与技术领域	11362	8533	1420	5215	1898	1813	1016
工程与技术科学基础学科	752	524	108	364	52	143	85
信息与系统科学相关工程与技术	157	129	64	55	10	22	6
自然科学相关工程与技术	1574	1325	363	830	132	212	37
测绘科学技术	767	489	134	256	99	175	103
材料科学	333	300	19	224	57	5	28

续表

指标	从业人员	科技活动人员（不含外聘的流动学者和在读研究生）	科技管理人员	课题活动人员	科技服务人员	生产经营活动人员	其他人员
冶金工程技术	32	0	0	0	0	32	0
机械工程	483	351	60	183	108	48	84
能源科学技术	746	727	45	619	63	0	19
电子与通信技术	1004	901	51	786	64	99	4
计算机科学技术	342	306	81	212	13	22	14
化学工程	547	431	67	184	180	58	58
产品应用相关工程与技术	120	72	24	32	16	40	8
纺织科学技术	84	75	33	30	12	0	9
食品科学技术	256	180	19	139	22	31	45
土木建筑工程	1232	608	75	111	422	527	97
水利工程	206	203	19	154	30	0	3
交通运输工程	211	184	3	175	6	0	27
环境科学技术及资源科学技术	1223	845	146	572	127	196	182
安全科学技术	569	449	58	90	301	41	79
管理学	724	434	51	199	184	162	128
社会、人文科学领域	1291	1149	220	644	285	78	64
艺术学	68	65	11	41	13	0	3
考古学	67	67	10	37	20	0	0
经济学	80	34	5	26	3	46	0
法学	9	5	1	0	4	0	4
社会学	436	388	72	290	26	0	48
图书馆、情报与文献学	573	532	104	223	205	32	9
教育学	48	48	16	24	8	0	0
体育科学	10	10	1	3	6	0	0
6.按机构从业人员规模分							
≥1000人	2201	723	16	669	38	0	1478
500～999人	4105	3544	429	2588	527	144	417
300～499人	3231	2563	466	1441	656	6	662
200～299人	3620	2004	226	1375	403	1290	326
100～199人	6912	5834	750	3793	1291	275	803
50～99人	3682	2973	371	2049	553	344	365
30～49人	1698	1386	302	835	249	139	173
20～29人	718	583	161	223	199	54	81
10～19人	523	476	125	238	113	8	39
0～9人	156	125	35	36	54	21	10

表4　2020年山东省科学研究和技术服务业事业单位科技活动人员按学历和职称分

计量单位：人

指标	科技活动人员 （不含外聘的流动学者 和在读研究生）	学历					职称			
		博士	硕士	本科	大专	其他	高级职称	中级职称	初级职称	其他
总计	20211	4317	6894	6609	1386	1005	7132	7191	3087	2801
1.按机构所属地域分布										
山东省	20211	4317	6894	6609	1386	1005	7132	7191	3087	2801
济南市	8897	1694	3391	2841	549	422	3332	3112	1482	971
市辖区	30	0	8	22	0	0	7	20	3	0
历下区	3512	543	1431	1087	268	183	1440	1191	567	314
市中区	654	123	233	250	42	6	268	221	74	91
槐荫区	988	157	619	188	22	2	271	482	227	8
天桥区	515	51	221	206	24	13	192	192	116	15
历城区	2343	440	677	833	179	214	709	865	330	439
长清区	3	0	0	3	0	0	0	3	0	0
章丘区	34	4	9	17	4	0	4	20	10	0
平阴县	15	0	1	9	2	3	2	6	4	3
济南高新技术产业开发区	803	376	192	226	8	1	439	112	151	101
青岛市	6257	2103	2155	1460	305	234	2110	2206	686	1255
市南区	2199	957	562	491	124	65	1003	769	124	303
市北区	380	49	192	108	24	7	112	187	70	11
黄岛区	116	13	62	41	0	0	0	28	23	65
崂山区	2283	759	824	482	93	125	643	712	417	511
李沧区	313	88	69	115	30	11	121	108	11	73
城阳区	234	40	68	103	16	7	54	52	22	106
即墨区	725	196	375	117	18	19	176	348	16	185
青岛高新技术产业开发区	7	1	3	3	0	0	1	2	3	1
淄博市	818	31	197	489	70	31	265	320	123	110
市辖区	219	18	60	113	24	4	57	78	29	55
张店区	585	13	134	366	45	27	205	238	88	54
周村区	14	0	3	10	1	0	3	4	6	1
枣庄市	61	0	4	47	6	4	22	26	13	0
市中区	5	0	0	5	0	0	1	3	1	0
薛城区	24	0	1	20	3	0	7	13	4	0
峄城区	32	0	3	22	3	4	14	10	8	0
东营市	53	7	20	19	2	5	26	20	5	2

续表

指标	科技活动人员 (不含外聘的流动学者 和在读研究生)	学历					职称			
		博士	硕士	本科	大专	其他	高级职称	中级职称	初级职称	其他
市辖区	19	3	3	11	2	0	10	7	2	0
东营区	34	4	17	8	0	5	16	13	3	2
烟台市	1301	234	363	541	76	87	440	516	214	131
市辖区	61	20	38	2	1	0	11	31	19	0
芝罘区	336	23	97	150	19	47	109	108	52	67
福山区	525	36	155	273	44	17	160	223	90	52
莱山区	315	154	67	82	8	4	147	121	40	7
长岛县	48	1	4	24	0	19	8	27	9	4
莱州市	8	0	1	7	0	0	2	5	0	1
栖霞市	8	0	1	3	4	0	3	1	4	0
潍坊市	401	13	60	212	79	37	107	176	44	74
潍城区	130	10	27	54	17	22	49	49	15	17
寒亭区	127	0	5	77	38	7	19	74	4	30
奎文区	36	0	10	23	3	0	9	12	3	12
寿光市	84	3	16	52	12	1	27	38	19	0
昌邑市	24	0	2	6	9	7	3	3	3	15
济宁市	722	54	272	269	82	45	280	264	129	49
市辖区	116	2	27	73	9	5	25	48	34	9
任城区	599	52	244	191	72	40	254	214	93	38
汶上县	7	0	1	5	1	0	1	2	2	2
泰安市	327	70	98	120	29	10	107	97	104	19
泰山区	301	70	97	111	19	4	102	89	95	15
宁阳县	26	0	1	9	10	6	5	8	9	4
威海市	220	60	50	84	22	4	81	67	45	27
市辖区	154	59	35	50	6	4	71	39	35	9
环翠区	14	0	6	7	1	0	3	5	2	4
文登区	16	0	3	5	8	0	3	7	2	4
荣成市	32	1	5	19	7	0	4	13	5	10
乳山市	4	0	1	3	0	0	0	3	1	0
日照市	340	10	90	154	61	25	88	126	72	54
市辖区	153	5	41	87	16	4	48	51	33	21
东港区	163	5	41	60	43	14	34	72	35	22
莒县	24	0	8	7	2	7	6	3	4	11
临沂市	214	10	36	127	31	10	87	69	30	28
市辖区	98	3	23	55	12	5	45	37	11	5

续表

指标	科技活动人员（不含外聘的流动学者和在读研究生）	学历					职称			
		博士	硕士	本科	大专	其他	高级职称	中级职称	初级职称	其他
兰山区	105	7	12	71	14	1	41	30	15	19
蒙阴县	11	0	1	1	5	4	1	2	4	4
德州市	143	7	37	43	8	48	35	47	41	20
市辖区	126	5	31	38	6	46	35	44	41	6
德城区	7	0	4	3	0	0	0	0	0	7
齐河县	4	0	0	0	2	2	0	3	0	1
禹城市	6	2	2	2	0	0	0	0	0	6
聊城市	128	2	44	60	13	9	39	40	28	21
市辖区	128	2	44	60	13	9	39	40	28	21
滨州市	143	21	48	54	16	4	60	64	11	8
市辖区	134	21	46	52	12	3	58	60	9	7
滨城区	7	0	2	0	4	1	1	3	2	1
阳信县	2	0	0	2	0	0	1	1	0	0
菏泽市	186	1	29	89	37	30	53	41	60	32
市辖区	126	1	28	50	17	30	48	27	19	32
牡丹区	60	0	1	39	20	0	5	14	41	0
2．按机构所属隶属关系分布										
中央部门属	4380	1710	1307	943	214	206	1627	1498	548	707
中国科学院	1828	967	465	247	67	82	685	625	334	184
地方部门属	15831	2607	5587	5666	1172	799	5505	5693	2539	2094
省级部门属	7893	1642	3157	2251	461	382	2891	2912	1253	837
副省级城市属	2645	625	911	857	180	72	920	849	352	524
地市级部门属	3370	215	859	1727	333	236	1219	1212	552	387
3．按机构从事的国民经济行业分布										
科学研究和技术服务业	20211	4317	6894	6609	1386	1005	7132	7191	3087	2801
研究和试验发展	17203	4047	5948	5224	1114	870	6264	6071	2596	2272
专业技术服务业	2127	174	629	1025	178	121	701	828	338	260
科技推广和应用服务业	881	96	317	360	94	14	167	292	153	269
4．按机构服务的国民经济行业分布										
农、林、牧、渔业	4102	896	1172	1380	338	316	1493	1423	516	670
农业	1979	469	576	678	122	134	728	665	237	349
林业	274	30	50	148	34	12	125	67	61	21
畜牧业	212	56	49	51	10	46	60	66	26	60
渔业	714	207	193	204	69	41	266	335	81	32

续表

指标	科技活动人员（不含外聘的流动学者和在读研究生）	学历					职称			
		博士	硕士	本科	大专	其他	高级职称	中级职称	初级职称	其他
农、林、牧、渔专业及辅助性活动	923	134	304	299	103	83	314	290	111	208
制造业	2520	374	710	965	264	207	972	909	437	202
农副食品加工业	56	0	12	42	2	0	48	6	2	0
食品制造业	257	37	71	121	21	7	160	49	22	26
纺织业	52	0	10	18	8	16	14	15	7	16
皮革、毛皮、羽毛及其制品和制鞋业	13	0	2	6	5	0	5	6	0	2
家具制造业	14	0	0	8	6	0	3	5	6	0
造纸和纸制品业	39	0	5	33	1	0	20	15	4	0
文教、工美、体育和娱乐用品制造业	15	0	0	12	2	1	5	5	3	2
化学原料和化学制品制造业	239	62	81	70	17	9	71	91	68	9
医药制造业	369	47	145	89	35	53	123	132	92	22
化学纤维制造业	29	1	4	7	2	15	6	5	4	14
非金属矿物制品业	8	0	1	7	0	0	3	4	1	0
通用设备制造业	33	0	0	10	23	0	4	12	12	5
专用设备制造业	359	9	65	192	39	54	118	118	58	65
汽车制造业	37	14	9	13	1	0	17	6	5	9
铁路、船舶、航空航天和其他运输设备制造业	98	57	23	18	0	0	54	19	25	0
计算机、通信和其他电子设备制造业	255	1	17	149	68	20	70	122	50	13
仪器仪表制造业	552	146	246	94	34	32	214	251	68	19
金属制品、机械和设备修理业	95	0	19	76	0	0	37	48	10	0
建筑业	75	2	25	30	11	7	26	26	7	16
房屋建筑业	75	2	25	30	11	7	26	26	7	16
交通运输、仓储和邮政业	184	9	121	54	0	0	56	78	50	0
道路运输业	184	9	121	54	0	0	56	78	50	0
信息传输、软件和信息技术服务业	307	56	162	77	9	3	101	100	27	79
互联网和相关服务	80	7	60	13	0	0	27	40	13	0
软件和信息技术服务业	227	49	102	64	9	3	74	60	14	79
租赁和商务服务业	34	0	0	26	8	0	0	0	0	34
商务服务业	34	0	0	26	8	0	0	0	0	34
科学研究和技术服务业	10482	2662	3404	3353	643	420	3669	3581	1601	1631
研究和试验发展	5868	1900	2003	1496	255	214	2177	1879	880	932
专业技术服务业	4187	729	1282	1635	339	202	1395	1555	650	587
科技推广和应用服务业	427	33	119	222	49	4	97	147	71	112
水利、环境和公共设施管理业	740	65	315	313	41	6	284	281	102	73

续表

指标	科技活动人员（不含外聘的流动学者和在读研究生）	学历					职称			
		博士	硕士	本科	大专	其他	高级职称	中级职称	初级职称	其他
水利管理业	203	15	87	87	14	0	80	81	39	3
生态保护和环境治理业	489	50	218	198	19	4	185	185	57	62
公共设施管理业	48	0	10	28	8	2	19	15	6	8
教育	48	0	6	39	3	0	34	11	2	1
教育	48	0	6	39	3	0	34	11	2	1
卫生和社会工作	1588	249	926	306	63	44	470	734	316	68
卫生	1588	249	926	306	63	44	470	734	316	68
文化、体育和娱乐业	77	1	39	33	3	1	16	22	19	20
文化艺术业	67	1	37	27	1	1	14	18	16	19
体育	10	0	2	6	2	0	2	4	3	1
公共管理、社会保障和社会组织	54	3	14	33	3	1	11	26	10	7
国家机构	54	3	14	33	3	1	11	26	10	7
5.按机构所属学科分布										
自然科学领域	3510	1321	1130	732	187	140	1220	1216	253	821
信息科学与系统科学	206	56	57	84	9	0	53	54	8	91
物理学	71	18	14	38	1	0	6	13	0	52
化学	255	76	88	49	33	9	75	79	83	18
地球科学	2608	1033	851	473	127	124	972	937	130	569
生物学	370	138	120	88	17	7	114	133	32	91
农业科学领域	4720	954	1325	1577	419	445	1715	1623	598	784
农学	2967	567	857	989	236	318	1048	975	345	599
林学	351	30	61	193	50	17	149	93	77	32
畜牧、兽医科学	415	127	120	93	23	52	158	126	38	93
水产学	987	230	287	302	110	58	360	429	138	60
医学科学领域	2299	352	1226	501	119	101	713	998	466	122
基础医学	226	52	74	68	29	3	97	101	24	4
临床医学	1086	206	688	174	18	0	313	520	250	3
预防医学与公共卫生学	242	14	93	70	26	39	66	83	36	57
药学	517	47	223	143	45	59	143	190	127	57
中医学与中药学	228	33	148	46	1	0	94	104	29	1
工程科学与技术领域	8533	1523	2871	3261	578	300	3078	2974	1627	854
工程与技术科学基础学科	524	76	164	219	52	13	201	190	61	72
信息与系统科学相关工程与技术	129	10	74	41	3	1	37	63	22	7
自然科学相关工程与技术	1325	397	351	467	60	50	600	318	240	167
测绘科学技术	489	1	192	228	35	33	155	215	98	21

续表

指标	科技活动人员（不含外聘的流动学者和在读研究生）	学历					职称			
		博士	硕士	本科	大专	其他	高级职称	中级职称	初级职称	其他
材料科学	300	126	97	49	13	15	82	126	70	22
机械工程	351	23	64	177	63	24	107	110	68	66
能源科学技术	727	296	284	104	20	23	229	214	270	14
电子与通信技术	901	156	288	287	118	52	329	396	151	25
计算机科学技术	306	87	119	87	9	4	105	81	20	100
化学工程	431	43	127	223	34	4	203	126	77	25
产品应用相关工程与技术	72	13	22	37	0	0	17	26	10	19
纺织科学技术	75	0	12	22	10	31	18	16	11	30
食品科学技术	180	35	45	85	12	3	115	43	10	12
土木建筑工程	608	6	283	295	24	0	226	205	115	62
水利工程	203	15	87	87	14	0	80	81	39	3
交通运输工程	184	9	121	54	0	0	56	78	50	0
环境科学技术及资源科学技术	845	204	300	299	34	8	318	332	134	61
安全科学技术	449	0	52	338	41	18	103	190	95	61
管理学	434	26	189	162	36	21	97	164	86	87
社会、人文科学领域	1149	167	342	538	83	19	406	380	143	220
艺术学	65	3	16	42	3	1	21	28	14	2
考古学	67	1	37	27	1	1	14	18	16	19
经济学	34	0	0	26	8	0	0	0	0	34
法学	5	0	0	5	0	0	1	3	1	0
社会学	388	136	112	120	20	0	164	132	14	78
图书馆、情报与文献学	532	27	169	273	46	17	170	184	93	85
教育学	48	0	6	39	3	0	34	11	2	1
体育科学	10	0	2	6	2	0	2	4	3	1
6. 按机构从业人员规模分										
≥1000人	723	125	539	56	3	0	192	377	154	0
500～999人	3544	1594	1029	669	140	112	1424	1139	581	400
300～499人	2563	472	1045	745	156	145	801	855	332	575
200～299人	2004	344	629	768	175	88	695	842	363	104
100～199人	5834	943	1985	2072	411	423	2130	2068	858	778
50～99人	2973	598	1006	1097	196	76	1110	1034	412	417
30～49人	1386	174	396	624	118	74	487	464	182	253
20～29人	583	37	161	246	82	57	133	178	102	170
10～19人	476	21	77	266	85	27	136	187	82	71
0～9人	125	9	27	66	20	3	24	47	21	33

表5　2020年山东省科学研究和技术服务业事业单位经费收入

计量单位：万元

指标	经费收入总额	科技活动收入	政府资金	财政拨款	承担政府科研项目收入	其他	非政府资金	#技术性收入	#国外资金	生产经营活动收入	其他收入
总计	1782778	1091986	899732	707052	152307	40373	192254	175118	309	229466	461326
1.按机构所属地域分布											
山东省	1782778	1091986	899732	707052	152307	40373	192254	175118	309	229466	461326
济南市	1086076	534174	423735	354019	60702	9014	110439	104618	36	181023	370880
市辖区	10562	6567	0	0	0	0	6567	6567	0	2680	1315
历下区	338285	208214	162094	122913	34513	4668	46120	44804	0	99921	30150
市中区	72368	36015	22637	22435	22	180	13378	13378	0	32181	4173
槐荫区	355552	30936	25284	17075	8209	0	5652	5652	0	0	324616
天桥区	31150	28720	8596	6758	1656	182	20124	20124	0	109	2321
历城区	151852	103613	85374	65521	15870	3984	18239	13734	36	39969	8270
长清区	161	161	161	161	0	0	0	0	0	0	0
章丘区	1773	850	850	850	0	0	0	0	0	896	27
平阴县	299	299	282	282	0	0	17	17	0	0	0
济南高新技术产业开发区	124075	118800	118457	118025	432	0	343	343	0	5267	7
青岛市	469725	392048	323336	239980	63764	19592	68712	57960	273	6231	71445
市南区	205016	162421	139079	104312	30779	3988	23342	19376	2	297	42299
市北区	18798	10913	8809	5286	809	2715	2104	581	0	0	7885
黄岛区	3934	3130	0	0	0	0	3130	3130	0	688	116
崂山区	154779	140026	106356	82779	20825	2752	33670	29183	271	504	14250
李沧区	15060	13458	13402	11432	1965	5	56	56	0	30	1571
城阳区	7121	2403	1247	683	538	26	1156	1156	0	4713	6
即墨区	64843	59526	54444	35489	8848	10107	5082	4305	0	0	5317
青岛高新技术产业开发区	173	173	0	0	0	0	173	173	0	0	0
淄博市	28506	20869	19371	16047	1990	1335	1498	1498	0	6547	1090
市辖区	8761	7306	7306	5664	1342	300	0	0	0	898	557
张店区	18946	12764	11266	9683	548	1035	1498	1498	0	5649	533
周村区	800	800	800	700	100	0	0	0	0	0	0
枣庄市	1090	1090	1062	1062	0	0	28	28	0	0	0
市中区	28	28	0	0	0	0	28	28	0	0	0
薛城区	412	412	412	412	0	0	0	0	0	0	0
峄城区	650	650	650	650	0	0	0	0	0	0	0
东营市	3134	2865	2785	2575	210	0	80	80	0	268	0

续表

指标	经费收入总额	科技活动收入	政府资金	财政拨款	承担政府科研项目收入	其他	非政府资金	#技术性收入	#国外资金	生产经营活动收入	其他收入
市辖区	2256	1987	1907	1795	112	0	80	80	0	268	0
东营区	878	878	878	780	98	0	0	0	0	0	0
烟台市	60165	53833	51459	35900	13954	1604	2375	2358	0	3996	2336
市辖区	2826	2009	2009	1530	479	0	0	0	0	815	2
芝罘区	11616	9733	9604	8638	867	99	129	112	0	844	1039
福山区	26387	23547	23253	14412	7582	1259	294	294	0	2087	753
莱山区	16482	15849	14038	9626	4219	192	1811	1811	0	250	383
长岛县	2642	2492	2352	1490	807	54	140	140	0	0	150
莱州市	98	90	90	90	0	0	0	0	0	0	8
栖霞市	114	114	114	114	0	0	0	0	0	0	0
潍坊市	21461	11006	10005	9849	156	0	1001	640	0	9624	832
潍城区	4074	3905	3420	3274	146	0	486	486	0	0	169
寒亭区	4792	4668	4668	4668	0	0	0	0	0	68	55
奎文区	829	816	816	816	0	0	0	0	0	0	13
寿光市	10752	602	448	438	10	0	155	155	0	9555	595
昌邑市	1014	1014	653	653	0	0	361	0	0	0	0
济宁市	34122	22950	19841	13223	6142	477	3109	3024	0	5082	6090
市辖区	3136	2768	2768	2768	0	0	0	0	0	252	116
任城区	30925	20121	17013	10394	6142	477	3109	3024	0	4830	5974
汶上县	60	60	60	60	0	0	0	0	0	0	0
泰安市	15539	13641	10097	7598	264	2236	3544	3544	0	0	1898
泰山区	14824	12926	9382	6883	264	2236	3544	3544	0	0	1898
宁阳县	716	716	716	716	0	0	0	0	0	0	0
威海市	5021	4196	4096	3117	909	70	99	99	0	0	826
市辖区	2661	2661	2562	1583	909	70	99	99	0	0	0
环翠区	168	168	168	168	0	0	0	0	0	0	0
文登区	282	282	282	282	0	0	0	0	0	0	0
荣成市	1648	1047	1047	1047	0	0	0	0	0	0	601
乳山市	263	38	38	38	0	0	0	0	0	0	225
日照市	33417	13548	12825	5875	1930	5020	723	723	0	15092	4777
市辖区	6376	4744	4359	4356	3	0	386	386	0	1064	568
东港区	26507	8326	7988	1173	1796	5020	337	337	0	14028	4153
莒县	534	478	478	346	131	0	0	0	0	0	56
临沂市	7696	5812	5789	5410	379	0	23	23	0	1409	476

续表

指标	经费收入总额	科技活动收入	政府资金	财政拨款	承担政府科研项目收入	其他	非政府资金	# 技术性收入	# 国外资金	生产经营活动收入	其他收入
市辖区	3621	3145	3122	2743	379	0	23	23	0	0	476
兰山区	4049	2641	2641	2641	0	0	0	0	0	1409	0
蒙阴县	26	26	26	26	0	0	0	0	0	0	0
德州市	4217	3939	3552	3021	190	341	387	387	0	0	277
市辖区	3961	3757	3382	2851	190	341	374	374	0	0	204
德城区	98	58	58	58	0	0	0	0	0	0	40
齐河县	58	25	12	12	0	0	13	13	0	0	33
禹城市	100	100	100	100	0	0	0	0	0	0	0
聊城市	4358	4121	4121	2794	860	466	1	1	0	0	237
市辖区	4358	4121	4121	2794	860	466	1	1	0	0	237
滨州市	4374	4080	3844	3166	678	0	236	136	0	196	98
市辖区	4296	4002	3766	3088	678	0	236	136	0	196	98
滨城区	59	59	59	59	0	0	0	0	0	0	0
阳信县	19	19	19	19	0	0	0	0	0	0	0
菏泽市	3878	3814	3814	3417	180	218	0	0	0	0	63
市辖区	3420	3357	3357	2959	180	218	0	0	0	0	63
牡丹区	457	457	457	457	0	0	0	0	0	0	0
2．按机构所属隶属关系分布											
中央部门属	353258	322697	259615	194986	55822	8806	63083	56868	273	7341	23220
中国科学院	101344	97282	81122	48086	27006	6030	16161	12988	271	0	4062
地方部门属	1429520	769288	640117	512066	96485	31567	129171	118250	36	222126	438106
省级部门属	968135	498258	394719	319746	66271	8702	103539	94747	36	57236	412640
副省级城市属	211540	90167	85875	56616	18078	11181	4292	2364	0	112663	8710
地市级部门属	126491	100814	95999	76677	8387	10936	4815	4613	0	16381	9296
3．按机构从事的国民经济行业分布											
科学研究和技术服务业	1782778	1091986	899732	707052	152307	40373	192254	175118	309	229466	461326
研究和试验发展	1566746	946442	783276	617117	135572	30587	163166	148019	309	186368	433936
专业技术服务业	175690	113728	89124	76904	8587	3633	24604	23943	0	41561	20402
科技推广和应用服务业	40342	31816	27332	13031	8148	6153	4484	3155	0	1537	6988
4．按机构服务的国民经济行业分布											
农、林、牧、渔业	198989	177869	150352	105377	38144	6830	27517	21697	38	2580	18541
农业	90263	81334	64941	47000	12279	5663	16393	15034	36	0	8929
林业	8764	7422	6528	6422	106	0	894	0	0	909	434

续表

指标	经费收入总额	科技活动收入	政府资金	财政拨款	承担政府科研项目收入	其他	非政府资金	#技术性收入	#国外资金	生产经营活动收入	其他收入
畜牧业	9374	8243	6577	4589	1988	0	1666	765	0	28	1103
渔业	54829	49962	46164	26959	19134	70	3799	3436	2	0	4867
农、林、牧、渔专业及辅助性活动	35759	30908	26142	20408	4637	1097	4766	2461	0	1643	3208
制造业	180863	86804	50880	37597	12478	806	35924	32013	0	80464	13595
农副食品加工业	5865	575	60	60	0	0	515	430	0	4830	460
食品制造业	19035	18527	9837	9837	0	0	8690	8690	0	0	508
纺织业	3211	2630	526	526	0	0	2104	581	0	1	580
皮革、毛皮、羽毛及其制品和制鞋业	348	61	0	0	0	0	61	61	0	0	287
家具制造业	329	185	142	142	0	0	43	43	0	0	144
造纸和纸制品业	1098	635	305	305	0	0	331	331	0	81	383
文教、工美、体育和娱乐用品制造业	537	281	281	281	0	0	0	0	0	0	256
化学原料和化学制品制造业	8682	7728	1335	1026	309	0	6394	5910	0	314	640
医药制造业	15493	12769	5059	3903	1156	0	7710	7340	0	999	1726
化学纤维制造业	730	730	344	344	0	0	386	386	0	0	0
非金属矿物制品业	2296	182	0	0	0	0	182	182	0	2114	0
通用设备制造业	886	710	710	710	0	0	0	0	0	0	176
专用设备制造业	13722	11305	7467	6969	384	113	3838	2389	0	340	2077
汽车制造业	870	839	839	504	330	5	0	0	0	30	1
铁路、船舶、航空航天和其他运输设备制造业	721	721	721	129	592	0	0	0	0	0	0
计算机、通信和其他电子设备制造业	75217	3455	3176	910	2056	211	279	279	0	71756	6
仪器仪表制造业	28412	22127	16733	8606	7651	477	5393	5393	0	0	6286
金属制品、机械和设备修理业	3412	3346	3346	3346	0	0	0	0	0	0	66
建筑业	4860	4076	626	626	0	0	3450	3450	0	0	784
房屋建筑业	4860	4076	626	626	0	0	3450	3450	0	0	784
交通运输、仓储和邮政业	15422	15167	2012	1758	72	182	13155	13155	0	0	255
道路运输业	15422	15167	2012	1758	72	182	13155	13155	0	0	255
信息传输、软件和信息技术服务业	82475	80572	76438	62601	13837	0	4133	4133	0	0	1904
互联网和相关服务	1820	1820	340	0	340	0	1480	1480	0	0	0
软件和信息技术服务业	80655	78752	76098	62601	13497	0	2653	2653	0	0	1904
租赁和商务服务业	1986	1978	1646	1646	0	0	332	332	0	9	0
商务服务业	1986	1978	1646	1646	0	0	332	332	0	9	0
科学研究和技术服务业	826247	631184	549722	447589	69925	32208	81461	74056	271	144518	50545

续表

指标	经费收入总额	科技活动收入	政府资金	财政拨款	承担政府科研项目收入	其他	非政府资金	#技术性收入	#国外资金	生产经营活动收入	其他收入
研究和试验发展	466798	429675	392687	333721	39981	18985	36989	31586	271	16560	20562
专业技术服务业	340852	185006	140898	103708	29672	7518	44108	42162	0	126932	28914
科技推广和应用服务业	18598	16503	16138	10160	272	5706	365	309	0	1025	1070
水利、环境和公共设施管理业	43304	35755	25263	14588	10496	180	10491	10491	0	1772	5778
水利管理业	11519	10871	1998	1373	625	0	8873	8873	0	0	648
生态保护和环境治理业	29594	24256	22638	12767	9871	0	1618	1618	0	227	5111
公共设施管理业	2191	627	627	447	0	180	0	0	0	1544	19
教育	1811	1645	1645	1645	0	0	0	0	0	0	166
教育	1811	1645	1645	1645	0	0	0	0	0	0	166
卫生和社会工作	414119	44383	37938	30415	7356	167	6445	6445	0	124	369613
卫生	414119	44383	37938	30415	7356	167	6445	6445	0	124	369613
文化、体育和娱乐业	10709	10659	1910	1910	0	0	8750	8750	0	0	50
文化艺术业	10504	10454	1704	1704	0	0	8750	8750	0	0	50
体育	205	205	205	205	0	0	0	0	0	0	0
公共管理、社会保障和社会组织	1992	1896	1300	1300	0	0	596	596	0	0	96
国家机构	1992	1896	1300	1300	0	0	596	596	0	0	96
5.按机构所属学科领域分布											
自然科学领域	323060	294842	251674	185833	46910	18931	43169	36728	0	6718	21500
信息科学与系统科学	10643	4428	2486	1931	0	555	1942	614	0	504	5711
物理学	9600	9600	9600	9600	0	0	0	0	0	0	0
化学	9206	8653	6854	5004	1850	0	1799	1799	0	38	515
地球科学	272545	253360	219462	162999	42470	13993	33898	29156	0	4448	14737
生物学	21067	18802	13272	6299	2589	4384	5530	5159	0	1728	537
农业科学领域	227066	202344	173089	122692	43344	7054	29255	23958	38	4124	20597
农学	129840	117220	96496	70639	19053	6804	20724	19076	36	1484	11135
林学	11583	8532	7579	7293	106	180	954	60	0	2453	597
畜牧、兽医科学	19095	17395	15269	10437	4832	0	2125	1181	0	187	1513
水产学	66549	59197	53746	34323	19352	70	5452	3641	2	0	7351
医学科学领域	444112	68708	53660	43320	9783	557	15048	15048	0	2506	372898
基础医学	12945	8102	7813	7117	695	0	289	289	0	0	4843
临床医学	388780	29496	23747	16856	6891	0	5749	5749	0	0	359284
预防医学与公共卫生学	14984	8286	7833	7486	90	257	454	454	0	794	5904
药学	22152	18094	9989	8057	1632	300	8106	8106	0	1712	2346

续表

指标	经费收入总额	科技活动收入	政府资金	财政拨款	承担政府科研项目收入	其他	非政府资金	＃技术性收入	＃国外资金	生产经营活动收入	其他收入
中医学与中药学	5250	4730	4279	3804	475	0	451	451	0	0	520
工程科学与技术领域	737367	478383	384719	319814	51521	13383	93665	88600	271	215859	43124
工程与技术科学基础学科	38713	13811	13272	12633	639	0	539	539	0	23053	1850
信息与系统科学相关工程与技术	3784	3688	1640	1300	340	0	2048	2048	0	0	96
自然科学相关工程与技术	149644	128118	121949	120324	1625	0	6169	4737	0	16763	4764
测绘科学技术	53926	33542	29587	28642	327	618	3956	3956	0	19250	1135
材料科学	8874	8027	6019	2256	3032	731	2008	1473	0	405	442
冶金工程技术	1409	0	0	0	0	0	0	0	0	1409	0
机械工程	11220	8708	7439	6127	983	329	1269	1269	0	966	1546
能源科学技术	28389	28110	22094	14118	5780	2197	6016	4789	271	0	279
电子与通信技术	105700	25707	20193	10105	9611	477	5514	5514	0	73339	6654
计算机科学技术	87421	85402	82224	68582	13616	26	3178	3178	0	105	1913
化学工程	33290	21730	8403	7771	633	0	13327	13327	0	9932	1628
产品应用相关工程与技术	9889	9006	8802	3632	170	5000	204	204	0	829	54
纺织科学技术	3554	2974	870	870	0	0	2104	581	0	1	580
食品科学技术	14015	6979	4558	3663	266	629	2421	2073	0	4830	2206
土木建筑工程	55568	18094	154	154	0	0	17940	17940	0	32199	5275
水利工程	11519	10871	1998	1373	625	0	8873	8873	0	0	648
交通运输工程	15422	15167	2012	1758	72	182	13155	13155	0	0	255
环境科学技术及资源科学技术	59608	41991	39853	23764	13182	2907	2138	2138	0	5380	12238
安全科学技术	15134	11746	11746	11746	0	0	0	0	0	2679	709
管理学	30288	4714	1906	996	621	289	2808	2808	0	24721	854
社会、人文科学领域	51173	47708	36591	35393	750	448	11117	10784	0	259	3207
艺术学	2259	1999	1999	1999	0	0	0	0	0	0	260
考古学	10504	10454	1704	1704	0	0	8750	8750	0	0	50
经济学	1986	1978	1646	1646	0	0	332	332	0	9	0
法学	28	28	0	0	0	0	28	28	0	0	0
社会学	17768	15988	15278	15228	0	51	710	710	0	0	1780
图书馆、情报与文献学	16612	15410	14113	12966	750	397	1298	964	0	250	952
教育学	1811	1645	1645	1645	0	0	0	0	0	0	166
体育科学	205	205	205	205	0	0	0	0	0	0	0
6.按机构从业人员规模分											
≥1000人	329464	20469	15004	10163	4841	0	5465	5465	0	0	308995

续表

指标	经费收入总额	科技活动收入	政府资金	财政拨款	承担政府科研项目收入	其他	非政府资金	#技术性收入	#国外资金	生产经营活动收入	其他收入
500～999 人	230511	193479	163066	113436	43784	5846	30413	27239	273	24631	12401
300～499 人	218986	171063	133878	115043	8110	10725	37186	35051	0	0	47922
200～299 人	250591	91789	51380	39883	11122	374	40410	38978	0	139458	19344
100～199 人	394102	297833	254915	184645	60751	9519	42919	37603	36	44323	51946
50～99 人	245046	220410	193816	175772	15315	2729	26594	25256	0	11406	13230
30～49 人	69041	58334	51074	40148	5472	5455	7260	3953	0	7471	3236
20～29 人	28058	24645	23562	15993	2260	5309	1083	722	0	974	2438
10～19 人	14429	11836	11369	10300	652	417	467	394	0	1020	1573
0～9 人	2551	2126	1668	1668	0	0	458	458	0	183	242

续表

表6　2020年山东省科学研究和技术服务业事业单位经费支出

计量单位：万元

指标	经费内部支出总额	科技经费内部支出	日常性支出			资产性支出	仪器与设备支出			土建费	资本化的计算机软件支出	专利和专有技术支出	生产经营支出	其他支出
				人员劳务费	其他日常性支出			非基建的科学仪器与设备支出	基建的仪器与设备支出					
总计	1864918	1112353	795821	410930	384891	316532	252602	221481	31121	56640	3192	4098	341208	411357
1.按机构所属地域分布														
山东省	1864918	1112353	795821	410930	384891	316532	252602	221481	31121	56640	3192	4098	341208	411357
济南市	1128504	503990	326395	167270	159125	177595	158282	148685	9597	17215	1306	792	287391	337123
市辖区	10227	746	500	490	11	246	246	246	0	0	0	0	9481	0
历下区	367871	248539	130229	69315	60914	118310	113985	111594	2391	3964	237	125	77651	41681
市中区	67302	32388	31797	14955	16842	591	499	487	12	0	0	0	30516	4398
槐荫区	360663	51745	26434	17725	8709	25310	13958	10433	3525	11063	60	230	31528	277390
天桥区	34228	28765	24234	12341	11894	4531	3515	2431	1084	1005	11	0	276	5186
历城区	162534	116269	97488	46976	50511	18782	16809	14369	2441	1183	716	73	38031	8234
长清区	162	51	51	49	2	0	0	0	0	0	0	0	0	111
章丘区	2311	1153	870	408	462	283	3	3	0	0	15	265	1103	56
平阴县	302	299	296	273	23	3	3	3	0	0	0	0	0	3
济南高新技术产业开发区	122905	24036	14496	4739	9757	9540	9265	9121	145	0	175	100	98806	63
青岛市	507395	438820	323687	155181	168506	115133	82302	63387	18915	29584	1181	2066	16188	52387
市南区	217155	180353	132045	66926	65118	48309	24393	15033	9360	22885	113	917	3706	33096
市北区	17290	10629	10306	7630	2676	323	323	191	132	0	0	0	0	6661
黄岛区	8916	5473	2150	1557	593	3324	3324	3324	0	0	0	0	2458	985
崂山区	150174	137211	106379	49773	56606	30832	29090	20338	8752	1624	118	0	6830	6133
李沧区	14682	12717	11263	6414	4849	1455	1449	1441	9	0	0	6	2	1963

续表

指标	经费内部支出总额	科技经费内部支出	日常性支出	人员劳务费	其他日常性支出	资产性支出	仪器与设备支出	非基建的科学仪器与设备支出	基建的仪器与设备支出	土建费	资本化的计算机软件支出	专利和专有技术支出	生产经营支出	其他支出
城阳区	7611	4696	3247	1616	1631	1449	96	44	52	0	216	1137	2908	8
即墨区	90549	87198	58258	21241	37018	28940	23131	22802	329	5075	735	0	0	3351
青岛高新技术产业开发区	1017	543	40	24	16	503	496	214	282	0	0	7	285	190
淄博市	32685	25464	19038	10922	8116	6426	4686	3455	1231	518	417	805	5385	1837
市辖区	12700	11869	7802	3020	4782	4068	3377	2693	684	457	227	7	467	364
张店区	19723	13353	11035	7813	3223	2317	1288	740	547	62	180	788	4918	1452
周村区	263	242	200	89	111	41	22	22	0	0	10	10	0	21
枣庄市	1109	969	969	962	7	0	0	0	0	0	0	0	0	140
市中区	24	20	20	18	2	0	0	0	0	0	0	0	0	4
薛城区	412	389	389	388	1	0	0	0	0	0	0	0	0	23
峄城区	673	560	560	556	4	0	0	0	0	0	0	0	0	113
东营市	3545	2266	2147	1726	421	119	119	20	99	0	0	0	1171	107
市辖区	2542	1264	1165	1005	160	99	99	0	99	0	0	0	1171	107
东营区	1002	1002	982	721	261	20	20	20	0	0	0	0	0	0
烟台市	60395	54177	49908	27487	22422	4269	3737	3196	541	491	5	36	2679	3539
市辖区	3262	2404	2184	1323	861	220	220	220	0	0	0	0	858	0
芝罘区	12183	10849	10201	5917	4283	649	374	373	1	274	0	1	127	1207
福山区	25057	22037	21414	10947	10467	623	614	614	0	0	0	8	975	2046
莱山区	17377	16514	14528	8480	6048	1986	1986	1986	0	0	0	0	720	142
长岛县	2301	2166	1375	622	753	791	543	3	540	216	5	27	0	136
莱州市	101	93	93	93	0	0	0	0	0	0	0	0	0	8
栖霞市	114	114	114	105	9	0	0	0	0	0	0	0	0	0

续表

指标	经费内部支出总额	科技经费内部支出	日常性支出			资产性支出	仪器与设备支出			土建费	资本化的计算机软件支出	专利和专有技术支出	生产经营支出	其他支出
				人员劳务费	其他日常性支出			非基建的科学仪器与设备支出	基建的仪器与设备支出					
潍坊市	21164	11080	9662	3091	6571	1418	840	738	102	186	97	296	8243	1841
潍城区	4141	3765	3733	527	3207	31	31	31	0	0	0	0	70	306
寒亭区	4599	4420	3626	1053	2573	793	697	697	0	0	97	0	117	62
奎文区	853	840	836	765	71	5	5	0	5	0	0	0	0	13
寿光市	10561	1045	763	455	308	283	97	0	97	186	0	0	8056	1460
昌邑市	1010	1010	704	292	412	306	10	10	0	0	0	296	0	0
济宁市	32003	22473	20715	14726	5989	1758	1222	643	579	511	0	25	5068	4462
市辖区	3275	2915	2378	2209	169	537	337	154	183	200	0	0	246	114
任城区	28667	19498	18277	12462	5815	1221	885	489	396	311	0	25	4822	4348
汶上县	60	60	60	54	6	0	0	0	0	0	0	0	0	0
泰安市	15650	12669	11057	6658	4399	1612	161	161	0	1388	63	0	0	2982
泰山区	15004	12044	10567	6173	4394	1477	161	161	0	1317	0	0	0	2960
宁阳县	646	624	490	484	5	134	0	0	0	71	63	0	0	22
威海市	5193	4294	4181	2402	1778	113	113	113	0	0	0	0	99	800
市辖区	2785	2685	2572	1515	1058	113	113	113	0	0	0	0	99	0
环翠区	217	217	217	161	55	0	0	0	0	0	0	0	0	0
文登区	282	282	282	250	32	0	0	0	0	0	0	0	0	0
荣成市	1648	1047	1047	451	596	0	0	0	0	0	0	0	0	601
乳山市	263	63	63	25	38	0	0	0	0	0	0	0	0	200
日照市	32710	14326	8310	4696	3614	6016	835	832	3	5000	119	62	14380	4003
市辖区	5620	4286	3708	2048	1659	578	578	575	3	0	0	0	404	930
东港区	26541	9555	4143	2219	1923	5412	231	231	0	5000	119	62	13976	3011

续表

指标	经费内部支出总额	科技经费内部支出	日常性支出	人员劳务费	其他日常性支出	资产性支出	仪器与设备支出	非基建的科学仪器与设备支出	基建的仪器与设备支出	土建费	资本化的计算机软件支出	专利和专有技术支出	生产经营支出	其他支出
莒县	549	486	460	428	32	26	26	26	0	0	0	0	0	63
临沂市	7301	5810	5622	4985	638	188	151	100	51	28	4	5	336	1155
市辖区	3281	3131	2967	2889	78	164	135	84	51	20	4	5	0	150
兰山区	3990	2650	2641	2081	560	9	9	9	0	0	0	0	335	1005
蒙阴县	30	30	15	15	0	15	7	7	0	8	0	0	0	0
德州市	3784	3568	3553	2622	931	15	15	15	0	0	0	0	0	216
市辖区	3500	3351	3339	2489	850	12	12	12	0	0	0	0	0	149
德城区	98	58	58	56	2	0	0	0	0	0	0	0	0	40
齐河县	83	56	56	47	9	0	0	0	0	0	0	0	0	27
禹城市	103	103	100	30	70	3	3	3	0	0	0	0	0	0
聊城市	5349	5096	3357	2620	738	1739	63	63	0	1676	0	0	0	253
市辖区	5349	5096	3357	2620	738	1739	63	63	0	1676	0	0	0	253
滨州市	4617	4303	4219	2946	1273	85	75	75	0	0	0	10	268	47
市辖区	4540	4225	4141	2873	1268	85	75	75	0	0	0	10	268	46
滨城区	59	59	59	54	5	0	0	0	0	0	0	0	0	0
阳信县	19	19	19	19	0	0	0	0	0	0	0	0	0	0
菏泽市	3515	3049	3002	2639	363	47	4	4	0	44	0	0	0	466
市辖区	3060	2594	2547	2184	363	47	4	4	0	44	0	0	0	466
牡丹区	455	455	455	455	0	0	0	0	0	0	0	0	0	0
2.按机构所属隶属关系分布														
中央部门属	363236	325621	245486	121588	123898	80136	54036	35372	18664	24711	209	1179	18917	18698
中国科学院	114137	111081	89761	46536	43225	21320	15284	15284	0	5915	22	100	0	3056

续表

指标	经费内部支出总额	科技经费内部支出	日常性支出	人员劳务费	其他日常性支出	资产性支出	仪器与设备支出	非基建的科学仪器与设备支出	基建的仪器与设备支出	土建费	资本化的计算机软件支出	专利和专有技术支出	生产经营支出	其他支出
地方部门属	1501681	786731	550335	289342	260993	236396	198566	186109	12457	31929	2983	2918	322291	392659
省级部门属	1028285	478543	310597	167496	143100	167947	150788	141776	9012	15715	1057	387	183149	366593
副省级城市属	211966	123992	84502	33303	51200	39490	28897	27578	1319	8366	1195	1031	84663	3311
地市级部门属	127355	102403	87409	58125	29284	14994	6066	5058	1008	7440	563	926	13819	11133
3. 按机构从事的国民经济行业分布														
科学研究和科技服务业	1864918	1112353	795821	410930	384891	316532	252602	221481	31121	56640	3192	4098	341208	411357
研究和试验发展	1635541	963911	669385	351037	318348	294527	237937	210021	27916	50461	2508	3621	283810	387819
专业技术服务业	191108	115190	101443	47705	53739	13747	11917	9625	2291	1171	492	167	54121	21797
科技推广和应用服务业	38269	33251	24993	12188	12805	8258	2749	1834	914	5008	192	309	3277	1741
4. 按机构服务的国民经济行业分布														
农、林、牧、渔业	212519	189953	162624	90409	72215	27329	16350	10032	6317	9717	153	1110	964	21602
农业	93184	83795	76979	45262	31717	6817	4155	3025	1130	2644	4	14	0	9389
林业	10502	10020	7786	4745	3041	2234	1639	820	819	595	0	1	31	451
畜牧业	12386	9316	7056	2336	4720	2260	1709	625	1084	551	0	0	42	3028
渔业	53385	49372	40067	21582	18485	9305	4129	987	3142	4040	57	0	0	4013
农、林、牧、渔专业及辅助性活动	43062	37449	30736	16485	14252	6713	4719	4577	142	1888	91	15	890	4722
制造业	177179	101064	90225	52106	38119	10839	7454	5893	1562	3383	2	0	61478	14637
农副食品加工业	5503	658	636	556	80	22	22	22	0	0	0	0	4622	223
食品制造业	24104	23569	20156	12722	7434	3413	3411	3338	73	0	2	0	0	535
纺织业	3836	2185	2185	2007	178	0	0	0	0	0	0	0	193	1458
皮革、毛皮、羽毛及其制品和制鞋业	440	193	193	160	33	0	0	0	0	0	0	0	0	247

续表

指标	经费内部支出总额	科技经费内部支出	日常性支出			资产性支出				资本化的计算机软件支出	专利和专有技术支出	生产经营支出	其他支出
			日常性支出	人员劳务费	其他日常性支出	资产性支出	仪器与设备支出	非基建的科学仪器与设备支出	基建的仪器与设备支出	土建费			
家具制造业	289	217	217	147	70	0	0	0	0	0	0	0	0	72
造纸和纸制品业	1036	601	600	321	279	1	1	0	1	0	0	0	56	379
文教、工美、体育和娱乐用品制造业	540	307	297	273	24	10	10	10	0	0	0	0	0	233
化学原料和化学制品制造业	7293	6137	6016	3318	2698	121	59	38	21	62	0	0	272	884
医药制造业	15893	12313	11714	6911	4803	599	599	599	0	0	0	0	856	2724
化学纤维制造业	751	629	629	326	302	0	0	0	0	0	0	0	0	122
非金属矿物制品业	2302	198	186	120	66	12	12	0	12	0	0	0	2104	0
通用设备制造业	880	674	674	650	24	0	0	0	0	0	0	0	0	206
专用设备制造业	14965	12271	11855	8484	3371	416	416	413	3	0	0	0	474	2220
汽车制造业	694	634	625	187	438	9	9	0	9	0	0	0	2	58
铁路、船舶、航空航天和其他运输设备制造业	845	845	746	217	529	99	99	99	0	0	0	0	0	0
计算机、通信和其他电子设备制造业	63840	10930	6166	1149	5018	4764	1443	0	1443	3321	0	0	52899	11
仪器仪表制造业	30552	25998	25146	13047	12099	852	852	852	0	0	0	0	0	4554
金属制品、机械和设备修理业	3418	2707	2186	1512	674	521	521	521	0	0	0	0	0	711
建筑业	4496	4304	4222	943	3279	83	37	27	10	0	46	0	0	191
房屋建筑业	4496	4304	4222	943	3279	83	37	27	10	0	46	0	0	191
交通运输、仓储和邮政业	15904	15684	13019	6888	6131	2665	1927	1927	0	728	10	0	0	220
道路运输业	15904	15684	13019	6888	6131	2665	1927	1927	0	728	10	0	0	220
信息传输、软件和信息技术服务业	128928	125355	20311	4870	15441	105044	104807	104665	142	0	0	237	201	3371
互联网和相关服务	1680	1380	1250	820	430	130	105	15	90	0	0	25	200	100
软件和信息技术服务业	127248	123975	19061	4050	15011	104914	104702	104650	52	0	0	212	1	3271

续表

指标	经费内部支出总额	科技经费内部支出	日常性支出	人员劳务费	其他日常性支出	资产性支出	仪器与设备支出	非基建的科学仪器与设备支出	基建的仪器与设备支出	土建费	资本化的计算机软件支出	专利和专有技术支出	生产经营支出	其他支出
租赁和商务服务业	1556	894	894	637	258	0	0	0	0	0	0	0	662	0
商务服务业	1556	894	894	637	258	0	0	0	0	0	0	0	662	0
科学研究和技术服务业	854168	567798	427587	209800	217787	140211	103338	84882	18457	31749	2765	2359	240498	45872
研究和试验发展	492357	363448	255156	122717	132440	108292	84597	68311	16286	20205	1614	1876	110784	18124
专业技术服务业	342383	187815	161704	80432	81272	26111	18360	16205	2154	6544	1002	206	128251	26316
科技推广和应用服务业	19429	16535	10726	6651	4075	5808	382	366	16	5000	149	277	1462	1432
水利、环境和公共设施管理业	41361	31703	29831	16074	13757	1872	1681	1681	0	0	88	102	2074	7585
水利管理业	11956	11250	11092	4840	6253	158	91	91	0	0	65	2	220	485
生态保护和环境治理业	27120	19876	18185	10977	7208	1692	1568	1568	0	0	23	100	447	6797
公共设施管理业	2285	576	554	258	296	22	22	22	0	0	0	0	1407	303
教育	1852	1709	1709	1393	316	0	0	0	0	0	0	0	0	142
教育	1852	1709	1709	1393	316	0	0	0	0	0	0	0	0	142
卫生和社会工作	417531	64742	36464	25027	11437	28277	16854	12221	4633	11063	70	290	35331	317459
卫生	417531	64742	36464	25027	11437	28277	16854	12221	4633	11063	70	290	35331	317459
文化、体育和娱乐业	7470	7197	7061	1485	5576	136	136	136	0	0	0	0	0	274
文化艺术业	7265	6991	6856	1312	5544	136	136	136	0	0	0	0	0	274
体育	205	205	205	173	32	0	0	0	0	0	0	0	0	0
公共管理、社会保障和社会组织	1955	1951	1874	1299	576	76	18	18	0	0	59	0	0	4
国家机构	1955	1951	1874	1299	576	76	18	18	0	0	59	0	0	4
5. 按机构所属学科领域分布														
自然科学领域	349264	315476	215310	92889	122421	100166	74543	59232	15311	24198	1325	100	21039	12748

续表

指标	经费内部支出总额	科技经费内部支出	日常性支出			资产性支出	仪器与设备支出			土建费	资本化的计算机软件支出	专利和专有技术支出	生产经营支出	其他支出
				人员劳务费	其他日常性支出			非基建的科学仪器与设备支出	基建的仪器与设备支出					
信息科学与系统科学	9756	9333	8632	3383	5249	700	682	682	0	0	19	0	187	236
物理学	9404	8942	1585	286	1300	7356	6882	6882	0	0	474	0	463	0
化学	9798	9202	7956	4802	3154	1246	1185	1164	21	62	0	0	61	535
地球科学	295001	266754	180242	74970	105273	86511	61443	46163	15280	24137	832	100	17888	10359
生物学	25306	21247	16894	9449	7446	4352	4352	4342	10	0	0	0	2441	1619
农业科学领域	237886	211796	183675	102564	81112	28121	16513	9098	7415	10304	167	1137	2631	23458
农学	136299	122798	110118	63844	46275	12679	7631	5261	2370	4955	46	47	1025	12476
林学	13378	11111	8852	5423	3429	2260	1664	845	819	595	0	1	1438	829
畜牧、兽医科学	22706	19302	16584	7460	9124	2719	2158	1074	1084	551	0	10	42	3361
水产学	65503	58585	48122	25838	22284	10464	5060	1918	3142	4203	121	1080	126	6792
医学科学领域	450414	90824	58606	39393	19213	32219	20498	15725	4773	11120	310	290	37590	322000
基础医学	12158	8574	7828	5921	1907	746	746	440	306	11063	0	0	0	3584
临床医学	391371	53319	26863	18513	8350	26455	15032	11242	3790	11063	70	290	35331	302721
预防医学与公共卫生学	16552	5184	3828	2558	1270	1356	1356	718	638	0	0	0	301	11067
药学	24907	18793	15817	9177	6640	2976	2695	2695	0	57	224	1	1958	4157
中医学与中药学	5426	4955	4270	3223	1047	685	670	630	40	0	16	0	0	471
工程与技术科学领域	777450	451033	296530	147901	148629	154503	140313	136696	3617	11018	1390	1781	278467	47949
工程与技术科学基础学科	30014	13279	11605	5709	5896	1674	1539	1085	454	106	106	30	15504	1231
信息与系统科学相关工程与技术	3611	3311	3104	2101	1004	206	123	33	90	0	59	25	200	100
自然科学相关工程与技术	153588	41637	31278	14522	16756	10359	8590	8513	77	485	298	985	107655	4297
测绘科学技术	53467	31311	31311	11525	19786	0	0	0	0	0	0	0	18909	3247
材料科学	10782	9599	7125	3357	3768	2474	2065	1481	584	400	3	6	671	512

续表

指标	经费内部支出总额	科技经费内部支出	日常性支出			资产性支出				资本化的计算机软件支出	专利和专有技术支出	生产经营支出	其他支出
				人员劳务费	其他日常性支出		仪器与设备支出						
								非基建的科学仪器与设备支出	基建的仪器与设备支出	土建费			
冶金工程技术	1341	0	0	0	0	0	0	0	0	0	0	0	335	1005
机械工程	12617	8501	7395	4423	2972	1106	825	289	535	0	16	265	1216	2901
能源科学技术	35793	34994	28694	14004	14689	6301	5568	5568	0	698	25	10	0	799
电子与通信技术	97044	37438	32180	15456	16724	5259	1907	990	917	3321	31	0	54671	4934
计算机科学技术	129109	124758	19361	4278	15084	105397	105185	104988	197	0	0	212	1024	3327
化学工程	36689	25598	22347	13639	8707	3251	3066	2794	272	186	0	0	8337	2754
产品应用相关工程与技术	9775	9687	4207	659	3548	5480	200	200	0	5000	178	102	20	67
纺织科学技术	4179	2436	2436	2246	191	0	0	0	0	0	0	0	193	1550
食品科学技术	18089	10338	8360	5359	3001	1978	1970	1846	124	0	2	6	5769	1982
土木建筑工程	51780	16396	16044	9997	6047	352	80	68	12	0	272	0	30184	5200
水利工程	11956	11250	11092	4840	6253	158	91	91	0	0	65	2	220	485
交通运输工程	15904	15684	13019	6888	6131	2665	1927	1927	0	728	10	0	0	220
环境科学技术及资源科学技术	54928	38360	33553	20806	12747	4807	4625	4473	152	0	82	100	4996	11571
安全科学技术	14593	11452	10209	5889	4320	1242	1042	857	186	200	0	0	1625	1516
管理学	32193	5005	3211	2205	1006	1795	1512	1493	19	0	243	40	26938	250
社会、人文科学领域	49904	43223	41700	28183	13517	1522	734	730	5	0	0	788	1480	5202
艺术学	2266	1445	1430	1173	258	14	14	14	0	0	0	0	0	821
考古学	7265	6991	6856	1312	5544	136	136	136	0	0	0	0	0	274
经济学	1556	894	894	637	258	0	0	0	0	0	0	0	662	0
法学	24	20	20	18	2	0	0	0	0	0	0	0	0	4
社会学	18625	16422	16040	12255	3785	382	382	382	0	0	0	0	97	2106
图书馆、情报与文献学	18112	15536	14546	11223	3323	991	202	198	5	0	0	788	721	1855

续表

指标	经费内部支出总额	科技经费内部支出	日常性支出	人员劳务费	其他日常性支出	资产性支出	仪器与设备支出	非基建的科学仪器设备支出	基建的仪器设备支出	土建费	资本化的计算机软件支出	专利和专有技术支出	生产经营支出	其他支出
教育学	1852	1709	1709	1393	316	0	0	0	0	0	0	0	0	142
体育科学	205	205	205	173	32	0	0	0	0	0	0	0	0	0
6.按机构从业人员规模分														
≥1000人	335395	35615	12680	10845	1835	22935	12978	9978	3000	9863	60	35	31528	268252
500~999人	229873	197342	147633	76178	71455	49709	38802	28525	10277	9738	274	896	26050	6481
300~499人	245407	187648	134815	60264	74551	52833	32836	25855	6981	19239	699	60	7637	50122
200~299人	236975	101686	87927	42299	45628	13759	8110	6888	1222	5366	221	62	120317	14972
100~199人	448494	362378	227472	119636	107835	134906	128296	124296	4000	5784	465	362	42630	43487
50~99人	253744	130973	109832	55814	54018	21141	19447	15984	3464	837	714	143	105112	17659
30~49人	73049	61777	49452	28499	20953	12325	9273	8298	976	273	562	2217	5123	6149
20~29人	26876	22100	13636	8683	4954	8464	2476	1310	1166	5471	195	322	2312	2464
10~19人	12309	10427	10298	7337	2961	130	60	39	21	70	0	0	338	1544
0~9人	2796	2407	2078	1375	703	329	326	310	16	0	3	0	162	228

表7 2020年山东省科学研究和技术服务业事业单位科研基建与固定资产

计量单位：万元

指标	科研基建	按经费来源分					年末固定资产原价	# 科研房屋建筑物	科研仪器设备	# 进口
		政府资金	企业资金	事业单位资金	国外资金	其他资金				
总计	87761	71672	82	15684	0	323	2057052	460232	1129226	317034
1.按机构所属地域分布										
山东省	87761	71672	82	15684	0	323	2057052	460232	1129226	317034
济南市	26812	18288	0	8524	0	0	856442	196868	387404	82004
市辖区	0	0	0	0	0	0	3901	0	664	0
历下区	6354	1885	0	4469	0	0	319247	64931	215630	30086
市中区	12	0	0	12	0	0	49221	2768	5200	433
槐荫区	14588	11423	0	3165	0	0	217169	35164	20633	14789
天桥区	2089	1361	0	728	0	0	54822	36465	15742	6874
历城区	3624	3474	0	150	0	0	177396	50723	110414	29472
长清区	0	0	0	0	0	0	2	0	2	0
章丘区	0	0	0	0	0	0	1835	0	1835	350
平阴县	0	0	0	0	0	0	295	146	12	0
济南高新技术产业开发区	145	145	0	0	0	0	32554	6671	17273	0
青岛市	48499	42016	25	6139	0	318	924150	157067	618858	193527
市南区	32245	26787	21	5228	0	209	437843	68495	308939	100139
市北区	132	92	0	40	0	0	31456	2000	28647	4620
黄岛区	0	0	0	0	0	0	10461	31	10428	8175
崂山区	10376	9678	0	698	0	0	298743	59312	216568	69433
李沧区	9	4	5	0	0	0	22233	14226	5227	937
城阳区	52	52	0	0	0	0	7606	0	2508	0
即墨区	5403	5403	0	0	0	0	115262	12997	46259	9942
青岛高新技术产业开发区	282	0	0	173	0	109	546	5	282	282
淄博市	1749	1693	57	0	0	0	36848	7162	27710	16042
市辖区	1141	1084	57	0	0	0	22071	1875	20185	15614
张店区	609	609	0	0	0	0	14735	5287	7515	429
周村区	0	0	0	0	0	0	41	0	9	0
枣庄市	0	0	0	0	0	0	2096	1246	100	0
市中区	0	0	0	0	0	0	360	316	44	0
薛城区	0	0	0	0	0	0	360	351	9	0
峄城区	0	0	0	0	0	0	1376	579	47	0
东营市	99	99	0	0	0	0	9511	3778	3329	910
市辖区	99	99	0	0	0	0	8841	3256	3181	910
东营区	0	0	0	0	0	0	670	522	148	0

续表

指标	科研基建	按经费来源分					年末固定资产原价	＃科研房屋建筑物	科研仪器设备	＃进口
		政府资金	企业资金	事业单位资金	国外资金	其他资金				
烟台市	1032	1032	0	0	0	0	104514	43918	51377	15717
市辖区	0	0	0	0	0	0	5059	0	5059	4289
芝罘区	275	275	0	0	0	0	9052	3324	5086	2314
福山区	0	0	0	0	0	0	34410	10862	18507	912
莱山区	0	0	0	0	0	0	46117	24644	21023	8202
长岛县	757	757	0	0	0	0	9866	5088	1693	0
栖霞市	0	0	0	0	0	0	11	0	10	0
潍坊市	287	56	0	227	0	5	25266	9741	6237	1683
潍城区	0	0	0	0	0	0	6519	18	636	0
寒亭区	0	0	0	0	0	0	12868	6881	3674	684
奎文区	5	0	0	0	0	5	91	0	78	0
寿光市	283	56	0	227	0	0	3307	763	1505	1000
昌邑市	0	0	0	0	0	0	2481	2079	344	0
济宁市	1090	617	0	473	0	0	32892	16876	14268	1898
市辖区	383	0	0	383	0	0	8035	4697	2036	527
任城区	707	617	0	90	0	0	24856	12178	12232	1372
泰安市	1388	1069	0	319	0	0	8401	4639	2616	130
泰山区	1317	998	0	319	0	0	6631	3130	2356	130
宁阳县	71	71	0	0	0	0	1770	1509	261	0
威海市	0	0	0	0	0	0	6405	943	2909	839
市辖区	0	0	0	0	0	0	3453	694	2098	839
环翠区	0	0	0	0	0	0	254	0	238	0
文登区	0	0	0	0	0	0	269	249	20	0
荣成市	0	0	0	0	0	0	2278	0	402	0
乳山市	0	0	0	0	0	0	151	0	151	0
日照市	5003	5000	0	3	0	0	35087	11959	9992	4284
市辖区	3	0	0	3	0	0	12218	2299	7926	3661
东港区	5000	5000	0	0	0	0	22414	9231	2040	623
莒县	0	0	0	0	0	0	455	429	26	0
临沂市	79	79	0	0	0	0	5975	2160	1444	0
市辖区	71	71	0	0	0	0	2642	2017	626	0
兰山区	0	0	0	0	0	0	3301	118	813	0
蒙阴县	8	8	0	0	0	0	31	26	5	0
德州市	0	0	0	0	0	0	2951	2163	156	0
市辖区	0	0	0	0	0	0	2890	2147	145	0
德城区	0	0	0	0	0	0	4	4	0	0

续表

指标	科研基建	按经费来源分					年末固定资产原价	# 科研房屋建筑物	科研仪器设备	# 进口
		政府资金	企业资金	事业单位资金	国外资金	其他资金				
齐河县	0	0	0	0	0	0	34	0	0	0
禹城市	0	0	0	0	0	0	23	12	11	0
聊城市	1676	1676	0	0	0	0	1838	786	1034	0
市辖区	1676	1676	0	0	0	0	1838	786	1034	0
滨州市	0	0	0	0	0	0	2504	755	991	0
市辖区	0	0	0	0	0	0	2501	752	991	0
阳信县	0	0	0	0	0	0	3	3	0	0
菏泽市	47	47	0	0	0	0	2173	174	804	0
市辖区	47	47	0	0	0	0	2043	174	804	0
牡丹区	0	0	0	0	0	0	130	0	0	0
2. 按机构所属隶属关系分布										
中央部门属	43375	37339	0	5963	0	73	785438	167116	538473	169553
中国科学院	5915	0	0	5915	0	0	306139	91319	210750	105732
地方部门属	44386	34333	82	9722	0	250	1271614	293116	590753	147482
省级部门属	24727	19923	21	4784	0	0	811677	199385	331344	78475
副省级城市属	9685	5260	0	4289	0	136	186556	31905	110303	22331
地市级部门属	8448	8001	57	386	0	5	141502	44271	69710	32215
3. 按机构从事的国民经济行业分布										
科学研究和技术服务业	87761	71672	82	15684	0	323	2057052	460232	1129226	317034
研究和试验发展	78376	63175	25	15036	0	141	1713316	418409	913216	272180
专业技术服务业	3463	2947	57	386	0	73	292806	33786	179636	38737
科技推广和应用服务业	5923	5551	0	263	0	109	50930	8038	36374	6117
4. 按机构服务的国民经济行业分布										
农、林、牧、渔业	16035	15531	0	503	0	0	272463	95617	139892	40403
农业	3775	3456	0	319	0	0	95400	37341	42019	9776
林业	1414	1278	0	136	0	0	14867	712	13918	0
畜牧业	1635	1635	0	0	0	0	6593	2658	3590	330
渔业	7181	7181	0	0	0	0	110228	39029	54197	19190
农、林、牧、渔专业及辅助性活动	2030	1982	0	48	0	0	45375	15878	26167	11107
制造业	4944	614	5	4252	0	73	177243	28273	132338	12693
农副食品加工业	0	0	0	0	0	0	1795	875	774	56
食品制造业	73	0	0	0	0	73	56100	805	54993	2727
纺织业	0	0	0	0	0	0	2508	2116	131	28
皮革、毛皮、羽毛及其制品和制鞋业	0	0	0	0	0	0	339	201	70	0
家具制造业	0	0	0	0	0	0	1142	1055	52	0

续表

指标	科研基建	按经费来源分					年末固定资产原价	#科研房屋建筑物	科研仪器设备	#进口
		政府资金	企业资金	事业单位资金	国外资金	其他资金				
造纸和纸制品业	1	1	0	0	0	0	1126	303	131	49
文教、工美、体育和娱乐用品制造业	0	0	0	0	0	0	755	690	66	0
化学原料和化学制品制造业	82	82	0	0	0	0	11973	4943	6434	4001
医药制造业	0	0	0	0	0	0	23825	5378	10736	1623
化学纤维制造业	0	0	0	0	0	0	137	0	62	0
非金属矿物制品业	12	0	0	12	0	0	1046	75	390	0
通用设备制造业	0	0	0	0	0	0	2668	1882	70	0
专用设备制造业	3	0	0	3	0	0	12373	2264	6267	1347
汽车制造业	9	4	5	0	0	0	688	0	663	0
铁路、船舶、航空航天和其他运输设备制造业	0	0	0	0	0	0	1515	0	1515	839
计算机、通信和其他电子设备制造业	4764	526	0	4238	0	0	27546	1792	25687	429
仪器仪表制造业	0	0	0	0	0	0	20154	1041	18423	1594
金属制品、机械和设备修理业	0	0	0	0	0	0	11553	4856	5873	0
建筑业	10	10	0	0	0	0	14358	0	553	70
房屋建筑业	10	10	0	0	0	0	14358	0	553	70
交通运输、仓储和邮政业	728	0	0	728	0	0	44412	32806	9915	5316
道路运输业	728	0	0	728	0	0	44412	32806	9915	5316
信息传输、软件和信息技术服务业	142	52	0	90	0	0	58225	1599	56268	139
互联网和相关服务	90	0	0	90	0	0	814	0	814	0
软件和信息技术服务业	52	52	0	0	0	0	57411	1599	55455	139
租赁和商务服务业	0	0	0	0	0	0	89	0	43	0
商务服务业	0	0	0	0	0	0	89	0	43	0
科学研究和技术服务业	50205	43189	57	6846	0	114	1136068	244446	714409	225274
研究和试验发展	36491	35362	0	1021	0	109	593412	125341	359478	95114
专业技术服务业	8698	2811	57	5826	0	5	510368	113591	332531	129810
科技推广和应用服务业	5016	5016	0	0	0	0	32287	5513	22399	350
水利、环境和公共设施管理业	0	0	0	0	0	0	39681	4629	27681	12874
水利管理业	0	0	0	0	0	0	5248	964	3820	556
生态保护和环境治理业	0	0	0	0	0	0	28447	2864	23604	12260
公共设施管理业	0	0	0	0	0	0	5986	801	257	59
教育	0	0	0	0	0	0	140	0	0	0
教育	0	0	0	0	0	0	140	0	0	0
卫生和社会工作	15697	12276	21	3264	0	136	306336	52416	41051	20265
卫生	15697	12276	21	3264	0	136	306336	52416	41051	20265
文化、体育和娱乐业	0	0	0	0	0	0	1586	130	938	0

续表

指标	科研基建	按经费来源分					年末固定资产原价	#科研房屋建筑物	科研仪器设备	#进口
		政府资金	企业资金	事业单位资金	国外资金	其他资金				
文化艺术业	0	0	0	0	0	0	1292	127	647	0
体育	0	0	0	0	0	0	294	3	291	0
公共管理、社会保障和社会组织	0	0	0	0	0	0	6453	316	6137	0
国家机构	0	0	0	0	0	0	6453	316	6137	0
5.按机构所属学科分布										
自然科学领域	39509	34293	0	5217	0	0	596315	81164	433094	155545
信息科学与系统科学	0	0	0	0	0	0	10703	8	9585	3756
物理学	0	0	0	0	0	0	7345	0	6882	0
化学	82	82	0	0	0	0	15210	967	13412	9671
地球科学	39417	34201	0	5217	0	0	538939	80154	380837	132040
生物学	10	10	0	0	0	0	24118	35	22378	10078
农业科学领域	17719	17066	0	653	0	0	302001	113969	141409	39736
农学	7325	6809	0	517	0	0	145152	61976	62200	19264
林学	1414	1278	0	136	0	0	22290	2714	14239	59
畜牧、兽医科学	1635	1635	0	0	0	0	13038	5205	6165	960
水产学	7345	7345	0	0	0	0	121522	44074	58805	19453
医学科学领域	15893	12416	77	3264	0	136	367844	69816	75672	37826
基础医学	306	306	0	0	0	0	18578	9702	8166	2654
临床医学	14853	11520	21	3177	0	136	274063	36884	29733	20230
预防医学与公共卫生学	638	590	0	48	0	0	19654	5480	9448	350
药学	57	0	57	0	0	0	41010	7230	26681	14557
中医学与中药学	40	0	0	40	0	0	14538	10520	1644	35
工程科学与技术领域	14635	7898	5	6551	0	182	773317	192600	474215	83928
工程与技术科学基础学科	454	172	0	173	0	109	65336	14728	35149	1804
信息与系统科学相关工程与技术	90	0	0	90	0	0	6907	0	6907	0
自然科学相关工程与技术	563	563	0	0	0	0	64016	2270	34310	3857
测绘科学技术	0	0	0	0	0	0	36798	0	23821	180
材料科学	984	984	0	0	0	0	15896	3305	11253	2958
冶金工程技术	0	0	0	0	0	0	1189	0	0	0
机械工程	535	530	5	0	0	0	8457	2574	3957	779
能源科学技术	698	0	0	698	0	0	70385	34294	35297	17637
电子与通信技术	4238	0	0	4238	0	0	51598	4884	45124	1594
计算机科学技术	197	197	0	0	0	0	58395	1599	55866	139
化学工程	457	157	0	227	0	73	64284	2767	59552	5206
产品应用相关工程与技术	5000	5000	0	0	0	0	8157	6711	1151	314
纺织科学技术	0	0	0	0	0	0	2593	2116	141	28

续表

指标	科研基建	按经费来源分					年末固定资产原价	# 科研房屋建筑物	科研仪器设备	# 进口
		政府资金	企业资金	事业单位资金	国外资金	其他资金				
食品科学技术	124	124	0	0	0	0	11792	2716	7629	4423
土木建筑工程	12	0	0	12	0	0	32805	5710	2404	0
水利工程	0	0	0	0	0	0	5248	964	3820	556
交通运输工程	728	0	0	728	0	0	44412	32806	9915	5316
环境科学技术及资源科学技术	152	152	0	0	0	0	111016	37435	70792	23685
安全科学技术	386	0	0	386	0	0	32501	13418	12346	1136
管理学	19	19	0	0	0	0	81535	24305	54781	14316
社会、人文科学领域	5	0	0	0	0	5	17576	2683	4837	0
艺术学	0	0	0	0	0	0	1083	690	361	0
考古学	0	0	0	0	0	0	1292	127	647	0
经济学	0	0	0	0	0	0	89	0	43	0
法学	0	0	0	0	0	0	360	316	44	0
社会学	0	0	0	0	0	0	7359	917	105	0
图书馆、情报与文献学	5	0	0	0	0	5	6959	631	3346	0
教育学	0	0	0	0	0	0	140	0	0	0
体育科学	0	0	0	0	0	0	294	3	291	0
6.按机构从业人员规模分										
≥1000人	12863	9863	0	3000	0	0	200699	30215	10124	9030
500～999人	20014	14100	0	5915	0	0	543602	123515	398893	161249
300～499人	26220	26152	21	48	0	0	248331	38545	123444	18627
200～299人	6588	1303	0	5285	0	0	202739	85111	82487	15269
100～199人	9783	8670	0	1040	0	73	498663	111425	332359	64477
50～99人	4301	3940	0	224	0	136	206957	36786	87753	30897
30～49人	1249	1187	61	0	0	0	92588	17846	57821	11229
20～29人	6637	6350	0	173	0	114	50385	11252	31459	5942
10～19人	91	91	0	0	0	0	11782	5172	4342	314
0～9人	16	16	0	0	0	0	1307	366	544	0

表 8　2020 年山东省科学研究和技术服务业事业单位科学仪器设备

指标	科学仪器设备数量（台／套）	#单台原值≥100万元（台／套）	科学仪器设备原值（万元）	#单台原值≥100万元（万元）
总计	172856	1380	1129226	464624
1.按机构所属地域分组				
山东省	172856	1380	1129226	464624
济南市	51235	420	387404	146753
市辖区	172	0	664	0
历下区	24260	199	215630	83812
市中区	1476	7	5200	1366
槐荫区	1391	34	20633	12696
天桥区	3917	26	15742	4909
历城区	19025	133	110414	31360
长清区	2	0	2	0
章丘区	197	1	1835	265
平阴县	25	0	12	0
济南高新技术产业开发区	770	20	17273	12344
青岛市	68713	802	618858	286054
市南区	37781	415	308939	143782
市北区	532	15	28647	4267
黄岛区	1026	37	10428	4553
崂山区	20638	258	216568	105479
李沧区	990	6	5227	1169
城阳区	634	8	2508	1076
即墨区	7104	62	46259	25445
青岛高新技术产业开发区	8	1	282	282
淄博市	4352	49	27710	7721
市辖区	2081	47	20185	7293
张店区	2270	2	7515	429
周村区	1	0	9	0
枣庄市	107	0	100	0
市中区	12	0	44	0
薛城区	36	0	9	0
峄城区	59	0	47	0
东营市	758	5	3329	501
市辖区	459	5	3181	501
东营区	299	0	148	0

续表

指标	科学仪器设备数量（台/套）	# 单台原值≥100万元（台/套）	科学仪器设备原值（万元）	# 单台原值≥100万元（万元）
烟台市	34124	63	51377	17475
市辖区	808	6	5059	1108
芝罘区	1232	6	5086	972
福山区	24207	31	18507	9972
莱山区	7647	20	21023	5424
长岛县	219	0	1693	0
栖霞市	11	0	10	0
潍坊市	2152	5	6237	637
潍城区	278	0	636	0
寒亭区	1346	4	3674	505
奎文区	60	0	78	0
寿光市	340	1	1505	133
昌邑市	128	0	344	0
济宁市	4122	7	14268	1148
市辖区	885	0	2036	0
任城区	3237	7	12232	1148
泰安市	1278	0	2616	0
泰山区	1072	0	2356	0
宁阳县	206	0	261	0
威海市	983	3	2909	363
市辖区	475	3	2098	363
环翠区	117	0	238	0
文登区	60	0	20	0
荣成市	190	0	402	0
乳山市	141	0	151	0
日照市	1979	26	9992	3972
市辖区	1559	25	7926	3802
东港区	383	1	2040	170
莒县	37	0	26	0
临沂市	836	0	1444	0
市辖区	116	0	626	0
兰山区	714	0	813	0
蒙阴县	6	0	5	0
德州市	169	0	156	0
市辖区	109	0	145	0
禹城市	60	0	11	0

续表

指标	科学仪器设备数量（台/套）	# 单台原值≥100万元（台/套）	科学仪器设备原值（万元）	# 单台原值≥100万元（万元）
聊城市	312	0	1034	0
市辖区	312	0	1034	0
滨州市	646	0	991	0
市辖区	644	0	991	0
阳信县	2	0	0	0
菏泽市	1090	0	804	0
市辖区	1090	0	804	0
2．按机构所属隶属关系分组				
中央部门属	63702	616	538473	239280
中国科学院	30526	208	210750	97711
地方部门属	109154	764	590753	225344
省级部门属	48135	368	331344	131178
副省级城市属	11375	162	110303	45195
地市级部门属	37025	115	69710	17639
3．按机构从事的国民经济行业分布				
科学研究和技术服务业	172856	1380	1129226	464624
研究和试验发展	146789	1023	913216	386598
专业技术服务业	22555	273	179636	57841
科技推广和应用服务业	3512	84	36374	20185
4．按机构服务的国民经济行业分布				
农、林、牧、渔业	51289	136	139892	31913
农业	32827	38	42019	5889
林业	409	1	13918	180
畜牧业	2148	0	3590	0
渔业	10483	64	54197	19938
农、林、牧、渔专业及辅助性活动	5422	33	26167	5906
制造业	21685	189	132338	35899
农副食品加工业	75	2	774	275
食品制造业	6313	96	54993	19768
纺织业	123	0	131	0
皮革、毛皮、羽毛及其制品和制鞋业	29	0	70	0
家具制造业	60	0	52	0
造纸和纸制品业	125	0	131	0
文教、工美、体育和娱乐用品制造业	42	0	66	0
化学原料和化学制品制造业	799	16	6434	3075
医药制造业	3455	12	10736	1739

续表

指标	科学仪器设备数量（台／套）	#单台原值≥100万元（台／套）	科学仪器设备原值（万元）	#单台原值≥100万元（万元）
化学纤维制造业	12	0	62	0
非金属矿物制品业	81	0	390	0
通用设备制造业	85	0	70	0
专用设备制造业	1389	21	6267	2863
汽车制造业	19	2	663	502
铁路、船舶、航空航天和其他运输设备制造业	379	2	1515	244
计算机、通信和其他电子设备制造业	1168	14	25687	2125
仪器仪表制造业	5911	24	18423	5309
金属制品、机械和设备修理业	1620	0	5873	0
建筑业	297	0	553	0
房屋建筑业	297	0	553	0
交通运输、仓储和邮政业	1533	19	9915	3906
道路运输业	1533	19	9915	3906
信息传输、软件和信息技术服务业	2748	12	56268	46620
互联网和相关服务	23	0	814	0
软件和信息技术服务业	2725	12	55455	46620
租赁和商务服务业	156	0	43	0
商务服务业	156	0	43	0
科学研究和技术服务业	83505	921	714409	321020
研究和试验发展	43445	483	359478	170062
专业技术服务业	37924	382	332531	139487
科技推广和应用服务业	2136	56	22399	11471
水利、环境和公共设施管理业	4522	43	27681	7526
水利管理业	443	3	3820	523
生态保护和环境治理业	3989	40	23604	7003
公共设施管理业	90	0	257	0
卫生和社会工作	3979	57	41051	16826
卫生	3979	57	41051	16826
文化、体育和娱乐业	853	0	938	0
文化艺术业	787	0	647	0
体育	66	0	291	0
公共管理、社会保障和社会组织	2289	3	6137	916
国家机构	2289	3	6137	916
5.按机构所属学科分布				
自然科学领域	42768	540	433094	228807
信息科学与系统科学	753	22	9585	7177

续表

指标	科学仪器设备数量（台/套）	# 单台原值≥100万元（台/套）	科学仪器设备原值（万元）	# 单台原值≥100万元（万元）
物理学	886	2	6882	719
化学	1699	29	13412	5619
地球科学	34816	438	380837	208485
生物学	4614	49	22378	6807
农业科学领域	51975	138	141409	32179
农学	35916	71	62200	11760
林学	584	1	14239	180
畜牧、兽医科学	3240	1	6165	191
水产学	12235	65	58805	20049
医学科学领域	8981	104	75672	25012
基础医学	1354	12	8166	2113
临床医学	1290	43	29733	14430
预防医学与公共卫生学	1980	12	9448	2042
药学	4040	36	26681	6264
中医学与中药学	317	1	1644	163
工程科学与技术领域	65312	596	474215	178397
工程与技术科学基础学科	4525	40	35149	10200
信息与系统科学相关工程与技术	2300	3	6907	916
自然科学相关工程与技术	2331	56	34310	18328
测绘科学技术	3282	32	23821	10560
材料科学	1318	24	11253	4746
机械工程	868	5	3957	1196
能源科学技术	6573	44	35297	8524
电子与通信技术	7356	37	45124	7217
计算机科学技术	2849	12	55866	46620
化学工程	7108	109	59552	21126
产品应用相关工程与技术	472	1	1151	147
纺织科学技术	128	0	141	0
食品科学技术	871	8	7629	1408
土木建筑工程	1622	0	2404	0
水利工程	443	3	3820	523
交通运输工程	1533	19	9915	3906
环境科学技术及资源科学技术	11903	86	70792	18167
安全科学技术	4322	14	12346	1576
管理学	5508	103	54781	23239
社会、人文科学领域	3820	2	4837	229

续表

指标	科学仪器设备数量（台／套）	# 单台原值≥100万元（台／套）	科学仪器设备原值（万元）	# 单台原值≥100万元（万元）
艺术学	72	0	361	0
考古学	787	0	647	0
经济学	156	0	43	0
法学	12	0	44	0
社会学	101	0	105	0
图书馆、情报与文献学	2626	2	3346	229
体育科学	66	0	291	0
6.按机构从业人员规模分				
≥1000人	58	15	10124	8712
500～999人	44090	411	398893	193639
300～499人	17925	193	123444	54259
200～299人	16729	85	82487	17882
100～199人	59623	414	332359	132983
50～99人	18150	119	87753	23277
30～49人	10011	60	57821	18414
20～29人	3855	80	31459	14876
10～19人	2095	3	4342	583
0～9人	320	0	544	0

表9　　2020年山东省科学研究和技术服务业事业单位课题概况

指标	课题数合计（个）	#R&D课题（个）	课题经费内部支出（万元）	#政府资金（万元）	#R&D课题经费（万元）	课题人员折合全时工作量（人年）	#R&D课题人员折合全时工作量（人年）
总计	7052	5919	306267	241369	258099	15094.7	13127.4
1.按地域分布							
山东省	7052	5919	306267	241369	258099	15094.7	13127.4
济南市	2755	2318	113357	86015	90769	5397.6	4390.4
市辖区	8	8	500	0	500	30	30
历下区	1052	901	49789	36730	41759	2159.2	1698.7
市中区	314	303	2868	1878	2402	320.7	262.7
槐荫区	181	166	7923	6789	4439	681.3	626.5
天桥区	222	152	7612	2063	4308	333.7	228.6
历城区	920	734	37996	35574	30737	1438.8	1117.5
章丘区	5	5	284	148	284	20	20
平阴县	1	1	18	0	18	6.4	6.4
济南高新技术产业开发区	52	48	6366	2833	6322	407.5	400
青岛市	3164	2643	144316	113156	123697	6707	6134.4
市南区	1626	1393	56090	51490	48039	1699.8	1534.1
市北区	44	35	738	556	582	195.2	169.2
黄岛区	31	31	5418	20	5418	111	111
崂山区	1152	899	64905	45797	53910	2021.4	1829.3
李沧区	66	57	3998	3831	3296	181.7	123.9
城阳区	56	49	1988	806	1543	241.7	217.7
即墨区	188	178	10955	10657	10683	2249.2	2142.2
青岛高新技术产业开发区	1	1	225	0	225	7	7
淄博市	99	93	8007	6438	7145	411	375
市辖区	47	43	4456	3207	3732	176	148
张店区	49	48	3328	3009	3325	221	219
周村区	3	2	223	223	88	14	8
东营市	9	8	171	171	131	32	28
市辖区	3	3	56	56	56	10	10
东营区	6	5	115	115	75	22	18
烟台市	536	447	12687	11698	11274	789.9	724.9
市辖区	12	12	230	230	230	28.6	28.6
芝罘区	57	49	1854	1854	1568	117.2	104.8
福山区	81	76	1934	1904	1806	265	249

续表

指标	课题数合计（个）	#R&D课题（个）	课题经费内部支出（万元）	#政府资金（万元）	#R&D课题经费（万元）	课题人员折合全时工作量（人年）	#R&D课题人员折合全时工作量（人年）
莱山区	365	296	7737	6779	6978	336.1	312.5
长岛县	21	14	933	933	693	43	30
潍坊市	47	44	817	596	796	174	164
潍城区	32	32	334	314	334	113	113
奎文区	1	1	19	19	19	2	2
寿光市	11	8	268	67	247	44	34
昌邑市	3	3	196	196	196	15	15
济宁市	130	117	9579	8773	8727	486.2	430.2
市辖区	3	3	349	349	349	21	21
任城区	126	114	9169	8363	8378	462.2	409.2
汶上县	1	0	60	60	0	3	0
泰安市	85	55	2775	2775	2106	229	155
泰山区	84	55	2742	2742	2106	222	155
宁阳县	1	0	33	33	0	7	0
威海市	30	29	805	805	730	122	118
市辖区	30	29	805	805	730	122	118
日照市	46	41	9274	7177	8971	235	220.5
市辖区	13	11	2327	1970	2216	74	66.5
东港区	25	23	6514	4774	6366	139	135
莒县	8	7	433	433	389	22	19
临沂市	20	17	1270	627	1020	177	143
市辖区	14	13	361	361	261	73	62
兰山区	5	3	900	260	750	97	74
蒙阴县	1	1	9	6	9	7	7
德州市	55	47	819	802	721	110	92
市辖区	53	46	702	702	621	97	86
德城区	1	0	17	0	0	7	0
禹城市	1	1	100	100	100	6	6
聊城市	30	25	683	683	635	71	59
市辖区	30	25	683	683	635	71	59
滨州市	35	32	1548	1492	1322	75	64
市辖区	35	32	1548	1492	1322	75	64
菏泽市	11	3	161	161	55	78	29
市辖区	11	3	161	161	55	78	29

指标	课题数合计（个）	#R&D课题（个）	课题经费内部支出（万元）	#政府资金（万元）	#R&D课题经费（万元）	课题人员折合全时工作量（人年）	#R&D课题人员折合全时工作量（人年）
2.按隶属关系分布							
中央部门属	3048	2498	126217	102411	106876	3955.1	3547.7
中国科学院	1684	1452	67921	60952	61308	2170	2051.3
地方部门属	4004	3421	180050	138958	151223	11139.6	9579.7
省级部门属	2801	2350	105714	88047	84325	5024.5	4116.8
副省级城市属	401	367	22843	16219	21082	3125.2	2883.7
地市级部门属	589	516	31178	27063	28215	1908.8	1656.1
3.按课题来源分布							
国家科技项目	2344	2159	126463	121186	116710	4899	4539.9
地方科技项目	2530	2181	95015	82076	81774	6366.5	5542.7
企业委托科技项目	889	471	34078	1905	17109	1307.3	866.9
自选科技项目	511	490	24743	12544	23897	1401	1341.7
国际合作科技项目	19	19	888	793	888	34.8	34.8
其他科技项目	759	599	25080	22866	17721	1086.1	801.4
4.按课题活动类型分布							
基础研究	1763	1763	56055	49225	56055	3801	3801
应用研究	2214	2214	98054	82719	98054	4413.7	4413.7
试验发展	1942	1942	103990	80576	103990	4912.7	4912.7
研究与试验发展成果应用	552	0	24867	20191	0	1106.1	0
技术推广与科技服务	581	0	23301	8658	0	861.2	0
5.按课题所属学科分布							
自然科学领域	2275	1855	103886	81903	86863	4816	4356.7
数学	2	1	63	46	46	7.9	0.9
信息科学与系统科学	6	5	89	52	76	33.9	28.9
物理学	35	25	1568	972	844	129.9	91.9
化学	117	112	3217	2473	3102	209.2	191
地球科学	1896	1506	86317	73458	71030	4041	3679.7
生物学	219	206	12632	4902	11764	394.1	364.3
农业科学领域	2161	1729	82019	68680	66361	3576.3	2884.5
农学	1364	1111	53895	42399	44078	2472.7	2013.4
林学	48	27	1454	1399	985	127.9	74.2
畜牧、兽医科学	193	137	9701	9247	7550	322	226
水产学	556	454	16969	15636	13748	653.7	570.9
医学科学领域	521	478	25413	17167	18902	1833.1	1619.5

续表

指标	课题数合计（个）	#R&D课题（个）	课题经费内部支出（万元）	#政府资金（万元）	#R&D课题经费（万元）	课题人员折合全时工作量（人年）	#R&D课题人员折合全时工作量（人年）
基础医学	69	68	1665	1654	1595	182	177
临床医学	205	187	8275	6837	4669	724.5	660.7
预防医学与公共卫生学	48	48	2338	1790	2338	219.9	219.9
药学	72	55	9651	4194	7127	410.1	281.1
中医学与中药学	127	120	3484	2693	3173	296.6	280.8
工程科学与技术领域	1786	1557	92424	71520	83633	4529.5	3979.3
工程与技术科学基础学科	99	61	1075	991	782	225.9	110.5
信息与系统科学相关工程与技术	102	95	7026	4299	6765	298.5	282.9
自然科学相关工程与技术	386	386	24189	22574	24189	1103.5	1103.5
测绘科学技术	33	27	941	371	779	93	83.7
材料科学	167	150	5933	4858	4716	365.5	312.1
矿山工程技术	2	1	15	15	5	5	2
冶金工程技术	2	2	22	22	22	20	20
机械工程	34	33	4776	2961	4758	216	211
动力与电气工程	33	31	1668	1618	1364	44.6	42
能源科学技术	55	46	4373	2832	3609	166.3	111.7
电子与通信技术	114	108	3230	2707	3174	396.6	386.5
计算机科学技术	169	151	14827	14293	14336	382	351.3
化学工程	32	25	4862	1379	2523	166.9	104.7
产品应用相关工程与技术	24	23	1600	1093	1592	81.6	77.6
纺织科学技术	7	2	61	10	30	25	15
食品科学技术	41	30	1883	1103	1204	130.7	86.7
土木建筑工程	2	2	191	0	191	11.1	11.1
水利工程	22	16	2520	709	1906	79.7	60.1
交通运输工程	105	86	1934	180	1691	94.8	88.3
环境科学技术及资源科学技术	273	220	9637	8053	8857	379.7	338.3
安全科学技术	8	7	549	445	538	61	60
管理学	76	55	1111	1009	603	182.1	120.3
社会、人文科学领域	309	300	2526	2099	2341	339.8	287.4
马克思主义	19	19	119	119	119	11.8	11.8
哲学	16	16	55	55	55	9.4	9.4
宗教学	11	11	47	47	47	6.6	6.6
文学	6	6	20	20	20	3.4	3.4
艺术学	7	6	30	20	20	44	29

续表

指标	课题数合计（个）	#R&D课题（个）	课题经费内部支出（万元）	#政府资金（万元）	#R&D课题经费（万元）	课题人员折合全时工作量（人年）	#R&D课题人员折合全时工作量（人年）
历史学	7	7	21	21	21	4.2	4.2
考古学	6	6	415	90	415	29	29
经济学	115	115	583	553	583	84.6	84.6
政治学	10	10	30	30	30	5.7	5.7
法学	10	10	30	30	30	6.1	6.1
社会学	49	48	295	295	245	52.8	38.8
民族学与文化学	19	19	160	160	160	11.7	11.7
新闻学与传播学	4	4	12	12	12	2.1	2.1
图书馆、情报与文献学	11	4	230	227	105	32	8.6
教育学	18	18	419	419	419	26.4	26.4
体育科学	1	1	60	0	60	10	10
6. 按课题技术领域分布							
非技术领域	1098	958	34389	30968	27633	2366.7	2099.9
信息技术	351	298	23504	18763	21916	845.2	740.4
生物和现代农业技术	2726	2242	111096	87210	93777	4625.5	3887.1
新材料技术	206	185	8962	7242	7367	472.1	421.1
能源技术	282	269	15942	13744	15327	739.6	667.6
激光技术	25	22	943	943	713	75.7	63.7
先进制造与自动化技术	157	145	10533	7501	9839	630	586.4
资源与环境技术	1420	1137	67369	51559	55593	2174.9	1961.6
其他技术领域	787	663	33529	23440	25934	3165	2699.6
7. 按课题的社会经济目标分布							
环境保护、生态建设及污染防治	807	558	33193	21655	24304	1277.2	1094.3
环境一般问题	187	167	7772	7010	6770	202.7	191.7
环境与资源评估	278	113	10160	4137	4164	248.5	170.9
环境监测	112	90	5580	4720	4959	286.5	268.5
生态建设	64	53	3550	1720	3313	103.7	96.7
环境污染预防	53	49	2187	1554	1942	105.7	66.7
环境治理	86	68	2911	1951	2515	139.8	122
自然灾害的预防、预报	27	18	1032	565	642	190.3	177.8
能源生产、分配和合理利用	396	354	25056	20811	22755	1058.6	967.3
能源一般问题研究	13	10	1238	665	1202	39.5	28.8
能源矿产的勘探技术	8	8	873	531	873	40.9	40.9
能源矿物的开采和加工技术	2	1	152	152	57	36	15

续表

指标	课题数合计（个）	#R&D课题（个）	课题经费内部支出（万元）	#政府资金（万元）	#R&D课题经费（万元）	课题人员折合全时工作量（人年）	#R&D课题人员折合全时工作量（人年）
能源转换技术	10	8	1124	1116	59	26.3	21.9
能源输送、储存与分配技术	7	7	271	271	271	13.1	13.1
可再生能源	298	281	19199	16400	18636	783.9	774.1
能源设施和设备建造	9	4	61	13	49	13	3
能源安全生产管理和技术	4	3	68	65	67	9	6
节约能源的技术	38	27	1919	1471	1412	86.9	55.2
能源生产、输送、分配、储存、利用过程中污染的防治与处理	7	5	152	128	130	10	9.3
卫生事业发展	539	490	23158	15418	16931	1732.3	1533.3
卫生一般问题	61	53	1666	1137	1353	96.4	79.4
诊断与治疗	243	217	12848	8013	7784	922.4	779.8
预防医学	24	24	589	430	589	106.7	106.7
公共卫生	58	56	3258	2856	3210	200.9	198.9
营养和食品卫生	34	25	1103	613	548	81.2	61.8
药物滥用和成瘾	3	3	332	332	332	6.4	6.4
社会医疗	15	13	2085	809	1874	83.9	67.9
卫生医疗其他研究	101	99	1276	1228	1241	234.4	232.4
教育事业发展	19	18	478	416	476	46.1	36.1
教育一般问题	17	17	416	416	416	26.1	26.1
其他教育	2	1	62	0	60	20	10
基础设施以及城市和农村规划	138	113	4603	1070	4090	219.7	202.8
交通运输	105	83	1922	172	1438	92.5	82.7
通信	15	14	2147	716	2135	79.9	74.9
广播与电视	2	0	17	0	0	2.1	0
城市规划与市政工程	3	3	61	0	61	29	29
农村发展规划与建设	2	2	64	64	64	3	3
交通运输、通信、城市与农村发展对环境的影响	11	11	392	119	392	13.2	13.2
基础社会发展和社会服务	299	230	27445	19161	24675	861.7	648.9
社会发展和社会服务一般问题	20	14	758	683	502	81.1	63
社会保障	21	17	1567	895	848	69	41
公共安全	88	73	2633	2292	2457	241.7	193.4
社会管理	9	0	89	89	0	7.2	0
就业	2	2	20	20	20	1.5	1.5
政府与政治	3	3	22	22	22	2.1	2.1
遗产保护	8	8	421	96	421	30.3	30.3

续表

指标	课题数合计（个）	#R&D课题（个）	课题经费内部支出（万元）	#政府资金（万元）	#R&D课题经费（万元）	课题人员折合全时工作量（人年）	#R&D课题人员折合全时工作量（人年）
语言与文化	2	2	6	6	6	1.1	1.1
文艺、娱乐	7	7	23	23	23	29.5	29.5
宗教与道德	2	2	6	6	6	1.2	1.2
传媒	1	1	37	37	37	2.3	2.3
科技发展	58	43	6916	2059	6533	247.3	178.3
国土资源管理	5	1	299	3	5	3.3	0.2
其他社会发展和社会服务	73	57	14648	12930	13795	144.1	105
地球和大气层的探索与利用	1375	1218	65628	60477	59475	3395.2	3177
地壳、地幔，海底的探测和研究	119	113	4302	2844	3808	267.8	257.2
水文地理	9	7	606	192	460	29	23
海洋	1199	1053	58096	55196	52733	2633	2437.6
大气	26	25	345	336	338	25.5	25.3
地球探测和开发其他研究	22	20	2279	1909	2136	439.9	433.9
民用空间探测及开发	11	11	178	175	178	8.2	8.2
飞行器和运载工具研制	1	1	12	12	12	1	1
发射与控制系统	1	1	5	5	5	0.8	0.8
卫星服务	9	9	161	158	161	6.4	6.4
农林牧渔业发展	2354	1922	90787	75791	74929	3793.2	3139.4
农林牧渔业发展一般问题	251	187	10120	8847	8088	363.2	286.8
农作物种植及培育	872	747	33599	24062	28513	1556.8	1325
林业和林产品	40	32	1435	1324	1197	154.7	115.5
畜牧业	197	137	9660	9195	7425	329.9	230.9
渔业	550	449	17709	16062	14623	583.6	508.3
农林牧渔业体系支撑	415	345	17154	15196	14131	765.4	640.7
农林牧渔业生产中污染的防治与处理	29	25	1109	1106	953	39.6	32.2
工商业发展	635	540	26269	17961	21133	1806.3	1495.4
促进工商业发展的一般问题	34	28	1465	1060	1168	106.3	78.2
产业共性技术	55	49	3227	2090	2952	223.1	203.6
食品、饮料和烟草制品业	43	20	996	842	542	112	38
纺织业、服装及皮革制品业	10	5	151	10	120	32	22
化学工业	97	87	6419	2858	4015	297	227
非金属与金属制品业	45	39	872	780	733	52	45
机械制造业（不包括电子设备、仪器仪表及办公机械）	56	53	2766	1962	2738	221	218
电子设备、仪器仪表及办公机械	33	32	808	515	790	64	62

续表

指标	课题数合计（个）	#R&D课题（个）	课题经费内部支出（万元）	#政府资金（万元）	#R&D课题经费（万元）	课题人员折合全时工作量（人年）	#R&D课题人员折合全时工作量（人年）
其他制造业	23	22	766	392	686	68	66
热力、水的生产和供应	1	1	5	5	5	1	1
建筑业	2	2	154	0	154	10	10
信息与通信技术（ICT）服务业	56	52	1159	1039	1115	148	146
技术服务业	173	145	7294	6381	5942	455	369
商业及其他服务业	4	3	35	24	24	10	9
工商业活动中的环境保护、污染防治与处理	3	2	153	4	149	8	3
非定向研究	356	356	3282	3094	3282	410	410
自然科学领域的非定向研究	50	50	1372	1235	1372	103	103
工程与技术科学领域的非定向研究	11	11	282	261	282	29	29
农业科学领域的非定向研究	3	3	72	72	72	3	3
医学科学领域的非定向研究	12	12	163	163	163	80	80
社会科学领域的非定向研究	278	278	1348	1348	1348	189	189
其他	2	2	45	15	45	7	7
其他民用目标	60	46	4923	4148	4604	275	204
国防	63	63	1267	1191	1267	211	211
8.按课题合作形式分布							
9.按课题服务的国民经济行业分布							
农、林、牧、渔业	2010	1593	73351	59682	58101	3321	2687
农业	1122	926	42227	31131	34407	2095	1748
林业	41	25	1359	1280	1037	127	80
畜牧业	162	105	6752	6290	4928	232	165
渔业	440	349	13811	12580	10980	521	443
农、林、牧、渔专业及辅助性活动	245	188	9202	8401	6750	346	252
采矿业	18	17	1497	715	1382	87	77
石油和天然气开采业	5	5	255	221	255	12	12
黑色金属矿采选业	4	4	89	89	89	25	25
有色金属矿采选业	7	7	1022	290	1022	38	38
开采专业及辅助性活动	2	1	132	115	17	13	3
制造业	674	557	36769	23009	30958	2146	1771
农副食品加工业	92	43	2484	1853	1405	170	73
食品制造业	19	13	882	452	437	46	29
酒、饮料和精制茶制造业	9	7	86	84	83	15	14
烟草制品业	1	1	5	0	5	1	1

续表

指标	课题数合计（个）	#R&D课题（个）	课题经费内部支出（万元）	#政府资金（万元）	#R&D课题经费（万元）	课题人员折合全时工作量（人年）	#R&D课题人员折合全时工作量（人年）
纺织业	9	6	182	46	162	28	22
皮革、毛皮、羽毛及其制品和制鞋业	1	1	20	0	20	2	2
木材加工和木、竹、藤、棕、草制品业	1	0	3	3	0	2	0
造纸和纸制品业	2	2	160	90	160	12	12
石油、煤炭及其他燃料加工业	9	8	557	359	457	71	41
化学原料和化学制品制造业	48	42	3400	1950	3128	192	176
医药制造业	121	104	9653	4368	7673	497	381
化学纤维制造业	3	2	16	16	16	5	5
橡胶和塑料制品业	4	3	241	83	239	12	12
非金属矿物制品业	7	7	109	108	109	13	13
黑色金属冶炼和压延加工业	3	3	495	276	495	10	10
金属制品业	6	6	101	101	101	5	5
通用设备制造业	34	30	2278	1301	2109	163	146
专用设备制造业	83	82	5490	5267	5471	173	168
汽车制造业	24	14	489	343	339	37	20
铁路、船舶、航空航天和其他运输设备制造业	7	6	500	163	475	32	31
电气机械和器材制造业	27	23	2957	2046	1863	84	58
计算机、通信和其他电子设备制造业	86	82	3415	1426	3360	350	342
仪器仪表制造业	73	69	3020	2480	2708	200	187
其他制造业	3	2	47	15	45	19	18
废弃资源综合利用业	2	1	180	180	100	8	6
电力、热力、燃气及水生产和供应业	28	21	1043	563	815	49	42
电力、热力生产和供应业	20	14	432	195	281	23	22
燃气生产和供应业	2	2	15	15	15	3	3
水的生产和供应业	6	5	596	354	519	23	17
建筑业	3	2	224	0	180	19	19
房屋建筑业	1	1	30	0	30	9	9
土木工程建筑业	2	1	194	0	150	10	10
交通运输、仓储和邮政业	98	81	2617	1241	2385	46	40
道路运输业	97	80	2613	1237	2381	45	39
多式联运和运输代理业	1	1	5	5	5	1	1
信息传输、软件和信息技术服务业	134	118	14176	13715	13807	234	217
电信、广播电视和卫星传输服务	1	1	160	80	160	3	3
互联网和相关服务	15	14	523	461	511	35	30

续表

指标	课题数合计（个）	#R&D课题（个）	课题经费内部支出（万元）	#政府资金（万元）	#R&D课题经费（万元）	课题人员折合全时工作量（人年）	#R&D课题人员折合全时工作量（人年）
软件和信息技术服务业	118	103	13493	13174	13136	197	184
金融业	1	1	12	12	12	1	1
货币金融服务	1	1	12	12	12	1	1
房地产业	1	1	1	1	1	2	2
房地产业	1	1	1	1	1	2	2
租赁和商务服务业	1	1	25	25	25	21	21
商务服务业	1	1	25	25	25	21	21
科学研究和技术服务业	3341	2883	148199	121259	127817	7289	6561
研究和试验发展	1786	1786	72703	64322	72703	4604	4604
专业技术服务业	1509	1081	73062	55629	53723	2506	1872
科技推广和应用服务业	46	16	2434	1308	1391	180	85
水利、环境和公共设施管理业	352	290	14589	10326	12921	566	511
水利管理业	9	6	627	180	265	26	14
生态保护和环境治理业	339	282	13912	10122	12637	531	493
公共设施管理业	4	2	51	23	19	10	5
教育	19	17	497	480	414	39	30
教育	19	17	497	480	414	39	30
卫生和社会工作	334	306	12684	10154	8767	1134	1055
卫生	334	306	12684	10154	8767	1134	1055
文化、体育和娱乐业	17	13	512	118	495	89	68
文化艺术业	13	12	445	110	435	73	58
体育	4	1	68	8	60	16	10
公共管理、社会保障和社会组织	21	18	72	69	18	53	27
国家机构	20	18	69	69	18	43	27
群众团体、社会团体和其他成员组织	1	0	2	0	0	10	0

表 10　2020 年山东省科学研究和技术服务业事业单位 R&D 人员

计量单位：人

指标	R&D 人员	# 女性	按工作量分		按学历分			
			R&D 全时人员	R&D 非全时人员	博士毕业	硕士毕业	本科毕业	其他
总计	18524	6991	12404	6120	5978	6226	4854	1466
1. 按机构所属地域分布								
山东省	18524	6991	12404	6120	5978	6226	4854	1466
济南市	6471	2546	4476	1995	1625	2468	1748	630
市辖区	30	5	30	0	0	8	22	0
历下区	2390	968	2056	334	524	900	621	345
市中区	365	167	345	20	116	138	102	9
槐荫区	902	429	173	729	151	613	127	11
天桥区	275	84	267	8	51	88	108	28
历城区	1711	727	1371	340	408	541	543	219
章丘区	25	4	22	3	4	9	8	4
平阴县	16	4	13	3	0	1	9	6
济南高新技术产业开发区	757	158	199	558	371	170	208	8
青岛市	8415	3217	4939	3476	3702	2598	1778	337
市南区	2606	1006	1993	613	961	781	756	108
市北区	257	148	186	71	46	121	81	9
黄岛区	117	58	111	6	13	62	42	0
崂山区	2261	914	1607	654	778	877	483	123
李沧区	216	108	125	91	85	39	75	17
城阳区	306	74	249	57	41	66	172	27
即墨区	2645	907	661	1984	1777	650	166	52
青岛高新技术产业开发区	7	2	7	0	1	2	3	1
淄博市	458	157	420	38	35	135	217	71
市辖区	208	90	183	25	22	67	98	21
张店区	241	66	229	12	13	65	114	49
周村区	9	1	8	1	0	3	5	1
东营市	55	20	47	8	7	20	17	11
市辖区	16	2	13	3	3	3	9	1
东营区	39	18	34	5	4	17	8	10
烟台市	1076	427	798	278	357	332	297	90
市辖区	69	30	66	3	20	46	2	1
芝罘区	197	79	109	88	21	59	76	41
福山区	293	101	228	65	32	131	116	14
莱山区	474	209	357	117	283	92	84	15
长岛县	43	8	38	5	1	4	19	19

续表

指标	R&D人员	#女性	按工作量分		按学历分			
			R&D全时人员	R&D非全时人员	博士毕业	硕士毕业	本科毕业	其他
潍坊市	225	55	205	20	13	48	110	54
潍城区	130	44	113	17	10	27	54	39
奎文区	5	2	5	0	0	3	2	0
寿光市	75	5	72	3	3	16	48	8
昌邑市	15	4	15	0	0	2	6	7
济宁市	564	183	490	74	63	263	159	79
市辖区	22	12	22	0	2	19	0	1
任城区	542	171	468	74	61	244	159	78
泰安市	264	107	235	29	70	93	89	12
泰山区	264	107	235	29	70	93	89	12
威海市	128	39	68	60	58	31	36	3
市辖区	128	39	68	60	58	31	36	3
日照市	283	69	228	55	7	78	135	63
市辖区	103	27	71	32	2	29	68	4
东港区	156	38	136	20	5	41	60	50
莒县	24	4	21	3	0	8	7	9
临沂市	202	62	185	17	10	36	124	32
市辖区	98	33	98	0	3	23	55	17
兰山区	93	29	80	13	7	12	68	6
蒙阴县	11	0	7	4	0	1	1	9
德州市	113	27	110	3	7	30	32	44
市辖区	107	23	104	3	5	28	30	44
禹城市	6	4	6	0	2	2	2	0
聊城市	123	42	100	23	2	44	60	17
市辖区	123	42	100	23	2	44	60	17
滨州市	88	30	62	26	21	34	22	11
市辖区	88	30	62	26	21	34	22	11
菏泽市	59	10	41	18	1	16	30	12
市辖区	59	10	41	18	1	16	30	12
2．按机构所属隶属关系分布								
中央部门属	5015	1962	3725	1290	1879	1608	1256	272
中国科学院	2851	1149	1942	909	1164	888	693	106
地方部门属	13509	5029	8679	4830	4099	4618	3598	1194
省级部门属	6064	2506	4378	1686	1548	2437	1529	550
副省级城市属	4016	1350	1382	2634	2150	1010	680	176
地市级部门属	2168	744	1821	347	206	648	979	335
3．按机构从事的国民经济行业分布								

续表

指标	R&D人员	#女性	按工作量分		按学历分			
			R&D全时人员	R&D非全时人员	博士毕业	硕士毕业	本科毕业	其他
科学研究和技术服务业	18524	6991	12404	6120	5978	6226	4854	1466
研究和试验发展	16935	6475	11236	5699	5720	5617	4258	1340
专业技术服务业	1029	339	713	316	167	368	416	78
科技推广和应用服务业	560	177	455	105	91	241	180	48
4.按机构服务的国民经济行业分布								
农、林、牧、渔业	3515	1453	2912	603	876	1057	1113	469
农业	1766	741	1454	312	457	550	581	178
林业	192	82	124	68	30	42	95	25
畜牧业	201	82	153	48	58	47	48	48
渔业	663	237	647	16	203	184	191	85
农、林、牧、渔专业及辅助性活动	693	311	534	159	128	234	198	133
制造业	1904	552	1601	303	365	642	619	278
农副食品加工业	46	4	42	4	0	10	33	3
食品制造业	210	77	200	10	36	70	96	8
皮革、毛皮、羽毛及其制品和制鞋业	2	2	2	0	0	1	1	0
造纸和纸制品业	39	10	39	0	0	5	33	1
化学原料和化学制品制造业	127	26	122	5	62	56	9	0
医药制造业	377	202	377	0	48	150	90	89
化学纤维制造业	32	9	16	16	1	4	10	17
通用设备制造业	8	2	8	0	0	0	4	4
专用设备制造业	245	27	168	77	9	63	133	40
汽车制造业	34	9	17	17	14	8	12	0
铁路、船舶、航空航天和其他运输设备制造业	98	26	38	60	57	23	18	0
计算机、通信和其他电子设备制造业	244	35	227	17	1	17	138	88
仪器仪表制造业	442	123	345	97	137	235	42	28
交通运输、仓储和邮政业	30	4	30	0	9	13	8	0
道路运输业	30	4	30	0	9	13	8	0
信息传输、软件和信息技术服务业	380	102	338	42	57	161	147	15
互联网和相关服务	80	20	65	15	7	60	13	0
软件和信息技术服务业	300	82	273	27	50	101	134	15
租赁和商务服务业	34	11	34	0	0	0	26	8
商务服务业	34	11	34	0	0	0	26	8
科学研究和技术服务业	10680	3959	6512	4168	4367	3273	2470	570
研究和试验发展	7468	2759	4339	3129	3544	2131	1397	396
专业技术服务业	3097	1171	2082	1015	800	1104	1029	164
科技推广和应用服务业	115	29	91	24	23	38	44	10

续表

续表

指标	R&D人员	#女性	按工作量分		按学历分			
			R&D全时人员	R&D非全时人员	博士毕业	硕士毕业	本科毕业	其他
水利、环境和公共设施管理业	380	163	298	82	59	183	131	7
水利管理业	91	20	66	25	13	37	41	0
生态保护和环境治理业	289	143	232	57	46	146	90	7
教育	43	22	43	0	0	6	35	2
教育	43	22	43	0	0	6	35	2
卫生和社会工作	1510	711	594	916	243	870	282	115
卫生	1510	711	594	916	243	870	282	115
文化、体育和娱乐业	39	9	39	0	1	14	22	2
文化艺术业	29	3	29	0	1	12	16	0
体育	10	6	10	0	0	2	6	2
公共管理、社会保障和社会组织	9	5	3	6	1	7	1	0
国家机构	9	5	3	6	1	7	1	0
5.按机构所属学科分布								
自然科学领域	5522	2017	2885	2637	2838	1542	953	189
信息科学与系统科学	107	34	107	0	47	26	30	4
化学	213	102	209	4	76	87	30	20
地球科学	4810	1700	2205	2605	2576	1297	792	145
生物学	392	181	364	28	139	132	101	20
农业科学领域	4022	1653	3383	639	931	1174	1290	627
农学	2622	1109	2189	433	554	777	865	426
林学	208	86	137	71	30	43	104	31
畜牧、兽医科学	354	145	301	53	122	92	73	67
水产学	838	313	756	82	225	262	248	103
医学科学领域	2235	1077	1273	962	347	1168	501	219
基础医学	215	98	166	49	56	70	59	30
临床医学	1038	506	211	827	200	672	134	32
预防医学与公共卫生学	209	57	199	10	13	70	77	49
药学	568	295	545	23	47	234	181	106
中医学与中药学	205	121	152	53	31	122	50	2
工程科学与技术领域	6234	1987	4365	1869	1728	2195	1911	400
工程与技术科学基础学科	357	105	214	143	130	140	82	5
信息与系统科学相关工程与技术	89	25	68	21	8	67	14	0
自然科学相关工程与技术	1167	267	371	796	396	318	399	54
测绘科学技术	46	3	40	6	0	35	11	0
材料科学	290	83	264	26	130	103	45	12
机械工程	277	60	241	36	23	61	140	53
能源科学技术	984	403	732	252	342	406	193	43

续表

指标	R&D人员	#女性	按工作量分		按学历分			
			R&D全时人员	R&D非全时人员	博士毕业	硕士毕业	本科毕业	其他
电子与通信技术	684	159	567	117	147	246	174	117
计算机科学技术	374	110	312	62	84	119	154	17
化学工程	316	94	298	18	43	101	159	13
产品应用相关工程与技术	74	6	65	9	13	24	37	0
纺织科学技术	23	7	10	13	0	2	4	17
食品科学技术	160	41	148	12	37	43	64	16
土木建筑工程	69	30	66	3	0	43	24	2
水利工程	91	20	66	25	13	37	41	0
交通运输工程	30	4	30	0	9	13	8	0
环境科学技术及资源科学技术	755	353	581	174	326	247	157	25
安全科学技术	33	3	28	5	0	10	23	0
管理学	415	214	264	151	27	180	182	26
社会、人文科学领域	511	257	498	13	134	147	199	31
艺术学	47	27	37	10	3	16	28	0
考古学	29	3	29	0	1	12	16	0
经济学	34	11	34	0	0	0	26	8
社会学	276	150	276	0	119	82	65	10
图书馆、情报与文献学	72	38	69	3	11	29	23	9
教育学	43	22	43	0	0	6	35	2
体育科学	10	6	10	0	0	2	6	2
6. 按机构从业人员规模分								
≥1000人	723	372	25	698	125	539	59	0
500～999人	4249	1612	2674	1575	1640	1374	1090	145
300～499人	3716	1448	1720	1996	2006	954	512	244
200～299人	1487	451	1156	331	454	456	433	144
100～199人	4567	1707	3706	861	923	1704	1418	522
50～99人	2108	849	1723	385	546	716	653	193
30～49人	1143	407	972	171	234	333	464	112
20～29人	295	85	221	74	23	106	100	66
10～19人	187	44	164	23	20	32	101	34
0～9人	49	16	43	6	7	12	24	6

表11　2020年山东省科学研究和技术服务业事业单位R&D人员折合全时工作量

计量单位：人年

指标	R&D折合全时工作量	#研究人员	按活动类型分组		
			基础研究	应用研究	试验发展
总计	16010	12428	4770	5280	5960
1.按机构所属地域分布					
山东省	16010	12428	4770	5280	5960
济南市	5433	4074	1419	2237	1777
市辖区	30	30	0	30	0
历下区	2190	1465	744	713	733
市中区	350	336	80	270	0
槐荫区	712	517	185	473	54
天桥区	271	182	113	46	112
历城区	1439	1140	254	398	787
章丘区	22	22	0	22	0
平阴县	14	7	0	0	14
济南高新技术产业开发区	405	375	43	285	77
青岛市	7273	5838	2799	2277	2197
市南区	2315	1826	1270	686	359
市北区	186	170	86	79	21
黄岛区	111	111	0	0	111
崂山区	1952	1375	403	914	635
李沧区	179	92	32	26	121
城阳区	261	217	3	255	3
即墨区	2262	2044	998	317	947
青岛高新技术产业开发区	7	3	7	0	0
淄博市	430	340	15	59	356
市辖区	186	131	5	37	144
张店区	236	201	10	14	212
周村区	8	8	0	8	0
东营市	53	34	0	38	15
市辖区	15	12	0	0	15
东营区	38	22	0	38	0
烟台市	952	694	307	181	464
市辖区	68	31	56	0	12
芝罘区	139	105	20	29	90
福山区	283	187	15	40	228
莱山区	422	333	216	84	122

续表

指标	R&D折合全时工作量	#研究人员	按活动类型分组		
			基础研究	应用研究	试验发展
长岛县	40	38	0	28	12
潍坊市	211	154	15	86	110
潍城区	118	105	0	49	69
奎文区	5	2	0	5	0
寿光市	73	32	15	17	41
昌邑市	15	15	0	15	0
济宁市	517	418	139	50	328
市辖区	22	21	22	0	0
任城区	495	397	117	50	328
泰安市	237	222	31	71	135
泰山区	237	222	31	71	135
威海市	122	108	6	42	74
市辖区	122	108	6	42	74
日照市	251	102	36	77	138
市辖区	83	31	0	60	23
东港区	146	61	24	17	105
莒县	22	10	12	0	10
临沂市	185	174	0	102	83
市辖区	98	87	0	22	76
兰山区	80	80	0	80	0
蒙阴县	7	7	0	0	7
德州市	112	94	0	37	75
市辖区	106	88	0	31	75
禹城市	6	6	0	6	0
聊城市	116	70	0	7	109
市辖区	116	70	0	7	109
滨州市	69	65	3	16	50
市辖区	69	65	3	16	50
菏泽市	49	41	0	0	49
市辖区	49	41	0	0	49
2.按机构所属隶属关系分布					
中央部门属	4427	3463	1814	1661	952
中国科学院	2508	2123	876	1192	440
地方部门属	11583	8965	2956	3619	5008
省级部门属	5254	4073	1615	1876	1763
副省级城市属	3195	2639	1053	946	1196
地市级部门属	1995	1487	114	438	1443

续表

指标	R&D折合全时工作量	#研究人员	按活动类型分组		
			基础研究	应用研究	试验发展
3.按机构从事的国民经济行业分布					
科学研究和技术服务业	16010	12428	4770	5280	5960
研究和试验发展	14689	11499	4623	4801	5265
专业技术服务业	825	554	139	303	383
科技推广和应用服务业	496	375	8	176	312
4.按机构服务的国民经济行业分布					
农、林、牧、渔业	3138	2402	505	768	1865
农业	1600	1286	215	366	1019
林业	126	80	32	26	68
畜牧业	179	127	62	27	90
渔业	654	497	162	171	321
农、林、牧、渔专业及辅助性活动	579	412	34	178	367
制造业	1749	1065	203	455	1091
农副食品加工业	42	33	0	0	42
食品制造业	201	86	0	33	168
皮革、毛皮、羽毛及其制品和制鞋业	2	2	0	0	2
造纸和纸制品业	39	23	0	0	39
化学原料和化学制品制造业	124	75	0	69	55
医药制造业	377	149	94	100	183
化学纤维制造业	22	18	0	22	0
通用设备制造业	8	8	0	8	0
专用设备制造业	196	140	5	38	153
汽车制造业	18	17	3	4	11
铁路、船舶、航空航天和其他运输设备制造业	92	78	6	42	44
计算机、通信和其他电子设备制造业	239	100	0	0	239
仪器仪表制造业	389	336	95	139	155
交通运输、仓储和邮政业	30	30	1	5	24
道路运输业	30	30	1	5	24
信息传输、软件和信息技术服务业	361	315	38	202	121
互联网和相关服务	69	65	0	0	69
软件和信息技术服务业	292	250	38	202	52
租赁和商务服务业	34	34	0	0	34
商务服务业	34	34	0	0	34
科学研究和技术服务业	9078	7357	3419	2978	2681
研究和试验发展	6509	5264	2524	1934	2051
专业技术服务业	2470	2024	895	964	611
科技推广和应用服务业	99	69	0	80	19

续表

指标	R&D 折合全时工作量	# 研究人员	按活动类型分组		
			基础研究	应用研究	试验发展
水利、环境和公共设施管理业	334	263	55	203	76
水利管理业	81	66	7	30	44
生态保护和环境治理业	253	197	48	173	32
教育	43	24	43	0	0
教育	43	24	43	0	0
卫生和社会工作	1198	896	477	663	58
卫生	1198	896	477	663	58
文化、体育和娱乐业	39	39	29	0	10
文化艺术业	29	29	29	0	0
体育	10	10	0	0	10
公共管理、社会保障和社会组织	6	3	0	6	0
国家机构	6	3	0	6	0
5. 按机构所属学科分布					
自然科学领域	4846	4073	2526	1137	1183
信息科学与系统科学	107	67	0	3	104
化学	211	124	57	110	44
地球科学	4160	3555	2353	962	845
生物学	368	327	116	62	190
农业科学领域	3624	2710	524	799	2301
农学	2388	1786	240	520	1628
林学	140	87	32	26	82
畜牧、兽医科学	330	272	86	52	192
水产学	766	565	166	201	399
医学科学领域	1895	1256	816	746	333
基础医学	190	172	159	31	0
临床医学	785	550	264	485	36
预防医学与公共卫生学	207	167	124	61	22
药学	561	227	207	89	265
中医学与中药学	152	140	62	80	10
工程科学与技术领域	5147	3961	760	2296	2091
工程与技术科学基础学科	302	260	19	94	189
信息与系统科学相关工程与技术	75	68	0	6	69
自然科学相关工程与技术	627	555	84	422	121
测绘科学技术	43	29	7	36	0
材料科学	269	191	58	103	108
机械工程	248	139	89	34	125
能源科学技术	943	757	36	592	315

续表

指标	R&D 折合全时工作量	# 研究人员	按活动类型分组		
			基础研究	应用研究	试验发展
电子与通信技术	622	440	95	167	360
计算机科学技术	338	286	48	238	52
化学工程	302	148	15	33	254
产品应用相关工程与技术	68	53	0	37	31
纺织科学技术	15	12	0	15	0
食品科学技术	148	77	5	56	87
土木建筑工程	68	66	0	58	10
水利工程	81	66	7	30	44
交通运输工程	30	30	1	5	24
环境科学技术及资源科学技术	667	542	252	256	159
安全科学技术	31	12	0	20	11
管理学	270	230	44	94	132
社会、人文科学领域	498	428	144	302	52
艺术学	37	21	37	0	0
考古学	29	29	29	0	0
经济学	34	34	0	0	34
社会学	276	263	35	241	0
图书馆、情报与文献学	69	47	0	61	8
教育学	43	24	43	0	0
体育科学	10	10	0	0	10
6. 按机构从业人员规模分					
≥1000 人	564	381	106	422	36
500～999 人	3467	2900	1196	1596	675
300～499 人	3289	2597	1604	667	1018
200～299 人	1336	1022	369	364	603
100～199 人	4008	2960	695	992	2321
50～99 人	1893	1409	492	684	717
30～49 人	1004	822	226	380	398
20～29 人	234	158	60	116	58
10～19 人	169	143	22	33	114
0～9 人	46	36	0	26	20

表 12　2020 年山东省科学研究和技术服务业事业单位 R&D 经费内部支出按活动类型和经费来源分

计量单位：万元

指标	R&D 经费内部支出	按活动类型分			按经费来源分			
		基础研究	应用研究	试验发展	政府资金	企业资金	国外资金	其他资金
总计	681644	161563	277343	242739	585024	41424	461	54735
1. 按机构所属地域分布								
山东省	681644	161563	277343	242739	585024	41424	461	54735
济南市	292920	36109	151701	105110	251446	16376	0	25098
市辖区	500	0	500	0	0	500	0	0
历下区	187992	18771	113997	55224	169451	7326	0	11216
市中区	6951	2567	4383	0	6295	0	0	656
槐荫区	18402	4624	12644	1135	10001	3207	0	5194
天桥区	7962	2220	1555	4186	4441	2497	0	1024
历城区	54664	6523	14463	33679	47887	2698	0	4080
章丘区	719	0	719	0	571	148	0	0
平阴县	299	0	0	299	0	0	0	299
济南高新技术产业开发区	15431	1403	3440	10588	12801	0	0	2630
青岛市	290934	107351	102822	80761	247389	22731	249	20565
市南区	123614	59208	44788	19618	98685	6196	148	18585
市北区	4488	2784	792	912	4456	0	0	32
黄岛区	5473	0	0	5473	3324	2150	0	0
崂山区	94280	28965	42443	22872	80336	12901	101	942
李沧区	7761	949	1491	5322	7645	117	0	0
城阳区	2792	5	2557	230	1134	974	0	684
即墨区	52204	15119	10751	26335	51810	395	0	0
青岛高新技术产业开发区	322	322	0	0	0	0	0	322
淄博市	13645	293	1454	11898	11473	718	0	1455
市辖区	7185	228	860	6098	6634	551	0	0
张店区	6261	65	396	5800	4640	166	0	1455
周村区	199	0	199	0	199	0	0	0
东营市	1427	0	942	485	1427	0	0	0
市辖区	485	0	0	485	485	0	0	0
东营区	942	0	942	0	942	0	0	0
烟台市	28822	9658	4190	14974	25295	488	212	2826
市辖区	2404	2391	0	14	2404	0	0	0
芝罘区	2852	335	259	2258	2358	0	0	494
福山区	8266	22	467	7777	6039	0	0	2227

续表

指标	R&D经费内部支出	按活动类型分			按经费来源分			
		基础研究	应用研究	试验发展	政府资金	企业资金	国外资金	其他资金
莱山区	14222	6910	2907	4405	13521	488	212	0
长岛县	1078	0	557	521	972	0	0	106
潍坊市	2308	164	1607	537	1578	62	0	668
潍城区	651	0	390	261	651	0	0	0
奎文区	98	0	98	0	98	0	0	0
寿光市	550	164	110	276	177	62	0	312
昌邑市	1010	0	1010	0	653	0	0	357
济宁市	18626	4169	2337	12120	17461	474	0	690
市辖区	349	349	0	0	349	0	0	0
任城区	18277	3821	2337	12120	17113	474	0	690
泰安市	9696	2699	3268	3729	8082	0	0	1614
泰山区	9696	2699	3268	3729	8082	0	0	1614
威海市	1646	9	285	1351	1646	0	0	0
市辖区	1646	9	285	1351	1646	0	0	0
日照市	9527	998	4896	3633	7591	575	0	1361
市辖区	2369	0	1716	653	2002	0	0	367
东港区	6698	758	3180	2760	5129	575	0	995
莒县	460	240	0	220	460	0	0	0
临沂市	2724	74	2611	39	2722	0	0	3
市辖区	379	74	281	24	379	0	0	0
兰山区	2330	0	2330	0	2330	0	0	0
蒙阴县	15	0	0	15	12	0	0	3
德州市	2481	0	780	1701	2173	0	0	308
市辖区	2381	0	680	1701	2073	0	0	308
禹城市	100	0	100	0	100	0	0	0
聊城市	4353	0	96	4257	4353	0	0	0
市辖区	4353	0	96	4257	4353	0	0	0
滨州市	1470	39	354	1078	1323	0	0	148
市辖区	1470	39	354	1078	1323	0	0	148
菏泽市	1066	0	0	1066	1066	0	0	0
市辖区	1066	0	0	1066	1066	0	0	0
2. 按机构所属隶属关系分布								
中央部门属	233341	94637	93500	45203	196549	19296	461	17035
中国科学院	105879	34627	53747	17504	95875	8975	331	698
地方部门属	448303	66925	183843	197535	388475	22128	0	37701
省级部门属	289061	42034	148553	98474	258916	10306	0	19840

续表

指标	R&D经费内部支出	按活动类型分			按经费来源分			
		基础研究	应用研究	试验发展	政府资金	企业资金	国外资金	其他资金
副省级城市属	70294	16350	19032	34912	58660	1490	0	10144
地市级部门属	54412	2764	11450	40197	47759	1124	0	5528
3.按机构从事的国民经济行业分布								
科学研究和技术服务业	681644	161563	277343	242739	585024	41424	461	54735
研究和试验发展	635812	151749	258311	225752	546944	39130	461	49276
专业技术服务业	29847	9464	10716	9667	24656	1520	0	3671
科技推广和应用服务业	15986	350	8316	7320	13424	774	0	1788
4.按机构服务的国民经济行业分布								
农、林、牧、渔业	129012	18974	35796	74242	96124	11477	131	21279
农业	62841	9465	15320	38057	48171	9390	0	5280
林业	4589	459	657	3474	3853	0	0	736
畜牧业	4345	735	845	2765	3492	163	0	691
渔业	38165	7705	12399	18061	23712	861	131	13461
农、林、牧、渔专业及辅助性活动	19071	610	6575	11886	16897	1063	0	1111
制造业	47319	4687	12962	29670	28801	6725	0	11793
农副食品加工业	520	0	0	520	67	423	0	30
食品制造业	5352	1821	1527	2004	1185	0	0	4167
皮革、毛皮、羽毛及其制品和制鞋业	20	0	0	20	0	0	0	20
造纸和纸制品业	600	0	0	600	271	329	0	0
化学原料和化学制品制造业	1627	0	1086	541	559	204	0	864
医药制造业	12123	2191	3220	6711	5922	5601	0	599
化学纤维制造业	618	0	618	0	252	0	0	367
通用设备制造业	115	0	115	0	115	0	0	0
专用设备制造业	5499	91	930	4479	4823	0	0	677
汽车制造业	332	81	31	220	216	117	0	0
铁路、船舶、航空航天和其他运输设备制造业	614	9	285	320	614	0	0	0
计算机、通信和其他电子设备制造业	6470	0	0	6470	2181	0	0	4289
仪器仪表制造业	13428	494	5149	7785	12597	51	0	779
交通运输、仓储和邮政业	1319	78	214	1027	212	1105	0	2
道路运输业	1319	78	214	1027	212	1105	0	2
信息传输、软件和信息技术服务业	124172	2726	90541	30906	123306	206	0	660
互联网和相关服务	1000	0	0	1000	340	0	0	660
软件和信息技术服务业	123172	2726	90541	29906	122966	206	0	0
租赁和商务服务业	717	0	0	717	717	0	0	0
商务服务业	717	0	0	717	717	0	0	0
科学研究和技术服务业	335270	118899	113331	103040	305512	18676	331	10751

续表

指标	R&D经费内部支出	按活动类型分			按经费来源分			
		基础研究	应用研究	试验发展	政府资金	企业资金	国外资金	其他资金
研究和试验发展	237325	81894	69689	85742	219407	9797	313	7808
专业技术服务业	92947	37005	39081	16861	81867	8625	17	2438
科技推广和应用服务业	4998	0	4561	437	4238	255	0	505
水利、环境和公共设施管理业	10535	2164	6476	1896	7393	0	0	3143
水利管理业	2158	183	669	1307	318	0	0	1840
生态保护和环境治理业	8377	1981	5807	589	7075	0	0	1303
教育	1709	1709	0	0	1709	0	0	0
教育	1709	1709	0	0	1709	0	0	0
卫生和社会工作	30028	11204	17788	1036	19892	3234	0	6902
卫生	30028	11204	17788	1036	19892	3234	0	6902
文化、体育和娱乐业	1327	1122	0	205	1122	0	0	205
文化艺术业	1122	1122	0	0	1122	0	0	0
体育	205	0	0	205	0	0	0	205
公共管理、社会保障和社会组织	236	0	236	0	236	0	0	0
国家机构	236	0	236	0	236	0	0	0
5.按机构所属学科分布								
自然科学领域	204501	95727	63306	45469	194421	9684	17	379
信息科学与系统科学	2101	0	6	2095	1582	519	0	0
化学	6902	1205	3980	1717	5483	1207	0	213
地球科学	177101	88891	55854	32357	171256	5808	17	20
生物学	18397	5632	3465	9300	16101	2150	0	146
农业科学领域	149058	18636	36837	93586	114250	12392	131	22286
农学	92653	9211	20727	62715	74374	11328	0	6951
林学	4888	459	657	3772	3853	0	0	1035
畜牧、兽医科学	10851	1209	2764	6879	9998	163	0	691
水产学	40666	7756	12690	20220	26026	901	131	13609
医学科学领域	53412	21665	20433	11315	34664	9537	0	9212
基础医学	7317	5877	1440	0	5607	0	0	1710
临床医学	20439	6696	12760	983	10335	3234	0	6870
预防医学与公共卫生学	3772	1277	2442	53	3772	0	0	0
药学	17944	6203	1685	10056	11192	6153	0	599
中医学与中药学	3942	1612	2107	223	3760	150	0	32
工程科学与技术领域	261946	21287	149595	91065	229646	9812	313	22175
工程与技术科学基础学科	2503	428	1169	907	1787	395	0	322
信息与系统科学相关工程与技术	1236	0	236	1000	576	0	0	660
自然科学相关工程与技术	21423	2497	6208	12718	17185	1212	0	3027

续表

指标	R&D经费内部支出	按活动类型分			按经费来源分			
		基础研究	应用研究	试验发展	政府资金	企业资金	国外资金	其他资金
测绘科学技术	180	63	117	0	141	0	0	39
材料科学	6157	880	2926	2351	4740	522	0	895
机械工程	5811	2006	855	2950	3530	1601	0	680
能源科学技术	34552	1111	20658	12784	30485	3268	101	698
电子与通信技术	19211	494	5532	13185	13824	51	0	5336
计算机科学技术	123430	2830	90694	29906	123223	206	0	0
化学工程	5750	1984	1001	2764	961	391	0	4398
产品应用相关工程与技术	6661	0	4980	1681	6423	0	0	238
纺织科学技术	252	0	252	0	252	0	0	0
食品科学技术	5121	101	3370	1651	3746	423	0	952
土木建筑工程	828	0	678	150	0	150	0	678
水利工程	2158	183	669	1307	318	0	0	1840
交通运输工程	1319	78	214	1027	212	1105	0	2
环境科学技术及资源科学技术	22807	8234	9129	5443	20871	488	212	1235
安全科学技术	535	0	283	252	505	0	0	30
管理学	2015	400	626	990	868	0	0	1147
社会、人文科学领域	12726	4248	7173	1305	12042	0	0	684
艺术学	504	504	0	0	26	0	0	478
考古学	1122	1122	0	0	1122	0	0	0
经济学	717	0	0	717	717	0	0	0
社会学	6592	912	5679	0	6592	0	0	0
图书馆、情报与文献学	1877	0	1494	383	1877	0	0	0
教育学	1709	1709	0	0	1709	0	0	0
体育科学	205	0	0	205	0	0	0	205
6. 按机构从业人员规模分								
≥1000人	14848	2223	11643	983	7405	3207	0	4236
500～999人	171918	61863	76018	34036	145438	9348	249	16883
300～499人	89601	39920	17458	32223	73356	14588	0	1657
200～299人	42576	12661	9898	20017	31310	2561	212	8492
100～199人	247532	22413	119925	105194	226513	7918	0	13102
50～99人	67073	13273	28131	25668	59383	1495	0	6195
30～49人	32987	7579	6988	18420	28697	2160	0	2129
20～29人	9208	1338	6037	1833	8185	107	0	916
10～19人	4676	293	566	3817	3943	24	0	709
0～9人	1226	0	680	546	794	16	0	416

表13　2020年山东省科学研究和技术服务业事业单位R&D经费内部支出按经费类别分

计量单位：万元

指标	R&D经费内部支出	日常性支出	人员劳务费	其他日常性支出	资产性支出	土建费	仪器与设备支出	资本化的计算机软件支出	专利和专有技术支出
总计	681644	463401	247407	215994	218243	27420	188057	1276	1489
1.按机构所属地域分布									
山东省	681644	463401	247407	215994	218243	27420	188057	1276	1489
济南市	292920	155038	83709	71328	137882	5539	131120	561	662
市辖区	500	500	490	11	0	0	0	0	0
历下区	187992	72870	40097	32773	115122	3916	111093	113	0
市中区	6951	6695	3824	2871	256	0	241	14	0
槐荫区	18402	9131	7165	1966	9271	586	8396	60	230
天桥区	7962	6841	4458	2383	1121	112	1008	1	0
历城区	54664	49434	25498	23936	5230	926	3995	242	67
章丘区	719	436	274	162	283	0	3	15	265
平阴县	299	296	273	23	3	0	3	0	0
济南高新技术产业开发区	15431	8834	1630	7204	6597	0	6381	116	100
青岛市	290934	224836	108143	116693	66098	14991	50211	395	501
市南区	123614	100721	50292	50429	22893	8740	14000	59	94
市北区	4488	4295	3361	934	193	0	193	0	0
黄岛区	5473	2150	1557	593	3324	0	3324	0	0
崂山区	94280	71516	34428	37088	22764	1179	21497	88	0
李沧区	7761	6486	4515	1971	1275	0	1269	0	6
城阳区	2792	2297	1353	944	495	0	81	20	395
即墨区	52204	37332	12613	24719	14872	5072	9572	227	0
青岛高新技术产业开发区	322	40	24	16	282	0	275	0	7
淄博市	13645	10095	5982	4113	3549	198	3098	237	16
市辖区	7185	4459	2703	1756	2726	137	2356	227	7
张店区	6261	5479	3197	2282	782	61	720	0	0
周村区	199	157	83	75	41	0	22	10	10
东营市	1427	1427	1036	391	0	0	0	0	0
市辖区	485	485	355	130	0	0	0	0	0
东营区	942	942	681	261	0	0	0	0	0
烟台市	28822	25907	16895	9011	2915	384	2525	5	1
市辖区	2404	2184	1323	861	220	0	220	0	0
芝罘区	2852	2232	2077	155	619	274	344	0	1

续表

指标	R&D经费内部支出	日常性支出	人员劳务费	其他日常性支出	资产性支出	土建费	仪器与设备支出	资本化的计算机软件支出	专利和专有技术支出
福山区	8266	8266	6023	2243	0	0	0	0	0
莱山区	14222	12471	6962	5509	1751	0	1751	0	0
长岛县	1078	753	510	243	325	110	210	5	0
潍坊市	2308	1707	1078	629	601	178	127	0	296
潍城区	651	620	526	94	31	0	31	0	0
奎文区	98	98	92	6	0	0	0	0	0
寿光市	550	286	168	118	264	178	86	0	0
昌邑市	1010	704	292	412	306	0	10	0	296
济宁市	18626	17841	12383	5458	785	311	473	0	1
市辖区	349	349	312	37	0	0	0	0	0
任城区	18277	17492	12071	5421	785	311	473	0	1
泰安市	9696	8219	5387	2832	1477	1317	161	0	0
泰山区	9696	8219	5387	2832	1477	1317	161	0	0
威海市	1646	1533	853	680	113	0	113	0	0
市辖区	1646	1533	853	680	113	0	113	0	0
日照市	9527	6638	3935	2704	2888	2783	26	78	2
市辖区	2369	2369	1376	993	0	0	0	0	0
东港区	6698	3835	2131	1705	2863	2783	0	78	2
莒县	460	434	428	6	26	0	26	0	0
临沂市	2724	2654	2141	513	70	0	70	0	0
市辖区	379	319	296	22	61	0	61	0	0
兰山区	2330	2321	1830	491	9	0	9	0	0
蒙阴县	15	15	15	0	0	0	0	0	0
德州市	2481	2466	1777	690	15	0	15	0	0
市辖区	2381	2369	1746	623	12	0	12	0	0
禹城市	100	97	30	67	3	0	3	0	0
聊城市	4353	2633	1978	655	1721	1676	45	0	0
市辖区	4353	2633	1978	655	1721	1676	45	0	0
滨州市	1470	1386	1247	139	84	0	74	0	10
市辖区	1470	1386	1247	139	84	0	74	0	10
菏泽市	1066	1022	865	157	44	44	0	0	0
市辖区	1066	1022	865	157	44	44	0	0	0
2. 按机构所属隶属关系分布									
中央部门属	233341	185950	90583	95367	47391	9966	36902	134	390
中国科学院	105879	85557	44251	41306	20322	5615	14592	21	94

续表

指标	R&D经费内部支出	日常性支出	人员劳务费	其他日常性支出	资产性支出	土建费	仪器与设备支出	资本化的计算机软件支出	专利和专有技术支出
地方部门属	448303	277452	156824	120628	170852	17455	151155	1142	1099
省级部门属	289061	160527	91264	69264	128534	4079	123765	393	297
副省级城市属	70294	47475	19963	27512	22819	8364	13764	403	288
地市级部门属	54412	46225	32891	13334	8187	4931	2917	315	24
3. 按机构从事的国民经济行业分布									
科学研究和技术服务业	681644	463401	247407	215994	218243	27420	188057	1276	1489
研究和试验发展	635812	429179	228818	200361	206633	24432	180156	848	1197
专业技术服务业	29847	23322	12351	10971	6525	206	6033	279	7
科技推广和应用服务业	15986	10901	6239	4662	5085	2783	1869	148	285
4. 按机构服务的国民经济行业分布									
农、林、牧、渔业	129012	109765	67675	42090	19247	9277	9578	85	307
农业	62841	56893	35135	21759	5948	2616	3331	0	0
林业	4589	3174	2918	256	1415	595	819	0	1
畜牧业	4345	3035	1566	1469	1311	364	947	0	0
渔业	38165	30219	18464	11755	7947	3933	3661	57	296
农、林、牧、渔专业及辅助性活动	19071	16445	9593	6851	2627	1768	820	28	10
制造业	47319	38630	23710	14920	8689	3383	5306	0	0
农副食品加工业	520	498	465	33	22	0	22	0	0
食品制造业	5352	2418	1210	1208	2934	0	2934	0	0
皮革、毛皮、羽毛及其制品和制鞋业	20	20	18	2	0	0	0	0	0
造纸和纸制品业	600	598	321	278	1	0	1	0	0
化学原料和化学制品制造业	1627	1513	1101	412	114	61	53	0	0
医药制造业	12123	11524	6911	4613	599	0	599	0	0
化学纤维制造业	618	618	326	292	0	0	0	0	0
通用设备制造业	115	115	114	1	0	0	0	0	0
专用设备制造业	5499	5495	3886	1609	4	0	4	0	0
汽车制造业	332	324	65	259	9	0	9	0	0
铁路、船舶、航空航天和其他运输设备制造业	614	515	99	417	99	0	99	0	0
计算机、通信和其他电子设备制造业	6470	1706	1109	598	4764	3321	1443	0	0
仪器仪表制造业	13428	13286	8087	5199	142	0	142	0	0
交通运输、仓储和邮政业	1319	1196	1080	116	123	22	101	0	0
道路运输业	1319	1196	1080	116	123	22	101	0	0
信息传输、软件和信息技术服务业	124172	19248	4658	14590	104924	0	104711	0	213
互联网和相关服务	1000	990	817	173	10	0	9	0	1

续表

指标	R&D经费内部支出	日常性支出	人员劳务费	其他日常性支出	资产性支出	土建费	仪器与设备支出	资本化的计算机软件支出	专利和专有技术支出
软件和信息技术服务业	123172	18258	3841	14417	104914	0	104702	0	212
租赁和商务服务业	717	717	459	258	0	0	0	0	0
商务服务业	717	717	459	258	0	0	0	0	0
科学研究和技术服务业	335270	261074	125788	135287	74196	14154	58223	1079	740
研究和试验发展	237325	184641	82995	101646	52684	6100	45850	411	323
专业技术服务业	92947	74673	41716	32957	18274	5271	12301	562	140
科技推广和应用服务业	4998	1760	1077	683	3238	2783	72	106	277
水利、环境和公共设施管理业	10535	9912	7254	2658	623	0	600	23	0
水利管理业	2158	2158	1909	249	0	0	0	0	0
生态保护和环境治理业	8377	7754	5345	2409	623	0	600	23	0
教育	1709	1709	1393	316	0	0	0	0	0
教育	1709	1709	1393	316	0	0	0	0	0
卫生和社会工作	30028	19632	14537	5095	10396	586	9521	60	230
卫生	30028	19632	14537	5095	10396	586	9521	60	230
文化、体育和娱乐业	1327	1327	741	586	0	0	0	0	0
文化艺术业	1122	1122	568	554	0	0	0	0	0
体育	205	205	173	32	0	0	0	0	0
公共管理、社会保障和社会组织	236	190	112	78	45	0	16	29	0
国家机构	236	190	112	78	45	0	16	29	0
5. 按机构所属学科分布									
自然科学领域	204501	155718	67703	88015	48784	10051	38296	343	94
信息科学与系统科学	2101	1647	1201	446	454	0	435	19	0
化学	6902	6138	3615	2524	764	61	703	0	0
地球科学	177101	133811	54091	79720	43291	9989	32883	324	94
生物学	18397	14122	8797	5325	4274	0	4274	0	0
农业科学领域	149058	128912	80959	47953	20147	9606	10101	100	340
农学	92653	83602	51708	31894	9051	4622	4354	42	33
林学	4888	3470	3191	279	1418	595	822	0	1
畜牧、兽医科学	10851	9213	5423	3791	1638	364	1264	0	10
水产学	40666	32627	20637	11989	8040	4026	3661	57	296
医学科学领域	53412	39382	28149	11233	14030	642	12873	284	230
基础医学	7317	6860	5501	1359	457	0	457	0	0
临床医学	20439	10906	8040	2866	9533	586	8657	60	230
预防医学与公共卫生学	3772	3146	2378	768	626	0	626	0	0
药学	17944	15141	9177	5964	2803	57	2522	224	1

续表

指标	R&D经费内部支出	日常性支出	人员劳务费	其他日常性支出	资产性支出	土建费	仪器与设备支出	资本化的计算机软件支出	专利和专有技术支出
中医学与中药学	3942	3330	3053	277	612	0	612	0	0
工程科学与技术领域	261946	126828	62556	64272	135119	7121	126623	549	825
工程与技术科学基础学科	2503	1919	1174	745	585	0	578	0	7
信息与系统科学相关工程与技术	1236	1180	930	251	55	0	25	29	1
自然科学相关工程与技术	21423	14915	6271	8643	6508	40	6224	61	183
测绘科学技术	180	180	152	28	0	0	0	0	0
材料科学	6157	4666	1933	2732	1491	80	1402	3	6
机械工程	5811	4705	2936	1769	1106	0	825	16	265
能源科学技术	34552	28457	13939	14518	6095	698	5363	24	10
电子与通信技术	19211	14814	9464	5351	4397	3321	1075	0	0
计算机科学技术	123430	18466	4011	14455	104964	0	104752	0	212
化学工程	5750	2639	1349	1289	3111	178	2933	0	0
产品应用相关工程与技术	6661	3398	659	2739	3263	2783	200	178	102
纺织科学技术	252	252	239	13	0	0	0	0	0
食品科学技术	5121	4787	2441	2346	334	0	334	0	0
土木建筑工程	828	802	731	70	26	0	12	14	0
水利工程	2158	2158	1909	249	0	0	0	0	0
交通运输工程	1319	1196	1080	116	123	22	101	0	0
环境科学技术及资源科学技术	22807	20271	12053	8218	2535	0	2512	23	0
安全科学技术	535	535	344	191	0	0	0	0	0
管理学	2015	1488	941	548	527	0	287	200	40
社会、人文科学领域	12726	12562	8041	4521	164	0	164	0	0
艺术学	504	500	496	4	4	0	4	0	0
考古学	1122	1122	568	554	0	0	0	0	0
经济学	717	717	459	258	0	0	0	0	0
社会学	6592	6432	3458	2974	160	0	160	0	0
图书馆、情报与文献学	1877	1877	1494	383	0	0	0	0	0
教育学	1709	1709	1393	316	0	0	0	0	0
体育科学	205	205	173	32	0	0	0	0	0
6.按机构从业人员规模分									
≥1000人	14848	6027	5061	966	8821	500	8227	60	35
500～999人	171918	129986	64185	65802	41931	9438	32086	274	134
300～499人	89601	72946	29369	43577	16655	5391	11036	227	0
200～299人	42576	34693	22257	12436	7884	4660	3210	14	0

续表

指标	R&D经费内部支出	日常性支出	人员劳务费	其他日常性支出	资产性支出	土建费	仪器与设备支出	资本化的计算机软件支出	专利和专有技术支出
100～199人	247532	122315	71394	50921	125217	3997	120860	159	202
50～99人	67073	62196	34220	27976	4877	345	4281	114	137
30～49人	32987	24700	14330	10370	8287	167	7124	336	660
20～29人	9208	4881	3289	1592	4327	2863	1055	88	322
10～19人	4676	4579	2706	1874	97	62	35	0	0
0～9人	1226	1079	597	482	147	0	144	3	0

表 14　2020年山东省科学研究和技术服务业事业单位专利

指标	专利申请受理数（件）	#发明专利（件）	专利授权数（件）	#发明专利（件）	#国外授权（件）	拥有有效发明专利总数（件）	专利所有权转让及许可数（件）	专利所有权转让及许可收入（万元）
总计	3122	2119	2289	1036	68	7361	115	1729
1.按机构所属地域分布								
山东省	3122	2119	2289	1036	68	7361	115	1729
济南市	1216	830	903	411	37	2591	59	880
市辖区	4	0	2	0	0	9	0	0
历下区	575	419	436	245	10	1292	48	595
市中区	28	10	19	3	0	8	1	0
槐荫区	34	23	25	15	1	46	1	60
天桥区	118	55	53	20	0	102	1	1
历城区	424	307	337	119	26	1120	8	224
章丘区	7	4	24	8	0	8	0	0
济南高新技术产业开发区	26	12	7	1	0	6	0	0
青岛市	1308	1023	794	451	26	3469	34	523
市南区	340	270	237	150	19	1634	20	115
市北区	53	28	51	40	0	84	0	0
黄岛区	2	2	0	0	0	0	0	0
崂山区	536	447	298	200	7	1067	3	405
李沧区	78	44	59	34	0	203	2	0
城阳区	101	80	15	5	0	115	0	0
即墨区	191	152	122	21	0	365	9	2
青岛高新技术产业开发区	7	0	12	1	0	1	0	0
淄博市	59	17	45	6	0	206	0	0
市辖区	17	7	6	2	0	27	0	0
张店区	34	8	31	2	0	177	0	0
周村区	8	2	8	2	0	2	0	0
枣庄市	11	0	7	0	0	0	0	0
市中区	4	0	1	0	0	0	0	0
薛城区	4	0	4	0	0	0	0	0
峄城区	3	0	2	0	0	0	0	0
东营市	7	1	14	7	0	34	0	0
市辖区	3	1	10	7	0	32	0	0
东营区	4	0	4	0	0	2	0	0
烟台市	131	82	197	82	0	428	11	320
市辖区	3	3	0	0	0	0	0	0
芝罘区	27	17	42	7	0	57	0	0

续表

指标	专利申请受理数（件）	#发明专利（件）	专利授权数（件）	#发明专利（件）	#国外授权（件）	拥有有效发明专利总数（件）	专利所有权转让及许可数（件）	专利所有权转让及许可收入（万元）
福山区	46	17	75	13	0	50	0	0
莱山区	54	44	79	62	0	319	11	320
长岛县	1	1	1	0	0	2	0	0
潍坊市	20	13	22	4	0	60	0	0
潍城区	7	2	13	4	0	39	0	0
寒亭区	6	4	5	0	0	0	0	0
寿光市	6	6	4	0	0	20	0	0
昌邑市	1	1	0	0	0	1	0	0
济宁市	130	69	88	31	5	96	9	0
市辖区	21	1	20	0	0	0	0	0
任城区	109	68	68	31	5	96	9	0
泰安市	44	22	47	17	0	211	0	0
泰山区	44	22	47	17	0	211	0	0
威海市	12	6	9	5	0	15	0	0
市辖区	11	6	9	5	0	15	0	0
荣成市	1	0	0	0	0	0	0	0
日照市	22	15	8	3	0	29	0	0
市辖区	4	2	2	0	0	5	0	0
东港区	18	13	6	3	0	24	0	0
临沂市	92	18	87	8	0	184	0	0
市辖区	40	5	40	5	0	153	0	0
兰山区	52	13	47	3	0	31	0	0
德州市	25	1	19	3	0	7	0	0
市辖区	25	1	19	3	0	7	0	0
聊城市	10	4	5	0	0	0	1	1
市辖区	10	4	5	0	0	0	1	1
滨州市	24	14	34	6	0	23	1	5
市辖区	24	14	34	6	0	23	1	5
菏泽市	11	4	10	2	0	8	0	0
市辖区	11	4	10	2	0	8	0	0
2．按机构所属隶属关系分布								
中央部门属	866	699	565	378	32	2876	34	841
中国科学院	452	391	268	214	2	1137	12	575
地方部门属	2256	1420	1724	658	36	4485	81	888
省级部门属	1388	966	1113	482	36	3157	77	882
副省级城市属	215	149	135	75	0	195	0	0

续表

指标	专利申请受理数（件）	#发明专利（件）	专利授权数（件）	#发明专利（件）	#国外授权（件）	拥有有效发明专利总数（件）	专利所有权转让及许可数（件）	专利所有权转让及许可收入（万元）
地市级部门属	381	121	355	67	0	653	2	5
3. 按机构从事的国民经济行业分布								
科学研究和技术服务业	3122	2119	2289	1036	68	7361	115	1729
研究和试验发展	2917	2018	2129	989	68	7175	115	1729
专业技术服务业	118	42	86	24	0	130	0	0
科技推广和应用服务业	87	59	74	23	0	56	0	0
4. 按机构服务的国民经济行业分布								
农、林、牧、渔业	706	449	624	255	28	2768	25	281
农业	353	199	293	115	16	998	2	150
林业	24	24	20	20	0	113	0	0
畜牧业	38	29	27	8	0	118	0	0
渔业	113	97	116	57	5	946	19	110
农、林、牧、渔专业及辅助性活动	178	100	168	55	7	593	4	20
制造业	567	444	316	131	11	865	44	303
农副食品加工业	10	3	0	0	0	2	0	0
食品制造业	29	29	18	15	0	70	11	89
纺织业	2	1	1	0	0	12	0	0
文教、工美、体育和娱乐用品制造业	4	4	1	1	0	1	1	0
化学原料和化学制品制造业	31	31	13	11	0	29	0	0
医药制造业	94	79	48	34	0	227	3	1
非金属矿物制品业	0	0	0	0	0	4	0	0
专用设备制造业	115	94	48	7	6	163	6	210
汽车制造业	39	19	15	2	0	3	2	0
铁路、船舶、航空航天和其他运输设备制造业	5	4	5	5	0	12	0	0
计算机、通信和其他电子设备制造业	3	3	1	1	0	11	0	0
仪器仪表制造业	227	177	158	55	5	300	21	3
金属制品、机械和设备修理业	8	0	8	0	0	31	0	0
建筑业	11	5	7	1	0	4	0	0
房屋建筑业	11	5	7	1	0	4	0	0
交通运输、仓储和邮政业	90	35	31	8	0	8	0	0
道路运输业	90	35	31	8	0	8	0	0
信息传输、软件和信息技术服务业	111	102	41	28	0	159	5	20
互联网和相关服务	10	4	8	1	0	11	0	0
软件和信息技术服务业	101	98	33	27	0	148	5	20
租赁和商务服务业	0	0	1	1	0	1	0	0
商务服务业	0	0	1	1	0	1	0	0

续表

指标	专利申请受理数（件）	#发明专利（件）	专利授权数（件）	#发明专利（件）	#国外授权（件）	拥有有效发明专利总数（件）	专利所有权转让及许可数（件）	专利所有权转让及许可收入（万元）
科学研究和技术服务业	1413	980	1073	523	27	3240	40	1065
研究和试验发展	995	744	727	392	25	2255	24	1055
专业技术服务业	364	203	304	119	2	969	16	11
科技推广和应用服务业	54	33	42	12	0	16	0	0
水利、环境和公共设施管理业	131	43	114	22	1	132	0	0
水利管理业	96	22	89	5	1	68	0	0
生态保护和环境治理业	35	21	25	17	0	64	0	0
卫生和社会工作	89	61	81	67	1	184	1	60
卫生	89	61	81	67	1	184	1	60
公共管理、社会保障和社会组织	4	0	1	0	0	0	0	0
国家机构	4	0	1	0	0	0	0	0
5.按机构所属学科分布								
自然科学领域	562	451	432	253	25	1548	19	14
信息科学与系统科学	17	17	12	5	0	20	0	0
化学	33	33	39	31	1	192	15	8
地球科学	415	311	304	156	15	1108	1	5
生物学	97	90	77	61	9	228	3	1
农业科学领域	816	494	700	285	29	2943	26	281
农学	499	267	409	156	23	1456	6	166
林学	24	24	20	20	0	113	0	0
畜牧、兽医科学	100	67	88	26	1	272	1	5
水产学	193	136	183	83	5	1102	19	110
医学科学领域	177	127	127	90	1	412	2	65
基础医学	11	3	13	3	0	4	0	0
临床医学	62	46	38	34	1	123	1	60
预防医学与公共卫生学	2	0	9	1	0	9	0	0
药学	72	56	31	17	0	172	0	0
中医学与中药学	30	22	36	35	0	104	1	5
工程科学与技术领域	1547	1042	999	395	13	2432	66	1367
工程与技术科学基础学科	49	22	49	10	0	259	1	3
信息与系统科学相关工程与技术	10	4	8	1	0	11	0	0
自然科学相关工程与技术	198	118	99	9	6	89	5	209
测绘科学技术	11	3	11	3	0	4	0	0
材料科学	66	62	42	37	0	131	5	402
机械工程	69	41	49	13	0	157	3	1
能源科学技术	302	273	147	114	1	475	4	320

续表

指标	专利申请受理数（件）	#发明专利（件）	专利授权数（件）	#发明专利（件）	#国外授权（件）	拥有有效发明专利总数（件）	专利所有权转让及许可数（件）	专利所有权转让及许可收入（万元）
电子与通信技术	248	194	166	60	5	315	21	3
计算机科学技术	138	131	40	31	0	220	5	20
化学工程	22	22	22	14	0	50	0	0
产品应用相关工程与技术	2	2	0	0	0	5	0	0
纺织科学技术	2	1	1	0	0	12	0	0
食品科学技术	57	42	24	12	0	221	11	89
土木建筑工程	26	6	19	2	0	6	0	0
水利工程	96	22	89	5	1	68	0	0
交通运输工程	90	35	31	8	0	8	0	0
环境科学技术及资源科学技术	74	48	103	62	0	339	11	320
安全科学技术	26	0	34	1	0	34	0	0
管理学	61	16	65	13	0	28	0	0
社会、人文科学领域	20	5	31	13	0	26	2	1
艺术学	4	4	1	1	0	1	1	0
经济学	0	0	1	1	0	1	0	0
法学	4	0	1	0	0	0	0	0
图书馆、情报与文献学	12	1	28	11	0	24	1	1
6.按机构从业人员规模分								
≥1000人	19	11	15	11	0	15	1	60
500～999人	639	535	427	273	8	2179	20	365
300～499人	316	207	171	67	18	532	3	155
200～299人	492	289	382	107	7	737	25	531
100～199人	882	564	756	334	12	1966	43	455
50～99人	431	317	310	162	20	1144	20	162
30～49人	245	155	145	63	3	700	2	0
20～29人	74	29	62	7	0	34	0	0
10～19人	18	10	18	10	0	48	1	0
0～9人	6	2	3	2	0	6	0	0

表 15 2020年山东省科学研究和技术服务业事业单位论文、著作及其他科技产出

指标	科技论文（篇）	#国外发表（篇）	科技著作（种）	形成国家或行业标准数（项）	集成电路布图设计登记数（件）	植物新品种权授予数（项）	软件著作权数（件）	新药证书数（件）
总计	8368	3428	238	184	0	62	975	1
1. 按机构所属地域分布								
山东省	8368	3428	238	184	0	62	975	1
济南市	3013	979	84	127	0	28	502	0
市辖区	33	0	0	0	0	0	0	0
历下区	1333	535	31	85	0	2	138	0
市中区	123	2	10	2	0	0	10	0
槐荫区	395	213	7	3	0	0	1	0
天桥区	196	26	8	15	0	0	34	0
历城区	873	179	28	22	0	26	291	0
章丘区	0	0	0	0	0	0	5	0
平阴县	1	0	0	0	0	0	0	0
济南高新技术产业开发区	59	24	0	0	0	0	23	0
青岛市	3577	1973	89	27	0	3	236	0
市南区	1737	956	41	18	0	1	49	0
市北区	298	48	33	4	0	0	4	0
黄岛区	46	46	0	0	0	0	7	0
崂山区	912	620	13	4	0	2	57	0
李沧区	103	26	2	1	0	0	45	0
城阳区	16	5	0	0	0	0	39	0
即墨区	464	272	0	0	0	0	30	0
青岛高新技术产业开发区	1	0	0	0	0	0	5	0
淄博市	131	15	2	3	0	0	2	0
市辖区	43	10	0	1	0	0	0	0
张店区	87	4	2	2	0	0	2	0
周村区	1	1	0	0	0	0	0	0
枣庄市	9	0	0	0	0	0	0	0
市中区	1	0	0	0	0	0	0	0
薛城区	4	0	0	0	0	0	0	0
峄城区	4	0	0	0	0	0	0	0
东营市	20	1	2	0	0	1	4	0
市辖区	11	1	0	0	0	0	0	0
东营区	9	0	2	0	0	1	4	0
烟台市	855	372	28	1	0	1	41	0

续表

指标	科技论文（篇）	#国外发表（篇）	科技著作（种）	形成国家或行业标准数（项）	集成电路布图设计登记数（件）	植物新品种权授予数（项）	软件著作权数（件）	新药证书数（件）
市辖区	9	9	0	0	0	0	0	0
芝罘区	102	3	2	0	0	0	7	0
福山区	196	13	6	1	0	1	22	0
莱山区	538	347	20	0	0	0	12	0
长岛县	10	0	0	0	0	0	0	0
潍坊市	39	0	0	0	0	1	12	0
潍城区	18	0	0	0	0	1	12	0
寒亭区	8	0	0	0	0	0	0	0
奎文区	8	0	0	0	0	0	0	0
寿光市	5	0	0	0	0	0	0	0
济宁市	180	49	11	3	0	0	37	0
市辖区	43	0	5	0	0	0	8	0
任城区	137	49	6	3	0	0	29	0
泰安市	169	16	7	1	0	19	18	0
泰山区	166	16	7	1	0	19	18	0
宁阳县	3	0	0	0	0	0	0	0
威海市	23	5	2	7	0	0	0	0
市辖区	14	5	0	6	0	0	0	0
文登区	6	0	1	0	0	0	0	0
荣成市	1	0	1	0	0	0	0	0
乳山市	2	0	0	1	0	0	0	0
日照市	57	3	0	9	0	1	0	0
市辖区	29	3	0	1	0	0	0	0
东港区	25	0	0	8	0	1	0	0
莒县	3	0	0	0	0	0	0	0
临沂市	95	5	3	0	0	1	35	0
市辖区	54	3	3	0	0	1	35	0
兰山区	41	2	0	0	0	0	0	0
德州市	65	1	1	0	0	1	84	0
市辖区	62	1	1	0	0	1	84	0
禹城市	3	0	0	0	0	0	0	0
聊城市	20	0	0	3	0	2	0	0
市辖区	20	0	0	3	0	2	0	0
滨州市	79	9	8	3	0	0	0	1
市辖区	79	9	8	3	0	0	0	1
菏泽市	36	0	1	0	0	4	4	0
市辖区	33	0	1	0	0	4	4	0

续表

指标	科技论文（篇）	#国外发表（篇）	科技著作（种）	形成国家或行业标准数（项）	集成电路布图设计登记数（件）	植物新品种权授予数（项）	软件著作权数（件）	新药证书数（件）
牡丹区	3	0	0	0	0	0	0	0
2.按机构所属隶属关系分布								
中央部门属	2802	1777	58	30	0	3	102	0
中国科学院	1729	1421	21	0	0	0	33	0
地方部门属	5566	1651	180	154	0	59	873	1
省级部门属	3254	1119	93	123	0	40	560	0
副省级城市属	1078	379	38	3	0	0	40	0
地市级部门属	908	38	43	20	0	19	157	1
3.按机构从事的国民经济行业分布								
科学研究和技术服务业	8368	3428	238	184	0	62	975	1
研究和试验发展	7942	3357	220	168	0	62	875	1
专业技术服务业	316	37	13	10	0	0	30	0
科技推广和应用服务业	110	34	5	6	0	0	70	0
4.按机构服务的国民经济行业分布								
农、林、牧、渔业	1909	319	70	82	0	51	280	1
农业	908	211	33	25	0	36	150	0
林业	54	3	6	1	0	9	8	0
畜牧业	89	27	4	13	0	0	26	0
渔业	410	11	14	19	0	2	45	0
农、林、牧、渔专业及辅助性活动	448	67	13	24	0	4	51	1
制造业	586	227	12	7	0	0	83	0
农副食品加工业	3	0	0	0	0	0	0	0
食品制造业	25	9	10	0	0	0	0	0
纺织业	6	1	0	2	0	0	0	0
皮革、毛皮、羽毛及其制品和制鞋业	5	0	0	1	0	0	0	0
造纸和纸制品业	25	0	0	0	0	0	0	0
化学原料和化学制品制造业	95	65	0	0	0	0	0	0
医药制造业	132	69	0	0	0	0	0	0
非金属矿物制品业	10	0	0	0	0	0	0	0
专用设备制造业	58	0	0	0	0	0	38	0
汽车制造业	10	5	0	0	0	0	8	0
铁路、船舶、航空航天和其他运输设备制造业	7	5	0	0	0	0	0	0
计算机、通信和其他电子设备制造业	1	1	0	0	0	0	0	0
仪器仪表制造业	194	70	2	2	0	0	37	0
金属制品、机械和设备修理业	15	2	0	2	0	0	0	0
建筑业	26	1	1	1	0	0	0	0

续表

指标	科技论文（篇）	#国外发表（篇）	科技著作（种）	形成国家或行业标准数（项）	集成电路布图设计登记数（件）	植物新品种权授予数（项）	软件著作权数（件）	新药证书数（件）
房屋建筑业	26	1	1	1	0	0	0	0
交通运输、仓储和邮政业	102	8	7	2	0	0	9	0
道路运输业	102	8	7	2	0	0	9	0
信息传输、软件和信息技术服务业	93	57	1	3	0	0	72	0
互联网和相关服务	8	5	0	1	0	0	20	0
软件和信息技术服务业	85	52	1	2	0	0	52	0
租赁和商务服务业	0	0	0	0	0	0	20	0
商务服务业	0	0	0	0	0	0	20	0
科学研究和技术服务业	4509	2428	84	82	0	11	466	0
研究和试验发展	2676	1443	61	33	0	11	354	0
专业技术服务业	1783	984	22	46	0	0	101	0
科技推广和应用服务业	50	1	1	3	0	0	11	0
水利、环境和公共设施管理业	113	33	4	5	0	0	37	0
水利管理业	27	3	3	2	0	0	37	0
生态保护和环境治理业	86	30	1	3	0	0	0	0
教育	23	0	9	0	0	0	0	0
教育	23	0	9	0	0	0	0	0
卫生和社会工作	979	355	43	2	0	0	8	0
卫生	979	355	43	2	0	0	8	0
文化、体育和娱乐业	24	0	7	0	0	0	0	0
文化艺术业	24	0	7	0	0	0	0	0
公共管理、社会保障和社会组织	4	0	0	0	0	0	0	0
国家机构	4	0	0	0	0	0	0	0
5.按机构所属学科分布								
自然科学领域	2338	1658	35	29	0	2	81	0
信息科学与系统科学	40	19	0	0	0	0	15	0
物理学	25	24	1	0	0	0	0	0
化学	127	101	3	27	0	0	0	0
地球科学	1899	1337	26	0	0	0	45	0
生物学	247	177	5	2	0	2	21	0
农业科学领域	2114	318	78	80	0	58	524	1
农学	1264	221	41	43	0	47	307	0
林学	55	3	6	1	0	9	8	0
畜牧、兽医科学	272	64	14	16	0	0	156	1
水产学	523	30	17	20	0	2	53	0
医学科学领域	1231	447	48	6	0	0	6	0
基础医学	88	49	2	0	0	0	5	0

续表

指标	科技论文（篇）	#国外发表（篇）	科技著作（种）	形成国家或行业标准数（项）	集成电路布图设计登记数（件）	植物新品种权授予数（项）	软件著作权数（件）	新药证书数（件）
临床医学	701	287	12	2	0	0	1	0
预防医学与公共卫生学	95	28	2	1	0	0	0	0
药学	125	50	0	0	0	0	0	0
中医学与中药学	222	33	32	3	0	0	0	0
工程科学与技术领域	2414	1002	52	69	0	2	338	0
工程与技术科学基础学科	132	15	5	38	0	0	36	0
信息与系统科学相关工程与技术	11	5	0	1	0	0	20	0
自然科学相关工程与技术	143	31	5	0	0	0	50	0
测绘科学技术	69	0	2	1	0	0	25	0
材料科学	163	140	1	0	0	0	3	0
机械工程	26	6	0	3	0	0	13	0
能源科学技术	299	276	0	1	0	0	5	0
电子与通信技术	197	70	2	4	0	0	43	0
计算机科学技术	97	55	1	2	0	0	66	0
化学工程	76	4	10	1	0	0	0	0
产品应用相关工程与技术	20	3	0	1	0	0	3	0
纺织科学技术	6	1	0	2	0	0	0	0
食品科学技术	89	23	0	3	0	2	3	0
土木建筑工程	129	2	2	1	0	0	0	0
水利工程	27	3	3	2	0	0	37	0
交通运输工程	102	8	7	2	0	0	9	0
环境科学技术及资源科学技术	616	357	12	3	0	0	16	0
安全科学技术	107	2	0	2	0	0	2	0
管理学	105	1	2	2	0	0	7	0
社会、人文科学领域	271	3	25	0	0	0	26	0
艺术学	18	0	1	0	0	0	0	0
考古学	24	0	7	0	0	0	0	0
经济学	0	0	0	0	0	0	20	0
法学	1	0	0	0	0	0	0	0
社会学	89	2	4	0	0	0	0	0
图书馆、情报与文献学	116	1	4	0	0	0	6	0
教育学	23	0	9	0	0	0	0	0
6.按机构从业人员规模分								
≥1000人	327	195	6	2	0	0	1	0
500～999人	1952	1265	26	19	0	1	60	0
300～499人	877	469	12	4	0	2	43	0
200～299人	1111	404	25	5	0	11	157	0

续表

指标	科技论文（篇）	#国外发表（篇）	科技著作（种）	形成国家或行业标准数（项）	集成电路布图设计登记数（件）	植物新品种权授予数（项）	软件著作权数（件）	新药证书数（件）
100～199人	2109	607	96	94	0	21	478	0
50～99人	1343	356	35	31	0	19	136	1
30～49人	445	114	24	16	0	7	72	0
20～29人	114	13	11	9	0	0	28	0
10～19人	82	5	3	3	0	0	0	0
0～9人	8	0	0	1	0	1	0	0

科技大事记
KEJI DASHIJI

2020年山东省科技大事记

1月

8日 省科技厅组织举办2020年迎新春外国人才沙龙活动。来自驻济高校、科研院所、大中型企业的外国专家代表30余人参加活动。省科技厅副厅长、省外国专家局局长张祝秀出席活动并致辞。

9日 山东能源研究院成立座谈会在山东大厦金色大厅举行，标志着山东能源研究院正式成立。省委书记刘家义、中国科学院院长白春礼出席座谈会并讲话，省委副书记、省长龚正主持。中科院副院长相里斌，省领导王可、孙立成、凌文、于杰出席座谈会。中科院相关单位、院所负责同志，省委副秘书长、办公厅主任陈迪桂，省政府副秘书长、办公厅主任宋军继，省政府办公厅副主任王健，省科技厅厅长唐波等省直部门负责同志以及青岛市、有关高校及企业负责同志参加座谈会。

△ 省科技厅、省财政厅、省地方金融监管局、省税务局、山东监管局联合印发《关于推进科技型企业科创板上市的若干措施》。

15日 山东省爱国卫生运动委员会办公室印发《山东省爱国卫生运动委员会办公室关于命名2019年度山东省卫生先进单位的通知》，命名省科技厅为山东省卫生先进单位。

16日 全省科技工作会议在济南召开。会议传达了2020年全国科技工作会议精神和副省长于杰对科技工作的批示要求。省科技厅党组书记、厅长唐波作工作报告，副厅长于书良主持。厅领导班子成员、厅级领导及厅机关副处级以上干部、直属单位领导班子成员参加会议。

27日 省科技厅召开新型冠状病毒感染肺炎疫情防控工作领导小组第一次专题会议。厅党组书记、厅长唐波主持会议，工作领导小组全体成员参加会议。

30日 山东启动"疫情应急技术攻关及集成应用"重大科技创新工程。根据省政府新型冠状病毒感染肺炎疫情防控工作安排部署，省科技厅采取"一事一议"的做法，迅速会同省卫健委，启动实施"新型冠状病毒感染肺炎疫情应急技术攻关及集成应用"重大科技创新工程。

2月

13日 省科技厅印发《关于科学支持新冠肺炎疫情防控 有效服务科技创新的若干措施》。

16日 全省科技战线全力驰援疫情防控工作。自出现新冠肺炎疫情以来，全省科技战线坚决贯彻落实党中央和省委省政府部署要求，迅速行动起来，主动担当作为，积极为疫情防控工作贡献科技力量，与时间赛跑，与病魔较量，助力打赢疫情防控阻击战。各市科技部门迅速行动，组织开展诊疗一线科技创新与服务。相关高校院所迅速开展应急攻关，为抗疫一线贡献科技力量。省级创新创业共同体彰显担当作为，做打赢疫情防控阻击战的坚强科技后盾。

19日 山东省举行重点外商投资项目推进会。推进会以"主会场＋项目现场视频连线"方式进行，省委书记刘家义出席并讲话，省委副书记、省长龚正主持并宣布项目开工开业。省科技厅厅长唐波等省直有关部门负责同志和淄博、烟台、潍坊、威海、临沂市负责同志参加推进会。

21日 副省长于杰到省科技厅调研座谈，听取2020年科技攻坚任务等重点工作汇报，研究部署下一步工作。省政府副秘书长辛树人，省科技厅厅长唐波出席会议。

△ 省科技厅召开"新型冠状病毒感染的肺炎疫情应急技术攻关及集成应用"重大科技创新工程推进工作会议，总结分析工程实施阶段性工作，研究解决工程实施中存在短板和问题，安排部署下阶段重点任务，为打好疫情防控阻击战提供科技支撑。省科技厅新型冠状病毒感染肺炎疫情防控工作领导小组组长、省科技厅党组书记、厅长唐波，省中医药管理局局长孙春玲出席会议并讲话。省科技厅党组成员、副厅长于洪文主持会议。

26日 省科技厅党组书记、厅长唐波在济南调研企业疫情防控重大科技创新工程项目实施和复工复产情况，了解工作中存在的问题和短板，进一步推进重大科技创新工程实施，为打赢疫情防控阻击战提供科技支撑。济南市领导王宏志、孙斌，市科技局局长吕建涛陪同调研。

3月

5日　省科技厅坚决贯彻落实省委"四进"攻坚行动决策部署，强化责任担当，第一时间动员部署，派出由厅二级巡视员许勃担任组长的5人工作组连夜赶赴青岛市李沧区开展工作。从3月5日至5月26日，工作组在抗击疫情一线坚守83天，服务基层和群众，努力当好宣传员、战斗员、服务员和联络员，全力以赴帮助企业、项目、社区解决实际困难和问题。

11日　中国科学院微生物研究所与济南市人民政府、山东省科学技术厅举行"云签约"活动，宣告三方共建的"齐鲁现代微生物技术研究院"正式成立。济南市市长孙述涛，省科技厅副厅长张祝秀与中科院微生物所副所长钱韦（法人代表）共同签约。

16日　李兰娟院士工作站在山东省设立，为疫情防控提供科技支撑。自新冠肺炎疫情发生以来，李兰娟院士—邹城市人民医院山东省院士工作站积极响应国家应对新冠肺炎疫情防控决策部署，发挥自身智力和技术优势，在地方科学治疫、疫情防控工作中做出了重要贡献。

19日　《山东省区域科技创新能力评价报告2019》出版发行。

21日　省科技厅党组书记、厅长唐波到青岛市李沧区"四进"工作点调研，看望慰问社区基层干部群众，听取省派青岛市"四进"攻坚行动省科技厅工作组工作情况汇报，到李沧区上流佳苑社区开展"科技文化进社区"活动。青岛市副市长耿涛，市科技局局长吕鹏，李沧区区委书记王希静、区长张友玉，省科技厅党组成员、青岛国家海洋科学研究中心主任李储林，厅二级巡视员、工作组组长许勃，青岛国家海洋科学研究中心副主任党安涛等陪同调研。

4月

1日　省科技厅印发《关于在新冠肺炎疫情防控期间对科研攻关与复工复产给予支持保障的若干措施》。

3日　省科技厅科技人才工作领导小组召开2020年第一次会议，认真落实省委省政府"人才兴鲁"行动和全省科技工作会议精神，对科技人才下一步工作进行安排部署。厅党组书记、厅长唐波出席并讲话，党组成员、副厅长、省外专局局长张祝秀主持，厅科技人才工作领导小组成员参加会议。

9—13日　省科技厅分别在济南、烟台和济宁三市召开了省会、胶东、鲁南三大经济圈重特大科技攻关项目征集工作座谈会。省科技厅党组书记、厅长唐波出席并讲话，厅党组成员、青岛国家海洋科学研究中心主任李储林主持。

26日　国家可持续发展实验区部际联席会议办公室采用视频会议形式组织召开"国家可持续发展议程创新示范区专家咨询会"。咨询专家组组长、中国工程院原副院长干勇主持会议，省政府党组成员、副省长于杰出席山东分会场会议并讲话。省科技厅党组书记、厅长唐波，枣庄市委书记、市人大常委会主任李峰分别作表态发言，省政府副秘书长辛树人，枣庄市委副书记、市长石爱作出席。

5月

7日　为深入贯彻落实习近平总书记关于建设"让党中央放心、让人民群众满意的模范机关"的重要指示要求，贯彻落实全省"重点工作攻坚年"工作部署，全面推进第六届全国文明单位创建工作深入开展，省科技厅召开"决战决胜一百天　全厅全员争创建"攻坚行动推进大会，对创建工作进行再动员、再部署和再推动。省科技厅党组书记、厅长唐波出席会议并讲话，厅党组成员、副厅长、机关党委书记于书良主持，厅领导王红梅、于洪文出席。

9日　省科技厅、省发展改革委、省工业和信息化厅、省财政厅、省卫生健康委、省医保局、省药监局联合印发《山东省创新药物与高端医疗器械引领行动计划（2020—2022年）》。

23日　副省长于杰到青岛海洋科学与技术试点国家实验室调研，召开专题座谈会，听取意见建议，推动国家实验室创建工作落实落细。省科技厅党组书记、厅长唐波主持，青岛市副市长耿涛出席。

26日　省委常委、济南市委书记孙立成到省科技厅走访对接工作，研究推进济南加快发展的重要事项，凝聚发展合力，加快建设"大强美富通"现代化国际大都市。省科技厅党组书记、厅长唐波出席并讲话。

△　省科技厅、省财政厅联合印发《山东省重大科技创新工程项目管理暂行办法》。

6月

2日　胶东五市科技创新与产业发展合作座谈会在青岛举行，胶东五市科技局局长齐聚一堂，共同协商推进半岛科创联盟成立事宜，商讨五市科技局胶东经济圈科技创新与产业发展合作备忘录，加快推动胶东五市一体化发展，打造区域发展共同体。省科技厅副厅长于洪文参加会议并讲话。

4日　国务院办公厅印发《关于对2019年落实有关重大政策措施真抓实干成效明显地方予以督查激励的通报》，山东省"实施创新驱动发展战略、推进自主创新和发展高新技术产业成效明显"。按照《通报》，2020年国务院将优先支持山东省1家符合条件的国家自创区或国家高新区扩区或调整区位，优先支持山东省1家符合条件且发展基础较好的省级高新区晋升

"国家级"。

7月

1日　省科技厅印发《山东省高新技术企业培育库工作细则（试行）》。

2日　山东省科技创新大会在济南举行。大会深入学习贯彻习近平总书记关于科技创新的重要论述，总结工作，表彰先进，吹响加快科技强省建设的冲锋号。省委书记刘家义为山东省农业科学院研究员万书波颁发省科学技术最高奖，并讲话。省委副书记、代省长李干杰主持，省政协主席付志方出席。会议采取视频形式，省领导孙立成、王清宪、刘强、于晓明，各市党委、政府和省直有关部门主要负责同志，部分企业、高校、科研院所负责同志，获奖代表在主会场参加会议。各市、县（市、区）设分会场。

6日　省科技厅印发《山东省科学技术进步奖产业突出贡献类项目评审办法（试行）》。

7日　省科技厅在枣庄召开全省省级创新创业共同体建设交流会。厅党组书记、厅长唐波出席并讲话，枣庄市委副书记、市长石爱作出席，省科技厅党组成员、青岛国家海洋科学研究中心主任李储林主持，枣庄市副市长周宗安致辞。

14日　省科技厅印发《引进科技创新资源服务经济社会高质量发展工作指引》。

21日　济南市人民政府与清华大学全面合作签约暨山东区块链研究院揭牌活动举行。中国工程院院士、清华大学党委常委、副校长尤政，省委常委、常务副省长王书坚，省委常委、济南市委书记孙立成，济南市委副书记、市长孙述涛，中国科学院院士、清华大学教授王小云出席活动。孙立成分别与尤政、王小云为"山东区块链研究院""济南密码应用与创新示范基地"揭牌。孙述涛与尤政共同签订《济南市人民政府清华大学全面合作协议》《清华大学支持济南市人民政府建设山东区块链研究院合作协议》。

23日　为进一步解放思想，凝心聚力，深入推进省实验室建设，省科技厅在烟台召开首批4个省实验室建设现场推进会。省科技厅党组书记、厅长唐波出席并讲话，烟台市委副书记、市长陈飞致辞，省科技厅副厅长于书良主持。

8月

10日　省科技厅召开半年工作总结暨模范机关建设推进大会，总结2020年上半年工作，安排部署下半年工作任务，表彰先进，倡树典型，全力推进创新型省份建设和模范机关建设。厅党组书记、厅长唐波出席并讲话，厅党组成员、副厅长于书良主持。

13日　高端智库服务山东重大需求项目集中签约活动暨山东院士专家联合会2020年会在青岛举行。现场有40个院士专家项目签约落户山东，涵盖新一代信息技术、高端装备和新能源新材料等多个领域。副省长、中国工程院院士凌文，中国科协学会服务中心主任申金升，省科协主席王恩东，省科技厅厅长唐波出席并见证签约。省科技厅副厅长、省外国专家局局长张祝秀主持。

19日　省政府办公厅印发《关于加快优质专用小麦产业创新发展若干措施》。

24日　省科技厅、省委组织部、省教育厅、省财政厅、省人力资源社会保障厅、省市场监管局、省税务局联合印发《省属高等学校、科研院所科技成果转化综合试点实施方案》。

25日　以"科技战疫·创新强国"为主题的山东省科技活动周启动仪式在日照举行。副省长、中国工程院院士凌文出席并讲话。中国工程院院士侯保荣现场向少年儿童赠送科普书籍，省科技厅党组书记、厅长唐波，日照市委书记张惠分别致辞，省政府副秘书长黄红光，省科协党组书记、副主席王春秋参加活动。

31日　省科技厅印发《山东省技术转移人才培养基地管理办法（试行）》。

△　省科技厅、省财政厅联合印发《山东省"政产学研金服用"创新创业共同体补助资金管理办法》《山东省"政产学研金服用"创新创业共同体绩效评价办法》。

9月

17日　为学习贯彻习近平总书记在科学家座谈会上的重要讲话精神，研究分析全省"重点工作攻坚年"重点任务落实情况，动员科技系统全面冲刺第四季度工作，确保高质量完成年度目标任务，省科技厅在青岛召开全省科技创新重点工作推进会。省科技厅党组书记、厅长唐波出席并讲话，省科技厅党组成员、副厅长于洪文主持，省科技厅党组成员、青岛国家海洋科学研究中心主任李储林出席。

17—21日　由科技部、国家知识产权局、中国贸促会和北京市人民政府共同主办的第23届中国北京国际科技产业博览会在北京中国国际展览中心举办，山东省有21家企业、高校、科研院所组团参加了本次科博会，共有24个项目参展。以"创新山东·合作共赢"为主题，参展项目充分体现了创新性、先进性和对经济社会的支撑性，主要涉及新一代信息技术产业、高端装备产业、新能源新材料、医养健康产业、现代高效农业等领域。其中，9个参展项目获得国家级奖励，6个参展项目获得省级奖励。

22日　省科技厅印发《山东省重点研发计划（软科学项目）实施细则》。

10月

27日 省科技厅、省委组织部、省委编办、省发展改革委、省教育厅、省财政厅、省人力资源社会保障厅、省审计厅、省国资委联合印发《关于深化省属科研院所体制机制改革的若干措施》。

28日 2020青岛创新节在青岛国际会议中心开幕。创新节以"创意创新，创造创业"为主题，由国家信息中心指导，青岛市政府、省科技厅、山东产业技术研究院联合主办。开幕式上，全国人大常委会副委员长、民盟中央主席、中国科学院院士丁仲礼出席并致辞，全国政协副主席、香港特别行政区前行政长官董建华发表视频致辞，省委常委、青岛市委书记王清宪，副省长、中国工程院院士凌文出席并致辞。省科技厅党组书记、厅长唐波参加开幕式。

29日 中科院、山东省、济南市共建中科院济南科创城会谈暨签约仪式在北京举行。省委书记刘家义，中国科学院院长白春礼出席并讲话，省委副书记、省长李干杰出席。省委常委、济南市委书记孙立成介绍了中科院济南科创城有关工作和规划情况。副省长凌文，济南市委副书记、市长孙述涛，中科院副院长张涛参加活动。

31日 由省科技厅和枣庄市政府主办的鲁南科创联盟成立暨院士恳谈大会在枣庄举行。国务院参事、科技部原副部长刘燕华，副省长、中国工程院院士凌文，中国科学院院士、上海交通大学常务副校长丁奎岭，省政府副秘书长黄红光，省科技厅党组书记、厅长唐波，枣庄市委书记、市人大常委会主任李峰出席。枣庄市委副书记、代市长张宏伟主持。

11月

2日 2020首届烟台国际技术交易大会在烟台举行。中国科学院原副院长、中国技术市场协会名誉会长杨柏龄，省科技厅党组书记、厅长唐波，烟台市委书记张术平分别致辞，乌克兰国家科学院院士郭瑞·弗拉基米尔，中国科学院院士刘维民，中国工程院院士蒋庄德、何友，烟台市委副书记、市长陈飞，科技部外国专家司副司长刘懋洲出席。

11日 山东能源研究院开工奠基仪式在青岛举行，标志着研究院一期基础建设正式启动。中国科学院副院长张涛，副省长、中国工程院院士凌文出席并讲话。山东能源研究院院长刘中民致辞，中科院沈阳分院院长韩恩厚，省政府副秘书长黄红光，省科技厅党组书记、厅长唐波参加。青岛市副市长耿涛主持奠基仪式。

12日 省科技厅印发《山东省省属科研院所创新绩效分类评价办法》。

13日 中国工程院、山东省人民政府合作委员会第一次会议在济南召开。中国工程院副院长邓秀新，副省长、中国工程院院士凌文出席并讲话。中国工程院院士、农业学部主任康绍忠，中国工程院院士管华诗，中国工程院三局局长易建，省政府副秘书长黄红光，省科技厅党组书记、厅长唐波参加会议。

15日 科技部党组成员、科技日报社社长李平来山东调研科技创新和科技宣传工作，并召开座谈会。省科技厅党组书记、厅长唐波主持，厅二级巡视员许勃参加座谈会。

23日 省科技厅印发《山东省文化和科技融合示范基地认定管理办法》。

24日 省科技厅印发《山东省科技计划项目科研诚信管理办法》。

25日 省科技厅、省商务厅、省财政厅、省税务局、省发展改革委联合修订印发《山东省技术先进型服务企业认定管理办法》。

12月

2日 省科技厅、省委组织部、省发展改革委、省教育厅、省工业和信息化厅、省公安厅、省财政厅、省人力资源社会保障厅联合印发《关于鼓励科研项目开发科研助理岗位吸纳高校毕业生就业的若干措施》。

4日 省科技厅印发《山东省技术创新中心绩效评价办法》。

23日 省科技厅在济南组织召开2019年度山东省重点研发计划（重大科技创新工程）定向委托项目"深地资源智能安全高效开采关键技术和装备研究与示范"绩效评价会议。省科技厅党组书记、厅长唐波出席并讲话。

附 录
FULU

山东省科学技术厅 山东省外国专家局 内设机构及主要领导名单

（2020年12月31日在职者）

厅领导

党组书记、厅长兼山东信息通信技术研究院管理中心主任：唐波
党组成员、副厅长：于书良
党组成员、省纪委监委驻省科技厅纪检监察组组长：王红梅
党组成员、副厅长：于洪文
党组成员、青岛国家海洋科学研究中心主任：李储林
党组成员、副厅长：潘军
党组成员、副厅长、省外国专家局局长：张祝秀
一级巡视员：徐茂波
二级巡视员：许勃
总工程师、一级调研员：孙高祚

办公室
（省国防动员委员会科技动员办公室）

主任、一级调研员：何伟

人事处

处长、一级调研员：祝恩元

机关党委

专职副书记、二级巡视员：董守义

政策法规与创新体系建设处

处长：高光雨

战略规划处

处长、一级调研员：梁恺龙

资源配置与管理处

处长、一级调研员：于浩

重大专项办公室

主任、一级调研员：王洪国

基础研究处

处长：王钟伟

科技合作处

处长、一级调研员：杜广选

成果转化与区域创新处
（国家自主创新示范区建设指导办公室）

处长：王宝立

高新技术发展及产业化处

处长：陈成刚

农村科技处

处长：李百东

社会发展科技处

处长：徐　峰

海洋科技处

处长：郭怀芳

引进智力与出国培训管理处（科技人才工作处）

处长：张兴旺

外国专家服务处

处长：李　涛

（山东省科学技术厅人事处）

山东省市、县科技局领导名单

（2020 年 12 月 31 日在职者）

济南市科技局

党组书记、局长，市外国专家局局长：吕建涛
党组副书记、副局长：高冬梅
党组成员、副局长：刘德志
党组成员、副局长：王　芳
党组成员、副局长：贾文涛
党组成员、副局长，市外国专家局副局长：张　宾
党组成员、正处级领导干部：李明强
正处级领导干部（班子成员）：何文红
党组成员、正处级领导干部：申洪柱
党组成员、产业发展处处长：张永刚
二级巡视员：黄　涛
二级巡视员：闫循民
一级调研员：李海波
一级调研员：陈　锐
济南科技创新促进中心主任：张振敏
历下区科技局局长：祝伟东
市中区科技局局长：张华国
槐荫区科技局局长：吕红艳
天桥区科技局局长：张　明
历城区科技局局长：陈学柱
长清区工信局（科技局）局长：方宝军
章丘区工信局（科技局）局长：郭伟宏
济阳区科技局局长：董　锋
莱芜区科技局局长：魏永振
钢城区工信局（科技局）局长：刘汉兵
平阴县工信局（科技局）局长：赵长征
商河县科技局局长：石少波
高新区管委会发展改革和科技经济部部长：杨兴存
莱芜高新区科技创新局局长：朱忠卫

青岛市科技局

党组书记、局长：吕　鹏
党组成员、青岛生物能源与过程研究所党委副书记：许　辉
二级巡视员：宋长虹
党组成员、副局长：吴绪永
党组成员、副局长：徐凌云
党组成员、副局长：李天传
党组成员：于炳波
副巡视员：高　杰
副巡视员：管崇亮
市南区科学技术局局长：刘海波
市北区科学技术局局长：李佐民
李沧区科学技术局局长：徐敬青
崂山区科技创新委员会副主任：赵　敏
西海岸新区工业和信息化局局长：谢龙目
城阳区科学技术局局长：张　建
即墨区科学技术局局长：吴　强
胶州市科技和工业信息化局局长：刘　强
平度市工业和信息化局局长：邴军海
莱西市科学技术协会主席：张　旭
青岛市高新区管委会科技创新部部长：蔡文静
青岛市蓝谷管理局科技创新部部长：刘玉龙

淄博市科技局

党组书记、局长、二级巡视员、市外国专家局局长：于秀栋
党组成员、副局长：赵晓煜
副局长、三级调研员：吴建虹
党组成员、副局长：张明光
一级调研员：张旭东
二级调研员：臧金强
三级调研员：林志强
副县级干部：李　伟
四级调研员：胡　冰
四级调研员：吴晓娟
张店区科技局局长：王　磊
淄川区科技局局长：汪洪新
博山区科技局局长：马登旭
周村区科技局局长：王欣荣
临淄区科技局局长：徐昭玲
桓台县科技局局长：崔瑞霞
高青县科技局局长：张金强
沂源县科技局局长：孟凡东
高新区科工局局长：田金宁
陈宁经济开发区工科局局长
文昌湖旅游度假区经发局局长：赵迎春

枣庄市科技局

党组书记、局长：邵　磊
党组副书记、副局长、二级调研员：国际昌
党组成员、副局长：刘合生
党组成员、副局长：杨升光
党组成员、副局长：王其军
党组成员、市外专局局长：朱广地
滕州市科技局党组书记、局长：杨其朝
薛城区科技局党组书记、局长：张佰良
山亭区科技局党组书记、局长：张开耀
市中区科技局党组书记、局长：王秀兰
峄城区科技局党组书记、局长：顿星芳
台儿庄区科技局党组书记：王友峰
台儿庄区科技局局长：马伊娜
枣庄高新区科技局党组书记、局长：李德举

东营市科技局

党组书记、局长：邵红双
副局长：郭乃利［挂职中国石油大学（华东）科技处副处长］
党组成员、副局长：高　琼
党组成员、副局长：徐自文
党组成员、副局长，市外国专家局局长：王富杰
副局长（挂职）：于　冰
四级调研员：杨学武
四级调研员：王新俊
副县级干部：任鸿飞（挂职广饶县县委常委、市直下派驻广饶县工作队队长）
东营区科技局局长：李光强
河口区科技局局长：韩松青
垦利区科技局局长：胡金涛
广饶县科技局局长：项　建
利津县科技局局长：董永生

烟台市科技局

党组书记、局长、二级巡视员：李勇军
二级调研：王培学
党组成员、副局长：许　博
党组成员、副局长：王艳莉
党组成员、副局长：刘忠彦
党组成员、烟台生产力促进中心主任：辛献杰
副县级干部：邹德华
芝罘区科技局局长：徐继亮
福山区科技局局长：孔祥良
莱山区科技局局长：曲　悦
牟平区科技局局长：赵　强
蓬莱区科技局局长：王兆旭
海阳市科技局局长：王悦燕
莱阳市政协副主席、科技局局长：祝学丹
栖霞市科技局局长：王福正
龙口市科技局局长：王树林
招远市科技局局长：栾浩光
莱州市科技局局长：方向东
经济技术开发区经发科技局局长：姚光磊
高新技术产业开发区科技创新部部长：李胜江

潍坊市科技局

党组书记、局长：高玉国
副局长：安卫红
党组成员、副局长：董书礼
党组成员、副局长：卢芳芳
组成员、四级调研员：辛　冲
外国专家局局长：周　锴
正县级干部：董　民
二级调研员：李振忠
二级调研员：张宏岩
四级调研员：丁　映
奎文区科技局局长：高培权

潍城区科技局局长：王淑玲
坊子区科技局局长：乔仕杰
寒亭区科技局局长：李治江
青州市科技局局长：孟凡华
诸城市科技局局长：郑向前
寿光市科技局局长：付翠敏
安丘市科技局局长：王　磊
昌邑市科技局局长：范新章
高密市科技局局长：李祥法
临朐县科技局局长：李富华
昌乐县科技局局长：王秀彬
高新区科技局局长：聂绍俊
滨海区经济运行和科技商务局局长：宋作忠
保税区经发局局长：窦秉超
峡山区科技局局长：王保玲
经济区经发局局长：郑　虎

济宁市科技局

党组书记、局长：李　斌
二级调研员：李连习
党组副书记、副局长：徐西胜
党组成员、副局长：马红卫
党组成员、副局长：苏　振
二级调研员：薛启利
科技系统机关党委专职副书记：王　萍
任城区科技局局长：陆书华
兖州区科技局局长：周生建
曲阜市科技局局长：谷传超
邹城市科技局局长：蔡庆华
泗水县科技局局长：单英姿
微山县科技局局长：綦宝进
鱼台县科技局局长：杨景春
金乡县科技局局长：程树民
嘉祥县科技局局长：郑全顺
汶上县科技局局长：马洪联
梁山县科技局局长：高　原
济宁高新区科技创新局局长：罗会涛
济宁经济开发区经济发展局局长：刘晓伟
济宁太白湖区经济发展局局长：赵红雨

泰安市科技局

党组书记、局长、一级调研员：张庆云
党组副书记、二级调研员：刘桂选
党组成员、泰山科学院党支部书记：陈士昌
党组成员、副局长：梁晨阳
党组成员、副局长：陈书林
党组成员、副局长：王东之
党组成员、副县级干部：陈吉霞
副县级干部：何　青
四级调研员：孙迎胜
四级调研员：李华定
四级调研员：郑允柱
四级调研员：秦　晓
泰山区科技局局长：谭培生
岱岳区科技局局长：张洪进
新泰市科技局局长：崔玉军
肥城市科技局局长：张　鹏
宁阳县科技局局长：刘钦虎
东平县科技局局长：张茂节
泰安高新区科技创新部部长：董　梅

威海市科技局

党组书记、局长：王厚全
党组成员、副局长：赵　静
党组成员、副局长：王军伟
党组成员、山东生产力促进中心主任：夏国强
副局长：姜　新
党组成员、副局长，市外专局局长：王君秋
党组成员、威海市高技术创业服务中心主任：姜松波
四级调研员：夏海敬
党组成员、四级调研员：李世强
四级调研员：刘　俊
环翠区科技局局长：黄松娟
文登区科技局局长：于进军
荣成市科技局局长：迟勇猛
乳山市科技局局长：邵明磊
高新区科技创新局局长：蒋延传
经济技术开发区科技创新局局长：陈　琳
临港区科技创新局局长：王战胜
综合保税区经济发展局局长：王　伟
南海新区科技金融局局长：丛　磊

日照市科技局

党组书记、局长：杨洪福
党组成员、副局长：徐若菲
党组成员、副局长：刘相鸿
党组成员、副局长：陈为军
党组成员、副局长：潘　宁
东港区科技局局长：李　锋
岚山区科技局局长：张继波
莒县科技局局长：贾庆毅
五莲县科技局局长：代梅芳
日照经济技术开发区经济发展局局长：秦　峰
日照高新区创新创业研究院副院长：周存兰

临沂市科技局

党组书记、一级调研员：姚书华
局长：王　永
党组成员、副局长：胡俊保
副局长、市外专局局长：刘庆云
党组成员、副局长：姜良友
党组成员、四级调研员：刘　鸣
市政协常委、二级巡视员：王文元
三级调研员：阚吉廷
四级调研员：谢　莹
四级调研员：成少忠
副县级干部：王晨光
兰山区科技局局长：张家玮
罗庄区科技局局长：张雪莲
河东区科技局局长：贺连献
郯城县科技局局长：岳志强
兰陵县科技局局长：孙　静
莒南县科技局局长：陈会全
沂水县科技局局长：郭一磊
蒙阴县科技局局长：于德秀
平邑县科技党组书记：徐常永
平邑县政协副主席、科技局局长：吴庆民
费县科技局局长：董志举
沂南县科技局局长：高泽祥
临沭县科技党组书记：杨　洋
临沭县科技局局长：王光娟
高新技术产业开发区科技创新办公室主任：胡德礼
经济技术开发区科技创新局局长：王　蕊
临港经济开发区高新技术企业（孵化）服务中心主任：曹献文

德州市科技局

党组书记、局长：张慧君（女）
党组成员、副局长：王秀勇
党组成员、副局长：耿　欣
党组成员、副局长：时建强
副县级干部：田晓静（女）
副县级干部：赵向阳
四级调研员：刘金刚
德城区科学技术局局长：王　垒
禹城市科学技术局局长：高长东
乐陵市科学技术局局长：刘艳霞（女）
宁津县工业和信息化局（加挂科学技术局牌子）科技局局长：王德志
齐河县科学技术局局长：王宗财
陵城区科学技术局局长：贾洪哲（女）
临邑县科学技术局局长：麻红让
平原县工业和信息化局（加挂科学技术局牌子）局长：霍德强
武城县工业和信息化局（加挂科学技术局牌子）局长：刘世全
夏津县科学技术局局长：白希彬
庆云县工业和信息化局（加挂科学技术局牌子）局长：郭建强
德州经济技术开发区科技局局长：赵　兴
运河经济开发区发展服务部副部长（主持工作）：朱圣伟

聊城市科技局

党组书记、局长：王越军
副局长：范纯志
党组成员、副局长、市高新技术创业服务中心主任：李　旭
党组成员、副县级干部：张立新
党组成员、副局长：袁余成
东昌府区科学技术局党组书记：张明东
东昌府区科学技术局局长：李明艳
临清市科学技术局党组书记、局长：高士奎
东阿县科学技术局局长：徐永辉
莘县科学技术局党组书记、局长：徐振涛
阳谷县科技服务中心主任：张　涛
冠县工业和信息化局党组书记、局长：宋永强
高唐县工业和信息化局党组书记、局长：沈　军
茌平区科学技术局党组书记、局长：赵　君
经济技术开发区经贸发展部部长：周厚君
高新技术产业开发区经贸发展局局长：刘志坚
江北水城旅游度假区经济发展局局长：姜振涛

滨州市科技局

党组书记、局长，市外国专家局局长，一级调研员：孙学森
党组副书记，三级调研员：张　兵
党组成员、副局长：邢红辉
党组成员、副局长：刘东芳
副局长：李朝晖
党组成员、副局长：吕肇华
滨城区科技局党组书记、局长：张　谦
沾化区科技局局长：周庆坤
惠民县科技局党组书记、局长：刘洪敏
阳信县商务科技局党组书记、局长：刘玉勇
无棣县科技局党组书记、局长：王秀丽
博兴县科技局党组书记、局长：郑永平
邹平市科技局党组书记、局长：李　勇

滨州经济技术开发区科技中心主任：窦红心
滨州市高新区科技局局长：陈爱锋
北海经济开发区管委会副主任、经贸发展局局长：李景民

菏泽市科技局

局长：杜　岩
党组书记、副局长：柏立新
党组成员、副局长：徐　静
党组成员、副局长：彭金俭
党组成员、副局长：张宇锋
党组成员、市外国专家局局长：宋宏臣
牡丹区科技局局长：张　伟
定陶区科技局局长：张同庆
曹县科技局局长：刘向东
成武县科技局局长：黄胜昔
单县科技局局长：刘守民
巨野县科技局局长：于维峰
郓城县科技局局长：杨际民
鄄城县科技局局长：冯　星
东明县科技局局长：魏　徽
开发区经济发展部部长：董　豪
高新区科技创新部部长：仝卫东

2020年山东省获得国家杰出青年科学基金资助人员名单

项目负责人	项目名称	依托单位
董云伟	潮间带生态学	中国海洋大学
王　栋	海洋工程地质与岩土工程	中国海洋大学
沙忠利	海洋甲壳动物系统学	中国科学院海洋研究所
黄性涛	粒子物理实验	山东大学
李盛英	微生物生物化学	山东大学
于浩海	光电功能晶体	山东大学
李利平	岩体渗流与灾害控制	山东大学

山东省科技管理系统先进集体和先进个人

近年来，全省科技管理系统广大干部职工坚持以习近平新时代中国特色社会主义思想为指导，认真贯彻落实党的十九大和十九届二中、三中、四中全会精神，深入实施创新驱动发展战略，扎实推进科技创新，服务高质量发展，涌现出一大批先进典型。

为表彰先进，弘扬正气，振奋精神，激励科技管理系统广大干部职工进一步做好新时期科技工作，省人力资源社会保障厅、省科技厅决定，授予济南市科学技术局政策法规与创新体系建设处等40个单位"山东省科技管理系统先进集体"称号；授予济南市科学技术局彭文博等98名同志"山东省科技管理系统先进个人"称号。

山东省科技管理系统先进集体
（40个）

济南市

济南市科学技术局政策法规与创新体系建设处
济南市科学技术局战略规划处
济南市历城区科学技术局
济南高新技术产业开发区管理委员会科技经济运行局

青岛市

青岛市科学技术局规划与政策法规处
青岛市城阳区科学技术局
青岛市崂山区科技创新委员会
青岛市工业技术研究院

淄博市

淄博市临淄区科学技术局
淄博市淄川区科学技术局

枣庄市

枣庄市科学技术局
枣庄市市中区科学技术局
滕州市科学技术局

东营市

东营市垦利区科学技术局

烟台市

烟台市科学技术局
烟台市莱山区科学技术局
龙口市科学技术局
烟台高新技术产业开发区科学技术与经济发展局

潍坊市

潍坊市科学技术局
诸城市科学技术局

济宁市

曲阜市科学技术局

济宁高新技术产业开发区科技创新局

泰安市

泰安市科学技术局
肥城市科学技术局
泰安高新技术产业开发区科技创新部

威海市

威海市环翠区科学技术局
威海市对外科技交流中心

日照市

日照市科学技术局
五莲县科学技术局

临沂市

临沂市兰山区科学技术局
临沂市罗庄区科学技术局
费县科学技术局

德州市

齐河县科学技术局
乐陵市科学技术局

聊城市

聊城市茌平区科学技术局
临清市科学技术局

滨州市

滨州市滨城区科学技术局
邹平市科学技术局
无棣县科学技术局

菏泽市

东明县科学技术局

山东省科技管理系统先进个人
（98 名）

济南市

彭文博　济南市科学技术局资源配置与管理处处长
何庆春　济南市科学技术局办公室主任
赵　敏　济南市章丘区工业和信息化局（科学技术局）科技创新科副科长

青岛市

李义鸣　青岛市科学技术局海洋科技处三级主任科员
邢双德　青岛市科学技术局高新技术及产业化处二级主任科员
彭云杰　青岛市科学技术局外国专家工作处四级主任科员
段继莲　青岛市科学技术局资源配置与管理处四级主任科员
解胜光　青岛市市南区科技创新服务中心主任
茹　玫　青岛市市北区科学技术局二级主任科员
马艳来　青岛市李沧区科学技术局党组成员、副局长
周克福　青岛市即墨区科技创新创业服务中心主任
张　磊　胶州市工业和信息化局（科学技术局）产学研合作中心主任
朱国芳　平度市工业和信息化局（科学技术局）党组成员、副局长
吕盈鋆　莱西市工业和信息化局（科学技术局）科员

淄博市

陈　伟　淄博市科学技术局高新技术发展及产业化科科长
柴福强　淄博市科学技术局规划与资源配置科科长
王　磊　淄博市张店区科学技术局党组书记、局长
郝纪涛　淄博市博山区科学技术局办公室主任
徐　健　高青县科学技术局党组成员、副局长
孟凡东　沂源县科学技术局党组书记、局长
赵乃军　淄博高新技术产业开发区科学技术局副局长

枣庄市

杨升光　枣庄市科学技术局党组成员、副局长
杜益宏　枣庄市科学技术局办公室主任
曹瑞民　枣庄市科学技术局规划科科长
王友峰　枣庄市台儿庄区科学技术局党组书记、局长
王　莹　枣庄市峄城区科学技术局党组书记、局长

东营市

李春祥　东营市科学技术局科技人才合作科科长
程忠国　东营市河口区科学技术局副局长
马向明　东营市科技创新服务中心农村科技促进办公室主任
魏国英　东营市东营区科学技术局党组副书记
李娜娜　广饶县科学技术局办公室主任

烟台市

辛献杰　烟台市科学技术局党组成员、烟台生产力促进中心主任
慕宗志　烟台市芝罘区科学技术局党组成员、二级主任科员
李　静　烟台市福山区科学技术局高新技术发展与产业化科科长
曲学林　烟台市牟平区科学技术局党组成员、副局长
高　丽　海阳市科学技术局党组成员、副局长
李大宏　莱阳市科学技术局党组成员
于丽娜　栖霞市科学技术局党组成员、栖霞市生产力促进中心主任
赵兴军　蓬莱市科学技术局副局长
张敬为　招远市科学技术局党组成员
苗建军　莱州市科学技术局副局长
于红绫　烟台高新技术产业开发区工委委员，烟台高新技术产业开发区科学技术与经济发展局党组书记、局长

潍坊市

郭　强　潍坊市科学技术局人事科科长
庞兴鹏　潍坊市科学技术局政策法规与创新体系建设科科长

宿廷波　潍坊市科学技术局发展规划科科长
王　芳　潍坊市国际人才交流中心主任
李治江　潍坊市寒亭区科学技术局党组书记、局长
孙永乐　寿光市科学技术局四级调研员
梅传真　潍坊高新区科技统计局党委委员、副局长

济宁市

梁晨光　济宁市科学技术局科技规划与资源配置管理科科长
付贵福　济宁市科学技术局高新技术发展及产业化科科长
陆书华　济宁市任城区科学技术局党组书记、局长
宋　颖　济宁市兖州区科学技术局党组成员、副局长
王金丽　嘉祥县科学技术局副局长
肖龙云　汶上县科学技术局党组成员、主任科员
单英姿　泗水县科学技术局局长
周春玲　梁山县科学技术局党组成员、副局长

泰安市

徐海鹏　泰安市科学技术局发展规划科科长
武甲勇　泰安市泰山区科学技术局党组成员、主任科员
崔玉军　新泰市科学技术局党组书记、局长
张茂节　东平县科学技术局党组书记、局长
韩庆东　泰山科学技术研究院党支部副书记、院长

威海市

于　江　威海火炬高技术产业开发区知识产权办公室科员
王　鑫　荣成市科学技术局党组成员、市综合技术转化中心主任
于志刚　乳山市科学技术局党组成员、主任科员
张银燕　威海市文登区科学技术局副局长、主任科员

日照市

秦晓燕　日照市东港区科学技术局办公室主任
杨延宾　日照市岚山区科学技术局党组成员、副局长
梁家栋　莒县科学技术局党组成员、二级主任科员

临沂市

韩　瑜　临沂市科学技术局办公室主任
李　振　临沂市科学技术局政策法规与区域创新规划科科长
陶　园　临沂市科学技术局资源配置与管理科科长
张家玮　临沂市兰山区科学技术局党组书记、局长
张雪莲　临沂市罗庄区科学技术局党组书记、局长、四级调研员
孙　静　兰陵县科学技术局党组书记、局长、四级调研员
季兰龙　临沂市高新技术产业开发区科技发展局党组书记、局长
相丽华　沂水县科学技术局四级主任科员

德州市

郭立伟　德州市科学技术局科技合作科科长
禹　红　德州市科学技术局发展计划科科长
高长东　禹城市科学技术局党组书记、局长
麻红让　临邑县科学技术局党组书记、局长
王秀娟　德州市德城区科学技术局党组成员、副局长
朱宝奎　平原县科学技术局党组成员、副局长

聊城市

侯广强　聊城市科学技术局科技计划科科长
代立杰　聊城市科学技术局高新技术创业服务中心综合科科长
乔桂忠　高唐县科学技术局党组成员、副局长、二级主任科员
王国宪　莘县科学技术局办公室副主任
陈　磊　聊城高新技术产业开发区经贸发展局（科学技术局）副局长

滨州市

顾清水　滨州市科学技术局高新技术发展及产业化科科长
孙玲燕　滨州市科学技术局外国专家服务科科长
高桂美　无棣县科学技术局党组成员、副局长
李东峰　博兴县科学技术局党组成员、副局长
陈爱锋　滨州高新技术产业开发区科学技术局局长

菏泽市

徐　静　菏泽市科学技术局党组成员、副局长

崔宗民　菏泽市科学技术局政策法规与成果转化科科长
张　伟　菏泽市牡丹区科学技术局党组书记、局长
黄胜昔　成武县科学技术局党组书记、局长
张　宇　菏泽高新技术产业开发区管理委员会科学技术局党支部书记、局长

（山东省科学技术厅政策法规与创新体系建设处）

2020年山东省出台的重要科技政策和法规

山东省人民政府办公厅关于推进省级财政科技创新资金整合的实施意见

鲁政办字〔2020〕64号

各市人民政府，各县（市、区）人民政府，省政府各部门、各直属机构，各大企业，各高等院校：

为贯彻落实省委、省政府关于科技改革攻坚决策部署，集中财力支持重大科技创新，进一步优化科技资源配置，加快创新型省份建设，根据《山东省人民政府关于深化省级预算管理改革的意见》（鲁政发〔2019〕1号）等文件要求，经省政府同意，现就推进省级财政科技创新资金整合提出以下实施意见。

一、总体目标

聚焦科技改革攻坚新形势新任务，坚持问题导向、集中统一、权责明晰、绩效优先基本原则，通过推进省级财政科技创新资金整合，加快建立"统一集中、统一决策、统一分配、统一管理、统一考核"的资金项目管理新模式，以资金整合带动政策集成，以流程再造提高管理效能，有效破解部门分割、结构固化、投向分散、效率不高等突出问题，推动创新资源布局优化和体制运行效率提升，促进科技与经济深度融合，为高质量发展提供强大科技支撑。

二、主要任务

（一）整合设立省级科技创新发展资金。整合科技、发展改革、工业和信息化、市场监管等部门管理的科技创新类资金、农业科技资金、省属科研机构发展资金、科学技术普及资金以及中央科技资金，每年设立规模不低于120亿元的"省级科技创新发展资金"。

（二）突出支持重大科技创新项目。省级科技创新发展资金集中用于以下重点创新领域：

1. 重大关键技术攻关项目。立足"十强"产业发展、生态环境保护、公共安全保障等领域需求和重大创新任务，以大科学计划和大科学工程等为重点，采取竞争立项、定向委托、组阁揭榜等方式，支持实施若干在行业领域具有重大影响力的引领性、系统集成性和产业链协同创新项目，争取联合组织国家重大科技专项，加快推动关键核心技术、现代工程技术和颠覆性技术取得突破，支撑产业高质量发展。

2. 重大原始创新项目。充分发挥省自然科学基金的支撑作用，结合我省科技创新优势和产业发展源头创新需求，通过稳定和竞争性支持相结合的方式，推动实施一批重大基础研究项目，组织开展应用基础研究和前瞻性技术研究，储备一批国际国内先进原创技术成果，加快塑成产业发展先发优势。

3. 重大技术创新引导及产业化项目。强化财政政策前端引导，灵活运用综合奖补、股权投资、贷款贴息、风险补偿、科研资助等多种手段，重点支持5G应用场景、人工智能、工业互联网和新技术迭代升级技改项目，以及创新型领军企业、高新技术企业、科技型中小企业和各类创新孵化载体发展壮大，助力企业开展科技研发、成果转移转化和产业化，推动科技企业数量和质量双提升。

4. 重大创新平台项目。激励重大创新平台发挥聚集人才、引领创新作用，支持若干大科学装置落地，加快"四级"实验室梯次培育和高能级（含国家级）创新平台建设。以项目竞争方式推动各类科技创新平台重组优化和加快发展，支持企业境外科创中心建设，打造引领全省创新驱动发展的核心引擎和攻关平台。

按照有关法律法规和省委、省政府要求，对省属科研院所、科学技术普及、科技奖励和知识产权等支出事项，继续予以稳定支持。

（三）统一规范资金管理流程。根据省委、省政府确定的全省科技创新规划和重点产业发展规划总体布局、年度目标，省级科技创新发展资金由省科技领导小组（以下简称领导小组）按照"领导小组把方向、职能部门报项目、专家评审提建议、领导小组定项目、财政部门下资金、分工联动抓绩效"的方式进行统一管理。

1. 领导小组把方向。领导小组办公室在广泛征集企业、高校、科研院所、智库专家、职能部门等各方面科技研发及产业化需求基础上，按照省委、省政府科技创新决策部署，汇总提出分领域分行业重大科研攻关总体布局，及年度科技创新发展资金框架配置建议，于每年6月底前报领导小组研究审定。

2. 职能部门报项目。领导小组办公室按照领导小组审定意见，统一向社会发布申报通知、项目指南，明确申报标准、技术标准。职能部门汇总本领域企业及其他有关方面申报的重大创新项目，经专家论证后于每年8月底前报领导小组办公室。

3. 专家评审提建议。领导小组办公室组织省科技创新战略咨询专家委员会或分领域咨询专家委员会，采取会议论证、现场考核等方式，对各职能部门提报的项目进行评审论证，就项目的合理性、可行性等提出建议。

4. 领导小组定项目。领导小组办公室结合专家论证结果，综合考虑技术先进程度、产业发展布局、年度工作重点等因素，提出年度项目清单、资金额度、实施主体等建议，于每年10月底前报领导小组研究审定，明确项目清单、资金额度和实施主体。

5. 财政部门下资金。省财政厅根据领导小组确定的项目清单、资金额度和职能部门年度预算建议，综合考虑项目性质、产出效益等情况，提出包括无偿资助、股权投资、贷款贴息、风险补偿等支持方式的预算安排意见，经法定程序批准后按规定拨付下达资金。

6. 分工联动抓绩效。职能部门对项目实施开展过程管理和绩效监控，组织项目政策绩效自评。领导小组办公室、省财政厅联合对项目和资金政策开展综合绩效评价，评价结果与政策调整和以后年度预算安排挂钩。

应急项目或特别重大项目，可采取"一事一议"方式，由领导小组办公室提出申请，经领导小组同意后立即组织实施。

三、工作要求

（一）提高思想认识。推进省级财政科技创新资金整合事关全省科技创新和高质量发展大局，各有关部门要加强协作配合，确保工作扎实有序推进。领导小组办公室、省财政厅要发挥牵头抓总和统筹协调作用，及时解决工作推进中的重大问题，确保省委、省政府部署要求落实到位。

（二）加强一体化管理。领导小组办公室依托统一的科技综合管理平台，对指南发布、项目预算、项目申报、评审立项、合同签订、绩效评价等实行信息化管理，实现项目可查询、责任可追溯的全程"留痕"管理。省财政厅统一实行资金由财政国库到项目、到实施单位的"直通车"拨付管理，提升资金政策落实效率。

（三）严格监督问责。领导小组办公室建立定期调度制度，及时将有关情况上报领导小组。职能部门强化项目过程管理，加强项目执行督导，对发现的问题责成项目承担单位进行整改，重大问题及时报送领导小组办公室。领导小组办公室会同省财政厅可视情况终止项目执行、暂停拨款和追回已拨资金。省审计厅要加大资金整合使用的审计监督力度，对不按规定管理使用资金的单位和个人，按照相关规定严肃处理。

山东省人民政府办公厅
2020年5月12日

山东省人民政府办公厅印发关于加快优质专用小麦产业创新发展若干措施的通知

鲁政办字〔2020〕110号

各市人民政府，各县（市、区）人民政府，省政府各部门、各直属机构，各大企业，各高等院校：

《关于加快优质专用小麦产业创新发展若干措施》已经省政府同意，现印发给你们，请认真贯彻落实。

关于加快优质专用小麦产业创新发展若干措施

为深入贯彻落实习近平总书记关于"三农"工作的重要论述，落实国家粮食安全战略，加快推进小麦产业创新发展，构建更高层次、更高质量、更有效率、更可持续的粮食安全保障体系，制定如下措施。

一、发展方向和目标

把优质专用新品种培育、技术创新与推广、规模化和标准化生产、精深加工产品开发与特色品牌打造等作为小麦产业提质增效的有效路径，推动小麦由"高产为主"向"量质并重、提质增效"转变。到2025年，全省优质专用小麦种植面积达到3000万亩，其中强筋小麦1200万亩，建成全国最大的优质专用小麦优势产区。（省科技厅、省农业农村厅、省发展改革委负责）

二、加快组织科研攻关

1. 开展突破性新品种选育。深入实施农业良种工程，推行项目揭榜制、首席专家组阁制等，研发培育10个以上强筋、中强筋、绿色健康、特色营养四大系列突破性新品种（系）。通过财政资金支持培育研发的种质资源与新品种（系），按要求全部纳入种质资源库并向全省开放共享。（省科技厅、省农业农村厅、省发展改革委负责）

2. 开展关键核心技术攻关。每年组织实施重大科技创新工程项目（小麦领域至少1个），集成省内农业科技创新人才、平台、资源开展联合研究攻关。深入研究小麦品质形成生理生化与生物合成机制，突破小麦基因编辑、全基因组选择等生物育种关键技术，研发绿色高质高效投入品及生产技术、地力快速培肥技术、小麦生产管理智能化新装备等。突破小麦精深加工、加工副产物高值化利用等关键技术，开发谷肮粉、蛋白肽、膳食纤维和赤藓糖醇等系列高端产品。（省科技厅、省农业农村厅负责）

3. 搭建协同创新平台。用3年时间建成山东省小麦技术创新中心，积极争创国家级中心，建立高等学校、科研院所和企业协同创新机制，打造小麦产业创新制高点和技术策源地。强化作物生物学国家重点实验室、国家小麦工程实验室、省相关重点实验室等平台在小麦基础和应用研究领域的作用，推动省级小麦相关领域重点实验室重组、开放共享和国内外科技合作。（省科技厅负责）

4. 推进优质专用小麦标准制（修）定。用2年时间完成山东省优质强筋、中强筋、绿色健康、特色营养小麦等系列地方标准制（修）定工作，加快研发相关快速检测设备。每年组织科研、推广人员，根据品种特性与气候、土壤等自然条件，制定完善优质专用小麦品种标准化配套栽培技术并发布推广。（省农业农村厅、省市场监管局、省科技厅负责）

三、大力推进成果转化和产业化

5. 建设示范推广基地。结合产业园、科技园等建设，在全省建立10个省级综合技术和服务示范区，示范推广适宜品种、配方施肥和病虫草害绿色防控技术，普及优质专用小麦生产知识。（省农业农村厅、省科技厅负责）

6. 推进规模化生产基地建设。依托粮食生产功能区，建设优质专用小麦生产基地，实行"统一供种、统一耕种、统一防治、统一肥水、统一机收"，集中打造示范区。全省粮食绿色高质高效创建项目县每年集中打造5万亩优质专用小麦示范区。通过项目引领，全省每年建设500万亩优质专用小麦生产基地。（省农业农村厅负责）

7. 建设规模化良种基地。给予济宁市兖州区、德州市陵城区、宁津县国家制种大县每县每年1000万元奖励资金，连续三年支持开展制种基地建设。依托育种单位和小麦种业龙头企业，全省建设和完善高标准优质专用小麦种子生产基地30个，推动原种繁育面积达到1.5万亩以上，良种繁育面积达到60万亩以上。（省农业农村厅负责）

四、强化产业融合发展

8. 促进产加销融合。做大做强市场主体，培育年销售收入10亿元以上的小麦流通、加工企业15家。采取"企业＋服务组织＋基地＋农户"等有效形式，以企业为龙头，以农户为基础，以利益为纽带，以农业生产社会化服务为支撑，大力发展订单生产，拉长产业链和服务链，推动产加销有机融合。（省农业农村厅负责）

9. 打造山东特色小麦品牌。依托"齐鲁粮油"公共品牌，推广实施山东优质专用小麦地方标准和馒头、面条、饺子用小麦粉及山东馒头等系列团体标准，打造山东优质专用小麦及面粉、馒头、面条等特色主食产品品牌。发挥山东粮油产业联盟作用，开展山东优质专用小麦粉及主食产品进商超、进餐厅系列对接活动。（省粮食和储备局、省农业农村厅负责）

五、提高要素配置效率

10. 强化政策激励。省科技创新发展资金对连续三年每年省内推广应用面积达到500万亩以上的优质专用小麦新品种，给予育种团队100万元后补助。开展赋予科研人员职务科技成果所有权或长期使用权试点，鼓励农业科技人员通过科研成果转让、交易、作价入股、技术服务等方式与各类经营主体开展合作，

获得合法收益。(省科技厅、省农业农村厅、省财政厅、省人力资源社会保障厅负责)

11. 提高保险水平。组织实施小麦大灾保险试点，鼓励地方创新优质专用小麦保险品种。连续三年在济南市济阳区、桓台县、肥城市、阳谷县4个县（市、区）开展小麦全成本保险试点。(省财政厅、省农业农村厅、省地方金融监管局、山东银保监局负责)

12. 加大资金投入。各级财政用于支持优质专用小麦科技创新、生产和加工等的资金要视财政收入状况予以增加。银行机构普惠型涉农贷款投入，同等条件下要优先支持优质专用小麦的生产、服务和加工主体。鼓励企业通过债券发行、上市挂牌等方式，扩大企业直接融资规模。(省财政厅、省地方金融监管局、山东银保监局负责)

山东省人民政府办公厅
2020年8月19日

山东省人民政府办公厅关于强化科技创新支撑乡村振兴的意见

鲁政办字〔2020〕141号

各市人民政府，各县（市、区）人民政府，省政府各部门、各直属机构，各大企业，各高等院校：

为深入贯彻落实习近平总书记"给农业插上科技的翅膀""打造乡村振兴齐鲁样板"重要指示精神，加快构建适应高产、优质、高效、生态、安全农业发展要求的技术体系，实施精准创新，科技赋能乡村振兴战略高质量实施，经省政府同意，现就强化科技创新支撑乡村振兴提出如下意见。

一、加快产业技术创新

（一）深入实施农业良种工程。加大育种相关基础理论研究力度，强化种质资源保护和创新利用，加强生物育种技术创新，突破高通量低成本分子标记、全基因组选择、基因编辑、超纯克隆系等生物育种关键技术，研发智能高效制（繁）种、种子（苗）质量检测控制和种子加工技术与装备。制定农业种质资源保护与利用发展规划，加强育种基地建设，完善从原种选育、良种扩繁到商品种生产的配套繁育体系。围绕大宗作物、绿色果蔬、优势畜禽、特色水产等，明确高产高效高抗育种方向，大力开展重大品种选育联合攻关，加快培育具有自主知识产权的突破性品种，全面增强我省种业创新能力。(责任单位：省科技厅、省农业农村厅、省教育厅、省财政厅)

（二）提升粮食生产科技支撑能力。优化配置粮食生产科技资源，加大主要粮食作物良种选育、高效生产和绿色仓储关键技术研发和推广力度，提高粮食单产水平，减少仓储浪费，健全粮食生产防灾减灾技术体系，充分挖掘粮食产能，大幅提升"藏粮于技"水平。实施"藏粮于地"战略，建设和完善粮食生产功能区，加大高标准农田建设力度，确保耕地面积，提高耕地质量。加强对种粮大户、家庭农场、社会化服务组织、产业化联合体等新型经营主体的技术培训力度，提升粮食生产科学化水平。突出粮食主产省份科技优势，健全完善小麦、玉米等主粮作物全程生产和马铃薯主食化技术体系，构建海水稻、藜麦等粮食作物育种、栽培和推广技术体系，为保障国家粮食安全提供全方位技术支撑。(责任单位：省科技厅、省农业农村厅、省粮食和储备局)

（三）加大产业融合发展创新力度。围绕产业链部署创新链，积极开展农产品领域的生物工程、组学、食品化学等应用基础研究，加快农产品绿色储运、精深加工、物流贸易等关键技术研发，进一步强化全产业链技术创新，提高农产品全生物量利用和多元化流通效率，构建完备的优质农产品加工、储运、物流、贸易技术体系，为推动农村一二三产融合发展提供全方位技术支撑。(责任单位：省科技厅、省农业农村厅、省工业和信息化厅、省教育厅)

（四）提高农业现代化创新水平。加大农业信息学理论基础研究力度，加强农业大数据、云计算、物联网、区块链、人工智能等技术和陆地现代农业设施、远洋深海养殖平台、智能农机装备、高密度生物芯片等设施装备及产品的创新研发，以新一代信息技术赋能传统优势农业产业转型升级。(责任单位：省科技厅、省教育厅、省农业农村厅、省工业和信息化厅)

二、加强绿色发展科技供给

（五）加快农业绿色发展创新。加强动植物生理发育、土壤与植物和微生物间互作等机理机制研究，加大耕地地力提升、土壤污染管控与修复、农业病虫害和动物疫病综合防控、节本高效生态化种植、绿色健康规模化养殖、现代工厂化农业、农业废弃物清洁化利用、种养生态循环等关键技术创新和生物肥料、生物农药、可降解地膜、饲料酶制剂、新型中兽药、工程疫苗等绿色高效农业投入品研发力度，全面构建高效、安全、低碳、循环、智能的农业绿色发展技术体系。加大减肥减药节水生态种植模式的研究和推广力度。（责任单位：省科技厅、省农业农村厅、省工业和信息化厅、省生态环境厅）

（六）持续实施盐碱地绿色开发科技创新工程。抢抓黄河流域生态保护和高质量发展国家战略机遇，聚焦生态保护和污染防治、盐碱区域的减肥减药节水等，加强适宜盐碱地品种、技术、装备、投入品、农作制全链条集成创新，开展盐碱地梯度高效开发利用技术研发和模式示范，构建粮经饲协同、农牧渔结合的多元化绿色生态循环盐碱地高效利用技术体系，依托黄三角农高区打造现代农业发展示范区。（责任单位：省科技厅、省发展改革委、省农业农村厅、省生态环境厅）

（七）加强生态宜居村镇科技创新。积极开展村庄规划、村居设计与建造、生态建材研发、饮用水安全、污水和垃圾处理、清洁能源开发利用、智慧乡村建设等关键技术研究与集成示范，补齐农村科技短板，构建生态宜居村镇建设技术体系。把村镇科技示范片区建设纳入农业科技园区发展指标体系，推动村镇生产生活生态融合发展。（责任单位：省科技厅、省农业农村厅、省住房城乡建设厅、省自然资源厅、省水利厅、省生态环境厅、省文化和旅游厅）

三、强化人才队伍保障

（八）加强高层次人才队伍建设。认真落实"人才兴鲁"各项措施，依托国家和省级人才工程，加大农业农村领域高层次人才引培力度，全面提升科技支撑乡村振兴源动力。聚焦农业高新技术产业发展需求，支持企业和高校、科研院所联合引进高端复合型人才，支撑全省农业高新技术产业发展。持续加强省现代农业产业技术体系创新团队建设。（责任单位：省科技厅、省农业农村厅、省教育厅、省委组织部、省人力资源社会保障厅）

（九）深入实施科技特派员制度。建立健全科技特派员激励政策，加大对科技特派员工作支持力度，实现涉农县（市、区）科技特派员服务全覆盖。充分发挥星创天地、农科驿站等载体作用，鼓励创建省市级科技特派员创新创业共同体，拉动农业产业集群崛起，打造科技特派员农村创新创业新模式。（责任单位：省科技厅、省农业农村厅）

（十）大力培育农业农村科技人才。面向农村基层人才需求，实施科教人才助农工程，强化高校和科研院所人才培养和乡村技术服务职能。实施基层农技推广队伍素质提升工程，开展公费农科生定向培养。实施高素质农民培育计划，提升农民综合素质。（责任单位：省农业农村厅、省教育厅、省科技厅、省委组织部、省委编办、省人力资源社会保障厅）

四、完善科技平台支撑

（十一）加快创新平台体系优化重组。围绕基础研究、技术创新与成果转化、创新创业与科技资源支撑服务创新需求，健全完善以国家重点实验室、省实验室、省重点实验室为基础研究高地，以技术创新中心、产业创新中心为技术创新与成果转化平台，以创新创业共同体、科技企业孵化器、众创空间、农科驿站为创新创业与科技资源支撑服务载体的农业科技创新平台体系。加快推进省实验室建设和省重点实验室优化重组，加大新兴和前沿交叉领域重点实验室建设力度。支持以产业链条为主线，优势单位联合组建技术创新中心、产业创新中心，加快小麦、马铃薯、盐碱地综合利用、智能农机装备等技术创新中心建设。加强创新创业共同体建设，构建"政产学研金服用"融合创新创业生态，加大科技企业孵化器、众创空间、农科驿站建设力度，提高农业科技服务专业化、产业化水平。支持建设涉农国际科技合作基地平台，加强农业领域国际科技合作。（责任单位：省科技厅、省农业农村厅、省工业和信息化厅）

（十二）加强农业科技园区建设。进一步完善农业科技园区"四级体系"。依托黄三角农高区建立农业科技园区产业创新联盟，推动全省园区协同发展。加快国家农高区和国家农业科技园区创建，提升省级农高区和农业科技园建设水平。推进园区"党工委（管委会）+"体制机制改革创新。推动枣庄市建设国家可持续发展议程创新示范区，打造城乡融合发展型乡村振兴科技示范国家级样板。（责任单位：省科技厅、省委编办、省发展改革委、省财政厅、省自然资源厅、省农业农村厅）

五、促进技术成果转移转化

（十三）健全技术成果转移转化体系和机制。加快建设山东省农业科技成果转移转化平台，构建省、市、县三级联动技术市场服务体系。健全"一主多元"的基层农技推广体系，推动科研、推广单位共建共享试验平台，创新农业科研、成果转化、技术推广有效衔接的体制机制。允许农业科技人员在履行好岗位职责的前提下，为新型农业经营主体提供技术增值服务并按有关规定合理取酬。（责任单位：省科技厅、省农业农村厅、省教育厅、省委组织部、省市场监管局）

（十四）实施县域创新提振行动。围绕县域农业特色产业发展需求，创新县域科技资源配置机制，加强县域资源要素统筹，加快构建县、乡和村三级协同的农业农村创新创业、成果推广和技术服务网络，提升县域农业农村全链条、全领域科技创新与服务能力，提高县域创新驱动发展水平，全面支撑县域经济高质量发展。（责任单位：省科技厅、省农业农村厅）

六、落实措施保障

（十五）加强组织领导。加强省、市、县科技支撑乡村振兴的组织领导，健全完善省、市、县科技创新

协同工作机制，确保各项创新任务落实到位。（责任单位：省科技厅、省农业农村厅）

（十六）强化政策支持。建立基于不同创新主体和不同区域的差异化评价制度，完善产学研协同创新机制，全面落实各项科技创新激励政策。（责任单位：省科技厅、省农业农村厅、省教育厅、省人力资源社会保障厅）

（十七）提供资金保障。支持乡村振兴科技创新投入，创新投入方式，引导金融资本和社会资本下乡。（责任单位：省财政厅、省科技厅、省地方金融监管局、人民银行济南分行、山东银保监局、山东证监局）

（十八）做好宣传总结。创新宣传形式，及时做好创新支撑乡村振兴新典型、新经验、新模式的总结、宣传和推广。（责任单位：省科技厅、省农业农村厅、省委宣传部）

山东省人民政府办公厅
2020 年 10 月 21 日

山东省人民政府办公厅关于加快推进现代种业创新发展的实施意见

鲁政办字〔2020〕172 号

各市人民政府，各县（市、区）人民政府，省政府各部门、各直属机构，各大企业，各高等院校：

为深入贯彻习近平新时代中国特色社会主义思想和党的十九大精神，认真落实习近平总书记"下决心把民族种业搞上去"的重要指示精神，进一步增强我省种业自主创新能力和综合竞争力，加快推进现代种业创新发展，切实解决好种子问题，经省政府同意，提出以下实施意见。

一、加强种质资源保护与利用

1. 健全保护体系。强化农作物、林草、畜禽、水产等种质资源保护体系建设。加强种子库种质资源保护区建设，建设种质资源保护鉴定圃 10 处、繁殖基地 25 处，改扩建畜禽保种库（场、区）30 处，改造提升水产原、良种场（区）80 处。加强种质资源普查、收集、登记、入库。财政资金支持形成的种质资源与新品种（系）按要求入库共享。（责任单位：省农业农村厅、省科技厅、省自然资源厅、省畜牧局、省财政厅）

2. 强化创新利用。建立种质资源鉴定评价、创新利用的技术体系和标准体系，发掘具有重要应用价值并具有自主知识产权的关键功能基因，创制目标性状突出、综合性状优良的新种质和育种材料。建立主要动植物品种的基因型－表现型数据库。（责任单位：省科技厅、省农业农村厅）

二、聚力突破性新品种攻关

3. 明确育种方向。在主要农作物方面，重点培育"优质专用、绿色高效、抗逆性强且适宜机械化"的新品种，优质强筋小麦、机收粮饲玉米、优质耐盐水稻、高油高蛋白大豆、高油高油酸花生、优质机采棉花、优质专用甘薯达到国际先进水平。在绿色果蔬方面，重点培育"高产、优质、专用、多抗、耐贮运"且生产性状优异的高端设施蔬菜品种和果树品种，苹果、葡萄达到国内领先水平，马铃薯达到国际领先水平。在优势畜禽方面，重点培育"生长快、品质优、抗病力强、繁殖力高"且具有自主种质基础的生猪、家禽、奶（肉）牛、驴、羊、兔等新品种（系）。在生态林草方面，大力挖掘兼具生态改良与经济价值的重要特色、特异林草新品种，培育"优质生态、高效专用、抗性增强、丰富多样"的生态绿化、优质高档用材、特色经济林木以及生态灌草与高产优质饲草、高档花卉、中药材等新品种。在特色水产方面，重点培育"名优、抗逆、生产性能好"的水产新品种，鱼、虾、贝、参、藻选育达到国际先进水平。在专用微生物方面，重点创制目标性状突出的食用菌、食用微生物、工程菌等种质，培育选育适宜工厂化、产业化的系列微生物新品种。到 2025 年，育成具有自主知识产权的突破性新品种 100 个。（责任单位：省科技厅、省农业农村厅、省自然资源厅、省畜牧局）

4. 突破生物育种"卡脖子"关键技术。加强生物育种基础理论研究和前沿生物技术应用，重点对生产用动植物的产量、品质、抗逆性等相关重要性状的调控机理和遗传机制进行研究。综合运用前沿生物技术和常规育种手段，建立并完善生产用动植物杂种优势利用新途径与新方法。加强组学、全基因组选择、基因编辑等技术在育种中的应用，建立现代精准育种技术体系。（责任单位：省科技厅、省农业农村厅、省教育厅）

5. 加快信息技术运用。加快光谱成像技术在农作物表型数据获取中的研发应用，加强图像数据新算法研究，提高表型鉴定的精度和速度，实现表型数据采集、传输、分析的数字化、实时化和智能化。加快物联网、大数据、5G、人工智能等信息技术手段在育种中的应用。（责任单位：省科技厅、省农业农村厅、省自然资源厅、省教育厅、省工业和信息化厅）

6. 搭建协同创新平台。充分发挥小麦、玉米、花生、马铃薯、贝类、藻类等国家级创新平台作用，加快省级相关领域重点实验室重组，推动重点实验室开放，加强国内外科技合作。统筹构建分子育种技术、种业大数据信息等共享服务平台、区域创新中心，建设10个以上国内领先的协同创新育种平台。（责任单位：省科技厅、省农业农村厅、省发展改革委、省工业和信息化厅）

7. 创新品种攻关机制。探索建立以企业为主体、市场为导向、产学研协同、育繁推一体的育种创新体系，建立健全要素跟着市场走的"公司＋研发平台＋研发团队"协同创新机制，瞄准现代农业提质增效关键需求，实施重大品种联合攻关。（责任单位：省科技厅、省农业农村厅、省自然资源厅）

三、做大做强现代种业

8. 培育壮大种业企业。充分利用激励企业技术创新的各类普惠性政策，鼓励引导种业企业加大研发投入，支持种业企业与高校科研院所联合共建新型研发机构，建立一批商业化育种中心，成长为农业高新技术企业。扶持发展一批具有较强竞争力的种业龙头企业，到2025年，育繁推一体化企业达到50家以上，10家企业进入全国同行业前50强。（责任单位：省农业农村厅、省科技厅、省财政厅、省税务局、山东银保监局、省地方金融监管局）

9. 强化良种繁育基地建设。扶持优势种业企业，改善种子基地基础设施和装备条件，提升供种保障能力。积极探索完善制种保险政策。加快现有国家、省级良繁基地和南繁科研基地建设，新建省级高标准良繁基地24个，面积达到300万亩。建设完善国家、省级畜禽核心育种场（站）、林木良种基地50个，水产联合育种基地20个。（责任单位：省农业农村厅、省自然资源厅、省畜牧局、省发展改革委、省财政厅、山东银保监局、省地方金融监管局）

10. 加强种业国际合作。鼓励种业企业建立海外研发机构、种业基地或并购国外科技型种业企业、研发机构，联合建立育种研发中心和良种繁育基地，加强海外智力引进，扩大新品种、新技术出口，提升种业国际竞争力。（责任单位：省科技厅、省农业农村厅）

四、提升品种评价和认定水平

11. 加强品种测试和评价推广。完善品种审定、登记和认定管理制度，更加精准高效地筛选优良品种。加强农作物品种区域试验站建设，尽快实现机械化、自动化、信息化管理，年试验测试品种能力达到1000个。健全省、市、县、乡四级新品种展示评价推广体系，实行主推品种发布制度，加快品种更新换代。（责任单位：省农业农村厅、省科技厅、省发展改革委、省财政厅）

12. 强化种子质量检测。健全省、市、县三级种子质量检测体系，加强区域性种子质量检测站建设。建设省级及区域性农作物种子、种畜禽、林草种苗、水产亲本品质质量检测站25个。严格监管，健全多部门联合执法机制，切实维护健康有序的市场环境。（责任单位：省农业农村厅、省自然资源厅、省畜牧局、省发展改革委、省市场监管局、省公安厅）

五、强化保障措施

13. 完善政策扶持。省科技创新发展资金给予种业发展持续稳定支持，继续深入实施省农业良种工程和现代种业提升工程，积极争取国家现代种业专项等科技资源落地山东。推进种业科研成果权益改革，保护科研机构和科技人员的切身利益。鼓励育种单位、团队以技术转让、拍卖、入股等方式，加快种业科技成果转化。探索财政、信贷、保险、基金等多元化投入模式。（责任单位：省科技厅、省农业农村厅、省发展改革委、省财政厅、山东银保监局、省地方金融监管局、人民银行济南分行）

14. 健全风险保障机制。健全种业信息监测网络，建立省级救灾备荒种子储备制度，省财政每年对储备短生育期大宗粮食作物和蔬菜种子给予补贴。探索建立因自然灾害等不可抗力因素影响猪、禽等核心种群的维持和保护制度。（责任单位：省农业农村厅、省畜牧局、省财政厅）

15. 注重人才培养。充分发挥种业领域领军人才的帮带引领作用，加大泰山系列人才工程和现代农业产业技术体系、省自然科学基金等科技计划培养种业人才的力度，到2025年，培养引进具有国内领先水平的种业创新人才团队15个以上。对推广规模大、综合效益好的优良品种育种团队，同等条件下优先授予省科技进步奖，未获得省财政资金支持的省财政给予后补助奖励。（责任单位：省委组织部、省科技厅、省财政厅、省教育厅、省农业农村厅）

山东省人民政府办公厅
2020年12月26日

山东省人民政府办公厅
印发关于深化科技改革攻坚的若干措施的通知

鲁政办发〔2020〕26号

各市人民政府，各县（市、区）人民政府，省政府各部门、各直属机构，各大企业，各高等院校：
《关于深化科技改革攻坚的若干措施》已经省委、省政府同意，现印发给你们，请认真贯彻落实。

关于深化科技改革攻坚的若干措施

为深入贯彻习近平新时代中国特色社会主义思想，全面落实党的十九大和十九届二中、三中、四中、五中全会精神，进一步深化科技改革攻坚，全面塑造发展新优势，加快建设高水平创新型省份，制定以下措施。

一、强化战略科技力量

1. 围绕产业重大技术需求公开"张榜"，在集成电路、新材料、高端装备、生物医药、氢能源等领域每年实施一批重大科技创新项目，支持龙头骨干企业、高校、科研院所组建创新联合体，组织关键技术攻坚战，提高创新链整体效能。（省科技厅负责）

2. 布局建设10家左右省实验室，赋予其人财物自主权，自主设立的科技项目视同省级科技计划项目，自主培养或引进高层次人才给予泰山人才工程配额。（省科技厅牵头，省委组织部、省人力资源社会保障厅按职责分工负责）

3. 采取"政府支持＋联盟（协会）领办""龙头企业牵头＋行业企业参股"等方式，依托产业联盟、行业协会，在每个产业领域布局1～2个具有独立法人资格的技术创新中心，推动资源共享、成果共用。（省科技厅负责）

4. 分基础研究、技术创新与成果转化、创新创业与科技资源支撑服务三类对科技创新平台进行优化整合。不再新建省工程实验室和省工程技术研究中心，对已建设的开展考核评估，通过撤、并、转等方式进行优化提升。（省科技厅牵头，省发展改革委、省工业和信息化厅按职责分工负责）

5. 省级新型研发机构进口科研用仪器设备，参照高校、科研院所减免标准，未享受进口关税、进口环节增值税和消费税减免优惠的，由省级财政按照未享受减免金额的一定比例每年给予不超过500万元补助。（省科技厅、省财政厅、青岛海关、济南海关按职责分工负责）

6. 对获国家批复的重大科技基础设施，地方政府承担的建设经费采取"一事一议"方式由省和市合理分担，并落实土地、人才等要素保障。将重大科技基础设施预研列入省重点研发计划方向予以支持。（省发展改革委牵头，省科技厅、省财政厅按职责分工负责）

二、提升企业技术创新能力

7. 企业联合高校、科研院所建设面向产业的实验室、研究中心、创新中心和新型研发机构，总投资超过5000万元，其中企业投资超过3000万元的，直接纳入省级科技创新平台管理。（省发展改革委、省教育厅、省科技厅、省工业和信息化厅按职责分工负责）

8. 大幅度提高科技计划项目企业牵头比重，综合运用直接投入、政策引导、后补助等手段，引导各类创新要素向企业集聚。鼓励企业出题，高校、科研院所解题，横向科研项目单项到位经费超过50万元的，在人才评价、职称评聘等方面视同省级科技计划项目。（省科技厅、省教育厅、省人力资源社会保障厅按职责分工负责）

9. 搭建省级科技创新公共服务平台，采取"公司＋股权"的方式，整合各类创新资源，为企业提供市场化的专业化、菜单式服务。对高校、科研院所面向企业开放创新资源，开展创新服务综合绩效突出的，省财政按其上年度创新券总额10%～30%给予奖补，主要用于奖励提供服务的人员及团队。（省科技厅牵头，省教育厅、省工业和信息化厅、省财政厅按职责分工负责）

10. 完善科技企业孵化器综合绩效奖补政策，对直接投资被孵化企业、孵化高新技术企业等绩效显著的，省级财政给予每家年度最高200万元的奖励。（省科技厅、省财政厅按职责分工负责）

11. 支持企业走出去设立离岸创新中心。省属国有企业当年所发生的研发费用可在经营业绩考核中视同企业本年度利润。（省商务厅、省外办、省国资委按职责分工负责）

三、激发人才创新活力

12. 对到中国（山东）自由贸易试验区、济南新旧动能转换起步区、济南科创城等各类科技园区，以及重点高校、科研机构、企业创新创业的高层次人才和紧缺人才，可由所在市按照其个人贡献情况给予奖励。（各有关市人民政府负责）

13. 对世界大学排名前200位高校、自然指数前100位高校、科研院所博士来鲁创新创业的，直接给予省自然科学基金项目支持；创办的科技企业近3年累计获得2000万元以上股权类现金融资的，直接认定为泰山产业领军人才。对集成电路、生物医药、新材料、高端装备、氢能源等重点行业联盟急需、掌握"卡脖子"技术或填补我省学科空白的高层次人才和关键团队，采取"一事一议"方式量身打造扶持政策。对取得重大"卡脖子"技术突破、产生显著经济社会效益的人才，可直接给予省级科技计划项目支持，直接认定为泰山学者或泰山产业领军人才。（省委组织部、省教育厅、省科技厅、省财政厅、省人力资源社会保障厅按职责分工负责）

14. 将承担企业科研任务、创办领办科技型企业、成果转化应用绩效等作为应用型人才评价的重要指标。对作出突出贡献、符合条件的高层次科技人才，可按照职称评审"直通车"政策，直接申报正高级或副高级职称。（省委组织部、省教育厅、省科技厅、省人力资源社会保障厅、省工业和信息化厅按职责分工负责）

15. 获国家科技进步一等奖、技术发明一等奖、自然科学二等奖以上的第一完成人，省科学技术最高奖获得者在省内可享受与院士同等医疗待遇。（省科技厅、省卫生健康委按职责分工负责）

16. 外籍人才持外国人永久居留身份证作为身份证明在中国（山东）自由贸易试验区、省级以上高新区创办科技型企业，与中国公民创办科技型企业享受同等待遇。（省科技厅、省市场监管局按职责分工负责）

四、完善科技创新体制机制

17. 全面下放省属高校、科研院所研发机构设置权、内部岗位设置权、高层次人才招聘权、职称评聘权、内部薪酬分配权、科技成果转化收益处置权。推动具备条件的科研型事业单位向新型研发机构转型，允许其设立混合所有制运营公司，实行市场化运营。（省委编办、省教育厅、省科技厅、省财政厅、省人力资源社会保障厅按职责分工负责）

18. 在省科技进步奖中设置"产业突出贡献"类项目，对技术达到全球领先水平、形成名牌产品、实现国产化替代或突破技术壁垒进入国际市场、市场份额（技术推广）和产业化绩效在国内同行业中排名前列的标志性科技成果，可直接提名省科技进步一等奖。（省科技厅负责）

19. 省属高校、科研院所可自主决定科技成果转让、许可或作价投资，除涉及国家秘密、国家安全及关键核心技术外，不需报主管部门和财政部门审批或备案。高校、科研院所建立的技术转移服务机构，对科技成果转化作出贡献的，可在转化净收入单位留成部分中提取不低于15%的经费用于人员奖励和机构能力建设。（省科技厅、省教育厅、省财政厅按职责分工负责）

20. 经省委批准开展科研院所正职领导持股改革试点，对其所属具有独立法人资格的事业单位法定代表人作为科技成果主要完成人或对科技成果转化作出重要贡献的，探索股权激励。所获股权任职期间不得进行股权交易。（省科技厅牵头，省委组织部、省委编办、省财政厅按职责分工负责）

21. 对知识产权质押融资、科技成果转化贷款等融资项目的不良贷款，省级财政按照本金损失最高给予40%的风险补偿。对首次纳入山东省科技成果转化贷款风险补偿备案并按时还本付息的企业，省级财政按照实际备案贷款利息的40%给予贴息支持，每家企业贴息最高50万元。（省科技厅、省财政厅牵头，省市场监管局按职责分工负责）

22. 对企业投保首台（套）技术装备及关键核心零部件、首批（次）新材料、首版（次）软件产品的质量保证保险、产品责任保险和产品综合险，省级财政按照不高于3%的费率上限及实际投保年度保费80%的比例，给予单户企业年度最高500万元的保费补贴。（省工业和信息化厅牵头，省科技厅、省财政厅、山东银保监局按职责分工负责）

23. 建立省级科创企业上市种子库，推动赴科创板、创业板、精选层上市挂牌，力争进入上市程序的企业数量每年增长20%。推动济南争创国家科创金融试验区，管理基金达500只，规模达到1000亿元；支持青岛争创国家金融科技示范区，打造服务工业互联网的数字金融服务平台，培育引进创投风投机构，推动青岛创投风投中心管理基金达到800只，管理规模达到1200亿元。（省科技厅、省工业和信息化厅、省地方金融监管局、人民银行济南分行、山东证监局按职责分工负责）

24. 完善省属科研院所绩效考核，将去行政化改革、人才队伍建设、服务产业企业、创办孵化企业数量、科技成果转化产业化收益、社会服务等作为重点实行绩效考核。（省委编办、省发展改革委、省科技厅、省工业和信息化厅、省财政厅、省税务局按职责分工负责）

25. 建立科技、财政、审计、纪检监察等机关和部门定期沟通对接制度，健全符合我省实际的鼓励创新、宽容失败的科技改革创新容错机制。（省科技厅、省财政厅、省审计厅按职责分工负责）

山东省人民政府办公厅
2020年12月16日

（山东省科学技术厅政策法规与创新体系建设处）

责任编校：姜常梅

索引
SUOYIN

关键词索引

> **说　明**
>
> 1. 本索引采用关键词索引，以信息条目的标题、摘要或正文中出现的具有检索意义的词汇作为索引标目。
> 2. 本索引基本按汉语拼音音序排列，首字相同时，以第二字排序，以此类推。以数字开头的排在最前面。
> 3. 索引标目后面的数字表示内容所在页码，数字后面的字母 a、b 分别表示该页的左、右栏。
> 4. 特载、科技统计、大事记和附录栏目不列入索引范围。

0～9

"1+1+N"创新合作新模式	123b
"1+30+N"	13、33a
"1+4+N"创新体系	260b
"1+4+N"技术市场体系	13、49b、261a
"1+9"人才改革制度	210b
"10+N"研发体系	97b
"111 创新引智计划"	138a
120kW 大功率燃料电池发动机	32b
2019—2020 年山东省各类技术合同对照表	37
2019—2020 年山东省输出技术合同技术领域构成对照表	37
2019—2020 年山东省吸纳技术合同技术领域构成对照表	37
2020 平行智能大会	161b
2020（第九届）中国化工产学研高峰论坛	49b
2020 年度山东省技术发明奖二等奖项目	287
2020 年度山东省技术发明奖三等奖项目	287
2020 年度山东省技术发明奖一等奖项目	285
2020 年度山东省科学技术进步奖二等奖项目	303
2020 年度山东省科学技术进步奖三等奖项目	306
2020 年度山东省科学技术进步奖一等奖项目	288
2020 年度山东省自然科学奖二等奖项目	284
2020 年度山东省自然科学奖三等奖项目	285
2020 年度山东省自然科学奖一等奖项目	282
2020 年技术输出中技术交易机构构成及交易情况	39
2020 年技术吸纳中技术交易机构构成及交易情况	40
"2020 年科学道德和学风建设宣传月"活动	54a
2020 年企业输出技术合同成交额前 10 名	40
2020 年企业吸纳技术合同成交额前 10 名	41
2020 年全省及各市高新技术产业主要指标	17a
2020 年山东省各经济区域技术交易情况	36
2020 年山东省各类技术合同统计表	36
2020 年山东省各市技术合同登记情况表	35
2020 青岛创新节	49b
2020 首届烟台国际技术交易大会	49b
2020 中国山东（德州）纺织服装科技创新大会	49b
"21 世纪海洋蛋白质计划"	143b
"3D 打印义齿专利导航"项目	125a
"5·20 世界计量日"	227b

A

Asia Institute of Urban Environment	185b
α－葡萄糖苷酶抑制等活性测试	163a
阿帕数字"物流大数据分析与应用平台"	121b

B

Bio-X 多学科交叉科研育人平台	194a
"Butterfly effect and a self-modulating El Niño response to global warming"(《蝴蝶效应与厄尔尼诺在全球变暖下的自我调节机制》)	143a
"八大发展战略"	8、12、168b、215a
靶向 DNA 纳米结构与化疗—光疗联合药物相互作用的微量热和谱学研究	173a
"百城百园"	20a、49b、130a、257a、257b
"半岛科创联盟"	49b、172b、208b
"北斗星动能"科技示范工程	17b
"北斗应用"	13
滨海城市海水淡化综合利用技术研究及应用	220a
"滨州市人才节"	128b
渤海入海污染物准实时连续监测与通量估算技术研究	216a
渤海湾盆地济阳坳陷致密油开发示范工程	69a
渤海湾盆地精细勘探关键技术（三期）	69a

C

ClO$_2$/ 无元素氯漂白（ECF）技术	189b
CNC 加工中心	126a
嫦娥五号	184b
抽油机井分级助抽技术	72a
稠油热采新型高效制输汽节能装备及技术	71b
创客中国	98b
"创新引领乡村可持续发展"	24b
创业苗圃—孵化器—加速器—产业园	127b
"创业齐鲁·共赢未来"高层次人才创业大赛	14、45a
春笋行动	125a
刺参池塘生态绿色养殖技术	217a
刺参网箱生态育苗技术	221b

D

DMSP	25b、26a
大电量磁悬浮储能飞轮技术	119a
大泷六线鱼全人工繁育技术	221a
大数据技术在油田开发中的应用研究	71b
单点高密度地震技术研究与应用	69b
淡水名优鱼类种质创新及养殖关键技术	223a
德国 SISY 技术	121a
登胜药业	120a
等离子—MIG 热源耦合	191b
低钾型 3A 沸石分子筛及其制备方法	100a
低渗致密油藏地质工程一体化关键技术研究	70a
地瓜小镇	231b
《地理标志专用标志使用管理规范》	44a
第二代"海燕-X"万米水下滑翔机	25a
第二届中－日新能源车用动力电池论坛	204b
第二届中日新能源车用动力电池研讨会	42a
第十九届中国（淄博）新材料技术论坛与第一届中国（淄博）新材料产业国际博览会	42a
第十七届中欧膜产业技术创新合作大会	42a
定向委托	29a
东部断陷盆地页岩油目标评价与先导试验	70a
东营实验基地（黄河三角洲海洋渔业科研推广中心）	218b
东营市现代渔业示范区	208b
多场多体多尺度耦合及其对海工装备性能与安全的影响机制	144a
多氯联苯	190b

E

"E-T-S"战略	96a
二阶微分方程推导模型	193b
二元／多元组分协同构筑高性能碳基复合电极材料及构效关系	190a

F

非霍奇金淋巴瘤关键诊疗技术的建立与临床应用	211b
非均相复合驱提高采收率示范工程	70b
废纸替代清洁生产工艺及固废源头减量集成技术	187a
分数阶切换系统滑膜控制理论研究及其在飞行器姿态控制中应用	191a
伏羲智库	129a、131a
辐射防护监测和辐射职业健康评价	212b
'福九红'苹果	180a、182b

G

GLP 实验室	213b
GMP 车间	126b
Greenhill	171a
Grit Incubator LTD.（格瑞特孵化器有限公司）（英）	105b
GV-97	112、25a
高表面耐指纹镀锌板生产技术研究与应用	65b
高等学校学科创新引智计划	158b
高端物流"3+2"主导产业集群	101a
"高峰计划"	147a、152b
高峰学科	148a、150a、163a、167a、188b
高品质棉型纺织品清洁染色关键技术及产业化应用	128a、165b
高选择性合成一缩二丙二醇产品的研发及产业化	123a
共达电声类钻碳（DLC）扬声器振膜研究	75b
关键技术开发及应用示范	103b
《关于促进山东自贸试验区海外人才流动便利化的措施（试行）》	14、45a
《关于促进生物技术创新发展的指导意见》	241a
《关于大力推进科技兴粮和人才兴粮的实施意见》	81a
《关于共建中国科学院微生物研究所齐鲁现代微生物技术研究院战略合作的框架协议》	42b
《关于积极应对新冠肺炎疫情进一步做好外国专家工作的若干措施》	48a
《关于加快推动山东省文化和科技深度融合的实施意见》	22a、24b
《关于加快推进现代种业创新发展的实施意见》	18a
《关于加快优质专用小麦产业创新发展若干措施》	18a、424
《关于加强知识产权人民调解工作的意见》	44b
《关于建立省级职业化专业化药品检查员队伍的实施意见》	80b
《关于强化科技创新支撑乡村振兴的意见》	14、18a
《关于强化知识产权保护的若干措施》	43a
《关于深化科技改革攻坚的若干措施的通知》	49a
《关于深化省属科研院所体制机制改革的若干措施》	13、49a
《关于实施"人才兴鲁"行动打造新时代人才聚集高地的若干措施》	45a
《关于同意聊城市在农业科学研究院开展职称"双自主"改革试点工作的批复》	47b
《关于推进省级财政科技创新资金整合的实施意见》	29a、49a
《关于吸引集聚知名高校毕业生创新创业的若干措施》	46b
《关于印发省属高校、科研院所促进科技成果转化综合试点实施方案的通知》	49b
"贯标"认证	122a
"光岳系列"	174b
国产碳纤维复合拉挤集成技术开发及能源领域工程应用	115b
"国际客厅"	97b
《国际人才社区建设工作指引（试行）》	46a
国际蔬菜种业硅谷	132a
国家（山东）食品药品医疗器械创新和监管服务大平台	80b
"国家创新型城市"	49a
国家大学科技园	158b
国家大宗淡水鱼类济南综合试验站	223a
国家辅助生殖与优生工程技术研究中心	137a
国家高速列车技术创新中心	242b
国家海洋腐蚀防护工程技术研究中心	201a
国家和省技术转移人才培养基地名单	39
国家级 5G 海洋牧场平台	28a
国家级海洋渔业生物种质资源库	208a
国家级生物基材料产业化集群	133b
国家级稀土催化研究院	250b
国家浅海综合试验场	27a
国家水产养殖绿色发展示范区	208b
国家体温计型式评价实验室（山东）	226a
国家先进印染技术创新中心	62a
"国家盐碱地综合利用技术创新中心"	18b

《国家重点实验室规划》	27a	国内首台煤矿大直径大埋深全断面盾构机	
国晶新材料与国防科技大学合作的柔性屏		"新矿1号"	32a
（OLED）蒸镀器	123b		

H

HFSWR海洋—电离层一体化探测与实验	191b	海洋所海洋大数据中心	202a
海岸带生态环境安全	204a	"海智计划"	110b
海工装备基础科学中心	25a、28a	"海智专家"	194b
海空天一体化对海观测	192a	航空大讲堂	176b
"海蛎1号"	200b	蒿柳—丛枝菌根修复多环芳烃污染土壤的协同	
海上航天技术创新中心	187b	强化机制研究	195a
海上油田三次采油提高采收率技术	70b	菏泽学院药物研究院	195a
"海生+"	222b	恒定正压鞘液驱动	95b
海水健康增养殖科学传播专家团队	222b	华东地区农垦事业的先河	106a
"海洋地质二号"	27b	环海经济区农业科技创新与转化联盟	150a
"海洋工程装备创新发展院士恳谈会"	28a	黄、东海浮标观测站	200a
"海洋环境安全保障"重点专项	25a	黄海冷水团养殖鱼类免疫防病技术	221a
《海洋科学"十四五"发展规划战略研究报告》	27a	黄河三角洲大讲堂	176b
海洋牧场建设	217a	黄河三角洲农业高新技术产业示范区	19b、128
海洋生态养殖技术国家地方联合工程实验室	201b	黄河水利科学研究院	61a
海洋生态预警监测技术体系	217a	黄淮烟区肥料减施增效技术	206b
海洋生物产品服务平台	218b	"黄金六条"	104b
海洋生物制品开发技术国家地方联合工程			
研究中心	201b		

J

Jeffrey McDonnell教授	187b	"济麦22"	14
机器人需求情感驱动的社会交互理论与方法	166a	"济麦44"	14
机械装备控制系统实时通信关键技术标准及其		济南大学莘县产业技术研究院	164b
测试装置	156b	济南济大科技园有限公司科学技术协会	164a
基于AI地震资料自动化处理技术研究	71b	济南—青岛人工智能创新应用先导区融合发展	
基于SMC材料的新型轴向磁场永磁无刷电机	120b	实施方案	63a
基于大数据分析的精准靶向农业气象服务APP		《济南市高新技术企业培育三年行动计划	
"锄禾问天"	88b	（2020—2022年）》	240b、241a
基于非平衡补偿理论的高端装备用型钢关键技术		《济南市科技金融风险补偿金管理办法》	240a
集成与创新	65a	《济南市人民政府清华大学全面合作协议》	42b
基于钾盐液体高效速凝剂技术的产业化应用	114b	《济南市人民政府中国科学院生态环境研究中心	
基于六方氮化硼纳米片的食品样品前处理新方法		框架合作协议》	42b
研究	188a	济宁金科生命健康科技城	113b
基于酸性土壤改良的农林废弃物处理关键技术体系		济薯26	232a
与应用	190a	济阳坳陷页岩油勘探开发目标评价	69b
基于最佳线性无偏预测的贝类遗传评估系统	32b	济阳坳陷中—古生界潜山油气富集规律与目标评价	70a
"技能兴鲁"职业技能大赛	57a	"假日专家"	122b
"技术转移先进县"	13、49b	检验检测机构开放日	228b

健康中国	102a	近海生态灾害发生机理与防控策略	200a
交通强省	160b	经费包干制	29a
交通运输工程学科	160b	"精致城市·幸福威海"	193a
"揭榜制"	4、13、49a、109a、239b、248b、253b、263a、267a	精准计量支撑高端装备制造	227a
		局校会商	182b
"金蓝领"高端培训项目	46b	巨能高品质特钢精整生产线	133b
"金梧桐"奖	99b	具有作为 CO_2 给体的阴离子的有机胺盐类化合物及其作为发泡剂的用途	155b
"金月季"人才政策	127b		
近海船舶交通气象服务保障技术研究	87b		

K

KD 抗肿瘤疗效及其作用研究	173b	科技档案管理	214a
KPI 绩效考核激励机制	131b	科技鉴志编纂	214a
开展水驱稠油微生物驱技术研究及示范应用	70b	科技进步奖产业突出贡献类项目	13
凯马汽车	74a	科技情报服务	213b
勘探信息智能化服务与应用技术研究	71b	科技文献服务	214a
抗耐药性药物比阿培南新制备体系的关键技术开发与产业化	162a	科技宣传服务	214b
科创企业上市种子库	431a	科教融合校所联培专项	177b
科技报告	214a	可防治梨树褐斑病的类芽孢杆菌 Lzh-N1 及其复合菌剂的应用	193b
科技创新"四个面向"重要指示	22a	"空天地"一体化	108a

L

Lopsided General Local Lemma	171a	"两全两高"	59a
蓝贝·科技创新服务联盟	99a	"两洋一海"（西太平洋－南海－印度洋）潜标观测网	25a
"蓝海101"号调查船	208a		
蓝色硅谷	99a	量子保密"齐鲁干线"	94b
蓝色汇智双百人才	118b	蓼河国际英才港	113b
"蓝色粮仓"	13、25a	临海油气管道检测监控技术研究与仪器装备研制	69b
"蓝色药库"	13、25a	流体控制与节能技术	184a
崂山森林防火监控系统	184a	"六保三促"	18a
"乐复能"	32b	"鲁海1号"	222a
李华军	282a	鲁南科创联盟	105a
"锂光医智大"优势产业集群	102a、104a	鲁南科创联盟成立暨院士恳谈大会	49b
"力博杯"	114a	鲁南烯谷	130a
联东 U 谷·潍坊科技创新谷	112a、112b	轮胎模具激光清洗机样机的研制	171b
联东 U 谷青岛国际企业港	99a	绿色产业与环境安全创新创业共同体等创新创业共同体	23a
"链上自贸"	94a		

M

MAX 产业园	99a	麻风危害发生的免疫遗传学机制	211b
MEMS 研究院	101b	酶切法制各寡鬶质酸盐的方法及所得寡聚质酸和其应用	93b
MolluscDB	25b		

民用航空飞行模拟机研发生产及培训基地	126b	木材工业国家工程研究中心山东基地	157b
"摩羯"和"温比亚"造成山东暴雨的对比分析	88a		

N

南四湖水生生物资源修复	152b	农田土壤农药污染微生物防控技术体系及应用	190b
脑肠肽 ghrelin 与帕金森病发生发展的关系及		农药污染物高效降解与转化利用技术	206b
在帕金森病早期诊断中的应用	165b	农业"新六产"示范县	57b
脑胶质瘤恶性进展机制及靶向诊疗新策略研发	93b	农业良种工程	9、19a、59a、149a、186a、
内燃机后处理蜂窝陶瓷关键技术	32a		209a、215a、215b、426a、429a
尼龙 12 全产业链万吨级工业化生产线	12	农业农村部黄淮北部小麦生物学与遗传育种重点	
农创云知识产权交易平台	108b	实验室	231a
农大专家莱州行	151a	农业农村部黄淮海薯类科学观测实验站	231a

Q

齐黄 34	232a	青岛市 3D 打印工程研究中心	183b
"齐鲁大工匠"	129a	青岛市兽药诊断试剂技术创新中心	180b
"齐鲁黄河讲堂"学术平台	61b	青岛市水产生物品质评价与利用工程研究中心	222a
"齐鲁科教英才工程"	188b	"氢进万家"科技示范工程	17b
"岐黄学者"	154b	氢燃料电池	74b
"千帆计划"	117a	《清华大学支持济南市人民政府建设山东区块链	
"强特色高水平大学"	181a	研究院合作协议》	42b
翘嘴红鲌优异基因资源发掘	223a	曲阜优秀传统文化传承发展研究中心	177a
"青创科技计划"	186b	全电驱页岩气增产装备柱塞泵和智能输砂系统	12
青岛（华赛）区域细胞制备中心	166b	全国蔬菜登记品种现场观摩会暨中国·山东国际	
"青岛创新节"	49b	蔬菜种业博览会地展开放周	58b
青岛海洋科学与技术试点国家实验室	12a、26a、32b、	"全球招引＋北京加速＋烟台产业化"	110b
	242a	全省海洋产业技术创新联盟	200b
《青岛海洋科学与技术试点国家实验室发展规划		全省遥感影像统筹获取处理	214a
（2020—2035）》	27a	全赝电容混合超级电容器设计、构建及储电性能	
《青岛海洋科学与技术试点国家实验室人才团队		研究	162b
建设资金管理办法》	27a	泉城人才服务金卡	96b
青岛理工大学建筑科技众创园	185a		

R

热轧带肋钢筋合金减量化技术研究与应用	65b	人体呼出气检测仪	102b
"人才贷"	96b	人学视野中的全面建成小康社会与美好生活需要	194b
"人才森林"计划	96a	柔性制造装备与数字化工厂关键技术开发及应用	
"人才兴鲁"战略	45b、412a	示范	103b
人工智能技术在井位部署中应用探索研究	71b	软磁及相关材料产业共同体	130b
人工智能预报模型	200a	睿诺光电项目	106a

S

森林防火三维电子地图	215b
"山大学派"	139b
山东产业技术研究院	13、185b、273a
山东大学—领信人工智能研究院	142a
山东港口集团"交通运输行业自动化码头技术研发中心"	75b
山东高等技术研究院	271b
"山东光谷"	94b
山东菏泽国家农村产业融合发展示范园	194a
"山东惠才卡"	47b
山东建筑大学学报	156a
山东科瑞机械制造有限公司一体化智能石油钻井装备技术研究及产业化	124b
山东能源大数据云平台	244b
山东能源研究院	17b、42a、43a、203a、242b、244b、411a、414a
《山东省"政产学研金服用"创新创业共同体补助资金管理办法》	32b
《山东省"政产学研金服用"创新创业共同体绩效评价办法》	32b
《山东省博士后创新实践基地管理办法》	47a
山东省冲击地压防治智能化技术及装备工程实验室	159a
山东省传染性呼吸疾病重点实验室等创新平台	23a
《山东省创建国家临床医学研究中心工作指引》	22a、23a
《山东省创新型省份建设监测统计报表制度》	49a
《山东省创新药物与高端医疗器械引领行动计划（2020—2022年）》	22a、23b
山东省磁悬浮产业技术	111b
山东省淡水渔业监测中心	223b
山东省淡水渔业研究院	223a
《山东省地震应急预案（送审稿）》	90b
《山东省高层次人才评价标准指引（试行）》	14、45a
山东省高等学校科技成果转化和技术转移基地	157a
山东省国家技术转移机构名单	38a
山东省国土测绘院	214a
山东省海（卤）水利用技术创新中心	233a
山东省海水渔用饲料工程技术研究中心	219a
山东省海洋观测与宽带通信技术协同创新中心	226b
山东省海洋化工科学研究院	232a
山东省海洋科技成果转移转化中心	27b、28a
山东省海洋生态修复重点实验室	218b
山东省海洋生物研究院	221a
山东省海洋资源与环境研究院	216a
山东省红十字会备灾救护中心	234a
《山东省红十字会应急救护培训标准化手册》	234b
"山东省黄河流域国土空间地理信息一张图系统"	215a
山东省获2020年度国家技术发明奖二等奖项目	279
山东省获2020年度国家科学技术进步奖二等奖项目	280
山东省获2020年度国家科学技术进步奖一等奖项目	280
山东省获2020年度国家自然科学奖二等奖项目	279
山东省机动车检测计量产业联盟	227a
山东省激光装备创新创业共同体	95a
山东省极端降雪天气事件基本观测特征与预报技术研究	88a
山东省计量科学研究院	225a
山东省"技能兴鲁"职业技能大赛系列活动	46b
《山东省技术创新中心建设标准》	33a
《山东省技术转移人才培养基地管理办法（试行）》	50a
《山东省技术转移人才培养基地认定管理办法（试行）》	13、49b
《山东省教育厅中国科学院大学科教融合协同育人战略合作协议》	42b
山东省节能环保锅炉装备技术创新中心（筹）	23a、24a
山东省经典名方开发工程研究中心	225b
山东省抗病毒药物技术创新中心（筹）	23a
山东省抗体药物创新创业共同体	23a
《山东省科技创新服务标准化技术委员会秘书处工作细则》	50a
《山东省科技创新服务标准化技术委员会章程》	50a
山东省科学技术情报研究院	213a
《山东省科学技术厅科技合作与交流活动管理办法》	42a
山东省科学技术最高奖	282
山东省科学院生物研究所	228a
山东省林业科学研究院	215a
《山东省临床医学研究中心发展规划（2020—2025年）》	22a、23a
《山东省临床医学研究中心分中心建设指导意见》	22a
《山东省临床医学研究中心绩效评价办法》	22a、23a
《山东省绿色技术银行实施方案》	24a
山东省镁铝合金材料及应用技术创新中心	117b
山东省脑心精准医疗与应用技术工程研究中心	195a
山东省农业科学院	209a
山东省农业科学院作物研究所	231a
山东省企事业单位发明专利大户	160a

山东省泉城实验室	188b	《山东省重大科技创新工程项目管理办法》	48a
《山东省人才发展促进条例》	46b	《山东省重点研发计划（软科学项目）实施细则》	29b
《山东省人类遗传资源管理暂行办法》	23a	《山东省重点研发计划管理办法》	29a
《山东省人类遗传资源调查工作总结报告》	23a	《山东省重点研发计划应急项目暂行管理规定》	29b
山东省生态环境产业创新创业共同体	23a	山东长岛海洋生态系统野外科学观测研究站	208a
"山东省生物技术与制造创新创业共同体"	20b、107b	山东智慧交通省重点实验室	160b
山东省生物诊断分析产业创新创业共同体	23a	山东专利创新企业百强（2019）报告	213a
山东省食品发酵工业研究设计院	229a	"山农28"	18b、150a
《山东省市场监督管理局知识产权（专利）资金使用管理实施细则》	43b	"山农糯麦1号"	150a
		上汽通用东岳	73a、73b
《山东省市场监督管理局知识产权（专利、注册商标专用权）质押登记电子化办理工作指引（试行）》	44a	设施农用地备案系统	215b
		《深海发展战略研究报告》	27a
《山东省数字乡村发展战略纲要实施意见》	58a	深海工程与舰船技术协同创新中心	110a
"山东省双创示范基地"	167a	深海新物种	199a
山东省水表（热量表）产业联盟	226b	《深化科技领域"放管服"改革优化营商环境工作方案》	13、49a
山东省水利科学研究院	220a		
《山东省水污染防治技术指导目录（第四期）》	22b	"深远海渔业"	13
山东省台风监测分析预警系统	88a	生态纺织协同创新中心	166b
山东省体育用品技术创新中心	23a	生物基新材料产业	132a、133a
《山东省推动建立博士后科研流动站和科研工作站（创新实践基地）稳定合作机制的若干措施》	47a	生物资源保育与利用	204b
		"省会经济圈科创联盟"	49b
山东省文化创意产业和智能制造创新创业共同体	23a	省级地理信息时空大数据中心	215a
《山东省文化和科技融合示范基地认定管理办法》	24b	省级海洋意识教育示范基地	222b
山东省无水染色技术及装备技术创新中心（筹）	23a、24a	《省级红十字应急救护培训基地建设标准》	234b
		"省级技术转移机构信息管理系统"	13、49b
山东省现代农业技术体系鱼类创新团队	223b	省级科学数据中心建设	213a
山东省小麦技术创新中心	231a	《省级中小微企业贷款增信分险专项资金（保费补贴类）操作指引》	43b
山东省心血管病中医精准诊疗工程实验室	153b		
山东省烟草研究所	205a	《省级中小微企业贷款增信分险专项资金（财政贴息类）操作指引》	43a
《山东省医疗机构污染物排放控制标准》	84b		
山东省医学科学院	211a	《省级中小微企业贷款增信分险专项资金（风险补偿类）操作指引》	43a
山东省仪器仪表标准化技术委员会	226b		
《山东省应急安全知识手册》	85b	《省属高等学校、科研院所科技成果转化综合试点实施方案》	50a
《山东省院士工作站管理服务办法》	14、43b、48a		
《山东省枣庄市国家可持续发展议程创新示范区建设方案》	24b	省智库高端人才	152a
		《省重大突发事件应急保障体系建设规划（2020—2030年）》	85a
《山东省枣庄市可持续发展规划》	24b		
《山东省制造业创新中心建设工作指南》	62b	胜利油田低渗透油藏CO_2驱开发技术研究及示范应用	70b
《山东省智慧农业应用基地创建认证标准》	58a		
山东省智能物联与大数据工程实验室	172a	胜利油田特高含水期提高采收率技术	69b
山东省智能制造与机电研发工程实验室	195a	胜利油田特高含水期提高采收率技术（二期）	69a
《山东省中医药科技项目管理办法》	67a	胜利整装油田特高含水期深度堵调技术	70a
山东省中医药研究院	224a	"三个突破"战略	210a
山东省中医药治疗呼吸系统疾病技术创新中心（筹）	23a	《"十四五"海洋领域科技创新专项建议》	27a
		石墨烯场效应管（G-FET）生物传感器	193b
山东省肿瘤大数据与精准医疗技术创新中心（筹）	23a	时速600公里高速磁浮试验样车	7、32a

时滞反应扩散扩散方程的分支理论及其应用	191a	腧穴主治与配伍	154b
实施百年品牌培育工程	62b	数据驱动假设	139b
"实施创新驱动发展战略、推进自主创新和发展高新技术产业成效明显的地方"	12	数字丝绸之路的工业企业信息安全保障论坛	193b
		数字图像数据的获取方法及装置	115b
"实验1"号	27b	水产品中重金属蓄积特征和消减技术	216b
"实验2"号	27b	水平井改善开发效果关键工艺技术研究与示范应用	71a
"实验3"号	27b	水资源与环境一带一路实验室	192a
"实验6"号	27b	顺丰速运"慧眼神瞳"	82a
实验动物管理及检验检测	212b	"四个一批"	151b
实用中药饮片快速鉴别	225a	"四海汇"才智社区	122b
书记人才项目	106b	速生抗逆贝类突破性新品种选育	186a
疏松砂岩油藏水平井冲防一体化技术	72a		

T

"T"型产业学院	178a	特色种养—优质梨和高油酸花生的引进和栽培	178a
泰嘉新材料科技	120a	"天河"超级计算机	126a、126b
泰山创新谷	179a	"天使1"号科考交通补给船	142b
泰山纺织服装产业技术研究院	167b	甜瓜全基因组变异图谱	32a
泰山与中华传统文化传承"大家谈"学术沙龙	179b	挑战杯	161a、178a、179a
泰它西普	32a、253a	"通用基础学科提升计划"	146a
谭旭光	282b	"透明海洋"	13、25a
碳纤维连续杆抽油系统关键技术及应用研究	71a	"推焦车智能化管理"	118b

U

U创广场	160a

W

《"外专双百计划"实施细则》	48a	潍坊市银鲑养殖设施工程重点实验室	172b
万链·青科信指数联合实验室	132a	"未来食品孵化器"	131a
网超声波智能水表关键技术研究与应用	114b	文明交流、互鉴与全球化视域下的国别与区域史研究暨山东省世界史专业委员会第十一届年会会议（2020）	195b
威海市产业技术研究院（郭永怀高等技术研究院）	117a		
微生物技术国家重点实验室	137a		
潍坊市海洋化工创新创业共同体	233a	"我和我的祖国——中国科学家精神主题展"	54a

X

吸气式发动机热物理试验装置	244b	"新冠肺炎疫情应急技术攻关及集成应用"重大科技创新工程项目	12
"纤芯网屏端"	104b		
现代高效农业领域重大科技创新工程	19a	"新世纪优秀人才支持计划"	148b
小规格螺纹钢集约化生产模式的研究与应用	66a	新西兰博亚传媒集团有限公司	107a
小麦玉米周年丰产肥水高效关键技术创新与应用	210a	新型OLED高透高平导电基板	102b
小球藻蛋白肽开发	132a	新型冠状病毒感染的肺炎疫情应急技术攻关及集成应用	66a、67a
"效-毒整合"	225a		

新型含氟单体合成及其与四氟乙烯共聚制备高性能多元氟树脂的研究	163a	新一代高比能量圆柱形磷酸铁锂电池技术开发	103b
新型绿色高效大容积焦炉装备及技术集成与开发	65a	新一代跨座式单轨列车	12
新型输水涂塑复合钢管及接口技术	220b	新一代神威 E 级原型机系统	32a
新一代氮化硼导电陶瓷蒸发舟	101a	"选择山东"云平台	47a

Y

鸭坦布苏病毒致病机制研究与疫苗研制	59a、149b	一种谷胱甘肽还原酶测定试剂盒及其制备方法和应用	120b
烟草功能成分综合利用技术	206b	一株假单胞菌及其双功能酶制剂的制备方法与应用	190b
烟草核心种质库	206a	医学检测与安全性评价中心	212b
烟草绿色防控技术	206b	医药 CRO 企业	102b
烟草全基因组分子模块育种技术	206a	移入型与本地发展型雷暴的环境场条件分析	88a
烟草突变体材料库	206a	阴—非离子表面活性剂强化体系	124b
烟台大学多尺度功能材料工程技术中心	170b	印太交汇区海洋物质能量中心形成演化过程与机制	200a
烟台大学新华三数字创新学院	170a	"勇于创新奖"	174b
《烟台大学学报》	168a	油井硫化氢的消除抑制技术	72a
《研之成理》和 X-Mol	174a	油田地面集输系统硫化氢高效处理技术研究	71a
盐地藜麦	107a	油田作业设备电储能技术研究	71b
"一次办好"	44a、256a	有研半导体 IGBT 用 8 英寸硅衬底抛光片项目	75b
一键舒眠水暖垫	128a	云端黄岛讲坛	146b
"一企一技术"研发中心	62b、118b、121b、133b		

Z

"战线联播"	183a	中国工程科技发展战略山东研究院	27b
"战疫情、保春耕"	210b	中国计算机学会人工智能与模式识别专委会走进高校云论坛	157b
湛江华南贝类研究中心	144a	中国技术市场协会金桥奖	112b
"长江学者奖励计划"	138a	中国科学院海洋大科学研究中心	27b、42b、201a、242b
"长渔一号"海洋牧场平台	28b	《中国科学院海洋大科学研究中心与山东省教育厅战略合作协议》	42b
"政产学研金服用"	20b、28a、32b、123b、233b、247b、427a	中国科学院海洋牧场工程实验室	201b
知识产权"春笋行动"	44a	中国科学院海洋研究所	199a
职业卫生技术服务	212b	中国科学院青岛生物能源与过程研究所	203a
植物干细胞重塑和维持的调控机理	149a	《中国科学院山东省人民政府济南市人民政府共建中科院济南科创城合作协议》	42b
智汇城阳·才聚青农	181b	中国科学院—威高研究发展计划	115b
智汇德州	194b	中国科学院烟台海岸带研究所	204a
"智慧应急"试点建设	86a	中国密码学会 2020 年密码芯片学术会议（Crypto IC 2020）	192b
智能柔性组合装备制造项目专利导航	129b	中国农业科学院烟草研究所	205a
智能网联（新能源）重卡	119a	中国水产科学研究院黄海水产研究院	207a
智能新能源园林机械	121a	中国算谷	94a
《中共山东省委组织部东省科技厅关于开展第六批科技副职选派工作的通知》	45a	中国威海·国际创新创业大会	192b
《中国近海渔业资源状况公报》	208a	中国烟草遗传育种研究（北方）中心	205a
中国对虾"黄海4号"	208a		
中国—俄罗斯智能农机装备与先进技术研讨会	179b		

中国烟草总公司青州烟草研究所	205a	中医药文化协同创新中心	153a、153b
中国重汽集团	73a、73b、120b	中原技术市场大会暨中原技术转移高峰论坛	49b
中科金勃信	95b	重离子微孔膜精密过滤技术研究与产业化	103a
中科院海洋大科学研究中心	13、27b	"筑峰计划"	194a
中科院济南科创城	13、42a、42b、94a、96a、239b、414a	专家负责制	29a
		准噶尔盆地碎屑岩层系油气富集规律与勘探评价	69a
中科院烟台产业技术创新与育成中心	205a	准噶尔探区T-P油气成藏条件及目标评价	70a

CONTENTS

Special Issues

Important Speeches ··· 3
Overview of Science and Technology Work in Shandong Province in 2020 ······················ 12

Management of Science and Technology

High Technologies and Industries ··· 17
Science and Technology Work of Rural Development ····················· 18
Science and Technology Work of Social Development ····················· 22
Marine Science and Technology Work ··· 25
Resources and Capability of Science and Technology Innovation ········· 29
Cooperation and Exchanges of Science and Technology ··················· 41
Intellectual Property ··· 43
Science and Technology Talents ·· 45
Foreign Experts Affairs ··· 47
Constructions for Policies, Laws and Regulations, and Environments ····· 48
Popularization of Science and Technology ····································· 53

Science and Technology Development of Industry

Agricultural Science and Technology ·· 57
Animal Husbandry Science and Technology ··································· 59
Water Conservancy Science and Technology ·································· 60
Science and Technology of Yellow River ······································ 61
Industrial Science and Technology ·· 62
Electric Power Science and Technology ·· 63
Metallurgy Science and Technology ··· 64

Hygiene and Health Science and Technology ········· 66
Traditional Chinese Medical Science and Technology ········· 67
Pharmaceutical Science and Technology ········· 68
Petroleum Science and Technology ········· 68
Auto Industry Science and Technology ········· 73
Electronic Information Science and Technology ········· 74
Transportation Science and Technology ········· 75
Radio and Television Science and Technology ········· 76
Science and Technology in Market Regulation Administration ········· 77
Science and Technology in Medical Products Administration ········· 79
Grain Science and Technology ········· 81
Postal Science and Technology ········· 82
Construction Science and Technology ········· 83
Environmental Protection Science and Technology ········· 84
Science and Technology of Emergency Management ········· 85
Meteorological Science and Technology ········· 86
Science and Technology of Disaster Prevention and Reduction ········· 89

Science and Technology Development in High-Tech Industrial Development Zones

Jinan Innovation Zone ········· 93
Qingdao National High-tech Industrial Development Zone ········· 96
Zibo National New & Hi-tech Industrial Development Zone ········· 100
Zaozhuang National High-tech Industrial Development Zone ········· 102
Agricultural High-tech Industrial Demonstration Area of the Yellow River Delta of Shandong Province ········· 106
Yantai High-tech Industrial Development Zone ········· 109
Weifang National Hi-tech Industrial Development Zone ········· 111
Jining National High-Tech Industrial Development Zone ········· 112
Taian Hi-tech Zone ········· 114
Weihai Torch Hi-tech Science Park ········· 115
Laiwu National Hi-tech Industrial Development Zone ········· 118
Linyi National High-tech Zone ········· 120
Dezhou National Hi-tech Industries Development Zone ········· 122

Dongying High-tech Industrial Development Zone ········· 123
Rizhao Hi-tech Industrial Development Zone ········· 125
Liaocheng High-tech Industrial Development Zone ········· 127
Binzhou High-Tech Industrial Development Zone ········· 128
Heze Hi-tech Industry Development Zone ········· 129
Qingdao Blue Valley High-Tech Industrial Development Zone ········· 131
Weifang Hi-tech Industrial Development Zone, Shouguang ········· 132

Science and Technology Development in Universities

Overviews Science and Technology Development of Universities in Shandong ········· 137
Shandong University ········· 138
Ocean University of China ········· 142
China University of Petroleum ········· 145
Shandong Normal University ········· 147
Shandong Agriculture University ········· 148
Qufu Normal University ········· 151
Shandong University of Traditional Chinese Medicine ········· 152
Shandong University of Technology ········· 154
Shandong Jianzhu University ········· 155
Shandong University of Science and Technology ········· 158
Shandong Jiaotong University ········· 160
University of Jinan ········· 161
Qingdao University ········· 164
Yantai University ········· 168
Weifang University ········· 170
Liaocheng University ········· 173
Linyi University ········· 175
Binzhou University ········· 176
Jining University ········· 177
Taishan University ········· 178
Qingdao Agricultural University ········· 179
Qingdao University of Technology ········· 183
Ludong University ········· 185
Qilu University of Technology (Shandong Academy of Sciences) ········· 187

Harbin Institute of Technology, Weihai ········· 191
Dezhou University ········· 193
Heze University ········· 194

Science and Technology Development in Research Institutes

Institute of Oceanology, Chinese Academy of Sciences ········· 199
Qingdao Institute of Bioenergy and Bioprocess Technology, Chinese Academy of Sciences ······ 203
Yantai Institute of Coastal Zone Research, Chinese Academy of Sciences ········· 204
Institute of Tobacco Research of CAAS ········· 205
Yellow Sea Fisheries Research Institute ········· 207
Shandong Academy of Agricultural Sciences ········· 209
Shandong Academy of Medical Sciences ········· 211
Shandong Institute of Scientific and Technical Information ········· 213
Shandong Institute of Land Surveying and Mapping ········· 214
Shandong Academy of Forestry ········· 215
Shandong Marine Resource and Environment Research Institute ········· 216
Water Resources Research Institute of Shandong Province ········· 220
Marine Biology Institute of Shandong Province ········· 221
Shandong Freshwater Fisheries Research Institute ········· 223
Shandong Academy of Chinese Medicine ········· 224
Shandong Institute of Metrology ········· 225
Biology Institute of Shandong Academy of Sciences ········· 228
Shandong Food Ferment Industry Research & Design Institute ········· 229
Crop Research Institute, Shandong Academy of Agricultural Sciences ········· 231
Shandong Ocean Chemical Industry Scientific Research Institute ········· 232
Disaster Preparedness and First Aid Training Center of RCSC Shangdong Branch ········· 234

Science and Technology Development of Regions

Jinan ········· 239
Qingdao ········· 242
Zibo ········· 246
Zaozhuang ········· 247
Dongying ········· 249

Yantai ····· 251
Weifang ····· 254
Jining ····· 257
Taian ····· 258
Weihai ····· 259
Rizhao ····· 262
Linyi ····· 265
Dezhou ····· 268
Liaocheng ····· 270
Binzhou ····· 272
Heze ····· 273

Science and Technology Achievements and Awards

Overview of Shandong Province Winning National Science and Technology Awards in 2019 ····· 279
Overview of Shandong Provincial Science and Technology Awards in 2020 ····· 281

Science and Technology Statistics

Basic Statistics on Organization, Personnel, and Funds of Public Institutions of Scientific Research and Technical Services of Shandong Province in 2020 ····· 313
Basic Statistics on Personnel of Public Institutions of Scientific Research and Technical Services of Shandong Province in 2020 ····· 320
Employed Persons of Public Institutions of Scientific Research and Technical Services of Shandong Province in 2020 by Work Natures ····· 326
Personnel Engaged in Scientific and Technological Activities of Public Institutions of Scientific Research and Technical Services of Shandong Province in 2020 by Educational Background and Professional Title ····· 332
Income of Public Institutions of Scientific Research and Technical Services of Shandong Province in 2020 ····· 338
Expenditure of Public Institutions of Scientific Research and Technical Services of Shandong Province in 2020 ····· 345
Scientific Research Infrastructure and Fixed Assets of Public Institutions of Scientific Research and Technical Services of Shandong Province in 2020 ····· 355

Scientific Instruments of Public Institutions of Scientific Research and Technical Services of Shandong Province in 2020 ·········· 361

Basic Statistics on Projects of Public Institutions of Scientific Research and Technical Services of Shandong Province in 2020 ·········· 367

R&D Personnel of Public Institutions of Scientific Research and Technical Services of Shandong Province in 2020 ·········· 377

Full-time Equivalent of R&D Personnel of Public Institutions of Scientific Research and Technical Services of Shandong Province in 2020 ·········· 382

Intramural Expenditure on R&D of Public Institutions of Scientific Research and Technical Services of Shandong Province in 2020 by sources of funds ·········· 387

Intramural Expenditure on R&D of Public Institutions of Scientific Research and Technical Services of Shandong Province in 2020 by uses of funds ·········· 392

Patents of Public Institutions of Scientific Research and Technical Services of Shandong Province in 2020 ·········· 398

Papers, Works and other Scientific Outputs of Public Institutions of Scientific Research and Technical Services of Shandong Province in 2020 ·········· 403

Chronicle of Science and Technology

Shandong Provincial Chronicle of Science and Technology in 2020 ·········· 411

Appendix

Principal Leaders Directory of Department of Science and Technology of Shandong Province and Shandong Provincial Administration of Foreign Experts Affairs ·········· 417

Leaders Directory of Science and Technology Bureaus of Shandong Provincial Cities and Counties ·········· 418

The List of The National Science Fund for Distinguished Young Scholars in Shandong Province in 2020 ·········· 422

Outstanding Administrative Organizations and Individuals in Science and Technology System of Shandong Province ·········· 422

Important Science and Technology Policies, Laws and Regulations in 2020 ·········· 426

Index

Keyword Index ·········· 437